메가스터디 수능 기출 '올픽'
어떻게 다른가?

✦ 수능 기출 완벽 큐레이션 ✦

출제 시기 분류

기출문제를 최근 3개년과 그 이전으로 분류하여
각각 **BOOK❶**, **BOOK❷**로 구분

▼

우수 기출 선별

학교, 학원 선생님들이 참여, 수험생들이 꼭 풀어야 하는
우수 기출문제를 선별하여 **BOOK❷**에 수록

▼

효율적인 재배치

기출을 단원별, 유형별, 배점별로 재분류하고
고난도 기출문제는 별도 코너화하여 **BOOK❶**, **BOOK❷**에 재배치

▼

BOOK❶ 최신 기출 **ALL** ✕ **BOOK❷** 우수 기출 **PICK**

방대한 역대 기출문제들을 분류▸선별▸재배치의 과정을 거쳐 수능 대비에 최적화된 구성으로 배열했습니다.
많은 문제만 단순하게 모아 놓은 기출문제집은 그만!
수능 기출 '올픽'으로 효율적이고 완벽한 기출 학습을 시작해 보세요.

수학Ⅱ

발행일	2024년 12월 13일
펴낸곳	메가스터디(주)
펴낸이	손은진
개발 책임	배경윤
개발	김민, 김건지, 오성한, 신상희, 성기은
디자인	이정숙, 주희연, 신은지
마케팅	엄재욱, 김세정
제작	이성재, 장병미
주소	서울시 서초구 효령로 304(서초동) 국제전자센터 24층
대표전화	1661.5431
홈페이지	http://www.megastudybooks.com
출판사 신고 번호	제 2015-000159호
출간제안/원고투고	메가스터디북스 홈페이지 <투고 문의>에 등록

수능 기출

올픽

수학Ⅱ

BOOK 1

역대 수능 기출문제 중에는 최근 출제 경향에 맞지 않는 문제가 많습니다.
기출문제는 무조건 다 풀기보다 최근 3개년 수능·평가원·교육청 기출문제를 중심으로
최신 수능 경향을 파악하며 학습해야 합니다.

수능 기출 학습 시너지를 높이는 '올픽'의 **BOOK ❶** × **BOOK ❷** 활용 Tip!
BOOK ❶의 최신 기출문제를 먼저 푼 후, 본인의 학습 상태에 따라 **BOOK ❷**의
우수 기출문제까지 풀면 효율적이고 완벽한 기출 학습이 가능합니다!

BOOK ❶ 구성과 특징

▶ 2015 개정 교육과정으로 치러진 **최근 3개년의 수능 · 평가원 · 교육청의 모든 기출문제**를 담았습니다.

❶ 최근 3개년 및 단원별 기출 분석

- 최근 3개년 수능의 수학Ⅱ 과목에 대한 단원별·배점별 문항 수 및 출제 유형을 분석하여 출제 흐름을 한눈에 알 수 있도록 했습니다.

- 최근 3개년 기출 분석을 통해 각 단원의 유형별 흐름과 중요도를 알고, 단원의 출제 흐름을 예측하여 수능에 적극적으로 대비할 수 있도록 했습니다.

- 최근 3개년의 각 단원의 출제 경향을 파악하여 출제코드와 공략 코드를 제시하여 수능을 예측하고 대비할 수 있도록 했습니다.

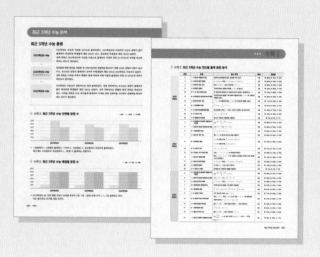

❷ 수능 실전 개념

- 수능 및 모의고사 기출에 이용된 필수 핵심 개념만을 모아 대단원별로 제공했습니다.

- 최근 3개년 수능에 출제된 개념을 별도로 표시하여 어떤 개념이 주로 이용되었는지 파악할 수 있도록 했습니다.

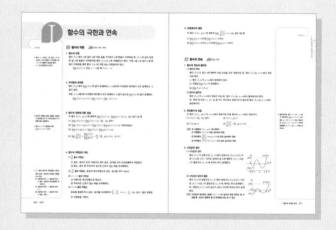

❸ 유형별 기출

- 최근 3개년의 모든 기출문제를 유형별로 제시했습니다.

- 각 유형의 기출문제를 해결하는 데 필요한 공식 및 개념을 제시했고, 유형별 경향과 그 대비법도 함께 제시하여 효율적인 기출 학습을 할 수 있도록 했습니다. 또한, 문제 풀이에 도움이 되는 풀이 방법 및 공식을 참고 및 실전Tip 으로 제시했습니다.

- 최근 3개년 수능에 출제된 유형을 별도로 표시하여 어떤 유형에서 주로 출제되었는지 파악할 수 있도록 했습니다.

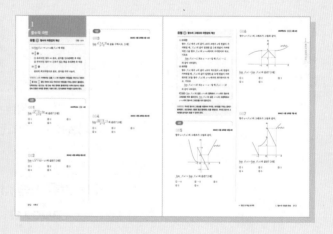

④ 고난도 기출

■ 최근 3개년의 기출문제 중 고난도, 초고난도 수준의 문제를
대단원마다 제시하여 수능 1등급으로 도약할 수 있도록 했습
니다.

■ 여러 가지 개념과 원리를 복합적으로 이용하는 문제나 다양한
수능적 발상을 이용하는 문제를 접할 수 있도록 했습니다.

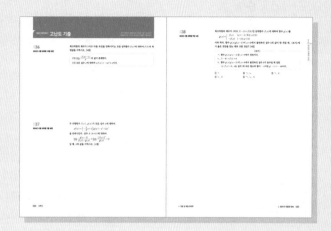

⑤ 정답 및 해설

■ 모든 문제 풀이를 단계로 제시하여 출제 의도 및 풀이의 흐름을
한눈에 파악할 수 있도록 했습니다.

■ 모든 문제에 정답률을 제공하여 문제의 체감 난이도를 파악하
거나 자신의 학습 수준을 파악할 수 있도록 했습니다.

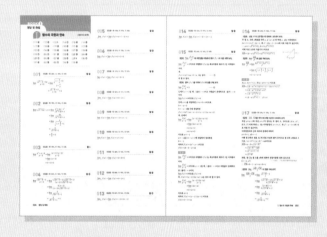

BOOK ❷
우수 기출
PICK

■ **BOOK ❷**에는 전국의 여러 학교, 학원 선생님들이 참여하여 **최근 3개년 이전의 모든 기출문제
중 수험생이 꼭 풀어야 하는 우수 기출문제**만을 엄선하여 담았습니다.
■ **BOOK ❷**의 유형은 **BOOK ❶**과 1 : 1 매칭을 기본으로 하되, **BOOK ❶**의 유형 외 추가로 학습
해야 할 중요 유형을 **BOOK ❷**에 유형 α로 추가 수록했습니다.

최근 3개년 수능 총평

2023학년도 수능

2022학년도 수능과 비슷한 난이도로 출제되었다. 2022학년도와 비슷하게 고난도 문항이 많이 출제되어 최상위권 학생들의 체감 난도는 낮고, 중상위권 학생들의 체감 난도는 높았다.
선택 과목도 2022학년도와 비슷한 수준으로 출제되어 여전히 과목 간 난이도의 격차를 최소화하려는 의도가 엿보였다.

▼

2024학년도 수능
킬러문항 배제 첫 수능

킬러문항 배제 원칙을 적용한 첫 수능이었지만 변별력을 확보하기 위해 고난도 문항의 비중이 높아지고, 초고난도 문항도 출제되어 오히려 수험생들의 체감 난도는 2023학년도 수능보다 높았다.
선택 과목은 미적분 과목이 확률과 통계 과목에 비해 어렵게 출제되어 과목 간 난이도의 격차가 작년보다 벌어졌다.

▼

2025학년도 수능

2024학년도 수능보다 전반적으로 쉽게 출제되었다. 공통 과목에서는 초고난도 문항이 출제되지 않아 최상위권 학생들의 체감 난도는 낮았다. 선택 과목에서는 확률과 통계 과목은 작년보다 쉽고, 미적분 과목은 다소 까다롭게 출제되어 미적분 과목 선택자들 사이에서 변별력을 확보하려는 의도가 엿보였다.

📍 수학Ⅱ 최근 3개년 수능 단원별 문항 수

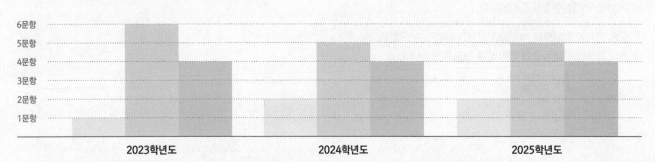

┈▶ Ⅰ단원에서 1, 2문항만 출제되고, 나머지 9, 10문항은 Ⅱ, Ⅲ단원에서 비슷하게 출제되었다.
최근에는 Ⅱ단원보다 Ⅲ단원에서 1, 2문항 더 출제되는 경향이다.

📍 수학Ⅱ 최근 3개년 수능 배점별 문항 수

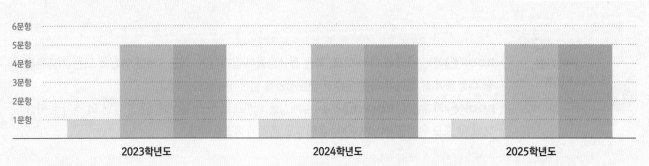

┈▶ 2022학년도 문·이과 통합 수능이 도입된 후부터 2점, 3점, 4점의 문제 수가 1, 5, 5로 출제되고 있다.
이는 앞으로도 유지될 것을 보인다.

📍 수학Ⅱ 최근 3개년 수능 연도별 출제 문항 분석

	번호	유형	필수 개념	배점	정답률
2023 학년도	2	Ⅰ-1 함수의 극한값의 계산	분모의 최고차항으로 분모, 분자를 각각 나눈다.	2점	확: 80%, 미: 95%, 기: 92%
	4	Ⅱ-4 함수의 곱의 미분법	$y=f(x)g(x)$이면 $y'=f'(x)g(x)+f(x)g'(x)$	3점	확: 80%, 미: 95%, 기: 92%
	6	Ⅱ-9 함수의 극대·극소	함수 $f(x)$가 $x=a$에서 극대이면 $f'(a)=0$	3점	확: 80%, 미: 95%, 기: 92%
	8	Ⅱ-6 접선의 방정식	곡선에 접하는 접점의 좌표를 $(t, f(t))$로 놓는다.	3점	확: 66%, 미: 86%, 기: 79%
	10	Ⅲ-11 두 곡선 사이의 넓이	두 곡선으로 둘러싸인 두 부분의 넓이가 같으면 (정적분의 값)=0	4점	확: 63%, 미: 88%, 기: 78%
	12	Ⅲ-8 정적분으로 정의된 함수의 활용	주어진 등식의 양변을 x에 대하여 미분하여 함수 $y=f(x)$의 그래프의 개형을 그린다.	4점	확: 36%, 미: 60%, 기: 52%
	14	Ⅱ-8 함수의 증가·감소	$x+t=u$로 치환하여 함수 $y=h(x)$의 그래프의 개형을 그린다.	4점	확: 11%, 미: 29%, 기: 22%
	17	Ⅲ-1 부정적분의 계산	$\int x^n \, dx = \dfrac{1}{n+1}x^{n+1}+C$	3점	확: 81%, 미: 94%, 기: 91%
	19	Ⅱ-12 도함수의 방정식에의 활용	삼차곡선을 그려서 $x>0$에서 x축과 두 점에서 만나도록 한다.	3점	확: 54%, 미: 79%, 기: 72%
	20	Ⅲ-12 속도와 거리	$v(t)=v_0+\int_a^t a(t)\,dt$	4점	확: 33%, 미: 59%, 기: 49%
	22	Ⅱ-2 다항함수의 미분법	함수의 그래프의 대칭축을 이용한다.	4점	확: 4%, 미: 9%, 기: 7%
2024 학년도	2	Ⅱ-3 미분계수의 정의와 다항함수의 미분법	$\lim\limits_{h\to 0}\dfrac{f(a+h)-f(a)}{h}=f'(a)$	2점	확: 88%, 미: 97%, 기: 94%
	4	Ⅰ-5 함수의 연속과 미정계수의 결정	$\lim\limits_{x\to 2+}f(x)=\lim\limits_{x\to 2-}f(x)=f(2)$	3점	확: 86%, 미: 95%, 기: 94%
	5	Ⅲ-1 부정적분의 계산	$\int f'(x)\,dx=f(x)+C$	3점	확: 89%, 미: 96%, 기: 94%
	7	Ⅱ-9 함수의 극대·극소	함수 $f(x)$의 증가와 감소의 표를 이용한다.	3점	확: 84%, 미: 96%, 기: 93%
	8	Ⅲ-4 정적분의 성질	$f(x)$가 우함수이면 $\int_{-a}^{a} f(x)\,dx=2\int_0^a f(x)$ $f(x)$가 기함수이면 $\int_{-a}^{a} f(x)\,dx=0$	3점	확: 70%, 미: 90%, 기: 84%
	10	Ⅲ-12 속도와 거리	$x(t)=x_0+\int v(t)\,dt$	4점	확: 51%, 미: 75%, 기: 67%
	12	Ⅲ-9 곡선과 x축 사이의 넓이	직선 $y=-(x-t)+f(t)$의 의미를 파악한다.	4점	확: 60%, 미: 73%, 기: 70%
	14	Ⅰ-4 함수의 극한의 활용	함수 $y=a(x-2)(x-b)$의 그래프의 꼭짓점의 위치에 따라 경우를 나누어 생각한다.	4점	확: 14%, 미: 38%, 기: 25%
	17	Ⅱ-4 함수의 곱의 미분법	$y=f(x)g(x)$이면 $y'=f'(x)g(x)+f(x)g'(x)$	3점	확: 86%, 미: 95%, 기: 92%
	20	Ⅱ-6 접선의 방정식	두 직선 OA, AB는 서로 수직이다.	4점	확: 14%, 미: 44%, 기: 39%
	22	Ⅱ-11 함수의 그래프	삼차함수의 그래프의 개형을 이용한다.	4점	확: 1%, 미: 5%, 기: 3%
2025 학년도	2	Ⅱ-3 미분계수의 정의와 다항함수의 미분법	$\lim\limits_{h\to 0}\dfrac{f(a+h)-f(a)}{h}=f'(a)$	2점	확: 90%, 미: 97%, 기: 96%
	4	Ⅰ-5 함수의 연속과 미정계수의 결정	$\lim\limits_{x\to -2+}f(x)=\lim\limits_{x\to -2-}f(x)=f(-2)$	3점	확: 90%, 미: 97%, 기: 95%
	5	Ⅱ-4 함수의 곱의 미분법	$y=f(x)g(x)$이면 $y'=f'(x)g(x)+f(x)g'(x)$	3점	확: 88%, 미: 94%, 기: 93%
	7	Ⅲ-6 정적분으로 정의된 함수	주어진 등식의 양변을 x에 대하여 미분한다.	3점	확: 87%, 미: 96%, 기: 94%
	9	Ⅲ-4 정적분의 성질	$\int_a^b \{f(x)\pm g(x)\}\,dx=\int_a^b f(x)\,dx\pm\int_a^b g(x)\,dx$	4점	확: 81%, 미: 95%, 기: 94%
	11	Ⅱ-14 속도와 가속도	시각 t에서의 가속도 a는 $a=v'(t)$	4점	확: 77%, 미: 93%, 기: 90%
	13	Ⅲ-10 곡선과 직선 사이의 넓이	곡선 $y=f(x)$, 직선 $y=g(x)$와 두 직선 $x=a$, $x=b$로 둘러싸인 부분의 넓이는 $S=\int_a^b |f(x)-g(x)|\,dx$	4점	확: 51%, 미: 83%, 기: 72%
	15	Ⅱ-5 미분가능성과 연속성	함수 $f(x)$가 $x=a$에서 미분가능하면 $x=a$에서 연속이다.	4점	확: 32%, 미: 59%, 기: 48%
	17	Ⅲ-1 부정적분의 계산	$\int f'(x)\,dx=f(x)+C$	3점	확: 84%, 미: 94%, 기: 92%
	19	Ⅱ-9 함수의 극대·극소	함수 $f(x)$가 $x=a$에서 극대이면 $f'(a)=0$	3점	확: 70%, 미: 89%, 기: 83%
	21	Ⅰ-3 함수의 극한과 다항함수의 결정	$\lim\limits_{x\to a}\dfrac{f(x)}{g(x)}=a$ (a는 실수)일 때, $\lim\limits_{x\to a}g(x)=0$이면 $\lim\limits_{x\to a}f(x)=0$	4점	확: 8%, 미: 29%, 기: 17%

차례

함수의 극한과 연속

▸▸▸ 최근 3개년 분석 및 개념 정리 ··· 008

1 함수의 극한 ··· 012

2 함수의 연속 ··· 018

고난도 기출 ··· 024

미분

▸▸▸ 최근 3개년 분석 및 개념 정리 ··· 030

1 미분계수와 도함수 ··· 034

2 접선의 방정식 ··· 046

3 함수의 그래프 ··· 049

4 도함수의 활용 ··· 060

고난도 기출 ··· 064

적분

▸▸▸ 최근 3개년 분석 및 개념 정리 ··· 076

1 부정적분 ··· 080

2 정적분 ··· 083

3 정적분의 활용 ··· 094

고난도 기출 ··· 109

I 함수의 극한과 연속

1 함수의 극한

유형 ❶ 함수의 극한값의 계산

유형 ❷ 함수의 그래프와 극한값의 계산

유형 ❸ 함수의 극한과 다항함수의 결정

유형 ❹ 함수의 극한의 활용

2 함수의 연속

유형 ❺ 함수의 연속과 미정계수의 결정

유형 ❻ 함수의 연속성

유형 ❼ 연속함수의 성질

❶ 유형별 출제 분포

학년도		월	2023학년도							2024학년도							2025학년도							총합
			3	4	6	7	9	10	수능	3	4	6	7	9	10	수능	3	5	6	7	9	10	수능	
유형 ❶	함수의 극한값의 계산	2점							1									1						2
		3점		1										1										2
		4점																						0
유형 ❷	함수의 그래프와 극한값의 계산	2점																						0
		3점	1		1	1		1			1		1	1					1	1	1			10
		4점																						0
유형 ❸	함수의 극한과 다항함수의 결정	2점																						0
		3점				1																		1
		4점						1										1					1	3
유형 ❹	함수의 극한의 활용	2점																						0
		3점																						0
		4점					1			1					1	1								4
유형 ❺	함수의 연속과 미정계수의 결정	2점																						0
		3점			1	1	1								1		1				1	1	1	8
		4점				1																		1
유형 ❻	함수의 연속성	2점																						0
		3점											1	1										2
		4점			1																			1
유형 ❼	연속함수의 성질	2점																						0
		3점										1				1								2
		4점	1											1	1				1	1		1		6
총합			2	1	3	3	2	3	1	2	3	1	2	2	2	2	1	2	2	2	2	2	2	42

┅▶ Ⅰ단원 문항은 매 시험에서 1∼3문항씩 출제되며, 2025학년도 6, 9월 평가원 모의고사와 수능에서도 두 문항씩 출제되었다. **유형 ❷ 함수의 그래프와 극한값의 계산**과 **유형 ❺ 함수의 연속과 미정계수의 결정**에서 3점짜리 문항이 거의 매 시험마다 출제되었으며, **유형 ❸ 함수의 극한과 다항함수의 결정**과 **유형 ❼ 연속함수의 성질**에서 4점짜리 문항이 출제되었다.

❷ 5지선다형 및 단답형별 최고 오답률

	번호	오답률	유형	필수 개념	본문 위치
2023 학년도	3월 12번	확: 56% 미: 42% 기: 50%	유형 ❼ 연속함수의 성질	함수 $\dfrac{g(x)}{f(x)}$ $(f(x)\neq0)$이 실수 전체의 집합에서 연속이려면 두 함수 $f(x)$, $g(x)$의 불연속인 점에서 연속이면 된다.	023쪽 034번
	6월 22번	확: 98% 미: 93% 기: 96%	유형 ❻ 함수의 연속성	$\displaystyle\lim_{x\to a}\dfrac{f(x)}{x-a}$의 값이 존재하려면 $f(x)$가 $x-a$를 인수로 가져야 한다.	027쪽 041번
2024 학년도	수능 14번	확: 86% 미: 62% 기: 75%	유형 ❹ 함수의 극한의 활용	함수 $y=a(x-2)(x-b)+9$의 그래프의 꼭짓점의 위치에 따라 경우를 나누어 생각한다.	026쪽 039번
	4월 18번	확: 26% 미: 9% 기: 14%	유형 ❻ 함수의 연속성	다항함수 $f(x)$에 대하여 $\displaystyle\lim_{x\to a}f(x)=f(a)$	021쪽 029번
2025 학년도	10월 10번	확: 39% 미: 15% 기: 22%	유형 ❼ 연속함수의 성질	함수 $\dfrac{g(x)}{f(x)}$ $(f(x)\neq0)$이 실수 전체의 집합에서 연속이려면 두 함수 $f(x)$, $g(x)$의 불연속인 점에서 연속이면 된다.	023쪽 033번
	수능 21번	확: 92% 미: 71% 기: 83%	유형 ❸ 함수의 극한과 다항함수의 결정	$\displaystyle\lim_{x\to a}\dfrac{f(x)}{g(x)}=\alpha$ (α는 실수)일 때, $\displaystyle\lim_{x\to a}g(x)=0$이면 $\displaystyle\lim_{x\to a}f(x)=0$	026쪽 040번

❸ **출제코드** ▶ **함수의 극한에 대한 개념과 성질을 이용하는 고난도 문항이 출제되었다.**

함수의 극한 단원에서는 함수의 극한값을 구하는 계산 문항과 주어진 불연속 함수의 그래프에서 우극한과 좌극한, 함숫값을 구하는 비교적 쉬운 문항이 자주 출제된다. 그러나 2025학년도 수능에서 **유형❸ 함수의 극한과 다항함수의 결정**의 개념을 정확히 알아야 문제 해결을 시작할 수 있는 21번의 고난도 문항이 출제되었다.

▶ **함수의 연속의 정의와 연속함수의 성질을 적용하는 문항이 자주 출제된다.**

함수의 연속 단원에서는 구간에 따라 다르게 정의된 함수에 대하여 함수의 연속의 정의를 이용하여 미정계수를 구하는 3점짜리 문항이 자주 출제된다. 또한, 연속함수의 성질을 이용하여 두 함수의 곱셈이나 나눗셈으로 정의된 함수가 실수 전체의 집합에서 연속이 되도록 하는 조건을 구하는 4점짜리 문항이 자주 출제된다.

❹ **공략코드** ▶ **'함수의 극한'의 개념을 정확하게 학습해야 한다.**

함수의 극한의 정의와 수렴, 발산, 우극한과 좌극한 등의 기본적인 개념을 정확히 이해해야 하며, 함수의 극한에 대한 성질은 각각의 함수가 수렴할 때만 성립하므로 조건을 잘 살펴보아야 한다. 함수의 극한과 다항함수의 결정에서 고난도 문항이 출제된 것에 주목하여 쉬워 보이는 개념도 방심하지 말고 꼼꼼하게 학습하여 함수의 극한의 개념과 계산 방법을 정확히 숙지해야 한다.

▶ **함수의 연속의 개념 학습은 문제 풀이를 통해 완성해야 한다.**

함수의 연속의 정의와 연속함수의 성질, 최대·최소 정리, 사잇값 정리 등의 개념 학습에서 이론적인 이해가 우선되어야 하기 때문에 어렵게 느껴질 수 있으므로 개념 학습을 한 후에는 많은 문제 풀이를 통해 감을 잡는 것이 필요하다.

함수의 극한과 연속

1 함수의 극한 수능 2023 2024 2025

1. 함수의 극한

함수 $f(x)$에서 x의 값이 a와 다른 값을 가지면서 a에 한없이 가까워질 때, $f(x)$의 값이 일정한 값 α에 한없이 가까워지면 함수 $f(x)$는 α에 수렴한다고 한다. 이때 α를 x의 값이 a에 한없이 가까워질 때의 함수 $f(x)$의 극한 또는 극한값이라 한다.

$$\lim_{x \to a} f(x) = \alpha \text{ 또는 } x \to a \text{일 때 } f(x) \to \alpha$$

▶ 함수 $f(x)$에서 x의 값이 a가 아니면서 a에 한없이 가까워질 때, $f(x)$가 수렴하지 않으면 함수 $f(x)$는 발산한다고 한다.

2. 우극한과 좌극한

함수 $f(x)$에서 $\lim_{x \to a} f(x)$의 값이 존재하면 $x=a$에서의 우극한과 좌극한이 모두 존재하고 그 값이 같다.

또한, $x=a$에서의 우극한과 좌극한이 모두 존재하고 그 값이 같으면 $\lim_{x \to a} f(x)$의 값이 존재한다.

$$\lim_{x \to a} f(x) = \alpha \Longleftrightarrow \lim_{x \to a+} f(x) = \lim_{x \to a-} f(x) = \alpha$$

3. 함수의 극한에 대한 성질

두 함수 $f(x)$, $g(x)$에 대하여 $\lim_{x \to a} f(x) = \alpha$, $\lim_{x \to a} g(x) = \beta$ (α, β는 실수)일 때

(1) $\lim_{x \to a} cf(x) = c \lim_{x \to a} f(x) = c\alpha$ (단, c는 상수)

(2) $\lim_{x \to a} \{f(x) \pm g(x)\} = \lim_{x \to a} f(x) \pm \lim_{x \to a} g(x) = \alpha \pm \beta$ (복부호동순)

(3) $\lim_{x \to a} f(x)g(x) = \lim_{x \to a} f(x) \times \lim_{x \to a} g(x) = \alpha\beta$

(4) $\lim_{x \to a} \dfrac{f(x)}{g(x)} = \dfrac{\lim_{x \to a} f(x)}{\lim_{x \to a} g(x)} = \dfrac{\alpha}{\beta}$ (단, $g(x) \neq 0$, $\beta \neq 0$)

▶ 함수의 극한에 대한 성질은 극한값이 존재할 때, 즉 각각의 함수가 수렴할 때만 성립한다.

▶ 함수 $f(x)$가 다항함수이면 $\lim_{x \to a} f(x) = f(a)$이다.

4. 함수의 극한값의 계산

(1) $\dfrac{0}{0}$ 꼴의 극한값

 ① 분모, 분자가 모두 다항식인 경우 분모, 분자를 각각 인수분해하여 약분한다.

 ② 분모, 분자 중 무리식이 있으면 근호가 있는 쪽을 유리화한다.

(2) $\dfrac{\infty}{\infty}$ 꼴의 극한값 : 분모의 최고차항으로 분모, 분자를 각각 나눈다.

(3) $\infty - \infty$ 꼴의 극한값

 ① 다항식은 최고차항으로 묶는다.

 ② 무리식은 근호가 있는 쪽을 유리화한다.

(4) $\infty \times 0$ 꼴의 극한값

 분모를 통분하거나 분모, 분자를 유리화하여 $\dfrac{0}{0}$, $\dfrac{\infty}{\infty}$, $\infty \times c$, $\dfrac{c}{\infty}$ (c는 상수) 꼴로 변형한 후 극한값을 구한다.

▶ $\dfrac{\infty}{\infty}$ 꼴의 함수의 극한값은 다음과 같이 분자, 분모의 차수를 이용할 수도 있다.
① (분자의 차수)=(분모의 차수)
 ➡ 분모, 분자의 최고차항의 계수의 비
② (분자의 차수)<(분모의 차수)
 ➡ 0
③ (분자의 차수)>(분모의 차수)
 ➡ 발산 (없다.)

5. 미정계수의 결정

두 함수 $f(x)$, $g(x)$에 대하여 $\lim\limits_{x \to a} \dfrac{f(x)}{g(x)} = \alpha$ (α는 실수)일 때

(1) $\lim\limits_{x \to a} g(x) = 0$이면 $\lim\limits_{x \to a} f(x) = 0$이다.

(2) $\lim\limits_{x \to a} f(x) = 0$이고 $\alpha \neq 0$이면 $\lim\limits_{x \to a} g(x) = 0$이다.

② 함수의 연속 수능 2024 2025

1. 함수의 연속과 불연속

(1) 함수의 연속

함수 $f(x)$가 실수 a에 대하여 다음 조건을 모두 만족시킬 때, 함수 $f(x)$는 $x = a$에서 연속이라 한다.

(ⅰ) 함수 $f(x)$가 $x = a$에서 정의되어 있다.

(ⅱ) 극한값 $\lim\limits_{x \to a} f(x)$가 존재한다.

(ⅲ) $\lim\limits_{x \to a} f(x) = f(a)$

(2) 함수의 불연속

함수 $f(x)$가 $x = a$에서 연속이 아닐 때, 함수 $f(x)$는 $x = a$에서 불연속이라 한다.

즉, 위의 세 조건 (ⅰ), (ⅱ), (ⅲ) 중 어느 하나라도 만족시키지 않으면 함수 $f(x)$는 $x = a$에서 불연속이다.

2. 연속함수의 성질

두 함수 $f(x)$, $g(x)$가 $x = a$에서 연속이면 다음 함수도 $x = a$에서 연속이다.

(1) $cf(x)$ (단, c는 상수)

(2) $f(x) \pm g(x)$

(3) $f(x)g(x)$

(4) $\dfrac{f(x)}{g(x)}$ (단, $g(a) \neq 0$)

참고 두 다항함수 $f(x)$, $g(x)$에 대하여

① 다항함수 $f(x)$ ➡ 모든 실수에서 연속

② 유리함수 $\dfrac{f(x)}{g(x)}$ ➡ $g(x) \neq 0$인 모든 실수에서 연속

③ 무리함수 $\sqrt{f(x)}$ ➡ $f(x) \geq 0$인 모든 실수에서 연속

▶ 일반적으로 함수 $f(x)$가 $x = a$에서 연속이면 $\lim\limits_{x \to a} f(x) = f(a)$이고 함수 $g(x)$가 $x = f(a)$에서 연속이면 $\lim\limits_{x \to a} g(f(x)) = g(f(a))$이므로 합성함수 $g(f(x))$는 $x = a$에서 연속이다.

3. 사잇값의 정리

(1) 사잇값의 정리

함수 $f(x)$가 닫힌구간 $[a, b]$에서 연속이고 $f(a) \neq f(b)$이면 $f(a)$와 $f(b)$ 사이의 임의의 값 k에 대하여 $f(c) = k$인 c가 열린구간 (a, b)에 적어도 하나 존재한다.

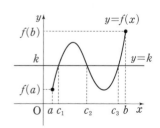

(2) 사잇값의 정리의 활용

함수 $f(x)$가 닫힌구간 $[a, b]$에서 연속이고 $f(a)f(b) < 0$이면 $f(c) = 0$인 c가 열린구간 (a, b)에 적어도 하나 존재한다. 즉, 방정식 $f(x) = 0$의 실근이 a와 b 사이에 적어도 하나 존재한다.

참고 사잇값의 정리로는 방정식 $f(x) = k$의 실근의 존재 유무만 알 수 있을 뿐, 실근이 정확히 몇 개 존재하는지는 알 수 없다.

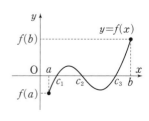

1

함수의 극한

유형 ① 함수의 극한값의 계산 2023

(1) $\lim\limits_{x \to a} f(x)$ ➡ $x=a$를 $f(x)$에 대입

(2) $\dfrac{0}{0}$ 꼴

   ① 유리식인 경우 ➡ 분모, 분자를 인수분해한 후 약분

   ② 무리식인 경우 ➡ 근호가 있는 쪽을 유리화한 후 약분

(3) $\dfrac{\infty}{\infty}$ 꼴

   분모의 최고차항으로 분모, 분자를 각각 나눈다.

유형코드 x가 가까워지는 값을 $f(x)$에 대입하여 극한값을 구하거나 극한이 $\dfrac{0}{0}$ 꼴 또는 $\dfrac{\infty}{\infty}$ 꼴인 유리식 또는 무리식의 극한값을 구하는 문제가 출제된다. 단독으로는 2점 또는 3점 단순 계산 문제로 출제되지만 이후의 함수의 극한과 연속 단원의 어려운 문제의 기본이 된다. 인수분해에 두려움이 없어야 한다.

2점

001
2023학년도 수능 2번

$\lim\limits_{x \to \infty} \dfrac{\sqrt{x^2-2}+3x}{x+5}$ 의 값은? [2점]

① 1   ② 2   ③ 3

④ 4   ⑤ 5

002
2024년 시행 교육청 5월 2번

$\lim\limits_{x \to \infty} (\sqrt{x^2+4x}-x)$의 값은? [2점]

① 1   ② 2   ③ 3

④ 4   ⑤ 5

3점

003
2023년 시행 교육청 4월 16번

$\lim\limits_{x \to 2} \dfrac{x^2+x-6}{x-2}$의 값을 구하시오. [3점]

004
2022년 시행 교육청 4월 3번

$\lim\limits_{x \to 3} \dfrac{\sqrt{2x-5}-1}{x-3}$ 의 값은? [3점]

① 1   ② 2   ③ 3

④ 4   ⑤ 5

유형 ② 함수의 그래프와 극한값의 계산

(1) 우극한

함수 $f(x)$에서 x의 값이 a보다 크면서 a에 한없이 가까워질 때, $f(x)$의 값이 일정한 값 L에 한없이 가까워지면 L을 함수 $f(x)$의 $x=a$에서의 우극한이라 하고, 기호로

$$\lim_{x \to a+} f(x) = L \text{ 또는 } x \to a+ \text{일 때 } f(x) \to L$$

과 같이 나타낸다.

(2) 좌극한

함수 $f(x)$에서 x의 값이 a보다 작으면서 a에 한없이 가까워질 때, $f(x)$의 값이 일정한 값 M에 한없이 가까워지면 M을 함수 $f(x)$의 $x=a$에서의 좌극한이라 하고, 기호로

$$\lim_{x \to a-} f(x) = M \text{ 또는 } x \to a- \text{일 때 } f(x) \to M$$

과 같이 나타낸다.

실전Tip $\lim_{x \to a-} f(x)$의 값은 $x=a$의 왼쪽에서 $x=a$까지 함수의 그래프를 따라 올라간다. $\lim_{x \to a+} f(x)$의 값은 $x=a$의 오른쪽에서 $x=a$까지 함수의 그래프를 따라 올라간다.

유형코드 주어진 함수의 그래프를 이용하여 우극한, 좌극한을 구하는 문제가 출제된다. 3점 문제로 시험에 항상 출제되는 빈출 유형으로, 주어진 함수의 그래프를 실수없이 읽을 수 있어야 한다.

3점

005

함수 $y=f(x)$의 그래프가 그림과 같다.

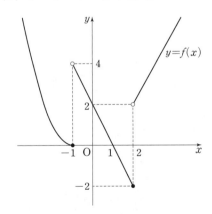

$\lim_{x \to -1+} f(x) + \lim_{x \to 2-} f(x)$의 값은? [3점]

① -4　　　② -2　　　③ 0

④ 2　　　⑤ 4

006

함수 $y=f(x)$의 그래프가 그림과 같다.

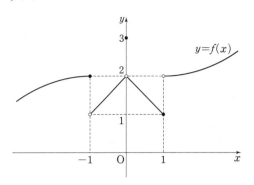

$\lim_{x \to 0+} f(x) + \lim_{x \to 1-} f(x)$의 값은? [3점]

① 1　　　② 2　　　③ 3

④ 4　　　⑤ 5

007

함수 $y=f(x)$의 그래프가 그림과 같다.

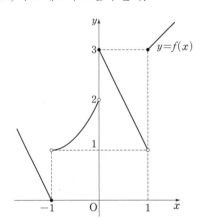

$\lim_{x \to 0-} f(x) + \lim_{x \to 1+} f(x)$의 값은? [3점]

① 1　　　② 2　　　③ 3

④ 4　　　⑤ 5

008

함수 $y=f(x)$의 그래프가 그림과 같다.

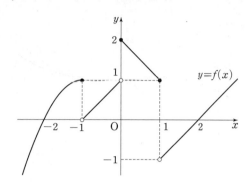

$\displaystyle\lim_{x\to-1+} f(x) + \lim_{x\to1-} f(x)$의 값은? [3점]

① -2 ② -1 ③ 0

④ 1 ⑤ 2

010

함수 $y=f(x)$의 그래프가 그림과 같다.

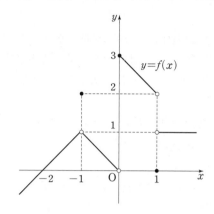

$\displaystyle\lim_{x\to-1} f(x) + \lim_{x\to1+} f(x)$의 값은? [3점]

① 1 ② 2 ③ 3

④ 4 ⑤ 5

009

함수 $y=f(x)$의 그래프가 그림과 같다.

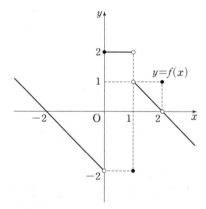

$\displaystyle\lim_{x\to0-} f(x) + \lim_{x\to1+} f(x)$의 값은? [3점]

① -2 ② -1 ③ 0

④ 1 ⑤ 2

011

함수 $y=f(x)$의 그래프가 그림과 같다.

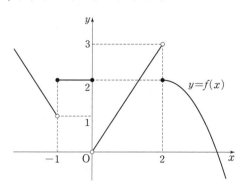

$\lim\limits_{x \to -1+} f(x) + \lim\limits_{x \to 2-} f(x)$의 값은? [3점]

① 1　　　　　② 2　　　　　③ 3

④ 4　　　　　⑤ 5

012

함수 $y=f(x)$의 그래프가 그림과 같다.

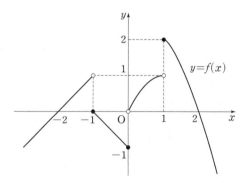

$\lim\limits_{x \to -1+} f(x) + \lim\limits_{x \to 1-} f(x)$의 값은? [3점]

① -1　　　　② 0　　　　　③ 1

④ 2　　　　　⑤ 3

013

함수 $y=f(x)$의 그래프가 그림과 같다.

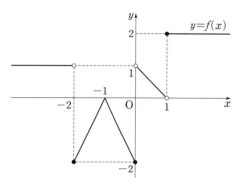

$\lim\limits_{x \to -2+} f(x) + \lim\limits_{x \to 1-} f(x)$의 값은? [3점]

① -2　　　　② -1　　　　③ 0

④ 1　　　　　⑤ 2

014

함수 $y=f(x)$의 그래프가 그림과 같다.

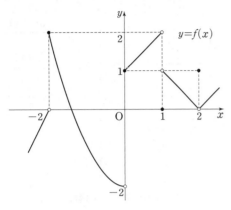

$\lim\limits_{x\to 0-} f(x)+\lim\limits_{x\to 1+} f(x)$의 값은? [3점]

① -2　　　　② -1　　　　③ 0

④ 1　　　　⑤ 2

유형 ③ 함수의 극한과 다항함수의 결정 　수능 2025

(1) 두 함수 $f(x)$, $g(x)$에 대하여 $\lim\limits_{x\to a}\dfrac{f(x)}{g(x)}=\alpha$

　　(α는 실수)일 때

　　① $\lim\limits_{x\to a}g(x)=0$이면 $\lim\limits_{x\to a}f(x)=0$

　　② $\lim\limits_{x\to a}f(x)=0$이고 $\alpha\neq0$이면 $\lim\limits_{x\to a}g(x)=0$

(2) 두 다항함수 $f(x)$, $g(x)$의 최고차항을 각각 ax^m, bx^n

　　($a\neq0$, $b\neq0$이고, m, n은 자연수)라 할 때

　　① $\lim\limits_{x\to\infty}\dfrac{f(x)}{g(x)}=\alpha$ $(\alpha\neq0)$이면 $m=n$, $\dfrac{a}{b}=\alpha$

　　② $\lim\limits_{x\to\infty}\dfrac{f(x)}{g(x)}=0$이면 $m<n$

　　③ $\lim\limits_{x\to\infty}\dfrac{f(x)}{g(x)}=\pm\infty$이면 $m>n$

실전 Tip (1) $\lim\limits_{x\to a}\dfrac{f(x)}{x-a}=k$ (k는 실수)이면

$$f(x)=(x-a)g(x)$$

(2) $\lim\limits_{x\to\infty}\dfrac{f(x)}{x^n}=k$ (k는 0이 아닌 실수)이면

$$f(x)=kx^n+k_1x^{n-1}+k_2x^{n-2}+\cdots+k_n$$
$$(k_1,\ k_2,\ \cdots,\ k_n은\ 상수)$$

유형코드 극한값이 주어지고 함수식을 결정하는 문제는 자주 출제된다. 주어진 극한값이 의미하는 것을 해석할 수 있어야 하므로 원리를 정확히 이해하고 숙지해야 한다.

3점

015

다항함수 $f(x)$가

$$\lim_{x\to\infty}\frac{f(x)}{x^2}=2,\ \lim_{x\to1}\frac{f(x)}{x-1}=3$$

을 만족시킬 때, $f(3)$의 값은? [3점]

① 11　　　　② 12　　　　③ 13

④ 14　　　　⑤ 15

유형 ④ 함수의 극한의 활용

수능 2024

함수의 극한의 활용 문제는 다음과 같은 순서로 해결한다.
❶ 선분의 길이, 도형의 넓이 등을 문자로 나타낸다.
❷ **유형 ❶**의 계산 방법을 이용하여 극한값을 구한다.

참고
다음을 이용하여 선분의 길이, 도형의 넓이 등을 문자로 나타낸다.
(1) 좌표평면 위의 두 점 $A(x_1, y_1)$, $B(x_2, y_2)$ 사이의 거리는
$$\overline{AB}=\sqrt{(x_2-x_1)^2+(y_2-y_1)^2}$$
(2) 점 $P(x_1, y_1)$과 직선 $ax+by+c=0$ 사이의 거리는
$$\frac{|ax_1+by_1+c|}{\sqrt{a^2+b^2}}$$
(3) $\angle B=\angle B'$, $\angle C=\angle C'$,
즉, 두 쌍의 대응각의 크기가
각각 같다. (AA 닮음)

유형코드 도형 또는 그래프를 활용하여 극한값을 구하는 4점 문제로 종종 출제된다. 극한값을 계산하는 것보다는 도형을 활용하여 관계식을 구하는 것이 더 어렵게 느껴질 수 있으므로 여러 가지 도형에 대한 이해가 필요하다.

4점

016

2023년 시행 교육청 10월 10번

실수 t $(t>0)$에 대하여 직선 $y=tx+t+1$과 곡선 $y=x^2-tx-1$이 만나는 두 점을 A, B라 할 때, $\lim\limits_{t\to\infty}\dfrac{\overline{AB}}{t^2}$의 값은? [4점]

① $\dfrac{\sqrt{2}}{2}$　　　② 1　　　③ $\sqrt{2}$

④ 2　　　⑤ $2\sqrt{2}$

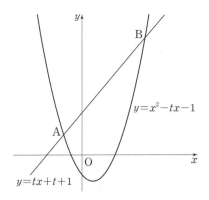

017

2023학년도 평가원 9월 12번

실수 t $(t>0)$에 대하여 직선 $y=x+t$와 곡선 $y=x^2$이 만나는 두 점을 A, B라 하자. 점 A를 지나고 x축에 평행한 직선이 곡선 $y=x^2$과 만나는 점 중 A가 아닌 점을 C, 점 B에서 선분 AC에 내린 수선의 발을 H라 하자. $\lim\limits_{t\to0+}\dfrac{\overline{AH}-\overline{CH}}{t}$의 값은?

(단, 점 A의 x좌표는 양수이다.) [4점]

① 1　　　② 2　　　③ 3

④ 4　　　⑤ 5

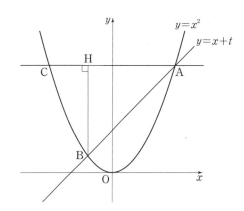

018

곡선 $y=x^2$과 기울기가 1인 직선 l이 서로 다른 두 점 A, B 에서 만난다. 양의 실수 t에 대하여 선분 AB의 길이가 $2t$가 되도록 하는 직선 l의 y절편을 $g(t)$라 할 때, $\lim\limits_{t \to \infty} \dfrac{g(t)}{t^2}$의 값은? [4점]

① $\dfrac{1}{16}$ ② $\dfrac{1}{8}$ ③ $\dfrac{1}{4}$

④ $\dfrac{1}{2}$ ⑤ 1

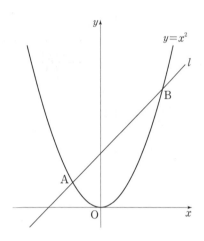

2

함수의 연속

유형 ⑤ 함수의 연속과 미정계수의 결정   수능 2024 2025

(1) 함수의 연속

함수 $f(x)$가 실수 a에 대하여 다음 조건을 모두 만족시킬 때, 함수 $f(x)$는 $x=a$에서 연속이라 한다.

(ⅰ) 함수 $f(x)$가 $x=a$에서 정의되어 있다.

(ⅱ) 극한값 $\lim\limits_{x \to a} f(x)$가 존재한다.

(ⅲ) $\lim\limits_{x \to a} f(x)=f(a)$

(2) 함수의 불연속

함수 $f(x)$가 $x=a$에서 연속이 아닐 때, 함수 $f(x)$는 $x=a$에서 불연속이라 한다. 즉, 함수 $f(x)$가 위의 세 조건 (ⅰ), (ⅱ), (ⅲ) 중 어느 하나라도 만족시키지 않으면 함수 $f(x)$는 $x=a$에서 불연속이다.

실전 Tip 두 연속함수 $g(x)$, $h(x)$에 대하여 함수

$$f(x)=\begin{cases} g(x) & (x<a) \\ h(x) & (x \geq a) \end{cases}$$ 가 $x=a$에서 연속이면

$$\lim_{x \to a+} h(x)=\lim_{x \to a-} g(x)=f(a)$$

유형코드 구간에 따라 다르게 정의된 함수의 연속인 조건을 이용하여 미정계수를 구하는 문제는 3점 문제로 자주 출제되는 중요한 유형이다. 함수의 연속의 정의를 정확히 알고 있어야 한다.

3점

019

함수

$$f(x)=\begin{cases} 2x+a & (x<3) \\ \sqrt{x+1}-a & (x \geq 3) \end{cases}$$

이 $x=3$에서 연속일 때, 상수 a의 값은? [3점]

① -2 ② -1 ③ 0

④ 1 ⑤ 2

020

2024학년도 수능 4번

함수

$$f(x)=\begin{cases} 3x-a & (x<2) \\ x^2+a & (x\geq 2) \end{cases}$$

가 실수 전체의 집합에서 연속일 때, 상수 a의 값은? [3점]

① 1 ② 2 ③ 3 ④ 4 ⑤ 5

021

2025학년도 수능 4번

함수

$$f(x)=\begin{cases} 5x+a & (x<-2) \\ x^2-a & (x\geq -2) \end{cases}$$

가 실수 전체의 집합에서 연속일 때, 상수 a의 값은? [3점]

① 6 ② 7 ③ 8 ④ 9 ⑤ 10

022

2022년 시행 교육청 7월 5번

함수

$$f(x)=\begin{cases} x-1 & (x<2) \\ x^2-ax+3 & (x\geq 2) \end{cases}$$

가 실수 전체의 집합에서 연속일 때, 상수 a의 값은? [3점]

① 1 ② 2 ③ 3 ④ 4 ⑤ 5

023

2025학년도 평가원 9월 7번

함수

$$f(x)=\begin{cases} (x-a)^2 & (x<4) \\ 2x-4 & (x\geq 4) \end{cases}$$

가 실수 전체의 집합에서 연속이 되도록 하는 모든 상수 a의 값의 곱은? [3점]

① 6 ② 9 ③ 12 ④ 15 ⑤ 18

▸ 정답 및 해설 005쪽

024

2024년 시행 교육청 10월 5번

함수

$$f(x)=\begin{cases}(x-a)^2-3 & (x<1)\\ 2x-1 & (x\geq 1)\end{cases}$$

이 실수 전체의 집합에서 연속이 되도록 하는 모든 상수 a의 값의 합은? [3점]

① -4　② -2　③ 0　④ 2　⑤ 4

025

2023학년도 평가원 9월 4번

함수

$$f(x)=\begin{cases}-2x+a & (x\leq a)\\ ax-6 & (x>a)\end{cases}$$

가 실수 전체의 집합에서 연속이 되도록 하는 모든 상수 a의 값의 합은? [3점]

① -1　② -2　③ -3　④ -4　⑤ -5

026

2023학년도 평가원 6월 6번

두 양수 a, b에 대하여 함수 $f(x)$가

$$f(x)=\begin{cases}x+a & (x<-1)\\ x & (-1\leq x<3)\\ bx-2 & (x\geq 3)\end{cases}$$

이다. 함수 $|f(x)|$가 실수 전체의 집합에서 연속일 때, $a+b$의 값은? [3점]

① $\frac{7}{3}$　② $\frac{8}{3}$　③ 3　④ $\frac{10}{3}$　⑤ $\frac{11}{3}$

4점

027

2022년 시행 교육청 10월 11번

두 정수 a, b에 대하여 실수 전체의 집합에서 연속인 함수 $f(x)$가 다음 조건을 만족시킨다.

(가) $0 \le x < 4$에서 $f(x) = ax^2 + bx - 24$이다.
(나) 모든 실수 x에 대하여 $f(x+4) = f(x)$이다.

$1 < x < 10$일 때, 방정식 $f(x) = 0$의 서로 다른 실근의 개수가 5이다. $a+b$의 값은? [4점]

① 18   ② 19   ③ 20
④ 21   ⑤ 22

유형 6 함수의 연속성

(1) 함수의 연속의 정의와 함수의 극한에 대한 성질을 이용하여 두 함수의 곱으로 정의된 함수의 연속성을 판단한다.
(2) 함수 $y = f(x)$의 그래프가 $x = a$인 점에서 끊어져 있거나 구멍이 뚫려 있으면 함수 $f(x)$는 $x = a$에서 불연속이다.

유형코드 함수의 연속의 정의와 함수의 극한에 대한 성질을 이용하여 함수의 연속성을 판단하거나 새롭게 정의된 함수의 그래프를 그려서 불연속인 점의 개수를 구하는 문제가 출제된다. 고난도 문항으로 출제되지만 조건을 만족시키는 함수만 잘 구하면 해결할 수 있다.

3점

028

2024학년도 평가원 6월 4번

실수 전체의 집합에서 연속인 함수 $f(x)$가
$$\lim_{x \to 1} f(x) = 4 - f(1)$$
을 만족시킬 때, $f(1)$의 값은? [3점]

① 1   ② 2   ③ 3
④ 4   ⑤ 5

029

2023년 시행 교육청 4월 18번

다항함수 $f(x)$가
$$\lim_{x \to \infty} \frac{xf(x) - 2x^3 + 1}{x^2} = 5, \quad f(0) = 1$$
을 만족시킬 때, $f(1)$의 값을 구하시오. [3점]

유형 ⑦ 연속함수의 성질

두 함수 $f(x)$, $g(x)$가 $x=a$에서 연속이면 다음 함수도 $x=a$에서 연속이다.

(1) $cf(x)$ (단, c는 상수)   (2) $f(x) \pm g(x)$

(3) $f(x)g(x)$ (4) $\dfrac{f(x)}{g(x)}$ (단, $g(a) \neq 0$)

참고

(1) 두 함수 $f(x)$, $g(x)$가 $x=a$에서 연속이면 두 함수 $(f \circ g)(x)$, $(g \circ f)(x)$도 $x=a$에서 연속이다.

(2) 두 함수 $f(x)$, $g(x)$가 각각 $x=a$, $x=b$에서 불연속일 때 함수 $f(x)g(x)$가 연속이려면 함수 $f(x)g(x)$가 $x=a$, $x=b$에서 연속이어야 한다.

유형코드 두 함수 $f(x)$, $g(x)$에 대하여 함수 $f(x)g(x)$ 또는 함수 $\dfrac{f(x)}{g(x)}$ 가 연속일 조건을 구하는 문제로 종종 출제된다. 보통 연속함수 1개와 특정한 점 $x=\alpha$에서 불연속인 함수 1개가 주어지므로 두 함수의 곱 또는 몫의 꼴의 함수가 $x=\alpha$에서 연속일 조건을 찾으면 된다. 연속함수의 성질을 이용하여 그 원리를 이해해 두도록 한다.

3점

030
2023년 시행 교육청 3월 6번

함수

$$f(x) = \begin{cases} x^2 - ax + 1 & (x < 2) \\ -x + 1 & (x \geq 2) \end{cases}$$

에 대하여 함수 $\{f(x)\}^2$이 실수 전체의 집합에서 연속이 되도록 하는 모든 상수 a의 값의 합은? [3점]

① 5   ② 6   ③ 7

④ 8   ⑤ 9

031
2023년 시행 교육청 10월 4번

두 자연수 m, n에 대하여 함수 $f(x) = x(x-m)(x-n)$이

$$f(1)f(3) < 0, \quad f(3)f(5) < 0$$

을 만족시킬 때, $f(6)$의 값은? [3점]

① 30   ② 36   ③ 42

④ 48   ⑤ 54

4점

032
2025학년도 평가원 6월 9번

함수

$$f(x) = \begin{cases} x - \dfrac{1}{2} & (x < 0) \\ -x^2 + 3 & (x \geq 0) \end{cases}$$

에 대하여 함수 $\{f(x) + a\}^2$이 실수 전체의 집합에서 연속일 때, 상수 a의 값은? [4점]

① $-\dfrac{9}{4}$ ② $-\dfrac{7}{4}$ ③ $-\dfrac{5}{4}$

④ $-\dfrac{3}{4}$ ⑤ $-\dfrac{1}{4}$

033

최고차항의 계수가 1인 삼차함수 $f(x)$와 실수 전체의 집합에서 정의된 함수 $g(x)$가 모든 실수 x에 대하여
$$(x-1)g(x)=|f(x)|$$
를 만족시킨다. 함수 $g(x)$가 $x=1$에서 연속이고 $g(3)=0$일 때, $f(4)$의 값은? [4점]

① 9   ② 12   ③ 15

④ 18   ⑤ 21

034

$a>2$인 상수 a에 대하여 함수 $f(x)$를
$$f(x)=\begin{cases} x^2-4x+3 & (x\leq2) \\ -x^2+ax & (x>2) \end{cases}$$
라 하자. 최고차항의 계수가 1인 삼차함수 $g(x)$에 대하여 실수 전체의 집합에서 연속인 함수 $h(x)$가 다음 조건을 만족시킬 때, $h(1)+h(3)$의 값은? [4점]

> (가) $x\neq1$, $x\neq a$일 때, $h(x)=\dfrac{g(x)}{f(x)}$이다.
> (나) $h(1)=h(a)$

① $-\dfrac{15}{6}$ ② $-\dfrac{7}{3}$ ③ $-\dfrac{13}{6}$

④ -2 ⑤ $-\dfrac{11}{6}$

035

최고차항의 계수가 1인 삼차함수 $f(x)$에 대하여 함수 $g(x)$를
$$g(x)=\begin{cases} \dfrac{f(x+3)\{f(x)+1\}}{f(x)} & (f(x)\neq0) \\ 3 & (f(x)=0) \end{cases}$$
이라 하자. $\lim\limits_{x\to3}g(x)=g(3)-1$일 때, $g(5)$의 값은? [4점]

① 14   ② 16   ③ 18

④ 20   ⑤ 22

036

2022년 시행 교육청 10월 20번

최고차항의 계수가 1이고 다음 조건을 만족시키는 모든 삼차함수 $f(x)$에 대하여 $f(5)$의 최댓값을 구하시오. [4점]

(가) $\lim\limits_{x \to 0} \dfrac{|f(x)-1|}{x}$의 값이 존재한다.

(나) 모든 실수 x에 대하여 $xf(x) \geq -4x^2 + x$이다.

037

2024년 시행 교육청 5월 20번

두 다항함수 $f(x)$, $g(x)$가 모든 실수 x에 대하여

$$xf(x) = \left(-\frac{1}{2}x + 3\right)g(x) - x^3 + 2x^2$$

을 만족시킨다. 상수 k $(k \neq 0)$에 대하여

$$\lim_{x \to 2} \frac{g(x-1)}{f(x)-g(x)} \times \lim_{x \to \infty} \frac{\{f(x)\}^2}{g(x)} = k$$

일 때, k의 값을 구하시오. [4점]

038

2023년 시행 교육청 7월 14번

▶ 정답 및 해설 009쪽

최고차항의 계수가 1이고 $f(-3)=f(0)$인 삼차함수 $f(x)$에 대하여 함수 $g(x)$를

$$g(x)=\begin{cases} f(x) & (x<-3 \text{ 또는 } x\geq 0) \\ -f(x) & (-3\leq x<0) \end{cases}$$

이라 하자. 함수 $g(x)g(x-3)$이 $x=k$에서 불연속인 실수 k의 값이 한 개일 때, 〈보기〉에서 옳은 것만을 있는 대로 고른 것은? [4점]

〈보기〉

ㄱ. 함수 $g(x)g(x-3)$은 $x=0$에서 연속이다.

ㄴ. $f(-6)\times f(3)=0$

ㄷ. 함수 $g(x)g(x-3)$이 $x=k$에서 불연속인 실수 k가 음수일 때 집합
$\{x\,|\,f(x)=0,\ x\text{는 실수}\}$의 모든 원소의 합이 -1이면 $g(-1)=-48$이다.

① ㄱ   ② ㄱ, ㄴ   ③ ㄱ, ㄷ

④ ㄴ, ㄷ   ⑤ ㄱ, ㄴ, ㄷ

039

2024학년도 수능 14번

두 자연수 a, b에 대하여 함수 $f(x)$는

$$f(x)=\begin{cases} 2x^3-6x+1 & (x\leq 2) \\ a(x-2)(x-b)+9 & (x>2) \end{cases}$$

이다. 실수 t에 대하여 함수 $y=f(x)$의 그래프와 직선 $y=t$가 만나는 점의 개수를 $g(t)$라 하자.

$$g(k)+\lim_{t\to k-} g(t)+\lim_{t\to k+} g(t)=9$$

를 만족시키는 실수 k의 개수가 1이 되도록 하는 두 자연수 a, b의 순서쌍 (a, b)에 대하여 $a+b$의 최댓값은? [4점]

① 51   ② 52   ③ 53

④ 54   ⑤ 55

040

2025학년도 수능 21번

함수 $f(x)=x^3+ax^2+bx+4$가 다음 조건을 만족시키도록 하는 두 정수 a, b에 대하여 $f(1)$의 최댓값을 구하시오. [4점]

모든 실수 α에 대하여 $\lim\limits_{x\to a}\dfrac{f(2x+1)}{f(x)}$의 값이 존재한다.

두 양수 a, b $(b>3)$과 최고차항의 계수가 1인 이차함수 $f(x)$에 대하여 함수

$$g(x) = \begin{cases} (x+3)f(x) & (x<0) \\ (x+a)f(x-b) & (x\geq0) \end{cases}$$

이 실수 전체의 집합에서 연속이고 다음 조건을 만족시킬 때, $g(4)$의 값을 구하시오. [4점]

$$\lim_{x \to -3} \frac{\sqrt{|g(x)|+\{g(t)\}^2}-|g(t)|}{(x+3)^2}$$ 의 값이 <u>존재하지 않는</u> 실수 t의 값은 -3과 6뿐이다.

042

2024년 시행 교육청 7월 22번

두 자연수 a, b $(a<b<8)$에 대하여 함수 $f(x)$는

$$f(x)=\begin{cases} |x+3|-1 & (x<a) \\ x-10 & (a \le x<b) \\ |x-9|-1 & (x \ge b) \end{cases}$$

이다. 함수 $f(x)$와 양수 k는 다음 조건을 만족시킨다.

(가) 함수 $f(x)f(x+k)$는 실수 전체의 집합에서 연속이다.
(나) $f(k)<0$

$f(a) \times f(b) \times f(k)$의 값을 구하시오. [4점]

▶ 정답 및 해설 014쪽

미분

1 미분계수와 도함수

유형 **1** 미분계수의 정의

유형 **2** 다항함수의 미분법

유형 **3** 미분계수의 정의와 다항함수의 미분법

유형 **4** 함수의 곱의 미분법

유형 **5** 미분가능성과 연속성

2 접선의 방정식

유형 **6** 접선의 방정식

유형 **7** 평균값 정리

3 함수의 그래프

유형 **8** 함수의 증가·감소

유형 **9** 함수의 극대·극소

유형 **10** 함수의 최대·최소

유형 **11** 함수의 그래프

4 도함수의 활용

유형 **12** 도함수의 방정식에의 활용

유형 **13** 도함수의 부등식에의 활용

유형 **14** 속도와 가속도

❶ 유형별 출제 분포

유형	월	2023학년도							2024학년도							2025학년도							총합
		3	4	6	7	9	10	수능	3	4	6	7	9	10	수능	3	5	6	7	9	10	수능	
유형 ① 미분계수의 정의	2점																						0
	3점												1										1
	4점																						0
유형 ② 다항함수의 미분법	2점	1	1						1				1										4
	3점			1					1														2
	4점						1	1			1										1		4
유형 ③ 미분계수의 정의와 다항함수의 미분법	2점			1		1					1	1		1	1	1		1	1	1	1	1	12
	3점	1	1															1						3
	4점																						0
유형 ④ 함수의 곱의 미분법	2점																						0
	3점						1			1	1	1	1	1	1	1	1	1	1	1		1	13
	4점																						0
유형 ⑤ 미분가능성과 연속성	2점																						0
	3점											1											1
	4점		1						1												2	1	5
유형 ⑥ 접선의 방정식	2점																						0
	3점			1	1	1					1					1							5
	4점												1	1		1							3
유형 ⑦ 평균값 정리	2점																						0
	3점			1																			1
	4점																						0
유형 ⑧ 함수의 증가·감소	2점																						0
	3점																						0
	4점					1							1										2
유형 ⑨ 함수의 극대·극소	2점																						0
	3점					1	1	1		1	1	1	1	1			1	1	1	1	1	1	14
	4점																						0
유형 ⑩ 함수의 최대·최소	2점																						0
	3점																						0
	4점	1											1										2
유형 ⑪ 함수의 그래프	2점																						0
	3점																						0
	4점		1						1		1	1		1	1	2	1		2				11
유형 ⑫ 도함수의 방정식에의 활용	2점																						0
	3점				1	1							1					1					4
	4점	1			1	1								1									4
유형 ⑬ 도함수의 부등식에의 활용	2점																						0
	3점	1	1										1										3
	4점			1																			1
유형 ⑭ 속도와 가속도	2점																						0
	3점											1											1
	4점																				1	1	2
총합		5	5	5	1	4	4	6	4	5	6	4	5	5	5	6	4	4	5	5	5	5	98

⋯ Ⅱ단원 문항은 매 시험에서 4~6문항씩 출제되며, 2025학년도 6, 9월 평가원 모의고사와 수능에서도 4~5문항씩 출제되었다. **유형❸ 미분계수의 정의와 다항함수의 미분법**에서 2점짜리 문항이 매 시험마다 출제되었으며, **유형❹ 함수의 곱의 미분법**과 **유형❾ 함수의 극대·극소**에서 3점짜리 문항이 거의 매 시험마다 출제되었다. 4점짜리 문항은 여러 가지 유형에서 고루 출제되었는데 그 중 **유형⓮ 속도와 가속도**에서 두 문항이 출제되었다.

② 5지선다형 및 단답형별 최고 오답률

	번호	오답률	유형	필수 개념	본문 위치
2023 학년도	수능 14번	확: 90% 미: 71% 기: 78%	유형 ❽ 함수의 증가·감소	$x+t=u$로 치환하여 함수 $y=h(x)$의 그래프의 개형을 그린다.	064쪽 088번
	7월 22번	확: 99% 미: 97% 기: 97%	유형 ⑫ 도함수의 방정식에의 활용	두 함수 $y=\|f(x)\|$, $y=-g(x)$의 그래프의 개형을 그려 본다.	074쪽 098번
2024 학년도	9월 13번	확: 73% 미: 63% 기: 67%	유형 ❽ 함수의 증가·감소	함수의 증가와 함소를 이해하여 먼저 $f'(1)$의 값을 구한다.	049쪽 051번
	수능 22번	확: 99% 미: 95% 기: 97%	유형 ⑪ 함수의 그래프	삼차함수의 그래프의 개형을 이용한다.	072쪽 096번
2025 학년도	7월 20번	확: 89% 미: 67% 기: 75%	유형 ⑪ 함수의 그래프	삼차함수의 그래프의 개형을 이용한다.	059쪽 076번
	10월 22번	확: 99% 미: 96% 기: 97%	유형 ❺ 미분가능성과연속성	함수 $f(x)$가 $x=a$에서 미분가능하려면 $\lim_{x \to a+} \dfrac{f(x)-f(a)}{x-a} = \lim_{x \to a-} \dfrac{f(x)-f(a)}{x-a}$	073쪽 097번

❸ **출제코드** ▶ **미분계수의 정의와 다항함수의 미분법의 계산 문제는 매 시험마다 출제된다.**

다항함수의 미분법을 이용하는 단순 계산의 2, 3점짜리 문항은 꾸준히 출제된다. 특히 최근 2년간 **유형❸ 미분계수의 정의와 다항함수의 미분법**에서 2점짜리 문항이, **유형❹ 함수의 곱의 미분법**에서 3점짜리 문항이 거의 매번 출제되고 있다.

▶ **함수의 그래프의 개형을 그리는 고난도 문항이 매 시험마다 출제된다.**

함수의 증가·감소, 극대·극소, 최대·최소를 이용하여 함수의 그래프를 그려서 해결하는 문항은 고난도 문항의 단골 소재이다. 그래프의 개형을 파악하여 극값 또는 함숫값을 구하는 문제가 최근 3년간 거의 매번 출제되고 있다. 또한, 주어진 조건을 해석하여 알맞은 함수의 그래프의 개형을 그린 후 해결하는 최고난도 문항이 자주 출제된다.

❹ **공략코드** ▶ **기본적인 공식 및 판정법은 정확히 숙지해야 한다.**

미분계수의 정의, 다항함수의 미분법 공식, 접선의 방정식, 함수의 증가·감소의 판정, 극대·극소의 판정, 속도와 가속도 등에 대한 공식 및 판정법을 정확히 숙지하고 자유자재로 이용할 수 있어야 계산 실수를 줄이고 문제를 빠르게 해결할 수 있다.

▶ **함수의 그래프의 개형을 그리는 연습을 많이 해야 한다.**

Ⅱ 단원의 핵심은 함수의 그래프이므로 함수의 증가·감소, 극대·극소, 최대·최소의 개념을 정확히 알고 함수의 그래프의 개형을 빠르고 정확하게 그리는 것이 중요하다. 함수의 그래프를 이용하는 문항은 사고력과 응용력을 모두 요구하는 경우가 많으므로 스스로의 힘으로 끈기 있게 풀어 보는 연습을 해야 한다.

미분

1 미분계수와 도함수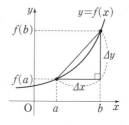

1. 평균변화율

함수 $y=f(x)$에서 x의 증분 Δx에 대한 y의 증분 Δy의 비율

$$\frac{\Delta y}{\Delta x}=\frac{f(b)-f(a)}{b-a}=\frac{f(a+\Delta x)-f(a)}{\Delta x}$$

를 x의 값이 a에서 b까지 변할 때의 함수 $y=f(x)$의 평균변화율이라
한다.

2. 미분계수 (순간변화율)

함수 $y=f(x)$의 $x=a$에서의 순간변화율 또는 미분계수는

$$f'(a)=\lim_{\Delta x \to 0}\frac{f(a+\Delta x)-f(a)}{\Delta x}=\lim_{x \to a}\frac{f(x)-f(a)}{x-a}$$

3. 미분가능성과 연속성

(1) 함수 $f(x)$에 대하여 $x=a$에서의 미분계수 $f'(a)$가 존재할 때, 함수 $f(x)$는 $x=a$에서
미분가능하다고 한다.

(2) 함수 $f(x)$가 $x=a$에서 미분가능하면 함수 $f(x)$는 $x=a$에서 연속이다.

4. 도함수

함수 $y=f(x)$가 정의역에 속하는 모든 x의 값에서 미분가능할 때, 정의역에 속하는 임의의
원소 x에 미분계수 $f'(x)$를 대응시키는 새로운 함수

$$f'(x)=\lim_{\Delta x \to 0}\frac{f(x+\Delta x)-f(x)}{\Delta x}$$

를 함수 $y=f(x)$의 도함수라 하고, 기호로 $f'(x)$, y', $\dfrac{dy}{dx}$, $\dfrac{d}{dx}f(x)$와 같이 나타낸다.

5. 미분법의 공식

(1) 함수 $y=x^n$과 상수함수의 도함수

   ① $y=x^n$ (n은 자연수)이면 $y'=nx^{n-1}$ ② $y=c$ (c는 상수)이면 $y'=0$

(2) 함수의 실수배, 합, 차, 곱의 미분법 : 미분가능한 두 함수 $f(x)$, $g(x)$에 대하여

   ① $y=cf(x)$ (c는 상수)이면 $y'=cf'(x)$

   ② $y=f(x)\pm g(x)$이면 $y'=f'(x)\pm g'(x)$ (복부호동순)

   ③ $y=f(x)g(x)$이면 $y'=f'(x)g(x)+f(x)g'(x)$

2 접선의 방정식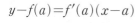

1. 접선의 방정식

함수 $f(x)$가 $x=a$에서 미분가능할 때, 곡선 $y=f(x)$ 위의 점
$P(a, f(a))$에서의 접선의 기울기는 $x=a$에서의 미분계수 $f'(a)$이다.
따라서 곡선 $y=f(x)$ 위의 점 $P(a, f(a))$에서의 접선의 방정식은
다음과 같다.

$$y-f(a)=f'(a)(x-a)$$

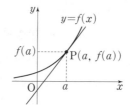

2. 평균값 정리

함수 $f(x)$가 닫힌구간 $[a, b]$에서 연속이고 열린구간 (a, b)에서 미분가능할 때,

$$\frac{f(b)-f(a)}{b-a}=f'(c)$$

인 c가 열린구간 (a, b)에 적어도 하나 존재한다.

즉, 평균값 정리에서 $f(a)=f(b)$인 경우가 롤의 정리이다.

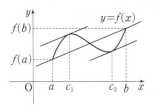

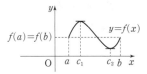

▶ **롤의 정리**
함수 $f(x)$가 닫힌구간 $[a, b]$에서 연속이고 열린구간 (a, b)에서 미분가능할 때, $f(a)=f(b)$이면 $f'(c)=0$인 c가 열린구간 (a, b)에 적어도 하나 존재한다.

▶ 직관적으로 함수 $y=f(x)$의 그래프가 어떤 구간에서
(1) 오른쪽 위(╱)로 올라가면 함수 $f(x)$는 이 구간에서 증가한다.
(2) 오른쪽 아래(╲)로 내려가면 함수 $f(x)$는 이 구간에서 감소한다.

▶ ① 하나의 함수에서 극값은 여러 개 존재할 수 있다.
② 극댓값이 극솟값보다 항상 큰 것은 아니다.
③ 상수함수는 모든 실수 x에서 극값을 갖는다.
④ 불연속인 함수의 경우에도 극값을 가질 수 있다.

3 함수의 그래프 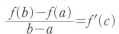 2023 2024 2025

1. 함수의 증가와 감소

함수 $f(x)$가 어떤 구간에 속하는 임의의 두 수 x_1, x_2에 대하여
(1) $x_1<x_2$일 때, $f(x_1)<f(x_2)$이면 $f(x)$는 이 구간에서 증가한다고 한다.
(2) $x_1<x_2$일 때, $f(x_1)>f(x_2)$이면 $f(x)$는 이 구간에서 감소한다고 한다.

2. 함수의 극대와 극소

함수 $f(x)$에서 $x=a$를 포함하는 어떤 열린구간에 속하는 모든 x에 대하여
(1) $f(x)\leq f(a)$일 때, 함수 $f(x)$는 $x=a$에서 극대라 하고, $f(a)$를 극댓값이라 한다.
(2) $f(x)\geq f(a)$일 때, 함수 $f(x)$는 $x=a$에서 극소라 하고, $f(a)$를 극솟값이라 한다.
이때 극댓값과 극솟값을 통틀어 극값이라 한다.

> 참고 함수 $f(x)$가 연속일 때, $x=a$의 좌우에서
> (1) $f(x)$가 증가하다가 감소하면 함수 $f(x)$는 $x=a$에서 극대이다.
> (2) $f(x)$가 감소하다가 증가하면 함수 $f(x)$는 $x=a$에서 극소이다.

4 도함수의 활용  2023 2025

1. 도함수의 방정식에의 활용

(1) 방정식 $f(x)=0$의 서로 다른 실근의 개수는 함수 $y=f(x)$의 그래프와 x축의 교점의 개수와 같다.
(2) 방정식 $f(x)=g(x)$ 또는 $f(x)-g(x)=0$의 서로 다른 실근의 개수는 두 함수 $y=f(x)$, $y=g(x)$의 그래프의 교점의 개수와 같다.

2. 도함수의 부등식에의 활용

(1) 어떤 구간에서 부등식 $f(x)\geq 0$이 성립함을 보이려면
(이 구간에서 함수 $f(x)$의 최솟값)≥ 0임을 보인다.
(2) 어떤 구간에서 부등식 $f(x)\geq g(x)$가 성립함을 보이려면
$h(x)=f(x)-g(x)$라 하고, (이 구간에서 함수 $h(x)$의 최솟값)≥ 0임을 보인다.

3. 속도와 가속도

수직선 위를 움직이는 점 P의 시각 t에서의 위치 x가 $x=f(t)$일 때, 점 P의 시각 t에서의 속도와 가속도는

(1) 속도: $v=\dfrac{dx}{dt}=f'(t)$ (2) 가속도: $a=\dfrac{dv}{dt}=v'(t)$

▶ 속도의 절댓값 $|v|$를 시각 t에서의 점 P의 속도의 크기 또는 속력이라 한다.

1

미분계수와 도함수

유형 ① 미분계수의 정의

함수 $y=f(x)$의 $x=a$에서의 미분계수는

$$f'(a)=\lim_{h \to 0}\frac{f(a+h)-f(a)}{h}=\lim_{x \to a}\frac{f(x)-f(a)}{x-a}$$

실전Tip 세 상수 p, q, r에 대하여

$$\lim_{h \to 0}\frac{f(a+qh)-f(a)}{ph}=\frac{q}{p}f'(a),$$

$$\lim_{h \to 0}\frac{f(a+qh)-f(a+rh)}{ph}=\frac{q-r}{p}f'(a)$$

유형코드 미분계수의 정의를 이용하여 미분계수 또는 미지수를 구하는 문제가 출제된다. 미분 단원의 기초가 되는 유형이기도 하다. 미분계수의 정의는 반드시 숙지해 두어야 한다.

3점

001
2023년 시행 교육청 4월 5번

0이 아닌 모든 실수 h에 대하여 다항함수 $f(x)$에서 x의 값이 1에서 $1+h$까지 변할 때의 평균변화율이 h^2+2h+3일 때, $f'(1)$의 값은? [3점]

① 1   ② $\frac{3}{2}$ ③ 2

④ $\frac{5}{2}$ ⑤ 3

유형 ② 다항함수의 미분법
수능 2023

(1) $y=x^n$ ($n \geq 2$인 정수)이면 $y'=nx^{n-1}$

(2) $y=x$이면 $y'=1$

(3) $y=c$ (c는 상수)이면 $y'=0$

(4) $y=cf(x)$ (c는 상수)이면 $y'=cf'(x)$

(5) $y=f(x) \pm g(x)$이면 $y'=f'(x) \pm g'(x)$ (복부호동순)

실전Tip $f'(a)$의 값은 위의 공식을 이용하여 함수 $f(x)$의 도함수 $f'(x)$를 구한 후 $f'(x)$에 $x=a$를 대입한다.

유형코드 다항함수의 미분법을 이용하여 미분계수 또는 미지수를 구하는 문제가 출제된다. 2점 또는 3점 문제로 거의 매 시험에 출제되는 빈출 유형이다. 미분 단원에 기본이 되는 계산 유형으로, 공식은 반드시 숙지해야 한다.

2점

002
2022년 시행 교육청 3월 2번

함수 $f(x)=x^3+2x^2+3x+4$에 대하여 $f'(-1)$의 값은? [2점]

① 1   ② 2   ③ 3

④ 4   ⑤ 5

003
2022년 시행 교육청 4월 2번

함수 $f(x)=x^3+7x-4$에 대하여 $f'(1)$의 값은? [2점]

① 6   ② 7   ③ 8

④ 9   ⑤ 10

004
2023년 시행 교육청 3월 2번

함수 $f(x)=2x^3-x^2+6$에 대하여 $f'(1)$의 값은? [2점]

① 1   ② 2   ③ 3

④ 4   ⑤ 5

006
2023년 시행 교육청 3월 17번

직선 $y=4x+5$가 곡선 $y=2x^4-4x+k$에 접할 때, 상수 k의 값을 구하시오. [3점]

3점

005
2022년 시행 교육청 7월 3번

함수 $f(x)=x^3+2x+7$에 대하여 $f'(1)$의 값은? [3점]

① 5   ② 6   ③ 7

④ 8   ⑤ 9

4점

007
2022년 시행 교육청 10월 9번

최고차항의 계수가 1인 다항함수 $f(x)$가 모든 실수 x에 대하여
$$xf'(x)-3f(x)=2x^2-8x$$
를 만족시킬 때, $f(1)$의 값은? [4점]

① 1   ② 2   ③ 3

④ 4   ⑤ 5

그림과 같이 실수 t $(0<t<1)$에 대하여 곡선 $y=x^2$ 위의 점 중에서 직선 $y=2tx-1$과의 거리가 최소인 점을 P라 하고, 직선 OP가 직선 $y=2tx-1$과 만나는 점을 Q라 할 때, $\lim\limits_{t\to1-}\dfrac{\overline{\mathrm{PQ}}}{1-t}$의 값은? (단, O는 원점이다.) [4점]

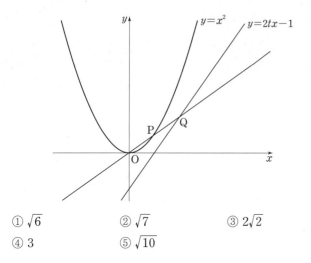

① $\sqrt{6}$ ② $\sqrt{7}$ ③ $2\sqrt{2}$

④ 3 ⑤ $\sqrt{10}$

최고차항의 계수가 1인 삼차함수 $f(x)$가 모든 정수 k에 대하여

$$2k-8\le\frac{f(k+2)-f(k)}{2}\le4k^2+14k$$

를 만족시킬 때, $f'(3)$의 값을 구하시오. [4점]

함수 $f(x)$가 주어지고 미분계수의 정의를 이용하여 미분계수를 구해야 하는 문제는 다음과 같은 순서로 해결한다.

❶ 미분계수의 정의를 이용하여
$$\lim_{h \to 0} \frac{f(a+h)-f(a)}{h} \text{ 또는 } \lim_{x \to a} \frac{f(x)-a}{x-a} \text{ 를 } f'(a)\text{로}$$
나타낸다.

❷ 함수 $f(x)$를 미분한다.

❸ $f'(a)$의 값을 구한다.

유형코드 **유형 ❶**과 **유형 ❷**가 결합된 유형으로, 2025학년도에는 매시험 2점 또는 3점 문제로 출제되었다. 미분계수의 정의와 다항함수의 미분법 공식을 모두 알고 있어야 한다.

2점

010
2024년 시행 교육청 7월 2번

함수 $f(x)=2x^2+5x-2$에 대하여 $\lim_{x \to 1} \dfrac{f(x)-f(1)}{x-1}$의 값은?

[2점]

① 6   ② 7   ③ 8

④ 9   ⑤ 10

011
2025학년도 평가원 6월 2번

함수 $f(x)=x^2+x+2$에 대하여 $\lim_{h \to 0} \dfrac{f(2+h)-f(2)}{h}$의 값은? [2점]

① 1   ② 2   ③ 3

④ 4   ⑤ 5

012
2025학년도 평가원 9월 2번

함수 $f(x)=x^3+3x^2-5$에 대하여 $\lim_{h \to 0} \dfrac{f(1+h)-f(1)}{h}$의 값은? [2점]

① 5   ② 6   ③ 7

④ 8   ⑤ 9

013
2023학년도 평가원 6월 2번

함수 $f(x)=x^3+9$에 대하여 $\lim_{h \to 0} \dfrac{f(2+h)-f(2)}{h}$의 값은?

[2점]

① 11   ② 12   ③ 13

④ 14   ⑤ 15

014

함수 $f(x) = x^3 - 8x + 7$에 대하여 $\lim\limits_{h \to 0} \dfrac{f(2+h) - f(2)}{h}$의 값은? [2점]

① 1   ② 2   ③ 3

④ 4   ⑤ 5

015

함수 $f(x) = x^3 - 7x + 5$에 대하여 $\lim\limits_{h \to 0} \dfrac{f(2+h) - f(2)}{h}$의 값은? [2점]

① 1   ② 2   ③ 3

④ 4   ⑤ 5

016

함수 $f(x) = 2x^3 - 5x^2 + 3$에 대하여 $\lim\limits_{h \to 0} \dfrac{f(2+h) - f(2)}{h}$의 값은? [2점]

① 1   ② 2   ③ 3

④ 4   ⑤ 5

017

함수 $f(x) = x^2 - 2x + 3$에 대하여 $\lim\limits_{h \to 0} \dfrac{f(3+h) - f(3)}{h}$의 값은? [2점]

① 1   ② 2   ③ 3

④ 4   ⑤ 5

018

함수 $f(x) = x^3 - 3x^2 + x$에 대하여 $\lim\limits_{h \to 0} \dfrac{f(3+h) - f(3)}{2h}$의 값은? [2점]

① 1   ② 3   ③ 5

④ 7   ⑤ 9

019

함수 $f(x)=2x^2+5$에 대하여 $\lim_{x\to 2}\dfrac{f(x)-f(2)}{x-2}$의 값은?

[2점]

① 8   ② 9   ③ 10
④ 11   ⑤ 12

020

함수 $f(x)=2x^2-x$에 대하여 $\lim_{x\to 1}\dfrac{f(x)-1}{x-1}$의 값은? [2점]

① 1   ② 2   ③ 3
④ 4   ⑤ 5

021

함수 $f(x)=x^3-2x^2-4x$에 대하여 $\lim_{x\to 1}\dfrac{f(x)+5}{x-1}$의 값은?

[2점]

① -1 ② -2 ③ -3
④ -4 ⑤ -5

022

함수 $f(x)=2x^3+3x$에 대하여 $\lim_{h\to 0}\dfrac{f(2h)-f(0)}{h}$의 값은?

[2점]

① 0   ② 2   ③ 4
④ 6   ⑤ 8

023
2024년 시행 교육청 5월 4번

다항함수 $f(x)$에 대하여 $\lim\limits_{h \to 0} \dfrac{f(1+2h)-4}{h}=6$일 때,
$f(1)+f'(1)$의 값은? [3점]

① 5　　　　　② 6　　　　　③ 7
④ 8　　　　　⑤ 9

024
2022년 시행 교육청 3월 6번

함수 $f(x)=2x^2-3x+5$에서 x의 값이 a에서 $a+1$까지 변할 때의 평균변화율이 7이다. $\lim\limits_{h \to 0} \dfrac{f(a+2h)-f(a)}{h}$의 값은?

(단, a는 상수이다.) [3점]

① 6　　　　　② 8　　　　　③ 10
④ 12　　　　　⑤ 14

025
2022년 시행 교육청 4월 7번

$f(3)=2$, $f'(3)=1$인 다항함수 $f(x)$와 최고차항의 계수가 1인 이차함수 $g(x)$가

$$\lim\limits_{x \to 3} \dfrac{f(x)-g(x)}{x-3}=1$$

을 만족시킬 때, $g(1)$의 값은? [3점]

① 3　　　　　② 4　　　　　③ 5
④ 6　　　　　⑤ 7

$y=f(x)g(x)$이면 $y'=f'(x)g(x)+f(x)g'(x)$

참고 $y=\{f(x)\}^n$ (n은 자연수)이면 $y'=n\{f(x)\}^{n-1}f'(x)$

유형코드 함수의 곱의 미분법을 이용하여 미분계수 또는 미지수를 구하는 문제가 출제된다. 2025학년도에는 매시험 3점 문제로 출제되었으며, 함수의 곱의 미분법의 공식만 알고 있으면 어렵지 않게 해결할 수 있다.

3점

026
2024학년도 수능 17번

함수 $f(x)=(x+1)(x^2+3)$에 대하여 $f'(1)$의 값을 구하시오. [3점]

027
2025학년도 평가원 9월 5번

함수 $f(x)=(x+1)(x^2+x-5)$에 대하여 $f'(2)$의 값은? [3점]

① 15   ② 16   ③ 17
④ 18   ⑤ 19

028
2024년 시행 교육청 5월 17번

함수 $f(x)=(x-1)(x^3+x^2+5)$에 대하여 $f'(1)$의 값을 구하시오. [3점]

029
2024년 시행 교육청 7월 17번

함수 $f(x)=(x-3)(x^2+x-2)$에 대하여 $f'(5)$의 값을 구하시오. [3점]

030

함수 $f(x)=(x^2-1)(x^2+2x+2)$에 대하여 $f'(1)$의 값은?
[3점]

① 6   ② 7   ③ 8

④ 9   ⑤ 10

031

함수 $f(x)=(x^2+3x)(x^2-x+2)$에 대하여 $f'(2)$의 값을 구하시오. [3점]

032

함수 $f(x)=(x^2+1)(3x^2-x)$에 대하여 $f'(1)$의 값은? [3점]

① 8   ② 10   ③ 12

④ 14   ⑤ 16

033

다항함수 $f(x)$에 대하여 함수 $g(x)$를
$$g(x)=x^2f(x)$$
라 하자. $f(2)=1$, $f'(2)=3$일 때, $g'(2)$의 값은? [3점]

① 12   ② 14   ③ 16

④ 18   ⑤ 20

034

다항함수 $f(x)$에 대하여 함수 $g(x)$를
$$g(x)=(x^3+1)f(x)$$
라 하자. $f(1)=2$, $f'(1)=3$일 때, $g'(1)$의 값은? [3점]

① 12   ② 14   ③ 16

④ 18   ⑤ 20

035

함수 $f(x)=(x^2+1)(x^2+ax+3)$에 대하여 $f'(1)=32$일 때, 상수 a의 값을 구하시오. [3점]

036

삼차함수 $f(x)$에 대하여 함수 $g(x)$를
$$g(x)=(x+2)f(x)$$
라 하자. 곡선 $y=f(x)$ 위의 점 $(3,\ 2)$에서의 접선의 기울기가 4일 때, $g'(3)$의 값을 구하시오. [3점]

Ⅱ

미분

037

다항함수 $f(x)$에 대하여 곡선 $y=f(x)$ 위의 점 $(0,\,f(0))$에서의 접선의 방정식이 $y=3x-1$이다. 함수 $g(x)=(x+2)f(x)$에 대하여 $g'(0)$의 값은? [3점]

① 5   ② 6   ③ 7

④ 8   ⑤ 9

038

두 다항함수 $f(x)$, $g(x)$에 대하여

$$(x+1)f(x)+(1-x)g(x)=x^3+9x+1,\ f(0)=4$$

일 때, $f'(0)+g'(0)$의 값은? [3점]

① 1   ② 2   ③ 3

④ 4   ⑤ 5

유형 ⑤ 미분가능성과 연속성

함수 $f(x)$가 $x=a$에서 미분가능하면 함수 $f(x)$는 $x=a$에서 연속이다.
그러나 그 역은 성립하지 않는다.

참고 두 다항함수 $f(x)$, $g(x)$에 대하여 함수

$$f(x)=\begin{cases} g(x) & (x<a) \\ h(x) & (x\ge a) \end{cases}$$ 가 $x=a$에서 미분가능하려면

(1) $x=a$에서 연속: $\displaystyle\lim_{x\to a+}h(x)=\lim_{x\to a-}g(x)=f(a)$

(2) $x=a$에서의 미분계수가 존재:
$$\lim_{x\to a+}\frac{h(x)-h(a)}{x-a}=\lim_{x\to a-}\frac{g(x)-g(a)}{x-a}$$

유형코드 함수의 연속인 조건도 같이 이용해야 하므로 I단원 **유형 ⑤**에서 배운 함수의 연속의 정의도 정확히 알고 있어야 한다. II단원, III단원 고난도 문제에 자주 등장하는 중요한 내용이다.

3점

039

함수

$$f(x)=\begin{cases} 3x+a & (x\le 1) \\ 2x^3+bx+1 & (x>1) \end{cases}$$

이 $x=1$에서 미분가능할 때, $a+b$의 값은?

(단, a, b는 상수이다.) [3점]

① -8 ② -6 ③ -4

④ -2 ⑤ 0

040

2024년 시행 교육청 10월 14번

최고차항의 계수가 1인 사차함수 $f(x)$에 대하여 함수

$$g(x) = \begin{cases} f(x) & (x \le 1) \\ f(x-1)+2 & (x>1) \end{cases}$$

은 실수 전체의 집합에서 미분가능하고, 곡선 $y=g(x)$ 위의 점 $(0, g(0))$에서의 접선의 방정식이 $y=2x+1$이다. $g'(t)=2$인 서로 다른 모든 실수 t의 값의 합은? [4점]

① 4   ② $\dfrac{9}{2}$ ③ 5

④ $\dfrac{11}{2}$ ⑤ 6

041

2022년 시행 교육청 4월 14번

정수 k와 함수

$$f(x) = \begin{cases} x+1 & (x<0) \\ x-1 & (0 \le x < 1) \\ 0 & (1 \le x \le 3) \\ -x+4 & (x>3) \end{cases}$$

에 대하여 함수 $g(x)$를 $g(x) = |f(x-k)|$라 할 때, 〈보기〉에서 옳은 것만을 있는 대로 고른 것은? [4점]

〈보기〉

ㄱ. $k=-3$일 때, $\displaystyle\lim_{x \to 0-} g(x) = g(0)$이다.

ㄴ. 함수 $f(x)+g(x)$가 $x=0$에서 연속이 되도록 하는 정수 k가 존재한다.

ㄷ. 함수 $f(x)g(x)$가 $x=0$에서 미분가능하도록 하는 모든 정수 k의 값의 합은 -5이다.

① ㄱ   ② ㄷ   ③ ㄱ, ㄴ

④ ㄱ, ㄷ   ⑤ ㄱ, ㄴ, ㄷ

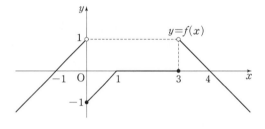

▶ 정답 및 해설 020쪽

2

접선의 방정식

유형 ⑥ 접선의 방정식   수능 2023 2024

(1) **접점의 좌표가 주어진 경우**

곡선 $y=f(x)$ 위의 점 $(a, f(a))$에서의 접선의 방정식은 다음과 같은 순서로 구한다.

❶ 접선의 기울기 $f'(a)$를 구한다.

❷ $y-f(a)=f'(a)(x-a)$를 이용하여 접선의 방정식을 구한다.

(2) **접선의 기울기가 주어진 경우**

곡선 $y=f(x)$에 접하고 기울기가 m인 접선의 방정식은 다음과 같은 순서로 구한다.

❶ 접점의 좌표를 $(t, f(t))$로 놓는다.

❷ $f'(t)=m$임을 이용하여 t의 값을 구한 후 접점의 좌표를 구한다.

❸ $y-f(t)=m(x-t)$를 이용하여 접선의 방정식을 구한다.

(3) **곡선 밖의 한 점에서 곡선에 접선을 그은 경우**

곡선 $y=f(x)$ 밖의 한 점 (x_1, y_1)에서 곡선에 그은 접선의 방정식은 다음과 같은 순서로 구한다.

❶ 접점의 좌표를 $(t, f(t))$로 놓는다.

❷ $y-f(t)=f'(t)(x-t)$에 점 (x_1, y_1)의 좌표를 대입하여 t의 값을 구한다.

❸ t의 값을 $y-f(t)=f'(t)(x-t)$에 대입하여 접선의 방정식을 구한다.

유형코드 접점의 좌표가 주어진 경우, 접선의 기울기가 주어진 경우, 곡선 밖의 한 점이 주어진 경우를 잘 구분하여 위의 풀이 방법을 이용해야 한다. 접선의 방정식을 구하거나 미지수를 구하는 간단한 문제가 출제되기도 하지만 접선의 성질을 활용하여 문제에서 주어진 조건을 만족시키는 경우를 추론할 때도 이용된다.

3점

042   2023학년도 평가원 9월 8번

곡선 $y=x^3-4x+5$ 위의 점 $(1, 2)$에서의 접선이 곡선 $y=x^4+3x+a$에 접할 때, 상수 a의 값은? [3점]

① 6 　　　　② 7 　　　　③ 8

④ 9 　　　　⑤ 10

043   2023학년도 수능 8번

점 $(0, 4)$에서 곡선 $y=x^3-x+2$에 그은 접선의 x절편은? [3점]

① $-\dfrac{1}{2}$ 　　　② -1 　　　③ $-\dfrac{3}{2}$

④ -2 　　　⑤ $-\dfrac{5}{2}$

044   2023년 시행 교육청 7월 19번

곡선 $y=x^3-10$ 위의 점 $P(-2, -18)$에서의 접선과 곡선 $y=x^3+k$ 위의 점 Q에서의 접선이 일치할 때, 양수 k의 값을 구하시오. [3점]

045

2022년 시행 교육청 10월 6번

함수 $f(x)=x^3-2x^2+2x+a$에 대하여 곡선 $y=f(x)$ 위의 점 $(1, f(1))$에서의 접선이 x축, y축과 만나는 점을 각각 P, Q라 하자. $\overline{\mathrm{PQ}}=6$일 때, 양수 a의 값은? [3점]

① $2\sqrt{2}$ ② $\dfrac{5\sqrt{2}}{2}$ ③ $3\sqrt{2}$

④ $\dfrac{7\sqrt{2}}{2}$ ⑤ $4\sqrt{2}$

046

2024년 시행 교육청 3월 19번

실수 a에 대하여 함수 $f(x)=x^3-\dfrac{5}{2}x^2+ax+2$이다.

곡선 $y=f(x)$ 위의 두 점 A$(0, 2)$, B$(2, f(2))$에서의 접선을 각각 l, m이라 하자. 두 직선 l, m이 만나는 점이 x축 위에 있을 때, $60 \times |f(2)|$의 값을 구하시오. [3점]

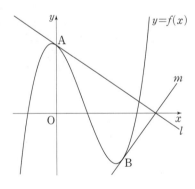

047

2025학년도 평가원 **6월 11번**

최고차항의 계수가 1이고 $f(0)=0$인 삼차함수 $f(x)$가

$$\lim_{x \to a} \frac{f(x)-1}{x-a}=3$$

을 만족시킨다. 곡선 $y=f(x)$ 위의 점 $(a, f(a))$에서의 접선의 y절편이 4일 때, $f(1)$의 값은? (단, a는 상수이다.) [4점]

① -1 ② -2 ③ -3

④ -4 ⑤ -5

048

최고차항의 계수가 1인 삼차함수 $f(x)$에 대하여 곡선 $y=f(x)$ 위의 점 $(-2, f(-2))$에서의 접선과 곡선 $y=f(x)$ 위의 점 $(2, 3)$에서의 접선이 점 $(1, 3)$에서 만날 때, $f(0)$의 값은? [4점]

① 31   ② 33   ③ 35

④ 37   ⑤ 39

049

$a > \sqrt{2}$인 실수 a에 대하여 함수 $f(x)$를

$$f(x) = -x^3 + ax^2 + 2x$$

라 하자. 곡선 $y=f(x)$ 위의 점 $O(0, 0)$에서의 접선이 곡선 $y=f(x)$와 만나는 점 중 O가 아닌 점을 A라 하고, 곡선 $y=f(x)$ 위의 점 A에서의 접선이 x축과 만나는 점을 B라 하자. 점 A가 선분 OB를 지름으로 하는 원 위의 점일 때, $\overline{OA} \times \overline{AB}$의 값을 구하시오. [4점]

유형 7 평균값 정리

함수 $f(x)$가 닫힌구간 $[a, b]$에서 연속이고 열린구간 (a, b)에서 미분가능하면
$$\frac{f(b)-f(a)}{b-a}=f'(c)$$
인 c가 열린구간 (a, b)에 적어도 하나 존재한다.

유형코드 단독으로 거의 출제되지 않는 유형이지만 출제되면 어렵지 않게 나오므로 평균값 정리의 내용은 숙지해 두도록 한다.

3점

050

2023학년도 평가원 6월 8번

실수 전체의 집합에서 미분가능하고 다음 조건을 만족시키는 모든 함수 $f(x)$에 대하여 $f(5)$의 최솟값은? [3점]

(가) $f(1)=3$
(나) $1<x<5$인 모든 실수 x에 대하여 $f'(x)\geq5$이다.

① 21   ② 22   ③ 23
④ 24   ⑤ 25

---

3 함수의 그래프

유형 8 함수의 증가·감소

수능 2023

(1) 함수 $f(x)$가 어떤 열린구간에서 미분가능하고, 이 구간의 모든 x에 대하여
  ① $f'(x)>0$이면 함수 $f(x)$는 이 구간에서 증가
  ② $f'(x)<0$이면 함수 $f(x)$는 이 구간에서 감소
(2) 함수 $f(x)$가 증가 또는 감소할 조건
  함수 $f(x)$가 어떤 열린구간에서 미분가능하고, 이 구간의 모든 x에 대하여
  ① 함수 $f(x)$가 증가하려면 $f'(x)\geq0$
  ② 함수 $f(x)$가 감소하려면 $f'(x)\leq0$

참고 함수 $f(x)$의 역함수가 존재하려면
  ➡ $f'(x)\geq0$ 또는 $f'(x)\leq0$

유형코드 단독으로 출제되기보다는 이후 유형들의 기반이 되는 유형이므로 중요하다. 단독으로 출제된 경우에는 함수 $f(x)$의 도함수 $f'(x)$의 부호를 이용하여 조건을 만족시키는 미지수의 범위를 구하면 된다.

4점

051

2024학년도 평가원 9월 13번

두 실수 a, b에 대하여 함수
$$f(x)=\begin{cases} -\frac{1}{3}x^3-ax^2-bx & (x<0) \\ \frac{1}{3}x^3+ax^2-bx & (x\geq0) \end{cases}$$
이 구간 $(-\infty, -1]$에서 감소하고 구간 $[-1, \infty)$에서 증가할 때, $a+b$의 최댓값을 M, 최솟값을 m이라 하자. $M-m$의 값은? [4점]

① $\frac{3}{2}+3\sqrt{2}$ ② $3+3\sqrt{2}$ ③ $\frac{9}{2}+3\sqrt{2}$
④ $6+3\sqrt{2}$ ⑤ $\frac{15}{2}+3\sqrt{2}$

유형 ⑨ 함수의 극대·극소 수능 2023 2024 2025

(1) 함수 $f(x)$에서 $x=a$를 포함하는 어떤 열린구간에 속하는 모든 x에 대하여

① $f(x) \leq f(a)$일 때, 함수 $f(x)$는 $x=a$에서 극대라 하고, $f(a)$를 극댓값이라 한다.

② $f(x) \geq f(a)$일 때, 함수 $f(x)$는 $x=a$에서 극소라 하고, $f(a)$를 극솟값이라 한다.

이때 극댓값과 극솟값을 통틀어 극값이라 한다.

(2) 함수 $f(x)$가 $x=a$에서 미분가능하고 $x=a$에서 극값을 가지면 ➡ $f'(a)=0$

(3) 함수 $f(x)$의 극대와 극소의 판정

미분가능한 함수 $f(x)$에 대하여 $f'(x)=0$이고, $x=a$의 좌우에서 $f'(x)$의 부호가

① 양(+)에서 음(−)으로 바뀌면

함수 $f(x)$는 $x=a$에서 극대이고, 극댓값은 $f(a)$

② 음(−)에서 양(+)으로 바뀌면

함수 $f(x)$는 $x=a$에서 극소이고, 극솟값은 $f(a)$

참고 미분가능한 함수 $f(x)$가 $x=a$에서 극값 b를 가지면
➡ $f(a)=b, f'(a)=0$

유형코드 함수의 극값 또는 극값을 갖는 x좌표의 값이 주어지고 미정계수를 구하는 3점 문제로 종종 출제된다. **유형 ⑧**과 마찬가지로 함수 $f(x)$의 도함수 $f'(x)$의 부호를 이용하여 조건을 만족시키는 미정계수를 구하면 된다. 단독으로도 출제되고, **유형 ⑧**과 함께 이후 유형들의 기반이 되는 유형이므로 중요하다.

3점

052
2023년 시행 교육청 4월 4번

함수 $f(x)=2x^3-6x+a$의 극솟값이 2일 때, 상수 a의 값은? [3점]

① 6 ② 7 ③ 8
④ 9 ⑤ 10

053
2023학년도 평가원 9월 6번

함수 $f(x)=x^3-3x^2+k$의 극댓값이 9일 때, 함수 $f(x)$의 극솟값은? (단, k는 상수이다.) [3점]

① 1 ② 2 ③ 3
④ 4 ⑤ 5

054
2024년 시행 교육청 7월 7번

함수 $f(x)=x^3-3x+2a$의 극솟값이 $a+3$일 때, 함수 $f(x)$의 극댓값은? (단, a는 상수이다.) [3점]

① 11 ② 12 ③ 13
④ 14 ⑤ 15

055

상수 k에 대하여 함수 $f(x)=x^3-3x^2-9x+k$의 극솟값이 -17일 때, 함수 $f(x)$의 극댓값은? [3점]

① 11   ② 12   ③ 13

④ 14   ⑤ 15

056

함수 $f(x)=2x^3-9x^2+ax+5$는 $x=1$에서 극대이고, $x=b$에서 극소이다. $a+b$의 값은? (단, a, b는 상수이다.) [3점]

① 12   ② 14   ③ 16

④ 18   ⑤ 20

057

함수 $f(x)=x^3+ax^2+3a$가 $x=-2$에서 극대일 때, 함수 $f(x)$의 극솟값은? (단, a는 상수이다.) [3점]

① 5   ② 6   ③ 7

④ 8   ⑤ 9

058

함수 $f(x)=\dfrac{1}{3}x^3-2x^2-12x+4$가 $x=\alpha$에서 극대이고 $x=\beta$에서 극소일 때, $\beta-\alpha$의 값은? (단, α와 β는 상수이다.) [3점]

① -4 ② -1 ③ 2

④ 5 ⑤ 8

059

양수 a에 대하여 함수 $f(x)$를
$$f(x)=2x^3-3ax^2-12a^2x$$

라 하자. 함수 $f(x)$의 극댓값이 $\dfrac{7}{27}$일 때, $f(3)$의 값을 구하시오. [3점]

060

함수 $f(x)=x^3-3x^2+ax+10$이 $x=3$에서 극소일 때, 함수 $f(x)$의 극댓값을 구하시오. (단, a는 상수이다.) [3점]

061

함수 $f(x)=x^3+ax^2-9x+4$가 $x=1$에서 극값을 갖는다. 함수 $f(x)$의 극댓값은? (단, a는 상수이다.) [3점]

① 31 ② 33 ③ 35
④ 37 ⑤ 39

062

함수 $f(x)=x^3+ax^2+bx+1$은 $x=-1$에서 극대이고, $x=3$에서 극소이다. 함수 $f(x)$의 극댓값은?

(단, a, b는 상수이다.) [3점]

① 0 ② 3 ③ 6
④ 9 ⑤ 12

063

함수 $f(x)=x^3+ax^2-9x+b$는 $x=1$에서 극소이다. 함수 $f(x)$의 극댓값이 28일 때, $a+b$의 값을 구하시오.

(단, a와 b는 상수이다.) [3점]

두 상수 a, b에 대하여 삼차함수 $f(x)=ax^3+bx+a$는 $x=1$에서 극소이다. 함수 $f(x)$의 극솟값이 -2일 때, 함수 $f(x)$의 극댓값을 구하시오. [3점]

함수 $f(x)=x^4+ax^2+b$는 $x=1$에서 극소이다. 함수 $f(x)$의 극댓값이 4일 때, $a+b$의 값을 구하시오.

(단, a와 b는 상수이다.) [3점]

함수 $f(x)$가 닫힌구간 $[a, b]$에서 연속일 때, 함수의 최 댓값과 최솟값은 다음과 같은 순서로 구한다.
❶ 닫힌구간 $[a, b]$에서 함수 $f(x)$의 극댓값, 극솟값을 모두 구한다.
❷ 닫힌구간 $[a, b]$의 양 끝에서의 함숫값 $f(a)$, $f(b)$를 구한다.
❸ ❶, ❷에서 구한 극댓값, 극솟값, $f(a)$, $f(b)$ 중에서 가장 큰 값이 최댓값, 가장 작은 값이 최솟값이다.

유형코드 주어진 구간에서 함수의 최댓값 또는 최솟값을 구하는 문제가 출제된다. 주어진 구간의 양 끝에서의 함숫값과 함수의 극댓값, 극솟값을 모두 구하여 가장 큰 값 또는 가장 작은 값을 선택하면 된다. 단독으로 출제되기도 하지만 다른 유형과 결합하여 종종 출제된다.

3점

066
2024년 시행 교육청 3월 7번

함수 $f(x) = \dfrac{1}{3}x^3 - 2x^2 - 5x + 1$이 닫힌구간 $[a, b]$에서 감소할 때, $b-a$의 최댓값은? (단, a, b는 $a < b$인 실수이다.) [3점]

① 6 ② 7 ③ 8
④ 9 ⑤ 10

4점

067
2022년 시행 교육청 3월 10번

두 함수
$$f(x) = x^2 + 2x + k, \quad g(x) = 2x^3 - 9x^2 + 12x - 2$$
에 대하여 함수 $(g \circ f)(x)$의 최솟값이 2가 되도록 하는 실수 k의 최솟값은? [4점]

① 1 ② $\dfrac{9}{8}$ ③ $\dfrac{5}{4}$
④ $\dfrac{11}{8}$ ⑤ $\dfrac{3}{2}$

미분가능한 함수 $f(x)$에 대하여 함수 $y=f(x)$의 그래프의 개형은 다음과 같은 순서로 그린다.

❶ 함수 $f(x)$의 도함수 $f'(x)$를 구한다.

❷ $f'(x)=0$인 x의 값을 구한다.

❸ $f'(x)$의 부호의 변화를 조사하여 함수 $f(x)$의 증가와 감소를 표로 나타낸다.

❹ ❸에서 나타낸 표를 이용하여 함수 $y=f(x)$의 그래프의 개형을 그린다.

실전Tip 두 함수 $f(x)$, $g(x)$가 $x=a$에서 접하면
$$h(x)=f(x)-g(x)=(x-a)^2 q(x)$$
로 놓을 수 있다.

유형코드 삼차함수 또는 사차함수의 그래프의 성질을 이용하여 함수의 식을 구하거나 주어진 조건을 만족시키는 함수의 그래프의 개형을 추론하는 최고난도 문제가 출제된다. Ⅱ단원 뿐만 아니라 수학 Ⅱ 전체에서 최고난도 유형이 가장 많이 출제되는 유형 중 하나이다. 절댓값 기호를 포함한 함수가 미분가능의 개념과 결합된 문제도 자주 출제되므로 함수의 그래프의 개형을 그리는 연습을 충분히 해야 한다.

3점

068
2024학년도 평가원 6월 8번

두 곡선 $y=2x^2-1$, $y=x^3-x^2+k$가 만나는 점의 개수가 2가 되도록 하는 양수 k의 값은? [3점]

① 1   ② 2   ③ 3

④ 4   ⑤ 5

4점

069
2023년 시행 교육청 10월 12번

양수 k에 대하여 함수 $f(x)$를
$$f(x)=|x^3-12x+k|$$
라 하자. 함수 $y=f(x)$의 그래프와 직선 $y=a$ $(a \geq 0)$이 만나는 서로 다른 점의 개수가 홀수가 되도록 하는 실수 a의 값이 오직 하나일 때, k의 값은? [4점]

① 8   ② 10   ③ 12

④ 14   ⑤ 16

070
2023년 시행 교육청 3월 9번

함수 $f(x)=|x^3-3x^2+p|$는 $x=a$와 $x=b$에서 극대이다. $f(a)=f(b)$일 때, 실수 p의 값은?
(단, a, b는 $a \neq b$인 상수이다.) [4점]

① $\dfrac{3}{2}$ ② 2   ③ $\dfrac{5}{2}$

④ 3   ⑤ $\dfrac{7}{2}$

071

2024년 시행 교육청 7월 14번

양수 a에 대하여 함수 $f(x)$는

$$f(x)=\begin{cases} -2(x+1)^2+4 & (x\le 0) \\ a(x-5) & (x>0) \end{cases}$$

이다. 함수 $f(x)$와 최고차항의 계수가 1인 삼차함수 $g(x)$에 대하여 $f(k)=g(k)$를 만족시키는 서로 다른 모든 실수 k의 값이 -2, 0, 2일 때, $g(2a)$의 값은? [4점]

① 14 ② 18 ③ 22
④ 26 ⑤ 30

072

2023년 시행 교육청 4월 14번

양의 실수 t에 대하여 함수 $f(x)$를

$$f(x)=x^3-3t^2x$$

라 할 때, 닫힌구간 $[-2,\ 1]$에서 두 함수 $f(x)$, $|f(x)|$의 최댓값을 각각 $M_1(t)$, $M_2(t)$라 하자. 함수

$$g(t)=M_1(t)+M_2(t)$$

에 대하여 〈보기〉에서 옳은 것만을 있는 대로 고른 것은? [4점]

〈보기〉

ㄱ. $g(2)=32$

ㄴ. $g(t)=2f(-t)$를 만족시키는 t의 최댓값과 최솟값의 합은 3이다.

ㄷ. $\lim_{h\to 0+}\dfrac{g\left(\frac{1}{2}+h\right)-g\left(\frac{1}{2}\right)}{h}-\lim_{h\to 0-}\dfrac{g\left(\frac{1}{2}+h\right)-g\left(\frac{1}{2}\right)}{h}=5$

① ㄱ ② ㄷ ③ ㄱ, ㄴ
④ ㄴ, ㄷ ⑤ ㄱ, ㄴ, ㄷ

Ⅱ 미분

073

2024년 시행 교육청 5월 14번

최고차항의 계수가 1인 삼차함수 $f(x)$와 실수 t에 대하여 곡선 $y=f(x)$ 위의 점 $(t,\ f(t))$에서의 접선의 y절편을 $g(t)$라 하자. 두 함수 $f(x)$, $g(t)$가 다음 조건을 만족시킨다.

$\lvert f(k)\rvert+\lvert g(k)\rvert=0$을 만족시키는 실수 k의 개수는 2이다.

$4f(1)+2g(1)=-1$일 때, $f(4)$의 값은? [4점]

① 46 ② 49 ③ 52 ④ 55 ⑤ 58

074

2024년 시행 교육청 3월 14번

두 정수 a, b에 대하여 함수 $f(x)$는

$$f(x)=\begin{cases} x^2-2ax+\dfrac{a^2}{4}+b^2 & (x\le 0) \\ x^3-3x^2+5 & (x>0) \end{cases}$$

이다. 실수 t에 대하여 함수 $y=f(x)$의 그래프와 직선 $y=t$가 만나는 점의 개수를 $g(t)$라 하자. 함수 $g(t)$가 $t=k$에서 불연속인 실수 k의 개수가 2가 되도록 하는 두 정수 a, b의 모든 순서쌍 $(a,\ b)$의 개수는? [4점]

① 3 ② 4 ③ 5 ④ 6 ⑤ 7

최고차항의 계수가 1인 삼차함수 $f(x)$가 모든 실수 x에 대하여 $f(-x)=-f(x)$를 만족시킨다. 양수 t에 대하여 좌표평면 위의 네 점 $(t, 0)$, $(0, 2t)$, $(-t, 0)$, $(0, -2t)$를 꼭짓점으로 하는 마름모가 곡선 $y=f(x)$와 만나는 점의 개수를 $g(t)$라 할 때, 함수 $g(t)$는 $t=a$, $t=8$에서 불연속이다. $a^2 \times f(4)$의 값을 구하시오. (단, a는 $0<a<8$인 상수이다.) [4점]

두 함수 $f(x)=x^3-12x$, $g(x)=a(x-2)+2$ $(a \neq 0)$에 대하여 함수 $h(x)$는

$$h(x)=\begin{cases} f(x) & (f(x) \geq g(x)) \\ g(x) & (f(x) < g(x)) \end{cases}$$

이다. 함수 $h(x)$가 다음 조건을 만족시키도록 하는 모든 실수 a의 값의 범위는 $m<a<M$이다.

> 함수 $y=h(x)$의 그래프와 직선 $y=k$가 서로 다른 네 점에서 만나도록 하는 실수 k가 존재한다.

$10 \times (M-m)$의 값을 구하시오. [4점]

도함수의 활용

(1) 방정식 $f(x)=0$의 서로 다른 실근의 개수
   $\Longleftrightarrow$ 함수 $y=f(x)$의 그래프와 x축의 교점의 개수

(2) 방정식 $f(x)=k$의 서로 다른 실근의 개수
   $\Longleftrightarrow$ 함수 $y=f(x)$의 그래프와 직선 $y=k$의 교점의 개수

(3) 방정식 $f(x)=g(x)$의 서로 다른 실근의 개수
   $\Longleftrightarrow$ 두 함수 $y=f(x)$, $y=g(x)$의 그래프의 교점의 개수
   $\Longleftrightarrow$ 함수 $y=f(x)-g(x)$의 그래프와 x축의 서로 다른 교점의 개수

참고 삼차방정식의 근의 판별

(1) 삼차함수 $f(x)$가 극값을 가질 때, 삼차방정식 $f(x)=0$의 서로 다른 실근의 개수는 다음과 같다.
   ① (극댓값)×(극솟값)<0 $\Longleftrightarrow$ 서로 다른 세 실근 ➡ 3개
   ② (극댓값)×(극솟값)=0 $\Longleftrightarrow$ 한 실근과 중근
      (서로 다른 두 실근) ➡ 2개
   ③ (극댓값)×(극솟값)>0 $\Longleftrightarrow$ 한 실근과 서로 다른 두 허근
      ➡ 1개

(2) 삼차함수 $f(x)$가 극값을 갖지 않을 때
   삼차방정식 $f(x)=0$의 서로 다른 실근의 개수는 1이다.

유형코드 함수의 그래프를 그려서 곡선과 직선의 서로 다른 교점의 개수 또는 방정식의 서로 다른 실근의 개수를 만족시키는 미지수를 구하는 3점 단독 문제로 종종 출제된다. 함수의 그래프를 정확히 그릴 수 있어야 해결할 수 있으며, 함수의 그래프를 이용하여 주어진 방정식의 해의 개수를 판단하는 고난도 문제의 기반이 되기도 한다.

3점

077
2025학년도 평가원 6월 7번

x에 대한 방정식 $x^3-3x^2-9x+k=0$의 서로 다른 실근의 개수가 2가 되도록 하는 모든 실수 k의 값의 합은? [3점]

① 13   ② 16   ③ 19
④ 22   ⑤ 25

078
2023학년도 평가원 9월 19번

방정식 $3x^4-4x^3-12x^2+k=0$이 서로 다른 4개의 실근을 갖도록 하는 자연수 k의 개수를 구하시오. [3점]

079
2023학년도 수능 19번

방정식 $2x^3-6x^2+k=0$의 서로 다른 양의 실근의 개수가 2가 되도록 하는 정수 k의 개수를 구하시오. [3점]

080

2022년 시행 교육청 3월 14번

두 함수

$$f(x)=x^3-kx+6,\ g(x)=2x^2-2$$

에 대하여 〈보기〉에서 옳은 것만을 있는 대로 고른 것은?

[4점]

─〈보기〉─

ㄱ. $k=0$일 때, 방정식 $f(x)+g(x)=0$은 오직 하나의 실근을 갖는다.

ㄴ. 방정식 $f(x)-g(x)=0$의 서로 다른 실근의 개수가 2가 되도록 하는 실수 k의 값은 4뿐이다.

ㄷ. 방정식 $|f(x)|=g(x)$의 서로 다른 실근의 개수가 5가 되도록 하는 실수 k가 존재한다.

① ㄱ   ② ㄱ, ㄴ   ③ ㄱ, ㄷ

④ ㄴ, ㄷ   ⑤ ㄱ, ㄴ, ㄷ

유형 ⑬ 도함수의 부등식에의 활용

(1) 어떤 구간에서

  ① 부등식 $f(x)\ge0$이 항상 성립하려면

    (이 구간에서 함수 $f(x)$의 최솟값)≥0

  ② 부등식 $f(x)\le0$이 항상 성립하려면

    (이 구간에서 함수 $f(x)$의 최댓값)≤0

(2) 어떤 구간에서 부등식 $f(x)\ge g(x)$가 항성 성립하려면

  $h(x)=f(x)-g(x)$라 할 때,

  (이 구간에서 함수 $h(x)$의 최솟값)≥0

유형코드 실수 전체의 집합 또는 주어진 구간에서의 함수의 최솟값 또는 최댓값을 이용하여 부등식이 항상 성립할 조건을 구하는 문제가 가끔 출제된다.
유형 ⑩의 연장선에 있는 유형으로 볼 수 있으므로 **유형 ⑩**의 내용을 잘 숙지해 두어야 한다.

081

2022년 시행 교육청 3월 19번

모든 실수 x에 대하여 부등식

$$3x^4-4x^3-12x^2+k\ge0$$

이 항상 성립하도록 하는 실수 k의 최솟값을 구하시오. [3점]

082

2022년 시행 교육청 4월 19번

모든 실수 x에 대하여 부등식

$$x^4-4x^3+16x+a\geq 0$$

이 항상 성립하도록 하는 실수 a의 최솟값을 구하시오. [3점]

083

2023년 시행 교육청 10월 8번

두 함수

$$f(x)=-x^4-x^3+2x^2,\ g(x)=\frac{1}{3}x^3-2x^2+a$$

가 있다. 모든 실수 x에 대하여 부등식

$$f(x)\leq g(x)$$

가 성립할 때, 실수 a의 최솟값은? [3점]

① 8 ② $\frac{26}{3}$ ③ $\frac{28}{3}$ ④ 10 ⑤ $\frac{32}{3}$

4점

084

2023학년도 평가원 6월 9번

두 함수

$$f(x)=x^3-x+6,\ g(x)=x^2+a$$

가 있다. $x\geq 0$인 모든 실수 x에 대하여 부등식

$$f(x)\geq g(x)$$

가 성립할 때, 실수 a의 최댓값은? [4점]

① 1 ② 2 ③ 3 ④ 4 ⑤ 5

유형 ⑭ 속도와 가속도

수직선 위를 움직이는 점 P의 시각 t에서의 위치 x가 $x=f(t)$일 때

(1) 점 P의 시각 t에서의 속도 v는

$$v=\frac{dx}{dt}=f'(t)$$

(2) 점 P의 시각 t에서의 가속도 a는

$$a=\frac{dv}{dt}=v'(t)$$

참고 수직선 위를 움직이는 점 P가 운동 방향을 바꿀 때
➡ $v=0$

유형코드 수직선 위를 움직이는 점 P의 시각 t에서의 위치가 주어지고 조건을 만족시키는 시각 또는 가속도를 구하는 문제로 출제된다. 출제되는 패턴이 정해져 있는 유형이므로 개념만 잘 알고 있으면 된다.

3점

085

2023년 시행 교육청 4월 19번

수직선 위를 움직이는 점 P의 시각 t ($t>0$)에서의 위치 $x(t)$가

$$x(t)=\frac{3}{2}t^4-8t^3+15t^2-12t$$

이다. 점 P의 운동 방향이 바뀌는 순간 점 P의 가속도를 구하시오. [3점]

4점

086

2025학년도 평가원 9월 11번

수직선 위를 움직이는 두 점 P, Q의 시각 t ($t\geq0$)에서의 위치가 각각

$$x_1=t^2+t-6,\ x_2=-t^3+7t^2$$

이다. 두 점 P, Q의 위치가 같아지는 순간 두 점 P, Q의 가속도를 각각 p, q라 할 때, $p-q$의 값은? [4점]

① 24   ② 27   ③ 30

④ 33   ⑤ 36

087

2025학년도 수능 11번

시각 $t=0$일 때 출발하여 수직선 위를 움직이는 점 P의 시각 t ($t\geq0$)에서의 위치 x가

$$x=t^3-\frac{3}{2}t^2-6t$$

이다. 출발한 후 점 P의 운동 방향이 바뀌는 시각에서의 점 P의 가속도는? [4점]

① 6   ② 9   ③ 12

④ 15   ⑤ 18

088

2023학년도 수능 14번

다항함수 $f(x)$에 대하여 함수 $g(x)$를 다음과 같이 정의한다.

$$g(x) = \begin{cases} x & (x < -1 \text{ 또는 } x > 1) \\ f(x) & (-1 \leq x \leq 1) \end{cases}$$

함수 $h(x) = \lim\limits_{t \to 0+} g(x+t) \times \lim\limits_{t \to 2+} g(x+t)$에 대하여 〈보기〉에서 옳은 것만을 있는 대로 고른 것은? [4점]

〈보기〉

ㄱ. $h(1) = 3$

ㄴ. 함수 $h(x)$는 실수 전체의 집합에서 연속이다.

ㄷ. 함수 $g(x)$가 닫힌구간 $[-1, 1]$에서 감소하고 $g(-1) = -2$이면 함수 $h(x)$는 실수 전체의 집합에서 최솟값을 갖는다.

① ㄱ   ② ㄴ   ③ ㄱ, ㄴ

④ ㄱ, ㄷ   ⑤ ㄴ, ㄷ

상수 a $(a \neq 3\sqrt{5})$와 최고차항의 계수가 음수인 이차함수 $f(x)$에 대하여 함수

$$g(x) = \begin{cases} x^3 + ax^2 + 15x + 7 & (x \leq 0) \\ f(x) & (x > 0) \end{cases}$$

이 다음 조건을 만족시킨다.

(가) 함수 $g(x)$는 실수 전체의 집합에서 미분가능하다.

(나) x에 대한 방정식 $g'(x) \times g'(x-4) = 0$의 서로 다른 실근의 개수는 4이다.

$g(-2) + g(2)$의 값은? [4점]

① 30   ② 32   ③ 34

④ 36   ⑤ 38

090

최고차항의 계수가 1인 사차함수 $f(x)$와 실수 t에 대하여 구간 $(-\infty, t]$에서 함수 $f(x)$의 최솟값을 m_1이라 하고, 구간 $[t, \infty)$에서 함수 $f(x)$의 최솟값을 m_2라 할 때,

$$g(t) = m_1 - m_2$$

라 하자. $k > 0$인 상수 k와 함수 $g(t)$가 다음 조건을 만족시킨다.

$g(t) = k$를 만족시키는 모든 실수 t의 값의 집합은 $\{t \mid 0 \le t \le 2\}$이다.

$g(4) = 0$일 때, $k + g(-1)$의 값을 구하시오. [4점]

091

2023학년도 수능 22번

최고차항의 계수가 1인 삼차함수 $f(x)$와 실수 전체의 집합에서 연속인 함수 $g(x)$가 다음 조건을 만족시킬 때, $f(4)$의 값을 구하시오. [4점]

(가) 모든 실수 x에 대하여 $f(x)=f(1)+(x-1)f'(g(x))$이다.

(나) 함수 $g(x)$의 최솟값은 $\frac{5}{2}$이다.

(다) $f(0)=-3$, $f(g(1))=6$

Ⅱ 미분

▶ 정답 및 해설 040쪽

092

2023년 시행 교육청 10월 22번

삼차함수 $f(x)$에 대하여 구간 $(0, \infty)$에서 정의된 함수 $g(x)$를

$$g(x) = \begin{cases} x^3 - 8x^2 + 16x & (0 < x \le 4) \\ f(x) & (x > 4) \end{cases}$$

라 하자. 함수 $g(x)$가 구간 $(0, \infty)$에서 미분가능하고 다음 조건을 만족시킬 때, $g(10) = \dfrac{q}{p}$ 이다. $p+q$의 값을 구하시오. (단, p와 q는 서로소인 자연수이다.) [4점]

> (가) $g\left(\dfrac{21}{2}\right) = 0$
> (나) 점 $(-2, 0)$에서 곡선 $y = g(x)$에 그은, 기울기가 0이 아닌 접선이 오직 하나 존재한다.

정수 a $(a \neq 0)$에 대하여 함수 $f(x)$를
$$f(x) = x^3 - 2ax^2$$
이라 하자. 다음 조건을 만족시키는 모든 정수 k의 값의 곱이 -12가 되도록 하는 a에 대하여 $f'(10)$의 값을 구하시오. [4점]

> 함수 $f(x)$에 대하여
> $$\left\{ \frac{f(x_1) - f(x_2)}{x_1 - x_2} \right\} \times \left\{ \frac{f(x_2) - f(x_3)}{x_2 - x_3} \right\} < 0$$
> 을 만족시키는 세 실수 x_1, x_2, x_3이 열린구간 $\left(k, \, k + \frac{3}{2} \right)$에 존재한다.

094

2023년 시행 교육청 3월 22번

최고차항의 계수가 1인 사차함수 $f(x)$가 있다. 실수 t에 대하여 함수 $g(x)$를 $g(x) = |f(x) - t|$라 할 때, $\lim\limits_{x \to k} \dfrac{g(x) - g(k)}{|x - k|}$ 의 값이 존재하는 서로 다른 실수 k의 개수를 $h(t)$라 하자. 함수 $h(t)$는 다음 조건을 만족시킨다.

(가) $\lim\limits_{t \to 4+} h(t) = 5$

(나) 함수 $h(t)$는 $t = -60$과 $t = 4$에서만 불연속이다.

$f(2) = 4$이고 $f'(2) > 0$일 때, $f(4) + h(4)$의 값을 구하시오. [4점]

함수 $f(x)=|x^3-3x+8|$과 실수 t에 대하여 닫힌구간 $[t,\ t+2]$에서의 $f(x)$의 최댓값을 $g(t)$라 하자. 서로 다른 두 실수 α, β에 대하여 함수 $g(t)$는 $t=\alpha$와 $t=\beta$에서만 미분가능하지 않다. $\alpha\beta=m+n\sqrt{6}$일 때, $m+n$의 값을 구하시오. (단, m, n은 정수이다.) [4점]

096

2024학년도 수능 22번

최고차항의 계수가 1인 삼차함수 $f(x)$가 다음 조건을 만족시킨다.

함수 $f(x)$에 대하여

$$f(k-1)f(k+1)<0$$

을 만족시키는 정수 k는 존재하지 않는다.

$f'\left(-\dfrac{1}{4}\right)=-\dfrac{1}{4}$, $f'\left(\dfrac{1}{4}\right)<0$일 때, $f(8)$의 값을 구하시오. [4점]

최고차항의 계수가 1인 삼차함수 $f(x)$에 대하여 함수 $g(x)$를

$$g(x) = \begin{cases} f(x) + x & (f(x) \geq 0) \\ 2f(x) & (f(x) < 0) \end{cases}$$

이라 할 때, 함수 $g(x)$는 다음 조건을 만족시킨다.

(가) 함수 $g(x)$가 $x=t$에서 불연속인 실수 t의 개수는 1이다.
(나) 함수 $g(x)$가 $x=t$에서 미분가능하지 않은 실수 t의 개수는 2이다.

$f(-2) = -2$일 때, $f(6)$의 값을 구하시오. [4점]

098
2022년 시행 교육청 7월 22번

삼차함수 $f(x)$에 대하여 곡선 $y=f(x)$ 위의 점 $(0,\ 0)$에서의 접선의 방정식을 $y=g(x)$라 할 때, 함수 $h(x)$를

$$h(x)=|f(x)|+g(x)$$

라 하자. 함수 $h(x)$가 다음 조건을 만족시킨다.

(가) 곡선 $y=h(x)$ 위의 점 $(k,\ 0)$ $(k\neq0)$에서의 접선의 방정식은 $y=0$이다.

(나) 방정식 $h(x)=0$의 실근 중에서 가장 큰 값은 12이다.

$h(3)=-\dfrac{9}{2}$일 때, $k\times\{h(6)-h(11)\}$의 값을 구하시오. (단, k는 상수이다.) [4점]

▶ 정답 및 해설 048쪽

III 적분

1 부정적분

유형 ❶ 부정적분의 계산

유형 ❷ 부정적분의 계산의 활용

2 정적분

유형 ❸ 정적분의 계산

유형 ❹ 정적분의 성질

유형 ❺ 정적분의 계산의 활용

유형 ❻ 정적분으로 정의된 함수

유형 ❼ 정적분으로 정의된 함수의 극한

유형 ❽ 정적분으로 정의된 함수의 활용

3 정적분의 활용

유형 ❾ 곡선과 x축 사이의 넓이

유형 ❿ 곡선과 직선 사이의 넓이

유형 ⓫ 두 곡선 사이의 넓이

유형 ⓬ 속도와 거리

❶ 유형별 출제 분포

유형	월	2023학년도							2024학년도							2025학년도							총합
		3	4	6	7	9	10	수능	3	4	6	7	9	10	수능	3	4	6	7	9	10	수능	
유형 ❶ 부정적분의 계산	2점																						0
	3점		1	1	1			1			1	1	1		1	1		1	1	1		1	13
	4점																						0
유형 ❷ 부정적분의 계산의 활용	2점																						0
	3점		1																1				2
	4점				1	1												1	1				4
유형 ❸ 정적분의 계산	2점					1																	1
	3점															1			1			1	3
	4점			1																			1
유형 ❹ 정적분의 성질	2점																						0
	3점	1													1								2
	4점																			1		1	2
유형 ❺ 정적분의 계산의 활용	2점																						0
	3점																						0
	4점					1			1			1	1										4
유형 ❻ 정적분으로 정의된 함수	2점																						0
	3점								1								1					1	3
	4점												1						1				2
유형 ❼ 정적분으로 정의된 함수의 극한	2점																						0
	3점																						0
	4점		1									1											2
유형 ❽ 정적분으로 정의된 함수의 활용	2점																						0
	3점																						0
	4점	1	1	2	2	1		1		1	1	1	1			1		1				1	15
유형 ❾ 곡선과 x축 사이의 넓이	2점																						0
	3점		1						1				1	1							1		5
	4점								1		1									1	1		4
유형 ❿ 곡선과 직선 사이의 넓이	2점																						0
	3점	1																					1
	4점					1					1		1					1		1		1	6
유형 ⓫ 두 곡선 사이의 넓이	2점																						0
	3점					1							1										2
	4점						1																1
유형 ⓬ 속도와 거리	2점																						0
	3점			1		1			1				1					1		1			6
	4점	1	1	1		1		1			1		1		1	1		1		1		1	12
총합		4	5	4	6	5	4	4	5	3	4	5	4	4	4	4	4	5	4	5	4	4	91

┉⟶ Ⅲ단원 문항은 매 시험에서 4~5문항씩 출제되며, 2025학년도 6, 9월 평가원 모의고사와 수능에서도 4~5문항씩 출제되었다. **유형❶ 부정적분의 계산**에서 3점짜리 문항이 매 시험마다 출제되었으며, 4점짜리 문항은 여러 가지 유형에서 고루 출제되었는데 그 중 **유형❹ 정적분의 성질**과 **유형❿ 곡선과 직선 사이의 넓이**에서 4점짜리 문항이 거의 매 시험마다 출제되었다.

❷ 5지선다형 및 단답형별 최고 오답률

	번호	오답률	유형	필수 개념	본문 위치
2023 학년도	10월 14번	확: 78% 미: 57% 기: 64%	유형 ❺ 정적분의 계산의 활용	함수 $f(x)$의 한 부정적분을 $F(x)$라 하고, 함수 $y=F(x)$의 그래프의 개형을 그린다.	087쪽 028번
	3월 22번	확: 96% 미: 91% 기: 94%	유형 ❽ 정적분으로 정의된 함수의 활용	$\int_{2a}^{x}(a-t)f(t)\,dt$의 미분가능성을 이용하여 $x\|g(x)\|$의 미분가능성을 판단한다.	110쪽 084번
2024 학년도	10월 14번	확: 64% 미: 46% 기: 53%	유형 ❺ 정적분의 계산의 활용	함수 $f(x)$는 직선 $x=2$에 대하여 대칭이다.	087쪽 027번
	7월 22번	확: 99% 미: 95% 기: 96%	유형 ❺ 정적분의 계산의 활용	함수 $y=f(x)$의 그래프의 개형을 그려서 곡선과 직선의 교점의 개수를 구한다.	115쪽 090번
2025 학년도	5월 12번	확: 74% 미: 48% 기: 57%	유형 ❿ 곡선과 직선 사이의 넓이	곡선 $f(x)$, 직선 $y=g(x)$와 두 직선 $x=a$, $x=b$로 둘러싸인 부분의 넓이 S는 $$S=\int_{a}^{b}\|f(x)-g(x)\|\,dx$$	100쪽 058번
	5월 22번	확: 99% 미: 96% 기: 97%	유형 ❷ 부정적분의 계산의 활용	$f(x)=\int f'(x)\,dx$임을 이용하여 함수 $f(x)$를 구한다.	116쪽 091번

❸ 출제코드 ▸ 부정적분의 계산 문제는 매 시험마다 출제된다.

다항함수의 미분법을 이용하는 단순 계산의 2, 3점짜리 문항은 꾸준히 출제된다. 특히 **유형❶ 부정적분의 계산**에서 2점짜리 문항이, **유형❸ 정적분의 계산**에서 3점짜리 문항이 거의 매번 출제되고 있다.

▸ **정적분으로 정의된 함수에 대한 문제는 고난도 단골 출제 유형이다.**

정적분으로 정의된 함수로 주어진 식을 해석하여 함수식을 찾거나 함수의 그래프를 그려서 해결하는 문제가 자주 출제된다. Ⅲ단원의 정적분 개념 뿐만 아니라 Ⅱ단원의 개념을 많이 이용하기 때문에 주로 고난도 문항으로 출제된다.

▸ **정적분을 이용하여 넓이를 구하는 문제는 매 시험마다 출제된다.**

정적분을 이용하여 곡선과 x축 사이의 넓이, 곡선과 직선 사이의 넓이, 두 곡선 사이의 넓이를 구하는 문항이 매 시험마다 출제된다. 함수의 그래프를 그려야 하기 때문에 4점짜리 문항으로 주로 출제되며, 이는 속도와 거리 유형에서도 활용되어 자주 출제된다.

❹ 공략코드 ▸ 미분에 대한 학습이 반드시 필요하다.

미분과 적분은 역연산의 관계이기 때문에 Ⅲ단원의 문제이지만 Ⅱ단원의 개념이 많이 쓰이므로 미분에 대한 학습이 부족하다면 해결할 수 없는 경우가 많다. 특히 함수의 그래프의 개형을 그려야 하는 문제가 자주 출제되므로 Ⅱ단원의 내용을 탄탄하게 학습해야 한다.

▸ **넓이와 거리는 양수임을 주의해야 한다.**

적정분의 값은 좌표평면 위의 적분 구간 안에서 함수의 그래프와 x축으로 둘러싸인 부분의 넓이라는 것과 연관 지어 이해할 수 있어야 한다. 정적분의 값은 양수와 음수 모두 될 수 있지만 넓이와 거리는 양수이므로 넓이와 거리를 구할 때는 함숫값이 양수일 때와 음수일 때를 나누어 정적분을 계산해야 한다.

적분

▶ 적분은 미분의 역연산이다.

1 부정적분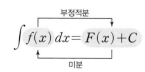

1. 부정적분

(1) 부정적분: 함수 $F(x)$의 도함수가 $f(x)$, 즉 $F'(x)=f(x)$일 때, $F(x)$를 함수 $f(x)$의 부정적분이라 하고, 기호로 $\int f(x)\,dx$와 같이 나타낸다. 이때 $\int f(x)\,dx$에서 $f(x)$를 피적분함수라 한다. 또한, 함수 $f(x)$의 부정적분을 구하는 것을 $f(x)$를 적분한다고 하고, 그 계산법을 적분법이라 한다.

(2) 함수 $f(x)$의 부정적분 중 하나를 $F(x)$라 하면

$$\int f(x)\,dx=F(x)+C$$

이다. 이때 C를 적분상수라 한다.

$$\overbrace{\int f(x)\,dx}^{\text{부정적분}}=\underbrace{F(x)}+C$$
$$\underbrace{}_{\text{미분}}$$

2. 부정적분과 미분의 관계

(1) $\dfrac{d}{dx}\displaystyle\int f(x)\,dx=f(x)$

(2) $\displaystyle\int\left\{\dfrac{d}{dx}f(x)\right\}dx=f(x)+C$ (단, C는 적분상수)

3. 부정적분의 계산

(1) 함수 $y=x^n$ (n은 양의 정수)의 부정적분

$$\int x^n\,dx=\frac{1}{n+1}x^{n+1}+C \text{ (단, }C\text{는 적분상수)}$$

특히, $n=0$일 때 $\displaystyle\int 1\,dx=\int dx$로 나타내고

$$\int dx=x+C \text{ (단, }C\text{는 적분상수)}$$

(2) 함수의 실수배, 합, 차의 부정적분

두 함수 $f(x)$, $g(x)$가 부정적분을 가질 때

① $\displaystyle\int kf(x)\,dx=k\int f(x)\,dx$ (단, k는 0이 아닌 실수)

② $\displaystyle\int\{f(x)\pm g(x)\}\,dx=\int f(x)\,dx\pm\int g(x)\,dx$ (복부호동순)

2 정적분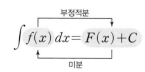

1. 정적분

함수 $f(x)$가 두 실수 a, b를 포함하는 구간에서 연속일 때, $F(b)-F(a)$를 함수 $f(x)$의 a에서 b까지의 정적분이라 하고, 기호로 다음과 같이 나타낸다.

$$\int_a^b f(x)\,dx=\Big[F(x)\Big]_a^b=F(b)-F(a)$$

이때 정적분 $\displaystyle\int_a^b f(x)\,dx$의 값을 구하는 것을 함수 $f(x)$를 a에서 b까지 적분한다고 한다.

▶ (1) $\displaystyle\int_a^a f(x)\,dx=0$

(2) $\displaystyle\int_a^b f(x)\,dx=-\int_b^a f(x)\,dx$

2. 정적분과 미분의 관계

함수 $f(x)$가 연속일 때

$$\frac{d}{dx}\int_a^x f(t)\,dt = f(x) \ (\text{단, } a\text{는 상수})$$

3. 정적분의 성질

(1) 두 함수 $f(x)$, $g(x)$가 두 실수 a, b를 포함하는 구간에서 연속일 때

① $\displaystyle\int_a^b kf(x)\,dx = k\int_a^b f(x)\,dx$ (단, k는 상수)

② $\displaystyle\int_a^b \{f(x)\pm g(x)\}\,dx = \int_a^b f(x)\,dx \pm \int_a^b g(x)\,dx$ (복부호동순)

(2) 함수 $f(x)$가 세 실수 a, b, c를 포함하는 구간에서 연속일 때

$$\int_a^c f(x)\,dx + \int_c^b f(x)\,dx = \int_a^b f(x)\,dx$$

▶ a, b, c의 대소에 관계없이 성립한다.

3 정적분의 활용 수능 2023 2024 2025

1. 곡선과 x축 사이의 넓이

함수 $f(x)$가 닫힌구간 $[a,\,b]$에서 연속일 때, 곡선 $y=f(x)$와 x축 및 두 직선 $x=a$, $x=b$로 둘러싸인 부분의 넓이 S는

$$S = \int_a^b |f(x)|\,dx$$

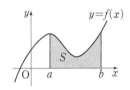

▶ (1) $f(x) \geq 0$이면
　(넓이)=(정적분의 값)
(2) $f(x) \leq 0$이면
　(넓이)=$-$(정적분의 값)

2. 두 곡선 사이의 넓이

두 함수 $f(x)$, $g(x)$가 닫힌구간 $[a,\,b]$에서 연속일 때, 두 곡선 $y=f(x)$, $y=g(x)$와 두 직선 $x=a$, $x=b$로 둘러싸인 부분의 넓이 S는

$$S = \int_a^b |f(x)-g(x)|\,dx$$

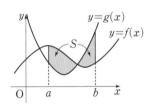

참고 **이차함수의 그래프와 넓이**

(1) 곡선 $y=ax^2+bx+c \ (a\neq 0)$과 x축이 서로 다른 두 점에서 만날 때, 교점의 x좌표를 α, β $(\alpha<\beta)$라 하면 이 곡선과 x축으로 둘러싸인 부분의 넓이 S는 ➡ $S = \dfrac{|a|}{6}(\beta-\alpha)^3$

(2) 곡선 $y=ax^2+bx+c \ (a\neq 0)$과 직선 $y=mx+n$이 서로 다른 두 점에서 만날 때, 교점의 x좌표를 α, β $(\alpha<\beta)$라 하면 이 곡선과 직선으로 둘러싸인 부분의 넓이 S는 ➡ $S = \dfrac{|a|}{6}(\beta-\alpha)^3$

3. 속도와 거리

수직선 위를 움직이는 점 P의 시각 t에서의 속도가 $v(t)$, 시각 $t=a$에서의 위치가 x_0일 때

(1) 시각 t에서의 점 P의 위치 x는

$$x = x_0 + \int_a^t v(t)\,dt$$

위치

미분 ↓ ↑ 적분

속도

(2) 시각 $t=a$에서 $t=b$까지 점 P의 위치의 변화량은

$$\int_a^b v(t)\,dt$$

(3) 시각 $t=a$에서 $t=b$까지 점 P가 움직인 거리 s는

$$s = \int_a^b |v(t)|\,dt$$

▶ 위치의 변화량은 위치가 얼마나 달라졌는지를 측정하지만 움직인 거리는 운동 방향에 관계없이 실제로 움직인 총 거리를 측정한다.

1

부정적분

유형 **1** 부정적분의 계산   수능 2023 2024 2025

(1) 함수 $y=x^n$의 부정적분

  ① $\displaystyle\int x^n\,dx=\frac{1}{n+1}x^{n+1}+C$ (단, C는 적분상수)

  ② $\displaystyle\int dx=x+C$ (단, C는 적분상수)

(2) 함수의 실수배, 합, 차의 부정적분

  두 함수 $f(x)$, $g(x)$가 부정적분을 가질 때

  ① $\displaystyle\int kf(x)\,dx=k\int f(x)\,dx$ (단, k는 0이 아닌 실수)

  ② $\displaystyle\int \{f(x)\pm g(x)\}\,dx=\int f(x)\,dx\pm\int g(x)\,dx$

                                                 (복부호동순)

유형코드 도함수가 주어지고 부정적분을 이용하여 함숫값을 구하는 단순 문제가 출제된다. 3점 문제의 빈출 유형이고 문제가 정형화되어 있으므로 계산 실수에 유의하자.

3점

001
2025학년도 평가원 6월 17번

함수 $f(x)$에 대하여 $f'(x)=6x^2+2$이고 $f(0)=3$일 때, $f(2)$의 값을 구하시오. [3점]

002
2023학년도 평가원 6월 17번

함수 $f(x)$에 대하여 $f'(x)=8x^3+6x^2$이고 $f(0)=-1$일 때, $f(-2)$의 값을 구하시오. [3점]

003
2025학년도 수능 17번

다항함수 $f(x)$에 대하여 $f'(x)=9x^2+4x$이고 $f(1)=6$일 때, $f(2)$의 값을 구하시오. [3점]

004
2025학년도 평가원 9월 17번

함수 $f(x)$에 대하여 $f'(x)=6x^2+2x+1$이고 $f(0)=1$일 때, $f(1)$의 값을 구하시오. [3점]

005
2022년 시행 교육청 7월 17번

함수 $f(x)$에 대하여 $f'(x)=6x^2-2x-1$이고 $f(1)=3$일 때, $f(2)$의 값을 구하시오. [3점]

006
2023학년도 평가원 9월 17번

함수 $f(x)$에 대하여 $f'(x)=6x^2-4x+3$이고 $f(1)=5$일 때, $f(2)$의 값을 구하시오. [3점]

007
2023학년도 수능 17번

함수 $f(x)$에 대하여 $f'(x)=4x^3-2x$이고 $f(0)=3$일 때, $f(2)$의 값을 구하시오. [3점]

008
2024학년도 평가원 6월 17번

함수 $f(x)$에 대하여 $f'(x)=8x^3-1$이고 $f(0)=3$일 때, $f(2)$의 값을 구하시오. [3점]

009
2023년 시행 교육청 7월 17번

함수 $f(x)$에 대하여 $f'(x)=9x^2-8x+1$이고 $f(1)=10$일 때, $f(2)$의 값을 구하시오. [3점]

010
2024학년도 수능 5번

다항함수 $f(x)$가
$$f'(x)=3x(x-2), \ f(1)=6$$
을 만족시킬 때, $f(2)$의 값은? [3점]

① 1   ② 2   ③ 3

④ 4   ⑤ 5

011
2024학년도 평가원 9월 8번

다항함수 $f(x)$가
$$f'(x)=6x^2-2f(1)x, \ f(0)=4$$
를 만족시킬 때, $f(2)$의 값은? [3점]

① 5   ② 6   ③ 7

④ 8   ⑤ 9

012

2024년 시행 교육청 3월 5번

다항함수 $f(x)$가

$$f'(x)=x(3x+2),\ f(1)=6$$

을 만족시킬 때, $f(0)$의 값은? [3점]

① 1 ② 2 ③ 3 ④ 4 ⑤ 5

013

2024년 시행 교육청 7월 8번

삼차함수 $f(x)$가 모든 실수 x에 대하여

$$xf'(x)=6x^3-x+f(0)+1$$

을 만족시킬 때, $f(-1)$의 값은? [3점]

① -2 ② -1 ③ 0 ④ 1 ⑤ 2

유형 2 부정적분의 계산의 활용

부정적분의 계산의 활용 문제는 다음과 같은 순서로 해결한다.

❶ 함수 $f(x)$의 도함수 $f'(x)$의 식을 세운다.

❷ 주어진 조건과 $f(x)=\int f'(x)\,dx$임을 이용하여 함수 $f(x)$를 구한다.

❸ 함숫값을 구한다.

유형코드 **유형 1**과 내용은 같지만 I단원 또는 II단원 내용과 결합된 문제가 출제된다. 주로 II단원의 **유형 9**과 결합된 문제가 출제되므로 II단원에 대한 복습이 필요하다.

3점

014

2024년 시행 교육청 5월 7번

다항함수 $f(x)$가 실수 전체의 집합에서 증가하고

$$f'(x)=\{3x-f(1)\}(x-1)$$

을 만족시킬 때, $f(2)$의 값은? [3점]

① 3 ② 4 ③ 5 ④ 6 ⑤ 7

015

다항함수 $f(x)$의 한 부정적분 $F(x)$가 모든 실수 x에 대하여
$$F(x)=(x+2)f(x)-x^3+12x$$
를 만족시킨다. $F(0)=30$일 때, $f(2)$의 값을 구하시오.
[3점]

4점

016

최고차항의 계수가 1이고 $f(0)=\dfrac{1}{2}$인 삼차함수 $f(x)$에 대하여

함수 $g(x)$를
$$g(x)=\begin{cases} f(x) & (x<-2) \\ f(x)+8 & (x\ge-2) \end{cases}$$
라 하자. 방정식 $g(x)=f(-2)$의 실근이 2뿐일 때, 함수
$f(x)$의 극댓값은? [4점]

① 3   ② $\dfrac{7}{2}$ ③ 4

④ $\dfrac{9}{2}$ ⑤ 5

2

정적분

유형 ③ 정적분의 계산

함수 $f(x)$가 두 실수 a, b를 포함하는 구간에서 연속일
때, $f(x)$의 한 부정적분을 $F(x)$라 하면
$$\int_a^b f(x)dx=\Big[F(x)\Big]_a^b=F(b)-F(a)$$

유형코드 정적분의 값을 구하는 2점 또는 3점 단문 계산 문제가 출제된다.
적분 단원에 기본이 되는 계산 유형으로, 공식을 반드시 숙지해야 한다.

2점

017

$\displaystyle\int_0^2 (2x^3+3x^2)\,dx$의 값은? [2점]

① 14   ② 16   ③ 18
④ 20   ⑤ 22

3점

018

$\displaystyle\int_1^2 (3x+4)\,dx+\int_1^2 (3x^2-3x)\,dx$의 값은? [3점]

① 7   ② 8   ③ 9
④ 10   ⑤ 11

019

$\displaystyle\int_0^2 (3x^2-2x+3)\,dx-\int_2^0 (2x+1)\,dx$의 값을 구하시오.

[3점]

020

삼차함수 $f(x)$가 모든 실수 x에 대하여
$$f(x)-f(1)=x^3+4x^2-5x$$
를 만족시킬 때, $\displaystyle\int_1^2 f'(x)\,dx$의 값은? [3점]

① 10   ② 12   ③ 14

④ 16   ⑤ 18

4점

021

최고차항의 계수가 1인 삼차함수 $f(x)$가
$$\int_0^1 f'(x)\,dx=\int_0^2 f'(x)\,dx=0$$
을 만족시킬 때, $f'(1)$의 값은? [4점]

① -4 ② -3 ③ -2

④ -1 ⑤ 0

유형 ❹ 정적분의 성질 수능 2024 2025

1. 정적분의 성질

두 함수 $f(x)$, $g(x)$가 세 실수 a, b, c를 포함하는 구간에서 연속일 때

(1) $\displaystyle\int_a^a f(x)\,dx=0$, $\displaystyle\int_a^b f(x)\,dx=-\int_b^a f(x)\,dx$

(2) $\displaystyle\int_a^b kf(x)\,dx=k\int_a^b f(x)\,dx$ (단, k는 상수)

(3) $\displaystyle\int_a^b \{f(x)\pm g(x)\}\,dx=\int_a^b f(x)\,dx\pm\int_a^b g(x)\,dx$

(복부호동순)

(4) $\displaystyle\int_a^c f(x)\,dx+\int_c^b f(x)\,dx=\int_a^b f(x)\,dx$

2. 여러 가지 함수의 정적분

(1) 대칭인 함수의 정적분

① 모든 실수 x에 대하여 $f(-x)=f(x)$이면

➡ $\displaystyle\int_{-a}^{a} f(x)\,dx=2\int_0^a f(x)\,dx$ ── 함수 $y=f(x)$의 그래프가 y축에 대하여 대칭이고, 함수 $f(x)$는 짝수 차수의 항 또는 상수항의 합으로만 이루어져 있다.

② 모든 실수 x에 대하여 $f(-x)=-f(x)$이면

➡ $\displaystyle\int_{-a}^{a} f(x)\,dx=0$ ── 함수 $y=f(x)$의 그래프가 원점에 대하여 대칭이고, 함수 $f(x)$는 홀수 차수의 항의 합으로만 이루어져 있다.

(2) 주기함수의 정적분

연속함수 $f(x)$가 주기가 p (p는 0이 아닌 양수)인 주기함수, 즉 모든 실수 x에 대하여 $f(x+p)=f(x)$이면

➡ $\displaystyle\int_a^b f(x)\,dx=\int_{a+p}^{b+p} f(x)\,dx=\int_{a+2p}^{b+2p} f(x)\,dx$
$=\cdots$

(3) 절댓값 기호를 포함한 함수의 정적분

절댓값 기호 안의 식의 값이 0이 되는 x의 값을 경계로 적분 구간을 나누어 각 구간에서의 정적분의 값을 구한다.

유형코드 정적분의 값을 구하는 3점 문제로 가끔 출제된다. 주어진 정적분의 식에 알맞게 정적분의 여러 가지 계산 방법을 적용할 수 있어야 한다. 이 유형도 **유형 ❸**과 함께 적분 단원에 기본이 되는 계산 유형으로, 계산 실수에 유의해야 한다.

3점

022 2022년 시행 교육청 3월 17번

$\displaystyle\int_{-3}^{2}(2x^3+6|x|)\,dx-\int_{-3}^{-2}(2x^3-6x)\,dx$의 값을 구하시오.

[3점]

023 2024학년도 수능 8번

삼차함수 $f(x)$가 모든 실수 x에 대하여
$$xf(x)-f(x)=3x^4-3x$$
를 만족시킬 때, $\displaystyle\int_{-2}^{2} f(x)\,dx$의 값은? [3점]

① 12 ② 16 ③ 20
④ 24 ⑤ 28

4점

024 2025학년도 수능 9번

함수 $f(x)=3x^2-16x-20$에 대하여
$$\int_{-2}^{a} f(x)\,dx=\int_{-2}^{0} f(x)\,dx$$
일 때, 양수 a의 값은? [4점]

① 16 ② 14 ③ 12
④ 10 ⑤ 8

025

2025학년도 평가원 9월 9번

함수 $f(x)=x^2+x$에 대하여

$$5\int_{0}^{1} f(x)\,dx-\int_{0}^{1}\{5x+f(x)\}\,dx$$

의 값은? [4점]

① $\frac{1}{6}$ ② $\frac{1}{3}$ ③ $\frac{1}{2}$
④ $\frac{2}{3}$ ⑤ $\frac{5}{6}$

유형 5 정적분의 계산의 활용

정적분의 계산의 활용 문제는 다음과 같은 순서로 해결한다.

❶ 주어진 조건을 만족시키는 함수 $f(x)$의 식을 세운다.
❷ I, II단원 내용, 부정적분의 계산, 정적분의 성질 등을 이용하여 함수 $f(x)$를 구한다.
❸ 정적분의 값을 구한다.

유형코드 **유형 3**, **유형 4**의 활용 유형으로 I단원 또는 II단원 내용과 결합된 문제가 출제된다. 앞 단원에 대한 복습이 필요하다.

4점

026

2023년 시행 교육청 7월 11번

최고차항의 계수가 1인 삼차함수 $f(x)$가 다음 조건을 만족시킨다.

(가) 모든 실수 x에 대하여 $f(1+x)+f(1-x)=0$이다.
(나) $\int_{-1}^{3} f'(x)\,dx=12$

$f(4)$의 값은? [4점]

① 24 ② 28 ③ 32
④ 36 ⑤ 40

027

2023년 시행 교육청 10월 14번

최고차항의 계수가 1이고 $f'(2)=0$인 이차함수 $f(x)$가 모든 자연수 n에 대하여

$$\int_4^n f(x)\,dx \geq 0$$

을 만족시킬 때, 〈보기〉에서 옳은 것만을 있는 대로 고른 것은? [4점]

〈보기〉

ㄱ. $f(2)<0$

ㄴ. $\int_4^3 f(x)\,dx > \int_4^2 f(x)\,dx$

ㄷ. $6 \leq \int_4^6 f(x)\,dx \leq 14$

① ㄱ ② ㄱ, ㄴ ③ ㄱ, ㄷ
④ ㄴ, ㄷ ⑤ ㄱ, ㄴ, ㄷ

028

2022년 시행 교육청 10월 14번

최고차항의 계수가 1인 삼차함수 $f(x)$와 실수 t에 대하여 x에 대한 방정식

$$\int_t^x f(s)\,ds=0$$

의 서로 다른 실근의 개수를 $g(t)$라 할 때, 〈보기〉에서 옳은 것만을 있는 대로 고른 것은? [4점]

〈보기〉

ㄱ. $f(x)=x^2(x-1)$일 때, $g(1)=1$이다.

ㄴ. 방정식 $f(x)=0$의 서로 다른 실근의 개수가 3이면 $g(a)=3$인 실수 a가 존재한다.

ㄷ. $\lim_{t \to b} g(t)+g(b)=6$을 만족시키는 실수 b의 값이 0과 3뿐이면 $f(4)=12$이다.

① ㄱ ② ㄱ, ㄴ ③ ㄱ, ㄷ
④ ㄴ, ㄷ ⑤ ㄱ, ㄴ, ㄷ

▶ 정답 및 해설 053쪽

029

최고차항의 계수가 1이고 $f(0)=1$인 삼차함수 $f(x)$와 양의 실수 p에 대하여 함수 $g(x)$가 다음 조건을 만족시킨다.

(가) $g'(0)=0$

(나) $g(x)=\begin{cases} f(x-p)-f(-p) & (x<0) \\ f(x+p)-f(p) & (x\geq 0) \end{cases}$

$\int_0^p g(x)\,dx=20$일 때, $f(5)$의 값을 구하시오. [4점]

유형 6 정적분으로 정의된 함수   수능 2025

상수 a에 대하여

(1) $\dfrac{d}{dx}\displaystyle\int_a^x f(t)\,dt=f(x)$

(2) $\dfrac{d}{dx}\displaystyle\int_x^{x+a} f(t)\,dt=f(x+a)-f(x)$

실전Tip $\displaystyle\int_a^x f(x)\,dx$를 포함한 식이 주어지면

(1) 양변을 x에 대하여 미분

(2) 양변에 $x=a$를 대입

유형코드 정적분으로 정의된 함수를 미분하여 함숫값을 구하는 4점 문제로 종종 출제된다. 단독으로도 출제되고, Ⅱ단원과 결합한 고난도 문제를 해결하는 데에 기반이 되는 유형으로 적분 단원에서 매우 중요하다. **실전Tip**의 내용을 잘 숙지해 두자.

3점

030

다항함수 $f(x)$가 모든 실수 x에 대하여

$$\int_0^x f(t)\,dt=3x^3+2x$$

를 만족시킬 때, $f(1)$의 값은? [3점]

① 7   ② 9   ③ 11

④ 13   ⑤ 15

031

다항함수 $f(x)$가 모든 실수 x에 대하여

$$\int_1^x f(t)\,dt = x^3 - ax + 1$$

을 만족시킬 때, $f(2)$의 값은? (단, a는 상수이다.) [3점]

① 8   ② 10   ③ 12

④ 14   ⑤ 16

032

최고차항의 계수가 3인 이차함수 $f(x)$가 모든 실수 x에 대하여

$$\int_0^x f(t)\,dt = 2x^3 + \int_0^{-x} f(t)\,dt$$

를 만족시킨다. $f(1)=5$일 때, $f(2)$의 값을 구하시오. [3점]

033

두 다항함수 $f(x)$, $g(x)$는 모든 실수 x에 대하여 다음 조건을 만족시킨다.

> (가) $\displaystyle\int_1^x tf(t)\,dt + \int_{-1}^x tg(t)\,dt = 3x^4 + 8x^3 - 3x^2$
>
> (나) $f(x) = xg'(x)$

$\displaystyle\int_0^3 g(x)\,dx$의 값은? [4점]

① 72   ② 76   ③ 80

④ 84   ⑤ 88

034

다항함수 $f(x)$가 모든 실수 x에 대하여

$$2x^2 f(x) = 3\int_0^x (x-t)\{f(x)+f(t)\}\,dt$$

를 만족시킨다. $f'(2)=4$일 때, $f(6)$의 값을 구하시오. [4점]

유형 ⑦ 정적분으로 정의된 함수의 극한

상수 a에 대하여

(1) $\displaystyle\lim_{x \to a}\frac{1}{x-a}\int_a^x f(t)\,dt=f(a)$

(2) $\displaystyle\lim_{x \to 0}\frac{1}{x}\int_a^{x+a} f(t)\,dt=f(a)$

참고

(1) 분모의 항이 2개인 경우

→ $\displaystyle\lim_{x \to a}\frac{1}{x-a}\int_a^x f(t)\,dt=\lim_{x \to a}\frac{F(x)-F(a)}{x-a}$
$\qquad\qquad\qquad\qquad\qquad = F'(a)=f(a)$

(2) 분모의 항이 1개인 경우

→ $\displaystyle\lim_{x \to 0}\frac{1}{x}\int_a^{x+a} f(t)\,dt=\lim_{x \to 0}\frac{F(x+a)-F(a)}{x}$
$\qquad\qquad\qquad\qquad\qquad = F'(a)=f(a)$

유형코드 원리만 잘 알아두면 출제되었을 때에도 어렵지 않게 풀 수 있는 유형이기 때문에 공식을 외우기보다는 **참고**의 내용을 이해하는 것에 초점을 두자.

4점

035   2023년 시행 교육청 4월 9번

함수 $f(x)$에 대하여 $f'(x)=3x^2-4x+1$이고

$\displaystyle\lim_{x \to 0}\frac{1}{x}\int_0^x f(t)\,dt=1$일 때, $f(2)$의 값은? [4점]

① 3   ② 4   ③ 5

④ 6   ⑤ 7

036

다항함수 $f(x)$가

$$\lim_{x \to 2}\frac{1}{x-2}\int_1^x (x-t)f(t)\,dt=3$$

을 만족시킬 때, $\displaystyle\int_1^2 (4x+1)f(x)\,dx$의 값은? [4점]

① 15   ② 18   ③ 21

④ 24   ⑤ 27

$g(x)=\int_a^x f(t)\,dt$ 꼴의 정적분으로 정의된 함수의 활용 문제는 다음과 같은 순서로 접근한다.

❶ 등식의 양변을 x에 대하여 미분하여 $g'(x)=0$을 만족시키는 x의 값을 구한다.

❷ ❶에서 구한 x의 값의 좌우에서의 부호의 변화를 조사하여 함수의 그래프의 개형을 그린다.

유형코드 간단하게는 정적분으로 정의된 함수의 극댓값 또는 극솟값을 구하거나 오직 하나의 극값을 갖도록 하는 미지수를 구하는 문제가 출제되고, 어렵게는 Ⅱ단원과 결합한 최고난도 문제가 출제된다. Ⅱ단원의 **유형 ⑪**에 이어 최고난도 문제가 가장 많이 출제되는 유형으로, Ⅱ단원에서 배운 삼차함수, 사차함수의 그래프의 개형은 필수적으로 모두 알고 있어야 한다.

4점

037

실수 전체의 집합에서 연속인 함수 $f(x)$가 다음 조건을 만족시킨다.

> $n-1\le x<n$일 때, $|f(x)|=|6(x-n+1)(x-n)|$이다. (단, n은 자연수이다.)

열린구간 $(0,\ 4)$에서 정의된 함수

$$g(x)=\int_0^x f(t)\,dt-\int_x^4 f(t)\,dt$$

가 $x=2$에서 최솟값 0을 가질 때, $\int_{\frac{1}{2}}^4 f(x)\,dx$의 값은? [4점]

① $-\dfrac{3}{2}$ ② $-\dfrac{1}{2}$ ③ $\dfrac{1}{2}$

④ $\dfrac{3}{2}$ ⑤ $\dfrac{5}{2}$

038

실수 a에 대하여 함수 $f(x)$는

$$f(x)=\begin{cases} 3x^2+3x+a & (x<0) \\ 3x+a & (x\ge 0) \end{cases}$$

이다. 함수

$$g(x)=\int_{-4}^x f(t)\,dt$$

가 $x=2$에서 극솟값을 가질 때, 함수 $g(x)$의 극댓값은? [4점]

① 18   ② 20   ③ 22

④ 24   ⑤ 26

039

최고차항의 계수가 3인 이차함수 $f(x)$에 대하여 함수

$$g(x)=x^2\int_0^x f(t)\,dt-\int_0^x t^2 f(t)\,dt$$

가 다음 조건을 만족시킨다.

> (가) 함수 $g(x)$는 극값을 갖지 않는다.
> (나) 방정식 $g'(x)=0$의 모든 실근은 0, 3이다.

$\int_0^3 |f(x)|\,dx$의 값을 구하시오. [4점]

040

2024학년도 평가원 6월 20번

최고차항의 계수가 1인 이차함수 $f(x)$에 대하여 함수

$$g(x)=\int_0^x f(t)\,dt$$

가 다음 조건을 만족시킬 때, $f(9)$의 값을 구하시오. [4점]

> $x\geq 1$인 모든 실수 x에 대하여
> $g(x)\geq g(4)$이고 $|g(x)|\geq|g(3)|$이다.

041

2023학년도 평가원 9월 14번

최고차항의 계수가 1이고 $f(0)=0$, $f(1)=0$인 삼차함수 $f(x)$에 대하여 함수 $g(t)$를

$$g(t)=\int_t^{t+1} f(x)\,dx-\int_0^1 |f(x)|\,dx$$

라 할 때, 〈보기〉에서 옳은 것만을 있는 대로 고른 것은? [4점]

〈보기〉

ㄱ. $g(0)=0$이면 $g(-1)<0$이다.

ㄴ. $g(-1)>0$이면 $f(k)=0$을 만족시키는 $k<-1$인 실수 k가 존재한다.

ㄷ. $g(-1)>1$이면 $g(0)<-1$이다.

① ㄱ　② ㄱ, ㄴ　③ ㄱ, ㄷ　④ ㄴ, ㄷ　⑤ ㄱ, ㄴ, ㄷ

실수 전체의 집합에서 연속인 함수 $f(x)$와 최고차항의 계수가 1인 삼차함수 $g(x)$가

$$g(x)=\begin{cases} -\displaystyle\int_0^x f(t)\,dt & (x<0) \\ \displaystyle\int_0^x f(t)\,dt & (x\ge 0) \end{cases}$$

을 만족시킬 때, 〈보기〉에서 옳은 것만을 있는 대로 고른 것은? [4점]

〈보기〉
ㄱ. $f(0)=0$
ㄴ. 함수 $f(x)$는 극댓값을 갖는다.
ㄷ. $2<f(1)<4$일 때, 방정식 $f(x)=x$의 서로 다른 실근의 개수는 3이다.

① ㄱ   ② ㄷ   ③ ㄱ, ㄴ
④ ㄱ, ㄷ   ⑤ ㄱ, ㄴ, ㄷ

최고차항의 계수가 2인 이차함수 $f(x)$에 대하여 함수 $g(x)=\displaystyle\int_x^{x+1} |f(t)|\,dt$는 $x=1$과 $x=4$에서 극소이다. $f(0)$의 값을 구하시오. [4점]

최고차항의 계수가 1인 이차함수 $f(x)$에 대하여 함수

$$g(x)=\begin{cases} f(x+2) & (x<0) \\ \displaystyle\int_0^x tf(t)\,dt & (x\ge 0) \end{cases}$$

이 실수 전체의 집합에서 미분가능하다. 실수 a에 대하여 함수 $h(x)$를

$$h(x)=|g(x)-g(a)|$$

라 할 때, 함수 $h(x)$가 $x=k$에서 미분가능하지 않은 실수 k의 개수가 1이 되도록 하는 모든 a의 값의 곱은? [4점]

① $-\dfrac{4\sqrt{3}}{3}$ ② $-\dfrac{7\sqrt{3}}{6}$ ③ $-\sqrt{3}$
④ $-\dfrac{5\sqrt{3}}{6}$ ⑤ $-\dfrac{2\sqrt{3}}{3}$

3

정적분의 활용

유형 ❾ 곡선과 x축 사이의 넓이 [수능 2024]

함수 $f(x)$가 닫힌구간 $[a, b]$에서 연속일 때, 곡선 $y=f(x)$와 x축 및 두 직선 $x=a$, $x=b$로 둘러싸인 부분의 넓이 S는

$$S=\int_a^b |f(x)|\, dx$$

실전Tip 곡선과 x축 사이의 넓이는 다음과 같은 순서로 구한다.
❶ 곡선 $y=f(x)$와 x축의 교점의 x좌표를 구하여 적분 구간을 정한다.
❷ 곡선 $y=f(x)$를 그려서 $y\geq0$인 구간과 $y\leq0$인 구간으로 나눈 후 정적분의 값을 각각 구하여 더한다.

유형코드 곡선과 x축 및 y축에 평행한 직선으로 둘러싸인 부분의 넓이를 구하는 문제로 출제된다. 곡선을 정확히 그릴 수 있어야 한다.

3점

045
2023년 시행 교육청 10월 6번

곡선 $y=\dfrac{1}{3}x^2+1$과 x축, y축 및 직선 $x=3$으로 둘러싸인 부분의 넓이는? [3점]

① 6
② $\dfrac{20}{3}$
③ $\dfrac{22}{3}$

④ 8
⑤ $\dfrac{26}{3}$

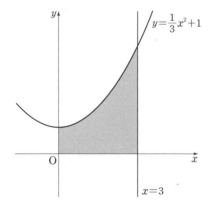

046
2023년 시행 교육청 3월 7번

함수 $y=|x^2-2x|+1$의 그래프와 x축, y축 및 직선 $x=2$로 둘러싸인 부분의 넓이는? [3점]

① $\dfrac{8}{3}$
② 3
③ $\dfrac{10}{3}$

④ $\dfrac{11}{3}$
⑤ 4

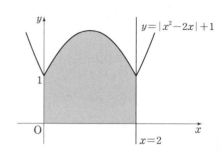

047
2022년 시행 교육청 4월 17번

곡선 $y=-x^2+4x-4$와 x축 및 y축으로 둘러싸인 부분의 넓이를 S라 할 때, $12S$의 값을 구하시오. [3점]

048

함수 $f(x)=x^2+1$의 그래프와 x축 및 두 직선 $x=0$, $x=1$로 둘러싸인 부분의 넓이를 점 $(1, f(1))$을 지나고 기울기가 m $(m \geq 2)$인 직선이 이등분할 때, 상수 m의 값은? [3점]

① $\dfrac{5}{2}$　　　② 3　　　③ $\dfrac{7}{2}$

④ 4　　　⑤ $\dfrac{9}{2}$

049

양수 k에 대하여 함수 $f(x)$는
$$f(x)=kx(x-2)(x-3)$$
이다. 곡선 $y=f(x)$와 x축이 원점 O와 두 점 P, Q $(\overline{OP} < \overline{OQ})$에서 만난다. 곡선 $y=f(x)$와 선분 OP로 둘러싸인 영역을 A, 곡선 $y=f(x)$와 선분 PQ로 둘러싸인 영역을 B라 하자.
$$(A의 넓이)-(B의 넓이)=3$$
일 때, k의 값은? [4점]

① $\dfrac{7}{6}$　　　② $\dfrac{4}{3}$　　　③ $\dfrac{3}{2}$

④ $\dfrac{5}{3}$　　　⑤ $\dfrac{11}{6}$

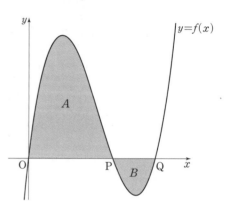

050

2025학년도 평가원 9월 13번

함수

$$f(x)=\begin{cases}-x^2-2x+6 & (x<0)\\ -x^2+2x+6 & (x\geq 0)\end{cases}$$

의 그래프가 x축과 만나는 서로 다른 두 점을 P, Q라 하고, 상수 k $(k>4)$에 대하여 직선 $x=k$가 x축과 만나는 점을 R라 하자. 곡선 $y=f(x)$와 선분 PQ로 둘러싸인 부분의 넓이를 A, 곡선 $y=f(x)$와 직선 $x=k$ 및 선분 QR로 둘러싸인 부분의 넓이를 B라 하자. $A=2B$일 때, k의 값은?

(단, 점 P의 x좌표는 음수이다.) [4점]

① $\frac{9}{2}$ ② 5 ③ $\frac{11}{2}$ ④ 6 ⑤ $\frac{13}{2}$

051

2024학년도 수능 12번

함수 $f(x)=\frac{1}{9}x(x-6)(x-9)$와 실수 t $(0<t<6)$에 대하여 함수 $g(x)$는

$$g(x)=\begin{cases}f(x) & (x<t)\\ -(x-t)+f(t) & (x\geq t)\end{cases}$$

이다. 함수 $y=g(x)$의 그래프와 x축으로 둘러싸인 영역의 넓이의 최댓값은? [4점]

① $\frac{125}{4}$ ② $\frac{127}{4}$ ③ $\frac{129}{4}$ ④ $\frac{131}{4}$ ⑤ $\frac{133}{4}$

두 상수 a, b에 대하여 실수 전체의 집합에서 미분가능한 함수 $f(x)$가 다음 조건을 만족시킨다.

> (가) $0 \le x < 4$일 때, $f(x) = x^3 + ax^2 + bx$이다.
> (나) 모든 실수 x에 대하여 $f(x+4) = f(x) + 16$이다.

$\displaystyle\int_4^7 f(x)\,dx$의 값은? [4점]

① $\dfrac{255}{4}$ ② $\dfrac{261}{4}$ ③ $\dfrac{267}{4}$

④ $\dfrac{273}{4}$ ⑤ $\dfrac{279}{4}$

세 양수 a, b, k에 대하여 함수 $f(x)$를

$$f(x) = \begin{cases} ax & (x < k) \\ -x^2 + 4bx - 3b^2 & (x \ge k) \end{cases}$$

라 하자. 함수 $f(x)$가 실수 전체의 집합에서 미분가능할 때, 〈보기〉에서 옳은 것만을 있는 대로 고른 것은? [4점]

> 〈보기〉
> ㄱ. $a=1$이면 $f'(k)=1$이다.
> ㄴ. $k=3$이면 $a=-6+4\sqrt{3}$이다.
> ㄷ. $f(k)=f'(k)$이면 함수 $y=f(x)$의 그래프와 x축으로 둘러싸인 부분의 넓이는 $\dfrac{1}{3}$이다.

① ㄱ   ② ㄱ, ㄴ   ③ ㄱ, ㄷ

④ ㄴ, ㄷ   ⑤ ㄱ, ㄴ, ㄷ

두 함수 $f(x)$, $g(x)$가 닫힌구간 $[a, b]$에서 연속일 때,
곡선 $y=f(x)$, 직선 $y=g(x)$와 두 직선 $x=a$, $x=b$로
둘러싸인 부분의 넓이 S는

$$S=\int_a^b |f(x)-g(x)|\, dx$$

유형코드 곡선과 직선 및 y축에 평행한 직선으로 둘러싸인 부분의 넓이를 구하는 문제로 종종 출제된다. 주어진 넓이를 직선이 이등분하도록 하는 미지수를 구하거나 곡선과 접선으로 둘러싸인 부분의 넓이를 구하는 문제도 종종 출제되는데 그 원리는 모두 같다.

3점

054

그림과 같이 곡선 $y=x^2-4x+6$ 위의 점 A$(3, 3)$에서의 접선을 l이라 할 때, 곡선 $y=x^2-4x+6$과 직선 l 및 y축으로 둘러싸인 부분의 넓이는? [3점]

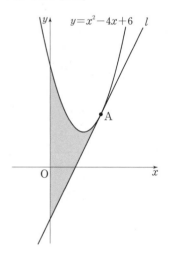

① $\dfrac{26}{3}$ ② 9 ③ $\dfrac{28}{3}$

④ $\dfrac{29}{3}$ ⑤ 10

4점

055

곡선 $y=\dfrac{1}{4}x^3+\dfrac{1}{2}x$와 직선 $y=mx+2$ 및 y축으로 둘러싸인 부분의 넓이를 A, 곡선 $y=\dfrac{1}{4}x^3+\dfrac{1}{2}x$와 두 직선 $y=mx+2$, $x=2$로 둘러싸인 부분의 넓이를 B라 하자. $B-A=\dfrac{2}{3}$일 때, 상수 m의 값은? (단, $m<-1$) [4점]

① $-\dfrac{3}{2}$ ② $-\dfrac{17}{12}$ ③ $-\dfrac{4}{3}$

④ $-\dfrac{5}{4}$ ⑤ $-\dfrac{7}{6}$

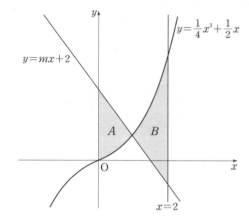

최고차항의 계수가 1인 삼차함수 $f(x)$가

$$f(1)=f(2)=0, \ f'(0)=-7$$

을 만족시킨다. 원점 O와 점 $P(3, f(3))$에 대하여 선분 OP가 곡선 $y=f(x)$와 만나는 점 중 P가 아닌 점을 Q라 하자. 곡선 $y=f(x)$와 y축 및 선분 OQ로 둘러싸인 부분의 넓이를 A, 곡선 $y=f(x)$와 선분 PQ로 둘러싸인 부분의 넓이를 B라 할 때, $B-A$의 값은? [4점]

① $\dfrac{37}{4}$ ② $\dfrac{39}{4}$ ③ $\dfrac{41}{4}$

④ $\dfrac{43}{4}$ ⑤ $\dfrac{45}{4}$

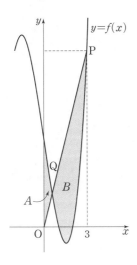

그림과 같이 삼차함수 $f(x)=x^3-6x^2+8x+1$의 그래프와 최고차항의 계수가 양수인 이차함수 $y=g(x)$의 그래프가 점 $A(0, 1)$, 점 $B(k, f(k))$에서 만나고, 곡선 $y=f(x)$ 위의 점 B에서의 접선이 점 A를 지난다. 곡선 $y=f(x)$와 직선 AB로 둘러싸인 부분의 넓이를 S_1, 곡선 $y=g(x)$와 직선 AB로 둘러싸인 부분의 넓이를 S_2라 하자. $S_1=S_2$일 때, $\displaystyle\int_0^k g(x)\,dx$의 값은? (단, k는 양수이다.) [4점]

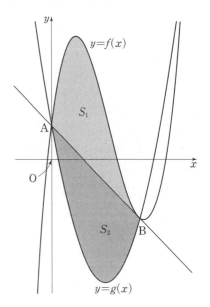

① $-\dfrac{17}{2}$ ② $-\dfrac{33}{4}$ ③ -8

④ $-\dfrac{31}{4}$ ⑤ $-\dfrac{15}{2}$

최고차항의 계수가 1인 사차함수 $f(x)$에 대하여 곡선 $y=f(x)$와 직선 $y=\dfrac{1}{2}x$가 원점 O에서 접하고 x좌표가 양수인 두 점 A, B $(\overline{OA}<\overline{OB})$에서 만난다.

곡선 $y=f(x)$와 선분 OA로 둘러싸인 영역의 넓이를 S_1, 곡선 $y=f(x)$와 선분 AB로 둘러싸인 영역의 넓이를 S_2라 하자. $\overline{AB}=\sqrt{5}$이고 $S_1=S_2$일 때, $f(1)$의 값은? [4점]

① $\dfrac{9}{2}$ ② $\dfrac{11}{2}$ ③ $\dfrac{13}{2}$

④ $\dfrac{15}{2}$ ⑤ $\dfrac{17}{2}$

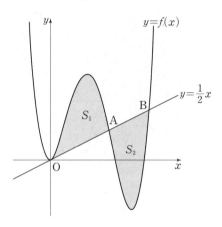

상수 $k\ (k<0)$에 대하여 두 함수
$$f(x)=x^3+x^2-x,\ g(x)=4|x|+k$$
의 그래프가 만나는 점의 개수가 2일 때, 두 함수의 그래프로 둘러싸인 부분의 넓이를 S라 하자. $30\times S$의 값을 구하시오.
[4점]

실수 $t\left(\sqrt{3}<t<\dfrac{13}{4}\right)$에 대하여 두 함수
$$f(x)=|x^2-3|-2x,\ g(x)=-x+t$$
의 그래프가 만나는 서로 다른 네 점의 x좌표를 작은 수부터 크기순으로 x_1, x_2, x_3, x_4라 하자. $x_4-x_1=5$일 때, 닫힌구간 $[x_3,\ x_4]$에서 두 함수 $y=f(x)$, $y=g(x)$의 그래프로 둘러싸인 부분의 넓이는 $p-q\sqrt{3}$이다. $p\times q$의 값을 구하시오.

(단, p, q는 유리수이다.) [4점]

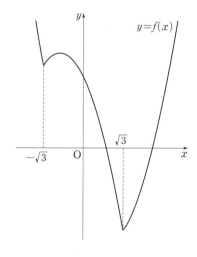

유형 ⑪ 두 곡선 사이의 넓이 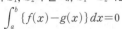 수능 2023

두 함수 $f(x)$, $g(x)$가 닫힌구간 $[a, b]$에서 연속일 때, 두 곡선 $y=f(x)$, $y=g(x)$와 두 직선 $x=a$, $x=b$로 둘러싸인 부분의 넓이 S는

$$S=\int_a^b |f(x)-g(x)|\, dx$$

참고 두 부분의 넓이가 같은 경우

오른쪽 그림과 같이 두 곡선 $y=f(x)$, $y=g(x)$로 둘러싸인 두 부분의 넓이를 각각 S_1, S_2라 할 때, $S_1=S_2$이면

$$\int_a^b \{f(x)-g(x)\}\, dx=0$$

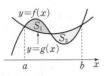

유형코드 두 곡선으로 둘러싸인 부분의 넓이를 구하는 문제로 출제된다.

유형 ⑨, 유형 ⑩과 마찬가지로 곡선을 정확히 그릴 수 있어야 한다.

3점

061

두 곡선 $y=3x^3-7x^2$과 $y=-x^2$으로 둘러싸인 부분의 넓이를 구하시오. [3점]

062

두 함수

$$f(x)=x^2-4x,\quad g(x)=\begin{cases} -x^2+2x & (x<2) \\ -x^2+6x-8 & (x\geq 2) \end{cases}$$

의 그래프로 둘러싸인 부분의 넓이는? [3점]

① $\dfrac{40}{3}$　　　② 14　　　③ $\dfrac{44}{3}$

④ $\dfrac{46}{3}$　　　⑤ 16

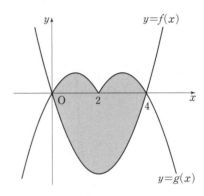

Ⅲ 적분

063

두 곡선 $y=x^3+x^2$, $y=-x^2+k$와 y축으로 둘러싸인 부분의 넓이를 A, 두 곡선 $y=x^3+x^2$, $y=-x^2+k$와 직선 $x=2$로 둘러싸인 부분의 넓이를 B라 하자. $A=B$일 때, 상수 k의 값은? (단, $4<k<5$) [4점]

① $\dfrac{25}{6}$　　② $\dfrac{13}{3}$　　③ $\dfrac{9}{2}$

④ $\dfrac{14}{3}$　　⑤ $\dfrac{29}{6}$

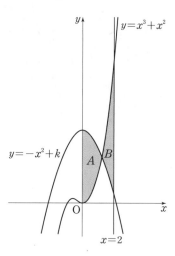

유형 ⑫ 속도와 거리

수직선 위를 움직이는 점 P의 시각 t에서의 속도가 $v(t)$, 시각 $t=a$에서의 위치가 x_0일 때

(1) 시각 t에서의 점 P의 위치 x는

$$x=x_0+\int_a^t v(t)\,dt$$

(2) 시각 $t=a$에서 $t=b$까지 점 P의 위치의 변화량은

$$\int_a^b v(t)\,dt$$

(3) 시각 $t=a$에서 $t=b$까지 점 P가 움직인 거리 s는

$$s=\int_a^b |v(t)|\,dt$$

참고

(1) $v(t)=0$ ➡ 점 P가 운동 방향을 바꾸거나 멈춘다.
(2) $v(t)\geq 0$ ➡ 점 P가 양의 방향으로 움직인다.
(3) $v(t)\leq 0$ ➡ 점 P가 음의 방향으로 움직인다.

유형코드 수직선 위를 움직이는 점 P의 시각 t에서의 속도가 주어지고 점 P가 움직인 거리 또는 점 P의 위치를 구하는 3점 또는 4점 문제로 자주 출제된다. Ⅱ단원의 **유형 ⑭**와 같이 비교하며 학습하여 원리를 이해해 두도록 하자.

064

시각 $t=0$일 때 원점을 출발하여 수직선 위를 움직이는 점 P의 시각 t $(t\geq 0)$에서의 속도 $v(t)$가

$$v(t)=3t^2+6t-a$$

이다. 시각 $t=3$에서의 점 P의 위치가 6일 때, 상수 a의 값을 구하시오. [3점]

065

수직선 위를 움직이는 점 P의 시각 t $(t \geq 0)$에서의 속도 $v(t)$
가

$$v(t) = 4t^3 - 48t$$

이다. 시각 $t = k$ $(k > 0)$에서 점 P의 가속도가 0일 때, 시각
$t = 0$에서 $t = k$까지 점 P가 움직인 거리를 구하시오.

(단, k는 상수이다.) [3점]

066

수직선 위를 움직이는 점 P의 시각 t $(t \geq 0)$에서의 속도 $v(t)$
가

$$v(t) = t^2 - 4t + 3$$

이다. 점 P가 시각 $t = 1$, $t = a$ $(a > 1)$에서 운동 방향을 바꿀
때, 점 P가 시각 $t = 0$에서 $t = a$까지 움직인 거리는? [3점]

① $\frac{7}{3}$　　　　② $\frac{8}{3}$　　　　③ 3

④ $\frac{10}{3}$　　　　⑤ $\frac{11}{3}$

067

시각 $t = 0$일 때 동시에 원점을 출발하여 수직선 위를 움직이
는 두 점 P, Q의 시각 t $(t \geq 0)$에서의 속도가 각각

$$v_1(t) = 12t - 12, \quad v_2(t) = 3t^2 + 2t - 12$$

이다. 시각 $t = k$ $(k > 0)$에서 두 점 P, Q의 위치가 같을 때,
시각 $t = 0$에서 $t = k$까지 점 P가 움직인 거리를 구하시오.

[3점]

068

시각 $t = 0$일 때 동시에 원점을 출발하여 수직선 위를 움직이
는 두 점 P, Q의 시각 t $(t \geq 0)$에서의 속도가 각각

$$v_1(t) = 3t^2 - 15t + k, \quad v_2(t) = -3t^2 + 9t$$

이다. 점 P와 점 Q가 출발한 후 한 번만 만날 때, 양수 k의 값
을 구하시오. [3점]

069

시각 $t=0$일 때 원점을 출발하여 수직선 위를 움직이는 점 P의 시각 t ($t \geq 0$)에서의 속도 $v(t)$가

$$v(t) = \begin{cases} -t^2 + t + 2 & (0 \leq t \leq 3) \\ k(t-3) - 4 & (t > 3) \end{cases}$$

이다. 출발한 후 점 P의 운동 방향이 두 번째로 바뀌는 시각에서의 점 P의 위치가 1일 때, 양수 k의 값을 구하시오. [3점]

4점

070

수직선 위의 점 A(6)과 시각 $t=0$일 때 원점을 출발하여 이 수직선 위를 움직이는 점 P가 있다. 시각 t ($t \geq 0$)에서의 점 P의 속도 $v(t)$를

$$v(t) = 3t^2 + at \ (a > 0)$$

이라 하자. 시각 $t=2$에서 점 P와 점 A 사이의 거리가 10일 때, 상수 a의 값은? [4점]

① 1   ② 2   ③ 3

④ 4   ⑤ 5

071

양수 a에 대하여 수직선 위를 움직이는 점 P의 시각 t ($t \geq 0$)에서의 속도 $v(t)$가

$$v(t) = 3t(a-t)$$

이다. 시각 $t=0$에서 점 P의 위치는 16이고, 시각 $t=2a$에서 점 P의 위치는 0이다. 시각 $t=0$에서 $t=5$까지 점 P가 움직인 거리는? [4점]

① 54   ② 58   ③ 62

④ 66   ⑤ 70

072

수직선 위를 움직이는 점 P의 시각 t ($t \geq 0$)에서의 속도 $v(t)$가
$$v(t) = 3t^2 + at$$
이다. 시각 $t=0$에서의 점 P의 위치와 시각 $t=6$에서의 점 P의 위치가 서로 같을 때, 점 P가 시각 $t=0$에서 $t=6$까지 움직인 거리는? (단, a는 상수이다.) [4점]

① 64 ② 66 ③ 68
④ 70 ⑤ 72

073

시각 $t=0$일 때 동시에 원점을 출발하여 수직선 위를 움직이는 두 점 P, Q의 시각 t ($t \geq 0$)에서의 속도가 각각
$$v_1(t) = 2 - t, \ v_2(t) = 3t$$
이다. 출발한 시각부터 점 P가 원점으로 돌아올 때까지 점 Q가 움직인 거리는? [4점]

① 16 ② 18 ③ 20
④ 22 ⑤ 24

074

시각 $t=0$일 때 동시에 원점을 출발하여 수직선 위를 움직이는 두 점 P, Q의 시각 t ($t \geq 0$)에서의 속도가 각각
$$v_1(t) = 3t^2 - 6t - 2, \ v_2(t) = -2t + 6$$
이다. 출발한 시각부터 두 점 P, Q가 다시 만날 때까지 점 Q가 움직인 거리는? [4점]

① 7 ② 8 ③ 9
④ 10 ⑤ 11

075

시각 $t=0$일 때 동시에 원점을 출발하여 수직선 위를 움직이는 두 점 P, Q의 시각 t $(t\geq0)$에서의 속도가 각각

$$v_1(t)=-3t^2+at, \quad v_2(t)=-t+1$$

이다. 출발한 후 두 점 P, Q가 한 번만 만나도록 하는 양수 a에 대하여 점 P가 시각 $t=0$에서 시각 $t=3$까지 움직인 거리는? [4점]

① $\dfrac{29}{2}$
② 15
③ $\dfrac{31}{2}$

④ 16
⑤ $\dfrac{33}{2}$

076

실수 m에 대하여 수직선 위를 움직이는 두 점 P, Q의 시각 t $(t\geq0)$에서의 속도를 각각

$$v_1(t)=3t^2+1, \quad v_2(t)=mt-4$$

라 하자. 시각 $t=0$에서 $t=2$까지 두 점 P, Q가 움직인 거리가 같도록 하는 모든 m의 값의 합은? [4점]

① 3
② 4
③ 5

④ 6
⑤ 7

077

수직선 위를 움직이는 점 P의 시각 t $(t\geq0)$에서의 속도 $v(t)$가

$$v(t)=3(t-2)(t-a) \ (a>2인 \ 상수)$$

이다. 점 P의 시각 $t=0$에서의 위치는 0이고, $t>0$에서 점 P의 위치가 0이 되는 순간은 한 번뿐이다. $v(8)$의 값은? [4점]

① 27
② 36
③ 45

④ 54
⑤ 63

078

수직선 위를 움직이는 점 P의 시각 t $(t \geq 0)$에서의 속도 $v(t)$와 가속도 $a(t)$가 다음 조건을 만족시킨다.

(가) $0 \leq t \leq 2$일 때, $v(t) = 2t^3 - 8t$이다.
(나) $t \geq 2$일 때, $a(t) = 6t + 4$이다.

시각 $t=0$에서 $t=3$까지 점 P가 움직인 거리를 구하시오.

[4점]

079

시각 $t=0$일 때 동시에 원점을 출발하여 수직선 위를 움직이는 두 점 P, Q의 시각 t $(t \geq 0)$에서의 속도가 각각

$$v_1(t) = t^2 - 6t + 5, \quad v_2(t) = 2t - 7$$

이다. 시각 t에서의 두 점 P, Q 사이의 거리를 $f(t)$라 할 때, 함수 $f(t)$는 구간 $[0, a]$에서 증가하고, 구간 $[a, b]$에서 감소하고, 구간 $[b, \infty)$에서 증가한다. 시각 $t=a$에서 $t=b$까지 점 Q가 움직인 거리는? (단, $0 < a < b$) [4점]

① $\dfrac{15}{2}$　　② $\dfrac{17}{2}$　　③ $\dfrac{19}{2}$

④ $\dfrac{21}{2}$　　⑤ $\dfrac{23}{2}$

080

두 점 P와 Q는 시각 $t=0$일 때 각각 점 A(1)과 점 B(8)에서 출발하여 수직선 위를 움직인다. 두 점 P, Q의 시각 t ($t \geq 0$)에서의 속도는 각각

$$v_1(t)=3t^2+4t-7, \quad v_2(t)=2t+4$$

이다. 출발한 시각부터 두 점 P, Q 사이의 거리가 처음으로 4가 될 때까지 점 P가 움직인 거리는? [4점]

① 10   ② 14   ③ 19

④ 25   ⑤ 32

081

실수 a ($a \geq 0$)에 대하여 수직선 위를 움직이는 점 P의 시각 t ($t \geq 0$)에서의 속도 $v(t)$를

$$v(t)=-t(t-1)(t-a)(t-2a)$$

라 하자. 점 P가 시각 $t=0$일 때 출발한 후 운동 방향을 한 번만 바꾸도록 하는 a에 대하여, 시각 $t=0$에서 $t=2$까지 점 P의 위치의 변화량의 최댓값은? [4점]

① $\dfrac{1}{5}$ ② $\dfrac{7}{30}$ ③ $\dfrac{4}{15}$

④ $\dfrac{3}{10}$ ⑤ $\dfrac{1}{3}$

▶ 정답 및 해설 076쪽

082

2024학년도 평가원 9월 22번

두 다항함수 $f(x)$, $g(x)$에 대하여 $f(x)$의 한 부정적분을 $F(x)$라 하고 $g(x)$의 한 부정적분을 $G(x)$라 할 때, 이 함수들은 모든 실수 x에 대하여 다음 조건을 만족시킨다.

> (가) $\displaystyle\int_1^x f(t)\,dt = xf(x) - 2x^2 - 1$
>
> (나) $f(x)G(x) + F(x)g(x) = 8x^3 + 3x^2 + 1$

$\displaystyle\int_1^3 g(x)\,dx$의 값을 구하시오. [4점]

083

2022년 시행 교육청 4월 22번

양수 a와 최고차항의 계수가 1인 삼차함수 $f(x)$에 대하여 함수

$$g(x) = \int_0^x \{f'(t+a) \times f'(t-a)\}\,dt$$

가 다음 조건을 만족시킨다.

> 함수 $g(x)$는 $x = \dfrac{1}{2}$과 $x = \dfrac{13}{2}$에서만 극값을 갖는다.

$f(0) = -\dfrac{1}{2}$일 때, $a \times f(1)$의 값을 구하시오. [4점]

084

2022년 시행 교육청 3월 22번

실수 전체의 집합에서 연속인 함수 $f(x)$와 최고차항의 계수가 1이고 상수항이 0인 삼차함수 $g(x)$가 있다. 양의 상수 a에 대하여 두 함수 $f(x)$, $g(x)$가 다음 조건을 만족시킨다.

(가) 모든 실수 x에 대하여 $x|g(x)| = \displaystyle\int_{2a}^{x} (a-t)f(t)\,dt$이다.

(나) 방정식 $g(f(x)) = 0$의 서로 다른 실근의 개수는 4이다.

$\displaystyle\int_{-2a}^{2a} f(x)\,dx$의 값을 구하시오. [4점]

085

2023학년도 평가원 9월 22번

최고차항의 계수가 1이고 $x=3$에서 극댓값 8을 갖는 삼차함수 $f(x)$가 있다. 실수 t에 대하여 함수 $g(x)$를

$$g(x) = \begin{cases} f(x) & (x \geq t) \\ -f(x) + 2f(t) & (x < t) \end{cases}$$

라 할 때, 방정식 $g(x)=0$의 서로 다른 실근의 개수를 $h(t)$라 하자. 함수 $h(t)$가 $t=a$에서 불연속인 a의 값이 두 개일 때, $f(8)$의 값을 구하시오. [4점]

최고차항의 계수가 1인 사차함수 $f(x)$가 다음 조건을 만족시킨다.

> (가) $f'(a) \leq 0$인 실수 a의 최댓값은 2이다.
>
> (나) 집합 $\{x \mid f(x) = k\}$의 원소의 개수가 3 이상이 되도록 하는 실수 k의 최솟값은 $\dfrac{8}{3}$이다.

$f(0) = 0$, $f'(1) = 0$일 때, $f(3)$의 값을 구하시오. [4점]

087

2025학년도 평가원 6월 15번

최고차항의 계수가 1인 삼차함수 $f(x)$와 상수 k $(k \geq 0)$에 대하여 함수

$$g(x) = \begin{cases} 2x-k & (x \leq k) \\ f(x) & (x > k) \end{cases}$$

가 다음 조건을 만족시킨다.

(가) 함수 $g(x)$는 실수 전체의 집합에서 증가하고 미분가능하다.

(나) 모든 실수 x에 대하여 $\displaystyle\int_0^x g(t)\{|t(t-1)| + t(t-1)\}\,dt \geq 0$이고

$\displaystyle\int_3^x g(t)\{|(t-1)(t+2)| - (t-1)(t+2)\}\,dt \geq 0$이다.

$g(k+1)$의 최솟값은? [4점]

① $4-\sqrt{6}$ ② $5-\sqrt{6}$ ③ $6-\sqrt{6}$

④ $7-\sqrt{6}$ ⑤ $8-\sqrt{6}$

088

2024년 시행 교육청 10월 20번

실수 전체의 집합에서 미분가능한 함수 $f(x)$가 모든 실수 x에 대하여

$$\{f(x)\}^2 = 2\int_3^x (t^2 + 2t)f(t)\,dt$$

를 만족시킬 때, $\displaystyle\int_{-3}^0 f(x)\,dx$의 최댓값을 M, 최솟값을 m이라 하자. $M-m$의 값을 구하시오. [4점]

▶ 정답 및 해설 082쪽

089

2023년 시행 교육청 4월 22번

두 상수 a, b $(b \neq 1)$과 이차함수 $f(x)$에 대하여 함수 $g(x)$가 다음 조건을 만족시킨다.

(가) 함수 $g(x)$는 실수 전체의 집합에서 미분가능하고, 도함수 $g'(x)$는 실수 전체의 집합에서 연속이다.

(나) $|x| < 2$일 때, $g(x) = \displaystyle\int_0^x (-t+a)\,dt$이고 $|x| \geq 2$일 때, $|g'(x)| = f(x)$이다.

(다) 함수 $g(x)$는 $x = 1$, $x = b$에서 극값을 갖는다.

$g(k) = 0$을 만족시키는 모든 실수 k의 값의 합이 $p + q\sqrt{3}$일 때, $p \times q$의 값을 구하시오.

(단, p와 q는 유리수이다.) [4점]

최고차항의 계수가 양수인 사차함수 $f(x)$가 있다. 실수 t에 대하여 함수 $g(x)$를
$$g(x)=f(x)-x-f(t)+t$$
라 할 때, 방정식 $g(x)=0$의 서로 다른 실근의 개수를 $h(t)$라 하자. 두 함수 $f(x)$와 $h(t)$가 다음 조건을 만족시킨다.

> (가) $\lim\limits_{t \to -1}\{h(t)-h(-1)\}=\lim\limits_{t \to 1}\{h(t)-h(1)\}=2$
>
> (나) $\displaystyle\int_0^\alpha f(x)\,dx=\int_0^\alpha |f(x)|\,dx$를 만족시키는 실수 α의 최솟값은 -1이다.
>
> (다) 모든 실수 x에 대하여 $\dfrac{d}{dx}\displaystyle\int_0^x \{f(u)-ku\}\,du \geq 0$이 되도록 하는 실수 k의 최댓값은 $f'(\sqrt{2})$이다.

$f(6)$의 값을 구하시오. [4점]

091

2024년 시행 교육청 5월 22번

최고차항의 계수가 4이고 서로 다른 세 극값을 갖는 사차함수 $f(x)$와 두 함수 $g(x)$,

$$h(x) = \begin{cases} 4x+2 & (x<a) \\ -2x-3 & (x \geq a) \end{cases}$$

가 있다. 세 함수 $f(x)$, $g(x)$, $h(x)$가 다음 조건을 만족시킨다.

(가) 모든 실수 x에 대하여

$\quad |g(x)| = f(x)$, $\displaystyle\lim_{t \to 0+} \frac{g(x+t)-g(x)}{t} = |f'(x)|$

이다.

(나) 함수 $g(x)h(x)$는 실수 전체의 집합에서 연속이다.

$g(0) = \dfrac{40}{3}$일 때, $g(1) \times h(3)$의 값을 구하시오. (단, a는 상수이다.) [4점]

▶ 정답 및 해설 087쪽

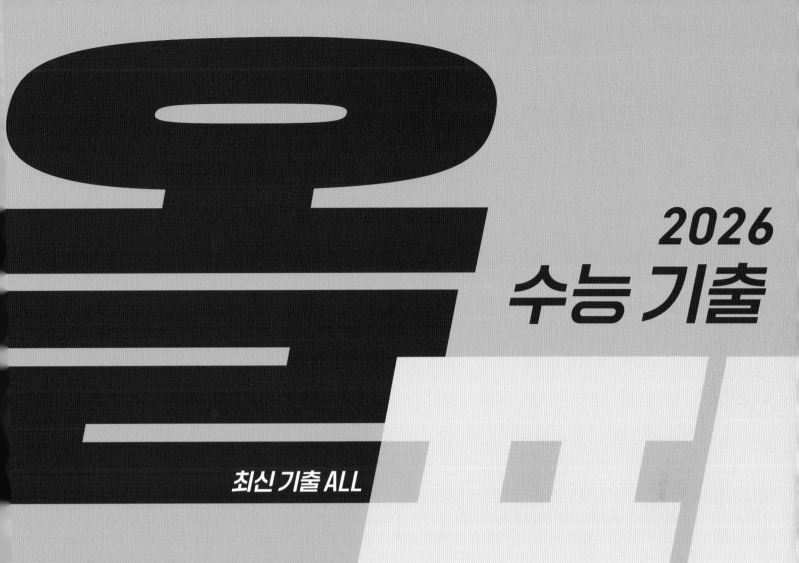

2026 수능 기출

최신 기출 ALL

우수 기출 PICK

수학Ⅱ

BOOK 1 최신 기출 ALL

정답 및 해설

메가스터디BOOKS

수능기출

올픽

수학Ⅱ
BOOK 1

정답 및 해설

I 함수의 극한과 연속

001 ④	002 ②	003 5	004 ①	005 ④	006 ③
007 ⑤	008 ④	009 ②	010 ②	011 ⑤	012 ③
013 ①	014 ②	015 ④	016 ④	017 ②	018 ④
019 ①	020 ①	021 ②	022 ③	023 ③	024 ④
025 ①	026 ⑤	027 ④	028 ②	029 8	030 ①
031 ④	032 ③	033 ①	034 ③	035 ④	

고난도 기출 ▶ 036 226   037 25   038 ⑤   039 ①   040 16   041 19   042 96

II 미분

001 ⑤	002 ②	003 ⑤	004 ④	005 ①	006 11
007 ③	008 ③	009 31	010 ④	011 ⑤	012 ⑤
013 ②	014 ④	015 ⑤	016 ④	017 ④	018 ③
019 ①	020 ③	021 ⑤	022 ④	023 ③	024 ③
025 ④	026 8	027 ②	028 7	029 50	030 ⑤
031 58	032 ④	033 ③	034 ①	035 5	036 22
037 ①	038 ②	039 ②	040 ③	041 ④	042 ①
043 ④	044 22	045 ③	046 80	047 ⑤	048 ③
049 25	050 ③	051 ③	052 ①	053 ⑤	054 ②
055 ⑤	056 ②	057 ⑤	058 ⑤	059 41	060 15
061 ①	062 ③	063 4	064 6	065 2	066 ①
067 ⑤	068 ③	069 ⑤	070 ②	071 ④	072 ③
073 ②	074 ③	075 240	076 35	077 ④	078 4
079 7	080 ②	081 32	082 11	083 ⑤	084 ⑤
085 6	086 ①	087 ②			

고난도 기출 ▶ 088 ①   089 ②   090 82   091 13   092 29   093 380   094 729   095 2
096 483   097 486   098 121

III 적분

001 23	002 15	003 33	004 5	005 13	006 16
007 15	008 33	009 20	010 ④	011 ④	012 ④
013 ①	014 ②	015 9	016 ③	017 ②	018 ⑤
019 16	020 ③	021 ④	022 24	023 ②	024 ④
025 ⑤	026 ①	027 ③	028 ②	029 66	030 ③
031 ②	032 16	033 ①	034 24	035 ①	036 ⑤
037 ②	038 ⑤	039 8	040 39	041 ⑤	042 ④
043 13	044 ①	045 ①	046 ③	047 32	048 ②
049 ②	050 ④	051 ③	052 ④	053 ⑤	054 ②
055 ③	056 ⑤	057 ②	058 ⑤	059 80	060 54
061 4	062 ①	063 ④	064 16	065 80	066 ②
067 102	068 18	069 16	070 ④	071 ②	072 ①
073 ⑤	074 ④	075 ①	076 ⑤	077 ②	078 17
079 ②	080 ⑤	081 ③			

고난도 기출 ▶ 082 10   083 30
084 4   085 58   086 15   087 ②   088 54   089 32   090 182   091 114

Ⅰ 함수의 극한과 연속

▶ 본문 012~023쪽

001 ④	002 ②	003 5	004 ①	005 ④	006 ③
007 ⑤	008 ④	009 ②	010 ②	011 ⑤	012 ③
013 ①	014 ②	015 ④	016 ④	017 ②	018 ④
019 ①	020 ①	021 ②	022 ③	023 ③	024 ④
025 ①	026 ⑤	027 ④	028 ②	029 8	030 ①
031 ④	032 ③	033 ①	034 ③	035 ④	

001　정답률 ▶ 확: 80%, 미: 95%, 기: 92%　답 ④

$$\lim_{x \to \infty} \frac{\sqrt{x^2-2}+3x}{x+5} = \lim_{x \to \infty} \frac{\sqrt{1-\frac{2}{x}}+3}{1+\frac{5}{x}}$$
$$= \frac{\sqrt{1-0}+3}{1+0} = 4$$

002　정답률 ▶ 확: 78%, 미: 96%, 기: 88%　답 ②

$$\lim_{x \to \infty} (\sqrt{x^2+4x}-x) = \lim_{x \to \infty} \frac{x^2+4x-x^2}{\sqrt{x^2+4x}+x}$$
$$= \lim_{x \to \infty} \frac{4x}{\sqrt{x^2+4x}+x}$$
$$= \lim_{x \to \infty} \frac{4}{\sqrt{1+\frac{4}{x}}+1}$$
$$= \frac{4}{\sqrt{1+0}+1}$$
$$= \frac{4}{2} = 2$$

003　정답률 ▶ 확: 89%, 미: 96%, 기: 92%　답 5

$$\lim_{x \to 2} \frac{x^2+x-6}{x-2} = \lim_{x \to 2} \frac{(x+3)(x-2)}{x-2}$$
$$= \lim_{x \to 2} (x+3)$$
$$= 2+3 = 5$$

004　정답률 ▶ 확: 82%, 미: 94%, 기: 90%　답 ①

$$\lim_{x \to 3} \frac{\sqrt{2x-5}-1}{x-3} = \lim_{x \to 3} \frac{(\sqrt{2x-5}-1)(\sqrt{2x-5}+1)}{(x-3)(\sqrt{2x-5}+1)}$$
$$= \lim_{x \to 3} \frac{2(x-3)}{(x-3)(\sqrt{2x-5}+1)}$$
$$= \lim_{x \to 3} \frac{2}{\sqrt{2x-5}+1}$$
$$= \frac{2}{\sqrt{6-5}+1} = 1$$

005　정답률 ▶ 확: 92%, 미: 97%, 기: 96%　답 ④

$$\lim_{x \to -1+} f(x) + \lim_{x \to 2-} f(x) = 4+(-2) = 2$$

006　정답률 ▶ 확: 87%, 미: 95%, 기: 91%　답 ③

$$\lim_{x \to 0+} f(x) + \lim_{x \to 1-} f(x) = 2+1 = 3$$

007　정답률 ▶ 확: 91%, 미: 97%, 기: 92%　답 ⑤

$$\lim_{x \to 0-} f(x) + \lim_{x \to 1+} f(x) = 2+3 = 5$$

008　정답률 ▶ 확: 82%, 미: 91%, 기: 87%　답 ④

$$\lim_{x \to -1+} f(x) + \lim_{x \to 1-} f(x) = 0+1 = 1$$

009　정답률 ▶ 확: 90%, 미: 97%, 기: 94%　답 ②

$$\lim_{x \to 0-} f(x) + \lim_{x \to 1+} f(x) = -2+1 = -1$$

010　정답률 ▶ 확: 92%, 미: 97%, 기: 96%　답 ②

$$\lim_{x \to -1-} f(x) + \lim_{x \to 1+} f(x) = 1+1 = 2$$

011　정답률 ▶ 확: 86%, 미: 94%, 기: 91%　답 ⑤

$$\lim_{x \to -1+} f(x) + \lim_{x \to 2-} f(x) = 2+3 = 5$$

012　정답률 ▶ 확: 88%, 미: 95%, 기: 92%　답 ③

$$\lim_{x \to -1+} f(x) + \lim_{x \to 1-} f(x) = 0+1 = 1$$

013　정답률 ▶ 확: 86%, 미: 94%, 기: 93%　답 ①

$$\lim_{x \to -2+} f(x) + \lim_{x \to 1-} f(x) = -2+0 = -2$$

$$\lim_{x \to 0-} f(x) + \lim_{x \to 1+} f(x) = (-2) + 1 = -1$$

1단계 $\lim\limits_{x \to \infty} \dfrac{f(x)}{x^2}$의 극한값을 이용하여 함수 $f(x)$의 식을 세워 보자.

$\lim\limits_{x \to \infty} \dfrac{f(x)}{x^2} = 2$이므로 다항함수 $f(x)$는 최고차항의 계수가 2인 이차함수

이다.

즉,

$f(x) = 2x^2 + ax + b$ (a, b는 상수)　……㉠

라 할 수 있다.

2단계 함수 $f(x)$를 구하여 $f(3)$의 값을 구해 보자.

$\lim\limits_{x \to 1} \dfrac{f(x)}{x-1} = 3$　……㉡

㉡에서 $x \to 1$일 때, (분모) $\to 0$이고 극한값이 존재하므로 (분자) $\to 0$

이다.

$\lim\limits_{x \to 1} f(x) = 0$이므로 $f(1) = 0$

㉠에 $x = 1$을 대입하면 $2 + a + b = 0$이므로

$b = -a - 2$

$b = -a - 2$를 ㉠에 대입하면

$f(x) = 2x^2 + ax - a - 2 = (x-1)(2x+a+2)$

즉, ㉡에서

$$\begin{aligned}
\lim_{x \to 1} \frac{f(x)}{x-1} &= \lim_{x \to 1} \frac{(x-1)(2x+a+2)}{x-1} \\
&= \lim_{x \to 1} (2x+a+2) \\
&= 2 + a + 2 \\
&= 4 + a = 3
\end{aligned}$$

이므로 $a = -1$

$a = -1$을 $b = -a - 2$에 대입하여 정리하면

$b = -1$

따라서 $f(x) = 2x^2 - x - 1$이므로

$f(3) = 18 - 3 - 1 = 14$

다른 풀이

$\lim\limits_{x \to \infty} \dfrac{f(x)}{x^2} = 2$이므로 다항함수 $f(x)$는 최고차항의 계수가 2인 이차함수

이다.

$\lim\limits_{x \to 1} \dfrac{f(x)}{x-1} = 3$이므로 $x \to 1$일 때, (분모) $\to 0$이고 극한값이 존재하므

로 (분자) $\to 0$이다.

$\lim\limits_{x \to 1} f(x) = 0$이므로 $f(1) = 0$

즉, $f(x) = (x-1)(2x+a)$ (a는 상수)라 할 수 있다.

$$\begin{aligned}
\lim_{x \to 1} \frac{f(x)}{x-1} &= \lim_{x \to 1} \frac{(x-1)(2x+a)}{x-1} \\
&= \lim_{x \to 1} (2x+a) \\
&= 2 + a = 3
\end{aligned}$$

이므로 $a = 1$

따라서 $f(x) = (x-1)(2x+1)$이므로

$f(3) = 2 \times 7 = 14$

1단계 선분 AB의 길이를 t에 대하여 나타내어 보자.

두 점 A, B의 x좌표를 각각 α, β ($\alpha < \beta$)라 하면 α, β는 이차방정식

$tx + t + 1 = x^2 - tx - 1$, 즉 $x^2 - 2tx - t - 2 = 0$의 서로 다른 두 실근이다.

∴ $\alpha = t - \sqrt{t^2 + t + 2}$, $\beta = t + \sqrt{t^2 + t + 2}$

이때 직선 AB의 기울기가 t이므로

$\overline{AB} = (\beta - \alpha)\sqrt{t^2 + 1} = 2\sqrt{t^2 + t + 2}\sqrt{t^2 + 1}$

2단계 $\lim\limits_{t \to \infty} \dfrac{\overline{AB}}{t^2}$의 값을 구해 보자.

$$\begin{aligned}
\lim_{t \to \infty} \frac{\overline{AB}}{t^2} &= \lim_{t \to \infty} \frac{2\sqrt{t^2 + t + 2}\sqrt{t^2 + 1}}{t^2} \\
&= \lim_{t \to \infty} 2\sqrt{1 + \frac{1}{t} + \frac{2}{t^2}}\sqrt{1 + \frac{1}{t^2}} \\
&= 2 \times 1 \times 1 = 2
\end{aligned}$$

다른 풀이

$A(\alpha, t\alpha + t + 1)$, $B(\beta, t\beta + t + 1)$이므로

$$\begin{aligned}
\overline{AB} &= \sqrt{(\beta - \alpha)^2 + \{(t\beta + t + 1) - (t\alpha + t + 1)\}^2} \\
&= \sqrt{(\beta - \alpha)^2 + \{t(\beta - \alpha)\}^2} \\
&= \sqrt{(\beta - \alpha)^2 (t^2 + 1)} \\
&= (\beta - \alpha)\sqrt{t^2 + 1} \ (\because \beta > \alpha)
\end{aligned}$$

1단계 $\overline{AH}$, $\overline{CH}$를 각각 t에 대한 식으로 나타내어 보자.

직선 $y = x + t$와 곡선 $y = x^2$이 만나는 두 점이 A, B이므로 $A(a, a^2)$,

$B(b, b^2)$이라 하면 a, b는 이차방정식 $x + t = x^2$, 즉 $x^2 - x - t = 0$의 서

로 다른 두 실근이다.

이차방정식의 근과 계수의 관계에 의하여

$a + b = 1$, $ab = -t$

이때 점 B에서 선분 AC에 내린 수선의 발이 H이므로 점 H의 x좌표도 b

이고, $(a-b)^2 = (a+b)^2 - 4ab$이므로

$$\begin{aligned}
\overline{AH} &= a - b = \sqrt{(a-b)^2} \\
&= \sqrt{(a+b)^2 - 4ab} \\
&= \sqrt{1^2 - 4 \times (-t)} \\
&= \sqrt{1 + 4t}
\end{aligned}$$

또한, 점 C는 점 A를 y축에 대하여 대칭이동한 것과 같으므로

$C(-a, a^2)$　→ 곡선 $y = x^3$이 y축에 대하여 대칭이므로

∴ $\overline{CH} = b - (-a) = a + b = 1$

2단계 $\lim\limits_{t \to 0+} \dfrac{\overline{AH} - \overline{CH}}{t}$의 값을 구해 보자.

$$\begin{aligned}
\lim_{t \to 0+} \frac{\overline{AH} - \overline{CH}}{t} &= \lim_{t \to 0+} \frac{\sqrt{1 + 4t} - 1}{t} \\
&= \lim_{t \to 0+} \frac{(\sqrt{1 + 4t} - 1)(\sqrt{1 + 4t} + 1)}{t(\sqrt{1 + 4t} + 1)} \\
&= \lim_{t \to 0+} \frac{(1 + 4t) - 1}{t(\sqrt{1 + 4t} + 1)} \\
&= \lim_{t \to 0+} \frac{4}{\sqrt{1 + 4t} + 1} \\
&= \frac{4}{\sqrt{1 + 0} + 1} = 2
\end{aligned}$$

018 정답률 ▸ 확: 46%, 미: 67%, 기: 61%   답 ④

1단계 $g(t)$를 t에 대한 식으로 나타내어 보자.

직선 l의 기울기가 1이고 y절편이 $g(t)$이므로 직선 l의 방정식은
$y=x+g(t)$이다.

곡선 $y=x^2$과 직선 l이 만나는 서로 다른 두 점 A, B의 x좌표를 각각 α, β라 하면 α, β는 이차방정식 $x^2=x+g(t)$, 즉 $x^2-x-g(t)=0$의 서로 다른 두 실근이므로 근과 계수의 관계에 의하여

$\alpha+\beta=1$, $\alpha\beta=-g(t)$ …… ㉠

한편, A$(\alpha,\ \alpha+g(t))$, B$(\beta,\ \beta+g(t))$이므로

$$\overline{AB}^2=(\beta-\alpha)^2+[\{\beta+g(t)\}-\{\alpha+g(t)\}]^2$$
$$=2(\alpha-\beta)^2$$

이때

$$(\alpha-\beta)^2=(\alpha+\beta)^2-4\alpha\beta$$
$$=1^2-4\times\{-g(t)\}$$
$$=1+4g(t)\ (\because ㉠)$$

이므로

$$\overline{AB}^2=2(\alpha-\beta)^2=2+8g(t)$$

이고, 선분 AB의 길이가 $2t$이므로

$$4t^2=2+8g(t) \qquad \therefore g(t)=\dfrac{2t^2-1}{4}$$

2단계 $\displaystyle\lim_{t\to\infty}\dfrac{g(t)}{t^2}$의 값을 구해 보자.

$$\lim_{t\to\infty}\frac{g(t)}{t^2}=\lim_{t\to\infty}\frac{2t^2-1}{4t^2}=\lim_{t\to\infty}\frac{2-\dfrac{1}{t^2}}{4}$$
$$=\frac{2-0}{4}=\frac{1}{2}$$

019 정답률 ▸ 확: 86%, 미: 95%, 기: 88%   답 ①

1단계 함수 $f(x)$가 $x=3$에서 연속일 조건을 알아보자.

함수 $f(x)$가 $x=3$에서 연속이므로
$\displaystyle\lim_{x\to3+}f(x)=\lim_{x\to3-}f(x)=f(3)$이어야 한다.

2단계 상수 a의 값을 구해 보자.

$\displaystyle\lim_{x\to3+}f(x)=\lim_{x\to3+}(\sqrt{x+1}-a)=\sqrt{3+1}-a=2-a$,

$\displaystyle\lim_{x\to3-}f(x)=\lim_{x\to3-}(2x+a)=6+a$,

$f(3)=2-a$

에서 $2-a=6+a$

$2a=-4$

$\therefore a=-2$

020 정답률 ▸ 확: 86%, 미: 95%, 기: 94%   답 ①

1단계 함수 $f(x)$가 실수 전체의 집합에서 연속일 조건을 알아보자.

함수 $f(x)$가 실수 전체의 집합에서 연속이므로 $x=2$에서도 연속이다.
즉, $\displaystyle\lim_{x\to2+}f(x)=\lim_{x\to2-}f(x)=f(2)$이어야 한다.

2단계 상수 a의 값을 구해 보자.

$\displaystyle\lim_{x\to2+}f(x)=\lim_{x\to2+}(x^2+a)=4+a$,

$\displaystyle\lim_{x\to2-}f(x)=\lim_{x\to2-}(3x-a)=6-a$,

$f(2)=4+a$

에서 $4+a=6-a$

$2a=2 \qquad \therefore a=1$

021 정답률 ▸ 확: 90%, 미: 97%, 기: 95%   답 ②

1단계 함수 $f(x)$가 실수 전체의 집합에서 연속일 조건을 알아보자.

함수 $f(x)$가 실수 전체의 집합에서 연속이므로 $x=-2$에서도 연속이다.
즉, $\displaystyle\lim_{x\to-2+}f(x)=\lim_{x\to-2-}f(x)=f(-2)$이어야 한다.

2단계 상수 a의 값을 구해 보자.

$\displaystyle\lim_{x\to-2+}f(x)=\lim_{x\to-2+}(x^2-a)=4-a$,

$\displaystyle\lim_{x\to-2-}f(x)=\lim_{x\to-2-}(5x+a)=-10+a$,

$f(-2)=4-a$

에서 $4-a=-10+a$

$2a=14$

$\therefore a=7$

022 정답률 ▸ 확: 91%, 미: 96%, 기: 94%   답 ③

1단계 함수 $f(x)$가 실수 전체의 집합에서 연속일 조건을 알아보자.

함수 $f(x)$가 실수 전체의 집합에서 연속이므로 $x=2$에서도 연속이다.
즉, $\displaystyle\lim_{x\to2+}f(x)=\lim_{x\to2-}f(x)=f(2)$이어야 한다.

2단계 상수 a의 값을 구해 보자.

$\displaystyle\lim_{x\to2+}f(x)=\lim_{x\to2+}(x^2-ax+3)=4-2a+3=7-2a$,

$\displaystyle\lim_{x\to2-}f(x)=\lim_{x\to2-}(x-1)=2-1=1$,

$f(2)=7-2a$

에서 $7-2a=1$

$2a=6 \qquad \therefore a=3$

023 정답률 ▸ 확: 92%, 미: 97%, 기: 96%   답 ③

1단계 함수 $f(x)$가 실수 전체의 집합에서 연속일 조건을 알아보자.

함수 $f(x)$가 실수 전체의 집합에서 연속이므로 $x=4$에서도 연속이다.
즉, $\displaystyle\lim_{x\to4+}f(x)=\lim_{x\to4-}f(x)=f(4)$이어야 한다.

2단계 모든 상수 a의 값의 곱을 구해 보자.

$\displaystyle\lim_{x\to4+}f(x)=\lim_{x\to4+}(2x-4)=8-4=4$,

$\displaystyle\lim_{x\to4-}f(x)=\lim_{x\to4-}(x-a)^2=(4-a)^2=a^2-8a+16$,

$f(4)=8-4=4$

에서 $4=a^2-8a+16$

$a^2-8a+12=0$, $(a-2)(a-6)=0$

$\therefore a=2$ 또는 $a=6$

따라서 모든 상수 a의 값의 곱은

$2\times6=12$

다른 풀이

이차방정식 $a^2-8a+12=0$에서 이차방정식의 근과 계수의 관계에 의하여 두 근의 곱은 $\dfrac{12}{1}=12$이다.

024 정답률 ▶ 확: 89%, 미: 95%, 기: 93%   답 ④

1단계 함수 $f(x)$가 실수 전체의 집합에서 연속일 조건을 알아보자.

함수 $f(x)$가 실수 전체의 집합에서 연속이므로 $x=1$에서도 연속이다.

즉, $\lim\limits_{x \to 1+} f(x) = \lim\limits_{x \to 1-} f(x) = f(1)$이어야 한다.

2단계 모든 상수 a의 값의 합을 구해 보자.

$\lim\limits_{x \to 1+} f(x) = \lim\limits_{x \to 1+} (2x-1) = 1,$

$\lim\limits_{x \to 1-} f(x) = \lim\limits_{x \to 1-} \{(x-a)^2 - 3\} = a^2 - 2a - 2,$

$f(1) = 2 - 1 = 1$

에서 $a^2 - 2a - 2 = 1$

$a^2 - 2a - 3 = 0, (a+1)(a-3) = 0$

$\therefore a = -1$ 또는 $a = 3$

따라서 모든 상수 a의 값의 합은

$-1 + 3 = 2$

다른 풀이

이차방정식 $a^2 - 2a - 3 = 0$의 판별식을 D라 하면

$\dfrac{D}{4} = (-1)^2 - (-3) = 4 > 0$이므로 이차방정식의 근과 계수의 관계에 의

하여 이차방정식 $a^2 - 2a - 3 = 0$의 두 근의 합은 $-\dfrac{-2}{1} = 2$이다.

025 정답률 ▶ 확: 84%, 미: 94%, 기: 93%   답 ①

1단계 함수 $f(x)$가 실수 전체의 집합에서 연속일 조건을 알아보자.

함수 $f(x)$가 실수 전체의 집합에서 연속이므로 $x=a$에서도 연속이다.

즉, $\lim\limits_{x \to a+} f(x) = \lim\limits_{x \to a-} f(x) = f(a)$이어야 한다.

2단계 모든 상수 a의 값의 합을 구해 보자.

$\lim\limits_{x \to a+} f(x) = \lim\limits_{x \to a+} (ax-6) = a^2 - 6,$

$\lim\limits_{x \to a-} f(x) = \lim\limits_{x \to a-} (-2x+a) = -2a + a = -a,$

$f(a) = -a$

에서 $a^2 - 6 = -a$

$a^2 + a - 6 = 0, (a+3)(a-2) = 0$

$\therefore a = -3$ 또는 $a = 2$

따라서 모든 상수 a의 값의 합은

$-3 + 2 = -1$

026 정답률 ▶ 확: 76%, 미: 91%, 기: 87%   답 ⑤

1단계 함수 $|f(x)|$가 실수 전체의 집합에서 연속일 조건을 알아보자.

함수 $|f(x)|$가 실수 전체의 집합에서 연속이므로 $x=-1$, $x=3$에서도
연속이다.

즉,

$\lim\limits_{x \to -1+} |f(x)| = \lim\limits_{x \to -1-} |f(x)| = |f(-1)|,$

$\lim\limits_{x \to 3+} |f(x)| = \lim\limits_{x \to 3-} |f(x)| = |f(3)|$

이어야 한다.

2단계 두 양수 a, b의 값을 각각 구하여 $a+b$의 값을 구해 보자.

$\lim\limits_{x \to -1+} |f(x)| = \lim\limits_{x \to -1+} |x| = |-1| = 1,$

$\lim\limits_{x \to -1-} |f(x)| = \lim\limits_{x \to -1-} |x+a| = |-1+a|,$

$|f(-1)| = 1$

에서 $1 = |-1+a|$

$-1 + a = \pm 1$

$\therefore a = 2 \ (\because a > 0)$

$\lim\limits_{x \to 3+} |f(x)| = \lim\limits_{x \to 3+} |bx-2| = |3b-2|,$

$\lim\limits_{x \to 3-} |f(x)| = \lim\limits_{x \to 3-} |x| = |3| = 3,$

$|f(3)| = |3b-2|$

에서 $|3b-2| = 3$

$3b - 2 = \pm 3$

$\therefore b = \dfrac{5}{3} \ (\because b > 0)$

$\therefore a+b = 2 + \dfrac{5}{3} = \dfrac{11}{3}$

027 정답률 ▶ 확: 53%, 미: 71%, 기: 66%   답 ④

1단계 함수 $f(x)$가 실수 전체의 집합에서 연속일 조건을 알아보자.

함수 $f(x)$가 실수 전체의 집합에서 연속이므로 $x=4$에서도 연속이다.

즉, $\lim\limits_{x \to 4+} f(x) = \lim\limits_{x \to 4-} f(x) = f(4)$이어야 한다.

2단계 두 정수 a, b 사이의 관계식을 구해 보자.

$\lim\limits_{x \to 4+} f(x) = \lim\limits_{x \to 0+} f(x) \ (\because \text{조건 (나)})$

$\qquad\qquad = \lim\limits_{x \to 0+} (ax^2 + bx - 24) = -24,$

$\lim\limits_{x \to 4-} f(x) = \lim\limits_{x \to 4-} (ax^2 + bx - 24) = 16a + 4b - 24,$

$f(4) = f(0) \ (\because \text{조건 (나)})$

$\qquad = -24$

에서

$-24 = 16a + 4b - 24$

$\therefore b = -4a \quad \cdots\cdots \ \text{㉠}$

3단계 두 정수 a, b의 값을 각각 구하여 $a+b$의 값을 구해 보자.

조건 (가)에서

$f(x) = ax^2 + bx - 24 = ax^2 - 4ax - 24$

$\qquad = a(x-2)^2 - 4a - 24$

이므로 함수 $y=f(x)$의 그래프는 직선 $x=2$에 대하여 대칭이다.

$1 < x < 10$일 때, 조건 (나)에 의하여 함수 $y=f(x)$의 그래프는 직선
$x=6$에 대하여도 대칭이므로 방정식 $f(x)=0$의 서로 다른 실근의 개수
가 5이려면 다음 그림과 같이 $1 < x < 2$일 때, 방정식 $f(x)=0$이 1개의
실근을 가져야 한다.

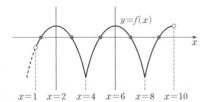

즉, $f(1)f(2) < 0$이어야 하므로

$(a - 4a - 24)(4a - 8a - 24) < 0$

$(a+8)(a+6) < 0 \quad \therefore -8 < a < -6$

정수 a의 값은 -7이므로 ㉠에 대입하여 정리하면 $b = 28$

$\therefore a+b = -7 + 28 = 21$

028 정답률 ▸ 확: 80%, 미: 94%, 기: 89%   답 ②

1단계 함수 $f(x)$가 실수 전체의 집합에서 연속일 조건을 이용하여 $f(1)$의 값을 구해 보자.

함수 $f(x)$가 실수 전체의 집합에서 연속이므로 $x=1$에서도 연속이다.

즉, $\lim\limits_{x \to 1} f(x) = f(1)$이므로

$f(1) = 4 - f(1)$, $2f(1) = 4$

$\therefore f(1) = 2$

029 정답률 ▸ 확: 74%, 미: 91%, 기: 85%   답 8

1단계 $\lim\limits_{x \to \infty} \dfrac{xf(x) - 2x^3 + 1}{x^2}$의 극한값을 이용하여 함수 $f(x)$의 식을 세워 보자.

$g(x) = xf(x) - 2x^3 + 1$이라 하면 $\lim\limits_{x \to \infty} \dfrac{xf(x) - 2x^3 + 1}{x^2} = 5$에서

$\lim\limits_{x \to \infty} \dfrac{g(x)}{x^2} = 5$이므로 다항함수 $g(x)$는 최고차항의 계수가 5인 이차함수

이다.

즉,

$g(x) = 5x^2 + ax + b$ (a, b는 상수)

라 할 수 있으므로

$xf(x) - 2x^3 + 1 = 5x^2 + ax + b$

$xf(x) = 2x^3 + 5x^2 + ax + b - 1$

$\therefore f(x) = 2x^2 + 5x + a + \dfrac{b-1}{x}$ ($x \neq 0$)

이때 함수 $f(x)$가 다항함수이므로

$b - 1 = 0$ $\therefore b = 1$

$\therefore f(x) = 2x^2 + 5x + a$ ($x \neq 0$)

2단계 함수 $f(x)$가 다항함수임을 이용하여 $f(x)$를 구한 후 $f(1)$의 값을 구해 보자.

다항함수 $f(x)$는 실수 전체의 집합에서 연속이므로 $x=0$에서도 연속이다.

즉, $\lim\limits_{x \to 0} f(x) = f(0)$이어야 하므로

$\lim\limits_{x \to 0} f(x) = \lim\limits_{x \to 0} (2x^2 + 5x + a) = a$, $f(0) = 1$

에서 $a = 1$

따라서 $f(x) = 2x^2 + 5x + 1$이므로

$f(1) = 2 + 5 + 1 = 8$

다른 풀이

$\lim\limits_{x \to \infty} \dfrac{xf(x) - 2x^3 + 1}{x^2} = 5$이므로 다항함수 $f(x)$는 최고차항의 계수가 5인 이차함수이고, 함수 $f(x)$가 다항함수이므로 함수 $xf(x)$의 상수항은 0이다.

즉, $xf(x) = 2x^3 + 5x^2 + ax$ (a는 상수)라 할 수 있다.

$x \neq 0$일 때 $f(x) = 2x^2 + 5x + a$

이때 $f(0) = 1$이므로 $f(0) = a$에서 $a = 1$

따라서 $f(x) = 2x^2 + 5x + 1$이므로

$f(1) = 2 + 5 + 1 = 8$

030 정답률 ▸ 확: 67%, 미: 85%, 기: 78%   답 ①

1단계 함수 $\{f(x)\}^2$이 실수 전체의 집합에서 연속일 조건을 알아보자.

함수 $\{f(x)\}^2$이 실수 전체의 집합에서 연속이 되려면 $x=2$에서 연속이어야 한다.

즉, $\lim\limits_{x \to 2+} \{f(x)\}^2 = \lim\limits_{x \to 2-} \{f(x)\}^2 = \{f(2)\}^2$이어야 한다.

2단계 모든 상수 a의 값의 합을 구해 보자.

$\lim\limits_{x \to 2+} \{f(x)\}^2 = \lim\limits_{x \to 2+} (-x+1)^2 = 1$,

$\lim\limits_{x \to 2-} \{f(x)\}^2 = \lim\limits_{x \to 2-} (x^2 - ax + 1)^2 = (5 - 2a)^2$,

$\{f(2)\}^2 = 1$

에서 $1 = (5 - 2a)^2$

$a^2 - 5a + 6 = 0$, $(a-2)(a-3) = 0$

$\therefore a = 2$ 또는 $a = 3$

따라서 모든 상수 a의 값의 합은

$2 + 3 = 5$

031 정답률 ▸ 확: 76%, 미: 90%, 기: 85%   답 ④

1단계 m, n의 값을 각각 구해 보자.

$m = n$이면 $f(x) = x(x-m)^2$이므로 서로 다른 두 양수 x_1, x_2에 대하여

$f(x_1)f(x_2) \geq 0$

즉, 주어진 조건을 만족시키지 않는다.

$\therefore m \neq n$

한편, 방정식 $f(x) = 0$의 실근은

$x = 0$ 또는 $x = m$ 또는 $x = n$

이고, $f(1)f(3) < 0$, $f(3)f(5) < 0$에서 사잇값의 정리에 의하여

$1 < m < 3$, $3 < n < 5$ 또는 $1 < n < 3$, $3 < m < 5$

이때 m, n은 자연수이므로

$m = 2$, $n = 4$ 또는 $m = 4$, $n = 2$

2단계 $f(6)$의 값을 구해 보자.

$f(x) = x(x-2)(x-4)$이므로

$f(6) = 6 \times 4 \times 2 = 48$

032 정답률 ▸ 확: 73%, 미: 91%, 기: 85%   답 ③

1단계 함수 $\{f(x) + a\}^2$이 실수 전체의 집합에서 연속일 조건을 알아보자.

함수 $\{f(x) + a\}^2$이 실수 전체의 집합에서 연속이므로 $x=0$에서도 연속이다.

즉, $\lim\limits_{x \to 0+} \{f(x) + a\}^2 = \lim\limits_{x \to 0-} \{f(x) + a\}^2 = \{f(0) + a\}^2$이어야 한다.

2단계 상수 a의 값을 구해 보자.

$\lim\limits_{x \to 0+} \{f(x) + a\}^2 = \lim\limits_{x \to 0+} (-x^2 + 3 + a)^2$

$\qquad\qquad = (3 + a)^2 = a^2 + 6a + 9$,

$\lim\limits_{x \to 0-} \{f(x) + a\}^2 = \lim\limits_{x \to 0-} \left(x - \dfrac{1}{2} + a\right)^2$

$\qquad\qquad = \left(-\dfrac{1}{2} + a\right)^2 = a^2 - a + \dfrac{1}{4}$,

$\{f(0) + a\}^2 = (3 + a)^2 = a^2 + 6a + 9$

에서 $a^2 + 6a + 9 = a^2 - a + \dfrac{1}{4}$

$7a = -\dfrac{35}{4}$

$\therefore a = -\dfrac{5}{4}$

033 정답률 ▸ 확: 61%, 미: 85%, 기: 78%　　　　답 ①

1단계 주어진 등식의 양변에 $x=1$, $x=3$을 각각 대입하여 삼차함수 $f(x)$와 함수 $g(x)$에 대하여 알아보자.

$(x-1)g(x)=|f(x)|$ ······ ㉠

㉠의 양변에 $x=1$을 대입하면 $|f(1)|=0$이므로

$f(1)=0$

㉠의 양변에 $x=3$을 대입하면 $2g(3)=|f(3)|$이므로

$f(3)=0$ $(\because g(3)=0)$

즉, 상수 a에 대하여

$f(x)=(x-1)(x-3)(x-a)$,　　　→ 최고차항의 계수가 1이므로

$g(x)=\dfrac{|(x-1)(x-3)(x-a)|}{x-1}$ $(x\neq1)$ $(\because ㉠)$

2단계 함수 $g(x)$가 $x=1$에서 연속일 조건을 이용하여 상수 a의 값을 구해 보자.

함수 $g(x)$가 $x=1$에서 연속이므로

$\lim\limits_{x\to1+}g(x)=\lim\limits_{x\to1-}g(x)$이어야 한다.

$\lim\limits_{x\to1+}g(x)=\lim\limits_{x\to1+}\dfrac{|(x-1)(x-3)(x-a)|}{x-1}=2|1-a|$,

$\lim\limits_{x\to1-}g(x)=\lim\limits_{x\to1-}\dfrac{|(x-1)(x-3)(x-a)|}{x-1}=-2|1-a|$

에서 $2|1-a|=-2|1-a|$

$|1-a|=0$

$\therefore a=1$

3단계 $f(4)$의 값을 구해 보자.

$f(x)=(x-1)^2(x-3)$이므로

$f(4)=9\times1=9$

---

034 정답률 ▸ 확: 44%, 미: 58%, 기: 50%　　　　답 ③

1단계 함수 $h(x)$가 실수 전체의 집합에서 연속일 조건을 알아보자.

함수 $f(x)$는 $x=2$에서 불연속이고 삼차함수 $g(x)$는 실수 전체의 집합에서 연속이므로 함수 $h(x)=\dfrac{g(x)}{f(x)}$가 실수 전체의 집합에서 연속이려면 $x=2$에서 연속이어야 한다.

또한, $f(1)=0$, $f(a)=0$이므로 조건 (가)에 의하여 함수 $h(x)=\dfrac{g(x)}{f(x)}$는 $x=1$, $x=2$, $x=a$에서 연속이어야 한다.

2단계 삼차함수 $g(x)$의 식을 세워 보자.

$\lim\limits_{x\to1}\dfrac{g(x)}{f(x)}=\dfrac{g(1)}{f(1)}$이어야 하고 $f(1)=0$이므로 $g(1)=0$

$\lim\limits_{x\to a}\dfrac{g(x)}{f(x)}=\dfrac{g(a)}{f(a)}$이어야 하고 $f(a)=0$이므로 $g(a)=0$　　→ 분모는 0일 수 없으므로

또한, $\lim\limits_{x\to2+}\dfrac{g(x)}{f(x)}=\lim\limits_{x\to2-}\dfrac{g(x)}{f(x)}=\dfrac{g(2)}{f(2)}$이어야 하므로

$\lim\limits_{x\to2+}\dfrac{g(x)}{f(x)}=\dfrac{g(2)}{2a-4}$,

$\lim\limits_{x\to2-}\dfrac{g(x)}{f(x)}=\dfrac{g(2)}{4-8+3}=\dfrac{g(2)}{-1}$,

$\dfrac{g(2)}{f(2)}=\dfrac{g(2)}{-1}$

에서 $2a-4=-1$, 즉 $a=\dfrac{3}{2}$ 또는 $g(2)=0$

그런데 $a>2$이므로 $a\neq\dfrac{3}{2}$

즉, $g(1)=0$, $g(a)=0$, $g(2)=0$이므로 최고차항의 계수가 1인 삼차함수 $g(x)$를

$g(x)=(x-1)(x-2)(x-a)$

라 할 수 있다.

3단계 함수 $h(x)$를 구하여 $h(1)+h(3)$의 값을 구해 보자.

$h(1)=\lim\limits_{x\to1}\dfrac{g(x)}{f(x)}$

$=\lim\limits_{x\to1}\dfrac{(x-1)(x-2)(x-a)}{x^2-4x+3}$

$=\lim\limits_{x\to1}\dfrac{(x-1)(x-2)(x-a)}{(x-1)(x-3)}$

$=\lim\limits_{x\to1}\dfrac{(x-2)(x-a)}{x-3}$

$=\dfrac{-1\times(1-a)}{1-3}=\dfrac{1-a}{2}$,

$h(a)=\lim\limits_{x\to a}\dfrac{g(x)}{f(x)}$

$=\lim\limits_{x\to a}\dfrac{(x-1)(x-2)(x-a)}{-x^2+ax}$　→ $a>2$이므로

$=\lim\limits_{x\to a}\dfrac{(x-1)(x-2)(x-a)}{-x(x-a)}$

$=\lim\limits_{x\to a}\dfrac{(x-1)(x-2)}{-x}$

$=-\dfrac{(a-1)(a-2)}{a}$

이므로 조건 (나)의 $h(1)=h(a)$에서

$\dfrac{1-a}{2}=-\dfrac{(a-1)(a-2)}{a}$

$a=2a-4$

$\therefore a=4$

따라서

$h(x)=\dfrac{g(x)}{f(x)}$

$=\begin{cases}\dfrac{(x-1)(x-2)(x-4)}{(x-1)(x-3)} & (x\leq2) \\ \dfrac{(x-1)(x-2)(x-4)}{-x(x-4)} & (x>2)\end{cases}$

$=\begin{cases}\dfrac{(x-2)(x-4)}{x-3} & (x\leq2) \\ -\dfrac{(x-1)(x-2)}{x} & (x>2)\end{cases}$

이므로

$h(1)=\dfrac{-1\times(-3)}{1-3}=-\dfrac{3}{2}$, $h(3)=-\dfrac{2\times1}{3}=-\dfrac{2}{3}$

$\therefore h(1)+h(3)=-\dfrac{3}{2}+\left(-\dfrac{2}{3}\right)=-\dfrac{13}{6}$

---

035 정답률 ▸ 확: 32%, 미: 54%, 기: 43%　　　　답 ④

1단계 $f(3)$의 값을 구해 보자.

$\lim\limits_{x\to3}g(x)=g(3)-1$에서 $\lim\limits_{x\to3}g(x)$의 값이 존재하지만 $\lim\limits_{x\to3}g(x)\neq g(3)$이므로 함수 $g(x)$는 $x=3$에서 불연속이다. ······ ㉠

한편, 함수 $f(x)$는 삼차함수이므로 $f(x) \neq 0$일 때 함수

$g(x) = \dfrac{f(x+3)\{f(x)+1\}}{f(x)}$ 은 연속이다.

이때 $f(3) \neq 0$이라 하면 함수 $g(x)$는 $x=3$에서 연속이지만 ㉠을 만족시키지 않는다.

$\therefore f(3) = 0$

2단계 함수 $f(x)$를 구해 보자.

$\displaystyle\lim_{x \to 3} g(x) = \lim_{x \to 3} \dfrac{f(x+3)\{f(x)+1\}}{f(x)}$ 에서 $x \to 3$일 때, (분모) $\to 0$이고

극한값이 존재하므로 (분자) $\to 0$이어야 한다.

즉, $\displaystyle\lim_{x \to 3} [f(x+3)\{f(x)+1\}] = 0$이므로

$f(6)\{f(3)+1\} = 0$　　$\therefore f(6) = 0 \ (\because f(3)=0)$

즉,

$f(x) = (x-3)(x-6)(x-k)$ (k는 상수)

라 하면

$\displaystyle\lim_{x \to 3} g(x) = \lim_{x \to 3} \dfrac{f(x+3)\{f(x)+1\}}{f(x)}$

$\displaystyle\qquad = \lim_{x \to 3} \dfrac{x(x-3)(x-k+3)\{(x-3)(x-6)(x-k)+1\}}{(x-3)(x-6)(x-k)}$

$\displaystyle\qquad = \dfrac{3(6-k)}{-3(3-k)}$

$\displaystyle\qquad = \dfrac{6-k}{k-3}$

이때 $f(3) = 0$에서 $g(3) = 3$이므로

$\displaystyle\lim_{x \to 3} g(x) = g(3) - 1$에서

$\dfrac{6-k}{k-3} = 3-1, \ 6-k = 2k-6$

$3k = 12$　　$\therefore k = 4$

$\therefore f(x) = (x-3)(x-4)(x-6)$

3단계 $g(5)$의 값을 구해 보자.

$f(5) \neq 0$이므로

$g(5) = \dfrac{f(8)\{f(5)+1\}}{f(5)} = \dfrac{40 \times \{(-2)+1\}}{-2} = 20$

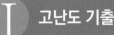

Ⅰ 고난도 기출

▶ 본문 024~028쪽

036 226　　**037** 25　　**038** ⑤　　**039** ①　　**040** 16　　**041** 19

042 96

036

정답률 ▸ 확: 12%, 미: 31%, 기: 24%

답 226

1단계 조건 (가)의 식의 값이 존재함을 이용하여 삼차함수 $f(x)$의 식을 세워 보자.

조건 (가)의 $\displaystyle\lim_{x \to 0} \dfrac{|f(x)-1|}{x}$ 에서 $x \to 0$일 때, (분모) $\to 0$이고 극한값이

존재하므로 (분자) $\to 0$이다.

$\displaystyle\lim_{x \to 0} |f(x)-1| = 0$이므로 $|f(0)-1| = 0$

즉, 다항식 $f(x)-1$은 x를 인수로 가지므로 이차식 $g(x)$에 대하여

$f(x) - 1 = xg(x)$라 할 수 있다.

또한,

$\displaystyle\lim_{x \to 0+} \dfrac{|f(x)-1|}{x} = \lim_{x \to 0-} \dfrac{|f(x)-1|}{x}$ 이어야 하므로

$\displaystyle\lim_{x \to 0+} \dfrac{|f(x)-1|}{x} = \lim_{x \to 0+} \dfrac{|xg(x)|}{x}$

$\displaystyle\qquad = \lim_{x \to 0+} \dfrac{x|g(x)|}{x}$

$\displaystyle\qquad = \lim_{x \to 0+} |g(x)|$

$\displaystyle\qquad = |g(0)|,$

$\displaystyle\lim_{x \to 0-} \dfrac{|f(x)-1|}{x} = \lim_{x \to 0-} \dfrac{|xg(x)|}{x}$

$\displaystyle\qquad = \lim_{x \to 0-} \dfrac{-x|g(x)|}{x}$

$\displaystyle\qquad = \lim_{x \to 0-} \{-|g(x)|\}$

$\displaystyle\qquad = -|g(0)|$

에서 $|g(0)| = -|g(0)|$

$2|g(0)| = 0$

$\therefore g(0) = 0$

즉, 이차식 $g(x)$는 x를 인수로 가지므로 최고차항의 계수가 1인 삼차함수 $f(x)$에 대하여

$f(x) - 1 = x^2(x+a)$ (a는 상수)

라 할 수 있다.

$\therefore f(x) = x^2(x+a) + 1 = x^3 + ax^2 + 1$

2단계 $f(5)$의 값의 범위를 구하여 $f(5)$의 최댓값을 구해 보자.

조건 (나)에서 모든 실수 x에 대하여 $xf(x) \geq -4x^2 + x$이므로

$x(x^3 + ax^2 + 1) \geq -4x^2 + x$

$x^4 + ax^3 + 4x^2 \geq 0, \ x^2(x^2 + ax + 4) \geq 0$

$\therefore x^2 + ax + 4 \geq 0$

이차방정식 $x^2 + ax + 4 = 0$의 판별식을 D라 하면 $D \leq 0$이어야 하므로

$D = a^2 - 16 \leq 0, \ (a+4)(a-4) \leq 0$

$\therefore -4 \leq a \leq 4$ 　　…… ㉠

이때 $f(5) = 125 + 25a + 1 = 25a + 126$이므로 ㉠에 의하여

$-100 \leq 25a \leq 100$

$26 \leq 25a + 126 \leq 226$

$\therefore 26 \leq f(5) \leq 226$

따라서 $f(5)$의 최댓값은 226이다.

037
정답률 ▸ 확: 10%, 미: 39%, 기: 23%
답 25

1단계 주어진 등식의 양변에 $x=0$, $x=1$, $x=2$를 각각 대입하여 함수 $f(x)$, $g(x)$에 대하여 알아보자.

$$xf(x)=\left(-\frac{1}{2}x+3\right)g(x)-x^3+2x^2 \quad \cdots\cdots \text{㉠}$$

㉠의 양변에 $x=0$을 대입하면

$g(0)=0$

㉠의 양변에 $x=1$을 대입하면

$$f(1)=\frac{5}{2}g(1)-1+2=\frac{5}{2}g(1)+1 \quad \cdots\cdots \text{㉡}$$

㉠의 양변에 $x=2$를 대입하면

$$2f(2)=2g(2)-8+8,\ f(2)=g(2) \quad \cdots\cdots \text{㉢}$$

$\displaystyle\lim_{x\to2}\frac{g(x-1)}{f(x)-g(x)}$에서 $x\to2$일 때 (분모) $\to0$이고 극한값이 존재하므로 (분자) $\to0$이어야 한다.

즉, $\displaystyle\lim_{x\to2}\{f(x)-g(x)\}=f(2)-g(2)=0$이므로

$\displaystyle\lim_{x\to2}g(x-1)=0 \quad \therefore g(1)=0$

$g(1)=0$을 ㉡에 대입하면

$f(1)=1$

2단계 두 함수 $f(x)$, $g(x)$의 차수를 각각 찾고 두 함수 $f(x)$, $g(x)$를 구해 보자.

$g(0)=0$, $g(1)=0$이므로 함수 $g(x)$는 $g(x)=0$인 상수함수이거나 차수가 2 이상이다.

그런데 $\displaystyle\lim_{x\to\infty}\frac{\{f(x)\}^2}{g(x)}$이 0이 아닌 값으로 존재하므로 함수 $g(x)$는 $g(x)=0$인 상수함수가 아니다.

따라서 함수 $g(x)$는 차수가 2 이상이고 함수 $\{f(x)\}^2$의 차수와 같다. 즉, 함수 $f(x)$의 차수를 n이라 하면 함수 $g(x)$의 차수는 $2n$이다.

(ⅰ) $n=1$일 때

함수 $f(x)$는 일차함수, 함수 $g(x)$는 $g(0)=0$, $g(1)=0$인 이차함수이므로

$g(x)=ax(x-1)\ (a\neq0)$

㉠에서 x^3의 계수가 같아야 하므로

$0=-\frac{1}{2}a-1 \quad \therefore a=-2$

(ⅱ) $n\geq2$일 때

㉠에서 좌변의 차수는 $n+1$, 우변의 차수는 $2n+1$이고, $n+1\neq2n+1$이므로 조건을 만족시키지 않는다.

(ⅰ), (ⅱ)에서 $g(x)=-2x(x-1)$

㉠에서

$$xf(x)=\left(-\frac{1}{2}x+3\right)\{-2x(x-1)\}-x^3+2x^2$$
$$=-5x^2+6x$$

$\therefore f(x)=-5x+6$

3단계 실수 k의 값을 구해 보자.

$$\lim_{x\to2}\frac{g(x-1)}{f(x)-g(x)}\times\lim_{x\to\infty}\frac{\{f(x)\}^2}{g(x)}=k \quad \cdots\cdots \text{㉣}$$

$$\lim_{x\to2}\frac{g(x-1)}{f(x)-g(x)}=\lim_{x\to2}\frac{-2(x-1)(x-2)}{2x^2-7x+6}$$
$$=\lim_{x\to2}\frac{-2(x-1)(x-2)}{(2x-3)(x-2)}$$
$$=\lim_{x\to2}\frac{-2(x-1)}{2x-3}=-2$$

$$\lim_{x\to\infty}\frac{\{f(x)\}^2}{g(x)}=\lim_{x\to\infty}\frac{(-5x+6)^2}{-2x(x-1)}=-\frac{25}{2}$$

㉣에 대입하면 $(-2)\times\left(-\frac{25}{2}\right)=k$

$\therefore k=25$

038
정답률 ▸ 확: 52%, 미: 60%, 기: 57%
답 ⑤

1단계 함수가 연속일 조건을 이용하여 ㄱ의 참, 거짓을 판별해 보자.

ㄱ. $x-3=t$라 하면 $x\to0+$일 때 $t\to-3+$, $x\to0-$일 때 $t\to-3-$이다.

$$\lim_{x\to0+}g(x)g(x-3)=\lim_{x\to0+}g(x)\times\lim_{x\to0+}g(x-3)$$
$$=\lim_{x\to0+}g(x)\times\lim_{t\to-3+}g(t)$$
$$=\lim_{x\to0+}f(x)\times\lim_{t\to-3+}\{-f(t)\}$$
$$=-f(0)f(-3),$$

$$\lim_{x\to0-}g(x)g(x-3)=\lim_{x\to0-}g(x)\times\lim_{x\to0-}g(x-3)$$
$$=\lim_{x\to0-}g(x)\times\lim_{t\to-3-}g(t)$$
$$=\lim_{x\to0-}\{-f(x)\}\times\lim_{t\to-3-}f(t)$$
$$=-f(0)f(-3),$$

$g(0)g(-3)=-f(0)f(-3)$

에서 $\displaystyle\lim_{x\to0+}g(x)g(x-3)=\lim_{x\to0-}g(x)g(x-3)=g(0)g(-3)$

이므로 함수 $g(x)g(x-3)$은 $x=0$에서 연속이다. (참)

2단계 연속함수의 성질을 이용하여 ㄴ의 참, 거짓을 판별해 보자.

ㄴ. 함수 $g(x)$는 $x=-3$, $x=0$에서 불연속이고 함수 $g(x-3)$은 $x=0$, $x=3$에서 불연속이다.

이때 ㄱ에 의하여 함수 $g(x)g(x-3)$이 $x=0$에서 연속이므로 함수 $g(x)g(x-3)$이 $x=k$에서 불연속인 실수 k의 값이 한 개이려면 $k=-3$ 또는 $k=3$

(ⅰ) 함수 $g(x)g(x-3)$이 $x=-3$에서 불연속이고 $x=3$에서 연속인 경우

$x-3=t$라 하면 $x\to3+$일 때 $t\to0+$, $x\to3-$일 때 $t\to0-$이다.

$$\lim_{x\to3+}g(x)g(x-3)=\lim_{x\to3-}g(x)g(x-3)$$
$$=g(3)g(0)$$

이어야 하므로

$$\lim_{x\to3+}g(x)g(x-3)=\lim_{x\to3+}g(x)\times\lim_{x\to3+}g(x-3)$$
$$=\lim_{x\to3+}g(x)\times\lim_{t\to0+}g(t)$$
$$=\lim_{x\to3+}f(x)\times\lim_{t\to0+}f(t)$$
$$=f(3)f(0),$$

$$\lim_{x\to3-}g(x)g(x-3)=\lim_{x\to3-}g(x)\times\lim_{x\to3-}g(x-3)$$
$$=\lim_{x\to3-}g(x)\times\lim_{t\to0-}g(t)$$
$$=\lim_{x\to3-}f(x)\times\lim_{t\to0-}\{-f(t)\}$$
$$=-f(3)f(0),$$

$g(3)g(0)=f(3)f(0)$

에서 $f(3)f(0)=-f(3)f(0)$

$\therefore f(3)f(0)=0 \quad \cdots\cdots \text{㉠}$

또한, $x-3=t$라 하면 $x\to-3+$일 때 $t\to-6+$, $x\to-3-$일 때 $t\to-6-$이다.

$$\lim_{x \to -3+} g(x)g(x-3) = \lim_{x \to -3+} g(x) \times \lim_{x \to -3+} g(x-3)$$
$$= \lim_{x \to -3+} g(x) \times \lim_{t \to -6+} g(t)$$
$$= \lim_{x \to -3+} \{-f(x)\} \times \lim_{t \to -6+} f(t)$$
$$= -f(-3)f(-6),$$
$$\lim_{x \to -3-} g(x)g(x-3) = \lim_{x \to -3-} g(x) \times \lim_{x \to -3-} g(x-3)$$
$$= \lim_{x \to -3-} g(x) \times \lim_{t \to -6-} g(t)$$
$$= \lim_{x \to -3-} f(x) \times \lim_{t \to -6-} f(t)$$
$$= f(-3)f(-6),$$
$$g(-3)g(-6) = -f(-3)f(-6)$$

에서 $-f(-3)f(-6) \neq f(-3)f(-6)$이어야 하므로

$f(-3)f(-6) \neq 0$ ...... ㉡

이때 $f(-3) = f(0)$이고,

㉡에서 $f(-3) \neq 0$, $f(-6) \neq 0$이므로

$f(0) \neq 0$

㉠에서 $f(3) = 0$ 또는 $f(0) = 0$이므로

$f(3) = 0$

(ii) 함수 $g(x)g(x-3)$이 $x = 3$에서 불연속이고 $x = -3$에서 연속인 경우

(i)과 같은 방법으로 하면

$f(-6) = 0$

(i), (ii)에서 $f(3) = 0$ 또는 $f(-6) = 0$이므로

$f(-6) \times f(3) = 0$ (참)

3단계 ㄴ을 이용하여 ㄷ의 참, 거짓을 판별해 보자.

ㄷ. 함수 $g(x)g(x-3)$이 $x = k$에서 불연속인 실수 k가 음수이므로 ㄴ에 의하여

$k = -3$, $f(3) = 0$

즉, 최고차항의 계수가 1인 삼차함수 $f(x)$를

$f(x) = (x-3)(x^2 + ax + b)$ (a, b는 상수)

라 할 수 있다.

이때 $f(-3) = -6(9 - 3a + b)$, $f(0) = -3b$이므로

$f(-3) = f(0)$에서

$-6(9 - 3a + b) = -3b$

$\therefore b = 6a - 18$

$\therefore f(x) = (x-3)(x^2 + ax + 6a - 18)$

한편, 집합 $\{x \mid f(x) = 0,\ x는 실수\}$의 원소는 삼차방정식 $f(x) = 0$을 만족시키는 서로 다른 실근이므로 이차방정식 $x^2 + ax + 6a - 18 = 0$의 서로 다른 실근에 따라 다음과 같이 경우를 나누어 생각해 보자.

(a) 이차방정식 $x^2 + ax + 6a - 18 = 0$이 3이 아닌 서로 다른 두 실근을 갖는 경우

이차방정식 $x^2 + ax + 6a - 18 = 0$의 서로 다른 두 실근의 합은 $-a$이고, 삼차방정식 $f(x) = 0$, 즉 $(x-3)(x^2 + ax + 6a - 18) = 0$의 서로 다른 실근의 합이 -1이므로

$-a + 3 = -1$ $\therefore a = 4$

그런데 이차방정식 $x^2 + 4x + 6 = 0$의 판별식을 D_1이라 할 때,

$$\frac{D_1}{4} = 2^2 - 6 = -2 < 0$$

이므로 이 이차방정식은 서로 다른 두 실근을 갖지 않는다.

(b) 이차방정식 $x^2 + ax + 6a - 18 = 0$이 3이 아닌 중근을 갖는 경우

이차방정식 $x^2 + ax + 6a - 18 = \left(x + \dfrac{a}{2}\right)^2 - \dfrac{a^2}{4} + 6a - 18 = 0$이 중근을 가지므로

$-\dfrac{a^2}{4} + 6a - 18 = 0$ $\therefore a^2 - 24a + 72 = 0$

그런데 이 이차방정식의 판별식을 D_2라 할 때,

$$\frac{D_2}{4} = (-12)^2 - 72 = 72 \neq 0$$

이므로 이 이차방정식은 중근을 갖지 않는다.

(c) 이차방정식 $x^2 + ax + 6a - 18 = 0$이 3을 실근으로 갖는 경우

$9 + 3a + 6a - 18 = 0$, $9a - 9 = 0$

$\therefore a = 1$

$\therefore f(x) = (x-3)(x^2 + x - 12) = (x+4)(x-3)^2$

즉, 방정식 $f(x) = 0$의 실근은 $x = -4$, $x = 3$이므로 조건 (다)를 만족시킨다.

(a), (b), (c)에서 $f(x) = (x+4)(x-3)^2$이므로

$g(-1) = -f(-1) = -\{3 \times (-4)^2\} = -48$ (참)

따라서 옳은 것은 ㄱ, ㄴ, ㄷ이다.

---

039 정답률 ▶ 확: 14%, 미: 38%, 기: 25%   **답** ①

1단계 $x \leq 2$일 때 함수 $y = f(x)$의 그래프를 그려 보자.

$x \leq 2$일 때 $f(x) = 2x^3 - 6x + 1$이므로

$f'(x) = 6x^2 - 6 = 6(x+1)(x-1)$

$f'(x) = 0$에서 $x = -1$ 또는 $x = 1$

$x \leq 2$에서 함수 $f(x)$의 증가와 감소를 표로 나타내면 다음과 같다.

x	$\cdots$	-1	$\cdots$	1	$\cdots$	2
$f'(x)$		$+$	0	$-$	0	$+$
$f(x)$	$\nearrow$	5	$\searrow$	-3	$\nearrow$	5

즉, $x \leq 2$에서 함수 $y = f(x)$의 그래프의 개형은 오른쪽 그림과 같다.

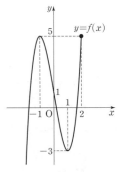

2단계 자연수 b의 값에 따라 함수 $y = f(x)$의 그래프를 그려 조건을 만족시키는 경우를 찾아보자.

함수 $y = a(x-2)(x-b) + 9$의 그래프는 두 점 $(2, 9)$, $(b, 9)$를 지난다.

(i) $b = 1$ 또는 $b = 2$일 때

함수 $y = f(x)$의 그래프의 개형은 오른쪽 그림과 같다.

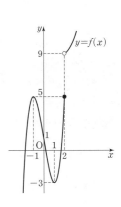

$$\therefore g(t) = \begin{cases} 1 & (t > 9) \\ 0 & (5 < t \leq 9) \\ 2 & (t = 5) \\ 3 & (-3 < t < 5) \\ 2 & (t = -3) \\ 1 & (t < -3) \end{cases}$$

이때 $-3 < k < 5$인 모든 실수 k에 대하여

$g(k) = \lim_{t \to k-} g(t) = \lim_{t \to k+} g(t) = 3$이므로

$g(k) + \lim_{t \to k-} g(t) + \lim_{t \to k+} g(t) = 9$

즉, 주어진 조건을 만족시키지 않는다.

(ii) $b \geq 3$일 때

함수 $y = a(x-2)(x-b)+9$의 그래프의 꼭짓점의 x좌표는

$\dfrac{2+b}{2} = 1 + \dfrac{b}{2}$이고, $f\left(1 + \dfrac{b}{2}\right) = m$이라 하자.

ⓐ $m > -3$일 때

함수 $y = f(x)$의 그래프의 개형은 다음 그림과 같다.

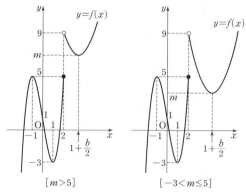

$[m>5]$　　$[-3<m\leq 5]$

이때 5와 m 중 크지 않은 수를 s라 하면

$-3 < k < s$인 모든 실수 k에 대하여

$g(k) = \lim\limits_{t \to k-} g(t) = \lim\limits_{t \to k+} g(t) = 3$이므로

$g(k) + \lim\limits_{t \to k-} g(t) + \lim\limits_{t \to k+} g(t) = 9$

즉, 주어진 조건을 만족시키지 않는다.

ⓑ $m = -3$일 때

함수 $y = f(x)$의 그래프의 개형은 오른쪽 그림과 같다.

$$\therefore g(t) = \begin{cases} 1 & (t \geq 9) \\ 2 & (5 < t < 9) \\ 4 & (t = 5) \\ 5 & (-3 < t < 5) \\ 3 & (t = -3) \\ 1 & (t < -3) \end{cases}$$

즉, $k = -3$일 때만

$g(k) = 3$, $\lim\limits_{t \to k-} g(t) = 1$,

$\lim\limits_{t \to k+} g(t) = 5$이므로

$g(k) + \lim\limits_{t \to k-} g(t) + \lim\limits_{t \to k+} g(t) = 9$를 만족시킨다.

ⓒ $m < -3$일 때

함수 $y = f(x)$의 그래프의 개형은 오른쪽 그림과 같다.

이때 $m < k < -3$인 모든 실수 k에 대하여

$g(k) = \lim\limits_{t \to k-} g(t) = \lim\limits_{t \to k+} g(t) = 3$

이므로

$g(k) + \lim\limits_{t \to k-} g(t) + \lim\limits_{t \to k+} g(t) = 9$

즉, 주어진 조건을 만족시키지 않는다.

ⓐ, ⓑ, ⓒ에서 $m = -3$

(i), (ii)에서 $b \geq 3$, $m = -3$

3단계 두 자연수 a, b의 값을 각각 구한 후 $a+b$의 최댓값을 구해 보자.

$f\left(1 + \dfrac{b}{2}\right) = -3$에서

$a\left\{\left(1+\dfrac{b}{2}\right)-2\right\}\left\{\left(1+\dfrac{b}{2}\right)-b\right\}+9 = -3$

$a\left(\dfrac{b}{2}-1\right)^2 = 12$

$\therefore a(b-2)^2 = 48 = 2^4 \times 3$ 　$\left[\begin{array}{l} b \text{가 자연수이므로} \\ (b-2)^2 = 1^2 \text{ 또는 } (b-2)^2 = 2^2 \text{ 또는 } (b-2)^2 = 4^2 \end{array}\right.$

이때 위의 식을 만족시키는 두 자연수 a, b의 순서쌍 (a, b)는

$(48, 3)$, $(12, 4)$, $(3, 6)$

따라서 $a+b$의 최댓값은 $a = 48$, $b = 3$일 때

$a+b = 48+3 = 51$

040 　정답률▶ 확: 8%, 미: 29%, 기: 17% 　　**답 16**

1단계 주어진 식의 극한값이 존재함을 이용하여 방정식 $f(x) = 0$의 실근을 구해 보자.

삼차방정식 $f(x) = 0$, 즉 $x^3 + ax^2 + bx + 4 = 0$은 적어도 한 개의 실근을 가지므로 $f(p) = 0$인 실수 p가 존재한다.

$f(p) = 0$인 p에 대하여 $\lim\limits_{x \to p} f(x) = 0$이므로

$\lim\limits_{x \to p} \dfrac{f(2x+1)}{f(x)}$에서 $x \to p$일 때, (분모) $\to 0$이고 극한값이 존재하므로 (분자) $\to 0$이어야 한다.

즉, $\lim\limits_{x \to p} f(2x+1) = 0$이어야 한다.

한편, 함수 $f(x)$가 다항함수이므로 함수 $f(x)$는 실수 전체의 집합에서 연속이고,

$\lim\limits_{x \to p} f(2x+1) = f(2p+1)$이어야 하므로

$\lim\limits_{x \to p} f(2x+1) = 0$에서 $f(2p+1) = 0$

즉, $2p+1$은 방정식 $f(x) = 0$의 근이다.

위와 같은 방법으로 $2p+1$이 방정식 $f(x) = 0$의 근이면

$2(2p+1)+1 = 4p+3$도 방정식 $f(x) = 0$의 근이고

$2(4p+3)+1 = 8p+7$도 방정식 $f(x) = 0$의 근이다.

이때 $p \neq 2p+1$, 즉 $p \neq -1$이면

p, $2p+1$, $4p+3$, $8p+7$이 방정식 $f(x) = 0$의 서로 다른 네 근이다.

그런데 삼차방정식은 최대 세 개의 근을 가지므로 서로 다른 네 근을 가질 수 없다.

즉, $p = -1$이어야 하므로 방정식 $f(x) = 0$은 $x = -1$만 실근으로 갖는다.

2단계 a의 값의 범위를 구해 보자.

$f(-1) = 0$에서

$f(-1) = -1+a-b+4 = 0$이므로

$a-b = -3$ 　$\therefore b = a+3$

$\therefore f(x) = x^3 + ax^2 + (a+3)x + 4$
$\qquad = (x+1)\{x^2 + (a-1)x + 4\}$

이때 이차방정식 $x^2 + (a-1)x + 4 = 0$의 실근이 존재한다고 가정하면 등식

$x^2 + (a-1)x + 4 = (x+1)^2$

이 성립해야 한다.

그런데 위의 등식은 성립하지 않으므로

이차방정식 $x^2 + (a-1)x + 4 = 0$의 실근은 존재하지 않는다.

즉, 이차방정식 $x^2 + (a-1)x + 4 = 0$의 판별식을 D라 하면 $D < 0$이어야 하므로

$D = (a-1)^2 - 16 = a^2 - 2a - 15 < 0$

$(a+3)(a-5) < 0$

$\therefore -3 < a < 5$

3단계 $f(1)$의 최댓값을 구해 보자.

$f(x) = (x+1)\{x^2 + (a-1)x + 4\}$에서

$f(1) = 2(1+a-1+4) = 2(a+4)$이므로 a의 값이 최대일 때 $f(1)$의 값도 최대이다.

따라서 $-3<a<5$에서 정수 a의 최댓값이 4이므로
$f(1)$의 최댓값은 $a=4$일 때 $2\times(4+4)=16$이다.

다른 풀이

함수 $f(x)=x^3+ax^2+bx+4$가 삼차함수이므로 $f(2x+1)$도 삼차함수이고, 두 삼차함수 $y=f(x)$, $y=f(2x+1)$의 그래프는 항상 x축과 만난다.

$\lim\limits_{x\to p}f(x)=0$을 만족시키는 실수 p가 존재할 때, $\lim\limits_{x\to p}\dfrac{f(2x+1)}{f(x)}=k$

(k는 실수)에서 $x\to p$일 때, (분모) $\to 0$이고 극한값이 존재하므로 (분자) $\to 0$이어야 한다.

즉, $\lim\limits_{x\to p}f(2x+1)=0$이므로 두 함수 $y=f(x)$, $y=f(2x+1)$의 그래프가 x축과 만나는 점의 x좌표는 각각 p, $2p+1$이다.

주어진 조건을 만족시키는 두 함수 $y=f(x)$, $y=f(2x+1)$의 그래프가 x축과 만나는 점의 개수에 따라 경우를 나누어 보면 다음과 같다.

(i) 두 함수 $y=f(x)$, $y=f(2x+1)$의 그래프가 x축과 각각 한 점에서 만나는 경우

오른쪽 그림과 같이 두 함수 $y=f(x)$, $y=f(2x+1)$의 그래프가 x축과 같은 한 점에서 만나야 하므로 그 점의 x좌표를 p라 하면

$f(p)=f(2p+1)=0$에서

$p=2p+1$ $\therefore p=-1$

즉, $f(-1)=0$에서

$-1+a-b+4=0$이므로 $b=a+3$

$\therefore f(x)=x^3+ax^2+(a+3)x+4$
$\qquad =(x+1)x^2+(a-1)x+4$

이때 삼차방정식 $f(x)=0$은 $x=-1$을 삼중근으로 갖거나 실근 1개, 허근 2개를 가져야 한다. → 함수 $y=f(x)$의 그래프가 x축과 한 점에서 만나므로 실근이 1개이어야 한다.

그런데 $x^2+(a-1)x+4\neq(x+1)^2$이므로 방정식 $f(x)=0$은 $x=-1$을 삼중근으로 가질 수 없고, 방정식 $x^2+(a-1)x+4=0$은 서로 다른 두 허근을 가져야 한다.

이차방정식 $x^2+(a-1)x+4=0$의 판별식을 D라 하면 $D<0$이어야 하므로

$D=(a-1)^2-16=a^2-2a-15<0$

$(a+3)(a-5)<0$

$\therefore -3<a<5$

(ii) 두 함수 $y=f(x)$, $y=f(2x+1)$의 그래프가 x축과 각각 두 점 이상에서 만나는 경우

오른쪽 그림과 같이 두 함수 $y=f(x)$, $y=f(2x+1)$의 그래프는 서로 다른 x축과의 교점이 존재하므로 $f(q)=0$이지만 $f(2q+1)\neq0$인 실수 q가 존재한다.

즉, $\lim\limits_{x\to q}f(x)=f(q)=0$,

$\lim\limits_{x\to q}f(2x+1)=f(2q+1)\neq0$이므로

$\lim\limits_{x\to q}\dfrac{f(2x+1)}{f(x)}$의 값이 존재하지 않는다.

따라서 모든 실수 a에 대하여

$\lim\limits_{x\to a}\dfrac{f(2x+1)}{f(x)}$의 값이 존재한다는 조건을 만족시키지 않는다.

(i), (ii)에서 $-3<a<5$

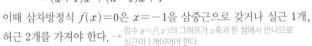

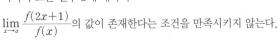

1단계 함수 $g(x)$가 실수 전체의 집합에서 연속일 조건을 알아보자.

함수 $g(x)$가 실수 전체의 집합에서 연속이므로 $x=0$에서도 연속이다.

즉, $\lim\limits_{x\to0+}g(x)=\lim\limits_{x\to0-}g(x)=g(0)$이어야 하므로

$\lim\limits_{x\to0+}g(x)=\lim\limits_{x\to0+}(x+a)f(x-b)=af(-b)$,

$\lim\limits_{x\to0-}g(x)=\lim\limits_{x\to0-}(x+3)f(x)=3f(0)$,

$g(0)=af(-b)$

에서

$af(-b)=3f(0)$　　　　　……㉠

2단계 주어진 조건을 이용하여 이차함수 $f(x)$의 식을 세워 보자.

$\lim\limits_{x\to-3}\dfrac{\sqrt{|g(x)|+\{g(t)\}^2}-|g(t)|}{(x+3)^2}$

$=\lim\limits_{x\to-3}\dfrac{[\sqrt{|g(x)|+\{g(t)\}^2}-|g(t)|][\sqrt{|g(x)|+\{g(t)\}^2}+|g(t)|]}{(x+3)^2[\sqrt{|g(x)|+\{g(t)\}^2}+|g(t)|]}$

$=\lim\limits_{x\to-3}\dfrac{|g(x)|}{(x+3)^2[\sqrt{|g(x)|+\{g(t)\}^2}+|g(t)|]}$

$=\lim\limits_{x\to-3}\dfrac{|(x+3)f(x)|}{(x+3)^2[\sqrt{0+\{g(t)\}^2}+|g(t)|]}$ $(\because g(-3)=0)$

$=\lim\limits_{x\to-3}\dfrac{|(x+3)f(x)|}{(x+3)^2\times2|g(t)|}$　　　　　……㉡

$t\neq-3$, $t\neq6$인 모든 실수 t에 대하여 ㉡의 값이 존재하므로 다항식 $f(x)$는 $x+3$을 인수로 가져야 한다.

즉, 최고차항의 계수가 1인 이차함수 $f(x)$를

$f(x)=(x+3)(x+k)$ (k는 상수)　　　……㉢

라 할 수 있다.

3단계 이차함수 $f(x)$를 구하여 $g(4)$의 값을 구해 보자.

㉡에서

$\lim\limits_{x\to-3}\dfrac{|(x+3)f(x)|}{(x+3)^2\times2|g(t)|}=\lim\limits_{x\to-3}\dfrac{|(x+3)^2(x+k)|}{(x+3)^2\times2|g(t)|}$

$\qquad\qquad\qquad=\lim\limits_{x\to-3}\dfrac{|x+k|}{2|g(t)|}$　　　……㉣

$t=-3$, $t=6$에서만 ㉣의 값이 존재하지 않으므로 방정식 $g(x)=0$의 실근은 -3, 6뿐이다. → ㉣의 (분모) $=0$인 경우

$g(6)=0$에서 $(6+a)f(6-b)=0$

$\therefore f(6-b)=0$ $(\because a>0)$

이때 ㉢에서 $f(-3)=0$ 또는 $f(-k)=0$이므로

$6-b=-3$ 또는 $6-b=-k$

$\therefore b=9$ 또는 $b=k+6$

(i) $b=9$인 경우

$x<0$에서 $g(x)=(x+3)f(x)=(x+3)^2(x+k)$이고, 이때 방정식 $g(x)=0$의 실근은 -3뿐이므로

$k=3$ 또는 $-k\geq0$

$\therefore k=3$ 또는 $k\leq0$　　　　　……㉤

$x\geq0$에서 $g(x)=(x+a)f(x-9)=(x+a)(x-6)(x-9+k)$이고, 이때 방정식 $g(x)=0$의 실근은 6뿐이므로

$9-k=6$ 또는 $9-k<0$ $(\because -a<0)$

$\therefore k=3$ 또는 $k>9$　　　　　……㉥

㉤, ㉥의 공통부분을 구하면

$k=3$

$\therefore f(x)=(x+3)^2$

(ii) $b=k+6$인 경우

$x<0$에서 $g(x)=(x+3)f(x)=(x+3)^2(x+k)$이고,

이때 방정식 $g(x)=0$의 실근은 -3뿐이므로

$k=3$ 또는 $-k\geq0$

$\therefore k=3$ 또는 $k\leq0$

$x\geq0$에서

$g(x)=(x+a)f(x-b)$

$\qquad=(x+a)(x-b+3)(x-b+k)$

$\qquad=(x+a)(x-b+3)(x-6)$

이고, 이때 방정식 $g(x)=0$의 실근은 6뿐이므로

$b-3=6$ $(\because -a<0)$

$\therefore b=9$

$b=9$를 $b=k+6$에 대입하여 정리하면

$k=3$

$\therefore f(x)=(x+3)^2$

(i), (ii)에서 $f(x)=(x+3)^2$, $b=9$이므로 ㉠에서

$3\times9=af(-9)$, $27=36a$

$\therefore a=\dfrac{3}{4}$

$\therefore g(4)=\left(4+\dfrac{3}{4}\right)\times f(4-9)$

$\qquad\quad=\dfrac{19}{4}\times4=19$

042 정답률 ▶ 확: 2%, 미: 9%, 기: 6% 답 96

1단계 함수 $y=f(x)$의 그래프의 개형을 그린 후 함수 $f(x)f(x+k)$가 실수 전체의 집합에서 연속일 조건을 알아보자.

함수 $y=f(x)$의 그래프의 개형은 다음 그림과 같다.

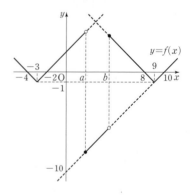

함수 $y=f(x)$의 그래프는 $x=a$, $x=b$에서 불연속이고, 함수 $f(x+k)$의 그래프는 $x=a-k$, $x=b-k$에서 불연속이므로 함수 $f(x)f(x+k)$가 실수 전체의 집합에서 연속이려면 $x=a-k$, $x=a$, $x=b-k$, $x=b$에서 연속이어야 한다.

→ 함수 $y=f(x+k)$의 그래프는 함수 $y=f(x)$의 그래프를
x축의 방향으로 $-k$만큼 평행이동하였다.

2단계 함수 $y=f(x+k)$의 그래프의 개형을 그린 후 함수 $f(x)f(x+k)$가 실수 전체의 집합에서 연속일 조건을 이용하여 $f(k)<0$을 만족시키는 두 자연수 a, b와 양수 k의 값을 구해 보자.

$a-k<a$, $b-k<b$이므로 $a\neq b-k$, $a=b-k$에 따라 경우를 나누어 보면 다음과 같다.

(i) $a\neq b-k$인 경우

함수 $y=f(x+k)$의 그래프의 개형은 다음 그림과 같다.

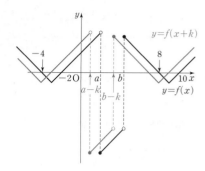

함수 $f(x)f(x+k)$가 실수 전체의 집합에서 연속이려면 $x=a-k$, $x=a$, $x=b-k$, $x=b$에서 연속이어야 한다.

ⓐ $x=a-k$에서 연속인 경우

$\displaystyle\lim_{x\to(a-k)+}f(x)f(x+k)=\lim_{x\to(a-k)-}f(x)f(x+k)$

$\qquad\qquad\qquad\qquad=f(a-k)f(a-k+k)$

이어야 하므로

$\displaystyle\lim_{x\to(a-k)+}f(x)f(x+k)=\lim_{x\to(a-k)+}f(x)\times\lim_{x\to(a-k)+}f(x+k)$

$\qquad\qquad\qquad\qquad=f(a-k)\times(a-10)$,

$\displaystyle\lim_{x\to(a-k)-}f(x)f(x+k)=\lim_{x\to(a-k)-}f(x)\times\lim_{x\to(a-k)-}f(x+k)$

$\qquad\qquad\qquad\qquad=f(a-k)\times(a+2)$,

$f(a-k)f(a-k+k)=f(a-k)\times(a-10)$

에서

$f(a-k)\times(a-10)=f(a-k)\times(a+2)$

$\therefore f(a-k)=0$

ⓑ $x=a$에서 연속인 경우

$\displaystyle\lim_{x\to a+}f(x)f(x+k)=\lim_{x\to a-}f(x)f(x+k)$

$\qquad\qquad\qquad\quad=f(a)f(a+k)$

이어야 하므로

$\displaystyle\lim_{x\to a+}f(x)f(x+k)=\lim_{x\to a+}f(x)\times\lim_{x\to a+}f(x+k)$

$\qquad\qquad\qquad\quad=(a-10)f(a+k)$,

$\displaystyle\lim_{x\to a-}f(x)f(x+k)=\lim_{x\to a-}f(x)\times\lim_{x\to a-}f(x+k)$

$\qquad\qquad\qquad\quad=(a+2)f(a+k)$,

$f(a)f(a+k)=(a-10)f(a+k)$

에서 $(a-10)f(a+k)=(a+2)f(a+k)$

$\therefore f(a+k)=0$

ⓒ $x=b-k$에서 연속인 경우

$\displaystyle\lim_{x\to(b-k)+}f(x)f(x+k)=\lim_{x\to(b-k)-}f(x)f(x+k)$

$\qquad\qquad\qquad\qquad=f(b-k)f(b-k+k)$

이어야 하므로

$\displaystyle\lim_{x\to(b-k)+}f(x)f(x+k)=\lim_{x\to(b-k)+}f(x)\times\lim_{x\to(b-k)+}f(x+k)$

$\qquad\qquad\qquad\qquad=f(b-k)\times(-b+8)$,

$\displaystyle\lim_{x\to(b-k)-}f(x)f(x+k)=\lim_{x\to(b-k)-}f(x)\times\lim_{x\to(b-k)-}f(x+k)$

$\qquad\qquad\qquad\qquad=f(b-k)\times(b-10)$,

$f(b-k)f(b-k+k)=f(b-k)\times(-b+8)$

에서 $f(b-k)\times(-b+8)=f(b-k)\times(b-10)$

$\therefore f(b-k)=0$

ⓓ $x=b$에서 연속인 경우

$\displaystyle\lim_{x\to b+}f(x)f(x+k)=\lim_{x\to b-}f(x)f(x+k)$

$\qquad\qquad\qquad\quad=f(b)f(b+k)$

이어야 하므로

$$\lim_{x \to b+} f(x)f(x+k) = \lim_{x \to b+} f(x) \times \lim_{x \to b+} f(x+k)$$
$$= (-b+8)f(b+k),$$
$$\lim_{x \to b-} f(x)f(x+k) = \lim_{x \to b-} f(x) \times \lim_{x \to b-} f(x+k)$$
$$= (b-10)f(b+k),$$
$$f(b)f(b+k) = (-b+8)f(b+k)$$

에서 $(-b+8)f(b+k) = (b-10)f(b+k)$

$\therefore f(b+k) = 0$

ⓐ~ⓓ에서

$$f(a-k) = f(a+k) = f(b-k) = f(b+k) = 0$$

이때 방정식 $f(x) = 0$의 네 근 $a-k$, $a+k$, $b-k$, $b+k$가 서로 다른

수인지 알아보자. → $a<b$이므로
$a-k<a+k<b+k$이고 $a-k<b-k<b+k$
즉, 두 근 $a+k$, $b-k$가 다른 수인지만 알아보면 된다.

$a+k = b-k$이면

$k = \dfrac{b-a}{2}$이므로 $a+k = b-k = \dfrac{a+b}{2}$

이때 $f(a+k) = f(b-k) = 0$이지만

$a < \dfrac{a+b}{2} < b$이므로 $f\left(\dfrac{a+b}{2}\right) = \dfrac{a+b}{2} - 10 < 0$

이므로 주어진 조건을 만족시키지 않는다.

$a+k \neq b-k$이므로 네 수 $a-k$, $a+k$, $b-k$, $b+k$는 방정식

$f(x) = 0$의 서로 다른 네 실근이다.

방정식 $f(x) = 0$의 모든 실근은 -4, -2, 8, 10이고,

$0 < a+k < b+k$, $a-k < b-k$이므로

$a+k = 8$, $b+k = 10$, $a-k = -4$, $b-k = -2$

두 식 $a+k = 8$, $a-k = -4$를 연립하여 풀면

$a = 2$, $k = 6$

$b+k = 10$에서 $b+6 = 10$, $b = 4$

이때 $a < b < k$이므로

$f(k) = f(6) = |-3| - 1 = 2 > 0$

즉, 조건 (나)를 만족시키지 않는다.

(ii) $a = b-k$인 경우

함수 $y = f(x+k)$의 그래프의 개형은 다음 그림과 같다.

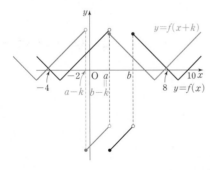

함수 $f(x)f(x+k)$가 실수 전체의 집합에서 연속이려면 $x = a-k$,
$x = a(=b-k)$, $x = b$에서 연속이어야 한다.

ⓐ $x = a-k$에서 연속인 경우

$$\lim_{x \to (a-k)+} f(x)f(x+k) = \lim_{x \to (a-k)-} f(x)f(x+k)$$
$$= f(a-k)f(a-k+k)$$

이어야 하므로

(i)의 ⓐ와 같은 방법으로

$f(a-k) = 0$ $\quad \therefore f(2a-b) = 0$

ⓑ $x = a(=b-k)$에서 연속인 경우

$$\lim_{x \to a+} f(x)f(x+k) = \lim_{x \to a-} f(x)f(x+k)$$
$$= f(a)f(a+k)$$

이어야 하므로

$$\lim_{x \to a+} f(x)f(x+k) = \lim_{x \to a+} f(x)f(x+b-a)$$
$$= \lim_{x \to a+} f(x) \times \lim_{x \to a+} f(x+b-a)$$
$$= (a-10)(-b+8),$$
$$\lim_{x \to a-} f(x)f(x+k) = \lim_{x \to a-} f(x)f(x+b-a)$$
$$= \lim_{x \to a-} f(x) \times \lim_{x \to a-} f(x+b-a)$$
$$= (a+2)(b-10),$$
$$f(a)f(a+k) = f(a)f(b)$$
$$= (a-10)(-b+8)$$

에서 $(a-10)(-b+8) = (a+2)(b-10)$

$ab - 9a - 4b + 30 = 0$

$a(b-9) = 4b-30$

$\therefore a = \dfrac{4b-30}{b-9} = 4 + \dfrac{6}{b-9}$

ⓒ $x = b$에서 연속인 경우

$$\lim_{x \to b+} f(x)f(x+k) = \lim_{x \to b-} f(x)f(x+k)$$
$$= f(b)f(b+k)$$

이어야 하므로

(i)의 ⓓ와 같은 방법으로

$f(b+k) = 0$ $\quad \therefore f(2b-a) = 0$

ⓐ~ⓒ에서

$f(2a-b) = f(2b-a) = 0$, $a = 4 + \dfrac{6}{b-9}$

a, b는 $a < b < 8$인 두 자연수이므로 $a = 4 + \dfrac{6}{b-9}$에서

$a = 1$, $b = 7$ 또는 $a = 2$, $b = 6$

$a = 1$, $b = 7$이면 $f(2a-b) = f(-5) = |-2| - 1 = 1$

이므로 주어진 조건을 만족시키지 않는다.

$a = 2$, $b = 6$이면 $f(2a-b) = f(-2) = |1| - 1 = 0$
$$f(2b-a) = f(10) = |1| - 1 = 0$$

$\therefore a = 2$, $b = 6$

$a = b-k$이므로 $k = -a+b = -2+6 = 4$

이때 $a < k < b$이므로 $f(k) = f(4) = 4 - 10 = -6 < 0$

즉, 조건 (나)를 만족시킨다.

(i), (ii)에서 $a = 2$, $b = 6$, $k = 4$

3단계 함수 $f(x)$를 구한 후 $f(a) \times f(b) \times f(k)$의 값을 구해 보자.

함수 $f(x)$는 $f(x) = \begin{cases} |x+3| - 1 & (x < 2) \\ x - 10 & (2 \le x < 6) \\ |x-9| - 1 & (x \ge 6) \end{cases}$ 이므로

$$f(a) \times f(b) \times f(k) = f(2) \times f(6) \times f(4)$$
$$= (2-10) \times (|6-9| - 1) \times (4-10)$$
$$= (-8) \times 2 \times (-6)$$
$$= 96$$

001 ⑤	002 ②	003 ⑤	004 ④	005 ①	006 11
007 ③	008 ③	009 31	010 ④	011 ⑤	012 ⑤
013 ②	014 ④	015 ⑤	016 ④	017 ④	018 ⑤
019 ①	020 ③	021 ⑤	022 ④	023 ③	024 ④
025 ④	026 8	027 ②	028 7	029 50	030 ⑤
031 58	032 ④	033 ③	034 ①	035 5	036 22
037 ①	038 ②	039 ②	040 ③	041 ④	042 ①
043 ④	044 22	045 ③	046 80	047 ⑤	048 ③
049 25	050 ③	051 ③	052 ①	053 ⑤	054 ②
055 ⑤	056 ②	057 ⑤	058 ⑤	059 41	060 15
061 ①	062 ③	063 4	064 6	065 2	066 ①
067 ⑤	068 ③	069 ⑤	070 ②	071 ④	072 ③
073 ②	074 ③	075 240	076 35	077 ④	078 4
079 7	080 ②	081 32	082 11	083 ⑤	084 ⑤
085 6	086 ①	087 ②			

001 정답률 ▶ 확: 81%, 미: 82%, 기: 77% 답 ⑤

1단계 x의 값이 1에서 $1+h$까지 변할 때의 함수 $f(x)$의 평균변화율에 대한 식을 세워 보자.

x의 값이 1에서 $1+h$까지 변할 때의 함수 $f(x)$의 평균변화율이 h^2+2h+3이므로

$$\frac{f(1+h)-f(1)}{(1+h)-1}=\frac{f(1+h)-f(1)}{h}$$
$$=h^2+2h+3$$

2단계 미분계수의 정의를 이용하여 $f'(1)$의 값을 구해 보자.

$\displaystyle\lim_{h\to0}\frac{f(1+h)-f(1)}{h}=f'(1)$이므로

$f'(1)=\displaystyle\lim_{h\to0}(h^2+2h+3)=3$

002 정답률 ▶ 확: 91%, 미: 96%, 기: 92% 답 ②

$f(x)=x^3+2x^2+3x+4$에서

$f'(x)=3x^2+4x+3$이므로

$f'(-1)=3-4+3=2$

003 정답률 ▶ 확: 90%, 미: 97%, 기: 94% 답 ⑤

$f(x)=x^3+7x-4$에서

$f'(x)=3x^2+7$이므로

$f'(1)=3+7=10$

004 정답률 ▶ 확: 89%, 미: 95%, 기: 89% 답 ④

$f(x)=2x^3-x^2+6$에서

$f'(x)=6x^2-2x$이므로

$f'(1)=6-2=4$

005 정답률 ▶ 확: 93%, 미: 98%, 기: 96% 답 ①

$f(x)=x^3+2x+7$에서

$f'(x)=3x^2+2$이므로

$f'(1)=3+2=5$

006 정답률 ▶ 확: 63%, 미: 83%, 기: 75% 답 11

1단계 직선 $y=4x+5$가 곡선 $y=2x^4-4x+k$에 접하는 접점의 좌표를 $(t,\ 4t+5)$라 하고, 접선의 기울기를 t에 대한 식으로 나타내어 보자.

$f(x)=2x^4-4x+k$라 하면

$f'(x)=8x^3-4$

직선 $y=4x+5$가 곡선 $y=2x^4-4x+k$에 접하는 접점의 좌표를 $(t,\ 4t+5)$라 하면 접선의 기울기는

$f'(t)=8t^3-4$

2단계 상수 k의 값을 구해 보자.

$f'(t)=4$이므로 $8t^3-4=4$에서

$t^3=1$ $\therefore t=1$

즉, 접점 $(1,\ 9)$는 곡선 $y=2x^4-4x+k$ 위의 점이므로

$9=2-4+k$

$\therefore k=11$

007 정답률 ▶ 확: 72%, 미: 85%, 기: 81% 답 ③

1단계 주어진 등식을 이용하여 다항함수 $f(x)$의 식을 세워 보자.

$xf'(x)-3f(x)=2x^2-8x$ $\cdots\cdots$ ㉠

㉠의 양변에 $x=0$을 대입하면

$-3f(0)=0$ $\therefore f(0)=0$

다항함수 $f(x)$의 최고차항의 계수가 1이므로 $f(x)$의 차수를 n이라 하면

$f(x)=x^n+\cdots$

(ⅰ) $n\leq1$일 때

㉠의 좌변의 차수는 1 이하이고, 우변의 차수는 2이므로 주어진 등식을 만족시키지 않는다.

(ⅱ) $n=2$일 때 ┌▶ $f'(x)=2x+k\ (k$는 상수) 꼴이므로 $xf'(x)=2x^2+kx$

㉠의 좌변의 차수는 2이고 x^2의 계수가 $2-3=-1$이다.

그런데 우변의 x^2의 계수는 2이므로 주어진 등식을 만족시키지 않는다.

(ⅲ) $n\geq3$

㉠의 좌변의 차수는 n이고 x^n의 계수가 $n-3$이다.

우변의 차수는 2이고 x^2의 계수가 2이므로 주어진 등식을 만족시키려면 $n-3=0$, 즉 $n=3$이어야 한다.

(ⅰ), (ⅱ), (ⅲ)에서 다항함수 $f(x)$는 삼차함수이므로

$f(x)=x^3+ax^2+bx\ (a,\ b$는 상수)

라 할 수 있다.

2단계 다항함수 $f(x)$를 구하여 $f(1)$의 값을 구해 보자.

$f'(x)=3x^2+2ax+b$이므로 ㉠에서

$x(3x^2+2ax+b)-3(x^3+ax^2+bx)=2x^2-8x$

$-ax^2-2bx=2x^2-8x$

즉, $-a=2$, $-2b=-8$이므로

$a=-2$, $b=4$

따라서 $f(x)=x^3-2x^2+4x$이므로

$f(1)=1-2+4=3$

---

008 정답률 ▸ 확: 54%, 미: 78%, 기: 69%　　　　　　　　　**답 ③**

1단계 두 점 P, Q의 좌표를 t에 대한 식으로 나타내어 보자.

곡선 $y=x^2$ 위의 점 중에서 직선 $y=2tx-1$과의 거리가 최소인 점 P의 좌표를 (s, s^2)이라 하면 곡선 $y=x^2$ 위의 점 P에서의 접선의 기울기가 $2t$이어야 한다.

$f(x)=x^2$이라 하면

$f'(x)=2x$

점 $P(s, s^2)$에서의 접선의 기울기는 $2s$이므로

$2s=2t$　　$\therefore s=t$

$\therefore P(t, t^2)$

즉, 직선 OP의 방정식은 $y=tx$이므로 직선 OP가 직선 $y=2tx-1$과 만나는 점 Q의 x좌표는 $tx=2tx-1$에서

$tx=1$　　$\therefore x=\dfrac{1}{t}$

$\therefore Q\left(\dfrac{1}{t}, 1\right)$

2단계 $\overline{PQ}$를 t에 대한 식으로 나타내어 $\lim\limits_{t\to1-}\dfrac{\overline{PQ}}{1-t}$의 값을 구해 보자.

$\overline{PQ}=\sqrt{\left(\dfrac{1}{t}-t\right)^2+(1-t^2)^2}$

$\quad=\sqrt{\dfrac{1}{t^2}(1-t^2)^2+(1-t^2)^2}$

$\quad=\sqrt{\left(\dfrac{1}{t^2}+1\right)(1-t^2)^2}$

$\quad=(1-t^2)\sqrt{\dfrac{1}{t^2}+1}\ (\because 1-t^2>0)$

$\therefore \lim\limits_{t\to1-}\dfrac{\overline{PQ}}{1-t}=\lim\limits_{t\to1-}\dfrac{(1-t^2)\sqrt{\dfrac{1}{t^2}+1}}{1-t}$

$\qquad=\lim\limits_{t\to1-}\dfrac{(1+t)(1-t)\sqrt{\dfrac{1}{t^2}+1}}{1-t}$

$\qquad=\lim\limits_{t\to1-}(1+t)\sqrt{\dfrac{1}{t^2}+1}$

$\qquad=(1+1)\times\sqrt{\dfrac{1}{1}+1}$

$\qquad=2\sqrt{2}$

---

009 정답률 ▸ 확: 7%, 미: 26%, 기: 17%　　　　　　　　　**답 31**

1단계 부등식에서 등호가 성립할 때를 이용하여 상수 k의 값을 구해 보자.

$2k-8\leq\dfrac{f(k+2)-f(k)}{2}\leq4k^2+14k$　　　……㉠

에서 $2k-8=4k^2+14k$

$4k^2+12k+8=0$, $k^2+3k+2=0$

$(k+2)(k+1)=0$

$\therefore k=-1$ 또는 $k=-2$

2단계 k의 값을 부등식에 대입하여 함수 $f(x)$를 구해 보자.

㉠에 $k=-1$을 대입하면

$-10\leq\dfrac{f(1)-f(-1)}{2}\leq-10$이므로

$\dfrac{f(1)-f(-1)}{2}=-10$, $f(1)-f(-1)=-20$　　……㉡

㉠에 $k=-2$를 대입하면

$-12\leq\dfrac{f(0)-f(-2)}{2}\leq-12$이므로

$\dfrac{f(0)-f(-2)}{2}=-12$, $f(0)-f(-2)=-24$　　……㉢

함수 $f(x)$는 최고차항의 계수가 1인 삼차함수이므로

$f(x)=x^3+ax^2+bx+c$ (a, b, c는 상수)라 하면

㉡에서

$f(1)-f(-1)=(1+a+b+c)-(-1+a-b+c)$

$\qquad\qquad\quad=2+2b=-20$

이므로 $b=-11$

㉢에서

$f(0)-f(-2)=c-(-8+4a-2b+c)$

$\qquad\qquad\quad=8-4a+2b=-24$

$2a-b=16$이므로 $a=\dfrac{5}{2}$

$\therefore f(x)=x^3+\dfrac{5}{2}x^2-11x+c$

3단계 $f'(3)$의 값을 구해 보자.

$f'(x)=3x^2+5x-11$이므로

$f'(3)=27+15-11=31$

---

010 정답률 ▸ 확: 92%, 미: 98%, 기: 94%　　　　　　　　　**답 ④**

$f(x)=2x^2+5x-2$에서

$f'(x)=4x+5$이므로

$\lim\limits_{x\to1}\dfrac{f(x)-f(1)}{x-1}=f'(1)=4+5=9$

---

011 정답률 ▸ 확: 85%, 미: 96%, 기: 91%　　　　　　　　　**답 ⑤**

$f(x)=x^2+x+2$에서

$f'(x)=2x+1$이므로

$\lim\limits_{h\to0}\dfrac{f(2+h)-f(2)}{h}=f'(2)=4+1=5$

---

012 정답률 ▸ 확: 91%, 미: 98%, 기: 95%　　　　　　　　　**답 ⑤**

$f(x)=x^3+3x^2-5$에서

$f'(x)=3x^2+6x$이므로

$$\lim_{h\to0}\frac{f(1+h)-f(1)}{h}=f'(1)=3+6=9$$

$$\lim_{h\to0}\frac{f(3+h)-f(3)}{2h}=\lim_{h\to0}\frac{f(3+h)-f(3)}{h}\times\frac{1}{2}=\frac{1}{2}f'(3)$$
$$=\frac{1}{2}\times10=5$$

013   정답률 ▶ 확: 88%, 미: 97%, 기: 95%   답 ②

$f(x)=x^3+9$에서

$f'(x)=3x^2$이므로

$$\lim_{h\to0}\frac{f(2+h)-f(2)}{h}=f'(2)=12$$

019   정답률 ▶ 확: 90%, 미: 98%, 기: 96%   답 ①

$f(x)=2x^2+5$에서

$f'(x)=4x$이므로

$$\lim_{x\to2}\frac{f(x)-f(2)}{x-2}=f'(2)=8$$

014   정답률 ▶ 확: 90%, 미: 97%, 기: 96%   답 ④

$f(x)=x^3-8x+7$에서

$f'(x)=3x^2-8$이므로

$$\lim_{h\to0}\frac{f(2+h)-f(2)}{h}=f'(2)=12-8=4$$

020   정답률 ▶ 확: 90%, 미: 97%, 기: 94%   답 ③

$f(x)=2x^2-x$에서 $f(1)=1$이고

$f'(x)=4x-1$이므로

$$\lim_{x\to1}\frac{f(x)-1}{x-1}=\lim_{x\to1}\frac{f(x)-f(1)}{x-1}=f'(1)$$
$$=4-1=3$$

015   정답률 ▶ 확: 89%, 미: 97%, 기: 92%   답 ⑤

$f(x)=x^3-7x+5$에서

$f'(x)=3x^2-7$이므로

$$\lim_{h\to0}\frac{f(2+h)-f(2)}{h}=f'(2)=12-7=5$$

021   정답률 ▶ 확: 89%, 미: 98%, 기: 93%   답 ⑤

$f(x)=x^3-2x^2-4x$에서 $f(1)=-5$이고

$f'(x)=3x^2-4x-4$이므로

$$\lim_{x\to1}\frac{f(x)+5}{x-1}=\lim_{x\to1}\frac{f(x)-f(1)}{x-1}=f'(1)$$
$$=3-4-4=-5$$

016   정답률 ▶ 확: 88%, 미: 97%, 기: 94%   답 ④

$f(x)=2x^3-5x^2+3$에서

$f'(x)=6x^2-10x$이므로

$$\lim_{h\to0}\frac{f(2+h)-f(2)}{h}=f'(2)=24-20=4$$

022   정답률 ▶ 확: 88%, 미: 97%, 기: 94%   답 ④

$f(x)=2x^3+3x$에서

$f'(x)=6x^2+3$이므로

$$\lim_{h\to0}\frac{f(2h)-f(0)}{h}=\lim_{h\to0}\frac{f(2h)-f(0)}{2h-0}\times2=2f'(0)$$
$$=2\times3=6$$

017   정답률 ▶ 확: 88%, 미: 96%, 기: 92%   답 ④

$f(x)=x^2-2x+3$에서

$f'(x)=2x-2$이므로

$$\lim_{h\to0}\frac{f(3+h)-f(3)}{h}=f'(3)=6-2=4$$

023   정답률 ▶ 확: 45%, 미: 96%, 기: 88%   답 ③

$$\lim_{h\to0}\frac{f(1+2h)-4}{h}=6 \quad \cdots\cdots ㉠$$

㉠에서 $h\to0$일 때, (분모) $\to0$이고 극한값이 존재하므로 (분자) $\to0$
이다.

$\lim_{h\to0}\{f(1+2h)-4\}=0$이므로

$f(1)=4 \quad\quad\quad\quad \cdots\cdots ㉡$

018   정답률 ▶ 확: 82%, 미: 96%, 기: 89%   답 ③

$f(x)=x^3-3x^2+x$에서

$f'(x)=3x^2-6x+1$이므로

즉, ㉠에서

$$\lim_{h \to 0} \frac{f(1+2h)-4}{h} = \lim_{h \to 0} \frac{f(1+2h)-f(1)}{h} \ (\because ㉡)$$

$$= \lim_{h \to 0} \frac{f(1+2h)-f(1)}{2h} \times 2$$

$$= 2f'(1) = 6$$

$$\therefore f'(1) = 3$$

$$\therefore f(1) + f'(1) = 4 + 3 = 7$$

024 정답률 ▸ 확: 68%, 미: 83%, 기: 74%   답 ③

1단계 x의 값이 a에서 $a+1$까지 변할 때의 함수 $f(x)$의 평균변화율을 이용하여 상수 a의 값을 구해 보자.

x의 값이 a에서 $a+1$까지 변할 때의 함수 $f(x)=2x^2-3x+5$의 평균변화율이 7이므로

$$\frac{f(a+1)-f(a)}{(a+1)-a} = \{2(a+1)^2-3(a+1)+5\}-(2a^2-3a+5)$$

$$= 2a^2+a+4-(2a^2-3a+5)$$

$$= 4a-1 = 7$$

에서

$$4a = 8 \quad \therefore a = 2$$

2단계 다항함수의 미분법과 미분계수의 정의를 이용하여 $\lim_{h \to 0} \dfrac{f(a+2h)-f(a)}{h}$의 값을 구해 보자.

$f(x)=2x^2-3x+5$에서

$f'(x)=4x-3$이므로

$$\lim_{h \to 0} \frac{f(a+2h)-f(a)}{h} = 2\lim_{h \to 0} \frac{f(2+2h)-f(2)}{2h}$$

$$= 2f'(2) = 2 \times (8-3) = 10$$

025 정답률 ▸ 확: 60%, 미: 77%, 기: 68%   답 ④

1단계 $\lim_{x \to 3} \dfrac{f(x)-g(x)}{x-3}=1$에 대하여 알아보자.

$$\lim_{x \to 3} \frac{f(x)-g(x)}{x-3} = 1 \quad \cdots\cdots ㉠$$

㉠에서 $x \to 3$일 때, (분모) $\to 0$이고 극한값이 존재하므로 (분자) $\to 0$이다.

$\lim_{x \to 3} \{f(x)-g(x)\}=0$이므로

$$f(3) = g(3) \quad \cdots\cdots ㉡$$

즉, ㉠에서

$$\lim_{x \to 3} \frac{f(x)-g(x)}{x-3} = \lim_{x \to 3} \frac{f(x)-f(3)+f(3)-g(x)}{x-3}$$

$$= \lim_{x \to 3} \frac{\{f(x)-f(3)\}-\{g(x)-g(3)\}}{x-3} \ (\because ㉡)$$

$$= \lim_{x \to 3} \frac{f(x)-f(3)}{x-3} - \lim_{x \to 3} \frac{g(x)-g(3)}{x-3}$$

$$= f'(3) - g'(3) = 1$$

$$\therefore g'(3) = 0 \ (\because f'(3)=1)$$

2단계 이차함수 $g(x)$를 구하여 $g(1)$의 값을 구해 보자.

최고차항의 계수가 1인 이차함수 $g(x)$를

$g(x)=x^2+ax+b \ (a, b는 \ 상수)$

라 하면

$g'(x)=2x+a$

$g'(3)=0$이므로

$6+a=0 \quad \therefore a=-6$

또한, $f(3)=2$이므로 ㉡에 의하여

$g(3)=2$

즉, $9-18+b=2$이므로

$b=11$

따라서 $g(x)=x^2-6x+11$이므로

$g(1)=1-6+11=6$

026 정답률 ▸ 확: 86%, 미: 95%, 기: 92%   답 8

1단계 함수의 곱의 미분법을 이용하여 $f'(1)$의 값을 구해 보자.

$f(x)=(x+1)(x^2+3)$에서

$f'(x)=(x^2+3)+(x+1)\times 2x$이므로

$f'(1)=(1+3)+(1+1)\times 2=8$

027 정답률 ▸ 확: 90%, 미: 95%, 기: 93%   답 ②

1단계 함수의 곱의 미분법을 이용하여 $f'(2)$의 값을 구해 보자.

$f(x)=(x+1)(x^2+x-5)$에서

$$f'(x)=(x^2+x-5)+(x+1)(2x+1)$$

$$= (x^2+x-5)+(2x^2+3x+1)$$

$$= 3x^2+4x-4$$

$$\therefore f'(2)=12+8-4=16$$

028 정답률 ▸ 확: 85%, 미: 95%, 기: 88%   답 7

1단계 함수의 곱의 미분법을 이용하여 $f'(1)$의 값을 구해 보자.

$f(x)=(x-1)(x^3+x^2+5)$에서

$f'(x)=(x^3+x^2+5)+(x-1)(3x^2+2x)$

$\therefore f'(1)=7+0=7$

029 정답률 ▸ 확: 85%, 미: 93%, 기: 88%   답 50

1단계 함수의 곱의 미분법을 이용하여 $f'(5)$의 값을 구해 보자.

$f(x)=(x-3)(x^2+x-2)$에서

$f'(x)=(x^2+x-2)+(x-3)(2x+1)$

$\therefore f'(5)=28+2\times 11=50$

030 정답률 ▸ 확: 88%, 미: 96%, 기: 93% 답 ⑤

1단계 함수의 곱의 미분법을 이용하여 $f'(1)$의 값을 구해 보자.

$f(x)=(x^2-1)(x^2+2x+2)$에서

$f'(x)=2x(x^2+2x+2)+(x^2-1)(2x+2)$

$\qquad=(2x^3+4x^2+4x)+(x^2-1)(2x+2)$

$\therefore f'(1)=10+0=10$

031 정답률 ▸ 확: 81%, 미: 89%, 기: 84% 답 58

1단계 함수의 곱의 미분법을 이용하여 $f'(2)$의 값을 구해 보자.

$f(x)=(x^2+3x)(x^2-x+2)$에서

$f'(x)=(2x+3)(x^2-x+2)+(x^2+3x)(2x-1)$이므로

$f'(2)=7\times4+10\times3=58$

032 정답률 ▸ 확: 88%, 미: 94%, 기: 93% 답 ④

1단계 함수의 곱의 미분법을 이용하여 $f'(1)$의 값을 구해 보자.

$f(x)=(x^2+1)(3x^2-x)$에서

$f'(x)=2x(3x^2-x)+(x^2+1)(6x-1)$

$\therefore f'(1)=2\times2+2\times5=4+10=14$

033 정답률 ▸ 확: 80%, 미: 95%, 기: 92% 답 ③

1단계 함수의 곱의 미분법을 이용하여 $g'(2)$의 값을 구해 보자.

$g(x)=x^2f(x)$에서

$g'(x)=2xf(x)+x^2f'(x)$이므로

$g'(2)=2\times2\times f(2)+4\times f'(2)=4\times1+4\times3=16$

034 정답률 ▸ 확: 84%, 미: 94%, 기: 90% 답 ①

1단계 함수의 곱의 미분법을 이용하여 $g'(1)$의 값을 구해 보자.

$g(x)=(x^3+1)f(x)$에서

$g'(x)=3x^2f(x)+(x^3+1)f'(x)$이므로

$g'(1)=3\times1\times f(1)+2\times f'(1)=3\times2+2\times3=12$

035 정답률 ▸ 확: 85%, 미: 94%, 기: 92% 답 5

1단계 함수의 곱의 미분법을 이용하여 $f'(x)$를 구해 보자.

$f(x)=(x^2+1)(x^2+ax+3)$에서

$f'(x)=2x(x^2+ax+3)+(x^2+1)(2x+a)$

$\qquad=(2x^3+2ax^2+6x)+(2x^3+ax^2+2x+a)$

$\qquad=4x^3+3ax^2+8x+a$

2단계 상수 a의 값을 구해 보자.

$f'(1)=32$이므로

$4+3a+8+a=32$

$4a=20$

$\therefore a=5$

036 정답률 ▸ 확: 75%, 미: 91%, 기: 86% 답 22

1단계 $g'(x)$를 구해 보자.

$g(x)=(x+2)f(x)$에서

$g'(x)=f(x)+(x+2)f'(x)$

2단계 $g'(3)$의 값을 구해 보자.

곡선 $y=f(x)$ 위의 점 $(3, 2)$에서의 접선의 기울기가 4이므로

$f(3)=2,\ f'(3)=4$

따라서 ㉠에서

$g'(3)=f(3)+5f'(3)$

$\qquad=2+5\times4=22$

037 정답률 ▸ 확: 70%, 미: 90%, 기: 82% 답 ①

1단계 곡선 $y=f(x)$ 위의 점 $(0, f(0))$에서의 접선의 방정식 $y=3x-1$에 대하여 알아보자.

곡선 $y=f(x)$ 위의 점 $(0, f(0))$에서의 접선의 방정식이 $y=3x-1$이므로

$f'(0)=3,\ f(0)=-1$

2단계 함수의 곱의 미분법을 이용하여 $g'(0)$의 값을 구해 보자.

$g(x)=(x+2)f(x)$에서

$g'(x)=f(x)+(x+2)f'(x)$이므로

$g'(0)=f(0)+2f'(0)$

$\qquad=-1+2\times3=5$

038 정답률 ▸ 확: 71%, 미: 92%, 기: 81% 답 ②

1단계 $g(0)$의 값을 구해 보자.

$(x+1)f(x)+(1-x)g(x)=x^3+9x+1$의 양변에 $x=0$을 대입하면

$f(0)+g(0)=1$

이때 $f(0)=4$이므로

$g(0)=-3$

2단계 함수의 곱의 미분법을 이용하여 $f'(0)+g'(0)$의 값을 구해 보자.

$(x+1)f(x)+(1-x)g(x)=x^3+9x+1$의 양변을 x에 대하여 미분하면

$f(x)+(x+1)f'(x)-g(x)+(1-x)g'(x)=3x^2+9$

양변에 $x=0$을 대입하면

$f(0)+f'(0)-g(0)+g'(0)=9$

$\therefore f'(0)+g'(0)=9-f(0)+g(0)$

$\qquad\qquad\qquad=9-4+(-3)=2$

039 정답률 ▶ 확: 88%, 미: 96%, 기: 91% 답 ②

1단계 함수 $f(x)$가 $x=1$에서 미분가능하면 $x=1$에서 연속임을 이용하여 두 상수 a, b 사이의 관계식을 구해 보자.

함수 $f(x)$가 $x=1$에서 미분가능하므로 $x=1$에서 연속이다.

즉, $\lim\limits_{x \to 1+} f(x) = \lim\limits_{x \to 1-} f(x) = f(1)$이어야 하므로

$$\lim\limits_{x \to 1+} f(x) = \lim\limits_{x \to 1+} (2x^3+bx+1)$$
$$=2+b+1=3+b,$$
$$\lim\limits_{x \to 1-} f(x) = \lim\limits_{x \to 1-} (3x+a)=3+a,$$
$$f(1)=3+a$$

에서 $3+b=3+a$

$$\therefore b=a \quad \cdots\cdots \text{㉠}$$

2단계 함수 $f(x)$가 $x=1$에서 미분가능함을 이용하여 두 상수 a, b의 값을 각각 구한 후 $a+b$의 값을 구해 보자.

함수 $f(x)$가 $x=1$에서 미분가능하므로

$$\lim\limits_{x \to 1+} \frac{f(x)-f(1)}{x-1} = \lim\limits_{x \to 1-} \frac{f(x)-f(1)}{x-1}$$

이어야 한다.

$$\lim\limits_{x \to 1+} \frac{f(x)-f(1)}{x-1} = \lim\limits_{x \to 1+} \frac{2x^3+bx+1-(3+a)}{x-1}$$
$$= \lim\limits_{x \to 1+} \frac{2x^3+ax-2-a}{x-1} \ (\because \text{㉠})$$
$$= \lim\limits_{x \to 1+} \frac{(x-1)(2x^2+2x+2+a)}{x-1}$$
$$= \lim\limits_{x \to 1+} (2x^2+2x+2+a)$$
$$=2+2+2+a$$
$$=6+a,$$
$$\lim\limits_{x \to 1-} \frac{f(x)-f(1)}{x-1} = \lim\limits_{x \to 1-} \frac{3x+a-(3+a)}{x-1}$$
$$= \lim\limits_{x \to 1-} \frac{3(x-1)}{x-1}$$
$$= \lim\limits_{x \to 1-} 3$$
$$=3$$

에서 $6+a=3$

$$\therefore a=-3, \ b=-3$$
$$\therefore a+b=-3+(-3)=-6$$

다른 풀이

함수 $f(x)$가 $x=1$에서 미분가능하므로 $\lim\limits_{x \to 1+} f'(x) = \lim\limits_{x \to 1-} f'(x)$이어야 한다.

$$f'(x)=\begin{cases} 3 & (x<1) \\ 6x^2+b & (x>1) \end{cases}$$이므로

$$\lim\limits_{x \to 1+} f'(x) = \lim\limits_{x \to 1+} (6x^2+b)=6+b,$$
$$\lim\limits_{x \to 1-} f'(x) = \lim\limits_{x \to 1-} 3=3$$

에서 $6+b=3$

$$\therefore b=-3$$

또한, 함수 $f(x)$가 $x=1$에서 연속이므로 $\lim\limits_{x \to 1+} f(x) = \lim\limits_{x \to 1-} f(x) = f(1)$이어야 한다.

$$\lim\limits_{x \to 1+} f(x) = \lim\limits_{x \to 1+} (2x^3-3x+1)=2-3+1=0,$$
$$\lim\limits_{x \to 1-} f(x) = \lim\limits_{x \to 1-} (3x+a)=3+a,$$
$$f(1)=3+a$$

에서 $0=3+a$

$$\therefore a=-3$$

040 정답률 ▶ 확: 52%, 미: 72%, 기: 66% 답 ③

1단계 함수 $g(x)$가 실수 전체의 집합에서 미분가능하면 $x=1$에서 연속임을 이용하여 함수 $f(x)$에 대한 조건을 구해 보자.

함수 $g(x)$가 실수 전체의 집합에서 미분가능하므로 $x=1$에서 연속이다.

즉, $\lim\limits_{x \to 1+} g(x) = \lim\limits_{x \to 1-} g(x) = g(1)$이어야 하므로

$$\lim\limits_{x \to 1+} g(x) = \lim\limits_{x \to 1+} \{f(x-1)+2\}=f(0)+2,$$
$$\lim\limits_{x \to 1-} g(x) = \lim\limits_{x \to 1-} f(x)=f(1),$$
$$g(1)=f(1)$$

에서 $f(0)+2=f(1)$ $\quad \cdots\cdots \text{㉠}$

2단계 함수 $g(x)$가 $x=1$에서 미분가능함을 이용하여 함수 $f'(x)$에 대한 조건을 구해 보자.

함수 $g(x)$가 실수 전체의 집합에서 미분가능하므로 $x=1$에서 미분가능하다.

즉, $\lim\limits_{x \to 1+} \frac{g(x)-g(1)}{x-1} = \lim\limits_{x \to 1-} \frac{g(x)-g(1)}{x-1}$이어야 하므로

$$\lim\limits_{x \to 1+} \frac{g(x)-g(1)}{x-1} = \lim\limits_{x \to 1+} \frac{f(x-1)+2-f(1)}{x-1}$$
$$= \lim\limits_{x \to 1+} \frac{f(x-1)-f(0)}{x-1} (\because \text{㉠})$$
$$=f'(0),$$
$$\lim\limits_{x \to 1-} \frac{g(x)-g(1)}{x-1} = \lim\limits_{x \to 1-} \frac{f(x)-f(1)}{x-1}$$
$$=f'(1)$$

에서 $f'(0)=f'(1)$ $\quad \cdots\cdots \text{㉡}$

3단계 곡선 $y=g(x)$ 위의 점 $(0, g(0))$에서의 접선의 방정식 $y=2x+1$을 이용하여 함수 $f(x)$에 대하여 알아보자.

곡선 $y=g(x)$ 위의 점 $(0, g(0))$에서의 접선의 방정식이 $y=2x+1$이므로

$$g(0)=1, \ g'(0)=2$$
$$g(0)=f(0), \ g'(0)=f'(0)$$이므로
$$f(0)=1, \ f'(0)=2$$

또한, ㉠에서 $f(1)=f(0)+2=1+2=3$이고

㉡에서 $f'(1)=f'(0)=2$이다.

4단계 두 접점을 이용하여 함수 $f'(x)$를 구해 보자.

㉠, ㉡에서 곡선 $y=f(x)$는 오른쪽 그림과 같이 직선 $y=2x+1$과 두 점 $(0, f(0))$, $(1, f(1))$에서 접하므로

$$f(x)-(2x+1)=x^2(x-1)^2$$

이라 할 수 있다.

$$f(x)=x^2(x-1)^2+2x+1$$
$$=x^4-2x^3+x^2+2x+1$$

이므로

$$f'(x)=4x^3-6x^2+2x+2$$

5단계 $g'(t)=2$를 만족시키는 실수 t의 값의 합을 구해 보자.

실수 t의 값의 범위에 따라 경우를 나누어 보면 다음과 같다.

(ⅰ) $t \le 1$일 때

$$g'(t)=f'(t)=4t^3-6t^2+2t+2$$이므로
$$4t^3-6t^2+2t+2=2$$
$$4t^3-6t^2+2t=0, \ 2t(2t-1)(t-1)=0$$
$$\therefore t=0 \ \text{또는} \ t=\frac{1}{2} \ \text{또는} \ t=1 \quad \cdots\cdots \text{㉢}$$

(ii) $t>1$일 때

곡선 $g(x)=f(x-1)+2$는 곡선 $y=f(x)$를 x축의 방향으로 1만큼,
y축의 방향으로 2만큼 평행이동한 곡선이므로

ⓒ에 의하여 $t=\dfrac{3}{2}$ 또는 $t=2$

(i), (ii)에서

→ $t=1$은 $t>1$에 포함되지 않으므로 제외된다.

$t=0$ 또는 $t=\dfrac{1}{2}$ 또는 $t=1$ 또는 $t=\dfrac{3}{2}$ 또는 $t=2$

이므로 모든 실수 t의 값의 합은

$0+\dfrac{1}{2}+1+\dfrac{3}{2}+2=5$

041 정답률 ▶ 확: 34%, 미: 38%, 기: 38%   답 ④

1단계 함수 $y=|f(x)|$의 그래프를 그려서 ㄱ의 참, 거짓을 판별해 보자.

함수 $y=|f(x)|$의 그래프는 다음 그림과 같다.

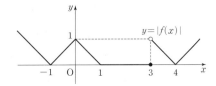

즉, 함수 $|f(x)|$는 $x=3$에서만 불연속이다.

이때 함수 $y=g(x)$의 그래프는 함수 $y=|f(x)|$의 그래프를 x축의 방향으로 k만큼 평행이동한 것이므로 함수 $g(x)$는 $x=k+3$에서만 불연속이다.

ㄱ. $k=-3$일 때, 함수 $y=g(x)$의 그래프는 다음 그림과 같다.

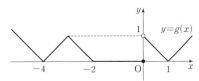

즉, $\displaystyle\lim_{x\to0-}g(x)=0$, $g(0)=0$이므로

$\displaystyle\lim_{x\to0-}g(x)=g(0)$ (참)

2단계 함수의 연속의 정의를 이용하여 ㄴ의 참, 거짓을 판별해 보자.

ㄴ. 주어진 함수 $y=f(x)$의 그래프에서

$\displaystyle\lim_{x\to0+}f(x)=-1$, $\displaystyle\lim_{x\to0-}f(x)=1$, $f(0)=-1$이므로

$\displaystyle\lim_{x\to0+}f(x)\neq\lim_{x\to0-}f(x)$

즉, 함수 $f(x)$는 $x=0$에서 불연속이다.

(i) $k\neq-3$일 때

함수 $y=g(x)$의 그래프의 개형은 다음 그림과 같다.

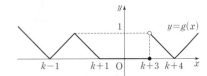

즉, 함수 $g(x)$는 $x=0$에서 연속이므로 함수 $f(x)+g(x)$는 $x=0$에서 불연속이다. → ($x=a$에서 불연속인 함수)+($x=a$에서 연속함수) = ($x=a$에서 불연속인 함수)

(ii) $k=-3$일 때

ㄱ의 함수 $y=g(x)$의 그래프에 의하여

$\displaystyle\lim_{x\to0+}g(x)=1$, $\displaystyle\lim_{x\to0-}g(x)=0$, $g(0)=0$이므로

$\displaystyle\lim_{x\to0+}\{f(x)+g(x)\}=\lim_{x\to0+}f(x)+\lim_{x\to0+}g(x)$
$=-1+1=0$,

$\displaystyle\lim_{x\to0-}\{f(x)+g(x)\}=\lim_{x\to0-}f(x)+\lim_{x\to0-}g(x)$
$=1+0=1$,

$f(0)+g(0)=-1+0=-1$

에서

→ 연속일 수도 있고 불연속일 수도 있기 때문에 직접 값을 구해 비교해 봐야 한다.

$\displaystyle\lim_{x\to0+}\{f(x)+g(x)\}\neq\lim_{x\to0-}\{f(x)+g(x)\}\neq f(0)+g(0)$

즉, 함수 $f(x)+g(x)$는 $x=0$에서 불연속이다.

(i), (ii)에서 모든 정수 k에 대하여 함수 $f(x)|g(x)$는 $x=0$에서 불연속이다. (거짓)

3단계 함수 $y=|f(x)|$의 그래프와 함수 $f(x)g(x)$가 $x=0$에서 미분가능할 조건을 이용하여 ㄷ의 참, 거짓을 판별해 보자.

ㄷ. 함수 $f(x)g(x)$가 $x=0$에서 미분가능하려면 $x=0$에서 연속이어야 한다.

즉, $\displaystyle\lim_{x\to0+}f(x)g(x)=\lim_{x\to0-}f(x)g(x)=f(0)g(0)$이어야 하므로

$\displaystyle\lim_{x\to0+}f(x)g(x)=-1\times\lim_{x\to0+}g(x)=-\lim_{x\to0+}g(x)$,

$\displaystyle\lim_{x\to0-}f(x)g(x)=1\times\lim_{x\to0-}g(x)=\lim_{x\to0-}g(x)$,

$f(0)g(0)=-1\times g(0)=-g(0)$

에서

$-\displaystyle\lim_{x\to0+}g(x)=\lim_{x\to0-}g(x)=-g(0)$

$\therefore \displaystyle\lim_{x\to0}g(x)=g(0)=0$ ······ ㉠

이때 함수 $y=|f(x-k)|$의 그래프에서 ㉠을 만족시키는 정수 k의 값은

$k=-4$ 또는 $k=-2$ 또는 $k=-1$ 또는 $k=1$

또한, 함수 $f(x)g(x)$가 $x=0$에서 미분가능하려면

$\displaystyle\lim_{x\to0+}\frac{f(x)g(x)-f(0)g(0)}{x-0}=\lim_{x\to0-}\frac{f(x)g(x)-f(0)g(0)}{x-0}$

    ······ ㉡

이어야 한다.

(i) $k=-4$ 또는 $k=1$일 때

$\displaystyle\lim_{x\to0+}\frac{f(x)g(x)-f(0)g(0)}{x-0}=\lim_{x\to0+}\frac{(x-1)\times x-0}{x}$

→ 참고 의 함수 $y=g(x)$의 그래프에 의하여

$=\displaystyle\lim_{x\to0+}(x-1)=-1$,

$\displaystyle\lim_{x\to0-}\frac{f(x)g(x)-f(0)g(0)}{x-0}=\lim_{x\to0-}\frac{(x+1)\times(-x)-0}{x}$

$=\displaystyle\lim_{x\to0-}(-x-1)=-1$

에서 ㉡을 만족시키므로 함수 $f(x)g(x)$는 $x=0$에서 미분가능하다.

(ii) $k=-2$일 때

$\displaystyle\lim_{x\to0+}\frac{f(x)g(x)-f(0)g(0)}{x-0}=\lim_{x\to0+}\frac{(x-1)\times0-0}{x}=0$,

$\displaystyle\lim_{x\to0-}\frac{f(x)g(x)-f(0)g(0)}{x-0}=\lim_{x\to0-}\frac{(x+1)\times0-0}{x}=0$

에서 ㉡을 만족시키므로 함수 $f(x)g(x)$는 $x=0$에서 미분가능하다.

(iii) $k=-1$일 때

$\displaystyle\lim_{x\to0+}\frac{f(x)g(x)-f(0)g(0)}{x-0}=\lim_{x\to0+}\frac{(x-1)\times0-0}{x}=0$,

$\displaystyle\lim_{x\to0-}\frac{f(x)g(x)-f(0)g(0)}{x-0}=\lim_{x\to0-}\frac{(x+1)\times(-x)-0}{x}$

$=\displaystyle\lim_{x\to0-}(-x-1)=-1$

에서 ㉡을 만족시키지 않으므로 함수 $f(x)g(x)$는 $x=0$에서 미분가능하지 않다.

(i), (ii), (iii)에서 함수 $f(x)g(x)$가 $x=0$에서 미분가능하도록 하는 정수 k의 값은 -4, -2, 1이므로 그 합은

$-4+(-2)+1=-5$ (참)

따라서 옳은 것은 ㄱ, ㄷ이다.

참고

ㄷ에서 ㉠을 만족시키는 정수 k의 값은 함수 $y=|f(x)|$의 그래프를 x축의 방향으로 k만큼 평행이동했을 때, 함수 $g(x)$가 $x=0$에서 연속이고 극한값이 0이 되는 값이다.

$k=-4$일 때, 함수 $y=g(x)$의 그래프는 다음 그림과 같으므로 ㉠을 만족시킨다.

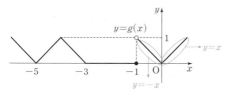

이와 같은 방법으로 하면 ㉠을 만족시키는 정수 k의 값은 $k=-4$ 또는 $k=-2$ 또는 $k=-1$ 또는 $k=1$이다.

042   정답률 ▶ 확: 95%, 미: 97%, 기: 97%   **답 ①**

1단계 곡선 $y=x^3-4x+5$ 위의 점 $(1, 2)$에서의 접선의 방정식을 구해 보자.

$f(x)=x^3-4x+5$라 하면

$f'(x)=3x^2-4$

곡선 $y=f(x)$ 위의 점 $(1, 2)$에서의 접선의 기울기는

$f'(1)=3-4=-1$

이므로 접선의 방정식은

$y-2=-(x-1)$

$\therefore y=-x+3$ ……㉠

2단계 **1단계** 에서 구한 직선이 곡선 $y=x^4+3x+a$에 접하는 점의 좌표를 구해 보자.

$g(x)=x^4+3x+a$라 하면 $g'(x)=4x^3+3$

직선 ㉠이 곡선 $y=g(x)$에 접하는 점의 x좌표를 t라 하면 $g'(t)=-1$이므로

$4t^3+3=-1$, $4t^3=-4$

$\therefore t=-1$

$x=-1$을 ㉠에 대입하면 $y=4$이므로 접하는 점의 좌표는 $(-1, 4)$이다.

3단계 상수 a의 값을 구해 보자.

점 $(-1, 4)$는 곡선 $y=g(x)$ 위의 점이므로

$4=1-3+a$

$\therefore a=6$

참고

두 곡선 $y=f(x)$, $y=g(x)$와 접선 $y=-x+3$은 오른쪽 그림과 같다.

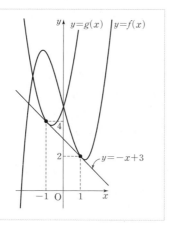

043   정답률 ▶ 확: 66%, 미: 86%, 기: 79%   **답 ④**

1단계 곡선 $y=x^3-x+2$에 접하는 접점의 좌표를 (t, t^3-t+2)라 하고, 접선의 방정식을 t에 대한 식으로 나타내어 보자.

$f(x)=x^3-x+2$라 하면 $f'(x)=3x^2-1$

접점의 좌표를 (t, t^3-t+2)라 하면 접선의 기울기는

$f'(t)=3t^2-1$

이므로 접선의 방정식은

$y-(t^3-t+2)=(3t^2-1)(x-t)$ ……㉠

2단계 **1단계** 에서 구한 접선의 x절편을 구해 보자.

직선 ㉠이 점 $(0, 4)$를 지나므로

$4-(t^3-t+2)=(3t^2-1)\times(-t)$

$2t^3=-2$ $\therefore t=-1$

따라서 접선의 방정식은 $y=2x+4$이므로 이 접선의 x절편은

$0=2x+4$

$\therefore x=-2$

044   정답률 ▶ 확: 57%, 미: 81%, 기: 73%   **답 22**

1단계 곡선 $y=x^3-10$ 위의 점 $P(-2, -18)$에서의 접선의 방정식을 구해 보자.

$f(x)=x^3-10$이라 하면

$f'(x)=3x^2$

곡선 $y=f(x)$ 위의 점 $P(-2, -18)$에서의 접선의 기울기는

$f'(-2)=12$

이므로 접선의 방정식은

$y-(-18)=12\{x-(-2)\}$

$\therefore y=12x+6$ ……㉠

2단계 곡선 $y=x^3+k$ 위의 점 Q에서의 접선의 방정식을 구해 보자.

$g(x)=x^3+k$라 하면

$g'(x)=3x^2$

곡선 $y=g(x)$ 위의 점 Q를 $Q(t, t^3+k)$라 하면 점 $Q(t, t^3+k)$에서의 접선의 기울기는

$g'(t)=3t^2$

이므로 접선의 방정식은

$y-(t^3+k)=3t^2(x-t)$

$\therefore y=3t^2x-2t^3+k$ ……㉡

3단계 두 접선이 일치함을 이용하여 양수 k의 값을 구해 보자.

두 접선 ㉠, ㉡이 일치하므로 두 접선의 기울기와 y절편은 같다.

즉, $12=3t^2$, $6=-2t^3+k$이므로

$t=-2$, $k=-10$ 또는 $t=2$, $k=22$

따라서 양수 k의 값은 22이다.

045   정답률 ▶ 확: 78%, 미: 94%, 기: 90%   **답 ③**

1단계 곡선 $y=f(x)$ 위의 점 $(1, f(1))$에서의 접선의 방정식을 구해 보자.

$f(x)=x^3-2x^2+2x+a$에서

$f'(x)=3x^2-4x+2$

곡선 $y=f(x)$ 위의 점 $(1, f(1))$, 즉 $(1, 1+a)$에서의 접선의 기울기는
$f'(1)=3-4+2=1$
이므로 접선의 방정식은
$y-(1+a)=x-1$
$\therefore y=x+a$ ...... ㉠

2단계 양수 a의 값을 구해 보자.
직선 ㉠이 x축, y축과 만나는 점 P, Q는
$P(-a, 0)$, $Q(0, a)$
이때 $\overline{PQ}=6$이므로
$\sqrt{\{0-(-a)\}^2+(a-0)^2}=6$
$\sqrt{2a^2}=6$, $2a^2=36$
$\therefore a=3\sqrt{2}$ ($\because a>0$)

---

046 정답률 ▶ 확: 41%, 미: 72%, 기: 60% 답 80

1단계 곡선 $y=f(x)$ 위의 두 점 $A(0, 2)$, $B(2, f(2))$에서의 접선 l, m의 방정식을 각각 구해 보자.

$f(x)=x^3-\dfrac{5}{2}x^2+ax+2$이므로
$f(2)=2a$
또한, $f'(x)=3x^2-5x+a$이므로
$f'(0)=a$, $f'(2)=a+2$
따라서 접선 l의 방정식은
$y=f'(0)x+f(0)$
$\therefore y=ax+2$ ...... ㉠
접선 m의 방정식은
$y=f'(2)(x-2)+f(2)$
$\therefore y=(a+2)x-4$ ...... ㉡

2단계 실수 a의 값을 구하여 $60\times|f(2)|$의 값을 구해 보자.
㉠, ㉡을 연립하여 풀면
$x=3$, $y=3a+2$
이때 두 직선 l, m이 만나는 점이 x축 위에 있으므로 $y=0$이어야 한다.
즉, $3a+2=0$이므로 $a=-\dfrac{2}{3}$
따라서 $f(2)=8-10-\dfrac{4}{3}+2=-\dfrac{4}{3}$이므로
$60\times|f(2)|=60\times\left|-\dfrac{4}{3}\right|=60\times\dfrac{4}{3}=80$

---

047 정답률 ▶ 확: 55%, 미: 84%, 기: 74% 답 ⑤

1단계 $\displaystyle\lim_{x\to a}\dfrac{f(x)-1}{x-a}=3$에 대하여 알아보자.

$\displaystyle\lim_{x\to a}\dfrac{f(x)-1}{x-a}=3$ ...... ㉠

㉠에서 $x\to a$일 때, (분모) $\to 0$이고 극한값이 존재하므로 (분자) $\to 0$이다.
$\displaystyle\lim_{x\to a}\{f(x)-1\}=0$이므로
$f(a)=1$
즉, ㉠에서 미분계수의 정의에 의하여

$\displaystyle\lim_{x\to a}\dfrac{f(x)-1}{x-a}=\lim_{x\to a}\dfrac{f(x)-f(a)}{x-a}$
$\qquad\qquad\qquad =f'(a)=3$
$\therefore f(a)=1$, $f'(a)=3$

2단계 곡선 $y=f(x)$ 위의 점 $(a, f(a))$에서의 접선의 y절편을 이용하여 상수 a의 값을 구해 보자.

최고차항의 계수가 1이고 $f(0)=0$인 삼차함수 $f(x)$를
$f(x)=x^3+bx^2+cx$ (b, c는 상수)라 하면
$f'(x)=3x^2+2bx+c$
이때 곡선 $y=f(x)$ 위의 점 $(a, f(a))$에서의 접선의 방정식은
$y-f(a)=f'(a)(x-a)$이므로
$y-1=3(x-a)$
즉, $y=3x-3a+1$
이 접선의 y절편이 4이므로
$-3a+1=4$, $-3a=3$
$\therefore a=-1$

3단계 함수 $f(x)$를 구한 후 $f(1)$의 값을 구해 보자.
$f(-1)=1$, $f'(-1)=3$이므로
$f(-1)=-1+b-c=1$에서 $b-c=2$
$f'(-1)=3-2b+c=3$에서 $2b-c=0$
위의 두 식을 연립하여 풀면
$b=-2$, $c=-4$
따라서 $f(x)=x^3-2x^2-4x$이므로
$f(1)=1-2-4=-5$

---

048 정답률 ▶ 확: 57%, 미: 78% 기: 71% 답 ③

1단계 함수 $f(x)$에 대하여 알아보자.
곡선 $y=f(x)$ 위의 점 $(2, 3)$에서의 접선이 점 $(1, 3)$을 지나므로 곡선 $y=f(x)$ 위의 점 $(2, 3)$에서의 접선의 방정식은 $y=3$이다.
즉, $f(x)-3=(x-a)(x-2)^2$ (a는 상수)에서
$f(x)=(x-a)(x-2)^2+3$

2단계 상수 a의 값을 구해 보자.
$f'(x)=(x-2)^2+2(x-a)(x-2)=(x-2)(3x-2a-2)$
곡선 $y=f(x)$ 위의 점 $(-2, f(-2))$, 즉 점 $(-2, -16a-29)$에서의 접선의 기울기는
$f'(-2)=(-2-2)(-6-2a-2)=8a+32$
이므로 접선의 방정식은
$y-(-16a-29)=(8a+32)\{x-(-2)\}$
위의 접선이 점 $(1, 3)$을 지나므로
$3-(-16a-29)=(8a+32)(1+2)$
$3+16a+29=24a+96$
$8a=-64$ $\therefore a=-8$

3단계 $f(0)$의 값을 구해 보자.
$f(x)=(x+8)(x-2)^2+3$이므로
$f(0)=(0+8)\times(0-2)^2+3=35$

> **참고**
>
> 다항함수 $y=f(x)$의 그래프와 직선 $y=g(x)$가 $x=a$인 점에서 접한다.
> $\Longleftrightarrow f(x)-g(x)=(x-a)Q(x)$ (단, $Q(x)$는 다항함수)

049 정답률 ▶ 확: 14%, 미: 44%, 기: 39%   답 25

1단계 점 A의 좌표를 구해 보자.

$f(x)=-x^3+ax^2+2x$에서

$f'(x)=-3x^2+2ax+2$

$f'(0)=2$이므로 곡선 $y=f(x)$ 위의 점

O$(0, 0)$에서의 접선의 방정식은

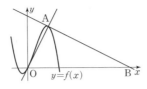

$y=2x$

이고, 점 A는 곡선 $y=f(x)$와 직선 $y=2x$의 교점이므로 점 A의 x좌표는

$-x^3+ax^2+2x=2x$, $-x^2(x-a)=0$ $\therefore x=a$ ($\because x\neq0$)

$\therefore$ A$(a, 2a)$

점 B는 곡선 $y=f(x)$ 위의 점 A에서의 접선 위의 점이므로 직선 AB의 기울기는

$f'(a)=-3a^2+2a^2+2=-a^2+2$

이때 점 A가 선분 OB를 지름으로 하는 원 위의 점이므로

두 직선 OA, AB는 서로 수직이고, 기울기의 곱은 -1이다.

즉, $2\times(-a^2+2)=-1$에서 → 선분 OB가 원의 지름이므로 $\angle OAB=\dfrac{\pi}{2}$

$-a^2+2=-\dfrac{1}{2}$, $a^2=\dfrac{5}{2}$ $\therefore a=\dfrac{\sqrt{10}}{2}$ ($\because a>\sqrt{2}$)

$\therefore$ A$\left(\dfrac{\sqrt{10}}{2}, \sqrt{10}\right)$

2단계 점 B의 좌표를 구해 보자.

직선 AB의 방정식은 → 직선 OA, 즉 $y=2x$와 서로 수직이므로

$y-\sqrt{10}=-\dfrac{1}{2}\left(x-\dfrac{\sqrt{10}}{2}\right)$ 점 A를 지나고 기울기가 $-\dfrac{1}{2}$인 직선이다.

$\therefore y=-\dfrac{1}{2}x+\dfrac{5\sqrt{10}}{4}$

즉, 점 B의 x좌표는 위의 직선의 방정식에 $y=0$을 대입하면 되므로

$0=-\dfrac{1}{2}x+\dfrac{5\sqrt{10}}{4}$ $\therefore x=\dfrac{5\sqrt{10}}{2}$

$\therefore$ B$\left(\dfrac{5\sqrt{10}}{2}, 0\right)$

3단계 $\overline{OA}\times\overline{AB}$의 값을 구해 보자.

$\overline{OA}=\sqrt{\left(\dfrac{\sqrt{10}}{2}\right)^2+(\sqrt{10})^2}=\dfrac{5\sqrt{2}}{2}$

$\overline{AB}=\sqrt{\left(\dfrac{5\sqrt{10}}{2}-\dfrac{\sqrt{10}}{2}\right)^2+(0-\sqrt{10})^2}=5\sqrt{2}$

$\therefore \overline{OA}\times\overline{AB}=\dfrac{5\sqrt{2}}{2}\times5\sqrt{2}=25$

다른 풀이

직각삼각형 AOB의 넓이에서

$\dfrac{1}{2}\times\overline{OA}\times\overline{AB}=\dfrac{1}{2}\times\overline{OB}\times($점 A의 y좌표$)$

$\therefore \overline{OA}\times\overline{AB}=\dfrac{5\sqrt{10}}{2}\times\sqrt{10}=25$

050 정답률 ▶ 확: 63%, 미: 84%, 기: 78%   답 ③

1단계 평균값 정리를 이용해 보자.

함수 $f(x)$는 닫힌구간 $[1, 5]$에서 연속이고 열린구간 $(1, 5)$에서 미분 가능하므로 평균값 정리에 의하여

$\dfrac{f(5)-f(1)}{5-1}=f'(c)$ ······ ㉠

를 만족시키는 상수 c가 열린구간 $(1, 5)$에 적어도 하나 존재한다.

2단계 $f(5)$의 최솟값을 구해 보자.

조건 (나)에 의하여 $f'(c)\geq5$이고, 조건 (가)에서 $f(1)=3$이므로 ㉠에서

$\dfrac{f(5)-3}{4}\geq5$

$\therefore f(5)\geq23$

따라서 $f(5)$의 최솟값은 23이다.

051 정답률 ▶ 확: 27%, 미: 37%, 기: 33%   답 ③

1단계 두 상수 a, b 사이의 관계식을 구해 보자.

$f(x)=\begin{cases}-\dfrac{1}{3}x^3-ax^2-bx & (x<0) \\ \dfrac{1}{3}x^3+ax^2-bx & (x\geq0)\end{cases}$

에서 $\displaystyle\lim_{x\to0+}f(x)=\lim_{x\to0-}f(x)=f(0)$이므로 함수 $f(x)$는 실수 전체의 집합에서 연속이고 각 구간에서 미분가능하다.

$\therefore f'(x)=\begin{cases}-x^2-2ax-b & (x<0) \\ x^2+2ax-b & (x>0)\end{cases}$

이때 함수 $f(x)$가 구간 $(-\infty, -1]$에서 감소하고 구간 $[-1, \infty)$에서 증가하므로 $f'(-1)=0$이다.

즉, $-1+2a-b=0$에서

$b=2a-1$ ······ ㉠

2단계 상수 a의 값의 범위를 구해 보자.

(i) $x<0$일 때

$f'(x)=-x^2-2ax-2a+1=-(x+1)(x+2a-1)$

$f'(x)=0$에서 $x=-1$ 또는 $x=-2a+1$

이때 함수 $f(x)$가 구간 $(-\infty, -1]$에서 감소하고 구간 $[-1, \infty)$에서 증가, 즉 구간 $(-\infty, -1]$에서 감소하고 구간 $[-1, 0)$에서 증가해야 하므로 $f'(0)\geq0$이어야 한다.

즉, $-2a+1\geq0$에서

$2a\leq1$ $\therefore a\leq\dfrac{1}{2}$

(ii) $x>0$일 때

$f'(x)=x^2+2ax-2a+1=(x+a)^2-a^2-2a+1$

이때 함수 $f(x)$가 구간 $[-1, \infty)$에서 증가, 즉 구간 $[0, \infty)$에서 증가하므로 구간 $(0, \infty)$에서 $f'(x)\geq0$이어야 한다.

ⓐ $-a<0$, 즉 $a>0$일 때

구간 $(0, \infty)$에서 $f'(x)\geq0$이려면 $f'(0)\geq0$이어야 하므로

$-2a+1\geq0$

$2a\leq1$ $\therefore 0<a\leq\dfrac{1}{2}$

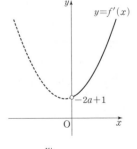

ⓑ $-a\geq0$, 즉 $a\leq0$일 때

구간 $(0, \infty)$에서 $f'(x)\geq0$이려면 $f'(-a)\geq0$이어야 하므로

$-a^2-2a+1\geq0$

$a^2+2a-1\leq0$

$\therefore -1-\sqrt{2}\leq a\leq0$

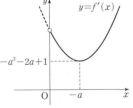

ⓐ, ⓑ에서 $-1-\sqrt{2}\le a\le\dfrac{1}{2}$

(i), (ii)에서 $-1-\sqrt{2}\le a\le\dfrac{1}{2}$

3단계 $a+b$의 최댓값과 최솟값을 각각 구하여 $M+m$의 값을 구해 보자.
㉠에서
$a+b=a+(2a-1)=3a-1$
이므로
$-3-3\sqrt{2}\le 3a\le\dfrac{3}{2}$
$\therefore -4-3\sqrt{2}\le 3a-1\le\dfrac{1}{2}$
따라서 $M=\dfrac{1}{2}$, $m=-4-3\sqrt{2}$이므로
$M-m=\dfrac{1}{2}-(-4-3\sqrt{2})=\dfrac{9}{2}+3\sqrt{2}$

---

052   답 ①

1단계 함수 $f(x)$의 증가와 감소를 표로 나타내어 보자.
$f(x)=2x^3-6x+a$에서
$f'(x)=6x^2-6=6(x+1)(x-1)$
$f'(x)=0$에서 $x=-1$ 또는 $x=1$
함수 $f(x)$의 증가와 감소를 표로 나타내면 다음과 같다.

x	$\cdots$	-1	$\cdots$	1	$\cdots$
$f'(x)$	$+$	0	$-$	0	$+$
$f(x)$	$\nearrow$	$a+4$	$\searrow$	$a-4$	$\nearrow$

2단계 함수 $f(x)$의 극솟값을 이용하여 상수 a의 값을 구해 보자.
함수 $f(x)$는 $x=1$에서 극솟값 $a-4$를 가지므로
$a-4=2$
$\therefore a=6$

---

053   답 ⑤

1단계 함수 $f(x)$의 증가와 감소를 표로 나타내어 보자.
$f(x)=x^3-3x^2+k$에서
$f'(x)=3x^2-6x=3x(x-2)$
$f'(x)=0$에서 $x=0$ 또는 $x=2$
함수 $f(x)$의 증가와 감소를 표로 나타내면 다음과 같다.

x	$\cdots$	0	$\cdots$	2	$\cdots$
$f'(x)$	$+$	0	$-$	0	$+$
$f(x)$	$\nearrow$	k	$\searrow$	$-4+k$	$\nearrow$

2단계 함수 $f(x)$의 극댓값을 이용하여 상수 k의 값을 구한 후 $f(x)$의 극솟값을 구해 보자.
함수 $f(x)$는 $x=0$에서 극댓값 k를 가지므로
$k=9$
따라서 함수 $f(x)$의 극솟값은 $f(2)=-4+9=5$이다.

---

054   답 ②

1단계 함수 $f(x)$의 증가와 감소를 표로 나타내어 보자.
$f(x)=x^3-3x+2a$에서
$f'(x)=3x^2-3=3(x+1)(x-1)$
$f'(x)=0$에서 $x=-1$ 또는 $x=1$
함수 $f(x)$의 증가와 감소를 표로 나타내면 다음과 같다.

x	$\cdots$	-1	$\cdots$	1	$\cdots$
$f'(x)$	$+$	0	$-$	0	$+$
$f(x)$	$\nearrow$	$2+2a$	$\searrow$	$-2+2a$	$\nearrow$

2단계 함수 $f(x)$의 극솟값을 이용하여 상수 a의 값을 구해 보자.
함수 $f(x)$는 $x=1$에서 극솟값 $-2+2a$를 가지므로
$-2+2a=a+3$
$\therefore a=5$

3단계 $f(-1)$의 값을 구해 보자.
$f(x)=x^3-3x+10$이므로
$f(-1)=-1+3+10=12$

---

055   답 ⑤

1단계 함수 $f(x)$의 증가와 감소를 표로 나타내어 보자.
$f(x)=x^3-3x^2-9x+k$에서
$f'(x)=3x^2-6x-9=3(x+1)(x-3)$
$f'(x)=0$에서 $x=-1$ 또는 $x=3$
함수 $f(x)$의 증가와 감소를 표로 나타내면 다음과 같다.

x	$\cdots$	-1	$\cdots$	3	$\cdots$
$f'(x)$	$+$	0	$-$	0	$+$
$f(x)$	$\nearrow$	$5+k$	$\searrow$	$-27+k$	$\nearrow$

2단계 함수 $f(x)$의 극솟값을 이용하여 상수 k의 값을 구해 보자.
함수 $f(x)$는 $x=3$에서 극솟값 $-27+k$를 가지므로
$-27+k=-17$
$\therefore k=10$

3단계 함수 $f(x)$의 극댓값을 구해 보자.
$f(x)=x^3-3x^2-9x+10$이므로 함수 $f(x)$의 극댓값은
$f(-1)=-1-3+9+10=15$

---

056   답 ②

1단계 함수 $f(x)$가 극대인 x의 값을 이용하여 상수 a의 값을 구해 보자.
함수 $f(x)$가 $x=1$에서 극대이므로
$f'(1)=0$
이때 $f(x)=2x^3-9x^2+ax+5$에서
$f'(x)=6x^2-18x+a$이므로
$f'(1)=6-18+a=0$ $\therefore a=12$

2단계 함수 $f(x)$의 증가와 감소를 표로 나타내어 상수 b의 값을 구한 후 $a+b$의 값을 구해 보자.
$f(x)=2x^3-9x^2+12x+5$에서

$f'(x)=6x^2-18x+12=6(x-1)(x-2)$

$f'(x)=0$에서 $x=1$ 또는 $x=2$

함수 $f(x)$의 증가와 감소를 표로 나타내면 다음과 같다.

x	$\cdots$	1	$\cdots$	2	$\cdots$
$f'(x)$	$+$	0	$-$	0	$+$
$f(x)$	$\nearrow$	10	$\searrow$	9	$\nearrow$

즉, 함수 $f(x)$는 $x=2$에서 극소이므로

$b=2$

$\therefore a+b=12+2=14$

057 정답률 ▶ 확: 80%, 미: 95%, 기: 88% 답 ⑤

1단계 함수 $f(x)$가 극대인 x의 값을 이용하여 상수 a의 값을 구해 보자.

함수 $f(x)$가 $x=-2$에서 극대이므로

$f'(-2)=0$

이때 $f(x)=x^3+ax^2+3a$에서

$f'(x)=3x^2+2ax$이므로

$f'(-2)=12-4a=0$

$\therefore a=3$

2단계 함수 $f(x)$의 증가와 감소를 표로 나타내어 함수 $f(x)$의 극솟값을 구해 보자.

$f(x)=x^3+3x^2+9$이므로

$f'(x)=3x^2+6x=3x(x+2)$

$f'(x)=0$에서 $x=-2$ 또는 $x=0$

함수 $f(x)$의 증가와 감소를 표로 나타내면 다음과 같다.

x	$\cdots$	-2	$\cdots$	0	$\cdots$
$f'(x)$	$+$	0	$-$	0	$+$
$f(x)$	$\nearrow$	13	$\searrow$	9	$\nearrow$

즉, 함수 $f(x)$는 $x=0$에서 극솟값 $f(0)=9$를 갖는다.

058 정답률 ▶ 확: 84%, 미: 96%, 기: 93% 답 ⑤

1단계 함수 $f(x)$의 증가와 감소를 표로 나타내어 보자.

$f(x)=\dfrac{1}{3}x^3-2x^2-12x+4$에서

$f'(x)=x^2-4x-12=(x+2)(x-6)$

$f'(x)=0$에서 $x=-2$ 또는 $x=6$

함수 $f(x)$의 증가와 감소를 표로 나타내면 다음과 같다.

x	$\cdots$	-2	$\cdots$	6	$\cdots$
$f'(x)$	$+$	0	$-$	0	$+$
$f(x)$	$\nearrow$	극대	$\searrow$	극소	$\nearrow$

2단계 두 상수 α, β의 값을 각각 구한 후 $\beta-\alpha$의 값을 구해 보자.

함수 $f(x)$는 $x=-2$에서 극대이고, $x=6$에서 극소이므로

$\alpha=-2$, $\beta=6$

$\therefore \beta-\alpha=6-(-2)=8$

059 정답률 ▶ 확: 70%, 미: 89%, 기: 83% 답 41

1단계 함수 $f(x)$의 증가와 감소를 표로 나타내어 보자.

$f(x)=2x^3-3ax^2-12a^2x\ (a>0)$에서

$f'(x)=6x^2-6ax-12a^2=6(x+a)(x-2a)$

$f'(x)=0$에서 $x=-a$ 또는 $x=2a$

함수 $f(x)$의 증가와 감소를 표로 나타내면 다음과 같다.

x	$\cdots$	$-a$	$\cdots$	$2a$	$\cdots$
$f'(x)$	$+$	0	$-$	0	$+$
$f(x)$	$\nearrow$	극대	$\searrow$	극소	$\nearrow$

2단계 함수 $f(x)$의 극댓값을 이용하여 양수 a의 값을 구해 보자.

함수 $f(x)$는 $x=-a$에서 극댓값 $f(-a)=7a^3$을 가지므로

$7a^3=\dfrac{7}{27}$, $a^3=\dfrac{1}{27}$

$\therefore a=\dfrac{1}{3}$

3단계 $f(3)$의 값을 구해 보자.

$f(x)=2x^3-x^2-\dfrac{4}{3}x$이므로

$f(3)=54-9-4=41$

060 정답률 ▶ 확: 80%, 미: 93%, 기: 88% 답 15

1단계 함수 $f(x)$가 극소인 x의 값을 이용하여 상수 a의 값을 구해 보자.

함수 $f(x)$가 $x=3$에서 극소이므로

$f'(3)=0$

이때 $f(x)=x^3-3x^2+ax+10$에서

$f'(x)=3x^2-6x+a$이므로

$f'(3)=27-18+a=0$ $\therefore a=-9$

2단계 함수 $f(x)$의 증가와 감소를 표로 나타내어 $f(x)$의 극댓값을 구해 보자.

$f(x)=x^3-3x^2-9x+10$에서

$f'(x)=3x^2-6x-9=3(x+1)(x-3)$

$f'(x)=0$에서 $x=-1$ 또는 $x=3$

함수 $f(x)$의 증가와 감소를 표로 나타내면 다음과 같다.

x	$\cdots$	-1	$\cdots$	3	$\cdots$
$f'(x)$	$+$	0	$-$	0	$+$
$f(x)$	$\nearrow$	15	$\searrow$	-17	$\nearrow$

즉, 함수 $f(x)$는 $x=-1$에서 극댓값 $f(-1)=15$를 갖는다.

061 정답률 ▶ 확: 85%, 미: 96%, 기: 92% 답 ①

1단계 함수 $f(x)$가 극값을 갖는 x의 값을 이용해 보자.

함수 $f(x)$가 $x=1$에서 극값을 가지므로

$f'(1)=0$

2단계 상수 a의 값을 구해 보자.

$f(x)=x^3+ax^2-9x+4$에서

$f'(x)=3x^2+2ax-9$

이때 $f'(1)=0$이므로

$3+2a-9=0$

$2a=6$ $\therefore a=3$

3단계 함수 $f(x)$의 극댓값을 구해 보자.

$f(x)=x^3+3x^2-9x+4$이므로

$f'(x)=3x^2+6x-9=3(x+3)(x-1)$

$f'(x)=0$에서 $x=-3$ 또는 $x=1$

함수 $f(x)$의 증가와 감소를 표로 나타내면 다음과 같다.

x	$\cdots$	-3	$\cdots$	1	$\cdots$
$f'(x)$	$+$	0	$-$	0	$+$
$f(x)$	$\nearrow$	31	$\searrow$	-1	$\nearrow$

따라서 함수 $f(x)$의 극댓값은 $f(-3)=31$이다.

062 정답률 ▶ 확: 84%, 미: 94%, 기: 91%   답 ③

1단계 두 상수 a, b의 값을 각각 구해 보자.

$f(x)=x^3+ax^2+bx+1$에서

$f'(x)=3x^2+2ax+b$

함수 $f(x)$가

$x=-1$에서 극대이므로 $f'(-1)=0$에서

$3-2a+b=0$ $\cdots\cdots$ ㉠

$x=3$에서 극소이므로 $f'(3)=0$에서

$27+6a+b=0$ $\cdots\cdots$ ㉡

㉠, ㉡을 연립하여 풀면

$a=-3$, $b=-9$

2단계 함수 $f(x)$의 극댓값을 구해 보자.

$f(x)=x^3-3x^2-9x+1$이므로 함수 $f(x)$의 극댓값은

$f(-1)=-1-3+9+1=6$

다른 풀이

함수 $f(x)$가 $x=-1$에서 극대이고, $x=3$에서 극소이므로

$3x^2+2ax+b=3(x+1)(x-3)$

$=3x^2-6x-9$

에서 $2a=-6$, $b=-9$

$\therefore a=-3$, $b=-9$

063 정답률 ▶ 확: 78%, 미: 92%, 기: 87%   답 4

1단계 함수 $f(x)$가 극소인 x의 값을 이용하여 상수 a의 값을 구해 보자.

함수 $f(x)$가 $x=1$에서 극소이므로

$f'(1)=0$

이때 $f(x)=x^3+ax^2-9x+b$에서

$f'(x)=3x^2+2ax-9$이므로

$f'(1)=3+2a-9=0$

$\therefore a=3$

2단계 함수 $f(x)$의 극댓값을 이용하여 상수 b의 값을 구한 후 $a+b$의 값을 구해 보자.

$f'(x)=3x^2+6x-9=3(x+3)(x-1)$

$f'(x)=0$에서 $x=-3$ 또는 $x=1$

함수 $f(x)$의 증가와 감소를 표로 나타내면 다음과 같다.

x	$\cdots$	-3	$\cdots$	1	$\cdots$
$f'(x)$	$+$	0	$-$	0	$+$
$f(x)$	$\nearrow$	극대	$\searrow$	극소	$\nearrow$

즉, 함수 $f(x)$는 $x=-3$에서 극댓값 28을 가지므로

$f(-3)=-27+27+27+b=28$ $\therefore b=1$

$\therefore a+b=3+1=4$

064 정답률 ▶ 확: 73%, 미: 90%, 기: 83%   답 6

1단계 함수 $f(x)$가 극솟값을 가질 조건을 이용하여 함수 $f(x)$를 구해 보자.

함수 $f(x)$가 $x=1$에서 극소이므로

$f'(1)=0$

이때 $f(x)=ax^3+bx+a$에서

$f'(x)=3ax^2+b$이므로

$f'(1)=3a+b=0$ $\cdots\cdots$ ㉠

함수 $f(x)$의 극솟값이 -2이므로

$f(1)=-2$

이때 $f(x)=ax^3+bx+a$이므로

$a+b+a=-2$ $\therefore 2a+b=-2$ $\cdots\cdots$ ㉡

㉠, ㉡을 연립하여 풀면

$a=2$, $b=-6$

$\therefore f(x)=2x^3-6x+2$

2단계 함수 $f(x)$의 극댓값을 구해 보자.

$f'(x)=6x^2-6=6(x+1)(x-1)$이므로

$f'(x)=0$에서 $x=-1$ 또는 $x=1$

함수 $f(x)$의 증가와 감소를 표로 나타내면 다음과 같다.

x	$\cdots$	-1	$\cdots$	1	$\cdots$
$f'(x)$	$+$	0	$-$	0	$+$
$f(x)$	$\nearrow$	6	$\searrow$	-2	$\nearrow$

따라서 함수 $f(x)$는 $x=-1$에서 극댓값 $f(-1)=6$을 갖는다.

065 정답률 ▶ 확: 63%, 미: 83%, 기: 77%   답 2

1단계 함수 $f(x)$가 극소인 x의 값을 이용하여 상수 a의 값을 구해 보자.

함수 $f(x)$가 $x=1$에서 극소이므로

$f'(1)=0$

이때 $f(x)=x^4+ax^2+b$에서

$f'(x)=4x^3+2ax$이므로

$f'(1)=4+2a=0$ $\therefore a=-2$

2단계 함수 $f(x)$의 극댓값을 이용하여 상수 b의 값을 구한 후 $a+b$의 값을 구해 보자.

$f(x)=x^4-2x^2+b$에서

$f'(x)=4x^3-4x=4x(x+1)(x-1)$

$f'(x)=0$에서 $x=-1$ 또는 $x=0$ 또는 $x=1$

함수 $f(x)$의 증가와 감소를 표로 나타내면 다음과 같다.

x	$\cdots$	-1	$\cdots$	0	$\cdots$	1	$\cdots$
$f'(x)$	$-$	0	$+$	0	$-$	0	$+$
$f(x)$	$\searrow$	$-1+b$	$\nearrow$	b	$\searrow$	$-1+b$	$\nearrow$

즉, 함수 $f(x)$는 $x=0$에서 극댓값 b를 가지므로

$b=4$

$\therefore a+b=-2+4=2$

즉, 함수 $y=g(t)$의 그래프는 오른쪽 그림과 같으므로 $t \geq k-1$에서 함수 $g(t)$의 최솟값이 2가 되려면

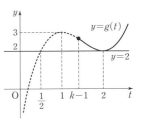

$\dfrac{1}{2} \leq k-1 \leq 2$

$\therefore \dfrac{3}{2} \leq k \leq 3$

따라서 실수 k의 최솟값은 $\dfrac{3}{2}$이다.

---

066 정답률 ▸ 확: 81%, 미: 95 %, 기: 87% 답 ①

1단계 함수 $f(x)$의 증가와 감소를 표로 나타내어 보자.

$f(x)=\dfrac{1}{3}x^3-2x^2-5x+1$에서

$f'(x)=x^2-4x-5=(x+1)(x-5)$

$f'(x)=0$에서 $x=-1$ 또는 $x=5$

함수 $f(x)$의 증가와 감소를 표로 나타내면 다음과 같다.

x	$\cdots$	-1	$\cdots$	5	$\cdots$
$f'(x)$	$+$	0	$-$	0	$+$
$f(x)$	$\nearrow$	극대	$\searrow$	극소	$\nearrow$

2단계 $b-a$의 최댓값을 구해 보자.

함수 $f(x)$는 닫힌구간 $[-1, 5]$에서 감소하므로 $b-a$의 최댓값은

$5-(-1)=6$

---

067 정답률 ▸ 확: 48%, 미: 71%, 기: 62% 답 ⑤

1단계 함수 $(g \circ f)(x)$의 정의역을 구해 보자.

$f(x)=x^2+2x+k=(x+1)^2+k-1$이므로 함수 $f(x)$는 모든 실수 x에 대하여 $f(x) \geq k-1$이다.

함수 $(g \circ f)(x)$, 즉 $g(f(x))$에서 $f(x)=t$라 하면 $t \geq k-1$이므로 함수 $g(t)$의 정의역은 $t \geq k-1$이다.

2단계 함수 $g(x)$의 증가와 감소를 표로 나타내어 $g(x)$의 극대와 극소를 각각 구해 보자.

$g(x)=2x^3-9x^2+12x-2$에서

$g'(x)=6x^2-18x+12=6(x-1)(x-2)$

$g'(x)=0$에서 $x=1$ 또는 $x=2$

함수 $g(x)$의 증가와 감소를 표로 나타내면 다음과 같다.

x	$\cdots$	1	$\cdots$	2	$\cdots$
$g'(x)$	$+$	0	$-$	0	$+$
$g(x)$	$\nearrow$	3	$\searrow$	2	$\nearrow$

즉, 함수 $g(x)$는 $x=1$에서 극대이고 $x=2$에서 극소이다.

3단계 함수 $y=g(x)$의 그래프를 그려서 실수 k의 최솟값을 구해 보자.

$g(t)=2$에서

$2t^3-9t^2+12t-2=2$

$(2t-1)(t-2)^2=0$

$\therefore t=\dfrac{1}{2}$ 또는 $t=2$

---

068 정답률 ▸ 확: 72%, 미: 87%, 기: 83% 답 ③

1단계 두 곡선 $y=2x^2-1$, $y=x^3-x^2+k$의 식을 연립하여 (삼차식)$=k$ 꼴로 나타내어 보자.

두 곡선 $y=2x^2-1$, $y=x^3-x^2+k$가 만나는 점의 개수는 곡선 $y=-x^3+3x^2-1$과 직선 $y=k$가 만나는 점의 개수와 같다.

2단계 두 곡선 $y=2x^2-1$, $y=x^3-x^2+k$가 만나는 점의 개수가 2가 되도록 하는 양수 k의 값을 구해 보자.

$f(x)=-x^3+3x^2-1$이라 하면

$f'(x)=-3x^2+6x=-3x(x-2)$

$f'(x)=0$에서 $x=0$ 또는 $x=2$

함수 $f(x)$의 증가와 감소를 표로 나타내면 다음과 같다.

x	$\cdots$	0	$\cdots$	2	$\cdots$
$f'(x)$	$-$	0	$+$	0	$-$
$f(x)$	$\searrow$	-1	$\nearrow$	3	$\searrow$

즉, 함수 $y=f(x)$의 그래프는 오른쪽 그림과 같으므로 함수 $y=f(x)$의 그래프와 직선 $y=k$가 만나는 점의 개수가 2가 되려면

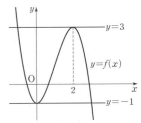

$k=-1$ 또는 $k=3$

따라서 양수 k의 값은 3이다.

---

069 정답률 ▸ 확: 64%, 미: 86%, 기: 80% 답 ⑤

1단계 $g(x)=x^3-12x+k$라 하고 함수 $y=g(x)$의 그래프의 개형을 그려 보자.

$f(x)=|x^3-12x+k|$에서

$g(x)=x^3-12x+k$라 하면

$g'(x)=3x^2-12=3(x+2)(x-2)$

$g'(x)=0$에서 $x=-2$ 또는 $x=2$

함수 $g(x)$의 증가와 감소를 표로 나타내면 다음과 같다.

x	$\cdots$	-2	$\cdots$	2	$\cdots$
$g'(x)$	$+$	0	$-$	0	$+$
$g(x)$	$\nearrow$	$k+16$	$\searrow$	$k-16$	$\nearrow$

즉, 함수 $y=g(x)$의 그래프의 개형은 오른 쪽 그림과 같다.

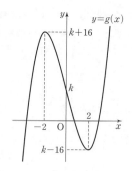

2단계 함수 $y=f(x)$의 그래프의 개형을 그려서 k의 값을 구해 보자.

(i) $0<k<16$일 때
함수 $y=f(x)$, 즉 $y=|g(x)|$의 그래프의 개형은 오른쪽 그림과 같다.
그런데 a의 값은 $f(-2)$, 0, $f(2)$로 3개이므로 주어진 조건을 만족시키지 않는다.

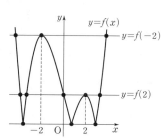

(ii) $k=16$일 때
함수 $y=f(x)$, 즉 $y=|g(x)|$의 그래프의 개형은 오른쪽 그림과 같다.
이때 a의 값은 $f(-2)$이므로 주어진 조건을 만족시킨다.

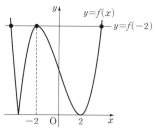

(iii) $k>16$일 때
함수 $y=f(x)$, 즉 $y=|g(x)|$의 그래프의 개형은 오른쪽 그림과 같다.
그런데 a의 값은 $f(-2)$, 0, $f(2)$로 3개이므로 주어진 조건을 만족시키지 않는다.

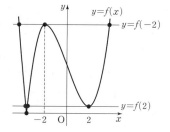

(i), (ii), (iii)에서 $a=16$

---

070 정답률 ▶ 확: 69%, 미: 88%, 기: 81% 답 ②

1단계 $g(x)=x^3-3x^2+p$라 하고, 함수 $y=g(x)$의 그래프의 개형을 그려 보자.

$g(x)=x^3-3x^2+p$라 하면
$g'(x)=3x^2-6x=3x(x-2)$
$g'(x)=0$에서 $x=0$ 또는 $x=2$
함수 $g(x)$의 증가와 감소를 표로 나타내면 다음과 같다.

x	$\cdots$	0	$\cdots$	2	$\cdots$
$g'(x)$	$+$	0	$-$	0	$+$
$g(x)$	$\nearrow$	p	$\searrow$	$p-4$	$\nearrow$

즉, 함수 $y=g(x)$의 그래프의 개형은 오른 쪽 그림과 같다.

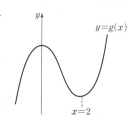

2단계 실수 p의 값을 구해 보자.

함수 $f(x)$, 즉 $|g(x)|$가 극대인 x의 값이 2개이면서 두 극댓값이 서로 같으려면 함수 $y=g(x)$의 그래프의 개형에 따른 함수 $y=f(x)$의 그래프의 개형은 오른쪽 그림과 같아야 한다.

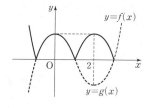

즉, $g(0)>0$, $g(2)<0$이고, $f(0)=f(2)$
이어야 하므로
$p>0$, $p-4<0$이고, $|p|=|p-4|$이어야 한다.
따라서 $|p|=|p-4|$에서 $p=-p+4$이므로
$2p=4$ ∴ $p=2$

---

071 정답률 ▶ 확: 38%, 미: 65%, 기: 52% 답 ④

1단계 두 함수 $y=f(x)$, $y=g(x)$의 그래프의 개형을 그려 보자.

$f(k)=g(k)$를 만족시키는 서로 다른 모든 실수 k의 값이 -2, 0, 2이므로
$f(-2)=g(-2)$, $f(0)=g(0)$, $f(2)=g(2)$
$x\leq 0$일 때, 이차함수 $y=f(x)$의 그래프는 직선 $x=-1$에 대하여 대칭이고 $f(0)=2$이므로 $f(-2)=2$
즉, $f(-2)=g(-2)=2$, $f(0)=g(0)=2$
$x>0$일 때, 일차함수 $y=f(x)$의 그래프와 삼차함수 $y=g(x)$의 그래프가 $x=2$인 점에서 만나려면 점 $(2, -3a)$에서 접해야 한다.
따라서 삼차방정식 $g(x)=2$의 서로 다른 세 실근을 -2, 0, k라 하면 두 함수 $y=f(x)$, $y=g(x)$의 그래프의 개형은 다음 그림과 같다.

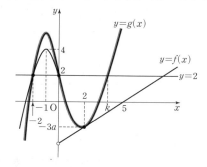

2단계 함수 $g(x)$를 구한 후 $g(2a)$의 값을 구해 보자.

$g(x)-2=x(x+2)(x-k)$에서
$g(x)=x(x+2)(x-k)+2$
$\quad\quad=x^3+(2-k)x^2-2kx+2$
$x>0$일 때, 일차함수 $y=f(x)$의 그래프와 삼차함수 $y=g(x)$의 그래프가 점 $(2, -3a)$에서 접해야 하므로 곡선 $y=g(x)$ 위의 점 $(2, -3a)$에서의 접선이 함수 $f(x)=a(x-5)$의 그래프와 일치한다.
즉, $f(2)=g(2)$, $f'(2)=g'(2)$
$f(2)=-3a$
$g(2)=8+4(2-k)-4k+2=-8k+18$
$-3a=-8k+18$에서
$3a-8k=-18$ $\quad$ ······ ㉠
$f'(x)=a$이므로
$f'(2)=a$
$g'(x)=3x^2+2(2-k)x-2k$이므로
$g'(2)=12+4(2-k)-2k=-6k+20$
$a=-6k+20$에서
$a+6k=20$ $\quad$ ······ ㉡

---

①, ⓒ을 연립하여 풀면 $a=2$, $k=3$
따라서 $g(x)=x^3-x^2-6x+2$이므로
$g(2a)=g(4)=64-16-24+2=26$

072 정답률 ▶ 확: 36%, 미: 46%, 기: 45%   답 ③

1단계 함수 $f(x)$의 증가와 감소를 표로 나타내어 $f(x)$의 극댓값과 극솟값을 각각 구해 보자.

$f(x)=x^3-3t^2x$에서
$f'(x)=3x^2-3t^2=3(x+t)(x-t)$
$f'(x)=0$에서 $x=-t$ 또는 $x=t$
함수 $f(x)$의 증가와 감소를 표로 나타내면 다음과 같다.

x	$\cdots$	$-t$	$\cdots$	t	$\cdots$
$f'(x)$	$+$	0	$-$	0	$+$
$f(x)$	↗	$2t^3$	↘	$-2t^3$	↗

즉, 함수 $f(x)$는 $x=-t$에서 극댓값 $2t^3$을 갖고, $x=t$에서 극솟값 $-2t^3$을 갖는다.

2단계 **1단계** 를 이용하여 ㄱ의 참, 거짓을 판별해 보자.

ㄱ. $t=2$일 때, 닫힌구간 $[-2, 1]$에서 함수 $f(x)$의 증가와 감소를 표로 나타내면 다음과 같다.

x	-2	$\cdots$	1
$f'(x)$	0	$-$	$-$
$f(x)$	16	↘	-11

즉, 함수 $f(x)$의 최댓값 $M_1(2)=16$, 함수 $|f(x)|$의 최댓값 $M_2(2)=16$이므로
$g(2)=M_1(2)+M_2(2)=16+16=32$ (참)

3단계 두 함수 $y=f(x)$, $y=|f(x)|$의 그래프의 개형을 이용하여 ㄴ의 참, 거짓을 판별해 보자.

ㄴ. 방정식 $f(x)=2t^3$, 즉 $x^3-3t^2x=2t^3$에서
$x^3-3t^2x-2t^3=0$, $(x+t)^2(x-2t)=0$
$\therefore x=-t$ 또는 $x=2t$
방정식 $f(x)=-2t^3$, 즉 $x^3-3t^2x=-2t^3$에서
$x^3-3t^2x+2t^3=0$, $(x+2t)(x-t)^2=0$
$\therefore x=-2t$ 또는 $x=t$
따라서 두 함수 $y=f(x)$, $y=|f(x)|$의 그래프의 개형은 각각 다음 그림과 같다.

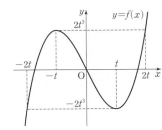 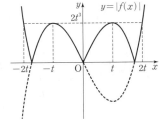

(i) $-t<-2$일 때
  $t>2$이고, $M_1(t)=M_2(t)=f(-2)<f(-t)$이므로
  $g(t)=M_1(t)+M_2(t)=2f(-2)\neq 2f(-t)$
(ii) $-2t\leq-2\leq-t$일 때
  $1\leq t\leq2$이고, $M_1(t)=M_2(t)=f(-t)$이므로
  $g(t)=M_1(t)+M_2(t)=2f(-t)$

(iii) $-2t>-2$, $t<1\leq2t$일 때
  $\dfrac{1}{2}\leq t<1$이고, $M_1(t)=f(-t)$,
  $M_2(t)=-f(-2)>f(-t)$이므로
  $g(t)=M_1(t)+M_2(t)=f(-t)+\{-f(-2)\}\neq 2f(-t)$
(iv) $-2t>-2$, $2t<1$일 때
  $0<t<\dfrac{1}{2}$이고, $M_1(t)=f(1)>f(-t)$,
  $M_2(t)=-f(-2)>f(-t)$이므로
  $g(t)=M_1(t)+M_2(t)=f(1)+\{-f(-2)\}\neq 2f(-t)$
(i)~(iv)에서 $g(t)=2f(-t)$를 만족시키는 실수 t의 값의 범위는
$1\leq t\leq2$이므로 t의 최댓값은 2, 최솟값은 1이다.
즉, 실수 t의 최댓값과 최솟값의 합은
$2+1=3$ (참)

4단계 ㄴ을 이용하여 ㄷ의 참, 거짓을 판별해 보자.

ㄷ. ㄴ에 의하여
(iii) $\dfrac{1}{2}\leq t<1$일 때
  $g(t)=f(-t)-f(-2)$
  $\quad=-t^3+3t^3-(-8+6t^2)$
  $\quad=2t^3-6t^2+8$
(iv) $0<t<\dfrac{1}{2}$일 때
  $g(t)=f(1)-f(-2)$
  $\quad=1-3t^2-(-8+6t^2)$
  $\quad=-9t^2+9$

(iii), (iv)에서 $g'(t)=\begin{cases}6t^2-12t & \left(\dfrac{1}{2}<t<1\right)\\ -18t & \left(0<t<\dfrac{1}{2}\right)\end{cases}$ 이므로

$\displaystyle\lim_{h\to0+}\dfrac{g\left(\frac{1}{2}+h\right)-g\left(\frac{1}{2}\right)}{h}=\lim_{t\to\frac{1}{2}+}g'(t)=\lim_{t\to\frac{1}{2}+}(6t^2-12t)$
$\qquad=\dfrac{3}{2}-6=-\dfrac{9}{2}$,

$\displaystyle\lim_{h\to0-}\dfrac{g\left(\frac{1}{2}+h\right)-g\left(\frac{1}{2}\right)}{h}=\lim_{t\to\frac{1}{2}-}g'(t)$
$\qquad=\lim_{t\to\frac{1}{2}-}(-18t)=-9$

$\therefore \displaystyle\lim_{h\to0+}\dfrac{g\left(\frac{1}{2}+h\right)-g\left(\frac{1}{2}\right)}{h}-\lim_{h\to0-}\dfrac{g\left(\frac{1}{2}+h\right)-g\left(\frac{1}{2}\right)}{h}$
$\quad=-\dfrac{9}{2}-(-9)$
$\quad=\dfrac{9}{2}$ (거짓)

따라서 옳은 것은 ㄱ, ㄴ이다.

다른 풀이

ㄷ. $\displaystyle\lim_{h\to0+}\dfrac{g\left(\frac{1}{2}+h\right)-g\left(\frac{1}{2}\right)}{h}$
$=\displaystyle\lim_{h\to0+}\dfrac{2\left(\frac{1}{2}+h\right)^3-6\left(\frac{1}{2}+h\right)^2+8-\left\{2\times\left(\frac{1}{2}\right)^3-6\times\left(\frac{1}{2}\right)^2+8\right\}}{h}$
$=\displaystyle\lim_{h\to0+}\dfrac{2h^3-3h^2-\frac{9}{2}h}{h}$
$=\displaystyle\lim_{h\to0+}\left(2h^2-3h-\dfrac{9}{2}\right)=-\dfrac{9}{2}$,

$$\lim_{h \to 0-} \frac{g\left(\frac{1}{2}+h\right)-g\left(\frac{1}{2}\right)}{h}$$

$$=\lim_{h \to 0-} \frac{-9\left(\frac{1}{2}+h\right)^2+9-\left\{-9\times\left(\frac{1}{2}\right)^2+9\right\}}{h}$$

$$=\lim_{h \to 0-} \frac{-9h^2-9h}{h}$$

$$=\lim_{h \to 0-} (-9h-9)=-9$$

073 정답률 ▸ 확: 23%, 미: 47%, 기: 35% 답②

1단계 함수 $y=f(x)$의 그래프의 개형을 그려 보자.

$|f(k)|+|g(k)|=0$이면 $f(k)=g(k)=0$이므로

$f(k)=g(k)=0$을 만족시키는 실수 k의 개수는 2이다.

즉, $f(k)=0$에서 함수 $y=f(x)$의 그래프와 x축과의 교점의 개수는 2이고, $g(k)=0$에서 교점에서의 접선의 y절편은 0이다.

(ⅰ) $f(k)=0$에서 교점의 x좌표 k가 원점인 경우 ($k=0$)

곡선 $y=f(x)$ 위의 점 $(0, 0)$에서의 접선은 y절편이 0이므로 $g(0)=0$이다.

(ⅱ) $f(k)=0$에서 교점의 x좌표 k가 원점이 아닌 경우 ($k\neq0$)

곡선 $y=f(x)$ 위의 점 $(k, 0)$에서의 접선의 y절편이 0이려면 x축에 접해야 하므로 $f'(k)=0$이다.

(ⅰ), (ⅱ)에서 최고차항의 계수가 1인 삼차함수 $f(x)$는 원점을 지나면서 극값을 갖는 x의 값에서 x축에 접해야 하므로 함수 $f(x)$의 그래프의 개형은 다음 그림과 같다.

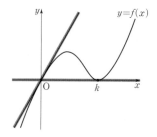

2단계 곡선 $y=f(x)$ 위의 점 $(t, f(t))$에서의 접선의 방정식을 구해 보자.

$f(x)=x(x-k)^2=x^3-2kx^2+k^2x$ $(k\neq0)$

$f'(x)=3x^2-4kx+k^2$

곡선 $y=f(x)$ 위의 점 $(t, f(t))$에서의 접선의 방정식은

$y-(t^3-2kt^2+k^2t)=(3t^2-4kt+k^2)(x-t)$

$y=(3t^2-4kt+k^2)x-2t^3+2kt^2$

3단계 2단계 에서 구한 접선의 y절편을 구한 후 $f(4)$의 값을 구해 보자.

$y=(3t^2-4kt+k^2)x-2t^3+2kt^2$에서 y절편이 $-2t^3+2kt^2$이므로

$g(t)=-2t^3+2kt^2$

$4f(1)+2g(1)=-1$에서

$4(1-2k+k^2)+2(-2+2k)=-1$

$4k^2-4k+1=0, (2k-1)^2=0$

$\therefore k=\dfrac{1}{2}$

$\therefore f(4)=4\times\left(4-\dfrac{1}{2}\right)^2=4\times\dfrac{49}{4}=49$

074 정답률 ▸ 확: 27%, 미: 31%, 기: 33% 답③

1단계 함수 $y=f(x)$의 그래프에 대하여 알아보자.

함수 $f(x)=\begin{cases} x^2-2ax+\dfrac{a^2}{4}+b^2 & (x\leq0) \\ x^3-3x^2+5 & (x>0) \end{cases}$에서

$x>0$일 때 $f(x)=x^3-3x+5$이므로 $\lim\limits_{x \to 0+} f(x)=5$,

$f'(x)=3x^2-6x=3x(x-2)$에서

$f'(2)=0$이고 $x=2$의 좌우에서 $f'(x)$의 부호가 음에서 양으로 바뀌므로 $f(x)$는 $x=2$에서 극솟값 1을 갖는다.

$x\leq0$일 때

$f(x)=x^2-2ax+\dfrac{a^2}{4}+b^2$

$\qquad=(x-a)^2-\dfrac{3}{4}a^2+b^2$

이므로 $f(0)=\dfrac{a^2}{4}+b^2$

2단계 함수 $y=f(x)$의 그래프의 개형을 그리고, 함수 $g(t)$가 $t=k$에서 불연속인 실수 k의 개수가 2가 되도록 하는 두 정수 a, b에 대하여 순서쌍 (a, b)를 구해 보자.

$x\leq0$일 때 이차함수에서 대칭축의 x좌표인 a의 값의 범위에 따라 경우를 나누면 다음과 같다.

(ⅰ) $a\geq0$인 경우

ⓐ $f(0)=5$일 때

함수 $y=f(x)$의 그래프의 개형과 직선 $y=t$, 함수 $y=g(t)$의 그래프의 개형은 각각 다음 그림과 같다.

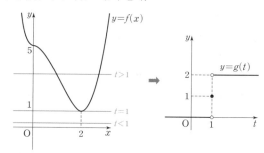

위의 그림과 같이 함수 $y=f(x)$의 그래프와 직선 $y=t$가 $t<1$일 때 0개의 점, $t=1$일 때 1개의 점, $t>1$일 때 2개의 점에서 만나므로 함수 $g(t)$는 $t=1$에서만 불연속이다.

즉, 함수 $g(t)$가 $t=k$에서 불연속인 실수 k의 개수는 1이므로 조건을 만족시키지 않는다.

ⓑ $f(0)\neq5$일 때

함수 $y=f(x)$의 그래프의 개형과 직선 $y=t$, 함수 $y=g(t)$의 그래프의 개형은 각각 다음 그림과 같다.

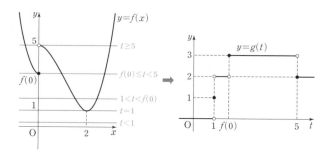

위의 그림과 같이 함수 $g(t)$는 $t=1$, $t=f(0)$, $t=5$에서 불연속이다.

이때 함수 $g(t)$가 $t=k$에서 불연속인 실수 k의 개수가 2가 되려면 $f(0)=1$이어야 한다.

즉, $f(0)=\dfrac{a^2}{4}+b^2=1$이므로

$\dfrac{a^2}{4}=0$, $b^2=1$ 또는 $\dfrac{a^2}{4}=1$, $b^2=0$

을 만족시키는 두 정수 a, b의 순서쌍 (a, b)는

$(0, 1)$, $(0, -1)$, $(2, 0)$

ⓐ, ⓑ에서 조건을 만족시키는 순서쌍 (a, b)는

$(0, 1)$, $(0, -1)$, $(2, 0)$

(ii) $a<0$인 경우

ⓐ $f(0)=5$일 때

함수 $y=f(x)$의 그래프의 개형과 직선 $y=t$, 함수 $y=g(t)$의 그래프의 개형은 각각 다음 그림과 같다.

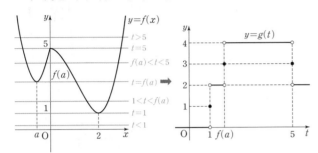

위의 그림과 같이 함수 $g(t)$는 $t=1$, $t=f(a)$, $t=5$에서 불연속이다.

이때 함수 $g(t)$가 $t=k$에서 불연속인 실수 k의 개수가 2가 되려면 $f(a)=1$, $f(0)=5$이어야 한다.

즉, $f(a)=-\dfrac{3}{4}a^2+b^2=1$, $f(0)=\dfrac{a^2}{4}+b^2=5$

두 식을 연립하여 풀면 $a^2=4$, $b^2=4$이므로

두 정수 a, b의 순서쌍 (a, b)는

$(-2, 2)$, $(-2, -2)$

ⓑ $f(0)=1$일 때

함수 $y=f(x)$의 그래프의 개형과 직선 $y=t$, 함수 $y=g(t)$의 그래프의 개형은 각각 다음 그림과 같다.

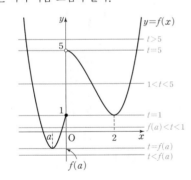

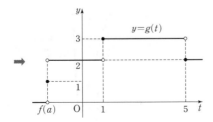

위의 그림과 같이 $f(a)<1<5$이고 함수 $g(t)$는 $t=f(a)$, $t=1$, $t=5$에서 불연속이다. 즉, 함수 $g(t)$가 $t=k$에서 불연속인 실수 k의 개수는 3이므로 조건을 만족시키지 않는다.

ⓒ $f(0)\neq1$이고 $f(0)\neq5$일 때

함수 $y=f(x)$의 그래프의 개형과 직선 $y=t$, 함수 $y=g(t)$의 그래프의 개형은 각각 다음 그림과 같다.

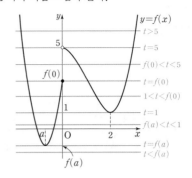

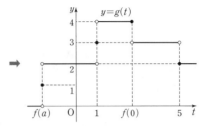

위의 그림과 같이 함수 $g(t)$는 $t=f(a)$, $t=1$, $t=f(0)$, $t=5$에서 불연속이다. 즉, 함수 $g(t)$가 $t=k$에서 불연속인 실수 k의 개수는 4이므로 조건을 만족시키지 않는다.

ⓐ~ⓒ에서 조건을 만족시키는 순서쌍 (a, b)는

$(-2, 2)$, $(-2, -2)$

3단계 모든 순서쌍 (a, b)의 개수를 구해 보자.

(i), (ii)에서 구하는 두 정수 a, b의 모든 순서쌍 (a, b)의 개수는

$(0, 1)$, $(0, -1)$, $(2, 0)$, $(-2, 2)$, $(-2, -2)$의 5

075 정답률 ▶ 확: 11%, 미: 33%, 기: 25% 답 240

1단계 삼차함수 $y=f(x)$의 그래프에 대하여 알아보자.

최고차항의 계수가 1인 삼차함수 $f(x)$가 모든 실수 x에 대하여 $f(-x)=-f(x)$를 만족시키므로 삼차함수 $y=f(x)$의 그래프는 원점에 대하여 대칭이다. 즉, x축과 만나는 점의 개수는 1 또는 3이다.

2단계 삼차함수 $y=f(x)$의 그래프와 x축이 만나는 점의 개수가 1인 경우에 대하여 알아보자.

(i) 곡선 $y=f(x)$와 x축이 만나는 점의 개수가 1인 경우

오른쪽 그림과 같이 모든 양수 t에 대하여 $g(t)=2$이므로 함수 $g(t)$는 양의 실수 전체의 집합에서 연속이다.

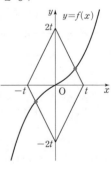

3단계 삼차함수 $y=f(x)$의 그래프와 x축이 만나는 점의 개수가 3인 경우에 대하여 알아보자.

(ii) 곡선 $y=f(x)$와 x축이 만나는 점의 개수가 3인 경우

최고차항의 계수가 1인 삼차함수 $f(x)$를 $f(x)=x(x+a)(x-a)$ $(a>0)$이라 하자.

이때 두 점 $(t, 0)$, $(0, -2t)$를 지나는 직선의 기울기는 t의 값에 관계없이 $\dfrac{-2t-0}{0-t}=2$이므로 삼차함수 $y=f(x)$의 그래프가 x축의 양의 방향과 만나는 점의 x좌표 a에 대하여 $f'(a)$의 값에 따라 경우를 나누어 생각해 보자.

ⓐ $f'(a) \leq 2$일 때

오른쪽 그림과 같이 모든 양수 t에 대하여 $g(t)=2$이므로 함수 $g(t)$는 양의 실수 전체의 집합에서 연속이다.

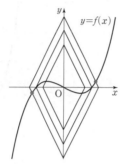

ⓑ $f'(a) > 2$일 때

오른쪽 그림과 같이 곡선 $y=f(x)$에 접하고 기울기가 2인 두 직선 l_1, l_2의 x절편을 각각 β, $-\beta$ $(\beta>a)$라 하면

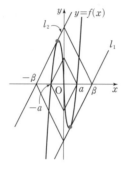

$$g(t)=\begin{cases} 2 & (0<t<a \text{ 또는 } t>\beta) \\ 4 & (t=a \text{ 또는 } t=\beta) \\ 6 & (a<t<\beta) \end{cases}$$

즉, 함수 $g(t)$는 $t=a$, $t=\beta$에서 불연속이므로

$a=\alpha$, $\beta=8$

이때 직선 l_1의 방정식은 $y=2(x-8)$, 즉 $y=2x-16$이므로 직선 l_1이 곡선 $y=f(x)$에 접하는 점의 x좌표를 p $(0<p<a)$라 하면

$p(p+a)(p-a)=2p-16$ → 곡선 $y=f(x)$와 직선 $y=2x-16$이 $x=p$에서 만나므로

$\therefore p^3-a^2p=2p-16$ ...... ㉠

또한, $f(x)=x(x+a)(x-a)=x^3-a^2x$에서

$f'(x)=3x^2-a^2$이므로

$f'(p)=3p^2-a^2=2$ → 곡선 $y=f(x)$ 위의 점 $x=p$에서의 접선의 기울기가 2이므로

$\therefore a^2=3p^2-2$ ...... ㉡

㉡을 ㉠에 대입하면

$p^3-(3p^2-2)p=2p-16$

$-2p^3=-16$ $\quad \therefore p=2$

$p=2$를 ㉡에 대입하면 $a^2=12-2=10$

$\therefore f(x)=x^3-10x$

4단계 삼차함수 $f(x)$를 구하여 $a^2 \times f(4)$의 값을 구해 보자.

(i), (ii)에서 $f(x)=x^3-10x$이므로

$a^2 \times f(4)=10 \times (64-40)=240$

076 정답률 ▶ 확: 11%, 미: 33%, 기: 25% 답 35

1단계 삼차함수 $y=f(x)$의 그래프와 직선 $y=g(x)$에 대하여 알아 보자.

$f(x)=x^3-12x=x(x+2\sqrt{3})(x-2\sqrt{3})$에서

$f'(x)=3x^2-12=3(x+2)(x-2)$

$f'(x)=0$에서 $x=-2$ 또는 $x=2$

따라서 함수 $f(x)=x^3-12x$의 그래프는 x축과 서로 다른 세 점 $(-2\sqrt{3}, 0)$, $(0, 0)$, $(2\sqrt{3}, 0)$에서 만나면서 $x=-2$에서 극댓값 16을 갖고 $x=2$에서 극솟값 -16을 갖는 삼차함수이다.

함수 $g(x)=a(x-2)+2$ $(a \neq 0)$은 점 $(2, 2)$를 지나는 직선이다.

2단계 조건을 만족시키는 함수 $y=h(x)$의 그래프의 개형을 그린 후 $10 \times (M-m)$의 값을 구해 보자.

직선 $y=g(x)$의 기울기인 a의 값에 따라 경우를 나누어 함수

$$h(x)=\begin{cases} f(x) & (f(x) \geq g(x)) \\ g(x) & (f(x) < g(x)) \end{cases}$$

의 그래프의 개형을 그려 보면 다음 그림과 같다.

(i) $a>0$인 경우

오른쪽 그림과 같이 실수 k의 값에 따라 함수 $y=h(x)$의 그래프와 직선 $y=k$가 만나는 서로 다른 점의 개수의 최댓값은 3이므로 조건을 만족시키지 않는다.

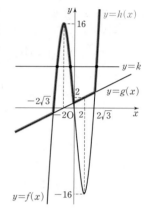

(ii) $a<0$인 경우

함수 $f(x)$의 극댓값을 이용하여 $(2, 2)$를 지나는 직선 $y=g(x)$가 점 $(-2, 16)$을 지날 때, 직선의 기울기인 a의 값이 $-\dfrac{7}{2}$이다.

따라서 $a \leq -\dfrac{7}{2}$, $-\dfrac{7}{2}<a<0$에 따라 경우를 나누어 보면 다음과 같다.

ⓐ $a \leq -\dfrac{7}{2}$일 때

다음 그림과 같이 실수 k의 값에 따라 함수 $y=h(x)$의 그래프와 직선 $y=k$가 만나는 서로 다른 점의 개수의 최댓값은 2이므로 조건을 만족시키지 않는다.

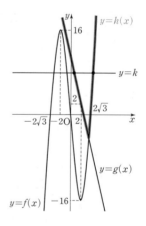

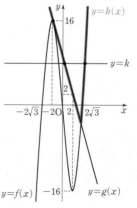

ⓑ $-\dfrac{7}{2}<a<0$일 때

오른쪽 그림과 같이 함수 $y=h(x)$의 그래프와 직선 $y=k$가 서로 다른 네 점에서 만나도록 하는 실수 k가 존재하므로 주어진 조건을 만족시킨다.

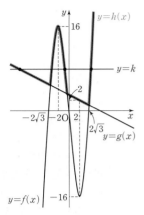

ⓐ, ⓑ에서 조건을 만족시키도록 하는 모든 실수 a의 값의 범위는

$-\dfrac{7}{2}<a<0$이므로 $m=-\dfrac{7}{2}$, $M=0$

(i), (ii)에서

$10\times(M-m)=10\times\left\{0-\left(-\dfrac{7}{2}\right)\right\}=10\times\dfrac{7}{2}=35$

---

077 정답률▸확: 84%, 미: 96%, 기: 91% 답 ④

1단계 $f(x)=x^3-3x^2-9x+k$라 하고, 함수 $f(x)$의 증가와 감소를 표로 나타내어 $f(x)$의 극댓값과 극솟값을 각각 구해 보자.

$f(x)=x^3-3x^2-9x+k$라 하면

$f'(x)=3x^2-6x-9$
$\quad\quad=3(x^2-2x-3)$
$\quad\quad=3(x+1)(x-3)$

$f'(x)=0$에서 $x=-1$ 또는 $x=3$

함수 $f(x)$의 증가와 감소를 표로 나타내면 다음과 같다.

x	$\cdots$	-1	$\cdots$	3	$\cdots$
$f'(x)$	$+$	0	$-$	0	$+$
$f(x)$	↗	$5+k$	↘	$-27+k$	↗

즉, 함수 $f(x)$는 $x=-1$에서 극댓값 $5+k$를 갖고,
$x=3$에서 극솟값 $-27+k$를 갖는다.

2단계 삼차방정식의 서로 다른 실근의 개수가 2가 될 조건을 이용하여 모든 실수 k의 값의 합을 구해 보자.

삼차방정식 $f(x)=0$의 서로 다른 실근의 개수가 2가 되려면

(극댓값)$=0$ 또는 (극솟값)$=0$이어야 하므로

$5+k=0$ 또는 $-27+k=0$

$\therefore k=-5$ 또는 $k=27$

따라서 모든 실수 k의 값의 합은

$-5+27=22$

---

078 정답률▸확: 85%, 미: 96%, 기: 93% 답 4

1단계 $f(x)=3x^4-4x^3-12x^2$이라 하고, 함수 $f(x)$의 증가와 감소를 표로 나타내어 보자.

$3x^4-4x^3-12x^2+k=0$에서

$3x^4-4x^3-12x^2=-k$

$f(x)=3x^4-4x^3-12x^2$이라 하면

$f'(x)=12x^3-12x^2-24x=12x(x+1)(x-2)$

$f'(x)=0$에서 $x=-1$ 또는 $x=0$ 또는 $x=2$

함수 $f(x)$의 증가와 감소를 표로 나타내면 다음과 같다.

x	$\cdots$	-1	$\cdots$	0	$\cdots$	2	$\cdots$
$f'(x)$	$-$	0	$+$	0	$-$	0	$+$
$f(x)$	↘	-5	↗	0	↘	-32	↗

2단계 함수 $y=f(x)$의 그래프를 그려서 자연수 k의 개수를 구해 보자.

함수 $y=f(x)$의 그래프는 오른쪽 그림과 같으므로 함수 $y=f(x)$의 그래프와 직선 $y=-k$가 서로 다른 네 점에서 만나려면

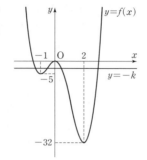

$-5<-k<0$

$\therefore 0<k<5$

따라서 자연수 k의 개수는

1, 2, 3, 4의 4

---

079 정답률▸확: 54%, 미: 79%, 기: 72% 답 7

1단계 $f(x)=2x^3-6x^2+k$라 하고, 함수 $f(x)$의 증가와 감소를 표로 나타내어 보자.

$f(x)=2x^3-6x^2+k$라 하면

$f'(x)=6x^2-12x=6x(x-2)$

$f'(x)=0$에서 $x=0$ 또는 $x=2$

함수 $f(x)$의 증가와 감소를 표로 나타내면 다음과 같다.

x	$\cdots$	0	$\cdots$	2	$\cdots$
$f'(x)$	$+$	0	$-$	0	$+$
$f(x)$	↗	k	↘	$-8+k$	↗

2단계 함수 $y=f(x)$의 그래프를 그려서 정수 k의 개수를 구해 보자.

함수 $y=f(x)$의 그래프는 오른쪽 그림과 같으므로 함수 $y=f(x)$의 그래프와 x축이 $x>0$에서 서로 다른 두 점에서 만나려면

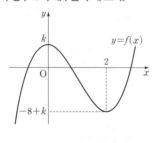

$-8+k<0<k$

$\therefore 0<k<8$

따라서 정수 k의 개수는

1, 2, 3, $\cdots$, 7의 7

---

080 정답률▸확: 24%, 미: 34%, 기: 31% 답 ②

1단계 $h_1(x)=f(x)+g(x)$라 하고, 곡선 $y=h_1(x)$를 그려서 ㄱ의 참, 거짓을 판별해 보자.

ㄱ. $k=0$일 때,

$f(x)=x^3+6$이므로

$f(x)+g(x)=x^3+6+(2x^2-2)=x^3+2x^2+4$

$h_1(x)=f(x)+g(x)=x^3+2x^2+4$라 하면

$h_1{}'(x)=3x^2+4x=x(3x+4)$

$h_1{}'(x)=0$에서 $x=-\dfrac{4}{3}$ 또는 $x=0$

함수 $h_1{}'(x)$의 증가와 감소를 표로 나타내면 다음과 같다.

x	$\cdots$	$-\dfrac{4}{3}$	$\cdots$	0	$\cdots$
$h_1{}'(x)$	$+$	0	$-$	0	$+$
$h_1(x)$	$\nearrow$	$\dfrac{140}{27}$	$\searrow$	4	$\nearrow$

즉, 곡선 $y=h_1(x)$는 오른쪽 그림과 같으므로 방정식 $h_1(x)=0$은 오직 하나의 실근을 갖는다. (참)

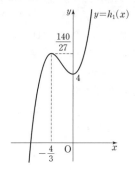

2단계 곡선과 직선의 위치 관계를 이용하여 ㄴ의 참, 거짓을 판별해 보자.

ㄴ. $f(x)-g(x)=0$에서

$x^3-kx+6-(2x^2-2)=0$

$x^3-2x^2+8=kx$

$h_2(x)=x^3-2x^2+8$이라 하면

$h_2{}'(x)=3x^2-4x$

곡선 $y=h_2(x)$와 직선 $y=kx$가 서로 다른 두 점에서 만나는 경우는 오른쪽 그림과 같이 곡선 $y=h_2(x)$에 직선 $y=kx$가 접하는 경우뿐이다.

접점의 좌표를 $(a,\ a^3-2a^2+8)$이라 하면 접선의 기울기는

$3a^2-4a$

이므로 접선의 방정식은

$y-(a^3-2a^2+8)=(3a^2-4a)(x-a)$

앞의 직선이 원점을 지나므로

$-(a^3-2a^2+8)=(3a^2-4a)\times(-a)$

$a^3-a^2-4=0$

$(a-2)(a^2+a+2)=0$

$\therefore a=2\ (\because a^2+a+2>0)$

즉, 접점의 좌표는 $(2,\ 8)$이므로 $y=kx$에 대입하면

$8=2k$

$\therefore k=4$ (참)

3단계 곡선과 직선의 위치 관계를 이용하여 ㄷ의 참, 거짓을 판별해 보자.

ㄷ. $|f(x)|=g(x)$, 즉 $|x^3-kx+6|=2x^2-2$에서

$2x^2-2\geq0$이므로

$(x+1)(x-1)\geq0$

$\therefore x\leq-1$ 또는 $x\geq1$

또한, $x^3-kx+6=-2x^2+2$ 또는 $x^3-kx+6=2x^2-2$이므로

$x^3+2x^2+4=kx$ 또는 $x^3-2x^2+8=kx$

$\therefore h_1(x)=kx$ 또는 $h_2(x)=kx$

따라서 방정식 $|f(x)|=g(x)$의 서로 다른 실근의 개수는

$x\leq-1$ 또는 $x\geq1$에서 직선 $y=kx$와 두 곡선 $y=h_1(x)$, $y=h_2(x)$의 서로 다른 교점의 개수와 같다.

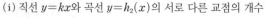

(i) 직선 $y=kx$와 곡선 $y=h_2(x)$의 서로 다른 교점의 개수

$x\leq-1$ 또는 $x\geq1$에서

$h_2(-1)=-1-2+8=5$

이므로 직선 $y=kx$가 점 $(-1,\ 5)$를 지날 때, $k=-5$이다.

$h_2(1)=1-2+8=7$

이므로 직선 $y=kx$가 점 $(1,\ 7)$을 지날 때, $k=7$이다.

또한, ㄴ에 의하여 직선 $y=kx$와 곡선 $y=h_2(x)$가 접할 때, $k=4$이다.

즉, 직선 $y=kx$와 곡선 $y=h_2(x)$의 서로 다른 교점은

$k<-5$일 때, 0개

$-5\leq k<4$일 때, 1개

$k=4$일 때, 2개

$4<k\leq7$일 때, 3개

$k>7$일 때, 2개

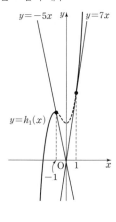

(ii) 직선 $y=kx$와 곡선 $y=h_1(x)$의 서로 다른 교점의 개수

$x\leq-1$ 또는 $x\geq1$에서

$h_1(-1)=-1+2+4=5$

이므로 직선 $y=kx$가 점 $(-1,\ 5)$를 지날 때, $k=-5$이다.

$h_1(1)=1+2+4=7$,

$h_1{}'(1)=3+4=7$

이고, 점 $(1,\ 7)$에서 직선 $y=kx$의 기울기는 $k=7$이므로 직선 $y=kx$와 곡선 $y=h_1(x)$는 점 $(1,\ 7)$에서 접한다.

즉, 직선 $y=kx$와 곡선 $y=h_1(x)$의 서로 다른 교점은

$k<-5$일 때, 0개

$-5\leq k<7$일 때, 1개

$k\geq7$일 때, 2개

(i), (ii)에서 $k=7$일 때, 직선 $y=kx$와 두 곡선 $y=h_1(x)$, $y=h_2(x)$의 교점 중 점 $(1,\ 7)$은 공통인 점이므로 서로 다른 교점의 개수는

$3+2-1=4$

즉, 방정식 $|f(x)|=g(x)$의 서로 다른 실근의 개수는 최대 4이므로 서로 다른 실근의 개수가 5가 되도록 하는 실수 k는 존재하지 않는다. (거짓)

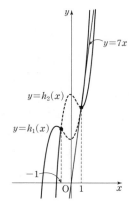

따라서 옳은 것은 ㄱ, ㄴ이다.

081 정답률 ▶ 확: 53%, 미: 75%, 기: 63% **답 32**

1단계 $f(x)=3x^4-4x^3-12x^2+k$라 하고, 함수 $f(x)$의 증가와 감소를 표로 나타내어 보자.

$f(x)=3x^4-4x^3-12x^2+k$라 하면

$f'(x)=12x^3-12x^2-24x$

$\quad\quad =12x(x+1)(x-2)$

$f'(x)=0$에서

$x=-1$ 또는 $x=0$ 또는 $x=2$

함수 $f(x)$의 증가와 감소를 표로 나타내면 다음과 같다.

x	$\cdots$	-1	$\cdots$	0	$\cdots$	2	$\cdots$
$f'(x)$	$-$	0	$+$	0	$-$	0	$+$
$f(x)$	$\searrow$	$-5+k$	$\nearrow$	k	$\searrow$	$-32+k$	$\nearrow$

2단계 조건을 만족시키는 실수 k의 최솟값을 구해 보자.

함수 $f(x)$의 최솟값은 $f(2)=-32+k$이므로 모든 실수 x에 대하여 부등식 $f(x)\geq0$이 항상 성립하려면

$-32+k\geq0$

$\therefore k\geq32$

따라서 실수 k의 최솟값은 32이다.

---

082 정답률 ▶ 확: 57%, 미: 79%, 기: 69%　　　　**답 11**

1단계 $f(x)=x^4-4x^3+16x+a$라 하고, 함수 $f(x)$의 증가와 감소를 표로 나타내어 보자.

$f(x)=x^4-4x^3+16x+a$라 하면

$f'(x)=4x^3-12x^2+16=4(x+1)(x-2)^2$

$f'(x)=0$에서 $x=-1$ 또는 $x=2$

함수 $f(x)$의 증가와 감소를 표로 나타내면 다음과 같다.

x	$\cdots$	-1	$\cdots$	2	$\cdots$
$f'(x)$	$-$	0	$+$	0	$+$
$f(x)$	$\searrow$	$a-11$	$\nearrow$	$a+16$	$\nearrow$

2단계 조건을 만족시키는 실수 a의 최솟값을 구해 보자.

함수 $f(x)$의 최솟값은 $f(-1)=a-11$이므로 모든 실수 x에 대하여 부등식 $f(x)\geq0$이 항상 성립하려면

$a-11\geq0$

$\therefore a\geq11$

따라서 실수 a의 최솟값은 11이다.

---

083 정답률 ▶ 확: 78%, 미: 93%, 기: 90%　　　　**답 ⑤**

1단계 $h(x)=g(x)-f(x)$라 하고, 함수 $y=h(x)$의 그래프를 그려 보자.

$f(x)\leq g(x)$에서

$-x^4-x^3+2x^2\leq\dfrac{1}{3}x^3-2x^2+a$

$x^4+\dfrac{4}{3}x^3-4x^2+a\geq0$

$h(x)=x^4+\dfrac{4}{3}x^3-4x^2+a$라 하면

$h'(x)=4x^3+4x^2-8x=4x(x+2)(x-1)$

$h'(x)=0$에서 $x=-2$ 또는 $x=0$ 또는 $x=1$

함수 $h(x)$의 증가와 감소를 표로 나타내면 다음과 같다.

x	$\cdots$	-2	$\cdots$	0	$\cdots$	1	$\cdots$
$h'(x)$	$-$	0	$+$	0	$-$	0	$+$
$h(x)$	$\searrow$	$a-\dfrac{32}{3}$	$\nearrow$	a	$\searrow$	$a-\dfrac{5}{3}$	$\nearrow$

즉, 함수 $y=h(x)$의 그래프의 개형은 오른쪽 그림과 같다.

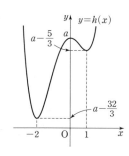

2단계 실수 a의 최솟값을 구해 보자.

모든 실수 x에 대하여 $h(x)\geq0$이어야 하므로 함수 $h(x)$의 최솟값은 0 이상 이어야 한다.

함수 $h(x)$는 $x=-2$에서 최솟값 $a-\dfrac{32}{3}$를 가지므로

$a-\dfrac{32}{3}\geq0$　　$\therefore a\geq\dfrac{32}{3}$

따라서 실수 a의 최솟값은 $\dfrac{32}{3}$이다.

---

084 정답률 ▶ 확: 77%, 미: 93%, 기: 88%　　　　**답 ⑤**

1단계 $h(x)=f(x)-g(x)$라 하고, 함수 $h(x)$의 증가와 감소를 표로 나타내어 보자.

$f(x)\geq g(x)$에서

$f(x)-g(x)\geq0$

$h(x)=f(x)-g(x)$라 하면

$h(x)=x^3-x+6-(x^2+a)$

$\quad\quad =x^3-x^2-x+6-a$

$h'(x)=3x^2-2x-1$

$\quad\quad =(3x+1)(x-1)$

$h'(x)=0$에서 $x=-\dfrac{1}{3}$ 또는 $x=1$

$x\geq0$에서 함수 $h(x)$의 증가와 감소를 표로 나타내면 다음과 같다.

x	0	$\cdots$	1	$\cdots$
$h'(x)$		$-$	0	$+$
$h(x)$	$6-a$	$\searrow$	$5-a$	$\nearrow$

2단계 조건을 만족시키는 실수 a의 최댓값을 구해 보자.

함수 $h(x)$의 최솟값은 $h(1)=5-a$이므로 $x\geq0$인 모든 실수 x에 대하여 부등식 $h(x)\geq0$이 성립하려면

$5-a\geq0$

$\therefore a\leq5$

따라서 실수 a의 최댓값은 5이다.

---

085 정답률 ▶ 확: 56%, 미: 77%, 기: 72%　　　　**답 6**

1단계 점 P의 운동 방향이 바뀌는 시각을 구해 보자.

점 P의 시각 t $(t>0)$에서의 속도를 $v(t)$라 하면

$v(t)=x'(t)=6t^3-24t^2+30t-12$

운동 방향이 바뀔 때의 속도는 0이므로 $v(t)=0$에서

$6t^3-24t^2+30t-12=0$, $6(t-1)^2(t-2)=0$

$\therefore t=1$ 또는 $t=2$

즉, $0<t\leq1$일 때 $v(t)\leq0$, $1\leq t\leq2$일 때 $v(t)\leq0$, $t\geq2$일 때 $v(t)\geq0$
이므로 점 P는 시각 $t=2$에서 운동 방향이 바뀐다.

2단계 점 P의 운동 방향이 바뀌는 순간 점 P의 가속도를 구해 보자.

점 P의 시각 t $(t>0)$에서의 가속도를 $a(t)$라 하면
$$a(t)=v'(t)=18t^2-48t+30$$
따라서 시각 $t=2$에서 점 P의 가속도는
$$a(2)=72-96+30=6$$

---

086   정답률 ▸ 확: 69%, 미: 91%, 기: 84%   답 ①

1단계 두 점 P, Q의 위치가 같아지는 시각을 구해 보자.

두 점 P, Q의 위치가 각각
$x_1=t^2+t-6$, $x_2=-t^3+7t^2$이므로
$t^2+t-6=-t^3+7t^2$에서
$t^3-6t^2+t-6=0$, $(t^2+1)(t-6)=0$
$\therefore t=6$ ($\because t\geq0$)

2단계 두 점 P, Q의 위치가 같아지는 순간 두 점 P, Q의 가속도를 각각 구하여 $p-q$의 값을 구해 보자.

두 점 P, Q의 시각 t에서의 속도를 각각 v_1, v_2, 가속도를 각각 a_1, a_2라 하면
$v_1=2t+1$, $v_2=-3t^2+14t$
$a_1=2$, $a_2=-6t+14$
따라서 $t=6$일 때 점 P의 가속도는 2, 점 Q의 가속도는
$-36+14=-22$이므로
$p=2$, $q=-22$
$\therefore p-q=2-(-22)=24$

---

087   정답률 ▸ 확: 77%, 미: 93%, 기: 90%   답 ②

1단계 점 P의 운동 방향이 바뀌는 시각을 구해 보자.

점 P의 시각 t $(t\geq0)$에서의 속도를 $v(t)$라 하면
$$v(t)=x'(t)=3t^2-3t-6$$
운동 방향이 바뀔 때의 속도는 0이므로 $v(t)=0$에서
$3t^2-3t-6=0$, $3(t+1)(t-2)=0$
$\therefore t=2$ ($\because t\geq0$)
즉, $0\leq t\leq2$일 때 $v(t)\leq0$, $t\geq2$일 때 $v(t)\geq0$이므로 점 P는 시각 $t=2$에서 운동 방향이 바뀐다.

2단계 점 P의 운동 방향이 바뀌는 시각에서의 점 P의 가속도를 구해 보자.

점 P의 시각 t $(t\geq0)$에서의 가속도를 $a(t)$라 하면
$$a(t)=v'(t)=6t-3$$
따라서 시각 $t=2$에서의 점 P의 가속도는
$$a(2)=12-3=9$$

---

088 ①   089 ②   090 82   091 13   092 29   093 380
094 729   095 2   096 483   097 486   098 121

---

088   정답률 ▸ 확: 10%, 미: 29%, 기: 22%   답 ①

1단계 $1+t=s$라 하고 ㄱ의 참, 거짓을 판별해 보자.

ㄱ. $h(1)=\lim\limits_{t\to0+}g(1+t)\times\lim\limits_{t\to2+}g(1+t)$
   $1+t=s$라 하면 $t\to0+$일 때 $s\to1+$,
   $t\to2+$일 때 $s\to3+$이므로
   $h(1)=\lim\limits_{t\to0+}g(1+t)\times\lim\limits_{t\to2+}g(1+t)$
       $=\lim\limits_{s\to1+}g(s)\times\lim\limits_{s\to3+}g(s)$
       $=\lim\limits_{s\to1+}s\times\lim\limits_{s\to3+}s$
       $=1\times3=3$ (참)

2단계 함수 $y=h(x)$의 그래프의 일부를 그려서 ㄴ의 참, 거짓을 판별해 보자.

ㄴ. $x+t=u$라 하면 $t\to0+$일 때 $u\to x+$,
   $t\to2+$일 때 $u\to(x+2)+$이므로
   $h(x)=\lim\limits_{t\to0+}g(x+t)\times\lim\limits_{t\to2+}g(x+t)$
       $=\lim\limits_{u\to x+}g(u)\times\lim\limits_{u\to(x+2)+}g(u)$
   (i) $x<-3$일 때
     $h(x)=\lim\limits_{u\to x+}g(u)\times\lim\limits_{u\to(x+2)+}g(u)$
        $=\lim\limits_{u\to x+}u\times\lim\limits_{u\to(x+2)+}u$
        $=x(x+2)$
   (ii) $x=-3$일 때
     $h(-3)=\lim\limits_{u\to-3+}g(u)\times\lim\limits_{u\to-1+}g(u)$
        $=\lim\limits_{u\to-3+}u\times\lim\limits_{u\to-1+}f(u)$
        $=-3f(-1)$
   (iii) $-3<x<-1$일 때
     $h(x)=\lim\limits_{u\to x+}g(u)\times\lim\limits_{u\to(x+2)+}g(u)$
        $=\lim\limits_{u\to x+}u\times\lim\limits_{u\to(x+2)+}f(u)$
        $=xf(x+2)$
   (iv) $x=-1$일 때
     $h(-1)=\lim\limits_{u\to-1+}g(u)\times\lim\limits_{u\to1+}g(u)$
        $=\lim\limits_{u\to-1+}f(u)\times\lim\limits_{u\to1+}u$
        $=f(-1)\times1$
        $=f(-1)$
   (v) $-1<x<1$일 때
     $h(x)=\lim\limits_{u\to x+}g(u)\times\lim\limits_{u\to(x+2)+}g(u)$
        $=\lim\limits_{u\to x+}f(u)\times\lim\limits_{u\to(x+2)+}u$
        $=f(x)(x+2)$
   (vi) $x=1$일 때
     $h(1)=\lim\limits_{u\to1+}g(u)\times\lim\limits_{u\to3+}g(u)$
        $=\lim\limits_{u\to1+}u\times\lim\limits_{u\to3+}u$
        $=1\times3=3$

(vii) $x>1$일 때
$$h(x)=\lim_{u \to x+} g(u) \times \lim_{u \to (x+2)+} g(u)$$
$$=\lim_{u \to x+} u \times \lim_{u \to (x+2)+} u$$
$$=x(x+2)$$

(i), (vi), (vii)에 의하여 $x<-3$ 또는 $x \geq 1$일 때, 함수 $y=h(x)$의 그래프는 오른쪽 그림과 같다.

이때 $h(-3) \neq 3$, 즉 $f(-1) \neq -1$이면 함수 $h(x)$는 $x=-3$에서 불연속이다.

따라서 다항함수 $f(x)$에 대하여 함수 $h(x)$는 실수 전체의 집합에서 연속이라 할 수 없다. (거짓)

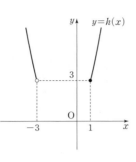

3단계 함수 $y=h(x)$의 그래프의 개형을 그려서 ㄷ의 참, 거짓을 판별해 보자.

ㄷ. 함수 $g(x)$가 닫힌구간 $[-1, 1]$에서 감소하고 $g(-1)=-2$이면 함수 $y=g(x)$의 그래프의 개형은 오른쪽 그림과 같다.

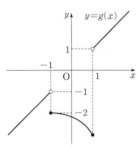

(ii) $x=-3$일 때
$$h(-3)=-3f(-1)$$
$$=-3g(-1)$$
$$=-3 \times (-2)=6$$

(iii) $-3<x<-1$일 때
$h(x)=xf(x+2)$이므로
$-1<x+2<1$에서 $f(x+2)=g(x+2)<0$
$x<0$이므로 $h(x)>0$

(iv) $x=-1$일 때
$$h(-1)=f(-1)=g(-1)=-2$$

(v) $-1<x<1$일 때
$h(x)=f(x)(x+2)=g(x)(x+2)$이므로
$-1<x<1$에서 $g(x)<0$
$\underline{x+2>0이므로 h(x)<0}$ → $h(x)=g(x)(x+2)$이므로 함수 $g(x)$에서 양수를 곱한 것으로 생각할 수 있다.
또한, $h'(x)=g'(x)(x+2)+g(x)$이므로
$g'(x)<0$, $x+2>0$, $g(x)<0$
$\therefore h'(x)<0$
즉, $-1<x<1$에서 함수 $h(x)$는 감소한다.

(ii)~(v)에 의하여 함수 $y=h(x)$의 그래프의 개형은 오른쪽 그림과 같으므로 함수 $h(x)$는 실수 전체의 집합에서 최솟값을 갖지 않는다. (거짓)

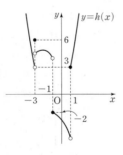

따라서 옳은 것은 ㄱ이다.

089 정답률▸ 확: 32%, 미: 59%, 기: 48%　　　　답 ②

1단계 함수 $g(x)$가 실수 전체의 집합에서 미분가능하면 $x=0$에서 연속임을 이용하여 함수 $f(x)$를 추론해 보자.

$h(x)=x^3+ax^2+15x+7$이라 하면

$h'(x)=3x^2+2ax+15$이고

$g(x)=\begin{cases} h(x) & (x \leq 0) \\ f(x) & (x>0) \end{cases}$ 에서 $g'(x)=\begin{cases} h'(x) & (x<0) \\ f'(x) & (x>0) \end{cases}$

조건 (가)에서 함수 $g(x)$는 실수 전체의 집합에서 미분가능하므로 $x=0$에서도 미분가능하다.

즉, $\lim_{x \to 0+} g'(x)=\lim_{x \to 0-} g'(x)$이어야 하므로

$$\lim_{x \to 0+} g'(x)=\lim_{x \to 0+} f'(x),$$
$$\lim_{x \to 0-} g'(x)=\lim_{x \to 0-} h'(x)=\lim_{x \to 0-} (3x^2+2ax+15)=15$$

에서 $\lim_{x \to 0+} f'(x)=15$ ⋯⋯ ㉠

또한, 함수 $g(x)$가 실수 전체의 집합에서 미분가능하므로 $x=0$에서 연속이다.

즉, $\lim_{x \to 0+} g(x)=\lim_{x \to 0-} g(x)=g(0)$이어야 하므로

$$\lim_{x \to 0+} g(x)=\lim_{x \to 0+} f(x)=f(0),$$
$$\lim_{x \to 0-} g(x)=\lim_{x \to 0-} h(x)=\lim_{x \to 0-} (x^3+ax^2+15x+7)=7,$$
$$g(0)=7$$

에서 $f(0)=7$ ⋯⋯ ㉡

㉠, ㉡에 의하여

$$f(x)=mx^2+15x+7 \ (m<0)$$

2단계 조건 (나)를 만족시키는 함수 $y=g'(x)$의 그래프의 개형을 알아보자.

$g'(x)=\begin{cases} h'(x) & (x \leq 0) \\ f'(x) & (x>0) \end{cases}$ → $\lim_{x \to 0-} h'(x)=\lim_{x \to 0+} f'(x)=15$이므로

$$=\begin{cases} 3x^2+2ax+15 & (x \leq 0) \\ 2mx+15 & (x>0) \end{cases}$$

에서

$$h'(x)=3x^2+2ax+15=3\left(x+\frac{a}{3}\right)^2-\frac{a^2}{3}+15$$

이므로 이차함수 $y=h'(x)$의 그래프의 대칭축 $x=-\dfrac{a}{3}$의 위치에 따라 함수 $y=g'(x)$의 그래프의 개형을 나누어 그리면 다음 그림과 같다.

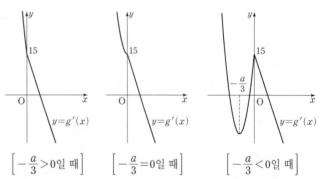

$\left[-\dfrac{a}{3}>0일 때 \right]$　$\left[-\dfrac{a}{3}=0일 때 \right]$　$\left[-\dfrac{a}{3}<0일 때 \right]$

이때 조건 (나)에서 방정식 $g'(x) \times g'(x-4)=0$의 서로 다른 실근의 개수가 4이므로 두 함수 $y=g'(x)$, $y=g'(x-4)$의 그래프가 x축과 만나는 점의 개수가 4이다.

한편, 함수 $y=g'(x-4)$의 그래프는 함수 $y=g'(x)$의 그래프를 x축의 방향으로 4만큼 평행이동한 것이므로 함수 $y=g'(x-4)$의 그래프가 x축과 만나는 점의 개수와 함수 $y=g'(x)$의 그래프가 x축과 만나는 점의 개수는 같다. 즉, 함수 $y=g'(x)$의 그래프는 x축과 만나는 점의 개수가 2 이상이어야 한다.

위의 그림에서 함수 $y=g'(x)$의 그래프는 $-\dfrac{a}{3}>0$이거나 $-\dfrac{a}{3}=0$일 때 x축과 한 점에서만 만나고, $-\dfrac{a}{3}<0$일 때 $\underline{x축과 한 점 이상에서 만나므로}$

$-\dfrac{a}{3}<0$이어야 한다. → 조건 (나)를 만족하려면 x축과 두 점 이상에서 만나야 한다.

즉, $-\dfrac{a}{3}<0$일 때의 두 함수 $y=g'(x)$,

$y=g'(x-4)$의 그래프의 개형과 x축의 위

치가 오른쪽 그림과 같을 때 두 함수

$y=g'(x)$, $y=g'(x-4)$의 그래프와 x축

과 만나는 점의 개수가 4이다.

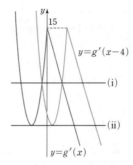

3단계 두 함수 $y=g'(x)$, $y=g'(x-4)$의 그래프와 x축이 만나는 위치에 따라 경우를 나누어 함수 $f(x)$를 구해 보자.

(i) 두 함수 $y=g'(x)$, $y=g'(x-4)$의 그래프의 교점이 x축 위에 있는

경우

두 함수 $y=g'(x)$, $y=g'(x-4)$의 그

래프의 개형은 오른쪽 그림과 같다.

이때 방정식 $g'(x)=0$의 서로 다른 세

근을 α, β, γ $(\alpha<\beta<0<\gamma)$라 하면

$\beta=\alpha+4$, $\gamma=\beta+4=\alpha+8$이고,

이차방정식 $h'(x)=0$, 즉

$3x^2+2ax+15=0$에서 근과 계수의 관

계에 의하여

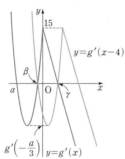

$\alpha+(\alpha+4)=-\dfrac{2}{3}a$, $\alpha\times(\alpha+4)=5$

$\alpha\times(\alpha+4)=5$에서 $\alpha^2+4\alpha-5=0$

$(\alpha+5)(\alpha-1)=0$

$\therefore \alpha=-5$ $(\because \alpha<0)$

$\alpha+(\alpha+4)=-\dfrac{2}{3}a$에서 $-\dfrac{2}{3}a=-6$

$\therefore a=9$

$\therefore h(x)=x^3+9x^2+15x+7$ $(x\le0)$

$\alpha=-5$이므로 $\beta=\alpha+4=-1$, $\gamma=\alpha+8=3$

$g'(3)=0$에서 $f'(3)=0$이어야 한다.

$f'(x)=2mx+15$에서 $6m+15=0$이므로 $m=-\dfrac{5}{2}$

$\therefore f(x)=-\dfrac{5}{2}x^2+15x+7$ $(x>0)$

(ii) 두 함수 $y=g'(x)$, $y=g'(x-4)$의 그래프의 극소인 점이 모두 x축

위에 있는 경우

두 함수 $y=g'(x)$, $y=g'(x-4)$의 그

래프의 개형은 오른쪽 그림과 같다.

이때 방정식 $g'(x)=0$의 한 중근을

α $(\alpha<0)$이라 하면

$x<0$일 때, 이차방정식 $h'(x)=0$, 즉

$3x^2+2ax+15=0$에서 근과 계수의 관

계에 의하여

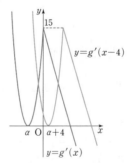

$\alpha+\alpha=-\dfrac{2}{3}a$, $\alpha\times\alpha=5$

$\alpha\times\alpha=5$에서

$\alpha^2=5$ $\therefore \alpha=-\sqrt{5}$ $(\because \alpha<0)$

$\alpha+\alpha=-\dfrac{2}{3}a$에서

$\alpha=-\dfrac{a}{3}$ $\therefore a=-3\alpha=3\sqrt{5}$

그런데 $a\ne3\sqrt{5}$를 만족시키지 않는다.

(i), (ii)에서 $f(x)=-\dfrac{5}{2}x^2+15x+7$ $(x>0)$

4단계 $g(-2)+g(2)$의 값을 구해 보자.

$g(-2)+g(2)=h(-2)+f(2)$

$\qquad\qquad\quad =(-8+36-30+7)+(-10+30+7)$

$\qquad\qquad\quad =5+27=32$

090 정답률 ▶ 확: 3%, 미: 12%, 기: 7%   **답 82**

1단계 사차함수 $f(x)$가 극솟값만 갖는 경우에 대하여 알아보자.

(i) 사차함수 $f(x)$가 극솟값만 가질 때

사차함수 $f(x)$가 $x=\alpha$에서 극소라 하자.

   ⓐ $t<\alpha$일 때

오른쪽 그림과 같이 구간

$(-\infty,\ t]$에서 함수 $f(x)$의 최솟

값 $m_1=f(t)$이고, 구간 $[t,\ \infty)$에

서 함수 $f(x)$의 최솟값 $m_2=f(\alpha)$

이므로

$g(t)=f(t)-f(\alpha)$

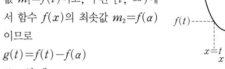

   ⓑ $t\ge\alpha$일 때

오른쪽 그림과 같이 구간 $(-\infty,\ t]$

에서 함수 $f(x)$의 최솟값 $m_1=f(\alpha)$

이고, 구간 $[t,\ \infty)$에서 함수 $f(x)$의

최솟값 $m_2=f(t)$이므로

$g(t)=f(\alpha)-f(t)$

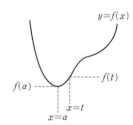

ⓐ, ⓑ에서

$$g(t)=\begin{cases} f(t)-f(\alpha) & (t<\alpha) \\ f(\alpha)-f(t) & (t\ge\alpha)\end{cases}$$

이때 구간 $(-\infty,\ \alpha)$에서 함수 $f(t)$가 감소하므로 함수 $g(t)$도 감소하

고, 구간 $[\alpha,\ \infty)$에서 함수 $f(t)$가 증가하므로 함수 $g(t)$는 감소한다.

즉, 함수 $g(t)$는 실수 전체의 집합에서 감소하므로 이 경우는 주어진

조건을 만족시키는 양수 k가 존재하지 않는다. → t의 값은 오직 하나 존재한다.

2단계 사차함수 $f(x)$가 극댓값과 극솟값을 모두 갖는 경우에 대하여 알아

보자.

(ii) 사차함수 $f(x)$가 극댓값과 극솟값을 모두 가질 때

사차함수 $f(x)$가 $x=\alpha$, $x=\beta$ $(\alpha<\beta)$에서 극소라 하자.

   ⓐ $f(\alpha)=f(\beta)$일 때

사차함수 $y=f(x)$의 그래프의 개

형은 오른쪽 그림과 같으므로

$$g(t)=\begin{cases} f(t)-f(\alpha) & (t<\alpha) \\ 0 & (\alpha\le t\le\beta) \\ f(\alpha)-f(t) & (t>\beta)\end{cases}$$

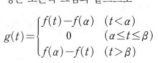

이때 닫힌구간 $[\alpha,\ \beta]$에서 $g(t)=0$이므로 이 경우는 주어진 조건

을 만족시키는 양수 k가 존재하지 않는다.

   ⓑ $f(\alpha)<f(\beta)$일 때

$\alpha<x<\beta$에서 $f(x)=f(\beta)$를 만족시키는 x의 값을 γ라 하자.

사차함수 $y=f(x)$의 그래프의 개형

은 오른쪽 그림과 같으므로

$$g(t)=\begin{cases} f(t)-f(\alpha) & (t<\alpha) \\ f(\alpha)-f(t) & (\alpha\le t<\gamma) \\ f(\alpha)-f(\beta) & (\gamma\le t\le\beta) \\ f(\alpha)-f(t) & (t>\beta)\end{cases}$$

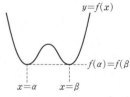

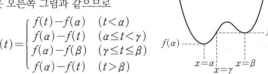

이때 닫힌구간 $[\gamma,\ \beta]$에서 $g(t)=f(\alpha)-f(\beta)<0$이므로 이 경우는 주어진 조건을 만족시키는 양수 k가 존재하지 않는다.

ⓒ $f(\alpha)>f(\beta)$일 때

→ 실수 t의 값의 범위가 $0\le t\le 2$이므로
닫힌구간에서 $g(t)>k>0$이어야 한다.

$\alpha<x<\beta$에서 $f(\alpha)=f(x)$를 만족시키는 x의 값을 γ라 하자.

사차함수 $y=f(x)$의 그래프의 개형은 오른쪽 그림과 같으므로

$$g(t)=\begin{cases}f(t)-f(\beta) & (t<\alpha)\\ f(\alpha)-f(\beta) & (\alpha\le t\le\gamma)\\ f(t)-f(\beta) & (\gamma<t<\beta)\\ f(\beta)-f(t) & (t\ge\beta)\end{cases}$$

...... ㉠

이때 닫힌구간 $[\alpha,\ \gamma]$에서 $g(t)=f(\alpha)-f(\beta)>0$이므로 주어진 조건을 만족시키려면 $k=f(\alpha)-f(\beta)$, $\alpha=0$, $\gamma=2$이어야 한다.

3단계 사차함수 $f(x)$를 구하여 $k+g(-1)$의 값을 구해 보자.

(i), (ii)에서 $g(t)=\begin{cases}f(t)-f(\beta) & (t<0)\\ f(0)-f(\beta) & (0\le t\le 2)\\ f(t)-f(\beta) & (2<t<\beta)\\ f(\beta)-f(t) & (t\ge\beta)\end{cases}$이고,

$k=f(0)-f(\beta)$, $f'(0)=0$, $f(0)=f(2)$

→ 사차함수 $f(x)$는 $x=0$에서 극소이므로

또한, $g(4)=0$이고, ㉠의 $g(t)=f(\beta)-f(t)$ $(t\ge\beta)$에서 $t=\beta$일 때 $g(t)=0$이므로

$t=4$ $\therefore \beta=4$

$\therefore f'(4)=0$

즉, 최고차항의 계수가 1인 사차함수 $f(x)$에 대하여

$f(x)-f(0)=x^2(x-2)(x+a)$ (a는 상수)라 할 수 있다.

$f(x)=x^2(x-2)(x+a)+f(0)$이므로

$f'(x)=2x(x-2)(x+a)+x^2(x+a)$
$\qquad +x^2(x-2)$

이때 $f'(4)=0$이므로

$8\times(4-2)\times(4+a)+16\times(4+a)+16\times(4-2)=0$

$16(10+2a)=0$, $5+a=0$

$\therefore a=-5$

따라서 $f(x)=x^2(x-2)(x-5)+f(0)$이므로

$k=f(0)-f(\beta)=f(0)-f(4)$
$\quad =f(0)-\{16\times(4-2)\times(4-5)+f(0)\}$
$\quad =32$

또한, $g(t)=\begin{cases}f(t)-f(4) & (t<0)\\ f(0)-f(4) & (0\le t\le 2)\\ f(t)-f(4) & (2<t<4)\\ f(4)-f(t) & (t\ge 4)\end{cases}$이므로

$g(-1)=f(-1)-f(4)$
$\quad =1\times(-1-2)\times(-1-5)+f(0)$
$\quad\quad -\{16\times(4-2)\times(4-5)+f(0)\}$
$\quad =50$

$\therefore k+g(-1)=32+50=82$

091 정답률 ▶ 확: 4%, 미: 9%, 기: 7%   답 13

1단계 조건 (가)에 대하여 알아보자.

조건 (가)의 $f(x)=f(1)+(x-1)f'(g(x))$에서

$f(x)-f(1)=(x-1)f'(g(x))$이므로 $x\ne 1$일 때

$\dfrac{f(x)-f(1)}{x-1}=f'(g(x))$ ...... ㉠

즉, $f'(g(x))$는 두 점 $(1,\ f(1))$, $(x,\ f(x))$를 지나는 직선의 기울기와 같다.

이때 조건 (나)에서 함수 $g(x)$의 최솟값이 $\dfrac{5}{2}$이므로 최고차항의 계수가 1인 삼차함수 $y=f(x)$의 그래프의 개형은 오른쪽 그림과 같아야 한다.

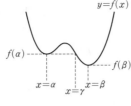

2단계 조건 (나)를 이용하여 $g(1)$의 값을 구해 보자.

두 점 $(1,\ f(1))$, $\left(\dfrac{5}{2},\ f\left(\dfrac{5}{2}\right)\right)$를 지나는 직선의 방정식을 $y=ax+b$ (a, b는 상수이고, $a\ne 0$)이라 하면

$f(x)-(ax+b)=(x-1)\left(x-\dfrac{5}{2}\right)^2$

$\therefore f(x)=(x-1)\left(x-\dfrac{5}{2}\right)^2+ax+b$ ...... ㉡

㉠에서 $\displaystyle\lim_{x\to 1}\dfrac{f(x)-f(1)}{x-1}=\lim_{x\to 1}f'(g(x))$이므로

$f'(1)=f'(g(1))$ ...... ㉢

㉡에서

$f'(x)=\left(x-\dfrac{5}{2}\right)^2+2(x-1)\left(x-\dfrac{5}{2}\right)+a$
$\qquad =3(x-2)^2-\dfrac{3}{4}+a$

즉, 이차함수 $y=f'(x)$의 그래프는 직선 $x=2$에 대하여 대칭이므로

$f'(1)=f'(3)$

이때 조건 (나)에서 함수 $g(x)$의 최솟값이 $\dfrac{5}{2}$이므로

$g(1)\ne 1$ → $g(x)\ge\dfrac{5}{2}>1$

㉢에서

$f'(3)=f'(g(1))$ $\therefore g(1)=3$

3단계 조건 (다)를 이용하여 삼차함수 $f(x)$를 구한 후 $f(4)$의 값을 구해 보자.

조건 (다)에서 $f(0)=-3$이므로

$-\dfrac{25}{4}+b=-3$ $\therefore b=\dfrac{13}{4}$

$f(g(1))=6$, 즉 $f(3)=6$이므로

$\dfrac{1}{2}+3a+\dfrac{13}{4}=6$, $3a=\dfrac{9}{4}$

$\therefore a=\dfrac{3}{4}$

따라서 $f(x)=(x-1)\left(x-\dfrac{5}{2}\right)^2+\dfrac{3}{4}x+\dfrac{13}{4}$이므로

$f(4)=\dfrac{27}{4}+3+\dfrac{13}{4}=13$

092 정답률 ▶ 확: 4%, 미: 18, 기: 11%   답 29

1단계 함수 $f(x)$를 추론해 보자.

함수 $g(x)$가 구간 $(0,\ \infty)$에서 미분가능하므로

$g(x)=\begin{cases}x^3-8x^2+16x & (0<x\le 4)\\ f(x) & (x>4)\end{cases}$에서

$$g'(x)=\begin{cases}3x^2-16x+16 & (0<x<4)\\ f'(x) & (x>4)\end{cases}$$

함수 $g(x)$는 $x=4$에서 연속이므로

$\lim\limits_{x\to 4+}g(x)=\lim\limits_{x\to 4-}g(x)=g(4)$에서

$\lim\limits_{x\to 4+}f(x)=\lim\limits_{x\to 4-}(x^3-8x^2+16x)=g(4)$

$\therefore g(4)=f(4)=0$

함수 $g(x)$는 $x=4$에서 미분가능하므로

$\lim\limits_{x\to 4+}g'(x)=\lim\limits_{x\to 4-}g'(x)$에서

$\lim\limits_{x\to 4+}f'(x)=\lim\limits_{x\to 4-}(3x^2-16x+16)$

$\therefore g'(4)=f'(4)=0$

이때 조건 (가)에 의하여 $g\left(\dfrac{21}{2}\right)=f\left(\dfrac{21}{2}\right)=0$이므로

$f(x)=a(x-4)^2(2x-21)\ (a\neq 0)$ $\llcorner \dfrac{21}{2}>4$

이라 할 수 있다.

2단계 조건 (나)를 만족시키는 곡선 $y=g(x)$의 개형을 그려 보자.

$h(x)=x^3-8x^2+16x$라 하면

$h'(x)=3x^2-16x+16=(3x-4)(x-4)$

$0<x\le 4$일 때 $h'(x)=0$에서 $x=\dfrac{4}{3}$

$0<x\le 4$에서 함수 $h(x)$의 증가와 감소를 표로 나타내면 다음과 같다.

x	(0)	$\cdots$	$\dfrac{4}{3}$	$\cdots$	4
$h'(x)$		$+$	0	$-$	
$h(x)$		↗	극대	↘	

즉, $0<x\le 4$에서 함수 $y=h(x)$의 그래프는 오른쪽 그림과 같다.

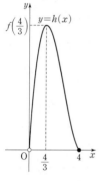

(ⅰ) $a>0$일 때

함수 $y=g(x)$의 그래프의 개형은 [그림 1]과 같으므로 조건 (나)를 만족시키지 않는다.

(ⅱ) $a<0$일 때

함수 $y=g(x)$의 그래프의 개형은 [그림 2]와 같으므로 조건 (나)를 만족시킨다.

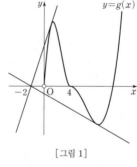

[그림 1]

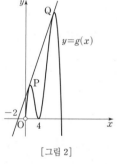

[그림 2]

3단계 곡선 $y=g(x)$ 위의 점 P에서의 접선의 방정식을 구해 보자.

[그림 2]와 같이 점 $(-2,\ 0)$에서 곡선 $y=g(x)$에 그은 기울기가 0이 아닌 접선은 곡선 $y=g(x)$와 서로 다른 두 점에서 만난다.

이 두 점을 각각 P, Q라 하고, 두 점 P, Q의 x좌표를 각각 $s,\ t\ (0<s<4,\ t>4)$라 하자.

곡선 $y=g(x)$ 위의 점 P에서의 접선의 방정식은

$y-(s^3-8s^2+16s)=(3s^2-16s+16)(x-s)$ $\cdots\cdots$ ㉠

접선 ㉠이 점 $(-2,\ 0)$을 지나므로

$0-(s^3-8s^2+16s)=(3s^2-16s+16)(-2-s)$

$s^3-8s^2+16s=3s^3-10s^2-16s+32,\ 2s^3-2s^2-32s+32=0$

$2(s+4)(s-1)(s-4)=0$ $\therefore s=1\ (0<s<4)$

$s=1$을 ㉠에 대입하여 정리하면

$y-9=3(x-1)$ $\therefore y=3x+6$

4단계 함수 $f(x)$를 구해 보자.

$f(x)=a(x-4)^2(2x-21)=a(2x^3-37x^2+200x-336)$이므로

$f'(x)=a(6x^2-74x+200)=2a(x-4)(3x-25)$

곡선 $y=g(x)$ 위의 점 Q에서의 접선의 방정식은

$y-a(t-4)^2(2t-21)=2a(t-4)(3t-25)(x-t)$

위의 접선이 점 $(-2,\ 0)$을 지나므로

$0-a(t-4)^2(2t-21)=2a(t-4)(3t-25)(-2-t)$

$(t-4)(2t-21)=2(3t-25)(t+2)\ (\because t>4)$

$2t^2-29t+84=6t^2-38t-100$

$4t^2-9t-184=0,\ (4t+23)(t-8)=0$

$\therefore t=8\ (\because t>4)$

즉, $f'(8)=3$이므로 $\rightarrow$ 직선 PQ의 기울기가 3이므로

$2a\times 4\times(-1)=3$ $\therefore a=-\dfrac{3}{8}$

$\therefore f(x)=-\dfrac{3}{8}(x-4)^2(2x-21)$

5단계 $p+q$의 값을 구해 보자.

$g(10)=f(10)=-\dfrac{3}{8}\times 6^2\times(-1)=\dfrac{27}{2}$

따라서 $p=2,\ q=27$이므로

$p+q=2+27=29$

093   정답률 ▶ 확: 2%, 미: 10%, 기: 7%   답 380

1단계 주어진 조건의 의미를 알아보자.

주어진 조건을 만족시키려면 두 점 $(x_1,\ f(x_1))$, $(x_2,\ f(x_2))$를 지나는 직선의 기울기 $\dfrac{f(x_1)-f(x_2)}{x_1-x_2}$와 두 점 $(x_2,\ f(x_2))$, $(x_3,\ f(x_3))$을 지나는 직선의 기울기 $\dfrac{f(x_2)-f(x_3)}{x_2-x_3}$의 부호가 서로 다른 세 실수 $x_1,\ x_2,\ x_3$이 열린구간 $\left(k,\ k+\dfrac{3}{2}\right)$에 존재해야 한다.

즉, 함수 $f(x)$가 극대 또는 극소인 점이 열린구간 $\left(k,\ k+\dfrac{3}{2}\right)$에 존재해야 한다.

2단계 a의 값의 범위에 따라 경우를 나누어 조건을 만족시키는 함수 $f(x)$를 구해 보자.

$f(x)=x^3-2ax^2$에서

$f'(x)=3x^2-4ax=x(3x-4a)$

$f'(x)=0$에서 $x=0$ 또는 $x=\dfrac{4}{3}a$

(ⅰ) $a>0$일 때

함수 $f(x)$의 증가와 감소를 표로 나타내면 다음과 같다.

x	$\cdots$	0	$\cdots$	$\dfrac{4}{3}a$	$\cdots$
$f'(x)$	$+$	0	$-$	0	$+$
$f(x)$	↗	0	↘	$-\dfrac{32}{27}a^3$	↗

즉, 함수 $y=f(x)$의 그래프의 개형은 오른쪽 그림과 같다.

$k=-1$일 때, $x=0$이 열린구간 $\left(-1, \dfrac{1}{2}\right)$에 존재하므로 주어진 조건 을 만족시킨다.

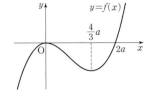

또한, $x=\dfrac{4}{3}a$가 열린구간 $\left(k, k+\dfrac{3}{2}\right)$에 존재하려면

$$k<\dfrac{4}{3}a<k+\dfrac{3}{2} \quad \therefore \dfrac{4}{3}a-\dfrac{3}{2}<k<\dfrac{4}{3}a \quad \cdots\cdots \bigcirc$$

이때 조건을 만족시키는 모든 정수 k의 값의 곱이 -12가 되려면 $k=3$, $k=4$가 $\bigcirc$을 만족시켜야 하므로

$$\dfrac{4}{3}a-\dfrac{3}{2}<3, \ \dfrac{4}{3}a>4 \quad \therefore 3<a<\dfrac{27}{8}$$

그런데 정수 a가 존재하지 않으므로 이 경우는 조건을 만족시키지 않는다.

(ii) $a<0$일 때

함수 $f(x)$의 증가와 감소를 표로 나타내면 다음과 같다.

x	$\cdots$	$\dfrac{4}{3}a$	$\cdots$	0	$\cdots$
$f'(x)$	$+$	0	$-$	0	$+$
$f(x)$	↗	$-\dfrac{32}{27}a^3$	↘	0	↗

즉, 함수 $y=f(x)$의 그래프의 개형 은 오른쪽 그림과 같다.

$k=-1$일 때, $x=0$이 열린구간 $\left(-1, \dfrac{1}{2}\right)$에 존재하므로 주어진 조 건을 만족시킨다.

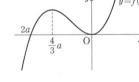

또한, $x=\dfrac{4}{3}a$가 열린구간 $\left(k, k+\dfrac{3}{2}\right)$에 존재하려면

$$k<\dfrac{4}{3}a<k+\dfrac{3}{2} \quad \therefore \dfrac{4}{3}a-\dfrac{3}{2}<k<\dfrac{4}{3}a \quad \cdots\cdots \bigcirc$$

이때 조건을 만족시키는 모든 정수 k의 값의 곱이 -12가 되려면 $k=-4$, $k=-3$이 $\bigcirc$을 만족시켜야 하므로

$$\dfrac{4}{3}a-\dfrac{3}{2}<-4, \ \dfrac{4}{3}a>-3 \quad \therefore -\dfrac{9}{4}<a<-\dfrac{15}{8}$$

즉, 정수 a의 값은 $a=-2$이므로

$$f(x)=x^3+4x^2$$

(i), (ii)에서 $f(x)=x^3+4x^2$

3단계 $f'(10)$의 값을 구해 보자.

$f'(x)=3x^2+8x$이므로

$$f'(10)=300+80=380$$

094 정답률 ▶ 확: 2%, 미: 8%, 기: 7% 답 729

1단계 $\displaystyle\lim_{x\to k}\dfrac{g(x)-g(k)}{|x-k|}$의 값이 존재함을 이용해 보자.

$\displaystyle\lim_{x\to k}\dfrac{g(x)-g(k)}{|x-k|}$의 값이 존재하므로

$$\lim_{x\to k+}\dfrac{g(x)-g(k)}{|x-k|}=\lim_{x\to k-}\dfrac{g(x)-g(k)}{|x-k|}$$

이다.

$$\begin{aligned}\lim_{x\to k+}\dfrac{g(x)-g(k)}{|x-k|}&=\lim_{x\to k+}\left\{\dfrac{g(x)-g(k)}{x-k}\times\dfrac{x-k}{|x-k|}\right\}\\&=\lim_{x\to k+}\dfrac{g(x)-g(k)}{x-k}\times\dfrac{x-k}{x-k}\\&=\lim_{x\to k+}\dfrac{g(x)-g(k)}{x-k},\end{aligned}$$

$$\begin{aligned}\lim_{x\to k-}\dfrac{g(x)-g(k)}{|x-k|}&=\lim_{x\to k-}\left\{\dfrac{g(x)-g(k)}{x-k}\times\dfrac{x-k}{|x-k|}\right\}\\&=\lim_{x\to k-}\dfrac{g(x)-g(k)}{x-k}\times\dfrac{x-k}{-(x-k)}\\&=-\lim_{x\to k-}\dfrac{g(x)-g(k)}{x-k}\end{aligned}$$

에서

$$\lim_{x\to k+}\dfrac{g(x)-g(k)}{x-k}=-\lim_{x\to k-}\dfrac{g(x)-g(k)}{x-k}$$

이므로 함수 $g(x)$의 $x=k$에서의 미분계수가 0이거나 함수 $g(x)$의 우미 분계수와 좌미분계수의 절댓값이 같고 부호가 반대이어야 한다.

즉, $g'(k)=0$ 또는 $g(k)=0$이어야 하므로

$$f'(k)=0 \ \text{또는} \ f(k)=t \quad \cdots\cdots \bigcirc$$

이어야 한다.

2단계 방정식 $f'(x)=0$의 서로 다른 실근의 개수에 따라 경우를 나누어 조건을 만족시키는 함수 $f(x)$를 구해 보자.

최고차항의 계수가 1인 사차함수 $f(x)$에 대하여 도함수 $f'(x)$는 최고차 항의 계수가 4인 삼차함수이므로 삼차방정식 $f'(x)=0$의 서로 다른 실근 의 개수는 1 또는 2 또는 3이다.

(i) 삼차방정식 $f'(x)=0$의 서로 다른 실근의 개수가 1인 경우

삼차함수 $y=f'(x)$의 그래프의 개형에 따른 사차함수 $y=f(x)$의 그래프의 개형은 오른쪽 그림과 같다.

함수 $y=f'(x)$의 그래프에서 $f'(k)=0$ 을 만족시키는 실수 k를 k_1이라 하자.

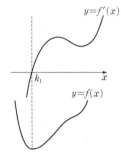

$\bigcirc$에 의하여 함수 $y=h(t)$의 그래프 는 오른쪽 그림과 같으므로 불연속인 실수 t의 개수는 1이다.

즉, 조건 (나)를 만족시키지 않는다.

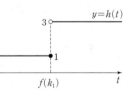

(ii) 삼차방정식 $f'(x)=0$의 서로 다른 실근의 개수가 2인 경우

삼차함수 $y=f'(x)$의 그래프의 개형에 따른 사차함수 $y=f(x)$의 그래프의 개형 은 오른쪽 그림과 같다.

함수 $y=f'(x)$의 그래프에서 $f'(k)=0$ 을 만족시키는 실수 k를 k_2, k_3이라 하자.

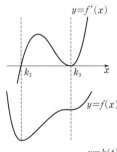

$\bigcirc$에 의하여 함수 $y=h(t)$의 그래프 는 오른쪽 그림과 같으므로 조건 (나) 를 만족시키려면

$$f(k_2)=-60, \ f(k_3)=4$$

이어야 한다.

그런데 $\displaystyle\lim_{t\to 4+}h(t)=4$이므로 조건 (가)를 만족시키지 않는다.

(iii) 삼차방정식 $f'(x)=0$의 서로 다른 실근의 개수가 3인 경우

삼차함수 $y=f'(x)$의 그래프의 개형에 따른 사차함수 $y=f(x)$의 그래프의 개형은 다음 그림과 같다.

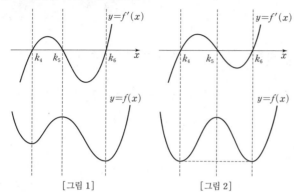

[그림 1]   [그림 2]

함수 $y=f'(x)$의 그래프에서 $f'(k)=0$을 만족시키는 실수 k를 k_4, k_5, k_6이라 하자.

ⓐ [그림 1]의 경우

㉠에 의하여 함수 $y=h(t)$의 그래프는 오른쪽 그림과 같으므로 불연속인 실수 t의 개수는 3이다.

즉, 조건 (나)를 만족시키지 않는다.

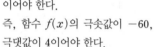

ⓑ [그림 2]의 경우

㉠에 의하여 함수 $y=h(t)$의 그래프는 오른쪽 그림과 같으므로 조건 (나)를 만족시키려면

$f(k_4)=f(k_6)=-60$, $f(k_5)=4$

이어야 한다.

즉, 함수 $f(x)$의 극솟값이 -60, 극댓값이 4이어야 한다.

이때 $f(2)=4$이고 $f'(2)>0$이므로 오른쪽 그림과 같이 방정식 $f(x)=4$의 서로 다른 세 실근 중 가장 큰 실근은 2이다.

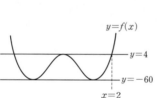

한편, 오른쪽 그림과 같이 함수 $f(x)$의 극대인 점이 원점에 오도록 함수 $y=f(x)$의 그래프를 평행이동한 그래프를 나타내는 함수를 $p(x)$라 하면 함수 $p(x)$의 극솟값은 -64, 극댓값은 0이다.

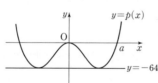

함수 $y=p(x)$의 그래프가 y축에 대하여 대칭이므로 양수 a에 대하여 $p(a)=p(-a)=0$이라 하면

$p(x)=x^2(x+a)(x-a)=x^4-a^2x^2$

이라 할 수 있다.

$p'(x)=4x^3-2a^2x=2x(\sqrt{2}x+a)(\sqrt{2}x-a)$이므로 $p'(x)=0$에서

$x=-\dfrac{a}{\sqrt{2}}$ 또는 $x=0$ 또는 $x=\dfrac{a}{\sqrt{2}}$

즉, 함수 $p(x)$는 $x=-\dfrac{a}{\sqrt{2}}$ 또는 $x=\dfrac{a}{\sqrt{2}}$에서 극솟값 -64를 가지

므로 $p\left(\dfrac{a}{\sqrt{2}}\right)=-64$에서

$\dfrac{a^4}{4}-\dfrac{a^4}{2}=-64$, $\dfrac{a^4}{4}=64$ $\therefore a=4$ $(\because a>0)$

$\therefore p(x)=x^2(x+4)(x-4)=x^4-16x^2$

또한, 방정식 $p(x)=0$, 즉 $x^2(x+4)(x-4)=0$의 서로 다른 세 실근 중 가장 큰 실근은 4이므로 함수 $y=f(x)$의 그래프는 함수 $y=p(x)$의 그래프를 x축의 방향으로 -2만큼, y축의 방향으로 4만큼 평행이동한 것이다.

$\therefore f(x)=(x+2)^2(x+6)(x-2)+4$

3단계 $f(4)+h(4)$의 값을 구해 보자.

(i), (ii), (iii)에서 $h(4)=5$이고,

$f(x)=(x+2)^2(x+6)(x-2)+4$이므로

$f(4)=36\times10\times2+4=724$

$\therefore f(4)+h(4)=724+5=729$

---

095   정답률 ▶ 확: 6%, 미: 24 %, 기: 16%   **답 2**

1단계 $h(x)=x^3-3x+8$이라 하고, 함수 $y=h(x)$의 그래프의 개형을 그려 보자.

$h(x)=x^3-3x+8$이라 하면

$h'(x)=3x^2-3=3(x+1)(x-1)$

$h'(x)=0$에서 $x=-1$ 또는 $x=1$

함수 $h(x)$의 증가와 감소를 표로 나타내면 다음과 같다.

x	$\cdots$	-1	$\cdots$	1	$\cdots$
$h'(x)$	$+$	0	$-$	0	$+$
$h(x)$	↗	10	↘	6	↗

함수 $h(x)$의 극솟값이 양수이므로 함수 $y=h(x)$의 그래프는 x축과 한 점에서 만난다.

즉, 방정식 $h(x)=0$은 한 개의 실근 $x=a$를 갖고,

$f(x)=\begin{cases} -h(x) & (x<a) \\ h(x) & (x\geq a) \end{cases}$이므로 함수 $y=f(x)$의 그래프는 오른쪽 그림과 같다.

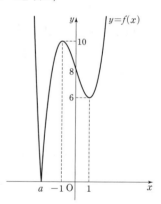

2단계 방정식 $f(t)=f(t+2)$의 해를 구해 보자.

오른쪽 그림과 같이 $a-2<t<a$일 때,

$-t^3+3t-8=(t+2)^3-3(t+2)+8$

$t^3+3t^2+3t+9=0$

$(t+3)(t^2+3)=0$

$\therefore t=-3$

$t\leq a-2$ 또는 $t\geq a$일 때,

$t^3-3t+8=(t+2)^3-3(t+2)+8$

$3t^2+6t+1=0$

$\therefore t=\dfrac{-3\pm\sqrt{6}}{3}$

이때 조건을 만족시키는 t의 값을 b라 하면

$b>-1$이므로 $b=\dfrac{-3+\sqrt{6}}{3}$

3단계 함수 $y=g(t)$의 식을 세워 보자.

$t\le x\le t+2$에서 실수 t의 값에 따라 경우를 나누어 $f(x)$의 최댓값을 구하면 다음과 같다.

$t<-3$일 때, $g(t)=f(t)=-h(t)$

$-3\le t\le -1$일 때, $g(t)=f(-1)=10$

$-1<t\le b$일 때, $g(t)=f(t)=h(t)$

$t>b$일 때, $g(t)=f(t+2)$

따라서

$$g(t)=\begin{cases} -t^3+3t-8 & (t<-3) \\ 10 & (-3\le t\le -1) \\ t^3-3t+8 & (-1<t\le b) \\ t^3+6t^2+9t+10 & (t>b) \end{cases}$$

4단계 함수 $g(t)$의 $t=-3$, $t=-1$, $t=b$에서 미분가능성을 판별해 보자.

$\lim\limits_{t\to-3+}g(t)=\lim\limits_{t\to-3-}g(t)=g(-3)=10$,

$\lim\limits_{t\to-1+}g(t)=\lim\limits_{t\to-1-}g(t)=g(-1)=10$,

$\lim\limits_{t\to b+}g(t)=\lim\limits_{t\to b-}g(t)=g(b)$

이므로 $g(t)$는 실수 전체의 집합에서 연속이다.

$\lim\limits_{t\to-3+}\dfrac{g(t)-g(-3)}{t-(-3)}=0$,

$\lim\limits_{t\to-3-}\dfrac{g(t)-g(-3)}{t-(-3)}=\lim\limits_{t\to-3-}\dfrac{(t+3)(-t^2+3t-6)}{t+3}$

$\qquad\qquad\qquad\qquad=\lim\limits_{t\to-3-}(-t^2+3t-6)=-24$

이므로 $g(t)$는 $t=-3$에서 미분가능하지 않다.

$\lim\limits_{t\to-1+}\dfrac{g(t)-g(-1)}{t-(-1)}=\lim\limits_{t\to-1+}\dfrac{(t+1)(t^2-t-2)}{t+1}$

$\qquad\qquad\qquad\qquad=\lim\limits_{t\to-1+}(t^2-t-2)=0$,

$\lim\limits_{t\to-1-}\dfrac{g(t)-g(-1)}{t-(-1)}=0$

이므로 $g(t)$는 $t=-1$에서 미분가능하다.

$\lim\limits_{t\to b+}\dfrac{g(t)-g(b)}{t-b}$

$=\lim\limits_{t\to b+}\dfrac{(t-b)\{t^2+(6+b)t+b^2+6b+9\}}{t-b}$

$=\lim\limits_{t\to b+}\{t^2+(6+b)t+b^2+6b+9\}$

$=3b^2+12b+9$,

$\lim\limits_{t\to b-}\dfrac{g(t)-g(b)}{t-b}=\lim\limits_{t\to b-}\dfrac{(t-b)(t^2+bt+b^2-3)}{t-b}$

$\qquad\qquad\qquad\qquad=\lim\limits_{t\to b-}(t^2+bt+b^2-3)=3b^2-3$

$b>-1$이므로 $3b^2+12b+9\ne 3b^2-3$

즉, $g(t)$는 $t=b$에서 미분가능하지 않다.

5단계 두 실수 α, β를 구한 후 $m+n$의 값을 구해 보자.

함수 $g(t)$는 $t=-3$, $t=b$에서 미분가능하지 않으므로

$\alpha=-3$, $\beta=b=\dfrac{-3+\sqrt6}{3}$

따라서 $\alpha\beta=3-\sqrt6$이므로 $m=3$, $n=-1$

$\therefore m+n=3+(-1)=2$

정답률 ▶ 확: 1%, 미: 5%, 기: 3%　　　　　**답 483**

1단계 주어진 조건을 이용하여 함수 $f(x)$에 대하여 알아보자.

함수 $f(x)$는 최고차항의 계수가 1인 삼차함수이므로 방정식 $f(x)=0$은 1개 이상 3개 이하의 실근을 갖는다.

또한, 함수 $f(x)$에 대하여 $f(k-1)f(k+1)<0$을 만족시키는 정수 k가 존재하지 않으므로 모든 정수 k에 대하여 $f(k-1)f(k+1)\ge 0$을 만족시킨다.

2단계 방정식 $f(x)=0$의 근의 개수에 따라 경우를 나누어 함수의 그래프의 개형을 그려 보고, 조건을 만족시키는 함수 $f(x)$를 구해 보자.

(ⅰ) 방정식 $f(x)=0$의 실근의 개수가 1인 경우

　방정식 $f(x)=0$의 실근을 α라 할 때, α보다 작은 수 중 가장 큰 정수를 m이라 하면

　$f(m)<0$, $f(m+1)>0$, $f(m+2)>0$

　즉, $f(m)f(m+2)<0$이 되어 주어진 조건을 만족시키지 않는다.

(ⅱ) 방정식 $f(x)=0$의 실근의 개수가 2인 경우

　방정식 $f(x)=0$의 두 실근을 α, β $(\alpha<\beta)$라 하면

　$f(x)=(x-\alpha)(x-\beta)^2$ 또는 $f(x)=(x-\alpha)^2(x-\beta)$

　ⓐ $f(x)=(x-\alpha)(x-\beta)^2$일 때

　　함수 $y=f(x)$의 그래프의 개형은 오른쪽 그림과 같다.

　　α보다 작은 수 중 가장 큰 정수를 m이라 하면

　　$f(m-1)<0$, $f(m)<0$, $f(m+1)\ge 0$, $f(m+2)\ge 0$

　　이때 주어진 조건을 만족시키려면

　　$f(m-1)f(m+1)\ge 0$, $f(m)f(m+2)\ge 0$

　　이어야 하므로

　　$f(m+1)=0$, $f(m+2)=0$이어야 한다.

　　$\therefore m+1=\alpha$, $m+2=\beta$

　　그런데 $f'\left(-\dfrac14\right)<0$, $f'\left(\dfrac14\right)<0$이므로

　　$x=-\dfrac14$, $x=\dfrac14$은 함수 $y=f(x)$의 그래프가 감소하는 구간에 속한다.

　　즉, $\alpha<-\dfrac14$, $\beta>\dfrac14$이어야 하므로

　　$m+1<-\dfrac14$, $m+2>\dfrac14$에서

　　$m<-\dfrac54$, $m>-\dfrac74$

　　그런데 위의 부등식을 동시에 만족시키는 정수 m은 존재하지 않는다.

　ⓑ $f(x)=(x-\alpha)^2(x-\beta)$일 때

　　함수 $y=f(x)$의 그래프의 개형은 오른쪽 그림과 같다.

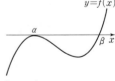

　　β보다 큰 수 중 가장 작은 정수를 n이라 하면

　　$f(n-2)\le 0$, $f(n-1)\le 0$, $f(n)>0$, $f(n+1)>0$

　　이때 주어진 조건을 만족시키려면

　　$f(n-2)f(n)\ge 0$, $f(n-1)f(n+1)\ge 0$

　　이어야 하므로

　　$f(n-2)=0$, $f(n-1)=0$이어야 한다.

　　$\therefore n-2=\alpha$, $n-1=\beta$

　　그런데 $\alpha<-\dfrac14$, $\beta>\dfrac14$이어야 하므로

　　$n-2<-\dfrac14$, $n-1>\dfrac14$에서

　　$n<\dfrac74$, $n>\dfrac54$

　　그런데 위의 부등식을 동시에 만족시키는 정수 n은 존재하지 않는다.

(iii) 방정식 $f(x)=0$의 실근의 개수가 3인 경우

방정식 $f(x)=0$의 세 실근을 α, β, γ $(\alpha<\beta<\gamma)$라 하면

$f(x)=(x-\alpha)(x-\beta)(x-\gamma)$

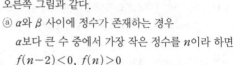

이고, 함수 $y=f(x)$의 그래프의 개형은 오른쪽 그림과 같다.

ⓐ α와 β 사이에 정수가 존재하는 경우

α보다 큰 수 중에서 가장 작은 정수를 n이라 하면

$f(n-2)<0$, $f(n)>0$

그런데 $f(n-2)f(n)<0$이 되어 주어진 조건을 만족시키지 않는다.

ⓑ α와 β 사이에 정수가 존재하지 않는 경우

① β와 γ 사이에 정수가 존재하는 경우

γ보다 작은 수 중 가장 큰 정수를 m이라 하면

$f(m)<0$, $f(m+2)>0$

그런데 $f(m)f(m+2)<0$이 되어 주어진 조건을 만족시키지 않는다.

② β와 γ 사이에 정수가 존재하지 않는 경우

γ보다 작은 수 중 가장 큰 정수를 m이라 하면 $\longrightarrow m=\beta$ 또는 $m\leq\alpha$

$f(m-1)\leq0$, $f(m)\leq0$, $f(m+1)\geq0$, $f(m+2)>0$

이때 주어진 조건을 만족시키려면

$f(m-1)f(m+1)\geq0$, $f(m)f(m+2)\geq0$이어야 하므로

$f(m-1)=0$ 또는 $f(m+1)=0$이고, $f(m)=0$이어야 한다.

$\therefore m-1=\alpha$ 또는 $m+1=\gamma$, $m=\beta$

그런데 $f'\left(-\dfrac{1}{4}\right)<0$, $f'\left(\dfrac{1}{4}\right)<0$이고, β는 함수 $y=f(x)$의 그래프가 감소하는 구간에 속하는 유일한 정수이므로

$\beta=0$

$\therefore \alpha=-1$ 또는 $\gamma=1$

• $\alpha=-1$, $\beta=0$인 경우

$f(x)=(x+1)x(x-\gamma)=(x^2+x)(x-\gamma)$이므로

$f'(x)=(2x+1)(x-\gamma)+(x^2+x)$에서

$f'\left(-\dfrac{1}{4}\right)=\left(-\dfrac{1}{2}+1\right)\left(-\dfrac{1}{4}-\gamma\right)+\left(\dfrac{1}{16}-\dfrac{1}{4}\right)$

$=\left(-\dfrac{1}{8}-\dfrac{\gamma}{2}\right)-\dfrac{3}{16}=-\dfrac{5}{16}-\dfrac{\gamma}{2}$

이고, $f'\left(-\dfrac{1}{4}\right)=-\dfrac{1}{4}$에서

$-\dfrac{5}{16}-\dfrac{\gamma}{2}=-\dfrac{1}{4}$, $\dfrac{\gamma}{2}=-\dfrac{1}{16}$

$\therefore \gamma=-\dfrac{1}{8}$

그런데 $\beta<\gamma$를 만족시키지 않는다.

• $\beta=0$, $\gamma=1$인 경우

$f(x)=(x-\alpha)x(x-1)=(x-\alpha)(x^2-x)$이므로

$f'(x)=(x^2-x)+(x-\alpha)(2x-1)$에서

$f'\left(-\dfrac{1}{4}\right)=\left(\dfrac{1}{16}+\dfrac{1}{4}\right)+\left(-\dfrac{1}{4}-\alpha\right)\left(-\dfrac{1}{2}-1\right)$

$=\dfrac{5}{16}+\left(\dfrac{3}{8}+\dfrac{3}{2}\alpha\right)=\dfrac{11}{16}+\dfrac{3}{2}\alpha$

이고, $f'\left(-\dfrac{1}{4}\right)=-\dfrac{1}{4}$에서

$\dfrac{11}{16}+\dfrac{3}{2}\alpha=-\dfrac{1}{4}$, $\dfrac{3}{2}\alpha=-\dfrac{15}{16}$

$\therefore \alpha=-\dfrac{5}{8}$

$\therefore f(x)=\left(x+\dfrac{5}{8}\right)(x^2-x)$

(i), (ii), (iii)에서 $f(x)=\left(x+\dfrac{5}{8}\right)(x^2-x)$

3단계 $f(8)$의 값을 구해 보자.

$f(8)=\left(8+\dfrac{5}{8}\right)\times(64-8)=483$

---

097 정답률 ▸ 확: 4%, 미: 16%, 기: 9%　　　　**답 486**

1단계 두 조건 (가), (나)를 이용하여 함수 $g(x)$에 대하여 알아보자.

조건 (가)에서 함수 $g(x)$가 $x=t$에서 불연속이면 미분가능하지 않고, 조건 (나)에서 함수 $g(x)$가 $x=t$에서 미분가능하지 않은 실수 t의 개수는 2이므로 $x=t$에서 연속이지만 미분가능하지 않은 실수 t의 개수는 1이다. 즉, 함수 $g(x)$가 불연속인 실수 x와 연속이지만 미분가능하지 않은 실수 x의 개수는 각각 1이다.

2단계 함수 $g(x)$가 $x=t$에서 불연속일 경우를 알아보자.

함수 $f(x)$는 최고차항의 계수가 1인 삼차함수이므로 실수 전체의 집합에서 연속이고 미분가능하다.

이때 실수 t에 대하여 $f(t)>0$이면 $g(x)=f(x)+x$이므로 함수 $g(x)$는 $x=t$에서 연속이면서 미분가능하고, $f(t)<0$이면 $g(x)=2f(x)$이므로 함수 $g(x)$는 $x=t$에서 연속이면서 미분가능하다.

즉, 함수 $g(x)$는 $f(t)=0$인 $x=t$에서 불연속이거나 연속이지만 미분가능하지 않을 수 있으므로 $x=t$의 좌우에서 $f(x)$의 부호에 따라 경우를 나누어 생각해 보자.

(i) $x=t$의 좌우에서 $f(x)$의 부호가 서로 다른 경우

$\displaystyle\lim_{x\to t+}g(x)=\lim_{x\to t+}\{f(x)+x\}=f(t)+t=t$,

$\displaystyle\lim_{x\to t-}g(x)=\lim_{x\to t-}2f(x)=2f(t)=0$,

$g(t)=f(t)+t=t$

에서 $t=0$

또는

$\displaystyle\lim_{x\to t+}g(x)=\lim_{x\to t+}2f(x)=0$,

$\displaystyle\lim_{x\to t-}g(x)=\lim_{x\to t-}\{f(x)+x\}=f(t)+t=t$,

$g(t)=f(t)+t=t$

에서 $t=0$

즉, 함수 $g(x)$는 $x=t$에서 $t=0$이면 연속이고 $t\neq0$이면 불연속이다. ...... ㉠

(ii) $x=t$의 좌우에서 $f(x)$의 부호가 모두 양인 경우

$\displaystyle\lim_{x\to t+}g(x)=\lim_{x\to t+}\{f(x)+x\}=f(t)+t=t$,

$\displaystyle\lim_{x\to t-}g(x)=\lim_{x\to t-}\{f(x)+x\}=f(t)+t=t$,

$g(t)=f(t)+t=t$

에서 $\displaystyle\lim_{x\to t+}g(x)=\lim_{x\to t-}g(x)=g(t)$

즉, 함수 $g(x)$는 $x=t$에서 연속이다. ...... ㉡

(iii) $x=t$의 좌우에서 $f(x)$의 부호가 모두 음인 경우

$\displaystyle\lim_{x\to t+}g(x)=\lim_{x\to t+}2f(x)=2f(t)=0$,

$\displaystyle\lim_{x\to t-}g(x)=\lim_{x\to t-}2f(x)=2f(t)=0$,

$g(t)=f(t)+t=t$

에서 $t=0$

즉, 함수 $g(x)$는 $x=t$에서 $t=0$이면 연속이고 $t\neq0$이면 불연속이다. ...... ㉢

(i), (ii), (iii)에서 함수 $g(x)$는 $x=t$ $(t\neq0)$의 좌우에서 $f(x)$의 부호가 서로 다르거나 모두 음인 경우에만 불연속이다. ...... ㉣

3단계 두 조건 (가), (나)를 만족시키는 함수 $f(x)$에 대하여 알아보자.

방정식 $f(x)=0$의 실근의 개수에 따라 경우를 나누어 생각해 보자.

방정식 $f(x)=0$의 서로 다른 실근의 개수가 1일 때, 함수 $g(x)$가 $x=t$에서 미분가능하지 않은 t의 개수는 최대 1이므로 조건 (나)를 만족시키지 않는다.

방정식 $f(x)=0$의 서로 다른 실근의 개수가 3일 때, 함수 $g(x)$가 $x=t$에서 미분가능하지 않은 t의 개수는 방정식 $f(x)=0$의 서로 다른 세 실근 중에서 한 근이 0일 때 최소이다.

이때 0이 아닌 서로 다른 실근의 개수가 2이므로 함수 $g(x)$가 $x=t$에서 불연속인 t의 개수가 최소 2이다.

즉, 조건 (가)를 만족시키지 않는다.

그러므로 방정식 $f(x)=0$의 서로 다른 실근의 개수가 2일 때 조건 (나)를 만족시킨다.

두 실수 a, b $(a<b)$에 대하여

(a) $f(x)=(x-a)(x-b)^2$인 경우

함수 $y=f(x)$의 그래프의 개형은 오른쪽 그림과 같으므로 함수 $g(x)$는 $x=b$에서 연속이다. ($\because$ (ii))

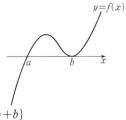

한편,

$$\lim_{h\to0+}\frac{g(b+h)-g(b)}{h}$$

$$=\lim_{h\to0+}\frac{\{f(b+h)+(b+h)\}-\{f(b)+b\}}{h}$$

$$=\lim_{h\to0+}\frac{\{(b+h-a)h^2+(b+h)\}-b}{h}$$

$$=\lim_{h\to0+}\frac{(b+h-a)h^2+h}{h}=1$$

위와 같은 방법으로 $\displaystyle\lim_{h\to0-}\frac{g(b+h)-g(b)}{h}=1$

$\therefore g'(b)=1$

즉, 함수 $g(x)$가 $x=t$에서 미분가능하지 않은 실수 t의 개수가 최대 1이므로 조건 (나)를 만족시키지 않는다. $\leftarrow$ $a\neq0$이면 불연속이므로

(b) $f(x)=(x-a)^2(x-b)$인 경우

ⓐ $a\neq0$, $b\neq0$일 때

함수 $y=f(x)$의 그래프의 개형은 오른쪽 그림과 같으므로 함수 $g(x)$는 $x=a$, $x=b$에서 불연속이다. ($\because$ (i), (iii))

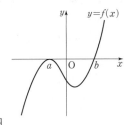

즉, 조건 (가)를 만족시키지 않는다.

ⓑ $a=0$, $b\neq0$, 즉 $f(x)=x^2(x-b)$일 때

함수 $y=f(x)$의 그래프의 개형은 오른쪽 그림과 같으므로 함수 $g(x)$는 $x=0$에서 연속이고 $x=b$에서 불연속이다. ($\because$ (i), (iii))

한편, $g(0)=f(0)+0=0$이므로

$$\lim_{h\to0+}\frac{g(0+h)-g(0)}{h}=\lim_{h\to0+}\frac{2f(h)}{h}$$

$$=\lim_{h\to0+}\frac{2h^2(h-b)}{h}=0$$

위와 같은 방법으로 $\displaystyle\lim_{h\to0-}\frac{g(0+h)-g(0)}{h}=0$

$\therefore g'(0)=0$

즉, 함수 $g(x)$가 $x=t$에서 미분가능하지 않은 실수 t의 개수가 1이므로 조건 (나)를 만족시키지 않는다. $\leftarrow$ $x=b$에서 불연속이므로

ⓒ $a\neq0$, $b=0$, 즉 $f(x)=x(x-a)^2$일 때

함수 $y=f(x)$의 그래프의 개형은 오른쪽 그림과 같으므로 함수 $g(x)$는 $x=a$에서 불연속이고 $x=0$에서 연속이다. ($\because$ (i), (iii))

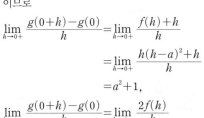

이때

$g(0)=f(0)+0=0$

이므로

$$\lim_{h\to0+}\frac{g(0+h)-g(0)}{h}=\lim_{h\to0+}\frac{f(h)+h}{h}$$

$$=\lim_{h\to0+}\frac{h(h-a)^2+h}{h}$$

$$=a^2+1,$$

$$\lim_{h\to0-}\frac{g(0+h)-g(0)}{h}=\lim_{h\to0-}\frac{2f(h)}{h}$$

$$=\lim_{h\to0-}\frac{2h(h-a)^2}{h}$$

$$=2a^2$$

에서 $a^2+1\neq2a^2$

$\therefore a^2\neq1$

따라서 $a^2\neq1$일 때, 함수 $g(x)$는 $x=0$에서 미분가능하지 않다.

ⓐ, ⓑ, ⓒ에서 $f(x)=x(x-a)^2$ $(a<0, a^2\neq1)$

두 조건 (가), (나)를 만족시키는 함수 $f(x)$는

$f(x)=x(x-a)^2$ $(a<0, a\neq-1)$

4단계 $f(6)$의 값을 구해 보자.

$f(-2)=-2$이므로

$f(-2)=(-2)\times(-2-a)^2=-2$

$(a+2)^2=1$에서 $a+2=\pm1$

$\therefore a=-3$ ($\because a^2\neq1$)

따라서 $f(x)=x(x+3)^2$이므로

$f(6)=486$

다른 풀이

함수 $g(x)=\begin{cases}f(x)+x & (f(x)\geq0) \\ 2f(x) & (f(x)<0)\end{cases}$에서

함수 $g(x)-f(x)=\begin{cases}x & (f(x)\geq0) \\ f(x) & (f(x)<0)\end{cases}$

이라 하자.

조건 (가), (나)에 의하여 함수 $g(x)-f(x)$가 불연속인 실수 x와 연속이지만 미분가능하지 않은 실수 x의 개수는 각각 1이다.

이때 실수 t에 대하여

$f(t)>0$이면 $g(x)-f(x)=x$이므로 함수 $g(x)-f(x)$는 $x=t$에서 연속이면서 미분가능하고,

$f(t)<0$이면 $g(x)-f(x)=f(x)$이므로 함수 $g(x)-f(x)$는 $x=t$에서 연속이면서 미분가능하다.

즉, $f(t)=0$인 $x=t$에서 불연속이거나 연속이지만 미분가능하지 않을 수 있다.

방정식 $f(x)=0$의 실근의 개수에 따라 경우를 나누어 보면 다음과 같다.

(i) 삼차방정식 $f(x)=0$의 서로 다른 실근의 개수가 1 또는 3인 경우

실근의 개수가 1이면 함수 $g(x)-f(x)$가 $x=t$에서 미분가능하지 않은 t의 개수가 최대 1이므로 조건 (나)를 만족시키지 않는다.

실근의 개수가 3이면 함수 $g(x)-f(x)$가 $x=t$에서 불연속인 t의 개수가 2 또는 3이므로 조건 (가)를 만족시키지 않는다.

(ii) 삼차방정식 $f(x)=0$의 서로 다른 실근의 개수가 2인 경우

ⓐ $f(x)=x^2(x-\alpha)$인 경우

오른쪽 그림과 같이 함수 $g(x)-f(x)$가 $x=t$에서 미분가능하지 않은 t의 개수가 1개이므로 조건 (나)를 만족시키지 않는다.

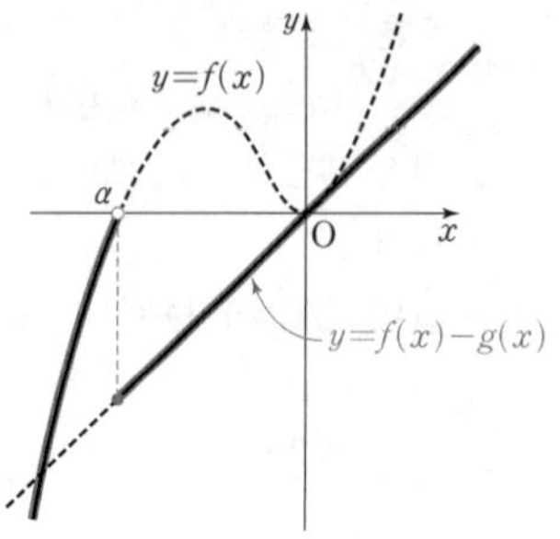

ⓑ $f(x)=x(x-\alpha)^2$인 경우

오른쪽 그림과 같이 함수 $g(x)-f(x)$가 $x=\alpha$에서 불연속이고, $x=0$에서 연속이면서 미분가능하지 않으므로 조건 (가), (나)를 만족시킨다.

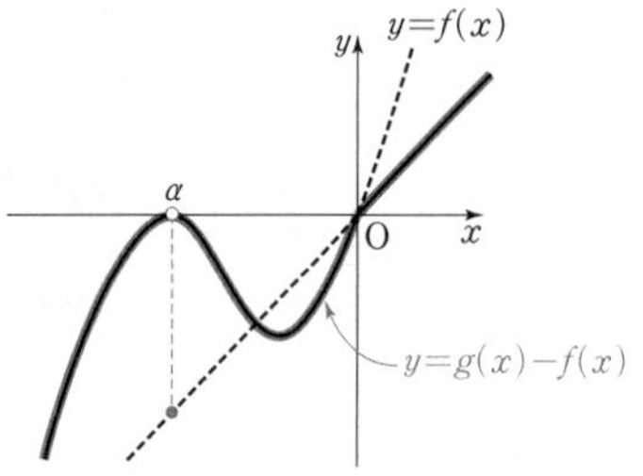

(i), (ii)에서 $f(x)=x(x-\alpha)^2$

이때 $f(-2)=-2$이므로

$f(-2)=(-2)\times(-2-\alpha)^2=-2$

$\therefore\ \alpha=-1$ 또는 $\alpha=-3$

(i) $\alpha=-1$, 즉 $f(x)=x(x+1)^2$인 경우

$$\lim_{x\to0+}\frac{\{g(0+h)-f(0+h)\}-\{g(0)-f(0)\}}{h}=\lim_{x\to0+}\frac{h-0}{h}=1,$$

$$\lim_{x\to0-}\frac{\{g(0+h)-f(0+h)\}-\{g(0)-f(0)\}}{h}=\lim_{x\to0-}\frac{h(h+1)^2}{h}=1$$

에서 함수 $g(x)-f(x)$가 $x=0$에서 미분가능하므로 조건 (나)를 만족시키지 않는다.

(ii) $\alpha=-3$, 즉 $f(x)=x(x+3)^2$인 경우

$$\lim_{x\to0+}\frac{\{g(0+h)-f(0+h)\}-\{g(0)-f(0)\}}{h}=\lim_{x\to0+}\frac{h-0}{h}=1,$$

$$\lim_{x\to0-}\frac{\{g(0+h)-f(0+h)\}-\{g(0)-f(0)\}}{h}=\lim_{x\to0-}\frac{h(h+3)^2}{h}=9$$

에서 함수 $g(x)-f(x)$가 $x=0$에서 미분가능하지 않다.

(i), (ii)에서 $f(x)=x(x+3)^2$

따라서 $f(x)=x(x+3)^2$이므로

$f(6)=486$

098 정답률 ▸ 확: 1%, 미: 3%, 기: 3% 답 121

1단계 함수 $h(x)$에 대하여 알아보자.

방정식 $h(x)=0$, 즉 $|f(x)|+g(x)=0$에서 $|f(x)|=-g(x)$이므로 함수 $y=|f(x)|$의 그래프와 직선 $y=-g(x)$의 교점의 x좌표를 살펴보아야 한다.

조건 (가)에 의하여 $h(k)=0$, $h'(k)=0$인 k $(k\neq0)$의 값이 존재하므로 함수 $y=|f(x)|$의 그래프와 직선 $y=-g(x)$가 $x=k$ $(k\neq0)$인 점에서 접해야 한다.

또한, 조건 (나)에 의하여 $h(12)=0$이므로 함수 $y=|f(x)|$의 그래프와 직선 $y=-g(x)$가 $x=12$인 점에서 만나야 한다.

2단계 삼차함수 $f(x)$의 최고차항의 계수가 양수인 경우에 대하여 알아보자.

삼차함수 $y=f(x)$의 그래프의 개형에 따라 경우를 나누어 생각해 보자.

(i) 삼차함수 $f(x)$의 최고차항의 계수가 양수인 경우

함수 $y=|f(x)|$의 그래프와 직선 $y=-g(x)$는 다음 그림과 같다.

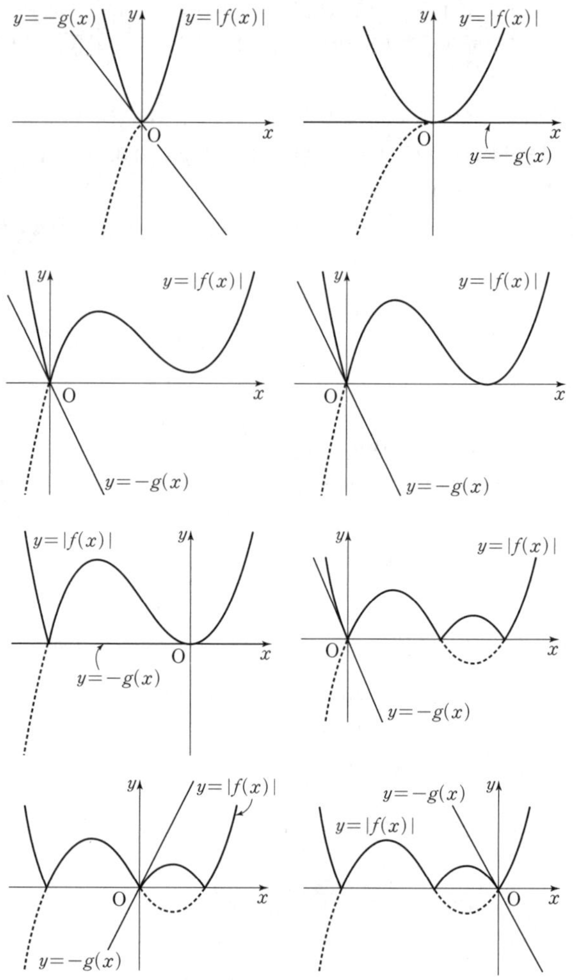

$x=k$ $(k\neq0)$인 점에서 접하지 않거나 $x=12$인 점에서 만나지 않는다.

그런데 위의 경우 모두 주어진 조건을 만족시키지 않는다.

3단계 삼차함수 $f(x)$의 최고차항의 계수가 음수인 경우에 대하여 알아보자.

(ii) 삼차함수 $f(x)$의 최고차항의 계수가 음수인 경우

(i)과 같은 방법으로 하면 조건을 만족시키는 함수 $y=|f(x)|$의 그래프와 직선 $y=-g(x)$는 다음 그림과 같은 경우이다.

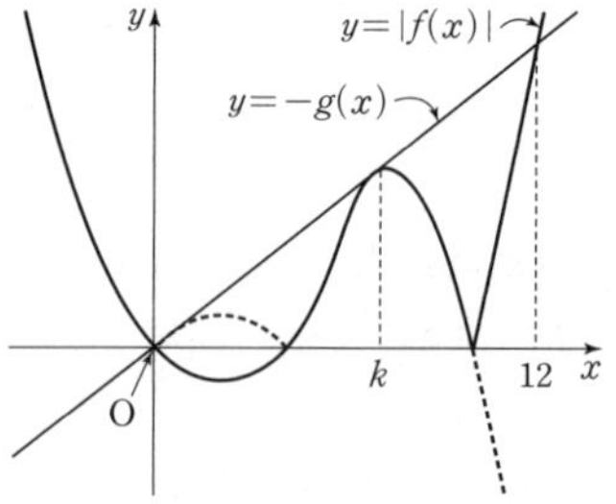

삼차함수 $y=f(x)$의 그래프와 직선 $y=-g(x)$가 $x=0$인 점에서 만나고, $x=k$인 점에서 접하므로 삼차함수 $f(x)$의 최고차항의 계수를 a $(a<0)$이라 할 때

$f(x)=-g(x)$, 즉 $f(x)+g(x)=0$에서

$f(x)+g(x)=ax(x-k)^2$ ······ ㉠

이라 할 수 있다.

또한, 삼차함수 $y=-f(x)$의 그래프와 직선 $y=-g(x)$가 $x=0$인 점에서 접하고, $x=12$인 점에서 만나므로

$-f(x)=-g(x)$, 즉 $-f(x)+g(x)=0$에서
$-f(x)+g(x)=-ax^2(x-12)$ ······ ㉡
라 할 수 있다.
㉠+㉡을 하면
$$2g(x)=ax(x-k)^2-ax^2(x-12)$$
$$=ax\{(x^2-2kx+k^2)-(x^2-12x)\}$$
$$=2a(6-k)x^2+ak^2x$$
$$\therefore g(x)=a(6-k)x^2+\frac{1}{2}ak^2x$$

함수 $g(x)$는 일차함수이므로
$a(6-k)=0$ $\therefore k=6$ ($\because a<0$)
$\therefore g(x)=18ax$
$k=6$, $g(x)=18ax$를 ㉠에 대입하면
$f(x)+18ax=ax(x-6)^2$
$$\therefore f(x)=ax(x-6)^2-18ax=ax\{(x^2-12x+36)-18\}$$
$$=ax(x^2-12x+18)$$
이때 이차방정식 $x^2-12x+18=0$의 서로 다른 두 실근을
α, β ($\alpha<\beta$)라 하자.
$x=6\pm\sqrt{36-18}=6\pm3\sqrt{2}$이므로 $\alpha=6-3\sqrt{2}$, $\beta=6+3\sqrt{2}$

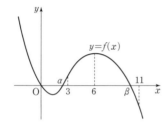

즉, $\alpha<3<\beta$이므로
$h(3)=|f(3)|+g(3)=-\dfrac{9}{2}$에서
$f(3)+g(3)=3a\times(3-6)^2$ ($\because$ ㉠)
$$=27a=-\frac{9}{2}$$
$$\therefore a=-\frac{1}{6}$$

4단계 $k\times\{h(6)-h(11)\}$의 값을 구해 보자.
(i), (ii)에서
$k=6$, $-f(x)+g(x)=\dfrac{1}{6}x^2(x-12)$ ($\because$ ㉡)
이고, $\beta<11$이므로
$$h(11)=|f(11)|+g(11)$$
$$=-f(11)+g(11)$$
$$=\frac{1}{6}\times121\times(-1)$$
$$=-\frac{121}{6}$$
$\therefore k\times\{h(6)-h(11)\}=6\times\{0-h(11)\}$
$$=6\times\frac{121}{6}=121$$

001 23	002 15	003 33	004 5	005 13	006 16
007 15	008 33	009 20	010 ④	011 ④	012 ④
013 ①	014 ②	015 9	016 ③	017 ②	018 ⑤
019 16	020 ③	021 ④	022 24	023 ②	024 ④
025 ⑤	026 ①	027 ④	028 ②	029 66	030 ③
031 ②	032 16	033 ①	034 24	035 ①	036 ⑤
037 ②	038 ⑤	039 8	040 39	041 ⑤	042 ④
043 13	044 ①	045 ①	046 ③	047 32	048 ②
049 ②	050 ④	051 ③	052 ④	053 ⑤	054 ②
055 ③	056 ⑤	057 ④	058 ⑤	059 80	060 54
061 4	062 ①	063 ④	064 16	065 80	066 ②
067 102	068 18	069 16	070 ④	071 ②	072 ①
073 ⑤	074 ④	075 ①	076 ⑤	077 ②	078 17
079 ②	080 ⑤	081 ③			

001 정답률 ▶ 확: 86%, 미: 95%, 기: 91%   **답 23**

$$f(x)=\int f'(x)\,dx=\int(6x^2+2)\,dx$$
$$=2x^3+2x+C \text{ (단, } C\text{는 적분상수)}$$
이때 $f(0)=3$이므로 $C=3$
따라서 $f(x)=2x^3+2x+3$이므로
$f(2)=16+4+3=23$

002 정답률 ▶ 확: 84%, 미: 94%, 기: 90%   **답 15**

$$f(x)=\int f'(x)\,dx=\int(8x^3+6x^2)\,dx$$
$$=2x^4+2x^3+C \text{ (단, } C\text{는 적분상수)}$$
이때 $f(0)=-1$이므로
$C=-1$
따라서 $f(x)=2x^4+2x^3-1$이므로
$f(-2)=32-16-1=15$

003 정답률 ▶ 확: 84%, 미: 94%, 기: 92%   **답 33**

$$f(x)=\int f'(x)\,dx=\int(9x^2+4x)\,dx$$
$$=3x^3+2x^2+C \text{ (단, } C\text{는 적분상수)}$$
이때 $f(1)=6$이므로
$3+2+C=6$
$\therefore C=1$
따라서 $f(x)=3x^3+2x^2+1$이므로
$f(2)=24+8+1=33$

004 정답률 ▸ 확: 91%, 미: 97%, 기: 94% 답 5

$$f(x)=\int f'(x)\,dx=\int (6x^2+2x+1)\,dx$$
$$=2x^3+x^2+x+C \text{ (단, } C \text{는 적분상수)}$$

이때 $f(0)=1$이므로 $C=1$

따라서 $f(x)=2x^3+x^2+x+1$이므로

$f(1)=2+1+1+1=5$

005 정답률 ▸ 확: 85%, 미: 93%, 기: 91% 답 13

$$f(x)=\int f'(x)\,dx=\int (6x^2-2x-1)\,dx$$
$$=2x^3-x^2-x+C \text{ (단, } C \text{는 적분상수)}$$

이때 $f(1)=3$이므로

$2-1-1+C=3$

$\therefore C=3$

따라서 $f(x)=2x^3-x^2-x+3$이므로

$f(2)=16-4-2+3=13$

006 정답률 ▸ 확: 85%, 미: 94%, 기: 92% 답 16

$$f(x)=\int f'(x)\,dx=\int (6x^2-4x+3)\,dx$$
$$=2x^3-2x^2+3x+C \text{ (단, } C \text{는 적분상수)}$$

이때 $f(1)=5$이므로

$2-2+3+C=5$

$\therefore C=2$

따라서 $f(x)=2x^3-2x^2+3x+2$이므로

$f(2)=16-8+6+2=16$

007 정답률 ▸ 확: 81%, 미: 94%, 기: 91% 답 15

$$f(x)=\int f'(x)\,dx=\int (4x^3-2x)\,dx$$
$$=x^4-x^2+C \text{ (단, } C \text{는 적분상수)}$$

이때 $f(0)=3$이므로

$C=3$

따라서 $f(x)=x^4-x^2+3$이므로

$f(2)=16-4+3=15$

008 정답률 ▸ 확: 85%, 미: 94%, 기: 90% 답 33

$$f(x)=\int f'(x)\,dx=\int (8x^3-1)\,dx$$
$$=2x^4-x+C \text{ (단, } C \text{는 적분상수)}$$

이때 $f(0)=3$이므로

$C=3$

따라서 $f(x)=2x^4-x+3$이므로

$f(2)=32-2+3=33$

009 정답률 ▸ 확: 85%, 미: 92%, 기: 88% 답 20

$$f(x)=\int f'(x)\,dx=\int (9x^2-8x+1)\,dx$$
$$=3x^3-4x^2+x+C \text{ (단, } C \text{는 적분상수)}$$

이때 $f(1)=10$이므로

$3-4+1+C=10$

$\therefore C=10$

따라서 $f(x)=3x^3-4x^2+x+10$이므로

$f(2)=24-16+2+10=20$

010 정답률 ▸ 확: 89%, 미: 96%, 기: 94% 답 ④

$f'(x)=3x(x-2)=3x^2-6x$이므로

$$f(x)=\int f'(x)\,dx=\int (3x^2-6x)\,dx$$
$$=x^3-3x^2+C \text{ (단, } C \text{는 적분상수)}$$

이때 $f(1)=6$이므로

$1-3+C=6$

$\therefore C=8$

따라서 $f(x)=x^3-3x^2+8$이므로

$f(2)=8-12+8=4$

011 정답률 ▸ 확: 87%, 미: 96%, 기: 93% 답 ④

1단계 함수 $f(x)$에 대하여 알아보자.

$$f(x)=\int f'(x)\,dx=\int \{6x^2-2f(1)x\}\,dx$$
$$=2x^3-f(1)x^2+C \text{ (단, } C \text{는 적분상수)}$$

이때 $f(0)=4$이므로

$C=4$

$\therefore f(x)=2x^3-f(1)x^2+4$ ······ ㉠

2단계 $f(1)$의 값을 구해 보자.

$x=1$을 ㉠에 대입하면

$f(1)=2-f(1)+4$

$2f(1)=6$ $\therefore f(1)=3$

3단계 $f(2)$의 값을 구해 보자.

$f(x)=2x^3-3x^2+4$이므로

$f(2)=16-12+4=8$

012 정답률 ▸ 확: 87%, 미: 96 %, 기: 89% 답 ④

$f'(x)=x(3x+2)=3x^2+2x$이므로

$$f(x)=\int f'(x)\,dx=\int (3x^2+2x)\,dx$$
$$=x^3+x^2+C \text{ (단, } C \text{는 적분상수)}$$

이때 $f(1)=6$이므로

$1+1+C=6$　　$\therefore C=4$

$\therefore f(0)=C=4$

013　정답률▶확: 72%, 미: 89%, 기: 84%　　답 ①

1단계 주어진 등식의 양변에 $x=0$을 대입하여 함수 $f(x)$를 구한 후 $f(-1)$의 값을 구해 보자.

$xf'(x)=6x^3-x+f(0)+1$의 양변에 $x=0$을 대입하면

$0=f(0)+1,\ f(0)=-1$

따라서 $xf'(x)=6x^3-x+(-1)+1=6x^3-x$이므로

$f'(x)=6x^2-1$

$f(x)=\displaystyle\int f'(x)\,dx=\int(6x^2-1)\,dx$

　　　$=2x^3-x+C$ (단, C는 적분상수)

이때 $f(0)=-1$이므로

$f(0)=C$

$\therefore C=-1$

따라서 $f(x)=2x^3-x-1$이므로

$f(-1)=-2+1-1=-2$

014　정답률▶확: 56%, 미: 80%, 기: 72%　　답 ②

1단계 다항함수 $f(x)$가 실수 전체의 집합에서 증가하는 조건을 이용하여 함수 $f(x)$를 구한 후 $f(2)$의 값을 구해 보자.

다항함수 $f(x)$가 실수 전체의 집합에서 증가하므로

$f'(x)\geq0$

즉, $f'(x)=\{3x-f(1)\}(x-1)=3(x-1)^2$이어야 하므로

$3x-f(1)=3(x-1)=3x-3$

$\therefore f(1)=3$

$f(x)=\displaystyle\int f'(x)\,dx=\int 3(x-1)^2\,dx$

　　　$=\displaystyle\int(3x^2-6x+3)\,dx$

　　　$=x^3-3x^2+3x+C$ (단, C는 적분상수)

이때 $f(1)=1-3+3+C=3$이므로

$C=2$

따라서 $f(x)=x^3-3x^2+3x+2$이므로

$f(2)=8-12+6+2=4$

015　정답률▶확: 45%, 미: 68%, 기: 57%　　답 9

1단계 주어진 등식의 양변을 x에 대하여 미분한 후 함수 $f'(x)$의 부정적분 $f(x)$를 구해 보자.

$F(x)=(x+2)f(x)-x^3+12x$　　……㉠

㉠의 양변을 x에 대하여 미분하면

$f(x)=f(x)+(x+2)f'(x)-3x^2+12$

$(x+2)f'(x)=3(x+2)(x-2)$

$\therefore f'(x)=3x-6$

$\therefore f(x)=\displaystyle\int f'(x)\,dx=\int(3x-6)\,dx$

　　　$=\dfrac{3}{2}x^2-6x+C$ (단, C는 적분상수)

2단계 함수 $f(x)$를 구하여 $f(2)$의 값을 구해 보자.

㉠의 양변에 $x=0$을 대입하면

$F(0)=2f(0)$

이때 $F(0)=30$이므로

$2f(0)=30$　　$\therefore f(0)=15$

$\therefore C=15$

따라서 $f(x)=\dfrac{3}{2}x^2-6x+15$이므로

$f(2)=6-12+15=9$

016　정답률▶확: 39%, 미: 55%, 기: 48%　　답 ③

1단계 삼차함수 $y=f(x)$의 그래프와 직선 $x=-2$의 위치에 따라 경우를 나누어 함수 $f(x)$의 극댓값을 구해 보자.

삼차함수 $f(x)$가 극댓값을 가지므로 극솟값도 갖는다.

오른쪽 그림과 같이 삼차함수 $f(x)$가 $x=\alpha$에서 극댓값을 갖고 $x=\beta$에서 극솟값을 갖는다고 하자.

(i) $\alpha<\beta\leq-2$인 경우

　$x\geq-2$에서 함수 $g(x)$는 증가하므로

　$f(-2)<g(-2)<g(2)$

　즉, $g(2)\neq f(-2)$이므로 조건을 만족시키지 않는다.

　$f(-2)<f(-2)+8<f(2)+8$이므로

(ii) $\alpha<-2<\beta$인 경우

　방정식 $g(x)=f(-2)$의 실근이 $x<\alpha$에 존재하므로 조건을 만족시키지 않는다.

(iii) $\alpha=-2$인 경우

　방정식 $g(x)=f(-2)$의 실근이 2뿐이므로 함수 $f(x)$는 $x=2$에서 극솟값을 갖는다.

　이때 최고차항의 계수가 1인 삼차함수 $f(x)$에 대하여 도함수 $f'(x)$는 최고차항의 계수가 3인 이차함수이므로

$f'(x)=3(x+2)(x-2)=3x^2-12$

라 할 수 있다.

$\therefore f(x)=\displaystyle\int f'(x)\,dx$

　　　$=\displaystyle\int(3x^2-12)\,dx$

　　　$=x^3-12x+C$ (단, C는 적분상수)

이때 $f(0)=\dfrac{1}{2}$이므로

$C=\dfrac{1}{2}$

$\therefore f(x)=x^3-12x+\dfrac{1}{2}$

그런데

$$g(2)=f(2)+8=\left(8-24+\frac{1}{2}\right)+8=-\frac{15}{2},$$

$$f(-2)=-8+24+\frac{1}{2}=\frac{33}{2}$$

에서 $g(2)\neq f(-2)$이므로 조건을 만족시키지 않는다.

(iv) $-2<\alpha<\beta$인 경우

방정식 $g(x)=f(-2)$의 실
근이 2뿐이므로 오른쪽 그림
과 같이 함수 $f(x)$는 $x=2$
에서 극솟값을 갖는다.

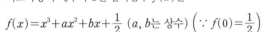

$\therefore f'(2)=0$ ...... ㉠

또한, $g(2)=f(-2)$이므로

$f(2)+8=f(-2)$ ...... ㉡

최고차항의 계수가 1인 삼차함수 $f(x)$를

$$f(x)=x^3+ax^2+bx+\frac{1}{2}\ (a,\ b는\ 상수)\left(\because f(0)=\frac{1}{2}\right)$$

이라 하면 ㉡에서

$$\left(8+4a+2b+\frac{1}{2}\right)+8=-8+4a-2b+\frac{1}{2}$$

$$4b=-24\qquad\therefore b=-6$$

즉, $f(x)=x^3+ax^2-6x+\frac{1}{2}$이므로

$$f'(x)=3x^2+2ax-6$$

㉠에서

$$12+4a-6=0\qquad\therefore a=-\frac{3}{2}$$

$$\therefore f(x)=x^3-\frac{3}{2}x^2-6x+\frac{1}{2},$$

$$f'(x)=3x^2-3x-6=3(x+1)(x-2)$$

$f'(x)=0$에서 $x=-1$ 또는 $x=2$이므로 함수 $f(x)$는 $x=-1$에서
극댓값

$$f(-1)=-1-\frac{3}{2}+6+\frac{1}{2}=4$$

를 갖는다.

(i)~(iv)에서 함수 $f(x)$의 극댓값은 4이다.

017 정답률 ▸ 확: 89%, 미: 97%, 기: 95%　　　답 ②

$$\int_0^2 (2x^3+3x^2)\,dx=\left[\frac{1}{2}x^4+x^3\right]_0^2=16$$

018 정답률 ▸ 확: 83%, 미: 95%, 기: 89%　　　답 ⑤

$$\int_1^2 (3x+4)\,dx+\int_1^2 (3x^2-3x)\,dx$$

$$=\int_1^2 \{(3x+4)+(3x^2-3x)\}\,dx$$

$$=\int_1^2 (3x^2+4)\,dx$$

$$=\left[x^3+4x\right]_1^2$$

$$=16-5=11$$

019 정답률 ▸ 확: 67%, 미: 87%, 기: 76%　　　답 16

$$\int_0^2 (3x^2-2x+3)\,dx-\int_2^0 (2x+1)\,dx$$

$$=\int_0^2 (3x^2-2x+3)\,dx+\int_0^2 (2x+1)\,dx$$

$$=\int_0^2 \{(3x^2-2x+3)+(2x+1)\}\,dx$$

$$=\int_0^2 (3x^2+4)\,dx$$

$$=\left[x^3+4x\right]_0^2$$

$$=2^3+4\times 2=16$$

020 정답률 ▸ 확: 86%, 미: 96%, 기: 89%　　　답 ③

$$\int_1^2 f'(x)\,dx=\left[f(x)\right]_1^2=f(2)-f(1)$$

이때 모든 실수 x에 대하여 $f(x)-f(1)=x^3+4x^2-5x$를 만족시키므로
$x=2$이면 $f(2)-f(1)=8+16-10=14$

$$\therefore \int_1^2 f'(x)\,dx=f(2)-f(1)=14$$

021 정답률 ▸ 확: 70%, 미: 86%, 기: 80%　　　답 ④

1단계 주어진 등식을 정리해 보자.

$$\int_0^1 f'(x)\,dx=\left[f(x)\right]_0^1=f(1)-f(0)=0에서\ f(0)=f(1)$$

$$\int_0^2 f'(x)\,dx=\left[f(x)\right]_0^2=f(2)-f(0)=0에서\ f(0)=f(2)$$

2단계 함수 $f(x)$를 구하여 $f'(1)$의 값을 구해 보자.

$f(0)=f(1)=f(2)=k\ (k는\ 상수)$라 하면
$f(0)-k=0,\ f(1)-k=0,\ f(2)-k=0$
이므로 최고차항의 계수가 1인 삼차함수 $f(x)$에 대하여

$$f(x)-k=x(x-1)(x-2)$$

라 할 수 있다.
따라서 $f(x)=x(x-1)(x-2)+k=x^3-3x^2+2x+k$이므로
$f'(x)=3x^2-6x+2$

$$\therefore f'(1)=3-6+2=-1$$

022 정답률 ▸ 확: 41%, 미: 61%, 기: 54%　　　답 24

$$\int_{-3}^2 (2x^3+6|x|)\,dx-\int_{-3}^{-2} (2x^3-6x)\,dx$$

$$=\int_{-3}^{-2} (2x^3+6|x|)\,dx+\int_{-2}^2 (2x^3+6|x|)\,dx-\int_{-3}^{-2} (2x^3-6x)\,dx$$

$$=\int_{-3}^{-2} (2x^3-6x)\,dx+\int_{-2}^2 (2x^3+6|x|)\,dx-\int_{-3}^{-2} (2x^3-6x)\,dx$$

$$=\int_{-2}^2 (2x^3+6|x|)\,dx \qquad \cdots\cdots ㉠$$

$$=\int_{-2}^{2} 2x^3\,dx+\int_{-2}^{2} 6|x|\,dx$$

$\underrightarrow{\quad}$ y축에 대하여 대칭인 그래프

$$=0+2\int_{0}^{2} 6x\,dx$$

$$=2\Big[3x^2\Big]_{0}^{2}$$

$$=2\times 12=24$$

다른 풀이

㉠에서 $2x^3+6|x|=\begin{cases}2x^3-6x & (x<0)\\ 2x^3+6x & (x\geq 0)\end{cases}$ 이므로

$$\int_{-2}^{2}(2x^3+6|x|)\,dx=\int_{-2}^{0}(2x^3-6x)\,dx+\int_{0}^{2}(2x^3+6x)\,dx$$

$$=\Big[\frac{1}{2}x^4-3x^2\Big]_{-2}^{0}+\Big[\frac{1}{2}x^4+3x^2\Big]_{0}^{2}$$

$$=4+20=24$$

023 정답률 ▶ 확: 70%, 미: 90%, 기: 84% 답 ②

1단계 함수 $f(x)$를 구해 보자.

$xf(x)-f(x)=3x^4-3x$에서

$(x-1)f(x)=3x(x-1)(x^2+x+1)$

$\therefore f(x)=3x(x^2+x+1)=3x^3+3x^2+3x$

$\underrightarrow{\quad}$ $f(x)$는 삼차함수이므로

2단계 $\int_{-2}^{2} f(x)\,dx$의 값을 구해 보자.

$$\int_{-2}^{2} f(x)\,dx=\int_{-2}^{2}(3x^3+3x^2+3x)\,dx$$

$$=2\int_{0}^{2} 3x^2\,dx=2\Big[x^3\Big]_{0}^{2}$$

$$=2\times 8=16$$

024 정답률 ▶ 확: 81%, 미: 95%, 기: 94% 답 ④

1단계 정적분의 성질을 이용하여 주어진 등식을 간단히 해 보자.

$\int_{-2}^{a} f(x)\,dx=\int_{-2}^{0} f(x)\,dx$에서

$\int_{-2}^{a} f(x)\,dx-\int_{-2}^{0} f(x)\,dx=0$이고

$$\int_{-2}^{a} f(x)\,dx-\int_{-2}^{0} f(x)\,dx=\int_{-2}^{a} f(x)\,dx+\int_{0}^{-2} f(x)\,dx$$

$$=\int_{0}^{a} f(x)\,dx$$

$$\therefore \int_{0}^{a} f(x)\,dx=0 \quad\cdots\cdots\,㉠$$

2단계 양수 a의 값을 구해 보자.

㉠에서

$$\int_{0}^{a} f(x)\,dx=\int_{0}^{a}(3x^2-16x-20)\,dx$$

$$=\Big[x^3-8x^2-20x\Big]_{0}^{a}$$

$$=a^3-8a^2-20a$$

$$=a(a+2)(a-10)=0$$

$\therefore a=10 \ (\because a>0)$

025 정답률 ▶ 확: 86%, 미: 97%, 기: 93% 답 ⑤

1단계 정적분의 성질을 이용하여 주어진 식을 정리해 보자.

$$5\int_{0}^{1} f(x)\,dx-\int_{0}^{1}\{5x+f(x)\}\,dx$$

$$=\int_{0}^{1} 5f(x)\,dx-\int_{0}^{1}\{5x+f(x)\}\,dx$$

$$=\int_{0}^{1}\{5f(x)-5x-f(x)\}\,dx$$

$$=\int_{0}^{1}\{4f(x)-5x\}\,dx$$

$$=\int_{0}^{1}\{4(x^2+x)-5x\}\,dx$$

$$=\int_{0}^{1}(4x^2-x)\,dx$$

$$=\Big[\frac{4}{3}x^3-\frac{1}{2}x^2\Big]_{0}^{1}$$

$$=\frac{4}{3}-\frac{1}{2}=\frac{5}{6}$$

026 정답률 ▶ 확: 54%, 미: 80%, 기: 71% 답 ①

1단계 주어진 조건을 만족시키는 함수 $f(x)$에 대하여 알아보자.

조건 (가)에서 모든 실수 x에 대하여

$f(1+x)+f(1-x)=0 \quad\cdots\cdots\,㉠$

㉠의 양변에 $x=0$을 대입하면

$f(1)+f(1)=0$

$\therefore f(1)=0$

즉, 최고차항의 계수가 1인 삼차함수 $f(x)$를

$f(x)=(x-1)(x^2+ax+b)$ (a, b는 상수)

라 할 수 있다.

조건 (나)에서 $\int_{-1}^{3} f'(x)\,dx=12$이므로

$$\int_{-1}^{3} f'(x)\,dx=\Big[f(x)\Big]_{-1}^{3}$$

$$=f(3)-f(-1)$$

$$=12 \quad\cdots\cdots\,㉡$$

㉠의 양변에 $x=2$를 대입하면

$f(3)+f(-1)=0 \quad\cdots\cdots\,㉢$

㉡, ㉢을 연립하여 풀면

$f(-1)=-6$, $f(3)=6$

2단계 삼차함수 $f(x)$를 구하여 $f(4)$의 값을 구해 보자.

$f(-1)=-6$이므로

$-2(1-a+b)=-6$

$\therefore a-b=-2 \quad\cdots\cdots\,㉣$

$f(3)=6$이므로

$2(9+3a+b)=6$

$\therefore 3a+b=-6 \quad\cdots\cdots\,㉤$

㉣, ㉤을 연립하여 풀면

$a=-2$, $b=0$

따라서 $f(x)=(x-1)(x^2-2x)$이므로

$f(4)=3\times 8=24$

027
정답률 ▸ 확: 36%, 미: 54%, 기: 47%   답 ③

1단계 $n=2$일 때 ㄱ의 참, 거짓을 판별해 보자.

$f(x)=x^2+ax+b$ (a, b는 상수)라 하면

$f'(x)=2x+a$

$f'(2)=0$이므로

$4+a=0$ ∴ $a=-4$

∴ $f(x)=x^2-4x+b$

ㄱ. 만약 $f(2)\geq0$이면 $x>2$일 때 $f(x)>0$이므로

$$\int_2^4 f(x)\,dx>0$$

즉, $\int_4^2 f(x)\,dx=-\int_2^4 f(x)\,dx<0$이므로 $n=2$일 때

$\int_4^n f(x)\,dx\geq0$을 만족시키지 못한다.

∴ $f(2)<0$ (참)

2단계 정적분의 계산을 이용하여 ㄴ의 참, 거짓을 판별해 보자.

ㄴ. $\displaystyle\int_4^3 f(x)\,dx=\int_4^3 (x^2-4x+b)\,dx$

$\qquad=\left[\dfrac{1}{3}x^3-2x^2+bx\right]_4^3$

$\qquad=-b+\dfrac{5}{3}\geq0$

에서 $b\leq\dfrac{5}{3}$

$\displaystyle\int_4^2 f(x)\,dx=\int_4^2 (x^2-4x+b)\,dx$

$\qquad=\left[\dfrac{1}{3}x^3-2x^2+bx\right]_4^2$

$\qquad=-2b+\dfrac{16}{3}$

이때 $\displaystyle\int_4^3 f(x)\,dx-\int_4^2 f(x)\,dx$에서

$\left(-b+\dfrac{5}{3}\right)-\left(-2b+\dfrac{16}{3}\right)=b-\dfrac{11}{3}$

$\qquad\qquad\qquad\qquad\qquad<0$

∴ $\displaystyle\int_4^3 f(x)\,dx<\int_4^2 f(x)\,dx$ (거짓)

3단계 정적분의 계산을 이용하여 ㄷ의 참, 거짓을 판별해 보자.

ㄷ. ㄴ에서 $b\leq\dfrac{5}{3}$이므로

$f(3)=b-3\leq-\dfrac{4}{3}<0$

즉, $\displaystyle\int_4^1 f(x)\,dx>\int_4^2 f(x)\,dx>\int_4^3 f(x)\,dx$이므로

$\displaystyle\int_4^n f(x)\,dx\geq0$이려면 $\int_4^3 f(x)\,dx\geq0$이어야 한다.

∴ $b\leq\dfrac{5}{3}$ ······ ㉠

한편,

$\displaystyle\int_4^5 f(x)\,dx=\left[\dfrac{1}{3}x^3-2x^2+bx\right]_4^5$

$\qquad=b+\dfrac{7}{3}\geq0$

에서 $b\geq-\dfrac{7}{3}$이므로

$f(5)=5+b\geq\dfrac{8}{3}>0$

즉, $\displaystyle\int_4^5 f(x)\,dx<\int_4^6 f(x)\,dx<\int_4^7 f(x)\,dx<\cdots$이므로

$\displaystyle\int_4^n f(x)\,dx\geq0$이려면 $\int_4^5 f(x)\,dx\geq0$이어야 한다.

∴ $b\geq-\dfrac{7}{3}$ ······ ㉡

㉠, ㉡의 공통부분을 구하면

$-\dfrac{7}{3}\leq b\leq\dfrac{5}{3}$ ······ ㉢

이때

$\displaystyle\int_4^6 f(x)\,dx=\left[\dfrac{1}{3}x^3-2x^2+bx\right]_4^6$

$\qquad=2b+\dfrac{32}{3}$

이고, ㉢에서

$-\dfrac{14}{3}\leq 2b\leq\dfrac{10}{3}$ ∴ $6\leq 2b+\dfrac{32}{3}\leq14$

∴ $6\leq\displaystyle\int_4^6 f(x)\,dx\leq14$ (참)

따라서 옳은 것은 ㄱ, ㄷ이다.

028
 정답률 ▸ 확: 22%, 미: 43%, 기: 36%   답 ②

1단계 함수 $f(x)$의 한 부정적분을 $F(x)$라 하고, 주어진 방정식을 이용하여 $g(t)$에 대하여 알아보자.

최고차항의 계수가 1인 삼차함수 $f(x)$의 한 부정적분을 $F(x)$라 하면 $F(x)$는 최고차항의 계수가 $\dfrac{1}{4}$인 사차함수이다.

방정식 $\displaystyle\int_t^x f(s)\,ds=0$에서

$\displaystyle\int_t^x f(s)\,ds=\Big[F(s)\Big]_t^x=F(x)-F(t)=0$

∴ $F(x)=F(t)$

즉, $g(t)$는 사차함수 $y=F(x)$의 그래프와 직선 $y=F(t)$의 서로 다른 교점의 개수와 같다.

2단계 함수 $y=F(x)$의 그래프의 개형을 그려서 ㄱ, ㄴ, ㄷ의 참, 거짓을 판별해 보자.

ㄱ. $F'(x)=f(x)=x^2(x-1)$이므로

$F'(x)=0$에서 $x=0$ 또는 $x=1$

함수 $F(x)$의 증가와 감소를 표로 나타내면 다음과 같다.

x	$\cdots$	0	$\cdots$	1	$\cdots$
$F'(x)$	$-$	0	$-$	0	$+$
$F(x)$	$\searrow$		$\searrow$	극소	$\nearrow$

즉, 함수 $y=F(x)$의 그래프의 개형은 오른쪽 그림과 같으므로 $t=1$일 때, 함수 $y=F(x)$의 그래프와 직선 $y=F(1)$의 서로 다른 교점의 개수는 1이다.

∴ $g(1)=1$ (참)

ㄴ. 최고차항의 계수가 양수인 삼차함수 $f(x)$에 대하여 삼차방정식 $f(x)=0$, 즉 $F'(x)=0$의 서로 다른 실근의 개수가 3이므로 사차함수 $F(x)$가 극댓값과 극솟값을 모두 갖는다.

즉, 함수 $y=F(x)$의 그래프의 개형
은 오른쪽 그림과 같으므로 함수
$y=F(x)$의 그래프와 직선
$y=F(t)$의 서로 다른 교점의 개수
가 3인 경우가 존재한다.

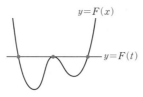

따라서 $g(a)=3$인 실수 a가 존재한다. (참)

ㄷ. (i) 사차함수 $F(x)$가 극댓값을 갖지 않는 경우

함수 $y=F(x)$의 그래프의 개형
은 오른쪽 그림과 같다.
함수 $F(x)$가 $x=\alpha$에서 극소라
하면 함수 $g(t)$는

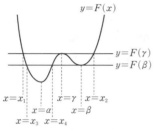

$$g(t)=\begin{cases} 2 & (t\neq\alpha) \\ 1 & (t=\alpha) \end{cases}$$

즉, $b\neq\alpha$인 모든 실수 b에서

$\lim\limits_{t\to b}g(t)=2$, $g(b)=2$이므로 $\lim\limits_{t\to b}g(t)+g(b)=2+2=4$

$b=\alpha$일 때, $\lim\limits_{t\to\alpha}g(t)=2$, $g(\alpha)=1$이므로

$\lim\limits_{t\to\alpha}g(t)+g(\alpha)=2+1=3$

따라서 $\lim\limits_{t\to b}g(t)+g(b)=6$을 만족시키지 않는다.

(ii) 사차함수 $F(x)$가 극댓값과 극솟값을 모두 갖는 경우

ⓐ 극댓값과 극솟값이 같지 않을 때

함수 $y=F(x)$의 그래프
의 개형은 오른쪽 그림과
같다.
함수 $F(x)$가 $x=\alpha$,
$x=\beta$ $(\alpha<\beta)$에서 극소,
$x=\gamma$에서 극대라 하고,
$F(\alpha)<F(\beta)$라 하자.

$x<\alpha$에서 $F(x)=F(\gamma)$를 만족시키는 x의 값을 x_1, $x>\beta$에서
$F(x)=F(\gamma)$를 만족시키는 x의 값을 x_2라 하고, $x<\alpha$에서
$F(x)=F(\beta)$를 만족시키는 x의 값을 x_3, $\alpha<x<\gamma$에서
$F(x)=F(\beta)$를 만족시키는 x의 값을 x_4라 하면 함수 $g(t)$는

$$g(t)=\begin{cases} 2 & (t<x_1) \\ 3 & (t=x_1) \\ 4 & (x_1<t<x_3) \\ 3 & (t=x_3) \\ 2 & (x_3<t<\alpha) \\ 1 & (t=\alpha) \\ 2 & (\alpha<t<x_4) \\ 3 & (t=x_4) \\ 4 & (x_4<t<\gamma) \\ 3 & (t=\gamma) \\ 4 & (\gamma<t<\beta) \\ 3 & (t=\beta) \\ 4 & (\beta<t<x_2) \\ 3 & (t=x_2) \\ 2 & (t>x_2) \end{cases}$$

즉, $\lim\limits_{t\to b}g(t)+g(b)=6$을 만족시키는 실수 b가 존재하지 않
는다.

ⓑ 극댓값과 극솟값이 같을 때
함수 $y=F(x)$의 그래프의
개형은 오른쪽 그림과 같다.
함수 $F(x)$가 $x=\alpha$, $x=\beta$
$(\alpha<\beta)$에서 극소, $x=\gamma$에
서 극대라 하자.

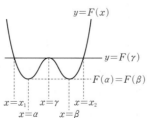

$x<\alpha$에서 $F(x)=F(\gamma)$를 만족시키는 x의 값을 x_1, $x>\beta$에서
$F(x)=F(\gamma)$를 만족시키는 x의 값을 x_2라 하면 함수 $g(t)$는

$$g(t)=\begin{cases} 2 & (t<x_1) \\ 3 & (t=x_1) \\ 4 & (x_1<t<\alpha) \\ 2 & (t=\alpha) \\ 4 & (\alpha<t<\gamma) \\ 3 & (t=\gamma) \\ 4 & (\gamma<t<\beta) \\ 2 & (t=\beta) \\ 4 & (\beta<t<x_2) \\ 3 & (t=x_2) \\ 2 & (t>x_2) \end{cases}$$

즉, $b=\alpha$일 때, $\lim\limits_{t\to\alpha}g(t)=4$, $g(\alpha)=2$이므로

$\lim\limits_{t\to\alpha}g(t)+g(\alpha)=4+2=6$

$b=\beta$일 때, $\lim\limits_{t\to\beta}g(t)=4$, $g(\beta)=2$이므로

$\lim\limits_{t\to\beta}g(t)+g(\beta)=4+2=6$

이때 $\lim\limits_{t\to b}g(t)+g(b)=6$을 만족시키는 실수 b의 값이 0과 3뿐이
므로

$\alpha=0$, $\beta=3$

(i), (ii)에서 최고차항의 계수가 $\dfrac{1}{4}$인 사차함수 $F(x)$에 대하여

$F(x)-F(0)=\dfrac{1}{4}x^2(x-3)^2$

이라 할 수 있다.

즉, $F(x)=\dfrac{1}{4}x^2(x-3)^2+F(0)$이므로

$\begin{aligned} f(x)=F'(x)&=\dfrac{1}{4}\times 2x\times(x-3)^2+\dfrac{1}{4}\times x^2\times 2(x-3) \\ &=\dfrac{1}{2}x(x-3)^2+\dfrac{1}{2}x^2(x-3) \\ &=\dfrac{1}{2}x(2x-3)(x-3) \end{aligned}$

$\therefore f(4)=\dfrac{1}{2}\times 4\times 5\times 1=10\neq 12$ (거짓)

따라서 옳은 것은 ㄱ, ㄴ이다.

029   정답률 ▸ 확: 10%, 미: 29%, 기: 24%   답 66

1단계 두 조건 (가), (나)를 이용해 보자.

조건 (가)에서 $g'(0)=0$이므로 함수 $g(x)$의 $x=0$에서의 미분계수가 0이
어야 한다.
즉,

$\lim\limits_{x\to 0+}\dfrac{g(x)-g(0)}{x-0}=\lim\limits_{x\to 0-}\dfrac{g(x)-g(0)}{x-0}=0$

이어야 한다.

조건 (나)에서

$\begin{aligned} \lim\limits_{x\to 0+}\dfrac{g(x)-g(0)}{x-0}&=\lim\limits_{x\to 0+}\dfrac{\{f(x+p)-f(p)\}-0}{x-0} \\ &=\lim\limits_{x\to 0+}\dfrac{f(x+p)-f(p)}{x-0} \\ &=f'(p), \end{aligned}$

$\begin{aligned} \lim\limits_{x\to 0-}\dfrac{g(x)-g(0)}{x-0}&=\lim\limits_{x\to 0-}\dfrac{\{f(x-p)-f(-p)\}-0}{x-0} \\ &=\lim\limits_{x\to 0-}\dfrac{f(x-p)-f(-p)}{x-0} \\ &=f'(-p) \end{aligned}$

이므로

$f'(p)=f'(-p)=0$ $\cdots\cdots$ ㉠

2단계 삼차함수 $f(x)$를 구하여 $f(5)$의 값을 구해 보자.

최고차항의 계수가 1인 삼차함수 $f(x)$에 대하여 도함수 $f'(x)$는 최고차항의 계수가 3인 이차함수이므로 ㉠에 의하여

$f'(x)=3(x+p)(x-p)$

라 할 수 있다.

$$\therefore f(x)=\int f'(x)\,dx$$

$$=\int 3(x+p)(x-p)\,dx$$

$$=\int (3x^2-3p^2)\,dx$$

$$=x^3-3p^2x+C \text{ (단, } C\text{는 적분상수)}$$

이때 $f(0)=1$이므로 $C=1$

$\therefore f(x)=x^3-3p^2x+1$

조건 (나)에서 $x\geq 0$일 때

$$g(x)=f(x+p)-f(p)$$
$$=(x+p)^3-3p^2(x+p)+1-(p^3-3p^3+1)$$
$$=(x^3+3px^2+3p^2x+p^3)-(3p^2x+3p^3)+1-(p^3-3p^3+1)$$
$$=x^3+3px^2$$

이므로

$$\int_0^p g(x)\,dx=\int_0^p (x^3+3px^2)\,dx$$

$$=\left[\frac{1}{4}x^4+px^3\right]_0^p$$

$$=\frac{5}{4}p^4=20$$

에서 $p^4=16$

$\therefore p=2 \ (\because p>0)$

따라서 $f(x)=x^3-12x+1$이므로

$f(5)=125-60+1=66$

---

030 정답률 ▸ 확: 87%, 미: 96%, 기: 94%   **답 ③**

1단계 주어진 등식의 양변을 x에 대하여 미분하여 $f(1)$의 값을 구해 보자.

$\int_0^x f(t)\,dt=3x^3+2x$의 양변을 x에 대하여 미분하면

$f(x)=9x^2+2$

$\therefore f(1)=9+2=11$

---

031 정답률 ▸ 확: 71%, 미: 87%, 기: 80%   **답 ②**

1단계 주어진 등식의 양변에 $x=1$을 대입하여 상수 a의 값을 구해 보자.

$\int_1^x f(t)\,dt=x^3-ax+1$ $\cdots\cdots$ ㉠

㉠의 양변에 $x=1$을 대입하면

$0=1-a+1$ $\therefore a=2$

2단계 주어진 등식의 양변을 x에 대하여 미분하여 $f(2)$의 값을 구해 보자.

㉠의 양변을 x에 대하여 미분하면

$f(x)=3x^2-2$

$\therefore f(2)=12-2=10$

---

032 정답률 ▸ 확: 41%, 미: 68%, 기: 56%   **답 16**

1단계 주어진 등식의 양변을 x에 대하여 미분하여 함수 $f(x)$를 구한 후 $f(2)$의 값을 구해 보자.

$\int_0^x f(t)\,dt=2x^3+\int_0^{-x} f(t)\,dt$의 양변을 x에 대하여 미분하면

$f(x)=6x^2-f(-x)$

$f(x)+f(-x)=6x^2$ $\cdots\cdots$ ㉠

함수 $f(x)$는 최고차항의 계수가 3인 이차함수이므로

$f(x)=3x^2+ax+b \ (a, b$는 상수)라 하면

㉠에서 $(3x^2+ax+b)+(3x^2-ax+b)=6x^2+2b=6x^2$

$\therefore b=0$

$f(1)=5$에서 $f(1)=3+a=5$

$\therefore a=2$

따라서 $f(x)=3x^2+2x$이므로

$f(2)=12+4=16$

다른 풀이

함수 $f(x)$는 최고차항의 계수가 3인 이차함수이므로

$f(x)=3x^2+ax+b \ (a, b$는 상수)라 하자.

$\int_0^x f(t)\,dt=2x^3+\int_0^{-x} f(t)\,dt$에서

$$2x^3=-\int_0^{-x} f(t)\,dt+\int_0^x f(t)\,dt$$

$$=\int_{-x}^0 f(t)\,dt+\int_0^x f(t)\,dt$$

$$=\int_{-x}^x f(t)\,dt=\int_{-x}^x (3t^2+at+b)\,dt$$

$$=2\int_0^x (3t^2+b)\,dt$$

$$=2\left[t^3+bt\right]_0^x$$

$$=2(x^3+bx)$$

$2x^3=2x^3+2bx$이므로 $b=0$

$f(1)=5$에서 $f(1)=3+a=5$이므로 $a=2$

따라서 $f(x)=3x^2+2x$이므로

$f(2)=12+4=16$

---

033 정답률 ▸ 확: 38%, 미: 74%, 기: 54%   **답 ①**

1단계 조건 (가)를 이용하여 함수 $f(x)+g(x)$를 구해 보자.

$\int_1^x tf(t)\,dt+\int_{-1}^x tg(t)\,dt=3x^4+8x^3-3x^2$

양변을 x에 대하여 미분하면

$xf(x)+xg(x)=12x^3+24x^2-6x$

$x\{f(x)+g(x)\}=12x^3+24x^2-6x$

$\therefore f(x)+g(x)=12x^2+24x-6$

2단계 조건 (나)를 이용하여 함수 $g(x)$를 구해 보자.

조건 (나)에서 $f(x)=xg'(x)$이므로

$xg'(x)+g(x)=12x^2+24x-6$ ...... ㉠

좌변에서 $xg'(x)+1\times g(x)=\{xg(x)\}'$이므로

㉠의 양변을 x에 대하여 적분하면

$\int\{xg'(x)+g(x)\}\,dx=\int(12x^2+24x-6)\,dx$

$xg(x)=4x^3+12x^2-6x+C$ (단, C는 적분상수)

양변에 $x=0$을 대입하면 $C=0$

$xg(x)=4x^3+12x^2-6x$

$\therefore g(x)=4x^2+12x-6$

3단계 $\int_0^3 g(x)\,dx$의 값을 구해 보자.

$\int_0^3 g(x)\,dx=\int_0^3(4x^2+12x-6)\,dx$

$=\left[\dfrac{4}{3}x^3+6x^2-6x\right]_0^3$

$=36+54-18=72$

다른 풀이

㉠의 좌변 $xg'(x)+g(x)$의 차수와 우변의 최고차항의 차수가 2로 같으므로 $g(x)$는 이차식이다.

즉, $g(x)=ax^2+bx+c$ (a, b, c는 상수, $a\neq0$)라 하면

$g'(x)=2ax+b$, $xg'(x)=2ax^2+bx$ ...... ㉡

㉡을 ㉠에 대입하여 정리하면

$3ax^2+2bx+c=12x^2+24x-6$

양변의 계수를 비교하면

$3a=12$, $2b=24$, $c=-6$

$\therefore a=4$, $b=12$, $c=-6$

$\therefore g(x)=4x^2+12x-6$

034

정답률▸ 확: 11%, 미: 26%, 기: 18%   **답 24**

1단계 주어진 식을 간단히 나타내어 보자.

$2x^2f(x)=3\int_0^x(x-t)\{f(x)+f(t)\}\,dt$

$=3\int_0^x(x-t)f(x)\,dt+3\int_0^x(x-t)f(t)\,dt$

$=3f(x)\int_0^x(x-t)\,dt+3\int_0^x(x-t)f(t)\,dt$

$=3f(x)\left[xt-\dfrac{1}{2}t^2\right]_0^x+3\int_0^x(x-t)f(t)\,dt$

$=\dfrac{3}{2}x^2f(x)+3\int_0^x(x-t)f(t)\,dt$

에서 $\dfrac{1}{2}x^2f(x)=3\int_0^x(x-t)f(t)\,dt$

$x^2f(x)=6\int_0^x(x-t)f(t)\,dt$

$x^2f(x)=6x\int_0^x f(t)\,dt-6\int_0^x tf(t)\,dt$

위의 식의 양변을 x에 대하여 미분하면

$2xf(x)+x^2f'(x)=\left\{6\int_0^x f(t)\,dt+6xf(x)\right\}-6xf(x)$

$\therefore 2xf(x)+x^2f'(x)=6\int_0^x f(t)\,dt$ ...... ㉠

2단계 함수 $f(x)$의 차수를 구해 보자.

$f'(2)=4$이므로 함수 $f(x)$는 1차 이상의 다항함수이다.

함수 $f(x)$의 차수를 n ($n\geq1$), 최고차항의 계수를 a ($a\neq0$)이라 하고, ㉠의 양변의 최고차항의 계수를 비교하면

$2a+an=\dfrac{6a}{n+1}$ → $f(x)=ax^n+\cdots$이라 하면
$\qquad\qquad\qquad\qquad\qquad f'(x)=anx^{n-1}+\cdots,$

$2+n=\dfrac{6}{n+1}$ ($\because a\neq0$) $\int f(x)\,dx=\dfrac{a}{n+1}x^{n+1}+\cdots$

$n^2+3n+2=6$ $\therefore 2xf(x)+x^2f'(x)=2ax^{n+1}+anx^{n+1}+\cdots,$

$n^2+3n-4=0$ $6\int_0^x f(t)\,dt=\dfrac{6a}{n+1}x^{n+1}+\cdots$

$(n+4)(n-1)=0$

$\therefore n=1$ ($\because n\geq1$)

3단계 $f(6)$의 값을 구해 보자.

$f(x)$가 일차함수이므로

$f(x)=ax+b$ (b는 상수)라 하면

$f'(x)=a$

$f'(2)=4$에서 $a=4$

㉠에서

$2x(4x+b)+4x^2=6\left[2t^2+bt\right]_0^x$

$12x^2+2bx=12x^2+6bx$

위의 식이 x에 대한 항등식이므로

$2b=6b$에서 $b=0$

따라서 $f(x)=4x$이므로

$f(6)=24$

035

정답률▸ 확: 71%, 미: 90%, 기: 83%   **답 ①**

1단계 $\lim\limits_{x\to0}\dfrac{1}{x}\int_0^x f(t)\,dt=1$에 대하여 알아보자.

함수 $f(x)$의 한 부정적분을 $F(x)$라 하면

$\lim\limits_{x\to0}\dfrac{1}{x}\int_0^x f(t)\,dt=\lim\limits_{x\to0}\dfrac{1}{x}\left[F(t)\right]_0^x$

$=\lim\limits_{x\to0}\dfrac{F(x)-F(0)}{x-0}$

$=F'(0)$

$=f(0)=1$

2단계 함수 $f(x)$를 구하여 $f(2)$의 값을 구해 보자.

$f(x)=\int f'(x)\,dx$

$=\int(3x^2-4x+1)\,dx$

$=x^3-2x^2+x+C$ (단, C는 적분상수)

이때 $f(0)=1$이므로

$C=1$

따라서 $f(x)=x^3-2x^2+x+1$이므로

$f(2)=8-8+2+1=3$

036

1단계 $\lim_{x \to 2} \dfrac{1}{x-2} \int_1^x (x-t)f(t)\,dt = 3$에 대하여 알아보자.

$G(x) = \displaystyle\int_1^x (x-t)f(t)\,dt$라 하면

$\lim_{x \to 2} \dfrac{1}{x-2} \int_1^x (x-t)f(t)\,dt = 3$에서

$\lim_{x \to 2} \dfrac{G(x)}{x-2} = 3$ ...... ㉠

㉠에서 $x \to 2$일 때, (분모) $\to 0$이고 극한값이 존재하므로 (분자) $\to 0$이다.

$\lim_{x \to 2} G(x) = 0$이므로

$G(2) = 0$

즉, ㉠에서

$\lim_{x \to 2} \dfrac{G(x)}{x-2} = \lim_{x \to 2} \dfrac{G(x) - G(2)}{x-2}$
$= G'(2) = 3$

2단계 $\displaystyle\int_1^2 (4x+1)f(x)\,dx$의 값을 구해 보자.

$\displaystyle\int_1^x (x-t)f(t)\,dt = x\int_1^x f(t)\,dt - \int_1^x tf(t)\,dt$이므로

$G(x) = x\displaystyle\int_1^x f(t)\,dt - \int_1^x tf(t)\,dt$ ...... ㉡

㉡의 양변을 x에 대하여 미분하면

$G'(x) = \displaystyle\int_1^x f(t)\,dt + xf(x) - xf(x)$

$= \displaystyle\int_1^x f(t)\,dt$

$G'(2) = 3$이므로 위의 등식의 양변에 $x = 2$를 대입하면

$G'(2) = \displaystyle\int_1^2 f(t)\,dt = 3$ ...... ㉢

또한, $G(2) = 0$이므로 ㉡의 양변에 $x = 2$를 대입하면

$G(2) = 2\displaystyle\int_1^2 f(t)\,dt - \int_1^2 tf(t)\,dt = 0$에서

$\displaystyle\int_1^2 tf(t)\,dt = 2\int_1^2 f(t)\,dt$
$= 2 \times 3 = 6 \ (\because ㉢)$

$\therefore \displaystyle\int_1^2 (4x+1)f(x)\,dx = 4\int_1^2 xf(x)\,dx + \int_1^2 f(x)\,dx$
$= 4 \times 6 + 3 = 27$

037

1단계 $n-1 \le x < n$일 때, 함수 $y = f(x)$의 그래프의 개형을 그려 보자.

$|f(x)| = |6(x-n+1)(x-n)|$이므로

$|f(x)| = 0$에서 $x = n-1$ 또는 $x = n$

즉, $n-1 \le x < n$일 때, 함수 $y = f(x)$의 그래프의 개형은 다음 그림과 같이 두 가지 경우가 가능하다.

(i) $f(x) = 6(x-n+1)(x-n)$인 경우

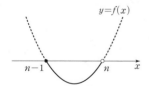

(ii) $f(x) = -6(x-n+1)(x-n)$인 경우

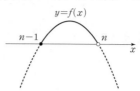

2단계 함수 $g'(x)$를 구하여 함수 $y = g'(x)$의 그래프의 개형을 그려 보자.

$\displaystyle\int_0^x f(t)\,dt - \int_x^4 f(t)\,dt = \int_0^x f(t)\,dt + \int_4^x f(t)\,dt$이므로

$g(x) = \displaystyle\int_0^x f(t)\,dt + \int_4^x f(t)\,dt$ ...... ㉠

㉠의 양변을 x에 대하여 미분하면

$g'(x) = f(x) + f(x) = 2f(x)$

$g'(x) = 0$에서 $f(x) = 0$

$\therefore x = 1$ 또는 $x = 2$ 또는 $x = 3 \ (\because 0 < x < 4)$

한편, 함수 $g(x)$가 $x = 2$에서 최솟값 0을 가지므로 $g(2) = 0$에서

$\displaystyle\int_0^2 f(t)\,dt - \int_2^4 f(t)\,dt = 0$

$\therefore \displaystyle\int_0^2 f(t)\,dt = \int_2^4 f(t)\,dt$ → $0 \le x \le 2$에서 함수 $y = f(x)$의 그래프와 x축으로 둘러싸인 부분의 넓이와 $2 \le x \le 4$에서 함수 $y = f(x)$의 그래프와 x축으로 둘러싸인 부분의 넓이가 같다.

따라서 열린구간 $(0, 4)$에서 함수 $y = g'(x)$, 즉 $y = 2f(x)$의 그래프의 개형은 다음 그림과 같아야 한다.

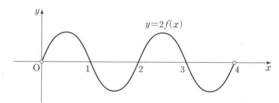

3단계 $\displaystyle\int_{\frac{1}{2}}^4 f(x)\,dx$의 값을 구해 보자.

$\displaystyle\int_{\frac{1}{2}}^4 f(x)\,dx = \int_{\frac{1}{2}}^1 f(x)\,dx + \int_1^2 f(x)\,dx + \int_2^3 f(x)\,dx + \int_3^4 f(x)\,dx$

$= \displaystyle\int_{\frac{1}{2}}^1 f(x)\,dx - \int_0^1 f(x)\,dx + \int_0^1 f(x)\,dx - \int_0^1 f(x)\,dx$

$= -\displaystyle\int_0^{\frac{1}{2}} f(x)\,dx$

$0 \le x < 1$일 때, $f(x) = -6x(x-1) = -6x^2 + 6x$이므로

$\displaystyle\int_{\frac{1}{2}}^4 f(x)\,dx = -\int_0^{\frac{1}{2}} f(x)\,dx$

$= -\displaystyle\int_0^{\frac{1}{2}} (-6x^2 + 6x)\,dx$

$= \displaystyle\int_0^{\frac{1}{2}} (6x^2 - 6x)\,dx$

$= \Big[2x^3 - 3x^2 \Big]_0^{\frac{1}{2}}$

$= -\dfrac{1}{2}$

038

1단계 함수 $g'(x)$를 구해 보자.

$g(x) = \displaystyle\int_{-4}^x f(t)\,dt$의 양변을 x에 대하여 미분하면

$g'(x) = f(x)$

이때 $f(x)=\begin{cases} 3x^2+3x+a & (x<0) \\ 3x+a & (x\geq0) \end{cases}$ 이므로

$g'(x)=\begin{cases} 3x^2+3x+a & (x<0) \\ 3x+a & (x\geq0) \end{cases}$

2단계 함수 $g(x)$의 증가와 감소를 표로 나타내어 $g(x)$의 극댓값을 구해 보자.

함수 $g(x)$는 $x=2$에서 극솟값을 가지므로

$g'(2)=6+a=0$ $\quad\therefore a=-6$

따라서 $g'(x)=\begin{cases} 3x^2+3x-6 & (x<0) \\ 3x-6 & (x\geq0) \end{cases}$

$3x^2+3x-6=0$에서 $3(x+2)(x-1)=0$

$\therefore x=-2 \; (\because x<0)$

$3x-6=0$에서 $x=2$

$g'(x)=0$에서 $x=-2$ 또는 $x=2$

함수 $g(x)$의 증가와 감소를 표로 나타내면 다음과 같다.

x	$\cdots$	-2	$\cdots$	2	$\cdots$
$g'(x)$	$+$	0	$-$	0	$+$
$g(x)$	↗	극대	↘	극소	↗

즉, 함수 $g(x)$는 $x=-2$에서 극댓값을 갖는다.

$\therefore g(-2)=\int_{-4}^{-2} f(t)\,dt=\int_{-4}^{-2} (3t^2+3t-6)\,dt$

$\qquad =\left[t^3+\dfrac{3}{2}t^2-6t\right]_{-4}^{-2}$

$\qquad =10+16=26$

---

039 정답률 ▸ 확: 26%, 미: 55%, 기: 44%　　　　**답 8**

1단계 $h(x)=\displaystyle\int_0^x f(t)\,dt$라 하고, 조건 (나)를 이용하여 방정식 $h(x)=0$의 실근을 구해 보자.

$g(x)=x^2\displaystyle\int_0^x f(t)\,dt-\int_0^x t^2 f(t)\,dt$의 양변을 x에 대하여 미분하면

$g'(x)=2x\displaystyle\int_0^x f(t)\,dt+x^2 f(x)-x^2 f(x)$

$\qquad =2x\displaystyle\int_0^x f(t)\,dt$

$h(x)=\displaystyle\int_0^x f(t)\,dt$라 하면 조건 (나)에 의하여 방정식 $h(x)=0$의 실근은 0, 3뿐이다.

2단계 **1단계** 를 이용하여 함수 $h(x)$를 구해 보자.

최고차항의 계수가 3인 이차함수 $f(x)$에 대하여 함수 $h(x)$는 최고차항의 계수가 1인 삼차함수이므로 함수 $h(x)$에 따라 경우를 나누어 보면 다음과 같다.

(i) $h(x)=x^2(x-3)$인 경우 → 삼차방정식 $h(x)=0$이 중근 0, 실근 3을 갖는 경우

　$g'(x)=2x^3(x-3)$이므로 → $g'(x)=2xh(x)$

　$g'(x)=0$에서 $x=0$ 또는 $x=3$

함수 $g(x)$의 증가와 감소를 표로 나타내면 다음과 같다.

x	$\cdots$	0	$\cdots$	3	$\cdots$
$g'(x)$	$+$	0	$-$	0	$+$
$g(x)$	↗	극대	↘	극소	↗

즉, 함수 $g(x)$는 $x=0$, $x=3$에서 극값을 가지므로 조건 (가)를 만족시키지 않는다.

(ii) $h(x)=x(x-3)^2$인 경우 → 삼차방정식 $h(x)=0$이 실근 0, 중근 3을 갖는 경우

　$g'(x)=2x^2(x-3)^2$이므로

　$g'(x)=0$에서 $x=0$ 또는 $x=3$

함수 $g(x)$의 증가와 감소를 표로 나타내면 다음과 같다.

x	$\cdots$	0	$\cdots$	3	$\cdots$
$g'(x)$	$+$	0	$+$	0	$+$
$g(x)$	↗		↗		↗

즉, 함수 $g(x)$는 극값을 갖지 않으므로 조건 (가)를 만족시킨다.

(i), (ii)에서 $h(x)=x(x-3)^2$이다.

3단계 함수 $f(x)$를 구하여 $\displaystyle\int_0^3 |f(x)|\,dx$의 값을 구해 보자.

$h(x)=\displaystyle\int_0^x f(t)\,dt$의 양변을 x에 대하여 미분하면

$f(x)=h'(x)$

$\qquad =(x-3)^2+2x(x-3)$

$\qquad =3x^2-12x+9$

$\qquad =3(x-1)(x-3)$

$\therefore \displaystyle\int_0^3 |f(x)|\,dx$

$=3\displaystyle\int_0^3 |(x-1)(x-3)|\,dx$

$=3\left[\displaystyle\int_0^1 (x-1)(x-3)\,dx+\int_1^3 \{-(x-1)(x-3)\}\,dx\right]$

$=3\left\{\displaystyle\int_0^1 (x^2-4x+3)\,dx+\int_1^3 (-x^2+4x-3)\,dx\right\}$

$=3\left(\left[\dfrac{1}{3}x^3-2x^2+3x\right]_0^1+\left[-\dfrac{1}{3}x^3+2x^2-3x\right]_1^3\right)$

$=3\times\left(\dfrac{4}{3}+\dfrac{4}{3}\right)$

$=8$

---

040 정답률 ▸ 확: 13%, 미: 35%, 기: 30%　　　　**답 39**

1단계 함수 $g(x)$에 대하여 알아보자.

$g(x)=\displaystyle\int_0^x f(t)\,dt$ 　　……㉠

㉠의 양변을 x에 대하여 미분하면

$g'(x)=f(x)$

$f(x)$가 최고차항의 계수가 1인 이차함수이므로 $g(x)$는 최고차항의 계수가 $\dfrac{1}{3}$인 삼차함수이다.

㉠의 양변에 $x=0$을 대입하면

$g(0)=0$ 　　……㉡

또한, $x\geq1$인 모든 실수 x에 대하여 $g(x)\geq g(4)$이므로 삼차함수 $g(x)$는 $x=4$에서 극소이다. 　　……㉢

$\therefore g'(4)=0$

2단계 $g(4)$의 값의 범위에 따라 경우를 나누어 조건을 만족시키는 함수 $f(x)$를 구한 후 $f(9)$의 값을 구해 보자.

$g(4)$의 값의 범위에 따라 경우를 나누어 생각해 보자.

(ⅰ) $g(4) \geq 0$인 경우

$x \geq 1$인 모든 실수 x에 대하여 $g(x) \geq g(4) \geq 0$이므로

$x \geq 1$에서 $|g(x)|=g(x)$

이때 $x \geq 1$인 모든 실수 x에 대하여 $|g(x)| \geq |g(3)|$이므로

$g(3)=g(4)$이어야 한다.

그런데 이 경우는 ㉢을 만족시키지 않는다.

(ⅱ) $g(4)<0$인 경우

$x \geq 1$인 모든 실수 x에 대하여 $|g(x)| \geq |g(3)|$이려면

$g(3)=0$ ······ ㉣

㉡, ㉣에 의하여 함수 $g(x)$는

$g(x)=\dfrac{1}{3}x(x-3)(x-a)$

$\quad =\dfrac{1}{3}x^3-\dfrac{a+3}{3}x^2+ax$ (a는 상수)

라 할 수 있으므로

$g'(x)=x^2-\dfrac{2(a+3)}{3}x+a$

이때 $g'(4)=0$이므로

$16-\dfrac{8(a+3)}{3}+a=0 \qquad \therefore a=\dfrac{24}{5}$

$\therefore f(x)=g'(x)=x^2-\dfrac{26}{5}x+\dfrac{24}{5}$

(ⅰ), (ⅱ)에서 $f(x)=x^2-\dfrac{26}{5}x+\dfrac{24}{5}$이므로

$f(9)=81-\dfrac{234}{5}+\dfrac{24}{5}=39$

다른 풀이

최고차항의 계수가 1인 이차함수 $f(x)$의 한 부정적분을 $F(x)$라 하면

$g(x)=\displaystyle\int_0^x f(t)\,dt=\Big[F(t)\Big]_0^x$

$\quad =F(x)-F(0)$

이므로 $g(x)$는 최고차항의 계수가 $\dfrac{1}{3}$인 삼차함수이다.

또한, $x \geq 1$인 모든 실수 x에 대하여 $g(x) \geq g(4)$이므로 삼차함수 $g(x)$는 $x=4$에서 극소이다. ······ ㉠

$\therefore g'(4)=f(4)=0$

즉, 함수 $f(x)$는

$f(x)=(x-4)(x-a)$

$\quad =x^2-(a+4)x+4a$ (a는 상수)

라 할 수 있으므로

$F(x)=\displaystyle\int f(x)\,dx=\int \{x^2-(a+4)x+4a\}\,dx$

$\quad =\dfrac{1}{3}x^3-\dfrac{a+4}{2}x^2+4ax+C$ (단, C는 적분상수)

$\therefore g(x)=F(x)-F(0)$

$\quad =\dfrac{1}{3}x^3-\dfrac{a+4}{2}x^2+4ax$ ($\because F(0)=C$) ······ ㉡

$g(4)$의 값의 범위에 따라 경우를 나누어 생각해 보자.

(ⅰ) $g(4) \geq 0$인 경우

$x \geq 1$인 모든 실수 x에 대하여 $g(x) \geq g(4) \geq 0$이므로

$x \geq 1$에서 $|g(x)|=g(x)$

이때 $x \geq 1$인 모든 실수 x에 대하여 $|g(x)| \geq |g(3)|$이므로

$g(3)=g(4)$이어야 한다.

그런데 이 경우는 ㉠을 만족시키지 않는다.

(ⅱ) $g(4)<0$인 경우

$x \geq 1$인 모든 실수 x에 대하여 $|g(x)| \geq |g(3)|$이려면

$g(3)=0$

㉡에 의하여

$g(3)=9-\dfrac{9(a+4)}{2}+12a=0 \qquad \therefore a=\dfrac{6}{5}$

$\therefore f(x)=(x-4)\Big(x-\dfrac{6}{5}\Big)$

(ⅰ), (ⅱ)에서 $f(x)=(x-4)\Big(x-\dfrac{6}{5}\Big)$이므로

$f(9)=5 \times \dfrac{39}{5}=39$

041 정답률 ▶ 확: 45%, 미: 56%, 기: 51%   답 ⑤

1단계 삼차함수 $y=f(x)$의 그래프의 개형을 그려 보자.

최고차항의 계수가 1이고 $f(0)=0$, $f(1)=0$인 삼차함수 $f(x)$를

$f(x)=x(x-1)(x-a)$ (a는 상수)

라 하자.

삼차함수 $y=f(x)$의 그래프의 개형은 다음 그림과 같다.

(ⅰ) $a>1$일 때   (ⅱ) $a=1$일 때

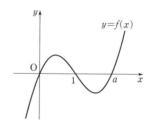   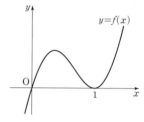

(ⅲ) $0<a<1$일 때   (ⅳ) $a=0$일 때

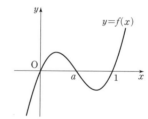   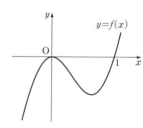

(ⅴ) $a<0$일 때

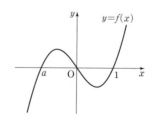

2단계 **1단계** 를 이용하여 ㄱ, ㄴ, ㄷ의 참, 거짓을 판별해 보자.

ㄱ. $g(0)=0$이면

$\displaystyle\int_0^1 f(x)\,dx-\int_0^1 |f(x)|\,dx=0$이므로

$\displaystyle\int_0^1 f(x)\,dx=\int_0^1 |f(x)|\,dx$

즉, $0 \leq x \leq 1$에서 $f(x) \geq 0$이므로 가능한 삼차함수 $y=f(x)$의 그래프의 개형은 (ⅰ), (ⅱ)의 경우이다.

(ⅰ), (ⅱ)에서 $\displaystyle\int_{-1}^0 f(x)\,dx<0$이므로

$g(-1)=\displaystyle\int_{-1}^0 f(x)\,dx-\int_0^1 |f(x)|\,dx<0$ (참)

ㄴ. $g(-1)>0$이면

$$\int_{-1}^{0} f(x)\,dx - \int_{0}^{1} |f(x)|\,dx > 0$$에서

$$\int_{-1}^{0} f(x)\,dx > \int_{0}^{1} |f(x)|\,dx$$

이때 $\int_{0}^{1} |f(x)|\,dx \geq 0$이므로 가능한 삼차함수 $y=f(x)$의 그래프의

개형은 (v)의 경우뿐이다.

즉, $0 \leq x \leq 1$에서 $f(x) \leq 0$이므로

$$\begin{aligned} g(-1) &= \int_{-1}^{0} f(x)\,dx - \int_{0}^{1} |f(x)|\,dx \\ &= \int_{-1}^{0} f(x)\,dx - \int_{0}^{1} \{-f(x)\}\,dx \\ &= \int_{-1}^{0} f(x)\,dx + \int_{0}^{1} f(x)\,dx \\ &= \int_{-1}^{1} f(x)\,dx \\ &= \int_{-1}^{1} \{x(x-1)(x-a)\}\,dx \\ &= \int_{-1}^{1} \{x^3 - (a+1)x^2 + ax\}\,dx \\ &= 2\int_{0}^{1} \{-(a+1)x^2\}\,dx \\ &= 2\left[-\frac{a+1}{3}x^3 \right]_{0}^{1} \\ &= -\frac{2(a+1)}{3} > 0 \end{aligned}$$

에서 $a+1<0$ $\therefore a<-1$

따라서 $f(k)=0$을 만족시키는 $k<-1$인 실수 $k=a$가 존재한다. (참)

ㄷ. $g(-1)>1$이면 ㄴ에 의하여 $-\dfrac{2(a+1)}{3}>1$이므로

$$a+1<-\frac{3}{2} \qquad \therefore a<-\frac{5}{2}$$

즉, (v)의 경우이므로 $0 \leq x \leq 1$에서 $f(x) \leq 0$이다.

$$\begin{aligned} \therefore g(0) &= \int_{0}^{1} f(x)\,dx - \int_{0}^{1} |f(x)|\,dx \\ &= \int_{0}^{1} f(x)\,dx - \int_{0}^{1} \{-f(x)\}\,dx \\ &= 2\int_{0}^{1} f(x)\,dx \\ &= 2\int_{0}^{1} \{x^3 - (a+1)x^2 + ax\}\,dx \\ &= 2\left[\frac{1}{4}x^4 - \frac{a+1}{3}x^3 + \frac{a}{2}x^2 \right]_{0}^{1} \\ &= 2\left(\frac{a}{6} - \frac{1}{12} \right) \\ &= \frac{a}{3} - \frac{1}{6} < -1 \left(\because a<-\frac{5}{2} \right) (참) \end{aligned}$$

따라서 옳은 것은 ㄱ, ㄴ, ㄷ이다.

042 **답 ④**

1단계 삼차함수 $g(x)$가 $x=0$에서 미분가능함을 이용하여 ㄱ의 참, 거짓을 판별해 보자.

ㄱ. $x<0$일 때, $g(x)=-\int_{0}^{x} f(t)\,dt$이므로 양변을 x에 대하여 미분하면

$$g'(x)=-f(x)$$

$x>0$일 때, $g(x)=\int_{0}^{x} f(t)\,dt$이므로 양변을 x에 대하여 미분하면

$$g'(x)=f(x)$$

$$\therefore g'(x)=\begin{cases} -f(x) & (x<0) \\ f(x) & (x>0) \end{cases} \quad \cdots\cdots \text{㉠}$$

삼차함수 $g(x)$는 $x=0$에서 미분가능하므로

$$\lim_{x\to 0+} g'(x) = \lim_{x\to 0-} g'(x)$$이어야 한다.

㉠에서

$$\lim_{x\to 0+} g'(x) = \lim_{x\to 0+} f(x) = f(0),$$

$$\lim_{x\to 0-} g'(x) = \lim_{x\to 0-} \{-f(x)\} = -f(0)$$

이므로 $f(0)=-f(0)$

$2f(0)=0$ $\therefore f(0)=0$ (참)

2단계 삼차함수 $g(x)$의 식을 세워서 ㄴ의 참, 거짓을 판별해 보자.

ㄴ. $g(x)=\int_{0}^{x} f(t)\,dt$의 양변에 $x=0$을 대입하면

$$g(0)=0 \qquad \left[\to \lim_{x\to 0+} g'(x) = \lim_{x\to 0-} g'(x) = 0 \right]$$

또한, ㄱ에 의하여 $g'(0)=0$이므로 최고차항의 계수가 1인 삼차함수

$g(x)$는 $g(x)=x^2(x-a)$ (a는 상수)라 할 수 있다.

$g'(x)=2x(x-a)+x^2=x(3x-2a)$이므로

$g'(x)=0$에서 $x=0$ 또는 $x=\dfrac{2}{3}a$

상수 a의 값의 범위에 따라 경우를 나누어 보면 다음과 같다.

(i) $a>0$일 때

최고차항의 계수가 양수인 이
차함수 $y=g'(x)$의 그래프는
오른쪽 그림과 같으므로 ㉠에
의하여

$$f(x)=\begin{cases} -x(3x-2a) & (x<0) \\ x(3x-2a) & (x\geq 0) \end{cases}$$

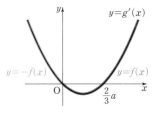

즉, 함수 $y=f(x)$의 그래프는 오
른쪽 그림과 같으므로 함수
$f(x)$는 $x=0$에서 극댓값을 갖
는다.

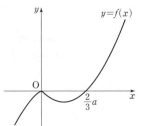

(ii) $a<0$일 때

최고차항의 계수가 양수인 이
차함수 $y=g'(x)$의 그래프는
오른쪽 그림과 같으므로 ㉠에
의하여

$$f(x)=\begin{cases} -x(3x-2a) & (x<0) \\ x(3x-2a) & (x\geq 0) \end{cases}$$

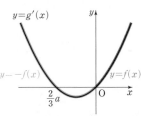

즉, 함수 $y=f(x)$의 그래프는 오
른쪽 그림과 같고
$x<0$에서

$$\begin{aligned} f(x) &= -x(3x-2a) \\ &= -3\left(x-\frac{a}{3}\right)^2 + \frac{a^2}{3} \end{aligned}$$

이므로 함수 $f(x)$는 $x=\dfrac{a}{3}$에서
극댓값을 갖는다.

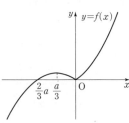

(iii) $a=0$일 때

최고차항의 계수가 양수인 이차함수 $y=g'(x)$의 그래프는 오른쪽 그림과 같으므로 ㉠에 의하여

$$f(x)=\begin{cases} -3x^2 & (x<0) \\ 3x^2 & (x\geq0) \end{cases}$$

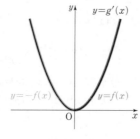

즉, 함수 $y=f(x)$의 그래프는 오른쪽 그림과 같으므로 함수 $f(x)$는 극댓값을 갖지 않는다.

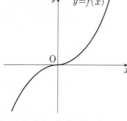

(i), (ii), (iii)에서 함수 $f(x)$는 $a=0$일 때, 극댓값을 갖지 않는다.

(거짓)

3단계 ㄴ을 이용하여 ㄷ의 참, 거짓을 판별해 보자.

ㄷ. 상수 a의 값의 범위에 따라 경우를 나누어 보면 다음과 같다.

(i) $a>0$일 때

ㄴ에 의하여 $f(1)=3-2a$이므로

$2<f(1)<4$에서

$2<3-2a<4$

$\therefore 0<a<\dfrac{1}{2}$ $(\because a>0)$ ...... ㉡

또한, $x<0$일 때

$f(x)=-x(3x-2a)$이므로

$f'(x)=-(3x-2a)-3x=-6x+2a$

$\therefore \lim_{x\to0-} f'(x)=\lim_{x\to0-} (-6x+2a)=2a$

㉡에서 $0<2a<1$이므로

$0<\lim_{x\to0-} f'(x)<1$

즉, x의 값이 0보다 작으면서 0에 한없이 가까워질 때, 함수 $y=f(x)$의 그래프의 접선의 기울기는 직선 $y=x$의 기울기 1보다 작다.

따라서 오른쪽 그림과 같이 함수 $y=f(x)$의 그래프와 직선 $y=x$는 서로 다른 세 점에서 만나므로 $2<f(1)<4$일 때, 방정식 $f(x)=x$의 서로 다른 실근의 개수는 3이다.

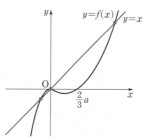

(ii) $a<0$일 때

ㄴ에 의하여 $f(1)=3-2a$이므로

$2<f(1)<4$에서

$2<3-2a<4$

$\therefore -\dfrac{1}{2}<a<0$ $(\because a<0)$ ...... ㉢

또한, $x>0$일 때 $f(x)=x(3x-2a)$이므로

$f'(x)=(3x-2a)+3x=6x-2a$

$\therefore \lim_{x\to0+} f'(x)=\lim_{x\to0+} (6x-2a)=-2a$

㉢에서 $0<-2a<1$이므로

$0<\lim_{x\to0+} f'(x)<1$

즉, x의 값이 0보다 크면서 0에 한없이 가까워질 때, 함수 $y=f(x)$의 그래프의 접선의 기울기는 직선 $y=x$의 기울기 1보다 작다.

따라서 오른쪽 그림과 같이 함수 $y=f(x)$의 그래프와 직선 $y=x$는 서로 다른 세 점에서 만나므로 $2<f(1)<4$일 때, 방정식 $f(x)=x$의 서로 다른 실근의 개수는 3이다.

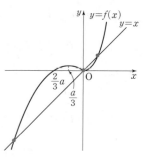

(iii) $a=0$일 때

ㄴ에 의하여 $f(1)=3$

또한, $x>0$일 때 $f(x)=x$, 즉 $3x^2=x$에서

$3x^2-x=0$, $x(3x-1)=0$

$\therefore x=0$ 또는 $x=\dfrac{1}{3}$

즉, 오른쪽 그림과 같이 함수 $y=f(x)$의 그래프와 직선 $y=x$는 서로 다른 세 점에서 만나므로 $2<f(1)<4$일 때, 방정식 $f(x)=x$의 서로 다른 실근의 개수는 3이다.

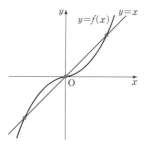

(i), (ii), (iii)에서 $2<f(1)<4$일 때, 방정식 $f(x)=x$의 서로 다른 실근의 개수는 3이다. (참)

따라서 옳은 것은 ㄱ, ㄷ이다.

---

043 정답률 ▶ 확: 13%, 미: 38%, 기: 25% 답 13

1단계 함수 $g(x)$를 이용하여 이차함수 $y=f(x)$의 그래프의 개형을 그려 보자.

최고차항의 계수가 2인 이차함수 $f(x)$가 모든 실수 x에 대하여 $f(x)\geq0$이면

$$g(x)=\int_{x}^{x+1} |f(t)|\,dt=\int_{x}^{x+1} f(t)\,dt$$

함수 $f(x)$의 한 부정적분을 $F(x)$라 하면

$$g(x)=\int_{x}^{x+1} f(t)\,dt=\Big[F(t)\Big]_{x}^{x+1}$$
$$=F(x+1)-F(x) \quad \text{→ 참고 에 의하여}$$

이때 $F(x)$는 삼차함수이므로 함수 $g(x)$는 이차함수이다.

그런데 최고차항의 계수가 양수인 이차함수 $g(x)$는 극솟값을 갖는 x의 값이 오직 하나 존재하므로 주어진 조건을 만족시키지 않는다.

즉, 이차함수 $f(x)$가 모든 실수 x에 대하여 $f(x)\geq0$인 것은 아니다.

따라서 이차함수 $f(x)$는 $f(x)<0$인 x의 값도 존재해야 하므로 함수 $y=f(x)$의 그래프의 개형은 오른쪽 그림과 같이 x축과 서로 다른 두 점에서 만나야 한다.

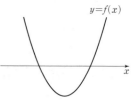

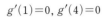 함수 $g(x)$가 극소인 x의 값을 이용하여 $f(0)$의 값을 구해 보자.

최고차항의 계수가 2인 이차함수 $f(x)$를
$f(x)=2(x-\alpha)(x-\beta)$ $(\alpha<\beta)$
라 하면 함수 $y=|f(x)|$의 그래프의 개
형은 오른쪽 그림과 같다.

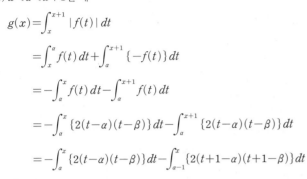

또한, 함수 $g(x)$는 $x=1$과 $x=4$에서 극
소이므로
$g'(1)=0$, $g'(4)=0$

(i) $x<\alpha<x+1$일 때

$$g(x)=\int_x^{x+1}|f(t)|\,dt$$
$$=\int_x^{\alpha}f(t)\,dt+\int_{\alpha}^{x+1}\{-f(t)\}\,dt$$
$$=-\int_{\alpha}^x f(t)\,dt-\int_{\alpha}^{x+1}f(t)\,dt$$
$$=-\int_{\alpha}^x \{2(t-\alpha)(t-\beta)\}\,dt-\int_{\alpha}^{x+1}\{2(t-\alpha)(t-\beta)\}\,dt$$
$$=-\int_{\alpha}^x \{2(t-\alpha)(t-\beta)\}\,dt-\int_{\alpha-1}^{x}\{2(t+1-\alpha)(t+1-\beta)\}\,dt$$

이므로

$$g(x)=-\int_{\alpha}^x \{2(t-\alpha)(t-\beta)\}\,dt-\int_{\alpha-1}^{x}\{2(t+1-\alpha)(t+1-\beta)\}\,dt$$

의 양변을 x에 대하여 미분하면
$g'(x)=-2(x-\alpha)(x-\beta)-2(x+1-\alpha)(x+1-\beta)$
$g'(1)=0$에서
$-2(1-\alpha)(1-\beta)-2(2-\alpha)(2-\beta)=0$
$6\alpha+6\beta-4\alpha\beta-10=0$
$\therefore 3\alpha+3\beta-2\alpha\beta-5=0$ ...... ㉠

(ii) $x<\beta<x+1$일 때

$$g(x)=\int_x^{x+1}|f(t)|\,dt$$
$$=\int_x^{\beta}\{-f(t)\}\,dt+\int_{\beta}^{x+1}f(t)\,dt$$
$$=\int_{\beta}^x f(t)\,dt+\int_{\beta}^{x+1}f(t)\,dt$$
$$=\int_{\beta}^x \{2(t-\alpha)(t-\beta)\}\,dt+\int_{\beta}^{x+1}\{2(t-\alpha)(t-\beta)\}\,dt$$
$$=\int_{\beta}^x \{2(t-\alpha)(t-\beta)\}\,dt+\int_{\beta-1}^{x}\{2(t+1-\alpha)(t+1-\beta)\}\,dt$$

이므로

$$g(x)=\int_{\beta}^x \{2(t-\alpha)(t-\beta)\}\,dt+\int_{\beta-1}^{x}\{2(t+1-\alpha)(t+1-\beta)\}\,dt$$

의 양변을 x에 대하여 미분하면
$g'(x)=2(x-\alpha)(x-\beta)+2(x+1-\alpha)(x+1-\beta)$
$g'(4)=0$에서
$2(4-\alpha)(4-\beta)+2(5-\alpha)(5-\beta)=0$
$82-18\alpha-18\beta+4\alpha\beta=0$
$\therefore 9\alpha+9\beta-2\alpha\beta-41=0$ ...... ㉡

(i), (ii)에서 ㉠$\times 3-$㉡을 하면
$-4\alpha\beta+26=0$
$\therefore \alpha\beta=\dfrac{13}{2}$
$\therefore f(0)=2\alpha\beta$
$\qquad=2\times\dfrac{13}{2}=13$

최고차항의 계수가 2인 이차함수 $f(x)$를 $f(x)=2x^2+ax+b$ (a, b는 상수)
라 하면 함수 $f(x)$의 한 부정적분 $F(x)$는

$$F(x)=\frac{2}{3}x^3+\frac{a}{2}x^2+bx+C \text{ (단, } C\text{는 적분상수)}$$
$$\therefore g(x)=F(x+1)-F(x)$$
$$=\frac{2}{3}(x+1)^3+\frac{a}{2}(x+1)^2+b(x+1)+C$$
$$-\left(\frac{2}{3}x^3+\frac{a}{2}x^2+bx+C\right)$$
$$=2x^2+(2+a)x+\frac{a}{2}+b+\frac{2}{3}$$

즉, 함수 $g(x)$는 이차함수이다.

다른 풀이

함수 $g(x)$는 $x=1$과 $x=4$에서 극소이
므로 $g'(1)=0$, $g'(4)=0$이고, 함수
$y=|f(x)|$의 그래프의 개형은 오른쪽
그림과 같다.

$g(x)=\int_x^{x+1}|f(t)|\,dt$의 양변을 x에 대

하여 미분하면
$g'(x)=|f(x+1)|-|f(x)|$
$g'(1)=0$에서 $|f(2)|-|f(1)|=0$이므로
$|f(1)|=|f(2)|$
$g'(4)=0$에서 $|f(5)|-|f(4)|=0$이므로
$|f(4)|=|f(5)|$
즉, 오른쪽 그림과 같이 양수 k에 대
하여 직선 $y=k$는 함수 $y=|f(x)|$
의 그래프와 서로 다른 네 점에서만
나므로 직선 $y=k$는 함수 $y=f(x)$
의 그래프와 서로 다른 두 점에서 만
난다.

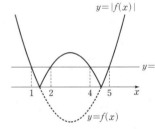

따라서
$f(x)-k=2(x-1)(x-5)$ ...... ㉠
라 할 수 있다.
이때 $f(2)=-k$이므로 ㉠의 양변에 $x=2$를 대입하면
$f(2)-k=2\times 1\times(-3)$
$-k-k=-6$ $\therefore k=3$
즉, $f(x)-3=2(x-1)(x-5)$이므로
$f(x)=2(x-1)(x-5)+3$
$\therefore f(0)=10+3=13$

---

044 **답 ①**

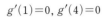 함수 $g(x)$가 실수 전체의 집합에서 미분가능함을 이용하여 함수
$f(x)$를 구해 보자.

함수 $g(x)$가 실수 전체의 집합에서 미분가능하므로 실수 전체의 집합에
서 연속이고, $x=0$에서도 연속이다.
즉, $\displaystyle\lim_{x\to 0+}g(x)=\lim_{x\to 0-}g(x)=g(0)$이어야 하므로
$f(2)=0$

최고차항의 계수가 1인 이차함수 $f(x)$는
$$f(x)=(x-2)(x-p)\ (p는 상수)$$
라 할 수 있으므로
$$f(x+2)=x(x+2-p)$$
또한, 함수 $g(x)$가 $x=0$에서 미분가능하므로
$$\lim_{x\to 0+}\frac{g(x)-g(0)}{x-0}=\lim_{x\to 0-}\frac{g(x)-g(0)}{x-0}$$
이어야 한다.
함수 $xf(x)$의 한 부정적분을 $F(x)$라 하면
$$\begin{aligned}\lim_{x\to 0+}\frac{g(x)-g(0)}{x-0}&=\lim_{x\to 0+}\frac{\displaystyle\int_0^x tf(t)\,dt-0}{x}\\&=\lim_{x\to 0+}\frac{\Big[F(t)\Big]_0^x}{x}\\&=\lim_{x\to 0+}\frac{F(x)-F(0)}{x-0}\\&=F'(0)=0\times f(0)=0\end{aligned}$$
이고,
$$\begin{aligned}\lim_{x\to 0-}\frac{g(x)-g(0)}{x-0}&=\lim_{x\to 0-}\frac{f(x+2)-0}{x}\\&=\lim_{x\to 0-}\frac{x(x+2-p)}{x}\\&=\lim_{x\to 0-}(x+2-p)=2-p\end{aligned}$$
이므로
$$0=2-p\qquad\therefore p=2$$
$$\therefore f(x)=(x-2)^2$$

2단계 함수 $y=g(x)$의 그래프의 개형을 그려 보자.

$$g(x)=\begin{cases}x^2 & (x<0)\\ \displaystyle\int_0^x t(t-2)^2\,dt & (x\ge 0)\end{cases}\text{이므로}$$

$$g'(x)=\begin{cases}2x & (x<0)\\ 0 & (x=0)\\ x(x-2)^2 & (x>0)\end{cases}$$

$g'(x)=0$에서 $x=0$ 또는 $x=2$
함수 $g(x)$의 증가와 감소를 표로 나타내면 다음과 같다.

x	$\cdots$	0	$\cdots$	2	$\cdots$
$g'(x)$	$-$	0	$+$	0	$+$
$g(x)$	$\searrow$	극소	$\nearrow$		$\nearrow$

함수 $y=g(x)$의 그래프의 개형은 다음 그림과 같다.

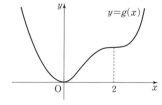

3단계 $g(a)$의 값의 범위에 따라 경우를 나누어 주어진 조건을 만족시키는 함수 $h(x)$를 구해 보자.

함수 $h(x)=|g(x)-g(a)|$에 대하여

(i) $g(a)=0$인 경우
함수 $h(x)=g(x)$이므로 함수 $h(x)$가 $x=k$에서 미분가능하지 않은 실수 k의 개수는 0이다.

(ii) $0<g(a)<g(2)$ 또는 $g(2)<g(a)$인 경우
함수 $y=h(x)$의 그래프의 개형은 각각 다음 그림과 같으므로 함수 $h(x)$가 $x=k$에서 미분가능하지 않은 실수 k의 개수는 2이다.

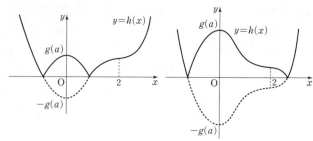

[$0<g(a)<g(2)$일 때]　　　[$g(2)<g(a)$일 때]

(iii) $g(a)=g(2)$인 경우
함수 $y=h(x)$의 그래프의 개형은 오른쪽 그림과 같고, 방정식 $h(x)=0$의 두 근을 $a\ (a<0)$, 2라 하자.
함수 $h(x)$는 $x=a$에서 미분가능하지 않다.
또한, $x>2$일 때,
$h(x)=g(x)-g(2)$이므로
$$\begin{aligned}\lim_{x\to 2+}\frac{h(x)-h(2)}{x-2}&=\lim_{x\to 2+}\frac{g(x)-g(2)-0}{x-2}\\&=\lim_{x\to 2+}\frac{g(x)-g(2)}{x-2}\\&=g'(2)=0\end{aligned}$$
$0<x<2$일 때,
$h(x)=-g(x)+g(2)$이므로
$$\begin{aligned}\lim_{x\to 2-}\frac{h(x)-h(2)}{x-2}&=\lim_{x\to 2-}\frac{-g(x)+g(2)-0}{x-2}\\&=-\lim_{x\to 2-}\frac{g(x)-g(2)}{x-2}\\&=-g'(2)=0\end{aligned}$$
즉, $\displaystyle\lim_{x\to 2+}\frac{h(x)-h(2)}{x-2}=\lim_{x\to 2-}\frac{h(x)-h(2)}{x-2}$이므로 함수 $h(x)$는 $x=2$에서 미분가능하다.
따라서 함수 $h(x)$가 $x=k$에서 미분가능하지 않은 실수 k의 개수는 a의 1이다.

(i), (ii), (iii)에서 조건을 만족시키는 경우는 (iii)일 때이므로
$$g(a)=g(2),\ h(x)=|g(x)-g(2)|$$

4단계 모든 실수 a의 값의 곱을 구해 보자.

$$\begin{aligned}g(2)&=\int_0^2 t(t-2)^2\,dt=\int_0^2 (t^3-4t^2+4t)\,dt\\&=\Big[\frac{1}{4}t^4-\frac{4}{3}t^3+2t^2\Big]_0^2\\&=\frac{4}{3}\end{aligned}$$
이므로
$$h(x)=\Big|g(x)-\frac{4}{3}\Big|$$
즉, $h(a)=0$에서 $g(a)-\dfrac{4}{3}=0$이므로
$$g(a)=\frac{4}{3},\ a^2=\frac{4}{3}\ (\because a<0)$$
$$\therefore a=-\frac{2\sqrt{3}}{3}$$
따라서 함수 $h(x)$가 $x=k$에서 미분가능하지 않은 실수 k의 개수가 1이 되도록 하는 실수 a의 값은 2, $-\dfrac{2\sqrt{3}}{3}$이므로 그 곱은
$$2\times\Big(-\frac{2\sqrt{3}}{3}\Big)=-\frac{4\sqrt{3}}{3}$$

045
정답률 ▶ 확: 78%, 미: 94%, 기: 90% **답 ①**

1단계 정적분을 이용하여 조건을 만족시키는 넓이를 구해 보자.

$$\int_0^3 \left(\frac{1}{3}x^2+1\right)dx=\left[\frac{1}{9}x^3+x\right]_0^3=6$$

046
정답률 ▶ 확: 74%, 미: 88%, 기: 80% **답 ③**

1단계 함수 $y=|x^2-2x|+1$의 그래프와 x축, y축 및 직선 $x=2$로 둘러싸인 부분의 넓이를 구해 보자.

$0\le x\le 2$에서 $x^2-2x\le 0$이므로 구하는 넓이를 S라 하면

$$S=\int_0^2 (|x^2-2x|+1)\,dx$$
$$=\int_0^2 (-x^2+2x+1)\,dx$$
$$=\left[-\frac{1}{3}x^3+x^2+x\right]_0^2=\frac{10}{3}$$

047
정답률 ▶ 확: 58%, 미: 80%, 기: 72% **답 32**

1단계 S의 값을 구하여 $12S$의 값을 구해 보자.

$y=-x^2+4x-4=-(x-2)^2$
이므로 곡선 $y=-x^2+4x-4$와 x축
및 y축으로 둘러싸인 부분의 넓이 S는

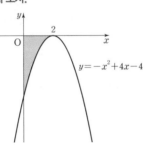

$$S=\int_0^2 |-x^2+4x-4|\,dx$$
$$=\int_0^2 (x^2-4x+4)\,dx$$
$$=\left[\frac{1}{3}x^3-2x^2+4x\right]_0^2=\frac{8}{3}$$
$$\therefore 12S=32$$

048
정답률 ▶ 확: 55%, 미: 82%, 기: 73% **답 ②**

1단계 함수 $f(x)=x^2+1$의 그래프와 x축 및 두 직선 $x=0$, $x=1$로 둘러싸인 부분의 넓이를 구해 보자.

오른쪽 그림과 같이 함수 $y=f(x)$의 그래프와 x축 및 두 직선 $x=0$, $x=1$로 둘러싸인 부분의 넓이를 S라 하면

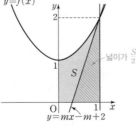

$$S=\int_0^1 (x^2+1)\,dx$$
$$=\left[\frac{1}{3}x^3+x\right]_0^1=\frac{4}{3}$$

2단계 점 $(1, f(1))$을 지나고 기울기가 $m\ (m\ge 2)$인 직선이 x축과 만나는 점의 x좌표를 m에 대하여 나타내어 보자.

$f(x)=x^2+1$에서 $f(1)=2$이므로
점 $(1, f(1))$, 즉 $(1, 2)$를 지나고 기울기가 $m\ (m\ge 2)$인 직선의 방정식은

$y-2=m(x-1)$ $\therefore y=mx-m+2$ ······ ㉠

직선 ㉠이 x축과 만나는 점의 x좌표는

$0=mx-m+2$에서 $x=1-\dfrac{2}{m}$

3단계 상수 m의 값을 구해 보자.

직선 ㉠이 넓이 S를 이등분하므로 직선 ㉠과 x축 및 직선 $x=1$로 둘러싸인

부분의 넓이는 $\dfrac{S}{2}$이다.   → 둘러싸인 부분의 모양이 삼각형이므로
                              $\dfrac{1}{2}\times$ (밑변의 길이) $\times$ (높이)로 구할 수 있다.

따라서 $\dfrac{1}{2}\times\left\{1-\left(1-\dfrac{2}{m}\right)\right\}\times f(1)=\dfrac{S}{2}$에서

$\dfrac{1}{2}\times\dfrac{2}{m}\times 2=\dfrac{S}{2}$이므로

$\dfrac{2}{m}=\dfrac{2}{3}$

$\therefore m=3$

049
정답률 ▶ 확: 63%, 미: 86%, 기: 78% **답 ②**

1단계 두 점 P, Q의 좌표를 각각 구해 보자.

$f(x)=kx(x-2)(x-3)$이므로
$f(x)=0$에서 $x=0$ 또는 $x=2$ 또는 $x=3$
$\therefore$ P(2, 0), Q(3, 0)

2단계 양수 k의 값을 구해 보자.

$A=\displaystyle\int_0^2 f(x)\,dx$, $B=\displaystyle\int_2^3 \{-f(x)\}\,dx$이므로

$$(A의\ 넓이)-(B의\ 넓이)=\int_0^2 f(x)\,dx-\int_2^3 \{-f(x)\}\,dx$$
$$=\int_0^2 f(x)\,dx+\int_2^3 f(x)\,dx$$
$$=\int_0^3 f(x)\,dx$$
$$=\int_0^3 kx(x-2)(x-3)\,dx$$
$$=k\int_0^3 (x^3-5x^2+6x)\,dx$$
$$=k\left[\frac{1}{4}x^4-\frac{5}{3}x^3+3x^2\right]_0^3$$
$$=\frac{9}{4}k=3$$

에서 $k=\dfrac{4}{3}$

050
정답률 ▶ 확: 59%, 미: 83%, 기: 75% **답 ④**

1단계 함수 $y=f(x)$의 그래프와 직선 $x=k\ (k>4)$를 그려 보자.

함수 $f(x)=\begin{cases}-x^2-2x+6 & (x<0) \\ -x^2+2x+6 & (x\ge 0)\end{cases}$에서

$x\ge 0$일 때 $f(x)=-x^2+2x+6=-(x-1)^2+7$이고,
함수 $y=f(x)$의 그래프는 y축에 대하여 대칭이므로
x축과 만나는 두 점 P, Q는 y축으로부터 같은 거리에 위치한다.
따라서 점 Q의 x좌표를 $a\ (a>0)$라 하면 점 P의 x좌표는 $-a$이다.
이때 $k>4$이고 $f(4)=-16+8+6=-2<0$이므로 점 R는 점 Q보다
오른쪽에 위치한다.

이를 만족시키는 함수 $y=f(x)$의 그래프와 직선 $x=k\ (k>4)$는 다음 그림과 같다.

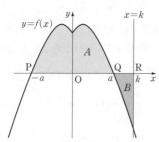

2단계 조건을 만족시키는 상수 k의 값을 구해 보자.

$A=2B$이므로 $\dfrac{A}{2}=B$에서

$A=\displaystyle\int_{-a}^{a}f(x)\,dx,\ \frac{A}{2}=\int_{0}^{a}f(x)\,dx,\ B=-\int_{a}^{k}f(x)\,dx$

이므로

$\displaystyle\int_{0}^{a}f(x)\,dx=-\int_{a}^{k}f(x)\,dx$

$\displaystyle\int_{0}^{a}f(x)\,dx+\int_{a}^{k}f(x)\,dx=0$

$\displaystyle\int_{0}^{k}f(x)\,dx=0$

$\displaystyle\int_{0}^{k}(-x^2+2x+6)\,dx=\left[-\frac{1}{3}x^3+x^2+6x\right]_{0}^{k}$

$\qquad\qquad\qquad\qquad\quad =-\dfrac{1}{3}k^3+k^2+6k$

$\qquad\qquad\qquad\qquad\quad =-\dfrac{k}{3}(k^2-3k-18)$

$\qquad\qquad\qquad\qquad\quad =-\dfrac{k}{3}(k+3)(k-6)=0$

$\therefore k=6\ (\because k>4)$

---

051 정답률 ▸ 확: 60%, 미: 73%, 기: 70%   답 ③

1단계 함수 $y=g(x)$의 그래프와 x축으로 둘러싸인 영역의 넓이에 대하여 알아보자.

$x\geq t$일 때 함수 $y=g(x)$의 그래프는 함수 $f(x)$ 위의 점 $(t,\ f(t))$를 지나고 기울기가 -1인 직선이다.

즉, 함수 $y=g(x)$의 그래프는 오른쪽 그림과 같다.

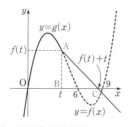

이때 함수 $y=g(x)$의 그래프와 x축으로 둘러싸인 영역의 넓이를 $S(t)$라 하면

$S(t)=\displaystyle\int_{0}^{t}f(x)\,dx+\underbrace{\frac{1}{2}\{f(t)\}^2}_{\text{삼각형 ABC의 넓이}}$

2단계 함수 $S(t)$가 최댓값을 갖도록 하는 실수 t의 값을 구해 보자.

$S'(t)=f(t)+f(t)f'(t)=f(t)\{1+f'(t)\}$

$S'(t)=0$에서 $f(t)=0$ 또는 $f'(t)=-1$

이때 $0<t<6$에서 $f(t)>0$이므로

$f(t)=0$을 만족시키는 t의 값은 존재하지 않는다.

$f'(t)=\dfrac{1}{9}\{(t-6)(t-9)+t(t-9)+t(t-6)\}$

$\qquad =\dfrac{1}{3}(t^2-10t+18)$

이므로

$f'(t)=-1$에서

$\dfrac{1}{3}(t^2-10t+18)=-1$

$t^2-10t+18=-3,\ t^2-10t+21=0$

$(t-3)(t-7)=0$

$\therefore t=3\ (\because 0<t<6)$

$0<t<6$에서 함수 $S(t)$의 증가와 감소를 표로 나타내면 다음과 같다.

t	(0)	$\cdots$	3	$\cdots$	(6)
$S'(t)$		$+$	0	$-$	
$S(t)$		↗	극대	↘	

즉, $0<t<6$에서 함수 $S(t)$는 $t=3$에서 극대이며 최대이다.

3단계 함수 $S(t)$의 최댓값을 구해 보자.

구하는 넓이의 최댓값은

$S(3)=\displaystyle\int_{0}^{3}f(x)\,dx+\frac{1}{2}\{f(3)\}^2$

$\qquad =\dfrac{1}{9}\displaystyle\int_{0}^{3}x(x-6)(x-9)\,dx+\frac{1}{2}\times\left\{\frac{1}{9}\times3\times(-3)\times(-6)\right\}^2$

$\qquad =\dfrac{1}{9}\displaystyle\int_{0}^{3}(x^3-15x^2+54x)\,dx+18$

$\qquad =\dfrac{1}{9}\left[\frac{1}{4}x^4-5x^3+27x^2\right]_{0}^{3}+18$

$\qquad =\dfrac{1}{9}\times\dfrac{513}{4}+18=\dfrac{129}{4}$

참고

$x\geq t$일 때 함수 $y=g(x)$의 그래프는 함수 $f(x)$ 위의 점 $(t,\ f(t))$를 지나고 기울기가 -1인 직선이므로 $x<6$에서 함수 $y=f(x)$의 그래프와 직선 $y=-(x-t)+f(t)$가 접할 때 함수 $y=g(x)$의 그래프와 x축으로 둘러싸인 영역의 넓이가 최대이다.

따라서 $f'(t)=-1$에서 $t=3$

---

052 정답률 ▸ 확: 47%, 미: 72%, 기: 63%   답 ④

1단계 함수 $f(x)$가 실수 전체의 집합에서 연속임을 이용하여 실수 $a,\ b$ 사이의 관계식을 찾아보자.

조건 (가)에서 $0\leq x<4$일 때, $f(x)=x^3+ax^2+bx$이고, 조건 (나)에서 모든 실수 x에 대하여 $f(x+4)=f(x)+16$이므로 $4\leq x<8$에서의 함수 $y=f(x)$의 그래프는 $0\leq x<4$에서의 함수 $y=f(x)$의 그래프를 x축의 방향으로 4만큼, y축의 방향으로 16만큼 평행이동한 것이다. 따라서 함수 $y=f(x)$의 그래프의 개형은 다음 그림과 같다.

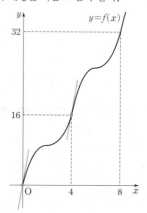

함수 $f(x)$는 실수 전체의 집합에서 미분가능하므로 $x=4$에서 연속이다.

즉, $\lim\limits_{x\to 4+} f(x)=\lim\limits_{x\to 4-} f(x)=f(4)$이다.

$$\lim_{x\to 4+} f(x)=\lim_{x\to 0+} f(x+4)$$
$$=\lim_{x\to 0+}\{f(x)+16\}=0+16=16,$$

$$\lim_{x\to 4-} f(x)=\lim_{x\to 4-}(x^3+ax^2+bx)$$
$$=64+16a+4b,$$

$$f(4)=f(0)+16=16$$

에서 $64+16a+4b=16$, $16a+4b=-48$

$\therefore b=-4a-12$

2단계 함수 $f(x)$가 실수 전체의 집합에서 미분가능함을 이용하여 함수 $f(x)$를 구해 보자.

함수 $f(x)$는 $x=4$에서 미분가능하므로

$$\lim_{x\to 4+}\frac{f(x)-f(4)}{x-4}=\lim_{x\to 4-}\frac{f(x)-f(4)}{x-4}$$이다.

$$\lim_{x\to 4+}\frac{f(x)-f(4)}{x-4}=\lim_{x\to 0+}\frac{f(x+4)-f(4)}{x}$$
$$=\lim_{x\to 0+}\frac{\{f(x)+16\}-16}{x}$$
$$=\lim_{x\to 0+}\frac{x^3+ax^2+bx}{x}$$
$$=\lim_{x\to 0+}(x^2+ax+b)=b$$
$$=-4a-12,$$

$$\lim_{x\to 4-}\frac{f(x)-f(4)}{x-4}=\lim_{x\to 4-}\frac{(x^3+ax^2+bx)-16}{x-4}$$
$$=\lim_{x\to 4-}\frac{x^3+ax^2+(-4a-12)x-16}{x-4}$$
$$=\lim_{x\to 4-}\frac{x^3-12x-16+ax^2-4ax}{x-4}$$
$$=\lim_{x\to 4-}\frac{(x-4)(x^2+4x+4)+ax(x-4)}{x-4}$$
$$=\lim_{x\to 4-}\frac{(x-4)\{x^2+(a+4)x+4\}}{x-4}$$
$$=\lim_{x\to 4-}\{x^2+(a+4)x+4\}$$
$$=4a+36$$

에서 $-4a-12=4a+36$, $8a=-48$

따라서 $a=-6$, $b=12$이므로

$$f(x)=x^3-6x^2+12 \ (0\le x<4) \quad \cdots\cdots \ㄱ$$

3단계 $\displaystyle\int_4^7 f(x)\,dx$의 값을 구해 보자.

함수 $y=f(x)$의 그래프와 x축 및 직선 $x=3$으로 둘러싸인 영역의 넓이를 A, x축과 세 직선 $y=16$, $x=4$, $x=7$로 둘러싸인 영역의 넓이를 B라 하자.

ㄱ을 이용하여 $\displaystyle\int_4^7 f(x)\,dx$의 값을 구하려면 오른쪽 그림과 같이 $A+B$로 나누어 구할 수 있다.

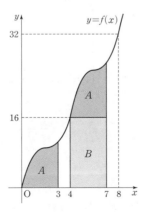

$$A=\int_0^3 f(x)\,dx$$
$$=\int_0^3 (x^3-6x^2+12x)\,dx$$
$$=\left[\frac{1}{4}x^4-2x^3+6x^2\right]_0^3=\frac{81}{4}$$

$$B=3\times16=48$$

$$\therefore \int_4^7 f(x)\,dx=A+B=\frac{81}{4}+48=\frac{273}{4}$$

1단계 함수 $f(x)$가 미분가능함을 이용하여 세 양수 a, b, k 사이의 관계식을 구해 보자.

함수 $f(x)$가 실수 전체의 집합에서 미분가능하므로 $x=k$에서도 미분가능하다.

즉, $\lim\limits_{x\to k+} f'(x)=\lim\limits_{x\to k-} f'(x)$이어야 한다.

$$f'(x)=\begin{cases} a & (x<k) \\ -2x+4b & (x\ge k) \end{cases}$$이므로

$$\lim_{x\to k+} f'(x)=\lim_{x\to k+}(-2x+4b)=-2k+4b,$$

$$\lim_{x\to k-} f'(x)=\lim_{x\to k-} a=a$$

에서

$$-2k+4b=a \quad\cdots\cdots \ ㉠$$

2단계 ㉠을 이용하여 ㄱ의 참, 거짓을 판별해 보자.

ㄱ. ㉠에서 $f'(k)=-2k+4b=a$이므로 $a=1$이면

$\quad f'(k)=1$ (참)

3단계 함수 $f(x)$가 미분가능함을 이용하여 ㄴ의 참, 거짓을 판별해 보자.

ㄴ. $g(x)=-x^2+4bx-3b^2$이라 하자.

함수 $f(x)$가 실수 전체의 집합에서 미분가능하므로 직선 $y=ax$는 원점에서 곡선 $y=g(x)$에 그은 접선 중 기울기가 양수인 접선이고, 접점의 좌표는 $(k,\ -k^2+4bk-3b^2)$이다.

$g(x)=-x^2+4bx-3b^2$에서

$g'(x)=-2x+4b$

곡선 $y=g(x)$ 위의 점 $(k,\ -k^2+4bk-3b^2)$에서의 접선의 기울기는

$g'(k)=-2k+4b$

이므로 접선의 방정식은

$$y-(-k^2+4bk-3b^2)=(-2k+4b)(x-k) \quad\cdots\cdots \ ㉡$$

직선 ㉡이 원점을 지나므로

$$0-(-k^2+4bk-3b^2)=(-2k+4b)(0-k)$$

$$k^2=3b^2 \quad \therefore k=\sqrt{3}b \ (\because b>0,\ k>0)$$

이때 $k=3$이면 $b=\sqrt{3}$이므로 ㉠에서

$$a=-2k+4b=-2\times3+4\times\sqrt{3}$$
$$=-6+4\sqrt{3} \ (참)$$

4단계 ㄴ을 이용하여 ㄷ의 참, 거짓을 판별해 보자.

ㄷ. ㉠에서 $a=-2k+4b$이고, ㄴ에서 $k=\sqrt{3}b$이므로

$$a=-2\times(\sqrt{3}b)+4b=(4-2\sqrt{3})b$$

$$\therefore f(x)=\begin{cases}(4-2\sqrt{3})bx & (x<\sqrt{3}b) \\ -x^2+4bx-3b^2 & (x\ge\sqrt{3}b)\end{cases},$$

$$f'(x)=\begin{cases}(4-2\sqrt{3})b & (x<\sqrt{3}b) \\ -2x+4b & (x\ge\sqrt{3}b)\end{cases}$$

$f(k)=f'(k)$, 즉 $f(\sqrt{3}b)=f'(\sqrt{3}b)$에서

$$-3b^2+4\sqrt{3}b^2-3b^2=-2\sqrt{3}b+4b$$

$$(4\sqrt{3}-6)b=4-2\sqrt{3} \ (\because b>0)$$

$$\therefore b=\frac{4-2\sqrt{3}}{4\sqrt{3}-6}$$

$$=\frac{(4-2\sqrt{3})(4\sqrt{3}+6)}{(4\sqrt{3}-6)(4\sqrt{3}+6)}$$

$$=\frac{16\sqrt{3}+24-24-12\sqrt{3}}{48-36}$$

$$=\frac{4\sqrt{3}}{12}=\frac{\sqrt{3}}{3}$$

$$\therefore f(x)=\begin{cases}\dfrac{4\sqrt{3}-6}{3}x & (x<1) \\ -x^2+\dfrac{4\sqrt{3}}{3}x-1 & (x\geq1)\end{cases}$$

이때 $x\geq1$에서

$$f(x)=-x^2+\dfrac{4\sqrt{3}}{3}x-1$$

$$=-\left(x-\dfrac{2\sqrt{3}}{3}\right)^2+\dfrac{1}{3}$$

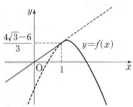

이므로 함수 $y=f(x)$의 그래프는 오
른쪽 그림과 같다.

함수 $y=f(x)\,(x\geq1)$의 그래프와 x축의 교점의 x좌표는

$-x^2+\dfrac{4\sqrt{3}}{3}x-1=0$에서

$3x^2-4\sqrt{3}x+3=0$

$(3x-\sqrt{3})(x-\sqrt{3})=0$

$\therefore x=\sqrt{3}\;(\because x\geq1)$

즉, 함수 $y=f(x)$의 그래프와 x축으로 둘러싸인 부분의 넓이를 S라
하면

$$S=\int_0^{\sqrt{3}}|f(x)|\,dx$$

$$=\int_0^1 f(x)\,dx+\int_1^{\sqrt{3}} f(x)\,dx$$

$$=\dfrac{1}{2}\times1\times\dfrac{4\sqrt{3}-6}{3}+\int_1^{\sqrt{3}}\left(-x^2+\dfrac{4\sqrt{3}}{3}x-1\right)dx$$

$$=\dfrac{2\sqrt{3}-3}{3}+\left[-\dfrac{1}{3}x^3+\dfrac{2\sqrt{3}}{3}x^2-x\right]_1^{\sqrt{3}}$$

$$=\dfrac{2\sqrt{3}-3}{3}+\dfrac{4-2\sqrt{3}}{3}=\dfrac{1}{3}\;(참)$$

따라서 옳은 것은 ㄱ, ㄴ, ㄷ이다.

---

054  정답률 ▶ 확: 69%, 미: 89%, 기: 80% 답 ②

1단계 접선 l의 방정식을 구해 보자.

$f(x)=x^2-4x+6$이라 하면 $f'(x)=2x-4$

곡선 $y=f(x)$ 위의 점 $A(3,\,3)$에서의 접선의 기울기는

$f'(3)=6-4=2$

이므로 접선 l의 방정식은

$y-3=2(x-3)$ $\therefore y=2x-3$

2단계 곡선 $y=x^2-4x+6$과 직선 l 및 y축으로 둘러싸인 부분의 넓이를
구해 보자.

구하는 넓이를 S라 하면

$$S=\int_0^3 |x^2-4x+6-(2x-3)|\,dx$$

$$=\int_0^3 (x^2-6x+9)\,dx$$

$$=\left[\dfrac{1}{3}x^3-3x^2+9x\right]_0^3=9$$

---

055 정답률 ▶ 확: 41%, 미: 70%, 기: 61% 답 ③

1단계 $B-A=\dfrac{2}{3}$임을 이용하여 상수 m의 값을 구해 보자.

다음 그림과 같이 곡선 $y=\dfrac{1}{4}x^3+\dfrac{1}{2}x$와 직선 $y=mx+2$의 교점의 x좌
표를 a라 하자.

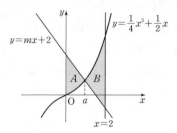

곡선 $y=\dfrac{1}{4}x^3+\dfrac{1}{2}x$와 직선 $y=mx+2$ 및 y축으로 둘러싸인 부분의 넓
이 A는

$$A=\int_0^a\left\{(mx+2)-\left(\dfrac{1}{4}x^3+\dfrac{1}{2}x\right)\right\}dx$$

곡선 $y=\dfrac{1}{4}x^3+\dfrac{1}{2}x$와 두 직선 $y=mx+2$, $x=2$로 둘러싸인 부분의 넓
이 B는

$$B=\int_a^2\left\{\left(\dfrac{1}{4}x^3+\dfrac{1}{2}x\right)-(mx+2)\right\}dx$$

이때 $B-A=\dfrac{2}{3}$이므로

$$B-A=\int_a^2\left\{\left(\dfrac{1}{4}x^3+\dfrac{1}{2}x\right)-(mx+2)\right\}dx$$

$$\qquad-\int_0^a\left\{(mx+2)-\left(\dfrac{1}{4}x^3+\dfrac{1}{2}x\right)\right\}dx$$

$$=\int_a^2\left\{\left(\dfrac{1}{4}x^3+\dfrac{1}{2}x\right)-(mx+2)\right\}dx$$

$$\qquad+\int_0^a\left\{\left(\dfrac{1}{4}x^3+\dfrac{1}{2}x\right)-(mx+2)\right\}dx$$

$$=\int_0^2\left\{\left(\dfrac{1}{4}x^3+\dfrac{1}{2}x\right)-(mx+2)\right\}dx$$

$$=\int_0^2\left\{\dfrac{1}{4}x^3+\left(\dfrac{1}{2}-m\right)x-2\right\}dx$$

$$=\left[\dfrac{1}{16}x^4+\dfrac{1}{2}\left(\dfrac{1}{2}-m\right)x^2-2x\right]_0^2$$

$$=1+1-2m-4$$

$$=-2m-2=\dfrac{2}{3}$$

$2m=-\dfrac{8}{3}$ $\therefore m=-\dfrac{4}{3}$

참고

$\displaystyle\int_0^2\left\{\left(\dfrac{1}{4}x^3+\dfrac{1}{2}x\right)-(mx+2)\right\}dx$가 $0\leq x\leq a$에서는 음수이고 $a\leq x\leq2$
에서는 양수이므로 $B-A$와 같다. 즉, A, B를 각각 구해서 빼는 과정을 단축
할 수 있다.

---

056 정답률 ▶ 확: 51%, 미: 83%, 기: 72% 답 ⑤

1단계 함수 $f(x)$를 구해 보자.

최고차항의 계수가 1인 삼차함수 $f(x)$가

$f(1)=f(2)=0$이므로

$f(x)=(x-1)(x-2)(x-a)$ (a는 상수)

라 할 수 있다.

$$f(x)=(x-1)(x-2)(x-a)$$
$$=x^3-(a+3)x^2+(3a+2)x-2a$$
$$f'(x)=3x^2-2(a+3)x+3a+2$$
이때 $f'(0)=-7$이므로
$$f'(0)=3a+2$$
$$3a+2=-7 \quad \therefore a=-3$$
$$\therefore f(x)=(x+3)(x-1)(x-2)=x^3-7x+6$$

2단계 $B-A$의 값을 구해 보자.

$f(x)=(x+3)(x-1)(x-2)$에서
$$f(3)=6\times2\times1=12$$
이때 원점 O와 점 $P(3, f(3))$, 즉 $P(3, 12)$를 지나는 직선의 방정식은
$$y=\frac{12}{3}x=4x$$
$$\therefore B-A=\int_0^3\{4x-f(x)\}dx$$
$$=\int_0^3\{4x-(x^3-7x+6)\}dx$$
$$=\int_0^3(-x^3+11x-6)dx$$
$$=\left[-\frac{1}{4}x^4+\frac{11}{2}x^2-6x\right]_0^3$$
$$=-\frac{81}{4}+\frac{99}{2}-18=\frac{45}{4}$$

> **참고**
>
> 점 Q의 x좌표를 q라 하면
> $$A=\int_0^q\{f(x)-4x\}dx, \quad B=\int_q^3\{4x-f(x)\}dx$$
> $$\therefore B-A=\int_q^3\{4x-f(x)\}dx-\int_0^q\{f(x)-4x\}dx$$
> $$=\int_q^3\{4x-f(x)\}dx+\int_0^q\{4x-f(x)\}dx$$
> $$=\int_0^3\{4x-f(x)\}dx$$

057 정답률 ▶ 확: 40%, 미: 62%, 기: 56%   답 ②

1단계 곡선 $y=f(x)$ 위의 점 B에서의 접선의 방정식을 구하여 양수 k의 값을 구해 보자.

$f(x)=x^3-6x^2+8x+1$에서
$$f'(x)=3x^2-12x+8$$
곡선 $y=f(x)$ 위의 점 $B(k, f(k))$, 즉 $B(k, k^3-6k^2+8k+1)$에서의 접선의 기울기는
$$f'(k)=3k^2-12k+8$$
이므로 접선의 방정식은
$$y-(k^3-6k^2+8k+1)=(3k^2-12k+8)(x-k) \quad \cdots\cdots \bigcirc$$
직선 $\bigcirc$이 점 $A(0, 1)$을 지나므로
$$1-(k^3-6k^2+8k+1)=(3k^2-12k+8)\times(-k)$$
$$2k^3-6k^2=0$$
$$\therefore k=3 \ (\because k>0)$$

2단계 $S_1=S_2$임을 이용하여 $\int_0^k g(x)\,dx$의 값을 구해 보자.

$B(3, -2)$이므로 직선 AB의 방정식은

$$y-1=\frac{-2-1}{3-0}x$$
$$\therefore y=-x+1$$
이때
$$S_1=\int_0^3|f(x)-(-x+1)|\,dx$$
$$=\int_0^3\{f(x)+x-1\}dx,$$
$$S_2=\int_0^3|g(x)-(-x+1)|\,dx$$
$$=\int_0^3\{-g(x)-x+1\}dx$$
이므로 $S_1=S_2$에서
$$\int_0^3\{f(x)+x-1\}dx=\int_0^3\{-g(x)-x+1\}dx$$
$$\therefore \int_0^3 g(x)\,dx=\int_0^3\{-f(x)-2x+2\}dx$$
$$=\int_0^3\{-(x^3-6x^2+8x+1)-2x+2\}dx$$
$$=\int_0^3(-x^3+6x^2-10x+1)dx$$
$$=\left[-\frac{1}{4}x^4+2x^3-5x^2+x\right]_0^3=-\frac{33}{4}$$

058 정답률 ▶ 확: 26%, 미: 52%, 기: 43%   답 ⑤

1단계 곡선 $y=f(x)$와 직선 $y=\frac{1}{2}x$가 만나는 점의 x좌표를 이용하여 $f(x)-\frac{1}{2}x$를 구해 보자.

다음 그림과 같이 두 점 A, B의 x좌표를 각각 a, b라 하고, 점 A를 지나면서 x축에 평행한 직선과 점 B를 지나면서 y축에 평행한 직선이 만나는 점을 H라 하자.

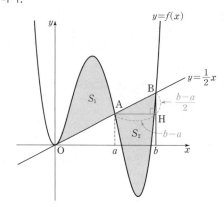

삼각형 ABH는 직각삼각형이므로
$$\overline{AB}^2=\overline{AH}^2+\overline{BH}^2$$
$$5=(b-a)^2+\left(\frac{b-a}{2}\right)^2, \quad \frac{5}{4}(b-a)^2=5$$
$$(b-a)^2=4$$
$$\therefore b-a=2 \ (\because b-a>0) \quad \cdots\cdots \bigcirc$$
곡선 $y=f(x)$와 직선 $y=\frac{1}{2}x$가 원점 O에서 접하고 두 점 A, B에서 만나므로
$$f(x)-\frac{1}{2}x=x^2(x-a)(x-b)$$
$$=x^4-(a+b)x^3+abx^2$$

2단계 곡선 $y=f(x)$와 직선 $y=\frac{1}{2}x$로 둘러싸인 도형의 넓이를 구한 후 $S_1=S_2$임을 이용하여 $f(1)$의 값을 구해 보자.

$S_1=S_2$, $S_1-S_2=0$이므로

$$S_1-S_2=\int_0^a\left|f(x)-\frac{1}{2}x\right|dx-\int_a^b\left|f(x)-\frac{1}{2}x\right|dx$$

$$=\int_0^a\left\{f(x)-\frac{1}{2}x\right\}dx+\int_a^b\left\{f(x)-\frac{1}{2}x\right\}dx$$

$$=\int_0^b\left\{f(x)-\frac{1}{2}x\right\}dx$$

$$=\int_0^b\left\{x^4-(a+b)x^3+abx^2\right\}dx$$

$$=\left[\frac{1}{5}x^5-\frac{a+b}{4}x^4+\frac{ab}{3}x^3\right]_0^b$$

$$=\frac{b^5}{5}-\frac{(a+b)b^4}{4}+\frac{ab^4}{3}$$

$$=-\frac{b^5}{20}+\frac{ab^4}{12}=0$$

$$\therefore 5a-3b=0 \qquad\cdots\cdots\ \text{ⓒ}$$

㉠, ⓒ을 연립하여 풀면 $a=3$, $b=5$

따라서 $f(x)=x^4-8x^3+15x^2+\frac{1}{2}x$이므로

$$f(1)=1-8+15+\frac{1}{2}=\frac{17}{2}$$

3단계 두 함수 $y=f(x)$, $y=g(x)$의 그래프로 둘러싸인 부분의 넓이를 구하여 $30\times S$의 값을 구해 보자.

$x<0$일 때, $g(x)=-4x-3$이므로 두 함수 $y=f(x)$, $y=g(x)$의 그래프의 교점의 x좌표는 $x^3+x^2-x=-4x-3$에서

$$x^3+x^2+3x+3=0$$

$$(x+1)(x^2+3)=0$$

$$\therefore x=-1$$

따라서

$$S=\int_{-1}^1|f(x)-g(x)|\,dx$$

$$=\int_{-1}^0|x^3+x^2-x-(-4x-3)|\,dx+\int_0^1|x^3+x^2-x-(4x-3)|\,dx$$

$$=\int_{-1}^0(x^3+x^2+3x+3)\,dx+\int_0^1(x^3+x^2-5x+3)\,dx$$

$$=\left[\frac{1}{4}x^4+\frac{1}{3}x^3+\frac{3}{2}x^2+3x\right]_{-1}^0+\left[\frac{1}{4}x^4+\frac{1}{3}x^3-\frac{5}{2}x^2+3x\right]_0^1$$

$$=\frac{19}{12}+\frac{13}{12}=\frac{8}{3}$$

이므로

$$30\times S=80$$

059

정답률 ▸ 확: 26%, 미: 54%, 기: 43%   **답 80**

1단계 함수 $f(x)$의 증가와 감소를 표로 나타내어 보자.

$f(x)=x^3+x^2-x$에서

$$f'(x)=3x^2+2x-1=(x+1)(3x-1)$$

$f'(x)=0$에서 $x=-1$ 또는 $x=\frac{1}{3}$

함수 $f(x)$의 증가와 감소를 표로 나타내면 다음과 같다.

x	$\cdots$	-1	$\cdots$	$\frac{1}{3}$	$\cdots$
$f'(x)$	$+$	0	$-$	0	$+$
$f(x)$	$\nearrow$	1	$\searrow$	$-\frac{5}{27}$	$\nearrow$

2단계 두 함수 $y=f(x)$, $y=g(x)$의 그래프가 만나는 점의 개수가 2임을 이용하여 상수 k의 값을 구해 보자.

$k<0$인 상수 k에 대하여 두 함수 $y=f(x)$, $y=g(x)$의 그래프가 만나는 점의 개수가 2이려면 오른쪽 그림과 같이 $x>0$일 때, 직선 $y=g(x)$가 곡선 $y=f(x)$에 접해야 한다.

$x>0$일 때, 접점의 좌표를 $(t, 4t+k)$ $(t>0)$이라 하면 $g(x)=4x+k$에서 $g'(x)=4$이므로 $f'(t)=4$이어야 한다.

즉, $3t^2+2t-1=4$에서

$$3t^2+2t-5=0, (3t+5)(t-1)=0$$

$$\therefore t=1\ (\because t>0)$$

따라서 접점의 좌표는 $(1, 4+k)$이므로 $f(1)=4+k$에서

$$1+1-1=4+k$$

$$\therefore k=-3$$

060

정답률 ▸ 확: 14%, 미: 40%, 기: 33%   **답 54**

1단계 $x_4-x_1=5$임을 이용하여 x_1, x_2, x_3, x_4의 값을 각각 구해 보자.

$$f(x)=|x^2-3|-2x$$

$$=\begin{cases}x^2-2x-3 & (x\le-\sqrt{3}\ \text{또는}\ x\ge\sqrt{3}) \\ -x^2-2x+3 & (-\sqrt{3}<x<\sqrt{3})\end{cases}$$

이고, 두 함수 $y=f(x)$, $y=g(x)$의 그래프가 서로 다른 네 점에서 만나므로 두 함수 $y=f(x)$, $y=g(x)$의 그래프는 오른쪽 그림과 같다.

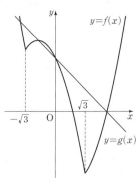

x_1, x_4는 함수 $y=x^2-2x-3$의 그래프와 직선 $y=-x+t$의 교점의 x좌표이므로 이차방정식 $x^2-2x-3=-x+t$, 즉 $x^2-x-3-t=0$의 서로 다른 두 실근이다.

이차방정식의 근과 계수의 관계에 의하여

$$x_1+x_4=1, x_1x_4=-3-t \qquad\cdots\cdots\ \text{㉠}$$

이때 $x_4-x_1=5$이므로 ㉠의 $x_1+x_4=1$과 연립하여 풀면

$$x_1=-2, x_4=3$$

이를 ㉠의 $x_1x_4=-3-t$에 대입하면

$$-6=-3-t$$

$$\therefore t=3$$

또한, x_2, x_3은 함수 $y=-x^2-2x+3$의 그래프와 직선 $y=-x+3$의 교점의 x좌표이므로 이차방정식 $-x^2-2x+3=-x+3$, 즉 $x^2+x=0$의 서로 다른 두 실근이다.

$x^2+x=0$에서 $x(x+1)=0$

$$\therefore x_2=-1, x_3=0$$

2단계 두 함수 $y=f(x)$, $y=g(x)$의 그래프로 둘러싸인 부분의 넓이를 구하여 $p\times q$의 값을 구해 보자.

닫힌구간 $[0, 3]$에서 두 함수 $y=f(x)$, $y=g(x)$의 그래프로 둘러싸인 부분의 넓이를 S라 하면

$$S=\int_0^3 |f(x)-g(x)|\,dx$$

$$=\int_0^{\sqrt{3}} |(-x^2-2x+3)-(-x+3)|\,dx$$

$$\quad +\int_{\sqrt{3}}^3 |(x^2-2x-3)-(-x+3)|\,dx$$

$$=\int_0^{\sqrt{3}} (x^2+x)\,dx+\int_{\sqrt{3}}^3 (-x^2+x+6)\,dx$$

$$=\left[\frac{1}{3}x^3+\frac{1}{2}x^2\right]_0^{\sqrt{3}}+\left[-\frac{1}{3}x^3+\frac{1}{2}x^2+6x\right]_{\sqrt{3}}^3$$

$$=\left(\sqrt{3}+\frac{3}{2}\right)+(12-5\sqrt{3})=\frac{27}{2}-4\sqrt{3}$$

따라서 $p=\dfrac{27}{2}$, $q=4$이므로

$$p\times q=\frac{27}{2}\times 4=54$$

061 정답률 ▸ 확: 69%, 미: 88%, 기: 83% 답 4

1단계 두 곡선 $y=3x^3-7x^2$과 $y=-x^2$의 교점의 x좌표를 구해 보자.
$3x^3-7x^2=-x^2$에서
$3x^3-6x^2=0$, $3x^2(x-2)=0$
$\therefore$ $x=0$ 또는 $x=2$

2단계 두 곡선 $y=3x^3-7x^2$과 $y=-x^2$으로 둘러싸인 부분의 넓이를 구해 보자.

두 곡선 $y=3x^3-7x^2$과 $y=-x^2$으로 둘러싸인 부분의 넓이를 S라 하면

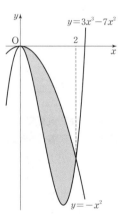

$$S=\int_0^2 \{-x^2-(3x^3-7x^2)\}\,dx$$

$$=\int_0^2 (-3x^3+6x^2)\,dx$$

$$=\left[-\frac{3}{4}x^4+2x^3\right]_0^2=4$$

062 정답률 ▸ 확: 76%, 미: 92%, 기: 88% 답 ①

1단계 두 함수 $y=f(x)$, $y=g(x)$의 그래프에 대하여 알아보자.
$f(x)=x^2-4x=(x-2)^2-4$,
$g(x)=\begin{cases} -x^2+2x & (x<2) \\ -x^2+6x-8 & (x\geq 2) \end{cases}=\begin{cases} -(x-1)^2+1 & (x<2) \\ -(x-3)^2+1 & (x\geq 2) \end{cases}$
이므로 두 함수 $y=f(x)$, $y=g(x)$의 그래프는 각각 직선 $x=2$에 대하여 대칭이다.

2단계 두 함수 $y=f(x)$, $y=g(x)$의 그래프로 둘러싸인 부분의 넓이를 구해 보자.

두 함수 $y=f(x)$, $y=g(x)$의 그래프로 둘러싸인 부분의 넓이는 두 함수 $y=x^2-4x$, $y=-x^2+2x$와 직선 $x=2$로 둘러싸인 부분의 넓이의 2배이므로 구하는 넓이를 S라 하면

$$S=2\int_0^2 |x^2-4x-(-x^2+2x)|\,dx=2\int_0^2 (-2x^2+6x)\,dx$$

$$=2\left[-\frac{2}{3}x^3+3x^2\right]_0^2=2\times\frac{20}{3}=\frac{40}{3}$$

063 정답률 ▸ 확: 63%, 미: 88%, 기: 78% 답 ④

1단계 $A=B$임을 이용하여 상수 k의 값을 구해 보자.
두 곡선 $y=x^3+x^2$, $y=-x^2+k$와 y축으로 둘러싸인 부분의 넓이 A와 두 곡선 $y=x^3+x^2$, $y=-x^2+k$와 직선 $x=2$로 둘러싸인 부분의 넓이 B가 같으므로

$$\int_0^2 |x^3+x^2-(-x^2+k)|\,dx=0$$에서

$$\int_0^2 (x^3+2x^2-k)\,dx=\left[\frac{1}{4}x^4+\frac{2}{3}x^3-kx\right]_0^2=4+\frac{16}{3}-2k=0$$

$$\therefore k=\frac{14}{3}$$

064 정답률 ▸ 확: 71%, 미: 88%, 기: 80% 답 16

1단계 조건을 만족시키는 상수 a의 값을 구해 보자.
점 P의 시각 t $(t\geq 0)$에서의 위치를 $x(t)$라 하면 점 P는 시각 $t=0$일 때 원점을 출발하므로 시각 $t=3$에서의 점 P의 위치는

$$x(3)=0+\int_0^3 v(t)\,dt$$

$$=\int_0^3 (3t^2+6t-a)\,dt$$

$$=\left[t^3+3t^2-at\right]_0^3$$

$$=54-3a=6$$

$$\therefore a=16$$

065 정답률 ▸ 확: 68%, 미: 86%, 기: 80% 답 80

1단계 조건을 만족시키는 상수 k의 값을 구해 보자.
점 P의 시각 t $(t\geq 0)$에서의 가속도를 $a(t)$라 하면
$v(t)=4t^3-48t$에서
$a(t)=v'(t)=12t^2-48$
시각 $t=k$ $(k>0)$에서 점 P의 가속도가 0이므로
$12k^2-48=0$, $k^2=4$
$\therefore$ $k=2$ $(\because k>0)$

2단계 시각 $t=0$에서 $t=k$까지 점 P가 움직인 거리를 구해 보자.
$0\leq t\leq 2$일 때 $v(t)\leq 0$이므로 시각 $t=0$에서 $t=2$까지 점 P가 움직인 거리는

$$\int_0^2 |v(t)|\,dt=\int_0^2 \{-v(t)\}\,dt$$

$$=\int_0^2 (-4t^3+48t)\,dt$$

$$=\left[-t^4+24t^2\right]_0^2=80$$

066

정답률 ▶ 확: 68%, 미: 87%, 기: 80%　　　　　답 ②

1단계 주어진 조건을 만족시키는 a의 값을 구해 보자.

점 P가 운동 방향을 바꿀 때의 속도는 0이므로 $v(t)=0$에서

$t^2-4t+3=0$, $(t-1)(t-3)=0$

$\therefore t=1$ 또는 $t=3$

$\therefore a=3$

2단계 점 P가 시각 $t=0$에서 $t=a$까지 움직인 거리를 구해 보자.

$0 \le t \le 1$일 때 $v(t) \ge 0$, $1 \le t \le 3$일 때 $v(t) \le 0$이므로 점 P가 시각 $t=0$에서 $t=3$까지 움직인 거리는

$$\int_0^3 |v(t)|\,dt = \int_0^1 v(t)\,dt + \int_1^3 \{-v(t)\}\,dt$$

$$= \int_0^1 (t^2-4t+3)\,dt + \int_1^3 (-t^2+4t-3)\,dt$$

$$= \left[\frac{1}{3}t^3 - 2t^2 + 3t\right]_0^1 + \left[-\frac{1}{3}t^3 + 2t^2 - 3t\right]_1^3$$

$$= \frac{4}{3} + \frac{4}{3} = \frac{8}{3}$$

067

정답률 ▶ 확: 37%, 미: 59%, 기: 52%　　　　　답 102

1단계 시각 $t\,(t \ge 0)$에서의 두 점 P, Q의 위치를 k에 대하여 나타내어 보자.

시각 $t\,(t \ge 0)$에서의 두 점 P, Q의 위치를 각각 $x_1(t)$, $x_2(t)$라 하면

$$x_1(t) = 0 + \int_0^t (12t-12)\,dt$$

$$= \left[6t^2 - 12t\right]_0^t$$

$$= 6t^2 - 12t$$

$$x_2(t) = 0 + \int_0^t (3t^2 + 2t - 12)\,dt$$

$$= \left[t^3 + t^2 - 12t\right]_0^t$$

$$= t^3 + t^2 - 12t$$

2단계 k의 값을 구해 보자.

시각 $t=k\,(k>0)$에서 두 점 P, Q의 위치가 같으므로

$x_1(k)=x_2(k)$에서

$6k^2 - 12k = k^3 + k^2 - 12k$

$k^3 - 5k^2 = 0$, $k^2(k-5)=0$

$\therefore k=5\ (\because k>0)$

3단계 시각 $t=0$에서 $t=k$까지 점 P가 움직인 거리를 구하시오.

이때

$v_1(t) = 12t - 12 = 12(t-1)$

이므로 $0 \le t \le 1$일 때 $v_1(t) \le 0$, $t \ge 1$일 때 $v_1(t) \ge 0$

따라서 시각 $t=0$에서 $t=5$까지 점 P가 움직인 거리는

$$\int_0^5 |12t-12|\,dt = \int_0^1 (-12t+12)\,dt + \int_1^5 (12t-12)\,dt$$

$$= \left[-6t^2+12t\right]_0^1 + \left[6t^2-12t\right]_1^5$$

$$= 6 + 96 = 102$$

068

정답률 ▶ 확: 40%, 미: 63%, 기: 57%　　　　　답 18

1단계 두 점 P, Q의 시각 $t\,(t \ge 0)$에서의 위치의 식을 각각 구해 보자.

두 점 P, Q의 시각 $t\,(t \ge 0)$에서의 위치를 각각 $x_1(t)$, $x_2(t)$라 하면 두 점 P, Q는 시각 $t=0$일 때 동시에 원점을 출발하므로

$$x_1(t) = 0 + \int_0^t v_1(t)\,dt = \int_0^t (3t^2 - 15t + k)\,dt$$

$$= \left[t^3 - \frac{15}{2}t^2 + kt\right]_0^t$$

$$= t^3 - \frac{15}{2}t^2 + kt$$

$$x_2(t) = 0 + \int_0^t v_2(t)\,dt = \int_0^t (-3t^2 + 9t)\,dt$$

$$= \left[-t^3 + \frac{9}{2}t^2\right]_0^t$$

$$= -t^3 + \frac{9}{2}t^2$$

2단계 점 P와 점 Q가 출발한 후 한 번만 만날 조건을 구해 보자.

점 P와 점 Q가 출발한 후 한 번만 만나므로 $t>0$에서 방정식 $x_1(t)=x_2(t)$의 서로 다른 실근의 개수는 1이다.

3단계 양수 k의 값을 구해 보자.

$x_1(t)=x_2(t)$에서

$t^3 - \frac{15}{2}t^2 + kt = -t^3 + \frac{9}{2}t^2$

$2t^3 - 12t^2 + kt = 0$

$t(2t^2 - 12t + k) = 0$

이때 $t>0$, $k>0$이므로 이차방정식 $2t^2 - 12t + k = 0$이 중근을 가져야 한다.

이차방정식 $2t^2 - 12t + k = 0$의 판별식을 D라 하면 $D=0$이어야 하므로

$$\frac{D}{4} = (-6)^2 - 2k = 0$$

$2k = 36$　　$\therefore k=18$

069

정답률 ▶ 확: 21%, 미: 54%, 기: 44%　　　　　답 16

1단계 속도 $v(t)$의 그래프를 그려서 출발한 후 점 P의 운동 방향이 두 번째로 바뀌는 시각을 찾아보자.

$$v(t) = \begin{cases} -t^2 + t + 2 & (0 \le t \le 3) \\ k(t-3) - 4 & (t > 3) \end{cases}$$ 에서

출발한 후 점 P의 운동 방향이 두 번째로 바뀌는 시각은 속도 $v(t)$의 값의 부호가 두 번째로 바뀔 때의 t의 값이다.

다음 그림과 같이 $t \ge 3$에서 직선이 t축과 만나는 t좌표를 a라 하면 시각 $t=0$일 때 원점에서 출발하고 $t=a$에서 점 P의 위치가 1이므로 $0 \le t \le a$에서 $v(t)$의 그래프와 t축으로 둘러싸인 도형의 넓이는 1이다.

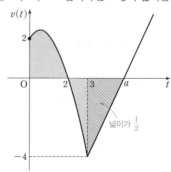

$\int_0^a v(t)\,dt = 1$에서

$\int_0^a v(t)\,dt = \int_0^3 v(t)\,dt + \int_3^a v(t)\,dt$이므로

$$\int_0^3 (-t^2+t+2)\,dt + \int_3^a \{k(t-3)-4\}\,dt = 1 \quad \cdots\cdots \ \bigcirc$$

이때

$$\int_0^3 (-t^2+t+2)\,dt = \left[-\frac{1}{3}t^3+\frac{1}{2}t^2+2t\right]_0^3$$
$$= -9+\frac{9}{2}+6=\frac{3}{2}$$

이므로 ⊙에 대입하면 $\displaystyle\int_3^a \{k(t-3)-4\}\,dt = -\frac{1}{2}$

삼각형의 넓이 공식을 이용하면

$$\int_3^a \{k(t-3)-4\}\,dt = -\frac{1}{2}\times(a-3)\times 4 = -\frac{1}{2}$$

$$4(a-3)=1$$

$$\therefore a=\frac{13}{4}$$

2단계 양수 k의 값을 구해 보자.

$v\left(\dfrac{13}{4}\right)=0$이므로

$$v\left(\frac{13}{4}\right)=k\left(\frac{13}{4}-3\right)-4=\frac{k}{4}-4=0$$

$$\therefore k=16$$

다른 풀이

양수 k는 두 점 $(3,\ -4)$, $\left(\dfrac{13}{4},\ 0\right)$을 지나는 직선의 기울기와 같으므로

$$k=\frac{0-(-4)}{\frac{13}{4}-3}=16$$

참고

⊙에서 $\displaystyle\int_3^a \{k(t-3)-4\}\,dt$를 구할 때, 삼각형의 넓이 공식을 이용하지 않고 정적분의 계산을 하여도 된다.

070 정답률 ▸ 확: 68%, 미: 84%, 기: 80% **답 ④**

1단계 시각 $t=2$에서 점 P의 위치를 a에 대한 식으로 나타내어 보자.

점 P의 시각 t $(t\geq0)$에서의 위치를 $x(t)$라 하면 점 P는 시각 $t=0$일 때 원점을 출발하므로 시각 $t=2$에서 점 P의 위치는

$$x(2)=0+\int_0^2 v(t)\,dt = \int_0^2 (3t^2+at)\,dt$$
$$=\left[t^3+\frac{a}{2}t^2\right]_0^2 = 8+2a$$

2단계 상수 a의 값을 구해 보자.

점 P$(8+2a)$와 점 A(6) 사이의 거리가 10이므로

$$|(8+2a)-6|=10$$

$$|1+a|=5,\ 1+a=\pm5$$

$$\therefore a=4\ (\because a>0)$$

071 정답률 ▸ 확: 59%, 미: 81%, 기: 74% **답 ②**

1단계 조건을 만족시키는 상수 a의 값을 구하여 속도 $v(t)$의 식을 구해 보자.

점 P의 시각 t $(t\geq0)$에서의 위치를 $x(t)$라 하면 시각 $t=0$에서 점 P의 위치는 16이고, 시각 $t=2a$에서 점 P의 위치는 0이므로

$$x(2a)=16+\int_0^{2a} v(t)\,dt$$
$$=16+\int_0^{2a} (-3t^2+3at)\,dt$$
$$=16+\left[-t^3+\frac{3a}{2}t^2\right]_0^{2a}$$
$$=16-2a^3=0$$

$$2a^3=16 \quad \therefore a=2$$

$$\therefore v(t)=3t(2-t)=-3t^2+6t$$

2단계 시각 $t=0$에서 $t=5$까지 점 P가 움직인 거리를 구해 보자.

시각 $t=0$에서 $t=5$까지 점 P가 움직인 거리는

$$\int_0^5 |v(t)|\,dt = \int_0^5 |-3t^2+6t|\,dt$$
$$=\int_0^2 (-3t^2+6t)\,dt + \int_2^5 (3t^2-6t)\,dt$$
$$=\left[-t^3+3t^2\right]_0^2 + \left[t^3-3t^2\right]_2^5$$
$$=\{(-8+12)-0\}+\{(125-75)-(8-12)\}$$
$$=58$$

072 정답률 ▸ 확: 49%, 미: 73%, 기: 64% **답 ①**

1단계 시각 $t=0$에서의 점 P의 위치와 시각 $t=6$에서의 점 P의 위치가 서로 같을 조건을 구해 보자.

시각 $t=0$에서의 점 P의 위치와 시각 $t=6$에서의 점 P의 위치가 서로 같으므로 시각 $t=0$에서 시각 $t=6$까지 점 P의 위치의 변화량은 0이다.

2단계 상수 a의 값을 구해 보자.

시각 $t=0$에서 시각 $t=6$까지 점 P의 위치의 변화량은

$$\int_0^6 v(t)\,dt = \int_0^6 (3t^2+at)\,dt$$
$$=\left[t^3+\frac{a}{2}t^2\right]_0^6$$
$$=216+18a=0$$

이므로 $a=-12$

3단계 점 P가 시각 $t=0$에서 $t=6$까지 움직인 거리를 구해 보자.

$v(t)=3t^2-12t$이므로 $0\leq t\leq4$일 때 $v(t)\leq0$, $4\leq t\leq6$일 때 $v(t)\geq0$이다.

따라서 점 P가 시각 $t=0$에서 $t=6$까지 움직인 거리는

$$\int_0^6 |v(t)|\,dt = \int_0^4 \{-v(t)\}\,dt + \int_4^6 v(t)\,dt$$
$$=\int_0^4 (-3t^2+12t)\,dt + \int_4^6 (3t^2-12t)\,dt$$
$$=\left[-t^3+6t^2\right]_0^4 + \left[t^3-6t^2\right]_4^6$$
$$=32+32=64$$

다른 풀이

시각 $t=0$에서 점 P의 위치를 x_0이라 하고, 점 P의 시각 t $(t\geq0)$에서의 위치를 $x(t)$라 하면

$$x(t)=x_0+\int_0^t v(t)\,dt$$

$$=x_0+\int_0^t (3t^2+at)\,dt$$

$$=x_0+\left[t^3+\frac{a}{2}t^2\right]_0^t$$

$$=t^3+\frac{a}{2}t^2+x_0$$

이때 $x(0)=x(6)$이므로

$x_0=216+18a+x_0$

$\therefore a=-12$

---

073   정답률 ▸ 확: 67%, 미: 88%, 기: 82%   답 ⑤

1단계 점 P의 시각 t $(t \geq 0)$에서의 위치의 식을 구해 보자.

점 P의 시각 t $(t \geq 0)$에서의 위치를 $x_1(t)$라 하면 점 P는 시각 $t=0$일 때 원점을 출발하므로

$$x_1(t)=0+\int_0^t v_1(t)\,dt=\int_0^t (2-t)\,dt$$

$$=\left[2t-\frac{1}{2}t^2\right]_0^t=2t-\frac{1}{2}t^2$$

2단계 점 P가 원점으로 돌아온 시각을 구해 보자.

출발한 후 점 P가 원점으로 돌아온 시각은 $x_1(t)=0$에서
↳원점은 위치가 0이므로

$2t-\frac{1}{2}t^2=0$

$t^2-4t=0,\ t(t-4)=0$

$\therefore t=4\ (\because t>0)$

3단계 출발한 시각부터 점 P가 원점으로 돌아올 때까지 점 Q가 움직인 거리를 구해 보자.

출발한 시각부터 점 P가 원점으로 돌아올 때까지 점 Q가 움직인 거리는 점 Q가 시각 $t=0$에서 $t=4$까지 움직인 거리이다.

따라서 $0 \leq t \leq 4$일 때 $v_2(t) \geq 0$이므로 점 Q가 시각 $t=0$에서 $t=4$까지 움직인 거리는

$$\int_0^4 |v_2(t)|\,dt=\int_0^4 v_2(t)\,dt=\int_0^4 3t\,dt$$

$$=\left[\frac{3}{2}t^2\right]_0^4=24$$

---

074   정답률 ▸ 확: 40%, 미: 56%, 기: 53%   답 ④

1단계 두 점 P, Q의 시각 t $(t \geq 0)$에서의 위치의 식을 각각 구해 보자.

두 점 P, Q의 시각 t $(t \geq 0)$에서의 위치를 각각 $x_1(t)$, $x_2(t)$라 하면 두 점 P, Q는 시각 $t=0$일 때 동시에 원점을 출발하므로

$$x_1(t)=0+\int_0^t v_1(t)\,dt=\int_0^t (3t^2-6t-2)\,dt$$

$$=\left[t^3-3t^2-2t\right]_0^t=t^3-3t^2-2t$$

$$x_2(t)=0+\int_0^t v_2(t)\,dt=\int_0^t (-2t+6)\,dt$$

$$=\left[-t^2+6t\right]_0^t=-t^2+6t$$

2단계 두 점 P, Q가 출발한 후 다시 만나는 시각을 구해 보자.

점 P와 점 Q가 출발한 후 다시 만나는 시각은 방정식 $x_1(t)=x_2(t)$의 실근이다.

$t^3-3t^2-2t=-t^2+6t$에서

$t^3-2t^2-8t=0,\ t(t+2)(t-4)=0$

이때 $t>0$이므로 $t=4$

3단계 두 점 P, Q가 다시 만날 때까지 점 Q가 움직인 거리를 구해 보자.

$0 \leq t \leq 3$일 때 $v_2(t) \geq 0$, $3 \leq t \leq 4$일 때 $v_2(t) \leq 0$이므로 시각 $t=0$에서 $t=4$까지 점 Q가 움직인 거리는

$$\int_0^4 |v_2(t)|\,dt=\int_0^4 |-2t+6|\,dt$$

$$=\int_0^3 |-2t+6|\,dt+\int_3^4 |-2t+6|\,dt$$

$$=\int_0^3 (-2t+6)\,dt+\int_3^4 (2t-6)\,dt$$

$$=\left[-t^2+6t\right]_0^3+\left[t^2-6t\right]_3^4$$

$$=9+1=10$$

---

075   정답률 ▸ 확: 55%, 미: 82%, 기: 72%   답 ①

1단계 두 점 P, Q의 시각 t $(t \geq 0)$에서의 위치를 t에 대하여 나타내어 보자.

두 점 P, Q의 시각 t $(t \geq 0)$에서의 위치를 각각 $x_1(t)$, $x_2(t)$라 하면 두 점 P, Q는 시각 $t=0$일 때 동시에 원점을 출발하므로

$$x_1(t)=0+\int_0^t v_1(t)\,dt$$

$$=\int_0^t (-3t^2+at)\,dt$$

$$=\left[-t^3+\frac{a}{2}t^2\right]_0^t=-t^3+\frac{a}{2}t^2$$

$$x_2(t)=0+\int_0^t v_2(t)\,dt$$

$$=\int_0^t (-t+1)\,dt$$

$$=\left[-\frac{1}{2}t^2+t\right]_0^t=-\frac{1}{2}t^2+t$$

2단계 두 점 P, Q가 출발한 후 한 번만 만나는 것을 이용하여 양수 a의 값을 구해 보자.

점 P와 점 Q가 출발한 후 한 번만 만나므로 $t>0$에서 방정식 $x_1(t)=x_2(t)$의 서로 다른 실근의 개수는 1이어야 한다.

즉, $x_1(t)=x_2(t)$에서

$-t^3+\frac{a}{2}t^2=-\frac{1}{2}t^2+t$

$t^3-\frac{a+1}{2}t^2+t=0$

$t\left\{t^2-\frac{a+1}{2}t+1\right\}=0$ ······ ㉠

이때 $t>0$, $a>0$이므로 이차방정식 $t^2-\frac{a+1}{2}t+1=0$이 0이 아닌 중근을 가져야 한다.

위의 이차방정식의 판별식을 D라 하면 $D=0$이어야 하므로

$D=\left(\frac{a+1}{2}\right)^2-4=0$

$(a+1)^2=16,\ a+1=\pm4$

$\therefore a=3\ (\because a>0)$ → $a=3$을 ⓘ에 대입했을 때 $t\neq0$이므로 주어진 조건을 만족시킨다.

3단계 점 P가 시각 $t=0$에서 시각 $t=3$까지 움직인 거리를 구해 보자.

함수 $v_1(t)=-3t^2+3t$의 그래프의 개형은 오른쪽 그림과 같다.

$v_1(t)=-3t^2+3t=-3t(t-1)$

이므로 $0\leq t\leq1$일 때 $v_1(t)\geq0$, $1\leq t\leq3$일 때 $v_1(t)\leq0$

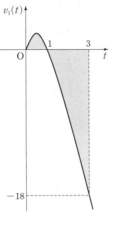

따라서 점 P가 시각 $t=0$에서 시각 $t=3$까지 움직인 거리는

$\displaystyle\int_0^3|-3t^2+3t|\,dt$

$\displaystyle=\int_0^1(-3t^2+3t)\,dt+\int_1^3(3t^2-3t)\,dt$

$\displaystyle=\left[-t^3+\frac{3}{2}t^2\right]_0^1+\left[t^3-\frac{3}{2}t^2\right]_1^3$

$\displaystyle=\frac{1}{2}+\left\{\frac{27}{2}-\left(-\frac{1}{2}\right)\right\}=\frac{29}{2}$

다른 풀이

출발한 후 두 점 P, Q가 만나는 시각을 $t=k\ (k>0)$이라 하면 시각 $t=0$에서 시각 $t=k$까지 두 점 P, Q가 움직인 거리는 같으므로

$\displaystyle\int_0^k(-3t^2+at)\,dt=\int_0^k(-t+1)\,dt$

즉, $\displaystyle\int_0^k(-3t^2+at)\,dt-\int_0^k(-t+1)\,dt=0$

$\displaystyle\int_0^k\{(-3t^2+at)-(-t+1)\}\,dt=0$

$\displaystyle\int_0^k\{-3t^2+(a+1)t-1\}\,dt=0$

$\displaystyle\left[-t^3+\frac{a+1}{2}t^2-t\right]_0^k=0$

$-k^3+\dfrac{a+1}{2}k^2-k=0$

$-k\left(k^2-\dfrac{a+1}{2}k+1\right)=0$

이때 $k>0$, $a>0$이므로 이차방정식 $k^2-\dfrac{a+1}{2}k+1=0$이 중근을 가져야 한다. 이차방정식 $k^2-\dfrac{a+1}{2}k+1=0$의 판별식을 D라 하면 $D=0$이어야 하므로

$D=\left(\dfrac{a+1}{2}\right)^2-4=0$

$(a+1)^2=16,\ a+1=\pm4$

$\therefore a=3\ (\because a>0)$

076 정답률 ▸ 확: 39%, 미: 64%, 기: 56% **답** ⑤

1단계 시각 $t=0$에서 $t=2$까지 두 점 P, Q가 움직인 거리를 각각 구해 보자.

시각 $t=0$에서 $t=2$까지 점 P가 움직인 거리는

$\displaystyle\int_0^2|v_1(t)|\,dt=\int_0^2|3t^2+1|\,dt=\left[t^3+t\right]_0^2=10$

시각 $t=0$에서 $t=2$까지 점 Q가 움직인 거리는

$\displaystyle\int_0^2|v_2(t)|\,dt=\int_0^2|mt-4|\,dt$

2단계 두 점 P, Q가 움직인 거리가 같도록 하는 모든 실수 m의 값의 합을 구해 보자.

$v_2(t)=mt-4=m\left(t-\dfrac{4}{m}\right)$이므로 x절편인 $t=\dfrac{4}{m}$가 움직인 시간 $0\leq t\leq2$에 포함되는지에 따라 경우를 나누어 보면 다음과 같다.

(i) $2<\dfrac{4}{m}$, 즉 $m<2$인 경우

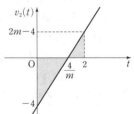

$\displaystyle\int_0^2|mt-4|\,dt$

$\displaystyle=\int_0^2(-mt+4)\,dt$

$\displaystyle=\left[-\frac{m}{2}t^2+4t\right]_0^2$

$=-2m+8=10$

$2m=-2\qquad\therefore m=-1$

(ii) $0\leq\dfrac{4}{m}\leq2$, 즉 $m\geq2$인 경우

$\displaystyle\int_0^2|mt-4|\,dt$

$\displaystyle=\int_0^{\frac{4}{m}}|mt-4|\,dt+\int_{\frac{4}{m}}^2|mt-4|\,dt$

$\displaystyle=\int_0^{\frac{4}{m}}(-mt+4)\,dt+\int_{\frac{4}{m}}^2(mt-4)\,dt$

$\displaystyle=\left[-\frac{m}{2}t^2+4t\right]_0^{\frac{4}{m}}+\left[\frac{m}{2}t^2-4t\right]_{\frac{4}{m}}^2$

$\displaystyle=-\frac{8}{m}+\frac{16}{m}+(2m-8)-\left(\frac{8}{m}-\frac{16}{m}\right)$

$\displaystyle=2m-8+\frac{16}{m}=10$

$2m^2-8m+16=10m,\ m^2-9m+8=0$

$(m-1)(m-8)=0$

$\therefore m=8\ (\because m\geq2)$

(i), (ii)에서 구하는 모든 실수 m의 값의 합은

$(-1)+8=7$

다른 풀이

(i) $2<\dfrac{4}{m}$, 즉 $m<2$인 경우

사다리꼴의 넓이를 이용하면

$\displaystyle\int_0^2|mt-4|\,dt=\frac{1}{2}\times\{4+(-2m+4)\}\times2$

$=-2m+8=10$

$2m-2\qquad\therefore m=-1$

(ii) $0\leq\dfrac{4}{m}\leq2$, 즉 $m\geq2$인 경우

삼각형의 넓이를 이용하면

$\displaystyle\int_0^2|mt-4|\,dt$

$\displaystyle=\frac{1}{2}\times\frac{4}{m}\times4+\frac{1}{2}\times\left(2-\frac{4}{m}\right)\times(2m-4)$

$\displaystyle=\frac{8}{m}+2m-8+\frac{8}{m}$

$\displaystyle=2m-8+\frac{16}{m}=10$

$2m^2-8m+16=10m,\ m^2-9m+8=0$

$(m-1)(m-8)=0$

$\therefore m=8\ (\because m\geq2)$

(i), (ii)에서 구하는 모든 실수 m의 값의 합은

$(-1)+8=7$

077 정답률 ▶ 확: 61%, 미: 82%, 기: 74% 답 ②

1단계 점 P의 시각 t $(t \geq 0)$에서의 위치의 식을 구해 보자.

점 P의 시각 t $(t \geq 0)$에서의 위치를 $x(t)$라 하면 점 P의 시각 $t=0$에서의 위치는 0이므로

$$x(t) = 0 + \int_0^t v(t)\,dt = \int_0^t 3(t-2)(t-a)\,dt$$

$$= \int_0^t \{3t^2 - 3(a+2)t + 6a\}\,dt$$

$$= \left[t^3 - \frac{3}{2}(a+2)t^2 + 6at \right]_0^t$$

$$= t^3 - \frac{3}{2}(a+2)t^2 + 6at$$

2단계 상수 a의 값을 구하여 $v(8)$의 값을 구해 보자.

점 P의 시각 t $(t \geq 0)$에서의 속도 $v(t)$의 그래프는 오른쪽 그림과 같으므로 점 P는 $0 < t < 2$, $t > a$에서 양의 방향으로 움직이고, $2 < t < a$에서 음의 방향으로 움직인다.

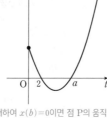

이때 $t > 0$에서 점 P의 위치가 0이 되는 순간은 한 번뿐이므로 $x(a) = 0$이어야 한다.

$a^3 - \frac{3}{2}(a+2)a^2 + 6a^2 = 0$에서

$a^2 \left(-\frac{1}{2}a + 3 \right) = 0$

$-\frac{1}{2}a + 3 = 0$ $(\because a > 2)$

$\therefore a = 6$

$\therefore v(8) = 3 \times 6 \times 2 = 36$

> $2 < b < a$인 b에 대하여 $x(b) = 0$이면 점 P의 움직임은 다음 그림과 같다.
>
>
>
> 따라서 $t > 0$에서 점 P의 위치가 0이 되는 순간은 두 번 생기므로 조건을 만족시키지 않는다.

---

078 정답률 ▶ 확: 33%, 미: 59%, 기: 49% 답 17

1단계 $t \geq 2$일 때 속도 $v(t)$의 식을 구해 보자.

시각 $t=2$에서 점 P의 속도는 $v(2) = 16 - 16 = 0$이므로

$$v(t) = 0 + \int_2^t a(t)\,dt$$

$$= \int_2^t (6t+4)\,dt$$

$$= \left[3t^2 + 4t \right]_2^t$$

$$= 3t^2 + 4t - 20$$

$$\therefore v(t) = \begin{cases} 2t^3 - 8t & (0 \leq t \leq 2) \\ 3t^2 + 4t - 20 & (t \geq 2) \end{cases}$$

2단계 시각 $t=0$에서 $t=3$까지 점 P가 움직인 거리를 구해 보자.

$0 \leq t \leq 2$일 때 $v(t) \leq 0$, $2 \leq t \leq 3$일 때 $v(t) \geq 0$이므로 시각 $t=0$에서 $t=3$까지 점 P가 움직인 거리는

$$\int_0^3 |v(t)|\,dt = \int_0^2 |v(t)|\,dt + \int_2^3 |v(t)|\,dt$$

$$= \int_0^2 \{-v(t)\}\,dt + \int_2^3 v(t)\,dt$$

$$= \int_0^2 (-2t^3 + 8t)\,dt + \int_2^3 (3t^2 + 4t - 20)\,dt$$

$$= \left[-\frac{1}{2}t^4 + 4t^2 \right]_0^2 + \left[t^3 + 2t^2 - 20t \right]_2^3$$

$$= 8 + \{-15 - (-24)\} = 17$$

---

079 정답률 ▶ 확: 51%, 미: 75%, 기: 67% 답 ②

1단계 함수 $f(t)$를 구해 보자.

두 점 P, Q의 시각 t $(t \geq 0)$에서의 위치를 각각 $x_1(t)$, $x_2(t)$라 하면

$$x_1(t) = 0 + \int_0^t v_1(t)\,dt$$

$$= \int_0^t (t^2 - 6t + 5)\,dt$$

$$= \left[\frac{1}{3}t^3 - 3t^2 + 5t \right]_0^t$$

$$= \frac{1}{3}t^3 - 3t^2 + 5t$$

$$x_2(t) = 0 + \int_0^t v_2(t)\,dt$$

$$= \int_0^t (2t - 7)\,dt$$

$$= \left[t^2 - 7t \right]_0^t$$

$$= t^2 - 7t$$

$$\therefore f(t) = \left| \left(\frac{1}{3}t^3 - 3t^2 + 5t \right) - (t^2 - 7t) \right|$$

$$= \left| \frac{1}{3}t^3 - 4t^2 + 12t \right| \text{ (단, } t \geq 0)$$

2단계 두 상수 a, b의 값을 각각 구해 보자.

$g(t) = \frac{1}{3}t^3 - 4t^2 + 12t$라 하면

$g'(t) = t^2 - 8t + 12 = (t-2)(t-6)$

$g'(t) = 0$에서

$t = 2$ 또는 $t = 6$

$t \geq 0$에서 함수 $g(t)$의 증가와 감소를 표로 나타내면 다음과 같다.

x	0	$\cdots$	2	$\cdots$	6	$\cdots$
$g'(x)$		$+$	0	$-$	0	$+$
$g(x)$	0	↗	$\frac{32}{3}$	↘	0	↗

즉, $t \geq 0$에서 $g(t) \geq 0$이므로 $f(t) = g(t)$이고

함수 $f(t)$는 구간 $[0, 2]$에서 증가하고, 구간 $[2, 6]$에서 감소하고, 구간 $[6, \infty)$에서 증가한다.

$\therefore a = 2$, $b = 6$

3단계 시각 $t=a$에서 $t=b$까지 점 Q가 움직인 거리를 구해 보자.

시각 $t=2$에서 $t=6$까지 점 Q가 움직인 거리는

$$\int_2^6 |2t-7|\,dt = \int_2^{\frac{7}{2}} (-2t+7)\,dt + \int_{\frac{7}{2}}^6 (2t-7)\,dt$$

$$= \left[-t^2 + 7t \right]_2^{\frac{7}{2}} + \left[t^2 - 7t \right]_{\frac{7}{2}}^6$$

$$= \left(\frac{49}{4} - 10 \right) + \left(-6 + \frac{49}{4} \right) = \frac{17}{2}$$

---

080 정답률 ▶ 확: 35%, 미: 57%, 기: 52% 답 ⑤

1단계 시각 t $(t \geq 0)$에서의 두 점 P, Q의 위치를 각각 구해 보자.

점 P는 점 A(1)에서 출발하고 시각 t $(t \geq 0)$에서의 속도가

$v_1(t) = 3t^2 + 4t - 7$이므로 시각 t $(t \geq 0)$에서의 위치를 $x_1(t)$라 하면

$$x_1(t)=1+\int_0^t v_1(t)\,dt$$
$$=1+\int_0^t (3t^2+4t-7)\,dt$$
$$=1+\Big[t^3+2t^2-7t\Big]_0^t$$
$$=t^3+2t^2-7t+1$$

점 Q는 점 B(8)에서 출발하고 시각 t $(t\geq0)$에서의 속도가
$v_2(t)=2t+4$이므로 시각 t $(t\geq0)$에서의 위치를 $x_2(t)$라 하면
$$x_2(t)=8+\int_0^t v_2(t)\,dt$$
$$=8+\int_0^t (2t+4)\,dt$$
$$=8+\Big[t^2+4t\Big]_0^t$$
$$=t^2+4t+8$$

2단계 두 점 P, Q 사이의 거리가 처음으로 4가 되는 시각을 구해 보자.

두 점 P, Q 사이의 거리가 4가 되려면
$|x_1(t)-x_2(t)|=4$에서
$|(t^3+2t^2-7t+1)-(t^2+4t+8)|=4$
$|t^3+t^2-11t-7|=4$
$t^3+t^2-11t-7=-4$ 또는 $t^3+t^2-11t-7=4$
$\therefore t^3+t^2-11t-3=0$ 또는 $t^3+t^2-11t-11=0$

(i) $t^3+t^2-11t-3=0$일 때
$(t-3)(t^2+4t+1)=0$
$\therefore t=3$ $(\because t>0)$

(ii) $t^3+t^2-11t-11=0$일 때
$(t+\sqrt{11})(t+1)(t-\sqrt{11})=0$
$\therefore t=\sqrt{11}$ $(\because t>0)$

(i), (ii)에서 두 점 P, Q 사이의 거리가 처음으로 4가 되는 시각은
$t=3$ $(\because 3<\sqrt{11})$

3단계 출발한 시각부터 두 점 P, Q 사이의 거리가 처음으로 4가 될 때까지
점 P가 움직인 거리를 구해 보자.

$v_1(t)=3t^2+4t-7=(3t+7)(t-1)$이므로
$0\leq t\leq1$일 때 $v_1(t)\leq0$,
$t\geq1$일 때 $v_1(t)\geq0$
따라서 점 P가 시각 $t=0$에서 $t=3$까지 움직인 거리는
$$\int_0^3 |v_1(t)|\,dt=\int_0^1 \{-v_1(t)\}\,dt+\int_1^3 v_1(t)\,dt$$
$$=-\int_0^1 (3t^2+4t-7)\,dt+\int_1^3 (3t^2+4t-7)\,dt$$
$$=-\Big[t^3+2t^2-7t\Big]_0^1+\Big[t^3+2t^2-7t\Big]_1^3$$
$$=-(-4)+28$$
$$=32$$

$t=2a$에서 운동 방향을 세 번 바꾸므로 조건을 만족시키지 않는다.

따라서 $a=0$ 또는 $a=\dfrac{1}{2}$ 또는 $a=1$일 때로 경우를 나누어 생각해 보자.

2단계 a의 값에 따라 경우를 나누어 시각 $t=0$에서 $t=2$까지 점 P의 위치의 변화량을 구한 후 변화량의 최댓값을 구해 보자.

(i) $a=0$일 때
$v(t)=-t^3(t-1)$이므로 속도 $v(t)$의 그래프의 개형은 오른쪽 그림과 같다.

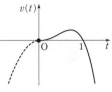

즉, 점 P는 출발한 후 $t=1$에서 운동 방향을 한 번만 바꾸므로 조건을 만족시킨다.
시각 $t=0$에서 $t=2$까지 점 P의 위치의 변화량은
$$\int_0^2 \{-t^3(t-1)\}\,dt=\int_0^2 (-t^4+t^3)\,dt$$
$$=\Big[-\frac{1}{5}t^5+\frac{1}{4}t^4\Big]_0^2$$
$$=-\frac{12}{5}$$

(ii) $a=\dfrac{1}{2}$일 때
$v(t)=-t\Big(t-\dfrac{1}{2}\Big)(t-1)^2$이므로 속도 $v(t)$의 그래프의 개형은 오른쪽 그림과 같다.

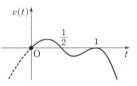

즉, 점 P는 출발한 후 $t=\dfrac{1}{2}$에서 운동
방향을 한 번만 바꾸므로 조건을 만족시킨다.
시각 $t=0$에서 $t=2$까지 점 P의 위치의 변화량은
$$\int_0^2 \Big\{-t\Big(t-\frac{1}{2}\Big)(t-1)^2\Big\}\,dt=\int_0^2 \Big(-t^4+\frac{5}{2}t^3-2t^2+\frac{1}{2}t\Big)\,dt$$
$$=\Big[-\frac{1}{5}t^5+\frac{5}{8}t^4-\frac{2}{3}t^3+\frac{1}{4}t^2\Big]_0^2$$
$$=-\frac{11}{15}$$

(iii) $a=1$일 때
$v(t)=-t(t-1)^2(t-2)$이므로 속도 $v(t)$의 그래프의 개형은 오른쪽 그림과 같다.

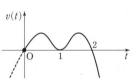

즉, 점 P는 출발한 후 $t=2$에서 운동 방향을 한 번만 바꾸므로 조건을 만족시킨다.
시각 $t=0$에서 $t=2$까지 점 P의 위치의 변화량은
$$\int_0^2 \{-t(t-1)^2(t-2)\}\,dt=\int_0^2 (-t^4+4t^3-5t^2+2t)\,dt$$
$$=\Big[-\frac{1}{5}t^5+t^4-\frac{5}{3}t^3+t^2\Big]_0^2$$
$$=\frac{4}{15}$$

(i), (ii), (iii)에서 점 P의 위치의 변화량의 최댓값은 $\dfrac{4}{15}$이다.

081 정답률 ▶ 확: 43%, 미: 65%, 기: 58%　　　답 ③

1단계 점 P가 출발한 후 운동 방향을 한 번만 바꾸는 경우에 대하여 알아보자.

$a\neq0$, $a\neq\dfrac{1}{2}$, $a\neq1$이면 속도 $v(t)$의 그래프의 개형은 오른쪽 그림과 같다.
즉, 점 P는 출발한 후 $t=1$, $t=a$,

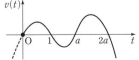

082 10   083 30   084 4   085 58   086 15   087 ②

088 54   089 32   090 182   091 114

082

정답률 ▶ 확: 12%, 미: 33%, 기: 25%

답 **10**

1단계 조건 (가)를 이용하여 $f(x)$를 구해 보자.

조건 (가)의 양변에 $x=1$을 대입하면

$0=f(1)-2-1$ $\therefore f(1)=3$ …… ㉠

조건 (가)의 양변을 x에 대하여 미분하면

$f(x)=\{f(x)+xf'(x)\}-4x$

$xf'(x)=4x$

$\therefore f'(x)=4$ ($\because f(x)$는 다항함수)

즉,

$f(x)=\int f'(x)\,dx$

$\quad=\int 4\,dx$

$\quad=4x+C_1$ (단, C_1은 적분상수)

이므로 ㉠에서

$4+C_1=3$ $\therefore C_1=-1$

$\therefore f(x)=4x-1$

2단계 함수 $G(x)$에 대하여 알아보자.

$F(x)=\int f(x)\,dx$

$\quad=\int (4x-1)\,dx$

$\quad=2x^2-x+C_2$ (단, C_2는 적분상수)

이고, $f(x)G(x)+F(x)g(x)=\{F(x)G(x)\}'$이므로 조건 (나)의 양변을 x에 대하여 적분하면

$\int \{f(x)G(x)+F(x)g(x)\}\,dx=\int (8x^3+3x^2+1)\,dx$

$F(x)G(x)=2x^4+x^3+x+C_3$ (단, C_3은 적분상수)

$(2x^2-x+C_2)G(x)=2x^4+x^3+x+C_3$ …… ㉡

이때 $G(x)$는 다항함수이므로 함수 $G(x)$는 최고차항의 계수가 1인 이차함수이다. 즉,

$G(x)=x^2+ax+b$ (a, b는 상수)

라 하면 ㉡에서

$(2x^2-x+C_2)(x^2+ax+b)=2x^4+x^3+x+C_3$ …… ㉢

㉢은 x에 대한 항등식이므로

양변의 x^3의 계수를 비교하면

$2a-1=1$ $\therefore a=1$

$\therefore G(x)=x^2+x+b$

3단계 $\int_1^3 g(x)\,dx$의 값을 구해 보자.

$\int_1^3 g(x)\,dx=\Big[G(x)\Big]_1^3$

$\quad=G(3)-G(1)$

$\quad=(9+3+b)-(1+1+b)$

$\quad=10$

083

정답률 ▶ 확: 4%, 미: 14%, 기: 9%

답 **30**

1단계 주어진 등식을 이용하여 방정식 $f'(x)=0$에 대하여 알아보자.

$g(x)=\int_0^x \{f'(t+a)\times f'(t-a)\}\,dt$의 양변을 x에 대하여 미분하면

$g'(x)=f'(x+a)\times f'(x-a)$ …… ㉠

이때 최고차항의 계수가 1인 삼차함수 $f(x)$에 대하여 도함수 $f'(x)$는 최고차항의 계수가 3인 이차함수이므로 방정식 $f'(x)=0$의 서로 다른 실근의 개수는 0 또는 1 또는 2이다.

2단계 방정식 $f'(x)=0$의 서로 다른 실근의 개수에 따라 경우를 나누어 조건을 만족시키는 함수 $f'(x)$를 구해 보자.

(i) 이차방정식 $f'(x)=0$의 서로 다른 실근의 개수가 0 또는 1인 경우

모든 실수 x에 대하여 $f'(x)\geq 0$이므로 ㉠에서

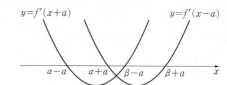

$g'(x)=f'(x+a)\times f'(x-a)\geq 0$

즉, 함수 $g(x)$는 실수 전체의 집합에서 증가하므로 극값을 갖지 않는다.

(ii) 이차방정식 $f'(x)=0$의 서로 다른 실근의 개수가 2인 경우

이차방정식 $f'(x)=0$의 서로 다른 두 실근을 α, β ($\alpha<\beta$)라 하면

$f'(x)=3(x-\alpha)(x-\beta)$

㉠의 $g'(x)=0$, 즉 $f'(x+a)\times f'(x-a)=0$에서

$f'(x+a)=0$ 또는 $f'(x-a)=0$

$f'(x+a)=0$에서 $3(x+a-\alpha)(x+a-\beta)=0$

$\therefore x=\alpha-a$ 또는 $x=\beta-a$ …… ㉡

$f'(x-a)=0$에서 $3(x-a-\alpha)(x-a-\beta)=0$

$\therefore x=\alpha+a$ 또는 $x=\beta+a$ …… ㉢

따라서 ㉡, ㉢에 의하여 $\alpha+a$, $\beta-a$의 대소에 따라 경우를 나누어 보면 다음과 같다.

> $a>0$이므로 ㉡, ㉢에서
> $\alpha-a<\alpha+a$, $\beta-a<\beta+a$이지만
> $\alpha+a$, $\beta-a$의 대소는 알 수 없으므로

ⓐ $\alpha+a<\beta-a$일 때

두 이차함수 $y=f'(x+a)$, $y=f'(x-a)$의 그래프의 개형은 각각 다음 그림과 같다.

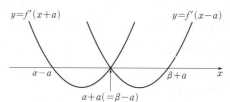

함수 $g(x)$의 증가와 감소를 표로 나타내면 다음과 같다.

	x	$\cdots$	$\alpha-a$	$\cdots$	$\alpha+a$	$\cdots$	$\beta-a$	$\cdots$	$\beta+a$	$\cdots$
㉣→	$f'(x+a)$	$+$	0	$-$	$-$	$-$	0	$+$	$+$	$+$
㉤→	$f'(x-a)$	$+$	$+$	$+$	0	$-$	$-$	$-$	0	$+$
㉣×㉤→	$g'(x)$	$+$	0	$-$	0	$+$	0	$-$	0	$+$
	$g(x)$	↗	극대	↘	극소	↗	극대	↘	극소	↗

즉, 함수 $g(x)$는 $x=\alpha-a$, $x=\alpha+a$, $x=\beta-a$, $x=\beta+a$에서 극값을 가지므로 조건을 만족시키지 않는다.

ⓑ $\alpha+a=\beta-a$일 때

두 이차함수 $y=f'(x+a)$, $y=f'(x-a)$의 그래프의 개형은 각각 다음 그림과 같다.

함수 $g(x)$의 증가와 감소를 표로 나타내면 다음과 같다.

x	$\cdots$	$a-a$	$\cdots$	$a+a(=\beta-a)$	$\cdots$	$\beta+a$	$\cdots$
$f'(x+a)$	+	0	−	0	+	+	+
$f'(x-a)$	+	+	+	0	−	0	+
$g'(x)$	+	0	−	0	−	0	+
$g(x)$	↗	극대	↘		↘	극소	↗

즉, 함수 $g(x)$는 $x=a-a$, $x=\beta+a$에서만 극값을 가지므로 주어진 조건에 의하여

$(\beta+a)-(a-a)=\dfrac{13}{2}-\dfrac{1}{2}$

$\beta-a+2a=6$

또한, $a+a=\beta-a$에서 $\beta-a=2a$이므로 이를 대입하면

$2a+2a=6$, $4a=6$

$\therefore a=\dfrac{3}{2}$

따라서 함수 $g(x)$는 $x=a-\dfrac{3}{2}$, $x=\beta+\dfrac{3}{2}$에서만 극값을 가지므로

$a-\dfrac{3}{2}=\dfrac{1}{2}$ $\quad\therefore a=2$

$\beta+\dfrac{3}{2}=\dfrac{13}{2}$ $\quad\therefore \beta=5$

ⓒ $a+a>\beta-a$일 때

두 이차함수 $y=f'(x+a)$, $y=f'(x-a)$의 그래프의 개형은 각각 다음 그림과 같다.

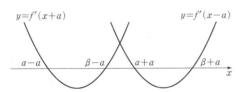

함수 $g(x)$의 증가와 감소를 표로 나타내면 다음과 같다.

x	$\cdots$	$a-a$	$\cdots$	$\beta-a$	$\cdots$	$a+a$	$\cdots$	$\beta+a$	$\cdots$
$f'(x+a)$	+	0	−	0	+	+	+	+	+
$f'(x-a)$	+	+	+	+	+	0	−	0	+
$g'(x)$	+	0	−	0	+	0	−	0	+
$g(x)$	↗	극대	↘	극소	↗	극대	↘	극소	↗

즉, 함수 $g(x)$는 $x=a-a$, $x=\beta-a$, $x=a+a$, $x=\beta+a$에서 극값을 가지므로 조건을 만족시키지 않는다.

ⓐ, ⓑ, ⓒ에서 $a=2$, $\beta=5$이므로

$f'(x)=3(x-2)(x-5)$

(i), (ii)에서 $a=\dfrac{3}{2}$, $f'(x)=3(x-2)(x-5)$이다.

3단계 함수 $f(x)$를 구하여 $a\times f(1)$의 값을 구해 보자.

$f(x)=\displaystyle\int f'(x)\,dx$

$\quad=\displaystyle\int 3(x-2)(x-5)\,dx$

$\quad=\displaystyle\int (3x^2-21x+30)\,dx$

$\quad=x^3-\dfrac{21}{2}x^2+30x+C$ (단, C는 적분상수)

이때 $f(0)=-\dfrac{1}{2}$이므로 $C=-\dfrac{1}{2}$

따라서 $f(x)=x^3-\dfrac{21}{2}x^2+30x-\dfrac{1}{2}$이므로

$a\times f(1)=\dfrac{3}{2}\times\left(1-\dfrac{21}{2}+30-\dfrac{1}{2}\right)=30$

---

084 정답률 ▶ 확: 4%, 미: 9%, 기: 6%　　　　　　**답 4**

1단계 삼차함수 $g(x)$의 식을 세워 보자.

삼차함수 $g(x)$의 상수항이 0이므로 다항식 $g(x)$는 x를 인수로 갖는다.

조건 (가)의 $x|g(x)|=\displaystyle\int_{2a}^{x}(a-t)f(t)\,dt$의 양변에 $x=2a$를 대입하면

$2a|g(2a)|=0$ $\quad\therefore g(2a)=0$ ($\because a>0$)

즉, 다항식 $g(x)$는 $x-2a$도 인수로 가지므로 최고차항의 계수가 1인 삼차함수 $g(x)$를

$g(x)=x(x-2a)(x-b)$ (b는 상수)
라 할 수 있다.

　　　　　　　　　　　직선 $y=a-x$도 연속함수이므로
　　　　　　　　　　　(연속함수)×(연속함수)=(연속함수)

2단계 1단계 를 이용하여 함수 $f(x)$의 식을 세워 보자.

실수 전체의 집합에서 연속인 함수 $f(x)$에 대하여 함수 $(a-x)f(x)$도 실수 전체의 집합에서 연속이므로 함수 $\displaystyle\int_{2a}^{x}(a-t)f(t)\,dt$는 실수 전체의 집합에서 미분가능하다. → $\dfrac{d}{dt}\displaystyle\int_{2a}^{x}(a-t)f(t)\,dt=(a-x)f(x)$

즉, 함수 $x|g(x)|$가 실수 전체의 집합에서 미분가능하므로 $x=2a$에서도 미분가능하다.

$\displaystyle\lim_{x\to 2a+}\dfrac{x|g(x)|-2a|g(2a)|}{x-2a}=\lim_{x\to 2a-}\dfrac{x|g(x)|-2a|g(2a)|}{x-2a}$

이어야 하므로

$\displaystyle\lim_{x\to 2a+}\dfrac{x|g(x)|-2a|g(2a)|}{x-2a}=\lim_{x\to 2a+}\dfrac{x|x(x-2a)(x-b)|}{x-2a}$

$\hspace{5cm}(\because g(2a)=0)$

$\displaystyle\quad=\lim_{x\to 2a+}\dfrac{x\times x\times(x-2a)\times|x-b|}{x-2a}$

$\displaystyle\quad=\lim_{x\to 2a+}x^2|x-b|$

$\quad=4a^2|2a-b|$,

$\displaystyle\lim_{x\to 2a-}\dfrac{x|g(x)|-2a|g(2a)|}{x-2a}=\lim_{x\to 2a-}\dfrac{x|x(x-2a)(x-b)|}{x-2a}$

$\hspace{5cm}(\because g(2a)=0)$

$\displaystyle\quad=\lim_{x\to 2a-}\dfrac{x\times x\times\{-(x-2a)\}\times|x-b|}{x-2a}$

$\displaystyle\quad=\lim_{x\to 2a-}(-x^2|x-b|)$

$\quad=-4a^2|2a-b|$

에서

$4a^2|2a-b|=-4a^2|2a-b|$

$|2a-b|=-|2a-b|$ ($\because a^2>0$)

$2|2a-b|=0$ $\quad\therefore b=2a$

따라서 $g(x)=x(x-2a)^2$이므로

$|g(x)|=\begin{cases}-x(x-2a)^2 & (x<0)\\ x(x-2a)^2 & (x\geq 0)\end{cases}$

에서

$x|g(x)|=\displaystyle\int_{2a}^{x}(a-t)f(t)\,dt$

$\quad=\begin{cases}-x^2(x-2a)^2 & (x<0)\\ x^2(x-2a)^2 & (x\geq 0)\end{cases}$

이때 $\dfrac{d}{dx}\displaystyle\int_{2a}^{x}(a-t)f(t)\,dt=(a-x)f(x)$이므로

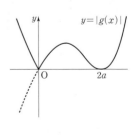

$$(a-x)f(x)=\begin{cases}-2x(x-2a)^2-2x^2(x-2a) & (x<0)\\ 2x(x-2a)^2+2x^2(x-2a) & (x\geq0)\end{cases}$$

$$=\begin{cases}-4x(x-2a)(x-a) & (x<0)\\ 4x(x-2a)(x-a) & (x\geq0)\end{cases}$$

$$\therefore f(x)=\begin{cases}4x(x-2a) & (x<0)\\ -4x(x-2a) & (x\geq0)\end{cases} \longrightarrow -4(x-a)^2+4a^2$$

3단계 조건 (나)를 이용하여 양의 상수 a의 값을 구해 보자.

$g(x)=0$에서 $x=0$ 또는 $x=2a$이므로

조건 (나)의 방정식 $g(f(x))=0$에서

$f(x)=0$ 또는 $f(x)=2a$

또한, $f(x)=0$에서 $x=0$ 또는 $x=2a$이
므로 함수 $y=f(x)$의 그래프는 오른쪽
그림과 같다.

이때 방정식 $f(x)=0$이 서로 다른 두 실
근 0, $2a$를 가지므로 조건 (나)에 의하여
방정식 $f(x)=2a$도 서로 다른 두 실근을
가져야 한다.

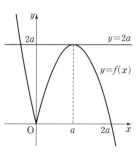

즉, 함수 $y=f(x)$의 그래프와 직선
$y=2a$의 교점의 개수가 2이어야 하므로 $f(a)=2a$이어야 한다.

$-4a(a-2a)=2a$

$4a^2=2a \qquad \therefore a=\dfrac{1}{2} \; (\because a>0)$

4단계 $\displaystyle\int_{-2a}^{2a}f(x)\,dx$의 값을 구해 보자.

$$\int_{-2a}^{2a}f(x)\,dx=\int_{-1}^{1}f(x)\,dx$$

$$=\int_{-1}^{0}(4x^2-4x)\,dx+\int_{0}^{1}(-4x^2+4x)\,dx$$

$$=\left[\frac{4}{3}x^3-2x^2\right]_{-1}^{0}+\left[-\frac{4}{3}x^3+2x^2\right]_{0}^{1}$$

$$=\frac{10}{3}+\frac{2}{3}=4$$

---

085 정답률 ▶ 확: 3%, 미: 17%, 기: 11%   답 58

1단계 함수 $g(x)$에 대하여 알아보자.

함수 $y=-f(x)+2f(t)$의 그래프는 함수 $y=f(x)$의 그래프를 x축에 대
하여 대칭이동한 후 y축의 방향으로 $2f(t)$만큼 평행이동한 것이므로 함
수 $y=g(x)$의 그래프는 다음 그림과 같다.

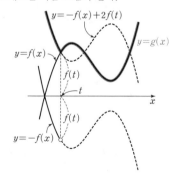

즉, t의 값에 관계없이 함수 $g(x)$는 항상 실수 전체의 집합에서 연속이다.

2단계 함수 $f(x)$가 $x=k$에서 극솟값을 갖는다고 하고, $f(k)<0$인 경우에 대하여 알아보자.

함수 $f(x)$가 $x=k$에서 극솟값을 갖는다고 하고, $f(k)$의 값에 따라 다음
과 같이 경우를 나누어 생각해 보자.

(i) $f(k)<0$인 경우

실수 t의 값에 따른 함수 $y=g(x)$의 그래프의 개형은 다음 그림과 같다.

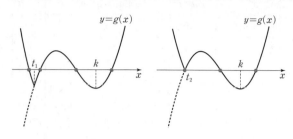

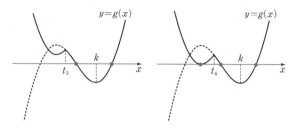

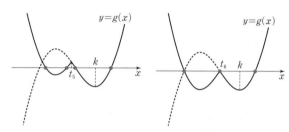

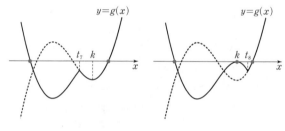

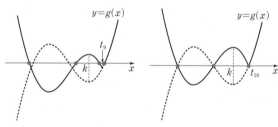

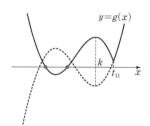

그런데 방정식 $g(x)=0$의 서로 다른 실근의 개수 $h(t)$에 대하여 함수
$h(t)$가 $t=t_2$, t_4, t_6, t_8, t_{10}에서 불연속이므로 이 경우는 조건을 만족
시키지 않는다.

3단계 $f(k)>0$인 경우에 대하여 알아보자.

오른쪽 그림과 같이 함수 $y=h(t)$가 $t=t_{13}$, t_{15}에서 불연속이므로 조건을 만족시킨다.

(ii) $f(k)>0$인 경우

(i)과 같은 방법으로 하면 함수 $h(t)$가 $t=a$에서 불연속인 a의 값이
두 개이려면 다음 그림과 같이 $t=k$일 때, $g(3)=0$이어야 한다.

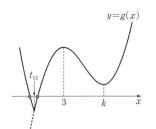

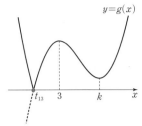

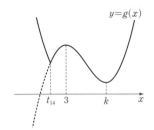

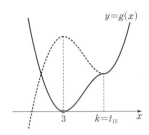

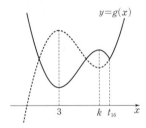

즉, $g(x)=\begin{cases} f(x) & (x\geq k) \\ -f(x)+2f(k) & (x<k) \end{cases}$ 이고, $k>3$이므로

$g(3)=0$에서

$-f(3)+2f(k)=0$, $-8+2f(k)=0$

$\therefore f(k)=4$

한편, 최고차항의 계수가 1인 삼차함수 $f(x)$의 도함수 $f'(x)$는 최고차항의 계수가 3인 이차함수이고, 함수 $f(x)$가 $x=3$에서 극대, $x=k$에서 극소이므로 도함수 $f'(x)$는

$f'(x)=3(x-3)(x-k)$

라 할 수 있다.

$\therefore f(x)=\int f'(x)\,dx$

$=\int 3(x-3)(x-k)\,dx$

$=\int \{3x^2-3(3+k)x+9k\}\,dx$

$=x^3-\dfrac{3(3+k)}{2}x^2+9kx+C$ (단, C는 적분상수)

$f(3)=8$이므로

$27-\dfrac{27(3+k)}{2}+27k+C=8$

$54-(81+27k)+54k+2C=16$ $\therefore C=\dfrac{43-27k}{2}$

$\therefore f(x)=x^3-\dfrac{3(3+k)}{2}x^2+9kx+\dfrac{43-27k}{2}$

$f(k)=4$이므로

$k^3-\dfrac{3k^2(3+k)}{2}+9k^2+\dfrac{43-27k}{2}=4$

$-\dfrac{1}{2}k^3+\dfrac{9}{2}k^2-\dfrac{27}{2}k+\dfrac{35}{2}=0$

$k^3-9k^2+27k-35=0$

$(k-5)(k^2-4k+7)=0$ $\therefore k=5$

$\therefore f(x)=x^3-12x^2+45x-46$

4단계 삼차함수 $f(x)$를 구하여 $f(8)$의 값을 구해 보자.

(i), (ii)에서 $f(x)=x^3-12x^2+45x-46$이므로

$f(8)=512-768+360-46=58$

086 정답률 ▶ 확: 10%, 미: 36%, 기: 26% 답 15

1단계 두 조건 (가), (나)를 이용하여 함수 $y=f(x)$의 그래프의 개형을 찾아보자.

조건 (가)에서 $f'(a)\leq0$인 실수 a의 최댓값은 2이므로 $f'(2)=0$이고 $x>2$에서 $f'(x)>0$이다. 즉, $x=2$에서 $f'(x)$의 부호가 음($-$)에서 양($+$)으로 바뀌므로 $f(x)$는 $x=2$에서 극소이다.

조건 (나)에서 집합 $\{x\,|\,f(x)=k\}$의 원소의 개수는 함수 $y=f(x)$의 그래프와 직선 $y=k$의 교점의 개수와 같다. 즉, 함수 $y=f(x)$의 그래프와 직선 $y=k$가 세 점에서 만나는 가장 작은 k의 값은 $\dfrac{8}{3}$이고, 함수 $f(x)$는 극댓값과 극솟값이 모두 존재한다.

따라서 극솟값을 갖는 가장 큰 x의 값이 2이고, 서로 다른 세 점에서 만나야 하므로 극댓값을 갖는 사차함수 $y=f(x)$의 그래프의 개형을 두 극솟값의 크기에 따라 나누어 구하면 다음과 같다.

(i) 두 극솟값이 서로 같은 경우

함수 $y=f(x)$의 그래프와 직선 $y=k$가 $k=f(2)$일 때 서로 다른 두 점에서 만나고 $f(2)<k<$(극댓값)일 때 서로 다른 네 점에서 만나므로 실수 k의 최솟값이 존재하지 않는다.

즉, 조건 (나)를 만족시키지 않는다.

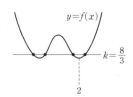

(ii) 두 극솟값 중 $f(2)$의 값이 더 작은 경우

$f'(1)=0$이므로 함수 $f(x)$는 $x=1$에서 극값을 갖는다. 이때 $f(0)\geq\dfrac{8}{3}$이므로 $f(0)=0$인 조건을 만족시키지 않는다.

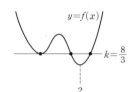

(iii) 두 극솟값 중 $f(2)$의 값이 더 큰 경우

주어진 조건 $f(0)=0$, $f'(1)=0$을 모두 만족시키므로 $f(2)=\dfrac{8}{3}$이다.

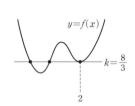

2단계 함수 $f(x)$를 구한 후 $f(3)$의 값을 구해 보자.

사차함수 $f(x)$의 최고차항의 계수가 1이고 $f'(1)=0$, $f'(2)=0$이므로

$f'(x)=4(x-1)(x-2)(x-b)$ (b는 상수)

$=4x^3-4(b+3)x^2+4(3b+2)x-8b$

라 하면

$f(x)=\int f'(x)\,dx$

$=\int \{4x^3-4(b+3)x^2+4(3b+2)x-8b\}\,dx$

$=x^4-\dfrac{4}{3}(b+3)x^3+2(3b+2)x^2-8bx+C$ (단, C는 적분상수)

$f(0)=0$에서 $C=0$

$f(2)=\dfrac{8}{3}$에서

$f(2)=16-\dfrac{32}{3}(b+3)+8(3b+2)-16b$

$\qquad =-\dfrac{8}{3}b=\dfrac{8}{3}$

$\therefore\ b=-1$

따라서 $f(x)=x^4-\dfrac{8}{3}x^3-2x^2+8x$이므로

$f(3)=81-72-18+24=15$

087 정답률 ▶ 확: 44%, 미: 56%, 기: 53% 답 ②

1단계 조건 (가)를 이용하여 함수 $g(x)$의 그래프의 개형을 그려 보자.

최고차항의 계수가 1인 삼차함수 $f(x)$를

$f(x)=x^3+ax^2+bx+c$ (단, a, b, c는 상수)라 하면

$f'(x)=3x^2+2ax+b$이므로

$g(x)=\begin{cases}2x-k & (x\le k)\\x^3+ax^2+bx+c & (x>k)\end{cases}$,

$g'(x)=\begin{cases}2 & (x<k)\\3x^2+2ax+b & (x>k)\end{cases}$

조건 (가)에서 함수 $g(x)$가 실수 전체의 집합에서 증가하고 미분가능하므로 $g'(x)\ge0$이고

함수 $g(x)$는 $x=k$에서도 연속이고 미분가능하다. ...... ㉠

즉, $\lim\limits_{x\to k+}g(x)=\lim\limits_{x\to k-}g(x)=g(k)$이어야 한다.

$\lim\limits_{x\to k+}g(x)=\lim\limits_{x\to k+}f(x)=f(k)$,

$\lim\limits_{x\to k-}g(x)=\lim\limits_{x\to k-}(2x-k)$

$\qquad\qquad\quad =2k-k=k$,

$g(k)=2k-k=k$

에서 $f(k)=k$ ...... ㉡

또한, $\lim\limits_{x\to k+}\dfrac{f(x)-f(k)}{x-k}=\lim\limits_{x\to k-}\dfrac{f(x)-f(k)}{x-k}$이어야 하므로

$\lim\limits_{x\to k+}\dfrac{f(x)-f(k)}{x-k}=f'(k)$,

$\lim\limits_{x\to k-}\dfrac{(2x-k)-(2k-k)}{x-k}=2$

에서 $f'(k)=2$ ...... ㉢

따라서 함수 $y=g(x)$의 그래프의 개형은 다음 그림과 같다.

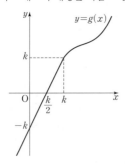

2단계 함수 $y=|t(t-1)|+t(t-1)$,

$y=|(t-1)(t+2)|-(t-1)(t+2)$의 그래프의 개형을 그려 보고, 조건 (나)를 만족시키기 위한 실수 k $(k\ge0)$의 값을 구해 보자.

조건 (나)에서 모든 실수 x에 대하여

(i) $\displaystyle\int_0^x g(t)\{|t(t-1)|+t(t-1)\}\,dt\ge0$인 경우

$h_1(t)=|t(t-1)|+t(t-1)$이라 하면

$h_1(t)=\begin{cases}2t(t-1) & (t<0\ \text{또는}\ t>1)\\0 & (0\le t\le1)\end{cases}$

함수 $y=h_1(t)$의 그래프는 다음 그림과 같다.

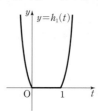

$\displaystyle\int_0^x g(t)h_1(t)\,dt\ge0$이려면

$x\ge0$에서는 $g(t)h_1(t)\ge0$이고

$x<0$에서는 $g(t)h_1(t)\le0$이어야 한다.

ⓐ $x<0$일 때

$h_1(t)>0$이고 $g(t)<0$이므로

$g(t)h_1(t)<0$

ⓑ $0\le x\le1$일 때

$h_1(t)=0$이므로 $g(t)h_1(t)=0$

ⓒ $x>1$일 때

$h_1(t)>0$이므로 $g(t)\ge0$이어야

한다.

따라서 $0\le\dfrac{k}{2}\le1$이므로 $0\le k\le2$

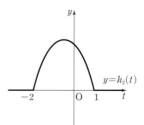

ⓐ, ⓑ, ⓒ에서 $0\le k\le2$

(ii) $\displaystyle\int_3^x g(t)\{|(t-1)(t+2)|-(t-1)(t+2)\}\,dt\ge0$인 경우

$h_2(t)=|(t-1)(t+2)|-(t-1)(t+2)$라 하면

$h_2(t)=\begin{cases}0 & (t\le-2\ \text{또는}\ t\ge1)\\-2(t-1)(t+2) & (-2<t<1)\end{cases}$

함수 $y=h_2(t)$의 그래프는 다음 그림과 같다.

함수 $y=h_2(t)$의 그래프는 다음 그림과 같다. (그림)

$\displaystyle\int_3^x g(t)h_2(t)\,dt\ge0$이려면

$x\ge3$에서는 $g(t)h_2(t)\ge0$이고

$x<3$에서는 $g(t)h_2(t)\le0$이어야 한다.

ⓐ $x\le-2$ 또는 $x\ge1$일 때

$h_2(t)=0$이므로 $g(t)h_2(t)=0$

ⓑ $-2<x<0$일 때

$h_2(t)>0$이고 $g(t)<0$이므로

$g(t)h_2(t)<0$

ⓒ $0\le x<1$일 때

$h_2(t)>0$이므로 $g(t)\le0$이어야 한다.

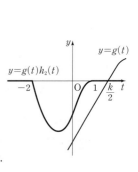

따라서 $1\le\dfrac{k}{2}$이므로 $k\ge2$

ⓐ, ⓑ, ⓒ에서 $k\ge2$

(i), (ii)에서 $0\le k\le2$이고 $k\ge2$이므로

$k=2$

3단계 함수 $f'(x)$의 최솟값을 이용하여 실수 a의 최솟값을 구해 보자.

함수 $g(x)$는 실수 전체의 집합에서 미분가능하므로

ⓛ에 의하여 $f(2)=2$

$f(2)=8+4a+2b+c=2$

$\therefore c=-4a-2b-6$ ...... ㉣

ⓒ에 의하여 $f'(2)=2$

$f'(2)=12+4a+b=2$

$\therefore b=-4a-10$ ...... ㉤

㉤을 ㉣에 대입하면

$c=-4a-2(-4a-10)-6=4a+14$

$\therefore f(x)=x^3+ax^2-(4a+10)x+4a+14$

또한, 함수 $g(x)$는 실수 전체의 집합에서 증가하므로 $g'(x)\geq0$이다.

즉, $x\geq2$에서 $f'(x)\geq0$이다.

$f'(x)=3x^2+2ax-(4a+10)$

$\qquad =3\left(x+\dfrac{a}{3}\right)^2+b-\dfrac{a^2}{3}$

에서 함수 $f'(x)$의 최솟값을 구하기 위하여 축의 방정식 $x=-\dfrac{a}{3}$가 $x\geq2$에 포함되는지에 따라 경우를 나누어 보면 다음과 같다.

(i) $-\dfrac{a}{3}<2$, 즉 $a>-6$인 경우

함수 $f'(x)$의 최솟값은 $f'(2)$이다.

$f'(2)=12+4a+b=12+4a-(4a+10)=2$

즉, $f'(2)>0$이므로 실수 전체의 집합에서 $f'(x)\geq0$을 만족시킨다.

$\therefore a>-6$

(ii) $-\dfrac{a}{3}\geq2$, 즉 $a\leq-6$인 경우

함수 $f'(x)$의 최솟값은 $f'\left(-\dfrac{a}{3}\right)$이므로

$f'\left(-\dfrac{a}{3}\right)=b-\dfrac{a^2}{3}\geq0$이어야 한다.

$a^2-3b\leq0$이므로

$a^2-3b=a^2-3(-4a-10)\leq0$

$a^2+12a+30\leq0$, $(a+6)^2\leq6$

즉, $-6-\sqrt{6}\leq a\leq-6+\sqrt{6}$이므로

$-6-\sqrt{6}\leq a\leq-6$

(i), (ii)에서 $a>-6$이고 $-6-\sqrt{6}\leq a\leq-6$이므로

$a\geq-6-\sqrt{6}$ ...... ㉥

4단계 $g(k+1)$의 최솟값을 구해 보자.

$g(k+1)=g(3)=f(3)$

$\qquad\qquad =27+9a-12a-30+4a+14$

$\qquad\qquad =a+11$

㉥에 의하여 $a+11\geq(-6-\sqrt{6})+11=5-\sqrt{6}$

따라서 $g(k+1)$의 최솟값은 $5-\sqrt{6}$이다.

[다른 풀이]

함수 $y=f(x)$의 그래프가 직선 $y=2x-2$와 만나는 점 중 x좌표가 2가 아닌 점의 x좌표를 t라 하면 오른쪽 그림과 같이 $x=2$에서 접하고 $x=t$에서 만난다. 즉, 최고차항의 계수가 1인 삼차함수 $f(x)$에 대하여

$f(x)-(2x-2)$
$=(x-2)^2(x-t)$

라 할 수 있다.

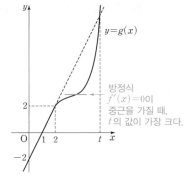

$f(x)=(x-2)^2(x-t)+2x-2$에서

양변을 x에 대하여 미분하면

$f'(x)=2(x-2)(x-t)+(x-2)^2+2$

이때 $k=2$에서

$g(k+1)=g(3)$

$\qquad\qquad =f(3)=3-t+4$

$\qquad\qquad =7-t$

이므로 t가 최대일 때, $g(k+1)$가 최솟값을 갖는다. 즉, 방정식 $f'(x)=0$이 중근을 가질 때 t의 값이 최대이다.

$f'(x)=0$이려면 $2(x-2)(x-t)+(x-2)^2+2=0$

$3x^2-2(t+4)x+4t+6=0$

위의 이차방정식의 판별식을 D라 하면 $D=0$이어야 하므로

$\dfrac{D}{4}=(t+4)^2-3(4t+6)=0$

$t^2-4t-2=0$

$t=2+\sqrt{6}\ (\because\ t>2)$

따라서 $g(k+1)\geq7-(2+\sqrt{6})=5-\sqrt{6}$이므로

$g(k+1)$의 최솟값은 $5-\sqrt{6}$이다.

088 정답률 ▸ 확: 4%, 미: 19%, 기: 12% **답 54**

1단계 함수 $f(x)$가 실수 전체의 집합에서 미분가능함을 이용하여 함수 $y=f(x)$의 그래프에 대하여 알아보자.

$\{f(x)\}^2=2\displaystyle\int_3^x(t^2+2t)f(t)\,dt$ ...... ㉠

㉠의 양변에 $x=3$을 대입하면

$\{f(3)\}^2=0$ $\quad\therefore f(3)=0$

㉠의 양변을 x에 대하여 미분하면

$2f'(x)f(x)=2(x^2+2x)f(x)$

$2f(x)\{f'(x)-x^2-2x\}=0$

$\therefore f(x)=0$ 또는 $f'(x)=x^2+2x$

이때 함수 $f(x)$에 대하여 집합 $A=\{x\,|\,f(x)\neq0\}$이라 하자.

$A=\varnothing$일 때,

모든 실수 x에 대하여 $f(x)=0$이므로

$\displaystyle\int_{-3}^0 f(x)\,dx=0$ ...... ⓛ

$A\neq\varnothing$일 때,

실수 전체의 집합에서 정의된 함수 $g(x)$를

$g(x)=\displaystyle\int f'(x)\,dx$

$\qquad =\dfrac{1}{3}x^3+x^2+C\ (C\text{는 적분상수})$

라 하자. 함수 $f(x)$가 실수 전체의 집합에서 미분가능하면 연속이므로 $x\in A$인 모든 x에 대하여

$f(x)=g(x)$

2단계 함수 $y=g(x)$의 그래프의 개형을 그려 보자.

$g'(x)=x^2+2x=x(x+2)$

$g'(x)=0$에서 $x=-2$ 또는 $x=0$

함수 $g(x)$의 증가와 감소를 표로 나타내면 다음과 같다.

x	$\cdots$	-2	$\cdots$	0	$\cdots$
$g'(x)$	$+$	0	$-$	0	$+$
$g(x)$	$\nearrow$	$g(-2)$	$\searrow$	$g(0)$	$\nearrow$

즉, 함수 $y=g(x)$의 그래프의 개형은 오른
쪽 그림과 같다.

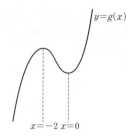

3단계 방정식 $g(x)=0$의 서로 다른 실근의 개수에 따라 경우를 나누어 조
건을 만족시키는 함수 $y=f(x)$를 구해 보자.

방정식 $g(x)=0$의 서로 다른 실근의 개수에 따라 경우를 나누어 보면 다
음과 같다.

(i) 삼차방정식 $g(x)=0$의 서로 다른 실근의 개수가 1인 경우

 ⓐ $g(-2)<0$일 때

  함수 $g(x)$에 대하여 $f(3)=0$에서
  $g(3)=0$이어야 하므로 두 함수
  $y=f(x)$, $y=g(x)$의 그래프의 개
  형은 각각 오른쪽 그림과 같다.

  즉, $g(3)=f(3)=18+C=0$이므로
  $C=-18$

  $\therefore f(x)=g(x)=\dfrac{1}{3}x^3+x^2-18$

           …… ⓒ

 ⓑ $g(0)>0$일 때

  방정식 $g(x)=0$의 한 실근을 α라
  하면 $f(3)=0$이어야 하므로 두 함
  수 $y=f(x)$, $y=g(x)$의 그래프의
  개형은 각각 오른쪽 그림과 같다.

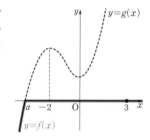

  그런데 $\displaystyle\lim_{x\to a-}f'(x)>0$,
  $\displaystyle\lim_{x\to a+}f'(x)=0$이므로
  $\displaystyle\lim_{x\to a-}f'(x)\ne\lim_{x\to a+}f'(x)$
  즉, 함수 $f(x)$는 $x=\alpha$에서 미분가능하지 않다.

(ii) 삼차방정식 $g(x)=0$의 서로 다른 실근의 개수가 2인 경우

 ⓐ $g(0)=0$일 때

  함수 $g(x)$에 대하여 $f(3)=0$이어
  야 하므로 두 함수 $y=f(x)$,
  $y=g(x)$의 그래프의 개형은 각각
  오른쪽 그림과 같다.

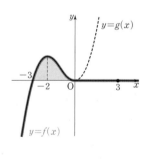

  $g(0)=0$에서 $C=0$
  즉, $g(x)=\dfrac{1}{3}x^3+x^2$

  $\therefore f(x)=\begin{cases}\dfrac{1}{3}x^3+x^2 & (x<0)\\[2mm] 0 & (x\ge0)\end{cases}$

           …… ⓔ

 ⓑ $g(-2)=0$일 때

  함수 $g(x)$에 대하여 $f(3)=0$이어
  야 하므로 두 함수 $y=f(x)$,
  $y=g(x)$의 그래프의 개형은 각각
  오른쪽 그림과 같다.

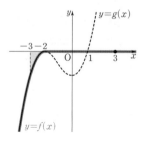

  $g(-2)=0$이므로
  $-\dfrac{8}{3}+4+C=0$ $\therefore C=-\dfrac{4}{3}$
  즉, $g(x)=\dfrac{1}{3}x^3+x^2-\dfrac{4}{3}$

  $\therefore f(x)=\begin{cases}\dfrac{1}{3}x^3+x^2-\dfrac{4}{3} & (x<-2)\\[2mm] 0 & (x\ge-2)\end{cases}$ …… ⓜ

(iii) 삼차방정식 $g(x)=0$의 서로 다른 실근의 개수가 3인 경우

 방정식 $g(x)=0$의 임의의 한 근을 α
 라 하면 $f(3)=0$이어야 하므로 두 함
 수 $y=f(x)$, $y=g(x)$의 그래프의
 개형은 각각 오른쪽 그림과 같다.

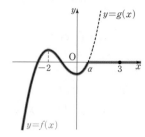

 그런데 $\displaystyle\lim_{x\to a-}f'(x)>0$,
 $\displaystyle\lim_{x\to a+}f'(x)=0$이므로
 $\displaystyle\lim_{x\to a-}f'(x)\ne\lim_{x\to a+}f'(x)$
 즉, 함수 $f(x)$는 $x=\alpha$에서 미분가능하지 않다.

(i), (ii), (iii)에서 조건을 만족시키는 함수 $f(x)$는 ⓒ, ⓔ, ⓜ이다.

4단계 $\displaystyle\int_{-3}^{0}f(x)\,dx$의 값이 최대, 최소가 되는 함수 $f(x)$를 알아보고,
$M-m$의 값을 구해 보자.

ⓒ, ⓒ, ⓔ, ⓜ 중에서 $\displaystyle\int_{-3}^{0}f(x)\,dx$의 값이 최대가 되는 함수 $f(x)$는 ⓔ,
최소가 되는 $f(x)$는 ⓒ이다.

$M=\displaystyle\int_{-3}^{0}\left(\dfrac{1}{3}x^3+x^2\right)dx$, $m=\displaystyle\int_{-3}^{0}\left(\dfrac{1}{3}x^3+x^2-18\right)dx$

$\therefore M-m=\displaystyle\int_{-3}^{0}\left(\dfrac{1}{3}x^3+x^2\right)dx-\int_{-3}^{0}\left(\dfrac{1}{3}x^3+x^2-18\right)dx$

$\qquad\qquad =\displaystyle\int_{-3}^{0}18\,dx=\Big[18x\Big]_{-3}^{0}=54$

다른 풀이

(iii)에서 함수 $g(x)$의 극댓값 $g(-2)$에 대하여

$g(-2)=\dfrac{4}{3}+a>0$

이므로 $g(3)=18+a\ne0$이다.

즉, $f(3)\ne0$이므로 방정식 $g(x)=0$이 서로 다른 세 실근을 가지는 함수
$f(x)$는 존재하지 않는다.

> **참고**
>
> $M-m$의 값은 ⓔ의 넓이와 ⓒ의 넓이의 합이므로 가로의 길이가 3, 세로의 길
> 이가 18인 직사각형의 넓이와 같다. 즉, 직사각형의 넓이 공식을 이용하면 정적
> 분의 계산을 하지 않아도 $M-m$의 값을 구할 수 있다.
> 따라서 $M-m=3\times18=54$이다.

---

089   정답률 ▸ 확: 2%, 미: 5%, 기: 5%   **답 32**

1단계 주어진 조건을 이용하여 실수 b의 값의 범위를 구해 보자.

조건 (나)에서 $|x|<2$일 때,

$g(x)=\displaystyle\int_{0}^{x}(-t+a)\,dt$이므로 양변을 x에 대하여 미분하면

$g'(x)=-x+a$

조건 (다)에서 함수 $g(x)$는 $x=1$, $x=b$에서 극값을 가지므로

$g'(1)=0,\ g'(b)=0$ …… ㉠

㉠의 $g'(1)=0$에서

$-1+a=0$ $\therefore a=1$

$\therefore g'(x)=-x+1$

$|x|<2$일 때,

함수 $y=g'(x)$의 그래프는 오른쪽 그림
과 같으므로 함수 $g(x)$는 $x=1$에서만
극값을 갖는다.

$\therefore |b|\geq 2$ ...... ⓛ

한편, 조건 (가)에서 도함수 $g'(x)$는 실
수 전체의 집합에서 연속이므로
$x=-2$, $x=2$에서도 연속이다.

즉,

$\lim\limits_{x\to -2+}g'(x)=\lim\limits_{x\to -2-}g'(x)=g'(-2)$,

$\lim\limits_{x\to 2+}g'(x)=\lim\limits_{x\to 2-}g'(x)=g'(2)$

이어야 하므로

$\lim\limits_{x\to -2+}g'(x)=\lim\limits_{x\to -2+}(-x+1)=2+1=3$에서

$\lim\limits_{x\to -2-}g'(x)=g'(-2)=3$,

$\lim\limits_{x\to 2-}g'(x)=\lim\limits_{x\to 2-}(-x+1)=-2+1=-1$에서

$\lim\limits_{x\to 2+}g'(x)=g'(2)=-1$

따라서 $g'(-2)\neq 0$, $g'(2)\neq 0$이므로 ㉠, ⓛ에서

$|b|>2$ ...... ㉢

2단계 주어진 조건을 만족시키는 함수 $y=g'(x)$의 그래프의 개형을 그려
보자.

조건 (나)에서 $|x|\geq 2$일 때, $|g'(x)|=f(x)$이므로

$g'(-2)=3$에서 $|g'(-2)|=3$

$\therefore f(-2)=3$ ...... ㉣

$g'(2)=-1$에서 $|g'(2)|=1$

$\therefore f(2)=1$ ...... ㉤

㉠의 $g'(b)=0$ $(|b|>2)$에서

$f(b)=0$ ...... ㉥

$|g'(x)|\geq 0$이므로

$f(x)\geq 0$ ...... ㉦

즉, 주어진 조건과 ㉢, ㉥, ㉦을 만족시키려면 이차함수 $f(x)$에 대하여
함수 $y=g'(x)$의 그래프의 개형은 다음 그림과 같아야 한다.

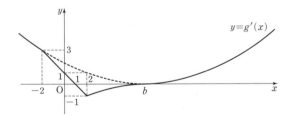

3단계 이차함수 $f(x)$의 식을 세워서 실수 b의 값을 구해 보자.

이차함수 $f(x)$는 $f(x)=m(x-b)^2$ $(m>0)$이라 할 수 있으므로 함수
$g'(x)$는

$g'(x)=\begin{cases} m(x-b)^2 & (x\leq -2) \\ -x+1 & (-2<x<2) \\ -m(x-b)^2 & (2\leq x<b) \\ m(x-b)^2 & (x\geq b) \end{cases}$

이때 ㉣에 의하여 $m(-2-b)^2=3$, ㉤에 의하여 $m(2-b)^2=1$이므로 두
식을 연립하면

$m(-2-b)^2=3m(2-b)^2$

$b^2+4b+4=3b^2-12b+12$ $(\because m>0)$

$b^2-8b+4=0$ $\therefore b=4+2\sqrt{3}$ $(\because ㉢)$

4단계 실수 k의 값의 범위에 따라 경우를 나누어 주어진 조건을 만족시키는
k의 값을 구한 후 $p\times q$의 값을 구해 보자.

$g(k)=\int_0^k g'(t)\,dt$이므로

(i) $k<0$일 때

$x\leq 0$에서 $g'(x)>0$이므로

$g(k)=\int_0^k g'(t)\,dt=-\int_k^0 g'(t)\,dt<0$

즉, $g(k)=0$을 만족시키지 않는다.

(ii) $k=0$일 때

$g(0)=\int_0^0 g'(t)\,dt=0$이므로 $g(0)=0$을 만족시킨다.

(iii) $0<k\leq 2$일 때

$g(k)=\int_0^k g'(t)\,dt=\int_0^k(-t+1)\,dt$

$\qquad =\left[-\dfrac{1}{2}t^2+t\right]_0^k=-\dfrac{1}{2}k^2+k$

$g(k)=0$에서 $-\dfrac{1}{2}k^2+k=0$

$-\dfrac{1}{2}k(k-2)=0$

$\therefore k=2$ $(\because 0<k\leq 2)$

(iv) $k>2$일 때

$2<x<b$에서 $g'(x)<0$이므로 $g(k)=0$, 즉 $\int_0^k g'(t)\,dt=0$을 만족

시키려면 $k>b$이어야 한다.

$\therefore g(k)=\int_0^k g'(t)\,dt$

$\quad =\int_0^2 g'(t)\,dt+\int_2^b g'(t)\,dt+\int_b^k g'(t)\,dt$

$\quad =0+\int_2^b\{-m(t-b)^2\}\,dt+\int_b^k m(t-b)^2\,dt$ $(\because$ (iii))

$\quad =-m\int_2^b(t^2-2bt+b^2)\,dt+m\int_b^k(t^2-2bt+b^2)\,dt$

$\quad =-m\left[\dfrac{1}{3}t^3-bt^2+b^2t\right]_2^b+m\left[\dfrac{1}{3}t^3-bt^2+b^2t\right]_b^k$

$\quad =-\dfrac{m}{3}(b^3-6b^2+12b-8)+\dfrac{m}{3}(k^3-3bk^2+3b^2k-b^3)$

$\quad =-\dfrac{m}{3}(b-2)^3+\dfrac{m}{3}(k-b)^3$

$g(k)=0$에서

$-\dfrac{m}{3}(b-2)^3+\dfrac{m}{3}(k-b)^3=0$

$(k-b)^3=(b-2)^3$ $(\because m>0)$

이때 $k-b$, $b-2$가 모두 실수이므로

$k-b=b-2$

$\therefore k=2b-2=2(4+2\sqrt{3})-2=6+4\sqrt{3}$

(i)~(iv)에서 $g(k)=0$을 만족시키는 실수 k의 값은

0, 2, $6+4\sqrt{3}$

이므로 그 합은

$0+2+(6+4\sqrt{3})=8+4\sqrt{3}$

따라서 $p=8$, $q=4$이므로

$p\times q=8\times 4=32$

090 정답률 ▶ 확: 1%, 미: 5%, 기: 4% **답 182**

1단계 함수 $h(t)$에 대하여 알아보자.

방정식 $g(x)=0$에서

(ⅰ) $x=t$일 때

$f(t)-t-f(t)+t=0$

$\therefore g(t)=0$

$\therefore h(t)=1$

(ⅱ) $x\neq t$일 때

$f(x)-x-f(t)+t=0$에서

$f(x)-f(t)=x-t$

$\therefore \dfrac{f(x)-f(t)}{x-t}=1$

즉, 함수 $h(t)$는 함수 $y=f(x)$의 그래프 위의 한 점 $(t,\ f(t))$를 지나고 기울기가 1인 직선이 함수 $y=f(x)$의 그래프와 만나는 점의 개수이다.

2단계 조건 (가)를 이용하여 사차함수 $f(x)$의 식을 세워 보자.

임의의 실수 s에 대하여 $h(s)\geq 1$이므로 다음과 같이 경우를 나누어 생각해 보자.

(a) $h(s)=1$인 경우

기울기가 1인 직선이 함수 $y=f(x)$의 그래프에 접해야 하므로 가능한 직선과 함수 $y=f(x)$의 그래프의 개형은 다음 그림과 같다.

[그림 1]　　　　[그림 2]

[그림 1], [그림 2]의 경우에 모두 $\lim\limits_{t\to s}h(t)=2$이므로

$\lim\limits_{t\to s}\{h(t)-h(s)\}=\lim\limits_{t\to s}h(t)-h(s)=2-1=1$

즉, 조건 (가)를 만족시키지 않는다.

(b) $h(s)=2$인 경우

함수 $y=f(x)$의 그래프 위의 한 점 $(t,\ f(t))$를 지나고 기울기가 1인 직선이 함수 $y=f(x)$의 그래프와 서로 다른 두 점에서 만나야 하므로 가능한 직선과 함수 $y=f(x)$의 그래프의 개형은 다음 그림과 같다.

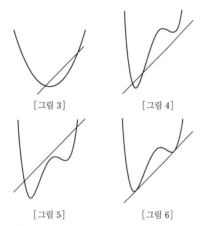

[그림 3]　　　　[그림 4]

[그림 5]　　　　[그림 6]

[그림 3], [그림 4], [그림 5]의 경우에 모두 $\lim\limits_{t\to s}h(t)=2$이므로

$\lim\limits_{t\to s}\{h(t)-h(s)\}=\lim\limits_{t\to s}h(t)-h(s)=2-2=0$

즉, 조건 (가)를 만족시키지 않는다.

[그림 6]의 경우에 $\lim\limits_{t\to s}h(t)=4$이므로

$\lim\limits_{t\to s}\{h(t)-h(s)\}=\lim\limits_{t\to s}h(t)-h(s)=4-2=2$

즉, 조건 (가)를 만족시키고, 직선과 함수 $y=f(x)$의 그래프가 접하는 접점의 좌표가 각각 $(-1,\ f(-1))$, $(1,\ f(1))$이어야 한다.

(c) $h(s)=3$인 경우

함수 $y=f(x)$의 그래프 위의 한 점 $(t,\ f(t))$를 지나고 기울기가 1인 직선이 함수 $y=f(x)$의 그래프와 서로 다른 세 점에서 만나야 하므로 가능한 직선과 함수 $y=f(x)$의 그래프의 개형은 다음 그림과 같다.

[그림 7]　　　　[그림 8]

[그림 7], [그림 8]의 경우에 극한값 $\lim\limits_{t\to s}h(t)$가 존재하지 않는다.

즉, 조건 (가)를 만족시키지 않는다.

(d) $h(s)=4$인 경우 수학

함수 $y=f(x)$의 그래프 위의 한 점 $(t,\ f(t))$를 지나고 기울기가 1인 직선이 함수 $y=f(x)$의 그래프와 서로 다른 네 점에서 만나야 하므로 가능한 직선과 함수 $y=f(x)$의 그래프의 개형은 오른쪽 그림과 같다.

[그림 9]

[그림 9]의 경우에 $\lim\limits_{t\to s}h(t)=4$이므로

$\lim\limits_{t\to s}\{h(t)-h(s)\}=\lim\limits_{t\to s}h(t)-h(s)$

$=4-4=0$

즉, 조건 (가)를 만족시키지 않는다.

(a)~(d)에서 [그림 6]의 경우만 조건 (가)를 만족시키고, 직선과 함수 $y=f(x)$의 그래프가 접하는 두 접점의 좌표가 각각 $(-1,\ f(-1))$, $(1,\ f(1))$이어야 한다.

함수 $f(x)$의 최고차항의 계수를 $a\ (a>0)$이라 하고, 기울기가 1인 직선의 방정식을 $y=x+b\ (b$는 상수$)$라 하면 사차함수 $f(x)$에 대하여

$f(x)-(x+b)=a(x+1)^2(x-1)^2$

이라 할 수 있으므로

$f(x)=a(x+1)^2(x-1)^2+x+b$

3단계 두 조건 (나), (다)를 이용하여 사차함수 $f(x)$를 구한 후 $f(6)$의 값을 구해 보자.

조건 (나)의 $\displaystyle\int_0^a f(x)\,dx=\int_0^a |f(x)|\,dx$에서

$\displaystyle\int_0^a f(x)\,dx-\int_0^a |f(x)|\,dx=0$

$\therefore \displaystyle\int_0^a \{f(x)-|f(x)|\}\,dx=0$　　……㉠

㉠을 만족시키는 실수 a의 최솟값이 -1이므로 $-1\leq x\leq 0$에서 $f(x)\geq 0$이고, $f(-1)=0$이어야 한다.

$f(-1)=0$에서

$f(-1)=-1+b=0$　　$\therefore b=1$

$\therefore f(x)=a(x+1)^2(x-1)^2+x+1$　　……㉡

조건 (다)의 $\dfrac{d}{dx}\displaystyle\int_0^x \{f(u)-ku\}\,du\geq 0$에서

$f(x)-kx\geq 0$　　$\therefore f(x)\geq kx$　　……㉢

모든 실수 x에 대하여 ㉢이 되도록 하는 실수 k의 최댓값이 $f'(\sqrt{2})$이므로 함수 $y=f(x)$의 그래프와 직선 $y=f'(\sqrt{2})x$가 점 $(\sqrt{2},\ f(\sqrt{2}))$에서 접해야 한다.

㉡에서 $f(\sqrt{2})=a(\sqrt{2}+1)^2(\sqrt{2}-1)^2+\sqrt{2}+1=a+\sqrt{2}+1$

또한, $f'(x)=2a(x+1)(x-1)^2+2a(x+1)^2(x-1)+1$이므로

$f'(\sqrt{2})=2a(\sqrt{2}+1)(\sqrt{2}-1)^2+2a(\sqrt{2}+1)^2(\sqrt{2}-1)+1$

$=4\sqrt{2}a+1$

점 $(\sqrt{2}, f(\sqrt{2}))$가 직선 $y=f'(\sqrt{2})x$ 위의 점이므로
$f(\sqrt{2})=\sqrt{2}f'(\sqrt{2})$에서
$a+\sqrt{2}+1=\sqrt{2}(4\sqrt{2}a+1)$
$7a=1$
$\therefore a=\dfrac{1}{7}$

따라서 $f(x)=\dfrac{1}{7}(x+1)^2(x-1)^2+x+1$이므로
$f(6)=175+6+1=182$

다른 풀이

실수 t에 대하여 함수 $h(t)$는 방정식 $g(x)=0$, 즉 $f(x)-x=f(t)-t$의 서로 다른 실근의 개수이고, 이는 곡선 $y=f(x)-x$와 이 곡선 위의 점 $(t, f(t)-t)$에서 x축에 평행하게 그은 직선 $y=f(t)-t$의 서로 다른 교점의 개수와 같다.
이와 같이 해석할 때 조건 (가)의 $\lim\limits_{t\to-1}\{h(t)-h(-1)\}=2$에서
'$t=-1$에서의 곡선과 직선의 서로 다른 교점의 개수'와 '$t\to-1$에서의 곡선과 직선의 서로 다른 교점의 개수'의 차가 2임을 의미한다.
같은 방법으로 $\lim\limits_{t\to1}\{h(t)-h(1)\}=2$에서
'$t=1$에서의 곡선과 직선의 서로 다른 교점의 개수'와 '$t\to1$에서의 곡선과 직선의 서로 다른 교점의 개수'의 차도 2이다. ····· ㉠
함수 $y=f(x)-x$의 그래프의 개형을 극솟값의 개수에 따라 경우를 나누어 생각해 볼 때 ㉠을 만족시키는 경우는 오른쪽 그림과 같이 그림과 같이 $x=-1$, $x=1$에서 극소이고 두 극솟값이 서로 같은 경우뿐이다.

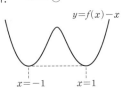

따라서
$f(x)-x=a(x+1)^2(x-1)^2+b$ ($a>0$, b는 상수)
라 할 수 있으므로
$f(x)=a(x+1)^2(x-1)^2+x+b$

091 정답률 ▶ 확: 1%, 미: 4%, 기: 3% **답 114**

1단계 주어진 조건을 이용하여 함수 $f(x)$와 $g(x)$에 대하여 알아보자.

사차함수 $f(x)$는 최고차항의 계수가 4이고 서로 다른 세 극값을 가지므로 함수 $f(x)$가 극대 또는 극소가 되는 x의 값을 α_1, α_2, α_3 ($\alpha_1<\alpha_2<\alpha_3$)이라 하면 함수 $y=f(x)$의 그래프의 개형은 다음 그림과 같다.

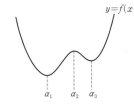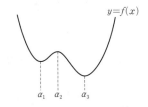

조건 (가)에서 모든 실수 x에 대하여
$|g(x)|=f(x)$이므로 $f(x)\ge0$이고, 임의의 실수 k에 대하여
$g(k)=f(k)$ 또는 $g(k)=-f(k)$이다.
또한 $\lim\limits_{t\to0+}\dfrac{g(k+t)-g(k)}{t}=|f'(k)|$이므로
$\lim\limits_{t\to0+}\dfrac{g(k+t)-g(k)}{t}\ge0$이고,
$t\to0+$일 때, (분모) $\to0$이고 극한값이 존재하므로 (분자) $\to0$이다.
즉, $\lim\limits_{t\to0+}\{g(k+t)-g(k)\}=0$이므로 $g(k)=\lim\limits_{t\to0+}g(k+t)$ ····· ㉠

2단계 x의 값의 범위에 따라 경우를 나누어 조건을 만족시키는 함수 $g(x)$를 구해 보자.

사차함수 $y=f(x)$와 $y=-f(x)$의 그래프의 개형은 다음 그림과 같다.

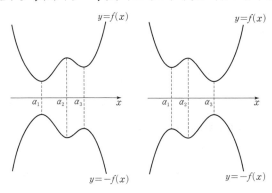

실수 k에 대하여
(i) $k<\alpha_1$ 또는 $\alpha_2\le k<\alpha_3$인 경우 → k가 함수 $y=f(x)$의 감소 구간에 있는 경우
  ⓐ $k<\alpha_1$ 또는 $\alpha_2<k<\alpha_3$일 때
  $g(k)=f(k)$이면 $\lim\limits_{t\to0+}\dfrac{g(k+t)-g(k)}{t}=f'(k)<0$이므로 ㉠을 만족시키지 않는다.
  $\therefore g(k)=-f(k)$
  ⓑ $k=\alpha_2$일 때
  $g(\alpha_2)=f(\alpha_2)$이면 $\lim\limits_{t\to0+}\dfrac{g(\alpha_2+t)-g(\alpha_2)}{t}=f'(\alpha_2)<0$이므로 ㉠을 만족시키지 않는다.
  $\therefore g(\alpha_2)=\lim\limits_{t\to0+}g(\alpha_2+t)=-f(\alpha_2)$

(ii) $\alpha_1\le k<\alpha_2$ 또는 $k\ge\alpha_3$인 경우 → k가 함수 $y=f(x)$의 증가 구간에 있는 경우
  ⓐ $\alpha_1<k<\alpha_2$ 또는 $k>\alpha_3$일 때
  $g(k)=-f(k)$이면
  $\lim\limits_{t\to0+}\dfrac{g(k+t)-g(k)}{t}=-f'(k)<0$이므로 ㉠을 만족시키지 않는다.
  $\therefore g(k)=f(k)$
  ⓑ $k=\alpha_1$ 또는 $k=\alpha_3$일 때
  $g(\alpha_1)=-f(\alpha_1)$이면 $\lim\limits_{t\to0+}\dfrac{g(\alpha_1+t)-g(\alpha_1)}{t}=-f'(\alpha_1)<0$이므로
  ㉠을 만족시키지 않는다.
  $k=\alpha_1$, $k=\alpha_3$일 때도 이와 같은 방법으로 하면
  $g(\alpha_1)=\lim\limits_{t\to0+}g(\alpha_1+t)=f(\alpha_1)$,
  $g(\alpha_3)=\lim\limits_{t\to0+}g(\alpha_3+t)=f(\alpha_3)$

(i), (ii)에서
$g(x)=\begin{cases}-f(x) & (x<\alpha_1 \text{ 또는 } \alpha_2\le x<\alpha_3)\\ f(x) & (\alpha_1\le x<\alpha_2 \text{ 또는 } x\ge\alpha_3)\end{cases}$
이때 함수 $y=g(x)$의 그래프의 개형은 다음 그림과 같다.

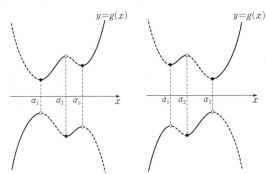

3단계 함수 $g(x)$의 불연속점을 찾은 후 함수 $g(x)h(x)$가 실수 전체의 집합에서 연속이 되게 하는 함수 $y=h(x)$의 그래프의 개형을 그려 보자.

$f'(k)=0$이고 $f(k)\neq0$일 때 함수 $g(x)$는 $x=k$에서 불연속이다. 또한 함수 $f(x)$의 최솟값은 $f(\alpha_1)$ 또는 $f(\alpha_3)$이고 $f(\alpha_1)\neq f(\alpha_3)$이므로 함수 $g(x)$가 $x=k$에서 불연속인 실수 k의 개수는

$f(\alpha_1)>0$이고 $f(\alpha_3)>0$이면 3,

$f(\alpha_1)=0$ 또는 $f(\alpha_3)=0$이면 2이다.

함수 $g(x)$가 $x=k$에서 불연속이라 하면 조건 (나)에 의하여 함수 $g(x)h(x)$는 실수 전체의 집합에서 연속이므로 $x=k$에서도 연속이어야 한다.

즉, $\displaystyle\lim_{x\to k+}g(x)h(x)=\lim_{x\to k-}g(x)h(x)=g(k)h(k)$이어야 하므로

$\displaystyle\lim_{x\to k+}h(x)=\lim_{x\to k-}h(x)=h(k)=0$ ...... ㉡

또는 $h(k)\neq0$이고 $\displaystyle\lim_{x\to k+}h(x)=h(k)=-\lim_{x\to k-}h(x)$ ...... ㉢

> 함수 $g(x)h(x)$가 실수 전체의 집합에서 연속이려면 $h(x)$의 극한값과 함숫값이 모두 0이거나 $h(x)$의 좌극한과 우극한 (=함숫값)의 크기는 같고 부호는 반대여야 한다.

함수 $h(x)=\begin{cases} 4x+2 & (x<a) \\ -2x-3 & (x\geq a) \end{cases}$ 에서

㉡을 만족시키는 실수 k의 값을 찾아보자.

$a\leq-\dfrac{3}{2}$이면 $k=-\dfrac{3}{2}$

$-\dfrac{3}{2}<a\leq-\dfrac{1}{2}$이면 존재하지 않는다.

$a>-\dfrac{1}{2}$이면 $k=-\dfrac{1}{2}$

㉢을 만족시키는 실수 k의 값을 찾아보자.

함수 $h(x)$는 좌극한과 우극한이 크기는 같고 부호가 반대이어야 하므로

$4k+2=-(-2k-3)$에서 $k=\dfrac{1}{2}$

이때 $x=k$에서 불연속이므로 $a=k=\dfrac{1}{2}$

따라서 ㉡ 또는 ㉢을 만족시키는 실수 k의 개수는

$a\leq-\dfrac{3}{2}$이면 1

$-\dfrac{3}{2}<a\leq-\dfrac{1}{2}$이면 0

$-\dfrac{1}{2}<a<\dfrac{1}{2}$이면 1

$a=\dfrac{1}{2}$이면 2

$a>\dfrac{1}{2}$이면 1

이므로 최대 2이다.

$\therefore h(x)=\begin{cases} 4x+2 & \left(x<\dfrac{1}{2}\right) \\ -2x-3 & \left(x\geq\dfrac{1}{2}\right) \end{cases}$

함수 $y=h(x)$의 그래프의 개형은 다음 그림과 같다.

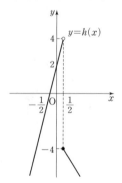

4단계 두 함수 $f(x)$와 $g(x)$를 구한 후 $g(1)\times h(3)$의 값을 구해 보자.

함수 $g(x)$는 $x=-\dfrac{1}{2}$, $x=\dfrac{1}{2}$에서만 불연속이고, 불연속점의 개수가 2이려면 $f(\alpha_1)=0$ 또는 $f(\alpha_3)=0$이어야 한다.

(i) $f(\alpha_1)=0$인 경우

다음 그림과 같이 함수 $g(x)$가 $x=\alpha_2$, $x=\alpha_3$에서 불연속이므로

$\alpha_2=-\dfrac{1}{2}$, $\alpha_3=\dfrac{1}{2}$

이때 $g(0)<0$이므로 $g(0)=\dfrac{40}{3}$의 조건을 만족시키지 않는다.

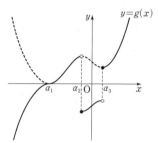

(ii) $f(\alpha_3)=0$인 경우

다음 그림과 같이 함수 $g(x)$가 $x=\alpha_1$, $x=\alpha_2$에서 불연속이므로

$\alpha_1=-\dfrac{1}{2}$, $\alpha_2=\dfrac{1}{2}$

이때 $g(0)>0$이므로 $g(0)=\dfrac{40}{3}$의 조건을 만족시킨다.

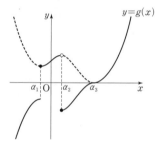

함수 $f(x)$는 최고차항의 계수가 4인 사차함수이므로

$f'(x)=16\left(x+\dfrac{1}{2}\right)\left(x-\dfrac{1}{2}\right)(x-\alpha_3)$

$\qquad=16x^3-16\alpha_3 x^2-4x+4\alpha_3$

에서

$f(x)=\displaystyle\int(16x^3-16\alpha_3 x^2-4x+4\alpha_3)\,dx$

$\qquad=4x^4-\dfrac{16}{3}\alpha_3 x^3-2x^2+4\alpha_3 x+C$ (단, C는 적분상수)

$f(0)=g(0)=\dfrac{40}{3}$이므로 $C=\dfrac{40}{3}$

이때 $f(\alpha_3)=-\dfrac{4}{3}\alpha_3{}^4+2\alpha_3{}^2+\dfrac{40}{3}=0$이므로

$2\alpha_3{}^4-3\alpha_3{}^2-20=0$

$(\alpha_3+2)(\alpha_3-2)(2\alpha_3{}^2+5)=0$

$\alpha_3>\dfrac{1}{2}$이므로 $\alpha_3=2$

$\therefore f(x)=4x^4-\dfrac{32}{3}x^3-2x^2+8x+\dfrac{40}{3}$,

$g(x)=\begin{cases} -f(x) & \left(x<-\dfrac{1}{2} \text{ 또는 } \dfrac{1}{2}\leq x<2\right) \\ f(x) & \left(-\dfrac{1}{2}\leq x<\dfrac{1}{2} \text{ 또는 } x\geq2\right) \end{cases}$

(i), (ii)에서

$g(1)\times h(3)=\{-f(1)\}\times h(3)$

$\qquad\qquad\quad=\left(-\dfrac{38}{3}\right)\times(-9)=114$

메가스터디 고등학습 시리즈

수능 기출

수학 II

BOOK 1 최신 기출 ALL

정답 및 해설

메가스터디BOOKS

내용 문의 02-6984-6901 | 구입 문의 02-6984-6868,9 | www.megastudybooks.com

수능 수학, 개념부터 달라야 한다!

메가스터디 수능 수학 KICK

별책 워크북
본책의 필수 예제와
1:1 매칭

메가스터디 수학
김기현 쌤
집필 & 강의

확률과 통계　　　미적분　　　수학 II　　　수학 I

수능 첫 수업에 최적화된 수능 개념서

STEP 1	STEP 2	STEP 3
수능 필수 개념을 체계적으로 정리 & 확인	수능에 자주 출제되는 3점, 쉬운 4점 문제 중심	단원 마무리로 내신과 수능 실전 대비
수능 2점 난이도 문제로 개념을 확실히 이해하고, 수능 IDEA에서 문제 풀이 팁과 추가 개념, 원리까지 학습	수능 빈출 유형을 분석한 필수 예제와 그에 따른 유제를 바로 제시하여 해당 유형을 완벽히 체화	STEP2보다 난도가 높은 문제, 두 가지 이상의 개념을 이용하는 어려운 3점 또는 쉬운 4점 수준 문제로 실전 대비

수능 고득점을 위한 강력한 한 방!

메가스터디 N제

203제

243제

332제

국어
문학, 독서

수학
수학 I 3점 공략 / 4점 공략
수학 II 3점 공략 / 4점 공략
확률과 통계 3점·4점 공략
미적분 3점·4점 공략

영어
독해, 고난도·3점, 어법·어휘

과탐
물리학 I, 화학 I, 생명과학 I, 지구과학 I

사탐
사회·문화, 생활과 윤리

실전 감각은 끌어올리고, 기본기는 탄탄하게!

국어영역	수학영역	영어영역
핵심 기출 분석	핵심 기출 분석	핵심 기출 분석
+	+	+
EBS 빈출 및 교과서 수록 지문 집중 학습	3점 공략, 4점 공략 수준별 맞춤 학습	최신 경향의 지문과 유사·변형 문제 집중 훈련

레전드
수능 문제집

수능이 바뀔 때마다 가장 먼저 방향을 제시해온 메가스터디 N제,
다시 한번 빠르고 정확하게, 수험생 여러분의 든든한 가이드가 되어 드리겠습니다.

수능 기출

올픽

수학 II

BOOK 2

역대 수능 기출문제를 무조건 다 풀어 보는 것은 비효율적입니다.
하지만 과거의 기출문제 중에는 반드시 짚고 넘어가야 할 문제가 있습니다.
이에 여러 선생님들이 참여, 최근 3개년 이전 기출문제 중 수험생이 꼭 풀어야 하는
우수 기출문제를 선별하여 **BOOK ❷**에 담았습니다.

수능 기출 학습 시너지를 높이는 '올픽'의 BOOK ❶ × BOOK ❷ 활용 Tip!
BOOK ❶의 최신 기출문제를 먼저 푼 후, 본인의 학습 상태에 따라 **BOOK ❷**의
우수 기출문제까지 풀면 효율적이고 완벽한 기출 학습이 가능합니다!

BOOK❷ 구성과 특징

▶ 전국의 여러 선생님들이 참여, 최근 3개년 이전 기출문제 중 수험생이 꼭 풀어야 하는 우수 기출문제만을 선별하여 담았습니다.

❶ 우수 기출 분석

■ 최근 3개년 이전(2005~2022학년도) 기출문제 중 엄선하여 수록한 우수 기출문제의 연도별, 유형별 분포를 분석하여 유형의 중요성과 출제 흐름을 한눈에 파악할 수 있도록 했습니다.

❷ 유형별 기출

■ 최근 3개년 이전의 모든 기출문제 중 수능을 대비하는 수험생이 꼭 풀어 보면 좋을 문제만을 뽑아 유형별로 제시했습니다.
(우수 기출문제를 엄선하는 과정에 전국의 학교, 학원 선생님 참여)

■ 많은 선생님들이 중복하여 중요하다고 선택한 문제에는 Best Pick 으로 표시하여 그 중요성을 다시 한번 강조했습니다.

■ 유형 α는 BOOK❶의 유형 외 추가로 학습해야 할 중요 유형입니다.

❸ 고난도 기출

■ 최근 3개년 이전의 모든 기출문제 중 꼭 풀어 보면 좋을 고난도, 초고난도 수준의 문제를 대단원별로 엄선하여 효율적인 학습이 가능하도록 했습니다.

❹ 정답 및 해설

■ 모든 문제 풀이를 단계로 제시하여 출제 의도 및 풀이의 흐름을 한눈에 파악할 수 있도록 했습니다.

■ 모든 문제에 정답률을 제공하여 문제의 체감 난이도를 파악하거나 자신의 학습 수준을 파악할 수 있도록 했습니다.

■ Best Pick 으로 표시한 문제에 대하여 그 문제를 뽑은 선생님들이 직접 전하는 문제의 중요성 및 해결 전략을 제시하여 중요한 기출문제를 다시 한번 확인할 수 있도록 했습니다.

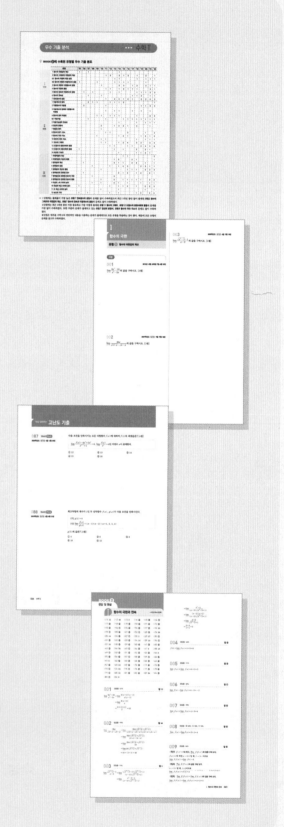

우수 기출 분석 ▶▶▶ 수학 II

📍 BOOK ❷에 수록된 유형별 우수 기출 분포

유형	'05	'06	'07	'08	'09	'10	'11	'12	'13	'14	'15	'16	'17	'18	'19	'20	'21	'22
I 단원 1 함수의 극한값의 계산	1		1							1								
2 함수의 그래프와 극한값의 계산							1	2		2	1	2				2		1
α1 함수의 극한에 대한 성질									1	1			1			1	1	1
α2 함수의 극한과 미정계수의 결정	1				1					1	1	1	1			1		
3 함수의 극한과 다항함수의 결정						1				2	3		1	2		3	1	1
4 함수의 극한의 활용							1	1		1	2	1	1	1			3	1
5 함수의 연속과 미정계수의 결정		1		1					1		1			1	1	1	2	3
6 함수의 연속성			1			1								1	1	2		1
7 연속함수의 성질								1		2	2	1	2	1		2	2	3
II 단원 1 미분계수의 정의			2	1	1			1	1	1		2						1
2 다항함수의 미분법		2						1								1	1	3	3
3 미분계수의 정의와 다항함수의 미분법								1		1			1		1			
4 함수의 곱의 미분법						1	1		1	1	1			1			2	3
α1 미분가능			1					1			1	1	1	1	1	1	1	1
5 미분가능성과 연속성										1				1		1		
6 접선의 방정식						2			1	3	2	1		3			1	
7 평균값 정리						1												
8 함수의 증가·감소							1	1				2				1		2
9 함수의 극대·극소				1						1	2	1		1		2	1	2
10 함수의 최대·최소						1	1							1		1	1	1
11 함수의 그래프							1	1		1	2	4		3	2		3	4
12 도함수의 방정식에의 활용									1	1			1	1		2	5	6
13 도함수의 부등식에의 활용	1									1		1		2			2	1
14 속도와 가속도										1				1	1	3	1	
III 단원 1 부정적분의 계산											1	1						2
2 부정적분의 계산의 활용									1	2			2	1				1
3 정적분의 계산			1						2	1	1		2	2		1		1
4 정적분의 성질				1					1		1	4	3		2	3	1	1
5 정적분의 계산의 활용						1					1	1			2	3	3	
6 정적분으로 정의된 함수			1							2	1	2		1	2		2	1
7 정적분으로 정의된 함수의 극한				1					2									
8 정적분으로 정의된 함수의 활용						1			2		1	1	1	1		2	2	
9 곡선과 x축 사이의 넓이				1		1			2	1		1			1		1	1
10 곡선과 직선 사이의 넓이	1								1	1	1	2		1		2	2	3
11 두 곡선 사이의 넓이						1										1	1	
12 속도와 거리	1		1						1		1			1	3		3	4

···▶ I 단원에는 출제율이 가장 높은 **유형7 연속함수의 성질**의 문제를 많이 수록하였으며 최근 5개년 동안 많이 출제된 **유형2 함수의 그래프와 극한값의 계산, 유형5 함수의 연속과 미정계수의 결정**의 문제도 많이 수록하였다.

　II 단원에는 최근 3개년 동안 가장 중요하고 가장 어렵게 출제된 **유형11 함수의 그래프, 유형12 도함수의 방정식에의 활용**의 문제를 가장 많이 수록하였다. 또한 꾸준히 문제가 출제되고 있는 **유형6 접선의 방정식, 유형9 함수의 극대·극소**의 문제도 많이 수록하였다.

　III 단원은 대부분 수학 II의 전반적인 내용을 이용하는 문제가 출제되므로 모든 유형을 학습하는 것이 좋다. 때문에 모든 유형의 문제를 골고루 수록하였다.

차례

함수의
극한과 연속

1 함수의 극한 ··· 006

2 함수의 연속 ··· 023

고난도 기출 ··· 036

미분

1 미분계수와 도함수 ··· 042

2 접선의 방정식 ··· 059

3 함수의 그래프 ··· 064

4 도함수의 활용 ··· 078

고난도 기출 ··· 090

적분

1 부정적분 ··· 100

2 정적분 ··· 104

3 정적분의 활용 ··· 127

고난도 기출 ··· 143

I 함수의 극한과 연속

1 **함수의 극한**

유형 **❶** 함수의 극한값의 계산

유형 **❷** 함수의 그래프와 극한값의 계산

유형 α1 함수의 극한에 대한 성질

유형 α2 함수의 극한과 미정계수의 결정

유형 **❸** 함수의 극한과 다항함수의 결정

유형 **❹** 함수의 극한의 활용

2 **함수의 연속**

유형 **❺** 함수의 연속과 미정계수의 결정

유형 **❻** 함수의 연속성

유형 **❼** 연속함수의 성질

※ 위 유형 α1 , 유형 α2 는 최근 3개년 이전의 기출 유형 중 중요한 유형이거나 다른
유형과 결합되어 출제될 수 있는 유형을 별도 표시한 것입니다.

1

함수의 극한

3점

001

2013년 시행 교육청 7월 A형 22번

$\lim\limits_{x \to 2} \dfrac{6x^2 - 24}{x^2 - 2x}$의 값을 구하시오. [3점]

002

2007학년도 평가원 9월 가형 18번

$\lim\limits_{x \to 0} \dfrac{20x}{\sqrt{4+x} - \sqrt{4-x}}$의 값을 구하시오. [3점]

003

2005학년도 평가원 6월 가형 18번

$\lim\limits_{x \to 2} \dfrac{\sqrt{x^2 - 3} - 1}{x - 2}$의 값을 구하시오. [3점]

유형 ② 함수의 그래프와 극한값의 계산

3점

004

2019년 시행 교육청 4월 나형 7번

함수 $y=f(x)$의 그래프가 그림과 같다.

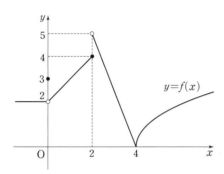

$f(0)+\lim\limits_{x \to 2+} f(x)$의 값은? [3점]

① 5   ② 6   ③ 7

④ 8   ⑤ 9

005

2018학년도 수능 나형 5번

함수 $y=f(x)$의 그래프가 그림과 같다.

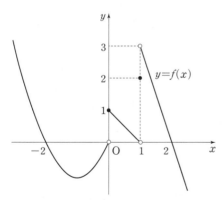

$\lim\limits_{x \to 0-} f(x)+\lim\limits_{x \to 1+} f(x)$의 값은? [3점]

① 1   ② 2   ③ 3

④ 4   ⑤ 5

006

2020학년도 수능 나형 8번

함수 $y=f(x)$의 그래프가 그림과 같다.

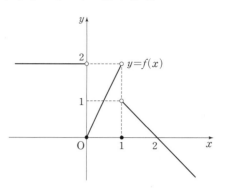

$\lim\limits_{x \to 0+} f(x)-\lim\limits_{x \to 1-} f(x)$의 값은? [3점]

① -2 ② -1 ③ 0

④ 1   ⑤ 2

007

2016학년도 평가원 6월 A형 9번

함수 $y=f(x)$의 그래프가 그림과 같다.

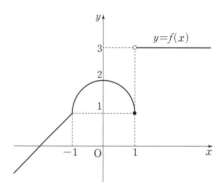

$\lim\limits_{x \to -1} f(x)+\lim\limits_{x \to 1+} f(x)$의 값은? [3점]

① 1   ② 2   ③ 3

④ 4   ⑤ 5

008

함수 $y=f(x)$의 그래프가 그림과 같다.

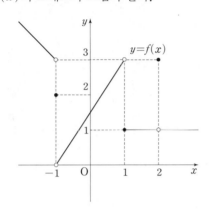

$\displaystyle\lim_{x\to-1-}f(x)+\lim_{x\to2}f(x)$의 값은? [3점]

① 1   ② 2   ③ 3

④ 4   ⑤ 5

009

정의역이 $\{x\,|\,0\le x\le4\}$인 함수 $y=f(x)$의 그래프가 그림과 같다.

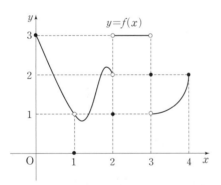

$\displaystyle\lim_{x\to0+}f(f(x))+\lim_{x\to2+}f(f(x))$의 값은? [3점]

① 1   ② 2   ③ 3

④ 4   ⑤ 5

010

정의역이 $\{x\,|-2\le x\le2\}$인 함수 $y=f(x)$의 그래프는 그림과 같다.

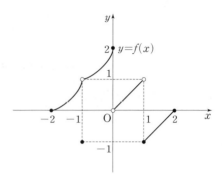

이때, $\displaystyle\lim_{x\to-1}f(x)+\lim_{x\to1+}f(x-1)$의 값은? [3점]

① -2 ② -1 ③ 0

④ 1   ⑤ 2

011 Best Pick

함수 $y=f(x)$의 그래프가 그림과 같다.

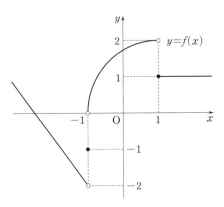

$\lim\limits_{x \to -1-} f(x)=a$일 때, $\lim\limits_{x \to a+} f(x+3)$의 값은? [3점]

① -2 ② -1 ③ 0

④ 1 ⑤ 2

012

함수 $y=f(x)$의 그래프가 그림과 같다.

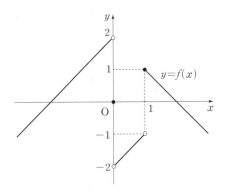

$\lim\limits_{x \to 1+} f(x)f(1-x)$의 값은? [3점]

① -2 ② -1 ③ 0

④ 1 ⑤ 2

013

실수 전체의 집합에서 정의된 함수 $y=f(x)$의 그래프가 그림과 같다.

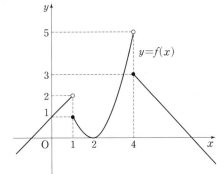

$\lim\limits_{t \to \infty} f\left(\dfrac{t-1}{t+1}\right) + \lim\limits_{t \to -\infty} f\left(\dfrac{4t-1}{t+1}\right)$의 값은? [3점]

① 3 ② 4 ③ 5

④ 6 ⑤ 7

014 Best Pick

정의역이 $\{x \mid -2 \le x \le 2\}$인 함수 $y=f(x)$의 그래프가 구간 $[0, 2]$에서 그림과 같고, 정의역에 속하는 모든 실수 x에 대하여 $f(-x)=-f(x)$이다. $\lim\limits_{x \to -1+} f(x) + \lim\limits_{x \to 2-} f(x)$의 값은? [4점]

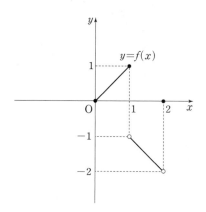

① -3 ② -1 ③ 0
④ 1 ⑤ 3

015 Best Pick

실수 t에 대하여 직선 $y=t$가 함수 $y=|x^2-1|$의 그래프와 만나는 점의 개수를 $f(t)$라 할 때, $\lim\limits_{t \to 1-} f(t)$의 값은? [4점]

① 1 ② 2 ③ 3
④ 4 ⑤ 5

유형 α1 함수의 극한에 대한 성질

두 함수 $f(x)$, $g(x)$에 대하여
$\lim\limits_{x \to a} f(x)=\alpha$, $\lim\limits_{x \to a} g(x)=\beta$ (α, β는 실수)일 때

(1) $\lim\limits_{x \to a} cf(x) = c \lim\limits_{x \to a} f(x) = c\alpha$ (단, c는 상수)

(2) $\lim\limits_{x \to a} \{f(x) \pm g(x)\} = \lim\limits_{x \to a} f(x) \pm \lim\limits_{x \to a} g(x)$
$= \alpha \pm \beta$ (복부호동순)

(3) $\lim\limits_{x \to a} f(x)g(x) = \lim\limits_{x \to a} f(x) \times \lim\limits_{x \to a} g(x) = \alpha\beta$

(4) $\lim\limits_{x \to a} \dfrac{f(x)}{g(x)} = \dfrac{\lim\limits_{x \to a} f(x)}{\lim\limits_{x \to a} g(x)} = \dfrac{\alpha}{\beta}$ (단, $g(x) \ne 0$, $\beta \ne 0$)

참고 위의 성질은 각각의 함수가 수렴할 때만 사용할 수 있다.

유형코드 단독으로 자주 출제되는 유형은 아니지만 함수의 극한값의 계산 문제의 기본이 되는 성질이다. 이후의 유형들에서 기본이 되는 성질이므로 잘 숙지하고 있어야 한다.

016

함수 $y=f(x)$의 그래프가 그림과 같다.

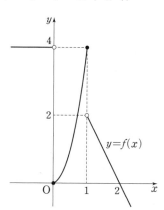

$\lim\limits_{x \to 1+} f(x) - \lim\limits_{x \to 0-} \dfrac{f(x)}{x-1}$의 값은? [3점]

① -6 ② -3 ③ 0
④ 3 ⑤ 6

017

함수 $f(x)$가 $\lim_{x \to 1} (x-1)f(x)=3$을 만족시킬 때,

$\lim_{x \to 1} (x^2-1)f(x)$의 값은? [3점]

① 5 ② 6 ③ 7
④ 8 ⑤ 9

018 Best Pick

함수 $f(x)$가 $\lim_{x \to 1} (x+1)f(x)=1$을 만족시킬 때,

$\lim_{x \to 1} (2x^2+1)f(x)=a$이다. $20a$의 값을 구하시오. [3점]

019

다항함수 $f(x)$가

$$\lim_{x \to 0} \frac{x}{f(x)}=1, \quad \lim_{x \to 1} \frac{x-1}{f(x)}=2$$

를 만족시킬 때, $\lim_{x \to 1} \dfrac{f(f(x))}{2x^2-x-1}$의 값은? [3점]

① $\dfrac{1}{6}$ ② $\dfrac{1}{3}$ ③ $\dfrac{1}{2}$
④ $\dfrac{2}{3}$ ⑤ $\dfrac{5}{6}$

020

함수 $f(x)$에 대하여 $\lim_{x \to 2} \dfrac{f(x-2)}{x^2-2x}=4$일 때, $\lim_{x \to 0} \dfrac{f(x)}{x}$의 값은? [3점]

① 2 ② 4 ③ 6
④ 8 ⑤ 10

021 Best Pick

2021년 시행 교육청 4월 9번

두 함수 $f(x)$, $g(x)$가

$$\lim_{x \to \infty} \{2f(x) - 3g(x)\} = 1, \quad \lim_{x \to \infty} g(x) = \infty$$

를 만족시킬 때, $\displaystyle\lim_{x \to \infty} \frac{4f(x) + g(x)}{3f(x) - g(x)}$ 의 값은? [4점]

① 1　　　　　② 2　　　　　③ 3

④ 4　　　　　⑤ 5

유형 α2 함수의 극한과 미정계수의 결정

두 함수 $f(x)$, $g(x)$에 대하여 $\displaystyle\lim_{x \to a} \frac{f(x)}{g(x)} = \alpha$ (α는 실수)

일 때

(1) $\displaystyle\lim_{x \to a} g(x) = 0$이면 $\displaystyle\lim_{x \to a} f(x) = 0$

(2) $\displaystyle\lim_{x \to a} f(x) = 0$이고 $\alpha \neq 0$이면 $\displaystyle\lim_{x \to a} g(x) = 0$

실전Tip 주어진 유리함수가 (분모) → 0인지 (분자) → 0인지부터 확인하여 위의 공식을 이용한다.

유형코드 극한값이 주어지고 미정계수를 구하는 3점 문제로 가끔 출제된다.
유형 α1 의 베이스가 되는 유형이기도 하므로 그 원리를 정확히 이해하도록 한다.

022

2016학년도 평가원 6월 A형 7번

두 상수 a, b에 대하여 $\displaystyle\lim_{x \to 1} \frac{4x - a}{x - 1} = b$일 때, $a + b$의 값은?

[3점]

① 8　　　　　② 9　　　　　③ 10

④ 11　　　　　⑤ 12

023
2013학년도 평가원 6월 나형 5번

두 상수 a, b에 대하여 $\lim\limits_{x \to 1} \dfrac{x^2 + ax}{x-1} = b$일 때, $a+b$의 값은?

[3점]

① -2 ② -1 ③ 0

④ 1 ⑤ 2

024
2005학년도 수능 가형 18번

두 실수 a, b가 $\lim\limits_{x \to 2} \dfrac{\sqrt{x^2+a}-b}{x-2} = \dfrac{2}{5}$를 만족시킬 때, $a+b$의 값을 구하시오. [3점]

025
2014년 시행 교육청 4월 A형 24번

두 상수 a, b에 대하여 $\lim\limits_{x \to -2} \dfrac{x+2}{\sqrt{x+a}-b} = 6$일 때, $a+b$의 값을 구하시오. [3점]

026 Best Pick
2014학년도 평가원 6월 A형 9번

함수 $f(x)$에 대하여 $\lim\limits_{x \to 2} \dfrac{f(x)-3}{x-2} = 5$일 때,

$\lim\limits_{x \to 2} \dfrac{x-2}{\{f(x)\}^2 - 9}$의 값은? [3점]

① $\dfrac{1}{18}$ ② $\dfrac{1}{21}$ ③ $\dfrac{1}{24}$

④ $\dfrac{1}{27}$ ⑤ $\dfrac{1}{30}$

027

다항함수 $g(x)$에 대하여 극한값 $\lim\limits_{x \to 1} \dfrac{g(x)-2x}{x-1}$가 존재한다.

다항함수 $f(x)$가 $f(x)+x-1=(x-1)g(x)$를 만족시킬 때,

$\lim\limits_{x \to 1} \dfrac{f(x)g(x)}{x^2-1}$의 값은? [3점]

① 1   ② 2   ③ 3

④ 4   ⑤ 5

유형 ③ 함수의 극한과 다항함수의 결정

3점

029

최고차항의 계수가 1인 이차함수 $f(x)$에 대하여

$\lim\limits_{x \to 5} \dfrac{f(x)-x}{x-5}=8$일 때, $f(7)$의 값을 구하시오. [3점]

4점

028

두 상수 a, b에 대하여

$$\lim_{x \to \infty} \frac{ax^2}{x^2-1}=2, \quad \lim_{x \to 1} \frac{a(x-1)}{x^2-1}=b$$

일 때, $a+b$의 값을 구하시오. [4점]

030

다항함수 $f(x)$가 $\lim\limits_{x \to \infty} \dfrac{f(x)-x^2}{x}=2$를 만족시킬 때,

$\lim\limits_{x \to 0+} x^2 f\left(\dfrac{1}{x}\right)$의 값은? [3점]

① 1   ② 2   ③ 3

④ 4   ⑤ 5

031

2018학년도 평가원 9월 나형 12번

다항함수 $f(x)$가 다음 조건을 만족시킨다.

> (가) $\lim\limits_{x\to\infty}\dfrac{f(x)}{x^2}=2$
>
> (나) $\lim\limits_{x\to 0}\dfrac{f(x)}{x}=3$

$f(2)$의 값은? [3점]

① 11   ② 14   ③ 17
④ 20   ⑤ 23

032

2013년 시행 교육청 3월 B형 8번

다항함수 $f(x)$가

$$\lim_{x\to\infty}\frac{f(x)-x^2}{x}=3,\ \lim_{x\to 1}\frac{x^2-1}{(x-1)f(x)}=1$$

을 만족시킬 때, $f(2)$의 값은? [3점]

① 4   ② 5   ③ 6
④ 7   ⑤ 8

033

2022학년도 평가원 9월 8번

삼차함수 $f(x)$가

$$\lim_{x\to 0}\frac{f(x)}{x}=\lim_{x\to 1}\frac{f(x)}{x-1}=1$$

을 만족시킬 때, $f(2)$의 값은? [3점]

① 4   ② 6   ③ 8
④ 10   ⑤ 12

034

다항함수 $f(x)$가 다음 조건을 만족시킬 때, $f(3)$의 값을 구하시오. [3점]

(가) $\lim_{x \to \infty} \dfrac{f(x)}{x^3} = 0$

(나) $\lim_{x \to 1} \dfrac{f(x)}{x-1} = 1$

(다) 방정식 $f(x) = 2x$의 한 근이 2이다.

036 Best Pick

다항함수 $f(x)$가

$$\lim_{x \to \infty} \frac{f(x)}{x^2} = 3, \quad \lim_{x \to 2} \frac{f(x)}{x^2 - x - 2} = 6$$

을 만족시킬 때, $f(0)$의 값은? [4점]

① -24 ② -21 ③ -18

④ -15 ⑤ -12

035 Best Pick

다항함수 $f(x)$가

$$\lim_{x \to 0+} \frac{x^3 f\left(\dfrac{1}{x}\right) - 1}{x^3 + x} = 5, \quad \lim_{x \to 1} \frac{f(x)}{x^2 + x - 2} = \frac{1}{3}$$

을 만족시킬 때, $f(2)$의 값을 구하시오. [3점]

037

다항함수 $f(x)$가

$$\lim_{x \to \infty} \frac{f(x) - x^3}{x^2} = -11, \quad \lim_{x \to 1} \frac{f(x)}{x-1} = -9$$

를 만족시킬 때, $\lim_{x \to \infty} x f\left(\dfrac{1}{x}\right)$의 값을 구하시오. [4점]

038

상수항과 계수가 모두 정수인 두 다항함수 $f(x)$, $g(x)$가 다음 조건을 만족시킬 때, $f(2)$의 최댓값은? [4점]

(가) $\lim\limits_{x \to \infty} \dfrac{f(x)g(x)}{x^3} = 2$

(나) $\lim\limits_{x \to 0} \dfrac{f(x)g(x)}{x^2} = -4$

① 4 ② 6 ③ 8
④ 10 ⑤ 12

039 Best Pick

최고차항의 계수가 1인 이차함수 $f(x)$가

$$\lim_{x \to a} \frac{f(x) - (x-a)}{f(x) + (x-a)} = \frac{3}{5}$$

을 만족시킨다. 방정식 $f(x) = 0$의 두 근을 α, β라 할 때, $|\alpha - \beta|$의 값은? (단, a는 상수이다.) [4점]

① 1 ② 2 ③ 3
④ 4 ⑤ 5

040

최고차항의 계수가 1인 이차함수 $f(x)$가

$$\lim_{x \to 0} |x| \left\{ f\left(\frac{1}{x}\right) - f\left(-\frac{1}{x}\right) \right\} = a, \quad \lim_{x \to \infty} f\left(\frac{1}{x}\right) = 3$$

을 만족시킬 때, $f(2)$의 값은? (단, a는 상수이다.) [4점]

① 1 ② 3 ③ 5
④ 7 ⑤ 9

유형 ④ 함수의 극한의 활용

3점

041 Best Pick

그림과 같이 직선 $y=x+1$ 위에 두 점 $A(-1, 0)$과 $P(t, t+1)$이 있다. 점 P를 지나고 직선 $y=x+1$에 수직인 직선이 y축과 만나는 점을 Q라 할 때, $\lim\limits_{t \to \infty} \dfrac{\overline{AQ}^2}{\overline{AP}^2}$의 값은?

[3점]

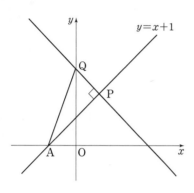

① 1   ② $\dfrac{3}{2}$ ③ 2

④ $\dfrac{5}{2}$ ⑤ 3

042

곡선 $y=\sqrt{x}$ 위의 점 $P(t, \sqrt{t})$ $(t>4)$에서 직선 $y=\dfrac{1}{2}x$에 내린 수선의 발을 H라 하자. $\lim\limits_{t \to \infty} \dfrac{\overline{OH}^2}{\overline{OP}^2}$의 값은?

(단, O는 원점이다.) [3점]

① $\dfrac{3}{5}$ ② $\dfrac{2}{3}$ ③ $\dfrac{11}{15}$

④ $\dfrac{4}{5}$ ⑤ $\dfrac{13}{15}$

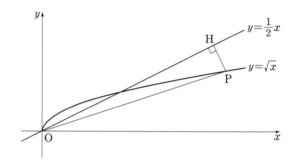

043

그림과 같이 두 함수 $y=3\sqrt{x}$, $y=\sqrt{x}$의 그래프와 직선 $x=k$ 가 만나는 점을 각각 A, B라 하고, 직선 $x=k$가 x축과 만나 는 점을 C라 하자. (단, $k>0$이고, O는 원점이다.)

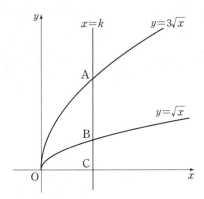

$\displaystyle\lim_{k\to 0+}\dfrac{\overline{\mathrm{OA}}-\overline{\mathrm{AC}}}{\overline{\mathrm{OB}}-\overline{\mathrm{BC}}}$의 값은? [3점]

① $\dfrac{1}{5}$ ② $\dfrac{1}{4}$ ③ $\dfrac{1}{3}$

④ $\dfrac{1}{2}$ ⑤ 1

4점

044

곡선 $y=x^2$ 위에 두 점 $\mathrm{P}(a,\ a^2)$, $\mathrm{Q}(a+1,\ a^2+2a+1)$이 있 다. 직선 PQ와 직선 $y=x$의 교점의 x좌표를 $f(a)$라 할 때, $100\displaystyle\lim_{a\to 0}f(a)$의 값을 구하시오. [4점]

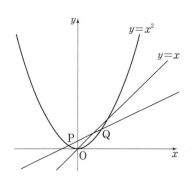

▶ 정답 및 해설 011쪽

045

그림과 같이 좌표평면 위의 두 원

$$C_1 : x^2 + y^2 = 1$$
$$C_2 : (x-1)^2 + y^2 = r^2 \ (0 < r < \sqrt{2})$$

이 제1사분면에서 만나는 점을 P라 하자.

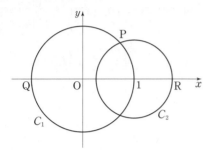

점 P의 x좌표를 $f(r)$라 할 때, $\displaystyle\lim_{r \to \sqrt{2}-} \frac{f(r)}{4-r^4}$의 값은? [4점]

① $\dfrac{1}{8}$ ② $\dfrac{1}{4}$ ③ $\dfrac{1}{2}$

④ 2 ⑤ 4

046

세 함수 $f(x) = \sqrt{x+2}$, $g(x) = -\sqrt{x-2}+2$, $h(x)=x$의 그래프가 그림과 같다. 함수 $y=h(x)$의 그래프 위의 점 $P(a, a)$를 지나고 x축에 평행한 직선이 함수 $y=f(x)$의 그래프와 만나는 점을 A, 함수 $y=g(x)$의 그래프와 만나는 점을 B라 하자. 점 B를 지나고 y축에 평행한 직선이 함수 $y=h(x)$의 그래프와 만나는 점을 C라 할 때, $\displaystyle\lim_{a \to 2-} \frac{\overline{BC}}{\overline{AB}}$의 값은?

(단, $0 < a < 2$) [4점]

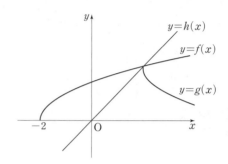

① $\dfrac{1}{5}$ ② $\dfrac{1}{4}$ ③ $\dfrac{1}{3}$

④ $\dfrac{1}{2}$ ⑤ 1

047

최고차항의 계수가 1이고 두 점 $A(-2, 0)$, $P(t, t+2)$를 지나는 이차함수 $f(x)$가 있다. 함수 $y=f(x)$의 그래프가 y축과 만나는 점을 Q라 할 때, $\lim_{t \to \infty} (\sqrt{2} \times \overline{AP} - \overline{AQ})$의 값을 구하시오. (단, $t \neq -2$) [4점]

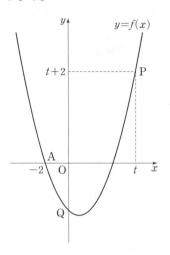

048 Best Pick

x가 양수일 때, x보다 작은 자연수 중에서 소수의 개수를 $f(x)$라 하고, 함수 $g(x)$를

$$g(x) = \begin{cases} f(x) & (x > 2f(x)) \\ \dfrac{1}{f(x)} & (x \leq 2f(x)) \end{cases}$$

라고 하자. 예를 들어, $f\left(\dfrac{7}{2}\right) = 2$이고 $\dfrac{7}{2} < 2f\left(\dfrac{7}{2}\right)$이므로 $g\left(\dfrac{7}{2}\right) = \dfrac{1}{2}$이다. $\lim_{x \to 8+} g(x) = \alpha$, $\lim_{x \to 8-} g(x) = \beta$라고 할 때, $\dfrac{\alpha}{\beta}$의 값을 구하시오. [4점]

1보다 큰 실수 t에 대하여 그림과 같이 점 $P\left(t+\dfrac{1}{t},\ 0\right)$에서 원 $x^2+y^2=\dfrac{1}{2t^2}$에 접선을 그었을 때, 원과 접선이 제1사분면에서 만나는 점을 Q, 원 위의 점 $\left(0,\ -\dfrac{1}{\sqrt{2}t}\right)$을 R라 하자.

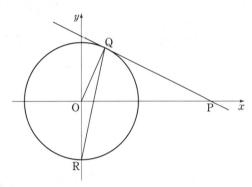

삼각형 ORQ의 넓이를 $S(t)$라 할 때, $\lim\limits_{t\to\infty}\{t^4\times S(t)\}$의 값은? [4점]

① $\dfrac{\sqrt{2}}{8}$ ② $\dfrac{\sqrt{2}}{4}$ ③ $\dfrac{1}{2}$

④ $\dfrac{\sqrt{2}}{2}$ ⑤ 1

그림과 같이 곡선 $y=x^2$ 위의 점 $P(t,\ t^2)$ $(t>0)$에 대하여 x축 위의 점 Q, y축 위의 점 R가 다음 조건을 만족시킨다.

(가) 삼각형 POQ는 $\overline{PO}=\overline{PQ}$인 이등변삼각형이다.
(나) 삼각형 PRO는 $\overline{RO}=\overline{RP}$인 이등변삼각형이다.

삼각형 POQ와 삼각형 PRO의 넓이를 각각 $S(t)$, $T(t)$라 할 때, $\lim\limits_{t\to 0+}\dfrac{T(t)-S(t)}{t}$의 값은? (단, O는 원점이다.) [4점]

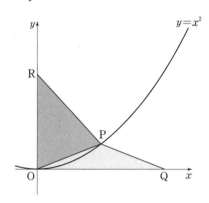

① $\dfrac{1}{8}$ ② $\dfrac{1}{4}$ ③ $\dfrac{3}{8}$

④ $\dfrac{1}{2}$ ⑤ $\dfrac{5}{8}$

051

2021년 시행 교육청 10월 12번

곡선 $y=x^2-4$ 위의 점 $P(t,\ t^2-4)$에서 원 $x^2+y^2=4$에 그은 두 접선의 접점을 각각 A, B라 하자. 삼각형 OAB의 넓이를 $S(t)$, 삼각형 PBA의 넓이를 $T(t)$라 할 때,

$$\lim_{t \to 2+} \frac{T(t)}{(t-2)S(t)} + \lim_{t \to \infty} \frac{T(t)}{(t^4-2)S(t)}$$

의 값은? (단, O는 원점이고, $t>2$이다.) [4점]

① 1　　　　② $\dfrac{5}{4}$　　　　③ $\dfrac{3}{2}$

④ $\dfrac{7}{4}$　　　　⑤ 2

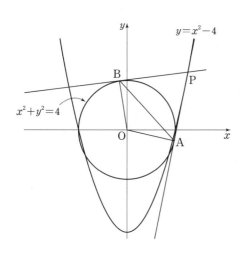

2
함수의 연속

유형 ⑤ 함수의 연속과 미정계수의 결정

3점

052

2020년 시행 교육청 4월 나형 8번

함수

$$f(x)=\begin{cases} ax+3 & (x \neq 1) \\ 5 & (x=1) \end{cases}$$

이 실수 전체의 집합에서 연속일 때, 상수 a의 값은? [3점]

① 1　　　　② 2　　　　③ 3

④ 4　　　　⑤ 5

053

2022학년도 평가원 9월 4번

함수

$$f(x)=\begin{cases} 2x+a & (x \leq -1) \\ x^2-5x-a & (x>-1) \end{cases}$$

이 실수 전체의 집합에서 연속일 때, 상수 a의 값은? [3점]

① 1　　　　② 2　　　　③ 3

④ 4　　　　⑤ 5

054
2020학년도 평가원 9월 나형 23번

함수 $f(x)$가 $x=2$에서 연속이고

$$\lim_{x\to 2-} f(x)=a+2,\ \lim_{x\to 2+} f(x)=3a-2$$

를 만족시킬 때, $a+f(2)$의 값을 구하시오.

(단, a는 상수이다.) [3점]

055
2018년 시행 교육청 4월 나형 13번

함수

$$f(x)=\begin{cases} \dfrac{x^2-2x-3}{x-3} & (x\neq 3) \\ a & (x=3) \end{cases}$$

가 실수 전체의 집합에서 연속일 때, 상수 a의 값은? [3점]

① 1 ② 2 ③ 3
④ 4 ⑤ 5

056
2021년 시행 교육청 3월 6번

함수

$$f(x)=\begin{cases} \dfrac{x^2+ax+b}{x-3} & (x<3) \\ \dfrac{2x+1}{x-2} & (x\geq 3) \end{cases}$$

이 실수 전체의 집합에서 연속일 때, $a-b$의 값은?

(단, a, b는 상수이다.) [3점]

① 9 ② 10 ③ 11
④ 12 ⑤ 13

057

함수

$$f(x)=\begin{cases} x(x-1) & (|x|>1) \\ -x^2+ax+b & (|x|\leq 1) \end{cases}$$

가 모든 실수 x에서 연속이 되도록 상수 a, b의 값을 정할 때, $a-b$의 값은? [3점]

① -3 ② -1 ③ 0

④ 1 ⑤ 3

함수 $y=f(x)$의 그래프가 그림과 같다.

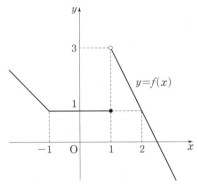

함수 $(x^2+ax+b)f(x)$가 $x=1$에서 연속일 때, $a+b$의 값은? (단, a, b는 실수이다.) [3점]

① -2 ② -1 ③ 0

④ 1 ⑤ 2

059

함수

$$f(x)=\begin{cases} x+2 & (x\leq 0) \\ -\dfrac{1}{2}x & (x>0) \end{cases}$$

의 그래프가 그림과 같다.

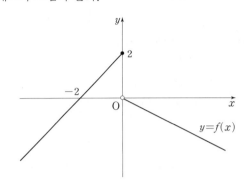

함수 $g(x)=f(x)\{f(x)+k\}$가 $x=0$에서 연속이 되도록 하는 상수 k의 값은? [3점]

① -2 ② -1 ③ 0

④ 1 ⑤ 2

060 Best Pick

2008학년도 평가원 9월 가형 7번

함수 $f(x)$가

$$f(x)=\begin{cases} \dfrac{x^2}{2x-|x|} & (x\neq 0) \\ a & (x=0) \end{cases}$$

일 때, 〈보기〉에서 옳은 것을 모두 고른 것은?

(단, a는 실수이다.) [3점]

〈보기〉

ㄱ. $f(-3)=1$이다.

ㄴ. $x>0$일 때, $f(x)=x$이다.

ㄷ. 함수 $f(x)$가 $x=0$에서 연속이 되도록 하는 a가 존재한다.

① ㄴ ② ㄷ ③ ㄱ, ㄴ
④ ㄱ, ㄷ ⑤ ㄴ, ㄷ

4점

061

2021학년도 수능 나형 26번

함수

$$f(x)=\begin{cases} -3x+a & (x\leq 1) \\ \dfrac{x+b}{\sqrt{x+3}-2} & (x>1) \end{cases}$$

이 실수 전체의 집합에서 연속일 때, $a+b$의 값을 구하시오.

(단, a와 b는 상수이다.) [4점]

062

2018년 시행 교육청 10월 나형 15번

함수

$$f(x)=\begin{cases} x+2 & (x\leq a) \\ x^2-4 & (x>a) \end{cases}$$

에 대하여 함수 $|f(x)|$가 실수 전체의 집합에서 연속이 되도록 하는 모든 실수 a의 값의 합은? [4점]

① -3 ② -2 ③ -1
④ 1 ⑤ 2

063

2012학년도 평가원 9월 나형 20번

함수 $f(x)=x^2-x+a$에 대하여 함수 $g(x)$를

$$g(x)=\begin{cases} f(x+1) & (x\le 0) \\ f(x-1) & (x>0) \end{cases}$$

이라 하자. 함수 $y=\{g(x)\}^2$이 $x=0$에서 연속일 때, 상수 a의 값은? [4점]

① -2 ② -1 ③ 0

④ 1 ⑤ 2

유형 6 함수의 연속성

3점

064

2017학년도 평가원 9월 나형 10번

실수 전체의 집합에서 연속인 함수 $f(x)$가

$$\lim_{x\to 2}\frac{(x^2-4)f(x)}{x-2}=12$$

를 만족시킬 때, $f(2)$의 값은? [3점]

① 1 ② 2 ③ 3

④ 4 ⑤ 5

065

2020년 시행 교육청 3월 나형 6번

모든 실수에서 연속인 함수 $f(x)$가

$$(x-1)f(x)=x^2-3x+2$$

를 만족시킬 때, $f(1)$의 값은? [3점]

① -2 ② -1 ③ 0

④ 1 ⑤ 2

삼차함수 $y=f(x)$의 그래프와 함수

$$g(x)=\begin{cases} \dfrac{1}{2}x-1 & (x>0) \\ -x-2 & (x\leq 0) \end{cases}$$

의 그래프가 그림과 같을 때, 〈보기〉에서 옳은 것을 모두 고른 것은? [3점]

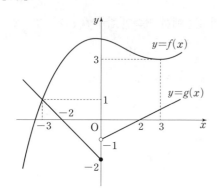

〈보기〉

ㄱ. $\displaystyle\lim_{x\to 0+} g(x)=-2$

ㄴ. 함수 $g(f(x))$는 $x=0$에서 연속이다.

ㄷ. 방정식 $g(f(x))=0$은 닫힌구간 $[-3,\,3]$에서 적어도 하나의 실근을 갖는다.

① ㄱ   ② ㄴ   ③ ㄷ

④ ㄴ, ㄷ   ⑤ ㄱ, ㄴ, ㄷ

실수 a에 대하여 집합

$$\{x\,|\,ax^2+2(a-2)x-(a-2)=0,\ x\text{는 실수}\}$$

의 원소의 개수를 $f(a)$라 할 때, 옳은 것만을 〈보기〉에서 있는 대로 고른 것은? [3점]

〈보기〉

ㄱ. $\displaystyle\lim_{a\to 0} f(a)=f(0)$

ㄴ. $\displaystyle\lim_{a\to c+} f(a)\neq \lim_{a\to c-} f(a)$인 실수 c는 2개이다.

ㄷ. 함수 $f(a)$가 불연속인 점은 3개이다.

① ㄴ   ② ㄷ   ③ ㄱ, ㄴ

④ ㄴ, ㄷ   ⑤ ㄱ, ㄴ, ㄷ

4점

068

이차함수 $f(x)$가 다음 조건을 만족시킨다.

> (가) 함수 $\dfrac{x}{f(x)}$는 $x=1$, $x=2$에서 불연속이다.
>
> (나) $\displaystyle\lim_{x \to 2} \dfrac{f(x)}{x-2}=4$

$f(4)$의 값을 구하시오. [4점]

069

실수 전체의 집합에서 정의된 두 함수 $f(x)$와 $g(x)$에 대하여
$$x<0일 \ 때, \ f(x)+g(x)=x^2+4$$
$$x>0일 \ 때, \ f(x)-g(x)=x^2+2x+8$$
이다. 함수 $f(x)$가 $x=0$에서 연속이고
$\displaystyle\lim_{x \to 0-} g(x) - \lim_{x \to 0+} g(x)=6$일 때, $f(0)$의 값은? [4점]

① -3 ② -1 ③ 0
④ 1 ⑤ 3

070

실수 전체의 집합에서 연속인 함수 $f(x)$가 모든 실수 x에 대하여
$$\{f(x)\}^3 - \{f(x)\}^2 - x^2 f(x) + x^2 = 0$$
을 만족시킨다. 함수 $f(x)$의 최댓값이 1이고 최솟값이 0일 때, $f\left(-\dfrac{4}{3}\right) + f(0) + f\left(\dfrac{1}{2}\right)$의 값은? [4점]

① $\dfrac{1}{2}$ ② 1 ③ $\dfrac{3}{2}$
④ 2 ⑤ $\dfrac{5}{2}$

3점

071

2022학년도 평가원 6월 8번

함수

$$f(x) = \begin{cases} -2x+6 & (x<a) \\ 2x-a & (x \geq a) \end{cases}$$

에 대하여 함수 $\{f(x)\}^2$이 실수 전체의 집합에서 연속이 되도록 하는 모든 상수 a의 값의 합은? [3점]

① 2   ② 4   ③ 6

④ 8   ⑤ 10

072

2013학년도 평가원 9월 나형 13번

함수 $f(x)$가

$$f(x) = \begin{cases} a & (x \leq 1) \\ -x+2 & (x>1) \end{cases}$$

일 때, 옳은 것만을 〈보기〉에서 있는 대로 고른 것은?

(단, a는 상수이다.) [3점]

─────〈보기〉─────

ㄱ. $\lim_{x \to 1+} f(x) = 1$

ㄴ. $a=0$이면 함수 $f(x)$는 $x=1$에서 연속이다.

ㄷ. 함수 $y=(x-1)f(x)$는 실수 전체의 집합에서 연속이다.

① ㄱ   ② ㄴ   ③ ㄱ, ㄷ

④ ㄴ, ㄷ   ⑤ ㄱ, ㄴ, ㄷ

073

2020년 시행 교육청 3월 가형 12번

두 함수

$$f(x) = \begin{cases} \dfrac{1}{x-1} & (x<1) \\ \dfrac{1}{2x+1} & (x \geq 1) \end{cases},$$

$$g(x) = 2x^3 + ax + b$$

에 대하여 함수 $f(x)g(x)$가 실수 전체의 집합에서 연속일 때, $b-a$의 값은? (단, a, b는 상수이다.) [3점]

① 10   ② 9   ③ 8

④ 7   ⑤ 6

074

함수 $y=f(x)$의 그래프가 그림과 같다.

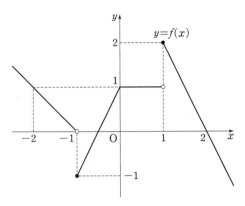

최고차항의 계수가 1인 이차함수 $g(x)$에 대하여 함수 $h(x)=f(x)g(x)$가 구간 $(-2, 2)$에서 연속일 때, $g(5)$의 값을 구하시오. [3점]

075

그림은 두 함수 $y=f(x)$, $y=g(x)$의 그래프이다. 옳은 것만을 〈보기〉에서 있는 대로 고른 것은? [3점]

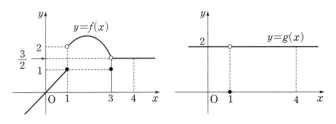

〈보기〉

ㄱ. $\lim\limits_{x \to 1^-} f(x)g(x)=2$

ㄴ. 함수 $f(x)g(x)$는 $x=3$에서 연속이다.

ㄷ. 닫힌구간 $[0, 4]$에서 함수 $f(x)g(x)$의 불연속인 점은 오직 한 개 존재한다.

① ㄱ   ② ㄴ   ③ ㄱ, ㄷ
④ ㄴ, ㄷ   ⑤ ㄱ, ㄴ, ㄷ

076 Best Pick 2011학년도 수능 가형 8번

함수

$$f(x) = \begin{cases} x+2 & (x<-1) \\ 0 & (x=-1) \\ x^2 & (-1<x<1) \\ x-2 & (x\geq 1) \end{cases}$$

에 대하여 옳은 것만을 〈보기〉에서 있는 대로 고른 것은?

[3점]

〈보기〉
ㄱ. $\lim\limits_{x\to 1+}\{f(x)+f(-x)\}=0$
ㄴ. 함수 $f(x)-|f(x)|$가 불연속인 점은 1개이다.
ㄷ. 함수 $f(x)f(x-a)$가 실수 전체의 집합에서 연속이 되는 상수 a는 없다.

① ㄱ 　　② ㄱ, ㄴ 　　③ ㄱ, ㄷ
④ ㄴ, ㄷ 　　⑤ ㄱ, ㄴ, ㄷ

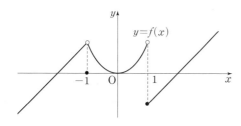

077 2015년 시행 교육청 10월 A형 12번

원 $x^2+y^2=t^2$과 직선 $y=1$이 만나는 점의 개수를 $f(t)$라 하자. 함수 $(x+k)f(x)$가 구간 $(0, \infty)$에서 연속일 때, $f(1)+k$의 값은? (단, k는 상수이다.) [3점]

① -2 　　② -1 　　③ 0
④ 1 　　⑤ 2

4점

078 2020학년도 평가원 6월 나형 15번

두 함수

$$f(x) = \begin{cases} -2x+3 & (x<0) \\ -2x+2 & (x\geq 0) \end{cases},$$

$$g(x) = \begin{cases} 2x & (x<a) \\ 2x-1 & (x\geq a) \end{cases}$$

가 있다. 함수 $f(x)g(x)$가 실수 전체의 집합에서 연속이 되도록 하는 상수 a의 값은? [4점]

① -2 　　② -1 　　③ 0
④ 1 　　⑤ 2

079

2021년 시행 교육청 7월 12번

다항함수 $f(x)$는 $\lim\limits_{x\to\infty}\dfrac{f(x)}{x^2-3x-5}=2$를 만족시키고, 함수 $g(x)$는

$$g(x)=\begin{cases}\dfrac{1}{x-3} & (x\neq3)\\ 1 & (x=3)\end{cases}$$

이다. 두 함수 $f(x)$, $g(x)$에 대하여 함수 $f(x)g(x)$가 실수 전체의 집합에서 연속일 때, $f(1)$의 값은? [4점]

① 8   ② 9   ③ 10

④ 11   ⑤ 12

080

2013년 시행 교육청 7월 A형 28번

함수

$$f(x)=\begin{cases}\dfrac{2}{x-2} & (x\neq2)\\ 1 & (x=2)\end{cases}$$

와 이차함수 $g(x)$가 다음 두 조건을 만족시킨다.

(가) $g(0)=8$
(나) 함수 $f(x)g(x)$는 모든 실수에서 연속이다.

이때 $g(6)$의 값을 구하시오. [4점]

081

2014년 시행 교육청 10월 B형 17번

함수 $y=f(x)$의 그래프가 그림과 같다.

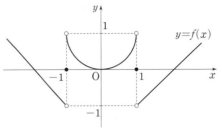

〈보기〉에서 옳은 것만을 있는 대로 고른 것은? [4점]

〈보기〉

ㄱ. $\lim\limits_{x\to-1+}f(x)=1$

ㄴ. $\lim\limits_{x\to1+}\{f(x)+f(2-x)\}=0$

ㄷ. 함수 $(f\circ f)(x)$는 $x=1$에서 연속이다.

① ㄱ   ② ㄷ   ③ ㄱ, ㄴ

④ ㄴ, ㄷ   ⑤ ㄱ, ㄴ, ㄷ

082

두 함수

$$f(x)=\begin{cases} -1 & (|x|\geq 1) \\ 1 & (|x|<1) \end{cases}, \ g(x)=\begin{cases} 1 & (|x|\geq 1) \\ -x & (|x|<1) \end{cases}$$

에 대하여 옳은 것만을 〈보기〉에서 있는 대로 고른 것은? [4점]

〈보기〉

ㄱ. $\lim\limits_{x\to 1} f(x)g(x)=-1$

ㄴ. 함수 $g(x+1)$은 $x=0$에서 연속이다.

ㄷ. 함수 $f(x)g(x+1)$은 $x=-1$에서 연속이다.

① ㄱ   ② ㄴ   ③ ㄱ, ㄴ

④ ㄱ, ㄷ   ⑤ ㄱ, ㄴ, ㄷ

083 Best Pick

함수 $f(x)=x^2-8x+a$에 대하여 함수 $g(x)$를

$$g(x)=\begin{cases} 2x+5a & (x\geq a) \\ f(x+4) & (x<a) \end{cases}$$

라 할 때, 다음 조건을 만족시키는 모든 실수 a의 값의 곱을 구하시오. [4점]

(가) 방정식 $f(x)=0$은 열린구간 $(0, 2)$에서 적어도 하나의 실근을 갖는다.

(나) 함수 $f(x)g(x)$는 $x=a$에서 연속이다.

084

닫힌구간 $[-1, 1]$에서 정의된 함수 $y=f(x)$의 그래프가 그림과 같다.

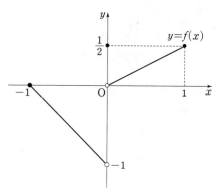

닫힌구간 $[-1, 1]$에서 두 함수 $g(x)$, $h(x)$가

$$g(x)=f(x)+|f(x)|, \ h(x)=f(x)+f(-x)$$

일 때, 〈보기〉에서 옳은 것만을 있는 대로 고른 것은? [4점]

〈보기〉

ㄱ. $\lim\limits_{x\to 0} g(x)=0$

ㄴ. 함수 $|h(x)|$는 $x=0$에서 연속이다.

ㄷ. 함수 $g(x)|h(x)|$는 $x=0$에서 연속이다.

① ㄱ   ② ㄷ   ③ ㄱ, ㄴ

④ ㄴ, ㄷ   ⑤ ㄱ, ㄴ, ㄷ

최고차항의 계수가 1인 이차함수 $f(x)$와 함수

$$g(x) = \begin{cases} -|x|+2 & (|x| \le 2) \\ 1 & (|x| > 2) \end{cases}$$

에 대하여 함수 $f(x)g(x)$가 실수 전체의 집합에서 연속이다. 함수 $y=f(x-a)g(x)$의 그래프가 한 점에서만 불연속이 되도록 하는 모든 실수 a의 값의 곱은? [4점]

① -16 ② -12 ③ -8

④ -4 ⑤ -1

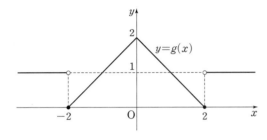

실수 t에 대하여 직선 $y=t$가 곡선 $y=|x^2-2x|$와 만나는 점의 개수를 $f(t)$라 하자. 최고차항의 계수가 1인 이차함수 $g(t)$에 대하여 함수 $f(t)g(t)$가 모든 실수 t에서 연속일 때, $f(3)+g(3)$의 값을 구하시오. [4점]

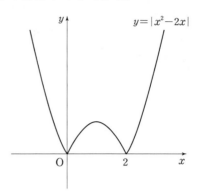

▶ 정답 및 해설 022쪽

087 Best Pick

2020학년도 평가원 6월 나형 20번

다음 조건을 만족시키는 모든 다항함수 $f(x)$에 대하여 $f(1)$의 최댓값은? [4점]

$$\lim_{x \to \infty} \frac{f(x) - 4x^3 + 3x^2}{x^{n+1} + 1} = 6, \ \lim_{x \to 0} \frac{f(x)}{x^n} = 4$$인 자연수 n이 존재한다.

① 12   ② 13   ③ 14

④ 15   ⑤ 16

088 Best Pick

2015학년도 평가원 6월 A형 21번

최고차항의 계수가 1인 두 삼차함수 $f(x)$, $g(x)$가 다음 조건을 만족시킨다.

(가) $g(1) = 0$

(나) $\lim_{x \to n} \dfrac{f(x)}{g(x)} = (n-1)(n-2) \ (n = 1, 2, 3, 4)$

$g(5)$의 값은? [4점]

① 4   ② 6   ③ 8

④ 10   ⑤ 12

089

2020년 시행 교육청 3월 가형 20번

▶ 정답 및 해설 025쪽

그림과 같이 좌표평면 위의 네 점 O(0, 0), A(0, 2), B(−2, 2), C(−2, 0)과 점 P(t, 0) (t>0)에 대하여 직선 l이 정사각형 OABC의 넓이와 직각삼각형 AOP의 넓이를 각각 이등분한다. 양의 실수 t에 대하여 직선 l의 y절편을 f(t)라 할 때, $\lim_{t \to 0+} f(t)$의 값은? [4점]

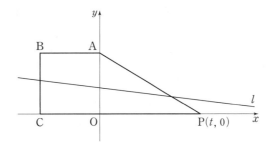

① $\dfrac{2-\sqrt{2}}{2}$ ② $2-\sqrt{2}$ ③ $\dfrac{2+\sqrt{2}}{4}$

④ 1 ⑤ $\dfrac{2+\sqrt{2}}{3}$

090

2021년 시행 교육청 3월 20번

실수 m에 대하여 직선 y=mx와 함수
$$f(x)=2x+3+|x-1|$$
의 그래프의 교점의 개수를 g(m)이라 하자. 최고차항의 계수가 1인 이차함수 h(x)에 대하여 함수 g(x)h(x)가 실수 전체의 집합에서 연속일 때, h(5)의 값을 구하시오. [4점]

091

2017년 시행 교육청 4월 나형 29번

그림과 같이 $\overline{AB}=4$, $\overline{BC}=3$, $\angle B=90°$인 삼각형 ABC의 변 AB 위를 움직이는 점 P를 중심으로 하고 반지름의 길이가 2인 원 O가 있다. $\overline{AP}=x\,(0<x<4)$라 할 때, 원 O가 삼각형 ABC와 만나는 서로 다른 점의 개수를 $f(x)$라 하자. 함수 $f(x)$가 $x=a$에서 불연속이 되는 모든 실수 a의 값의 합은 $\dfrac{q}{p}$이다. $p+q$의 값을 구하시오.

(단, p와 q는 서로소인 자연수이다.) [4점]

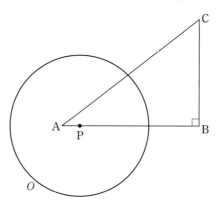

092

2019학년도 평가원 6월 나형 29번

함수

$$f(x) = \begin{cases} ax+b & (x<1) \\ cx^2 + \dfrac{5}{2}x & (x \geq 1) \end{cases}$$

이 실수 전체의 집합에서 연속이고 역함수를 갖는다. 함수 $y=f(x)$의 그래프와 역함수 $y=f^{-1}(x)$의 그래프의 교점의 개수가 3이고, 그 교점의 x좌표가 각각 -1, 1, 2일 때, $2a+4b-10c$의 값을 구하시오. (단, a, b, c는 상수이다.) [4점]

093 Best Pick
2019학년도 수능 나형 21번

최고차항의 계수가 1인 삼차함수 $f(x)$에 대하여 실수 전체의 집합에서 연속인 함수 $g(x)$가 다음 조건을 만족시킨다.

(가) 모든 실수 x에 대하여 $f(x)g(x) = x(x+3)$이다.

(나) $g(0) = 1$

$f(1)$이 자연수일 때, $g(2)$의 최솟값은? [4점]

① $\dfrac{5}{13}$ ② $\dfrac{5}{14}$ ③ $\dfrac{1}{3}$

④ $\dfrac{5}{16}$ ⑤ $\dfrac{5}{17}$

미분

1 미분계수와 도함수　유형 ❶　미분계수의 정의

유형 ❷　다항함수의 미분법

유형 ❸　미분계수의 정의와 다항함수의 미분법

유형 ❹　함수의 곱의 미분법

유형 α1　미분가능

유형 ❺　미분가능성과 연속성

2 접선의 방정식　유형 ❻　접선의 방정식

유형 ❼　평균값 정리

3 함수의 그래프　유형 ❽　함수의 증가·감소

유형 ❾　함수의 극대·극소

유형 ❿　함수의 최대·최소

유형 ⓫　함수의 그래프

4 도함수의 활용　유형 ⓬　도함수의 방정식에의 활용

유형 ⓭　도함수의 부등식에의 활용

유형 ⓮　속도와 가속도

※ 위 **유형 α1** 은 최근 3개년 이전의 기출 유형 중 중요한 유형이거나 다른 유형과 결합
　되어 출제될 수 있는 유형을 별도 표시한 것입니다.

1

미분계수와 도함수

유형 ① 미분계수의 정의

3점

001

2014년 시행 교육청 10월 A형 5번

다항함수 $f(x)$가 $\lim\limits_{h \to 0} \dfrac{f(1+h)-3}{h} = \dfrac{3}{2}$ 을 만족시킬 때,

$f'(1)+f(1)$의 값은? [3점]

① $\dfrac{7}{2}$ ② $\dfrac{15}{4}$ ③ 4

④ $\dfrac{17}{4}$ ⑤ $\dfrac{9}{2}$

002

2013년 시행 교육청 10월 A형 8번

다항함수 $f(x)$에 대하여

$$\lim_{x \to 2} \frac{f(x)-1}{x-2} = 2$$

일 때, $\lim\limits_{h \to 0} \dfrac{f(2+h)-f(2-h)}{h}$의 값은? [3점]

① -2 ② -1 ③ 1

④ 2   ⑤ 4

003

2012학년도 평가원 6월 나형 11번

다항함수 $f(x)$에 대하여 $\lim\limits_{x \to 1} \dfrac{f(x)-2}{x^2-1} = 3$일 때, $\dfrac{f'(1)}{f(1)}$의

값은? [3점]

① 3   ② $\dfrac{7}{2}$ ③ 4

④ $\dfrac{9}{2}$ ⑤ 5

다항함수 $f(x)$에 대하여 $\lim\limits_{x \to 2} \dfrac{f(x+1)-8}{x^2-4}=5$일 때, $f(3)+f'(3)$의 값을 구하시오. [3점]

함수 $f(x)$가
$$f(x+2)-f(2)=x^3+6x^2+14x$$
를 만족시킬 때, $f'(2)$의 값을 구하시오. [3점]

삼차함수 $f(x)$에 대하여 곡선 $y=f(x)$ 위의 점 $(1, f(1))$에서의 접선과 직선 $y=-\dfrac{1}{3}x+2$가 서로 수직일 때,

$\lim\limits_{n \to \infty} n\left\{f\left(1+\dfrac{1}{2n}\right)-f\left(1-\dfrac{1}{3n}\right)\right\}$의 값은? [3점]

① $\dfrac{5}{6}$ ② 1 ③ $\dfrac{5}{4}$

④ $\dfrac{5}{3}$ ⑤ $\dfrac{5}{2}$

미분

007

2007학년도 평가원 6월 가형 9번

세 다항함수 $f(x)$, $g(x)$, $h(x)$에 대하여 〈보기〉에서 항상 옳은 것을 모두 고른 것은? [3점]

〈보기〉

ㄱ. $f(0)=0$이면 $f'(0)=0$이다.

ㄴ. 모든 실수 x에 대하여 $g(x)=g(-x)$이면 $g'(0)=0$이다.

ㄷ. 모든 실수 x에 대하여 $|h(2x)-h(x)| \le x^2$이면 $h'(0)=0$이다.

① ㄱ ② ㄴ ③ ㄷ
④ ㄱ, ㄴ ⑤ ㄴ, ㄷ

4점

008 Best Pick

2013학년도 평가원 6월 가형 16번

양의 실수 전체의 집합에서 증가하는 함수 $f(x)$가 $x=1$에서 미분가능하다. 1보다 큰 모든 실수 a에 대하여 점 $(1, f(1))$과 점 $(a, f(a))$ 사이의 거리가 a^2-1일 때, $f'(1)$의 값은?

[4점]

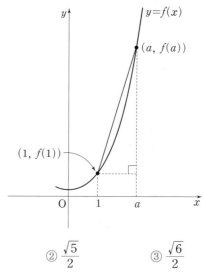

① 1 ② $\dfrac{\sqrt{5}}{2}$ ③ $\dfrac{\sqrt{6}}{2}$

④ $\sqrt{2}$ ⑤ $\sqrt{3}$

009

2007학년도 평가원 6월 가형 23번

다항함수 $f(x)$는 모든 실수 x, y에 대하여

$$f(x+y)=f(x)+f(y)+2xy-1$$

을 만족시킨다.

$$\lim_{x\to1}\frac{f(x)-f'(x)}{x^2-1}=14$$

일 때, $f'(0)$의 값을 구하시오. [4점]

010

2021년 시행 교육청 3월 12번

두 다항함수 $f(x)$, $g(x)$가 다음 조건을 만족시킨다.

(가) $\lim_{x\to1}\frac{f(x)-g(x)}{x-1}=5$

(나) $\lim_{x\to1}\frac{f(x)+g(x)-2f(1)}{x-1}=7$

두 실수 a, b에 대하여 $\lim_{x\to1}\frac{f(x)-a}{x-1}=b\times g(1)$일 때, ab의 값은? [4점]

① 4 ② 5 ③ 6
④ 7 ⑤ 8

▸ 정답 및 해설 030쪽

3점

011

2019학년도 수능 나형 23번

함수 $f(x)=x^4-3x^2+8$에 대하여 $f'(2)$의 값을 구하시오.

[3점]

012

2021년 시행 교육청 10월 16번

함수 $f(x)=2x^2+ax+3$에 대하여 $x=2$에서의 미분계수가 18일 때, 상수 a의 값을 구하시오. [3점]

013

2020년 시행 교육청 7월 나형 23번

곡선 $y=4x^3-5x+9$ 위의 점 $(1,\ 8)$에서의 접선의 기울기를 구하시오. [3점]

014

2021년 시행 교육청 7월 18번

함수 $f(x)=x^3+ax$에서 x의 값이 1에서 3까지 변할 때의 평균변화율이 $f'(a)$의 값과 같게 되도록 하는 양수 a에 대하여 $3a^2$의 값을 구하시오. [3점]

015

함수 $f(x)=x^3-3x$에서 x의 값이 1에서 4까지 변할 때의 평균변화율과 곡선 $y=f(x)$ 위의 점 $(k, f(k))$에서의 접선의 기울기가 서로 같을 때, 양수 k의 값은? [3점]

① $\sqrt{3}$ ② 2   ③ $\sqrt{5}$

④ $\sqrt{6}$ ⑤ $\sqrt{7}$

016

최고차항의 계수가 1인 이차함수 $y=f(x)$의 그래프가 x축에 접한다. 함수 $g(x)=(x-3)f'(x)$에 대하여 곡선 $y=g(x)$가 y축에 대하여 대칭일 때, $f(0)$의 값은? [3점]

① 1   ② 4   ③ 9

④ 16   ⑤ 25

017

이차함수 $y=f(x)$의 그래프가 직선 $x=3$에 대하여 대칭일 때, 〈보기〉에서 옳은 것을 모두 고른 것은? [3점]

〈보기〉

ㄱ. $y=f(x)$에서 x의 값이 -1에서 7까지 변할 때의 평균변화율은 0이다.

ㄴ. 두 실수 a, b에 대하여 $a+b=6$이면 $f'(a)+f'(b)=0$이다.

ㄷ. $\sum_{k=1}^{15} f'(k-3)=0$

① ㄱ   ② ㄷ   ③ ㄱ, ㄴ

④ ㄴ, ㄷ   ⑤ ㄱ, ㄴ, ㄷ

018 Best Pick

등차수열 $\{x_n\}$과 이차함수 $f(x)=ax^2+bx+c$에 대하여 〈보기〉에서 옳은 것을 모두 고른 것은? [3점]

〈보기〉
ㄱ. 수열 $\{f'(x_n)\}$은 등차수열이다.
ㄴ. 수열 $\{f(x_{n+1})-f(x_n)\}$은 등차수열이다.
ㄷ. $f(0)=3$, $f(2)=5$, $f(4)=9$이면 $f(6)=15$이다.

① ㄱ   ② ㄴ   ③ ㄱ, ㄷ
④ ㄴ, ㄷ   ⑤ ㄱ, ㄴ, ㄷ

4점

019

함수 $f(x)=x^3-3x^2+5x$에서 x의 값이 0에서 a까지 변할 때의 평균변화율이 $f'(2)$의 값과 같게 되도록 하는 양수 a의 값을 구하시오. [4점]

020

함수 $f(x)=ax^2+b$가 모든 실수 x에 대하여
$$4f(x)=\{f'(x)\}^2+x^2+4$$
를 만족시킨다. $f(2)$의 값은? (단, a, b는 상수이다.) [4점]

① 3   ② 4   ③ 5
④ 6   ⑤ 7

021

2022학년도 수능 예시문항 11번

최고차항의 계수가 1인 삼차함수 $f(x)$가 다음 조건을 만족시킨다.

> 방정식 $f(x)=9$는 서로 다른 세 실근을 갖고, 이 세 실근은 크기 순서대로 등비수열을 이룬다.

$f(0)=1$, $f'(2)=-2$일 때, $f(3)$의 값은? [4점]

① 6 ② 7 ③ 8 ④ 9 ⑤ 10

022

2011학년도 평가원 6월 가형 23번

최고차항의 계수가 1이 아닌 다항함수 $f(x)$가 다음 조건을 만족시킬 때, $f'(1)$의 값을 구하시오. [4점]

> (가) $\lim_{x\to\infty}\frac{\{f(x)\}^2-f(x^2)}{x^3f(x)}=4$
>
> (나) $\lim_{x\to0}\frac{f'(x)}{x}=4$

유형 3 미분계수의 정의와 다항함수의 미분법

3점

023

2016년 시행 교육청 7월 나형 5번

함수 $f(x)=x^2+3x+1$에 대하여 $\lim_{h\to0}\frac{f(1+h)-f(1)}{h}$의 값은? [3점]

① 5 ② 7 ③ 9 ④ 11 ⑤ 13

024

2013학년도 수능 나형 24번

함수 $f(x)=x^3+9x+2$에 대하여 $\lim_{x\to1}\frac{f(x)-f(1)}{x-1}$의 값을 구하시오. [3점]

▶ 정답 및 해설 032쪽

함수 $f(x)=x^3-2x^2+ax+1$에 대하여

$\lim\limits_{h\to 0}\dfrac{f(2+h)-f(2)}{h}=9$일 때, 상수 a의 값은? [3점]

① 1   ② 3   ③ 5

④ 7   ⑤ 9

026

함수 $f(x)=x^3-x$에 대하여 $\lim\limits_{h\to 0}\dfrac{f(1+3h)-f(1)}{2h}$의 값은?

[3점]

① 2   ② $\dfrac{5}{2}$ ③ 3

④ $\dfrac{7}{2}$ ⑤ 4

함수 $f(x)=2x^4-3x+1$에 대하여

$\lim\limits_{n\to\infty} n\left\{ f\left(1+\dfrac{3}{n}\right)-f\left(1-\dfrac{2}{n}\right)\right\}$의 값을 구하시오. [3점]

028

2018년 시행 교육청 7월 나형 27번

최고차항의 계수가 1이고 $f(0)=2$인 삼차함수 $f(x)$가

$$\lim_{x \to 1} \frac{f(x)-x^2}{x-1} = -2$$

를 만족시킨다. 곡선 $y=f(x)$ 위의 점 $(3, f(3))$에서의 접선의 기울기를 구하시오. [4점]

유형 ④ 함수의 곱의 미분법

029

2012학년도 평가원 9월 나형 26번

함수 $f(x)=(x^3+5)(x^2-1)$에 대하여 $f'(1)$의 값을 구하시오. [3점]

030

2010학년도 평가원 6월 가형 18번

함수 $f(x)=(2x^3+1)(x-1)^2$에 대하여 $f'(-1)$의 값을 구하시오. [3점]

▶ 정답 및 해설 034쪽

031

2021년 시행 교육청 3월 16번

두 함수 $f(x)=2x^2+5x+3$, $g(x)=x^3+2$에 대하여 함수 $f(x)g(x)$의 $x=0$에서의 미분계수를 구하시오. [3점]

032

2022학년도 수능 예시문항 17번

미분가능한 함수 $f(x)$가 $f(1)=2$, $f'(1)=4$를 만족시킬 때, 함수 $g(x)=(x+1)f(x)$의 $x=1$에서의 미분계수를 구하시오. [3점]

033

2022학년도 평가원 6월 5번

다항함수 $f(x)$에 대하여 함수 $g(x)$를

$$g(x)=(x^2+3)f(x)$$

라 하자. $f(1)=2$, $f'(1)=1$일 때, $g'(1)$의 값은? [3점]

① 6　② 7　③ 8　④ 9　⑤ 10

034

2021년 시행 교육청 7월 19번

두 다항함수 $f(x)$, $g(x)$가

$$\lim_{x\to 2}\frac{f(x)-4}{x^2-4}=2,\ \lim_{x\to 2}\frac{g(x)+1}{x-2}=8$$

을 만족시킨다. 함수 $h(x)=f(x)g(x)$에 대하여 $h'(2)$의 값을 구하시오. [3점]

4점

035 Best Pick

2013학년도 평가원 6월 나형 27번

다항함수 $f(x)$가 $\lim\limits_{x \to 1} \dfrac{f(x)-5}{x-1}=9$를 만족시킨다.

$g(x)=xf(x)$라 할 때, $g'(1)$의 값을 구하시오. [4점]

036

2018학년도 수능 나형 18번

최고차항의 계수가 1이고 $f(1)=0$인 삼차함수 $f(x)$가

$$\lim_{x \to 2} \dfrac{f(x)}{(x-2)\{f'(x)\}^2}=\dfrac{1}{4}$$

을 만족시킬 때, $f(3)$의 값은? [4점]

① 4   ② 6   ③ 8
④ 10   ⑤ 12

037

2020년 시행 교육청 10월 나형 17번

$f(1)=-2$인 다항함수 $f(x)$에 대하여 일차함수 $g(x)$가 다음 조건을 만족시킨다.

> (가) $\lim\limits_{x \to 1} \dfrac{f(x)g(x)+4}{x-1}=8$
>
> (나) $g(0)=g'(0)$

$f'(1)$의 값은? [4점]

① 5   ② 6   ③ 7
④ 8   ⑤ 9

▶ 정답 및 해설 035쪽

038
2021학년도 수능 나형 17번

두 다항함수 $f(x)$, $g(x)$가

$$\lim_{x\to 0}\frac{f(x)+g(x)}{x}=3,\ \lim_{x\to 0}\frac{f(x)+3}{xg(x)}=2$$

를 만족시킨다. 함수 $h(x)=f(x)g(x)$에 대하여 $h'(0)$의 값은? [4점]

① 27 ② 30 ③ 33
④ 36 ⑤ 39

039
2013년 시행 교육청 10월 A형 26번

최고차항의 계수가 1인 삼차함수 $f(x)$와 실수 a가 다음 조건을 만족시킬 때, $f'(a)$의 값을 구하시오. [4점]

(가) $f(a)=f(2)=f(6)$
(나) $f'(2)=-4$

040
2009학년도 수능 가형 11번

다항함수 $f(x)$와 두 자연수 m, n이

$$\lim_{x\to\infty}\frac{f(x)}{x^m}=1,\ \lim_{x\to\infty}\frac{f'(x)}{x^{m-1}}=a$$
$$\lim_{x\to 0}\frac{f(x)}{x^n}=b,\ \lim_{x\to 0}\frac{f'(x)}{x^{n-1}}=9$$

를 모두 만족시킬 때, 옳은 것만을 〈보기〉에서 있는 대로 고른 것은? (단, a, b는 실수이다.) [4점]

〈보기〉
ㄱ. $m\geq n$
ㄴ. $ab\geq 9$
ㄷ. $f(x)$가 삼차함수이면 $am=bn$이다.

① ㄱ ② ㄷ ③ ㄱ, ㄴ
④ ㄴ, ㄷ ⑤ ㄱ, ㄴ, ㄷ

042

042

2021학년도 평가원 9월 나형 10번

함수

$$f(x) = \begin{cases} x^3 + ax + b & (x < 1) \\ bx + 4 & (x \geq 1) \end{cases}$$

이 실수 전체의 집합에서 미분가능할 때, $a+b$의 값은?

(단, a, b는 상수이다.) [3점]

① 6   ② 7   ③ 8

④ 9   ⑤ 10

유형 α1 미분가능

함수 $f(x)$의 $x=a$에서의 미분계수 $f'(a)$가 존재할 때, 함수 $f(x)$는 $x=a$에서 미분가능하다고 한다.

참고 함수 $f(x)$가 $x=a$에서 미분가능하려면

$$\lim_{x \to a+} \frac{f(x)-f(a)}{x-a} = \lim_{x \to a-} \frac{f(x)-f(a)}{x-a}$$

실전Tip 함수 $f(x) = \begin{cases} g(x) & (x<a) \\ h(x) & (x \geq a) \end{cases}$ 에 대하여 두 함수 $g(x)$,

$h(x)$가 다항함수이면 $\lim_{x \to a+} f'(x) = \lim_{x \to a-} f'(x)$, 즉

$\lim_{x \to a+} h'(x) = \lim_{x \to a-} g'(x)$를 이용해도 된다.

유형코드 구간에 따라 다르게 정의된 함수가 미분가능할 조건을 이용하여 미정계수를 구하는 문제는 3점 문제로 가끔 출제된다. 미분가능할 조건만 정확히 알고 있으면 된다.

3점

041

2018년 시행 교육청 7월 나형 8번

함수

$$f(x) = \begin{cases} x^3 - ax + 2 & (x \leq 2) \\ 5x - 2a & (x > 2) \end{cases}$$

가 $x=2$에서 미분가능할 때, 상수 a의 값은? [3점]

① 3   ② 4   ③ 5

④ 6   ⑤ 7

043

2021년 시행 교육청 10월 7번

두 함수 $f(x) = |x+3|$, $g(x) = 2x+a$에 대하여 함수 $f(x)g(x)$가 실수 전체의 집합에서 미분가능할 때, 상수 a의 값은? [3점]

① 2   ② 4   ③ 6

④ 8   ⑤ 10

---

044 Best Pick

2007학년도 수능 가형 7번

함수 $f(x)$가

$$f(x)=\begin{cases} 1-x & (x<0) \\ x^2-1 & (0\le x<1) \\ \dfrac{2}{3}(x^3-1) & (x\ge 1) \end{cases}$$

일 때, 〈보기〉에서 옳은 것을 모두 고른 것은? [3점]

〈보기〉

ㄱ. $f(x)$는 $x=1$에서 미분가능하다.

ㄴ. $|f(x)|$는 $x=0$에서 미분가능하다.

ㄷ. $x^k f(x)$가 $x=0$에서 미분가능하도록 하는 최소의 자연수 k는 2이다.

① ㄱ ② ㄴ ③ ㄱ, ㄷ
④ ㄴ, ㄷ ⑤ ㄱ, ㄴ, ㄷ

4점

045

2015년 시행 교육청 3월 B형 28번

삼차함수 $f(x)=x^3-x^2-9x+1$에 대하여 함수 $g(x)$를

$$g(x)=\begin{cases} f(x) & (x\ge k) \\ f(2k-x) & (x<k) \end{cases}$$

라 하자. 함수 $g(x)$가 실수 전체의 집합에서 미분가능하도록 하는 모든 실수 k의 값의 합을 $\frac{q}{p}$라 할 때, p^2+q^2의 값을 구하시오. (단, p와 q는 서로소인 자연수이다.) [4점]

046 Best Pick

2014년 시행 교육청 10월 B형 29번

최고차항의 계수가 1인 삼차함수 $f(x)$에 대하여 함수 $g(x)$가 다음 조건을 만족시킨다.

(가) $0\le x<2$일 때, $g(x)=\begin{cases} f(x) & (0\le x<1) \\ f(2-x) & (1\le x<2) \end{cases}$이다.

(나) 모든 실수 x에 대하여 $g(x+2)=g(x)$이다.

(다) 함수 $g(x)$는 실수 전체의 집합에서 미분가능하다.

$g(6)-g(3)=\frac{q}{p}$라 할 때, $p+q$의 값을 구하시오.

(단, p와 q는 서로소인 자연수이다.) [4점]

047

2017학년도 평가원 6월 나형 29번

함수 $f(x)$는

$$f(x)=\begin{cases} x+1 & (x<1) \\ -2x+4 & (x\geq 1) \end{cases}$$

이고, 좌표평면 위에 두 점 $A(-1, -1)$, $B(1, 2)$가 있다. 실수 x에 대하여 점 $(x, f(x))$에서 점 A까지의 거리의 제곱과 점 B까지의 거리의 제곱 중 크지 않은 값을 $g(x)$라 하자. 함수 $g(x)$가 $x=a$에서 미분가능하지 않은 모든 a의 값의 합이 p일 때, $80p$의 값을 구하시오. [4점]

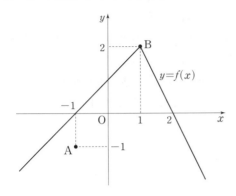

유형 ⑤ 미분가능성과 연속성

4점

048

2018학년도 평가원 6월 나형 16번

함수

$$f(x)=\begin{cases} x^2+ax+b & (x\leq -2) \\ 2x & (x>-2) \end{cases}$$

가 실수 전체의 집합에서 미분가능할 때, $a+b$의 값은? (단, a와 b는 상수이다.) [4점]

① 6   ② 7   ③ 8

④ 9   ⑤ 10

049

함수 $f(x)$가 다음과 같다.

$$f(x) = \begin{cases} \dfrac{1}{2}(x^3 - 3x) & (x \leq -1 \text{ 또는 } x \geq 0) \\ \dfrac{1}{2}(x^3 - 3x) - 1 & (-1 < x < 0) \end{cases}$$

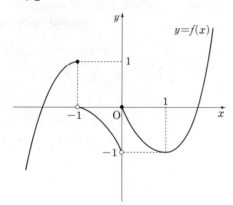

옳은 것만을 〈보기〉에서 있는 대로 고른 것은? [4점]

〈보기〉

ㄱ. 함수 $f(x)$는 $x = 0$에서 미분가능하다.

ㄴ. $\displaystyle\lim_{x \to 0} f'(x) = -\dfrac{3}{2}$

ㄷ. $\displaystyle\lim_{x \to -1+} f(f'(x)) = 0$

① ㄱ   ② ㄴ   ③ ㄷ

④ ㄱ, ㄷ   ⑤ ㄴ, ㄷ

050

함수

$$f(x) = \begin{cases} -x & (x \leq 0) \\ x - 1 & (0 < x \leq 2) \\ 2x - 3 & (x > 2) \end{cases}$$

와 상수가 아닌 다항식 $p(x)$에 대하여 〈보기〉에서 옳은 것만을 있는 대로 고른 것은? [4점]

〈보기〉

ㄱ. 함수 $p(x)f(x)$가 실수 전체의 집합에서 연속이면 $p(0) = 0$이다.

ㄴ. 함수 $p(x)f(x)$가 실수 전체의 집합에서 미분가능하면 $p(2) = 0$이다.

ㄷ. 함수 $p(x)\{f(x)\}^2$이 실수 전체의 집합에서 미분가능하면 $p(x)$는 $x^2(x-2)^2$으로 나누어떨어진다.

① ㄱ   ② ㄱ, ㄴ   ③ ㄱ, ㄷ

④ ㄴ, ㄷ   ⑤ ㄱ, ㄴ, ㄷ

2
접선의 방정식

유형 6 접선의 방정식

3점

051
2013년 시행 교육청 7월 A형 7번

곡선 $y=x^3+6x^2-11x+7$ 위의 점 $(1, 3)$에서의 접선의 방정식을 $y=mx+n$이라 할 때, 상수 m, n에 대하여 $m-n$의 값은? [3점]

① 5   ② 7   ③ 9

④ 11   ⑤ 13

052
2021학년도 수능 나형 9번

곡선 $y=x^3-3x^2+2x+2$ 위의 점 $\mathrm{A}(0, 2)$에서의 접선과 수직이고 점 A를 지나는 직선의 x절편은? [3점]

① 4   ② 6   ③ 8

④ 10   ⑤ 12

053
2010학년도 평가원 6월 가형 4번

곡선 $y=x^2$ 위의 점 $(-2, 4)$에서의 접선이 곡선 $y=x^3+ax-2$에 접할 때, 상수 a의 값은? [3점]

① -9 ② -7 ③ -5

④ -3 ⑤ -1

054

2022학년도 수능 예시문항 9번

원점을 지나고 곡선 $y=-x^3-x^2+x$에 접하는 모든 직선의 기울기의 합은? [4점]

① 2   ② $\dfrac{9}{4}$ ③ $\dfrac{5}{2}$

④ $\dfrac{11}{4}$ ⑤ 3

055

2014학년도 평가원 6월 A형 17번

곡선 $y=x^3-3x^2+x+1$ 위의 서로 다른 두 점 A, B에서의 접선이 서로 평행하다. 점 A의 x좌표가 3일 때, 점 B에서의 접선의 y절편의 값은? [4점]

① 5   ② 6   ③ 7

④ 8   ⑤ 9

056

2017년 시행 교육청 7월 나형 17번

최고차항의 계수가 1인 삼차함수 $f(x)$에 대하여 곡선 $y=f(x)$ 위의 점 $(2, 4)$에서의 접선이 점 $(-1, 1)$에서 이 곡선과 만날 때, $f'(3)$의 값은? [4점]

① 10   ② 11   ③ 12

④ 13   ⑤ 14

057

2022학년도 수능 10번

삼차함수 $f(x)$에 대하여 곡선 $y=f(x)$ 위의 점 $(0, 0)$에서의 접선과 곡선 $y=xf(x)$ 위의 점 $(1, 2)$에서의 접선이 일치할 때, $f'(2)$의 값은? [4점]

① -18 ② -17 ③ -16

④ -15 ⑤ -14

최고차항의 계수가 a인 이차함수 $f(x)$가 모든 실수 x에 대하여
$$|f'(x)| \leq 4x^2 + 5$$
를 만족시킨다. 함수 $y = f(x)$의 그래프의 대칭축이 직선 $x = 1$일 때, 실수 a의 최댓값은? [4점]

① $\dfrac{3}{2}$ ② 2 ③ $\dfrac{5}{2}$

④ 3 ⑤ $\dfrac{7}{2}$

곡선 $y = \dfrac{1}{3}x^3 + \dfrac{11}{3} \ (x > 0)$ 위를 움직이는 점 P와 직선 $x - y - 10 = 0$ 사이의 거리를 최소가 되게 하는 곡선 위의 점 P의 좌표를 (a, b)라 할 때, $a + b$의 값을 구하시오. [4점]

곡선 $y = \dfrac{x^2}{2}$ 위의 점 $\mathrm{P}\left(a, \dfrac{a^2}{2}\right)$에서 접하는 직선을 l이라 하자. 직선 l과 수직인 직선 중 곡선 $y = \dfrac{x^2}{2}$에 접하는 직선을 m이라 하고, 직선 m과 곡선 $y = \dfrac{x^2}{2}$의 접점을 Q라 하자. y축과 직선 PQ가 점 R에서 만날 때, 점 R의 y좌표는?

(단, $a \neq 0$) [4점]

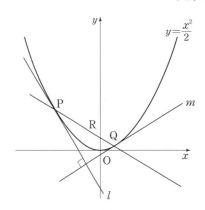

① $\dfrac{3}{8}$ ② $\dfrac{1}{2}$ ③ $\dfrac{5}{8}$

④ $\dfrac{3}{4}$ ⑤ $\dfrac{7}{8}$

061 Best Pick

함수 $y=x^3+2$의 그래프와 직선 $y=kx$가 만나는 교점의 개수를 $f(k)$라 할 때, $\sum_{k=1}^{6} f(k)$의 값을 구하시오. [4점]

062

함수

$$f(x)=\frac{1}{3}x^3-kx^2+1 \ (k>0인 \ 상수)$$

의 그래프 위의 서로 다른 두 점 A, B에서의 접선 l, m의 기울기가 모두 $3k^2$이다. 곡선 $y=f(x)$에 접하고 x축에 평행한 두 직선과 접선 l, m으로 둘러싸인 도형의 넓이가 24일 때, k의 값은? [4점]

① $\frac{1}{2}$ ② 1   ③ $\frac{3}{2}$

④ 2   ⑤ $\frac{5}{2}$

063

두 함수 $f(x)=x^2$과 $g(x)=-(x-3)^2+k \ (k>0)$에 대하여 곡선 $y=f(x)$ 위의 점 P(1, 1)에서의 접선을 l이라 하자. 직선 l에 곡선 $y=g(x)$가 접할 때의 접점을 Q, 곡선 $y=g(x)$와 x축이 만나는 두 점을 각각 R, S라 할 때, 삼각형 QRS의 넓이는? [4점]

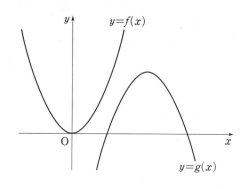

① 4   ② $\frac{9}{2}$ ③ 5

④ $\frac{11}{2}$ ⑤ 6

064

닫힌구간 $[0, 2]$에서 정의된 함수
$$f(x)=ax(x-2)^2 \left(a>\frac{1}{2}\right)$$

에 대하여 곡선 $y=f(x)$와 직선 $y=x$의 교점 중 원점 O가
아닌 점을 A라 하자. 점 P가 원점으로부터 점 A까지 곡선
$y=f(x)$ 위를 움직일 때, 삼각형 OAP의 넓이가 최대가 되는
점 P의 x좌표가 $\frac{1}{2}$이다. 상수 a의 값은? [4점]

① $\frac{5}{4}$ ② $\frac{4}{3}$ ③ $\frac{17}{12}$

④ $\frac{3}{2}$ ⑤ $\frac{19}{12}$

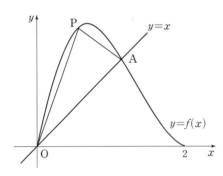

065

좌표평면에서 삼차함수 $f(x)=x^3+ax^2+bx$와 실수 t에 대
하여 곡선 $y=f(x)$ 위의 점 $(t, f(t))$에서의 접선이 y축과 만
나는 점을 P라 할 때, 원점에서 점 P까지의 거리를 $g(t)$라 하
자. 함수 $f(x)$와 함수 $g(t)$는 다음 조건을 만족시킨다.

(가) $f(1)=2$
(나) 함수 $g(t)$는 실수 전체의 집합에서 미분가능하다.

$f(3)$의 값은? (단, a, b는 상수이다.) [4점]

① 21   ② 24   ③ 27

④ 30   ⑤ 33

4점

066

최고차항의 계수가 1인 사차함수 $f(x)$에 대하여 함수 $g(x)$가 다음 조건을 만족시킨다.

> (가) $-1 \leq x < 1$일 때, $g(x) = f(x)$이다.
> (나) 모든 실수 x에 대하여 $g(x+2) = g(x)$이다.

옳은 것만을 〈보기〉에서 있는 대로 고른 것은? [4점]

〈보기〉
ㄱ. $f(-1) = f(1)$이고 $f'(-1) = f'(1)$이면, $g(x)$는 실수 전체의 집합에서 미분가능하다.
ㄴ. $g(x)$가 실수 전체의 집합에서 미분가능하면, $f'(0)f'(1) < 0$이다.
ㄷ. $g(x)$가 실수 전체의 집합에서 미분가능하고 $f'(1) > 0$이면, 구간 $(-\infty, -1)$에 $f'(c) = 0$인 c가 존재한다.

① ㄱ   ② ㄴ   ③ ㄱ, ㄷ
④ ㄴ, ㄷ   ⑤ ㄱ, ㄴ, ㄷ

3점

067

함수 $f(x) = x^3 + ax^2 - (a^2 - 8a)x + 3$이 실수 전체의 집합에서 증가하도록 하는 실수 a의 최댓값을 구하시오. [3점]

068 Best Pick

이차함수 $y = f(x)$의 그래프와 직선 $y = 2$가 그림과 같다.

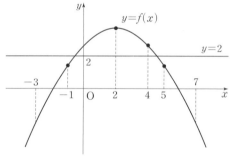

열린구간 $(-3, 7)$에서 부등식 $f'(x)\{f(x) - 2\} \leq 0$을 만족시키는 정수 x의 개수는? (단, $f'(2) = 0$) [3점]

① 4   ② 5   ③ 6
④ 7   ⑤ 8

069

2011학년도 평가원 9월 가형 21번

함수 $f(x)=x^3-(a+2)x^2+ax$에 대하여 곡선 $y=f(x)$ 위의 점 $(t, f(t))$에서의 접선의 y절편을 $g(t)$라 하자. 함수 $g(t)$가 열린구간 $(0, 5)$에서 증가할 때, a의 최솟값을 구하시오. [3점]

4점

070

2016학년도 평가원 6월 A형 27번

함수 $f(x)=\dfrac{1}{3}x^3-9x+3$이 열린구간 $(-a, a)$에서 감소할 때, 양수 a의 최댓값을 구하시오. [4점]

071

2012학년도 평가원 6월 나형 15번

삼차함수 $f(x)=x^3+ax^2+2ax$가 구간 $(-\infty, \infty)$에서 증가하도록 하는 실수 a의 최댓값을 M이라 하고, 최솟값을 m이라 할 때, $M-m$의 값은? [4점]

① 3　　　　　② 4　　　　　③ 5
④ 6　　　　　⑤ 7

072

2015년 시행 교육청 10월 A형 27번

함수 $f(x)=x^4-16x^2$에 대하여 다음 조건을 만족시키는 모든 정수 k값의 제곱의 합을 구하시오. [4점]

(가) 구간 $(k,\ k+1)$에서 $f'(x)<0$이다. (나) $f'(k)f'(k+2)<0$

073

2021년 시행 교육청 10월 13번

실수 전체의 집합에서 정의된 함수 $f(x)$와 역함수가 존재하는 삼차함수 $g(x)=x^3+ax^2+bx+c$가 다음 조건을 만족시킨다.

모든 실수 x에 대하여 $2f(x)=g(x)-g(-x)$이다.

〈보기〉에서 옳은 것만을 있는 대로 고른 것은?

(단, a, b, c는 상수이다.) [4점]

〈보기〉

ㄱ. $a^2\leq 3b$

ㄴ. 방정식 $f'(x)=0$은 서로 다른 두 실근을 갖는다.

ㄷ. 방정식 $f'(x)=0$이 실근을 가지면 $g'(1)=1$이다.

① ㄱ ② ㄱ, ㄴ ③ ㄱ, ㄷ
④ ㄴ, ㄷ ⑤ ㄱ, ㄴ, ㄷ

3점

074

2022학년도 평가원 9월 5번

함수 $f(x)=2x^3+3x^2-12x+1$의 극댓값과 극솟값을 각각 M, m이라 할 때, $M+m$의 값은? [3점]

① 13   ② 14   ③ 15

④ 16   ⑤ 17

075

2019학년도 수능 나형 9번

함수 $f(x)=x^3-3x+a$의 극댓값이 7일 때, 상수 a의 값은? [3점]

① 1   ② 2   ③ 3

④ 4   ⑤ 5

076

2022학년도 수능 예시문항 19번

실수 k에 대하여 함수 $f(x)=x^4+kx+10$이 $x=1$에서 극값을 가질 때, $f(1)$의 값을 구하시오. [3점]

077

2022학년도 평가원 6월 17번

함수 $f(x)=x^3-3x+12$가 $x=a$에서 극소일 때, $a+f(a)$의 값을 구하시오. (단, a는 상수이다.) [3점]

078 Best Pick

함수 $f(x)=-x^4+8a^2x^2-1$이 $x=b$와 $x=2-2b$에서 극대일 때, $a+b$의 값은?

(단, a, b는 $a>0$, $b>1$인 상수이다.) [3점]

① 3   ② 5   ③ 7

④ 9   ⑤ 11

079

함수 $f(x)=x^3+ax^2+(a^2-4a)x+3$이 극값을 갖도록 하는 모든 정수 a의 개수는? [3점]

① 5   ② 6   ③ 7

④ 8   ⑤ 9

080

모든 계수가 정수인 삼차함수 $y=f(x)$는 다음 조건을 만족시킨다.

(가) 모든 실수 x에 대하여 $f(-x)=-f(x)$이다.

(나) $f(1)=5$

(다) $1<f'(1)<7$

함수 $y=f(x)$의 극댓값은 m이다. m^2의 값을 구하시오. [3점]

081

두 다항함수 $f(x)$와 $g(x)$가 모든 실수 x에 대하여
$$g(x)=(x^3+2)f(x)$$
를 만족시킨다. $g(x)$가 $x=1$에서 극솟값 24를 가질 때, $f(1)-f'(1)$의 값을 구하시오. [4점]

082

함수 $f(x)=x^3-3ax^2+3(a^2-1)x$의 극댓값이 4이고 $f(-2)>0$일 때, $f(-1)$의 값은? (단, a는 상수이다.) [4점]

① 1　　　② 2　　　③ 3
④ 4　　　⑤ 5

083　Best Pick

함수
$$f(x)=\begin{cases} a(3x-x^3) & (x<0) \\ x^3-ax & (x\geq0) \end{cases}$$
의 극댓값이 5일 때, $f(2)$의 값은? (단, a는 상수이다.) [4점]

① 5　　　② 7　　　③ 9
④ 11　　　⑤ 13

084

2020년 시행 교육청 4월 나형 28번

함수 $f(x)=x^3-6x^2+ax+10$에 대하여 함수

$$g(x)=\begin{cases} b-f(x) & (x<3) \\ f(x) & (x\geq 3) \end{cases}$$

이 실수 전체의 집합에서 미분가능할 때, 함수 $g(x)$의 극솟값을 구하시오. (단, a, b는 상수이다.) [4점]

085

2016학년도 평가원 6월 A형 21번

자연수 n에 대하여 최고차항의 계수가 1이고 다음 조건을 만족시키는 삼차함수 $f(x)$의 극댓값을 a_n이라 하자.

> (가) $f(n)=0$
> (나) 모든 실수 x에 대하여 $(x+n)f(x)\geq 0$이다.

a_n이 자연수가 되도록 하는 n의 최솟값은? [4점]

① 1 ② 2 ③ 3 ④ 4 ⑤ 5

유형 10 함수의 최대·최소

3점

086

2018학년도 평가원 6월 나형 10번

닫힌구간 $[-1, 3]$에서 함수 $f(x)=x^3-3x+5$의 최솟값은? [3점]

① 1 ② 2 ③ 3 ④ 4 ⑤ 5

087

2010학년도 평가원 6월 가형 20번

좌표평면 위에 점 $\mathrm{A}(0, 2)$가 있다. $0<t<2$일 때, 원점 O와 직선 $y=2$ 위의 점 $\mathrm{P}(t, 2)$를 잇는 선분 OP의 수직이등분선과 y축의 교점을 B라 하자. 삼각형 ABP의 넓이를 $f(t)$라 할 때, $f(t)$의 최댓값은 $\frac{b}{a}\sqrt{3}$이다. $a+b$의 값을 구하시오.

(단, a, b는 서로소인 자연수이다.) [3점]

088

닫힌구간 $[0, 3]$에서 함수 $f(x) = x^3 - 6x^2 + 9x + a$의 최댓값이 12일 때, 상수 a의 값은? [4점]

① 2   ② 4   ③ 6
④ 8   ⑤ 10

089

$0 < a < 6$인 실수 a에 대하여 원점에서 곡선 $y = x(x-a)(x-6)$에 그은 두 접선의 기울기의 곱의 최솟값은? [4점]

① -54 ② -51 ③ -48
④ -45 ⑤ -42

090

최고차항의 계수가 1인 삼차함수 $f(x)$에 대하여 함수 $g(x)$는

$$g(x) = \begin{cases} \dfrac{1}{2} & (x < 0) \\ f(x) & (x \geq 0) \end{cases}$$

이다. $g(x)$가 실수 전체의 집합에서 미분가능하고 $g(x)$의 최솟값이 $\dfrac{1}{2}$보다 작을 때, 〈보기〉에서 옳은 것만을 있는 대로 고른 것은? [4점]

〈보기〉

ㄱ. $g(0) + g'(0) = \dfrac{1}{2}$

ㄴ. $g(1) < \dfrac{3}{2}$

ㄷ. 함수 $g(x)$의 최솟값이 0일 때, $g(2) = \dfrac{5}{2}$이다.

① ㄱ   ② ㄱ, ㄴ   ③ ㄱ, ㄷ
④ ㄴ, ㄷ   ⑤ ㄱ, ㄴ, ㄷ

091

함수

$$f(x)=-3x^4+4(a-1)x^3+6ax^2 \ (a>0)$$

과 실수 t에 대하여 $x \leq t$에서 $f(x)$의 최댓값을 $g(t)$라 하자. 함수 $g(t)$가 실수 전체의 집합에서 미분가능하도록 하는 a의 최댓값은? [4점]

① 1   ② 2   ③ 3

④ 4   ⑤ 5

유형 ⑪ 함수의 그래프

4점

092

$a>0$인 상수 a에 대하여 함수 $f(x)=|(x^2-9)(x+a)|$가 오직 한 개의 x 값에서만 미분가능하지 않을 때, 함수 $f(x)$의 극댓값은? [4점]

① 32   ② 34   ③ 36

④ 38   ⑤ 40

093

실수 t에 대하여 곡선 $y=x^3$ 위의 점 (t, t^3)과 직선 $y=x+6$ 사이의 거리를 $g(t)$라 하자. 〈보기〉에서 옳은 것만을 있는 대로 고른 것은? [4점]

〈보기〉
ㄱ. 함수 $g(t)$는 실수 전체의 집합에서 연속이다.
ㄴ. 함수 $g(t)$는 0이 아닌 극솟값을 갖는다.
ㄷ. 함수 $g(t)$는 $t=2$에서 미분가능하다.

① ㄱ   ② ㄷ   ③ ㄱ, ㄴ

④ ㄴ, ㄷ   ⑤ ㄱ, ㄴ, ㄷ

094

최고차항의 계수가 1인 사차함수 $f(x)$에 대하여 함수 $g(x)=|f(x)|$가 다음 조건을 만족시킨다.

> (가) $g(x)$는 $x=1$에서 미분가능하고 $g(1)=g'(1)$이다.
> (나) $g(x)$는 $x=-1$, $x=0$, $x=1$에서 극솟값을 갖는다.

$g(2)$의 값은? [4점]

① 2   ② 4   ③ 6
④ 8   ⑤ 10

095 Best Pick

다음 조건을 만족시키는 모든 삼차함수 $f(x)$에 대하여 $\dfrac{f'(0)}{f(0)}$의 최댓값을 M, 최솟값을 m이라 하자. Mm의 값은? [4점]

> (가) 함수 $|f(x)|$는 $x=-1$에서만 미분가능하지 않다.
> (나) 방정식 $f(x)=0$은 닫힌구간 $[3, 5]$에서 적어도 하나
> 의 실근을 갖는다.

① $\dfrac{1}{15}$ ② $\dfrac{1}{10}$ ③ $\dfrac{2}{15}$
④ $\dfrac{1}{6}$ ⑤ $\dfrac{1}{5}$

096

최고차항의 계수가 1인 이차함수 $f(x)$와 3보다 작은 실수 a에 대하여 함수 $g(x)=|(x-a)f(x)|$가 $x=3$에서만 미분가능하지 않다. 함수 $g(x)$의 극댓값이 32일 때, $f(4)$의 값은? [4점]

① 7   ② 9   ③ 11
④ 13   ⑤ 15

097

2010년 시행 교육청 10월 가형 7번

삼차식 $f(x)$에 대하여 함수 $g(x)$를

$$g(x)=\begin{cases} 3 & (x<-1) \\ f(x) & (-1\le x\le 1) \\ -1 & (x>1) \end{cases}$$

로 정의하자. 함수 $g(x)$가 모든 실수에서 미분가능할 때, 옳은 것만을 〈보기〉에서 있는 대로 고른 것은? [4점]

〈보기〉

ㄱ. $g'(-1)=g'(1)$

ㄴ. 모든 실수 x에 대하여 $g'(x)\le 0$

ㄷ. 함수 $g'(x)$의 최솟값은 -2이다.

① ㄱ ② ㄱ, ㄴ ③ ㄱ, ㄷ
④ ㄴ, ㄷ ⑤ ㄱ, ㄴ, ㄷ

098 Best Pick

2016학년도 평가원 9월 A형 21번

실수 t에 대하여 직선 $x=t$가 두 함수

$$y=x^4-4x^3+10x-30,\ y=2x+2$$

의 그래프와 만나는 점을 각각 A, B라 할 때, 점 A와 점 B 사이의 거리를 $f(t)$라 하자.

$$\lim_{h\to 0+}\frac{f(t+h)-f(t)}{h}\times\lim_{h\to 0-}\frac{f(t+h)-f(t)}{h}\le 0$$

을 만족시키는 모든 실수 t의 값의 합은? [4점]

① -7 ② -3 ③ 1
④ 5 ⑤ 9

099 Best Pick

2014년 시행 교육청 3월 B형 21번

-1과 1을 제외한 모든 실수 x에서 미분가능한 함수 $f(x)$가 다음 조건을 만족시킨다.

(가) 모든 실수 x에 대하여 $f(-x)=-f(x)$이다.

(나) $\lim_{x\to 1-}f(x)=f(1)=-1$이고 $\lim_{x\to 1+}f(x)=1$이다.

(다) $x\ne 1$인 모든 양수 x에 대하여 $f'(x)<0$이다.

〈보기〉에서 옳은 것만을 있는 대로 고른 것은? [4점]

〈보기〉

ㄱ. 함수 $f(x)$의 그래프는 직선 $y=x$와 한 점에서 만난다.

ㄴ. 함수 $f(x)$의 그래프는 x축과 세 점에서 만난다.

ㄷ. $f'(a)=-1$인 실수 a가 적어도 두 개 존재한다.

① ㄱ ② ㄴ ③ ㄱ, ㄴ
④ ㄱ, ㄷ ⑤ ㄴ, ㄷ

100

두 삼차함수 $f(x)$와 $g(x)$가 모든 실수 x에 대하여
$$f(x)g(x)=(x-1)^2(x-2)^2(x-3)^2$$
을 만족시킨다. $g(x)$의 최고차항의 계수가 3이고, $g(x)$가 $x=2$에서 극댓값을 가질 때, $f'(0)=\dfrac{q}{p}$이다. $p+q$의 값을 구하시오. (단, p와 q는 서로소인 자연수이다.) [4점]

101

함수
$$f(x)=x^3-3px^2+q$$
가 다음 조건을 만족시키도록 하는 25 이하의 두 자연수 p, q의 모든 순서쌍 (p, q)의 개수를 구하시오. [4점]

> (가) 함수 $|f(x)|$가 $x=a$에서 극대 또는 극소가 되도록 하는 모든 실수 a의 개수는 5이다.
> (나) 닫힌구간 $[-1, 1]$에서 함수 $|f(x)|$의 최댓값과 닫힌구간 $[-2, 2]$에서 함수 $|f(x)|$의 최댓값은 같다.

102

두 양수 p, q와 함수 $f(x)=x^3-3x^2-9x-12$에 대하여 실수 전체의 집합에서 연속인 함수 $g(x)$가 다음 조건을 만족시킬 때, $p+q$의 값은? [4점]

> (가) 모든 실수 x에 대하여 $xg(x)=|xf(x-p)+qx|$이다.
> (나) 함수 $g(x)$가 $x=a$에서 미분가능하지 않은 실수 a의 개수는 1이다.

① 6　　　　② 7　　　　③ 8
④ 9　　　　⑤ 10

103

2020년 시행 교육청 3월 가형 21번

0이 아닌 실수 m에 대하여 두 함수

$$f(x)=2x^3-8x,$$

$$g(x)=\begin{cases} -\dfrac{47}{m}x+\dfrac{4}{m^3} & (x<0) \\ 2mx+\dfrac{4}{m^3} & (x\geq 0) \end{cases}$$

이 있다. 실수 x에 대하여 $f(x)$와 $g(x)$ 중 크지 않은 값을 $h(x)$라 할 때, 〈보기〉에서 옳은 것만을 있는 대로 고른 것은? [4점]

〈보기〉

ㄱ. $m=-1$일 때, $h\left(\frac{1}{2}\right)=-5$이다.

ㄴ. $m=-1$일 때, 함수 $h(x)$가 미분가능하지 않은 x의 개수는 2이다.

ㄷ. 함수 $h(x)$가 미분가능하지 않은 x의 개수가 1인 양수 m의 최댓값은 6이다.

① ㄱ ② ㄱ, ㄴ ③ ㄱ, ㄷ
④ ㄴ, ㄷ ⑤ ㄱ, ㄴ, ㄷ

104 Best Pick

2015년 시행 교육청 10월 A형 29번

함수 $f(x)=x^3+3x^2$에 대하여 다음 조건을 만족시키는 정수 a의 최댓값을 M이라 할 때, M^2의 값을 구하시오. [4점]

(가) 점 $(-4,\ a)$를 지나고 곡선 $y=f(x)$에 접하는 직선이 세 개 있다.

(나) 세 접선의 기울기의 곱은 음수이다.

105

2018학년도 평가원 9월 나형 20번

삼차함수 $f(x)$와 실수 t에 대하여 곡선 $y=f(x)$와 직선 $y=-x+t$의 교점의 개수를 $g(t)$라 하자. 〈보기〉에서 옳은 것만을 있는 대로 고른 것은? [4점]

〈보기〉

ㄱ. $f(x)=x^3$이면 함수 $g(t)$는 상수함수이다.

ㄴ. 삼차함수 $f(x)$에 대하여, $g(1)=2$이면 $g(t)=3$인 t가 존재한다.

ㄷ. 함수 $g(t)$가 상수함수이면, 삼차함수 $f(x)$의 극값은 존재하지 않는다.

① ㄱ ② ㄷ ③ ㄱ, ㄴ

④ ㄴ, ㄷ ⑤ ㄱ, ㄴ, ㄷ

106

2021년 시행 교육청 7월 22번

삼차함수 $f(x)=\frac{2\sqrt{3}}{3}x(x-3)(x+3)$에 대하여 $x\geq-3$에서 정의된 함수 $g(x)$는

$$g(x)=\begin{cases} f(x) & (-3\leq x<3) \\ \frac{1}{k+1}f(x-6k) & (6k-3\leq x<6k+3) \end{cases}$$

(단, k는 모든 자연수)

이다. 자연수 n에 대하여 직선 $y=n$과 함수 $y=g(x)$의 그래프가 만나는 점의 개수를 a_n이라 할 때, $\sum_{n=1}^{12} a_n$의 값을 구하시오. [4점]

107

다음 조건을 만족시키며 최고차항의 계수가 음수인 모든 사차함수 $f(x)$에 대하여 $f(1)$의 최댓값은? [4점]

(가) 방정식 $f(x)=0$의 실근은 0, 2, 3뿐이다.
(나) 실수 x에 대하여 $f(x)$와 $|x(x-2)(x-3)|$ 중 크지 않은 값을 $g(x)$라 할 때, 함수 $g(x)$는 실수 전체의 집합에서 미분가능하다.

① $\dfrac{7}{6}$ ② $\dfrac{4}{3}$ ③ $\dfrac{3}{2}$

④ $\dfrac{5}{3}$ ⑤ $\dfrac{11}{6}$

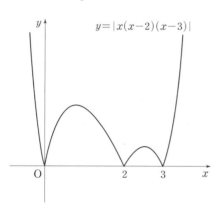

4
도함수의 활용

유형 ⑫ 도함수의 방정식에의 활용

3점

108

방정식 $2x^3-3x^2-12x+k=0$이 서로 다른 세 실근을 갖도록 하는 정수 k의 개수는? [3점]

① 20   ② 23   ③ 26

④ 29   ⑤ 32

109

곡선 $y=4x^3-12x+7$과 직선 $y=k$가 만나는 점의 개수가 2가 되도록 하는 양수 k의 값을 구하시오. [3점]

110

2021년 시행 교육청 3월 8번

곡선 $y=x^3-3x^2-9x$와 직선 $y=k$가 서로 다른 세 점에서 만나도록 하는 정수 k의 최댓값을 M, 최솟값을 m이라 할 때, $M-m$의 값은? [3점]

① 27   ② 28   ③ 29

④ 30   ⑤ 31

4점

111

2016학년도 평가원 6월 A형 17번

두 함수
$$f(x)=3x^3-x^2-3x, \ g(x)=x^3-4x^2+9x+a$$
에 대하여 방정식 $f(x)=g(x)$가 서로 다른 두 개의 양의 실근과 한 개의 음의 실근을 갖도록 하는 모든 정수 a의 개수는? [4점]

① 6   ② 7   ③ 8

④ 9   ⑤ 10

112

2021학년도 평가원 6월 나형 19번

방정식 $2x^3+6x^2+a=0$이 $-2 \le x \le 2$에서 서로 다른 두 실근을 갖도록 하는 정수 a의 개수는? [4점]

① 4   ② 6   ③ 8

④ 10   ⑤ 12

113

최고차항의 계수가 1인 삼차함수 $f(x)$가 다음 조건을 만족시킬 때, $f(4)$의 값을 구하시오. [4점]

(가) $\displaystyle\lim_{x \to 0} \frac{f(x)-3}{x}=0$

(나) 곡선 $y=f(x)$와 직선 $y=-1$의 교점의 개수는 2이다.

114 Best Pick

좌표평면에서 두 함수

$$f(x)=6x^3-x, \ g(x)=|x-a|$$

의 그래프가 서로 다른 두 점에서 만나도록 하는 모든 실수 a의 값의 합은? [4점]

① $-\dfrac{11}{18}$ ② $-\dfrac{5}{9}$ ③ $-\dfrac{1}{2}$

④ $-\dfrac{4}{9}$ ⑤ $-\dfrac{7}{18}$

115

함수 $f(x)=\dfrac{1}{2}x^3-\dfrac{9}{2}x^2+10x$에 대하여 x에 대한 방정식

$$f(x)+|f(x)+x|=6x+k$$

의 서로 다른 실근의 개수가 4가 되도록 하는 모든 정수 k의 값의 합을 구하시오. [4점]

116

함수 $f(x)=2x^3-3(a+1)x^2+6ax$에 대하여 방정식 $f(x)=0$이 서로 다른 세 실근을 갖도록 하는 자연수 a의 값을 가장 작은 수부터 차례대로 나열할 때 n번째 수를 a_n이라 하자. $a=a_n$일 때, $f(x)$의 극댓값을 b_n이라 하자. $\displaystyle\sum_{n=1}^{10}(b_n-a_n)$의 값을 구하시오. [4점]

117

최고차항의 계수가 1인 삼차함수 $f(x)$에 대하여 함수 $g(x)$를
$$g(x)=f(x)+|f'(x)|$$
라 할 때, 두 함수 $f(x)$, $g(x)$가 다음 조건을 만족시킨다.

(가) $f(0)=g(0)=0$

(나) 방정식 $f(x)=0$은 양의 실근을 갖는다.

(다) 방정식 $|f(x)|=4$의 서로 다른 실근의 개수는 3이다.

$g(3)$의 값은? [4점]

① 9   ② 10   ③ 11

④ 12   ⑤ 13

118

최고차항의 계수가 양수인 사차함수 $f(x)=ax^4+bx^2+c$
(a, b, c는 상수)가 다음 조건을 만족시킨다.

> (가) 방정식 $f(x)=0$의 모든 실근이 α, β, γ이다.
> (단, $\alpha<\beta<\gamma$)
> (나) $f(1)=-\dfrac{3}{4}$, $f'(-1)=1$

〈보기〉에서 옳은 것만을 있는 대로 고른 것은? [4점]

> ───〈보기〉───
> ㄱ. $f(0)=0$
> ㄴ. $f'(\alpha)=-4$
> ㄷ. 방정식 $|f(x)|=k(x-\alpha)$의 서로 다른 실근의 개수가
> 3이 되도록 하는 양수 k의 범위는 $\dfrac{8}{27}<k<4$이다.

① ㄱ   ② ㄱ, ㄴ   ③ ㄱ, ㄷ
④ ㄴ, ㄷ   ⑤ ㄱ, ㄴ, ㄷ

119

삼차함수 $f(x)$가 다음 조건을 만족시킨다.

> (가) $x=-2$에서 극댓값을 갖는다.
> (나) $f'(-3)=f'(3)$

〈보기〉에서 옳은 것만을 있는 대로 고른 것은? [4점]

> ───〈보기〉───
> ㄱ. 도함수 $f'(x)$는 $x=0$에서 최솟값을 갖는다.
> ㄴ. 방정식 $f(x)=f(2)$는 서로 다른 두 실근을 갖는다.
> ㄷ. 곡선 $y=f(x)$ 위의 점 $(-1, f(-1))$에서의 접선은
> 점 $(2, f(2))$를 지난다.

① ㄱ   ② ㄷ   ③ ㄱ, ㄴ
④ ㄴ, ㄷ   ⑤ ㄱ, ㄴ, ㄷ

120

2018년 시행 교육청 10월 나형 20번

사차함수 $f(x)$가 다음 조건을 만족시킨다.

> (가) $f'(x)=x(x-2)(x-a)$ (단, a는 실수)
> (나) 방정식 $|f(x)|=f(0)$은 실근을 갖지 않는다.

〈보기〉에서 옳은 것만을 있는 대로 고른 것은? [4점]

〈보기〉

ㄱ. $a=0$이면 방정식 $f(x)=0$은 서로 다른 두 실근을 갖는다.

ㄴ. $0<a<2$이고 $f(a)>0$이면, 방정식 $f(x)=0$은 서로 다른 네 실근을 갖는다.

ㄷ. 함수 $|f(x)-f(2)|$가 $x=k$에서만 미분가능하지 않으면 $k<0$이다.

① ㄱ ② ㄱ, ㄴ ③ ㄱ, ㄷ
④ ㄴ, ㄷ ⑤ ㄱ, ㄴ, ㄷ

121

2019학년도 평가원 6월 나형 21번

상수 a, b에 대하여 삼차함수 $f(x)=x^3+ax^2+bx$가 다음 조건을 만족시킨다.

> (가) $f(-1)>-1$
> (나) $f(1)-f(-1)>8$

〈보기〉에서 옳은 것만을 있는 대로 고른 것은? [4점]

〈보기〉

ㄱ. 방정식 $f'(x)=0$은 서로 다른 두 실근을 갖는다.

ㄴ. $-1<x<1$일 때, $f'(x)\geq 0$이다.

ㄷ. 방정식 $f(x)-f'(k)x=0$의 서로 다른 실근의 개수가 2가 되도록 하는 모든 실수 k의 개수는 4이다.

① ㄱ ② ㄱ, ㄴ ③ ㄱ, ㄷ
④ ㄴ, ㄷ ⑤ ㄱ, ㄴ, ㄷ

▶ 정답 및 해설 067쪽

122

2020년 시행 교육청 3월 나형 21번

이차함수 $g(x)=x^2-6x+10$에 대하여 삼차함수 $f(x)$가 다음 조건을 만족시킨다.

> (가) 방정식 $f(x)=0$은 서로 다른 세 실근을 갖는다.
> (나) 함수 $(g \circ f)(x)$의 최솟값을 m이라 할 때, 방정식 $g(f(x))=m$의 서로 다른 실근의 개수는 2이다.
> (다) 방정식 $g(f(x))=17$은 서로 다른 세 실근을 갖는다.

함수 $f(x)$의 극댓값과 극솟값의 합은? [4점]

① 2 ② 4 ③ 6

④ 8 ⑤ 10

유형 ⑬ 도함수의 부등식에의 활용

4점

124

2020학년도 평가원 6월 나형 27번

두 함수
$$f(x)=x^3+3x^2-k, \ g(x)=2x^2+3x-10$$
에 대하여 부등식
$$f(x) \geq 3g(x)$$
가 닫힌구간 $[-1, 4]$에서 항상 성립하도록 하는 실수 k의 최댓값을 구하시오. [4점]

123 Best Pick

2012학년도 수능 가형 19번

실수 m에 대하여 점 $(0, 2)$를 지나고 기울기가 m인 직선이 곡선 $y=x^3-3x^2+1$과 만나는 점의 개수를 $f(m)$이라 하자. 함수 $f(m)$이 구간 $(-\infty, a)$에서 연속이 되게 하는 실수 a의 최댓값은? [4점]

① -3 ② $-\dfrac{3}{4}$ ③ $\dfrac{3}{2}$

④ $\dfrac{15}{4}$ ⑤ 6

125

2020년 시행 교육청 3월 나형 28번

자연수 a에 대하여 두 함수
$$f(x)=-x^4-2x^3-x^2, \ g(x)=3x^2+a$$
가 있다. 다음을 만족시키는 a의 값을 구하시오. [4점]

> 모든 실수 x에 대하여 부등식
> $$f(x) \leq 12x+k \leq g(x)$$
> 를 만족시키는 자연수 k의 개수는 3이다.

126

최고차항의 계수가 1인 사차함수 $f(x)$가 다음 조건을 만족시킨다.

(가) $f'(0)=0$, $f'(2)=16$
(나) 어떤 양수 k에 대하여 두 열린구간 $(-\infty, 0)$, $(0, k)$에서 $f'(x)<0$이다.

〈보기〉에서 옳은 것만을 있는 대로 고른 것은? [4점]

〈보기〉
ㄱ. 방정식 $f'(x)=0$은 열린구간 $(0, 2)$에서 한 개의 실근을 갖는다.
ㄴ. 함수 $f(x)$는 극댓값을 갖는다.
ㄷ. $f(0)=0$이면, 모든 실수 x에 대하여 $f(x) \geq -\dfrac{1}{3}$이다.

① ㄱ   ② ㄴ   ③ ㄱ, ㄷ
④ ㄴ, ㄷ   ⑤ ㄱ, ㄴ, ㄷ

127 Best Pick

두 실수 a와 k에 대하여 두 함수 $f(x)$와 $g(x)$는

$$f(x)=\begin{cases} 0 & (x \leq a) \\ (x-1)^2(2x+1) & (x>a) \end{cases},$$

$$g(x)=\begin{cases} 0 & (x \leq k) \\ 12(x-k) & (x>k) \end{cases}$$

이고, 다음 조건을 만족시킨다.

(가) 함수 $f(x)$는 실수 전체의 집합에서 미분가능하다.
(나) 모든 실수 x에 대하여 $f(x) \geq g(x)$이다.

k의 최솟값이 $\dfrac{q}{p}$일 때, $a+p+q$의 값을 구하시오.

(단, p와 q는 서로소인 자연수이다.) [4점]

128

다음 조건을 만족시키는 모든 삼차함수 $f(x)$에 대하여 $f(2)$의 최솟값은? [4점]

(가) $f(x)$의 최고차항의 계수는 1이다.
(나) $f(0)=f'(0)$
(다) $x \geq -1$인 모든 실수 x에 대하여 $f(x) \geq f'(x)$이다.

① 28   ② 33   ③ 38
④ 43   ⑤ 48

129

이차함수 $y=f(x)$의 그래프 위의 한 점 $(a, f(a))$에서의 접선의 방정식을 $y=g(x)$라 하자. $h(x)=f(x)-g(x)$라 할 때, 〈보기〉에서 옳은 것을 모두 고른 것은? [4점]

〈보기〉
ㄱ. $h(x_1)=h(x_2)$를 만족시키는 서로 다른 두 실수 x_1, x_2가 존재한다.
ㄴ. $h(x)$는 $x=a$에서 극소이다.
ㄷ. 부등식 $|h(x)| < \dfrac{1}{100}$의 해는 항상 존재한다.

① ㄱ   ② ㄴ   ③ ㄷ
④ ㄱ, ㄴ   ⑤ ㄱ, ㄷ

130

2019년 시행 교육청 7월 나형 21번

좌표평면 위의 점 $(0,\ t)$를 지나고 곡선

$y=x^3-ax^2+3x-5$ (a는 자연수)

에 접하는 서로 다른 모든 직선의 개수를 $f(t)$라 할 때, 함수 $f(t)$에 대하여 합성함수 $g(t)=(f\circ f)(t)$라 하자. 다음 조건을 만족시키는 a의 최솟값을 m이라 할 때, $m+g(m)$의 값은? [4점]

> (가) 모든 실수 t에 대하여 $g(t)>1$이다.
> (나) 함수 $g(t)$의 치역의 원소의 개수는 1이다.

① 4 ② 6 ③ 8
④ 10 ⑤ 12

131

2012년 시행 교육청 3월 가형 30번

함수 $f(x)=x^2(x-2)^2$이 있다. $0\le x\le 2$인 모든 실수 x에 대하여

$f(x)\le f'(t)(x-t)+f(t)$

를 만족시키는 실수 t의 집합은 $\{t\,|\,p\le t\le q\}$이다. $36pq$의 값을 구하시오. [4점]

▸ 정답 및 해설 072쪽

3점

132

2019년 시행 교육청 7월 나형 25번

수직선 위를 움직이는 점 P의 시각 t $(t \geq 0)$에서의 위치 x가

$$x = t^3 - 3t^2 + at \ (a는 \ 상수)$$

이다. 점 P의 시각 $t = 3$에서의 속도가 15일 때, a의 값을 구하시오. [3점]

134

2013년 시행 교육청 7월 A형 11번

원점을 출발하여 수직선 위를 움직이는 점 P의 시각 t에서의 위치는 $P(t) = t^3 - 9t^2 + 34t$이다. 점 P의 속도가 처음으로 10이 되는 순간 점 P의 위치는? [3점]

① 38   ② 40   ③ 42

④ 44   ⑤ 46

135 Best Pick

2020년 시행 교육청 10월 나형 11번

수직선 위를 움직이는 점 P의 시각 t $(t \geq 0)$에서의 위치 x가

$$x = t^3 + kt^2 + kt \ (k는 \ 상수)$$

이다. 시각 $t = 1$에서 점 P가 운동 방향을 바꿀 때, 시각 $t = 2$에서 점 P의 가속도는? [3점]

① 4   ② 6   ③ 8

④ 10   ⑤ 12

133

2020학년도 평가원 6월 나형 25번

수직선 위를 움직이는 점 P의 시각 t $(t > 0)$에서의 위치 x가

$$x = t^3 - 5t^2 + 6t$$

이다. $t = 3$에서 점 P의 가속도를 구하시오. [3점]

4점

136

2019학년도 수능 나형 27번

수직선 위를 움직이는 점 P의 시각 t $(t \geq 0)$에서의 위치 x가

$$x = -\frac{1}{3}t^3 + 3t^2 + k \ (k\text{는 상수})$$

이다. 점 P의 가속도가 0일 때 점 P의 위치는 40이다. k의 값을 구하시오. [4점]

137

2020학년도 수능 나형 27번

수직선 위를 움직이는 두 점 P, Q의 시각 t $(t \geq 0)$에서의 위치 x_1, x_2가

$$x_1 = t^3 - 2t^2 + 3t, \ x_2 = t^2 + 12t$$

이다. 두 점 P, Q의 속도가 같아지는 순간 두 점 P, Q 사이의 거리를 구하시오. [4점]

138

2018학년도 평가원 6월 나형 17번

수직선 위를 움직이는 점 P의 시각 t $(t > 0)$에서의 위치 x가

$$x = t^3 - 12t + k \ (k\text{는 상수})$$

이다. 점 P의 운동 방향이 원점에서 바뀔 때, k의 값은? [4점]

① 10   ② 12   ③ 14

④ 16   ⑤ 18

139

2010학년도 평가원 9월 가형 24번

다음 조건을 만족시키는 모든 사차함수 $y=f(x)$의 그래프가 항상 지나는 점들의 y좌표의 합을 구하시오. [4점]

(가) $f(x)$의 최고차항의 계수는 1이다.
(나) 곡선 $y=f(x)$가 점 $(2, f(2))$에서 직선 $y=2$에 접한다.
(다) $f'(0)=0$

---

140 Best Pick

2010학년도 평가원 6월 가형 24번

사차함수 $f(x)$가 다음 조건을 만족시킬 때, $\dfrac{f'(5)}{f'(3)}$의 값을 구하시오. [4점]

(가) 함수 $f(x)$는 $x=2$에서 극값을 갖는다.
(나) 함수 $|f(x)-f(1)|$은 오직 $x=a \ (a>2)$에서만 미분가능하지 않다.

141

2022학년도 평가원 6월 22번

삼차함수 $f(x)$가 다음 조건을 만족시킨다.

> (가) 방정식 $f(x)=0$의 서로 다른 실근의 개수는 2이다.
> (나) 방정식 $f(x-f(x))=0$의 서로 다른 실근의 개수는 3이다.

$f(1)=4$, $f'(1)=1$, $f'(0)>1$일 때, $f(0)=\dfrac{q}{p}$이다. $p+q$의 값을 구하시오.

(단, p와 q는 서로소인 자연수이다.) [4점]

142

2021학년도 평가원 9월 나형 30번

삼차함수 $f(x)$가 다음 조건을 만족시킨다.

> (가) $f(1)=f(3)=0$
> (나) 집합 $\{x\,|\,x\geq 1$이고 $f'(x)=0\}$의 원소의 개수는 1이다.

상수 a에 대하여 함수 $g(x)=|f(x)f(a-x)|$가 실수 전체의 집합에서 미분가능할 때,
$\dfrac{g(4a)}{f(0)\times f(4a)}$의 값을 구하시오. [4점]

143

2021년 시행 교육청 10월 22번

양수 a에 대하여 최고차항의 계수가 1인 삼차함수 $f(x)$와 실수 전체의 집합에서 정의된 함수 $g(x)$가 다음 조건을 만족시킨다.

> (가) 모든 실수 x에 대하여 $|x(x-2)|g(x)=x(x-2)(|f(x)|-a)$이다.
> (나) 함수 $g(x)$는 $x=0$과 $x=2$에서 미분가능하다.

$g(3a)$의 값을 구하시오. [4점]

144

2018학년도 평가원 6월 나형 30번

최고차항의 계수가 1인 삼차함수 $f(x)$와 최고차항의 계수가 2인 이차함수 $g(x)$가 다음 조건을 만족시킨다.

> (가) $f(\alpha)=g(\alpha)$이고 $f'(\alpha)=g'(\alpha)=-16$인 실수 α가 존재한다.
> (나) $f'(\beta)=g'(\beta)=16$인 실수 β가 존재한다.

$g(\beta+1)-f(\beta+1)$의 값을 구하시오. [4점]

145

2021학년도 평가원 6월 나형 30번

이차함수 $f(x)$는 $x=-1$에서 극대이고, 삼차함수 $g(x)$는 이차항의 계수가 0이다. 함수

$$h(x)=\begin{cases} f(x) & (x\leq 0) \\ g(x) & (x>0) \end{cases}$$

이 실수 전체의 집합에서 미분가능하고 다음 조건을 만족시킬 때, $h'(-3)+h'(4)$의 값을 구하시오. [4점]

> (가) 방정식 $h(x)=h(0)$의 모든 실근의 합은 1이다.
> (나) 닫힌구간 $[-2, 3]$에서 함수 $h(x)$의 최댓값과 최솟값의 차는 $3+4\sqrt{3}$이다.

146

2020학년도 평가원 6월 나형 30번

최고차항의 계수가 1이고 $f(2)=3$인 삼차함수 $f(x)$에 대하여 함수

$$g(x)=\begin{cases} \dfrac{ax-9}{x-1} & (x<1) \\ f(x) & (x\geq 1) \end{cases}$$

이 다음 조건을 만족시킨다.

> 함수 $y=g(x)$의 그래프와 직선 $y=t$가 서로 다른 두 점에서만 만나도록 하는 모든 실수 t의 값의 집합은 $\{t\,|\,t=-1$ 또는 $t\geq 3\}$이다.

$(g\circ g)(-1)$의 값을 구하시오. (단, a는 상수이다.) [4점]

147

2017년 시행 교육청 10월 나형 30번

함수 $f(x)=|3x-9|$에 대하여 함수 $g(x)$는

$$g(x)=\begin{cases} \dfrac{3}{2}f(x+k) & (x<0) \\ f(x) & (x\geq 0) \end{cases}$$

이다. 최고차항의 계수가 1인 삼차함수 $h(x)$가 다음 조건을 만족시킬 때, 모든 $h(k)$의 값의 합을 구하시오. (단, $k>0$) [4점]

(가) 함수 $g(x)h(x)$는 실수 전체의 집합에서 미분가능하다.

(나) $h'(3)=15$

---

148 Best Pick

2020학년도 평가원 9월 나형 30번

최고차항의 계수가 1인 사차함수 $f(x)$에 대하여 네 개의 수 $f(-1)$, $f(0)$, $f(1)$, $f(2)$가 이 순서대로 등차수열을 이루고, 곡선 $y=f(x)$ 위의 점 $(-1, f(-1))$에서의 접선과 점 $(2, f(2))$에서의 접선이 점 $(k, 0)$에서 만난다. $f(2k)=20$일 때, $f(4k)$의 값을 구하시오. (단, k는 상수이다.) [4점]

149

2020학년도 수능 나형 30번

최고차항의 계수가 양수인 삼차함수 $f(x)$가 다음 조건을 만족시킨다.

(가) 방정식 $f(x)-x=0$의 서로 다른 실근의 개수는 2이다.

(나) 방정식 $f(x)+x=0$의 서로 다른 실근의 개수는 2이다.

$f(0)=0$, $f'(1)=1$일 때, $f(3)$의 값을 구하시오. [4점]

150

2019학년도 평가원 9월 나형 30번

최고차항의 계수가 양수인 삼차함수 $f(x)$에 대하여 방정식
$$(f \circ f)(x)=x$$
의 모든 실근이 0, 1, a, 2, b이다.
$$f'(1)<0, f'(2)<0, f'(0)-f'(1)=6$$
일 때, $f(5)$의 값을 구하시오. (단, $1<a<2<b$) [4점]

151

2019학년도 수능 나형 30번

최고차항의 계수가 1인 삼차함수 $f(x)$와 최고차항의 계수가 -1인 이차함수 $g(x)$가 다음 조건을 만족시킨다.

(가) 곡선 $y=f(x)$ 위의 점 $(0, 0)$에서의 접선과 곡선 $y=g(x)$ 위의 점 $(2, 0)$에서의 접선은 모두 x축이다.

(나) 점 $(2, 0)$에서 곡선 $y=f(x)$에 그은 접선의 개수는 2이다.

(다) 방정식 $f(x)=g(x)$는 오직 하나의 실근을 가진다.

$x>0$인 모든 실수 x에 대하여

$$g(x)\leq kx-2\leq f(x)$$

를 만족시키는 실수 k의 최댓값과 최솟값을 각각 α, β라 할 때, $\alpha-\beta=a+b\sqrt{2}$이다. a^2+b^2의 값을 구하시오. (단, a, b는 유리수이다.) [4점]

152

2022학년도 평가원 9월 22번

최고차항의 계수가 1인 삼차함수 $f(x)$에 대하여 함수

$$g(x)=f(x-3)\times\lim_{h\to0+}\frac{|f(x+h)|-|f(x-h)|}{h}$$

가 다음 조건을 만족시킬 때, $f(5)$의 값을 구하시오. [4점]

(가) 함수 $g(x)$는 실수 전체의 집합에서 연속이다.

(나) 방정식 $g(x)=0$은 서로 다른 네 실근 α_1, α_2, α_3, α_4를 갖고 $\alpha_1+\alpha_2+\alpha_3+\alpha_4=7$이다.

153

2011학년도 수능 가형 24번

최고차항의 계수가 1이고, $f(0)=3$, $f'(3)<0$인 사차함수 $f(x)$가 있다. 실수 t에 대하여 집합 S를

$$S=\{a\,|\,\text{함수 }|f(x)-t|\text{가 }x=a\text{에서 미분가능하지 않다.}\}$$

라 하고, 집합 S의 원소의 개수를 $g(t)$라 하자. 함수 $g(t)$가 $t=3$과 $t=19$에서만 불연속일 때, $f(-2)$의 값을 구하시오. [4점]

▶ 정답 및 해설 083쪽

154

2018년 시행 교육청 7월 나형 30번

함수 $f(x)=x^3-12x$와 실수 t에 대하여 점 $(a, f(a))$를 지나고 기울기가 t인 직선이 함수 $y=|f(x)|$의 그래프와 만나는 점의 개수를 $g(t)$라 하자. 함수 $g(t)$가 다음 조건을 만족시킨다.

함수 $g(t)$가 $t=k$에서 불연속이 되는 k의 값 중에서 가장 작은 값은 0이다.

$\sum\limits_{n=1}^{36} g(n)$의 값을 구하시오. [4점]

▶ 정답 및 해설 086쪽

Ⅲ 적분

1 부정적분

유형 ❶ 부정적분의 계산

유형 ❷ 부정적분의 계산의 활용

2 정적분

유형 ❸ 정적분의 계산

유형 ❹ 정적분의 성질

유형 ❺ 정적분의 계산의 활용

유형 ❻ 정적분으로 정의된 함수

유형 ❼ 정적분으로 정의된 함수의 극한

유형 ❽ 정적분으로 정의된 함수의 활용

3 정적분의 활용

유형 ❾ 곡선과 x축 사이의 넓이

유형 ❿ 곡선과 직선 사이의 넓이

유형 ⓫ 두 곡선 사이의 넓이

유형 ⓬ 속도와 거리

1

부정적분

유형 1 부정적분의 계산

3점

001

2022학년도 수능 17번

함수 $f(x)$에 대하여 $f'(x)=3x^2+2x$이고 $f(0)=2$일 때, $f(1)$의 값을 구하시오. [3점]

002

2022학년도 수능 예시문항 6번

다항함수 $f(x)$가
$$f'(x)=3x^2-kx+1, \ f(0)=f(2)=1$$
을 만족시킬 때, 상수 k의 값은? [3점]

① 5   ② 6   ③ 7

④ 8   ⑤ 9

003

2021년 시행 교육청 4월 5번

함수 $f(x)$에 대하여 $f'(x)=2x+4$이고 $f(-1)+f(1)=0$일 때, $f(2)$의 값은? [3점]

① 9   ② 10   ③ 11

④ 12   ⑤ 13

004

2016학년도 평가원 9월 A형 10번

함수 $f(x)$가
$$f(x)=\int\left(\frac{1}{2}x^3+2x+1\right)dx-\int\left(\frac{1}{2}x^3+x\right)dx$$
이고, $f(0)=1$일 때, $f(4)$의 값은? [3점]

① $\dfrac{23}{2}$ ② 12   ③ $\dfrac{25}{2}$

④ 13   ⑤ $\dfrac{27}{2}$

005

2015학년도 수능 A형 26번

다항함수 $f(x)$의 도함수 $f'(x)$가 $f'(x)=6x^2+4$이다. 함수 $y=f(x)$의 그래프가 점 $(0, 6)$을 지날 때, $f(1)$의 값을 구하시오. [4점]

3점

006

2021년 시행 교육청 3월 18번

실수 전체의 집합에서 미분가능한 함수 $F(x)$의 도함수 $f(x)$가

$$f(x)=\begin{cases} -2x & (x<0) \\ k(2x-x^2) & (x\geq0) \end{cases}$$

이다. $F(2)-F(-3)=21$일 때, 상수 k의 값을 구하시오. [3점]

4점

007 Best Pick

2017년 시행 교육청 10월 나형 20번

최고차항의 계수가 1인 삼차함수 $f(x)$가 다음 조건을 만족시킨다.

(가) $f'\left(\dfrac{11}{3}\right)<0$

(나) 함수 $f(x)$는 $x=2$에서 극댓값 35를 갖는다.

(다) 방정식 $f(x)=f(4)$는 서로 다른 두 실근을 갖는다.

$f(0)$의 값은? [4점]

① 12   ② 13   ③ 14

④ 15   ⑤ 16

008

이차함수 $f(x)$에 대하여 함수 $g(x)$가

$$g(x)=\int\{x^2+f(x)\}\,dx,\ f(x)g(x)=-2x^4+8x^3$$

을 만족시킬 때, $g(1)$의 값은? [4점]

① 1   ② 2   ③ 3

④ 4   ⑤ 5

009

두 다항함수 $f(x)$, $g(x)$가

$$f(x)=\int xg(x)\,dx,\ \frac{d}{dx}\{f(x)-g(x)\}=4x^3+2x$$

를 만족시킬 때, $g(1)$의 값은? [4점]

① 10   ② 11   ③ 12

④ 13   ⑤ 14

010

삼차함수 $y=f(x)$의 도함수 $y=f'(x)$의 그래프가 그림과 같다.

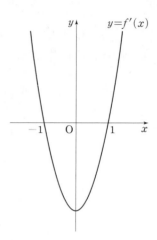

$f'(-1)=f'(1)=0$이고 함수 $f(x)$의 극댓값이 4, 극솟값이 0일 때, $f(3)$의 값은? [4점]

① 14   ② 16   ③ 18

④ 20   ⑤ 22

011

사차함수 $f(x)$의 도함수 $y=f'(x)$의 그래프가 그림과 같고, $f'(-\sqrt{2})=f'(0)=f'(\sqrt{2})=0$이다.

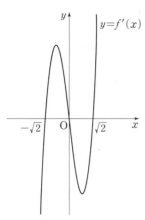

$f(0)=1$, $f(\sqrt{2})=-3$일 때, $f(m)f(m+1)<0$을 만족시키는 모든 정수 m의 값의 합은? [4점]

① -2 ② -1 ③ 0

④ 1 ⑤ 2

012

최고차항의 계수가 1인 삼차함수 $f(x)$가 $f(0)=0$, $f(\alpha)=0$, $f'(\alpha)=0$이고 함수 $g(x)$가 다음 두 조건을 만족시킬 때, $g\left(\dfrac{\alpha}{3}\right)$의 값은? (단, α는 양수이다.) [4점]

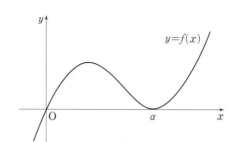

> (가) $g'(x)=f(x)+xf'(x)$
> (나) $g(x)$의 극댓값이 81이고 극솟값은 0이다.

① 56   ② 58   ③ 60

④ 62   ⑤ 64

2 정적분

유형 ③ 정적분의 계산

3점

013
2015학년도 평가원 9월 A형 6번

$\int_0^1 3x^2 \, dx$의 값은? [3점]

① 1　　　　② 2　　　　③ 3
④ 4　　　　⑤ 5

014
2020학년도 평가원 9월 나형 6번

$\int_0^2 (3x^2+6x) \, dx$의 값은? [3점]

① 20　　　② 22　　　③ 24
④ 26　　　⑤ 28

015
2017학년도 평가원 9월 나형 23번

$\int_0^3 (x^2-4x+11) \, dx$의 값을 구하시오. [3점]

016
2017년 시행 교육청 7월 나형 9번

$\int_{-2}^2 (3x^2+2x+1) \, dx$의 값은? [3점]

① 12　　　② 14　　　③ 16
④ 18　　　⑤ 20

017

$\displaystyle\int_{-2}^{2} x(3x+1)\,dx$의 값을 구하시오. [3점]

018

$\displaystyle\int_{2}^{-2} (x^3+3x^2)\,dx$의 값은? [3점]

① -16 ② -8 ③ 0
④ 8 ⑤ 16

019

$\displaystyle\int_{0}^{a} (3x^2-4)\,dx=0$을 만족시키는 양수 a의 값은? [3점]

① 2 ② $\dfrac{9}{4}$ ③ $\dfrac{5}{2}$
④ $\dfrac{11}{4}$ ⑤ 3

020

실수 a에 대하여 $\displaystyle\int_{-a}^{a} (3x^2+2x)\,dx=\dfrac{1}{4}$일 때, $50a$의 값을 구하시오. [3점]

021

함수 $f(x)=x+1$에 대하여

$$\int_{-1}^{1}\{f(x)\}^2\,dx=k\left(\int_{-1}^{1}f(x)\,dx\right)^2$$

일 때, 상수 k의 값은? [3점]

① $\dfrac{1}{6}$　　　② $\dfrac{1}{3}$　　　③ $\dfrac{1}{2}$

④ $\dfrac{2}{3}$　　　⑤ $\dfrac{5}{6}$

022

함수 $y=4x^3-12x^2$의 그래프를 y축의 방향으로 k만큼 평행이동한 그래프를 나타내는 함수를 $y=f(x)$라 하자.

$\int_{0}^{3}f(x)\,dx=0$을 만족시키는 상수 k의 값을 구하시오. [3점]

023

함수 $f(x)=x^3$의 그래프를 x축 방향으로 a만큼, y축 방향으로 b만큼 평행이동시켰더니 함수 $y=g(x)$의 그래프가 되었다. $g(0)=0$이고

$$\int_{a}^{3a}g(x)\,dx-\int_{0}^{2a}f(x)\,dx=32$$

일 때, a^4의 값을 구하시오. [3점]

유형 ④ 정적분의 성질

3점

024
2015년 시행 교육청 10월 A형 23번

$\displaystyle\int_0^{10} (x+1)^2\,dx - \int_0^{10} (x-1)^2\,dx$의 값을 구하시오. [3점]

025
2020년 시행 교육청 3월 나형 5번

$\displaystyle\int_5^2 2t\,dt - \int_5^0 2t\,dt$의 값은? [3점]

① -4 ② -2 ③ 0

④ 2 ⑤ 4

026
2019년 시행 교육청 10월 나형 6번

$\displaystyle\int_{-3}^3 (x^3+4x^2)dx + \int_3^{-3} (x^3+x^2)dx$의 값은? [3점]

① 36 ② 42 ③ 48

④ 54 ⑤ 60

Ⅲ 적분

027

$\displaystyle\int_{1}^{4}(x+|x-3|)\,dx$의 값을 구하시오. [3점]

028

$\displaystyle\int_{0}^{2}|x^2(x-1)|\,dx$의 값은? [3점]

① $\dfrac{3}{2}$ ② 2 ③ $\dfrac{5}{2}$

④ 3 ⑤ 72

029 Best Pick

그림은 모든 실수 x에 대하여 $f(-x)=-f(x)$인 연속함수 $y=f(x)$의 그래프와 함수 $y=f(x)$의 그래프를 x축의 방향으로 1만큼, y축의 방향으로 1만큼 평행이동시킨 함수 $y=g(x)$의 그래프이다. $\displaystyle\int_{0}^{2}g(x)\,dx$의 값은? [3점]

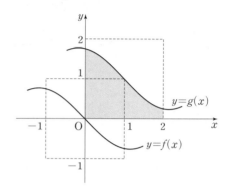

① $\dfrac{7}{4}$ ② 2 ③ $\dfrac{9}{4}$

④ $\dfrac{5}{2}$ ⑤ $\dfrac{11}{4}$

030 Best Pick

모든 실수 x에 대하여 함수 $f(x)$는 다음 조건을 만족시킨다.

(가) $f(x+2)=f(x)$
(나) $f(x)=|x|$ $(-1\le x<1)$

함수 $g(x)=\displaystyle\int_{-2}^{x} f(t)\,dt$라 할 때, 실수 a에 대하여 $g(a+4)-g(a)$의 값은? [4점]

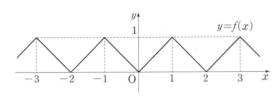

① 1   ② 2   ③ 3
④ 4   ⑤ 5

031

함수 $f(x)$는 모든 실수 x에 대하여 $f(x+3)=f(x)$를 만족시키고,

$$f(x)=\begin{cases} x & (0\le x<1) \\ 1 & (1\le x<2) \\ -x+3 & (2\le x<3) \end{cases}$$

이다. $\displaystyle\int_{-a}^{a} f(x)\,dx=13$일 때, 상수 a의 값은? [4점]

① 10   ② 12   ③ 14
④ 16   ⑤ 18

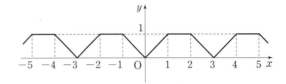

모든 다항함수 $f(x)$에 대하여 옳은 것만을 〈보기〉에서 있는 대로 고른 것은? [4점]

〈보기〉

ㄱ. $\int_0^3 f(x)\,dx = 3\int_0^1 f(x)\,dx$

ㄴ. $\int_0^1 f(x)\,dx = \int_0^2 f(x)\,dx + \int_2^1 f(x)\,dx$

ㄷ. $\int_0^1 \{f(x)\}^2\,dx = \left\{\int_0^1 f(x)\,dx\right\}^2$

① ㄴ   ② ㄷ   ③ ㄱ, ㄴ
④ ㄱ, ㄷ   ⑤ ㄴ, ㄷ

이차함수 $f(x)$가 $f(0)=0$이고 다음 조건을 만족시킨다.

(가) $\int_0^2 |f(x)|\,dx = -\int_0^2 f(x)\,dx = 4$

(나) $\int_2^3 |f(x)|\,dx = \int_2^3 f(x)\,dx$

$f(5)$의 값을 구하시오. [4점]

이차함수 $f(x)$는 $f(0)=-1$이고,

$$\int_{-1}^1 f(x)\,dx = \int_0^1 f(x)\,dx = \int_{-1}^0 f(x)\,dx$$

를 만족시킨다. $f(2)$의 값은? [4점]

① 11   ② 10   ③ 9
④ 8   ⑤ 7

035

2018년 시행 교육청 7월 나형 20번

최고차항의 계수가 1인 사차함수 $f(x)$가 모든 실수 x에 대하여 $f'(-x)=-f'(x)$를 만족시킨다. $f'(1)=0$, $f(1)=2$일 때, 〈보기〉에서 옳은 것만을 있는 대로 고른 것은? [4점]

〈보기〉

ㄱ. $f'(-1)=0$

ㄴ. 모든 실수 k에 대하여 $\int_{-k}^{0} f(x)\,dx=\int_{0}^{k} f(x)\,dx$

ㄷ. $0<t<1$인 모든 실수 t에 대하여 $\int_{-t}^{t} f(x)\,dx<6t$

① ㄱ ② ㄷ ③ ㄱ, ㄴ
④ ㄴ, ㄷ ⑤ ㄱ, ㄴ, ㄷ

036

2014년 시행 교육청 7월 A형 29번

연속함수 $f(x)$가 모든 실수 x에 대하여 다음 조건을 만족시킨다.

(가) $f(-x)=f(x)$
(나) $f(x+2)=f(x)$
(다) $\int_{-1}^{1}(2x+3)f(x)\,dx=15$

$\int_{-6}^{10} f(x)\,dx$의 값을 구하시오. [4점]

037

2014년 시행 교육청 7월 B형 29번

연속함수 $f(x)$가 모든 실수 x에 대하여 다음 조건을 만족시킨다.

(가) $f(-x)=f(x)$
(나) $f(x+2)=f(x)$
(다) $\int_{-1}^{1}(x+2)^2 f(x)\,dx=50$, $\int_{-1}^{1} x^2 f(x)\,dx=2$

$\int_{-3}^{3} x^2 f(x)\,dx$의 값을 구하시오. [4점]

▶ 정답 및 해설 094쪽

두 다항함수 $f(x)$, $g(x)$가 모든 실수 x에 대하여
$$f(-x)=-f(x),\ g(-x)=g(x)$$
를 만족시킨다. 함수 $h(x)=f(x)g(x)$에 대하여
$$\int_{-3}^{3}(x+5)h'(x)\,dx=10$$
일 때, $h(3)$의 값은? [4점]

① 1   ② 2   ③ 3

④ 4   ⑤ 5

닫힌구간 $[0,\ 1]$에서 연속인 함수 $f(x)$가
$$f(0)=0,\ f(1)=1,\ \int_{0}^{1}f(x)\,dx=\frac{1}{6}$$
을 만족시킨다. 실수 전체의 집합에서 정의된 함수 $g(x)$가 다음 조건을 만족시킬 때, $\int_{-3}^{2}g(x)\,dx$의 값은? [4점]

(가) $g(x)=\begin{cases} -f(x+1)+1 & (-1<x<0) \\ f(x) & (0\le x\le1) \end{cases}$

(나) 모든 실수 x에 대하여 $g(x+2)=g(x)$이다.

① $\dfrac{5}{2}$ ② $\dfrac{17}{6}$ ③ $\dfrac{19}{6}$

④ $\dfrac{7}{2}$ ⑤ $\dfrac{23}{6}$

최고차항의 계수가 양수인 이차함수 $f(x)$가 다음 조건을 만족시킨다.

(가) 모든 실수 t에 대하여 $\int_{0}^{t}f(x)\,dx=\int_{2a-t}^{2a}f(x)\,dx$이다.

(나) $\int_{a}^{2}f(x)\,dx=2,\ \int_{a}^{2}|f(x)|\,dx=\dfrac{22}{9}$

$f(k)=0$이고 $k<a$인 실수 k에 대하여 $\int_{k}^{2}f(x)\,dx=\dfrac{q}{p}$이다.

$p+q$의 값을 구하시오.

(단, a는 상수이고, p와 q는 서로소인 자연수이다.) [4점]

유형 5 정적분의 계산의 활용

4점

041 2017년 시행 교육청 10월 나형 16번

함수 $f(x)$를

$$f(x)=\begin{cases} 2x+2 & (x<0) \\ -x^2+2x+2 & (x\geq 0) \end{cases}$$

라 하자. 양의 실수 a에 대하여 $\int_{-a}^{a} f(x)\,dx$의 최댓값은? [4점]

① 5 ② $\frac{16}{3}$ ③ $\frac{17}{3}$
④ 6 ⑤ $\frac{19}{3}$

042 2022학년도 수능 예시문항 12번

$0<a<b$인 모든 실수 a, b에 대하여

$$\int_{a}^{b} (x^3-3x+k)\,dx>0$$

이 성립하도록 하는 실수 k의 최솟값은? [4점]

① 1 ② 2 ③ 3
④ 4 ⑤ 5

043 2020년 시행 교육청 7월 나형 14번

다항함수 $f(x)$가 다음 조건을 만족시킨다.

(가) $\lim_{x\to\infty} \frac{f(x)+f(-x)}{x^2}=3$
(나) $f(0)=-1$

$\int_{-3}^{3} f(x)\,dx$의 값은? [4점]

① 13 ② 15 ③ 17
④ 19 ⑤ 21

▸ 정답 및 해설 096쪽

최고차항의 계수가 1이고 $f(0)=0$인 삼차함수 $f(x)$가 다음 조건을 만족시킨다.

> (가) $f(2)=f(5)$
> (나) 방정식 $f(x)-p=0$의 서로 다른 실근의 개수가 2가 되게 하는 실수 p의 최댓값은 $f(2)$이다.

$\displaystyle\int_0^2 f(x)\,dx$의 값은? [4점]

① 25   ② 28   ③ 31
④ 34   ⑤ 37

함수 $f(x)=(x-1)|x-a|$의 극댓값이 1일 때, $\displaystyle\int_0^4 f(x)\,dx$의 값은? (단, a는 상수이다.) [4점]

① $\dfrac{4}{3}$ ② $\dfrac{3}{2}$ ③ $\dfrac{5}{3}$
④ $\dfrac{11}{6}$ ⑤ 2

실수 전체의 집합에서 미분가능한 함수 $f(x)$가 다음 조건을 만족시킨다.

> (가) 닫힌구간 $[0, 1]$에서 $f(x)=x$이다.
> (나) 어떤 상수 a, b에 대하여 구간 $[0, \infty)$에서
> $f(x+1)-xf(x)=ax+b$이다.

$60 \times \displaystyle\int_1^2 f(x)\,dx$의 값을 구하시오. [4점]

최고차항의 계수가 1이고 다음 조건을 만족시키는 모든 삼차

함수 $f(x)$에 대하여 $\int_0^3 f(x)\,dx$의 최솟값을 m이라 할 때,

$4m$의 값을 구하시오. [4점]

(가) $f(0)=0$

(나) 모든 실수 x에 대하여 $f'(2-x)=f'(2+x)$이다.

(다) 모든 실수 x에 대하여 $f'(x)\geq -3$이다.

구간 $[0,\,8]$에서 정의된 함수 $f(x)$는

$$f(x)=\begin{cases} -x(x-4) & (0\leq x<4) \\ x-4 & (4\leq x\leq 8) \end{cases}$$

이다. 실수 $a\ (0\leq a\leq 4)$에 대하여 $\int_a^{a+4} f(x)\,dx$의 최솟값은 $\dfrac{q}{p}$

이다. $p+q$의 값을 구하시오.

(단, p와 q는 서로소인 자연수이다.) [4점]

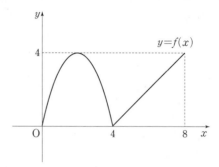

049

실수 전체의 집합에서 연속인 두 함수 $f(x)$와 $g(x)$가 모든 실수 x에 대하여 다음 조건을 만족시킨다.

(가) $f(x) \geq g(x)$
(나) $f(x) + g(x) = x^2 + 3x$
(다) $f(x)g(x) = (x^2+1)(3x-1)$

$\displaystyle\int_0^2 f(x)\,dx$의 값은? [4점]

① $\dfrac{23}{6}$ ② $\dfrac{13}{3}$ ③ $\dfrac{29}{6}$

④ $\dfrac{16}{3}$ ⑤ $\dfrac{35}{6}$

050

삼차함수 $f(x) = x^3 - 3x - 1$이 있다. 실수 t $(t \geq -1)$에 대하여 $-1 \leq x \leq t$에서 $|f(x)|$의 최댓값을 $g(t)$라고 하자.

$\displaystyle\int_{-1}^1 g(t)\,dt = \dfrac{q}{p}$일 때, $p+q$의 값을 구하시오.

(단, p, q는 서로소인 자연수이다.) [4점]

051

Best Pick

최고차항의 계수가 1이고 $f'(0) = f'(2) = 0$인 삼차함수 $f(x)$와 양수 p에 대하여 함수 $g(x)$를

$$g(x) = \begin{cases} f(x) - f(0) & (x \leq 0) \\ f(x+p) - f(p) & (x > 0) \end{cases}$$

이라 하자. 〈보기〉에서 옳은 것만을 있는 대로 고른 것은? [4점]

〈보기〉

ㄱ. $p=1$일 때, $g'(1)=0$이다.

ㄴ. $g(x)$가 실수 전체의 집합에서 미분가능하도록 하는 양수 p의 개수는 1이다.

ㄷ. $p \geq 2$일 때, $\displaystyle\int_{-1}^1 g(x)\,dx \geq 0$이다.

① ㄱ ② ㄱ, ㄴ ③ ㄱ, ㄷ
④ ㄴ, ㄷ ⑤ ㄱ, ㄴ, ㄷ

052

2020학년도 평가원 9월 나형 21번

함수 $f(x)=x^3+x^2+ax+b$에 대하여 함수 $g(x)$를

$$g(x)=f(x)+(x-1)f'(x)$$

라 하자. 〈보기〉에서 옳은 것만을 있는 대로 고른 것은?

(단, a, b는 상수이다.) [4점]

〈보기〉

ㄱ. 함수 $h(x)$가 $h(x)=(x-1)f(x)$이면 $h'(x)=g(x)$이다.

ㄴ. 함수 $f(x)$가 $x=-1$에서 극값 0을 가지면 $\int_0^1 g(x)\,dx=-1$이다.

ㄷ. $f(0)=0$이면 방정식 $g(x)=0$은 열린구간 $(0, 1)$에서 적어도 하나의 실근을 갖는다.

① ㄱ　② ㄴ　③ ㄱ, ㄴ　④ ㄱ, ㄷ　⑤ ㄱ, ㄴ, ㄷ

053

2021년 시행 교육청 7월 15번

최고차항의 계수가 1인 사차함수 $f(x)$의 도함수 $f'(x)$에 대하여 방정식 $f'(x)=0$의 서로 다른 세 실근 α, 0, β $(\alpha<0<\beta)$가 이 순서대로 등차수열을 이룰 때, 함수 $f(x)$는 다음 조건을 만족시킨다.

(가) 방정식 $f(x)=9$는 서로 다른 세 실근을 가진다.

(나) $f(\alpha)=-16$

함수 $g(x)=|f'(x)|-f'(x)$에 대하여 $\int_0^{10} g(x)\,dx$의 값은?

[4점]

① 48　② 50　③ 52　④ 54　⑤ 56

3점

054

2017년 시행 교육청 7월 나형 25번

함수 $f(x) - \int_0^x (3t^2 + 5)\,dt$에 대하여 $\lim\limits_{x \to 2} \dfrac{f(x) - f(2)}{x - 2}$의 값을 구하시오. [3점]

055

2016학년도 평가원 9월 A형 25번

함수 $f(x)$가 $f(x) = \int_0^x (2at + 1)\,dt$이고, $f'(2) = 17$일 때, 상수 a의 값을 구하시오. [3점]

056 Best Pick

2018년 시행 교육청 10월 나형 25번

다항함수 $f(x)$가 모든 실수 x에 대하여

$$\int_a^x f(t)\,dt = \frac{1}{3}x^3 - 9$$

를 만족시킬 때, $f(a)$의 값을 구하시오.

(단, a는 실수이다.) [3점]

057

2013년 시행 교육청 7월 A형 12번

함수 $f(x)$가 $f(x) = x^2 - 2x + \int_0^1 tf(t)\,dt$를 만족시킬 때, $f(3)$의 값은? [3점]

① $\dfrac{13}{6}$ ② $\dfrac{5}{2}$ ③ $\dfrac{17}{6}$

④ $\dfrac{19}{6}$ ⑤ $\dfrac{7}{2}$

058

2006학년도 평가원 9월 가형 19번

이차함수 $f(x)$가

$$f(x)=\frac{12}{7}x^2-2x\int_1^2 f(t)\,dt+\left\{\int_1^2 f(t)\,dt\right\}^2$$

일 때, $10\int_1^2 f(x)\,dx$의 값을 구하시오. [3점]

059

2014년 시행 교육청 10월 A형 24번

모든 실수 x에 대하여 함수 $f(x)$는 다음 조건을 만족시킨다.

$$\int_{12}^{x} f(t)\,dt=-x^3+x^2+\int_0^1 xf(t)\,dt$$

$\int_0^1 f(x)\,dx$의 값을 구하시오. [3점]

4점

060 Best Pick

2022학년도 평가원 9월 11번

다항함수 $f(x)$가 모든 실수 x에 대하여

$$xf(x)=2x^3+ax^2+3a+\int_1^x f(t)\,dt$$

를 만족시킨다. $f(1)=\int_0^1 f(t)\,dt$일 때, $a+f(3)$의 값은?

(단, a는 상수이다.) [4점]

① 5 ② 6 ③ 7 ④ 8 ⑤ 9

061

2014학년도 평가원 9월 A형 28번

다항함수 $f(x)$에 대하여

$$\int_0^x f(t)\,dt=x^3-2x^2-2x\int_0^1 f(t)\,dt$$

일 때, $f(0)=a$라 하자. $60a$의 값을 구하시오. [4점]

▸ 정답 및 해설 102쪽

062
2015년 시행 교육청 7월 A형 15번

다항함수 $f(x)$가 모든 실수 x에 대하여

$$\int_1^x f(t)\,dt = xf(x) - 3x^4 + 2x^2$$

을 만족시킬 때, $f(0)$의 값은? [4점]

① 1 ② 2 ③ 3 ④ 4 ⑤ 5

063
2019학년도 수능 나형 14번

다항함수 $f(x)$가 모든 실수 x에 대하여

$$\int_1^x \left\{\frac{d}{dt}f(t)\right\}dt = x^3 + ax^2 - 2$$

를 만족시킬 때, $f'(a)$의 값은? (단, a는 상수이다.) [4점]

① 1 ② 2 ③ 3 ④ 4 ⑤ 5

064
2020년 시행 교육청 10월 나형 16번

다항함수 $f(x)$의 한 부정적분 $g(x)$가 다음 조건을 만족시킨다.

(가) $f(x) = 2x + 2\int_0^1 g(t)\,dt$

(나) $g(0) - \int_0^1 g(t)\,dt = \frac{2}{3}$

$g(1)$의 값은? [4점]

① -2 ② $-\frac{5}{3}$ ③ $-\frac{4}{3}$ ④ -1 ⑤ $-\frac{2}{3}$

065
2020년 시행 교육청 3월 가형 16번

함수 $f(x)$가 모든 실수 x에 대하여

$$f(x) = x^3 - 4x\int_0^1 |f(t)|\,dt$$

를 만족시킨다. $f(1) > 0$일 때, $f(2)$의 값은? [4점]

① 6 ② 7 ③ 8 ④ 9 ⑤ 10

유형 7 정적분으로 정의된 함수의 극한

3점

066 2007년 시행 교육청 7월 가형 4번

함수 $f(x)=x^3+3x^2-2x-1$에 대하여 $\lim_{x\to2}\frac{1}{x-2}\int_2^x f(t)\,dt$의 값은? [3점]

① 7 ② 9 ③ 11
④ 13 ⑤ 15

067 2012년 시행 교육청 10월 나형 26번

$\lim_{x\to2}\frac{1}{x^2-4}\int_2^x (t^2+3t-2)\,dt$의 값을 구하시오. [3점]

4점

068 2012년 시행 교육청 7월 나형 13번

다항함수 $f(x)$가 $\lim_{x\to1}\frac{\int_1^x f(t)\,dt-f(x)}{x^2-1}=2$를 만족할 때, $f'(1)$의 값은? [4점]

① -4 ② -3 ③ -2
④ -1 ⑤ 0

▸ 정답 및 해설 103쪽

4점

069

2015년 시행 교육청 10월 A형 14번

함수 $f(x)=x(x+2)(x+4)$에 대하여 함수

$g(x)=\displaystyle\int_2^x f(t)\,dt$는 $x=a$에서 극댓값을 갖는다. $g(a)$의 값은? [4점]

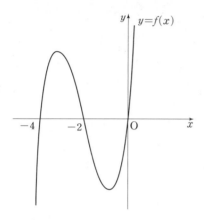

① -28 ② -29 ③ -30
④ -31 ⑤ -32

070

2013학년도 수능 나형 21번

삼차함수 $f(x)=x^3-3x+a$에 대하여 함수

$$F(x)=\int_0^x f(t)\,dt$$

가 오직 하나의 극값을 갖도록 하는 양수 a의 최솟값은? [4점]

① 1   ② 2   ③ 3
④ 4   ⑤ 5

071

2020년 시행 교육청 3월 나형 20번

최고차항의 계수가 1인 삼차함수 $f(x)$에 대하여 함수 $g(x)$를

$$g(x)=\int_0^x f(t)\,dt+f(x)$$

라 할 때, 함수 $g(x)$는 다음 조건을 만족시킨다.

(가) 함수 $g(x)$는 $x=0$에서 극댓값 0을 갖는다.
(나) 함수 $g(x)$의 도함수 $y=g'(x)$의 그래프는 원점에 대하여 대칭이다.

$f(2)$의 값은? [4점]

① -5 ② -4 ③ -3
④ -2 ⑤ -1

실수 a와 함수 $f(x) = x^3 - 12x^2 + 45x + 3$에 대하여 함수

$$g(x) = \int_a^x \{f(x) - f(t)\} \times \{f(t)\}^4 \, dt$$

가 오직 하나의 극값을 갖도록 하는 모든 a의 값의 합을 구하시오. [4점]

함수 $f(x) = \begin{cases} -1 & (x < 1) \\ -x + 2 & (x \geq 1) \end{cases}$ 에 대하여 함수 $g(x)$를

$$g(x) = \int_{-1}^x (t-1)f(t) \, dt$$

라 하자. 〈보기〉에서 옳은 것만을 있는 대로 고른 것은? [4점]

〈보기〉
ㄱ. $g(x)$는 구간 $(1, 2)$에서 증가한다.
ㄴ. $g(x)$는 $x=1$에서 미분가능하다.
ㄷ. 방정식 $g(x) = k$가 서로 다른 세 실근을 갖도록 하는 실수 k가 존재한다.

① ㄴ　　　　② ㄷ　　　　③ ㄱ, ㄴ
④ ㄱ, ㄷ　　　⑤ ㄱ, ㄴ, ㄷ

074

2017년 시행 교육청 7월 나형 20번

최고차항의 계수가 양수인 이차함수 $f(x)$에 대하여

$g(x)=\int_0^x tf(t)\,dt$라 할 때, 〈보기〉에서 옳은 것만을 있는 대로 고른 것은? [4점]

〈보기〉

ㄱ. $g'(0)=0$

ㄴ. 양수 α에 대하여 $g(\alpha)=0$이면 방정식 $f(x)=0$은 열린 구간 $(0, \alpha)$에서 적어도 하나의 실근을 갖는다.

ㄷ. 양수 β에 대하여 $f(\beta)=g(\beta)=0$이면 모든 실수 x에 대하여 $\int_\beta^x tf(t)\,dt\geq 0$이다.

① ㄱ ② ㄷ ③ ㄱ, ㄴ
④ ㄴ, ㄷ ⑤ ㄱ, ㄴ, ㄷ

075

2014년 시행 교육청 7월 A형 19번

양수 a, b에 대하여 함수 $f(x)=\int_0^x (t-a)(t-b)\,dt$가 다음 조건을 만족시킬 때, $a+b$의 값은? [4점]

(가) 함수 $f(x)$는 $x=\frac{1}{2}$에서 극값을 갖는다.

(나) $f(a)-f(b)=\frac{1}{6}$

① 1 ② 2 ③ 3
④ 4 ⑤ 5

최고차항의 계수가 양수인 삼차함수 $f(x)$가 다음 조건을 만족시킨다.

> (가) 함수 $f(x)$는 $x=0$에서 극댓값, $x=k$에서 극솟값을 가진다. (단, k는 상수이다.)
>
> (나) 1보다 큰 모든 실수 t에 대하여
> $$\int_0^t |f'(x)|\,dx = f(t)+f(0)$$
> 이다.

〈보기〉에서 옳은 것만을 있는 대로 고른 것은? [4점]

> ─────〈보기〉─────
>
> ㄱ. $\int_0^k f'(x)\,dx < 0$
>
> ㄴ. $0 < k \le 1$
>
> ㄷ. 함수 $f(x)$의 극솟값은 0이다.

① ㄱ   ② ㄷ   ③ ㄱ, ㄴ
④ ㄴ, ㄷ   ⑤ ㄱ, ㄴ, ㄷ

삼차함수 $f(x)$는 $f(0) > 0$을 만족시킨다. 함수 $g(x)$를
$$g(x) = \left| \int_0^x f(t)\,dt \right|$$
라 할 때, 함수 $y=g(x)$의 그래프가 그림과 같다.

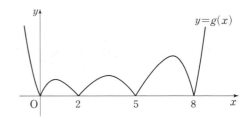

〈보기〉에서 옳은 것만을 있는 대로 고른 것은? [4점]

> ─────〈보기〉─────
>
> ㄱ. 방정식 $f(x)=0$은 서로 다른 3개의 실근을 갖는다.
>
> ㄴ. $f'(0) < 0$
>
> ㄷ. $\int_m^{m+2} f(x)\,dx > 0$을 만족시키는 자연수 m의 개수는 3이다.

① ㄴ   ② ㄷ   ③ ㄱ, ㄴ
④ ㄱ, ㄷ   ⑤ ㄱ, ㄴ, ㄷ

최고차항의 계수가 4이고 $f(0)=f'(0)=0$을 만족시키는 삼차함수 $f(x)$에 대하여 함수 $g(x)$를

$$g(x)=\begin{cases} \displaystyle\int_0^x f(t)\,dt+5 & (x<c) \\[2mm] \left|\displaystyle\int_0^x f(t)\,dt-\dfrac{13}{3}\right| & (x\ge c) \end{cases}$$

라 하자. 함수 $g(x)$가 실수 전체의 집합에서 연속이 되도록 하는 실수 c의 개수가 1일 때, $g(1)$의 최댓값은? [4점]

① 2　　　　　② $\dfrac{8}{3}$　　　　　③ $\dfrac{10}{3}$

④ 4　　　　　⑤ $\dfrac{14}{3}$

사차함수 $f(x)=x^4+ax^2+b$에 대하여 $x\ge0$에서 정의된 함수

$$g(x)=\int_{-x}^{2x}\{f(t)-|f(t)|\}\,dt$$

가 다음 조건을 만족시킨다.

> (가) $0<x<1$에서 $g(x)=c_1$ (c_1은 상수)
> (나) $1<x<5$에서 $g(x)$는 감소한다.
> (다) $x>5$에서 $g(x)=c_2$ (c_2는 상수)

$f(\sqrt{2})$의 값은? (단, a, b는 상수이다.) [4점]

① 40　　　　　② 42　　　　　③ 44

④ 46　　　　　⑤ 48

080

실수 a $(a>1)$에 대하여 함수 $f(x)$를
$$f(x)=(x+1)(x-1)(x-a)$$
라 하자. 함수

$$g(x)=x^2\int_0^x f(t)\,dt-\int_0^x t^2 f(t)\,dt$$

가 오직 하나의 극값을 갖도록 하는 a의 최댓값은? [4점]

① $\dfrac{9\sqrt{2}}{8}$ ② $\dfrac{3\sqrt{6}}{4}$ ③ $\dfrac{3\sqrt{2}}{2}$

④ $\sqrt{6}$ ⑤ $2\sqrt{2}$

3

정적분의 활용

유형 ⑨ 곡선과 x축 사이의 넓이

3점

081

함수 $f(x)=x^3-9x$의 그래프와 x축으로 둘러싸인 부분의 넓이는? [3점]

① $\dfrac{77}{2}$ ② 39 ③ $\dfrac{79}{2}$

④ 40 ⑤ $\dfrac{81}{2}$

082 Best Pick

곡선 $y=6x^2+1$과 x축 및 두 직선 $x=1-h$, $x=1+h$ $(h>0)$로 둘러싸인 부분의 넓이를 $S(h)$라 할 때,

$\displaystyle\lim_{h\to 0+}\dfrac{S(h)}{h}$의 값을 구하시오. [3점]

083

두 양수 a, b $(a<b)$에 대하여 함수 $f(x)$를
$f(x)=(x-a)(x-b)$라 하자.

$$\int_0^a f(x)\,dx=\frac{11}{6}, \quad \int_0^b f(x)\,dx=-\frac{8}{3}$$

일 때, 곡선 $y=f(x)$와 x축으로 둘러싸인 부분의 넓이는?

[4점]

① 4   ② $\frac{9}{2}$ ③ 5

④ $\frac{11}{2}$ ⑤ 6

084

함수 $f(x)$의 도함수 $f'(x)$가 $f'(x)=x^2-1$이다.

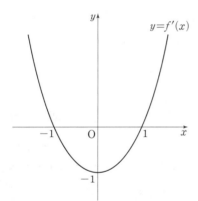

$f(0)=0$일 때, 곡선 $y=f(x)$와 x축으로 둘러싸인 부분의 넓이는? [4점]

① $\frac{9}{8}$ ② $\frac{5}{4}$ ③ $\frac{11}{8}$

④ $\frac{3}{2}$ ⑤ $\frac{13}{8}$

085

함수 $f(x)=-x^2+x+2$에 대하여 그림과 같이 곡선 $y=f(x)$와 x축으로 둘러싸인 부분을 y축과 직선 $x=k$ $(0<k<2)$로 나눈 세 부분의 넓이를 각각 S_1, S_2, S_3이라 하자. S_1, S_2, S_3이 이 순서대로 등차수열을 이룰 때, S_2의 값은? [4점]

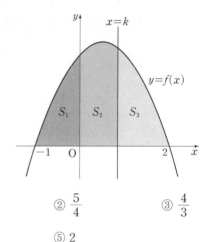

① 1   ② $\frac{5}{4}$ ③ $\frac{4}{3}$

④ $\frac{3}{2}$ ⑤ 2

086

삼차함수 $f(x)$가 다음 두 조건을 만족시킨다.

(가) $f'(x)=3x^2-4x-4$
(나) 함수 $y=f(x)$의 그래프는 $(2, 0)$을 지난다.

이때 함수 $y=f(x)$의 그래프와 x축으로 둘러싸인 도형의 넓이는? [4점]

① $\dfrac{56}{3}$　　　② $\dfrac{58}{3}$　　　③ 20

④ $\dfrac{62}{3}$　　　⑤ $\dfrac{64}{3}$

087

최고차항의 계수가 1인 이차함수 $f(x)$가 $f(3)=0$이고,

$$\int_0^{2013} f(x)\,dx=\int_3^{2013} f(x)\,dx$$

를 만족시킨다. 곡선 $y=f(x)$와 x축으로 둘러싸인 부분의 넓이가 S일 때, $30S$의 값을 구하시오. [4점]

088

실수 전체의 집합에서 증가하는 연속함수 $f(x)$가 다음 조건을 만족시킨다.

(가) 모든 실수 x에 대하여 $f(x)=f(x-3)+4$이다.
(나) $\displaystyle\int_0^6 f(x)\,dx=0$

함수 $y=f(x)$의 그래프와 x축 및 두 직선 $x=6$, $x=9$로 둘러싸인 부분의 넓이는? [4점]

① 9　　　② 12　　　③ 15

④ 18　　　⑤ 21

▶ 정답 및 해설 112쪽

그림과 같이 임의로 그은 직선 l이 y축과 만나는 점을 A, 점 C$(6, 0)$을 지나고 y축과 평행하게 그은 직선과의 교점을 B라 하자. 사다리꼴 OABC의 넓이가 곡선 $f(x)=x^3-6x^2$과 x축으로 둘러싸인 부분의 넓이와 같을 때, 임의의 직선 l은 항상 일정한 점 D를 지난다. 이때, △ODC의 넓이를 구하시오.

(단, $\overline{AB}$는 $\overline{OC}$ 아래에 있다.) [4점]

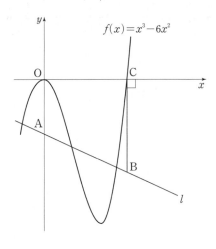

첫째항이 1이고 공차가 2인 등차수열 $\{a_n\}$이 있다. 자연수 n에 대하여 좌표평면 위의 점 P_n을 다음 규칙에 따라 정한다.

(가) 점 P_1의 좌표는 $(1, 1)$이다.

(나) 점 P_n의 x좌표는 a_n이다.

(다) 직선 P_nP_{n+1}의 기울기는 $\frac{1}{2}a_{n+1}$이다.

$x \geq 1$에서 정의된 함수 $y=f(x)$의 그래프가 모든 자연수 n에 대하여 닫힌구간 $[a_n, a_{n+1}]$에서 선분 P_nP_{n+1}과 일치할 때, $\int_1^{11} f(x)\,dx$의 값은? [4점]

① 140   ② 145   ③ 150

④ 155   ⑤ 160

유형 ⑩ 곡선과 직선 사이의 넓이

3점

091

2014학년도 수능 A형 8번

곡선 $y=x^2-4x+3$ 과 직선 $y=3$ 으로 둘러싸인 부분의 넓이는? [3점]

① 10 ② $\dfrac{31}{3}$ ③ $\dfrac{32}{3}$

④ 11 ⑤ $\dfrac{34}{3}$

092

2015년 시행 교육청 10월 A형 10번

곡선 $y=x^3-2x^2+k$ 와 직선 $y=k$ 로 둘러싸인 부분의 넓이는? (단, k 는 상수이다.) [3점]

① $\dfrac{1}{3}$ ② $\dfrac{2}{3}$ ③ 1

④ $\dfrac{4}{3}$ ⑤ $\dfrac{5}{3}$

093

2022학년도 평가원 6월 6번

곡선 $y=3x^2-x$ 와 직선 $y=5x$ 로 둘러싸인 부분의 넓이는? [3점]

① 1 ② 2 ③ 3

④ 4 ⑤ 5

094

2020년 시행 교육청 10월 나형 10번

양수 a 에 대하여 곡선 $y=x^2$ 과 직선 $y=ax$ 로 둘러싸인 부분의 넓이는? [3점]

① $\dfrac{a^3}{12}$ ② $\dfrac{a^3}{8}$ ③ $\dfrac{a^3}{6}$

④ $\dfrac{a^3}{4}$ ⑤ $\dfrac{a^3}{3}$

▶ 정답 및 해설 113쪽

곡선 $y=x^2-5x$와 직선 $y=x$로 둘러싸인 부분의 넓이를 직선 $x=k$가 이등분할 때, 상수 k의 값은? [3점]

① 3 ② $\dfrac{13}{4}$ ③ $\dfrac{7}{2}$

④ $\dfrac{15}{4}$ ⑤ 4

그림과 같이 두 함수 $y=ax^2+2$와 $y=2|x|$의 그래프가 두 점 A, B에서 각각 접한다. 두 함수 $y=ax^2+2$와 $y=2|x|$의 그래프로 둘러싸인 부분의 넓이는? (단, a는 상수이다.) [3점]

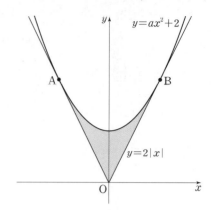

① $\dfrac{13}{6}$ ② $\dfrac{7}{3}$ ③ $\dfrac{5}{2}$

④ $\dfrac{8}{3}$ ⑤ $\dfrac{17}{6}$

097 Best Pick

자연수 n에 대하여 좌표가 $(0,\ 2n+1)$인 점을 P라 하고, 함수 $f(x)=nx^2$의 그래프 위의 점 중 y좌표가 1이고 제1사분면에 있는 점을 Q라 하자.

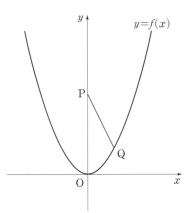

$n=1$일 때, 선분 PQ와 곡선 $y=f(x)$ 및 y축으로 둘러싸인 부분의 넓이는? [3점]

① $\dfrac{3}{2}$ ② $\dfrac{19}{12}$ ③ $\dfrac{5}{3}$

④ $\dfrac{7}{4}$ ⑤ $\dfrac{11}{6}$

4점

098

곡선 $y=-2x^2+3x$와 직선 $y=x$로 둘러싸인 부분의 넓이가 $\dfrac{q}{p}$일 때, $p+q$의 값을 구하시오.

(단, p와 q는 서로소인 자연수이다.) [4점]

099 Best Pick

최고차항의 계수가 -3인 삼차함수 $y=f(x)$의 그래프 위의 점 $(2,\ f(2))$에서의 접선 $y=g(x)$가 곡선 $y=f(x)$와 원점에서 만난다. 곡선 $y=f(x)$와 직선 $y=g(x)$로 둘러싸인 도형의 넓이는? [4점]

① $\dfrac{7}{2}$ ② $\dfrac{15}{4}$ ③ 4

④ $\dfrac{17}{4}$ ⑤ $\dfrac{9}{2}$

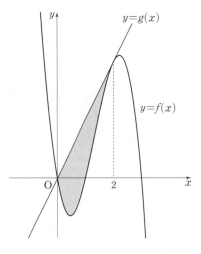

함수 $f(x)=\dfrac{1}{2}x^3$의 그래프 위의 점 P$(a,\ b)$에 대하여 곡선 $y=f(x)$와 x축 및 직선 $x=1$로 둘러싸인 부분의 넓이를 S_1, 곡선 $y=f(x)$와 두 직선 $x=1$, $y=b$로 둘러싸인 부분의 넓이를 S_2라 하자. $S_1=S_2$일 때, $30a$의 값을 구하시오.

(단, $a>1$) [4점]

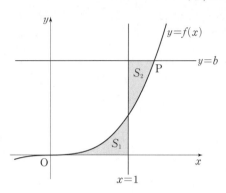

그림과 같이 네 점 $(0,\ -1)$, $(2,\ -1)$, $(2,\ 4)$, $(0,\ 4)$를 꼭 짓점으로 하는 직사각형 내부가 곡선 $y=x^3-x^2$에 의하여 나누어지는 두 부분을 A, B, 직선 $y=ax$에 의하여 나누어지는 두 부분을 C, D라 하자. 영역 A의 넓이와 영역 C의 넓이가 같을 때, $300a$의 값을 구하시오. [4점]

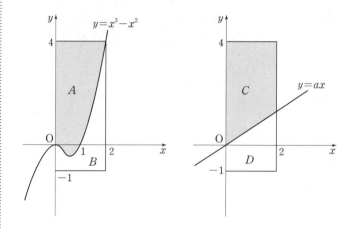

102

포물선 $y=x^2$ 위에서 두 점 $P(a, a^2)$, $Q(b, b^2)$이 조건

「선분 PQ와 포물선 $y=x^2$으로 둘러싸인 도형의 넓이는 36」

을 만족하면서 움직이고 있다. $\lim\limits_{a \to \infty} \dfrac{\overline{PQ}}{a}$ 의 값을 구하시오.

[4점]

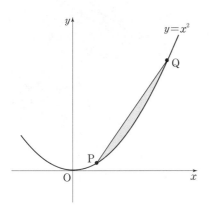

103 Best Pick

두 함수

$$f(x)=\frac{1}{3}x(4-x), \; g(x)=|x-1|-1$$

의 그래프로 둘러싸인 부분의 넓이를 S라 할 때, $4S$의 값을
구하시오. [4점]

104

그림과 같이 좌표평면 위의 두 점 $A(2, 0)$, $B(0, 3)$을 지나
는 직선과 곡선 $y=ax^2$ $(a>0)$ 및 y축으로 둘러싸인 부분 중
에서 제1사분면에 있는 부분의 넓이를 S_1이라 하자. 또, 직선
AB와 곡선 $y=ax^2$ 및 x축으로 둘러싸인 부분의 넓이를 S_2라
하자. $S_1 : S_2 = 13 : 3$일 때, 상수 a의 값은? [4점]

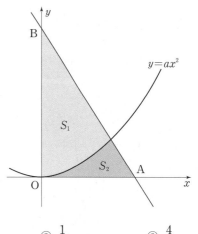

① $\dfrac{2}{9}$ ② $\dfrac{1}{3}$ ③ $\dfrac{4}{9}$

④ $\dfrac{5}{9}$ ⑤ $\dfrac{2}{3}$

3점

105

2014학년도 평가원 9월 A형 13번

그림은 두 곡선 $y=x^2$, $y=\dfrac{1}{4}x^2$과 꼭짓점의 좌표가 O$(0,\,0)$, A$(n,\,0)$, B$(n,\,n^2)$, C$(0,\,n^2)$인 직사각형 OABC를 나타낸 것이다. (단, n은 자연수이다.)

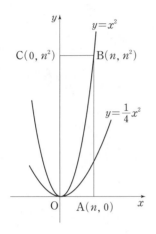

$n=4$일 때, 두 곡선 $y=x^2$, $y=\dfrac{1}{4}x^2$과 직선 AB로 둘러싸인 부분의 넓이는? [3점]

① 14   ② 16   ③ 18

④ 20   ⑤ 22

106

2010학년도 평가원 9월 가형 7번

두 곡선 $y=x^4-x^3$, $y=-x^4+x$로 둘러싸인 도형의 넓이가 곡선 $y=ax(1-x)$에 의하여 이등분될 때, 상수 a의 값은? (단, $0<a<1$) [3점]

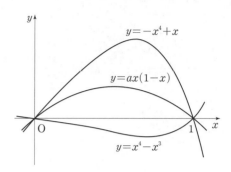

① $\dfrac{1}{4}$ ② $\dfrac{3}{8}$ ③ $\dfrac{5}{8}$

④ $\dfrac{3}{4}$ ⑤ $\dfrac{7}{8}$

107

함수 $f(x)=x^2-2x$에 대하여 두 곡선 $y=f(x)$, $y=-f(x-1)-1$로 둘러싸인 부분의 넓이는? [4점]

① $\dfrac{1}{6}$ ② $\dfrac{1}{4}$ ③ $\dfrac{1}{3}$

④ $\dfrac{5}{12}$ ⑤ $\dfrac{1}{2}$

108

최고차항의 계수가 1인 삼차함수 $f(x)$가 $f(0)=0$이고, 모든 실수 x에 대하여 $f(1-x)=-f(1+x)$를 만족시킨다. 두 곡선 $y=f(x)$와 $y=-6x^2$으로 둘러싸인 부분의 넓이를 S라 할 때, $4S$의 값을 구하시오. [4점]

유형 ⑫ 속도와 거리

109

수직선 위를 움직이는 점 P의 시각 t $(t\geq 0)$에서의 속도 $v(t)$가
$$v(t)=-2t+4$$
이다. $t=0$부터 $t=4$까지 점 P가 움직인 거리는? [3점]

① 8   ② 9   ③ 10

④ 11   ⑤ 12

110

수직선 위를 움직이는 점 P의 시각 t $(t\geq 0)$에서의 위치 x가
$$x=t^4+at^3 \ (a는 상수)$$
이다. $t=2$에서 점 P의 속도가 0일 때, $t=0$에서 $t=2$까지 점 P가 움직인 거리는? [3점]

① $\dfrac{16}{3}$ ② $\dfrac{20}{3}$ ③ 8

④ $\dfrac{28}{3}$ ⑤ $\dfrac{32}{3}$

111

수직선 위를 움직이는 점 P의 시각 t $(t \geq 0)$에서의 속도 $v(t)$가
$$v(t) = 3t^2 - 4t + k$$
이다. 시각 $t=0$에서 점 P의 위치는 0이고, 시각 $t=1$에서 점 P의 위치는 -3이다. 시각 $t=1$에서 $l=3$까지 점 P의 위치의 변화량을 구하시오. (단, k는 상수이다.) [3점]

112

수직선 위를 움직이는 점 P의 시각 t $(t \geq 0)$에서의 속도 $v(t)$가
$$v(t) = t^2 - at \ (a > 0)$$
이다. 점 P가 시각 $t=0$일 때부터 움직이는 방향이 바뀔 때까지 움직인 거리가 $\dfrac{9}{2}$이다. 상수 a의 값은? [3점]

① 1　　　　　② 2　　　　　③ 3
④ 4　　　　　⑤ 5

113　Best Pick

다음은 '가'지점에서 출발하여 '나'지점에 도착할 때까지 직선 경로를 따라 이동한 세 자동차 A, B, C의 시간 t에 따른 속도 v를 각각 나타낸 그래프이다.

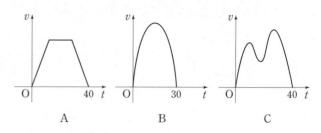

A　　　　B　　　　C

'가'지점에서 출발하여 '나'지점에 도착할 때까지의 상황에 대한 〈보기〉의 설명 중 옳은 것을 모두 고른 것은? [3점]

〈보기〉
ㄱ. A와 C의 평균속도는 같다.
ㄴ. B와 C 모두 가속도가 0인 순간이 적어도 한 번 존재한다.
ㄷ. A, B, C 각각의 속도 그래프와 t축으로 둘러싸인 영역의 넓이는 모두 같다.

① ㄱ　　　　② ㄷ　　　　③ ㄱ, ㄴ
④ ㄴ, ㄷ　　　⑤ ㄱ, ㄴ, ㄷ

114

다음은 원점을 출발하여 수직선 위를 움직이는 점 P의 시각 t $(0 \leq t \leq d)$에서의 속도 $v(t)$를 나타내는 그래프이다.

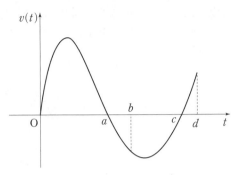

$\int_0^a |v(t)| \, dt = \int_a^d |v(t)| \, dt$일 때, <보기>에서 옳은 것을 모두 고른 것은? (단, $0 < a < b < c < d$이다.) [3점]

<보기>

ㄱ. 점 P는 출발하고 나서 원점을 다시 지난다.

ㄴ. $\int_0^c v(t) \, dt = \int_c^d v(t) \, dt$

ㄷ. $\int_0^b v(t) \, dt = \int_b^d |v(t)| \, dt$

① ㄴ   ② ㄷ   ③ ㄱ, ㄴ

④ ㄴ, ㄷ   ⑤ ㄱ, ㄴ, ㄷ

4점

115

수직선 위를 움직이는 점 P의 시각 t $(t \geq 0)$에서의 속도 $v(t)$가

$$v(t) = 4t - 10$$

이다. 점 P의 시각 $t = 1$에서의 위치와 점 P의 시각 $t = k$ $(k > 1)$에서의 위치가 서로 같을 때, 상수 k의 값은? [4점]

① 3   ② $\dfrac{7}{2}$ ③ 4

④ $\dfrac{9}{2}$ ⑤ 5

116

원점을 동시에 출발하여 수직선 위를 움직이는 두 점 P, Q의 시각 t $(t \geq 0)$에서의 속도가 각각 $3t^2 + 6t - 6$, $10t - 6$이다. 두 점 P, Q가 출발 후 $t = a$에서 다시 만날 때, 상수 a의 값은? [4점]

① 1   ② $\dfrac{3}{2}$ ③ 2

④ $\dfrac{5}{2}$ ⑤ 3

117

시각 $t=0$일 때 동시에 원점을 출발하여 수직선 위를 움직이는 두 점 P, Q의 시각 t $(t \geq 0)$에서의 속도가 각각

$$v_1(t)=3t^2+t, \quad v_2(t)=2t^2+3t$$

이다. 출발한 후 두 점 P, Q의 속도가 같아지는 순간 두 점 P, Q 사이의 거리를 a라 할 때, $9a$의 값을 구하시오. [4점]

118

원점을 동시에 출발하여 수직선 위를 움직이는 두 점 P, Q의 시각 t $(0 \leq t \leq 8)$에서의 속도가 각각 $2t^2-8t$, t^3-10t^2+24t이다. 두 점 P, Q 사이의 거리의 최댓값을 구하시오. [4점]

119

수직선 위를 움직이는 점 P의 시각 t에서의 속도 $v(t)$가 $v(t)=3t^2-12t+9$이다. 점 P가 $t=0$일 때 원점을 출발하여 처음으로 운동 방향을 바꾼 순간의 위치를 A라 하자. 점 P가 A에서 방향을 바꾼 순간부터 다시 A로 돌아올 때까지 움직인 거리를 구하시오. [4점]

120

원점을 출발하여 수직선 위를 움직이는 점 P의 시각 t $(t \geq 0)$에서의 속도 $v(t)$의 그래프가 그림과 같다.

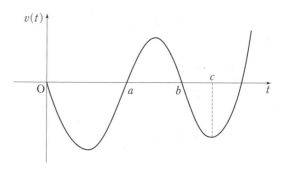

점 P가 출발한 후 처음으로 운동 방향을 바꿀 때의 위치는 -8이고 점 P의 시각 $t=c$에서의 위치는 -6이다. $\int_0^b v(t)\,dt=\int_b^c v(t)\,dt$일 때, 점 P가 $t=a$부터 $t=b$까지 움직인 거리는? [4점]

① 3   ② 4   ③ 5
④ 6   ⑤ 7

121 Best Pick

시각 $t=0$일 때 원점을 출발하여 수직선 위를 움직이는 점 P의 시각 t ($t \geq 0$)에서의 속도 $v(t)$가

$$v(t)=3t^2-6t$$

일 때, 〈보기〉에서 옳은 것만을 있는 대로 고른 것은? [4점]

<보기>

ㄱ. 시각 $t=2$에서 점 P의 움직이는 방향이 바뀐다.

ㄴ. 점 P가 출발한 후 움직이는 방향이 바뀔 때 점 P의 위치는 -4이다.

ㄷ. 점 P가 시각 $t=0$일 때부터 가속도가 12가 될 때까지 움직인 거리는 8이다.

① ㄱ   ② ㄱ, ㄴ   ③ ㄱ, ㄷ

④ ㄴ, ㄷ   ⑤ ㄱ, ㄴ, ㄷ

122

수직선 위를 움직이는 점 P의 시각 t에서의 가속도가

$$a(t)=3t^2-12t+9 \ (t \geq 0)$$

이고, 시각 $t=0$에서의 속도가 k일 때, 〈보기〉에서 옳은 것만을 있는 대로 고른 것은? [4점]

<보기>

ㄱ. 구간 $(3, \infty)$에서 점 P의 속도는 증가한다.

ㄴ. $k=-4$이면 구간 $(0, \infty)$에서 점 P의 운동 방향이 두 번 바뀐다.

ㄷ. 시각 $t=0$에서 시각 $t=5$까지 점 P의 위치의 변화량과 점 P가 움직인 거리가 같도록 하는 k의 최솟값은 0이다.

① ㄱ   ② ㄴ   ③ ㄱ, ㄴ

④ ㄱ, ㄷ   ⑤ ㄱ, ㄴ, ㄷ

123

같은 높이의 지면에서 동시에 출발하여 지면과 수직인 방향으로 올라가는 두 물체 A, B가 있다. 그림은 시각 t $(0 \le t \le c)$ 에서 물체 A의 속도 $f(t)$와 물체 B의 속도 $g(t)$를 나타낸 것이다.

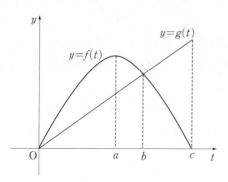

$\int_0^c f(t)\, dt = \int_0^c g(t)\, dt$이고 $0 \le t \le c$일 때, 옳은 것만을 〈보기〉에서 있는 대로 고른 것은? [4점]

〈보기〉

ㄱ. $t=a$일 때, 물체 A는 물체 B보다 높은 위치에 있다.

ㄴ. $t=b$일 때, 물체 A와 물체 B의 높이의 차가 최대이다.

ㄷ. $t=c$일 때, 물체 A와 물체 B는 같은 높이에 있다.

① ㄴ ② ㄷ ③ ㄱ, ㄴ
④ ㄱ, ㄷ ⑤ ㄱ, ㄴ, ㄷ

124

수직선 위를 움직이는 점 P의 시각 t에서의 위치 $x(t)$가 두 상수 a, b에 대하여

$$x(t) = t(t-1)(at+b) \quad (a \ne 0)$$

이다. 점 P의 시각 t에서의 속도 $v(t)$가 $\int_0^1 |v(t)|\, dt = 2$를 만족시킬 때, 〈보기〉에서 옳은 것만을 있는 대로 고른 것은? [4점]

〈보기〉

ㄱ. $\int_0^1 v(t)\, dt = 0$

ㄴ. $|x(t_1)| > 1$인 t_1이 열린구간 $(0, 1)$에 존재한다.

ㄷ. $0 \le t \le 1$인 모든 t에 대하여 $|x(t)| < 1$이면 $x(t_2) = 0$ 인 t_2가 열린구간 $(0, 1)$에 존재한다.

① ㄱ ② ㄱ, ㄴ ③ ㄱ, ㄷ
④ ㄴ, ㄷ ⑤ ㄱ, ㄴ, ㄷ

▶ 정답 및 해설 123쪽

125

2020년 시행 교육청 3월 나형 30번

닫힌구간 $[-1,\ 1]$에서 정의된 연속함수 $f(x)$는 정의역에서 증가하고 모든 실수 x에 대하여 $f(-x)=-f(x)$가 성립할 때, 함수 $g(x)$가 다음 조건을 만족시킨다.

> (가) 닫힌구간 $[-1,\ 1]$에서 $g(x)=f(x)$이다.
> (나) 닫힌구간 $[2n-1,\ 2n+1]$에서 함수 $y=g(x)$의 그래프는 함수 $y=f(x)$의 그래프를 x축의 방향으로 $2n$만큼, y축의 방향으로 $6n$만큼 평행이동한 그래프이다.
>
> (단, n은 자연수이다.)

$f(1)=3$이고 $\displaystyle\int_0^1 f(x)\,dx=1$일 때, $\displaystyle\int_3^6 g(x)\,dx$의 값을 구하시오. [4점]

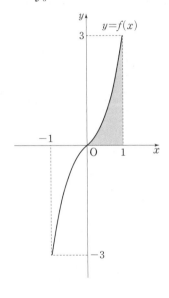

126 Best Pick

2020학년도 수능 나형 28번

다항함수 $f(x)$가 다음 조건을 만족시킨다.

(가) 모든 실수 x에 대하여 $\displaystyle\int_1^x f(t)\,dt = \dfrac{x-1}{2}\{f(x)+f(1)\}$이다.

(나) $\displaystyle\int_0^2 f(x)\,dx = 5\int_{-1}^1 xf(x)\,dx$

$f(0)=1$일 때, $f(4)$의 값을 구하시오. [4점]

127

2020년 시행 교육청 10월 나형 30번

함수 $f(x) = \begin{cases} -3x^2 & (x<1) \\ 2(x-3) & (x\geq 1) \end{cases}$ 에 대하여 함수 $g(x)$를

$$g(x) = \int_0^x (t-1)f(t)\,dt$$

라 할 때, 실수 t에 대하여 직선 $y=t$와 곡선 $y=g(x)$가 만나는 서로 다른 점의 개수를 $h(t)$라 하자. $\left|\lim\limits_{t\to a+} h(t) - \lim\limits_{t\to a-} h(t)\right| = 2$를 만족시키는 모든 실수 a에 대하여 $|a|$의 값의 합을 S라 할 때, $30S$의 값을 구하시오. [4점]

128

2021년 시행 교육청 3월 22번

양수 a와 일차함수 $f(x)$에 대하여 실수 전체의 집합에서 정의된 함수

$$g(x) = \int_0^x (t^2 - 4)\{|f(t)| - a\}\,dt$$

가 다음 조건을 만족시킨다.

(가) 함수 $g(x)$는 극값을 갖지 않는다.
(나) $g(2) = 5$

$g(0) - g(-4)$의 값을 구하시오. [4점]

129

2020년 시행 교육청 7월 나형 28번

모든 실수 x에 대하여 $f(x) \geq 0$, $f(x+3) = f(x)$이고 $\int_{-1}^2 \{f(x) + x^2 - 1\}^2\,dx$의 값이 최소가 되도록 하는 연속함수 $f(x)$에 대하여 $\int_{-1}^{26} f(x)\,dx$의 값을 구하시오. [4점]

130 Best Pick

2022학년도 수능 22번

최고차항의 계수가 $\frac{1}{2}$인 삼차함수 $f(x)$와 실수 t에 대하여 방정식 $f'(x)=0$이 닫힌구간 $[t,\ t+2]$에서 갖는 실근의 개수를 $g(t)$라 할 때, 함수 $g(t)$는 다음 조건을 만족시킨다.

> (가) 모든 실수 a에 대하여 $\lim\limits_{t \to a+} g(t)+\lim\limits_{t \to a-} g(t) \leq 2$이다.
>
> (나) $g(f(1))=g(f(4))=2,\ g(f(0))=1$

$f(5)$의 값을 구하시오. [4점]

131 Best Pick

2016년 시행 교육청 7월 나형 30번

다항함수 $f(x)$가 다음 조건을 만족시킨다.

> (가) $\lim\limits_{x \to \infty} \dfrac{f(x)}{x^4}=1$
>
> (나) $f(1)=f'(1)=1$

$-1 \leq n \leq 4$인 정수 n에 대하여 함수 $g(x)$를
$$g(x)=f(x-n)+n \ (n \leq x < n+1)$$
이라 하자. 함수 $g(x)$가 열린구간 $(-1,\ 5)$에서 미분가능할 때, $\displaystyle\int_0^4 g(x)\,dx = \dfrac{q}{p}$이다.
$p+q$의 값을 구하시오. (단, p, q는 서로소인 자연수이다.) [4점]

132

2019년 시행 교육청 10월 나형 30번

▶ 정답 및 해설 127쪽

양수 a에 대하여 최고차항의 계수가 1인 이차함수 $f(x)$와 최고차항의 계수가 1인 삼차함수 $g(x)$가 다음 조건을 만족시킨다.

(가) $f(0)=g(0)$

(나) $\lim\limits_{x \to 0} \dfrac{f(x)}{x}=0$, $\lim\limits_{x \to a} \dfrac{g(x)}{x-a}=0$

(다) $\displaystyle\int_0^a \{g(x)-f(x)\}\,dx=36$

$3\displaystyle\int_0^a |f(x)-g(x)|\,dx$의 값을 구하시오. [4점]

133

2015학년도 평가원 6월 B형 30번

실수 전체의 집합에서 미분가능한 함수 $f(x)$가 다음 조건을 만족시킨다.

(가) 모든 실수 x에 대하여 $1 \le f'(x) \le 3$이다.

(나) 모든 정수 n에 대하여 함수 $y=f(x)$의 그래프는 점 $(4n, 8n)$, 점 $(4n+1, 8n+2)$, 점 $(4n+2, 8n+5)$, 점 $(4n+3, 8n+7)$을 모두 지난다.

(다) 모든 정수 k에 대하여 닫힌구간 $[2k, 2k+1]$에서 함수 $y=f(x)$의 그래프는 각각 이차함수의 그래프의 일부이다.

$\displaystyle\int_3^6 f(x)\,dx=a$라 할 때, $6a$의 값을 구하시오. [4점]

134

2020년 시행 교육청 3월 가형 30번

최고차항의 계수가 4인 삼차함수 $f(x)$와 실수 t에 대하여 함수 $g(x)$를

$$g(x) = \int_t^x f(s)\,ds$$

라 하자. 상수 a에 대하여 두 함수 $f(x)$와 $g(x)$가 다음 조건을 만족시킨다.

(가) $f'(a) = 0$

(나) 함수 $|g(x) - g(a)|$가 미분가능하지 않은 x의 개수는 1이다.

실수 t에 대하여 $g(a)$의 값을 $h(t)$라 할 때, $h(3) = 0$이고 함수 $h(t)$는 $t = 2$에서 최댓값 27을 가진다. $f(5)$의 값을 구하시오. [4점]

실수 a에 대하여 두 함수 $f(x)$, $g(x)$를

$$f(x) = 3x + a,\ g(x) = \int_{2}^{x} (t+a)f(t)\,dt$$

라 하자. 함수 $h(x) = f(x)g(x)$가 다음 조건을 만족시킬 때, $h(-1)$의 최솟값은 $\dfrac{q}{p}$이다. $p+q$의 값을 구하시오. (단, p와 q는 서로소인 자연수이다.) [4점]

(가) 곡선 $y = h(x)$ 위의 어떤 점에서의 접선이 x축이다.

(나) 곡선 $y = |h(x)|$가 x축과 평행한 직선과 만나는 서로 다른 점의 개수의 최댓값은 4이다.

136

2018학년도 평가원 9월 나형 30번

두 함수 $f(x)$와 $g(x)$가

$$f(x)=\begin{cases} 0 & (x\leq 0) \\ x & (x>0) \end{cases}, \quad g(x)=\begin{cases} x(2-x) & (|x-1|\leq 1) \\ 0 & (|x-1|>1) \end{cases}$$

이다. 양의 실수 k, a, b $(a<b<2)$에 대하여, 함수 $h(x)$를

$$h(x)=k\{f(x)-f(x-a)-f(x-b)+f(x-2)\}$$

라 정의하자. 모든 실수 x에 대하여 $0\leq h(x)\leq g(x)$일 때, $\displaystyle\int_0^2 \{g(x)-h(x)\}\,dx$의 값이 최소가 되게 하는 k, a, b에 대하여 $60(k+a+b)$의 값을 구하시오. [4점]

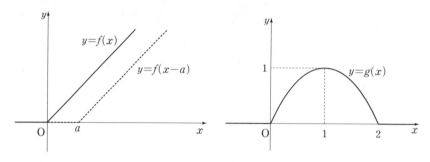

137

2019년 시행 교육청 7월 나형 30번

▶ 정답 및 해설 132쪽

$x=-3$과 $x=a\ (a>-3)$에서 극값을 갖는 삼차함수 $f(x)$에 대하여 실수 전체의 집합에서 정의된 함수

$$g(x)=\begin{cases} f(x) & (x<-3) \\ \displaystyle\int_0^x |f'(t)|\,dt & (x\geq-3) \end{cases}$$

이 다음 조건을 만족시킨다.

(가) $g(-3)=-16$, $g(a)=-8$

(나) 함수 $g(x)$는 실수 전체의 집합에서 연속이다.

(다) 함수 $g(x)$는 극솟값을 갖는다.

$\left| \displaystyle\int_a^4 \{f(x)+g(x)\}\,dx \right|$ 의 값을 구하시오. [4점]

138

2020년 시행 교육청 7월 나형 30번

$t \geq 6 - 3\sqrt{2}$인 실수 t에 대하여 실수 전체의 집합에서 정의된 함수 $f(x)$가

$$f(x) = \begin{cases} 3x^2 + tx & (x < 0) \\ -3x^2 + tx & (x \geq 0) \end{cases}$$

일 때, 다음 조건을 만족시키는 실수 k의 최솟값을 $g(t)$라 하자.

(가) 닫힌구간 $[k-1,\ k]$에서 함수 $f(x)$는 $x = k$에서 최댓값을 갖는다.

(나) 닫힌구간 $[k,\ k+1]$에서 함수 $f(x)$는 $x = k+1$에서 최솟값을 갖는다.

$3 \displaystyle\int_{2}^{4} \{6g(t) - 3\}^2 \, dt$의 값을 구하시오. [4점]

▶ 정답 및 해설 134쪽

수능기출

올픽

수학Ⅱ

BOOK 2

정답 및 해설

Ⅰ 함수의 극한과 연속

001 12	002 40	003 2	004 ④	005 ③	006 ①	007 ④	008 ④	009 ⑤	010 ④	011 ④	012 ⑤
013 ③	014 ①	015 ④	016 ⑤	017 ②	018 30	019 ①	020 ④	021 ②	022 ①	023 ③	024 26
025 14	026 ⑤	027 ①	028 3	029 27	030 ①	031 ②	032 ⑤	033 ②	034 14	035 10	036 ①
037 10	038 ③	039 ④	040 ④	041 ③	042 ④	043 ③	044 50	045 ①	046 ②	047 6	048 16
049 ①	050 ②	051 ②	052 ②	053 ④	054 6	055 ④	056 ⑤	057 ①	058 ②	059 ①	060 ⑤
061 6	062 ⑤	063 ②	064 ③	065 ②	066 ④	067 ④	068 24	069 ⑤	070 ③	071 ④	072 ⑤
073 ①	074 24	075 ①	076 ②	077 ③	078 ④	079 ①	080 32	081 ③	082 ④	083 56	084 ③
085 ①	086 8	고난도 기출 ▶ 087 ③	088 ⑤	089 ②	090 8	091 19	092 20	093 ①			

Ⅱ 미분

001 ⑤	002 ⑤	003 ①	004 28	005 14	006 ⑤	007 ⑤	008 ⑤	009 28	010 ③	011 20	012 10
013 7	014 13	015 ⑤	016 ③	017 ③	018 ⑤	019 3	020 ①	021 ②	022 19	023 ①	024 12
025 ③	026 ③	027 25	028 20	029 12	030 28	031 10	032 10	033 ③	034 24	035 14	036 ④
037 ①	038 ①	039 5	040 ⑤	041 ⑤	042 ④	043 ③	044 ③	045 13	046 3	047 186	048 ⑤
049 ②	050 ②	051 ①	052 ①	053 ②	054 ②	055 ②	056 ①	057 ⑤	058 ②	059 5	060 ②
061 13	062 ③	063 ④	064 ②	065 ④	066 ③	067 6	068 ②	069 13	070 3	071 ④	072 17
073 ①	074 ③	075 ⑤	076 7	077 11	078 ①	079 ①	080 32	081 16	082 ②	083 ⑤	084 6
085 ③	086 ③	087 11	088 ④	089 ③	090 ⑤	091 ①	092 ①	093 ③	094 ④	095 ⑤	096 ①
097 ②	098 ④	099 ④	100 10	101 14	102 ③	103 ⑤	104 9	105 ③	106 64	107 ②	108 ③
109 15	110 ④	111 ①	112 ③	113 19	114 ④	115 21	116 160	117 ①	118 ⑤	119 ⑤	120 ③
121 ③	122 ①	123 ④	124 3	125 34	126 ③	127 32	128 ⑤	129 ⑤	130 ④	131 32	132 6
133 8	134 ②	135 ④	136 22	137 27	138 ④	고난도 기출 ▶ 139 13	140 12	141 61	142 105	143 108	
144 243	145 38	146 19	147 64	148 42	149 51	150 40	151 5	152 108	153 147	154 82	

Ⅲ 적분

001 4	002 ①	003 ③	004 ④	005 12	006 9	007 ④	008 ②	009 ①	010 ④	011 ①	012 ⑤
013 ①	014 ①	015 24	016 ⑤	017 16	018 ①	019 ①	020 25	021 ④	022 9	023 16	024 200
025 ⑤	026 ④	027 10	028 ①	029 ②	030 ②	031 ①	032 ①	033 45	034 ①	035 ⑤	036 40
037 102	038 ①	039 ②	040 25	041 ②	042 ②	043 ⑤	044 ②	045 ①	046 110	047 27	048 43
049 ③	050 17	051 ⑤	052 ⑤	053 ②	054 17	055 4	056 9	057 ①	058 20	059 132	060 ④
061 40	062 ①	063 ⑤	064 ③	065 ②	066 ⑤	067 2	068 ①	069 ⑤	070 ②	071 ②	072 8
073 ③	074 ⑤	075 ②	076 ⑤	077 ⑤	078 ⑤	079 ④	080 ④	081 ⑤	082 14	083 ②	084 ④
085 ④	086 ⑤	087 40	088 ④	089 54	090 ②	091 ④	092 ④	093 ④	094 ③	095 ①	096 ④
097 ③	098 4	099 ③	100 40	101 200	102 12	103 14	104 ①	105 ②	106 ④	107 ③	108 2
109 ①	110 ①	111 6	112 ⑤	113 ⑤	114 ④	115 ③	116 ①	117 12	118 64	119 8	120 ③
121 ⑤	122 ④	123 ⑤	124 ③	고난도 기출 ▶ 125 41	126 7	127 80	128 16	129 12	130 9	131 137	
132 340	133 167	134 432	135 251	136 200	137 80	138 37					

I 함수의 극한과 연속

▶ 본문 006~035쪽

001 12	002 40	003 2	004 ④	005 ③	006 ①
007 ④	008 ④	009 ⑤	010 ④	011 ④	012 ⑤
013 ③	014 ①	015 ④	016 ⑤	017 ②	018 30
019 ①	020 ④	021 ②	022 ①	023 ③	024 26
025 14	026 ⑤	027 ①	028 3	029 27	030 ①
031 ②	032 ⑤	033 ②	034 14	035 10	036 ①
037 10	038 ③	039 ④	040 ④	041 ③	042 ④
043 ③	044 50	045 ①	046 ②	047 6	048 16
049 ①	050 ②	051 ②	052 ②	053 ④	054 6
055 ④	056 ⑤	057 ①	058 ②	059 ①	060 ⑤
061 6	062 ⑤	063 ②	064 ③	065 ②	066 ④
067 ④	068 24	069 ⑤	070 ③	071 ④	072 ③
073 ①	074 24	075 ①	076 ②	077 ③	078 ④
079 ①	080 32	081 ③	082 ④	083 56	084 ③
085 ①	086 8				

001 정답률 ▶ 81% 답 12

$$\lim_{x \to 2} \frac{6x^2-24}{x^2-2x} = \lim_{x \to 2} \frac{6(x+2)(x-2)}{x(x-2)}$$
$$= \lim_{x \to 2} \frac{6(x+2)}{x}$$
$$= \frac{6 \times (2+2)}{2} = 12$$

002 정답률 ▶ 92% 답 40

$$\lim_{x \to 0} \frac{20x}{\sqrt{4+x}-\sqrt{4-x}} = \lim_{x \to 0} \frac{20x(\sqrt{4+x}+\sqrt{4-x})}{(\sqrt{4+x}-\sqrt{4-x})(\sqrt{4+x}+\sqrt{4-x})}$$
$$= \lim_{x \to 0} \frac{20x(\sqrt{4+x}+\sqrt{4-x})}{4+x-(4-x)}$$
$$= \lim_{x \to 0} \frac{20x(\sqrt{4+x}+\sqrt{4-x})}{2x}$$
$$= \lim_{x \to 0} 10(\sqrt{4+x}+\sqrt{4-x})$$
$$= 10 \times (2+2) = 40$$

003 정답률 ▶ 91% 답 2

$$\lim_{x \to 2} \frac{\sqrt{x^2-3}-1}{x-2} = \lim_{x \to 2} \frac{(\sqrt{x^2-3}-1)(\sqrt{x^2-3}+1)}{(x-2)(\sqrt{x^2-3}+1)}$$
$$= \lim_{x \to 2} \frac{x^2-3-1}{(x-2)(\sqrt{x^2-3}+1)}$$
$$= \lim_{x \to 2} \frac{x^2-4}{(x-2)(\sqrt{x^2-3}+1)}$$
$$= \lim_{x \to 2} \frac{(x-2)(x+2)}{(x-2)(\sqrt{x^2-3}+1)}$$
$$= \lim_{x \to 2} \frac{x+2}{\sqrt{x^2-3}+1}$$
$$= \frac{2+2}{1+1} = 2$$

004 정답률 ▶ 82% 답 ④

$$f(0) + \lim_{x \to 2+} f(x) = 3 + 5 = 8$$

005 정답률 ▶ 92% 답 ③

$$\lim_{x \to 0-} f(x) + \lim_{x \to 1+} f(x) = 0 + 3 = 3$$

006 정답률 ▶ 80% 답 ①

$$\lim_{x \to 0+} f(x) - \lim_{x \to 1-} f(x) = 0 - 2 = -2$$

007 정답률 ▶ 90% 답 ④

$$\lim_{x \to -1} f(x) + \lim_{x \to 1+} f(x) = 1 + 3 = 4$$

008 정답률 ▶ 확: 85%, 미: 95%, 기: 93% 답 ④

$$\lim_{x \to -1-} f(x) + \lim_{x \to 2} f(x) = 3 + 1 = 4$$

009 정답률 ▶ 86% 답 ⑤

1단계 $f(x)=t$라 하고, $\lim_{x \to 0+} f(f(x))$의 값을 구해 보자.

$f(x)=t$라 하면 $x \to 0+$일 때, $t \to 3-$이므로
$$\lim_{x \to 0+} f(f(x)) = \lim_{t \to 3-} f(t) = 3$$

2단계 $\lim_{x \to 2+} f(f(x))$의 값을 구해 보자.

$x \to 2+$일 때, $t=3$이므로
$$\lim_{x \to 2+} f(f(x)) = f(3) = 2 \qquad \xrightarrow{} t \to 3- \text{도 아니고, } t \to 3+ \text{도 아님에 주의한다.}$$

3단계 $\lim_{x \to 0+} f(f(x)) + \lim_{x \to 2+} f(f(x))$의 값을 구해 보자.
$$\lim_{x \to 0+} f(f(x)) + \lim_{x \to 2+} f(f(x)) = 3 + 2 = 5$$

010
정답률 ▶ 69% 답 ④

1단계 $x-1=t$라 하고, $\lim\limits_{x\to1+}f(x-1)$의 값을 구해 보자.

$x-1=t$라 하면 $x\to1+$일 때, $t\to0+$이므로

$\lim\limits_{x\to1+}f(x-1)=\lim\limits_{t\to0+}f(t)=0$

2단계 $\lim\limits_{x\to-1}f(x)+\lim\limits_{x\to1+}f(x-1)$의 값을 구해 보자.

$\lim\limits_{x\to-1}f(x)+\lim\limits_{x\to1+}f(x-1)=1+0=1$

011
정답률 ▶ 80% 답 ④

Best Pick 불연속인 함수의 그래프에서 합성함수의 극한값을 구하는 문제이다. 합성함수의 극한 $\lim\limits_{x\to a}f(g(x))$는 $g(x)=t$로 치환하여 t에 대한 극한 $\lim\limits_{t\to b}f(t)$로 바꿔서 값을 구하면 된다.

1단계 a의 값을 구해 보자.

$\lim\limits_{x\to-1-}f(x)=-2$이므로 $a=-2$

2단계 $x+3=t$라 하고, $\lim\limits_{x\to a+}f(x+3)$의 값을 구해 보자.

$x+3=t$라 하면 $x\to-2+$일 때, $t\to1+$이므로

$\lim\limits_{x\to-2+}f(x+3)=\lim\limits_{t\to1+}f(t)=1$

012
정답률 ▶ 63% 답 ⑤

1단계 $1-x=t$라 하고, $\lim\limits_{x\to1+}f(1-x)$의 값을 구해 보자.

$1-x=t$라 하면 $x\to1+$일 때, $t\to0-$이므로

$\lim\limits_{x\to1+}f(1-x)=\lim\limits_{t\to0-}f(t)=2$

2단계 $\lim\limits_{x\to1+}f(x)f(1-x)$의 값을 구해 보자.

$\lim\limits_{x\to1+}f(x)f(1-x)=\lim\limits_{x\to1+}f(x)\times\lim\limits_{x\to1+}f(1-x)$
$\qquad=1\times2=2$

013
정답률 ▶ 56% 답 ③

1단계 $\dfrac{t-1}{t+1}=s$라 하고, $\lim\limits_{t\to\infty}f\left(\dfrac{t-1}{t+1}\right)$의 값을 구해 보자.

$\lim\limits_{t\to\infty}f\left(\dfrac{t-1}{t+1}\right)$에서 $\dfrac{t-1}{t+1}=s$라 하면

$s=1+\dfrac{-2}{t+1}$

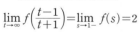

즉, $t\to\infty$일 때 $s\to1-$이므로 주어진 그래프에서

$\lim\limits_{t\to\infty}f\left(\dfrac{t-1}{t+1}\right)=\lim\limits_{s\to1-}f(s)=2$

2단계 $\dfrac{4t-1}{t+1}=u$라 하고, $\lim\limits_{t\to-\infty}f\left(\dfrac{4t-1}{t+1}\right)$의 값을 구해 보자.

$\lim\limits_{t\to-\infty}f\left(\dfrac{4t-1}{t+1}\right)$에서 $\dfrac{4t-1}{t+1}=u$라 하면

$u=4+\dfrac{-5}{t+1}$

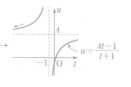

즉, $t\to-\infty$일 때 $u\to4+$이므로 주어진 그래프에서

$\lim\limits_{t\to-\infty}f\left(\dfrac{4t-1}{t+1}\right)=\lim\limits_{u\to4+}f(u)=3$

3단계 $\lim\limits_{t\to\infty}f\left(\dfrac{t-1}{t+1}\right)+\lim\limits_{t\to-\infty}f\left(\dfrac{4t-1}{t+1}\right)$의 값을 구해 보자.

$\lim\limits_{t\to\infty}f\left(\dfrac{t-1}{t+1}\right)+\lim\limits_{t\to-\infty}f\left(\dfrac{4t-1}{t+1}\right)=2+3=5$

014
정답률 ▶ 79% 답 ①

Best Pick 함수의 그래프의 대칭성에 대한 이해를 바탕으로 극한값을 구하는 문제이다. 함수의 극한에서도 대칭함수, 주기함수 등을 적용한 문제가 출제되므로 연습이 필요하다.

1단계 함수 $y=f(x)$의 그래프를 그려 보자.

$f(-x)=-f(x)$에서 함수 $y=f(x)$의 그래프는 원점에 대하여 대칭이므로 함수 $y=f(x)$의 그래프는 오른쪽 그림과 같다.

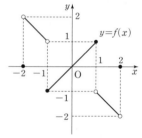

2단계 $\lim\limits_{x\to-1+}f(x)+\lim\limits_{x\to2-}f(x)$의 값을 구해 보자.

$\lim\limits_{x\to-1+}f(x)+\lim\limits_{x\to2-}f(x)=-1+(-2)=-3$

다른 풀이

$f(-x)=-f(x)$이므로 $\qquad$ ┌─ $-x=t$라 하면 $x\to-1+$일 때, $t\to1-$이므로

$\lim\limits_{x\to-1+}f(x)=-\lim\limits_{x\to-1+}f(-x)=-\lim\limits_{t\to1-}f(t)=-1$

$\therefore\ \lim\limits_{x\to-1+}f(x)+\lim\limits_{x\to2-}f(x)=-1+(-2)=-3$

015
정답률 ▶ 56% 답 ④

Best Pick 새롭게 정의된 함수 $f(t)$의 식을 세우고, 불연속인 함수 $y=f(t)$의 그래프를 직접 그려서 극한값을 구하는 문제이다. 주어진 조건을 만족시키는 함수를 정확하게 구하는 것이 중요하다.

1단계 함수 $y=|x^2-1|$의 그래프를 그려 보자.

$y=|x^2-1|$
$\quad=|(x+1)(x-1)|$

이므로 함수 $y=|x^2-1|$의 그래프는 다음 그림과 같다.

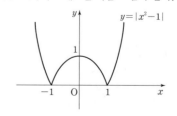

2단계 함수 $y=f(t)$의 그래프를 그리고, $\lim\limits_{t \to 1-} f(t)$의 값을 구해 보자.

함수 $y=|x^2-1|$의 그래프와 직선 $y=t$의 교점의 개수가 $f(t)$이므로

(i) $t<0$이면 $f(t)=0$

(ii) $t=0$이면 $f(t)=2$

(iii) $0<t<1$이면 $f(t)=4$

(iv) $t=1$이면 $f(t)=3$

(v) $t>1$이면 $f(t)=2$

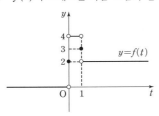

(i)~(v)에서 함수 $y=f(t)$의 그래프는 다음 그림과 같다.

$\therefore \lim\limits_{t \to 1-} f(t)=4$

---

016 정답률 ▸ 85%　　　　　　　　답 ⑤

$$\lim_{x \to 1+} f(x) - \lim_{x \to 0-} \frac{f(x)}{x-1} = \lim_{x \to 1+} f(x) - \frac{\lim\limits_{x \to 0-} f(x)}{\lim\limits_{x \to 0-} (x-1)}$$

$$= 2 - \frac{4}{-1} = 6$$

---

017 정답률 ▸ 87%　　　　　　　　답 ②

$$\lim_{x \to 1} (x^2-1)f(x) = \lim_{x \to 1} (x+1)(x-1)f(x)$$

$$= \lim_{x \to 1} (x+1) \times \lim_{x \to 1} (x-1)f(x)$$

$$= 2 \times 3 = 6$$

---

018 정답률 ▸ 88%　　　　　　　　답 30

Best Pick 함수의 극한에 대한 성질을 이용하여 극한값을 구하는 문제로 3점 문제로 종종 출제되는 유형이다. 함수 $f(x)$가 연속함수라는 조건이 주어지지 않았으므로 $\lim\limits_{x \to 1} (x+1)f(x) = (1+1)f(1)$로 생각하여 풀지 않도록 주의하자.

1단계 $\lim\limits_{x \to 1} (2x^2+1)f(x)$의 값을 구하여 $20a$의 값을 구해 보자.

$$\lim_{x \to 1} (2x^2+1)f(x) = \lim_{x \to 1} \left\{ (x+1)f(x) \times \frac{2x^2+1}{x+1} \right\}$$

$$= \lim_{x \to 1} (x+1)f(x) \times \lim_{x \to 1} \frac{2x^2+1}{x+1}$$

$$= 1 \times \frac{3}{2} = \frac{3}{2}$$

따라서 $a=\dfrac{3}{2}$이므로

$20a=30$

---

019 정답률 ▸ 69%　　　　　　　　답 ①

$$\lim_{x \to 1} \frac{f(f(x))}{2x^2-x-1} = \lim_{x \to 1} \frac{f(f(x))}{(x-1)(2x+1)}$$

$$= \lim_{x \to 1} \left\{ \frac{f(f(x))}{f(x)} \times \frac{f(x)}{x-1} \times \frac{1}{2x+1} \right\}$$

$f(x)=t$라 하면

$x \to 1$일 때, $t \to 0$

$$= \lim_{x \to 1} \frac{f(f(x))}{f(x)} \times \lim_{x \to 1} \frac{f(x)}{x-1} \times \lim_{x \to 1} \frac{1}{2x+1}$$

$$= \lim_{t \to 0} \frac{f(t)}{t} \times \lim_{x \to 1} \frac{1}{\dfrac{x-1}{f(x)}} \times \lim_{x \to 1} \frac{1}{2x+1}$$

$$= 1 \times \frac{1}{2} \times \frac{1}{3}$$

$$= \frac{1}{6}$$

---

020 정답률 ▸ 80%　　　　　　　　답 ④

1단계 $x-2=t$라 하고, $\lim\limits_{x \to 2} \dfrac{f(x-2)}{x^2-2x}=4$를 $f(t)$에 대하여 나타내어 보자.

$\lim\limits_{x \to 2} \dfrac{f(x-2)}{x^2-2x}=4$에서 $x-2=t$라 하면

$x=t+2$이고, $x \to 2$일 때 $t \to 0$이므로

$$\lim_{x \to 2} \frac{f(x-2)}{x^2-2x} = \lim_{x \to 2} \frac{f(x-2)}{x(x-2)}$$

$$= \lim_{t \to 0} \frac{f(t)}{t(t+2)}$$

$$= 4$$

2단계 $\lim\limits_{x \to 0} \dfrac{f(x)}{x}$의 값을 구해 보자.

$$\lim_{x \to 0} \frac{f(x)}{x} = \lim_{x \to 0} \left\{ \frac{f(x)}{x(x+2)} \times (x+2) \right\}$$

$$= \lim_{x \to 0} \frac{f(x)}{x(x+2)} \times \lim_{x \to 0} (x+2)$$

$$= 4 \times 2 = 8$$

---

021 정답률 ▸ 확: 68%, 미: 91%, 기: 82%　　　　　　　답 ②

Best Pick 두 함수의 극한값이 각각 존재해야 함수의 극한에 대한 성질을 이용할 수 있는데 $\lim\limits_{x \to \infty} g(x)=\infty$이므로 $\lim\limits_{x \to \infty} \{2f(x)-3g(x)\}=1$에서 $2f(x)-3g(x)$를 $g(x)$로 나누면 안 된다. $h(x)=2f(x)-3g(x)$로 치환하여 극한값이 수렴하는 두 함수를 찾아야 한다.

1단계 $h(x)=2f(x)-3g(x)$라 하고, $\lim\limits_{x \to \infty} \dfrac{h(x)}{g(x)}$에 대하여 알아보자.

$h(x)=2f(x)-3g(x)$라 하면

$f(x)=\dfrac{3g(x)+h(x)}{2}$이고, $\lim\limits_{x \to \infty} h(x)=1$

또한, $\lim\limits_{x \to \infty} g(x)=\infty$이므로

$$\lim_{x \to \infty} \frac{h(x)}{g(x)}=0$$

2단계 $\displaystyle\lim_{x\to\infty}\frac{4f(x)+g(x)}{3f(x)-g(x)}$의 값을 구해 보자.

$$\lim_{x\to\infty}\frac{4f(x)+g(x)}{3f(x)-g(x)}=\lim_{x\to\infty}\frac{4\left\{\dfrac{3g(x)+h(x)}{2}\right\}+g(x)}{3\left\{\dfrac{3g(x)+h(x)}{2}\right\}-g(x)}$$

$$=\lim_{x\to\infty}\frac{7g(x)+2h(x)}{\dfrac{7}{2}g(x)+\dfrac{3}{2}h(x)}$$

$$=\lim_{x\to\infty}\frac{14g(x)+4h(x)}{7g(x)+3h(x)}$$

$$=\lim_{x\to\infty}\frac{14+4\times\dfrac{h(x)}{g(x)}}{7+3\times\dfrac{h(x)}{g(x)}}$$

$$=\frac{14+0}{7+0}=2$$

다른 풀이

$\displaystyle\lim_{x\to\infty}\{2f(x)-3g(x)\}=1$의 양변을 $\displaystyle\lim_{x\to\infty}g(x)$로 나누면

$$\frac{\displaystyle\lim_{x\to\infty}\{2f(x)-3g(x)\}}{\displaystyle\lim_{n\to\infty}g(x)}=\frac{1}{\displaystyle\lim_{x\to\infty}g(x)}\text{에서}$$

$$\lim_{x\to\infty}\left\{\frac{2f(x)-3g(x)}{g(x)}\right\}=\frac{1}{\displaystyle\lim_{n\to\infty}g(x)}$$

$$\lim_{x\to\infty}\left\{\frac{2f(x)}{g(x)}-3\right\}=0\quad\longrightarrow\lim_{x\to\infty}g(x)=\infty\text{이므로}$$

$$\therefore\lim_{x\to\infty}\frac{f(x)}{g(x)}=\frac{3}{2}\qquad\frac{1}{\displaystyle\lim_{x\to\infty}g(x)}=\frac{1}{\infty}=0$$

$$\therefore\lim_{x\to\infty}\frac{4f(x)+g(x)}{3f(x)-g(x)}=\lim_{x\to\infty}\frac{4\times\dfrac{f(x)}{g(x)}+1}{3\times\dfrac{f(x)}{g(x)}-1}$$

$$=\frac{4\times\dfrac{3}{2}+1}{3\times\dfrac{3}{2}-1}=2$$

022 정답률 ▸ 93% 답 ①

1단계 주어진 식의 극한값이 존재함을 이용하여 상수 a의 값을 구해 보자.

$\displaystyle\lim_{x\to1}\frac{4x-a}{x-1}=b$에서 $x\to1$일 때, (분모) $\to0$이고 극한값이 존재하므로
(분자) $\to0$이다.

즉, $\displaystyle\lim_{x\to1}(4x-a)=0$이므로

$4-a=0$ $\therefore a=4$

2단계 상수 b의 값을 구하여 $a+b$의 값을 구해 보자.

$$\lim_{x\to1}\frac{4x-a}{x-1}=\lim_{x\to1}\frac{4x-4}{x-1}=\lim_{x\to1}\frac{4(x-1)}{x-1}$$

$$=\lim_{x\to1}4=4=b$$

$$\therefore a+b=4+4=8$$

023 정답률 ▸ 86% 답 ③

1단계 주어진 식의 극한값이 존재함을 이용하여 a의 값을 구해 보자.

$\displaystyle\lim_{x\to1}\frac{x^2+ax}{x-1}=b$에서 $x\to1$일 때, (분모) $\to0$이고 극한값이 존재하므로
(분자) $\to0$이다.

즉, $\displaystyle\lim_{x\to1}(x^2+ax)=0$이므로

$1+a=0$ $\therefore a=-1$

2단계 상수 b의 값을 구하여 $a+b$의 값을 구해 보자.

$$\lim_{x\to1}\frac{x^2+ax}{x-1}=\lim_{x\to1}\frac{x^2-x}{x-1}=\lim_{x\to1}\frac{x(x-1)}{x-1}$$

$$=\lim_{x\to1}x=1=b$$

$$\therefore a+b=-1+1=0$$

024 정답률 ▸ 87% 답 26

1단계 주어진 식의 극한값이 존재함을 이용하여 a, b 사이의 관계식을 구해
보자.

$\displaystyle\lim_{x\to2}\frac{\sqrt{x^2+a}-b}{x-2}=\frac{2}{5}$에서 $x\to2$일 때, (분모) $\to0$이고 극한값이 존재
하므로 (분자) $\to0$이다.

즉, $\displaystyle\lim_{x\to2}(\sqrt{x^2+a}-b)=0$이므로

$\sqrt{4+a}-b=0$

$\therefore b=\sqrt{4+a}$ $\cdots\cdots$ ㉠

2단계 실수 a의 값을 구해 보자.

$$\lim_{x\to2}\frac{\sqrt{x^2+a}-b}{x-2}=\lim_{x\to2}\frac{\sqrt{x^2+a}-\sqrt{4+a}}{x-2}$$

$$=\lim_{x\to2}\frac{(\sqrt{x^2+a}-\sqrt{4+a})(\sqrt{x^2+a}+\sqrt{4+a})}{(x-2)(\sqrt{x^2+a}+\sqrt{4+a})}$$

$$=\lim_{x\to2}\frac{x^2-4}{(x-2)(\sqrt{x^2+a}+\sqrt{4+a})}$$

$$=\lim_{x\to2}\frac{(x-2)(x+2)}{(x-2)(\sqrt{x^2+a}+\sqrt{4+a})}$$

$$=\lim_{x\to2}\frac{x+2}{\sqrt{x^2+a}+\sqrt{4+a}}$$

$$=\frac{4}{2\sqrt{4+a}}$$

$$=\frac{2}{\sqrt{4+a}}=\frac{2}{5}$$

에서 $\sqrt{4+a}=5$이므로

$4+a=25$ $\therefore a=21$

3단계 실수 b의 값을 구하여 $a+b$의 값을 구해 보자.

$a=21$을 ㉠에 대입하여 정리하면

$b=5$

$\therefore a+b=21+5=26$

025 정답률 ▸ 73% 답 14

1단계 주어진 식의 0이 아닌 극한값이 존재함을 이용하여 a, b 사이의 관계
식을 구해 보자.

$\displaystyle\lim_{x\to-2}\frac{x+2}{\sqrt{x+a}-b}=6$에서 $x\to-2$일 때, (분자) $\to0$이고 0이 아닌 극한
값이 존재하므로 (분모) $\to0$이다.

즉, $\lim_{x \to -2} (\sqrt{x+a}-b)=0$이므로

$\sqrt{-2+a}-b=0$

$\therefore b=\sqrt{a-2}$ ...... ㉠

2단계 상수 a의 값을 구해 보자.

$\lim_{x \to -2} \dfrac{x+2}{\sqrt{x+a}-b}=\lim_{x \to -2} \dfrac{x+2}{\sqrt{x+a}-\sqrt{a-2}}$

$\qquad =\lim_{x \to -2} \dfrac{(x+2)(\sqrt{x+a}+\sqrt{a-2})}{(\sqrt{x+a}-\sqrt{a-2})(\sqrt{x+a}+\sqrt{a-2})}$

$\qquad =\lim_{x \to -2} \dfrac{(x+2)(\sqrt{x+a}+\sqrt{a-2})}{x+2}$

$\qquad =\lim_{x \to -2} (\sqrt{x+a}+\sqrt{a-2})$

$\qquad =2\sqrt{a-2}=6$

$\therefore a=11$

3단계 b의 값을 구하여 $a+b$의 값을 구해 보자.

$a=11$을 ㉠에 대입하여 정리하면

$b=3$

$\therefore a+b=11+3=14$

---

026 정답률 ▸ 84%   답 ⑤

Best **Pick** 유형 ❸과 유형 ❹가 결합된 문제이다. 극한값을 구하려는 식을 주어진 조건을 이용할 수 있도록 적당히 변형할 수 있어야 하고, (분모) → 0이고 극한값이 존재하면 (분자) → 0임을 알아야 한다.

1단계 $\lim_{x \to 2} \dfrac{f(x)-3}{x-2}=5$에 대하여 알아보자.

$\lim_{x \to 2} \dfrac{f(x)-3}{x-2}=5$에서 $x \to 2$일 때, (분모) → 0이고 극한값이 존재하므로 (분자) → 0이다.

즉, $\lim_{x \to 2} \{f(x)-3\}=0$이므로

$\lim_{x \to 2} f(x)=\lim_{x \to 2}[\{f(x)-3\}+3]$

$\qquad =\lim_{x \to 2} \{f(x)-3\}+\lim_{x \to 2} 3$

$\qquad =0+3=3$

2단계 $\lim_{x \to 2} \dfrac{x-2}{\{f(x)\}^2-9}$의 값을 구해 보자.

$\lim_{x \to 2} \dfrac{x-2}{\{f(x)\}^2-9}=\lim_{x \to 2} \dfrac{x-2}{\{f(x)-3\}\{f(x)+3\}}$

$\qquad =\lim_{x \to 2} \dfrac{1}{\dfrac{f(x)-3}{x-2} \times \{f(x)+3\}}$

$\qquad =\dfrac{1}{\lim_{x \to 2} \dfrac{f(x)-3}{x-2} \times \lim_{x \to 2} \{f(x)+3\}}$

$\qquad =\dfrac{1}{5} \times \dfrac{1}{3+3}=\dfrac{1}{30}$

---

027 정답률 ▸ 83%   답 ①

1단계 극한값 $\lim_{x \to 1} \dfrac{g(x)-2x}{x-1}$가 존재함을 이용해 보자.

$\lim_{x \to 1} \dfrac{g(x)-2x}{x-1}$에서 $x \to 1$일 때, (분모) → 0이고 극한값이 존재하므로 (분자) → 0이다.

즉, $\lim_{x \to 1} \{g(x)-2x\}=0$이므로

$g(1)-2=0$ $\therefore g(1)=2$

2단계 $\lim_{x \to 1} \dfrac{f(x)g(x)}{x^2-1}$의 값을 구해 보자.

$f(x)+x-1=(x-1)g(x)$에서

$f(x)=(x-1)g(x)-(x-1)$

$\qquad =(x-1)\{g(x)-1\}$

이므로

$x \neq 1$일 때, $\dfrac{f(x)}{x-1}=g(x)-1$

$\therefore \lim_{x \to 1} \dfrac{f(x)g(x)}{x^2-1}=\lim_{x \to 1} \left\{ \dfrac{f(x)}{x-1} \times \dfrac{g(x)}{x+1} \right\}$

$\qquad =\lim_{x \to 1} \left[\{g(x)-1\} \times \dfrac{g(x)}{x+1} \right]$

$\qquad =\{g(1)-1\} \times \dfrac{g(1)}{2}$

$\qquad =(2-1) \times \dfrac{2}{2} \ (\because g(1)=2)$

$\qquad =1$

---

028 정답률 ▸ 82%   답 3

1단계 상수 a의 값을 구해 보자.

$\lim_{x \to \infty} \dfrac{ax^2}{x^2-1}=\lim_{x \to \infty} \dfrac{a}{1-\dfrac{1}{x^2}}$

$\qquad =\dfrac{a}{1-0}=2$

$\therefore a=2$

2단계 상수 b의 값을 구하여 $a+b$의 값을 구해 보자.

$\lim_{x \to 1} \dfrac{a(x-1)}{x^2-1}=\lim_{x \to 1} \dfrac{2(x-1)}{(x+1)(x-1)}$

$\qquad =\lim_{x \to 1} \dfrac{2}{x+1}$

$\qquad =\dfrac{2}{2}=1=b$

$\therefore a+b=2+1=3$

---

029 정답률 ▸ 55%   답 27

1단계 $\lim_{x \to 5} \dfrac{f(x)-x}{x-5}=8$을 이용하여 이차함수 $f(x)$의 식을 세워 보자.

$\underbrace{\lim_{x \to 5} \dfrac{f(x)-x}{x-5}}_{㉠}=8$에서 $x \to 5$일 때, (분모) → 0이고 극한값이 존재하므로 (분자) → 0이다.

즉, $\lim_{x \to 5} \{f(x)-x\}=0$이므로

$f(5)-5=0$

이때 함수 $f(x)$가 최고차항의 계수가 1인 이차함수이므로

함수 $f(x)-x$는 $x-5$를 인수로 갖는 이차함수이다.

즉,

┌──→ ㉠에서 극한값이 존재하므로 분모를 0이 되게 하는 $x-5$가
│   분자, 분모에서 약분되어야 한다.

$f(x)-x=(x-5)(x+a)$ (a는 상수)

라 할 수 있다.

2단계 이차함수 $f(x)$를 구하여 $f(7)$의 값을 구해 보자.

$$\lim_{x \to 5} \frac{f(x)-x}{x-5} = \lim_{x \to 5} \frac{(x-5)(x+a)}{x-5}$$
$$= \lim_{x \to 5} (x+a)$$
$$= 5+a = 8$$
$$\therefore a = 3$$

따라서 $f(x)=(x-5)(x+3)+x$이므로
$$f(7)=2 \times 10+7=27$$

---

030 정답률 ▸ 90% 답 ①

1단계 $\lim\limits_{x \to \infty} \dfrac{f(x)-x^2}{x}=2$를 이용하여 함수 $f(x)$의 식을 세워 보자.

$\lim\limits_{x \to \infty} \dfrac{f(x)-x^2}{x}=2$이므로 함수 $f(x)-x^2$은 최고차항의 계수가 2인 일차함수이다.

즉,
$$f(x)-x^2=2x+c \ (c는 \ 상수)$$
라 할 수 있으므로
$$f(x)=x^2+2x+c$$

2단계 $\lim\limits_{x \to 0+} x^2 f\left(\dfrac{1}{x}\right)$의 값을 구해 보자.

$\dfrac{1}{x}=t$라 하면 $x \to 0+$일 때, $t \to \infty$이므로

$$\lim_{x \to 0+} x^2 f\left(\frac{1}{x}\right) = \lim_{t \to \infty} \frac{f(t)}{t^2}$$
$$= \lim_{t \to \infty} \frac{t^2+2t+c}{t^2}$$
$$= \lim_{t \to \infty} \left(1+\frac{2}{t}+\frac{c}{t^2}\right)=1$$

다른 풀이

$f\left(\dfrac{1}{x}\right)=\left(\dfrac{1}{x}\right)^2+\dfrac{2}{x}+c$이므로

$$\lim_{x \to 0+} x^2 f\left(\frac{1}{x}\right) = \lim_{x \to 0+} (1+2x+cx^2)=1$$

---

031 정답률 ▸ 82% 답 ②

1단계 조건 (가)를 이용하여 함수 $f(x)$의 식을 세워 보자.

조건 (가)에서 $\lim\limits_{x \to \infty} \dfrac{f(x)}{x^2}=2$이므로 함수 $f(x)$는 최고차항의 계수가 2인 이차함수이다.

즉,
$$f(x)=2x^2+ax+b \ (a, \ b는 \ 상수)$$
라 할 수 있다.

2단계 조건 (나)를 이용하여 함수 $f(x)$를 구한 후 $f(2)$의 값을 구해 보자.

조건 (나)의 $\lim\limits_{x \to 0} \dfrac{f(x)}{x}=3$에서 $x \to 0$일 때, (분모) $\to 0$이고 극한값이 존재하므로 (분자) $\to 0$이다.

즉, $\lim\limits_{x \to 0} f(x)=0$이므로
$$f(0)=b=0$$

---

032 정답률 ▸ 85% 답 ⑤

1단계 $\lim\limits_{x \to \infty} \dfrac{f(x)-x^2}{x}=3$을 이용하여 함수 $f(x)$의 식을 세워 보자.

$\lim\limits_{x \to \infty} \dfrac{f(x)-x^2}{x}=3$이므로 함수 $f(x)-x^2$은 최고차항의 계수가 3인 일차함수이다.

즉,
$$f(x)-x^2=3x+a \ (a는 \ 상수)$$
라 할 수 있으므로
$$f(x)=x^2+3x+a$$

2단계 $\lim\limits_{x \to 1} \dfrac{x^2-1}{(x-1)f(x)}=1$을 이용하여 함수 $f(x)$를 구한 후 $f(2)$의 값을 구해 보자.

$$\lim_{x \to 1} \frac{x^2-1}{(x-1)f(x)} = \lim_{x \to 1} \frac{x+1}{f(x)}=1$$
이므로
$$\frac{2}{f(1)}=1$$
$$\therefore f(1)=2$$
$f(1)=1+3+a=2$에서
$$a=-2$$
따라서 $f(x)=x^2+3x-2$이므로
$$f(2)=4+6-2=8$$

---

033 정답률 ▸ 확: 77%, 미: 96%, 기: 87% 답 ②

1단계 주어진 두 식의 극한값이 존재함을 이용하여 삼차함수 $f(x)$의 식을 세워 보자.

$\lim\limits_{x \to 0} \dfrac{f(x)}{x}=1$에서 $x \to 0$일 때, (분모) $\to 0$이고 극한값이 존재하므로 (분자) $\to 0$이다.

$\lim\limits_{x \to 0} f(x)=0$이므로 $f(0)=0$

$\lim\limits_{x \to 1} \dfrac{f(x)}{x-1}=1$에서 $x \to 1$일 때, (분모) $\to 0$이고 극한값이 존재하므로 (분자) $\to 0$이다.

$\lim\limits_{x \to 1} f(x)=0$이므로 $f(1)=0$

즉, 삼차함수 $f(x)$는
$$f(x)=x(x-1)(ax+b) \ (a, \ b는 \ 상수이고, \ a \neq 0)$$
이라 할 수 있다.

2단계 삼차함수 $f(x)$를 구하여 $f(2)$의 값을 구해 보자.

$\lim\limits_{x \to 0} \dfrac{f(x)}{x}=1$에서

$$\lim_{x \to 0}\frac{f(x)}{x}=\lim_{x \to 0}\frac{x(x-1)(ax+b)}{x}$$
$$=\lim_{x \to 0}(x-1)(ax+b)$$
$$=-b$$
$$\therefore b=-1$$

$f(x)=x(x-1)(ax-1)$이므로

$\lim\limits_{x \to 1}\dfrac{f(x)}{x-1}=1$에서

$$\lim_{x \to 1}\frac{f(x)}{x-1}=\lim_{x \to 1}\frac{x(x-1)(ax-1)}{x-1}$$
$$=\lim_{x \to 1}x(ax-1)$$
$$=a-1$$

즉, $a-1=1$이므로 $a=2$

따라서 $f(x)=x(x-1)(2x-1)$이므로

$f(2)=2 \times 1 \times 3=6$

다른 풀이 ──▶ Ⅱ단원의 미분계수의 정의와 함수의 곱의 미분법을 이용

$\lim\limits_{x \to 0}\dfrac{f(x)}{x}=1$에서 $f(0)=0$이므로

$$\lim_{x \to 0}\frac{f(x)-f(0)}{x-0}=f'(0)=1$$

$\lim\limits_{x \to 1}\dfrac{f(x)}{x-1}=1$에서 $f(1)=0$이므로

$$\lim_{x \to 1}\frac{f(x)-f(1)}{x-1}=f'(1)=1$$

즉, 삼차함수 $f(x)$는

$f(x)=x(x-1)(ax+b)$ (a, b는 상수이고, $a \neq 0$)

이라 할 수 있으므로

$f'(x)=(x-1)(ax+b)+x(ax+b)+ax(x-1)$

$f'(0)=1$에서

$-b=1$ $\therefore b=-1$

$f'(1)=1$에서

$a+b=1$ $\therefore a=2$

$\therefore f(x)=x(x-1)(2x-1)$

034 정답률 ▶ 53%   답 14

1단계 두 조건 (가), (나)를 이용하여 함수 $f(x)$의 식을 세워 보자.

조건 (가)에서 $\lim\limits_{x \to \infty}\dfrac{f(x)}{x^3}=0$이므로 함수 $f(x)$의 최고차항의 차수를 n이

라 하면

$n \leq 2$ ┌─▶ $n=3$이면 $\lim\limits_{x \to \infty}\dfrac{f(x)}{x^3}$는 0이 아닌 상수로 수렴하고,

                 $n>3$이면 $\lim\limits_{x \to \infty}\dfrac{f(x)}{x^3}$는 ∞ 또는 $-\infty$로 발산한다.

조건 (나)의 $\lim\limits_{x \to 1}\dfrac{f(x)}{x-1}=1$에서 $x \to 1$일 때, (분모) $\to 0$이고 극한값이

존재하므로 (분자) $\to 0$이다.

즉, $\lim\limits_{x \to 1}f(x)=f(1)=0$에서 함수 $f(x)$는 $x-1$을 인수로 갖는 일차함수

또는 이차함수이므로

$f(x)=(ax+b)(x-1)$ (a, b는 상수)

라 할 수 있다.

2단계 두 조건 (나), (다)를 이용하여 함수 $f(x)$를 구한 후 $f(3)$의 값을 구

해 보자.

조건 (나)에서

$$\lim_{x \to 1}\frac{f(x)}{x-1}=\lim_{x \to 1}\frac{(ax+b)(x-1)}{x-1}$$
$$=\lim_{x \to 1}(ax+b)$$
$$=a+b=1 \quad \cdots\cdots \text{㉠}$$

조건 (다)에서 $f(2)=4$이므로

$2a+b=4$ $\cdots\cdots$ ㉡

㉠, ㉡을 연립하여 풀면 $a=3$, $b=-2$

따라서 $f(x)=(3x-2)(x-1)$이므로

$f(3)=7 \times 2=14$

035 정답률 ▶ 29%   답 10

Best Pick $\dfrac{1}{x}=t$로 치환하여 $x \to 0+$의 극한을 $t \to \infty$로 변형할 수 있

어야 하는 문제이다. 생소해서 실제 난도에 비해 정답률이 낮았던 문제로,

반드시 짚고 넘어가야 한다.

1단계 $\dfrac{1}{x}=t$라 하고, $\lim\limits_{x \to 0+}\dfrac{x^3 f\left(\dfrac{1}{x}\right)-1}{x^3+x}=5$를 이용하여 함수 $f(x)$의

식을 세워 보자.

$\lim\limits_{x \to 0+}\dfrac{x^3 f\left(\dfrac{1}{x}\right)-1}{x^3+x}=5$에서 $\dfrac{1}{x}=t$라 하면

$x \to 0+$일 때, $t \to \infty$이므로

$$\lim_{x \to 0+}\frac{x^3 f\left(\dfrac{1}{x}\right)-1}{x^3+x}=\lim_{t \to \infty}\frac{\dfrac{1}{t^3}f(t)-1}{\dfrac{1}{t^3}+\dfrac{1}{t}}=\lim_{t \to \infty}\frac{f(t)-t^3}{1+t^2}=5$$

이때 함수 $f(t)-t^3$은 최고차항의 계수가 5인 이차함수이므로

$f(t)-t^3=5t^2+at+b$ (a, b는 상수)

라 할 수 있다.

$\therefore f(t)=t^3+5t^2+at+b$ $\cdots\cdots$ ㉠

2단계 $\lim\limits_{x \to 1}\dfrac{f(x)}{x^2+x-2}=\dfrac{1}{3}$에서 극한값이 존재함을 이용하여 a, b 사이의

관계식을 구해 보자.

$\lim\limits_{x \to 1}\dfrac{f(x)}{x^2+x-2}=\dfrac{1}{3}$에서 $x \to 1$일 때, (분모) $\to 0$이고 극한값이 존재하

므로 (분자) $\to 0$이다.

즉, $\lim\limits_{x \to 1}f(x)=0$이므로

$\lim\limits_{x \to 1}(x^3+5x^2+ax+b)=1+5+a+b=6+a+b=0$

$\therefore b=-a-6$ $\cdots\cdots$ ㉡

3단계 a, b의 값을 각각 구하여 $f(2)$의 값을 구해 보자.

㉡을 ㉠에 대입하면

$f(t)=t^3+5t^2+at+(-a-6)$이므로

$$\lim_{x \to 1}\frac{f(x)}{x^2+x-2}=\lim_{x \to 1}\frac{x^3+5x^2+ax+(-a-6)}{(x-1)(x+2)}$$
$$=\lim_{x \to 1}\frac{(x-1)(x^2+6x+6+a)}{(x-1)(x+2)}$$
$$=\lim_{x \to 1}\frac{x^2+6x+6+a}{x+2}$$
$$=\frac{1+6+6+a}{1+2}=\frac{13+a}{3}=\frac{1}{3}$$

$\therefore a=-12$, $b=6$ ($\because$ ㉡)

따라서 $f(x)=x^3+5x^2-12x+6$이므로
$f(2)=8+20-24+6=10$

036 정답률 ▸ 79% 답 ①

Best Pick 함수의 극한을 이용하여 다항함수를 결정하는 문제로 극한이 $x \to \infty$일 때와 $x \to a$일 때를 잘 구분해서 문제를 해결해야 한다. 4점 문제로 자주 출제되지만 유형이 정형화되어 있으므로 연습을 통해 해결 방법을 익혀 두도록 하자.

1단계 $\lim\limits_{x \to \infty} \dfrac{f(x)}{x^2}$의 극한값을 이용하여 함수 $f(x)$의 식을 세워 보자.

$\lim\limits_{x \to \infty} \dfrac{f(x)}{x^2}=3$이므로 다항함수 $f(x)$는 최고차항의 계수가 3인 이차함수이다.

즉,
$f(x)=3x^2+ax+b$ (a, b는 상수) ······ ㉠
라 할 수 있다.

2단계 함수 $f(x)$를 구하여 $f(0)$의 값을 구해 보자.

$\lim\limits_{x \to 2} \dfrac{f(x)}{x^2-x-2}=6$ ······ ㉡
㉡에서 $x \to 2$일 때, (분모) $\to 0$이고 극한값이 존재하므로 (분자) $\to 0$이다.
$\lim\limits_{x \to 2} f(x)=0$이므로 $f(2)=0$
㉠에 $x=2$를 대입하면 $12+2a+b=0$이므로
$b=-2a-12$
$b=-2a-12$를 ㉠에 대입하면
$f(x)=3x^2+ax-2a-12=(x-2)(3x+6+a)$
즉, ㉡에서
$\lim\limits_{x \to 2} \dfrac{f(x)}{x^2-x-2}=\lim\limits_{x \to 2} \dfrac{(x-2)(3x+6+a)}{(x-2)(x+1)}$
$\qquad\qquad = \lim\limits_{x \to 2} \dfrac{3x+6+a}{x+1}$
$\qquad\qquad = \dfrac{6+6+a}{2+1}$
$\qquad\qquad = \dfrac{12+a}{3}=6$
이므로 $12+a=18$
$\therefore a=6$
$a=6$을 $b=-2a-12$에 대입하여 정리하면
$b=-24$
따라서 $f(x)=3x^2+6x-24$이므로
$f(0)=-24$

037 정답률 ▸ 79% 답 10

1단계 $\lim\limits_{x \to \infty} \dfrac{f(x)-x^3}{x^2}=-11$을 이용하여 함수 $f(x)$의 식을 세워 보자.

$\lim\limits_{x \to \infty} \dfrac{f(x)-x^3}{x^2}=-11$이므로 함수 $f(x)-x^3$은 최고차항의 계수가 -11인 이차함수이다.

즉,
$f(x)-x^3=-11x^2+ax+b$ (a, b는 상수)
라 할 수 있으므로
$f(x)=x^3-11x^2+ax+b$

2단계 $\lim\limits_{x \to 1} \dfrac{f(x)}{x-1}=-9$를 이용하여 함수 $f(x)$를 구해 보자.

$\lim\limits_{x \to 1} \dfrac{f(x)}{x-1}=-9$에서 $x \to 1$일 때, (분모) $\to 0$이고 극한값이 존재하므로 (분자) $\to 0$이다.
즉, $\lim\limits_{x \to 1} f(x)=f(1)=0$이므로
$f(1)=-10+a+b=0$에서
$b=-a+10$
$\therefore f(x)=x^3-11x^2+ax-a+10$
$\qquad = (x-1)(x^2-10x+a-10)$
또한,
$\lim\limits_{x \to 1} \dfrac{f(x)}{x-1}=\lim\limits_{x \to 1} \dfrac{(x-1)(x^2-10x+a-10)}{x-1}$
$\qquad\qquad = \lim\limits_{x \to 1} (x^2-10x+a-10)$
$\qquad\qquad = 1-10+a-10$
$\qquad\qquad = a-19=-9$
$\therefore a=10$
$\therefore f(x)=x^3-11x^2+10x$

3단계 $\lim\limits_{x \to \infty} xf\left(\dfrac{1}{x}\right)$의 값을 구해 보자.

$\dfrac{1}{x}=t$라 하면 $x \to \infty$일 때, $t \to 0+$이므로
$\lim\limits_{x \to \infty} xf\left(\dfrac{1}{x}\right)=\lim\limits_{t \to 0+} \dfrac{f(t)}{t}$
$\qquad\qquad = \lim\limits_{t \to 0+} \dfrac{t^3-11t^2+10t}{t}$
$\qquad\qquad = \lim\limits_{t \to 0+} (t^2-11t+10)=10$

038 정답률 ▸ 65% 답 ③

1단계 $h(x)=f(x)g(x)$라 하고, 두 조건 (가), (나)를 이용하여 함수 $h(x)$의 식을 세워 보자.

$h(x)=f(x)g(x)$라 하면 $h(x)$는 상수항과 계수가 모두 정수인 다항함수이다.

조건 (가)에서 $\lim\limits_{x \to \infty} \dfrac{f(x)g(x)}{x^3}=\lim\limits_{x \to \infty} \dfrac{h(x)}{x^3}=2$이므로 다항함수 $h(x)$는 최고차항의 계수가 2인 삼차함수이다.

조건 (나)의 $\lim\limits_{x \to 0} \dfrac{f(x)g(x)}{x^2}=\lim\limits_{x \to 0} \dfrac{h(x)}{x^2}=-4$에서 $x \to 0$일 때, (분모) $\to 0$이고 극한값이 존재하므로 (분자) $\to 0$이다.
$\lim\limits_{x \to 0} h(x)=0$이므로 $h(0)=0$
즉, $h(x)=2x^2(x+a)$ (a는 상수)라 할 수 있다.

2단계 $\lim\limits_{x \to 0} \dfrac{f(x)g(x)}{x^2}=-4$를 이용하여 함수 $h(x)$를 구해 보자.

$\lim\limits_{x \to 0} \dfrac{f(x)g(x)}{x^2}=\lim\limits_{x \to 0} \dfrac{h(x)}{x^2}=\lim\limits_{x \to 0} \dfrac{2x^2(x+a)}{x^2}$
$\qquad\qquad = \lim\limits_{x \to 0} 2(x+a)=2a=-4$
$\therefore a=-2$
$\therefore h(x)=2x^2(x-2)$

3단계 $f(2)$의 최댓값을 구해 보자.

두 함수 $f(x)$, $g(x)$의 상수항과 계수가 모두 정수이므로

다항식 $h(x)$의 인수는 각각 2, x, x, $x-2$이므로

$f(x)=2x^2$, $g(x)=x-2$일 때, $f(2)$가 최댓값을 갖는다.

따라서 $f(2)$의 최댓값은 8이다. → 만약 $f(x)$가 $x-2$를 인수로 가지면 다른 인수에 관계없이 $f(2)$의 값이 0이 되므로 $f(x)$는 $x-2$를 인수로 갖지 않는다.

---

039 정답률 ▶ 68%   답 ④

Best Pick 극한값에 대한 개념이 정확하게 정립되어 있어야 해결할 수 있는 문제이다. 이 문제를 통해 부정형의 극한의 해결 방법을 학습해 보자.

1단계 이차함수 $f(x)$의 식을 세워 보자.

$\lim\limits_{x\to a}f(x)\neq 0$이면

$\lim\limits_{x\to a}\dfrac{f(x)-(x-a)}{f(x)+(x-a)}=\dfrac{f(a)}{f(a)}=1\neq\dfrac{3}{5}$이므로

$\lim\limits_{x\to a}f(x)=0$ $\therefore f(a)=0$

이때 $f(x)$는 최고차항의 계수가 1인 이차함수이고, 방정식 $f(x)=0$의 두 근이 α, β이므로

$f(x)=(x-\alpha)(x-\beta)$

라 할 수 있고, $\alpha=a$ 또는 $\beta=a$이다.

2단계 $|\alpha-\beta|$의 값을 구해 보자.

(i) $\alpha=a$일 때

$\begin{aligned}\lim\limits_{x\to a}\dfrac{f(x)-(x-a)}{f(x)+(x-a)}&=\lim\limits_{x\to a}\dfrac{(x-\alpha)(x-\beta)-(x-\alpha)}{(x-\alpha)(x-\beta)+(x-\alpha)}\\&=\lim\limits_{x\to a}\dfrac{(x-\beta)-1}{(x-\beta)+1}\\&=\dfrac{(\alpha-\beta)-1}{(\alpha-\beta)+1}=\dfrac{3}{5}\end{aligned}$

이므로

$5(\alpha-\beta)-5=3(\alpha-\beta)+3$

$2(\alpha-\beta)=8$ $\therefore \alpha-\beta=4$

(ii) $\beta=a$일 때

$\begin{aligned}\lim\limits_{x\to a}\dfrac{f(x)-(x-a)}{f(x)+(x-a)}&=\lim\limits_{x\to\beta}\dfrac{(x-\alpha)(x-\beta)-(x-\beta)}{(x-\alpha)(x-\beta)+(x-\beta)}\\&=\lim\limits_{x\to\beta}\dfrac{(x-\alpha)-1}{(x-\alpha)+1}\\&=\dfrac{(\beta-\alpha)-1}{(\beta-\alpha)+1}=\dfrac{3}{5}\end{aligned}$

이므로

$5(\beta-\alpha)-5=3(\beta-\alpha)+3$

$2(\beta-\alpha)=8$ $\therefore \beta-\alpha=4$

(i), (ii)에서 $|\alpha-\beta|=4$

---

040 정답률 ▶ 74%   답 ④

1단계 $\lim\limits_{x\to\infty}f\left(\dfrac{1}{x}\right)=3$을 이용하여 이차함수 $f(x)$의 식을 세워 보자.

$\dfrac{1}{x}=t$라 하면 $x\to\infty$일 때, $t\to 0+$이므로

$\lim\limits_{x\to\infty}f\left(\dfrac{1}{x}\right)=\lim\limits_{t\to 0+}f(t)=f(0)=3$

이때 $f(x)$는 최고차항의 계수가 1인 이차함수이므로

$f(x)=x^2+cx+3$ (c는 상수)라 할 수 있다.

2단계 $\lim\limits_{x\to 0}|x|\left\{f\left(\dfrac{1}{x}\right)-f\left(-\dfrac{1}{x}\right)\right\}=a$를 이용하여 이차함수 $f(x)$를 구한 후 $f(2)$의 값을 구해 보자.

$\lim\limits_{x\to 0}|x|\left\{f\left(\dfrac{1}{x}\right)-f\left(-\dfrac{1}{x}\right)\right\}=a$이므로

$\lim\limits_{x\to 0+}x\left\{f\left(\dfrac{1}{x}\right)-f\left(-\dfrac{1}{x}\right)\right\}=\lim\limits_{x\to 0-}(-x)\left\{f\left(\dfrac{1}{x}\right)-f\left(-\dfrac{1}{x}\right)\right\}=a$

$x\to 0+$일 때, $t\to\infty$이므로

$\begin{aligned}\lim\limits_{x\to 0+}x\left\{f\left(\dfrac{1}{x}\right)-f\left(-\dfrac{1}{x}\right)\right\}&=\lim\limits_{t\to\infty}\dfrac{f(t)-f(-t)}{t}\\&=\lim\limits_{t\to\infty}\dfrac{(t^2+ct+3)-(t^2-ct+3)}{t}\\&=\lim\limits_{t\to\infty}\dfrac{2ct}{t}=\lim\limits_{t\to\infty}2c\\&=2c=a \qquad\cdots\cdots\ \bigcirc\end{aligned}$

$x\to 0-$일 때, $t\to-\infty$이므로

$\begin{aligned}\lim\limits_{x\to 0-}(-x)\left\{f\left(\dfrac{1}{x}\right)-f\left(-\dfrac{1}{x}\right)\right\}&=\lim\limits_{t\to-\infty}\dfrac{f(t)-f(-t)}{-t}\\&=\lim\limits_{t\to-\infty}\dfrac{(t^2+ct+3)-(t^2-ct+3)}{-t}\\&=\lim\limits_{t\to-\infty}\dfrac{2ct}{-t}=\lim\limits_{t\to-\infty}(-2c)\\&=-2c=a \qquad\cdots\cdots\ \bigcirc\end{aligned}$

$\bigcirc$, $\bigcirc$에서 $2c=-2c$이므로 $c=0$

따라서 $f(x)=x^2+3$이므로

$f(2)=4+3=7$

---

041 정답률 ▶ 73%   답 ③

Best Pick 두 선분 $\overline{AQ}$, $\overline{AP}$의 길이를 t에 대한 식으로 나타내어 극한값을 구하는 문제이다. 식으로 나타내는 과정에서 직선의 방정식, 점과 직선 사이의 거리 등 도형의 성질을 이용하는 경우가 많기 때문에 이 유형을 학습할 때마다 기억해 두자.

1단계 점 P를 지나고 직선 $y=x+1$에 수직인 직선의 방정식을 구해 보자.

직선 $y=x+1$에 수직인 직선의 기울기는 -1이므로

점 $P(t, t+1)$을 지나고 직선 $y=x+1$에 수직인 직선의 방정식은

$y-(t+1)=(-1)\times(x-t)$

$\therefore y=-x+2t+1 \qquad\cdots\cdots\ \bigcirc$

2단계 $\overline{AP}^2$, $\overline{AQ}^2$을 각각 t에 대한 식으로 나타내어 보자.

직선 $\bigcirc$의 y절편이 $2t+1$이므로

$Q(0, 2t+1)$

$\therefore \overline{AP}^2=(t+1)^2+(t+1)^2=2(t+1)^2$,

$\ \ \overline{AQ}^2=1+(2t+1)^2$

3단계 $\lim\limits_{t\to\infty}\dfrac{\overline{AQ}^2}{\overline{AP}^2}$의 값을 구해 보자.

$\begin{aligned}\lim\limits_{t\to\infty}\dfrac{\overline{AQ}^2}{\overline{AP}^2}&=\lim\limits_{t\to\infty}\dfrac{1+(2t+1)^2}{2(t+1)^2}=\lim\limits_{t\to\infty}\dfrac{4t^2+4t+2}{2t^2+4t+2}\\&=\lim\limits_{t\to\infty}\dfrac{4+\dfrac{4}{t}+\dfrac{2}{t^2}}{2+\dfrac{4}{t}+\dfrac{2}{t^2}}\\&=\dfrac{4}{2}=2\end{aligned}$

I. 함수의 극한과 연속 011

042 정답률 ▸ 68%　　　　　　　답 ④

1단계 $\overline{OP}^2$을 t에 대한 식으로 나타내어 보자.

$P(t, \sqrt{t})$이므로

$\overline{OP}^2 = t^2 + (\sqrt{t})^2 = t^2 + t$

2단계 $\overline{OH}^2$을 t에 대한 식으로 나타내어 보자.

선분 PH의 길이는 점 $P(t, \sqrt{t})$와 직선 $y = \frac{1}{2}x$, 즉 $x - 2y = 0$ 사이의 거리와 같으므로

$\overline{PH} = \frac{|t - 2\sqrt{t}|}{\sqrt{1^2 + (-2)^2}} = \frac{|t - 2\sqrt{t}|}{\sqrt{5}}$

$\therefore \overline{PH}^2 = \frac{(t - 2\sqrt{t})^2}{5} = \frac{t^2 - 4t\sqrt{t} + 4t}{5}$

직각삼각형 OPH에서

$\overline{OH}^2 = \overline{OP}^2 - \overline{PH}^2$

$\qquad = t^2 + t - \frac{t^2 - 4t\sqrt{t} + 4t}{5}$

$\qquad = \frac{4t^2 + 4t\sqrt{t} + t}{5}$

3단계 $\lim\limits_{t \to \infty} \dfrac{\overline{OH}^2}{\overline{OP}^2}$의 값을 구해 보자.

$\lim\limits_{t \to \infty} \dfrac{\overline{OH}^2}{\overline{OP}^2} = \lim\limits_{t \to \infty} \dfrac{4t^2 + 4t\sqrt{t} + t}{5(t^2 + t)}$

$\qquad = \lim\limits_{t \to \infty} \dfrac{4 + \frac{4}{\sqrt{t}} + \frac{1}{t}}{5 + \frac{5}{t}}$

$\qquad = \dfrac{4 + 0 + 0}{5 + 0}$

$\qquad = \dfrac{4}{5}$

043 정답률 ▸ 41%　　　　　　　답 ③

1단계 $\overline{OA}, \overline{AC}, \overline{OB}, \overline{BC}$를 각각 k에 대한 식으로 나타내어 보자.

$A(k, 3\sqrt{k})$, $B(k, \sqrt{k})$, $C(k, 0)$이므로

$\overline{OA} = \sqrt{k^2 + (3\sqrt{k})^2} = \sqrt{k^2 + 9k}$

$\overline{AC} = 3\sqrt{k}$

$\overline{OB} = \sqrt{k^2 + (\sqrt{k})^2} = \sqrt{k^2 + k}$

$\overline{BC} = \sqrt{k}$

2단계 $\lim\limits_{k \to 0+} \dfrac{\overline{OA} - \overline{AC}}{\overline{OB} - \overline{BC}}$의 값을 구해 보자.

$\lim\limits_{k \to 0+} \dfrac{\overline{OA} - \overline{AC}}{\overline{OB} - \overline{BC}} = \lim\limits_{k \to 0+} \dfrac{\sqrt{k^2 + 9k} - 3\sqrt{k}}{\sqrt{k^2 + k} - \sqrt{k}}$

$\qquad = \lim\limits_{k \to 0+} \dfrac{\sqrt{k + 9} - 3}{\sqrt{k + 1} - 1}$

$\qquad = \lim\limits_{k \to 0+} \dfrac{(\sqrt{k+9} - 3)(\sqrt{k+9} + 3)(\sqrt{k+1} + 1)}{(\sqrt{k+1} - 1)(\sqrt{k+1} + 1)(\sqrt{k+9} + 3)}$

$\qquad = \lim\limits_{k \to 0+} \dfrac{k(\sqrt{k+1} + 1)}{k(\sqrt{k+9} + 3)}$

$\qquad = \lim\limits_{k \to 0+} \dfrac{\sqrt{k+1} + 1}{\sqrt{k+9} + 3}$

$\qquad = \dfrac{1 + 1}{3 + 3} = \dfrac{1}{3}$

044 정답률 ▸ 76%　　　　　　　답 50

1단계 직선 PQ의 방정식을 구해 보자.

직선 PQ의 기울기는

$\dfrac{(a^2 + 2a + 1) - a^2}{(a + 1) - a} = 2a + 1$

이므로 직선 PQ의 방정식은

$y = (2a + 1)(x - a) + a^2$

$\therefore y = (2a + 1)x - (a^2 + a)$

2단계 $f(a)$를 a에 대한 식으로 나타내어 보자.

직선 PQ와 직선 $y = x$의 교점의 x좌표는

$x = (2a + 1)x - (a^2 + a)$에서

$2ax = a^2 + a \qquad \therefore x = \dfrac{a^2 + a}{2a} \;\; (\because a \neq 0)$

$\therefore f(a) = \dfrac{a^2 + a}{2a}$

3단계 $100\lim\limits_{a \to 0} f(a)$의 값을 구해 보자.

$100 \lim\limits_{a \to 0} f(a) = 100 \lim\limits_{a \to 0} \dfrac{a^2 + a}{2a}$

$\qquad = 100 \lim\limits_{a \to 0} \dfrac{a + 1}{2}$

$\qquad = 100 \times \dfrac{1}{2} = 50$

045 정답률 ▸ 52%　　　　　　　답 ①

1단계 $f(r)$를 r에 대한 식으로 나타내어 보자.

$x^2 + y^2 = 1 \qquad \cdots\cdots \;\textcircled{\scriptsize ㄱ}$

$(x - 1)^2 + y^2 = r^2 \qquad \cdots\cdots \;\textcircled{\scriptsize ㄴ}$

$\textcircled{\scriptsize ㄱ} - \textcircled{\scriptsize ㄴ}$을 하면

$x^2 - (x - 1)^2 = 1 - r^2$

$2x - 1 = 1 - r^2 \qquad \therefore x = \dfrac{1}{2}(2 - r^2)$

$\therefore f(r) = \dfrac{1}{2}(2 - r^2)$

2단계 $\lim\limits_{r \to \sqrt{2}-} \dfrac{f(r)}{4 - r^4}$의 값을 구해 보자.

$\lim\limits_{r \to \sqrt{2}-} \dfrac{f(r)}{4 - r^4} = \lim\limits_{r \to \sqrt{2}-} \dfrac{2 - r^2}{2(4 - r^4)}$

$\qquad = \lim\limits_{r \to \sqrt{2}-} \dfrac{2 - r^2}{2(2 + r^2)(2 - r^2)}$

$\qquad = \lim\limits_{r \to \sqrt{2}-} \dfrac{1}{2(2 + r^2)}$

$\qquad = \dfrac{1}{2 \times (2 + 2)} = \dfrac{1}{8}$

046 정답률 ▸ 59%　　　　　　　답 ②

1단계 선분 AB의 길이를 a에 대한 식으로 나타내어 보자.

함수 $y = h(x)$의 그래프 위의 점 $P(a, a)$를 지나고 x축에 평행한 직선은 $y = a$이므로 직선 $y = a$가 두 함수 $y = f(x)$, $y = g(x)$의 그래프와 만나는 점은 각각

$A(a^2-2, a)$, $B(a^2-4a+6, a)$

$\therefore \overline{AB}=(a^2-4a+6)-(a^2-2)$

$\qquad =-4a+8$

2단계 선분 BC의 길이를 a에 대한 식으로 나타내어 보자.

점 B를 지나고 y축에 평행한 직선은 $x=a^2-4a+6$이므로

직선 $x=a^2-4a+6$이 함수 $y=h(x)$의 그래프와 만나는 점은

$C(a^2-4a+6, a^2-4a+6)$

$\therefore \overline{BC}=(a^2-4a+6)-a$

$\qquad =a^2-5a+6$

3단계 $\displaystyle\lim_{a\to 2-}\dfrac{\overline{BC}}{\overline{AB}}$의 값을 구해 보자.

$\displaystyle\lim_{a\to 2-}\dfrac{\overline{BC}}{\overline{AB}}=\lim_{a\to 2-}\dfrac{a^2-5a+6}{-4a+8}$

$\qquad =\displaystyle\lim_{a\to 2-}\dfrac{(a-2)(a-3)}{-4(a-2)}$

$\qquad =\displaystyle\lim_{a\to 2-}\dfrac{a-3}{-4}$

$\qquad =\dfrac{2-3}{-4}=\dfrac{1}{4}$

047 정답률 ▶ 46% 답 6

1단계 두 점 A, P를 이용하여 이차함수 $f(x)$의 식을 세워 보자.

최고차항의 계수가 1이고 점 $A(-2, 0)$을 지나는 이차함수 $f(x)$를

$f(x)=(x+2)(x+a)$ (a는 상수)

라 하자.

이차함수 $f(x)$가 점 $P(t, t+2)$도 지나므로 $f(t)=t+2$에서

$(t+2)(t+a)=t+2$

$t+a=1$ ($\because t\neq -2$)

$\therefore a=-t+1$

$\therefore f(x)=(x+2)(x-t+1)$

2단계 두 선분 AP, AQ의 길이를 각각 t에 대한 식으로 나타내어 $\displaystyle\lim_{t\to\infty}(\sqrt{2}\times\overline{AP}-\overline{AQ})$의 값을 구해 보자.

점 Q의 좌표는 $(0, -2t+2)$이므로

$\overline{AP}=\sqrt{\{t-(-2)\}^2+(t+2-0)^2}$

$\qquad =\sqrt{2}|t+2|$

$\overline{AQ}=\sqrt{\{0-(-2)\}^2+\{(-2t+2)-0\}^2}$

$\qquad =2\sqrt{t^2-2t+2}$

$\therefore \displaystyle\lim_{t\to\infty}(\sqrt{2}\times\overline{AP}-\overline{AQ})$

$=\displaystyle\lim_{t\to\infty}(2|t+2|-2\sqrt{t^2-2t+2})$

$=2\displaystyle\lim_{t\to\infty}\dfrac{(|t+2|-\sqrt{t^2-2t+2})(|t+2|+\sqrt{t^2-2t+2})}{|t+2|+\sqrt{t^2-2t+2}}$

$=2\displaystyle\lim_{t\to\infty}\dfrac{(t^2+4t+4)-(t^2-2t+2)}{|t+2|+\sqrt{t^2-2t+2}}$

$=2\displaystyle\lim_{t\to\infty}\dfrac{6t+2}{|t+2|+\sqrt{t^2-2t+2}}$

$=2\displaystyle\lim_{t\to\infty}\dfrac{6+\dfrac{2}{t}}{\left|1+\dfrac{2}{t}\right|+\sqrt{1-\dfrac{2}{t}+\dfrac{2}{t^2}}}$

$=2\times\dfrac{6+0}{|1+0|+\sqrt{1-0+0}}=6$

048 정답률 ▶ 62% 답 16

Best Pick 주어진 함수를 이해하는 것이 까다로운 문제이다. 먼저 간단한 예시를 통해 새롭게 정의된 함수 $g(x)$를 이해할 수 있어야 한다.

1단계 $8<x<9$에서의 $f(x)$를 이용하여 α의 값을 구해 보자.

$8<x<9$일 때

x보다 작은 자연수 중에서 소수의 개수는 2, 3, 5, 7의 4이므로

$f(x)=4$

이때 $2f(x)=8<x$이므로

$g(x)=f(x)=4$

$\displaystyle\lim_{x\to 8+}g(x)=\alpha$에서 $\displaystyle\lim_{x\to 8+}g(x)=\lim_{x\to 8+}4=4$

$\therefore \alpha=4$

2단계 $7<x<8$에서의 $f(x)$를 이용하여 β의 값을 구한 후 $\dfrac{\alpha}{\beta}$의 값을 구해 보자.

$7<x<8$일 때

x보다 작은 자연수 중에서 소수의 개수는 2, 3, 5, 7의 4이므로

$f(x)=4$

이때 $2f(x)=8>x$이므로

$g(x)=\dfrac{1}{f(x)}=\dfrac{1}{4}$

$\displaystyle\lim_{x\to 8-}g(x)=\beta$에서 $\displaystyle\lim_{x\to 8-}g(x)=\lim_{x\to 8-}\dfrac{1}{4}=\dfrac{1}{4}$

$\therefore \beta=\dfrac{1}{4}$

$\therefore \dfrac{\alpha}{\beta}=\dfrac{4}{\dfrac{1}{4}}=16$

049 정답률 ▶ 66% 답 ①

Best Pick 함수의 극한의 활용과 수학 I의 II. 삼각함수 단원이 결합된 문제이다. 두 변의 길이와 그 끼인각의 크기가 주어졌을 때의 삼각형의 넓이를 구할 수 있어야 한다. 또한, 원의 접선의 성질도 다시 한번 점검할 수 있는 문제이다.

1단계 $S(t)$를 삼각함수를 이용하여 나타내어 보자.

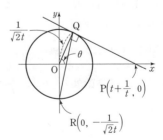

위의 그림과 같이 두 선분 OQ, OR는 원 $x^2+y^2=\dfrac{1}{2t^2}$의 반지름이므로

$\overline{OQ}=\overline{OR}=\dfrac{1}{\sqrt{2}t}$

$\angle QOP=\theta$라 하면 $\angle QOR=\dfrac{\pi}{2}+\theta$이므로

삼각형 ORQ의 넓이 $S(t)$는

$$S(t)=\frac{1}{2}\times\overline{\mathrm{OQ}}\times\overline{\mathrm{OR}}\times\sin\left(\frac{\pi}{2}+\theta\right)$$ → 두 변의 길이가 a, b이고 그 끼인각의 크기가 θ인 삼각형의 넓이 S는
$$=\frac{1}{2}\times\frac{1}{\sqrt{2t}}\times\frac{1}{\sqrt{2t}}\times\sin\left(\frac{\pi}{2}+\theta\right)\quad S=\frac{1}{2}ab\sin\theta$$
$$=\frac{1}{4t^2}\cos\theta$$

2단계 $S(t)$를 t에 대한 식으로 나타내어 보자.

점 Q는 원의 접점이므로 삼각형 PQO는 $\angle\mathrm{PQO}=\frac{\pi}{2}$인 직각삼각형이다.

즉,

$$\cos\theta=\frac{\overline{\mathrm{OQ}}}{\overline{\mathrm{OP}}}=\frac{\frac{1}{\sqrt{2t}}}{t+\frac{1}{t}}=\frac{1}{\sqrt{2}(t^2+1)}$$

이므로

$$S(t)=\frac{1}{4t^2}\times\frac{1}{\sqrt{2}(t^2+1)}$$
$$=\frac{1}{4\sqrt{2}(t^4+t^2)}$$

3단계 $\displaystyle\lim_{t\to\infty}\{t^4\times S(t)\}$의 값을 구해 보자.

$$\lim_{t\to\infty}\{t^4\times S(t)\}=\lim_{t\to\infty}\frac{t^4}{4\sqrt{2}(t^4+t^2)}$$
$$=\lim_{t\to\infty}\frac{1}{4\sqrt{2}\left(1+\frac{1}{t^2}\right)}$$
$$=\frac{1}{4\sqrt{2}}=\frac{\sqrt{2}}{8}$$

050 정답률 ▶ 52%　　　답 ②

1단계 $S(t)$를 t에 대한 식으로 나타내어 보자.

조건 (가)에서 삼각형 POQ가 $\overline{\mathrm{PO}}=\overline{\mathrm{PQ}}$인 이등변삼각형이므로 점 $\mathrm{P}(t,\ t^2)$에 대하여 점 Q의 좌표는 $(2t,\ 0)$이다.

$$\therefore S(t)=\frac{1}{2}\times 2t\times t^2=t^3$$

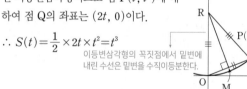

이등변삼각형의 꼭짓점에서 밑변에 내린 수선은 밑변을 수직이등분한다.

2단계 $T(t)$를 t에 대한 식으로 나타내어 보자.

조건 (나)에서 삼각형 PRO가 $\overline{\mathrm{RO}}=\overline{\mathrm{RP}}$인 이등변삼각형이므로 선분 OP의 수직이등분선이 y축과 만나는 점이 R이다.

선분 OP의 중점을 M이라 하면 점 M의 좌표는 $\left(\frac{t}{2},\ \frac{t^2}{2}\right)$이고, 직선 OP의 기울기가 $\frac{t^2-0}{t-0}=t$이므로 직선 MR의 기울기는 $-\frac{1}{t}$이다.

즉, 직선 MR의 방정식은

$$y-\frac{t^2}{2}=-\frac{1}{t}\left(x-\frac{t}{2}\right)$$
$$\therefore y=-\frac{1}{t}x+\frac{t^2}{2}+\frac{1}{2}$$

점 R의 좌표는 $\left(0,\ \frac{t^2}{2}+\frac{1}{2}\right)$이므로

$$T(t)=\frac{1}{2}\times\left(\frac{t^2}{2}+\frac{1}{2}\right)\times t=\frac{1}{4}(t^3+t)$$

3단계 $\displaystyle\lim_{t\to 0+}\frac{T(t)-S(t)}{t}$의 값을 구해 보자.

$$\lim_{t\to 0+}\frac{T(t)-S(t)}{t}=\lim_{t\to 0+}\frac{\frac{1}{4}(t^3+t)-t^3}{t}$$
$$=\lim_{t\to 0+}\left(-\frac{3}{4}t^2+\frac{1}{4}\right)=\frac{1}{4}$$

051 정답률 ▶ 확: 28%, 미: 51%, 기: 45%　　　답 ②

1단계 서로 닮음인 두 삼각형을 이용하여 $\frac{T(t)}{S(t)}$를 t에 대한 식으로 나타내어 보자.

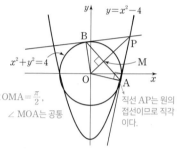

두 선분 AB, OP의 교점을 M이라 하면 직선 OP는 선분 AB를 수직이등분하므로 두 직각삼각형 OAP, OBP는 합동 (RHS 합동)이고 두 직각삼각형 OAP, OMA는 서로 닮음 (AA 닮음)이다. → $\angle\mathrm{OAP}=\angle\mathrm{OMA}=\frac{\pi}{2}$, $\angle\mathrm{MOA}$는 공통

직선 AP는 원의 접선이므로 직각이다.

이때 두 직각삼각형 OAP, OMA의 닮음비는 $\overline{\mathrm{OP}}:\overline{\mathrm{OA}}$와 같으므로 넓이의 비는 $\overline{\mathrm{OP}}^2:\overline{\mathrm{OA}}^2$과 같다.

$$\triangle\mathrm{OAP}=\frac{S(t)+T(t)}{2},\ \triangle\mathrm{OMA}=\frac{S(t)}{2}$$이므로

$$\overline{\mathrm{OP}}^2:\overline{\mathrm{OA}}^2=\frac{S(t)+T(t)}{2}:\frac{S(t)}{2}$$
$$\overline{\mathrm{OA}}^2\times\frac{S(t)+T(t)}{2}=\overline{\mathrm{OP}}^2\times\frac{S(t)}{2}$$
$$\overline{\mathrm{OA}}^2\times T(t)=(\overline{\mathrm{OP}}^2-\overline{\mathrm{OA}}^2)S(t)$$
$$\therefore \frac{T(t)}{S(t)}=\frac{\overline{\mathrm{OP}}^2-\overline{\mathrm{OA}}^2}{\overline{\mathrm{OA}}^2}$$

$\overline{\mathrm{OA}}=2$, $\overline{\mathrm{OP}}=\sqrt{t^2+(t^2-4)^2}$이므로

$$\frac{T(t)}{S(t)}=\frac{\{t^2+(t^2-4)^2\}-2^2}{2^2}$$
$$=\frac{t^4-7t^2+12}{4}$$
$$=\frac{(t+2)(t-2)(t^2-3)}{4}$$

2단계 $\displaystyle\lim_{t\to 2+}\frac{T(t)}{(t-2)S(t)}+\lim_{t\to\infty}\frac{T(t)}{(t^4-2)S(t)}$의 값을 구해 보자.

$$\lim_{t\to 2+}\frac{T(t)}{(t-2)S(t)}+\lim_{t\to\infty}\frac{T(t)}{(t^4-2)S(t)}$$
$$=\lim_{t\to 2+}\frac{(t+2)(t^2-3)}{4}+\lim_{t\to\infty}\frac{(t+2)(t-2)(t^2-3)}{4(t^4-2)}$$
$$=\lim_{t\to 2+}\frac{(t+2)(t^2-3)}{4}+\lim_{t\to\infty}\frac{\left(1+\frac{2}{t}\right)\left(1-\frac{2}{t}\right)\left(1-\frac{3}{t^2}\right)}{4\left(1-\frac{2}{t^4}\right)}$$
$$=\frac{4\times 1}{4}+\frac{1\times 1\times 1}{4\times 1}=\frac{5}{4}$$

052 정답률 ▶ 91%　　　답 ②

1단계 함수 $f(x)$가 실수 전체의 집합에서 연속일 조건을 알아보자.

함수 $f(x)$가 실수 전체의 집합에서 연속이므로 $x=1$에서도 연속이다.

즉, $\displaystyle\lim_{x\to 1}f(x)=f(1)$이어야 한다.

2단계 상수 a의 값을 구해 보자.

$\lim_{x \to 1} f(x) = \lim_{x \to 1} (ax+3) = a+3,$

$f(1) = 5$

에서 $a+3=5$

$\therefore a=2$

---

053 정답률 ▸ 확: 90%, 미: 95%, 기: 94%   답 ④

1단계 함수 $f(x)$가 실수 전체의 집합에서 연속일 조건을 알아보자.

함수 $f(x)$가 실수 전체의 집합에서 연속이므로 $x=-1$에서도 연속이다.

즉, $\lim_{x \to -1+} f(x) = \lim_{x \to -1-} f(x) = f(-1)$이어야 한다.

2단계 상수 a의 값을 구해 보자.

$\lim_{x \to -1+} f(x) = \lim_{x \to -1+} (x^2-5x-a) = 1+5-a = 6-a,$

$\lim_{x \to -1-} f(x) = \lim_{x \to -1-} (2x+a) = -2+a,$

$f(-1) = -2+a$

에서 $6-a = -2+a$

$2a=8 \qquad \therefore a=4$

---

054 정답률 ▸ 86%   답 6

1단계 함수 $f(x)$가 $x=2$에서 연속일 조건을 알아보자.

함수 $f(x)$가 $x=2$에서 연속이므로

$\lim_{x \to 2+} f(x) = \lim_{x \to 2-} f(x) = f(2)$이어야 한다.

2단계 상수 a의 값을 구하여 $a+f(2)$의 값을 구해 보자.

$3a-2 = a+2 = f(2)$이므로

$3a-2 = a+2 \qquad \therefore a=2$

따라서

$f(2) = a+2 = 2+2 = 4$

이므로   └─▸ $3a-2=6-2=4$로도 구할 수 있다.

$a+f(2) = 2+4 = 6$

---

055 정답률 ▸ 88%   답 ④

1단계 함수 $f(x)$가 실수 전체의 집합에서 연속일 조건을 알아보자.

함수 $f(x)$가 실수 전체의 집합에서 연속이므로 $x=3$에서도 연속이다.

즉, $\lim_{x \to 3} f(x) = f(3)$이어야 한다.

2단계 상수 a의 값을 구해 보자.

$$\lim_{x \to 3} f(x) = \lim_{x \to 3} \frac{x^2-2x-3}{x-3}$$
$$= \lim_{x \to 3} \frac{(x+1)(x-3)}{x-3}$$
$$= \lim_{x \to 3} (x+1) = 3+1 = 4$$

이므로 $f(3) = a$

$\therefore a=4$

---

056 정답률 ▸ 확: 80%, 미: 90%, 기: 87%   답 ⑤

1단계 함수 $f(x)$가 실수 전체의 집합에서 연속일 조건을 알아보자.

함수 $f(x)$가 실수 전체의 집합에서 연속이므로 $x=3$에서도 연속이다.

즉, $\lim_{x \to 3+} f(x) = \lim_{x \to 3-} f(x) = f(3)$이어야 하므로

$$\lim_{x \to 3+} \frac{2x+1}{x-2} = \lim_{x \to 3-} \frac{x^2+ax+b}{x-3} = \frac{6+1}{3-2}$$

$$\therefore \lim_{x \to 3-} \frac{x^2+ax+b}{x-3} = 7 \quad \cdots\cdots \ \text{㉠}$$

2단계 두 상수 a, b의 값을 각각 구하여 $a-b$의 값을 구해 보자.

㉠에서 $x \to 3-$일 때, (분모) $\to 0$이고 극한값이 존재하므로 (분자) $\to 0$이다.

$\lim_{x \to 3-} (x^2+ax+b) = 0$이므로

$9+3a+b = 0$

$\therefore b = -3a-9$

즉, ㉠에서

$$\lim_{x \to 3-} \frac{x^2+ax+b}{x-3} = \lim_{x \to 3-} \frac{x^2+ax-3a-9}{x-3}$$
$$= \lim_{x \to 3-} \frac{(x-3)(x+3+a)}{x-3}$$
$$= \lim_{x \to 3-} (x+3+a)$$
$$= 6+a = 7$$

이므로 $a=1$

$a=1$을 $b = -3a-9$에 대입하여 정리하면 $b = -12$

$\therefore a-b = 1-(-12) = 13$

---

057 정답률 ▸ 82%   답 ①

1단계 함수 $f(x)$가 모든 실수 x에서 연속일 조건을 알아보자.

함수 $f(x) = \begin{cases} x(x-1) & (|x|>1) \\ -x^2+ax+b & (|x| \leq 1) \end{cases}$이 모든 실수 x에서 연속이 되려면

$|x|=1$, 즉 $x=-1$, $x=1$에서 연속이 되어야 한다.

따라서

$\lim_{x \to -1+} f(x) = \lim_{x \to -1-} f(x) = f(-1),$

$\lim_{x \to 1+} f(x) = \lim_{x \to 1-} f(x) = f(1)$

이어야 한다.

2단계 두 상수 a, b의 값을 각각 구하여 $a-b$의 값을 구해 보자.

(i) 함수 $f(x)$가 $x=-1$에서 연속이 되려면

$\lim_{x \to -1+} f(x) = \lim_{x \to -1+} (-x^2+ax+b) = -1-a+b,$

$\lim_{x \to -1-} f(x) = \lim_{x \to -1-} x(x-1) = 2,$

$f(-1) = -1-a+b$

에서 $-1-a+b = 2$

$\therefore a-b = -3 \quad \cdots\cdots \ \text{㉠}$

(ii) 함수 $f(x)$가 $x=1$에서 연속이 되려면

$\lim_{x \to 1+} f(x) = \lim_{x \to 1+} x(x-1) = 0,$

$\lim_{x \to 1-} f(x) = \lim_{x \to 1-} (-x^2+ax+b) = -1+a+b,$

$f(1) = -1+a+b$

에서 $0 = -1+a+b$

$\therefore a+b = 1 \quad \cdots\cdots \ \text{㉡}$

㉠, ㉡을 연립하여 풀면 $a=-1$, $b=2$

$\therefore a-b = -1-2 = -3$

다른 풀이

함수 $f(x)$가 모든 실수 x에서 연속이
되려면 함수 $y=f(x)$의 그래프는 오른
쪽 그림과 같아야 한다. 즉, 함수
$y=-x^2+ax+b$의 그래프가 두 점
$(-1, 2)$, $(1, 0)$을 지나야 하므로
$2=-1-a+b$, $0=-1+a+b$
$\therefore a-b=-3$, $a+b=1$

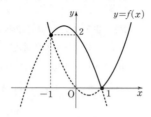

(i) $x=-1$에서 연속이 되기 위한 함수 $f(x)$의 극한값만 구해도 $a-b=-3$
임을 알 수 있다. 하지만 모든 실수 x에서 주어진 함수 $f(x)$가 연속이려면 반드
시 $x=-1$, $x=1$에서의 연속성을 모두 확인해야 한다.

---

058 정답률 ▸ 확: 79%, 미: 93%, 기: 91%　　　　답 ②

1단계 함수 $(x^2+ax+b)f(x)$가 $x=1$에서 연속일 조건을 알아보자.
함수 $(x^2+ax+b)f(x)$가 $x=1$에서 연속이므로
$\lim\limits_{x \to 1+}(x^2+ax+b)f(x)=\lim\limits_{x \to 1-}(x^2+ax+b)f(x)=(1+a+b)f(1)$
이어야 한다.

2단계 $a+b$의 값을 구해 보자.
$\lim\limits_{x \to 1+}(x^2+ax+b)f(x)=(1+a+b)\times 3=3(1+a+b)$,
$\lim\limits_{x \to 1-}(x^2+ax+b)f(x)=(1+a+b)\times 1=1+a+b$,
$(1+a+b)f(1)=1+a+b$
에서 $3(1+a+b)=1+a+b$
$1+a+b=0$　　$\therefore a+b=-1$

---

059 정답률 ▸ 81%　　　　답 ①

1단계 함수 $g(x)$가 $x=0$에서 연속일 조건을 알아보자.
함수 $g(x)$가 $x=0$에서 연속이 되려면
$\lim\limits_{x \to 0+}g(x)=\lim\limits_{x \to 0-}g(x)=g(0)$이어야 한다.

2단계 상수 k의 값을 구해 보자.
$\lim\limits_{x \to 0+}g(x)=\lim\limits_{x \to 0+}f(x)\{f(x)+k\}$
　　　　　$=0\times k=0$,
$\lim\limits_{x \to 0-}g(x)=\lim\limits_{x \to 0-}f(x)\{f(x)+k\}$
　　　　　$=2(2+k)=2k+4$,
$g(0)=f(0)\{f(0)+k\}$
　　$=2(2+k)=2k+4$
에서 $0=2k+4$
$\therefore k=-2$

다른 풀이

$x \leq 0$일 때,
$g(x)=(x+2)(x+2+k)=x^2+(4+k)x+4+2k$
$x>0$일 때,
$g(x)=-\dfrac{1}{2}x\left(-\dfrac{1}{2}x+k\right)=\dfrac{1}{4}x^2-\dfrac{1}{2}kx$

이때 함수 $g(x)$가 $x=0$에서 연속이 되려면
$\lim\limits_{x \to 0+}g(x)=\lim\limits_{x \to 0-}g(x)=g(0)$이어야 하므로
$\lim\limits_{x \to 0+}g(x)=\lim\limits_{x \to 0+}\left(\dfrac{1}{4}x^2-\dfrac{1}{2}kx\right)=0$,
$\lim\limits_{x \to 0-}g(x)=\lim\limits_{x \to 0-}\{x^2+(4+k)x+4+2k\}=4+2k$
에서 $0=4+2k$　　$\therefore k=-2$

---

060 정답률 ▸ 87%　　　　답 ⑤

Best Pick 절댓값 기호를 포함한 함수의 연속성을 판단하는 문제이다. x의
값에 따라 범위를 나누어 함수를 구한 후 ㄱ, ㄴ, ㄷ의 참, 거짓을 판별해야
한다.

1단계 x의 값의 범위를 나누어 함수 $f(x)$를 간단히 해 보자.
$x>0$일 때,
$$f(x)=\dfrac{x^2}{2x-|x|}=\dfrac{x^2}{2x-x}=x$$
$x<0$일 때,
$$f(x)=\dfrac{x^2}{2x-|x|}=\dfrac{x^2}{2x+x}=\dfrac{1}{3}x$$
$$\therefore f(x)=\begin{cases} x & (x>0) \\ a & (x=0) \\ \dfrac{1}{3}x & (x<0) \end{cases}$$

2단계 ㄱ, ㄴ, ㄷ의 참, 거짓을 판별해 보자.
ㄱ. $f(-3)=-1$ (거짓)
ㄴ. $x>0$일 때, $f(x)=x$이다. (참)
ㄷ. 함수 $f(x)$가 $x=0$에서 연속이 되려면
　$\lim\limits_{x \to 0+}f(x)=\lim\limits_{x \to 0-}f(x)=f(0)$이어야 한다.
　$\lim\limits_{x \to 0+}f(x)=\lim\limits_{x \to 0+}x=0$,
　$\lim\limits_{x \to 0-}f(x)=\lim\limits_{x \to 0-}\dfrac{1}{3}x=0$,
　$f(0)=a$
　에서 $0=a$
　즉, 함수 $f(x)$가 $x=0$에서 연속이 되도록 하는 $a=0$이 존재한다.
　　　　　　　　　　　　　　　　　　　　　　　　　　　　　(참)

따라서 옳은 것은 ㄴ, ㄷ이다.

---

061 정답률 ▸ 69%　　　　답 6

1단계 함수 $f(x)$가 실수 전체의 집합에서 연속일 조건을 알아보자.
함수 $f(x)$가 실수 전체의 집합에서 연속이므로 $x=1$에서도 연속이다.
즉, $\lim\limits_{x \to 1+}f(x)=\lim\limits_{x \to 1-}f(x)=f(1)$이어야 한다.

2단계 두 상수 a, b의 값을 각각 구하여 $a+b$의 값을 구해 보자.
$\lim\limits_{x \to 1+}f(x)=\lim\limits_{x \to 1+}\dfrac{x+b}{\sqrt{x+3}-2}$
　　　　$=\lim\limits_{x \to 1+}\dfrac{(x+b)(\sqrt{x+3}+2)}{(\sqrt{x+3}-2)(\sqrt{x+3}+2)}$
　　　　$=\lim\limits_{x \to 1+}\dfrac{(x+b)(\sqrt{x+3}+2)}{x-1}$,

016　정답 및 해설

$$\lim_{x \to 1-} f(x) = \lim_{x \to 1-} (-3x+a) = -3+a,$$
$$f(1) = -3+a$$
에서
$$\lim_{x \to 1+} \frac{(x+b)(\sqrt{x+3}+2)}{x-1} = -3+a \quad \cdots\cdots \ \text{㉠}$$
㉠에서 $x \to 1+$일 때, (분모) $\to 0$이고 극한값이 존재하므로 (분자) $\to 0$
이다.
$$\lim_{x \to 1+} (x+b)(\sqrt{x+3}+2) = 0$$이므로
$$(1+b)(\sqrt{1+3}+2) = 0$$
$$4(1+b) = 0 \quad \therefore b = -1$$
즉, ㉠에서
$$\begin{aligned}\lim_{x \to 1+} \frac{(x+b)(\sqrt{x+3}+2)}{x-1} &= \lim_{x \to 1+} \frac{(x-1)(\sqrt{x+3}+2)}{x-1}\\&= \lim_{x \to 1+} (\sqrt{x+3}+2)\\&= \sqrt{1+3}+2\\&= 4 = -3+a\end{aligned}$$
이므로 $a=7$
$$\therefore a+b = 7+(-1) = 6$$

062

정답률 ▶ 49% 답 ⑤

1단계 함수 $|f(x)|$가 실수 전체의 집합에서 연속일 조건을 알아보자.

함수 $|f(x)|$가 실수 전체의 집합에서 연속이 되려면 $x=a$에서 연속이어
야 한다.

즉, $\lim\limits_{x \to a+} |f(x)| = \lim\limits_{x \to a-} |f(x)| = |f(a)|$이어야 한다.

2단계 모든 실수 a의 값의 합을 구해 보자.

$$\lim_{x \to a+} |f(x)| = \lim_{x \to a+} |x^2-4| = |a^2-4|,$$
$$\lim_{x \to a-} |f(x)| = \lim_{x \to a-} |x+2| = |a+2|,$$
$$|f(a)| = |a+2|$$
에서 $|a^2-4| = |a+2|$
$$\therefore a^2-4 = \pm(a+2)$$
(ⅰ) $a^2-4 = a+2$일 때
$$a^2-a-6 = 0$$
$$(a+2)(a-3) = 0$$
$$\therefore a=-2 \ \text{또는} \ a=3$$
(ⅱ) $a^2-4 = -(a+2)$일 때
$$a^2+a-2 = 0$$
$$(a+2)(a-1) = 0$$
$$\therefore a=-2 \ \text{또는} \ a=1$$
(ⅰ), (ⅱ)에서 함수 $|f(x)|$가 실수 전체의 집합에서 연속이 되도록 하는 실
수 a의 값은 -2, 1, 3이므로 그 합은
$$(-2)+1+3 = 2$$

063

정답률 ▶ 71% 답 ②

1단계 함수 $\{g(x)\}^2$이 $x=0$에서 연속일 조건을 알아보자.

함수 $\{g(x)\}^2$이 $x=0$에서 연속이므로
$$\lim_{x \to 0+} \{g(x)\}^2 = \lim_{x \to 0-} \{g(x)\}^2 = \{g(0)\}^2$$이어야 한다.

2단계 상수 a의 값을 구해 보자.

$x-1=t$라 하면 $x \to 0+$일 때, $t \to -1+$이므로
$$\begin{aligned}\lim_{x \to 0+} \{g(x)\}^2 &= \lim_{x \to 0+} \{f(x-1)\}^2\\&= \lim_{t \to -1+} \{f(t)\}^2\\&= \{f(-1)\}^2\\&= (2+a)^2\end{aligned}$$
$x+1=s$라 하면 $x \to 0-$일 때, $s \to 1-$이므로
$$\begin{aligned}\lim_{x \to 0-} \{g(x)\}^2 &= \lim_{x \to 0-} \{f(x+1)\}^2\\&= \lim_{s \to 1-} \{f(s)\}^2\\&= \{f(1)\}^2\\&= a^2\end{aligned}$$
$$\{g(0)\}^2 = \{f(1)\}^2 = a^2$$
즉, $(2+a)^2 = a^2$이므로
$$4a+4 = 0$$
$$\therefore a = -1$$

064

정답률 ▶ 91% 답 ③

1단계 함수 $f(x)$가 실수 전체의 집합에서 연속임을 이용하여 $f(2)$의 값을
구해 보자.

함수 $f(x)$가 실수 전체의 집합에서 연속이므로 $x=2$에서도 연속이다.
$$\therefore \lim_{x \to 2} f(x) = f(2) \quad \cdots\cdots \ \text{㉠}$$
이때
$$\begin{aligned}\lim_{x \to 2} \frac{(x^2-4)f(x)}{x-2} &= \lim_{x \to 2} \frac{(x-2)(x+2)f(x)}{x-2}\\&= \lim_{x \to 2} (x+2)f(x)\\&= 4f(2) \ (\because \ \text{㉠})\\&= 12\end{aligned}$$
이므로 $f(2)=3$

065

정답률 ▶ 87% 답 ②

1단계 $x \neq 1$일 때, 함수 $f(x)$를 구해 보자.

$x \neq 1$일 때,
$$f(x) = \frac{x^2-3x+2}{x-1} = \frac{(x-1)(x-2)}{x-1} = x-2$$

2단계 함수 $f(x)$가 모든 실수에서 연속일 조건을 이용하여 $f(1)$의 값을 구
해 보자.

함수 $f(x)$가 모든 실수에서 연속이므로 $x=1$에서도 연속이다.
$$\therefore f(1) = \lim_{x \to 1} f(x) = \lim_{x \to 1} (x-2) = 1-2 = -1$$
$\hookrightarrow$ 함수의 연속의 정의

066

정답률 ▶ 77% 답 ④

1단계 주어진 함수와 그래프를 이용하여 ㄱ, ㄴ의 참, 거짓을 판별해 보자.

ㄱ. $\lim\limits_{x \to 0+} g(x) = \lim\limits_{x \to 0+} \left(\frac{1}{2}x-1\right) = -1$ (거짓)

ㄴ. 삼차함수 $y=f(x)$는 연속함수이다.
$f(0)=a\ (a>3)$이라 하면
$g(f(0))=g(a)$
이때 $a>3$이고 함수 $g(x)$는 $x>0$에서 연속이므로 함수 $g(x)$는
$x=a$에서도 연속이다.
$$\lim_{x\to 0}g(f(x))=\lim_{t\to a^-}g(t)=g(a)$$
<u>$\therefore \lim_{x\to 0}g(f(x))=g(f(0))$</u> $^{x\to 0일\ 때,\ f(x)\to a^-}$
즉, 함수 $g(f(x))$는 $x=0$에서 연속이다. (참)

2단계 사잇값의 정리를 이용하여 ㄷ의 참, 거짓을 판별해 보자.

ㄷ. 함수 $f(x)$는 실수 전체의 집합에서 연속이고, 함수 $g(x)$는 $x=0$에서만 불연속이다.
즉, 닫힌구간 $[-3, 3]$에서 함수 $f(x)$가 $f(x)\ne 0$인 연속함수이므로
함수 $g(f(x))$는 닫힌구간 $[-3, 3]$에서 연속이다.
$$g(f(-3))=g(1)=-\frac{1}{2}<0,$$
$$g(f(3))=g(3)=\frac{1}{2}>0$$
이므로
$$g(f(-3))g(f(3))<0$$
즉, 함수 $g(f(x))$는 사잇값의 정리에 의하여 $g(f(x))=0$을 만족시키는 x의 값이 열린구간 $(-3, 3)$에 적어도 하나 존재한다.
따라서 방정식 $g(f(x))=0$은 닫힌구간 $[-3, 3]$에서 적어도 하나의 실근을 갖는다. (참)
따라서 옳은 것은 ㄴ, ㄷ이다.

---

067 정답률 ▶ 49%　　　　　　　　　　　　　　　　**답 ④**

Best Pick 새롭게 정의된 함수를 구하여 함수의 그래프를 직접 그리고 함수의 연속, 불연속을 판별하는 문제이다. Ⅱ단원에서 배울 미분가능성과 연결될 수 있는 문제이다.

1단계 a의 값의 범위에 따른 $f(a)$의 값을 각각 구하여 함수 $y=f(a)$의 그래프를 그려 보자.

x에 대한 방정식
$ax^2+2(a-2)x-(a-2)=0$ ...... ㉠
의 실근의 개수가 $f(a)$이다.

(i) $a=0$인 경우
㉠에서 $-4x+2=0$ $\therefore x=\frac{1}{2}$
즉, 방정식 ㉠의 실근이 한 개이므로
$f(0)=1$

(ii) $a\ne 0$인 경우
x에 대한 이차방정식 ㉠의 판별식을 D라 하면
$$\frac{D}{4}=(a-2)^2+a(a-2)$$
$$=2(a-1)(a-2)$$
ⓐ $\frac{D}{4}>0$, 즉 $a<1$ 또는 $a>2$이면 ㉠은 서로 다른 두 실근을 가지므로
$f(a)=2$
ⓑ $\frac{D}{4}=0$, 즉 $a=1$ 또는 $a=2$이면 ㉠은 중근을 가지므로
$f(1)=f(2)=1$

ⓒ $\frac{D}{4}<0$, 즉 $1<a<2$이면 ㉠은 허근을 가지므로
$f(a)=0$

(i), (ii)에서
$$f(a)=\begin{cases}2 & (a<0\ \text{또는}\ 0<a<1\ \text{또는}\ a>2)\\ 1 & (a=0,\ 1,\ 2)\\ 0 & (1<a<2)\end{cases}$$
이므로 함수 $y=f(a)$의 그래프는 다음 그림과 같다.

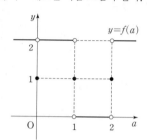

2단계 함수 $y=f(x)$의 그래프를 이용하여 ㄱ, ㄴ, ㄷ의 참, 거짓을 판별해 보자.

ㄱ. $\lim_{a\to 0}f(a)=2$, $f(0)=1$이므로
$\lim_{a\to 0}f(a)\ne f(0)$ (거짓)

ㄴ. $\lim_{a\to c+}f(a)\ne \lim_{a\to c-}f(a)$인 실수 c는
$c=1$, $c=2$의 2개 (참)

ㄷ. 함수 $f(a)$는 $a=0$, $a=1$, $a=2$에서 불연속이므로 불연속인 점은 3개이다. (참)
따라서 옳은 것은 ㄴ, ㄷ이다.

---

068 정답률 ▶ 53%　　　　　　　　　　　　　　　　**답 24**

1단계 조건 (가)를 이용하여 이차함수 $f(x)$의 식을 세워 보자.

조건 (가)에서 함수 $\dfrac{x}{f(x)}$가 $x=1$, $x=2$에서 불연속이므로
$f(1)=0$, $f(2)=0$
즉, 이차함수 $f(x)$는
$f(x)=a(x-1)(x-2)$ (a는 $a\ne 0$인 상수)
라 할 수 있다.

2단계 조건 (나)를 이용하여 $f(x)$를 구한 후 $f(4)$의 값을 구해 보자.

조건 (나)에서 $\lim_{x\to 2}\dfrac{f(x)}{x-2}=4$이므로
$$\lim_{x\to 2}\frac{a(x-1)(x-2)}{x-2}=\lim_{x\to 2}a(x-1)$$
$$=a=4$$
따라서 $f(x)=4(x-1)(x-2)$이므로
$f(4)=4\times 3\times 2=24$

다른 풀이

미분계수의 정의를 이용하여 a의 값을 구할 수도 있다.
$f(2)=0$이므로 조건 (나)에서
$$\lim_{x\to 2}\frac{f(x)}{x-2}=\lim_{x\to 2}\frac{f(x)-f(2)}{x-2}$$
$$=f'(2)=4$$

$f(1)=0, f(2)=0$이므로
$f(x)=a(x-1)(x-2)=ax^2-3ax+2a$에서
$f'(x)=2ax-3a$
즉, $f'(2)=4a-3a=4$이므로
$a=4$

069 정답률 ▸ 67% 답 ⑤

1단계 x의 값의 범위에 따른 함수 $g(x)$를 구해 보자.
$x<0$일 때, $f(x)+g(x)=x^2+4$이므로
$g(x)=-f(x)+x^2+4$
$x>0$일 때, $f(x)-g(x)=x^2+2x+8$이므로
$g(x)=f(x)-x^2-2x-8$
$$\therefore g(x)=\begin{cases} -f(x)+x^2+4 & (x<0) \\ f(x)-x^2-2x-8 & (x>0) \end{cases}$$

2단계 함수 $f(x)$가 $x=0$에서 연속일 조건을 이용하여 $f(0)$의 값을 구해 보자.

함수 $f(x)$가 $x=0$에서 연속이므로
$\lim\limits_{x\to 0+} f(x)=\lim\limits_{x\to 0-} f(x)=f(0)$이어야 한다.
이때
$\lim\limits_{x\to 0+} g(x)=\lim\limits_{x\to 0+}\{f(x)-x^2-2x-8\}=f(0)-8$,
$\lim\limits_{x\to 0-} g(x)=\lim\limits_{x\to 0-}\{-f(x)+x^2+4\}=-f(0)+4$
이므로
$\lim\limits_{x\to 0-} g(x)-\lim\limits_{x\to 0+} g(x)=6$에서
$\{-f(0)+4\}-\{f(0)-8\}=6$
$-2f(0)+12=6, -2f(0)=-6$
$\therefore f(0)=3$

070 정답률 ▸ 확: 48%, 미: 70%, 기: 60% 답 ③

1단계 함수 $y=f(x)$의 그래프의 개형에 대하여 알아보자.
$f(x)=t$라 하면 $\{f(x)\}^3-\{f(x)\}^2-x^2f(x)+x^2=0$에서
$t^3-t^2-x^2t+x^2=0, t^2(t-1)-x^2(t-1)=0$
$(t-1)(t^2-x^2)=0, (t+x)(t-x)(t-1)=0$
$\therefore t=-x$ 또는 $t=x$ 또는 $t=1$
즉, $f(x)=-x$ 또는 $f(x)=x$ 또는 $f(x)=1$이므로 함수 $y=f(x)$의 그래프는 구간에 따라 세 직선 $y=-x, y=x, y=1$ 중 하나의 모양을 갖는다.

2단계 함수 $f(x)$를 구하여 $f\left(-\dfrac{4}{3}\right)+f(0)+f\left(\dfrac{1}{2}\right)$의 값을 구해 보자.

함수 $f(x)$가 실수 전체의 집합에서 연속이고 최댓값이 1, 최솟값이 0이므로 함수 $y=f(x)$의 그래프는 오른쪽 그림과 같아야 한다.
따라서

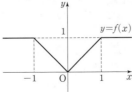

$$f(x)=\begin{cases} 1 & (x<-1 \text{ 또는 } x>1) \\ -x & (-1\le x<0) \\ x & (0\le x\le 1) \end{cases}$$
이므로
$f\left(-\dfrac{4}{3}\right)+f(0)+f\left(\dfrac{1}{2}\right)=1+0+\dfrac{1}{2}=\dfrac{3}{2}$

071 정답률 ▸ 확: 78%, 미: 90%, 기: 87% 답 ④

1단계 함수 $\{f(x)\}^2$이 실수 전체의 집합에서 연속일 조건을 알아보자.
함수 $\{f(x)\}^2$이 실수 전체의 집합에서 연속이 되려면 $x=a$에서 연속이어야 한다.
즉, $\lim\limits_{x\to a+}\{f(x)\}^2=\lim\limits_{x\to a-}\{f(x)\}^2=\{f(a)\}^2$이어야 한다.

2단계 모든 상수 a의 값의 합을 구해 보자.
$\lim\limits_{x\to a+}\{f(x)\}^2=\lim\limits_{x\to a+}(2x-a)^2=a^2$,
$\lim\limits_{x\to a-}\{f(x)\}^2=\lim\limits_{x\to a-}(-2x+6)^2=(-2a+6)^2$,
$\{f(a)\}^2=a^2$
에서 $a^2=(-2a+6)^2$
$a^2-8a+12=0, (a-2)(a-6)=0$
$\therefore a=2$ 또는 $a=6$
따라서 모든 상수 a의 값의 합은
$2+6=8$

072 정답률 ▸ 85% 답 ③

1단계 주어진 함수 $f(x)$를 이용하여 ㄱ, ㄴ, ㄷ의 참, 거짓을 판별해 보자.
ㄱ. $\lim\limits_{x\to 1+} f(x)=\lim\limits_{x\to 1+}(-x+2)=-1+2=1$ (참)
ㄴ. $a=0$이면 $f(x)=\begin{cases} 0 & (x\le 1) \\ -x+2 & (x>1) \end{cases}$이므로
$\lim\limits_{x\to 1-} f(x)=\lim\limits_{x\to 1-} 0=0$
이때 ㄱ에서 $\lim\limits_{x\to 1+} f(x)=1$이므로
$\lim\limits_{x\to 1+} f(x)\ne \lim\limits_{x\to 1-} f(x)$
즉, $\lim\limits_{x\to 1} f(x)$의 극한값이 존재하지 않으므로 함수 $f(x)$는 $x=1$에서 불연속이다. (거짓)
ㄷ. $g(x)=(x-1)f(x)$라 하자.
함수 $y=x-1$은 실수 전체의 집합에서 연속이고 함수 $f(x)$는 $x=1$에서 불연속이므로 함수 $g(x)$가 실수 전체의 집합에서 연속이려면 $x=1$에서 연속이어야 한다.
$\lim\limits_{x\to 1+} g(x)=\lim\limits_{x\to 1+}(x-1)f(x)$
$\qquad =\lim\limits_{x\to 1+}(x-1)(-x+2)$
$\qquad =(1-1)(-1+2)=0$,
$\lim\limits_{x\to 1-} g(x)=\lim\limits_{x\to 1-}(x-1)f(x)$
$\qquad =\lim\limits_{x\to 1-}(x-1)a$
$\qquad =(1-1)a=0$,
$g(1)=(1-1)a=0$
이므로
$\lim\limits_{x\to 1} g(x)=g(1)$
즉, 함수 $g(x)$는 실수 전체의 집합에서 연속이다. (참)
따라서 옳은 것은 ㄱ, ㄷ이다.

073 정답률 ▸ 79% 답 ①

1단계 함수 $f(x)g(x)$가 실수 전체의 집합에서 연속일 조건을 알아보자.
함수 $f(x)$는 $x=1$에서 불연속이고 함수 $g(x)$는 실수 전체의 집합에서 연속이므로 함수 $f(x)g(x)$가 실수 전체의 집합에서 연속이려면 $x=1$에서 연속이어야 한다.

즉, $\lim_{x\to1+}f(x)g(x)=\lim_{x\to1-}f(x)g(x)=f(1)g(1)$이어야 하므로

$$\lim_{x\to1+}\frac{2x^3+ax+b}{2x+1}=\lim_{x\to1-}\frac{2x^3+ax+b}{x-1}=\frac{2+a+b}{2+1}$$

$$\therefore \lim_{x\to1-}\frac{2x^3+ax+b}{x-1}=\frac{2+a+b}{3} \quad\cdots\cdots\text{㉠}$$

2단계 두 상수 a, b의 값을 각각 구하여 $b-a$의 값을 구해 보자.

㉠에서 $x\to1-$일 때, (분모) $\to0$이고 극한값이 존재하므로 (분자) $\to0$이다.

$\lim_{x\to1-}(2x^3+ax+b)=0$이므로

$2+a+b=0$ $\therefore b=-a-2$

즉, ㉠에서

$$\lim_{x\to1-}\frac{2x^3+ax+b}{x-1}=\lim_{x\to1-}\frac{2x^3+ax-a-2}{x-1}$$
$$=\lim_{x\to1-}\frac{(x-1)(2x^2+2x+a+2)}{x-1}$$
$$=\lim_{x\to1-}(2x^2+2x+a+2)$$
$$=2+2+a+2$$
$$=6+a=0$$

이므로 $a=-6$

$a=-6$을 $b=-a-2$에 대입하여 정리하면

$b=4$

$\therefore b-a=4-(-6)=10$

074 정답률 ▸ 70%   답 24

1단계 함수 $h(x)=f(x)g(x)$가 구간 $(-2, 2)$에서 연속일 조건을 알아보자.

$-2<x<2$일 때, 함수 $f(x)$는 $x=-1$, $x=1$에서 불연속이고 이차함수 $g(x)$는 모든 실수 x에서 연속이므로 함수 $h(x)=f(x)g(x)$가 구간 $(-2, 2)$에서 연속이려면 $x=-1$, $x=1$에서 연속이어야 한다.

즉,

$\lim_{x\to-1+}f(x)g(x)=\lim_{x\to-1-}f(x)g(x)=f(-1)g(-1)$,

$\lim_{x\to1+}f(x)g(x)=\lim_{x\to1-}f(x)g(x)=f(1)g(1)$

이어야 한다.

2단계 이차함수 $g(x)$를 구하여 $g(5)$의 값을 구해 보자.

최고차항의 계수가 1인 이차함수 $g(x)$를

$g(x)=x^2+ax+b$ (a, b는 상수)

라 하자.

$\lim_{x\to-1+}f(x)g(x)=-1\times(1-a+b)=-1+a-b$,

$\lim_{x\to-1-}f(x)g(x)=0\times(1-a+b)=0$,

$f(-1)g(-1)=-1+a-b$

에서 $-1+a-b=0$

$\therefore a-b=1 \quad\cdots\cdots\text{㉠}$

$\lim_{x\to1+}f(x)g(x)=2\times(1+a+b)=2(1+a+b)$,

$\lim_{x\to1-}f(x)g(x)=1\times(1+a+b)=1+a+b$,

$f(1)g(1)=2(1+a+b)$

에서 $2(1+a+b)=1+a+b$

$1+a+b=0$

$\therefore a+b=-1 \quad\cdots\cdots\text{㉡}$

㉠, ㉡을 연립하여 풀면

$a=0$, $b=-1$

따라서 $g(x)=x^2-1$이므로

$g(5)=25-1=24$

$\lim_{x\to-1+}g(x)=\lim_{x\to-1-}g(x)=g(-1)=0$,
$\lim_{x\to1+}g(x)=\lim_{x\to1-}g(x)=g(1)=0$
이므로
$\lim_{x\to-1+}f(x)g(x)=\lim_{x\to-1-}f(x)g(x)=f(-1)g(-1)=0$
$\lim_{x\to1+}f(x)g(x)=\lim_{x\to1-}f(x)g(x)=f(1)g(1)=0$
즉, 함수 $h(x)=f(x)g(x)$가 $x=-1$, $x=1$에서 연속이므로
$h(x)=f(x)g(x)$가 구간 $(-2, 2)$에서 연속이다.

다른 풀이

함수 $f(x)$는 $x=-1$, $x=1$에서 불연속이므로 함수 $g(x)$가 $g(-1)=0$, $g(1)=0$을 만족시키면 함수 $h(x)=f(x)g(x)$가 구간 $(-2, 2)$에서 연속이다.

따라서 최고차항의 계수가 1인 이차함수 $g(x)$는

$g(x)=(x+1)(x-1)$ $\therefore g(5)=6\times4=24$

075 정답률 ▸ 74%   답 ①

1단계 주어진 두 함수 $y=f(x)$, $y=g(x)$의 그래프를 이용하여 ㄱ, ㄴ, ㄷ의 참, 거짓을 판별해 보자.

ㄱ. $\lim_{x\to1-}f(x)=1$, $\lim_{x\to1-}g(x)=2$이므로

$\lim_{x\to1-}f(x)g(x)=1\times2=2$ (참)

ㄴ. $\lim_{x\to3+}f(x)g(x)=\frac{3}{2}\times2=3$,

$\lim_{x\to3-}f(x)g(x)=\frac{3}{2}\times2=3$,

$f(3)g(3)=1\times2=2$

이므로

$\lim_{x\to3}f(x)g(x)\neq f(3)g(3)$

즉, 함수 $f(x)g(x)$는 $x=3$에서 불연속이다. (거짓)

ㄷ. $\lim_{x\to1+}f(x)g(x)=2\times2=4$

ㄱ에 의하여 $\lim_{x\to1-}f(x)g(x)=2$

$\therefore \lim_{x\to1+}f(x)g(x)\neq\lim_{x\to1-}f(x)g(x)$

즉, $\lim_{x\to1}f(x)g(x)$가 존재하지 않으므로 함수 $f(x)g(x)$는 $x=1$에서 불연속이다.

또한, ㄴ에 의하여 함수 $f(x)g(x)$는 $x=3$에서도 불연속이다.

따라서 닫힌구간 $[0, 4]$에서 함수 $f(x)g(x)$의 불연속인 점은 $x=1$, $x=3$의 2개이다. (거짓)

따라서 옳은 것은 ㄱ이다.

076 정답률 ▸ 52%   답 ②

Best Pick 주어진 함수의 그래프를 이용하여 평행이동한 함수, 대칭이동한 함수, 절댓값 기호를 포함한 함수의 그래프 등을 모두 정확히 그릴 수 있어야 해결할 수 있는 문제이다. 이 문제를 통해 다양한 함수의 그래프의 성질을 익혀 보자.

1단계 주어진 함수 $y=f(x)$의 그래프를 이용하여 ㄱ, ㄴ, ㄷ의 참, 거짓을 판별해 보자.

ㄱ. 함수 $y=f(-x)$의 그래프는 함수 $y=f(x)$의 그래프를 y축에 대하여 대칭이동한 것이므로 오른쪽 그림과 같다.

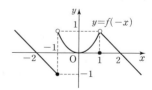

$$\therefore \lim_{x \to 1+} \{f(x)+f(-x)\} = \lim_{x \to 1+} f(x) + \lim_{x \to 1+} f(-x)$$
$$= -1 + 1 = 0 \ (\text{참})$$

ㄴ. $f(x) - |f(x)| = \begin{cases} 0 & (f(x) \geq 0) \\ 2f(x) & (f(x) < 0) \end{cases}$

이므로 함수 $y=f(x)-|f(x)|$의
그래프는 오른쪽 그림과 같다.
즉, 함수 $f(x)-|f(x)|$가 불연
속인 점은 $x=1$일 때뿐이므로 1개
이다. (참)

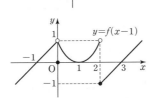

ㄷ. [반례] 함수 $y=f(x)$의 그래프를
x축의 방향으로 1만큼 평행이동한
함수 $y=f(x-1)$의 그래프는 오른
쪽 그림과 같다.
이때 함수 $f(x)$는 $x=-1$, $x=1$에
서만 불연속이고, 함수 $f(x-1)$은 $x=0$, $x=2$에서만 불연속이다.
즉, 함수 $f(x)f(x-1)$이 $x=-1$, $x=0$, $x=1$, $x=2$에서 연속이
면 실수 전체의 집합에서 연속이 된다.

(i) $x=-1$일 때
$$\lim_{x \to -1+} f(x)f(x-1) = \lim_{x \to -1-} f(x)f(x-1)$$
$$= f(-1)f(-2) = 0$$
이므로 함수 $f(x)f(x-1)$은 $x=-1$에서 연속이다.

(ii) $x=0$일 때
$$\lim_{x \to 0+} f(x)f(x-1) = \lim_{x \to 0-} f(x)f(x-1)$$
$$= f(0)f(-1) = 0$$
이므로 함수 $f(x)f(x-1)$은 $x=0$에서 연속이다.

(iii) $x=1$일 때
$$\lim_{x \to 1+} f(x)f(x-1) = \lim_{x \to 1-} f(x)f(x-1)$$
$$= f(1)f(0) = 0$$
이므로 함수 $f(x)f(x-1)$은 $x=1$에서 연속이다.

(iv) $x=2$일 때
$$\lim_{x \to 2+} f(x)f(x-1) = \lim_{x \to 2-} f(x)f(x-1)$$
$$= f(2)f(1) = 0$$
이므로 함수 $f(x)f(x-1)$은 $x=2$에서 연속이다.

(i)~(iv)에서 함수 $f(x)f(x-1)$은 실수 전체의 집합에서 연속이므로
함수 $f(x)f(x-a)$가 실수 전체의 집합에서 연속이 되는 상수 a가
존재한다. (거짓)

따라서 옳은 것은 ㄱ, ㄴ이다.

077 정답률 ▶ 74%   답 ③

1단계 t의 값의 범위에 따른 $f(t)$의 값을 각각 구하여 함수 $y=f(t)$의 그
래프를 그려 보자.

$f(t)$는 원 $x^2+y^2=t^2$과 직선 $y=1$이 만나는 점의 개수이므로 t의 값에
따라 $f(t)$의 값을 구해 보자.

(i) $|t|>1$이면 다음과 같은 그림에서 $f(t)=2$

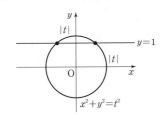

(ii) $|t|=1$이면 다음과 같은 그림에서 $f(t)=1$

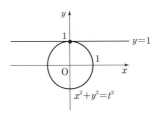

(iii) $|t|<1$이면 다음과 같은 그림에서 $f(t)=0$

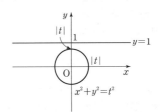

(i), (ii), (iii)에서 $f(t) = \begin{cases} 2 & (|t|>1) \\ 1 & (|t|=1) \\ 0 & (|t|<1) \end{cases}$

이므로 함수 $y=f(t)$의 그래프는 오른쪽
그림과 같다.

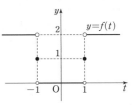

2단계 함수 $(x+k)f(x)$가 구간 $(0, \infty)$에서 연속일 조건을 이용하여
$f(1)+k$의 값을 구해 보자.

함수 $y=x+k$는 실수 전체의 집합에서 연속이고 함수 $f(x)$는 $x=-1$,
$x=1$에서 불연속이므로 함수 $(x+k)f(x)$가 구간 $(0, \infty)$에서 연속이
려면 $x=1$에서 연속이어야 한다.

즉, $\lim_{x \to 1+} (x+k)f(x) = \lim_{x \to 1-} (x+k)f(x) = (1+k)f(1)$이어야 한다.

$\lim_{x \to 1+} (x+k)f(x) = (1+k) \times 2 = 2(k+1)$,

$\lim_{x \to 1-} (x+k)f(x) = (1+k) \times 0 = 0$,

$(1+k)f(1) = (1+k) \times 1 = k+1$

에서

$2(k+1) = 0 = k+1$ $\quad \therefore k = -1$

$\therefore f(1)+k = 1+(-1) = 0$

078 정답률 ▶ 60%   답 ④

1단계 함수 $f(x)g(x)$가 실수 전체의 집합에서 연속일 조건을 이용하여 상
수 a의 값을 구해 보자.

함수 $f(x)g(x)$가 실수 전체의 집합에서 각각 연속이 되려면 $x=0$, $x=a$
에서 각각 연속이어야 한다.

$\lim_{x \to 0+} f(x) = 2$, $\lim_{x \to 0-} f(x) = 3$, $f(0) = 2$이므로

함수 $f(x)g(x)$가 $x=0$에서 연속이려면

$\lim_{x \to 0+} g(x) = \lim_{x \to 0-} g(x) = g(0) = 0$이어야 한다. ←서로 다른 실수에 같은 수를 곱하여 같은 값이 나오려면 곱하는 수가 0이어야 한다.

즉, 주어진 함수 $g(x)$에서 $a>0$이어야 한다.

한편, $\lim_{x \to a+} g(x) = 2a-1$, $\lim_{x \to a-} g(x) = 2a$, $g(a) = 2a-1$이므로

함수 $f(x)g(x)$가 $x=a$에서 연속이려면

$\lim_{x \to a+} f(x) = \lim_{x \to a-} f(x) = f(a) = 0$이어야 한다.

즉, $f(a) = -2a+2 = 0 \ (\because a>0)$이어야 하므로

$a = 1$

079 정답률 ▸ 확: 70%, 미: 89%, 기: 84% 답 ①

1단계 함수 $f(x)g(x)$가 실수 전체의 집합에서 연속일 조건을 알아보자.

$\lim\limits_{x\to\infty}\dfrac{f(x)}{x^2-3x-5}=2$이므로 다항함수 $f(x)$는 최고차항의 계수가 2인 이차

함수이다.

즉, $f(x)=2x^2+ax+b$ (a, b는 상수)라 할 수 있다.

이차함수 $f(x)$는 실수 전체의 집합에서 연속이고 함수 $g(x)$는 $x=3$에서

불연속이므로 함수 $f(x)g(x)$가 실수 전체의 집합에서 연속이려면 $x=3$

에서 연속이어야 한다.

$\lim\limits_{x\to3}f(x)g(x)=f(3)g(3)$이어야 하므로

$\lim\limits_{x\to3}\dfrac{2x^2+ax+b}{x-3}=18+3a+b$ ······ ㉠

2단계 함수 $f(x)$를 구하여 $f(1)$의 값을 구해 보자.

㉠에서 $x\to3$일 때, (분모) $\to0$이고 극한값이 존재하므로 (분자) $\to0$

이다.

$\lim\limits_{x\to3}(2x^2+ax+b)=0$이므로

$18+3a+b=0$

$\therefore b=-3a-18$

즉, ㉠에서

$$\lim\limits_{x\to3}\dfrac{2x^2+ax+b}{x-3}=\lim\limits_{x\to3}\dfrac{2x^2+ax-3a-18}{x-3}$$

$$=\lim\limits_{x\to3}\dfrac{(x-3)(2x+a+6)}{x-3}$$

$$=\lim\limits_{x\to3}(2x+a+6)$$

$$=6+a+6$$

$$=12+a$$

$$=0$$

이므로 $a=-12$

$a=-12$를 $b=-3a-18$에 대입하여 정리하면

$b=18$

따라서 $f(x)=2x^2-12x+18$이므로

$f(1)=2-12+18=8$

080 정답률 ▸ 37% 답 32

1단계 함수 $f(x)g(x)$가 실수 전체의 집합에서 연속일 조건을 알아보자.

함수 $f(x)$는 $x=2$에서 불연속이고 함수 $g(x)$는 실수 전체의 집합에서

연속이므로 함수 $f(x)g(x)$가 실수 전체의 집합에서 연속이려면 함수

$f(x)g(x)$가 $x=2$에서 연속이어야 한다.

즉, $\lim\limits_{x\to2}f(x)g(x)=f(2)g(2)$이어야 하므로

$\lim\limits_{x\to2}\dfrac{2g(x)}{x-2}=f(2)g(2)$ ······ ㉠

2단계 이차함수 $g(x)$를 구하여 $g(6)$의 값을 구해 보자.

㉠에서 $x\to2$일 때, (분모) $\to0$이고 극한값이 존재하므로 (분자) $\to0$

이다.

즉, $\lim\limits_{x\to2}2g(x)=2g(2)=0$에서

$g(2)=0$

또한, 조건 (가)에서 $g(0)=8$이므로

$g(x)=(x-2)(ax-4)$ (a는 $a\neq0$인 상수)

라 할 수 있다.

즉, ㉠에서

$\lim\limits_{x\to2}\dfrac{2g(x)}{x-2}=\lim\limits_{x\to2}2(ax-4)=2(2a-4)$,

$f(2)g(2)=0$

이므로

$2(2a-4)=0$ $\therefore a=2$

따라서 $g(x)=2(x-2)^2$이므로

$g(6)=2\times16=32$

081 정답률 ▸ 88% 답 ③

1단계 주어진 함수 $y=f(x)$의 그래프를 이용하여 ㄱ, ㄴ, ㄷ의 참, 거짓

을 판별해 보자.

ㄱ. $\lim\limits_{x\to-1+}f(x)=1$ (참)

ㄴ. $2-x=t$라 하면 $x\to1+$일 때, $t\to1-$이므로

$$\lim\limits_{x\to1+}\{f(x)+f(2-x)\}=\lim\limits_{x\to1+}f(x)+\lim\limits_{t\to1-}f(t)$$

$$=(-1)+1=0 \text{ (참)}$$

ㄷ. $\lim\limits_{x\to1+}f(f(x))=\lim\limits_{s\to-1+}f(s)=1$,

$\underline{\lim\limits_{x\to1-}f(f(x))=\lim\limits_{s\to1-}f(s)=1}$ ┐→$x\to1+$일 때, $f(x)\to-1+$

이므로 $\lim\limits_{x\to1}(f\circ f)(x)=1$ ┘→$x\to1-$일 때, $f(x)\to1-$

$(f\circ f)(1)=f(f(1))=f(0)=0$

$\therefore \lim\limits_{x\to1}(f\circ f)(x)\neq(f\circ f)(1)$

즉, 함수 $(f\circ f)(x)$는 $x=1$에서 불연속이다. (거짓)

따라서 옳은 것은 ㄱ, ㄴ이다.

082 정답률 ▸ 68% 답 ④

1단계 두 함수 $y=f(x)$, $y=g(x)$의 그래프를 각각 그려 보자.

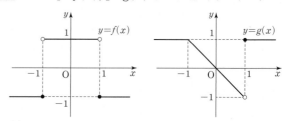

2단계 함수의 극한을 이용하여 ㄱ의 참, 거짓을 판별해 보자.

ㄱ. $\lim\limits_{x\to1+}f(x)g(x)=\lim\limits_{x\to1+}f(x)\times\lim\limits_{x\to1+}g(x)=(-1)\times1=-1$,

$\lim\limits_{x\to1-}f(x)g(x)=\lim\limits_{x\to1-}f(x)\times\lim\limits_{x\to1-}g(x)=1\times(-1)=-1$

$\therefore \lim\limits_{x\to1}f(x)g(x)=-1$ (참)

3단계 함수 $y=g(x+1)$의 그래프를 이용하여 ㄴ, ㄷ의 참, 거짓을 판별

해 보자.

함수 $y=g(x+1)$의 그래프는 함수

$y=g(x)$의 그래프를 x축의 방향으로

-1만큼 평행이동한 것이므로 오른쪽

그림과 같다.

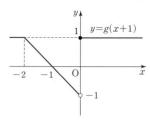

ㄴ. $\lim\limits_{x\to 0+} g(x+1)=1$, $\lim\limits_{x\to 0-} g(x+1)=-1$이므로

함수 $g(x+1)$은 $x=0$에서 불연속이다. (거짓)

ㄷ. $\lim\limits_{x\to -1+} f(x)g(x+1)=\lim\limits_{x\to -1+} f(x)\times\lim\limits_{x\to -1+} g(x+1)$
$$=1\times 0=0,$$

$\lim\limits_{x\to -1-} f(x)g(x+1)=\lim\limits_{x\to -1-} f(x)\times\lim\limits_{x\to -1-} g(x+1)$
$$=(-1)\times 0=0,$$

$f(-1)g(0)=(-1)\times 0=0$

즉, $\lim\limits_{x\to -1} f(x)g(x+1)=f(-1)g(0)$이므로 함수 $f(x)g(x+1)$은

$x=-1$에서 연속이다. (참)

따라서 옳은 것은 ㄱ, ㄷ이다.

083 정답률 ▶ 28% 답 56

Best Pick 함수의 연속뿐만 아니라 사잇값의 정리를 이용해야 하는 문제
이다. 최근에 사잇값의 정리를 활용하는 문제가 출제되고 있으므로 이를 고
려하여 풀어 보자.

1단계 조건 (가)를 이용하여 실수 a의 값의 범위를 구해 보자.

$f(x)=x^2-8x+a=(x-4)^2+a-16$

이므로 이차함수 $y=f(x)$의 그래프의
축의 방정식이 $x=4$이고, 조건 (가)에서
방정식 $f(x)=0$은 열린구간 $(0, 2)$에서
적어도 하나의 실근을 가지므로

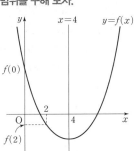

$f(0)f(2)<0$, $a(a-12)<0$

$\therefore 0<a<12$ ······ ㉠

2단계 조건 (나)를 이용하여 모든 실수 a의 값의 곱을 구해 보자.

조건 (나)에서 함수 $f(x)g(x)$가 $x=a$에서 연속이므로

$\lim\limits_{x\to a+} f(x)g(x)=\lim\limits_{x\to a-} f(x)g(x)=f(a)g(a)$이어야 한다.

$\lim\limits_{x\to a+} f(x)g(x)=\lim\limits_{x\to a+}(x^2-8x+a)(2x+5a)$
$$=(a^2-8a+a)(2a+5a)$$
$$=7a^2(a-7),$$

$\lim\limits_{x\to a-} f(x)g(x)=\lim\limits_{x\to a-}(x^2-8x+a)f(x+4)$
$$=(a^2-8a+a)\{(a+4)^2-8(a+4)+a\}$$
$$=(a^2-7a)(a^2+8a+16-8a-32+a)$$
$$=a(a-7)(a^2+a-16),$$

$f(a)g(a)=(a^2-8a+a)(2a+5a)=7a^2(a-7)$

에서

$7a^2(a-7)=a(a-7)(a^2+a-16)$

$a(a-7)(a^2-6a-16)=0$, $a(a+2)(a-7)(a-8)=0$

$\therefore a=7$ 또는 $a=8$ ($\because$ ㉠)

따라서 모든 실수 a의 값의 곱은

$7\times 8=56$

084 정답률 ▶ 48% 답 ③

1단계 두 함수 $y=g(x)$, $y=|h(x)|$의 그래프를 각각 그려 보자.

주어진 함수 $y=f(x)$의 그래프에서

$-1\le x<0$일 때 $f(x)\le 0$이므로

$|f(x)|=-f(x)$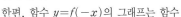

$0\le x\le 1$일 때 $f(x)>0$이므로

$|f(x)|=f(x)$ → $g(x)=f(x)+f(x)=2f(x)$

$\therefore g(x)=f(x)+|f(x)|$
$$=\begin{cases} 0 & (-1\le x<0) \\ 2f(x) & (0\le x\le 1) \end{cases}$$

즉, 함수 $y=g(x)$의 그래프는 오른쪽 그
림과 같다.

한편, 함수 $y=f(-x)$의 그래프는 함수
$y=f(x)$의 그래프를 y축에 대하여 대칭이동한 것이므로 함수 $y=f(-x)$
의 그래프와 함수 $y=h(x)$의 그래프는 각각 다음 그림과 같다.

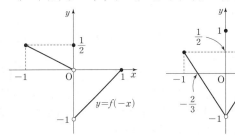

따라서 함수 $y=|h(x)|$의 그래프는 오른
쪽 그림과 같다.

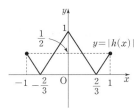

2단계 ㄱ, ㄴ, ㄷ의 참, 거짓을 판별해 보자.

ㄱ. 함수 $y=g(x)$의 그래프에서 $\lim\limits_{x\to 0+} g(x)=0$, $\lim\limits_{x\to 0-} g(x)=0$이므로

$\lim\limits_{x\to 0} g(x)=0$ (참)

ㄴ. 함수 $y=|h(x)|$의 그래프에서 $\lim\limits_{x\to 0}|h(x)|=1$, $|h(0)|=1$

즉, $\lim\limits_{x\to 0}|h(x)|=|h(0)|$이므로 함수 $|h(x)|$는 $x=0$에서 연속이

다. (참)

ㄷ. $\lim\limits_{x\to 0} g(x)|h(x)|=\lim\limits_{x\to 0} g(x)\times\lim\limits_{x\to 0}|h(x)|=0\times 1=0$

$g(0)|h(0)|=1\times 1=1$

즉, $\lim\limits_{x\to 0} g(x)|h(x)|\ne g(0)|h(0)|$이므로 함수 $g(x)|h(x)|$는

$x=0$에서 불연속이다. (거짓)

따라서 옳은 것은 ㄱ, ㄴ이다.

085 정답률 ▶ 53% 답 ①

1단계 함수 $f(x)g(x)$가 실수 전체의 집합에서 연속일 조건을 알아보자.

이차함수 $f(x)$는 실수 전체의 집합에서 연속이고 함수 $g(x)$는 $x=-2$,
$x=2$에서 불연속이므로 함수 $f(x)g(x)$가 실수 전체의 집합에서 연속이려
면 $x=-2$, $x=2$에서 연속이어야 한다.

즉,

$\lim\limits_{x\to -2+} f(x)g(x)=\lim\limits_{x\to -2-} f(x)g(x)=f(-2)g(-2)$,

$\lim\limits_{x\to 2+} f(x)g(x)=\lim\limits_{x\to 2-} f(x)g(x)=f(2)g(2)$

이어야 한다.

2단계 이차함수 $f(x)$를 구해 보자.

$\lim\limits_{x \to -2+} f(x)g(x) = f(-2) \times 0 = 0$,

$\lim\limits_{x \to -2-} f(x)g(x) = f(-2) \times 1 = f(-2)$,

$f(-2)g(-2) = f(-2) \times 0 = 0$

에서

$f(-2) = 0$

$\lim\limits_{x \to 2+} f(x)g(x) = f(2) \times 1 = f(2)$,

$\lim\limits_{x \to 2-} f(x)g(x) = f(2) \times 0 = 0$,

$f(2)g(2) = f(2) \times 0 = 0$

에서

$f(2) = 0$

이차함수 $f(x)$의 최고차항의 계수가 1이고 $f(-2)=0$, $f(2)=0$이므로

$f(x) = (x+2)(x-2)$

3단계 함수 $y=f(x-a)g(x)$가 한 점에서만 불연속이 되도록 하는 모든 실수 a의 값의 곱을 구해 보자.

함수 $f(x-a) = (x-a+2)(x-a-2)$는 실수 전체의 집합에서 연속이므로 함수 $y=f(x-a)g(x)$의 그래프가 한 점에서만 불연속이려면 함수 $y=g(x)$의 그래프가 불연속인 점, 즉 $x=-2$, $x=2$인 점 중 하나에서는 함수 $f(x-a)g(x)$가 연속이어야 한다.

(i) $x=-2$일 때

$\lim\limits_{x \to -2+} f(x-a)g(x) = f(-2-a) \times 0 = 0$,

$\lim\limits_{x \to -2-} f(x-a)g(x) = f(-2-a) \times 1 = f(-2-a)$,

$f(-2-a)g(-2) = f(-2-a) \times 0 = 0$

에서

$f(-2-a) = 0$

$-a(-4-a) = 0$

$\therefore a = -4$ 또는 $a = 0$

(ii) $x=2$일 때

$\lim\limits_{x \to 2+} f(x-a)g(x) = f(2-a) \times 1 = f(2-a)$,

$\lim\limits_{x \to 2-} f(x-a)g(x) = f(2-a) \times 0 = 0$,

$f(2-a)g(2) = f(2-a) \times 0 = 0$

에서

$f(2-a) = 0$

$-a(4-a) = 0$

$\therefore a = 0$ 또는 $a = 4$

┌→ $a=0$이면 $x=-2$, $x=2$에서 모두 연속이므로

(i), (ii)에서 $a=0$일 때 함수 $y=f(x-a)g(x)$의 그래프는 실수 전체의 집합에서 연속이고, $a=-4$ 또는 $a=4$일 때 함수 $y=f(x-a)g(x)$의 그래프가 한 점에서만 불연속이다.

따라서 구하는 모든 실수 a의 값의 곱은

$-4 \times 4 = -16$

즉, 함수 $y=f(t)$의 그래프는 오른쪽 그림과 같다.

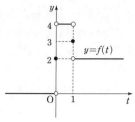

2단계 함수 $f(t)g(t)$가 모든 실수 t에서 연속일 조건을 이용하여 이차함수 $g(t)$를 구한 후 $f(3)+g(3)$의 값을 구해 보자.

함수 $f(t)$은 $t=0$, $t=1$에서 불연속이고 이차함수 $g(t)$는 실수 전체의 집합에서 연속이므로 함수 $f(t)g(t)$가 모든 실수 t에서 연속이려면 $t=0$, $t=1$에서 연속이어야 한다.

(i) $t=0$일 때

$\lim\limits_{t \to 0+} f(t)g(t) = \lim\limits_{t \to 0+} f(t) \times \lim\limits_{t \to 0+} g(t) = 4 \times g(0) = 4g(0)$

$\lim\limits_{t \to 0-} f(t)g(t) = \lim\limits_{t \to 0-} f(t) \times \lim\limits_{t \to 0-} g(t) = 0 \times g(0) = 0$

$f(0)g(0) = 2 \times g(0) = 2g(0)$

즉, 함수 $f(t)g(t)$가 $t=0$에서 연속이므로

$4g(0) = 0 = 2g(0)$ $\qquad \therefore g(0) = 0$

(ii) $t=1$일 때

$\lim\limits_{t \to 1+} f(t)g(t) = \lim\limits_{t \to 1+} f(t) \times \lim\limits_{t \to 1+} g(t) = 2 \times g(1) = 2g(1)$

$\lim\limits_{t \to 1-} f(t)g(t) = \lim\limits_{t \to 1-} f(t) \times \lim\limits_{t \to 1-} g(t) = 4 \times g(1) = 4g(1)$

$f(1)g(1) = 3 \times g(1) = 3g(1)$

즉, 함수 $f(t)g(t)$가 $t=1$에서 연속이므로

$2g(1) = 4g(1) = 3g(1)$

$\therefore g(1) = 0$

(i), (ii)에서 $g(0)=0$, $g(1)=0$이고 함수 $g(t)$는 최고차항의 계수가 1인 이차함수이므로

$g(t) = t(t-1)$

$\therefore f(3)+g(3) = 2+6 = 8$

086 정답률 ▶ 53%   **답 8**

1단계 함수 $y=f(t)$의 그래프를 그려 보자.

$y=|x^2-2x|$에서 $x=1$일 때 $y=1$이므로 함수 $f(t)$는

$f(t) = \begin{cases} 0 & (t<0) \quad \cdots\cdots \text{㉠} \\ 2 & (t=0) \quad \cdots\cdots \text{㉡} \\ 4 & (0<t<1) \cdots\cdots \text{㉢} \\ 3 & (t=1) \quad \cdots\cdots \text{㉣} \\ 2 & (t>1) \quad \cdots\cdots \text{㉤} \end{cases}$

087 ③   088 ⑤   089 ②   090 8   091 19   092 20
093 ①

---

087 정답률 ▶ 48%   답 ③

Best Pick 주어진 식에 $n=1, 2, 3, \cdots$을 대입하여 함수를 추론하는 문제이다. 조건을 이용하여 함수의 최고차항과 최저차항을 찾을 수 있어야 하고, 함수의 극한과 다항함수의 결정에 대한 개념이 정립되어 있어야 한다.

1단계 $n=1$일 때, $f(1)$의 값을 구해 보자.

(i) $n=1$일 때

$\lim\limits_{x \to \infty} \dfrac{f(x)-4x^3+3x^2}{x^2+1}=6$이므로 함수 $f(x)-4x^3+3x^2$은 최고차항의 계수가 6인 이차함수이다.

즉,

$f(x)-4x^3+3x^2=6x^2+\cdots$

이므로

$f(x)=4x^3+3x^2+ax+b$ (a, b는 상수)

라 할 수 있다.

$\lim\limits_{x \to 0} \dfrac{f(x)}{x}=\lim\limits_{x \to 0} \dfrac{4x^3+3x^2+ax+b}{x}$

$\qquad =\lim\limits_{x \to 0} \left(4x^2+3x+a+\dfrac{b}{x}\right)=4$

에서 $a=4$, $b=0$

따라서 $f(x)=4x^3+3x^2+4x$이므로

$f(1)=4+3+4=11$

2단계 $n=2$일 때, $f(1)$의 값을 구해 보자.

(ii) $n=2$일 때

$\lim\limits_{x \to \infty} \dfrac{f(x)-4x^3+3x^2}{x^3+1}=6$이므로 함수 $f(x)-4x^3+3x^2$은 최고차항의 계수가 6인 삼차함수이다.

즉,

$f(x)-4x^3+3x^2=6x^3+\cdots$

이므로

$f(x)=10x^3+ax^2+bx+c$ (a, b, c는 상수)

라 할 수 있다.

$\lim\limits_{x \to 0} \dfrac{f(x)}{x^2}=\lim\limits_{x \to 0} \dfrac{10x^3+ax^2+bx+c}{x^2}$

$\qquad =\lim\limits_{x \to 0} \left(10x+a+\dfrac{b}{x}+\dfrac{c}{x^2}\right)=4$

에서 $a=4$, $b=0$, $c=0$

따라서 $f(x)=10x^3+4x^2$이므로

$f(1)=10+4=14$

3단계 $n \geq 3$일 때, $f(1)$의 값을 구해 보자.

(iii) $n \geq 3$일 때

$\lim\limits_{x \to \infty} \dfrac{f(x)-4x^3+3x^2}{x^{n+1}+1}=6$이므로 함수 $f(x)-4x^3+3x^2$은 계수가 6인 $(n+1)$차함수이다.

즉,

$f(x)-4x^3+3x^2=6x^{n+1}+\cdots$

이므로

$f(x)=6x^{n+1}+a_n x^n + a_{n-1} x^{n-1}+\cdots+a_1 x+a_0$

$\qquad\qquad\qquad$ ($a_n, a_{n-1}, \cdots, a_1, a_0$은 상수)

라 할 수 있다.

$\lim\limits_{x \to 0} \dfrac{f(x)}{x^n}=\lim\limits_{x \to 0} \dfrac{6x^{n+1}+a_n x^n + a_{n-1} x^{n-1}+\cdots+a_1 x+a_0}{x^n}$

$\qquad =\lim\limits_{x \to 0} \left(6x+a_n+\dfrac{a_{n-1}}{x}+\cdots+\dfrac{a_1}{x^{n-1}}+\dfrac{a_0}{x^n}\right)=4$

에서 $a_n=4$, $a_{n-1}=\cdots=a_1=a_0=0$

따라서 $f(x)=6x^{n+1}+4x^n$이므로

$f(1)=6+4=10$

4단계 $f(1)$의 최댓값을 구해 보자.

(i), (ii), (iii)에서 $f(1)$의 최댓값은 14이다.

---

088 정답률 ▶ 49%   답 ⑤

Best Pick $\dfrac{0}{0}$ 꼴의 함수의 극한의 수렴과 발산에 대한 개념을 정확히 알고 있어야 해결할 수 있는 문제이다. 이때 인수를 찾아 분모와 분자를 약분하는 것이 이 문제의 핵심 해결 방법이다.

1단계 조건 (가)와 조건 (나)의 $n=1$, 2일 때의 극한을 이용하여 삼차함수 $f(x)$를 구해 보자.

조건 (가)에서 $g(1)=0$이므로 $\to$ $Q(x)$는 최고차항의 계수가 1인 이차함수

$g(x)=(x-1)Q(x)$라 하자.

조건 (나)에서 $n=1$일 때

$\lim\limits_{x \to 1} \dfrac{f(x)}{g(x)}=\lim\limits_{x \to 1} \dfrac{f(x)}{(x-1)Q(x)}=0$ $\qquad \cdots\cdots$ ㉠

이므로 $f(x)=(x-1)T(x)$라 하자.

$f(x), g(x)$의 식을 ㉠에 대입하면 $\to$ $T(x)$는 최고차항의 계수가 1인 이차함수

$\lim\limits_{x \to 1} \dfrac{(x-1)T(x)}{(x-1)Q(x)}=\lim\limits_{x \to 1} \dfrac{T(x)}{Q(x)}=0$

이때 $T(x)=(x-1)(x-a)$ (a는 상수)라 하면

$f(x)=(x-1)^2(x-a)$

조건 (나)에서 $n=2$일 때

$\lim\limits_{x \to 2} \dfrac{f(x)}{g(x)}=\lim\limits_{x \to 2} \dfrac{(x-1)^2(x-a)}{(x-1)Q(x)}=0$

이므로 $2-a=0$ $\quad \therefore a=2$

$\therefore f(x)=(x-1)^2(x-2)$

2단계 조건 (나)의 $n=3$, 4일 때의 극한을 이용하여 삼차함수 $g(x)$를 구한 후 $g(5)$의 값을 구해 보자.

조건 (나)에서 $n=3$일 때

$\lim\limits_{x \to 3} \dfrac{f(x)}{g(x)}=\lim\limits_{x \to 3} \dfrac{(x-1)^2(x-2)}{(x-1)Q(x)}=\dfrac{4 \times 1}{2Q(3)}=2$

$\therefore Q(3)=1$

조건 (나)에서 $n=4$일 때

$\lim\limits_{x \to 4} \dfrac{f(x)}{g(x)}=\lim\limits_{x \to 4} \dfrac{(x-1)^2(x-2)}{(x-1)Q(x)}=\dfrac{9 \times 2}{3Q(4)}=6$

$\therefore Q(4)=1$

이때 $Q(x)=x^2+bx+c$ (b, c는 상수)라 하면

$Q(3)=9+3b+c=1$

$Q(4)=16+4b+c=1$

위의 두 식을 연립하여 풀면

$b=-7,\ c=13$

따라서 $g(x)=(x-1)(x^2-7x+13)$이므로

$g(5)=4\times3=12$

089 정답률 ▸ 45%　　　　　　　　답 ②

1단계 직선 l의 기울기를 m이라 하고, 직선 l의 방정식을 세워 보자.

좌표평면 위의 네 점 $O(0,\ 0)$, $A(0,\ 2)$, $B(-2,\ 2)$, $C(-2,\ 0)$에 대하여 직선 l이 정사각형 OABC의 넓이를 이등분하므로 직선 l은 정사각형 OABC의 두 대각선 OB, AC의 교점 $(-1,\ 1)$을 지난다.

직선 l의 기울기를 m이라 하면 직선 l의 방정식은

$y-1=m\{x-(-1)\}$　　$\therefore\ y=mx+m+1$

2단계 직선 l이 선분 AP와 만나는 점의 x좌표를 구해 보자.

직선 l이 선분 AP와 만나는 점을 D라 하자.

직선 AP의 방정식은 $y=-\dfrac{2}{t}x+2$이므로 점 D의 x좌표는

$mx+m+1=-\dfrac{2}{t}x+2$에서

$\left(m+\dfrac{2}{t}\right)x=1-m$　　$\therefore\ x=\dfrac{(1-m)t}{mt+2}$

즉, 점 D의 x좌표는 $\dfrac{(1-m)t}{mt+2}$이다.

3단계 직선 l이 직각삼각형 AOP의 넓이를 이등분함을 이용하여 $f(t)$를 t에 대한 식으로 나타내어 보자.

직선 l이 y축과 만나는 점을 E라 하자.

삼각형 AED의 넓이가 삼각형 AOP의 넓이의 $\dfrac{1}{2}$이므로

$\triangle AED=\dfrac{1}{2}\triangle AOP$에서

$\dfrac{1}{2}\times\overline{AE}\times\dfrac{(1-m)t}{mt+2}=\dfrac{1}{2}\times\left(\dfrac{1}{2}\times\overline{OA}\times\overline{OP}\right)$

$\dfrac{1}{2}\times\{2-(m+1)\}\times\dfrac{(1-m)t}{mt+2}=\dfrac{1}{2}\times\left(\dfrac{1}{2}\times2\times t\right)$

$\dfrac{1}{2}\times(1-m)\times\dfrac{(1-m)t}{mt+2}=\dfrac{1}{2}t$

$\dfrac{(1-m)^2}{mt+2}=1\ (\because\ t>0)$

$(1-m)^2=mt+2,\ m^2-(2+t)m-1=0$

$\therefore\ m=\dfrac{t+2\pm\sqrt{(t+2)^2-4\times(-1)}}{2}=\dfrac{t+2\pm\sqrt{t^2+4t+8}}{2}$

이때 직선 l이 직각삼각형 AOP의 넓이를 이등분하므로 직선 l의 기울기는 음수이어야 한다. ───▶ $m=0$, 즉 직선 l이 x축과 평행할 때
　　　　　　　　　　　　　　　　　　　$\triangle AED<\dfrac{1}{2}\triangle AOP$이므로 $m<0$이어야 한다.

$\therefore\ m=\dfrac{t+2-\sqrt{t^2+4t+8}}{2}$

직선 l의 y절편은 $m+1$이므로

$f(t)=m+1=\dfrac{t+4-\sqrt{t^2+4t+8}}{2}$

4단계 $\displaystyle\lim_{t\to0+}f(t)$의 값을 구해 보자.

$\displaystyle\lim_{t\to0+}f(t)=\lim_{t\to0+}\dfrac{t+4-\sqrt{t^2+4t+8}}{2}$

$=\dfrac{0+4-\sqrt{0+0+8}}{2}$

$=2-\sqrt{2}$

090 정답률 ▸ 확: 30%, 미: 53%, 기: 47%　　　　　　　답 8

1단계 함수 $g(x)h(x)$가 실수 전체의 집합에서 연속일 조건을 알아보자.

$f(x)=\begin{cases}2x+3-(x-1)&(x<1)\\2x+3+(x-1)&(x\ge1)\end{cases}$

$=\begin{cases}x+4&(x<1)\\3x+2&(x\ge1)\end{cases}$

이고, 직선 $y=mx$는 실수 m의 값에 관계없이 항상 원점을 지나므로 m의 값에 따른 직선 $y=mx$와 함수 $y=f(x)$의 그래프는 오른쪽 그림과 같다.

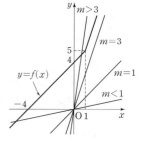

즉, 직선 $y=mx$와 함수 $y=f(x)$의 그래프의 교점의 개수 $g(m)$은

$g(m)=\begin{cases}1&(m<1\ \text{또는}\ m>3)\\0&(1\le m\le3)\end{cases}$

이므로

함수 $g(m)$은 $m=1$, $m=3$에서 불연속이다.

이차함수 $h(x)$는 실수 전체의 집합에서 연속이므로 함수 $g(x)h(x)$가 실수 전체의 집합에서 연속이려면 $x=1$, $x=3$에서 연속이어야 한다.

즉,

$\displaystyle\lim_{x\to1+}g(x)h(x)=\lim_{x\to1-}g(x)h(x)$

$=g(1)h(1)$,

$\displaystyle\lim_{x\to3+}g(x)h(x)=\lim_{x\to3-}g(x)h(x)$

$=g(3)h(3)$

이어야 한다.

2단계 이차함수 $h(x)$를 구하여 $h(5)$의 값을 구해 보자.

최고차항의 계수가 1인 이차함수 $h(x)$를

$h(x)=x^2+ax+b\ (a,\ b$는 상수)

라 하자.

$\displaystyle\lim_{x\to1+}g(x)h(x)=0\times(1+a+b)=0$,

$\displaystyle\lim_{x\to1-}g(x)h(x)=1\times(1+a+b)$

$=1+a+b$,

$g(1)h(1)=0$

에서 $0=1+a+b$

$\therefore\ a+b=-1$　　……㉠

$\displaystyle\lim_{x\to3+}g(x)h(x)=1\times(9+3a+b)$

$=9+3a+b$,

$\displaystyle\lim_{x\to3-}g(x)h(x)=0\times(9+3a+b)=0$,

$g(3)h(3)=0$

에서 $9+3a+b=0$

$\therefore\ 3a+b=-9$　　……㉡

㉠, ㉡을 연립하여 풀면

$a=-4,\ b=3$

따라서 $h(x)=x^2-4x+3$이므로

$h(5)=25-20+3=8$

다른 풀이

함수 $g(x)$는 $x=1$, $x=3$에서 불연속이므로 함수 $h(x)$가 $h(1)=0$, $h(3)=0$을 만족시키면 함수 $g(x)h(x)$가 실수 전체의 집합에서 연속이다.

따라서 최고차항의 계수가 1인 이차함수 $h(x)$는

$h(x)=(x-1)(x-3)$

$\therefore\ h(5)=4\times2=8$

091

답 19

1단계 x의 값의 범위를 나누어 함수 $f(x)$를 구해 보자.

$0<x<2$일 때, 오른쪽 그림과 같이 원 O 가 삼각형 ABC와 만나는 서로 다른 점의 개수는 2이므로
$$f(x)=2 \ (0<x<2)$$

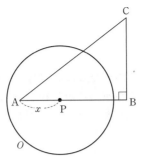

$x=2$일 때, 오른쪽 그림과 같이 원 O가 삼각형 ABC와 만나는 서로 다른 점의 개수는 3이므로
$$f(2)=3$$

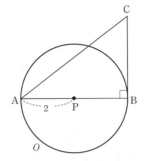

오른쪽 그림과 같이 원 O가 선분 AC에 접할 때, 접점을 H라 하면 두 삼각형 AHP, ABC는 서로 닮음 (AA 닮음)이므로
$$\overline{AC}:\overline{AP}=\overline{BC}:\overline{HP}$$
$$5:x=3:2$$
$$3x=10 \quad \therefore \ x=\frac{10}{3}$$

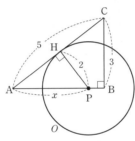

즉, $x=\frac{10}{3}$일 때, 원 O가 삼각형 ABC와 만나는 서로 다른 점의 개수는 3이므로
$$f\left(\frac{10}{3}\right)=3$$

$2<x<\frac{10}{3}$일 때, 오른쪽 그림과 같이 원 O가 삼각형 ABC와 만나는 서로 다른 점의 개수는 4이므로
$$f(x)=4 \ \left(2<x<\frac{10}{3}\right)$$

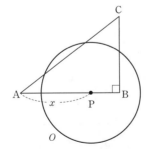

$\frac{10}{3}<x<4$일 때, 오른쪽 그림과 같이 원 O가 삼각형 ABC와 만나는 서로 다른 점의 개수는 2이므로
$$f(x)=2 \ \left(\frac{10}{3}<x<4\right)$$

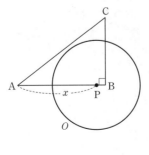

$$\therefore f(x)=\begin{cases} 2 & (0<x<2) \\ 3 & (x=2) \\ 4 & \left(2<x<\frac{10}{3}\right) \\ 3 & \left(x=\frac{10}{3}\right) \\ 2 & \left(\frac{10}{3}<x<4\right) \end{cases}$$

2단계 함수 $y=f(x)$의 그래프를 그려서 모든 실수 a의 값의 합을 구한 후 $p+q$의 값을 구해 보자.

함수 $y=f(x)$의 그래프는 다음 그림과 같다.

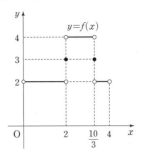

즉, 함수 $f(x)$가 $x=2$, $x=\frac{10}{3}$에서 불연속이므로 모든 실수 a의 값의 합은 $2+\frac{10}{3}=\frac{16}{3}$

따라서 $p=3$, $q=16$이므로
$$p+q=3+16=19$$

092

답 20

1단계 함수 $f(x)$가 실수 전체의 집합에서 연속일 조건과 역함수를 가질 조건을 알아보자.

함수 $f(x)$가 실수 전체의 집합에서 연속이므로 $x=1$에서도 연속이다.
즉, $\lim\limits_{x\to1+}f(x)=\lim\limits_{x\to1-}f(x)=f(1)$이어야 한다.
$$\lim_{x\to1+}f(x)=\lim_{x\to1+}\left(cx^2+\frac{5}{2}x\right)=c+\frac{5}{2},$$
$$\lim_{x\to1-}f(x)=\lim_{x\to1-}(ax+b)=a+b,$$
$$f(1)=c+\frac{5}{2}$$
에서
$$c+\frac{5}{2}=a+b \quad \cdots\cdots \ \boxdot$$

또한, 함수 $f(x)$의 역함수가 존재하므로 함수 $f(x)$는 일대일대응이다.

2단계 함수 $f(x)$가 증가하는 함수인 경우에 대하여 알아보자.

(ⅰ) 함수 $f(x)$가 증가하는 함수, 즉 $a>0$, $c>0$일 때
함수 $y=f(x)$의 그래프가 증가하므로 함수 $y=f(x)$의 그래프와 역함수 $y=f^{-1}(x)$의 그래프의 교점은 함수 $y=f(x)$의 그래프와 직선 $y=x$의 교점과 일치한다.
이때 함수 $y=f(x)$의 그래프와 역함수 $y=f^{-1}(x)$의 그래프의 교점 중 하나의 x좌표가 1이므로 $f(1)=f^{-1}(1)=1$이어야 한다.
즉, $c+\frac{5}{2}=1$에서 $c=-\frac{3}{2}$
그런데 $c>0$이라는 조건을 만족시키지 않으므로 $a>0$, $c>0$이 아니다.

3단계 함수 $f(x)$가 감소하는 함수인 경우에 대하여 알아보자.

(ⅱ) 함수 $f(x)$가 감소하는 함수, 즉 $a<0$, $c<0$일 때
함수 $y=f(x)$의 그래프와 역함수 $y=f^{-1}(x)$의 그래프의 교점의 개수가 3이고, 그 교점의 x좌표가 각각 -1, 1, 2이므로 함수 $y=f(x)$의 그래프와 역함수 $y=f^{-1}(x)$의 그래프의 개형은 오른쪽 그림과 같다.

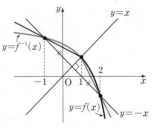

즉, $f(1)=1$이므로 $c+\dfrac{5}{2}=1$에서 $c=-\dfrac{3}{2}$

$c=-\dfrac{3}{2}$을 ㉠에 대입하여 정리하면

$a+b=1$ ...... ㉡ → 함수 $f(x)$의 역함수가 존재하므로
두 함수 $g(x)$, $h(x)$의 역함수도 존재한다.

이때 $g(x)=ax+b\ (x<1)$, $h(x)=-\dfrac{3}{2}x^2+\dfrac{5}{2}x\ (x\geq1)$이라 하면

함수 $y=f(x)$의 그래프와 역함수 $y=f^{-1}(x)$의 그래프의 교점 중 하나의 x좌표가 2이므로 $h(2)=g^{-1}(2)$이다.

즉, $-1=g^{-1}(2)$에서 $g(-1)=2$이므로

$-a+b=2$ ...... ㉢

㉡, ㉢을 연립하여 풀면

$a=-\dfrac{1}{2}$, $b=\dfrac{3}{2}$

4단계 $2a+4b-10c$의 값을 구해 보자.

(i), (ii)에서 $a=-\dfrac{1}{2}$, $b=\dfrac{3}{2}$, $c=-\dfrac{3}{2}$이므로

$2a+4b-10c=2\times\left(-\dfrac{1}{2}\right)+4\times\dfrac{3}{2}-10\times\left(-\dfrac{3}{2}\right)=20$

> **참고** **역함수의 그래프의 성질**
>
> 함수 $f(x)$와 역함수 $f^{-1}(x)$에 대하여
> (1) 함수 $y=f(x)$의 그래프가 점 $(a,\ b)$를 지나면
>   ➡ 역함수 $y=f^{-1}(x)$의 그래프는 점 $(b,\ a)$를 지난다.
> (2) 함수 $y=f(x)$의 그래프와 역함수 $y=f^{-1}(x)$의 그래프는 직선 $y=x$에 대하여 대칭이다.

093 정답률 ▶ 16%   답 ①

Best Pick 조건 (가)의 항등식을 변형하여 분수 꼴의 함수의 연속성을 추론하는 문제이다. 분수 꼴의 함수가 실수 전체의 집합에서 연속이려면 (분모)$\neq0$이어야 한다.

1단계 두 조건 (가), (나)를 이용하여 삼차함수 $f(x)$의 식을 세워 보자.

함수 $f(x)$가 최고차항의 계수가 1인 삼차함수이므로

$f(x)=x^3+ax^2+bx+c\ (a,\ b,\ c$는 상수)

라 할 수 있다.

조건 (가)에서 모든 실수 x에 대하여 $f(x)g(x)=x(x+3)$이고

조건 (나)에서 $g(0)=1$이므로

$f(x)g(x)=x(x+3)$의 양변에 $x=0$을 대입하면

$f(0)g(0)=0\times(0+3)$

$f(0)\times1=0$

즉, $f(0)=0$이므로 $c=0$

$\therefore f(x)=x^3+ax^2+bx$

2단계 함수 $g(x)$가 실수 전체의 집합에서 연속임을 이용하여 함수 $g(x)$의 식을 세워 보자.

조건 (가)의 식에서 $f(x)\neq0$일 때

$g(x)=\dfrac{x(x+3)}{f(x)}=\dfrac{x(x+3)}{x^3+ax^2+bx}$

또한, 함수 $g(x)$는 실수 전체의 집합에서 연속이므로 $x=0$에서도 연속이다.

즉, $\lim\limits_{x\to0}g(x)=g(0)$이어야 한다.

$\lim\limits_{x\to0}g(x)=\lim\limits_{x\to0}\dfrac{x(x+3)}{x^3+ax^2+bx}=\lim\limits_{x\to0}\dfrac{x+3}{x^2+ax+b}=\dfrac{3}{b}$,

$g(0)=1\ (\because$ 조건 (나))

에서 $\dfrac{3}{b}=1$ $\therefore b=3$

$\therefore g(x)=\dfrac{x+3}{x^2+ax+3}$

3단계 $g(2)$의 최솟값을 구해 보자.

함수 $g(x)$가 실수 전체의 집합에서 연속이므로 분모인 x^2+ax+3이 0이 되게 하는 x의 값이 존재하지 않아야 한다.

즉, 이차방정식 $x^2+ax+3=0$이 실근을 갖지 않아야 하므로 판별식을 D라 하면 $D<0$이어야 한다.

$D=a^2-4\times1\times3=a^2-12<0$

$(a+2\sqrt3)(a-2\sqrt3)<0$

$\therefore -2\sqrt3<a<2\sqrt3$ ...... ㉠

이때 $f(1)=1+a+3=a+4$이고 $f(1)$은 자연수이므로 $a+4$는 자연수이다.

즉, a는 -3 이상인 정수이다.

따라서 ㉠에서 a가 될 수 있는 값은 -3, -2, -1, 0, 1, 2, 3이고

$g(2)=\dfrac{2+3}{4+2a+3}=\dfrac{5}{2a+7}$ → $a=-3,\ -2,\ -1,\ 0,\ 1,\ 2,\ 3$일 때
분모 $2a+7=1,\ 3,\ 5,\ 7,\ 9,\ 11,\ 13$

에서 $g(2)$는 분모가 최대일 때 최솟값을 가지므로 $a=3$일 때 최솟값

$g(2)=\dfrac{5}{13}$를 갖는다.

001 ⑤	002 ⑤	003 ①	004 28	005 14	006 ⑤
007 ⑤	008 ⑤	009 28	010 ③	011 20	012 10
013 7	014 13	015 ⑤	016 ③	017 ③	018 ⑤
019 3	020 ①	021 ②	022 19	023 ①	024 12
025 ③	026 ③	027 25	028 20	029 12	030 28
031 10	032 10	033 ③	034 24	035 14	036 ④
037 ①	038 ①	039 5	040 ⑤	041 ⑤	042 ④
043 ③	044 ③	045 13	046 3	047 186	048 ⑤
049 ②	050 ②	051 ①	052 ①	053 ②	054 ②
055 ②	056 ①	057 ⑤	058 ②	059 5	060 ②
061 13	062 ②	063 ⑤	064 ①	065 ④	066 ②
067 6	068 ②	069 13	070 3	071 ④	072 17
073 ①	074 ③	075 ⑤	076 7	077 11	078 ①
079 ①	080 32	081 16	082 ②	083 ⑤	084 6
085 ③	086 ③	087 11	088 ④	089 ③	090 ⑤
091 ①	092 ①	093 ③	094 ③	095 ⑤	096 ①
097 ②	098 ④	099 ④	100 10	101 14	102 ③
103 ⑤	104 9	105 ③	106 64	107 ②	108 ③
109 15	110 ④	111 ①	112 ①	113 19	114 ④
115 21	116 160	117 ①	118 ⑤	119 ⑤	120 ③
121 ③	122 ①	123 ④	124 3	125 34	126 ③
127 32	128 ⑤	129 ⑤	130 ④	131 32	132 6
133 8	134 ②	135 ④	136 22	137 27	138 ④

001 정답률 ▶ 92% 답 ⑤

1단계 주어진 식의 극한값이 존재함을 이용하여 $f(1)$의 값을 구해 보자.

$\lim_{h \to 0} \dfrac{f(1+h)-3}{h} = \dfrac{3}{2}$에서 $h \to 0$일 때, (분모) $\to 0$이고 극한값이 존재

하므로 (분자) $\to 0$이다.

즉, $\lim_{h \to 0} \{f(1+h)-3\} = f(1)-3 = 0$이므로

$f(1) = 3$

2단계 미분계수의 정의를 이용하여 $f'(1)$의 값을 구한 후 $f'(1)+f(1)$의
값을 구해 보자.

$\lim_{h \to 0} \dfrac{f(1+h)-3}{h} = \lim_{h \to 0} \dfrac{f(1+h)-f(1)}{h} = f'(1) = \dfrac{3}{2}$

$\therefore f'(1)+f(1) = \dfrac{3}{2} + 3 = \dfrac{9}{2}$

002 정답률 ▶ 83% 답 ⑤

1단계 $\lim_{x \to 2} \dfrac{f(x)-1}{x-2} = 2$를 이용하여 $f(2)$, $f'(2)$의 값을 각각 구해 보자.

$\lim_{x \to 2} \dfrac{f(x)-1}{x-2} = 2$에서 $x \to 2$일 때, (분모) $\to 0$이고 극한값이 존재하므
로 (분자) $\to 0$이다.

즉, $\lim_{x \to 2} \{f(x)-1\} = f(2)-1 = 0$이므로

$f(2) = 1$

$\therefore \lim_{x \to 2} \dfrac{f(x)-1}{x-2} = \lim_{x \to 2} \dfrac{f(x)-f(2)}{x-2} = f'(2) = 2$

2단계 미분계수의 정의를 이용하여 $\lim_{h \to 0} \dfrac{f(2+h)-f(2-h)}{h}$의 값을 구
해 보자.

$\lim_{h \to 0} \dfrac{f(2+h)-f(2-h)}{h} = \lim_{h \to 0} \dfrac{f(2+h)-f(2)+f(2)-f(2-h)}{h}$

$= \lim_{h \to 0} \dfrac{f(2+h)-f(2)}{h} + \lim_{h \to 0} \dfrac{f(2-h)-f(2)}{-h}$

$= 2f'(2) = 4$

003 정답률 ▶ 79% 답 ①

1단계 주어진 식의 극한값이 존재함을 이용하여 $f(1)$의 값을 구해 보자.

$\lim_{x \to 1} \dfrac{f(x)-2}{x^2-1} = 3$에서 $x \to 1$일 때, (분모) $\to 0$이고 극한값이 존재하므로

(분자) $\to 0$이다.

즉, $\lim_{x \to 1} \{f(x)-2\} = f(1)-2 = 0$이므로

$f(1) = 2$

2단계 미분계수의 정의를 이용하여 $f'(1)$의 값을 구한 후 $\dfrac{f'(1)}{f(1)}$의 값을
구해 보자.

$\lim_{x \to 1} \dfrac{f(x)-2}{x^2-1} = \lim_{x \to 1} \dfrac{f(x)-f(1)}{x^2-1} = \lim_{x \to 1} \left\{ \dfrac{f(x)-f(1)}{x-1} \times \dfrac{1}{x+1} \right\}$

$= f'(1) \times \dfrac{1}{2} = 3$

이므로 $f'(1) = 6$

$\therefore \dfrac{f'(1)}{f(1)} = \dfrac{6}{2} = 3$

004 정답률 ▶ 79% 답 28

Best Pick 함수 $f(x)$의 괄호 안의 식 $x+1$을 t로 치환하여 미분계수의
정의를 이용하는 문제이다. 미분계수의 정의의 2가지 꼴을 정확히 알고 있
어야 알맞은 상황에 적용할 수 있다.

1단계 주어진 식의 극한값이 존재함을 이용하여 $f(3)$의 값을 구해 보자.

$\lim_{x \to 2} \dfrac{f(x+1)-8}{x^2-4} = 5$에서 $x \to 2$일 때, (분모) $\to 0$이고 극한값이 존재

하므로 (분자) $\to 0$이다.

즉, $\lim_{x \to 2} \{f(x+1)-8\} = f(3)-8 = 0$이므로

$f(3) = 8$

2단계 치환을 이용하여 주어진 식을 변형한 후 $f'(3)$의 값을 구해 보자.

$\lim_{x \to 2} \dfrac{f(x+1)-8}{x^2-4} = 5$에서 $x+1 = t$라 하면 $x = t-1$이고

$x \to 2$일 때, $t \to 3$이므로

$$\lim_{x \to 2} \frac{f(x+1)-8}{x^2-4} = \lim_{t \to 3} \frac{f(t)-f(3)}{(t-1)^2-4}$$

$$\longrightarrow (t-1)^2-4=t^2-2t-3 \\ =(t-3)(t+1)$$

$$= \lim_{t \to 3} \left\{ \frac{f(t)-f(3)}{t-3} \times \frac{1}{t+1} \right\}$$

$$= f'(3) \times \frac{1}{4} = 5$$

$$\therefore f'(3)=20$$

3단계 $f(3)+f'(3)$의 값을 구해 보자.

$f(3)+f'(3)=8+20=28$

---

005 정답률 ▶ 75%   답 14

1단계 미분계수의 정의를 이용하여 $f'(2)$의 값을 구해 보자.

$$f'(2) = \lim_{x \to 0} \frac{f(2+x)-f(2)}{x} = \lim_{x \to 0} \frac{x^3+6x^2+14x}{x}$$

$$= \lim_{x \to 0} (x^2+6x+14)=14$$

다른 풀이

$f(x+2)-f(2)=x^3+6x^2+14x$의 양변을 미분하면

$f'(x+2)=3x^2+12x+14$ ······ ㉠

㉠에 $x=0$을 대입하면 $f'(2)=14$

---

006 정답률 ▶ 78%   답 ⑤

Best Pick $\dfrac{1}{n}=h$로 치환하여 $n \to \infty$의 극한을 $h \to 0+$로 변형할 수 있어야 하는 문제이다. 출제 당시에는 생소하여 실제 난도에 비해 정답률이 낮았던 문제이지만 다른 단원의 내용과 결합되는 최신 출제 경향과 유사하므로 반드시 짚고 넘어가야 한다.

1단계 $f'(1)$의 값을 구해 보자.

삼차함수 $y=f(x)$의 그래프 위의 점 $(1, f(1))$에서의 접선과 직선

$\longrightarrow$ 기울기는 $f'(1)$

$y=-\dfrac{1}{3}x+2$가 서로 수직이므로

$$f'(1) \times \left(-\frac{1}{3} \right) = -1 \qquad \therefore f'(1)=3$$

2단계 $\displaystyle\lim_{n \to \infty} n\left\{ f\left(1+\frac{1}{2n}\right) - f\left(1-\frac{1}{3n}\right) \right\}$의 값을 구해 보자.

$\dfrac{1}{n}=h$라 하면 $n \to \infty$일 때, $h \to 0+$이므로

$$\lim_{n \to \infty} n\left\{ f\left(1+\frac{1}{2n}\right) - f\left(1-\frac{1}{3n}\right) \right\}$$

$$= \lim_{h \to 0+} \frac{f\left(1+\dfrac{h}{2}\right) - f\left(1-\dfrac{h}{3}\right)}{h}$$

$$= \lim_{h \to 0+} \frac{f\left(1+\dfrac{h}{2}\right) - f(1) + f(1) - f\left(1-\dfrac{h}{3}\right)}{h}$$

$$= \lim_{h \to 0+} \left\{ \frac{f\left(1+\dfrac{h}{2}\right) - f(1)}{\dfrac{h}{2}} \times \frac{1}{2} \right\} + \lim_{h \to 0+} \left\{ \frac{f\left(1-\dfrac{h}{3}\right) - f(1)}{-\dfrac{h}{3}} \times \frac{1}{3} \right\}$$

$$= \frac{1}{2}f'(1) + \frac{1}{3}f'(1)$$

$$= \frac{5}{6}f'(1) = \frac{5}{2}$$

---

007 정답률 ▶ 51%   답 ⑤

1단계 미분계수의 정의와 함수의 극한의 대소 관계를 이용하여 ㄱ, ㄴ, ㄷ의 참, 거짓을 판별해 보자.

ㄱ. [반례] $f(x)=x$이면 $f(0)=0$이지만

$f'(0)=1$

즉, $f'(0) \neq 0$이다. (거짓)

ㄴ. 모든 실수 x에 대하여 $g(x)=g(-x)$이므로

$$g'(0) = \lim_{h \to 0} \frac{g(h)-g(0)}{h} = \lim_{h \to 0} \frac{g(-h)-g(0)}{h}$$

$$= \lim_{h \to 0} \left\{ \frac{g(-h)-g(0)}{-h} \times (-1) \right\}$$

$$= -g'(0)$$

$\therefore g'(0)=0$ (참)

ㄷ. $x^2=|x|^2$에서 $|h(2x)-h(x)| \leq |x|^2$이므로 양변을 $|x|$로 나누면

$$\left| \frac{h(2x)-h(x)}{x} \right| \leq |x|$$

즉, 함수의 극한의 대소 관계에 의하여

$$\lim_{x \to 0} \left| \frac{h(2x)-h(x)}{x} \right| \leq \lim_{x \to 0} |x| \text{이고,}$$

$$\lim_{x \to 0} \left| \frac{h(2x)-h(x)}{x} \right| = \lim_{x \to 0} \left| 2 \times \frac{h(2x)-h(0)}{2x} - \frac{h(x)-h(0)}{x} \right|$$

$$= |2h'(0)-h'(0)|$$

$$= |h'(0)|,$$

$$\lim_{x \to 0} |x| = 0$$

이므로 $h'(0)=0$ (참)

따라서 옳은 것은 ㄴ, ㄷ이다.

참고 함수의 극한의 대소 관계

두 함수 $f(x)$, $g(x)$에 대하여 $\displaystyle\lim_{x \to a} f(x)=\alpha$, $\displaystyle\lim_{x \to a} g(x)=\beta$ (α, β의 실수)일 때, a에 가까운 모든 실수 x에 대하여 $f(x) \leq g(x)$이면 $\alpha \leq \beta$이다.

---

008 정답률 ▶ 68%   답 ⑤

Best Pick 다항함수의 미분법을 이용하여 미분계수를 구하려 하면 함정에 빠질 수 있는 문제이다. 다항식이 주어지지 않은 함수의 미분계수는 미분계수의 정의를 이용하여 구할 수 있다.

1단계 점 $(1, f(1))$과 점 $(a, f(a))$ 사이의 거리가 a^2-1임을 이용하여 $f(a)-f(1)$을 a에 대한 식으로 나타내어 보자.

점 $(1, f(1))$과 점 $(a, f(a))$ $(a>1)$ 사이의 거리가 a^2-1이므로

$$\sqrt{(a-1)^2 + \{f(a)-f(1)\}^2} = a^2-1$$

$$(a-1)^2 + \{f(a)-f(1)\}^2 = (a^2-1)^2$$

$$\{f(a)-f(1)\}^2 = (a^2-1)^2 - (a-1)^2$$

$$\{f(a)-f(1)\}^2 = (a-1)^2\{(a+1)^2-1\}$$

$f(x)$는 양의 실수 전체의 집합에서 증가하는 함수이므로

$$\therefore f(a)-f(1) = (a-1)\sqrt{a^2+2a} \quad (\because a>1, f(a)>f(1))$$

2단계 미분계수의 정의를 이용하여 $f'(1)$의 값을 구해 보자.

$$f'(1) = \lim_{a \to 1} \frac{f(a)-f(1)}{a-1}$$

$$= \lim_{a \to 1} \sqrt{a^2+2a}$$

$$= \sqrt{1+2} = \sqrt{3}$$

009　정답률 ▸ 37%　　　답 28

1단계　$f(0)$의 값을 구해 보자.

$f(x+y)=f(x)+f(y)+2xy-1$　……　㉠

㉠의 양변에 $x=0$, $y=0$을 각각 대입하면

$f(0)=f(0)+f(0)+0-1$

$\therefore f(0)=1$

2단계　도함수의 정의를 이용하여 함수 $f'(x)$를 구해 보자.

$f'(x)=\lim\limits_{h\to0}\dfrac{f(x+h)-f(x)}{h}$

$\quad=\lim\limits_{h\to0}\dfrac{\{f(x)+f(h)+2xh-1\}-f(x)}{h}$

$\quad=\lim\limits_{h\to0}\left\{\dfrac{f(h)-1}{h}+2x\right\}$

$\quad=\lim\limits_{h\to0}\left\{\dfrac{f(h)-f(0)}{h-0}+2x\right\}(\because f(0)=1)$

$\quad=f'(0)+2x$　……　㉡

3단계　$f'(0)$의 값을 구해 보자.

$\lim\limits_{x\to1}\dfrac{f(x)-f'(x)}{x^2-1}=14$에서 $x\to1$일 때, (분모) $\to0$이고 극한값이 존재하므로 (분자) $\to0$이다.

즉, $\lim\limits_{x\to1}\{f(x)-f'(x)\}=f(1)-f'(1)=0$이므로

$f(1)=f'(1)$　……　㉢

㉡, ㉢에서 $f(1)=f'(0)+2$　……　㉣

따라서

$\lim\limits_{x\to1}\dfrac{f(x)-f'(x)}{x^2-1}$

$=\lim\limits_{x\to1}\dfrac{f(x)-\{f'(0)+2x\}}{x^2-1}(\because ㉡)$

$=\lim\limits_{x\to1}\dfrac{f(x)-f(1)+f(1)-f'(0)-2x}{x^2-1}$

$=\lim\limits_{x\to1}\dfrac{f(x)-f(1)}{x^2-1}+\lim\limits_{x\to1}\dfrac{\{f'(0)+2\}-f'(0)-2x}{x^2-1}(\because ㉣)$

$=\lim\limits_{x\to1}\left\{\dfrac{f(x)-f(1)}{x-1}\times\dfrac{1}{x+1}\right\}+\lim\limits_{x\to1}\dfrac{-2(x-1)}{(x-1)(x+1)}$

$=\dfrac{1}{2}f'(1)-1=14$

이므로 $f'(1)=30$

이때 ㉡에서 $f'(1)=f'(0)+2$이므로

$30=f'(0)+2$

$\therefore f'(0)=28$

010　정답률 ▸ 확: 61%, 미: 79%, 기: 73%　　　답 ③

1단계　조건 (가)에 대하여 알아보자.

조건 (가)에서 $\lim\limits_{x\to1}\dfrac{f(x)-g(x)}{x-1}=5$　……　㉠

㉠에서 $x\to1$일 때, (분모) $\to0$이고 극한값이 존재하므로 (분자) $\to0$이다.

$\lim\limits_{x\to1}\{f(x)-g(x)\}=0$이므로 $f(1)=g(1)$　……　㉡

즉, ㉠에서

$\lim\limits_{x\to1}\dfrac{f(x)-g(x)}{x-1}=\lim\limits_{x\to1}\dfrac{f(x)-f(1)+f(1)-g(x)}{x-1}$

$\qquad=\lim\limits_{x\to1}\dfrac{\{f(x)-f(1)\}-\{g(x)-g(1)\}}{x-1}(\because ㉡)$

$=\lim\limits_{x\to1}\dfrac{f(x)-f(1)}{x-1}-\lim\limits_{x\to1}\dfrac{g(x)-g(1)}{x-1}$

$=f'(1)-g'(1)=5$　……　㉢

2단계　조건 (나)에 대하여 알아보자.

조건 (나)에서

$\lim\limits_{x\to1}\dfrac{f(x)+g(x)-2f(1)}{x-1}=\lim\limits_{x\to1}\dfrac{\{f(x)-f(1)\}+\{g(x)-g(1)\}}{x-1}$

$(\because ㉡)$

$=\lim\limits_{x\to1}\dfrac{f(x)-f(1)}{x-1}+\lim\limits_{x\to1}\dfrac{g(x)-g(1)}{x-1}$

$=f'(1)+g'(1)=7$　……　㉣

3단계　ab의 값을 구해 보자.

$\lim\limits_{x\to1}\dfrac{f(x)-a}{x-1}=b\times g(1)$　……　㉤

㉤에서 $x\to1$일 때, (분모) $\to0$이고 극한값이 존재하므로 (분자) $\to0$이다.

$\lim\limits_{x\to1}\{f(x)-a\}=0$이므로 $a=f(1)$　……　㉥

㉤에서

$\lim\limits_{x\to1}\dfrac{f(x)-a}{x-1}=\lim\limits_{x\to1}\dfrac{f(x)-f(1)}{x-1}$

$\qquad=f'(1)$

$\qquad=b\times g(1)$

$\qquad=ab(\because ㉡, ㉥)$

㉢, ㉣을 연립하여 풀면

$f'(1)=6$

$\therefore ab=6$

011　정답률 ▸ 86%　　　답 20

$f(x)=x^4-3x^2+8$에서

$f'(x)=4x^3-6x$이므로

$f'(2)=32-12=20$

012　정답률 ▸ 87%, 미: 94%, 기: 92%　　　답 10

1단계　다항함수의 미분법을 이용하여 상수 a의 값을 구해 보자.

$f(x)=2x^2+ax+3$에서 $f'(x)=4x+a$이므로

$f'(2)=8+a=18$

$\therefore a=10$

013　정답률 ▸ 79%　　　답 7

1단계　다항함수의 미분법을 이용하여 접선의 기울기를 구해 보자.

$f(x)=4x^3-5x+9$라 하면 $f'(x)=12x^2-5$이므로 곡선 $y=f(x)$ 위의 점 $(1, 8)$에서의 접선의 기울기는

$f'(1)=12-5=7$

014 정답률 ▶ 확: 74%, 미: 91%, 기: 86% 답 13

1단계 x의 값이 1에서 3까지 변할 때의 함수 $f(x)$의 평균변화율을 구해 보자.

x의 값이 1에서 3까지 변할 때의 함수 $f(x)=x^3+ax$의 평균변화율은

$$\frac{f(3)-f(1)}{3-1}=\frac{(27+3a)-(1+a)}{2}=13+a$$

2단계 $f'(a)$의 값을 구해 보자.

$f(x)=x^3+ax$에서 $f'(x)=3x^2+a$이므로

$f'(a)=3a^2+a$

3단계 $3a^2$의 값을 구해 보자.

$13+a=3a^2+a$이므로

$3a^2=13$

015 정답률 ▶ 확: 74%, 미: 91%, 기: 86% 답 ⑤

1단계 x의 값이 1에서 4까지 변할 때의 함수 $f(x)$의 평균변화율을 구해 보자.

x의 값이 1에서 4까지 변할 때의 함수 $f(x)=x^3-3x$의 평균변화율은

$$\frac{f(4)-f(1)}{4-1}=\frac{(64-12)-(1-3)}{3}=18$$

2단계 곡선 $y=f(x)$ 위의 점 $(k, f(k))$에서의 접선의 기울기를 구해 보자.

$f(x)=x^3-3x$에서 $f'(x)=3x^2-3$이므로 곡선 $y=f(x)$ 위의 점 $(k, f(k))$에서의 접선의 기울기는

$f'(k)=3k^2-3$

3단계 양수 k의 값을 구해 보자.

$3k^2-3=18$이므로

$k^2=7$

$\therefore k=\sqrt{7}\ (\because k>0)$

016 정답률 ▶ 80% 답 ③

1단계 이차함수 $f(x)$의 식을 세워 보자.

최고차항의 계수가 1인 이차함수 $y=f(x)$의 그래프가 x축에 접하므로

$f(x)=(x-a)^2$ (a는 상수) → [그래프: $y=f(x)$]

라 할 수 있다.

2단계 다항함수의 미분법을 이용하여 함수 $g(x)$의 식을 세워 보자.

$f'(x)=2(x-a)$이므로

$\begin{aligned}g(x)&=(x-3)f'(x)\\&=2(x-a)(x-3)\\&=2x^2-2(a+3)x+6a\end{aligned}$

3단계 이차함수의 그래프의 성질을 이용하여 함수 $f(x)$를 구한 후 $f(0)$의 값을 구해 보자.

이차함수 $y=g(x)$의 그래프가 y축에 대하여 대칭이므로 x의 계수가 0이어야 한다. ──→ y축에 대하여 대칭인 함수의 그래프는 짝수 차수의 항과 상수항으로만 이루어져 있으므로

즉, $a+3=0$이어야 하므로

$a=-3$

따라서 $f(x)=(x+3)^2$이므로

$f(0)=9$

017 정답률 ▶ 83% 답 ③

1단계 이차함수 $y=f(x)$의 그래프가 직선 $x=3$에 대하여 대칭임을 이용하여 ㄱ, ㄴ의 참, 거짓을 판별해 보자.

ㄱ. 이차함수 $y=f(x)$의 그래프가 직선 $x=3$에 대하여 대칭이므로

$f(3-x)=f(3+x)$ $\therefore f(-1)=f(7)$

즉, 구하는 평균변화율은

$\dfrac{f(7)-f(-1)}{7-(-1)}=0$ (참)

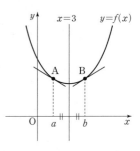

ㄴ. $a+b=6$에서 $\dfrac{a+b}{2}=3$이므로 오른쪽 그림과 같이 두 점 A, B의 중점의 x좌표는 3이고, $f(a)=f(b)$이다. 또한, $x=a$인 점에서의 접선과 $x=b$인 점에서의 접선은 직선 $x=3$에 대하여 대칭이고, 그 접선의 기울기는 각각 $f'(a)$, $f'(b)$이므로

$f'(a)=-f'(b)$

$\therefore f'(a)+f'(b)=0$ (참)

2단계 이차함수 $f(x)$를 구하여 ㄷ의 참, 거짓을 판별해 보자.

ㄷ. 이차함수 $y=f(x)$의 그래프의 꼭짓점의 x좌표는 $x=3$이므로

$f(x)=p(x-3)^2+q$ (p, q는 상수, $p\neq0$)

이라 하자.

$f'(x)=2p(x-3)$이므로

$\begin{aligned}\sum_{k=1}^{15}f'(k-3)&=\sum_{k=1}^{15}2p(k-6)=2p\sum_{k=1}^{15}(k-6)\\&=2p\Big(\frac{15\times16}{2}-6\times15\Big)\\&=60p\neq0\ (\because p\neq0)\ (\text{거짓})\end{aligned}$

따라서 옳은 것은 ㄱ, ㄴ이다

다른 풀이

$f(x)=p(x-3)^2+q$ (p, q는 상수, $p\neq0$)이라 하자.

ㄱ. $y=f(x)$에서 x의 값이 -1에서 7까지 변할 때의 평균변화율은

$\begin{aligned}\frac{f(7)-f(-1)}{7-(-1)}&=\frac{\{p(7-3)^2+q\}-\{p(-1-3)^2+q\}}{8}\\&=\frac{16p+q-16p-q}{8}=0\ (\text{참})\end{aligned}$

ㄴ. $f'(x)=2p(x-3)$이고, $a+b=6$에서 $b=6-a$이므로

$\begin{aligned}f'(a)+f'(b)&=2p(a-3)+2p(b-3)\\&=2p(a-3)+2p(3-a)\\&=2p(a-3+3-a)=0\ (\text{참})\end{aligned}$

> **참고**
>
> 함수 $y=f(x)$의 그래프가 직선 $x=a$에 대하여 대칭이면 모든 실수 x에 대하여 $f(a-x)=f(a+x)$이고 $f(2a-x)=f(x)$이다.

018 정답률 ▶ 70% 답 ⑤

Best Pick 다항함수의 미분법과 수학 I의 III. 수열 단원이 결합된 문제이다. 등차수열의 일반항뿐만 아니라 등차수열의 성질도 정확하게 알고 있어야 해결할 수 있다.

1단계 등차수열 $\{x_n\}$의 일반항을 구해 보자.

등차수열 $\{x_n\}$의 첫째항을 x_1, 공차를 d라 하면 일반항은

$x_n = x_1 + (n-1)d = dn + x_1 - d$

이때 $q = x_1 - d$라 하면

$x_n = dn + q$ (단, d, q는 실수) ······ ㉠

2단계 1단계 를 이용하여 ㄱ, ㄴ, ㄷ의 참, 거짓을 판별해 보자.

ㄱ. $f(x) = ax^2 + bx + c$에서

$f'(x) = 2ax + b$이므로

$\begin{aligned} f'(x_n) &= 2ax_n + b \\ &= 2a(dn+q) + b \ (\because ㉠) \\ &= 2adn + 2aq + b \end{aligned}$

이때 $2ad$와 $2aq + b$는 실수이므로 수열 $\{f'(x_n)\}$의 일반항은 n에 대한 일차식이다.

즉, 수열 $\{f'(x_n)\}$은 등차수열이다. (참)

ㄴ. ㉠에서 $x_{n+1} = d(n+1) + q$, $x_n = dn + q$이므로

$\begin{aligned} f(x_{n+1}) - f(x_n) &= ax_{n+1}^2 + bx_{n+1} + c - (ax_n^2 + bx_n + c) \\ &= a(x_{n+1} - x_n)(x_{n+1} + x_n) + b(x_{n+1} - x_n) \\ &= ad(2dn + d + 2q) + bd \ (\because x_{n+1} - x_n = d) \\ &= 2ad^2 n + ad^2 + 2adq + bd \end{aligned}$

이때 $2ad^2$과 $ad^2 + 2adq + bd$는 실수이므로 수열 $\{f(x_{n+1}) - f(x_n)\}$의 일반항은 n에 대한 일차식이다.

즉, 수열 $\{f(x_{n+1}) - f(x_n)\}$은 등차수열이다. (참)

ㄷ. $f(x) = ax^2 + bx + c$에서

$f(0) = 3$이므로 $c = 3$ ······ ㉡

$f(2) = 5$이므로 $4a + 2b + c = 5$ ······ ㉢

$f(4) = 9$이므로 $16a + 4b + c = 9$ ······ ㉣

㉡, ㉢, ㉣을 연립하여 풀면

$a = \dfrac{1}{4}$, $b = \dfrac{1}{2}$, $c = 3$

즉, $f(x) = \dfrac{1}{4}x^2 + \dfrac{1}{2}x + 3$이므로

$f(6) = 9 + 3 + 3 = 15$ (참)

따라서 옳은 것은 ㄱ, ㄴ, ㄷ이다.

019 정답률 ▶ 72%   답 3

1단계 x의 값이 0에서 a까지 변할 때의 함수 $f(x)$의 평균변화율을 구해 보자.

x의 값이 0에서 a까지 변할 때의 함수 $f(x) = x^3 - 3x^2 + 5x$의 평균변화율은

$\dfrac{f(a) - f(0)}{a - 0} = \dfrac{(a^3 - 3a^2 + 5a) - 0}{a} = a^2 - 3a + 5$

2단계 $f'(2)$의 값을 구해 보자.

$f(x) = x^3 - 3x^2 + 5x$에서

$f'(x) = 3x^2 - 6x + 5$이므로

$f'(2) = 12 - 12 + 5 = 5$

3단계 양수 a의 값을 구해 보자.

$a^2 - 3a + 5 = 5$이므로

$a^2 - 3a = 0$, $a(a-3) = 0$

$\therefore a = 3 \ (\because a > 0)$

020 정답률 ▶ 72%   답 ①

1단계 주어진 등식을 정리해 보자.

$f(x) = ax^2 + b$에서 $f'(x) = 2ax$이므로

$4f(x) = \{f'(x)\}^2 + x^2 + 4$에 대입하면

$4(ax^2 + b) = (2ax)^2 + x^2 + 4$

$4ax^2 + 4b = (4a^2 + 1)x^2 + 4$ ······ ㉠

2단계 함수 $f(x)$를 구하여 $f(2)$의 값을 구해 보자.

㉠이 모든 실수 x에 대하여 성립하므로

$4a = 4a^2 + 1$, $4b = 4$

$(2a-1)^2 = 0$, $b = 1$

$\therefore a = \dfrac{1}{2}$, $b = 1$

따라서 $f(x) = \dfrac{1}{2}x^2 + 1$이므로

$f(2) = 2 + 1 = 3$

021   답 ②

1단계 세 실근을 a, ar, ar^2 ($a \neq 0$, $r \neq 0$)이라 하고, 함수 $f(x)$, $f'(x)$를 각각 a, r에 대한 식으로 나타내어 보자.

방정식 $f(x) = 9$의 세 실근은 크기 순서대로 등비수열을 이루므로 세 실근을 a, ar, ar^2 ($a \neq 0$, $r \neq 0$)이라 하면

$f(x) - 9 = (x-a)(x-ar)(x-ar^2)$

$\begin{aligned} \therefore f(x) &= (x-a)(x-ar)(x-ar^2) + 9 \\ &= x^3 - a(1+r+r^2)x^2 + a^2r(1+r+r^2)x - (ar)^3 + 9, \end{aligned}$

$f'(x) = 3x^2 - 2a(1+r+r^2)x + a^2r(1+r+r^2)$

2단계 함수 $f(x)$를 구하여 $f(3)$의 값을 구해 보자.

$f(0) = 1$이므로

$-(ar)^3 + 9 = 1$, $(ar)^3 = 8$

$\therefore ar = 2$

$f'(2) = -2$이므로

$12 - 4a(1+r+r^2) + 2a(1+r+r^2) = -2$

$\therefore a(1+r+r^2) = 7$

따라서 $f(x) = x^3 - 7x^2 + 14x + 1$이므로

$f(3) = 27 - 63 + 42 + 1 = 7$

022 정답률 ▶ 49%   답 19

1단계 조건 (가)를 이용하여 함수 $f'(x)$의 식을 세워 보자.

다항함수 $f(x)$의 최고차항을 ax^n ($a \neq 1$, $a \neq 0$인 상수)라 하면

조건 (가)에서 분자인 $\{f(x)\}^2 - f(x^2)$의 최고차항은

$a^2 x^{2n} - ax^{2n} = a(a-1)x^{2n}$ ······ ㉠

분모인 $x^3 f(x)$의 최고차항은

ax^{n+3} ······ ㉡

이때 조건 (가)에서 0이 아닌 극한값이 존재하므로

㉠, ㉡에서 $a \neq 0$, $2n = n+3$ └→ 분자, 분모의 최고차항의 차수가 같아야 하므로

$\therefore n = 3$

$$\lim_{x\to\infty}\frac{\{f(x)\}^2-f(x^2)}{x^3 f(x)}=\lim_{x\to\infty}\frac{a(a-1)x^6+\cdots}{ax^6+\cdots}=\frac{a(a-1)}{a}=4$$

이므로 $a^2-a=4a$, $a(a-5)=0$

$\therefore a=5$ ($\because a\neq0$)

따라서 $f(x)=5x^3+bx^2+cx+d$ (b, c, d는 상수)라 할 수 있으므로

$f'(x)=15x^2+2bx+c$

2단계 조건 (나)를 이용하여 함수 $f'(x)$를 구한 후 $f'(1)$의 값을 구해 보자.

조건 (나)에서

$$\lim_{x\to0}\frac{f'(x)}{x}=\lim_{x\to0}\frac{15x^2+2bx+c}{x}=4 \quad\cdots\cdots \ ㉢$$

㉢에서 $x\to0$일 때, (분모) $\to0$이고 극한값이 존재하므로 (분자) $\to0$

이다.

즉, $\lim_{x\to0}(15x^2+2bx+c)=0$이므로 $c=0$

$c=0$을 ㉢에 대입하면

$$\lim_{x\to0}\frac{15x^2+2bx}{x}=\lim_{x\to0}(15x+2b)=2b=4$$

$\therefore b=2$

따라서 $f'(x)=15x^2+4x$이므로

$f'(1)=15+4=19$

023   정답률 ▸ 90%   답 ①

1단계 다항함수의 미분법과 미분계수의 정의를 이용하여

$\lim_{h\to0}\dfrac{f(1+h)-f(1)}{h}$의 값을 구해 보자.

$f(x)=x^2+3x+1$에서

$f'(x)=2x+3$이므로

$$\lim_{h\to0}\frac{f(1+h)-f(1)}{h}=f'(1)=2+3=5$$

024   정답률 ▸ 88%   답 12

1단계 다항함수의 미분법과 미분계수의 정의를 이용하여

$\lim_{x\to1}\dfrac{f(x)-f(1)}{x-1}$의 값을 구해 보자.

$f(x)=x^3+9x+2$에서

$f'(x)=3x^2+9$이므로

$$\lim_{x\to1}\frac{f(x)-f(1)}{x-1}=f'(1)=3+9=12$$

025   정답률 ▸ 84%   답 ③

Best Pick 함수의 극한과 미분계수의 정의를 모두 이용해야 하는 문제이다. 기본적인 공식을 사용하는 유형이므로 실수 없이 빠르게 계산할 수 있도록 연습해야 한다.

1단계 미분계수의 정의를 이용해 보자.

$$\lim_{h\to0}\frac{f(2+h)-f(2)}{h}=f'(2)=9$$

2단계 다항함수의 미분법을 이용하여 상수 a의 값을 구해 보자.

$f(x)=x^3-2x^2+ax+1$에서

$f'(x)=3x^2-4x+a$이므로

$f'(2)=12-8+a=4+a$

따라서 $4+a=9$이므로

$a=5$

026   정답률 ▸ 87%   답 ③

1단계 미분계수의 정의를 이용해 보자.

$$\lim_{h\to0}\frac{f(1+3h)-f(1)}{2h}=\lim_{h\to0}\left\{\frac{f(1+3h)-f(1)}{3h}\times\frac{3}{2}\right\}=\frac{3}{2}f'(1)$$

2단계 다항함수의 미분법을 이용하여 **1단계** 에서 정리한 식의 값을 구해 보자.

$f(x)=x^3-x$에서

$f'(x)=3x^2-1$이므로

$f'(1)=3-1=2$

$\therefore \dfrac{3}{2}f'(1)=\dfrac{3}{2}\times2=3$

027   정답률 ▸ 73%   답 25

1단계 치환과 미분계수의 정의를 이용해 보자.

$\dfrac{1}{n}=h$라 하면 $n\to\infty$일 때, $h\to0+$이므로

$$\lim_{n\to\infty}n\left\{f\left(1+\frac{3}{n}\right)-f\left(1-\frac{2}{n}\right)\right\}$$

$$=\lim_{h\to0+}\frac{f(1+3h)-f(1-2h)}{h}$$

$$=\lim_{h\to0+}\frac{f(1+3h)-f(1)+f(1)-f(1-2h)}{h}$$

$$=\lim_{h\to0+}\frac{f(1+3h)-f(1)}{h}-\lim_{h\to0+}\frac{f(1-2h)-f(1)}{h}$$

$$=3\lim_{h\to0+}\frac{f(1+3h)-f(1)}{3h}+2\lim_{h\to0+}\frac{f(1-2h)-f(1)}{-2h}$$

$$=3f'(1)+2f'(1)$$

$$=5f'(1)$$

2단계 다항함수의 미분법을 이용하여 **1단계** 에서 정리한 식의 값을 구해 보자.

$f(x)=2x^4-3x+1$에서

$f'(x)=8x^3-3$이므로

$f'(1)=8-3=5$

$\therefore 5f'(1)=5\times5=25$

028   정답률 ▸ 39%   답 20

1단계 주어진 식의 극한값이 존재함을 이용하여 $f(1)$의 값을 구해 보자.

$g(x)=f(x)-x^2$이라 하면 $\lim_{x\to1}\dfrac{f(x)-x^2}{x-1}=-2$에서

$$\lim_{x \to 1} \frac{g(x)}{x-1} = -2 \quad \cdots\cdots \ \text{㉠}$$

㉠에서 $x \to 1$일 때, (분모) $\to 0$이고 극한값이 존재하므로 (분자) $\to 0$이다.

즉,

$\lim_{x \to 1} g(x) = g(1) = 0$이므로

$f(1) - 1 = 0$

$\therefore f(1) = 1$

2단계 다항함수의 미분법과 미분계수의 정의를 이용하여 $f'(1)$의 값을 구해 보자.

㉠에서

$$\lim_{x \to 1} \frac{g(x)}{x-1} = \lim_{x \to 1} \frac{g(x) - g(1)}{x - 1}$$
$$= g'(1) = -2$$

$g(x) = f(x) - x^2$에서

$g'(x) = f'(x) - 2x$이므로

$g'(1) = f'(1) - 2 = -2$

$\therefore f'(1) = 0$

3단계 함수 $f'(x)$를 구하여 곡선 $y = f(x)$ 위의 점 $(3, f(3))$에서의 접선의 기울기를 구해 보자.

$f(x)$는 최고차항의 계수가 1이고 $f(0) = 2$인 삼차함수이므로

$f(x) = x^3 + ax^2 + bx + 2$ (a, b는 상수)

라 할 수 있다.

$f(1) = 1$에서

$1 + a + b + 2 = 1$

$\therefore a + b = -2 \quad \cdots\cdots \ \text{㉡}$

$f'(x) = 3x^2 + 2ax + b$이므로

$f'(1) = 0$에서

$3 + 2a + b = 0$

$\therefore 2a + b = -3 \quad \cdots\cdots \ \text{㉢}$

㉡, ㉢을 연립하여 풀면

$a = -1$, $b = -1$

따라서 $f'(x) = 3x^2 - 2x - 1$이므로 곡선 $y = f(x)$ 위의 점 $(3, f(3))$에서의 접선의 기울기는

$f'(3) = 27 - 6 - 1 = 20$

029 정답률 ▶ 87% 답 12

1단계 함수의 곱의 미분법을 이용하여 $f'(1)$의 값을 구해 보자.

$f(x) = (x^3 + 5)(x^2 - 1)$에서

$f'(x) = 3x^2(x^2 - 1) + 2x(x^3 + 5)$이므로

$f'(1) = 0 + 12 = 12$

030 정답률 ▶ 82% 답 28

1단계 함수의 곱의 미분법을 이용하여 $f'(-1)$의 값을 구해 보자.

$f(x) = (2x^3 + 1)(x - 1)^2$에서

$f'(x) = 6x^2(x-1)^2 + 2(2x^3 + 1)(x - 1)$이므로

$f'(-1) = 24 + 4 = 28$

031 정답률 ▶ 확: 74%, 미: 87%, 기: 83% 답 10

1단계 함수의 곱의 미분법을 이용하여 함수 $f(x)g(x)$의 $x=0$에서의 미분계수를 구해 보자.

$\{f(x)g(x)\}' = f'(x)g(x) + f(x)g'(x)$이고

$f(x) = 2x^2 + 5x + 3$, $g(x) = x^3 + 2$에서

$f'(x) = 4x + 5$, $g'(x) = 3x^2$

따라서 함수 $f(x)g(x)$의 $x=0$에서의 미분계수는

$f'(0)g(0) + f(0)g'(0) = 5 \times 2 + 3 \times 0 = 10$

032 답 10

1단계 함수의 곱의 미분법을 이용하여 $g'(1)$의 값을 구해 보자.

$g(x) = (x+1)f(x)$에서

$g'(x) = f(x) + (x+1)f'(x)$이므로

$g'(1) = f(1) + 2f'(1)$
$\quad = 2 + 2 \times 4 = 10$

033 정답률 ▶ 확: 88%, 미: 95%, 기: 93% 답 ③

1단계 함수의 곱의 미분법을 이용하여 $g'(1)$의 값을 구해 보자.

$g(x) = (x^2 + 3)f(x)$에서

$g'(x) = 2xf(x) + (x^2 + 3)f'(x)$이므로

$g'(1) = 2f(1) + 4f'(1) = 2 \times 2 + 4 \times 1 = 8$

034 정답률 ▶ 확: 67%, 미: 87%, 기: 81% 답 24

1단계 $\lim_{x \to 2} \dfrac{f(x) - 4}{x^2 - 4} = 2$에 대하여 알아보자.

$$\lim_{x \to 2} \frac{f(x) - 4}{x^2 - 4} = 2 \quad \cdots\cdots \ \text{㉠}$$

㉠에서 $x \to 2$일 때, (분모) $\to 0$이고 극한값이 존재하므로 (분자) $\to 0$이다.

$\lim_{x \to 2} \{f(x) - 4\} = 0$이므로 $f(2) = 4$

즉, ㉠에서

$$\lim_{x \to 2} \frac{f(x) - 4}{x^2 - 4} = \lim_{x \to 2} \frac{f(x) - f(2)}{x^2 - 4}$$
$$= \lim_{x \to 2} \left\{ \frac{1}{x+2} \times \frac{f(x) - f(2)}{x - 2} \right\}$$
$$= \frac{1}{4} f'(2) = 2$$

이므로 $f'(2) = 8$

2단계 $\lim_{x \to 2} \dfrac{g(x) + 1}{x - 2} = 8$에 대하여 알아보자.

$$\lim_{x \to 2} \frac{g(x) + 1}{x - 2} = 8 \quad \cdots\cdots \ \text{㉡}$$

㉡에서 $x \to 2$일 때, (분모) $\to 0$이고 극한값이 존재하므로 (분자) $\to 0$이다.

$\lim\limits_{x\to2}\{g(x)+1\}=0$이므로 $g(2)=-1$

즉, ⓒ에서

$\lim\limits_{x\to2}\dfrac{g(x)+1}{x-2}=\lim\limits_{x\to2}\dfrac{g(x)-g(2)}{x-2}$
$\qquad\qquad\qquad=g'(2)=8$

3단계 함수의 곱의 미분법을 이용하여 $h'(2)$의 값을 구해 보자.

$h(x)=f(x)g(x)$에서

$h'(x)=f'(x)g(x)+f(x)g'(x)$이므로

$h'(2)=f'(2)g(2)+f(2)g'(2)$
$\qquad\quad=8\times(-1)+4\times8=24$

---

035   정답률▸78%   답 **14**

Best Pick 함수의 극한의 성질과 미분계수의 정의, 함수의 곱의 미분법을 모두 이용해야 하는 문제이다. 함수의 극한의 성질은 미분계수의 정의와 밀접한 관계이므로 잘 숙지해 두어야 한다.

1단계 $\lim\limits_{x\to1}\dfrac{f(x)-5}{x-1}=9$를 이용하여 $f(1)$, $f'(1)$의 값을 각각 구해 보자.

$\lim\limits_{x\to1}\dfrac{f(x)-5}{x-1}=9$에서 $x\to1$일 때, (분모) $\to0$이고 극한값이 존재하므로 (분자) $\to0$이다.

즉, $\lim\limits_{x\to1}\{f(x)-5\}=f(1)-5=0$이므로

$f(1)=5$

$\therefore \lim\limits_{x\to1}\dfrac{f(x)-5}{x-1}=\lim\limits_{x\to1}\dfrac{f(x)-f(1)}{x-1}$
$\qquad\qquad\qquad\qquad=f'(1)=9$

2단계 함수의 곱의 미분법을 이용하여 $g'(1)$의 값을 구해 보자.

$g(x)=xf(x)$에서

$g'(x)=f(x)+xf'(x)$이므로

$g'(1)=f(1)+f'(1)$
$\qquad\quad=5+9=14$

---

036   정답률▸77%   답 ④

1단계 삼차함수 $f(x)$의 식을 세워 보자.

$\lim\limits_{x\to2}\dfrac{f(x)}{(x-2)\{f'(x)\}^2}=\dfrac{1}{4}$에서 $x\to2$일 때, (분모) $\to0$이고 극한값이 존재하므로 (분자) $\to0$이다.

즉, $\lim\limits_{x\to2}f(x)=f(2)=0$이므로 최고차항의 계수가 1이고

$f(1)=0$, $f(2)=0$

인 삼차함수 $f(x)$는

$f(x)=(x-1)(x-2)(x+a)$ (a는 상수)

라 할 수 있다.

2단계 삼차함수 $f(x)$를 구하여 $f(3)$의 값을 구해 보자.

$f'(x)=(x-2)(x+a)+(x-1)(x+a)+(x-1)(x-2)$이므로

$\lim\limits_{x\to2}\dfrac{f(x)}{(x-2)\{f'(x)\}^2}$

$=\lim\limits_{x\to2}\dfrac{(x-1)(x-2)(x+a)}{(x-2)\{(x-2)(x+a)+(x-1)(x+a)+(x-1)(x-2)\}^2}$

$=\lim\limits_{x\to2}\dfrac{(x-1)(x+a)}{\{(x-2)(x+a)+(x-1)(x+a)+(x-1)(x-2)\}^2}$

$=\dfrac{2+a}{(2+a)^2}$

$=\dfrac{1}{2+a}=\dfrac{1}{4}$

에서

$2+a=4$

$\therefore a=2$

따라서 $f(x)=(x-1)(x-2)(x+2)$이므로

$f(3)=2\times1\times5=10$

---

037   정답률▸63%   답 ①

1단계 조건 (가)에 대하여 알아보자.

조건 (가)에서 $\lim\limits_{x\to1}\dfrac{f(x)g(x)+4}{x-1}=8$이므로 $h(x)=f(x)g(x)$라 하면

$\lim\limits_{x\to1}\dfrac{h(x)+4}{x-1}=8$ ⋯⋯ ㉠

㉠에서 $x\to1$일 때, (분모) $\to0$이고 극한값이 존재하므로 (분자) $\to0$이다.

$\lim\limits_{x\to1}\{h(x)+4\}=0$이므로 $h(1)=-4$ ⋯⋯ ㉡

즉, ㉠에서

$\lim\limits_{x\to1}\dfrac{h(x)+4}{x-1}=\lim\limits_{x\to1}\dfrac{h(x)-h(1)}{x-1}$
$\qquad\qquad\qquad\qquad=h'(1)=8$ ⋯⋯ ㉢

2단계 일차함수 $g(x)$의 도함수 $g'(x)$를 구해 보자.

㉡에서 $f(1)g(1)=-4$이므로

$-2g(1)=-4$ ($\because f(1)=-2$)

$\therefore g(1)=2$

이때 $g(x)$는 일차함수이므로

$g(x)=ax+b$ (a, b는 상수, $a\neq0$)이라 하면

$g(1)=a+b=2$

또한, $g'(x)=a$이고 조건 (나)에서 $g(0)=g'(0)$이므로

$b=a$

$b=a$를 $a+b=2$에 대입하면

$2a=2$ $\therefore a=1$

$\therefore g'(x)=1$

3단계 함수의 곱의 미분법을 이용하여 $f'(1)$의 값을 구해 보자.

㉢에서 $h'(1)=8$, 즉 $f'(1)g(1)+f(1)g'(1)=8$이므로

$f'(1)\times2+(-2)\times1=8$ └→ $h(x)=f(x)g(x)$에서

$\therefore f'(1)=5$ $h'(x)=f'(x)g(x)+f(x)g'(x)$이므로
$\qquad\qquad\qquad\qquad\qquad$ $h'(1)=f'(1)g(1)+f(1)g'(1)$

---

038   정답률▸69%   답 ①

1단계 $\lim\limits_{x\to0}\dfrac{f(x)+g(x)}{x}=3$에 대하여 알아보자.

$\lim\limits_{x\to0}\dfrac{f(x)+g(x)}{x}=3$에서 $i(x)=f(x)+g(x)$라 하면

$\lim\limits_{x\to0}\dfrac{i(x)}{x}=3$ ⋯⋯ ㉠

㉠에서 $x \rightarrow 0$일 때, (분모) $\rightarrow 0$이고 극한값이 존재하므로 (분자) $\rightarrow 0$이다.

$\lim_{x \to 0} i(x) = 0$이므로 $i(0) = 0$ ······ ㉡

즉, ㉠에서

$$\lim_{x \to 0} \frac{i(x)}{x} = \lim_{x \to 0} \frac{i(x) - i(0)}{x - 0}$$
$$= i'(0) = 3$$ ······ ㉢

2단계 $\lim_{x \to 0} \dfrac{f(x) + 3}{x g(x)} = 2$에 대하여 알아보자.

$$\lim_{x \to 0} \frac{f(x) + 3}{x g(x)} = 2$$ ······ ㉣

㉣에서 $x \rightarrow 0$일 때, (분모) $\rightarrow 0$이고 극한값이 존재하므로 (분자) $\rightarrow 0$이다.

$\lim_{x \to 0} \{f(x) + 3\} = 0$이므로 $f(0) = -3$

이때 ㉡에서 $f(0) + g(0) = 0$이므로

$g(0) = 3$

또한, ㉣에서

$$\lim_{x \to 0} \frac{f(x) + 3}{x g(x)} = \lim_{x \to 0} \frac{f(x) - f(0)}{x g(x)}$$
$$= \lim_{x \to 0} \frac{\dfrac{f(x) - f(0)}{x - 0}}{g(x)}$$
$$= \frac{\lim_{x \to 0} \dfrac{f(x) - f(0)}{x - 0}}{\lim_{x \to 0} g(x)}$$
$$= \frac{f'(0)}{g(0)} = 2$$

이때 $g(0) = 3$이므로

$\dfrac{f'(0)}{3} = 2$ ∴ $f'(0) = 6$

3단계 함수의 곱의 미분법을 이용하여 $h'(0)$의 값을 구해 보자.

㉡에서 $f'(0) + g'(0) = 3$이므로

$g'(0) = -3$

∴ $h'(0) = f'(0)g(0) + f(0)g'(0)$
$= 6 \times 3 + (-3) \times (-3) = 27$

---

039 정답률 ▸ 52% **답 5**

1단계 조건 (가)를 이용하여 삼차함수 $f(x)$의 식을 세워 보자.

조건 (가)에서 $f(a) = f(2) = f(6) = k$ (k는 상수)라 하면

$f(a) - k = f(2) - k = f(6) - k = 0$이므로

함수 $f(x) - k$는 $x - a$, $x - 2$, $x - 6$을 인수로 갖는다.

$f(x)$는 최고차항의 계수가 1인 삼차함수이므로

$f(x) - k = (x - a)(x - 2)(x - 6)$

∴ $f(x) = (x - a)(x - 2)(x - 6) + k$

2단계 조건 (나)를 이용하여 실수 a의 값을 구한 후 $f'(a)$의 값을 구해 보자.

$f'(x) = (x - 2)(x - 6) + (x - a)(x - 6) + (x - a)(x - 2)$이고,

조건 (나)에서 $f'(2) = -4$이므로

$-4(2 - a) = -4$

$2 - a = 1$ ∴ $a = 1$

∴ $f'(a) = f'(1) = 5$

---

040 정답률 ▸ 54% **답 ⑤**

1단계 주어진 조건을 이용하여 함수 $f(x)$의 차수와 항에 대하여 알아보자.

$\lim_{x \to \infty} \dfrac{f(x)}{x^m} = 1$에서 함수 $f(x)$의 최고차항은 x^m이므로

도함수 $f'(x)$의 최고차항은 mx^{m-1} ······ ㉠

$\lim_{x \to \infty} \dfrac{f'(x)}{x^{m-1}} = a$에서 도함수 $f'(x)$의 최고차항의 계수는 a ······ ㉡

㉠, ㉡에서 $m = a$

또한, $\lim_{x \to 0} \dfrac{f(x)}{x^n} = b$에서 함수 $f(x)$는 x^n을 인수로 갖고, 차수가 가장 낮은 항이 bx^n이므로

→극한값이 존재하므로 분모를 0이 되게 하는 x^n이 분자, 분모에서 약분되어야 한다.

$f(x) = x^n g(x)$ ($g(x)$는 다항함수) ······ ㉢

라 하면

$$\lim_{x \to 0} \frac{f(x)}{x^n} = \lim_{x \to 0} \frac{x^n g(x)}{x^n} = g(0) = b$$

이때 ㉢에서

$f'(x) = nx^{n-1}g(x) + x^n g'(x) = x^{n-1}\{ng(x) + xg'(x)\}$이므로

$$\lim_{x \to 0} \frac{f'(x)}{x^{n-1}} = \lim_{x \to 0} \{ng(x) + xg'(x)\} = ng(0) = 9$$

∴ $bn = 9$

2단계 1단계 를 이용하여 ㄱ, ㄴ, ㄷ의 참, 거짓을 판별해 보자.

ㄱ. 함수 $f(x)$의 최고차항이 x^m이고 차수가 가장 낮은 항이 bx^n이므로

$m \geq n$ (참)

ㄴ. $m = a$, $bn = 9$이므로

$ab = m \times \dfrac{9}{n} \geq 9 \left(\because n \neq 0$이고, ㄱ에서 $\dfrac{m}{n} \geq 1 \right)$ (참)

ㄷ. $f(x)$가 삼차함수이면 $m = a = 3$이고 $bn = 9$이므로

$am = bn$ (참)

따라서 옳은 것은 ㄱ, ㄴ, ㄷ이다.

---

041 정답률 ▸ 80% **답 ⑤**

1단계 함수 $f(x)$가 $x = 2$에서 미분가능할 조건을 알아보자.

함수 $f(x) = \begin{cases} x^3 - ax + 2 & (x \leq 2) \\ 5x - 2a & (x > 2) \end{cases}$가 $x = 2$에서 미분가능하므로

$$\lim_{x \to 2+} \frac{f(x) - f(2)}{x - 2} = \lim_{x \to 2-} \frac{f(x) - f(2)}{x - 2}$$

이어야 한다.

2단계 상수 a의 값을 구해 보자.

$$\lim_{x \to 2+} \frac{f(x) - f(2)}{x - 2} = \lim_{x \to 2+} \frac{5x - 2a - (10 - 2a)}{x - 2}$$
$$= \lim_{x \to 2+} \frac{5(x - 2)}{x - 2}$$
$$= \lim_{x \to 2+} 5 = 5,$$

$$\lim_{x \to 2-} \frac{f(x) - f(2)}{x - 2} = \lim_{x \to 2-} \frac{x^3 - ax + 2 - (8 - 2a + 2)}{x - 2}$$
$$= \lim_{x \to 2-} \frac{x^3 - 8 - (x - 2)a}{x - 2}$$
$$= \lim_{x \to 2-} \frac{(x - 2)(x^2 + 2x + 4 - a)}{x - 2}$$
$$= \lim_{x \to 2-} (x^2 + 2x + 4 - a) = 12 - a$$

에서 $5 = 12 - a$ ∴ $a = 7$

다른 풀이

$\lim\limits_{x \to 2+} f'(x) = \lim\limits_{x \to 2-} f'(x)$이어야 한다.

$f'(x) = \begin{cases} 3x^2 - a & (x < 2) \\ 5 & (x > 2) \end{cases}$에서

$5 = 12 - a$ $\therefore a = 7$

042 정답률 ▶ 87%　　　　　　　　　　　　　답 ④

1단계 함수 $f(x)$가 실수 전체의 집합에서 미분가능할 조건을 알아보자.

함수 $f(x)$가 실수 전체의 집합에서 미분가능하므로 $x=1$에서도 미분가능하다.

즉,

$$\lim_{x \to 1+} \frac{f(x) - f(1)}{x-1} = \lim_{x \to 1-} \frac{f(x) - f(1)}{x-1}$$

이어야 한다.

2단계 상수 a의 값을 구해 보자.

$$\lim_{x \to 1+} \frac{f(x) - f(1)}{x-1} = \lim_{x \to 1+} \frac{bx+4 - (b+4)}{x-1}$$
$$= \lim_{x \to 1+} \frac{b(x-1)}{x-1}$$
$$= \lim_{x \to 1+} b = b,$$
$$\lim_{x \to 1-} \frac{f(x) - f(1)}{x-1} = \lim_{x \to 1-} \frac{x^3 + ax + b - (b+4)}{x-1}$$
$$= \lim_{x \to 1-} \frac{x^3 + ax - 4}{x-1}$$

에서

$$\lim_{x \to 1-} \frac{x^3 + ax - 4}{x-1} = b \qquad \cdots\cdots ㉠$$

㉠에서 $x \to 1-$일 때, (분모) $\to 0$이고 극한값이 존재하므로 (분자) $\to 0$이다.

$\lim\limits_{x \to 1-} (x^3 + ax - 4) = 0$이므로

$1 + a - 4 = 0$

$\therefore a = 3$

3단계 상수 b의 값을 구하여 $a+b$의 값을 구해 보자.

㉠에서

$$\lim_{x \to 1-} \frac{x^3 + ax - 4}{x-1} = \lim_{x \to 1-} \frac{x^3 + 3x - 4}{x-1}$$
$$= \lim_{x \to 1-} \frac{(x-1)(x^2 + x + 4)}{x-1}$$
$$= \lim_{x \to 1-} (x^2 + x + 4)$$
$$= 1 + 1 + 4$$
$$= 6 = b$$

$\therefore a + b = 3 + 6 = 9$

다른 풀이

함수 $f(x)$가 $x=1$에서 미분가능하므로 $\lim\limits_{x \to 1+} f'(x) = \lim\limits_{x \to 1-} f'(x)$이어야 한다.

$f'(x) = \begin{cases} 3x^2 + a & (x < 1) \\ b & (x > 1) \end{cases}$이므로

$\lim\limits_{x \to 1+} f'(x) = \lim\limits_{x \to 1+} b = b,$

$\lim\limits_{x \to 1-} f'(x) = \lim\limits_{x \to 1-} (3x^2 + a) = 3 + a$

에서 $b = 3 + a$ $\cdots\cdots ㉠$

또한, 함수 $f(x)$가 $x=1$에서 연속이므로

$\lim\limits_{x \to 1+} f(x) = \lim\limits_{x \to 1-} f(x) = f(1)$

이어야 한다.

$\lim\limits_{x \to 1+} f(x) = \lim\limits_{x \to 1+} (bx + 4) = b + 4,$

$\lim\limits_{x \to 1-} f(x) = \lim\limits_{x \to 1-} (x^2 + ax + b) = 1 + a + b,$

$f(1) = b + 4$

에서 $b + 4 = 1 + a + b$

$\therefore a = 3$

$a = 3$을 ㉠에 대입하여 정리하면 $b = 6$

043 정답률 ▶ 확: 83%, 미: 94%, 기: 92%　　　　　답 ③

1단계 함수 $f(x)g(x)$가 실수 전체의 집합에서 미분가능할 조건을 알아보자.

$f(x) = \begin{cases} -(x+3) & (x < -3) \\ x+3 & (x \geq -3) \end{cases}$이므로

$f(x)g(x) = \begin{cases} -(x+3)(2x+a) & (x < -3) \\ (x+3)(2x+a) & (x \geq -3) \end{cases}$

함수 $f(x)g(x)$가 실수 전체의 집합에서 미분가능하므로 $x = -3$에서도 미분가능하다.

즉,

$$\lim_{x \to -3+} \frac{f(x)g(x) - f(-3)g(-3)}{x+3} = \lim_{x \to -3-} \frac{f(x)g(x) - f(-3)g(-3)}{x+3}$$

이어야 한다.

2단계 상수 a의 값을 구해 보자.

$$\lim_{x \to -3+} \frac{f(x)g(x) - f(-3)g(-3)}{x+3} = \lim_{x \to -3+} \frac{(x+3)(2x+a) - 0}{x+3}$$
$$(\because f(-3) = 0)$$
$$= \lim_{x \to -3+} (2x + a)$$
$$= -6 + a,$$
$$\lim_{x \to -3-} \frac{f(x)g(x) - f(-3)g(-3)}{x+3} = \lim_{x \to -3-} \frac{-(x+3)(2x+a) - 0}{x+3}$$
$$(\because f(-3) = 0)$$
$$= \lim_{x \to -3-} (-2x - a)$$
$$= 6 - a$$

에서 $-6 + a = 6 - a$

$2a = 12$

$\therefore a = 6$

다른 풀이

함수 $f(x)g(x)$가 $x = -3$에서 미분가능하므로 $h(x) = f(x)g(x)$라 하면

$\lim\limits_{x \to -3+} h'(x) = \lim\limits_{x \to -3-} h'(x)$이어야 한다.

$h(x) = f(x)g(x) = \begin{cases} -(x+3)(2x+a) & (x < -3) \\ (x+3)(2x+a) & (x \geq -3) \end{cases}$에서

$h'(x) = \begin{cases} -4x - a - 6 & (x < -3) \\ 4x + a + 6 & (x > -3) \end{cases}$이므로

$\lim\limits_{x \to -3+} h'(x) = \lim\limits_{x \to -3+} (4x + a + 6) = a - 6,$

$\lim\limits_{x \to -3-} h'(x) = \lim\limits_{x \to -3-} (-4x - a - 6) = -a + 6$

에서 $a - 6 = -a + 6$

$2a = 12$

$\therefore a = 6$

044

Best Pick 연속함수와 불연속인 함수의 곱으로 이루어진 함수의 연속성 또는 미분가능성을 묻는 문제이다. 연속과 미분가능의 정의를 정확하게 알고 있어야 해결할 수 있다.

1단계 미분가능할 조건을 이용하여 ㄱ, ㄴ, ㄷ의 참, 거짓을 판별해 보자.

$$f(x)=\begin{cases} 1-x & (x<0) \\ x^2-1 & (0\le x<1) \\ \dfrac{2}{3}(x^3-1) & (x\ge 1) \end{cases}$$ 에서

ㄱ. $f(1)=0$이므로

$$\lim_{x\to 1+}\frac{f(x)-f(1)}{x-1}=\frac{2}{3}\lim_{x\to 1+}\frac{x^3-1}{x-1}=\frac{2}{3}\lim_{x\to 1+}(x^2+x+1)$$
$$=\frac{2}{3}\times 3=2$$

$$\lim_{x\to 1-}\frac{f(x)-f(1)}{x-1}=\lim_{x\to 1-}\frac{x^2-1}{x-1}=\lim_{x\to 1-}(x+1)=2$$

$$\therefore f'(1)=\lim_{x\to 1}\frac{f(x)-f(1)}{x-1}=2$$

즉, $f(x)$는 $x=1$에서 미분가능하다. (참)

ㄴ. $|f(0)|=|-1|=1$이고,

$0<x<1$일 때 $f(x)<0$이므로 $|f(x)|=-f(x)=1-x^2$

$$\therefore \lim_{x\to 0+}\frac{|f(x)|-|f(0)|}{x-0}=\lim_{x\to 0+}\frac{(1-x^2)-1}{x}=0$$

$x<0$일 때 $f(x)>0$이므로 $|f(x)|=f(x)=1-x$

$$\therefore \lim_{x\to 0-}\frac{|f(x)|-|f(0)|}{x-0}=\lim_{x\to 0-}\frac{(1-x)-1}{x}=-1$$

$$\lim_{x\to 0+}\frac{|f(x)|-|f(0)|}{x-0}\ne \lim_{x\to 0-}\frac{|f(x)|-|f(0)|}{x-0}$$

즉, $\lim_{x\to 0}\dfrac{|f(x)|-|f(0)|}{x-0}$의 값이 존재하지 않으므로 $|f(x)|$는

$x=0$에서 미분가능하지 않다. (거짓)

ㄷ. (i) $k=1$일 때, $g(x)=xf(x)$라 하면 $g(0)=0$이므로

$$\lim_{x\to 0+}\frac{g(x)-g(0)}{x-0}=\lim_{x\to 0+}\frac{x(x^2-1)}{x}$$
$$=\lim_{x\to 0+}(x^2-1)=-1$$

$$\lim_{x\to 0-}\frac{g(x)-g(0)}{x-0}=\lim_{x\to 0-}\frac{x(1-x)}{x}$$
$$=\lim_{x\to 0-}(1-x)=1$$

즉, $\lim_{x\to 0+}\dfrac{g(x)-g(0)}{x-0}\ne \lim_{x\to 0-}\dfrac{g(x)-g(0)}{x-0}$이므로

$g(x)=xf(x)$는 $x=0$에서 미분가능하지 않다.

(ii) $k=2$일 때, $h(x)=x^2f(x)$라 하면 $h(0)=0$이므로

$$\lim_{x\to 0+}\frac{h(x)-h(0)}{x-0}=\lim_{x\to 0+}\frac{x^2(x^2-1)}{x}$$
$$=\lim_{x\to 0+}x(x^2-1)=0$$

$$\lim_{x\to 0-}\frac{h(x)-h(0)}{x-0}=\lim_{x\to 0-}\frac{x^2(1-x)}{x}$$
$$=\lim_{x\to 0-}x(1-x)=0$$

즉, $h'(0)=\lim_{x\to 0}\dfrac{h(x)-h(0)}{x-0}=0$이므로 $h(x)=x^2f(x)$는 $x=0$

에서 미분가능하다.

(i), (ii)에서 $x^kf(x)$가 $x=0$에서 미분가능하도록 하는 최소의 자연수

k는 2이다. (참)

따라서 옳은 것은 ㄱ, ㄷ이다.

다른 풀이

함수 $y=f(x)$의 그래프는 오른쪽 그림과 같고, $x=0$에서 연속이 아니다.

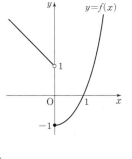

ㄱ. 함수 $y=f(x)$의 그래프는 $x=1$에서 꺾이는 부분이 없이 부드럽게 이어지므로 미분가능함을 예측할 수 있다.

$$\lim_{x\to 1+}\frac{f(x)-f(1)}{x-1}$$
$$=\lim_{x\to 1-}\frac{f(x)-f(1)}{x-1}=2$$

즉, $f(x)$는 $x=1$에서 미분가능하다. (참)

ㄴ. 함수 $y=|f(x)|$의 그래프는 오른쪽 그림과 같고, $x=0$에서 꺾이므로 미분가능하지 않다. (거짓)

ㄷ. 함수 $y=x^kf(x)$의 그래프는 $k=1$일 때 [그림 1]과 같고, $x=0$에서 꺾이므로 미분가능하지 않다.

$k=2$일 때 [그림 2]와 같고, $x=0$에서 꺾이는 부분없이 부드럽게 이어지므로 미분가능함을 예측할 수 있다.

이때 $\lim_{x\to 0+}\dfrac{x^2f(x)-0^2f(0)}{x-0}=\lim_{x\to 0-}\dfrac{x^2f(x)-0^2f(0)}{x-0}=0$이므로 함수

$x^2f(x)$는 $x=0$에서 미분가능하다.

즉, $x^kf(x)$가 미분가능하도록 하는 최소의 자연수 k는 2이다. (참)

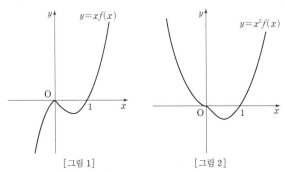

[그림 1]　　　[그림 2]

참고 '함수의 극한값의 존재', '연속', '미분가능'의 관계

'함수의 극한값의 존재'에서 '미분가능'으로 갈수록 조건이 강화가 된다.
'함수의 극한값의 존재'는 한 점을 기준으로 그래프의 좌우가 위·아래로 떨어져 있지만 않으면 되고, '연속'은 함숫값과 극한값이 같아야 한다. 또한, '미분가능'은 그래프의 모양이 연속이면서 꺾인 부분이 없이 매끄러운 모양이어야 한다. 이때 미분가능한 대표적인 함수로는 다항함수가 있다.

045

1단계 함수 $g(x)$가 실수 전체의 집합에서 미분가능할 조건을 알아보자.

함수 $g(x)=\begin{cases} f(x) & (x\ge k) \\ f(2k-x) & (x<k) \end{cases}$ 에서 $f(x)$, $f(2k-x)$가 모두 연속인

다항함수이므로 함수 $g(x)$가 실수 전체의 집합에서 미분가능하려면

$x=k$에서 미분가능해야 한다.

즉, $\lim_{x\to k+}\dfrac{g(x)-g(k)}{x-k}=\lim_{x\to k-}\dfrac{g(x)-g(k)}{x-k}$이어야 한다.

2단계 모든 실수 k의 값의 합을 구하여 p^2+q^2의 값을 구해 보자.

$\displaystyle\lim_{x\to k+}\frac{g(x)-g(k)}{x-k}$

$\displaystyle=\lim_{x\to k+}\frac{f(x)-f(k)}{x-k}$

$\displaystyle=\lim_{x\to k+}\frac{(x^3-x^2-9x+1)-(k^3-k^2-9k+1)}{x-k}$

$\displaystyle=\lim_{x\to k+}\frac{x^3-k^3-(x^2-k^2)-9(x-k)}{x-k}$

$\displaystyle=\lim_{x\to k+}\frac{(x-k)(x^2+kx+k^2)-(x-k)(x+k)-9(x-k)}{x-k}$

$\displaystyle=\lim_{x\to k+}\frac{(x-k)\{x^2+kx+k^2-(x+k)-9\}}{x-k}$

$=3k^2-2k-9,$

$\displaystyle\lim_{x\to k-}\frac{g(x)-g(k)}{x-k}$

$\displaystyle=\lim_{x\to k-}\frac{f(2k-x)-f(k)}{x-k}$

$\displaystyle=\lim_{x\to k-}\left\{\frac{(2k-x)^3-(2k-x)^2-9(2k-x)+1}{x-k}-\frac{k^3-k^2-9k+1}{x-k}\right\}$

$\displaystyle=\lim_{x\to k-}\frac{-x^3+(6k-1)x^2+(-12k^2+4k+9)x+7k^3-3k^2-9k}{x-k}$

$\displaystyle=\lim_{x\to k-}\frac{(x-k)\{-x^2+(5k-1)x+(-7k^2+3k+9)\}}{x-k}$

$\displaystyle=\lim_{x\to k-}\{-x^2+(5k-1)x+(-7k^2+3k+9)\}$

$=-3k^2+2k+9$

에서 $3k^2-2k-9=-3k^2+2k+9$

$\therefore 3k^2-2k-9=0$

이차방정식의 근과 계수의 관계에 의하여 모든 실수 k의 값의 합은

$\dfrac{2}{3}$

따라서 $p=3$, $q=2$이므로

$p^2+q^2=9+4=13$

---

046 정답률 ▸ 45%   답 3

Best Pick 대칭성과 주기를 갖는 함수가 미분가능하기 위한 조건을 묻는 문제이다. 복잡한 함수로 보이지만 함수식이 반복됨을 이용하면 비교적 쉽게 해결할 수 있다.

1단계 함수 $g(x)$가 실수 전체의 집합에서 미분가능할 조건을 이용해 보자.

조건 (다)에서 함수 $g(x)$가 실수 전체의 집합에서 미분가능하므로 $x=1$에서도 미분가능하다.

즉, $\displaystyle\lim_{x\to 1+}\frac{g(x)-g(1)}{x-1}=\lim_{x\to 1-}\frac{g(x)-g(1)}{x-1}$이어야 한다.

$\displaystyle\lim_{x\to 1+}\frac{g(x)-g(1)}{x-1}=\lim_{x\to 1+}\frac{f(2-x)-f(1)}{x-1}$

$\displaystyle\qquad=-\lim_{x\to 1+}\frac{f(2-x)-f(1)}{(2-x)-1}$

$\displaystyle\qquad=-f'(1),$

$\displaystyle\lim_{x\to 1-}\frac{g(x)-g(1)}{x-1}=\lim_{x\to 1-}\frac{f(x)-f(1)}{x-1}=f'(1)$

에서 $f'(1)=-f'(1)$

$\therefore f'(1)=0$ ······ ㉠

한편, $-1<x<0$일 때 $1<x+2<2$이고

$g(x)=g(x+2)$

$\qquad=f(2-(x+2))=f(-x)$

함수 $g(x)$는 $x=0$에서도 미분가능하므로

$\displaystyle\lim_{x\to 0+}\frac{g(x)-g(0)}{x-0}=\lim_{x\to 0-}\frac{g(x)-g(0)}{x-0}$

이어야 한다.

$\displaystyle\lim_{x\to 0+}\frac{g(x)-g(0)}{x}=\lim_{x\to 0+}\frac{f(x)-f(0)}{x-0}$

$\displaystyle\qquad=f'(0),$

$\displaystyle\lim_{x\to 0-}\frac{g(x)-g(0)}{x}=\lim_{x\to 0-}\frac{f(-x)-f(0)}{x}$

$\displaystyle\qquad=-\lim_{x\to 0-}\frac{f(-x)-f(0)}{(-x)-0}$

$\displaystyle\qquad=-f'(0)$

에서 $-f'(0)=f'(0)$

$\therefore f'(0)=0$ ······ ㉡

2단계 함수 $f(x)$의 식을 세워 보자.

$f(x)=x^3+ax^2+bx+c$ (a, b, c는 상수)라 하면

$f'(x)=3x^2+2ax+b$

㉠, ㉡에서

$f'(x)=3x(x-1)=3x^2-3x$이므로

$a=-\dfrac{3}{2}$, $b=0$

$\therefore f(x)=x^3-\dfrac{3}{2}x^2+c$

3단계 $g(6)-g(3)$의 값을 구하여 $p+q$의 값을 구해 보자.

조건 (나)에 의하여

$g(6)-g(3)=f(0)-f(1)=c-\left(1-\dfrac{3}{2}+c\right)=\dfrac{1}{2}$

따라서 $p=2$, $q=1$이므로

$p+q=2+1=3$

---

047 정답률 ▸ 16%   답 186

1단계 함수 $g(x)$를 구해 보자.

함수 $y=f(x)$의 그래프 위의 점을 P라 하고, x의 값의 범위를 나누어 함수 $g(x)$를 구하면

(ⅰ) $x<1$일 때, $\mathrm{P}(x,\,x+1)$이므로

$\overline{\mathrm{AP}}^2=(x+1)^2+(x+2)^2=2x^2+6x+5$

$\overline{\mathrm{BP}}^2=(x-1)^2+(x-1)^2=2x^2-4x+2$

이때 $\overline{\mathrm{AP}}^2\geq\overline{\mathrm{BP}}^2$에서

$2x^2+6x+5\geq 2x^2-4x+2$

$10x\geq -3$

$\therefore x\geq -\dfrac{3}{10}$

$\therefore g(x)=\begin{cases}2x^2+6x+5 & \left(x<-\dfrac{3}{10}\right) \\ 2x^2-4x+2 & \left(-\dfrac{3}{10}\leq x<1\right)\end{cases}$

> $\to \overline{\mathrm{AP}}^2\leq\overline{\mathrm{BP}}^2$, 즉 $g(x)=\overline{\mathrm{AP}}^2$
> $\to \overline{\mathrm{AP}}^2\leq\overline{\mathrm{BP}}^2$, 즉 $g(x)=\overline{\mathrm{BP}}^2$

(ⅱ) $x\geq 1$일 때, $\mathrm{P}(x,\,-2x+4)$이므로

$\overline{\mathrm{AP}}^2=(x+1)^2+(-2x+5)^2=5x^2-18x+26$

$\overline{\mathrm{BP}}^2=(x-1)^2+(-2x+2)^2=5x^2-10x+5$

이때 $\overline{\text{AP}}^2 \geq \overline{\text{BP}}^2$에서

$5x^2 - 18x + 26 \geq 5x^2 - 10x + 5$

$8x \leq 21$ $\therefore x \leq \dfrac{21}{8}$

$$\therefore g(x) = \begin{cases} 5x^2 - 10x + 5 & \left(1 \leq x \leq \dfrac{21}{8}\right) \\ 5x^2 - 18x + 26 & \left(x > \dfrac{21}{8}\right) \end{cases}$$

         $\longrightarrow \overline{\text{AP}}^2 \geq \overline{\text{BP}}^2$, 즉 $g(x) = \overline{\text{BP}}^2$

         $\longrightarrow \overline{\text{AP}}^2 < \overline{\text{BP}}^2$, 즉 $g(x) = \overline{\text{AP}}^2$

(i), (ii)에서

$$g(x) = \begin{cases} 2x^2 + 6x + 5 & \left(x < -\dfrac{3}{10}\right) \\ 2x^2 - 4x + 2 & \left(-\dfrac{3}{10} \leq x < 1\right) \\ 5x^2 - 10x + 5 & \left(1 \leq x \leq \dfrac{21}{8}\right) \\ 5x^2 - 18x + 26 & \left(x > \dfrac{21}{8}\right) \end{cases}$$

2단계 함수 $g(x)$가 $x = a$에서 미분가능하지 않은 모든 a의 값의 합을 구하여 $80p$의 값을 구해 보자.

$$g'(x) = \begin{cases} 4x + 6 & \left(x < -\dfrac{3}{10}\right) \\ 4x - 4 & \left(-\dfrac{3}{10} < x < 1\right) \\ 10x - 10 & \left(1 < x < \dfrac{21}{8}\right) \\ 10x - 18 & \left(x > \dfrac{21}{8}\right) \end{cases}$$

이므로

$\displaystyle \lim_{x \to -\frac{3}{10}+} g'(x) = \lim_{x \to -\frac{3}{10}+} (4x - 4) = -\dfrac{6}{5} - 4 = -\dfrac{26}{5}$,

$\displaystyle \lim_{x \to -\frac{3}{10}-} g'(x) = \lim_{x \to -\frac{3}{10}-} (4x + 6) = -\dfrac{6}{5} + 6 = \dfrac{24}{5}$

$\therefore \displaystyle \lim_{x \to -\frac{3}{10}+} g'(x) \neq \lim_{x \to -\frac{3}{10}-} g'(x)$ $\longrightarrow g(x)$는 $x = -\frac{3}{10}$에서 미분가능하지 않다.

$\displaystyle \lim_{x \to 1+} g'(x) = \lim_{x \to 1+} (10x - 10) = 10 - 10 = 0$,

$\displaystyle \lim_{x \to 1-} g'(x) = \lim_{x \to 1-} (4x - 4) = 4 - 4 = 0$

$\therefore \displaystyle \lim_{x \to 1+} g'(x) = \lim_{x \to 1-} g'(x)$ $\longrightarrow g(x)$는 $x = 1$에서 미분가능하다.

$\displaystyle \lim_{x \to \frac{21}{8}+} g'(x) = \lim_{x \to \frac{21}{8}+} (10x - 18) = \dfrac{105}{4} - 18 = \dfrac{33}{4}$,

$\displaystyle \lim_{x \to \frac{21}{8}-} g'(x) = \lim_{x \to \frac{21}{8}-} (10x - 10) = \dfrac{105}{4} - 10 = \dfrac{65}{4}$

$\therefore \displaystyle \lim_{x \to \frac{21}{8}+} g'(x) \neq \lim_{x \to \frac{21}{8}-} g'(x)$ $\longrightarrow g(x)$는 $x = \frac{21}{8}$에서 미분가능하지 않다.

따라서 $x = a$에서 함수 $g(x)$가 미분가능하지 않은 a의 값은

$-\dfrac{3}{10}$, $\dfrac{21}{8}$이므로 $p = -\dfrac{3}{10} + \dfrac{21}{8} = \dfrac{93}{40}$

$\therefore 80p = 186$

또한, 함수 $f(x)$가 $x = -2$에서 미분가능하면 함수 $f(x)$는 $x = -2$에서 연속이므로

$\displaystyle \lim_{x \to -2+} f(x) = \lim_{x \to -2-} f(x) = f(-2)$

즉, $\displaystyle \lim_{x \to -2+} 2x = \lim_{x \to -2-} (x^2 + ax + b) = 4 - 2a + b$에서

$-4 = 4 - 2a + b$

$\therefore b = 2a - 8$ $\cdots\cdots$ ㉠

2단계 함수 $f(x)$가 실수 전체의 집합에서 미분가능할 조건을 이용하여 상수 a의 값을 구해 보자.

함수 $f(x)$가 $x = -2$에서 미분가능하므로

$\displaystyle \lim_{x \to -2+} \dfrac{f(x) - f(-2)}{x - (-2)} = \lim_{x \to -2-} \dfrac{f(x) - f(-2)}{x - (-2)}$

이어야 한다.

$$\begin{aligned} \lim_{x \to -2+} \dfrac{f(x) - f(-2)}{x - (-2)} &= \lim_{x \to -2+} \dfrac{2x - (4 - 2a + b)}{x + 2} \\ &= \lim_{x \to -2+} \dfrac{2x + 4}{x + 2} \ (\because ㉠) \\ &= \lim_{x \to -2+} \dfrac{2(x + 2)}{x + 2} \\ &= \lim_{x \to -2+} 2 \\ &= 2, \end{aligned}$$

$$\begin{aligned} \lim_{x \to -2-} \dfrac{f(x) - f(-2)}{x - (-2)} &= \lim_{x \to -2-} \dfrac{x^2 + ax + b - (4 - 2a + b)}{x + 2} \\ &= \lim_{x \to -2-} \dfrac{x^2 + ax + 2a - 4}{x + 2} \\ &= \lim_{x \to -2-} \dfrac{(x + 2)(x + a - 2)}{x + 2} \\ &= \lim_{x \to -2-} (x + a - 2) \\ &= a - 4 \end{aligned}$$

에서 $2 = a - 4$ $\therefore a = 6$

3단계 상수 b의 값을 구하여 $a + b$의 값을 구해 보자.

$a = 6$을 ㉠에 대입하여 정리하면 $b = 4$

$\therefore a + b = 6 + 4 = 10$

다른 풀이

$$\begin{aligned} \lim_{h \to 0+} \dfrac{f(-2 + h) - f(-2)}{h} &= \lim_{h \to 0+} \dfrac{2(-2 + h) - (-4)}{h} \\ &= \lim_{h \to 0+} \dfrac{2h}{h} \\ &= \lim_{h \to 0+} 2 = 2, \end{aligned}$$

$$\begin{aligned} &\lim_{h \to 0-} \dfrac{f(-2 + h) - f(-2)}{h} \\ &= \lim_{h \to 0-} \dfrac{\{(-2 + h)^2 + a(-2 + h) + (2a - 8)\} - (-4)}{h} \\ &= \lim_{h \to 0-} \dfrac{h^2 + (a - 4)h}{h} = \lim_{h \to 0-} \{h + (a - 4)\} = a - 4 \end{aligned}$$

즉, $2 = a - 4$이므로 $a = 6$

---

048 정답률 ▶ 75%   답 ⑤

1단계 미분가능하면 연속임을 이용하여 두 상수 a, b 사이의 관계식을 구해 보자.

함수 $f(x) = \begin{cases} x^2 + ax + b & (x \leq -2) \\ 2x & (x > -2) \end{cases}$가 실수 전체의 집합에서 미분가능하므로 함수 $f(x)$는 $x = -2$에서 미분가능하다.

049 정답률 ▶ 59%   답 ②

1단계 함수 $y = f'(x)$의 그래프를 그려 보자.

함수 $f(x)$는 $x = -1$과 $x = 0$에서 불연속이므로 미분계수가 존재할 수 없다.

즉, $f'(x)=\dfrac{3}{2}(x^2-1)$ $(x\neq-1,\ x\neq0)$

이므로 함수 $y=f'(x)$의 그래프는 오른쪽 그림과 같다.

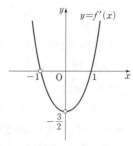

2단계 **1단계** 를 이용하여 ㄱ, ㄴ, ㄷ의 참, 거짓을 판별해 보자.

ㄱ. 함수 $f(x)$는 $x=0$에서 불연속이므로 $x=0$에서 미분가능하지 않다.

(거짓)

ㄴ. 함수 $y=f'(x)$의 그래프에서

$$\lim_{x\to0}f'(x)=-\frac{3}{2}\ (참)$$

ㄷ. $\displaystyle\lim_{x\to-1+}f(f'(x))=\lim_{t\to0-}f(t)=-1$ (거짓)

$\underbrace{\phantom{\lim_{x\to-1+}}}_{\,x\to-1+일\ 때,\ f'(x)\to0-}$

따라서 옳은 것은 ㄴ이다.

---

050 정답률 ▸ 23%   답 ②

1단계 다항식 $p(x)$에 대하여 알아보자.

$p(x)$가 상수가 아닌 다항식이므로 함수 $p(x)$는 실수 전체의 집합에서 정의되는 일차 이상의 다항함수이다.

즉, 함수 $p(x)$는 실수 전체의 집합에서 연속이고 미분가능하다.

2단계 미분가능할 조건을 이용하여 ㄱ, ㄴ, ㄷ의 참, 거짓을 판별해 보자.

ㄱ. 함수 $p(x)f(x)$가 실수 전체의 집합에서 연속이면 $x=0$에서도 연속이므로

$$\lim_{x\to0+}p(x)f(x)=\lim_{x\to0-}p(x)f(x)=p(0)f(0)$$

이어야 한다.

$$\lim_{x\to0+}p(x)f(x)=\lim_{x\to0+}\{p(x)\times(x-1)\}$$
$$=-p(0),$$
$$\lim_{x\to0-}p(x)f(x)=\lim_{x\to0-}\{p(x)\times(-x)\}$$
$$=p(0)\times0=0,$$
$$p(0)f(0)=p(0)\times0=0$$

에서 $-p(0)=0$

$\therefore p(0)=0$ (참)

ㄴ. 함수 $p(x)f(x)$가 실수 전체의 집합에서 미분가능하면 $x=2$에서도 미분가능하므로

$$\lim_{x\to2+}\frac{p(x)f(x)-p(2)f(2)}{x-2}=\lim_{x\to2-}\frac{p(x)f(x)-p(2)f(2)}{x-2}$$

이어야 한다.

$$\lim_{x\to2+}\frac{p(x)f(x)-p(2)f(2)}{x-2}$$
$$=\lim_{x\to2+}\frac{p(x)(2x-3)-p(2)}{x-2}$$

$\to$ $p(x)(2x-3)-p(2)$
$=p(x)(2x-4)+p(x)-p(2)$
$=2p(x)(x-2)+p(x)-p(2)$

$$=\lim_{x\to2+}\frac{2p(x)(x-2)+p(x)-p(2)}{x-2}$$
$$=\lim_{x\to2+}\left\{\frac{2p(x)(x-2)}{x-2}+\frac{p(x)-p(2)}{x-2}\right\}$$
$$=\lim_{x\to2+}2p(x)+\lim_{x\to2+}\frac{p(x)-p(2)}{x-2}$$
$$=2p(2)+p'(2)$$

$$\lim_{x\to2-}\frac{p(x)f(x)-p(2)f(2)}{x-2}$$
$$=\lim_{x\to2-}\frac{p(x)(x-1)-p(2)}{x-2}$$
$$=\lim_{x\to2-}\frac{p(x)(x-2)+p(x)-p(2)}{x-2}$$
$$=\lim_{x\to2-}\left\{\frac{p(x)(x-2)}{x-2}+\frac{p(x)-p(2)}{x-2}\right\}$$
$$=\lim_{x\to2-}p(x)+\lim_{x\to2-}\frac{p(x)-p(2)}{x-2}$$
$$=p(2)+p'(2)$$

즉, $2p(2)+p'(2)=p(2)+p'(2)$에서

$p(2)=0$ (참)

ㄷ. [반례] $p(x)=x^2(x-2)$라 하면

$$p(x)\{f(x)\}^2=\begin{cases}x^4(x-2)&(x\leq0)\\x^2(x-1)^2(x-2)&(0<x\leq2)\\x^2(2x-3)^2(x-2)&(x>2)\end{cases}$$에서

함수 $p(x)\{f(x)\}^2$은 $x=0$, $x=2$에서 미분가능하면 실수 전체의 집합에서 미분가능하다.

$$\lim_{x\to0+}\frac{p(x)\{f(x)\}^2-p(0)\{f(0)\}^2}{x}$$
$$=\lim_{x\to0+}\frac{x^2(x-1)^2(x-2)}{x}$$
$$=\lim_{x\to0+}\{x(x-1)^2(x-2)\}=0,$$
$$\lim_{x\to0-}\frac{p(x)\{f(x)\}^2-p(0)\{f(0)\}^2}{x}$$
$$=\lim_{x\to0-}\frac{x^4(x-2)}{x}$$
$$=\lim_{x\to0-}\{x^3(x-2)\}=0$$

이므로 함수 $p(x)\{f(x)\}^2$은 $x=0$에서 미분가능하다.

$$\lim_{x\to2+}\frac{p(x)\{f(x)\}^2-p(2)\{f(2)\}^2}{x-2}$$
$$=\lim_{x\to2+}\frac{x^2(2x-3)^2(x-2)}{x-2}$$
$$=\lim_{x\to2+}\{x^2(2x-3)^2\}=4,$$
$$\lim_{x\to2-}\frac{p(x)\{f(x)\}^2-p(2)\{f(2)\}^2}{x-2}$$
$$=\lim_{x\to2-}\frac{x^2(x-1)^2(x-2)}{x-2}$$
$$=\lim_{x\to2-}\{x^2(x-1)^2\}=4$$

이므로 함수 $p(x)\{f(x)\}^2$은 $x=2$에서도 미분가능하다. (거짓)

따라서 옳은 것은 ㄱ, ㄴ이다.

$\to$ $p(x)=x^2(x-2)$로 가정하였으므로
$p(x)$는 $x^2(x-2)$으로 나누어떨어지지 않는다.

---

051 정답률 ▸ 84%   답 ①

1단계 곡선 $y=x^3+6x^2-11x+7$ 위의 점 $(1,\ 3)$에서의 접선의 방정식을 구하여 $m-n$의 값을 구해 보자.

$f(x)=x^3+6x^2-11x+7$이라 하면

$f'(x)=3x^2+12x-11$

곡선 $y=f(x)$ 위의 점 $(1,\ 3)$에서의 접선의 기울기는

$f'(1)=3+12-11=4$

이므로 접선의 방정식은

$y-3=4(x-1)$

$\therefore y=4x-1$

따라서 $m=4$, $n=-1$이므로

$m-n=4-(-1)=5$

052 정답률 ▶ 80%　　　　답 ①

1단계 곡선 $y=x^3-3x^2+2x+2$ 위의 점 $A(0, 2)$에서의 접선과 수직인 직선의 방정식을 구해 보자.

$f(x)=x^3-3x^2+2x+2$라 하면

$f'(x)=3x^2-6x+2$

곡선 $y=f(x)$ 위의 점 $A(0, 2)$에서의 접선의 기울기는

$f'(0)=2$

기울기가 2인 직선과 수직인 직선의 기울기는 $-\dfrac{1}{2}$이므로 기울기가

$-\dfrac{1}{2}$이고 점 $A(0, 2)$를 지나는 직선의 방정식은

$y-2=-\dfrac{1}{2}x$　　$\therefore y=-\dfrac{1}{2}x+2$ ‥‥‥ ㉠

2단계 **1단계** 에서 구한 직선의 x절편을 구해 보자.

직선 ㉠의 x절편은

$0=-\dfrac{1}{2}x+2$　　$\therefore x=4$

053 정답률 ▶ 76%　　　　답 ②

1단계 곡선 $y=x^2$ 위의 점 $(-2, 4)$에서의 접선의 방정식을 구해 보자.

$y=x^2$에서 $y'=2x$이므로 곡선 $y=x^2$ 위의 점 $(-2, 4)$에서의 접선의 기울기는 -4이다.

즉, 곡선 $y=x^2$ 위의 점 $(-2, 4)$에서의 접선의 방정식은

$y-4=-4(x+2)$

$\therefore y=-4x-4$ ‥‥‥ ㉠

2단계 **1단계** 에서 구한 직선이 곡선 $y=x^3+ax-2$에도 접할 조건을 찾아서 상수 a의 값을 구해 보자.

접선 ㉠이 곡선 $y=x^3+ax-2$에 접하므로 접점의 좌표를 $(t, -4t-4)$라 하면

$y'=3x^2+a$에서 $\underset{\underset{\text{접선의 기울기가 }-4\text{이다.}}{\uparrow}}{3t^2+a=-4}$ ‥‥‥ ㉡

$\underset{\underset{\text{점 }(t, -4t-4)\text{를 지난다.}}{}}{t^3+at-2=-4t-4}$ ‥‥‥ ㉢

㉡에서 $a=-3t^2-4$이므로 이를 ㉢에 대입하면

$t^3+(-3t^2-4)t-2=-4t-4$

$t^3-3t^3-4t-2+4t+4=0,\ -2t^3+2=0$

$t^3=1$　　$\therefore t=1$

$t=1$을 ㉡에 대입하면

$3+a=-4$　　$\therefore a=-7$

다른 풀이

곡선 $y=x^2$ 위의 점 $(-2, 4)$에서의 접선의 방정식은

$y-4=-4(x+2)$

$\therefore y=-4x-4$ ‥‥‥ ㉠

접선 ㉠과 곡선 $y=x^3+ax-2$가 $x=t$에서 접한다고 하면

$-4t-4=t^3+at-2$

$\therefore t^3+(a+4)t+2=0$ ‥‥‥ ㉡

이때 $f(t)=t^3+(a+4)t+2$라 하면 $f'(t)=0$이므로

$f'(t)=3t^2+a+4=0$

$\therefore a+4=-3t^2$ ‥‥‥ ㉢

㉢을 ㉡에 대입하면

$t^3-3t^3+2=0,\ -2t^3+2=0$

$t^3=1$　　$\therefore t=1$

$t=1$을 ㉢에 대입하면

$a+4=-3$　　$\therefore a=-7$

054　　　　답 ②

1단계 곡선 $y=-x^3-x^2+x$에 접하는 접점의 좌표를 $(t, -t^3-t^2+t)$라 하고, 접선의 방정식을 t에 대한 식으로 나타내어 보자.

$f(x)=-x^3-x^2+x$라 하면

$f'(x)=-3x^2-2x+1$

접점의 좌표를 $(t, -t^3-t^2+t)$라 하면 접선의 기울기는

$f'(t)=-3t^2-2t+1$

이므로 접선의 방정식은

$y-(-t^3-t^2+t)=(-3t^2-2t+1)(x-t)$ ‥‥‥ ㉠

2단계 조건을 만족시키는 모든 직선의 기울기의 합을 구해 보자.

접선 ㉠이 원점을 지나므로

$-(-t^3-t^2+t)=(-3t^2-2t+1)\times(-t)$

$2t^3+t^2=0,\ t^2(2t+1)=0$

$\therefore t=-\dfrac{1}{2}$ 또는 $t=0$

$t=-\dfrac{1}{2}$일 때, 접선의 기울기는

$-\dfrac{3}{4}+1+1=\dfrac{5}{4}$

$t=0$일 때, 접선의 기울기는 1

따라서 모든 직선의 기울기의 합은

$\dfrac{5}{4}+1=\dfrac{9}{4}$

055 정답률 ▶ 75%　　　　답 ②

1단계 곡선 $y=x^3-3x^2+x+1$ 위의 점 A에서의 접선의 기울기를 구해 보자.

$f(x)=x^3-3x^2+x+1$이라 하면

$f'(x)=3x^2-6x+1$

점 A의 x좌표가 $x=3$이므로 곡선 $y=x^3-3x^2+x+1$ 위의 점 A에서의 접선의 기울기는

$f'(3)=27-18+1=10$

2단계 점 B의 좌표를 구해 보자.

곡선 $y=f(x)$ 위의 서로 다른 두 점 A, B에서의 접선이 서로 평행하므로 점 B의 x좌표를 $x=k\ (k\neq 3)$라 하면 $\underset{\underset{\text{두 접선의 기울기가 같다.}}{}}{}$

$f'(k)=10$에서 $3k^2-6k+1=10$

$k^2-2k-3=0,\ (k+1)(k-3)=0$

$\therefore k=-1\ (\because k\neq 3)$

즉, 점 B의 x좌표는 $x=-1$이므로

$f(-1)=-1-3-1+1=-4$

$\therefore B(-1, -4)$

3단계 점 B에서의 접선의 방정식을 구하여 이 접선의 y절편을 구해 보자.

점 B를 지나고 기울기가 10인 접선의 방정식은

$y-(-4)=10\{x-(-1)\}$

$\therefore y=10x+6$

따라서 점 B에서의 접선의 y절편은 6이다.

056 정답률 ▶ 69%　　　　　　　　　　　　답 ①

1단계 미분계수의 기하적 의미를 이용하여 함수 $f(x)$의 계수 사이의 관계식을 구해 보자.

$f(x)$가 최고차항의 계수가 1인 삼차함수이므로

$f(x)=x^3+ax^2+bx+c$ (a, b, c는 상수)라 하면

$f'(x)=3x^2+2ax+b$

곡선 $y=f(x)$ 위의 점 $(2, 4)$에서의 접선의 기울기는

$f'(2)=12+4a+b$　　……㉠

이때 곡선 $y=f(x)$ 위의 점 $(2, 4)$에서의 접선이 점 $(-1, 1)$에서 이 곡선과 만나므로 이 접선은 두 점 $(2, 4)$, $(-1, 1)$을 지난다.

즉, 이 접선의 방정식은

$y-1=\dfrac{1-4}{-1-2}(x+1)$　　∴ $y=x+2$

㉠에서 $4a+b+12=1$

∴ $4a+b=-11$　　……㉡

2단계 곡선 $y=f(x)$가 지나는 점의 좌표를 이용하여 함수 $f'(x)$를 구한 후 $f'(3)$의 값을 구해 보자.

곡선 $y=f(x)$가 두 점 $(2, 4)$, $(-1, 1)$을 지나므로

$f(2)=8+4a+2b+c=4$

∴ $4a+2b+c=-4$　　……㉢

$f(-1)=-1+a-b+c=1$

∴ $a-b+c=2$　　……㉣

㉡, ㉢, ㉣을 연립하여 풀면

$a=-3$, $b=1$, $c=6$

따라서 $f'(x)=3x^2-6x+1$이므로

$f'(3)=27-18+1=10$

---

057 정답률 ▶ 확: 49%, 미: 80%, 기: 70%　　　　답 ⑤

1단계 두 접선이 일치함을 이용하여 두 함수 $f(x)$, $f'(x)$에 대한 조건을 구해 보자.

점 $(0, 0)$은 곡선 $y=f(x)$ 위의 점이므로

$f(0)=0$

곡선 $y=f(x)$ 위의 점 $(0, 0)$에서의 접선의 방정식은

$y=f'(0)x$　　……㉠

점 $(1, 2)$는 곡선 $y=xf(x)$ 위의 점이므로

$f(1)=2$

$y=xf(x)$에서 $y'=f(x)+xf'(x)$이므로 곡선 $y=xf(x)$ 위의 점 $(1, 2)$에서의 접선의 방정식은

$y-2=\{f(1)+f'(1)\}(x-1)$

$y=\{f(1)+f'(1)\}x-f(1)-f'(1)+2$

∴ $y=\{2+f'(1)\}x-f'(1)$ ($\because f(1)=2$)　　……㉡

이때 두 접선 ㉠, ㉡이 일치하므로 두 접선의 기울기와 y절편은 같다.

즉, $f'(0)=2+f'(1)$, $f'(1)=0$이므로

$f'(0)=2$

2단계 삼차함수 $f(x)$를 구하여 $f'(2)$의 값을 구해 보자.

삼차함수 $f(x)$를

$f(x)=ax^3+bx^2+cx$ (a, b, c는 상수, $a\neq 0$)

이라 하면

$f'(x)=3ax^2+2bx+c$

$f'(0)=2$이므로 $c=2$

$f'(1)=0$이므로 $3a+2b+2=0$

∴ $3a+2b=-2$　　……㉢

$f(1)=2$이므로 $a+b+2=2$

∴ $a+b=0$　　……㉣

㉢, ㉣을 연립하여 풀면

$a=-2$, $b=2$

따라서 $f(x)=-2x^3+2x^2+2x$이므로

$f'(x)=-6x^2+4x+2$

∴ $f'(2)=-24+8+2=-14$

---

058 정답률 ▶ 53%　　　　　　　　　　　　답 ②

1단계 이차함수 $f(x)$의 식을 세워 보자.

최고차항의 계수가 a인 이차함수 $f(x)$에 대하여 함수 $y=f(x)$의 그래프의 대칭축이 직선 $x=1$이므로

$f(x)=a(x-1)^2+b$ (b는 상수)

라 할 수 있다.

2단계 부등식 $|f'(x)|\leq 4x^2+5$를 만족시키는 조건을 알아보자.

$f'(x)=2a(x-1)$이므로 $|f'(x)|\leq 4x^2+5$에서

$|2a(x-1)|\leq 4x^2+5$　　……㉠

㉠이 모든 실수 x에 대하여 성립해야 하므로 두 함수 $y=|2a(x-1)|$, $y=4x^2+5$의 그래프는 오른쪽 그림과 같아야 한다.

즉, 점 $(1, 0)$에서 곡선 $y=4x^2+5$에 그은 접선이 $y=-|2a|(x-1)$일 때, 실수 a가 최댓값을 갖는다.

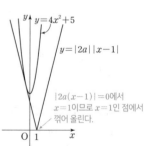

$|2a(x-1)|=0$에서 $x=1$이므로 $x=1$인 점에서 꺾어 올린다.

3단계 실수 a의 최댓값을 구해 보자.

접점의 좌표를 $(k, 4k^2+5)$ ($k<0$)이라 하면

$y=4x^2+5$에서 $y'=8x$이므로 접선의 방정식은

$y-(4k^2+5)=8k(x-k)$

위의 직선이 점 $(1, 0)$을 지나므로

$-(4k^2+5)=8k(1-k)$

$4k^2-8k-5=0$, $(2k+1)(2k-5)=0$

∴ $k=-\dfrac{1}{2}$ ($\because k<0$)

접선의 기울기는 $8\times\left(-\dfrac{1}{2}\right)=-4$이므로

$-|2a|=-4$에서

$|a|=2$

∴ $a=-2$ 또는 $a=2$

따라서 실수 a의 최댓값은 2이다.

다른 풀이

이차방정식 $4x^2+5=-|2a|(x-1)$의 판별식을 이용하여 $|a|$의 값을 구할 수도 있다.

이차방정식 $4x^2+|2a|x-|2a|+5=0$의 판별식을 D라 하면 $D=0$이어야 하므로

$\dfrac{D}{4}=|a|^2-4(-|2a|+5)=0$

$a^2+8|a|-20=0$, $(|a|+10)(|a|-2)=0$

∴ $|a|=2$ ($\because |a|>0$)

059 정답률 ▶ 65%   답 5

Best Pick 조건을 만족시키는 경우가 주어진 직선과 평행한 접선일 때임을 알아야 해결할 수 있는 문제이다. 곡선과 직선을 직접 그려서 이해해 보는 것이 좋다.

1단계 곡선과 직선 사이의 거리가 최소일 때의 직선의 기울기를 구해 보자.

$x>0$에서 곡선 $y=\dfrac{1}{3}x^3+\dfrac{11}{3}$ 위를 움직이는 점 P와 직선 $y=x-10$ 사이의 거리가 최소일 때는 점 P에서의 접선의 기울기가 1일 때이다.

2단계 점 P의 좌표를 구해 보자.

$y'=x^2$이므로

$x^2=1$

$\therefore x=1 \ (\because x>0)$

따라서 접점의 좌표는 P$(1, 4)$이므로

$a=1, \ b=4$

$\therefore a+b=1+4=5$

060 정답률 ▶ 70%   답 ②

1단계 직선 m의 기울기를 이용하여 점 Q의 좌표를 구해 보자.

$f(x)=\dfrac{x^2}{2}$이라 하면 $f'(x)=x$

곡선 $y=\dfrac{x^2}{2}$ 위의 점 P$\left(a, \dfrac{a^2}{2}\right)$에서 접하는 직선 l의 기울기는 a이고, 직선 m은 직선 l과 수직이므로 기울기가 $-\dfrac{1}{a}$이다.

이때 직선 m은 곡선 $y=\dfrac{x^2}{2}$과 점 Q에서 접하므로 점 Q의 x좌표를 k라 하면

$f'(k)=-\dfrac{1}{a}$에서 $k=-\dfrac{1}{a}$

즉, 직선 m과 곡선 $y=\dfrac{x^2}{2}$의 접점은

Q$\left(-\dfrac{1}{a}, \dfrac{1}{2a^2}\right)$

2단계 직선 PQ의 방정식을 구하여 점 R의 y좌표를 구해 보자.

직선 PQ의 방정식은

$y=\dfrac{\dfrac{a^2}{2}-\dfrac{1}{2a^2}}{a+\dfrac{1}{a}}(x-a)+\dfrac{a^2}{2}=\dfrac{a^2-1}{2a}x+\dfrac{1}{2}$

이 직선이 y축과 만나는 점 R는

R$\left(0, \dfrac{1}{2}\right)$

따라서 점 R의 y좌표는 $\dfrac{1}{2}$이다.

061 정답률 ▶ 48%   답 13

Best Pick 직선과 곡선의 위치 관계를 아는 것이 중요한 문제이다. 또한, 수학Ⅰ의 Ⅲ. 수열 단원과 결합된 문제이므로 수열의 일반항을 구하고 Σ의 정의를 이용할 수 있어야 한다.

1단계 함수 $f(k)$를 구해 보자.

함수 $y=x^3+2$의 그래프와 직선 $y=kx$가 만나는 교점의 개수는 오른쪽 그림과 같이 함수 $y=x^3+2$의 그래프와 직선 $y=kx$가 접할 때, 2이다. └→직선 $y=kx$의 기울기 k가 접할 때보다 작으면 교점의 개수는 1 (㉠), 접할 때보다 크면 교점의 개수는 3 (㉡)

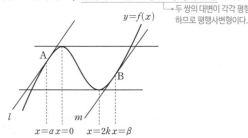

접할 때 k의 값을 $m \ (m>0)$이라 하면

$k<m$일 때 $f(k)=1$, $k>m$일 때 $f(k)=3$이다.

$g(x)=x^3+2$라 하면

$g'(x)=3x^2$

접점의 좌표를 $(t, \ t^3+2)$라 하면 이 점에서의 접선의 기울기는

$m=g'(t)=3t^2$

이므로 접선의 방정식은

$y-(t^3+2)=3t^2(x-t)$ $\therefore y=3t^2x-2t^3+2$

이 직선이 원점을 지나므로

$0=-2t^3+2, \ t^3=1$ $\therefore t=1$

즉, $m=3$이므로

$f(k)=\begin{cases} 1 & (0<k<3) \\ 2 & (k=3) \\ 3 & (k>3) \end{cases}$

2단계 $\displaystyle\sum_{k=1}^{6} f(k)$의 값을 구해 보자.

$\displaystyle\sum_{k=1}^{6} f(k)=\sum_{k=1}^{2} f(k)+f(3)+\sum_{k=4}^{6} f(k)$

$\displaystyle =\sum_{k=1}^{2} 1+2+\sum_{k=4}^{6} 3$

$=1\times 2+2+3\times 3=13$

062 정답률 ▶ 59%   답 ③

1단계 조건을 만족시키는 넓이가 24인 도형에 대하여 알아보자.

$f(x)=\dfrac{1}{3}x^3-kx^2+1$에서

$f'(x)=x^2-2kx=x(x-2k)$

$f'(x)=0$에서 $x=0$ 또는 $x=2k$

이때 두 점 A, B의 x좌표를 각각 α, $\beta \ (\alpha<\beta)$라 하면 주어진 조건을 만족시키는 경우는 다음 그림과 같고, 넓이가 24인 도형은 평행사변형이다. └→두 쌍의 대변이 각각 평행하므로 평행사변형이다.

2단계 평행사변형의 높이를 k에 대한 식으로 나타내어 보자.

$f(0)=1$,

$f(2k)=\dfrac{1}{3}\times(2k)^3-k\times(2k)^2+1$

$=-\dfrac{4}{3}k^3+1$

이므로 평행사변형의 높이는

$f(0)-f(2k)=1-\left(-\dfrac{4}{3}k^3+1\right)=\dfrac{4}{3}k^3$

3단계 평행사변형의 밑변의 길이를 k에 대한 식으로 나타내어 보자.

두 점 A, B에서의 접선 l, m의 기울기가 모두 $3k^2$이므로 두 점 A, B의 x좌표를 각각 구해 보자.

$f'(x)=3k^2$에서

$x^2-2kx=3k^2$, $x^2-2kx-3k^2=0$

$(x+k)(x-3k)=0$

$\therefore x=-k$ 또는 $x=3k$

즉, $\alpha=-k$, $\beta=3k$ $(\because \alpha<\beta)$

점 $A\left(-k, -\dfrac{4}{3}k^3+1\right)$에서의 접선 l의 방정식은

$y-\left(-\dfrac{4}{3}k^3+1\right)=3k^2(x+k)$

$\therefore y=3k^2x+\dfrac{5}{3}k^3+1$

점 $B(3k, 1)$에서의 접선 m의 방정식은

$y-1=3k^2(x-3k)$

$\therefore y=3k^2x-9k^3+1$

즉, 직선 $y=1$과 두 접선 l, m의 교점의 x좌표를 각각 x_1, x_2라 하면

$x_1=-\dfrac{5}{9}k$, $x_2=3k$

이므로 평행사변형의 가로의 길이는

$x_2-x_1=3k-\left(-\dfrac{5}{9}k\right)=\dfrac{32}{9}k$

4단계 상수 k의 값을 구해 보자.

평행사변형의 넓이가 24이므로

$\dfrac{32}{9}k\times\dfrac{4}{3}k^3=24$

$\dfrac{128}{27}k^4=24$, $k^4=\dfrac{81}{16}$

$\therefore k=\dfrac{3}{2}$ $(\because k>0)$

---

063 정답률 ▸ 59% 답 ⑤

1단계 곡선 $y=f(x)$ 위의 점 P에서의 접선의 방정식을 구해 보자.

$f(x)=x^2$에서 $f'(x)=2x$이고 $f'(1)=2$이므로 점 $P(1, 1)$에서의 접선 l의 방정식은

$y=2x-1$

2단계 직선 l과 곡선 $y=g(x)$의 접점 Q를 이용하여 k의 값을 구해 보자.

접점 Q의 좌표를 (a, b)라 하면

$b=2a-1$ ...... ㉠

직선 l에 곡선 $y=g(x)$가 접하므로

$g'(x)=-2x+6$에서 $g'(a)$의 값은 접선 l의 기울기 2와 같다.

즉, $g'(a)=-2a+6=2$에서

$a=2$

$a=2$를 ㉠에 대입하면

$b=4-1=3$이므로

$Q(2, 3)$

이때 점 Q는 곡선 $y=g(x)$ 위의 점이므로

$g(2)=-1+k=3$

$\therefore k=4$

3단계 삼각형 QRS의 넓이를 구해 보자.

곡선 $y=g(x)$와 x축이 만나는 두 점 R, S 중에서 원점에서 가까운 점을 R라 하면

> 곡선 $y=g(x)$가 x축과 만나는 점의 x좌표는
> $g(x)=-(x-3)^2+4$에서
> $x^2-6x+5=0$, $(x-1)(x-5)=0$
> $\therefore x=1$ 또는 $x=5$

$R(1, 0)$, $S(5, 0)$

따라서 삼각형 QRS의 넓이는

$\dfrac{1}{2}\times(5-1)\times3=6$

---

064 정답률 ▸ 57% 답 ②

1단계 삼각형 OAP의 넓이가 최대가 되는 점 P의 조건을 알아보자.

삼각형 OAP의 넓이가 최대가 되려면 점 P와 직선 $y=x$ 사이의 거리가 최대이어야 한다.

즉, 점 P에서의 접선이 직선 $y=x$와 평행하고, 점 P의 x좌표가 $\dfrac{1}{2}$이므로

$f'\left(\dfrac{1}{2}\right)=1$

2단계 상수 a의 값을 구해 보자.

$f(x)=ax(x-2)^2$에서 $f'(x)=a(x-2)^2+2ax(x-2)$

이때 $f'\left(\dfrac{1}{2}\right)=1$이므로

$f'\left(\dfrac{1}{2}\right)=\dfrac{9}{4}a-\dfrac{3}{2}a=\dfrac{3}{4}a=1$

$\therefore a=\dfrac{4}{3}$

---

065 정답률 ▸ 50% 답 ④

1단계 곡선 $y=f(x)$ 위의 점 $(t, f(t))$에서의 접선의 방정식을 구해 보자.

$f(x)=x^3+ax^2+bx$에서

$f'(x)=3x^2+2ax+b$이므로 점 $(t, f(t))$에서의 접선의 방정식은

$y-(t^3+at^2+bt)=(3t^2+2at+b)(x-t)$

$\therefore y=(3t^2+2at+b)(x-t)+t^3+at^2+bt$ ...... ㉠

2단계 함수 $g(t)$를 구해 보자.

접선 ㉠이 y축과 만나는 점 P는 $P(0, -2t^3-at^2)$이므로

$g(t)=|-2t^3-at^2|=t^2|2t+a|$

$=\begin{cases} 2t^3+at^2 & \left(t\geq-\dfrac{a}{2}\right) \\ -(2t^3+at^2) & \left(t<-\dfrac{a}{2}\right) \end{cases}$

3단계 두 조건 (가), (나)를 이용하여 삼차함수 $f(x)$를 구한 후 $f(3)$의 값을 구해 보자.

$g'(t)=\begin{cases} 6t^2+2at & \left(t>-\dfrac{a}{2}\right) \\ -(6t^2+2at) & \left(t<-\dfrac{a}{2}\right) \end{cases}$ 이고,

함수 $g(t)$가 실수 전체의 집합에서 미분가능하므로

$\lim\limits_{t\to-\frac{a}{2}+}g'(t)=\lim\limits_{t\to-\frac{a}{2}-}g'(t)$ ▸ $t=-\dfrac{a}{2}$에서만 미분가능하면 된다.

이어야 한다.

즉, $6\left(-\dfrac{a}{2}\right)^2+2a\left(-\dfrac{a}{2}\right)=-\left\{6\left(-\dfrac{a}{2}\right)^2+2a\left(-\dfrac{a}{2}\right)\right\}$

$2\left\{6\left(-\dfrac{a}{2}\right)^2+2a\left(-\dfrac{a}{2}\right)\right\}=0$

$\therefore a=0$

한편, $f(1)=2$이므로 $f(1)=1+a+b=2$에서
$a+b=1$
$\therefore b=1\ (\because a=0)$
따라서 $f(x)=x^3+x$이므로
$f(3)=27+3=30$

다른 풀이
$g(t)=|-2t^3-at^2|=t^2|-2t-a|$
(i) $a<0$일 때　　　(ii) $a=0$일 때　　　(iii) $a>0$일 때

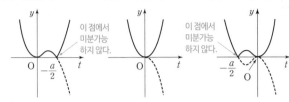

함수 $g(t)$가 실수 전체의 집합에서 미분가능하므로
$a=0$
조건 (가)에서 $f(1)=1+a+b=2$　　$\therefore b=1$
따라서 $f(x)=x^3+x$이므로
$f(3)=27+3=30$

066　정답률▶ 55%　　답 ③

1단계　함수 $g(x)$에 대하여 알아보자.
$f(x)$가 다항함수이므로 조건 (가)에 의하여 함수 $g(x)$는 $-1\le x<1$에서 연속이고, $-1<x<1$에서 미분가능하다.
한편, 조건 (나)에서 $g(x+2)=g(x)$이므로 함수 $g(x)$는 주기가 2인 주기함수이다.

2단계　함수 $g(x)$가 $x=-1$, $x=1$에서 미분가능한지 확인하여 ㄱ의 참, 거짓을 판별해 보자.
ㄱ. 주기가 2인 주기함수 $g(x)$는 $-1\le x<1$에서 연속이고
　$f(-1)=f(1)$이므로 함수 $g(x)$는 실수 전체의 집합에서 연속이다.
　함수 $g(x)$가 $x=-1$에서 미분가능한지 알아보면
$$\lim_{x\to-1+}\frac{g(x)-g(-1)}{x-(-1)}=\lim_{x\to-1+}\frac{f(x)-f(-1)}{x-(-1)}\ (\because g(x)=f(x))$$
$$=f'(-1)$$
$$\lim_{x\to-1-}\frac{g(x)-g(-1)}{x-(-1)}=\lim_{x\to-1-}\frac{g(x+2)-g(1)}{x+1}$$
$$(\because g(x+2)=g(x))$$
　$x+2=t$라 하면 $x\to-1-$일 때, $t\to1-$이므로
$$\lim_{x\to-1-}\frac{g(x+2)-g(1)}{x+1}=\lim_{t\to1-}\frac{g(t)-g(1)}{t-1}$$
$$=\lim_{t\to1-}\frac{f(t)-f(1)}{t-1}=f'(1)$$
　이때 $f'(-1)=f'(1)$이므로 $g'(-1)$이 존재한다.
　같은 방법으로 $g'(1)$도 존재한다.
　즉, 함수 $g(x)$는 실수 전체의 집합에서 미분가능하다. (참)

3단계　함수 $g(x)$가 미분가능함을 이용하여 ㄴ의 참, 거짓을 판별해 보자.
ㄴ. 두 조건 (가), (나)를 모두 만족시키는 함수 $g(x)$가 실수 전체의 집합에서 미분가능하면 $g(-1)=g(1)$, $g'(-1)=g'(1)$이므로
　$f(-1)=f(1)$, $f'(-1)=f'(1)$

함수 $f(x)$는 최고차항의 계수가 1인 사차함수이므로
$f(x)=x^4+px^3+qx^2+rx+s$ (p, q, r, s는 상수)라 하면
$f(-1)=1-p+q-r+s$
$f(1)=1+p+q+r+s$
이때 $f(-1)=f(1)$이므로
$p+r=0$
$\therefore r=-p$　　……㉠
또한, $f'(x)=4x^3+3px^2+2qx+r$에서
$f'(-1)=-4+3p-2q+r$
$f'(1)=4+3p+2q+r$
이때 $f'(-1)=f'(1)$이므로
$2+q=0$
$\therefore q=-2$　　……㉡
㉠, ㉡에서 $f'(x)=4x^3+3px^2-4x-p$이므로
$f'(0)=-p$
$f'(1)=4+3p-4-p=2p$
$\therefore f'(0)f'(1)=-2p^2\le0$ (거짓)

4단계　ㄴ과 평균값 정리를 이용하여 ㄷ의 참, 거짓을 판별해 보자.
ㄷ. ㄴ에서 $f'(-1)=f'(1)=2p$이고,
　$f'(1)>0$이므로 $p>0$
　또한, $f'(0)=-p<0$이므로 함수
　$y=f'(x)$의 그래프는 오른쪽 그림
　과 같다.
　즉, 열린구간 $(-\infty,\ -1)$에
　$f'(c)=0$인 c가 존재한다. (참)
따라서 옳은 것은 ㄱ, ㄷ이다.

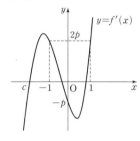

067　정답률▶ 확: 55%, 미: 81%, 기: 73%　　답 6

1단계　삼차함수 $f(x)$가 실수 전체의 집합에서 증가할 조건을 알아보자.
$f(x)=x^3+ax^2-(a^2-8a)x+3$에서
$f'(x)=3x^2+2ax-a^2+8a$
함수 $f(x)$가 실수 전체의 집합에서 증가하려면 $f'(x)\ge0$, 즉
$3x^2+2ax-a^2+8a\ge0$을 만족시켜야 한다.

2단계　실수 a의 최댓값을 구해 보자.
이차방정식 $3x^2+2ax-a^2+8a=0$의 판별식을 D라 하면 $D\le0$이어야 하므로
$$\frac{D}{4}=a^2-3(-a^2+8a)\le0$$
$4a^2-24a\le0$, $4a(a-6)\le0$
$\therefore 0\le a\le6$
따라서 실수 a의 최댓값은 6이다.

068　정답률▶ 42%　　답 ②

Best Pick 함수의 증가·감소와 함수의 그래프, 부등식이 모두 결합된 문제이다. 함수의 증가·감소의 개념을 정확히 알고 있어야 하고, 주어진 함수의 그래프를 이용하여 해를 구할 수 있어야 한다.

1단계 함수 $y=f(x)$의 그래프가 증가하는 구간에서 주어진 부등식을 만족시키는 정수 x의 개수를 구해 보자.

주어진 그래프가 열린구간 $(-3, 2)$에서 증가하므로 열린구간 $(-3, 2)$에서 $f'(x)>0$이다. ᴸ직선 $y=2$보다 아래쪽에 있는 점의 정수인 x좌표ᴸ

즉, 부등식 $f'(x)\{f(x)-2\}\leq0$을 만족시키려면 $f(x)-2\leq0$이어야 하므로 열린구간 $(-3, 2)$에서 $f(x)-2\leq0$인 정수 x의 개수는 -2, -1의 2이다.

2단계 함수 $y=f(x)$의 그래프가 감소하는 구간에서 주어진 부등식을 만족시키는 정수 x의 개수를 구해 보자.

주어진 그래프가 열린구간 $(2, 7)$에서 감소하므로 열린구간 $(2, 7)$에서 $f'(x)<0$이다. ᴸ직선 $y=2$보다 위쪽에 있는 정수인 x좌표ᴸ

즉, 부등식 $f'(x)\{f(x)-2\}\leq0$을 만족시키려면 $f(x)-2\geq0$이어야 하므로 주어진 그래프에서 $f(x)-2\geq0$인 정수 x의 개수는 3, 4의 2이다.

3단계 주어진 부등식을 만족시키는 정수 x의 개수를 구해 보자.

$f'(2)=0$이므로 $x=2$일 때 $f'(x)\{f(x)-2\}\leq0$을 만족시킨다.
따라서 주어진 부등식을 만족시키는 정수 x의 개수는
-2, -1, 2, 3, 4의 5이다.

069 정답률 ▸ 60% 답 13

1단계 $g(t)$를 구해 보자.

곡선 $y=f(x)$ 위의 점 $(t, f(t))$에서의 접선의 방정식은
$$y-f(t)=f'(t)(x-t)$$
$$\therefore y=f'(t)x-tf'(t)+f(t)$$
이때 이 직선의 y절편이 $g(t)$이므로
$$g(t)=-tf'(t)+f(t)$$
한편, $f(x)=x^3-(a+2)x^2+ax$에서
$$f'(x)=3x^2-2(a+2)x+a$$
$$\therefore g(t)=\{3t^2-2(a+2)t+a\}(-t)+\{t^3-(a+2)t^2+at\}$$
$$=(-3+1)t^3+(2a+4-a-2)t^2$$
$$=-2t^3+(a+2)t^2$$

2단계 a의 최솟값을 구해 보자.

함수 $g(t)$가 열린 구간 $(0, 5)$에서 증가하므로
$0<t<5$에서 $g'(t)>0$
$g'(t)=-6t^2+2(a+2)t$이므로
$g'(0)\geq0$, $g'(5)\geq0$이어야 한다.
$g'(0)=0$ ┌─────→ $-6t^2+2(a+2)t$
$g'(5)=-150+10(a+2)\geq0$ $=-6\left(t-\dfrac{a+2}{6}\right)^2+\dfrac{(a+2)^2}{6}$
$\therefore a\geq13$ 에서 함수 $y=g'(t)$의 그래프의 꼭짓점의 y좌표가 0 이상이다.
따라서 a의 최솟값은 13이다.

070 정답률 ▸ 77% 답 3

1단계 함수 $f(x)$의 증가와 감소를 표로 나타내어 보자.

$f(x)=\dfrac{1}{3}x^3-9x+3$에서
$f'(x)=x^2-9=(x+3)(x-3)$
$f'(x)=0$에서 $x=-3$ 또는 $x=3$

함수 $f(x)$의 증가와 감소를 표로 나타내면 다음과 같다.

x	$\cdots$	-3	$\cdots$	3	$\cdots$
$f'(x)$	$+$	0	$-$	0	$+$
$f(x)$	↗	21	↘	-15	↗

2단계 양수 a의 최댓값을 구해 보자.

함수 $f(x)$가 열린구간 $(-a, a)$에서 감소하므로 $-3\leq-a<a\leq3$이어야 한다.
$\therefore a\leq3$
따라서 양수 a의 최댓값은 3이다.

071 정답률 ▸ 64% 답 ④

1단계 함수 $f(x)$가 실수 전체의 집합에서 증가할 때, 함수 $f'(x)$에 대한 조건을 구해 보자.

삼차함수 $f(x)$가 구간 $(-\infty, \infty)$, 즉 실수 전체의 집합에서 증가하려면 모든 실수 x에 대하여 $f'(x)\geq0$이어야 한다.
$f(x)=x^3+ax^2+2ax$에서
$f'(x)=3x^2+2ax+2a\geq0$

2단계 $M-m$의 값을 구해 보자.

이차방정식 $3x^2+2ax+2a=0$의 판별식을 D라 하면
$\dfrac{D}{4}=a^2-6a\leq0$, $a(a-6)\leq0$
$\therefore 0\leq a\leq6$
따라서 $M=6$, $m=0$이므로
$M-m=6-0=6$

072 정답률 ▸ 43% 답 17

1단계 함수 $y=f(x)$의 그래프를 그려 보자.

$f(x)=x^4-16x^2=x^2(x+4)(x-4)$이므로
$f(x)=0$에서 $x=-4$ 또는 $x=0$ 또는 $x=4$
또한, $f'(x)=4x^3-32x=4x(x+2\sqrt{2})(x-2\sqrt{2})$이므로
$f'(x)=0$에서
$x=-2\sqrt{2}$ 또는 $x=0$ 또는 $x=2\sqrt{2}$
즉, 함수 $y=f(x)$의 그래프는 오른쪽 그림과 같다.

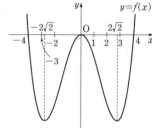

2단계 모든 정수 k의 값의 제곱의 합을 구해 보자.

조건 (가)에 의하여 함수 $f(x)$는 구간 $(k, k+1)$에서 감소하고, 위의 그래프에서 감소하는 구간은 $(-\infty, -2\sqrt{2})$, $(0, 2\sqrt{2})$이므로
$k<k+1\leq-2\sqrt{2}$ 또는 $0\leq k<k+1\leq2\sqrt{2}$
$\therefore k\leq-2\sqrt{2}-1$ 또는 $0\leq k\leq2\sqrt{2}-1$ ...... ㉠
또한, 조건 (나)에 의하여 $f'(k+2)>0$이고, 위의 그래프에서 증가하는 구간은 $(-2\sqrt{2}, 0)$, $(2\sqrt{2}, \infty)$이므로
$-2\sqrt{2}<k+2<0$ 또는 $k+2>2\sqrt{2}$
$\therefore -2\sqrt{2}-2<k<-2$ 또는 $k>2\sqrt{2}-2$ ...... ㉡

㉠, ㉡의 공통부분을 구하면

$$\underset{-4.\times\times\times}{-2\sqrt{2}-2}<k\leq\underset{-3.\times\times\times}{-2\sqrt{2}-1} \text{ 또는 } \underset{0.\times\times\times}{2\sqrt{2}-2}<k\leq\underset{1.\times\times\times}{2\sqrt{2}-1}$$

이때 k는 정수이므로

$k=-4$ 또는 $k=1$

따라서 모든 정수 k의 값의 제곱의 합은

$(-4)^2+1^2=17$

---

073 정답률 ▸ 확: 32%, 미: 60%, 기: 48%   답 ①

1단계 삼차함수 $g(x)$가 역함수가 존재함을 이용하여 ㄱ의 참, 거짓을 판별해 보자.

ㄱ. 함수 $g(x)$는 역함수가 존재하고 최고차항의 계수가 양수이므로 실수 전체의 집합에서 증가해야 한다.

즉, 모든 실수 x에 대하여 $g'(x)\geq0$을 만족시켜야 한다.

$g(x)=x^3+ax^2+bx+c$에서 $g'(x)=3x^2+2ax+b$이므로

$3x^2+2ax+b\geq0$이어야 한다.

이차방정식 $3x^2+2ax+b=0$의 판별식을 D라 하면 $D\leq0$이어야 하므로

$\dfrac{D}{4}=a^2-3b\leq0$

$\therefore a^2\leq3b$ (참) ······ ㉠

2단계 주어진 등식과 ㉠을 이용해 ㄴ의 참, 거짓을 판별해 보자.

ㄴ. $2f(x)=g(x)-g(-x)$에서

$$\begin{aligned}f(x)&=\frac{g(x)-g(-x)}{2}\\&=\frac{(x^3+ax^2+bx+c)-(-x^3+ax^2-bx+c)}{2}\\&=x^3+bx\end{aligned}$$

$f'(x)=3x^2+b$이므로 방정식 $f'(x)=0$에서

$3x^2+b=0$

이차방정식 $3x^2+b=0$의 판별식을 D'이라 하면

$D'=0-4\times3\times b=-12b$

이때 ㉠에 의하여 $b\geq\dfrac{a^2}{3}\geq0$이므로

$D'=-12b\leq0$

즉, 이차방정식 $f'(x)=0$은 서로 다른 두 실근을 갖지 않는다. (거짓)

3단계 ㄱ, ㄴ을 이용해 ㄷ의 참, 거짓을 판별해 보자.

ㄷ. 방정식 $f'(x)=0$이 실근을 가지므로 ㄴ에 의하여 방정식 $3x^2+b=0$의 실근이 존재해야 한다.

$3x^2+b=0$에서

$x^2=-\dfrac{b}{3}$ ······ ㉡

㉡의 실근이 존재하려면

$-\dfrac{b}{3}\geq0$ $\therefore b\leq0$

또한, ㉠에 의하여 $b\geq0$이므로

$b=0$

$b=0$을 ㉠에 대입하면

$a^2\leq0$ $\therefore a=0$

즉, $g'(x)=3x^2$이므로

$g'(1)=3$ (거짓)

따라서 옳은 것은 ㄱ이다.

---

074 정답률 ▸ 확: 89%, 미: 95%, 기: 94%   답 ③

1단계 함수 $f(x)$의 증가와 감소를 표로 나타내어 보자.

$f(x)=2x^3+3x^2-12x+1$에서

$f'(x)=6x^2+6x-12=6(x+2)(x-1)$

$f'(x)=0$에서 $x=-2$ 또는 $x=1$

함수 $f(x)$의 증가와 감소를 표로 나타내면 다음과 같다.

x	$\cdots$	-2	$\cdots$	1	$\cdots$
$f'(x)$	$+$	0	$-$	0	$+$
$f(x)$	↗	21	↘	-6	↗

2단계 함수 $f(x)$의 극댓값과 극솟값을 각각 구하여 $M+m$의 값을 구해 보자.

함수 $f(x)$는 $x=-2$에서 극댓값 21을 갖고, $x=1$에서 극솟값 -6을 가지므로

$M=21$, $m=-6$

$\therefore M+m=21+(-6)=15$

---

075 정답률 ▸ 86%   답 ⑤

1단계 함수 $f(x)$의 증가와 감소를 표로 나타내어 보자.

$f(x)=x^3-3x+a$에서

$f'(x)=3x^2-3=3(x+1)(x-1)$

$f'(x)=0$에서 $x=-1$ 또는 $x=1$

함수 $f(x)$의 증가와 감소를 표로 나타내면 다음과 같다.

x	$\cdots$	-1	$\cdots$	1	$\cdots$
$f'(x)$	$+$	0	$-$	0	$+$
$f(x)$	↗	$2+a$	↘	$-2+a$	↗

2단계 함수 $f(x)$의 극댓값을 이용하여 상수 a의 값을 구해 보자.

함수 $f(x)$는 $x=-1$에서 극댓값 $2+a$를 가지므로

$2+a=7$ $\therefore a=5$

---

076   답 7

1단계 함수 $f(x)$가 극값을 갖는 x의 값을 이용해 보자.

함수 $f(x)$가 $x=1$에서 극값을 가지므로

$f'(1)=0$

2단계 함수 $f(x)$를 구하여 $f(1)$의 값을 구해 보자.

$f(x)=x^4+kx+10$에서

$f'(x)=4x^3+k$

이때 $f'(1)=0$이므로

$4+k=0$ $\therefore k=-4$

따라서 $f(x)=x^4-4x+10$이므로

$f(1)=1-4+10=7$

---

077 정답률 ▸ 확: 81%, 미: 91%, 기: 89%   답 11

1단계 함수 $f(x)$의 증가와 감소를 표로 나타내어 보자.

$f(x)=x^3-3x+12$에서

$f'(x)=3x^2-3=3(x+1)(x-1)$

$f'(x)=0$에서 $x=-1$ 또는 $x=1$

함수 $f(x)$의 증가와 감소를 표로 나타내면 다음과 같다.

x	$\cdots$	-1	$\cdots$	1	$\cdots$
$f'(x)$	$+$	0	$-$	0	$+$
$f(x)$	$\nearrow$	14	$\searrow$	10	$\nearrow$

2단계 함수 $f(x)$의 극소인 x의 값을 이용하여 $a+f(a)$의 값을 구해 보자.

함수 $f(x)$는 $x=1$에서 극솟값 $f(1)=10$을 가지므로
$a=1$
$\therefore a+f(a)=1+f(1)$
$\qquad\qquad\;\; =1+10=11$

---

078 정답률▸72% 답①

Best Pick 이 문제와 같이 극값을 갖는 x의 값이 미지수로 주어진 경우에는 극값과 미분계수 사이의 관계를 이용하는 것보다 함수 $f(x)$의 증가와 감소를 표로 나타낸 후 조건과 비교하여 답을 구하는 것이 더 간단하다.

1단계 함수 $f(x)$의 증가와 감소를 표로 나타내어 보자.

$f(x)=-x^4+8a^2x^2-1$에서
$f'(x)=-4x^3+16a^2x=-4x(x+2a)(x-2a)$
$f'(x)=0$에서 $\longrightarrow a>0$이므로 $-2a<0$
$x=-2a$ 또는 $x=0$ 또는 $x=2a$
함수 $f(x)$의 증가와 감소를 표로 나타내면 다음과 같다.

x	$\cdots$	$-2a$	$\cdots$	0	$\cdots$	$2a$	$\cdots$
$f'(x)$	$+$	0	$-$	0	$+$	0	$-$
$f(x)$	$\nearrow$	극대	$\searrow$	극소	$\nearrow$	극대	$\searrow$

2단계 함수 $f(x)$가 극대인 x의 값을 구하여 $a+b$의 값을 구해 보자.

함수 $f(x)$는 $x=-2a$와 $x=2a$에서 극대이므로
$-2a=2-2b,\ 2a=b$ $\longrightarrow b>1$이므로 $2-2b<0$
위의 두 식을 연립하여 풀면
$a=1,\ b=2$
$\therefore a+b=1+2=3$

---

079 정답률▸59% 답①

1단계 삼차함수가 극값을 가질 조건을 이용하여 모든 정수 a의 개수를 구해 보자.

$f(x)=x^3+ax^2+(a^2-4a)x+3$에서
$f'(x)=3x^2+2ax+(a^2-4a)$
이때 함수 $f(x)$가 극값을 가지려면 이차방정식 $f'(x)=0$, 즉 $3x^2+2ax+(a^2-4a)=0$이 서로 다른 두 실근을 가져야 하므로 이차방정식 $3x^2+2ax+(a^2-4a)=0$의 판별식을 D라 하면
$\dfrac{D}{4}=a^2-3(a^2-4a)>0$
$2a^2-12a<0,\ 2a(a-6)<0$
$\therefore 0<a<6$
따라서 주어진 함수가 극값을 갖도록 하는 모든 정수 a의 개수는 1, 2, 3, 4, 5의 5이다.

---

080 정답률▸43% 답 32

1단계 주어진 조건을 만족시키는 삼차함수 $f(x)$를 구해 보자.

조건 (가)에서 모든 실수 x에 대하여 $f(-x)=-f(x)$이므로 함수 $f(x)$는 기함수, 즉 그래프가 원점에 대하여 대칭인 함수이다.
$f(x)=ax^3+bx$ (a, b는 정수, $a\neq0$)이라 하면
조건 (나)에서 $f(1)=5$이므로
$a+b=5$ $\cdots\cdots$ ㉠
$f'(x)=3ax^2+b$에서 $f'(1)=3a+b$이므로
조건 (다)에서 $1<3a+b<7$ $\cdots\cdots$ ㉡
㉠에서 $b=5-a$이므로 이를 ㉡에 대입하면
$1<3a+(5-a)<7,\ -4<2a<2$
$\therefore -2<a<1$ $\longrightarrow$ 정수 a는 -1, 0
이때 a는 0이 아닌 정수이므로 $a=-1$
$a=-1$을 ㉠에 대입하여 정리하면 $b=6$
$\therefore f(x)=-x^3+6x$

2단계 함수 $f(x)$의 증가와 감소를 표로 나타내어 m^2의 값을 구해 보자.

$f'(x)=-3x^2+6$
$\qquad\;\; =-3(x+\sqrt{2})(x-\sqrt{2})$
$f'(x)=0$에서 $x=-\sqrt{2}$ 또는 $x=\sqrt{2}$
함수 $f(x)$의 증가와 감소를 표로 나타내면 다음과 같다.

x	$\cdots$	$-\sqrt{2}$	$\cdots$	$\sqrt{2}$	$\cdots$
$f'(x)$	$-$	0	$+$	0	$-$
$f(x)$	$\searrow$	극소	$\nearrow$	극대	$\searrow$

즉, 함수 $f(x)$는 $x=\sqrt{2}$에서 극대이므로 극댓값 m은
$m=f(\sqrt{2})=-2\sqrt{2}+6\sqrt{2}=4\sqrt{2}$
$\therefore m^2=(4\sqrt{2})^2=32$

> **참고**
>
> 모든 실수 x에 대하여 $f(-x)=-f(x)$를 만족시키는 함수 $f(x)$를 기함수라 한다.
> 위의 문제에서 삼차함수를 $f(x)=ax^3+bx^2+cx+d$ ($a\neq0$)이라 하면
> $f(-x)=-ax^3+bx^2-cx+d,\ -f(x)=-ax^3-bx^2-cx-d$
> 이므로 조건 (가)에서
> $b=-b,\ d=-d$ $\quad\therefore b=d=0$
> $\therefore f(x)=ax^3+cx$ (단, $a\neq0$)

---

081 정답률▸77% 답 16

1단계 $g(x)$의 극소를 이용하여 $f(1)$의 값을 구해 보자.

$g(x)$가 $x=1$에서 극솟값 24를 가지므로
$g(1)=24$ $\cdots\cdots$ ㉠
$g'(1)=0$ $\cdots\cdots$ ㉡
㉠에서 $g(1)=(1^3+2)f(1)=24$이므로
$3f(1)=24$ $\quad\therefore f(1)=8$

2단계 함수의 곱의 미분법을 이용하여 $f'(1)$의 값을 구해 보자.

$g(x)=(x^3+2)f(x)$에서
$g'(x)=3x^2f(x)+(x^3+2)f'(x)$
㉡에서 $g'(1)=3f(1)+3f'(1)=0$

이때 $f(1)=8$이므로

$24+3f'(1)=0$ $\therefore f'(1)=-8$

3단계 $f(1)-f'(1)$의 값을 구해 보자.

$f(1)-f'(1)=8-(-8)=16$

---

082 정답률 ▶ 71% 답 ②

1단계 함수 $f(x)$의 증가와 감소를 표로 나타내어 보자.

$f(x)=x^3-3ax^2+3(a^2-1)x$에서

$f'(x)=3x^2-6ax+3(a^2-1)=3\{x-(a-1)\}\{x-(a+1)\}$

$f'(x)=0$에서 $x=a-1$ 또는 $x=a+1$

함수 $f(x)$의 증가와 감소를 표로 나타내면 다음과 같다.

x	$\cdots$	$a-1$	$\cdots$	$a+1$	$\cdots$
$f'(x)$	$+$	0	$-$	0	$+$
$f(x)$	↗	극대	↘	극소	↗

2단계 함수 $f(x)$의 극댓값을 이용하여 상수 a의 값을 구해 보자.

함수 $f(x)$는 $x=a-1$에서 극댓값 4를 가지므로

$f(a-1)=4$에서

$(a-1)^3-3a(a-1)^2+3(a^2-1)(a-1)=4$

$a^3-3a-2=0$, $(a+1)^2(a-2)=0$

$\therefore a=-1$ 또는 $a=2$

3단계 $f(-2)>0$을 만족시키는 함수 $f(x)$를 구하여 $f(-1)$의 값을 구해 보자.

(i) $a=-1$일 때

$\quad f(x)=x^3+3x^2$이므로

$\quad f(-2)=-8+12=4>0$

(ii) $a=2$일 때

$\quad f(x)=x^3-6x^2+9x$이므로

$\quad f(-2)=-8-24-18=-50<0$

(i), (ii)에서 $f(x)=x^3+3x^2$이므로

$f(-1)=-1+3=2$

---

083 정답률 ▶ 62% 답 ⑤

Best Pick x의 값의 범위에 따라 다르게 정의된 함수의 극댓값을 구하는 문제이다. 함수의 그래프의 개형을 그려서 주어진 극댓값을 만족시키는 함수를 찾아야 한다.

1단계 $a>0$, $a=0$, $a<0$일 때, 함수 $y=f(x)$의 그래프의 개형을 이용하여 극댓값을 갖는 경우를 알아보자.

(i) $a>0$인 경우

$f(x)=\begin{cases} ax(\sqrt{3}+x)(\sqrt{3}-x) & (x<0) \\ x(x+\sqrt{a})(x-\sqrt{a}) & (x\geq 0) \end{cases}$

이므로 함수 $y=f(x)$의 그래프의 개형은 오른쪽 그림과 같다.

이때 함수 $f(x)$의 극댓값은 $x=0$에서 존재하지만 극댓값이 5가 아니다.

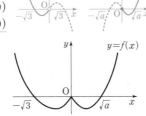

(ii) $a=0$인 경우

$f(x)=\begin{cases} 0 & (x<0) \\ x^3 & (x\geq 0) \end{cases}$

이므로 함수 $y=f(x)$의 그래프의 개형은 오른쪽 그림과 같다.

이때 함수 $f(x)$의 극댓값은 존재하지 않는다.

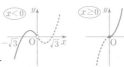
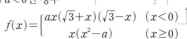

(iii) $a<0$인 경우

$f(x)=\begin{cases} ax(\sqrt{3}+x)(\sqrt{3}-x) & (x<0) \\ x(x^2-a) & (x\geq 0) \end{cases}$

이므로 함수 $y=f(x)$의 그래프의 개형은 오른쪽 그림과 같다.

이때 $x<0$에서 함수 $f(x)$의 극댓값이 존재한다.

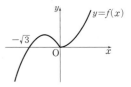

(i), (ii), (iii)에서 $a<0$이고 함수 $y=f(x)$의 그래프의 개형은 [그림 3]과 같다.

2단계 상수 a의 값을 구하여 $f(2)$의 값을 구해 보자.

$x<0$에서 $f(x)=a(3x-x^3)$ $(a<0)$이므로

$f'(x)=a(3-3x^2)=3a(1+x)(1-x)$

$f'(x)=0$에서 $x=-1$ $(\because x<0)$

즉, 함수 $f(x)$는 $x=-1$에서 극댓값 5를 가지므로

$f(-1)=-2a=5$

$\therefore a=-\dfrac{5}{2}$

따라서 $f(x)=\begin{cases} -\dfrac{5}{2}(3x-x^3) & (x<0) \\ x^3+\dfrac{5}{2}x & (x\geq 0) \end{cases}$ 이므로

$f(2)=8+5=13$

---

084 정답률 ▶ 49% 답 6

1단계 함수 $g(x)$가 미분가능하면 연속임을 이용하여 두 상수 a, b 사이의 관계식을 구해 보자.

함수 $g(x)$가 실수 전체의 집합에서 미분가능하므로 $x=3$에서도 미분가능하다.

함수 $g(x)$가 $x=3$에서 미분가능하면 $x=3$에서 연속이므로

$\displaystyle\lim_{x\to 3+}g(x)=\lim_{x\to 3-}g(x)=g(3)$

이어야 한다.

$\displaystyle\lim_{x\to 3+}g(x)=\lim_{x\to 3+}f(x)=f(3)$,

$\displaystyle\lim_{x\to 3-}g(x)=\lim_{x\to 3-}\{b-f(x)\}=b-f(3)$,

$g(3)=f(3)$

에서

$b-f(3)=f(3)$

또한, $f(3)=27-54+3a+10=3a-17$이므로

$b=2f(3)$

$\;=2(3a-17)$

$\;=6a-34$ $\cdots\cdots$ ㉠

2단계 함수 $g(x)$가 미분가능함을 이용하여 $g(x)$를 구해 보자.

함수 $g(x)$가 $x=3$에서 미분가능하므로

$$\lim_{x\to 3+} g'(x) = \lim_{x\to 3-} g'(x)$$

이어야 한다.

$g'(x) = \begin{cases} -f'(x) & (x<3) \\ f'(x) & (x>3) \end{cases}$ 이므로

$\lim_{x\to 3+} g'(x) = \lim_{x\to 3+} f'(x) = f'(3) = a-9,$ → $f'(x)=3x^2-12x+a$이므로
$f'(3)=27-36+a=a-9$

$\lim_{x\to 3-} g'(x) = \lim_{x\to 3-} \{-f'(x)\} = -f'(3) = -a+9$

에서

$a-9 = -a+9$

$2a=18 \qquad \therefore a=9$

$a=9$를 ㉠에 대입하여 정리하면

$b=20$

$\therefore g(x) = \begin{cases} -x^3+6x^2-9x+10 & (x<3) \\ x^3-6x^2+9x+10 & (x\geq 3) \end{cases}$

3단계 함수 $g(x)$의 증가와 감소를 표로 나타내어 $g(x)$의 극솟값을 구해 보자.

(ⅰ) $x<3$일 때

$\quad g'(x) = -3x^2+12x-9$

$\qquad\quad = -3(x-1)(x-3)$

$\quad g'(x)=0$에서 $x=1$ $(\because x<3)$

(ⅱ) $x\geq 3$일 때

$\quad g'(x) = 3x^2-12x+9$

$\qquad\quad = 3(x-1)(x-3)$

$\quad g'(x)=0$에서 $x=3$ $(\because x\geq 3)$

(ⅰ), (ⅱ)에 의하여 함수 $g(x)$의 증가와 감소를 표로 나타내면 다음과 같다.

x	$\cdots$	1	$\cdots$	3	$\cdots$
$g'(x)$	$-$	0	$+$	0	$+$
$g(x)$	$\searrow$	6	$\nearrow$	10	$\nearrow$

따라서 함수 $g(x)$는 $x=1$에서 극솟값 6을 갖는다.

085

정답률 ▶ 41%　　　　　　　　　답 ③

1단계 조건 (가), (나)를 만족시키는 삼차함수 $f(x)$의 식을 세우고 함수 $f(x)$의 증가와 감소를 표로 나타내어 보자.

조건 (나)에서 모든 실수 x에 대하여 $(x+n)f(x) \geq 0$이어야 하므로

$x<-n$일 때 $f(x) \leq 0$, $x>-n$일 때 $f(x) \geq 0$

조건 (가)에서 $f(n)=0$이므로 삼차함수 $y=f(x)$의 그래프의 개형은 오른쪽 그림과 같아야 한다.

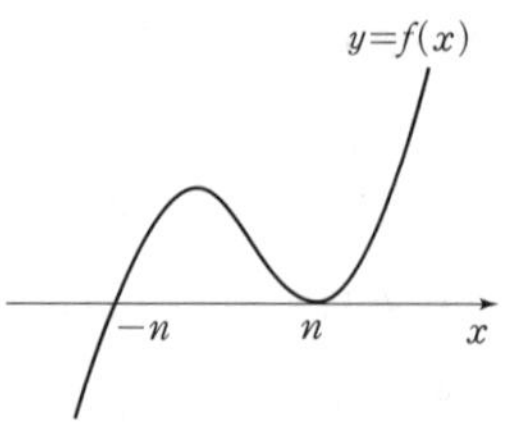

함수 $f(x)$는 최고차항의 계수가 1인 삼차함수이므로

$f(x) = (x+n)(x-n)^2$

이때

$f'(x) = (x-n)^2 + 2(x+n)(x-n)$

$\quad\quad = (3x+n)(x-n)$

이므로 $f'(x)=0$에서

$x = -\dfrac{n}{3}$ 또는 $x=n$

함수 $f(x)$의 증가와 감소를 표로 나타내면 다음과 같다.

x	$\cdots$	$-\dfrac{n}{3}$	$\cdots$	n	$\cdots$
$f'(x)$	$+$	0	$-$	0	$+$
$f(x)$	$\nearrow$	$\dfrac{32}{27}n^3$	$\searrow$	0	$\nearrow$

2단계 자연수 n의 최솟값을 구해 보자.

함수 $f(x)$는 $x=-\dfrac{n}{3}$에서 극댓값 $\dfrac{32}{27}n^3$을 가지므로

$$a_n = \frac{32}{27}n^3$$

따라서 a_n이 자연수가 되도록 하는 자연수 n의 최솟값은 3이다.
→ n^3은 $27=3^3$의 배수이어야 한다.

086

정답률 ▶ 81%　　　　　　　　　답 ③

1단계 함수 $f(x)$의 증가와 감소를 표로 나타내어 보자.

$f(x) = x^3-3x+5$에서

$f'(x) = 3x^2-3$

$\quad\quad = 3(x+1)(x-1)$

$f'(x)=0$에서 $x=-1$ 또는 $x=1$

닫힌구간 $[-1, 3]$에서 함수 $f(x)$의 증가와 감소를 표로 나타내면 다음과 같다.

x	-1	$\cdots$	1	$\cdots$	3
$f'(x)$	0	$-$	0	$+$	
$f(x)$	7	$\searrow$	3	$\nearrow$	23

2단계 함수 $f(x)$의 최솟값을 구해 보자.

닫힌구간 $[-1, 3]$에서 함수 $f(x)$는 $x=1$에서 극소이며 최소이므로 $f(x)$의 최솟값은 3이다.

087

정답률 ▶ 43%　　　　　　　　　답 11

1단계 함수 $f(t)$를 구해 보자.

문제의 조건을 만족시키도록 그리면 오른쪽 그림과 같다.

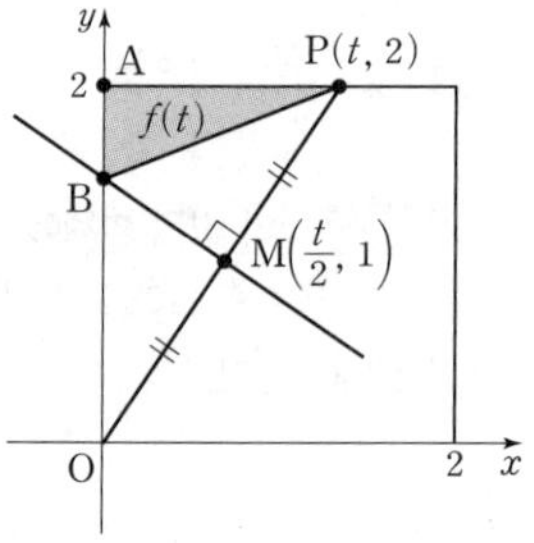

원점 O와 점 $P(t, 2)$를 잇는 선분 OP의 중점은 $M\left(\dfrac{t}{2}, 1\right)$이고, 직선 OP의 기울기는 $\dfrac{2}{t}$

선분 OP의 수직이등분선은 점 M을 지나고, 기울기가 $-\dfrac{t}{2}$인 직선이므로

$y-1 = -\dfrac{t}{2}\left(x-\dfrac{t}{2}\right)$

$\therefore y = -\dfrac{t}{2}x + \dfrac{t^2}{4} + 1$

즉, 점 B는 $B\left(0, \dfrac{t^2}{4}+1\right)$이므로 삼각형 ABP의 넓이 $f(t)$는

$f(t) = \dfrac{1}{2} \times t \times \left\{2 - \left(\dfrac{t^2}{4}+1\right)\right\} = \dfrac{1}{8}t(4-t^2)$

2단계 $f(t)$의 값이 최대가 되는 t의 값을 구하여 $a+b$의 값을 구해 보자.

$$f'(t)=\frac{1}{8}(4-t^2)+\frac{1}{8}t\times(-2t)=\frac{1}{8}(4-3t^2)$$

$f'(t)=0$에서 $t=\frac{2}{\sqrt{3}}$ ($\because 0<t<2$)

$0<t<2$에서 함수 $f(t)$의 증가와 감소를 표로 나타내면 다음과 같다.

t	(0)	$\cdots$	$\dfrac{2}{\sqrt{3}}$	$\cdots$	(2)
$f'(t)$		$+$	0	$-$	
$f(t)$		↗	극대	↘	

즉, 함수 $f(t)$는 $t=\frac{2}{\sqrt{3}}$에서 극대이며 최대이므로 최댓값은

$$f\left(\frac{2}{\sqrt{3}}\right)=\frac{1}{8}\times\frac{2}{\sqrt{3}}\times\frac{8}{3}=\frac{2}{9}\sqrt{3}$$

따라서 $a=9$, $b=2$이므로

$a+b=9+2=11$

---

088 정답률 ▶ 확: 85%, 미: 95%, 기: 92% 답 ④

1단계 함수 $f(x)$의 증가와 감소를 표로 나타내어 보자.

$f(x)=x^3-6x^2+9x+a$에서

$f'(x)=3x^2-12x+9$
$\quad\quad=3(x-1)(x-3)$

$f'(x)=0$에서 $x=1$ 또는 $x=3$

닫힌구간 $[0,\ 3]$에서 함수 $f(x)$의 증가와 감소를 표로 나타내면 다음과 같다.

x	0	$\cdots$	1	$\cdots$	3
$f'(x)$		$+$	0	$-$	0
$f(x)$	a	↗	$a+4$	↘	a

2단계 함수 $f(x)$의 최댓값을 이용하여 상수 a의 값을 구해 보자.

닫힌구간 $[0,\ 3]$에서 함수 $f(x)$는 $x=1$에서 극대이며 최대이고 최댓값은 $f(1)=a+4$이므로

$a+4=12$

$\therefore a=8$

---

089 정답률 ▶ 69% 답 ③

1단계 원점에서 곡선 $y=x(x-a)(x-6)$에 그은 두 접선의 접점의 x좌표를 각각 구해 보자.

$f(x)=x(x-a)(x-6)$이라 하자.

$f(0)=0$이므로 원점은 곡선 $y=f(x)$ 위의 점이고 원점에서 곡선 $y=f(x)$에 그은 접선의 기울기는 $f'(0)$이다.

한편, 곡선 $y=f(x)$ 위의 원점이 아닌 점 $(t,\ f(t))$ $(t\ne0)$에서의 접선의 방정식은

$y-f(t)=f'(t)(x-t)$

이 직선이 원점을 지나므로

$0-f(t)=f'(t)(0-t)$

$\therefore tf'(t)-f(t)=0 \quad\quad\cdots\cdots ㉠$

$f(x)=x(x-a)(x-6)=x^3-(a+6)x^2+6ax$에서

$f'(x)=3x^2-2(a+6)x+6a$

㉠에 대입하면

$t\{3t^2-2(a+6)t+6a\}-\{t^3-(a+6)t^2+6at\}=0$

$2t^3-(a+6)t^2=0,\ t^2\{2t-(a+6)\}=0$

$\therefore t=\frac{a+6}{2}$ ($\because t\ne0$)

2단계 두 접선의 기울기의 곱을 $g(a)$라 하고, 함수 $g(a)$의 증가와 감소를 표로 나타내어 보자.

$f'(0)=6a$,

$f'\left(\frac{a+6}{2}\right)=3\times\left(\frac{a+6}{2}\right)^2-2\times\frac{(a+6)^2}{2}+6a$

$\quad\quad=-\frac{1}{4}(a^2-12a+36)$

이므로

$0<a<6$인 실수 a에 대하여 두 접선의 기울기의 곱을 $g(a)$라 하면

$g(a)=6a\times\left\{-\frac{1}{4}(a^2-12a+36)\right\}=-\frac{3}{2}(a^3-12a^2+36a)$

$g'(a)=-\frac{3}{2}(3a^2-24a+36)=-\frac{9}{2}(a-2)(a-6)$

$g'(a)=0$에서 $a=2$ ($\because 0<a<6$)

$0<a<6$에서 함수 $g(a)$의 증가와 감소를 표로 나타내면 다음과 같다.

a	(0)	$\cdots$	2	$\cdots$	(6)
$g'(a)$		$-$	0	$+$	
$g(a)$		↘	-48	↗	

3단계 함수 $g(a)$의 최솟값을 구하여 두 접선의 기울기의 곱의 최솟값을 구해 보자.

함수 $g(a)$는 $a=2$에서 극소이며 최소이므로 두 접선의 기울기의 곱의 최솟값은 $g(2)=-48$이다.

> **참고**
>
> 함수 $y=f(x)$의 그래프와 원점을 지나는 두 접선은 오른쪽 그림과 같다.
>
>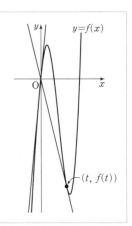

---

090 정답률 ▶ 59% 답 ⑤

1단계 함수 $g(x)$가 실수 전체의 집합에서 미분가능하도록 하는 삼차함수 $f(x)$를 구해 보자.

$f(x)=x^3+ax^2+bx+c$ (a, b, c는 상수)라 하면

$f'(x)=3x^2+2ax+b$

함수 $g(x)=\begin{cases}\dfrac{1}{2} & (x<0)\\ f(x) & (x\ge0)\end{cases}$ 이 실수 전체의 집합에서 미분가능하므로

└─→ $x=0$에서 연속

$f(0)=\frac{1}{2},\ f'(0)=0$

└─→ $x=0$에서 (우미분계수)=(좌미분계수)

즉, $c=\dfrac{1}{2}$, $b=0$이므로

$$f(x)=x^3+ax^2+\dfrac{1}{2}$$

2단계 **1단계** 를 이용하여 ㄱ, ㄴ, ㄷ의 참, 거짓을 판별해 보자.

ㄱ. $g(0)+g'(0)=f(0)+f'(0)=\dfrac{1}{2}+0=\dfrac{1}{2}$ (참)

ㄴ. $f'(x)=3x^2+2ax=x(3x+2a)=0$이므로 함수 $f(x)$는 $x=0$,

$x=-\dfrac{2}{3}a$에서 극값을 갖는다.

$-\dfrac{2}{3}a<0$이면 함수 $g(x)$의 최솟값이 $\dfrac{1}{2}$이므로 조건을 만족시키지

않는다.

즉, $-\dfrac{2}{3}a>0$이므로 $a<0$이다.

이때 $g(1)=f(1)=1+a+\dfrac{1}{2}=\dfrac{3}{2}+a$이므로

$g(1)<\dfrac{3}{2}$ (참)

ㄷ. 함수 $g(x)$는 $x=-\dfrac{2}{3}a$에서 최솟값을 갖고, 최솟값은

$$g\left(-\dfrac{2}{3}a\right)=f\left(-\dfrac{2}{3}a\right)=-\dfrac{8}{27}a^3+\dfrac{4}{9}a^3+\dfrac{1}{2}=\dfrac{4}{27}a^3+\dfrac{1}{2}$$

이므로

$\dfrac{4}{27}a^3+\dfrac{1}{2}=0$, $a^3=-\dfrac{27}{8}$ $\quad\therefore a=-\dfrac{3}{2}$

즉, $f(x)=x^3-\dfrac{3}{2}x^2+\dfrac{1}{2}$이므로

$g(2)=f(2)=8-6+\dfrac{1}{2}=\dfrac{5}{2}$ (참)

따라서 옳은 것은 ㄱ, ㄴ, ㄷ이다.

---

091   정답률 ▶ 56%   답 ①

1단계 함수 $f(x)$의 증가와 감소를 표로 나타내어 보자.

$f(x)=-3x^4+4(a-1)x^3+6ax^2$에서

$f'(x)=-12x^3+12(a-1)x^2+12ax$
$\quad=-12x\{x^2-(a-1)x-a\}$
$\quad=-12x(x+1)(x-a)$

$f'(x)=0$에서 $x=-1$ 또는 $x=0$ 또는 $x=a$

함수 $f(x)$의 증가와 감소를 표로 나타내면 다음과 같다.

x	$\cdots$	-1	$\cdots$	0	$\cdots$	a	$\cdots$
$f'(x)$	$+$	0	$-$	0	$+$	0	$-$
$f(x)$	$\nearrow$	$2a+1$	$\searrow$	0	$\nearrow$	a^4+2a^3	$\searrow$

2단계 $x\le t$에서 $f(x)$의 최댓값 $g(t)$를 구하여 미분가능성을 조사해 보자.

$f(a)-f(-1)=a^4+2a^3-2a-1=(a+1)^3(a-1)$

$0<a<1$이면 $\underbrace{f(a)<f(-1)}_{\text{$f(x)$의 최댓값은 $f(-1)$}}$이고,

$a\ge1$이면 $\underbrace{f(a)\ge f(-1)}_{\text{$f(x)$의 최댓값은 $f(a)$}}$이다.

(i) $0<a<1$인 경우

함수 $y=f(x)$의 그래프의 개형은 다음 그림과 같다.

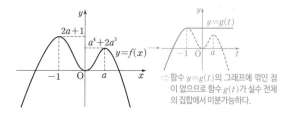

⇨ 함수 $y=g(t)$의 그래프에 꺾인 점이 없으므로 함수 $g(t)$가 실수 전체의 집합에서 미분가능하다.

$t<-1$일 때,

$\quad g(t)=f(t)=-3t^4+4(a-1)t^3+6at^2$

$t\ge-1$일 때,

$\quad g(t)=f(-1)=2a+1$

$\therefore g'(t)=\begin{cases}-12t^3+12(a-1)t^2+12at & (t<-1)\\0 & (t>-1)\end{cases}$

이때 함수 $g(t)$는 $t=-1$에서 연속이고,

$\displaystyle\lim_{t\to-1+}g'(t)=\lim_{t\to-1-}g'(t)=0$

이므로 함수 $g(t)$는 $t=-1$에서 미분가능하다.

즉, $0<a<1$일 때, 함수 $g(t)$는 실수 전체의 집합에서 미분가능하다.

(ii) $a\ge1$인 경우

함수 $y=f(x)$의 그래프의 개형은 다음 그림과 같다.

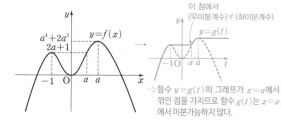

⇨ 함수 $y=g(t)$의 그래프가 $x=a$에서 꺾인 점을 가지므로 함수 $g(t)$는 $x=a$에서 미분가능하지 않다.

$f(-1)=f(\alpha)$ $(0<\alpha\le a)$라 할 때,

$t<-1$이면 $g(t)=f(t)=-3t^4+4(a-1)t^3+6at^2$

$-1\le t<\alpha$이면 $g(t)=f(-1)=2a+1$

$\alpha\le t<a$이면 $g(t)=f(t)=-3t^4+4(a-1)t^3+6at^2$

$t\ge a$이면 $g(t)=f(a)=a^4+2a^3$

$\therefore g'(t)=\begin{cases}-12t^3+12(a-1)t^2+12at & (t<-1)\\0 & (-1<t<\alpha)\\-12t^3+12(a-1)t^2+12at & (\alpha<t<a)\\0 & (t>a)\end{cases}$

이때 함수 $g(t)$는 $t=-1$에서 연속이고,

$\displaystyle\lim_{t\to-1+}g'(t)=\lim_{t\to-1-}g'(t)=0$

이므로 함수 $g(t)$는 $t=-1$에서 미분가능하다.

또한, 함수 $g(t)$는 $t=a$에서 연속이고,

$\displaystyle\lim_{t\to a+}g'(t)=\lim_{t\to a-}g'(t)=0$

이므로 $t=a$에서 미분가능하다.

이때 함수 $g(t)$가 실수 전체의 집합에서 미분가능하려면 $t=\alpha$에서 미분가능해야 하므로

$\displaystyle\lim_{t\to\alpha+}g'(t)=\lim_{t\to\alpha-}g'(t)$

이어야 한다.

$0=-12\alpha^3+12(a-1)\alpha^2+12a\alpha$

$12\alpha\{\alpha^2-(a-1)\alpha-a\}=0$, $12\alpha(\alpha+1)(\alpha-a)=0$

$\therefore \alpha=a$ $(\because 0<\alpha\le a)$

즉, $f(\alpha)=f(a)$이고 $f(-1)=f(\alpha)$이므로

$f(a)=f(-1)$

$a^4+2a^3=2a+1$에서

$a^4+2a^3-2a-1=0$, $(a+1)^3(a-1)=0$

$\therefore a=1$ $(\because a\ge1)$

$\therefore \alpha=a=1$

따라서 $g'(t)=\begin{cases}-12t^3+12t & (t<-1)\\0 & (-1<t<1)\\0 & (t>1)\end{cases}$에서

$g'(-1)=0$, $g'(1)=0$이므로 $a=1$일 때, $g(t)$는 실수 전체의 집합에서 미분가능하다.

3단계 a의 최댓값을 구해 보자.

(i), (ii)에서 함수 $g(t)$가 실수 전체의 집합에서 미분가능하기 위한 a의 값의 범위는

$0 < a \leq 1$

따라서 a의 최댓값은 1이다.

092 정답률 ▶ 63% 답 ①

1단계 상수 a의 값의 범위에 따라 경우를 나누어 조건을 만족시키는 함수 $f(x)$를 구해 보자.

$f(x) = |(x^2-9)(x+a)| = |(x+3)(x-3)(x+a)|$

(i) $0 < a < 3$일 때

함수 $y=f(x)$의 그래프의 개형은 오른쪽 그림과 같으므로 함수 $f(x)$는 $x=-3$, $x=-a$, $x=3$에서 미분가능하지 않다.

즉, 주어진 조건을 만족시키지 않는다.

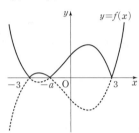

(ii) $a=3$일 때

함수 $y=f(x)$의 그래프의 개형은 오른쪽 그림과 같으므로 함수 $f(x)$는 $x=3$에서만 미분가능하지 않다.

즉, 주어진 조건을 만족시킨다.

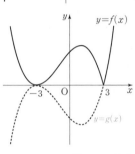

(iii) $a>3$일 때

함수 $y=f(x)$의 그래프의 개형은 오른쪽 그림과 같으므로 함수 $f(x)$는 $x=-a$, $x=-3$, $x=3$에서 미분가능하지 않다.

즉, 주어진 조건을 만족시키지 않는다.

(i), (ii), (iii)에서 $a=3$이므로

$f(x) = |(x^2-9)(x+3)|$

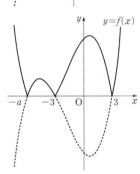

2단계 $g(x) = (x^2-9)(x+a)$라 하고, 함수 $g(x)$의 극값을 이용하여 함수 $f(x)$의 극댓값을 구해 보자.

함수 $f(x) = |(x^2-9)(x+3)|$의 극댓값은 함수 $y=(x^2-9)(x+3)$의 극솟값과 부호만 다르고 절댓값은 같다. →(ii)의 그래프 참고

$g(x) = (x^2-9)(x+3)$이라 하면

$g'(x) = 2x(x+3) + (x^2-9) = 3(x+3)(x-1)$

$g'(x)=0$에서 $x=-3$ 또는 $x=1$

즉, 함수 $g(x)$는 $x=1$에서 극솟값 $g(1) = -8 \times 4 = -32$를 가지므로 함수 $f(x)$는 $x=1$에서 극댓값 $|-32|=32$를 갖는다.

093 정답률 ▶ 59% 답 ③

1단계 함수 $g(t)$를 구해 보자.

점 (t, t^3)과 직선 $y=x+6$ 사이의 거리 $g(t)$는

$g(t) = \dfrac{|t-t^3+6|}{\sqrt{2}}$

$= \begin{cases} \dfrac{-t^3+t+6}{\sqrt{2}} & (t<2) \\ \dfrac{t^3-t-6}{\sqrt{2}} & (t \geq 2) \end{cases}$

→ $t-t^3+6=0$에서 $t^3-t-6=0$
$(t-2)(t^2+2t+3)=0$
모든 실수 t에 대하여
$t^2+2t+3 = (t+1)^2+2>0$이므로 $t=2$
$t<2$이면 $t^3-t-6<0$
$t\geq2$이면 $t^3-t-6\geq0$

2단계 함수의 연속성을 이용하여 ㄱ의 참, 거짓을 판별해 보자.

ㄱ. $\displaystyle\lim_{t \to 2+} g(t) = \lim_{t \to 2+} \dfrac{t^3-t-6}{\sqrt{2}} = 0$,

$\displaystyle\lim_{t \to 2-} g(t) = \lim_{t \to 2-} \dfrac{-t^3+t+6}{\sqrt{2}} = 0$

$\therefore \displaystyle\lim_{t \to 2+} g(t) = \lim_{t \to 2-} g(t) = 0 = g(2)$

즉, 함수 $g(t)$는 $t=2$에서 연속이므로 실수 전체의 집합에서 연속이다.

(참)

3단계 함수 $y=g(t)$의 그래프의 개형을 그려서 ㄴ의 참, 거짓을 판별해 보자.

ㄴ. $h(t) = -t^3+t+6$이라 하면

$h'(t) = -3t^2+1$

$h'(t)=0$에서 $t = \pm\dfrac{\sqrt{3}}{3}$

함수 $h(t)$의 증가와 감소를 표로 나타내면 다음과 같다.

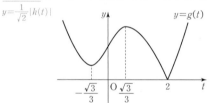

t	$\cdots$	$-\dfrac{\sqrt{3}}{3}$	$\cdots$	$\dfrac{\sqrt{3}}{3}$	$\cdots$
$h'(t)$	$-$	0	$+$	0	$-$
$h(t)$	$\searrow$	$-\dfrac{2\sqrt{3}}{9}+6$	$\nearrow$	$\dfrac{2\sqrt{3}}{9}+6$	$\searrow$

함수 $y=g(t)$의 그래프의 개형은 다음 그림과 같다.

$y=\dfrac{1}{\sqrt{2}}|h(t)|$

즉, 함수 $g(t)$는 $t = -\dfrac{\sqrt{3}}{3}$에서 0이 아닌 극솟값을 갖는다. (참)

4단계 함수 $g(t)$의 $t=2$에서의 미분계수를 이용하여 ㄷ의 참, 거짓을 판별해 보자.

ㄷ. $t<2$이면 $g'(t) = \dfrac{1-3t^2}{\sqrt{2}}$

$t>2$이면 $g'(t) = \dfrac{3t^2-1}{\sqrt{2}}$

$\displaystyle\lim_{t \to 2+} g'(t) = \dfrac{12-1}{\sqrt{2}} = \dfrac{11}{\sqrt{2}}$,

$\displaystyle\lim_{t \to 2-} g'(t) = \dfrac{-12+1}{\sqrt{2}} = -\dfrac{11}{\sqrt{2}}$

$\therefore \displaystyle\lim_{t \to 2+} g'(t) \neq \lim_{t \to 2-} g'(t)$

즉, 함수 $g(t)$는 $t=2$에서 미분가능하지 않다. (거짓)

따라서 옳은 것은 ㄱ, ㄴ이다.

094 정답률 ▶ 58% 답 ③

1단계 함수 $y=g(x)$의 그래프의 개형을 그려 보자.

조건 (가)에서 $g(1) = g'(1)$이고 조건 (나)에서 $x=1$에서 극솟값을 가지므로 $g(1) = g'(1) = 0$

또한, $g(x)=|f(x)|$이므로
$$f(1)=f'(1)=0$$
이때 $f(x)$는 최고차항의 계수가 1인 사차함수이고 $g(x)$가 $x=-1$, $x=0$, $x=1$에서 극솟값을 가지므로 함수 $y=g(x)$의 그래프의 개형은 다음 그림과 같다.

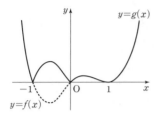

2단계 $g(2)$의 값을 구해 보자.

$f(x)$는 최고차항의 계수가 1인 사차함수이고 세 실근 중 $x=1$에서 중근을 가지므로
$$f(x)=x(x-1)^2(x+1)$$
따라서 $g(x)=|x(x-1)^2(x+1)|$이므로
$$g(2)=|2\times1\times3|=6$$

---

095 정답률 ▶ 50%   답 ⑤

Best Pick 절댓값 기호를 포함한 삼차함수의 그래프의 개형을 추론할 수 있어야 하는 문제이다. 삼차함수에 대하여 절댓값 기호가 포함된 함수의 미분가능성에 대한 문제는 고난도 단골 유형이다.

1단계 함수 $f(x)$의 식을 세워 보자.

조건 (가)에서 함수 $|f(x)|$가 $x=-1$에서만 미분가능하지 않으므로
$$f(-1)=0,\ f'(-1)\neq0$$
두 조건 (가), (나)에서
방정식 $f(x)=0$이 닫힌구간 $[3,5]$에서 적어도 하나의 실근을 갖고,
$|f(x)|$가 닫힌구간 $[3,5]$에서 미분가능하려면
방정식 $f(x)=0$이 닫힌구간 $[3,5]$에서 중근을 가져야 하므로
$$f(x)=k(x+1)(x-a)^2\ (k,\ a는\ 상수이고,\ k\neq0,\ 3\leq a\leq5)$$
라 할 수 있다.

2단계 $\dfrac{f'(0)}{f(0)}$의 값을 구해 보자.

$f(x)=k(x+1)(x-a)^2$에서
$f'(x)=k(x-a)^2+2k(x+1)(x-a)$이므로
$$f(0)=ka^2,\ f'(0)=ka^2-2ka$$
$$\therefore \frac{f'(0)}{f(0)}=\frac{ka^2-2ka}{ka^2}=1-\frac{2}{a}$$

3단계 M, m의 값을 각각 구하여 Mm의 값을 구해 보자.

$3\leq a\leq5$이므로

$a=5$일 때, $\dfrac{f'(0)}{f(0)}$의 최댓값 M은
$$M=1-\frac{2}{5}=\frac{3}{5}$$

$a=3$일 때, $\dfrac{f'(0)}{f(0)}$의 최솟값 m은
$$m=1-\frac{2}{3}=\frac{1}{3}$$

$$\therefore Mm=\frac{3}{5}\times\frac{1}{3}=\frac{1}{5}$$

---

096 정답률 ▶ 확: 47%, 미: 70%, 기: 62%   답 ①

1단계 함수 $g(x)$가 $x=3$에서만 미분가능하지 않을 조건을 알아보자.

함수 $g(x)=|(x-a)f(x)|$ $(a<3)$이 $x=3$에서만 미분가능하지 않으므로 $x=a$에서는 미분가능하다.
즉,
$$\lim_{x\to a+}\frac{g(x)-g(a)}{x-a}=\lim_{x\to a-}\frac{g(x)-g(a)}{x-a}$$
이어야 한다.

2단계 이차함수 $f(x)$의 식을 세워 보자.

$$\lim_{x\to a+}\frac{g(x)-g(a)}{x-a}=\lim_{x\to a+}\frac{|(x-a)f(x)|-0}{x-a}$$
$$=\lim_{x\to a+}\frac{(x-a)|f(x)|}{x-a}$$
$$=\lim_{x\to a+}|f(x)|=|f(a)|,$$
$$\lim_{x\to a-}\frac{g(x)-g(a)}{x-a}=\lim_{x\to a-}\frac{|(x-a)f(x)|-0}{x-a}$$
$$=\lim_{x\to a-}\frac{-(x-a)|f(x)|}{x-a}$$
$$=\lim_{x\to a-}\{-|f(x)|\}=-|f(a)|$$
에서 $|f(a)|=-|f(a)|$
$2|f(a)|=0$ $\therefore f(a)=0$
즉, 최고차항의 계수가 1인 이차함수 $f(x)$를
$$f(x)=(x-a)(x-k)\ (k는\ 상수)$$
라 할 수 있다.

3단계 함수 $g(x)$의 극댓값을 이용하여 이차함수 $f(x)$를 구한 후 $f(4)$의 값을 구해 보자.

$g(x)=|(x-a)^2(x-k)|$이므로

(i) $a<k$일 때

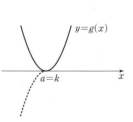

함수 $y=g(x)$의 그래프의 개형은 오른쪽 그림과 같으므로 함수 $g(x)$는 $x=k$에서만 미분가능하지 않다.
즉, $k=3$이므로
$$g(x)=|(x-a)^2(x-3)|$$
이때 함수 $g(x)=|(x-a)^2(x-3)|$의 극댓값은 함수 $y=(x-a)^2(x-3)$의 극솟값과 부호만 다르고 절댓값은 같다.
$h(x)=(x-a)^2(x-3)$이라 하면
$$h'(x)=2(x-a)(x-3)+(x-a)^2$$
$$=(x-a)(3x-6-a)$$
$h'(x)=0$에서 $x=a$ 또는 $x=\dfrac{6+a}{3}$

따라서 함수 $h(x)$는 $x=\dfrac{6+a}{3}$에서 극솟값 -32를 가지므로
$$h\left(\frac{6+a}{3}\right)=\left(\frac{6+a}{3}-a\right)^2\times\left(\frac{6+a}{3}-3\right)$$
$$=-4\left(1-\frac{a}{3}\right)^3=-32$$
에서
$$\left(1-\frac{a}{3}\right)^3=8,\ 1-\frac{a}{3}=2\quad\therefore a=-3$$
$$\therefore f(x)=(x+3)(x-3)$$

(ii) $a=k$일 때

함수 $y=g(x)$의 그래프의 개형은 오른쪽 그림과 같으므로 함수 $g(x)$는 모든 실수 x에서 미분가능하다.
즉, 주어진 조건을 만족시키지 않는다.

(iii) $a>k$일 때

함수 $y=g(x)$의 그래프의 개형은 오른쪽 그림과 같으므로 함수 $g(x)$는 $x=k$에서만 미분가능하지 않다.

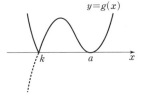

∴ $k=3$

그런데 $a>k$, 즉 $a>3$이므로 주어진 조건을 만족시키지 않는다.

(i), (ii), (iii)에서 $f(x)=(x+3)(x-3)$이므로

$f(4)=7\times1=7$

097

1단계 함수 $g(x)$가 모든 실수에서 미분가능할 조건을 이용하여 함수 $y=g(x)$의 그래프를 그려 보자.

함수 $g(x)$가 모든 실수에서 미분가능하면 모든 실수에서 연속이므로 $x=-1$, $x=1$에서도 연속이다.

즉, $\lim\limits_{x\to-1+}g(x)=\lim\limits_{x\to-1-}g(x)=g(-1)$이므로

$\lim\limits_{x\to-1+}f(x)=\lim\limits_{x\to-1-}3=f(-1)$

∴ $f(-1)=3$

$\lim\limits_{x\to1+}g(x)=\lim\limits_{x\to1-}g(x)=g(1)$이므로

$\lim\limits_{x\to1+}(-1)=\lim\limits_{x\to1-}f(x)=f(1)$

∴ $f(1)=-1$

이때 $f(x)$가 삼차식이므로

$f(x)=ax^3+bx^2+cx+d$ (a, b, c, d는 상수, $a\neq0$)

이라 하면

$f(-1)=3$에서 $-a+b-c+d=3$ ⋯⋯ ㉠

$f(1)=-1$에서 $a+b+c+d=-1$ ⋯⋯ ㉡

(㉠+㉡)÷2에서 $b+d=1$ ⋯⋯ ㉢

$g'(x)=\begin{cases}0 & (x<-1)\\f'(x) & (-1<x<1)\\0 & (x>1)\end{cases}$

이고 함수 $g(x)$는 $x=-1$, $x=1$에서 미분가능하다.

$\lim\limits_{x\to-1+}g'(x)=\lim\limits_{x\to-1-}g'(x)$이므로

$\lim\limits_{x\to-1+}f'(x)=\lim\limits_{x\to-1-}0$

∴ $f'(-1)=0$

$\lim\limits_{x\to1+}g'(x)=\lim\limits_{x\to1-}g'(x)$이므로

$\lim\limits_{x\to1+}0=\lim\limits_{x\to1-}f'(x)$

∴ $f'(1)=0$

이때 $f'(x)=3ax^2+2bx+c$이므로

$f'(-1)=0$에서 $3a-2b+c=0$ ⋯⋯ ㉣

$f'(1)=0$에서 $3a+2b+c=0$ ⋯⋯ ㉤

㉤-㉣에서

$4b=0$ ∴ $b=0$

$b=0$을 ㉢에 대입하면 $d=1$이므로

㉠, ㉣에서

$a=1$, $c=-3$

즉, $f(x)=x^3-3x+1$에서

$f'(x)=3x^2-3$이므로 함수 $y=g(x)$의 그래프는 오른쪽 그림과 같다.

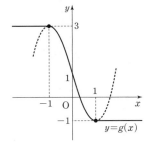

098

정답률 ▶ 41%

Best Pick 절댓값 기호를 포함한 함수의 미분가능성을 묻는 문제이다. 문제에서 주어진 부등식이 우미분계수와 좌미분계수의 표현임을 알아야 하고, 사차함수의 그래프의 개형도 알고 있어야 한다.

1단계 함수 $f(t)$를 구해 보자.

$A(t, t^4-4t^3+10t-30)$, $B(t, 2t+2)$이므로 두 점 A, B 사이의 거리 $f(t)$는

$f(t)=|(t^4-4t^3+10t-30)-(2t+2)|$ ┌─ 두 점 A, B의 x좌표가 같으므로 두 점 A,
$=|t^4-4t^3+8t-32|$ B 사이의 거리는 y좌표의 차와 같다.

2단계 함수 $y=f(t)$의 그래프를 그려 보자.

$g(t)=t^4-4t^3+8t-32$라 하면

$g'(t)=4t^3-12t^2+8=4(t-1)(t^2-2t-2)$

$g'(t)=0$에서 $t=1$ 또는 $t=1\pm\sqrt{3}$

함수 $g(t)$의 증가와 감소를 표로 나타내면 다음과 같다.

t	$\cdots$	$1-\sqrt{3}$	$\cdots$	1	$\cdots$	$1+\sqrt{3}$	$\cdots$
$g'(t)$	$-$	0	$+$	0	$-$	0	$+$
$g(t)$	↘	극소	↗	극대	↘	극소	↗

또한, $g(t)=t^4-4t^3+8t-32=(t+2)(t-4)(t^2-2t+4)$이므로

$g(-2)=g(4)=0$이고, $g(1)=1-4+8-32=-27$에서 극댓값은 -27이다.

즉, 두 함수 $y=g(t)$, $y=f(t)=|g(t)|$의 그래프는 각각 다음 그림과 같다.

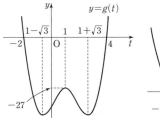 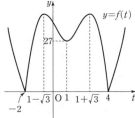

3단계 함수 $y=f(t)$의 그래프를 이용하여 모든 실수 t의 값의 합을 구해 보자.

$\lim\limits_{h\to0+}\dfrac{f(t+h)-f(t)}{h}\times\lim\limits_{h\to0-}\dfrac{f(t+h)-f(t)}{h}\leq0$

을 만족시키는 실수 t의 값은   ┌─ $x=t$를 경계로 $f(t)$의 증가, 감소가 바뀌어야 하므로
$-2, 1-\sqrt{3}, 1, 1+\sqrt{3}, 4$ $f(t)$는 $x=t$에서 극값을 가져야 한다.
    $y=f(t)$의 그래프에서 $f(t)$가 $t=-2$, $t=1-\sqrt{3}$,
따라서 모든 실수 t의 값의 합은 $t=1$, $t=1+\sqrt{3}$, $t=4$에서 극값을 가짐을 알 수 있다.
$-2+(1-\sqrt{3})+1+(1+\sqrt{3})+4=5$

2단계 **1단계** 를 이용하여 ㄱ, ㄴ, ㄷ의 참, 거짓을 판별해 보자.

ㄱ. $g'(-1)=g'(1)=0$ (참)

ㄴ. $x<-1$, $x>1$일 때, $g'(x)=0$

$-1\leq x\leq1$일 때,

$g'(x)=f'(x)=3x^2-3$

$=3(x+1)(x-1)\leq0$

∴ $g'(x)\leq0$ (참)

ㄷ. $g'(x)\leq0$이므로 함수 $g'(x)$의 최솟값은 함수 $f'(x)$의 최솟값이다.

이때 $g'(x)=f'(x)\geq-3$이므로 $g'(x)$의 최솟값은 -3이다. (거짓)

따라서 옳은 것은 ㄱ, ㄴ이다.

II. 미분   **057**

099 정답률 ▶ 51% 답 ④

Best Pick 함수의 증가·감소와 함수의 그래프의 대칭성, 함수의 연속, 평균값 정리의 개념을 모두 알아야 해결할 수 있는 문제이다. 최근에 평균값 정리에 대한 문제가 출제되었으므로 주의 깊게 보자.

1단계 함수 $f(x)$에 대하여 알아보자.

함수 $f(x)$의 그래프는 조건 (가)에서 원점에 대하여 대칭이고, 조건 (나)에서 $x=1$에서 불연속이므로 $x=-1$에서도 불연속이다.

또한, 두 조건 (가), (다)에 의하여 세 구간 $(-\infty, -1)$, $(-1, 1)$, $(1, \infty)$에서 각각 감소한다.

2단계 함수의 그래프의 대칭성을 이용하여 ㄱ, ㄴ의 참, 거짓을 판별해 보자.

ㄱ. 함수 $y=f(x)$의 그래프는 원점에 대하여 대칭이므로 원점을 지난다.

    $f(-x)=-f(x)$에 $x=0$을 대입하면
    $f(0)=-f(0), 2f(0)=0$ $\therefore f(0)=0$

    즉, 함수 $y=f(x)$의 그래프는 직선 $y=x$와 원점에서만 만난다. (참)

ㄴ. [반례] 함수 $f(x)=\begin{cases} -x & (|x|\le 1) \\ \dfrac{1}{x} & (|x|>1) \end{cases}$ 은 다음 그림과 같이 주어진 조건

을 만족시키지만 x축과 원점에서만 만난다. (거짓)

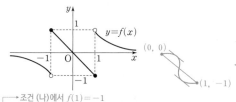

→ 조건 (나)에서 $f(1)=-1$

3단계 평균값 정리를 이용하여 ㄷ의 참, 거짓을 판별해 보자.

ㄷ. 두 점 $(0, 0)$, $(1, -1)$을 지나는 함수 $f(x)$는 닫힌구간 $[0, 1]$에서 연속이고 열린구간 $(0, 1)$에서 미분가능하므로 평균값 정리에 의하여 $f'(c_1)=\dfrac{-1-0}{1-0}=-1$을 만족시키는 실수 c_1이 열린구간 $(0, 1)$에 적어도 하나 존재한다.

이때 함수 $y=f(x)$의 그래프는 원점에 대하여 대칭이므로 열린구간 $(-1, 0)$에서도 $f'(c_2)=-1$을 만족시키는 실수 c_2가 적어도 하나 존재한다.

즉, $f'(a)=-1$을 만족시키는 실수 a가 적어도 두 개 존재한다. (참)

따라서 옳은 것은 ㄱ, ㄷ이다.

100 정답률 ▶ 37% 답 10

1단계 삼차함수 $f(x)$의 최고차항의 계수를 구해 보자.

삼차함수 $g(x)$의 최고차항의 계수가 3이고,

$$f(x)g(x)=(x-1)^2(x-2)^2(x-3)^2$$

에서

함수 $f(x)g(x)$의 계수가 1이므로 삼차함수 $f(x)$의 최고차항의 계수는 $\dfrac{1}{3}$

2단계 조건을 만족시키는 두 함수 $f(x)$, $g(x)$를 각각 구해 보자.

(i) 다항식 $g(x)$가 서로 다른 세 개의 일차식 $x-1$, $x-2$, $x-3$을 인수로 갖는 경우

    $g(x)=3(x-1)(x-2)(x-3)$

    이므로

    함수 $y=g(x)$의 그래프는 다음 그림과 같다.

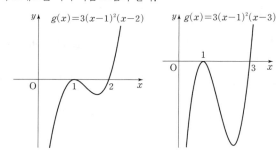

함수 $g(x)$가 $x=2$에서 극댓값을 갖지 않으므로 주어진 조건을 만족시키지 않는다.

(ii) 다항식 $g(x)$가 $(x-1)^2$을 인수로 갖는 경우

    $g(x)=3(x-1)^2(x-2)$ 또는 $g(x)=3(x-1)^2(x-3)$이므로 두 함수의 그래프는 각각 다음 그림과 같다.

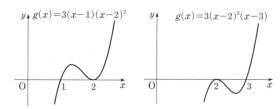

함수 $g(x)$는 $x=2$에서 극댓값을 갖지 않으므로 주어진 조건을 만족시키지 않는다.

(iii) 다항식 $g(x)$가 $(x-2)^2$을 인수로 갖는 경우

    $g(x)=3(x-1)(x-2)^2$ 또는 $g(x)=3(x-2)^2(x-3)$이므로 두 함수의 그래프는 각각 다음 그림과 같다.

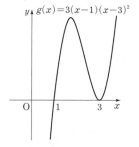
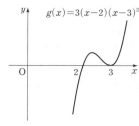

함수 $g(x)=3(x-1)(x-2)^2$은 $x=2$에서 극솟값을 가지므로 주어진 조건을 만족시키지 않는다.

함수 $g(x)=3(x-2)^2(x-3)$은 $x=2$에서 극댓값을 가지므로 주어진 조건을 만족시킨다.

(iv) 다항식 $g(x)$가 $(x-3)^2$을 인수로 갖는 경우

    $g(x)=3(x-1)(x-3)^2$ 또는 $g(x)=3(x-2)(x-3)^2$이므로 두 함수의 그래프는 각각 다음 그림과 같다.

$g(x)=3(x-1)(x-3)^2$에서
$g'(x)=3(x-3)^2+6(x-1)(x-3)$
     $=3(3x-5)(x-3)$
$g'(x)=0$에서
$x=\dfrac{5}{3}$ 또는 $x=3$

함수 $g(x)$의 증가와 감소를 표로 나타내면 다음과 같다.

x	$\cdots$	$\dfrac{5}{3}$	$\cdots$	3	$\cdots$
$g'(x)$	$+$	0	$-$	0	$+$
$g(x)$	↗	극대	↘	극소	↗

즉, 함수 $g(x)=3(x-1)(x-3)^2$은 $x=\dfrac{5}{3}$에서 극댓값을 갖고 $x=3$
에서 극솟값을 가지므로 주어진 조건을 만족시키지 않는다.
함수 $g(x)=3(x-2)(x-3)^2$은 $x=2$에서 극댓값을 갖지 않으므로
주어진 조건을 만족시키지 않는다.
(i)~(iv)에서 $g(x)=3(x-2)^2(x-3)$이므로
$$f(x)=\frac{1}{3}(x-1)^2(x-3)$$

3단계 $f'(0)$의 값을 구하여 $p+q$의 값을 구해 보자.

$$f'(x)=\frac{2}{3}(x-1)(x-3)+\frac{1}{3}(x-1)^2$$
$$=\frac{1}{3}(x-1)(3x-7)$$
$$\therefore f'(0)=\frac{1}{3}\times(-1)\times(-7)=\frac{7}{3}$$

따라서 $p=3$, $q=7$이므로
$$p+q=3+7=10$$

101 답 14

1단계 조건 (가)에 대하여 알아보자.

삼차함수 $f(x)$에 대하여 조건 (가)를 만족시키려면 함수 $y=|f(x)|$의 그래프의 개형은 오른쪽 그림과 같아야 하고, 삼차방정식 $f(x)=0$은 서로 다른 세 실근을 가져야 한다.

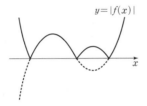

$f(x)=x^3-3px^2+q$에서
$f'(x)=3x^2-6px$
$\qquad=3x(x-2p)$
$f'(x)=0$에서 $x=0$ 또는 $x=2p$
삼차방정식 $f(x)=0$이 서로 다른 세 실근을 가지려면 삼차함수 $f(x)$에 대하여 (극댓값)$\times$(극솟값)<0이어야 하므로
$f(0)f(2p)<0$에서
$q(-4p^3+q)<0$, $-4p^3+q<0$ ($\because q>0$)
$\therefore q<4p^3$ $\qquad\qquad\cdots\cdots$ ㉠

2단계 조건 (나)에 대하여 알아보자.

함수 $f(x)$는 $x=0$에서 극댓값을 갖고, 조건 (나)의 두 닫힌구간 $[-1, 1]$, $[-2, 2]$가 모두 직선 $x=0$에 대하여 대칭이므로 조건 (나)를 만족시키려면 다음 그림과 같이 두 닫힌구간 $[-1, 1]$, $[-2, 2]$에서 함수 $|f(x)|$의 최댓값은 모두 $f(0)=q$이어야 한다.

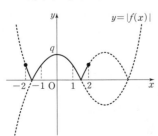

즉, $|f(-1)|\le q$, $|f(1)|\le q$, $|f(-2)|\le q$, $|f(2)|\le q$이어야 한다.

(i) $|f(-1)|\le q$일 때
$-q\le f(-1)\le q$이므로
$-q\le -1-3p+q\le q$
$-q\le -1-3p+q$에서 $1+3p\le 2q$ $\quad\cdots\cdots$ ㉡
모든 자연수 p에 대하여 $-1-3p<0$이므로 $-1-3p+q\le q$는 항상 성립한다.

(ii) $|f(1)|\le q$일 때
$-q\le f(1)\le q$이므로
$-q\le 1-3p+q\le q$
$-q\le 1-3p+q$에서 $-1+3p\le 2q$ $\quad\cdots\cdots$ ㉢
모든 자연수 p에 대하여 $1-3p<0$이므로 $1-3p+q\le q$는 항상 성립한다.
㉡, ㉢에서 모든 자연수 p에 대하여 $-1+3p<1+3p$이므로
$1+3p\le 2q$이기만 하면 된다.

(iii) $|f(-2)|\le q$일 때
$-q\le f(-2)\le q$이므로
$-q\le -8-12p+q\le q$
$-q\le -8-12p+q$에서 $8+12p\le 2q$ $\quad\cdots\cdots$ ㉣
모든 자연수 p에 대하여 $-8-12p<0$이므로 $-8-12p+q\le q$는 항상 성립한다.

(iv) $|f(2)|\le q$일 때
$-q\le f(2)\le q$이므로
$-q\le 8-12p+q\le q$
$-q\le 8-12p+q$에서 $-8+12p\le 2q$ $\quad\cdots\cdots$ ㉤
모든 자연수 p에 대하여 $8-12p<0$이므로 $8-12p+q\le q$는 항상 성립한다.
㉣, ㉤에서 모든 자연수 p에 대하여 $-8+12p<8+12p$이므로
$8+12p\le 2q$이기만 하면 된다.
즉, $1+3p\le 2q$, $8+12p\le 2q$이어야 하고, 모든 자연수 p에 대하여
$1+3p<8+12p$이므로 $8+12p\le 2q$, 즉
$4+6p\le q$ $\qquad\qquad\cdots\cdots$ ㉥
이기만 하면 된다.

3단계 조건을 만족시키는 모든 순서쌍 (p, q)의 개수를 구해 보자.

㉠, ㉥의 공통부분을 구하면
$4+6p\le q<4p^3$
즉, 위의 부등식을 만족시키는 25 이하의 두 자연수 p, q는
$p=2$일 때, $q=16, 17, 18, \cdots, 25$
$p=3$일 때, $q=22, 23, 24, 25$
따라서 모든 순서쌍 (p, q)의 개수는
$(2, 16), (2, 17), (2, 18), \cdots, (2, 25)$,
$(3, 22), (3, 23), (3, 24), (3, 25)$의 14

102 정답률 ▶ 확: 40%, 미: 57%, 기: 49% 답 ③

1단계 함수 $y=f(x)$의 그래프를 그려 보자.

$f(x)=x^3-3x^2-9x-12$에서
$f'(x)=3x^2-6x-9=3(x+1)(x-3)$
$f'(x)=0$에서 $x=-1$ 또는 $x=3$

함수 $f(x)$의 증가와 감소를 표로 나타내면 다음과 같다.

x	$\cdots$	-1	$\cdots$	3	$\cdots$
$f'(x)$	$+$	0	$-$	0	$+$
$f(x)$	$\nearrow$	-7	$\searrow$	-39	$\nearrow$

즉, 함수 $y=f(x)$의 그래프는 오른쪽 그림과 같다.

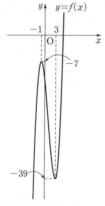

2단계 함수 $g(x)$가 실수 전체의 집합에서 연속일 조건을 이용해 보자.

조건 (가)에서 모든 실수 x에 대하여

$xg(x)=|xf(x-p)+qx|=|x|\times|f(x-p)+q|$

이므로 $x\neq0$일 때

$g(x)=\begin{cases}|f(x-p)+q| & (x>0) \\ -|f(x-p)+q| & (x<0)\end{cases}$

함수 $g(x)$가 실수 전체의 집합에서 연속이므로 $x=0$에서도 연속이다.

즉, $\lim\limits_{x\to0+}g(x)=\lim\limits_{x\to0-}g(x)=g(0)$이어야 한다.

$\lim\limits_{x\to0+}g(x)=\lim\limits_{x\to0+}|f(x-p)+q|=|f(-p)+q|$,

$\lim\limits_{x\to0-}g(x)=\lim\limits_{x\to0-}\{-|f(x-p)+q|\}=-|f(-p)+q|$

에서 $|f(-p)+q|=-|f(-p)+q|$이므로

$2|f(-p)+q|=0$ $\quad\therefore g(0)=0$

3단계 함수 $y=f(x-p)+q$의 그래프를 그려서 $p+q$의 값을 구해 보자.

함수 $y=|f(x-p)+q|$의 그래프는 함수 $y=f(x)$의 그래프를 x축의 방향으로 p만큼, y축의 방향으로 q만큼 평행이동한 후 $y<0$인 부분을 x축에 대하여 대칭이동한 것이다.

또한, 함수 $y=-|f(x-p)+q|$의 그래프는 함수 $y=|f(x-p)+q|$의 그래프를 x축에 대하여 대칭이동한 것이고 $g(0)=0$이므로 두 양수 p, q에 대하여 함수 $g(x)$가 조건 (나)를 만족시키려면 오른쪽 그림과 같이 함수 $f(x-p)+q$는 $x=0$에서 극댓값 0을 가져야 한다.

따라서 $p=1$, $q=7$이므로

$p+q=1+7=8$ $\longrightarrow (3+p,\,-39+q)=(4,\,-32)$

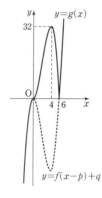

103 정답률▶ 52%   답 ⑤

1단계 $m=-1$일 때, $h\left(\dfrac{1}{2}\right)$의 값을 구하여 ㄱ의 참, 거짓을 판별해 보자.

ㄱ. $m=-1$일 때, $g(x)=\begin{cases}47x-4 & (x<0) \\ -2x-4 & (x\geq0)\end{cases}$이므로

$f\left(\dfrac{1}{2}\right)=\dfrac{1}{4}-4=-\dfrac{15}{4}$, $g\left(\dfrac{1}{2}\right)=-1-4=-5$

즉, $f\left(\dfrac{1}{2}\right)>g\left(\dfrac{1}{2}\right)$이므로 $h\left(\dfrac{1}{2}\right)=g\left(\dfrac{1}{2}\right)=-5$ (참)

2단계 x의 값의 범위에 따라 경우를 나누어 ㄴ의 참, 거짓을 판별해 보자.

ㄴ. $m=-1$일 때,

$g(x)=\begin{cases}47x-4 & (x<0) \\ -2x-4 & (x\geq0)\end{cases}$이고

$f(x)=2x^3-8x$
$\quad\quad=2x(x+2)(x-2)$

이므로 두 함수 $y=f(x)$, $y=g(x)$의 그래프는 오른쪽 그림과 같다.

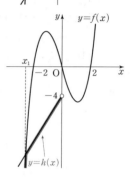

(i) $x<0$인 경우

함수 $y=g(x)$의 그래프는 기울기가 양수이고 y절편이 음수인 직선의 일부이므로 두 함수 $y=f(x)$, $y=g(x)$의 그래프는 오직 하나의 교점을 갖는다.

교점의 x좌표를 x_1 $(x_1<0)$이라 하면 $x<0$에서 함수 $h(x)$는 $x=x_1$에서만 미분가능하지 않다.

(ii) $x=0$인 경우

$f(0)=0$, $g(0)=-4$이므로

$f(0)>g(0)$ $\quad\therefore h(0)=g(0)=-4$

$x=0$에서 함수 $h(x)$의 미분가능성은 함수 $g(x)$의 미분가능성과 같다.

즉, $x=0$에서 함수 $h(x)$는 미분가능하지 않다.

(iii) $x>0$인 경우

$f(x)-g(x)$
$=2x^3-8x-(-2x-4)$
$=2x^3-6x+4$
$=2(x+2)(x-1)^2\geq0$

이므로 $f(x)\geq g(x)$

$\therefore h(x)=g(x)$

$x>0$에서 함수 $h(x)$의 미분가능성은 함수 $g(x)$의 미분가능성과 같다.

즉, $x>0$에서 함수 $h(x)$는 미분가능하다.

(i), (ii), (iii)에서 함수 $h(x)$가 미분가능하지 않은 x의 개수는 x_1, 0의 2이다. (참)

3단계 x의 값의 범위에 따라 경우를 나누고, 접선의 방정식을 이용하여 ㄷ의 참, 거짓을 판별해 보자.

ㄷ. 양수 m에 대하여

$x=0$일 때, $g(0)=\dfrac{4}{m^3}>0$, $f(0)=0$이므로

$f(0)<g(0)$ $\quad\therefore h(0)=f(0)=0$

$x=0$에서 함수 $h(x)$의 미분가능성은 함수 $f(x)$의 미분가능성과 같다.

즉, 함수 $h(x)$는 $x=0$에서 미분가능하다.

$x>0$일 때, 함수 $y=g(x)$의 그래프는 기울기가 양수이고 y절편도 양수인 직선의 일부이므로 오른쪽 그림과 같이 두 함수 $y=f(x)$, $y=g(x)$의 그래프는 오직 하나의 교점을 갖는다.

교점의 x좌표를 x_2 $(x_2>0)$이라 하면 $x>0$에서 함수 $h(x)$는 $x=x_2$에서만 미분가능하지 않다.

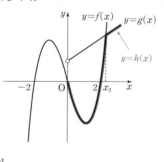

즉, 함수 $h(x)$가 미분가능하지 않은 x의 개수가 1이려면 $x<0$에서 함수 $h(x)$는 미분가능해야 한다.

$x<0$에서 두 함수 $y=f(x)$, $y=g(x)$의 그래프가 접한다고 할 때, 접점의 x좌표를 t $(t<0)$이라 하자.

$f(t)=g(t)$에서

$$2t^3-8t=-\frac{47}{m}t+\frac{4}{m^3} \quad \cdots\cdots \text{㉠}$$

$f'(t)=g'(t)$에서

$$6t^2-8=-\frac{47}{m} \quad \cdots\cdots \text{㉡}$$

㉡$\times t-$㉠을 하면

$$4t^3=-\frac{4}{m^3}$$

$$\therefore t=-\frac{1}{m}$$

$t=-\dfrac{1}{m}$을 ㉡에 대입하면

$$\frac{6}{m^2}-8=-\frac{47}{m}$$

$$8m^2-47m-6=0,\ (8m+1)(m-6)=0$$

$$\therefore m=6\ (\because m\text{은 양수})$$

즉, $m=6$일 때, 두 함수 $y=f(x)$, $y=g(x)$의 그래프는 $x=-\dfrac{1}{6}$인 점에서 접한다.

(i) $m=6$일 때

$x<0$인 모든 실수 x에 대하여 $f(x)\leq g(x)$이므로 $h(x)=f(x)$

즉, $x<0$에서 함수 $h(x)$는 미분가능하다.

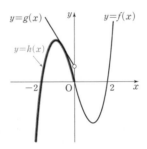

(ii) $0<m<6$일 때

$x<0$에서 두 함수 $y=f(x)$, $y=g(x)$의 그래프는 만나지 않는다.

$x<0$인 모든 실수 x에 대하여 $f(x)<g(x)$이므로 $h(x)=f(x)$

즉, $x<0$에서 함수 $h(x)$는 미분가능하다.

(iii) $m>6$일 때

$x<0$에서 두 함수 $y=f(x)$, $y=g(x)$의 그래프는 서로 다른 두 점에서 만난다.

두 점의 x좌표를 각각 x_3, x_4 $(x_3<x_4<0)$이라 하면 $x<0$에서 함수 $h(x)$는 $x=x_3$, $x=x_4$에서 미분가능하지 않다.

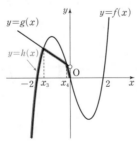

(i), (ii), (iii)에서 함수 $h(x)$가 미분가능하지 않은 x의 개수가 1인 양수 m의 값의 범위는 $0<m\leq 6$

즉, 양수 m의 최댓값은 6이다. (참)

따라서 옳은 것은 ㄱ, ㄴ, ㄷ이다.

Best Pick 삼차함수의 그래프 밖의 점에서 접선을 그렸을 때 접선을 몇 개 그릴 수 있는지, 각각의 부호는 어떤지에 대해 연습해 볼 수 있는 문제이다. 삼차함수의 그래프를 정확히 그려야 한다.

1단계 함수 $f(x)$의 증가와 감소를 표로 나타내어 보자.

$f(x)=x^3+3x^2$에서

$$f'(x)=3x^2+6x$$
$$=3x(x+2)$$

$f'(x)=0$에서 $x=-2$ 또는 $x=0$

함수 $f(x)$의 증가와 감소를 표로 나타내면 다음과 같다.

x	$\cdots$	-2	$\cdots$	0	$\cdots$
$f'(x)$	$+$	0	$-$	0	$+$
$f(x)$	↗	극대	↘	극소	↗

2단계 주어진 조건을 만족시키는 정수 a의 값의 범위를 구하여 M^2의 값을 구해 보자.

두 조건 (가), (나)에 의하여 점 $(-4, a)$를 지나고 곡선 $y=f(x)$에 접하는 세 개의 직선의 기울기의 곱이 음수이므로 다음 그림과 같이 두 개의 접선의 기울기는 양수이고, 나머지 한 개의 접선의 기울기는 음수이다.

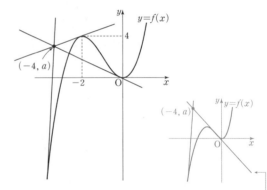

이때 함수 $f(x)$는 $x=-2$에서 극댓값 4, $x=0$에서 극솟값 0을 가지므로 a의 값의 범위를 0과 4를 기준으로 나누어 생각해 보자.

(i) $a>4$일 때

곡선 $y=x^3+3x^2$의 오목, 볼록이 바뀌는 점이 접점이 되는 경우에만 음수인 접선이 1개이다.

즉, 기울기가 양수인 접선은 1개, 음수인 접선은 1개 또는 2개이다.

(ii) $a=4$일 때

기울기가 0인 접선은 1개, 음수인 접선은 1개, 양수인 접선은 1개이다.

(iii) $0<a<4$일 때

기울기가 양수인 접선은 2개, 음수인 접선은 1개이다.

(iv) $a=0$일 때

기울기가 0인 접선은 1개, 양수인 접선은 2개이다.

(v) $a<0$일 때

곡선 $y=x^3+3x^2$은 점 $(-4, -16)$을 지나기 때문에 $a=-16$을 경계로 접선의 개수가 다르게 나타난다.

즉, 기울기가 음수인 접선은 없고, 양수인 접선은 1개 또는 2개 또는 3개이다.

(i)~(v)에 의하여 조건을 만족시키는 a의 값의 범위는

$0<a<4$

직선은 $\begin{cases} a<-16\text{일 때, 1개} \\ a=-16\text{일 때, 2개} \\ -16<a<0\text{일 때, 3개} \end{cases}$

따라서 정수 a의 최댓값 $M=3$이므로

$$M^2=9$$

105

1단계 삼차함수 $y=f(x)$의 그래프를 그려서 ㄱ, ㄴ, ㄷ의 참, 거짓을 판별해 보자.

ㄱ. $f(x)=x^3$이면 곡선 $y=f(x)$와 직선
$y=-x+t$는 오른쪽 그림과 같이 한 점에서
만 만나므로
$g(t)=1$
즉, 함수 $g(t)$는 상수함수이다. (참)

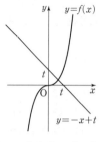

ㄴ. 삼차함수 $f(x)$에 대하여 $g(1)=2$, 즉 삼차함수 $y=f(x)$의 그래프와
직선 $y=-x+1$의 교점의 개수가 2인 경우는 다음 그림과 같이 두
가지 경우가 있다.

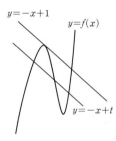 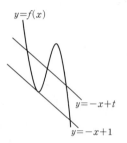

이때 삼차함수 $y=f(x)$의 그래프와 직선 $y=-x+t$가 세 점에서 만
나도록 하는 실수 t가 존재하므로 $g(t)=3$인 t가 존재한다. (참)

ㄷ. [반례] 오른쪽 그림과 같이 원점에서
의 접선의 기울기가 -1이고 극값이
두 개인 삼차함수 $y=f(x)$의 그래프
에 대하여 $g(t)=1$이므로 함수 $g(t)$
는 상수함수이다. (거짓)
따라서 옳은 것은 ㄱ, ㄴ이다.

다른 풀이

ㄷ. $f(x)=ax^3+bx^2+cx+d$ (a, b, c, d는 상수, $a>0$)이라 하자.
함수 $g(t)$가 상수함수이면 방정식 $ax^3+bx^2+cx+d=-x+t$의 실
근의 개수가 1이어야 한다.
즉, 방정식 $ax^3+bx^2+(c+1)x+d=t$에서
$h(x)=ax^3+bx^2+(c+1)x+d$라 하면 함수 $y=h(x)$의 그래프와
직선 $y=t$의 교점의 개수가 1이어야 한다.
$h'(x)=3ax^2+2bx+c+1$이고 함수 $y=h(x)$의 극값이 존재하지 않
아야 하므로
방정식 $h'(x)=0$, 즉 $3ax^2+2bx+c+1=0$의 판별식을 D_1이라 하면
$\dfrac{D_1}{4}=b^2-3a(c+1)\le0$ ······ ㉠
한편, $f'(x)=3ax^2+2bx+c$에서
방정식 $f'(x)=0$, 즉 $3ax^2+2bx+c=0$의 판별식을 D_2라 하면
$\dfrac{D_2}{4}=b^2-3ac$ ······ ㉡
이때 $a=2$, $b=3$, $c=1$이면 ㉠을 만족시키지만
㉡에서
$\dfrac{D_2}{4}=b^2-3ac=3>0$
이므로
함수 $f(x)$의 극값이 존재한다. (거짓)

106

1단계 $-3\le x<3$에서 함수 $y=f(x)$의 그래프를 그려 보자.

$f(x)=\dfrac{2\sqrt{3}}{3}x(x-3)(x+3)$에서

$f'(x)=\dfrac{2\sqrt{3}}{3}\{(x-3)(x+3)+x(x+3)+x(x-3)\}$

$\qquad=\dfrac{2\sqrt{3}}{3}(3x^2-9)$

$\qquad=2\sqrt{3}(x+\sqrt{3})(x-\sqrt{3})$

$f'(x)=0$에서 $x=-\sqrt{3}$ 또는 $x=\sqrt{3}$
함수 $f(x)$의 증가와 감소를 표로 나타내면 다음과 같다.

x	$\cdots$	$-\sqrt{3}$	$\cdots$	$\sqrt{3}$	$\cdots$
$f'(x)$	$+$	0	$-$	0	$+$
$f(x)$	↗	12	↘	-12	↗

즉, $-3\le x<3$에서 함수 $y=f(x)$의 그래프는
오른쪽 그림과 같다.

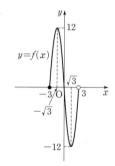

2단계 **1단계** 에서 그린 함수 $y=f(x)$의 그래프를 이용하여 함수
$y=g(x)$의 그래프의 개형을 그려 보자.
$k=1$일 때,

$g(x)=\begin{cases} f(x) & (-3\le x<3) \\ \dfrac{1}{2}f(x-6) & (3\le x<9) \end{cases}$

함수 $y=\dfrac{1}{2}f(x-6)$의 그래프는 함수
$y=f(x)$의 그래프를 x축의 방향으로 6만큼 평
행이동한 후 y축의 방향으로 $\dfrac{1}{2}$배한 것이므로
$-3\le x<9$에서 함수 $y=g(x)$의 그래프는 오
른쪽 그림과 같다.

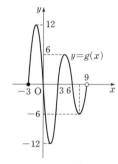

이와 같은 방법으로 $k=2$, 3, 4, $\cdots$일 때의 함수 $y=g(x)$의 그래프를 그려
보면 $x\ge-3$에서 함수 $y=g(x)$의 그래프의 개형은 다음 그림과 같다.

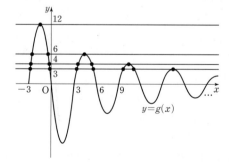

3단계 함수 $g(x)$의 극댓값을 이용하여 a_n을 구해 보자.
함수 $g(x)$의 극댓값을 이용하여 직선 $y=n$ (n은 자연수)과 함수
$y=g(x)$의 그래프가 만나는 점의 개수 a_n을 구해 보자.

자연수 k에 대하여 $6k-3 \leq x < 6k+3$에서 함수

$g(x) = \dfrac{1}{k+1} f(x-6k)$는 $k+1$이 12의 양의 약수일 때 자연수인 극댓값

을 갖는다.

즉, $k=1, 2, 3, 5, 11$일 때 함수 $g(x)$의 극댓값은 각각 6, 4, 3, 2, 1이

므로

$a_{12} = 1$

$7 \leq n \leq 11$일 때, $a_n = 2 \times 1 = 2$

$a_6 = 2 \times 1 + 1 = 3$

$a_5 = 2 \times 2 = 4$

$a_4 = 2 \times 2 + 1 = 5$

$a_3 = 2 \times 3 + 1 = 7$

$a_2 = 2 \times 5 + 1 = 11$

$a_1 = 2 \times 11 + 1 = 23$

4단계 $\displaystyle\sum_{n=1}^{12} a_n$의 값을 구해 보자.

$\displaystyle\sum_{n=1}^{12} a_n = a_1 + a_2 + a_3 + \cdots + a_{12}$

$\qquad = 23 + 11 + 7 + 5 + 4 + 3 + 2 \times 5 + 1$

$\qquad = 64$

---

107 정답률 ▶ 33% 답 ②

1단계 함수 $y=f(x)$의 그래프의 개형을 이용하여 사차함수 $f(x)$의 식을
세워 보자.

조건 (가)를 만족시키며 최고차항의 계수가 음수인 사차함수 $y=f(x)$의
그래프의 개형은 다음 그림과 같다.

(i) $x=0$에서 접하는 경우

함수 $y=f(x)$의 그래프의 개형은
오른쪽 그림과 같으므로

$f(x) = ax^2(x-2)(x-3)$

(단, $a<0$)

$\therefore f(1) = 2a$

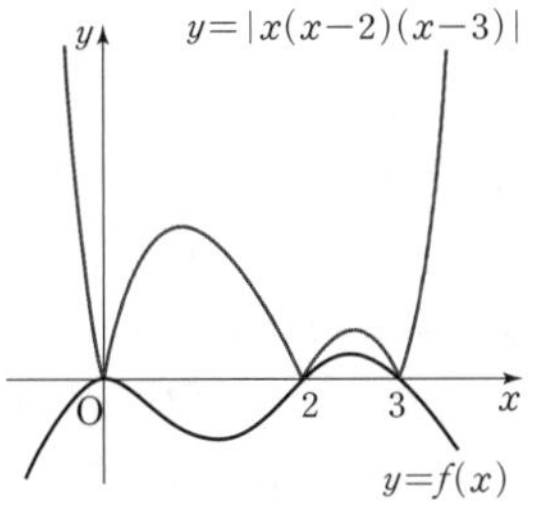

(ii) $x=2$에서 접하는 경우

함수 $y=f(x)$의 그래프의 개형은
오른쪽 그림과 같으므로

$f(x) = ax(x-2)^2(x-3)$

(단, $a<0$)

$\therefore f(1) = -2a$

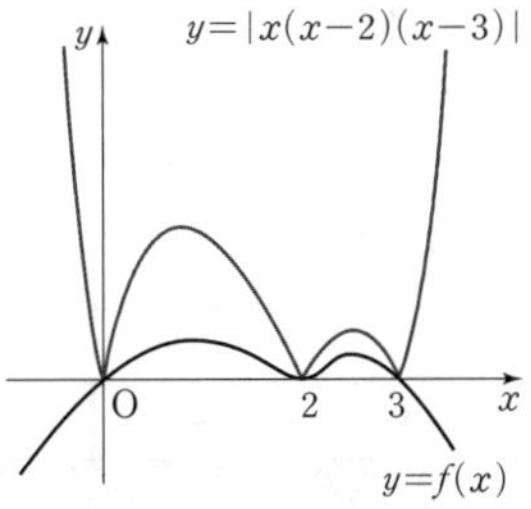

(iii) $x=3$에서 접하는 경우

함수 $y=f(x)$의 그래프의 개형은
오른쪽 그림과 같으므로

$f(x) = ax(x-2)(x-3)^2$

(단, $a<0$)

$\therefore f(1) = -4a$

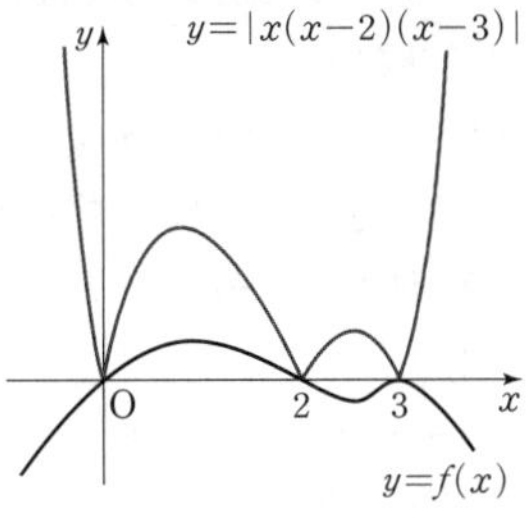

(i), (ii), (iii)에서 $2a < -2a < -4a$이므로 $f(1)$의 최댓값은 함수 $f(x)$가
$f(x) = ax(x-2)(x-3)^2$의 꼴인 경우에 나온다.

2단계 조건 (나)를 만족시키는 a의 값의 범위를 구해 보자.

함수 $f(x) = ax(x-2)(x-3)^2 \ (a<0)$은

$x \leq 0$ 또는 $x \geq 2$일 때 $f(x) \leq 0$, $0 \leq x \leq 2$일 때 $f(x) \geq 0$

$h(x) = |x(x-2)(x-3)|$이라 하면

모든 실수 x에 대하여 $h(x) \geq 0$

이때 조건 (나)에 의하여 ┌ $x<0$ 또는 $x>2$일 때, $g(x)$는 미분가능 ←

$x \leq 0$ 또는 $x \geq 2$일 때는 $f(x) \leq h(x)$이므로 $g(x) = f(x)$ ┘

$0 \leq x \leq 2$일 때는 $f(x) \leq h(x)$이면 $g(x) = f(x)$,

$f(x) \geq h(x)$이면 $g(x) = h(x)$ → $0 < x < 2$일 때, $g(x)$는 미분가능

이때 함수 $g(x)$가 실수 전체의 집합에서 미분가능하므로 $x=0$, $x=2$에
서도 미분가능하다.

따라서 $x=0$, $x=2$에서 함수 $g(x)$의 미분계수가 존재해야 하므로

$\displaystyle\lim_{x \to 0-} f'(x) \leq \lim_{x \to 0+} h'(x)$,

$\displaystyle\lim_{x \to 2-} h'(x) \leq \lim_{x \to 2+} f'(x)$

┌ [그림 3]에서 $0 \leq x \leq 2$일 때 $f(x) > h(x)$이면
  $y=g(x)$의 그래프는 $x=0$, $x=2$에서 꺾인 점을
  갖게 되어 $x=0$, $x=2$에서 미분가능하지 않게
  된다.

이어야 한다.

$f'(x) = a(x-2)(x-3)^2 + ax(x-3)^2 + 2ax(x-2)(x-3)$

$h(x) = \begin{cases} -x(x-2)(x-3) & (x \leq 0 \text{ 또는 } 2 \leq x \leq 3) \\ x(x-2)(x-3) & (0 < x < 2 \text{ 또는 } x > 3) \end{cases}$ 이므로

$h'(x) = \begin{cases} -(x-2)(x-3) - x(x-3) - x(x-2) & (x<0 \text{ 또는 } 2<x<3) \\ (x-2)(x-3) + x(x-3) + x(x-2) & (0<x<2 \text{ 또는 } x>3) \end{cases}$

$\displaystyle\lim_{x \to 0-} f'(x) \leq \lim_{x \to 0+} h'(x)$에서

$\displaystyle\lim_{x \to 0-} \{a(x-2)(x-3)^2 + ax(x-3)^2 + 2ax(x-2)(x-3)\}$

$\leq \displaystyle\lim_{x \to 0+} \{(x-2)(x-3) + x(x-3) + x(x-2)\}$

즉, $-18a \leq 6$ $\quad \therefore a \geq -\dfrac{1}{3}$ $\quad$ ……㉠

$\displaystyle\lim_{x \to 2-} h'(x) \leq \lim_{x \to 2+} f'(x)$에서

$\displaystyle\lim_{x \to 2-} \{(x-2)(x-3) + x(x-3) + x(x-2)\}$

$\leq \displaystyle\lim_{x \to 2+} \{a(x-2)(x-3)^2 + ax(x-3)^2 + 2ax(x-2)(x-3)\}$

즉, $-2 \leq 2a$ $\quad \therefore a \geq -1$ $\quad$ ……㉡

㉠, ㉡에서 $a \geq -\dfrac{1}{3}$

3단계 $f(1)$의 최댓값을 구해 보자.

$f(1) = -4a \leq \dfrac{4}{3}$이므로 $f(1)$의 최댓값은 $\dfrac{4}{3}$이다.

---

108 정답률 ▶ 확: 81%, 미: 94%, 기: 91% 답 ③

1단계 $f(x) = 2x^3 - 3x^2 - 12x + k$라 하고, 함수 $f(x)$의 증가와 감소를
표로 나타내어 $f(x)$의 극댓값과 극솟값을 각각 구해 보자.

$f(x) = 2x^3 - 3x^2 - 12x + k$라 하면

$f'(x) = 6x^2 - 6x - 12$

$\qquad = 6(x+1)(x-2)$

$f'(x) = 0$에서 $x=-1$ 또는 $x=2$

함수 $f(x)$의 증가와 감소를 표로 나타내면 다음과 같다.

x	$\cdots$	-1	$\cdots$	2	$\cdots$
$f'(x)$	$+$	0	$-$	0	$+$
$f(x)$	↗	$7+k$	↘	$-20+k$	↗

즉, 함수 $f(x)$는 $x=-1$에서 극댓값 $7+k$를 갖고,

$x=2$에서 극솟값 $-20+k$를 갖는다.

2단계 삼차방정식이 서로 다른 세 실근을 가질 조건을 이용하여 정수 k의 개수를 구해 보자.

삼차방정식 $f(x)=0$이 서로 다른 세 실근을 가지려면

(극댓값)$\times$(극솟값)<0이어야 하므로

$(k+7)(k-20)<0$ $\quad\therefore -7<k<20$

따라서 정수 k의 개수는 -6, -5, -4, $\cdots$, 19의 26이다.

---

109 정답률 ▸ 75% 답 15

1단계 $f(x)=4x^3-12x+7$이라 하고, 함수 $f(x)$의 증가와 감소를 표로 나타내어 보자.

$f(x)=4x^3-12x+7$이라 하면

$f'(x)=12x^2-12=12(x+1)(x-1)$

$f'(x)=0$에서 $x=-1$ 또는 $x=1$

함수 $f(x)$의 증가와 감소를 표로 나타내면 다음과 같다.

x	$\cdots$	-1	$\cdots$	1	$\cdots$
$f'(x)$	$+$	0	$-$	0	$+$
$f(x)$	$\nearrow$	15	$\searrow$	-1	$\nearrow$

2단계 곡선 $y=f(x)$를 그려서 양수 k의 값을 구해 보자.

곡선 $y=f(x)$는 오른쪽 그림과 같으므로 곡선 $y=f(x)$와 직선 $y=k$가 만나는 점의 개수가 2가 되려면

$k=-1$ 또는 $k=15$

따라서 양수 k의 값은 15이다.

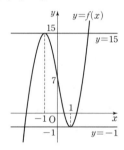

---

110 정답률 ▸ 확: 77%, 미: 88%, 기: 84% 답 ④

1단계 $f(x)=x^3-3x^2-9x$라 하고, 함수 $f(x)$의 증가와 감소를 표로 나타내어 보자.

$f(x)=x^3-3x^2-9x$라 하면

$f'(x)=3x^2-6x-9=3(x+1)(x-3)$

$f'(x)=0$에서 $x=-1$ 또는 $x=3$

함수 $f(x)$의 증가와 감소를 표로 나타내면 다음과 같다.

x	$\cdots$	-1	$\cdots$	3	$\cdots$
$f'(x)$	$+$	0	$-$	0	$+$
$f(x)$	$\nearrow$	5	$\searrow$	-27	$\nearrow$

2단계 곡선 $y=f(x)$를 그려서 $M-m$의 값을 구해 보자.

곡선 $y=f(x)$는 오른쪽 그림과 같으므로 곡선 $y=f(x)$와 직선 $y=k$가 서로 다른 세 점에서 만나려면

$-27<k<5$

따라서 정수 k의 최댓값 $M=4$, 최솟값 $m=-26$이므로

$M-m=4-(-26)=30$

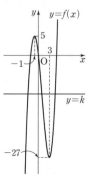

---

111 정답률 ▸ 69% 답 ①

1단계 방정식 $f(x)=g(x)$를 정리해 보자.

방정식 $f(x)=g(x)$에서

$3x^3-x^2-3x=x^3-4x^2+9x+a$

$\therefore 2x^3+3x^2-12x=a$ → 이 방정식의 해는 함수 $y=2x^3+3x^2-12x$의 그래프와 직선 $y=a$의 교점의 x좌표

2단계 $h(x)=2x^3+3x^2-12x$라 하고, 함수 $h(x)$의 증가와 감소를 표로 나타내어 보자.

$h(x)=2x^3+3x^2-12x$라 하자.

함수 $y=h(x)$의 그래프와 직선 $y=a$의 교점의 x좌표가 서로 다른 양의 실수 2개와 음의 실수 1개이어야 한다.

$h'(x)=6x^2+6x-12$

$=6(x+2)(x-1)$

$h'(x)=0$에서 $x=-2$ 또는 $x=1$

함수 $h(x)$의 증가와 감소를 표로 나타내면 다음과 같다.

x	$\cdots$	-2	$\cdots$	1	$\cdots$
$h'(x)$	$+$	0	$-$	0	$+$
$h(x)$	$\nearrow$	20	$\searrow$	-7	$\nearrow$

3단계 함수 $y=h(x)$의 그래프를 [$h(0)=0$] 그려서 모든 정수 a의 개수를 구해 보자.

함수 $y=h(x)$의 그래프가 원점을 지나므로 함수 $y=h(x)$의 그래프와 직선 $y=a$가 오른쪽 그림과 같을 때 조건을 만족시킨다.

즉, $-7<a<0$이어야 하므로

정수 a의 개수는 -6, -5, -4, -3, -2, -1의 6이다.

이 점의 x좌표가 음의 근

이 두 점의 x좌표가 양의 근

---

112 정답률 ▸ 72% 답 ③

1단계 $f(x)=2x^3+6x^2$이라 하고, $-2\le x\le2$에서 함수 $f(x)$의 증가와 감소를 표로 나타내어 보자.

$2x^3+6x^2+a=0$에서 $2x^3+6x^2=-a$

$f(x)=2x^3+6x^2$이라 하면

$f'(x)=6x^2+12x=6x(x+2)$

$f'(x)=0$에서 $x=-2$ 또는 $x=0$

$-2\le x\le2$에서 함수 $f(x)$의 증가와 감소를 표로 나타내면 다음과 같다.

x	-2	$\cdots$	0	$\cdots$	2
$f'(x)$	0	$-$	0	$+$	
$f(x)$	8	$\searrow$	0	$\nearrow$	40

2단계 $-2\le x\le2$에서 함수 $y=f(x)$의 그래프를 그려서 정수 a의 개수를 구해 보자.

$-2\le x\le2$에서 함수 $y=f(x)$의 그래프는 오른쪽 그림과 같으므로 함수 $y=f(x)$의 그래프와 직선 $y=-a$가 서로 다른 두 점에서 만나려면

$0<-a\le8$ $\quad\therefore -8\le a<0$

따라서 정수 a의 개수는 -8, -7, -6, $\cdots$, -1의 8이다.

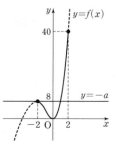

다른 풀이

$f(x)=2x^3+6x^2+a$라 하면

$f'(x)=6x^2+12x=6x(x+2)$

$f'(x)=0$에서 $x=-2$ 또는 $x=0$

함수 $f(x)$의 증가와 감소를 표로 나타내면 다음과 같다.

x	$\cdots$	-2	$\cdots$	0	$\cdots$
$f'(x)$	$+$	0	$-$	0	$+$
$f(x)$	$\nearrow$	$8+a$	$\searrow$	a	$\nearrow$

즉, 함수 $y=f(x)$의 그래프는 오른쪽 그림과 같으므로 $-2 \le x \le 2$에서 함수 $y=f(x)$의 그래프와 x축이 서로 다른 두 점에서 만나려면

$f(-2) \ge 0$, $f(0)<0$

이어야 한다.

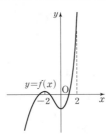

$f(-2) \ge 0$에서 $8+a \ge 0$

$\therefore a \ge -8$ $\cdots\cdots$ ㉠

$f(0)<0$에서 $a<0$ $\cdots\cdots$ ㉡

㉠, ㉡의 공통부분을 구하면

$-8 \le a < 0$

113 정답률 ▶ 43% 답 19

1단계 조건 (가)에서 극한값이 존재함을 이용해 보자.

조건 (가)의 $\displaystyle\lim_{x \to 0}\dfrac{f(x)-3}{x}=0$에서 $x \to 0$일 때, (분모) $\to 0$이고 극한값이 존재하므로 (분자) $\to 0$이다.

즉, $\displaystyle\lim_{x \to 0}\{f(x)-3\}=0$이므로

$f(0)=3$

또한, 미분계수의 정의에 의하여

$\displaystyle\lim_{x \to 0}\dfrac{f(x)-3}{x}=\lim_{x \to 0}\dfrac{f(x)-f(0)}{x}$
$=f'(0)=0$

즉, 함수 $f(x)$는 $x=0$에서 극값 3을 갖는다.

2단계 조건 (나)를 이용하여 함수 $y=f(x)$의 그래프를 그려 보자.

조건 (나)에서 곡선 $y=f(x)$와 직선 $y=-1$의 교점이 2개이므로 삼차함수 $y=f(x)$의 그래프의 개형은 다음과 같다.

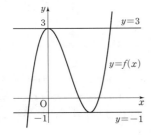

3단계 삼차함수 $f(x)$를 구하여 $f(4)$의 값을 구해 보자.

$f(x)$는 최고차항의 계수가 1이고 $f(0)=3$인 삼차함수이므로

$f(x)=x^3+ax^2+bx+3$ (a, b는 상수)라 하면

$f'(x)=3x^2+2ax+b$

$f'(0)=0$이므로

$b=0$

$\therefore f'(x)=3x^2+2ax=3x\left(x+\dfrac{2}{3}a\right)$

$f'(x)=0$에서 $x=0$ 또는 $x=-\dfrac{2}{3}a$

즉, 함수 $f(x)$는 위의 그래프에서 $x=-\dfrac{2}{3}a$에서 극솟값 -1을 가지므로

$-\dfrac{8}{27}a^3+\dfrac{4}{9}a^3+3=-1$

$\dfrac{4}{27}a^3=-4$

$\therefore a=-3$

따라서 $f(x)=x^3-3x^2+3$이므로

$f(4)=64-48+3=19$

114 정답률 ▶ 54% 답 ④

Best Pick 삼차함수의 그래프와 절댓값 기호를 포함한 함수의 그래프의 교점을 구하는 문제이다. 두 함수의 그래프를 정확히 그릴 수 있어야 하고, 접선에 대한 개념이 정립되어 있어야 한다.

1단계 두 함수 $y=f(x)$, $y=g(x)$의 그래프가 서로 다른 두 점에서 만나는 경우를 알아보자.

두 함수 $y=f(x)$, $y=g(x)$의 그래프가 서로 다른 두 점에서 만나는 경우는 오른쪽 그림과 같다.

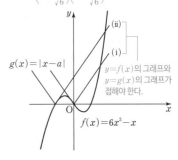

2단계 1단계 에서 (i)의 경우에 실수 a의 값을 구해 보자.

$f(x)=6x^3-x$에서 $f'(x)=18x^2-1$

(i)의 경우 $f'(x)=-1$에서

$18x^2-1=-1$, $18x^2=0$

$\therefore x=0$

이때 $f(0)=0$이므로 함수 $y=g(x)$의 그래프가 원점을 지난다.

즉, $g(0)=|0-a|=|a|=0$

$\therefore a=0$

3단계 1단계 에서 (ii)의 경우에 실수 a의 값을 구해 보자.

(ii)의 경우 $f'(x)=1$에서

$18x^2-1=1$, $18x^2=2$

$x^2=\dfrac{1}{9}$ $\quad \therefore x=-\dfrac{1}{3}$ ($\because x<0$)

이때 $f\left(-\dfrac{1}{3}\right)=-\dfrac{2}{9}+\dfrac{1}{3}=\dfrac{1}{9}$이므로 함수 $y=g(x)$의 그래프는

점 $\left(-\dfrac{1}{3},\ \dfrac{1}{9}\right)$을 지난다.

즉, $g\left(-\dfrac{1}{3}\right)=-\dfrac{1}{3}-a=\dfrac{1}{9}$

$\therefore a=-\dfrac{4}{9}$

4단계 모든 실수 a의 값의 합을 구해 보자.

모든 실수 a의 값의 합은

$0+\left(-\dfrac{4}{9}\right)=-\dfrac{4}{9}$

115
정답률 ▶ 확: 24%, 미: 49%, 기: 37%
답 21

1단계 $g(x)=f(x)+|f(x)+x|-6x$라 하고, 함수 $g(x)$를 $f(x)$에 대한 식으로 나타내어 보자.

$f(x)+|f(x)+x|=6x+k$에서

$f(x)+|f(x)+x|-6x=k$

$g(x)=f(x)+|f(x)+x|-6x$라 하면

$g(x)=\begin{cases} -7x & (f(x)<-x) \\ 2f(x)-5x & (f(x)\geq -x) \end{cases}$

이때 $f(x)+x=0$, 즉 $f(x)=-x$에서

$\frac{1}{2}x^3-\frac{9}{2}x^2+10x=-x$

$x^3-9x^2+22x=0$

$x(x^2-9x+22)=0$

$\therefore x=0 \ (\because x^2-9x+22>0)$

즉, 오른쪽 그림과 같이 함수 $y=f(x)$의 그래프와 직선 $y=-x$는 원점에서만 만나므로

$x<0$일 때 $f(x)<-x$,

$x\geq 0$일 때 $f(x)\geq -x$

$\therefore g(x)=\begin{cases} -7x & (x<0) \\ 2f(x)-5x & (x\geq 0) \end{cases}$

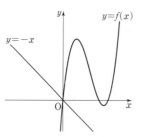

2단계 함수 $y=g(x)$의 그래프를 그려서 모든 정수 k의 값의 합을 구해 보자.

함수 $g(x)$에서 $x\geq 0$일 때, $h(x)=2f(x)-5x$라 하면

$h(x)=x^3-9x^2+20x-5x=x^3-9x^2+15x$

$h'(x)=3x^2-18x+15$

$\qquad =3(x-1)(x-5)$

$h'(x)=0$에서 $x=1$ 또는 $x=5$

$x\geq 0$에서 함수 $h(x)$의 증가와 감소를 표로 나타내면 다음과 같다.

x	0	$\cdots$	1	$\cdots$	5	$\cdots$
$h'(x)$		+	0	−	0	+
$h(x)$	0	↗	7	↘	−25	↗

즉, 함수 $y=g(x)$의 그래프는 오른쪽 그림과 같으므로 함수 $y=g(x)$의 그래프가 직선 $y=k$와 서로 다른 네 점에서 만나려면

$0<k<7$

따라서 정수 k의 값은 1, 2, 3, $\cdots$, 6이므로 그 합은

$1+2+3+\cdots+6=21$

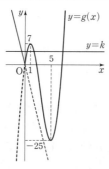

116
정답률 ▶ 28%
답 160

1단계 함수 $f(x)$의 증가와 감소를 표로 나타내어 함수 $f(x)$의 극댓값과 극솟값을 각각 구해 보자.

$f(x)=2x^3-3(a+1)x^2+6ax$에서

$f'(x)=6x^2-6(a+1)x+6a$

$\qquad =6(x-1)(x-a)$

$f'(x)=0$에서 $x=1$ 또는 $x=a$

이때 삼차방정식 $f(x)=0$이 서로 다른 세 실근을 가져야 하므로 $a\neq 1$이다.

즉, a는 2 이상의 자연수이므로 함수 $f(x)$의 증가와 감소를 표로 나타내면 다음과 같다.

x	$\cdots$	1	$\cdots$	a	$\cdots$
$f'(x)$	+	0	−	0	+
$f(x)$	↗	$3a-1$	↘	$-a^2(a-3)$	↗

따라서 함수 $f(x)$는 $x=1$에서 극댓값 $3a-1$을 갖고, $x=a$에서 극솟값 $-a^2(a-3)$을 갖는다.

2단계 삼차방정식 $f(x)=0$이 서로 다른 세 실근을 가질 조건을 이용하여 실수 a의 값의 범위를 구해 보자.

삼차방정식 $f(x)=0$이 서로 다른 세 실근을 가지려면

(극댓값)×(극솟값)<0이어야 하므로

$(3a-1)\times\{-a^2(a-3)\}<0, \ (3a-1)(a-3)>0 \ (\because a^2>0)$

$\therefore a<\frac{1}{3}$ 또는 $a>3$

3단계 $\sum_{n=1}^{10}(b_n-a_n)$의 값을 구해 보자.

a는 2 이상의 자연수이므로

$a_1=4, \ a_2=5, \ a_3=6, \ \cdots, \ a_n=n+3$

$a=a_n$일 때, 함수 $f(x)$의 극댓값 b_n은

$b_n=f(1)=3a_n-1$

$\qquad =3(n+3)-1=3n+8$

$\therefore \sum_{n=1}^{10}(b_n-a_n)=\sum_{n=1}^{10}\{(3n+8)-(n+3)\}$

$\qquad\qquad\qquad =\sum_{n=1}^{10}(2n+5)$

$\qquad\qquad\qquad =2\times\frac{10\times 11}{2}+5\times 10=160$

117
정답률 ▶ 확: 50%, 미: 74%, 기: 64%
답 ①

1단계 조건 (가)를 이용하여 함수 $f(x)$의 식을 세워 보자.

조건 (가)에서 $f(0)=g(0)=0$이므로

$g(x)=f(x)+|f'(x)|$의 양변에 $x=0$을 대입하면

$f'(0)=0$

최고차항의 계수가 1인 삼차함수 $f(x)$를

$f(x)=x^3+ax^2+bx$ (a, b는 상수)라 하면

$f'(x)=3x^2+2ax+b$에서

$f'(0)=b=0$

$\therefore f(x)=x^2(x+a)$,

$\quad f'(x)=x(3x+2a)$

2단계 조건 (나)를 이용하여 함수 $y=|f(x)|$의 그래프를 그려 보자.

방정식 $f(x)=0$, 즉 $x^2(x+a)=0$의 실근은 $x=0$ 또는 $x=-a$이고, 조건 (나)에서 방정식 $f(x)=0$이 양의 실근을 가지므로

$-a>0$ $\quad \therefore a<0$

또한, $f'(x)=0$에서 $x=0$ 또는 $x=-\frac{2}{3}a$

함수 $f(x)$의 증가와 감소를 표로 나타내면 다음과 같다.

x	$\cdots$	0	$\cdots$	$-\frac{2}{3}a$	$\cdots$
$f'(x)$	+	0	−	0	+
$f(x)$	↗	0	↘	$\frac{4}{27}a^3$	↗

066   정답 및 해설

즉, 함수 $y=f(x)$의 그래프와 함수 $y=|f(x)|$의 그래프는 각각 다음 그림과 같다.

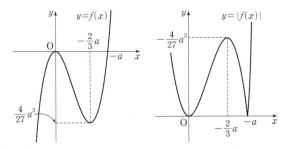

3단계 조건 (다)를 이용하여 함수 $g(x)$를 구한 후 $g(3)$의 값을 구해 보자.

조건 (다)에 의하여 함수 $y=|f(x)|$의 그래프와 직선 $y=4$가 서로 다른 세 점에서 만나야 하므로

$-\dfrac{4}{27}a^3=4$, $a^3=-27$

$\therefore a=-3$

따라서 $f(x)=x^2(x-3)$이므로

$g(x)=x^2(x-3)+|3x(x-2)|$

$\therefore g(3)=9$

---

118 정답률 ▸ 61% 답 ⑤

1단계 두 조건 (가), (나)를 이용하여 세 상수 a, b, c의 값을 각각 구해 보자.

$f(x)=f(-x)$이고 조건 (가)에서 방정식 $f(x)=0$의 서로 다른 실근의 개수가 3이므로
　　　　　　　　　　$\rightarrow\ \beta=0,\ \alpha=-\gamma$이어야 한다.

$f(0)=c=0$

또한, $f(x)=ax^4+bx^2+c$에서 $f'(x)=4ax^3+2bx$이므로

조건 (나)에서

$f(1)=a+b+0=-\dfrac{3}{4}$, $f'(-1)=-4a-2b=1$

위의 두 식을 연립하여 풀면

$a=\dfrac{1}{4}$, $b=-1$

2단계 함수 $f(x)$를 이용하여 ㄱ, ㄴ의 참, 거짓을 판별해 보자.

ㄱ. $f(0)=0$ (참)

ㄴ. $f(x)=\dfrac{1}{4}x^4-x^2=\dfrac{1}{4}x^2(x+2)(x-2)$

　$f(x)=0$에서 $x=-2$ 또는 $x=0$ 또는 $x=2$

　$\therefore \alpha=-2$, $\beta=0$, $\gamma=2$

　즉, $f'(x)=x^3-2x$이므로

　$f'(\alpha)=f'(-2)=-4$ (참)

3단계 함수 $y=|f(x)|$의 그래프와 직선 $y=k(x-\alpha)$를 이용하여 ㄷ의 참, 거짓을 판별해 보자.

ㄷ. 함수 $y=|f(x)|$의 그래프를 그려 보면 다음과 같다.

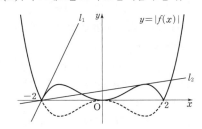

곡선 $y=-f(x)$ 위의 점 $(-2, 0)$에서의 접선 l_1의 기울기는

$-f'(-2)=-(-4)=4$

점 $(-2, 0)$에서 곡선 $y=-f(x)$에 그은 접선 중 하나를 l_2라 할 때,

접점을 $\left(t, -\dfrac{1}{4}t^4+t^2\right)$ $(t\ne-2, 0)$이라 하자.

직선 l_2의 기울기는

$-f'(t)=-(t^3-2t)=-t^3+2t$

직선 l_2의 방정식은

$y=(-t^3+2t)(x-t)-\dfrac{1}{4}t^4+t^2$

직선 l_2가 점 $(-2, 0)$을 지나므로

$0=(-t^3+2t)(-2-t)-\dfrac{1}{4}t^4+t^2$

$t(3t-4)(t+2)^2=0$

$\therefore t=\dfrac{4}{3}$ $(\because t>0)$

$-f'\left(\dfrac{4}{3}\right)=-\left(\dfrac{4}{3}\right)^3+2\times\dfrac{4}{3}=\dfrac{8}{27}$

함수 $y=|f(x)|$의 그래프와 직선 $y=k(x+2)$의 교점의 개수는

(i) $0<k<\dfrac{8}{27}$일 때, 5개

(ii) $k=\dfrac{8}{27}$일 때, 4개

(iii) $\dfrac{8}{27}<k<4$일 때, 3개

(iv) $k\geq4$일 때, 2개

(i)~(iv)에서 방정식 $|f(x)|=k(x+2)$의 서로 다른 실근의 개수가 3이 되도록 하는 양수 k의 범위는

$\dfrac{8}{27}<k<4$ (참)

따라서 옳은 것은 ㄱ, ㄴ, ㄷ이다.

---

119 정답률 ▸ 56% 답 ⑤

1단계 두 조건 (가), (나)를 이용하여 ㄱ, ㄴ, ㄷ의 참, 거짓을 판별해 보자.

$f(x)=ax^3+bx^2+cx+d$ (a, b, c, d는 상수이고, $a\ne0$)이라 하자.

ㄱ. $f'(x)=3ax^2+2bx+c$이고

　조건 (나)에서 $f'(-3)=f'(3)$이므로

　$27a-6b+c=27a+6b+c$

　$12b=0$　$\therefore b=0$

　또한, 조건 (가)에서 함수 $f(x)$는 $x=-2$에서 극댓값을 가지므로

　$f'(-2)=0$

　$12a+c=0$　$\therefore c=-12a$

　즉, $f'(x)=3ax^2-12a=3a(x+2)(x-2)$인데 함수 $f(x)$가

　$x=-2$에서 극댓값을 가지므로 $x=-2$의 좌우에서 $f'(x)$의 부호는

　양(+)에서 음(−)으로 바뀌어야 한다.

　$\therefore a>0$

　따라서 도함수 $f'(x)$는 $x=0$에서 최솟값을 갖는다. (참)

ㄴ. $f'(x)=0$에서 $x=-2$ 또는 $x=2$

　함수 $f(x)$의 증가와 감소를 표로 나타내면 다음과 같다.

x	$\cdots$	-2	$\cdots$	2	$\cdots$
$f'(x)$	$+$	0	$-$	0	$+$
$f(x)$	↗	극대	↘	극소	↗

즉, 오른쪽 그림과 같이 함수 $y=f(x)$의 그래프와 직선 $y=f(2)$가 서로 다른 두 점에서 만나므로 방정식 $f(x)=f(2)$는 서로 다른 두 실근을 갖는다. (참)

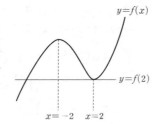

ㄷ. $f(x)=ax^3-12ax+d$ $(a>0)$,
$f'(x)=3ax^2-12a$
이므로 점 $(-1, f(-1))$에서의 접선의 방정식은
$y-(11a+d)=-9a(x+1)$
$\therefore y=-9ax+2a+d$ ...... ㉠
$x=2$를 ㉠에 대입하면 $y=-16a+d$이고
$f(2)=8a-24a+d=-16a+d$
이므로 곡선 $y=f(x)$ 위의 점 $(-1, f(-1))$에서의 접선 ㉠은 점 $(2, f(2))$를 지난다. (참)
따라서 옳은 것은 ㄱ, ㄴ, ㄷ이다.

120 정답률 ▶ 48% 답 ③

1단계 함수 $y=f(x)$의 그래프의 개형을 그려서 ㄱ, ㄴ, ㄷ의 참, 거짓을 판별해 보자.

조건 (나)에서 $|f(x)|\geq0$이므로 방정식 $|f(x)|=f(0)$이 실근을 갖지 않으려면 $f(0)<0$이어야 한다.

ㄱ. $a=0$이면 조건 (가)에서
$f'(x)=x^2(x-2)$
$f'(x)=0$에서 $x=0$ 또는 $x=2$
함수 $f(x)$의 증가와 감소를 표로 나타내면 다음과 같다.

x	$\cdots$	0	$\cdots$	2	$\cdots$
$f'(x)$	$-$	0	$-$	0	$+$
$f(x)$	↘		↘	극소	↗

즉, 함수 $y=f(x)$의 그래프의 개형은 다음과 같다.

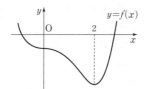

따라서 방정식 $f(x)=0$은 서로 다른 두 실근을 갖는다. (참)

ㄴ. [반례] $0<a<2$이고 $f(a)>0$일 때, $f(2)>0$이면 다음 그림과 같이 방정식 $f(x)=0$은 서로 다른 두 실근을 갖는다. (거짓)

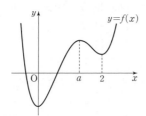

ㄷ. 함수 $|f(x)-f(2)|$가 $x=k$에서만 미분가능하지 않으려면
$f(x)-f(2)=\dfrac{1}{4}(x-k)(x-2)^3$

→ 함수 $y=|f(x)-f(2)|$는 $x=k$에서 꺾인 점을 갖는다.

이어야 한다.

또한, $f'(0)=0$이므로 함수 $y=|f(x)-f(2)|$의 그래프의 개형은 다음과 같다.

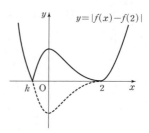

이때 함수 $|f(x)-f(2)|$는 $k<0$인 실수 k에 대하여 $x=k$에서만 미분가능하지 않다. (참)
따라서 옳은 것은 ㄱ, ㄷ이다.

121 정답률 ▶ 36% 답 ③

1단계 두 상수 a, b의 대소를 비교해 보자.

조건 (가)에서
$f(-1)=-1+a-b>-1$
$a-b>0$ $\quad\therefore a>b$ ...... ㉠
조건 (나)에서
$f(1)-f(-1)=1+a+b-(-1+a-b)$
$\qquad\qquad\quad=2(b+1)>8$
$b+1>4$ $\quad\therefore b>3$ ...... ㉡
㉠, ㉡에서 $a>b>3$

2단계 **1단계** 를 이용하여 ㄱ, ㄴ, ㄷ의 참, 거짓을 판별해 보자.

$f(x)=x^3+ax^2+bx$에서 $f'(x)=3x^2+2ax+b$

ㄱ. 이차방정식 $f'(x)=0$, 즉 $3x^2+2ax+b=0$의 판별식을 D_1이라 하면
$\dfrac{D_1}{4}=a^2-3b>b^2-3b=b(b-3)>0$

→ $a>b>3$이므로 $a^2>b^2>9$

이므로 방정식 $f'(x)=0$은 서로 다른 두 실근을 갖는다. (참)

ㄴ. $f'(-1)=3-2a+b=3-(2a-b)=3-\{(a-b)+a\}$
이때 $a-b>0$, $a>3$이므로
$f'(-1)<0$

→ $f'(x)$는 이차함수이므로 연속함수이다. 즉 $\displaystyle\lim_{x\to-1+}f'(x)=f'(-1)$이 성립한다.

즉, $\displaystyle\lim_{x\to-1+}f'(x)<0$이므로 $-1<x<1$인 모든 실수 x에 대하여 $f'(x)\geq0$이 성립하지 않는다. (거짓)

ㄷ. $f(x)-f'(k)x=0$에서
$x^3+ax^2+bx-(3k^2+2ak+b)x=0$
$x\{x^2+ax-(3k^2+2ak)\}=0$ ...... ㉢
$\therefore x=0$ 또는 $x^2+ax-(3k^2+2ak)=0$
(i) 이차방정식 $x^2+ax-(3k^2+2ak)=0$이 $x=0$을 근으로 갖는 경우
$x^2+ax-(3k^2+2ak)=0$에 $x=0$을 대입하면
$3k^2+2ak=0$, $k(3k+2a)=0$
$\therefore k=0$ 또는 $k=-\dfrac{2}{3}a$
즉, ㉢에서 $x^2(x+a)=0$이므로 방정식 $f(x)-f'(k)x=0$은 두 실근 $x=0$, $x=-a$를 갖는다.
(ii) 이차방정식 $x^2+ax-(3k^2+2ak)=0$이 0이 아닌 중근을 갖는 경우
이차방정식 $x^2+ax-(3k^2+2ak)=0$의 판별식을 D_2라 하면
$D_2=a^2+4(3k^2+2ak)=0$
k에 대한 이차방정식 $12k^2+8ak+a^2=0$을 풀면

$$k=\frac{-4a\pm\sqrt{(4a)^2-12a^2}}{12}=\frac{-4a\pm2|a|}{12}$$

이때 $a>3$이므로 $k=-\dfrac{a}{6}$ 또는 $k=-\dfrac{a}{2}$

즉, ㉢에서 $x\left(x+\dfrac{a}{2}\right)^2=0$이므로 방정식 $f(x)-f'(k)x=0$은 두

실근 $x=0$, $x=-\dfrac{a}{2}$를 갖는다.

(i), (ii)에서 실수 k의 개수는 0, $-\dfrac{2}{3}a$, $-\dfrac{a}{6}$, $-\dfrac{a}{2}$의 4이다. (참)

따라서 옳은 것은 ㄱ, ㄷ이다.

122 정답률 ▶ 34% 답 ①

1단계 조건 (가)를 이용하여 삼차함수 $y=f(x)$의 그래프의 개형을 그려 보자.

조건 (가)에 의하여 함수 $y=f(x)$의 그래프와 x축은 서로 다른 세 점에서
만나므로 삼차함수 $f(x)$의 최고차항의 계수를 a $(a\neq0)$이라 하면 삼차
함수 $y=f(x)$의 그래프의 개형은 다음 그림과 같다.

(i) $a>0$일 때   (ii) $a<0$일 때

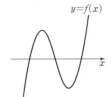 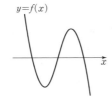

2단계 조건 (나)를 이용하여 함수 $f(x)$의 극댓값을 구해 보자.

삼차함수 $f(x)$의 치역은 실수 전체의 집합이므로 함수 $(g\circ f)(x)$의 최
솟값은 함수 $g(x)$의 최솟값과 같다. →함수 $(g\circ f)(x)$의 정의역이 실수 전체의
집합이므로 $(g\circ f)(x)$는 함수 $g(x)$의
모든 함숫값을 함숫값으로 가질 수 있다.
이때 이차함수

$$g(x)=x^2-6x+10=(x-3)^2+1$$

은 $x=3$에서 최솟값 1을 갖는다.

조건 (나)에서 함수 $(g\circ f)(x)$, 즉 $g(f(x))$는

$$g(f(x))=\{f(x)-3\}^2+1$$

이므로 $g(f(x))$는 $f(x)=3$인 x에서 최솟값 1을 갖는다.

$\therefore m=1$

방정식 $g(f(x))=1$의 서로 다른 실근의 개수가 2이므로 방정식 $f(x)=3$
을 만족시키는 서로 다른 실근의 개수도 2이다.

따라서 다음 그림과 같이 함수 $y=f(x)$의 그래프는 직선 $y=3$과 서로 다
른 두 점에서 만나야 한다.

(i) $a>0$일 때   (ii) $a<0$일 때

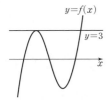 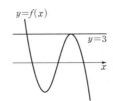

즉, 함수 $f(x)$의 극댓값은 3이다.

3단계 조건 (다)를 이용하여 함수 $f(x)$의 극솟값을 구해 보자.

조건 (다)의 방정식 $g(f(x))=17$에서

$$\{f(x)-3\}^2+1=17,\ \{f(x)-3\}^2=16$$

$f(x)-3=-4$ 또는 $f(x)-3=4$

$\therefore f(x)=-1$ 또는 $f(x)=7$ ⋯⋯ ㉠

㉠을 만족시키는 서로 다른 실근의 개수가 3이어야 하므로 다음 그림과
같이 함수 $y=f(x)$의 그래프는 직선 $y=-1$과 서로 다른 두 점에서 만나
고, 직선 $y=7$과 한 점에서 만나야 한다.

(i) $a>0$일 때   (ii) $a<0$일 때

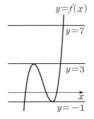 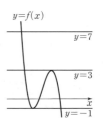

즉, 함수 $f(x)$의 극솟값은 -1이다.

4단계 함수 $f(x)$의 극댓값과 극솟값의 합을 구해 보자.

함수 $f(x)$의 극댓값은 3, 극솟값은 -1이므로 그 합은

$$3+(-1)=2$$

123 정답률 ▶ 33% 답 ④

Best Pick 접선의 방정식, 함수의 그래프 등을 통해 교점의 개수를 구하는
문제이다. 그래프를 정확히 그릴 수 있어야 대수적이 아닌 그래프를 통해
교점의 개수를 구할 수 있으므로 반드시 풀어보아야 한다.

1단계 곡선 $y=x^3-3x^2+1$의 개형을 그려 보자.

$g(x)=x^3-3x^2+1$이라 하면

$g'(x)=3x^2-6x=3x(x-2)$

$g'(x)=0$에서 $x=0$ 또는 $x=2$

함수 $g(x)$의 증가와 감소를 표로 나타내면 다음과 같다.

x	$\cdots$	0	$\cdots$	2	$\cdots$
$g'(x)$	$+$	0	$-$	0	$+$
$g(x)$	↗	1	↘	-3	↗

따라서 곡선 $y=g(x)$는 다음 그림과 같다.

점 $(0, 2)$를 지나는 직선
이 $y=g(x)$의 그래프와
만나는 점의 개수는 직선
이 접선일 때를 경계로 달
라진다.

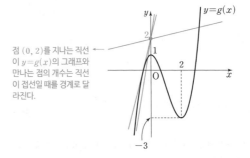

2단계 곡선 밖의 한 점 $(0, 2)$에서 곡선에 그은 접선의 기울기를 구해 보자.

곡선 위의 점 (t, t^3-3t^2+1)에서의 접선의 기울기는

$g'(t)=3t^2-6t$

이므로 접선의 방정식은

$$y=(3t^2-6t)(x-t)+t^3-3t^2+1$$

이 접선이 점 $(0, 2)$를 지나므로

$2=-3t^3+6t^2+t^3-3t^2+1$

$2t^3-3t^2+1=0,\ (t-1)^2(2t+1)=0$

$\therefore t=-\dfrac{1}{2}$ 또는 $t=1$

즉, 곡선 $y=g(x)$와 점 $(0, 2)$를 지나고 기울기가 m인 직선은 $x=-\dfrac{1}{2}$ 또는 $x=1$일 때 접한다.

이때 곡선 $y=g(x)$ 위의 $x=-\dfrac{1}{2}$인 점에서의 접선의 기울기는

$m=g'\left(-\dfrac{1}{2}\right)=\dfrac{15}{4}$

$x=1$인 점에서의 접선의 기울기는

$m=g'(1)=-3$

3단계 실수 m의 값의 범위에 따른 직선과 곡선의 교점의 개수를 구하여 실수 a의 최댓값을 구해 보자.

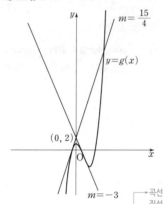

(i) $m=-3$일 때 직선과 곡선이 한 점에서 만난다.

곡선 $y=x^3-3x^2+1$과 직선 $y=-3x+2$의 교점의 x좌표는 $x^3-3x^2+1=-3x+2$에서 $x^3-3x^2+3x-1=0$ $(x-1)^3=0$ ∴ $x=1$ (삼중근)

(ii) $m<\dfrac{15}{4}$일 때 직선과 곡선은 한 점에서 만난다.

(iii) $m=\dfrac{15}{4}$일 때 직선과 곡선이 서로 다른 두 점에서 만난다.

(iv) $m>\dfrac{15}{4}$일 때 직선과 곡선이 서로 다른 세 점에서 만난다.

$\therefore f(m)=\begin{cases} 1 & \left(m<\dfrac{15}{4}\right) \\ 2 & \left(m=\dfrac{15}{4}\right), \\ 3 & \left(m>\dfrac{15}{4}\right) \end{cases}$

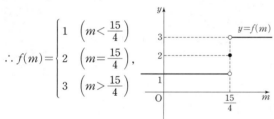

따라서 함수 $f(m)$이 구간 $(-\infty, a)$에서 연속이 되게 하는 실수 a의 최댓값은 $\dfrac{15}{4}$이다.

124 정답률 ▶ 46% 답 3

1단계 $h(x)=f(x)-3g(x)$라 하고, 함수 $h(x)$의 증가와 감소를 표로 나타내어 보자.

$h(x)=f(x)-3g(x)$라 하면

$h(x)=x^3+3x^2-k-3(2x^2+3x-10)$
$\quad=x^3-3x^2-9x+30-k$

$h'(x)=3x^2-6x-9$
$\qquad=3(x^2-2x-3)$
$\qquad=3(x+1)(x-3)$

$h'(x)=0$에서 $x=-1$ 또는 $x=3$

닫힌구간 $[-1, 4]$에서 함수 $h(x)$의 증가와 감소를 표로 나타내면 다음과 같다.

x	-1	$\cdots$	3	$\cdots$	4
$h'(x)$	0	$-$	0	$+$	
$h(x)$		↘	$3-k$	↗	

2단계 조건을 만족시키는 실수 k의 최댓값을 구해 보자.

닫힌구간 $[-1, 4]$에서 함수 $h(x)$의 최솟값은 $h(3)=3-k$이므로

닫힌구간 $[-1, 4]$에서 부등식 $h(x)\geq 0$이 항상 성립하려면

$3-k\geq 0$

$\therefore k\leq 3$

따라서 실수 k의 최댓값은 3이다.

125 정답률 ▶ 30% 답 34

1단계 부등식 $f(x)\leq 12x+k$를 만족시키는 실수 k의 값의 범위를 구해 보자.

(i) $f(x)\leq 12x+k$인 경우

$f(x)\leq 12x+k$에서

$f(x)-12x\leq k$

$h(x)=f(x)-12x$라 하면

$h(x)=-x^4-2x^3-x^2-12x$

$h'(x)=-4x^3-6x^2-2x-12$
$\qquad=-2(x+2)(2x^2-x+3)$

$h'(x)=0$에서

$x=-2$ $(\because 2x^2-x+3>0)$

함수 $h(x)$의 증가와 감소를 표로 나타내면 다음과 같다.

x	$\cdots$	-2	$\cdots$
$h'(x)$	$+$	0	$-$
$h(x)$	↗	20	↘

즉, 함수 $h(x)$의 최댓값은 $f(-2)=20$이므로 모든 실수 x에 대하여 부등식 $h(x)\leq k$를 만족시키는 실수 k의 값의 범위는

$k\geq 20$

2단계 부등식 $g(x)\geq 12x+k$를 만족시키는 실수 k의 값의 범위를 구해 보자.

(ii) $g(x)\geq 12x+k$인 경우

$g(x)\geq 12x+k$에서

$g(x)-12x-k\geq 0$

$3x^2-12x+a-k\geq 0$ ······ ㉠

부등식 ㉠이 모든 실수 x에 대하여 성립해야 하므로 이차방정식

$3x^2-12x+a-k=0$의 판별식을 D라 할 때

$\dfrac{D}{4}=(-6)^2-3(a-k)\leq 0$

$36-3a+3k\leq 0$

$\therefore k\leq a-12$

즉, 모든 실수 x에 대하여 부등식 ㉠을 만족시키는 실수 k의 값의 범위는

$k\leq a-12$

3단계 자연수 k의 개수를 이용하여 자연수 a의 값을 구해 보자.

(i), (ii)에서 $20\leq k\leq a-12$이고 이 부등식을 만족시키는 자연수 k의 개수는 3이므로 $22\leq a-12<23$이어야 한다.

따라서 $34\leq a<35$이므로 자연수 a의 값은 34이다.

두 함수 $y=f(x)$, $y=g(x)$의 그래프와 직선
$y=12x+k$는 오른쪽 그림과 같다.

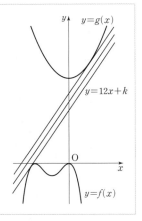

$f'(x)=0$에서 $x=0$ 또는 $x=1$
함수 $f(x)$의 증가와 감소를 표로 나타내면 다음과 같다.

x	$\cdots$	0	$\cdots$	1	$\cdots$
$f'(x)$	$-$	0	$-$	0	$+$
$f(x)$	$\searrow$	0	$\searrow$	$-\dfrac{1}{3}$	$\nearrow$

즉, $f(x)$는 $x=1$일 때 극소이면서 최소이므로 모든 실수 x에 대하여
$f(x)\geq -\dfrac{1}{3}$이다. (참)

따라서 옳은 것은 ㄱ, ㄷ이다.

---

126 정답률 ▶ 67%   답 ③

1단계 함수 $y=f'(x)$의 그래프의 개형을 그려서 ㄱ의 참, 거짓을 판별해 보자.

조건 (가)에서 $f'(0)=0$, $f'(2)=16$이
므로 함수 $y=f'(x)$의 그래프는 두 점
$(0, 0)$, $(2, 16)$을 지난다.
또한, 조건 (나)에서 함수 $f'(x)$는 어떤
양수 k에 대하여 두 열린구간
$(-\infty, 0)$, $(0, k)$에서 $f'(x)<0$이므
로 함수 $y=f'(x)$의 그래프의 개형은
오른쪽 그림과 같다.

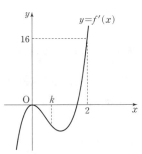

ㄱ. 함수 $y=f'(x)$의 그래프와 x축이 열린구간 $(0, 2)$에서 한 점에서 만
나므로 방정식 $f'(x)=0$은 한 개의 실근을 갖는다. (참)

2단계 함수 $y=f(x)$의 그래프의 개형을 그려서 ㄴ의 참, 거짓을 판별해
보자.

ㄴ. 함수 $y=f(x)$의 그래프의 개형은 오
른쪽 그림과 같으므로 함수 $f(x)$는
극솟값을 갖는다. (거짓)

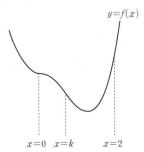

방정식 $f'(x)=0$의 $x=0$ 이외의 해를
$x=a$ $(0<a<2)$라 하면

x	$\cdots$	0	$\cdots$	a	$\cdots$
$f'(x)$	$-$	0	$-$	0	$+$
$f(x)$	$\searrow$		$\searrow$	극소	$\nearrow$

3단계 $f(0)=0$일 때의 함수 $y=f(x)$의 그래프를 그려서 ㄷ의 참, 거짓
을 판별해 보자.

ㄷ. $f(0)=0$이면 함수 $y=f(x)$의 그래
프는 오른쪽 그림과 같으므로
$f(x)=x^3(x-a)$ (a는 상수)
라 할 수 있다.
즉, $f(x)=x^4-ax^3$이므로
$f'(x)=4x^3-3ax^2$
이때 조건 (가)에서 $f'(2)=16$이므로
$f'(2)=32-12a=16$
$12a=16$ $\therefore a=\dfrac{4}{3}$
$\therefore f'(x)=4x^3-4x^2=4x^2(x-1)$

---

127 정답률 ▶ 46%   답 32

Best Pick 부등식의 기하적 의미를 묻는 문제이다. 주어진 두 함수 $f(x)$,
$g(x)$의 식을 이용하려 하면 더욱 어려워질 수 있다. 접선을 이용하여 부등
식을 풀어야 한다.

1단계 조건 (가)를 만족시키는 실수 a의 값을 구해 보자.

함수 $y=(x-1)^2(2x+1)$의 그래프
는 오른쪽 그림과 같고, 조건 (가)에
서 함수

$f(x)=\begin{cases} 0 & (x\leq a) \\ (x-1)^2(2x+1) & (x>a) \end{cases}$

가 실수 전체의 집합에서 미분가능하
므로 $x=a$에서도 미분가능하다.
따라서 함수 $y=f(x)$의 그래프는 오른
쪽 그림과 같아야 한다.
$\therefore a=1$

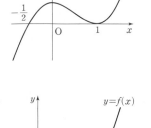

$x\leq a$일 때 $f(x)=0$,
$x<a$일 때 $f'(x)=0$이므로
$x=a$에서 연속이려면
$\displaystyle\lim_{x\to a+} f(x)=0$,
$x=a$에서 미분계수가 존재하려면
$\displaystyle\lim_{x\to a+} f'(x)=0$이어야 한다.

2단계 조건 (나)를 만족시키는 실수 k의 값의 범위를 구해 보자.

조건 (나)에서 모든 실수 x에 대하여
$f(x)\geq g(x)$이므로 함수 $y=f(x)$의 그
래프는 함수 $y=g(x)$의 그래프보다 위
쪽에 있거나 접해야 한다.

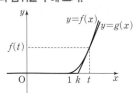

$x>1$일 때, 함수 $f(x)=(x-1)^2(2x+1)$의 그래프와 접하고 기울기가
12인 접선의 접점의 좌표를 $(t, f(t))$ $(t>1)$이라 하자.
$f'(x)=2(x-1)(2x+1)+(x-1)^2\times 2=6x^2-6x$
이므로 $6t^2-6t=12$에서
$t^2-t-2=0$, $(t+1)(t-2)=0$
$\therefore t=2$ $(\because t>1)$
즉, 곡선 $y=f(x)$ 위의 점 $(2, f(2))$에서의 접선의 방정식은
$y-f(2)=12(x-2)$, $y-5=12(x-2)$
$\therefore y=12\left(x-\dfrac{19}{12}\right)$
따라서 실수 k의 값의 범위는
$k\geq \dfrac{19}{12}$

3단계 실수 k의 최솟값을 구하여 $a+p+q$의 값을 구해 보자.

k의 최솟값은 $\dfrac{19}{12}$이므로

$p=12$, $q=19$

$\therefore a+p+q=1+12+19=32$

---

128 정답률 ▶ 42%   답 ⑤

1단계 $g(x)=f(x)-f'(x)$라 하고, 함수 $y=g(x)$의 그래프의 개형을 그려 보자.

조건 (가)에서 $f(x)=x^3+ax^2+bx+c$ $(a, b, c$는 상수)라 하자.

$f(0)=c$이고

$f'(x)=3x^2+2ax+b$에서

$f'(0)=b$

조건 (나)에서 $f(0)=f'(0)$이므로

$c=b$

$\therefore f(x)=x^3+ax^2+bx+b$

$g(x)=f(x)-f'(x)$라 하면

$g(x)=x^3+ax^2+bx+b-(3x^2+2ax+b)$

$\qquad =x^3+(a-3)x^2+(b-2a)x$

조건 (다)에서

$x\geq-1$인 모든 실수 x에 대하여

$g(x)=f(x)-f'(x)\geq0$이고,

$g(0)=0$이므로 함수 $y=g(x)$의 그래프의 개형은 오른쪽 그림과 같다.

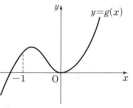

2단계 $f(2)$의 최솟값을 구해 보자.

함수 $g(x)$는 $x=0$에서 극솟값을 가지므로

$g'(x)=3x^2+2(a-3)x+b-2a$에서

$g'(0)=b-2a=0$

$\therefore b=2a$

$g(x)=x^3+(a-3)x^2=x^2(x+a-3)=0$에서

$x=0$ 또는 $x=-a+3$

또한, $x\geq-1$인 모든 실수 x에 대하여 $g(x)\geq0$이므로

$g(-1)\geq0$, $-1+a-3\geq0$

$\therefore a\geq4$

$\therefore f(2)=8+4a+4a+2a$

$\qquad\quad =10a+8$

$\qquad\quad \geq10\times4+8=48$

---

129 정답률 ▶ 31%   답 ⑤

1단계 접선의 방정식 $y=g(x)$를 구하여 함수 $h(x)$를 구해 보자.

이차함수 $y=f(x)$의 그래프 위의 한 점 $(a, f(a))$에서의 접선의 기울기는 $f'(a)$이므로 접선의 방정식은

$y-f(a)=f'(a)(x-a)$

$\therefore y=f'(a)(x-a)+f(a)$

따라서 $g(x)=f'(a)(x-a)+f(a)$이므로

$h(x)=f(x)-g(x)$ ┌ 직선 $y=g(x)$는 이차함수 $y=f(x)$의 그래프 위의 점 $(a, f(a))$에서의 접선이므로 방정식 $h(x)=0$은 중근 $x=a$를 갖는다.

$\qquad =f(x)-\{f'(a)(x-a)+f(a)\}$ ······ ㉠

2단계 **1단계** 를 이용하여 ㄱ, ㄴ, ㄷ의 참, 거짓을 판별해 보자.

ㄱ. ㉠에서 $f(x)$가 이차함수이고 $g(x)=f'(a)(x-a)+f(a)$가 일차함수이므로 함수 $h(x)$는 이차함수이다.

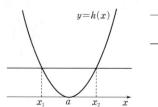 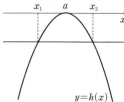

[$f(x)$의 최고차항의 계수가 양수일 때]   [$f(x)$의 최고차항의 계수가 음수일 때]

즉, 위의 그림과 같이 $h(x_1)=h(x_2)$를 만족시키는 서로 다른 두 실수 x_1, x_2가 존재한다. (참)

ㄴ. ㉠에서 $h'(x)=f'(x)-f'(a)$이고,

$h'(a)=0$이므로 $x=a$에서 극값을 갖지만 극소인지 극대인지는 알 수 없다. (거짓) ┌ $f(x)$의 최고차항의 계수가 양수이면 $h(x)$는 $x=a$에서 극솟값을 갖고, $f(x)$의 최고차항의 계수가 음수이면 $h(x)$는 $x=a$에서 극댓값을 갖는다.

ㄷ. ㉠에서 $h(a)=f(a)-\{f'(a)(a-a)+f(a)\}=0$이므로

$|h(a)|=0$

즉, 부등식 $|h(x)|<\dfrac{1}{100}$의 해는 항상 존재한다. (참)

따라서 옳은 것은 ㄱ, ㄷ이다. └─ $x=a$는 반드시 부등식의 해이다.

---

130 정답률 ▶ 26%   답 ④

1단계 곡선 $y=x^3-ax^2+3x-5$의 접선의 방정식을 이용하여 함수 $f(t)$에 대하여 알아보자.

점 $(0, t)$를 지나는 직선이 곡선 $y=x^3-ax^2+3x-5$와 접할 때의 접점의 좌표를 (k, k^3-ak^2+3k-5)라 하자.

$y'=3x^2-2ax+3$이므로 접선의 방정식은

$y=(3k^2-2ak+3)(x-k)+k^3-ak^2+3k-5$

이 접선이 점 $(0, t)$를 지나므로

$t=-2k^3+ak^2-5$

즉, $f(t)$는 곡선 $y=-2k^3+ak^2-5$와 직선 $y=t$의 교점의 개수이다.

2단계 함수 $f(t)$를 구해 보자.

$h(k)=-2k^3+ak^2-5$라 하면

$h'(k)=-6k^2+2ak=-2k(3k-a)$

$h'(k)=0$에서 $k=0$ 또는 $k=\dfrac{a}{3}$

함수 $h(k)$의 증가와 감소를 표로 나타내면 다음과 같다.

k	$\cdots$	0	$\cdots$	$\dfrac{a}{3}$	$\cdots$
$h'(k)$	$-$	0	$+$	0	$-$
$h(k)$	$\searrow$	극소	$\nearrow$	극대	$\searrow$

$h(0)=-5$, $h\left(\dfrac{a}{3}\right)=\dfrac{a^3}{27}-5$이므로 함수 $y=h(k)$의 그래프의 개형은 다음 그림과 같다.

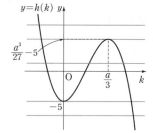

곡선 $y=h(k)$와 직선 $y=t$의 교점의 개수

$t>\dfrac{a^3}{27}-5 \Rightarrow 1$

$t=\dfrac{a^3}{27}-5 \Rightarrow 2$

$-5<t<\dfrac{a^3}{27}-5 \Rightarrow 3$

$t=-5 \Rightarrow 2$

$t<-5 \Rightarrow 1$

따라서 함수 $f(t)$와 $y=f(t)$의 그래프는 다음과 같다.

$$f(t)=\begin{cases} 1 & (t<-5) \\ 2 & (t=-5) \\ 3 & \left(-5<t<\dfrac{a^3}{27}-5\right) \\ 2 & \left(t=\dfrac{a^3}{27}-5\right) \\ 1 & \left(t>\dfrac{a^3}{27}-5\right) \end{cases},$$

3단계 합성함수 $g(t)=(f\circ f)(t)$가 두 조건 (가), (나)를 만족시키도록 하는 자연수 a의 값의 범위를 구해 보자.

$$g(t)=f(f(t))=\begin{cases} f(1) & (t<-5) \\ f(2) & (t=-5) \\ f(3) & \left(-5<t<\dfrac{a^3}{27}-5\right) \\ f(2) & \left(t=\dfrac{a^3}{27}-5\right) \\ f(1) & \left(t>\dfrac{a^3}{27}-5\right) \end{cases}$$

함수 $g(t)$에서

(i) $\dfrac{a^3}{27}-5<3$인 경우 → $y=f(t)$의 그래프에서 $f(3)=1$

$-5<t<\dfrac{a^3}{27}-5$일 때, $g(t)=f(3)=1$

이므로 조건 (가)를 만족시키지 않는다.

(ii) $\dfrac{a^3}{27}-5=3$인 경우 → $y=f(t)$의 그래프에서 $f(1)=f(2)=3,\ f(3)=2$

$t<-5,\ t>\dfrac{a^3}{27}-5$일 때, $g(t)=f(1)=3$

$t=-5,\ \dfrac{a^3}{27}-5$일 때, $g(t)=f(2)=3$

$-5<t<\dfrac{a^3}{27}-5$일 때, $g(t)=f(3)=2$

함수 $g(t)$의 치역의 원소의 개수가 2이므로 조건 (나)를 만족시키지 않는다.

(iii) $\dfrac{a^3}{27}-5>3$인 경우 → $y=f(t)$의 그래프에서 $f(1)=f(2)=f(3)=3$

실수 전체의 집합에서 $f(t)\le 3<\dfrac{a^3}{27}-5$이므로 $g(t)=3$이다.

이는 두 조건 (가), (나)를 모두 만족시킨다.

(i), (ii), (iii)에 의하여 주어진 조건을 만족시키는 a의 값의 범위는 $a^3>6^3$

4단계 $m+g(m)$의 값을 구해 보자.

자연수 a의 최솟값 $m=7$이므로

$g(m)=f(f(7))=3$ ∴ $m+g(m)=7+3=10$

---

131 정답률 ▶ 17% 답 32

1단계 주어진 부등식의 의미를 알아보자.

함수 $f(x)=x^2(x-2)^2$의 그래프는 다음 그림과 같다.

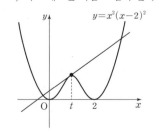

$f(x)\le f'(t)(x-t)+f(t)$에서 $f'(t)(x-t)+f(t)$는 곡선 $y=f(x)$ 위의 점 $(t, f(t))$에서의 접선의 방정식 $y=f'(t)(x-t)+f(t)$임을 알 수 있다.

즉, $0\le x\le 2$인 모든 실수 x에 대하여 부등식 $f(x)\le f'(t)(x-t)+f(t)$를 만족시키려면 $0\le x\le 2$인 모든 실수 x에 대하여 곡선 $y=f(x)$ 위의 점 $(t, f(t))$에서의 접선이 곡선 $y=f(x)$보다 위쪽에 있어야 하므로 점 $(t, f(t))$는 곡선 $y=f(x)$의 위로 볼록한 부분의 점이어야 한다.

이때 $0\le x\le 2$에 대하여 점 $(t, f(t))$에서의 접선이 두 점 $(0, 0)$, $(2, 0)$을 지날 때를 생각해 보아야 한다.

2단계 조건을 만족시키는 실수 t의 값의 범위를 구해 보자.

(i) 점 $(t, f(t))$에서의 접선이 점 $(0, 0)$을 지날 때

$f(x)=x^2(x-2)^2$에서

$f'(x)=2x(x-2)^2+2x^2(x-2)$

$\quad\ \ =4x(x-1)(x-2)$

곡선 $y=f(x)$ 위의 점 $(t, f(t))$에서의 접선의 방정식은

$y-t^2(t-2)^2=4t(t-1)(t-2)(x-t)$

이 접선이 점 $(0, 0)$을 지날 때의 접점의 x좌표를 $x=a$라 하면

$x=y=0,\ t=a$를 대입하면 되므로

$0-a^2(a-2)^2=4a(a-1)(a-2)(0-a)$

$a-2=4(a-1),\ 3a=2$

∴ $a=\dfrac{2}{3}$

(ii) 점 $(t, f(t))$에서의 접선이 점 $(2, 0)$을 지날 때

함수 $f(x)=x^2(x-2)^2$의 그래프는 직선 $x=1$에 대하여 대칭이므로 곡선 $y=f(x)$ 위의 점 $(t, f(t))$에서의 접선이 점 $(2, 0)$을 지날 때의 접점의 x좌표를 $x=b$라 하면

$\dfrac{a+b}{2}=1,\ \dfrac{\frac{2}{3}+b}{2}=1\left(\because\text{(i)}에서\ a=\dfrac{2}{3}\right)$

$\dfrac{2}{3}+b=2$

∴ $b=\dfrac{4}{3}$

(i), (ii)에서 부등식 $f(x)\le f'(t)(x-t)+f(t)$를 만족시키는 실수 t의 값의 범위는

$\dfrac{2}{3}\le t\le\dfrac{4}{3}$

∴ $\left\{t\ \middle|\ \dfrac{2}{3}\le t\le\dfrac{4}{3}\right\}$

3단계 $36pq$의 값을 구해 보자.

$p=\dfrac{2}{3}$, $q=\dfrac{4}{3}$이므로

$36pq=36\times\dfrac{2}{3}\times\dfrac{4}{3}=32$

---

132 정답률 ▶ 81% 답 6

1단계 점 P의 시각 t에서의 속도를 구하여 상수 a의 값을 구해 보자.

점 P의 시각 t $(t\ge 0)$에서의 속도를 v라 하면

$v=\dfrac{dx}{dt}=3t^2-6t+a$

점 P의 시각 $t=3$에서의 속도가 15이므로

$27-18+a=15$

∴ $a=6$

133 정답률 ▸ 77% 답 8

1단계 $t=3$에서 점 P의 가속도를 구해 보자.

점 P의 시각 $t\,(t>0)$에서의 속도를 v, 가속도를 a라 하면

$$v=\frac{dx}{dt}=3t^2-10t+6,\ a=\frac{dv}{dt}=6t-10$$

따라서 $t=3$에서 점 P의 가속도는

$$18-10=8$$

134 정답률 ▸ 80% 답 ②

1단계 점 P의 시각 t에서의 속도를 구해 보자.

점 P의 시각 t에서의 속도는

$$P'(t)=3t^2-18t+34$$

2단계 점 P의 속도가 처음으로 10이 되는 순간 점 P의 위치를 구해 보자.

점 P의 속도가 10이 되는 순간은

$$3t^2-18t+34=10$$
$$t^2-6t+8=0,\ (t-2)(t-4)=0$$
$$\therefore\ t=2\ \text{또는}\ t=4$$

따라서 점 P의 속도가 처음으로 10이 되는 순간은 $t=2$일 때이므로 이 시각에서의 점 P의 위치는

$$P(2)=8-36+68=40$$

135 정답률 ▸ 84% 답 ④

Best Pick 속도와 가속도 유형에서 운동 방향과 관련된 문제가 종종 출제된다. 특히 '운동 방향을 바꾼다.'라는 조건이 자주 출제되는데, 이 조건이 나오면 그때의 속도가 0이라는 것을 의미함을 꼭 기억해 두도록 하자.

1단계 점 P의 시각 t에서의 속도, 가속도를 각각 구해 보자.

점 P의 시각 t에서의 속도를 v, 가속도를 a라 하면

$$v=\frac{dx}{dt}=3t^2+2kt+k,\ a=\frac{dv}{dt}=6t+2k$$

2단계 상수 k의 값을 구하여 시각 $t=2$에서 점 P의 가속도를 구해 보자.

시각 $t=1$에서 점 P가 운동 방향을 바꾸므로 $v=0$이다.

즉, $3+2k+k=0$이므로

$$3k=-3\qquad\therefore\ k=-1$$
$$\therefore\ a=6t-2$$

따라서 시각 $t=2$에서 점 P의 가속도는

$$12-2=10$$

136 정답률 ▸ 74% 답 22

1단계 점 P의 시각 t에서의 속도, 가속도를 각각 구해 보자.

점 P의 시각 t에서의 속도를 v, 가속도를 a라 하면

$$v=\frac{dx}{dt}=-t^2+6t,\ a=\frac{dv}{dt}=-2t+6$$

2단계 상수 k의 값을 구해 보자.

점 P의 가속도가 0이 되는 순간은 $a=0$, 즉 $-2t+6=0$에서 $t=3$일 때이다.

점 P의 가속도가 0일 때 점 P의 위치는 40이므로

$$-9+27+k=40\qquad\therefore\ k=22$$

137 정답률 ▸ 71% 답 27

1단계 두 점 P, Q의 시각 t에서의 속도를 각각 구해 보자.

두 점 P, Q의 시각 t에서의 속도를 각각 v_1, v_2라 하면

$$v_1=\frac{dx_1}{dt}=3t^2-4t+3,\ v_2=\frac{dx_2}{dt}=2t+12$$

2단계 두 점 P, Q의 속도가 같아지는 순간 두 점 P, Q 사이의 거리를 구해 보자.

두 점 P, Q의 속도가 같아지는 순간은

$$3t^2-4t+3=2t+12$$
$$3t^2-6t-9=0,\ 3(t+1)(t-3)=0$$
$$\therefore\ t=3\ (\because\ t\geq0)$$

$t=3$일 때 점 P의 위치는 $27-18+9=18$

점 Q의 위치는 $9+36=45$

따라서 두 점 P, Q 사이의 거리는

$$45-18=27$$

138 정답률 ▸ 75% 답 ④

1단계 점 P의 시각 t에서의 속도를 구해 보자.

점 P의 시각 t에서의 속도를 v라 하면

$$v=\frac{dx}{dt}=3t^2-12$$

2단계 상수 k의 값을 구해 보자.

점 P의 운동 방향이 바뀔 때 $v=0$이므로

$$3t^2-12=0,\ 3(t+2)(t-2)=0$$
$$\therefore\ t=2\ (\because\ t>0)$$

점 P의 운동 방향이 원점에서 바뀌므로 점 P는 $t=2$일 때 원점에 있다.

즉, $8-24+k=0$이므로

$$k=16$$

139 13	140 12	141 61	142 105	143 108	144 243
145 38	146 19	147 64	148 42	149 51	150 40
151 5	152 108	153 147	154 82		

139 정답률 ▸ 10%   답 13

1단계 주어진 조건을 만족시키는 사차함수 $f(x)$의 식을 세워 보자.

조건 (나)에서 곡선 $y=f(x)$가 점 $(2, f(2))$에서 직선 $y=2$에 접하므로
$f(2)=2$, $f'(2)=0$
또한, 조건 (가)에서 $f(x)$의 최고차항의 계수가 1이므로
$f(x)=(x-2)^2(x^2+ax+b)+2$ (a, b는 상수)   ······ ㉠
라 할 수 있다.

㉠의 양변을 x에 대하여 미분하면
$f'(x)=2(x-2)(x^2+ax+b)+(x-2)^2(2x+a)$
조건 (다)에서 $f'(0)=0$이므로
$f'(0)=-4b+4a=0$ ∴ $a=b$
∴ $f(x)=(x-2)^2(x^2+ax+a)+2$
     $=a(x-2)^2(x+1)+(x-2)^2x^2+2$

2단계 함수 $y=f(x)$의 그래프가 항상 지나는 점들의 y좌표의 합을 구해 보자.

함수 $y=f(x)$의 그래프가 a의 값에 상관없이 항상 지나는 점의 좌표는
$(2, 2)$, $(-1, 11)$
따라서 구하는 y좌표의 합은
$2+11=13$

다른 풀이

조건 (나)에서 $f(2)=2$, $f'(2)=0$이고, 조건 (다)에서 $f'(0)=0$이므로 함수 $f(x)$는 방정식 $f'(x)=0$을 만족시키는 x가 2개 이상 존재하는 사차함수의 그래프의 개형을 갖는다.

(i)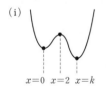
(ii)
(iii)
(iv)
(v)

조건 (가)에서 함수 $f(x)$의 최고차항의 계수가 1이므로 함수 $f'(x)$의 최고차항의 계수는 4이고
$f'(x)=4x(x-2)(x-k)$ (k는 상수)라 하면
$f'(x)=4(x^3-2x^2)-4k(x^2-2x)$
위의 식의 양변을 x에 대하여 적분하여 $f(x)$를 구하면
$f(x)=\int\{4(x^3-2x^2)-4k(x^2-2x)\}dx$
    $=4\left(\dfrac{1}{4}x^4-\dfrac{2}{3}x^3\right)-4k\left(\dfrac{1}{3}x^3-x^2\right)+C$ (단, C는 적분상수)

조건 (나)에서 $f(2)=2$이므로
$f(2)=4\times\left(-\dfrac{4}{3}\right)-4k\times\left(-\dfrac{4}{3}\right)+C=2$
∴ $C=-4k\times\dfrac{4}{3}+\dfrac{22}{3}$
∴ $f(x)=\left(x^4-\dfrac{8}{3}x^3+\dfrac{22}{3}\right)-4k\left(\dfrac{1}{3}x^3-x^2+\dfrac{4}{3}\right)$ ······ ㉠

함수 $y=f(x)$의 그래프가 k의 값에 상관없이 항상 지나는 점의 좌표를 구하기 위하여 방정식 $\dfrac{1}{3}x^3-x^2+\dfrac{4}{3}=0$을 풀면
$x^3-3x^2+4=0$, $(x+1)(x^2-4x+4)=0$
$(x+1)(x-2)^2=0$
∴ $x=-1$ 또는 $x=2$ ······ ㉡
㉡을 ㉠에 대입하면 $f(-1)=11$, $f(2)=2$
즉, 함수 $y=f(x)$의 그래프가 k의 값에 상관없이 항상 지나는 점의 좌표는
$(-1, 11)$, $(2, 2)$

140 정답률 ▸ 14%   답 12

Best Pick 삼차함수 또는 사차함수에 절댓값 기호가 포함된 함수와 미분 가능하지 않을 조건이 결합된 문제이다. 자주 출제되는 유형으로, 함수의 그래프의 개형을 모두 숙지하고 있어야 한다.

1단계 조건 (가), (나)가 의미하는 것을 파악하여 조건을 만족시키는 함수 $y=f(x)$의 그래프의 개형을 찾아보자.

조건 (가)에 의하여
$f'(2)=0$ ······ ㉠
함수 $|f(x)-f(1)|$은 $f(x)=f(1)$을 만족시키는 x의 값에서 함수 $y=|f(x)-f(1)|$의 그래프가 꺾인 점을 가지면 이 점에서 미분가능하지 않다.
조건 (나)에서 함수 $|f(x)-f(1)|$이 오직 $x=a$ ($a>2$)에서만 미분가능하지 않으므로 방정식 $f(x)=f(1)$의 해는 $x=1$ 이외에도 $x=a$가 있고, 함수 $y=|f(x)-f(1)|$의 그래프는 $x=1$에서는 꺾인 점을 갖지 않고, $x=a$에서만 꺾인 점을 갖는다.
즉, $f(1)=f(a)$이고,
$f'(1)=0$, $f'(a)\neq0$ ······ ㉡
(i) 삼차방정식 $f'(x)=0$의 해가 $x=1$, $x=2$ 이외에도 존재하는 경우
㉠, ㉡을 만족시키고 최고차항의 계수가 양수인 사차함수 $y=f(x)$의 그래프의 개형을 그려 보면 다음과 같다.

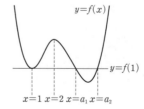
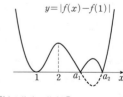

→ 함수 $|f(x)-f(1)|$은 $x=a_1$, $x=a_2$에서 미분가능하지 않다.

이때 함수 $y=|f(x)-f(1)|$의 그래프는 $x=a_1$, $x=a_2$ $(2<a_1<a_2)$에서 꺾인 점을 가지게 되므로 조건 (나)를 만족시키지 않는다.
사차함수 $f(x)$의 최고차항의 계수가 음수인 경우도 마찬가지이다.
(ii) 삼차방정식 $f'(x)=0$의 해가 $x=1$, $x=2$뿐인 경우
$x=1$, $x=2$ 중 하나는 삼차방정식 $f'(x)=0$의 중근이어야 한다.
$x=2$가 중근이면 사차함수 $f(x)$는 $x=2$에서 극값을 갖지 않게 되므로 $x=1$이 삼차방정식 $f'(x)=0$의 중근이어야 한다.

최고차항의 계수가 양수인 사차함수 $y=f(x)$의 그래프의 개형을 그려 보면 다음과 같다.

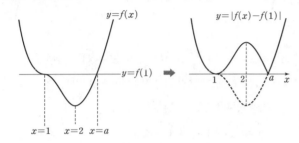

이때 함수 $y=|f(x)-f(1)|$의 그래프는 오직 $x=a$ $(a>2)$에서만 꺾인 점을 가지므로 $y=f(x)$의 그래프의 개형으로 적합하다.
마찬가지로 사차함수 $f(x)$의 최고차항의 계수가 음수인 경우도 조건을 만족시킨다.

┗→ $y=|f(x)-f(1)|$

2단계 $f'(x)$를 구하여 $\dfrac{f'(5)}{f'(3)}$의 값을 구해 보자.

방정식 $f'(x)=0$의 해가 $x=1$, $x=2$이므로
$f'(x)=k(x-1)^2(x-2)$ (k는 상수, $k\neq0$)이라 하면
$\dfrac{f'(5)}{f'(3)}=\dfrac{k(5-1)^2(5-2)}{k(3-1)^2(3-2)}=\dfrac{k\times16\times3}{k\times4\times1}=12$

---

141 정답률 ▸ 확: 4%, 미: 11%, 기: 7%   답 61

1단계 조건 (가)를 이용하여 삼차함수 $f(x)$의 식을 세워 보자.
삼차방정식 $f(x)=0$의 서로 다른 두 실근을 α, β $(\alpha\neq\beta)$라 하면 조건 (가)에 의하여 α, β 중 하나는 중근이므로
$f(x)=k(x-\alpha)^2(x-\beta)$ (k는 상수이고, $k\neq0$)
이라 할 수 있다.

2단계 삼차함수 $y=f(x)$의 그래프의 개형에 따라 경우를 나누어 조건 (나)를 만족시키는 함수 $f(x)$를 구해 보자.
조건 (나)의 방정식 $f(x-f(x))=0$에서
$x-f(x)=\alpha$ 또는 $x-f(x)=\beta$
즉, 방정식 $f(x)=x-\alpha$ 또는 $f(x)=x-\beta$를 만족시키는 서로 다른 실근의 개수는 3이다. ······ ㉠

(i) $k>0$인 경우
$\alpha>\beta$일 때, $f(1)=4$, $f'(1)=1$, $f'(0)>1$을 만족시키는 함수 $y=f(x)$의 그래프는 오른쪽 그림과 같다.
그런데 함수 $y=f(x)$의 그래프는 직선 $y=x-\alpha$와 서로 다른 세 점에서 만나고 직선 $y=x-\beta$와도 적어도 한 점 $(\beta, 0)$에서 만나므로 ㉠을 만족시키지 않는다.
이와 같은 방법으로 $\alpha<\beta$일 때도 ㉠을 만족시키지 않는다.

(ii) $k<0$인 경우
$f(1)=4$, $f'(1)=1$, $f'(0)>1$을 만족시키면서 ㉠을 만족시키는 함수 $y=f(x)$의 그래프는 오른쪽 그림과 같고, $\alpha<\beta$이다.

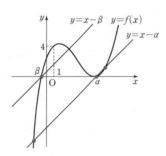

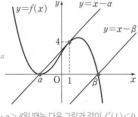

└→ $\alpha>\beta$일 때는 다음 그림과 같이 $f'(1)<0$ 이므로 $f'(1)=1$을 만족시키지 않는다.

즉, 직선 $y=x-\alpha$가 함수 $y=f(x)$의 그래프의 위의 점 $(1, 4)$에서의 접선과 일치해야 한다.
직선 $y=x-\alpha$가 점 $(1, 4)$를 지나야 하므로
$4=1-\alpha$ ∴ $\alpha=-3$
∴ $f(x)=k(x+3)^2(x-\beta)$
$f(1)=4$에서 $16k(1-\beta)=4$
∴ $4k(1-\beta)=1$ ······ ㉡
또한, $f'(x)=2k(x+3)(x-\beta)+k(x+3)^2$이므로
$f'(1)=1$에서
$8k(1-\beta)+16k=1$ ······ ㉢
㉡을 ㉢에 대입하면
$2\times1+16k=1$ ∴ $k=-\dfrac{1}{16}$

$k=-\dfrac{1}{16}$을 ㉡에 대입하면

$4\times\left(-\dfrac{1}{16}\right)\times(1-\beta)=1$ ∴ $\beta=5$

∴ $f(x)=-\dfrac{1}{16}(x+3)^2(x-5)$

(i), (ii)에서 $f(x)=-\dfrac{1}{16}(x+3)^2(x-5)$이다.

3단계 $f(0)$의 값을 구하여 $p+q$의 값을 구해 보자.

$f(0)=-\dfrac{1}{16}\times9\times(-5)=\dfrac{45}{16}$이므로
$p=16$, $q=45$
∴ $p+q=16+45=61$

---

142 정답률 ▸ 9%   답 105

1단계 조건 (가)를 이용하여 삼차함수 $f(x)$의 식을 세워 보자.
삼차함수 $f(x)$의 최고차항의 계수를 p라 하면 조건 (가)에 의하여
$f(x)=p(x-1)(x-3)(x-q)$ (p, q는 상수이고, $p\neq0$)
이라 할 수 있다.

2단계 함수 $g(x)$가 실수 전체의 집합에서 미분가능할 조건을 이용하여 삼차함수 $f(x)$를 구해 보자.
조건 (나)를 만족시키는 함수 $y=f(x)$의 그래프의 개형은 다음 그림과 같이 두 가지 경우가 가능하다. ─→ 그 외의 경우, 즉 $q=1$ 또는 $q=3$인 경우는 $f'(x)=0$인 x의 개수가 2이다.

(i) $p>0$인 경우   (ii) $p<0$인 경우

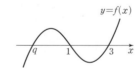

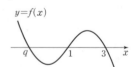

$f(a-x)=p(a-x-1)(a-x-3)(a-x-q)$
$\quad=-p(x-a+1)(x-a+3)(x-a+q)$
이므로
$f(x)f(a-x)=-p^2(x-1)(x-3)(x-q)$
$\quad\quad\times(x-a+1)(x-a+3)(x-a+q)$
∴ $g(x)=|f(x)f(a-x)|$
$\quad=p^2|(x-1)(x-3)(x-q)$
$\quad\quad\times(x-a+1)(x-a+3)(x-a+q)|$
즉, 함수 $g(x)$가 실수 전체의 집합에서 미분가능하려면
$g(x)=p^2|(x-\alpha)^2(x-\beta)^2(x-\gamma)^2|$ ─→ 절댓값 기호를 씌우기 전의 함수의 그래프가 x축과의 교점에서 모두 x축에 접해야 한다.
꼴이어야 한다.

이때 $q<1<3$에서 $-3<-1<-q$이므로

$a-3<a-1<a-q$

$a-3=q$, $a-1=1$, $a-q=3$이어야 하므로

$a=2$, $q=-1$

$\therefore f(x)=p(x+1)(x-1)(x-3)$

3단계 $\dfrac{g(4a)}{f(0)\times f(4a)}$의 값을 구해 보자.

$f(a-x)=f(2-x)=-p(x+1)(x-1)(x-3)=-f(x)$

이므로

$g(x)=|f(x)f(a-x)|=\{f(x)\}^2$

$\therefore \dfrac{g(4a)}{f(0)\times f(4a)}=\dfrac{\{f(8)\}^2}{f(0)\times f(8)}=\dfrac{f(8)}{f(0)}$

$\qquad\qquad\qquad\quad =\dfrac{p\times 9\times 7\times 5}{p\times 1\times(-1)\times(-3)}=105$

143
정답률 ▸ 확: 6%, 미: 19%, 기: 11%   **답 108**

1단계 두 조건 (가), (나)를 이용하여 함수 $g(x)$를 함수 $f(x)$에 대한 식으로 나타내어 보자.

조건 (가)에서

$x(x-2)>0$, 즉 $x<0$ 또는 $x>2$일 때

$g(x)=|f(x)|-a$

$x(x-2)<0$, 즉 $0<x<2$일 때

$g(x)=a-|f(x)|$

$\therefore g(x)=\begin{cases} |f(x)|-a & (x<0 \text{ 또는 } x>2) \\ a-|f(x)| & (0<x<2) \end{cases}$

조건 (나)에서 함수 $g(x)$는 $x=0$과 $x=2$에서 미분가능하므로 $x=0$과 $x=2$에서 연속이다.

함수 $g(x)$가 $x=0$에서 연속이면

$\lim\limits_{x\to 0+}g(x)=\lim\limits_{x\to 0-}g(x)$이므로

$a-|f(0)|=|f(0)|-a$

$2|f(0)|=2a \qquad \therefore |f(0)|=a$

$\therefore g(0)=\lim\limits_{x\to 0}g(x)=0 \qquad\qquad \cdots\cdots \;\text{㉠}$

함수 $g(x)$가 $x=2$에서 연속이면 $\lim\limits_{x\to 2+}g(x)=\lim\limits_{x\to 2-}g(x)$이므로

$|f(2)|-a=a-|f(2)|$

$2|f(2)|=2a \qquad \therefore |f(2)|=a$

$\therefore g(2)=\lim\limits_{x\to 2}g(x)=0 \qquad\qquad \cdots\cdots \;\text{㉡}$

㉠, ㉡에 의하여 $g(x)=\begin{cases} |f(x)|-a & (x<0 \text{ 또는 } x>2) \\ a-|f(x)| & (0\le x\le 2) \end{cases}$

2단계 함수 $g(x)$가 $x=0$과 $x=2$에서 미분가능함을 이용해 보자.

함수 $g(x)$가 $x=0$에서 미분가능하므로

$\lim\limits_{x\to 0+}\dfrac{g(x)-g(0)}{x-0}=\lim\limits_{x\to 0-}\dfrac{g(x)-g(0)}{x-0}$

이어야 한다.

$\therefore \lim\limits_{x\to 0+}\dfrac{a-|f(x)|}{x-0}=\lim\limits_{x\to 0-}\dfrac{|f(x)|-a}{x-0} \;(\because \text{㉠}) \quad \cdots\cdots \;\text{㉢}$

이때 $|f(0)|=a$이므로

$f(0)=-a$ 또는 $f(0)=a$

(i) $f(0)=-a$인 경우

$a>0$이므로 $f(0)<0$이고,

함수 $f(x)$는 $x=0$에서 연속이므로 $\lim\limits_{x\to 0}f(x)=f(0)$이다.

즉, $\lim\limits_{x\to 0}f(x)<0$이므로

$\lim\limits_{x\to 0+}\dfrac{a-|f(x)|}{x-0}=\lim\limits_{x\to 0+}\dfrac{-f(0)+f(x)}{x-0}$

$\qquad\qquad\qquad\qquad =f'(0)$

$\lim\limits_{x\to 0-}\dfrac{|f(x)|-a}{x-0}=\lim\limits_{x\to 0-}\dfrac{-f(x)+f(0)}{x-0}$

$\qquad\qquad\qquad\qquad =-\lim\limits_{x\to 0-}\dfrac{f(x)-f(0)}{x-0}$

$\qquad\qquad\qquad\qquad =-f'(0)$

이때 ㉢에서 $f'(0)=-f'(0)$이므로

$f'(0)=0$

(ii) $f(0)=a$인 경우

$a>0$이므로 $f(0)>0$이고,

함수 $f(x)$는 $x=0$에서 연속이므로 $\lim\limits_{x\to 0}f(x)=f(0)$이다.

즉, $\lim\limits_{x\to 0}f(x)>0$이므로

$\lim\limits_{x\to 0+}\dfrac{a-|f(x)|}{x-0}=\lim\limits_{x\to 0+}\dfrac{f(0)-f(x)}{x-0}$

$\qquad\qquad\qquad\qquad =-\lim\limits_{x\to 0+}\dfrac{f(x)-f(0)}{x-0}$

$\qquad\qquad\qquad\qquad =-f'(0)$

$\lim\limits_{x\to 0-}\dfrac{|f(x)|-a}{x-0}=\lim\limits_{x\to 0-}\dfrac{f(x)-f(0)}{x-0}$

$\qquad\qquad\qquad\qquad =f'(0)$

이때 ㉢에서 $-f'(0)=f'(0)$이므로

$f'(0)=0$

(i), (ii)에서 $f'(0)=0$이다.

또한, 함수 $g(x)$가 $x=2$에서도 미분가능하므로 같은 방법으로

$f'(2)=0$

3단계 삼차함수 $f(x)$를 구하여 $g(3a)$의 값을 구해 보자.

삼차함수 $f(x)$는 $x=0$과 $x=2$에서 극값을 갖고 최고차항의 계수가 1이므로 $x=0$에서 극댓값, $x=2$에서 극솟값을 갖는다.

이때 $f(0)>f(2)$이고, 양수 a에 대하여 $|f(0)|=|f(2)|=a$이므로 함수 $f(x)$의 극댓값은 $f(0)=a$, 극솟값은 $f(2)=-a$이다. ⟶ 참고에 의하여

$f(x)=x^3+px^2+qx+a$ (p, q는 상수)라 하면

$f'(x)=3x^2+2px+q$

$f'(0)=0$이므로 $q=0$

$f'(2)=0$이므로 $p=-3$

$\therefore f(x)=x^3-3x^2+a$

또한, $f(2)=-a$이므로

$8-12+a=-a$

$\therefore a=2$

따라서 $f(x)=x^3-3x^2+2$이므로

$g(x)=\begin{cases} |x^3-3x^2+2|-2 & (x<0 \text{ 또는 } x>2) \\ 2-|x^3-3x^2+2| & (0\le x\le 2) \end{cases}$

$\therefore g(3a)=g(6)=|216-108+2|-2=108$

> **참고**
>
> (1) $f(0)=f(2)=a$ 또는 $f(0)=f(2)=-a$인 경우
>
> 삼차함수 $f(x)$의 극댓값과 극솟값이 서로 같을 수 없으므로 모순이다.
>
> (2) $f(0)=-a$, $f(2)=a$인 경우
>
> 삼차함수 $f(x)$의 최고차항의 계수가 음수이어야 이 경우를 만족시키므로 모순이다.
>
> ⌐ 삼차함수 $f(x)$가 $x=a$, $x=b$ $(a<b)$에서 극값을 가질 때,
> 최고차항의 계수가 음수이면 $f(a)$는 극솟값, $f(b)$는 극댓값
> 최고차항의 계수가 양수이면 $f(a)$는 극댓값, $f(b)$는 극솟값

144 답 243

1단계 $h(x)=f(x)-g(x)$라 하고, 함수 $y=h(x)$의 그래프의 개형을 그려 보자.

$h(x)=f(x)-g(x)$라 하면 $h(x)$는 최고차항의 계수가 1인 삼차함수이다.

조건 (가)에서 $h(\alpha)=0$, $h'(\alpha)=0$ → $f(\alpha)=g(\alpha)$이므로 $f(\alpha)-g(\alpha)=0$
$f'(\alpha)=g'(\alpha)$ 이므로 $f'(\alpha)-g'(\alpha)=0$

조건 (나)에서 $h'(\beta)=0$

이때 최고차항의 계수가 양수인 이차함수 $g(x)$에 대하여 $f'(\beta)=g'(\beta)$이므로 $f'(\beta)-g'(\beta)=0$

$g'(\alpha)=-16$, $g'(\beta)=16$
이므로 오른쪽 그림에서
$\alpha<\beta$, $\alpha\neq\beta$

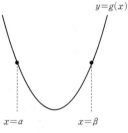

즉, 함수 $y=h(x)$의 그래프의 개형은 다음 그림과 같다.

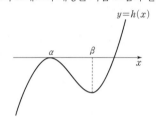

2단계 함수 $h(x)$를 α, β에 대한 식으로 나타내어 보자.

함수 $y=h(x)$의 그래프와 x축이 만나는 점의 x좌표 중 α가 아닌 것을 γ $(\gamma\neq\alpha)$라 하면
$h(x)=(x-\alpha)^2(x-\gamma)$
$h'(x)=2(x-\alpha)(x-\gamma)+(x-\alpha)^2$

조건 (나)에서 $h'(\beta)=0$이므로
$2(\beta-\alpha)(\beta-\gamma)+(\beta-\alpha)^2=0$
$(\beta-\alpha)\{2(\beta-\gamma)+(\beta-\alpha)\}=0$
$(\beta-\alpha)(3\beta-2\gamma-\alpha)=0$
$\therefore \gamma=-\dfrac{1}{2}\alpha+\dfrac{3}{2}\beta$ $(\because \alpha\neq\beta)$

$\therefore h(x)=(x-\alpha)^2\left(x+\dfrac{1}{2}\alpha-\dfrac{3}{2}\beta\right)$

3단계 $g(\beta+1)-f(\beta+1)$의 값을 구해 보자.

$h(\beta+1)=(\beta+1-\alpha)^2\left(\beta+1+\dfrac{1}{2}\alpha-\dfrac{3}{2}\beta\right)$

$\qquad\qquad =(\beta-\alpha+1)^2\left\{\dfrac{1}{2}(\alpha-\beta)+1\right\}$ ······ ㉠

최고차항의 계수가 2인 이차함수 $g(x)$를
$g(x)=2x^2+ax+b$ $(a, b$는 상수)라 하면
$g'(x)=4x+a$

$g'(\alpha)=-16$에서
$4\alpha+a=-16$ ······ ㉡

$g'(\beta)=16$에서
$4\beta+a=16$ ······ ㉢

㉢-㉡에서
$4(\beta-\alpha)=32$
$\therefore \beta-\alpha=8$ ······ ㉣

㉣을 ㉠에 대입하면
$h(\beta+1)=(8+1)^2\times\left\{\dfrac{1}{2}\times(-8)+1\right\}=-243$

따라서 $h(\beta+1)=f(\beta+1)-g(\beta+1)$이므로
$g(\beta+1)-f(\beta+1)=-h(\beta+1)=-(-243)=243$

다른 풀이

두 조건 (가), (나)에서 $g'(\alpha)=-16$, $g'(\beta)=16$이므로 이차함수 $y=g(x)$의 그래프의 축의 방정식은
$x=\dfrac{\alpha+\beta}{2}$

$\therefore g(x)=2\left(x-\dfrac{\alpha+\beta}{2}\right)^2+k$ (단, k는 상수)

즉, $g'(x)=4\left(x-\dfrac{\alpha+\beta}{2}\right)$이고, $g'(\beta)=16$이므로

$4\left(\beta-\dfrac{\alpha+\beta}{2}\right)=16$, $\dfrac{\beta-\alpha}{2}=4$

$\therefore \beta-\alpha=8$

145 답 38

1단계 함수 $h(x)$가 실수 전체의 집합에서 미분가능할 조건을 알아보자.

이차함수 $f(x)$가 $x=-1$에서 극대이므로 오른쪽 그림과 같이 함수 $y=f(x)$의 그래프는 직선 $x=-1$에 대하여 대칭이고 위로 볼록하다.

즉, $f(-2)=f(0)$이고 $f(0)=k$ $(k$는 상수)라 하면 이차함수 $f(x)$는
$f(x)=ax(x+2)+k$
$\qquad =ax^2+2ax+k$ $(a<0)$
이라 할 수 있다.

이때 함수 $h(x)=\begin{cases} f(x) & (x\leq 0) \\ g(x) & (x>0) \end{cases}$이 실수 전체의 집합에서 미분가능하므로

$x=0$에서 연속이다.
$\therefore h(0)=f(0)=g(0)=k$

또한, 이차함수 $y=f(x)$의 그래프 위의 점 $(0, k)$에서의 접선의 기울기가 음수이므로 함수 $h(x)$가 실수 전체의 집합에서 미분가능하려면 삼차함수 $y=g(x)$의 그래프 위의 점 $(0, k)$에서의 접선의 기울기도 음수이어야 한다.

2단계 삼차함수 $g(x)$의 최고차항의 계수가 양수인 경우에 대하여 알아보자.

(ⅰ) 삼차함수 $g(x)$의 최고차항의 계수가 양수인 경우
함수 $y=h(x)$의 그래프의 개형은 다음 그림과 같아야 한다.

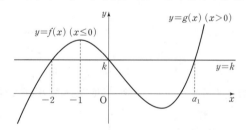

조건 (가)에서 방정식 $h(x)=h(0)$, 즉 $h(x)=k$의 모든 실근의 합은 1이므로 $x>0$에서 함수 $y=g(x)$의 그래프가 직선 $y=k$와 만나는 점의 x좌표를 α_1 $(\alpha_1>0)$이라 하면
$-2+0+\alpha_1=1$
$\therefore \alpha_1=3$

따라서
$g(x)=px(x-3)(x-q)+k=px^3-p(q+3)x^2+3pqx+k$
$\qquad\qquad\qquad (p, q$는 상수이고, $p>0$, $q<0)$
이라 할 수 있다.

삼차함수 $g(x)$의 이차항의 계수가 0이므로

$-p(q+3)=0$ $\therefore q=-3$ ($\because p>0$)

$\therefore g(x)=px^3-9px+k$

$g'(x)=3px^2-9p=3p(x+\sqrt{3})(x-\sqrt{3})$이므로

$g'(x)=0$에서 $x=\sqrt{3}$ ($\because x>0$)

$x>0$에서 함수 $g(x)$의 증가와 감소를 표로 나타내면 다음과 같다.

x	(0)	$\cdots$	$\sqrt{3}$	$\cdots$
$g'(x)$		$-$	0	$+$
$g(x)$		$\searrow$	극소	$\nearrow$

즉, 함수 $g(x)$는 $x=\sqrt{3}$에서 극소이며 최소이다.

한편, $f(x)=ax^2+2ax+k$에서 $f'(x)=2ax+2a$이므로

$f'(0)=g'(0)$에서 → 함수 $h(x)$가 $x=0$에서 미분가능하므로
$\lim\limits_{x\to0-}f'(x)=\lim\limits_{x\to0+}g'(x)$, 즉 $f'(0)=g'(0)$이다.

$2a=-9p$

$\therefore a=-\dfrac{9}{2}p$ $\cdots\cdots$ ㉠

따라서 닫힌구간 $[-2, 3]$에서 함수 $h(x)$의 최댓값은 $f(-1)$, 최솟값은 $g(\sqrt{3})$이므로 조건 (나)에 의하여

$f(-1)-g(\sqrt{3})=(a-2a+k)-(3\sqrt{3}p-9\sqrt{3}p+k)$

$=-a+6\sqrt{3}p$

$=\dfrac{9}{2}p+6\sqrt{3}p$ ($\because$ ㉠)

$=\dfrac{9+12\sqrt{3}}{2}p=3+4\sqrt{3}$

$\therefore p=\dfrac{2(3+4\sqrt{3})}{9+12\sqrt{3}}=\dfrac{2(3+4\sqrt{3})}{3(3+4\sqrt{3})}=\dfrac{2}{3}$

$p=\dfrac{2}{3}$를 ㉠에 대입하여 정리하면

$a=-3$

$\therefore h'(x)=\begin{cases} f'(x) & (x<0) \\ g'(x) & (x>0) \end{cases}$

$=\begin{cases} -6x-6 & (x<0) \\ 2x^2-6 & (x>0) \end{cases}$

3단계 삼차함수 $g(x)$의 최고차항의 계수가 음수인 경우에 대하여 알아보자.

(ii) 삼차함수 $g(x)$의 최고차항의 계수가 음수인 경우

함수 $y=h(x)$의 그래프의 개형은 다음 그림과 같아야 한다.

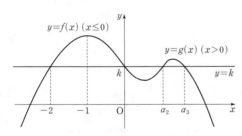

조건 (가)에서 방정식 $h(x)=h(0)$, 즉 $h(x)=k$의 모든 실근의 합은 1이므로 $x>0$에서 함수 $y=g(x)$의 그래프가 직선 $y=k$와 만나는 점의 x좌표를 a_2, a_3 ($a_2>0$, $a_3>0$)이라 하면

$-2+0+a_2+a_3=1$

$\therefore a_2+a_3=3$ $\cdots\cdots$ ㉡

따라서

$g(x)=rx(x-a_2)(x-a_3)+k$

$=rx^3-r(a_2+a_3)x^2+ra_2a_3x+k$ (r는 상수이고, $r<0$)

$=rx^3-3rx^2+ra_2a_3x+k$ ($\because$ ㉡)

라 할 수 있다.

그런데 $r\neq0$이므로 삼차함수 $g(x)$의 이차항의 계수는 0이 아니다.

즉, 이 경우는 조건을 만족시키지 않는다.

4단계 함수 $h'(x)$를 구하여 $h'(-3)+h'(4)$의 값을 구해 보자.

(i), (ii)에서 $h'(x)=\begin{cases} -6x-6 & (x<0) \\ 2x^2-6 & (x>0) \end{cases}$이므로

$h'(-3)=18-6=12$,

$h'(4)=32-6=26$

$\therefore h'(-3)+h'(4)=12+26=38$

146 정답률 ▶ 9% 답 19

1단계 $x<1$일 때, 함수 $y=\dfrac{ax-9}{x-1}$의 그래프의 개형을 그려 보자.

$y=\dfrac{ax-9}{x-1}=\dfrac{a-9}{x-1}+a$ $\cdots\cdots$ ㉠

$a-9\neq0$일 때 ㉠은 유리함수이고, $a-9=0$일 때 ㉠은 상수함수이다.
└→ $y=9$

이때 함수 $y=\dfrac{a-9}{x-1}+a$ ($x<1$)의 그래프를 $a-9$의 부호에 따라 나누어 그리면 다음 그림과 같다.

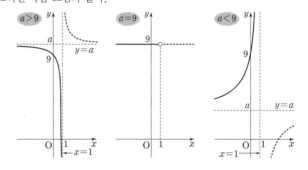

2단계 **1단계**를 이용하여 조건을 만족시키는 함수 $y=f(x)$의 그래프의 개형을 찾아보자.

함수 $y=g(x)$의 그래프와 직선 $y=t$가 서로 다른 두 점에서 만나도록 하는 모든 실수 t의 값이 집합 $\{t|t=-1$ 또는 $t\geq3\}$이므로 이를 만족시키도록 직선 $y=t$와 함수 $y=f(x)$ ($x\geq1$)의 그래프를 그릴 수 있는지 생각해 보자.

(i) $a>9$일 때, 직선 $y=t$와 함수 $y=g(x)$의 그래프의 개형을 그려 보면 다음 그림과 같다.

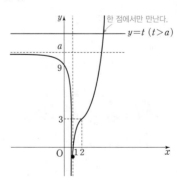

직선 $y=t$가 $t>a$일 때는 곡선 $y=\dfrac{a-9}{x-1}+a$와 만나지 않으므로 최고차항의 계수가 1이고 $f(2)=3$인 어떤 삼차함수 $y=f(x)$ ($x\geq1$)의 그래프를 그리더라도 t가 충분히 크면 삼차함수 $y=f(x)$ ($x\geq1$)의 그래프와 직선 $y=t$는 한 점에서만 만나게 된다.

즉, $a>9$일 때는 조건을 만족시키지 못한다.

(ii) $a=9$일 때, 직선 $y=t$와 함수 $y=g(x)$의 그래프의 개형을 그려 보면 다음 그림과 같다.

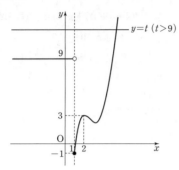

(i)과 마찬가지로 직선 $y=t$가 $t>9$이고 t가 충분히 크면 삼차함수 $y=f(x)$ ($x\geq1$)의 그래프와 직선 $y=t$는 한 점에서만 만나게 된다. 즉, $a=9$일 때는 조건을 만족시키지 못한다.

(iii) $a<9$일 때, 직선 $y=t$와 함수 $y=g(x)$의 그래프의 개형을 그려 보면 다음 그림과 같다.

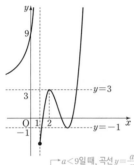

$\llcorner$ $a<9$일 때, 곡선 $y=\dfrac{a-9}{x-1}+a$는 $x<1$이면 $y>a$이다.

직선 $y=t$가 $t<a$일 때는 곡선 $y=\dfrac{a-9}{x-1}+a$와 만나지 않는다.

조건을 만족시키려면 유리함수 $y=\dfrac{a-9}{x-1}+a$의 점근선 $y=a$는 직선 $y=3$이어야 하고, 직선 $y=3$과 함수 $y=f(x)$ ($x\geq1$)의 그래프가 두 점에서 만나야 하므로 함수 $y=f(x)$ ($x\geq1$)의 그래프는 직선 $y=3$에 접해야 한다.

또한, 직선 $y=-1$과 함수 $y=f(x)$ ($x\geq1$)의 그래프가 두 점에서 만나야 하므로 함수 $y=f(x)$ ($x\geq1$)의 그래프는 직선 $y=-1$에 접하고 $f(1)\leq-1$이어야 한다.

3단계 2단계 를 이용하여 함수 $f(x)$를 구해 보자.

함수 $f(x)$의 그래프가 직선 $y=3$과 점 $(2,3)$에서 접하므로
$f(x)-3=(x-2)^2(x-k)$ $(k>2)$
$\llcorner$ 방정식 $f(x)=3$, 즉 $f(x)-3=0$은 중근 $x=2$를 갖는다.
라 할 수 있다.

$f(x)=(x-2)^2(x-k)+3$에서
$f'(x)=2(x-2)(x-k)+(x-2)^2=(x-2)(3x-2k-2)$
$f'(x)=0$에서 $x=2$ 또는 $x=\dfrac{2k+2}{3}$

이때 함수 $f(x)$는 $x=\dfrac{2k+2}{3}$에서 극솟값 -1을 가져야 하므로
$-\dfrac{4}{27}(k-2)^3+3=-1$, $(k-2)^3=27$
$k-2=3$ $\therefore k=5$
$\therefore f(x)=(x-2)^2(x-5)+3$

4단계 $(g\circ g)(-1)$의 값을 구해 보자.

$g(x)=\begin{cases}\dfrac{3x-9}{x-1} & (x<1)\\(x-2)^2(x-5)+3 & (x\geq1)\end{cases}$ 이므로

$(g\circ g)(-1)=g(g(-1))=g(6)=19$

1단계 조건 (가)를 만족시키는 함수 $g(x)h(x)$에 대하여 알아보자.

조건 (가)에서 함수 $g(x)h(x)$가 실수 전체의 집합에서 미분가능하므로 함수 $g(x)h(x)$는 실수 전체의 집합에서 연속이다.

2단계 $g(x)$가 연속함수일 때, 조건을 만족시키는 함수 $h(x)$를 구해 보자.

$g(x)$가 실수 전체의 집합에서 연속이려면 $x=0$에서 연속이어야 하므로
$\lim\limits_{x\to0+}g(x)=\lim\limits_{x\to0-}g(x)=g(0)$이어야 한다.
즉,
$\lim\limits_{x\to0+}f(x)=\lim\limits_{x\to0-}\dfrac{3}{2}f(x+k)=f(0)$
에서
$\dfrac{3}{2}f(k)=f(0)$, $\dfrac{3}{2}|3k-9|=9$
$|3k-9|=6$
$3k-9=-6$ 또는 $3k-9=6$
$3k=3$ 또는 $3k=15$
$\therefore k=1$ 또는 $k=5$

(i) $k=1$일 때 $\quad\llcorner=\dfrac{3}{2}|3(x+1)-9|$

$g(x)=\begin{cases}\dfrac{3}{2}f(x+1) & (x<0)\\f(x) & (x\geq0)\end{cases}$

$=\begin{cases}\dfrac{3}{2}|3x-6| & (x<0)\\|3x-9| & (x\geq0)\end{cases}$

이므로 함수 $y=g(x)$의 그래프는 오른쪽 그림과 같다.

함수 $g(x)h(x)$가 $x=3$에서 미분가능 하므로

$\lim\limits_{x\to3+}\dfrac{g(x)h(x)-g(3)h(3)}{x-3}=\lim\limits_{x\to3+}\dfrac{(3x-9)h(x)}{x-3}$
$=\lim\limits_{x\to3+}\dfrac{3(x-3)h(x)}{x-3}$
$=3h(3)$

$\lim\limits_{x\to3-}\dfrac{g(x)h(x)-g(3)h(3)}{x-3}=\lim\limits_{x\to3-}\dfrac{(-3x+9)h(x)}{x-3}$
$=\lim\limits_{x\to3-}\dfrac{-3(x-3)h(x)}{x-3}$
$=-3h(3)$

즉, $3h(3)=-3h(3)$에서
$h(3)=0$ ...... ㉠

또한, 함수 $g(x)h(x)$가 $x=0$에서 미분가능하므로

$\lim\limits_{x\to0+}\dfrac{g(x)h(x)-g(0)h(0)}{x-0}=\lim\limits_{x\to0+}\dfrac{(-3x+9)h(x)-9h(0)}{x}$
$=\lim\limits_{x\to0+}\dfrac{9\{h(x)-h(0)\}-3xh(x)}{x}$
$=9h'(0)-3h(0)$

$\lim\limits_{x\to0-}\dfrac{g(x)h(x)-g(0)h(0)}{x-0}=\lim\limits_{x\to0-}\dfrac{\left(-\dfrac{9}{2}x+9\right)h(x)-9h(0)}{x}$
$=\lim\limits_{x\to0-}\dfrac{9\{h(x)-h(0)\}-\dfrac{9}{2}xh(x)}{x}$
$=9h'(0)-\dfrac{9}{2}h(0)$

즉, $9h'(0)-3h(0)=9h'(0)-\dfrac{9}{2}h(0)$에서
$h(0)=0$ ...... ㉡

이때 $h(x)$는 최고차항의 계수가 1인 삼차함수이므로 ㉠, ㉡에서

$h(x)=x(x-3)(x+a)$ (a는 상수)

$h'(x)=(x-3)(x+a)+x(x+a)+x(x-3)$
$\qquad=3x^2+2(a-3)x-3a$

조건 (나)에서 $h'(3)=15$이므로

$27+6(a-3)-3a=15$

$3a=6$ $\therefore a=2$

따라서

$h(x)=x(x-3)(x+2)=x^3-x^2-6x$

이므로

$h(1)=1-1-6=-6$

(ii) $k=5$일 때

$g(x)=\begin{cases} \dfrac{3}{2}f(x+5) & (x<0) \\ f(x) & (x\geq0) \end{cases}$

$\qquad=\begin{cases} \dfrac{3}{2}|3x+6| & (x<0) \\ |3x-9| & (x\geq0) \end{cases}$

이므로 함수 $y=g(x)$의 그래프는 오른쪽 그림과 같다.

(i)과 같은 방법으로 하면

$h(3)=h(0)=h(-2)=0$

따라서 $h(x)=x(x-3)(x+2)=x^3-x^2-6x$이고, 이는 조건 (나)를 만족시키므로

$h(5)=125-25-30=70$

3단계 $g(x)$가 불연속인 함수일 때, 조건을 만족시키는 함수 $h(x)$를 구해 보자.

$k\neq1$, $k\neq5$이면 함수 $g(x)$는 $x=0$에서 불연속이다.

이때 함수 $g(x)h(x)$는 $x=0$에서 연속이므로

$\displaystyle\lim_{x\to0+}g(x)h(x)=\lim_{x\to0-}g(x)h(x)=g(0)h(0)$

$\displaystyle\lim_{x\to0+}f(x)h(x)=\lim_{x\to0-}\frac{3}{2}f(x+k)h(x)=f(0)h(0)$

$9h(0)=\dfrac{3}{2}|3k-9|\times h(0)$

$\therefore h(0)=0 \left(\because \dfrac{3}{2}|3k-9|\neq9\right)$ ...... ㉢

또한, 함수 $g(x)h(x)$가 $x=0$에서 미분가능하므로

$\displaystyle\lim_{x\to0+}\frac{g(x)h(x)-g(0)h(0)}{x-0}=\lim_{x\to0+}\frac{(-3x+9)h(x)}{x}$
$\qquad\qquad\qquad\qquad\qquad=9h'(0)$

$\displaystyle\lim_{x\to0-}\frac{g(x)h(x)-g(0)h(0)}{x-0}=\lim_{x\to0-}\frac{\dfrac{3}{2}|3(x+k)-9|h(x)}{x}$
$\qquad\qquad\qquad\qquad\qquad=\dfrac{3}{2}|3k-9|h'(0)$

즉, $9h'(0)=\dfrac{3}{2}|3k-9|h'(0)$에서

$h'(0)=0 \left(\because \dfrac{3}{2}|3k-9|\neq9\right)$ ...... ㉣

함수 $g(x)h(x)$가 $x=3$에서 미분가능하므로 ㉠과 같은 방법으로

$h(3)=0$ ...... ㉤

이때 $h(x)$는 최고차항의 계수가 1인 삼차함수이므로 ㉢, ㉣, ㉤에서

$h(x)=x^2(x-3)=x^3-3x^2$

$h'(x)=3x^2-6x$

그런데 $h'(3)=27-18=9$이므로 조건 (나)를 만족시키지 않는다.

4단계 모든 $h(k)$의 값의 합을 구해 보자.

(i), (ii)에서 모든 $h(k)$의 값의 합은

$h(1)+h(5)=-6+70=64$

---

148 정답률 ▶ 5% **답 42**

Best Pick 다항함수의 미분법과 수학 I의 Ⅲ. 수열 단원이 결합된 문제이다. 수열에 대한 개념을 좌표평면 위에서도 적용시킬 수 있어야 한다. 좌표평면 위의 점의 x좌표, y좌표가 각각 등차수열을 이루면 이 점들은 모두 한 직선 위에 있음을 이용하면 문제를 해결할 수 있다.

1단계 주어진 조건을 이용하여 네 개의 수 $f(-1)$, $f(0)$, $f(1)$, $f(2)$ 사이의 관계를 알아보자.

사차함수 $f(x)$에 대하여 네 개의 함숫값 $f(-1)$, $f(0)$, $f(1)$, $f(2)$에 대응하는 네 개의 x의 값 -1, 0, 1, 2는 1씩 증가하고 네 개의 수 $f(-1)$, $f(0)$, $f(1)$, $f(2)$가 이 순서대로 등차수열을 이루므로 좌표평면 위의 네 점 $(-1, f(-1))$, $(0, f(0))$, $(1, f(1))$, $(2, f(2))$는 한 직선 위에 존재한다.

등차수열이므로 공차를 d라 하면 x의 값이 1씩 증가할 때, 함숫값이 d씩 증가한다. 즉, 네 점 중 임의의 두 점을 이은 직선의 기울기가 모두 동일하므로 네 점은 기울기가 같은 한 직선 위의 점이다.

2단계 함수 $f(x)$의 식을 세워 보자.

위의 네 점이 지나는 직선의 방정식을

$y=ax+b$ (a, b는 상수)라 하면

사차방정식 $f(x)=ax+b$의 해가 $x=-1$, $x=0$, $x=1$, $x=2$이므로

$f(x)-(ax+b)=x(x+1)(x-1)(x-2)$

$\therefore f(x)=x(x+1)(x-1)(x-2)+ax+b$
$\qquad\quad=x^4-2x^3-x^2+(2+a)x+b$

3단계 두 점 $(-1, f(-1))$, $(2, f(2))$ 각각에서의 접선의 교점이 점 $(k, 0)$임을 이용하여 상수 k의 값을 구해 보자.

$f'(x)=4x^3-6x^2-2x+2+a$이므로

점 $(-1, f(-1))$에서의 접선의 방정식은

$y=(a-6)(x+1)-a+b$

$\therefore y=(a-6)x+b-6$ ...... ㉠

점 $(2, f(2))$에서의 접선의 방정식은

$y=(a+6)(x-2)+2a+b$

$\therefore y=(a+6)x+b-12$ ...... ㉡

이때 두 접선 ㉠, ㉡이 모두 점 $(k, 0)$을 지나므로

$(a-6)k+b-6=(a+6)k+b-12$

$-12k=-6$ $\therefore k=\dfrac{1}{2}$

4단계 $f(4k)$의 값을 구해 보자.

두 접선이 모두 점 $\left(\dfrac{1}{2}, 0\right)$을 지나므로

$\dfrac{1}{2}a-9+b=0$

$\therefore a+2b=18$ ...... ㉢

또한, $f(2k)=20$이므로

$f(1)=1-2-1+2+a+b=20$

$\therefore a+b=20$ ...... ㉣

㉢, ㉣을 연립하여 풀면

$a=22$, $b=-2$

따라서 $f(x)=x^4-2x^3-x^2+24x-2$이므로

$f(4k)=f(2)=16-16-4+48-2=42$

149 정답률 ▶ 5% 답 51

1단계 주어진 조건을 이용하여 함수 $y=f(x)$의 그래프를 그려 보자.

$f(x)$는 최고차항의 계수가 양수인 삼차함수이므로

$f(x)=ax^3+bx^2+cx+d$ (a, b, c, d는 상수, $a>0$)

이라 하자.

$f(0)=0$이므로 $d=0$

$f'(x)=3ax^2+2bx+c$에서

$f'(1)=1$이므로

$3a+2b+c=1$ ······ ㉠

두 조건 (가), (나)에 의하여 함수 $y=f(x)$의 그래프는 두 직선 $y=x$, $y=-x$와 각각 서로 다른 두 점에서 만나야 한다. → 함수 $y=f(x)$의 그래프와의 교점 중 하나는 원점이다.

이때 $f(0)=0$, $f'(1)=1$이고 두 직선 $y=x$, $y=-x$은 반드시 원점을 지나므로 조건을 만족시키려면 다음 그림과 같이 함수 $y=f(x)$의 그래프와 직선 $y=x$는 원점에서 접하고 직선 $y=-x$는 $x>0$인 곡선 위의 점에서 접해야 한다. → 삼차방정식에서 실근이 두 개인 경우는 한 근이 중근인 경우이다. 즉, 삼차함수의 그래프와 직선이 접할 때이다.

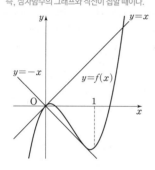

2단계 $f(3)$의 값을 구해 보자.

함수 $y=f(x)$의 그래프와 직선 $y=x$가 원점에서 접하므로

$f'(0)=1$에서

$c=1$

㉠에 $c=1$을 대입하면 $3a+2b=0$이므로

$b=-\dfrac{3}{2}a$

$\therefore f(x)=ax^3-\dfrac{3}{2}ax^2+x$

또한, 함수 $y=f(x)$의 그래프와 직선 $y=-x$가 $x>0$인 곡선 위의 점에서 접하므로 그 접점의 x좌표를 t ($t>0$)라 하면

$f(t)=-t$에서

$at^3-\dfrac{3}{2}at^2+t=-t$

$2at^2-3at+4=0$ ($\because t>0$) ······ ㉡

또한, $f'(t)=-1$에서

$3at^2-3at+1=-1$이므로

$3at^2-3at+2=0$ ······ ㉢

㉡, ㉢을 연립하여 풀면

$t=\dfrac{3}{4}$, $a=\dfrac{32}{9}$

따라서 $f(x)=\dfrac{32}{9}x^3-\dfrac{16}{3}x^2+x$이므로

$f(3)=96-48+3=51$

150 정답률 ▶ 5% 답 40

1단계 함수 $y=f(x)$의 그래프의 개형을 그려 보자.

방정식 $(f\circ f)(x)=x$, 즉 $f(f(x))=x$의 서로 다른 세 실근을 α, β, γ라 하면

$f(\alpha)=\alpha$이거나 $f(\beta)=\gamma$, $f(\gamma)=\beta$

인 경우가 가능하다.

(i) $f(\alpha)=\alpha$인 경우 → $f(f(\alpha))=f(\alpha)=\alpha$

함수 $y=f(x)$의 그래프 위의 점 (α, α)는 직선 $y=x$ 위의 점이다.

(ii) $f(\beta)=\gamma$, $f(\gamma)=\beta$인 경우 → $f(f(\beta))=f(\gamma)=\beta$, $f(f(\gamma))=f(\beta)=\gamma$

함수 $y=f(x)$의 그래프 위의 두 점 (β, γ), (γ, β)는 직선 $y=x$에 대하여 대칭이다.

한편, $f'(1)<0$, $f'(2)<0$이므로 삼차함수 $f(x)$는 $x=1$, $x=2$를 모두 포함하는 열린구간에서 감소한다.

즉, 삼차함수 $y=f(x)$의 그래프의 개형은 오른쪽 그림과 같다.

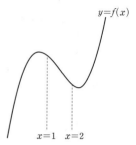

함수 $y=f(x)$의 그래프와 직선 $y=x$의 교점이 2개 이하이면 방정식 $f(f(x))=x$의 실근 중 (i)의 경우에 해당하는 실근은 2개 이하로 존재하고, (ii)의 경우에 해당하는 실근은 존재할 수 없다.

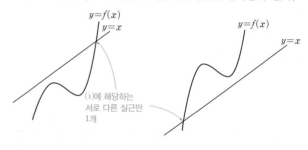

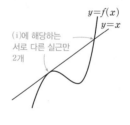
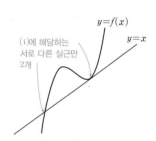

즉, 함수 $y=f(x)$의 그래프와 직선 $y=x$의 교점은 3개이어야 한다.

이 세 교점의 x좌표는 방정식 $f(f(x))=x$의 서로 다른 5개의 실근 중 (i)의 경우에 해당하는 실근이므로 (ii)의 경우에 해당하는 실근은 2개이다.

이를 만족시키도록 삼차함수 $y=f(x)$의 그래프를 그리면 오른쪽 그림과 같다.

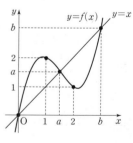

2단계 삼차함수 $f(x)$를 구하여 $f(5)$의 값을 구해 보자.

$f(0)=0$이므로 $f(x)=px^3+qx^2+rx$ ($p>0$)이라 하면

$f(1)=2$에서

$p+q+r=2$ ······ ㉠

$f(2)=1$에서

$8p+4q+2r=1$ ······ ㉡

$f'(x)=3px^2+2qx+r$이므로

$f'(0)-f'(1)=6$에서

$r-(3p+2q+r)=6$

$\therefore 3p+2q=-6$ ······ ㉢

$\bigcirc$, $\bigcirc$, $\bigcirc$을 연립하여 풀면

$$p=1, \ q=-\frac{9}{2}, \ r=\frac{11}{2}$$

따라서 $f(x)=x^3-\frac{9}{2}x^2+\frac{11}{2}x$이므로

$$f(5)=125-\frac{225}{2}+\frac{55}{2}=40$$

151 정답률 ▶ 6% 답 5

1단계 조건 (가)를 만족시키는 함수 $f(x)$, $g(x)$의 식을 각각 세워 보자.

함수 $f(x)$는 최고차항의 계수가 1인 삼차함수이고 조건 (가)에서 곡선 $y=f(x)$는 점 $(0, 0)$에서 x축에 접하므로
$f(x)=x^2(x+a)$ $(a$는 상수)라 하자. └→ $f(x)$는 x^2을 인수로 갖는다.

함수 $g(x)$는 최고차항의 계수가 -1인 이차함수이고, 조건 (가)에서 곡선 $y=g(x)$는 점 $(2, 0)$에서 x축에 접하므로
$g(x)=-(x-2)^2$ └→ $g(x)$는 $(x-2)^2$를 인수로 갖는다.

2단계 유리수 a의 값에 따라 경우를 나누어 함수 $y=f(x)$의 그래프의 개형을 그려서 함수 $f(x)$를 구해 보자.

(i) $a>0$인 경우

$f(x)=x^2(x+a)$에서 함수 $f(x)$는 $x=0$에서 극솟값을 가지므로 함수 $y=f(x)$의 그래프의 개형은 다음과 같다.

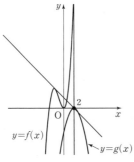

이때 점 $(2, 0)$에서 함수 $y=f(x)$의 그래프에 그은 접선이 x축을 포함하여 3개이므로 조건 (나)를 만족시키지 않는다.

(ii) $a=0$인 경우

$f(x)=x^3$에서 함수 $y=f(x)$의 그래프는 다음과 같다.

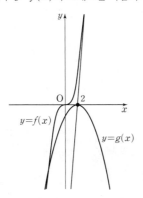

이때 점 $(2, 0)$에서 함수 $y=f(x)$의 그래프에 그은 접선이 x축을 포함하여 2개이므로 조건 (나)를 만족시킨다.

또한, 두 함수 $y=f(x)$, $y=g(x)$의 그래프는 $x<0$에서 오직 하나의 교점을 가지므로 방정식 $f(x)=g(x)$도 $x<0$에서 오직 하나의 실근만 가진다.

즉, 조건 (다)를 만족시킨다.

(iii) $a<0$인 경우

$f(x)=x^2(x+a)$에서 함수 $f(x)$는 $x=0$에서 극댓값을 가지고, $f(2)$의 값의 부호에 따라 함수 $y=f(x)$의 그래프의 개형을 그려 보면 다음과 같다.

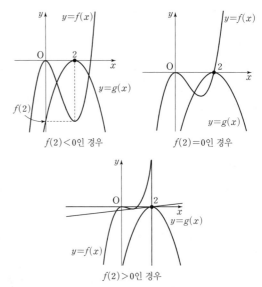

이때 $f(2)<0$, $f(2)=0$인 경우는 방정식 $f(x)=g(x)$의 실근이 하나 이상이므로 조건 (다)를 만족시키지 않고, $f(2)>0$인 경우는 조건 (다)는 만족시키지만 점 $(2, 0)$에서 함수 $y=f(x)$의 그래프에 그은 접선이 x축을 포함하여 3개이므로 조건 (나)를 만족시키지 않는다.

(i), (ii), (iii)에서 $f(x)=x^3$

3단계 실수 k의 최댓값과 최솟값을 각각 구하여 a^2+b^2의 값을 구해 보자.

$x>0$인 모든 실수 x에 대하여

$$g(x) \le kx-2 \le f(x)$$

를 만족시키려면 직선 $y=kx-2$가 두 곡선 $y=f(x)$, $y=g(x)$의 사이에 있어야 한다.

이때 직선 $y=kx-2$는 점 $(0, -2)$를 항상 지나고, k는 이 직선의 기울기이므로 k는 다음 그림과 같이 곡선 $y=f(x)$와 접할 때 최대이고, 곡선 $y=g(x)$와 접할 때 최소이다.

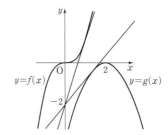

직선 $y=kx-2$와 곡선 $y=f(x)$의 접점을 $(t, f(t))$ $(t>0)$이라 하면 $f(x)=x^3$이므로 접선의 방정식은

$$y-t^3=f'(t)(x-t)$$
$$\therefore \ y-t^3=3t^2(x-t)$$

이 접선은 점 $(0, -2)$를 지나므로

$$-2-t^3=3t^2(0-t)$$
$$2t^3=2$$
$$\therefore \ t=1 \ (\because \ t>0)$$

즉, $t=1$일 때의 직선 $y=kx-2$의 기울기가 최대이므로 이때의 k의 값은 최댓값 3을 갖는다.

또한, 직선 $y=kx-2$와 곡선 $y=g(x)$의 접점을 $(s, g(s))$ $(s>0)$이라 하면 $g(x)=-(x-2)^2=-x^2+4x-4$이므로 접선의 방정식은

$$y-(-s^2+4s-4)=g'(s)(x-s)$$
$$\therefore y+s^2-4s+4=(-2s+4)(x-s)$$
이 접선은 점 $(0, -2)$를 지나므로
$$-2+s^2-4s+4=(-2s+4)(0-s)$$
$$-2+s^2-4s+4=2s^2-4s$$
$$s^2=2$$
$$\therefore s=\sqrt{2}\ (\because s>0)$$
즉, $s=\sqrt{2}$일 때의 직선 $y=kx-2$의 기울기가 최소이므로 이때의 k의 값은 최솟값 $-2\sqrt{2}+4$를 갖는다.
$a=3$, $\beta=-2\sqrt{2}+4$이므로
$$a-\beta=3-(-2\sqrt{2}+4)=-1+2\sqrt{2}$$
따라서 $a=-1$, $b=2$이므로
$$a^2+b^2=1+4=5$$

---

152 정답률 ▶ 확: 3%, 미: 11%, 기: 6% 답 108

1단계 $i(x)=\lim\limits_{h\to 0+}\dfrac{|f(x+h)|-|f(x-h)|}{h}$라 하고, 함수 $i(x)$를 $f'(x)$에 대한 식으로 나타내어 보자.

$i(x)=\lim\limits_{h\to 0+}\dfrac{|f(x+h)|-|f(x-h)|}{h}$라 하면 $g(x)=f(x-3)i(x)$이고,

$i(x)=\lim\limits_{h\to 0+}\dfrac{|f(x+h)|-|f(x-h)|}{h}$

$=\lim\limits_{h\to 0+}\dfrac{|f(x+h)|-|f(x)|+|f(x)|-|f(x-h)|}{h}$

$=\lim\limits_{h\to 0+}\dfrac{|f(x+h)|-|f(x)|}{h}+\lim\limits_{h\to 0+}\dfrac{|f(x-h)|-|f(x)|}{-h}$

$-h=s$라 하면 $h\to 0+$일 때, $s\to 0-$이므로

$i(x)=\lim\limits_{h\to 0+}\dfrac{|f(x+h)|-|f(x)|}{h}+\lim\limits_{s\to 0-}\dfrac{|f(x+s)|-|f(x)|}{s}$

$\qquad\qquad\qquad\qquad\qquad\qquad\qquad\qquad$ …… ㉠

즉, 함수 $i(x)$는 각각의 실수 x에 대하여 함수 $|f(x)|$의 우미분계수와 좌미분계수의 합이다.

또한, ㉠에서

• $f(x)<0$인 경우

$i(x)=\{|f(x)|\}'+\{|f(x)|\}'$

$\quad=\{-f(x)\}'+\{-f(x)\}'$

$\quad=-f'(x)+\{-f'(x)\}$

$\quad=-2f'(x)$

• $f(x)>0$인 경우

$i(x)=\{|f(x)|\}'+\{|f(x)|\}'$

$\quad=\{f(x)\}'+\{f(x)\}'$

$\quad=f'(x)+f'(x)$

$\quad=2f'(x)$

• $f(x)=0$인 경우

방정식 $f(x)=0$을 만족시키는 x의 값을 a라 하면 $x=a$에서 함수 $|f(x)|$의 우미분계수와 좌미분계수는 절댓값이 같고 부호가 반대이거나 함수 $y=|f(x)|$의 그래프가 $x=a$에서 x축에 접한다.

$\therefore i(a)=0$

$x=a_1$인 경우는 함수 $|f(x)|$의 우미분계수와 좌미분계수는 절댓값이 같고 부호가 반대이므로 그 합은 0이다.
$\therefore i(a_1)=0$
$x=a_2$인 경우는 함수 $y=|f(x)|$의 그래프가 $x=a_2$에서 x축에 접하므로 미분계수가 0이다.
$\therefore i(a_2)=0$

$\therefore i(x)=\begin{cases}-2f'(x) & (f(x)<0)\\ 0 & (f(x)=0)\\ 2f'(x) & (f(x)>0)\end{cases}$

2단계 삼차방정식 $f(x)=0$의 서로 다른 실근의 개수가 1인 경우에 주어진 조건을 만족시키지 않음을 보이자.

삼차방정식 $f(x)=0$의 서로 다른 실근의 개수는 1 또는 2 또는 3이므로 경우를 나누어 조건을 만족시키는 함수 $f(x)$를 구해 보자.

(i) 삼차방정식 $f(x)=0$의 서로 다른 실근의 개수가 1인 경우

ⓐ 삼차방정식 $f(x)=0$이 한 실근 a와 서로 다른 두 허근을 갖는 경우 삼차함수 $y=f(x)$의 그래프의 개형은 다음 그림과 같다.

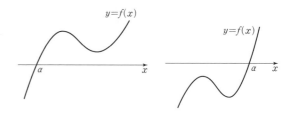

즉, $i(x)=\begin{cases}-2f'(x) & (x<a)\\ 0 & (x=a)\\ 2f'(x) & (x>a)\end{cases}$ 이고, 함수 $i(x)$는 $x=a$에서 불연속

이다.

함수 $f(x-3)$은 실수 전체의 집합에서 연속이므로 조건 (가)를 만족시키려면 함수 $g(x)=f(x-3)i(x)$는 $x=a$에서 연속이어야 한다.

$\lim\limits_{x\to a+}g(x)=\lim\limits_{x\to a-}g(x)=g(a)$이어야 하므로

$\lim\limits_{x\to a+}g(x)=\lim\limits_{x\to a+}f(x-3)i(x)$

$\qquad\qquad=\lim\limits_{x\to a+}\{f(x-3)\times 2f'(x)\}$

$\qquad\qquad=2f(a-3)f'(a)$,

$\lim\limits_{x\to a-}g(x)=\lim\limits_{x\to a-}f(x-3)i(x)$

$\qquad\qquad=\lim\limits_{x\to a-}[f(x-3)\times\{-2f'(x)\}]$

$\qquad\qquad=-2f(a-3)f'(a)$,

$g(a)=f(a-3)i(a)$

$\qquad=f(a-3)\times 0=0$

에서

$2f(a-3)f'(a)=-2f(a-3)f'(a)=0$

$\therefore f(a-3)=0\ (\because f'(a)\neq 0)$

그런데 위의 함수 $y=f(x)$의 그래프의 개형에서 방정식 $f(x)=0$을 만족시키는 실근은 a뿐이므로

$f(a-3)\neq 0$

따라서 조건 (가)를 만족시키지 않는다.

ⓑ 삼차방정식 $f(x)=0$이 삼중근 a를 갖는 경우 삼차함수 $y=f(x)$의 그래프의 개형은 다음 그림과 같다.

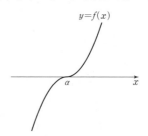

즉, $i(x)=\begin{cases}-2f'(x) & (x<a)\\ 0 & (x=a)\\ 2f'(x) & (x>a)\end{cases}$ 이고, 함수 $i(x)$는 실수 전체의 집합

$\underrightarrow{\lim\limits_{x\to a+}i(x)=\lim\limits_{x\to a-}i(x)=i(a)}$

에서 연속이다.

따라서 함수 $g(x)=f(x-3)i(x)$는 실수 전체의 집합에서 연속이므로 조건 (가)를 만족시킨다.

한편, 조건 (나)의 방정식 $g(x)=0$, 즉 $f(x-3)i(x)=0$의 실근은

$f(x-3)=0$ 또는 $i(x)=0$

$f(x-3)=0$에서

$x-3=\alpha$

$\therefore x=\alpha+3$

$i(x)=0$에서

$x=\alpha$

따라서 방정식 $g(x)=0$은 $\alpha+3$, α의 서로 다른 두 실근을 가지므로 조건 (나)를 만족시키지 않는다.

3단계 삼차방정식 $f(x)=0$의 서로 다른 실근의 개수가 2인 경우에 주어진 조건을 만족시키는 함수 $f(x)$를 구해 보자.

(ii) 삼차방정식 $f(x)=0$의 서로 다른 실근의 개수가 2인 경우

삼차방정식 $f(x)=0$이 한 실근 α와 중근 β ($\alpha \neq \beta$)를 갖는다고 하면 삼차함수 $y=f(x)$의 그래프의 개형은 다음 그림과 같다.

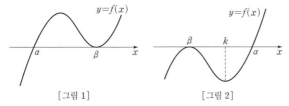

[그림 1]   [그림 2]

즉, $i(x)=\begin{cases} -2f'(x) & (x<\alpha) \\ 0 & (x=\alpha) \\ 2f'(x) & (x>\alpha) \end{cases}$ 이고, 함수 $i(x)$는 $x=\alpha$에서 불연속

이다.
$\lfloor \lim\limits_{x\to\beta-} i(x)=\lim\limits_{x\to\beta+} i(x)=i(\beta)=0$
이므로 β를 기준으로는 x의 값의 범위를 나누지 않아도 된다.

(i)-ⓐ와 같은 방법으로 $f(\alpha-3)=0$이고, 조건 (가)를 만족시킨다.

이때 $\alpha \neq \beta$, $f(\alpha)=f(\beta)=0$이므로 $\beta=\alpha-3$이어야 하고, 위의 그림 중 [그림 2]만 조건을 만족시킨다.

[그림 2]의 열린구간 (β, α)에서 $f'(x)=0$을 만족시키는 x의 값을 k라 하면 조건 (나)의 방정식 $g(x)=0$, 즉 $f(x-3)i(x)=0$의 실근은

$f(x-3)=0$에서

$x-3=\beta$ 또는 $x-3=\alpha$

$\therefore x=\beta+3$ 또는 $x=\alpha+3$

$i(x)=0$에서

$x=\beta$ 또는 $x=k$

따라서 방정식 $g(x)=0$은 $\beta+3$, $\alpha+3$, β, k의 서로 다른 네 실근을 가지므로

$(\beta+3)+(\alpha+3)+\beta+k=7$에서

$\alpha+(\alpha+3)+(\alpha-3)+k=7$ ($\because \beta=\alpha-3$)

$\therefore k=-3\alpha+7$ ...... ㉡

또한, $f(x)=(x-\beta)^2(x-\alpha)$이므로

$f'(x)=2(x-\beta)(x-\alpha)+(x-\beta)^2$
$\quad\;\; =(x-\beta)(3x-2\alpha-\beta)$

$f'(x)=0$에서 $x=\beta$ 또는 $x=\dfrac{2\alpha+\beta}{3}$

$\therefore k=\dfrac{2\alpha+\beta}{3}=\dfrac{2\alpha+\alpha-3}{3}$ ($\because \beta=\alpha-3$)

$\quad\;\; =\alpha-1$ ...... ㉢

㉡, ㉢을 연립하면

$-3\alpha+7=\alpha-1$, $4\alpha=8$

$\therefore \alpha=2$, $\beta=-1$

$\therefore f(x)=(x+1)^2(x-2)$

4단계 삼차방정식 $f(x)=0$의 서로 다른 실근의 개수가 3인 경우에 주어진 조건을 만족시키지 않음을 보이자.

(iii) 삼차방정식 $f(x)=0$의 서로 다른 실근의 개수가 3인 경우

삼차방정식 $f(x)=0$이 서로 다른 세 실근 α, β, γ ($\alpha<\beta<\gamma$)를 갖는다고 하면 삼차함수 $y=f(x)$의 그래프의 개형은 다음 그림과 같다.

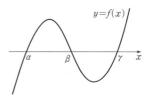

즉, $i(x)=\begin{cases} -2f'(x) & (x<\alpha \text{ 또는 } \beta<x<\gamma) \\ 0 & (x=\alpha \text{ 또는 } x=\beta \text{ 또는 } x=\gamma) \\ 2f'(x) & (\alpha<x<\beta \text{ 또는 } x>\gamma) \end{cases}$ 이고, 함수 $i(x)$

는 $x=\alpha$, $x=\beta$, $x=\gamma$에서 불연속이다.

함수 $f(x-3)$은 실수 전체의 집합에서 연속이므로 조건 (가)를 만족시키려면 함수 $g(x)=f(x-3)i(x)$는 $x=\alpha$, $x=\beta$, $x=\gamma$에서 모두 연속이어야 한다.

$\lim\limits_{x\to\alpha+} g(x)=\lim\limits_{x\to\alpha-} g(x)=g(\alpha)$,

$\lim\limits_{x\to\beta+} g(x)=\lim\limits_{x\to\beta-} g(x)=g(\beta)$,

$\lim\limits_{x\to\gamma+} g(x)=\lim\limits_{x\to\gamma-} g(x)=g(\gamma)$

이어야 하므로 (i)-ⓐ와 같은 방법으로

$f(\alpha-3)=0$, $f(\beta-3)=0$, $f(\gamma-3)=0$

그런데 방정식 $f(x)=0$을 만족시키는 실근 중 가장 작은 수는 α이므로

$f(\alpha-3)\neq 0$

따라서 조건 (가)를 만족시키지 않는다.

5단계 함수 $f(x)$를 구하여 $f(5)$의 값을 구해 보자.

(i), (ii), (iii)에서 $f(x)=(x+1)^2(x-2)$이므로

$f(5)=36\times 3=108$

> **참고**
>
> 함수 $|f(x)|$의 우미분계수와 좌미분계수의 절댓값이 같고 부호가 반대인 경우에만 함수 $i(x)$가 불연속이다.

153 정답률 ▶ 5%   답 147

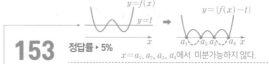

1단계 $g(t)$가 의미하는 것을 파악하여 조건을 만족시키는 함수 $y=f(x)$의 개형을 찾아보자.

최고차항의 계수가 1인 사차함수 $f(x)$는 실수 전체의 집합에서 미분가능하므로 함수 $|f(x)-t|$는 $f(x)=t$를 만족시키는 x의 값에서 함수 $y=|f(x)-t|$의 그래프가 꺾인 점을 가지면 이 점에서 미분가능하지 않게 된다.

이때 집합 S의 원소의 개수 $g(t)$는 함수 $y=|f(x)-t|$의 그래프의 꺾인 점의 개수와 같다.

함수 $g(t)$는 $t=3$, $t=19$에서 불연속이므로 t의 값을 변화시켜가면서 함수 $y=|f(x)-t|$의 그래프를 그렸을 때, 꺾인 점의 개수가 $t=3$, $t=19$를 경계로만 변하는 함수 $y=f(x)$의 그래프의 개형을 찾으면 된다.

함수 $|f(x)-t|$가 $t=3$에서 처음으로 미분가능하지 않은 점의 개수가 변하려면 3은 함수 $f(x)$의 극솟값이면서 최솟값이어야 한다.

즉, $f(0)=3$이므로 함수 $f(x)$는 $x=0$에서 극소이면서 최소이다.

(i) 함수 $f(x)$가 극댓값을 갖지 않는 경우

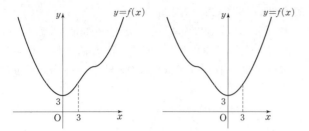

$f'(3)<0$을 만족시키는 함수 $y=f(x)$의 그래프의 개형을 그릴 수 없으므로 극댓값을 갖지 않는 함수 $f(x)$는 조건을 만족시키지 않는다.

(ii) 함수 $f(x)$가 극댓값을 갖는 경우

함수 $|f(x)-t|$가 $t=19$에서 미분가능하지 않은 점의 개수가 변하려면 19는 함수 $f(x)$의 극댓값이어야 한다.

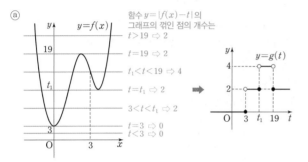

이때 함수 $g(t)$의 불연속인 점은 3개이다.

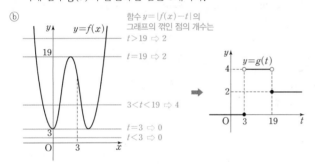

이때 함수 $g(t)$의 불연속인 점은 $t=3$, $t=19$의 2개이므로 함수 $y=f(x)$의 그래프의 개형으로 적합하다.

2단계 극대, 극소인 점의 좌표를 이용하여 함수 $f(x)$를 구한 후 $f(-2)$의 값을 구해 보자.

함수 $y=f(x)$의 그래프와 직선 $y=3$의 접점 중 점 $(0, 3)$이 아닌 점의 좌표를 $(p, 3)$이라 하면

$f(x)-3=x^2(x-p)^2$

$\therefore f(x)=x^2(x-p)^2+3$

이때 함수 $y=f(x)$의 그래프는 직선 $x=\dfrac{p}{2}$에 대하여 대칭이므로 함수 $f(x)$는 $x=\dfrac{p}{2}$에서 극대이다.

함수 $f(x)$의 극댓값이 19이므로 $f\left(\dfrac{p}{2}\right)=19$이다.

$\left(\dfrac{p}{2}\right)^2\times\left(\dfrac{p}{2}-p\right)^2+3=19$에서

$\left(\dfrac{p}{2}\right)^4=16$, $\dfrac{p}{2}=2$

$\therefore p=4$

따라서 $f(x)=x^2(x-4)^2+3$이므로

$f(-2)=144+3=147$

1단계 함수 $g(t)$가 $t=0$에서 불연속이 되는 경우를 알아보자.

$f(x)=x^3-12x$에서

$f'(x)=3x^2-12$

$\qquad=3(x+2)(x-2)$

$f'(x)=0$에서 $x=-2$ 또는 $x=2$

함수 $f(x)$의 증가와 감소를 표로 나타내면 다음과 같다.

x	$\cdots$	-2	$\cdots$	2	$\cdots$
$f'(x)$	$+$	0	$-$	0	$+$
$f(x)$	↗	16	↘	-16	↗

즉, 함수 $y=|f(x)|$의 그래프는 오른쪽 그림과 같다.

이때 점 $(a, f(a))$를 지나고 기울기가 t인 직선의 방정식은

$y-f(a)=t(x-a)$ ...... ㉠

이고 이 직선이 함수 $y=|f(x)|$의 그래프와 만나는 점의 개수가 $g(t)$이므로 함수 $g(t)$가 $t=0$에서 불연속이 되는 경우는 $f(a)=0$ 또는 $f(a)=16$일 때이다.
└→ 함수 $y=|f(x)|$의 그래프와 직선 $y-f(a)=t(x-a)$가 만나는 점이 $t=0$을 경계로 바뀌는 경우

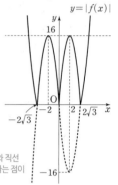

2단계 조건을 만족시키는 a의 값을 구해 보자.

(i) $f(a)=0$인 경우

$a^3-12a=0$에서

$a(a+2\sqrt{3})(a-2\sqrt{3})=0$

$\therefore a=-2\sqrt{3}$ 또는 $a=0$ 또는 $a=2\sqrt{3}$

ⓐ $a=-2\sqrt{3}$일 때

$x<-2\sqrt{3}$에서 $|f(x)|=-f(x)$이고 $-f'(-2\sqrt{3})=-24$

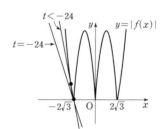

위의 그림과 같이 점 $(-2\sqrt{3}, 0)$을 지나고 기울기가 t인 직선이 함수 $y=|f(x)|$의 그래프와 $t=-24$일 때 1개의 점, $t<-24$일 때 2개의 점에서 만나므로 함수 $g(t)$는 $t=-24$에서 불연속이다.

즉, k의 값 중에서 가장 작은 값이 0이 아니다.

ⓑ $a=0$일 때

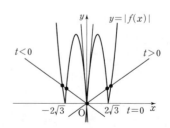

위의 그림과 같이 점 $(0, 0)$을 지나고 기울기가 t인 직선은 함수 $y=|f(x)|$의 그래프와 항상 3개의 점에서 만나므로 함수 $g(t)$가 불연속이 되는 점이 존재하지 않는다.

ⓒ $a=2\sqrt{3}$일 때

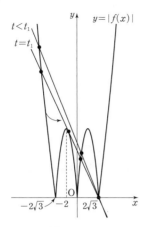

위의 그림과 같이 점 $(2\sqrt{3},\ 0)$을 지나는 직선이 $-2<x<0$에서 함수 $y=|f(x)|$의 그래프와 접할 때의 기울기를 $t_1\ (t_1<0)$이라 하자.

점 $(2\sqrt{3},\ 0)$을 지나고 기울기가 t인 직선이 함수 $y=|f(x)|$의 그래프와 $t=t_1$일 때 4개의 점, $t<t_1$일 때 3개의 점에서 만나므로 함수 $g(t)$는 $t=t_1\ (t_1<0)$에서 불연속이다. $\longrightarrow y=t(x-2\sqrt{3})$

즉, k의 값 중에서 가장 작은 값이 0이 아니다.

(ii) $f(a)=16$인 경우

$a^3-12a=16$에서

$a^3-12a-16=0,\ (a+2)^2(a-4)=0$

$\therefore a=-2$ 또는 $a=4$

ⓐ $a=-2$일 때

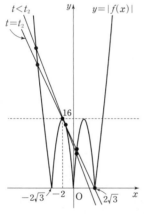

위의 그림과 같이 점 $(-2,\ 16)$을 지나는 직선이 점 $(2\sqrt{3},\ 0)$을 지날 때의 기울기를 $t_2\ (t_2<0)$이라 하자. $\longrightarrow y-16=t(x+2)$

점 $(-2,\ 16)$을 지나고 기울기가 t인 직선이 함수 $y=|f(x)|$의 그래프와 $t=t_2$일 때 5개의 점, $t<t_2$일 때 4개의 점에서 만나므로 함수 $g(t)$는 $t=t_2\ (t_2<0)$에서 불연속이다.

즉, k의 값 중에서 가장 작은 값이 0이 아니다.

ⓑ $a=4$일 때

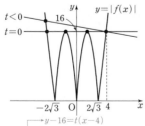

$\longrightarrow y-16=t(x-4)$

위의 그림과 같이 점 $(4,\ 16)$을 지나고 기울기가 t인 직선에 대하여 이 직선이 함수 $y=|f(x)|$의 그래프와 $t=0$일 때 4개의 점, $t<0$일 때 2개의 점에서 만나므로 함수 $g(t)$는 $t=0$에서 불연속이다.

즉, k의 값 중에서 가장 작은 값이 0이다.

(i), (ii)에서 $a=4$

3단계 함수 $g(t)$를 구하여 $\sum\limits_{n=1}^{36} g(n)$의 값을 구해 보자.

점 $(4,\ 16)$을 지나고 기울기가 t인 직선의 방정식은

$y=t(x-4)+16$

이므로 x절편은

$4-\dfrac{16}{t}\ (t\neq0)$

이고, 함수 $y=f(x)$의 그래프 위의 점 $(4,\ 16)$에서의 접선의 기울기는 36이다.

즉, $1\le t\le36$에서 함수 $g(t)$와 함수 $y=g(t)$의 그래프는 각각 다음과 같다. $\longrightarrow$ 구하는 것이 $\sum\limits_{n=1}^{36} g(n)$이므로 $1\le t\le36$에서의 $g(t)$만 구하면 된다.

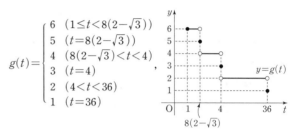

$\therefore \sum\limits_{n=1}^{36} g(n)=6\times2+4+3+2\times31+1=82$

001 4	002 ①	003 ③	004 ④	005 12	006 9
007 ④	008 ②	009 ⑤	010 ④	011 ①	012 ⑤
013 ①	014 ①	015 24	016 ⑤	017 16	018 ①
019 ①	020 25	021 ④	022 9	023 16	024 200
025 ⑤	026 ④	027 10	028 ①	029 ②	030 ②
031 ①	032 ①	033 45	034 ①	035 ⑤	036 40
037 102	038 ①	039 ②	040 25	041 ②	042 ②
043 ⑤	044 ②	045 ①	046 110	047 27	048 43
049 ③	050 17	051 ⑤	052 ⑤	053 ②	054 17
055 4	056 9	057 ①	058 20	059 132	060 ④
061 40	062 ①	063 ⑤	064 ③	065 ②	066 ⑤
067 2	068 ①	069 ⑤	070 ②	071 ②	072 8
073 ③	074 ⑤	075 ⑤	076 ⑤	077 ⑤	078 ⑤
079 ④	080 ④	081 ⑤	082 14	083 ②	084 ④
085 ④	086 ⑤	087 40	088 ④	089 54	090 ②
091 ②	092 ②	093 ④	094 ③	095 ①	096 ④
097 ③	098 4	099 ③	100 40	101 200	102 12
103 14	104 ②	105 ②	106 ④	107 ③	108 2
109 ①	110 ①	111 6	112 ③	113 ⑤	114 ④
115 ③	116 ③	117 12	118 64	119 8	120 ③
121 ⑤	122 ④	123 ⑤	124 ③		

001 정답률 ▶ 확: 85%, 미: 95%, 기: 94% 답 4

$$f(x)=\int f'(x)\,dx$$

$$=\int (3x^2+2x)\,dx$$

$$=x^3+x^2+C \ (단, \ C는 \ 적분상수)$$

이때 $f(0)=2$이므로

$$C=2$$

따라서 $f(x)=x^3+x^2+2$이므로

$$f(1)=1+1+2=4$$

002 답 ①

1단계 함수 $f'(x)$의 부정적분 $f(x)$를 구해 보자.

$$f(x)=\int f'(x)\,dx=\int (3x^2-kx+1)\,dx$$

$$=x^3-\frac{k}{2}x^2+x+C \ (단, \ C는 \ 적분상수)$$

2단계 함수 $f(x)$를 구하여 상수 k의 값을 구해 보자.

$f(0)=1$이므로

$$C=1$$

따라서 $f(x)=x^3-\dfrac{k}{2}x^2+x+1$이므로

$f(2)=1$에서

$$8-2k+2+1=1$$

$$\therefore k=5$$

003 정답률 ▶ 확: 84%, 미: 92%, 기: 90% 답 ③

1단계 함수 $f'(x)$의 부정적분 $f(x)$를 구해 보자.

$$f(x)=\int f'(x)\,dx$$

$$=\int (2x+4)\,dx$$

$$=x^2+4x+C \ (단, \ C는 \ 적분상수)$$

2단계 함수 $f(x)$를 구하여 $f(2)$의 값을 구해 보자.

$f(-1)+f(1)=0$이므로

$$(1-4+C)+(1+4+C)=0$$

$$2C+2=0$$

$$\therefore C=-1$$

따라서 $f(x)=x^2+4x-1$이므로

$$f(2)=4+8-1=11$$

004 정답률 ▶ 86% 답 ④

1단계 함수 $f(x)$의 우변을 정리해 보자.

$$f(x)=\int \left(\frac{1}{2}x^3+2x+1\right)dx-\int \left(\frac{1}{2}x^3+x\right)dx$$

$$=\int \left\{\left(\frac{1}{2}x^3+2x+1\right)-\left(\frac{1}{2}x^3+x\right)\right\}dx$$

$$=\int (x+1)\,dx$$

$$=\frac{1}{2}x^2+x+C \ (단, \ C는 \ 적분상수)$$

2단계 함수 $f(x)$를 구하여 $f(4)$의 값을 구해 보자.

$f(0)=1$이므로

$$C=1$$

따라서 $f(x)=\dfrac{1}{2}x^2+x+1$이므로

$$f(4)=8+4+1=13$$

005 정답률 ▶ 87% 답 12

$$f(x)=\int f'(x)\,dx=\int (6x^2+4)\,dx$$

$$=2x^3+4x+C \ (단, \ C는 \ 적분상수)$$

함수 $y=f(x)$의 그래프가 점 $(0, 6)$을 지나므로

$$f(0)=6$$

$$\therefore C=6$$

따라서 $f(x)=2x^3+4x+6$이므로

$$f(1)=2+4+6=12$$

006 정답률 ▶ 확: 68%, 미: 85%, 기: 78%　　　　　　　　**답 9**

1단계 함수 $f(x)$의 부정적분 $F(x)$를 구해 보자.

함수 $F(x)$는 함수 $f(x)$의 한 부정적분이므로

$$F(x)=\begin{cases} -x^2+C_1 & (x<0) \\ k\left(x^2-\dfrac{1}{3}x^3\right)+C_2 & (x\geq 0) \end{cases}$$ (단, C_1, C_2는 적분상수)

2단계 함수 $F(x)$가 실수 전체의 집합에서 미분가능할 조건을 이용하여 함수 $F(x)$를 구해 보자.

함수 $F(x)$가 실수 전체의 집합에서 미분가능하므로 실수 전체의 집합에서 연속이고, $x=0$에서도 연속이다.

즉, $\lim\limits_{x\to 0+}F(x)=\lim\limits_{x\to 0-}F(x)=F(0)$이어야 하므로 $C_2=C_1$

$$\therefore F(x)=\begin{cases} -x^2+C_1 & (x<0) \\ k\left(x^2-\dfrac{1}{3}x^3\right)+C_1 & (x\geq 0) \end{cases}$$

3단계 상수 k의 값을 구해 보자.

$F(2)-F(-3)=21$이므로

$$\left(\frac{4}{3}k+C_1\right)-(-9+C_1)=21$$

$$\frac{4}{3}k=12 \qquad \therefore k=9$$

다른 풀이

함수 $F(x)$는 함수 $f(x)$의 한 부정적분이므로

$$F(2)-F(-3)=\Big[F(x)\Big]_{-3}^{2}=\int_{-3}^{2}f(x)\,dx$$

$$=\int_{-3}^{0}f(x)\,dx+\int_{0}^{2}f(x)\,dx$$

$$=\int_{-3}^{0}(-2x)\,dx+\int_{0}^{2}k(2x-x^2)\,dx$$

$$=\Big[-x^2\Big]_{-3}^{0}+k\Big[x^2-\frac{1}{3}x^3\Big]_{0}^{2}$$

$$=9+\frac{4}{3}k=21$$

$$\therefore k=9$$

에서 $\dfrac{4}{3}k=12$

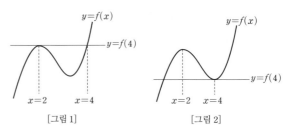

[그림 1]　　　　　　　　　　[그림 2]

2단계 조건 (가)를 이용하여 함수 $f'(x)$를 구해 보자.

(i) [그림 1]의 경우

함수 $y=f(x)$의 그래프가 $x=2$인 점에서 직선 $y=f(4)$에 접하고, $x=4$인 점에서 만나므로

$$f(x)-f(4)=(x-2)^2(x-4)$$

위의 식의 양변을 x에 대하여 미분하면

$$f'(x)=2(x-2)(x-4)+(x-2)^2$$

$$=(x-2)(3x-10)$$

그런데 $f'\left(\dfrac{11}{3}\right)=\dfrac{5}{3}>0$이므로 조건 (가)를 만족시키지 않는다.

(ii) [그림 2]의 경우

함수 $f(x)$가 $x=4$에서 극솟값을 가지므로

$$f'(4)=0$$

이때 함수 $f(x)$는 최고차항의 계수가 1인 삼차함수이므로 $f'(x)$는 최고차항의 계수가 3인 이차함수이다.

$$\therefore f'(x)=3(x-2)(x-4)\ (\because\ \bigcirc)$$

또한, $f'\left(\dfrac{11}{3}\right)=-\dfrac{5}{3}<0$이므로 조건 (가)를 만족시킨다.

(i), (ii)에서

$$f'(x)=3(x-2)(x-4)=3x^2-18x+24$$

3단계 함수 $f(x)$를 구하여 $f(0)$의 값을 구해 보자.

$$f(x)=\int f'(x)\,dx=\int(3x^2-18x+24)\,dx$$

$$=x^3-9x^2+24x+C\ (단, C는 적분상수)$$

$\bigcirc$에서 $f(2)=35$이므로

$$8-36+48+C=35 \qquad \therefore C=15$$

따라서 $f(x)=x^3-9x^2+24x+15$이므로

$$f(0)=15$$

---

007 정답률 ▶ 71%　　　　　　　　　　　**답 ④**

Best Pick 부정적분과 Ⅱ단원에서 배운 도함수의 활용이 결합된 문제이다. 먼저 주어진 조건을 만족시키는 삼차함수의 식을 구해야 한다. 도함수의 활용 문제로만 보이지만 풀이 과정에 부정적분을 이용하여 함수를 구해야 하는 문제가 종종 출제된다.

1단계 두 조건 (나), (다)를 이용하여 함수 $y=f(x)$의 그래프의 개형을 그려 보자.

조건 (나)에서 함수 $f(x)$는 $x=2$에서 극댓값 35를 가지므로

$$f'(2)=0,\ f(2)=35 \qquad\cdots\cdots\ \bigcirc$$

조건 (다)에서 방정식 $f(x)=f(4)$는 서로 다른 두 실근을 가지므로 함수 $y=f(x)$의 그래프와 직선 $y=f(4)$의 교점의 개수는 2이다.

이때 함수 $f(x)$는 최고차항의 계수가 1인 삼차함수이므로 조건 (다)를 만족시키는 함수 $y=f(x)$의 그래프의 개형은 다음 그림과 같이 두 가지 경우가 있다.

---

008 정답률 ▶ 65%　　　　　　　　　　　**답 ②**

1단계 함수 $f(x)$의 차수와 함수 $x^2+f(x)$의 차수를 각각 구해 보자.

함수 $f(x)$가 이차함수이고 $f(x)g(x)=-2x^4+8x^3$이므로 함수 $g(x)$도 이차함수이다.

이때 $g(x)=\int\{x^2+f(x)\}\,dx$이므로 $x^2+f(x)$는 일차함수이다.

2단계 함수 $g(x)$의 식을 세워 보자.

함수 $x^2+f(x)$는 일차함수이므로 $x^2+f(x)=ax+b$ (a, b는 상수, $a\neq 0$)이라 하면 $f(x)=-x^2+ax+b$

$$\therefore g(x)=\int\{x^2+f(x)\}\,dx$$

$$=\int(ax+b)\,dx$$

$$=\frac{a}{2}x^2+bx+C\ (단, C는 적분상수)$$

3단계 함수 $g(x)$를 구하여 $g(1)$의 값을 구해 보자.

$f(x)g(x)=(-x^2+ax+b)\left(\dfrac{a}{2}x^2+bx+C\right)$

$\qquad\qquad =-\dfrac{a}{2}x^4+\left(\dfrac{a^2}{2}-b\right)x^3+\left(\dfrac{3}{2}ab-C\right)x^2+(aC+b^2)x+bC$

이고, $f(x)g(x)=-2x^4+8x^3$이므로 계수를 비교하면

$-\dfrac{a}{2}=-2,\ \dfrac{a^2}{2}-b=8,\ \dfrac{3}{2}ab-C=0,\ aC+b^2=0,\ bC=0$

$\therefore\ a=4,\ b=0,\ C=0$

따라서 $g(x)=2x^2$이므로

$g(1)=2$

> **다른 풀이**
>
> 함수 $f(x)$가 이차함수이고 $f(x)g(x)=-2x^4+8x^3$이므로 함수 $g(x)$도 이차함수이다.
>
> 이때 $g(x)=\displaystyle\int\{x^2+f(x)\}\,dx$이므로
>
> $f(x)=-x^2+ax+b$ $(a,\ b$는 상수) $\quad\cdots\cdots\ \bigcirc$
>
> 라 할 수 있다.
>
> 한편, $f(x)g(x)=-2x^4+8x^3=-2x^3(x-4)$이므로 $\bigcirc$을 만족시키는 경우는 다음과 같이 두 가지가 있다.
>
> (i) $f(x)=-x^2,\ g(x)=2x(x-4)$일 때
>
> $\quad g(x)=\displaystyle\int\{x^2+f(x)\}\,dx=\int(x^2-x^2)\,dx=$ (상수)
>
> 이므로 함수 $g(x)$가 이차함수라는 조건을 만족시키지 않는다.
>
> (ii) $f(x)=-x(x-4)=-x^2+4x,\ g(x)=2x^2$일 때
>
> $\quad g(x)=\displaystyle\int\{x^2+f(x)\}\,dx$
> $\qquad\quad =\displaystyle\int(x^2-x^2+4x)\,dx=2x^2$
>
> 이므로 조건을 만족시킨다.
>
> (i), (ii)에서 $g(x)=2x^2$이므로 $g(1)=2$

---

009   정답률 ▶ 61%   답 ⑤

1단계 함수 $g(x)$에 대하여 알아보자.

$f(x)=\displaystyle\int xg(x)\,dx$의 양변을 x에 대하여 미분하면

$f'(x)=xg(x)$ $\qquad\qquad\cdots\cdots\ \bigcirc$

또한, $\dfrac{d}{dx}\{f(x)-g(x)\}=4x^3+2x$에서

$f'(x)-g'(x)=4x^3+2x$ $\qquad\cdots\cdots\ \bigcirc$

$\bigcirc$을 $\bigcirc$에 대입하면

$xg(x)-g'(x)=4x^3+2x$ $\qquad\cdots\cdots\ \boxdot$

즉, 함수 $g(x)$는 최고차항의 계수가 4인 이차함수이다.

2단계 함수 $g(x)$를 구하여 $g(1)$의 값을 구해 보자.

$g(x)=4x^2+ax+b$ $(a,\ b$는 상수$)$라 하면

$g'(x)=8x+a$

$\boxdot$에서

$x(4x^2+ax+b)-(8x+a)=4x^3+2x$

$4x^3+ax^2+(b-8)x-a=4x^3+2x$

$\therefore\ a=0,\ b=10$

따라서 $g(x)=4x^2+10$이므로

$g(1)=4+10=14$

---

010   정답률 ▶ 81%   답 ④

1단계 함수 $f'(x)$의 부정적분 $f(x)$를 구해 보자.

삼차함수 $f(x)$의 도함수 $f'(x)$는 이차함수이고 주어진 그래프에서 $f'(-1)=f'(1)=0$이므로 $f'(x)=a(x+1)(x-1)$ $(a>0)$이라 하면

$f(x)=\displaystyle\int f'(x)\,dx$

$\qquad =\displaystyle\int a(x+1)(x-1)\,dx=\int a(x^2-1)\,dx$

$\qquad =a\left(\dfrac{1}{3}x^3-x\right)+C$ $($단, C는 적분상수$)$

2단계 극댓값과 극솟값을 이용하여 함수 $f(x)$를 구한 후 $f(3)$의 값을 구해 보자.

$f'(x)=0$에서 $x=-1$ 또는 $x=1$

함수 $f(x)$의 증가와 감소를 표로 나타내면 다음과 같다.

x	$\cdots$	-1	$\cdots$	1	$\cdots$
$f'(x)$	$+$	0	$-$	0	$+$
$f(x)$	↗	극대	↘	극소	↗

즉, 함수 $f(x)$는 $x=-1$에서 극댓값을 갖고, $x=1$에서 극솟값을 가지므로

$f(-1)=a\left(-\dfrac{1}{3}+1\right)+C=4$

$\therefore\ \dfrac{2}{3}a+C=4$ $\qquad\cdots\cdots\ \bigcirc$

$f(1)=a\left(\dfrac{1}{3}-1\right)+C=0$

$\therefore\ -\dfrac{2}{3}a+C=0$ $\qquad\cdots\cdots\ \bigcirc$

$\bigcirc$, $\bigcirc$을 연립하여 풀면

$a=3,\ C=2$

따라서 $f(x)=x^3-3x+2$이므로

$f(3)=27-9+2=20$

---

011   정답률 ▶ 59%   답 ①

1단계 함수 $f(x)$를 구해 보자.

사차함수 $f(x)$의 도함수 $f'(x)$는 삼차함수이고 $f'(-\sqrt{2})=f'(0)=f'(\sqrt{2})=0$이므로

$f'(x)=ax(x+\sqrt{2})(x-\sqrt{2})$ $(a$는 $a\neq0$인 상수$)$

라 하자.

$f'(x)=ax(x^2-2)=ax^3-2ax$에서

$f(x)=\displaystyle\int f'(x)\,dx=\int(ax^3-2ax)\,dx$

$\qquad =\dfrac{a}{4}x^4-ax^2+C$ $($단, C는 적분상수$)$

이때 $f(0)=1$이므로

$C=1$

$\therefore\ f(x)=\dfrac{a}{4}x^4-ax^2+1$

$f(\sqrt{2})=-3$이므로

$a-2a+1=-3$

$-a+1=-3$ $\qquad\therefore\ a=4$

$\therefore\ f(x)=x^4-4x^2+1$

> → 함수 $f(x)$가 짝수 차수의 항 또는 상수항의 합으로만 이루어진 다항함수이므로 $f(-x)=f(x)$를 만족시킨다. 즉, 함수 $y=f(x)$의 그래프는 y축에 대하여 대칭이다.

2단계 함수 $y=f(x)$의 그래프를 그려서 $f(m)f(m+1)<0$을 만족시키는 모든 정수 m의 값의 합을 구해 보자.

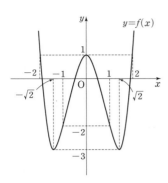

$f(0)=1>0$, $f(1)=-2<0$, $f(2)=1>0$이고, n이 3 이상의 정수일 때 항상 $f(n)>0$이다.

$f(-1)=-2<0$, $f(-2)=1>0$이고 n이 -3 이하의 정수일 때, 항상 $f(n)>0$이다.

┌─→ 연속하는 두 정수의 함숫값의 부호가 다르다.

따라서 $f(m)f(m+1)<0$을 만족시키는 모든 정수 m의 값은 -2, -1, 0, 1이므로 그 합은

$-2+(-1)+0+1=-2$

012   정답률 ▸ 56%   답 ⑤

1단계 함수 $f(x)$를 이용하여 함수 $g(x)$의 식을 세워 보자.

삼차함수 $f(x)$의 최고차항의 계수가 1이고

$f(0)=0$, $f(\alpha)=0$, $f'(\alpha)=0$이므로

$f(x)=x(x-\alpha)^2$ ······ ㉠

이때 조건 (가)에서 $g'(x)=f(x)+xf'(x)$이므로

$g'(x)=\{xf(x)\}'$

$\therefore g(x)=\displaystyle\int g'(x)\,dx$ $\{xf(x)\}'=f(x)+xf'(x)$

$\qquad =\displaystyle\int \{xf(x)\}'\,dx$

$\qquad =xf(x)+C$ (단, C는 적분상수)   ······ ㉡

2단계 조건 (나)를 이용하여 α의 값을 구해 보자.

㉠을 ㉡에 대입하면

$g(x)=x^2(x-\alpha)^2+C$

$g'(x)=2x(x-\alpha)^2+2x^2(x-\alpha)$

$\qquad =2x(x-\alpha)(2x-\alpha)$

$g'(x)=0$에서 $x=0$ 또는 $x=\dfrac{\alpha}{2}$ 또는 $x=\alpha$

함수 $g(x)$의 증가와 감소를 표로 나타내면 다음과 같다.

x	$\cdots$	0	$\cdots$	$\dfrac{\alpha}{2}$	$\cdots$	α	$\cdots$
$g'(x)$	$-$	0	$+$	0	$-$	0	$+$
$g(x)$	$\searrow$	극소	$\nearrow$	극대	$\searrow$	극소	$\nearrow$

즉, 함수 $g(x)$는 $x=0$, $x=\alpha$에서 극솟값을 갖고, $x=\dfrac{\alpha}{2}$에서 극댓값을 갖는다.

조건 (나)에서 함수 $g(x)$의 극댓값이 81이고 극솟값이 0이므로

$g\left(\dfrac{\alpha}{2}\right)=81$, $g(0)=g(\alpha)=0$

이때 $g(0)=g(\alpha)=C$이므로

$C=0$

또한, $g\left(\dfrac{\alpha}{2}\right)=\left(\dfrac{\alpha}{2}\right)^2\left(\dfrac{\alpha}{2}-\alpha\right)^2=\dfrac{\alpha^4}{16}=81$이므로

$\alpha^4=6^4$ $\therefore \alpha=6$ ($\because \alpha>0$)

3단계 함수 $g(x)$를 구하여 $g\left(\dfrac{\alpha}{3}\right)$의 값을 구해 보자.

$g(x)=x^2(x-6)^2$이므로

$g\left(\dfrac{\alpha}{3}\right)=g(2)=4\times 16=64$

013   정답률 ▸ 91%   답 ①

$\displaystyle\int_0^1 3x^2\,dx=\Big[x^3\Big]_0^1=1$

014   정답률 ▸ 88%   답 ①

$\displaystyle\int_0^2 (3x^2+6x)\,dx=\Big[x^3+3x^2\Big]_0^2=20$

015   정답률 ▸ 80%   답 24

$\displaystyle\int_0^3 (x^2-4x+11)\,dx=\Big[\dfrac{1}{3}x^3-2x^2+11x\Big]_0^3=24$

016   정답률 ▸ 85%   답 ⑤

$\displaystyle\int_{-2}^2 (3x^2+2x+1)\,dx=\Big[x^3+x^2+x\Big]_{-2}^2=14-(-6)=20$

다른 풀이

$\displaystyle\int_{-2}^2 (3x^2+2x+1)\,dx=\int_{-2}^2 (3x^2+1)\,dx+\int_{-2}^2 2x\,dx$

$\qquad =2\displaystyle\int_0^2 (3x^2+1)\,dx+0$

$\qquad =2\Big[x^3+x\Big]_0^2$

$\qquad =2\times 10=20$

017   정답률 ▸ 80%   답 16

$\displaystyle\int_{-2}^2 x(3x+1)\,dx=\int_{-2}^2 (3x^2+x)\,dx=\Big[x^3+\dfrac{1}{2}x^2\Big]_{-2}^2$

$\qquad =10-(-6)=16$

다른 풀이

$\displaystyle\int_{-2}^2 x(3x+1)\,dx=\int_{-2}^2 (3x^2+x)\,dx$

$\qquad =\displaystyle\int_{-2}^2 3x^2\,dx+\int_{-2}^2 x\,dx$

$\qquad =2\displaystyle\int_0^2 3x^2\,dx+0=2\Big[x^3\Big]_0^2$

$\qquad =2\times 8=16$

018
답 ①

$$\int_2^{-2} (x^3+3x^2)\,dx = \left[\frac{1}{4}x^4+x^3\right]_2^{-2} = -4-12 = -16$$

다른 풀이

$$\int_2^{-2} (x^3+3x^2)\,dx = -\int_{-2}^{2} (x^3+3x^2)\,dx$$

$$= -\left(\int_{-2}^{2} x^3\,dx + \int_{-2}^{2} 3x^2\,dx\right)$$

$$= -\left(0+2\int_{0}^{2} 3x^2\,dx\right)$$

$$= -2\left[x^3\right]_0^2 = -2\times 8 = -16$$

019
답 ①

1단계 등식을 만족시키는 양수 a의 값을 구해 보자.

$$\int_0^a (3x^2-4)\,dx = \left[x^3-4x\right]_0^a = a^3-4a = 0$$

이므로

$$a(a+2)(a-2)=0$$

$$\therefore a=2 \ (\because a>0)$$

020
답 25

1단계 등식을 만족시키는 실수 a의 값을 구하여 $50a$의 값을 구해 보자.

$$\int_{-a}^a (3x^2+2x)\,dx = \left[x^3+x^2\right]_{-a}^a = a^3+a^2-(-a^3+a^2) = 2a^3$$

즉, $2a^3=\dfrac{1}{4}$이므로

$$a^3=\frac{1}{8} \qquad \therefore a=\frac{1}{2}$$

$$\therefore 50a=25$$

다른 풀이

$$\int_{-a}^a (3x^2+2x)\,dx = \int_{-a}^a 3x^2\,dx + \int_{-a}^a 2x\,dx$$

$$= 2\int_0^a 3x^2\,dx + 0$$

$$= 2\left[x^3\right]_0^a = 2a^3$$

021
답 ④

1단계 주어진 등식을 정리하여 상수 k의 값을 구해 보자.

$$\int_{-1}^1 \{f(x)\}^2\,dx = \int_{-1}^1 (x+1)^2\,dx$$

$$= \int_{-1}^1 (x^2+2x+1)\,dx$$

$$= \left[\frac{1}{3}x^3+x^2+x\right]_{-1}^1$$

$$= \frac{7}{3}-\left(-\frac{1}{3}\right) = \frac{8}{3} \qquad \cdots\cdots \ \text{㉠}$$

$$\int_{-1}^1 f(x)\,dx = \int_{-1}^1 (x+1)\,dx$$

$$= \left[\frac{1}{2}x^2+x\right]_{-1}^1$$

$$= \frac{3}{2}-\left(-\frac{1}{2}\right) = 2$$

이므로 $k\left(\displaystyle\int_{-1}^1 f(x)\,dx\right)^2 = 4k \qquad \cdots\cdots \ \text{㉡}$

㉠=㉡이므로

$$\frac{8}{3}=4k \qquad \therefore k=\frac{2}{3}$$

다른 풀이

$$\int_{-1}^1 \{f(x)\}^2\,dx = \int_{-1}^1 (x+1)^2\,dx$$

$$= \int_{-1}^1 (x^2+2x+1)\,dx$$

$$= \int_{-1}^1 (x^2+1)\,dx + \int_{-1}^1 2x\,dx$$

$$= 2\int_0^1 (x^2+1)\,dx + 0$$

$$= 2\left[\frac{1}{3}x^3+x\right]_0^1$$

$$= 2\times\frac{4}{3} = \frac{8}{3}$$

$$\int_{-1}^1 f(x)\,dx = \int_{-1}^1 (x+1)\,dx$$

$$= \int_{-1}^1 x\,dx + \int_{-1}^1 1\,dx$$

$$= 0 + 2\int_0^1 1\,dx$$

$$= 2\left[x\right]_0^1$$

$$= 2\times 1 = 2$$

022
답 9

1단계 함수 $f(x)$의 식을 세워 보자.
함수 $y=f(x)$의 그래프는 함수 $y=4x^3-12x^2$의 그래프를 y축의 방향으로 k만큼 평행이동한 것이므로
$$f(x)=4x^3-12x^2+k$$

2단계 상수 k의 값을 구해 보자.

$$\int_0^3 f(x)\,dx = \int_0^3 (4x^3-12x^2+k)\,dx$$

$$= \left[x^4-4x^3+kx\right]_0^3$$

$$= 3k-27 = 0$$

이므로

$$3k=27 \qquad \therefore k=9$$

023
답 16

1단계 함수 $g(x)$의 식을 세워 보자.
함수 $y=x^3$의 그래프를 x축의 방향으로 a만큼, y축의 방향으로 b만큼 평행이동한 그래프를 나타내는 함수의 식은

$y-b=(x-a)^3$, 즉 $y=(x-a)^3+b$이므로

$g(x)=(x-a)^3+b$

이때 $g(0)=(0-a)^3+b=0$이므로 $b=a^3$

$\therefore g(x)=(x-a)^3+a^3=x^3-3ax^2+3a^2x$

2단계 a^4의 값을 구해 보자.

$\int_a^{3a} g(x)\,dx - \int_0^{2a} f(x)\,dx$

$=\int_a^{3a} (x^3-3ax^2+3a^2x)\,dx - \int_0^{2a} x^3\,dx$

$=\left[\dfrac{1}{4}x^4-ax^3+\dfrac{3}{2}a^2x^2\right]_a^{3a} - \left[\dfrac{x^4}{4}\right]_0^{2a}$

$=\left\{\left(\dfrac{81}{4}a^4-27a^4+\dfrac{27}{2}a^4\right)-\left(\dfrac{1}{4}a^4-a^4+\dfrac{3}{2}a^4\right)\right\}-4a^4$

$=6a^4-4a^4=2a^4=32$

$\therefore a^4=16$

다른 풀이

$a>0$이므로 $\int_0^{2a} f(x)\,dx$의 값을 넓이로 나타내면 [그림 1]과 같고, 함수 $y=f(x)$의 그래프를 x축의 방향으로 a만큼, y축의 방향으로 b만큼 평행이동한 함수 $y=g(x)$의 그래프는 [그림 2]와 같다.

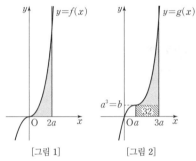

[그림 1]   [그림 2]

이때 $\int_0^{2a} f(x)\,dx$의 값은 [그림 2]의 어두운 부분의 넓이와 같으므로 $\int_a^{3a} g(x)\,dx - \int_0^{2a} f(x)\,dx$의 값은 [그림 2]의 빗금친 사각형의 넓이와 같다.

따라서 빗금친 사각형의 넓이가 32이므로

$2a\times a^3=2a^4=32$ $\therefore a^4=16$

024 정답률 ▶ 86%   답 200

$\int_0^{10} (x+1)^2\,dx - \int_0^{10} (x-1)^2\,dx$

$=\int_0^{10} (x^2+2x+1)\,dx - \int_0^{10} (x^2-2x+1)\,dx$

$=\int_0^{10} 4x\,dx = \left[2x^2\right]_0^{10}=200$

025 정답률 ▶ 81%   답 ⑤

$\int_5^2 2t\,dt - \int_5^0 2t\,dt = \int_5^2 2t\,dt + \int_0^5 2t\,dt = \int_0^2 2t\,dt$

$\qquad\qquad\qquad\qquad = \left[t^2\right]_0^2 = 4$

026 정답률 ▶ 87%   답 ④

$\int_{-3}^3 (x^3+4x^2)\,dx + \int_3^{-3} (x^3+x^2)\,dx$

$=\int_{-3}^3 (x^3+4x^2)\,dx - \int_{-3}^3 (x^3+x^2)\,dx$

$=\int_{-3}^3 3x^2\,dx$

$=2\int_0^3 3x^2\,dx$

$=2\left[x^3\right]_0^3=2\times27=54$

027 정답률 ▶ 53%   답 10

$|x-3|=\begin{cases} -x+3 & (x<3) \\ x-3 & (x\geq3) \end{cases}$이므로

$\int_1^4 (x+|x-3|)\,dx = \int_1^3 (x-x+3)\,dx + \int_3^4 (x+x-3)\,dx$

$\qquad\qquad = \int_1^3 3\,dx + \int_3^4 (2x-3)\,dx$

$\qquad\qquad = \left[3x\right]_1^3 + \left[x^2-3x\right]_3^4$

$\qquad\qquad = (9-3)+(4-0)=10$

028 정답률 ▶ 90%   답 ①

Best Pick 절댓값 기호를 포함한 함수 $|f(x)|$에 대하여 정적분의 값이 의미하는 것을 파악해야 하는 문제이다. 함수의 그래프와 연관지어 이해하면 쉽다.

1단계 적분 구간에서 x의 값의 범위를 나누어 $|x^2(x-1)|$의 절댓값의 기호를 풀어 보자.

오른쪽 그림에서

$0\leq x<1$일 때,

$|x^2(x-1)|=-x^2(x-1)$

$1\leq x\leq2$일 때,

$|x^2(x-1)|=x^2(x-1)$

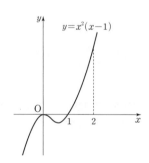

2단계 $\int_0^2 |x^2(x-1)|\,dx$의 값을 구해 보자.

$\int_0^2 |x^2(x-1)|\,dx = \int_0^1 \{-x^2(x-1)\}\,dx + \int_1^2 x^2(x-1)\,dx$

$\qquad\qquad = \int_0^1 (-x^3+x^2)\,dx + \int_1^2 (x^3-x^2)\,dx$

$\qquad\qquad = \left[-\dfrac{1}{4}x^4+\dfrac{1}{3}x^3\right]_0^1 + \left[\dfrac{1}{4}x^4-\dfrac{1}{3}x^3\right]_1^2$

$\qquad\qquad = \dfrac{1}{12} + \left\{\dfrac{4}{3}-\left(-\dfrac{1}{12}\right)\right\}$

$\qquad\qquad = \dfrac{3}{2}$

029 정답률 ▸ 77% 답 ②

Best Pick 함수의 그래프의 평행이동과 대칭성을 이용하여 서로 같은 넓이를 찾아 해결하는 문제이다. 정적분의 성질은 함수의 그래프와 연관지어 이해하면 쉽다.

1단계 함수 $y=f(x)$의 그래프에 대하여 알아보자.

모든 실수 x에 대하여
$f(-x)=-f(x)$이므로 함수
$y=f(x)$의 그래프는 오른쪽 그림과
같이 원점에 대하여 대칭이다.

즉, $\int_{-1}^{1} f(x)\,dx=0$이므로 오른쪽
그림에서 어두운 부분의 넓이를 각각
S_1, S_2라 하면
$S_1=S_2$

2단계 $\int_0^2 g(x)$의 값을 구해 보자.

함수 $y=g(x)$의 그래프는 함수
$y=f(x)$의 그래프를 x축의 방향으로
1만큼, y축의 방향으로 1만큼 평행이
동시킨 것이므로 S_1, S_2는 각각 오른
쪽 그림과 같다.
또한, 빗금친 부분의 넓이를 S_3이라
하면

$$\int_0^2 g(x)\,dx=S_1+S_3$$

이때 $S_1=S_2$이므로

$$\int_0^2 g(x)\,dx=S_2+S_3 \quad \to \text{가로의 길이가 2이고,}$$
$$\qquad\qquad =2\times 1=2 \quad \text{세로의 길이가 1인 직사각형의 넓이}$$

030 정답률 ▸ 82% 답 ②

Best Pick 대칭성과 주기를 갖고 절댓값 기호를 포함한 함수의 그래프를 이용하여 정적분의 값을 구하는 문제이다. 함수의 그래프의 특성을 파악하면 비교적 쉽게 해결할 수 있다.

1단계 주어진 조건을 이용하여 $g(a+4)-g(a)$의 값을 구해 보자.

조건 (가)에 의하여 함수 $f(x)$는 주기가 2인 주기함수이므로

$$g(a+4)-g(a)=\int_{-2}^{a+4} f(t)\,dt-\int_{-2}^{a} f(t)\,dt$$
$$=\int_{-2}^{a+4} f(t)\,dt+\int_{a}^{-2} f(t)\,dt$$
$$=\int_{a}^{a+4} f(t)\,dt$$
$$=\int_{0}^{4} f(t)\,dt$$
$$=2\int_{0}^{2} f(t)\,dt=2\times\left(\frac{1}{2}\times 2\times 1\right)=2$$

$\int_0^2 f(t)\,dt=\int_0^1 t\,dt+\int_1^2 (-t+2)\,dt$를
계산해도 되지만 $\int_0^2 f(t)\,dt$의 값은 색칠한 부분
의 넓이와 같음을 이용하면 더 간단히 구할 수 있다.

031 정답률 ▸ 82% 답 ①

1단계 $\int_0^a f(x)\,dx$의 값을 구해 보자.

주어진 함수 $y=f(x)$의 그래프는 y축에 대하여 대칭이므로

$$\int_{-a}^{a} f(x)\,dx=13,\ 2\int_0^a f(x)\,dx=13$$
$$\therefore \int_0^a f(x)\,dx=\frac{13}{2} \quad \cdots\cdots \ominus$$

$\int_0^3 f(x)\,dx$
$=\int_0^1 x\,dx+\int_1^2 1\,dx+\int_2^3 (-x+3)\,dx$
를 계산해도 되지만 $\int_0^3 f(x)\,dx$의 값은
색칠한 부분의 넓이와 같음을 이용하면
더 간단히 구할 수 있다.

2단계 $\int_0^a f(x)\,dx$를 변형해 보자.

함수 $f(x)$는 주기가 3인 주기함수이고
$\int_0^3 f(x)\,dx=\frac{1}{2}\times(1+3)\times 1=2$이므로

$$\cdots=\int_0^3 f(x)\,dx=\int_3^6 f(x)\,dx=\int_6^9 f(x)\,dx=\cdots=2$$

이때 $\ominus$에서 $\int_0^a f(x)\,dx=2\times 3+\frac{1}{2}$이므로

$$\int_0^a f(x)\,dx=\int_0^3 f(x)\,dx+\int_3^6 f(x)\,dx+\int_6^9 f(x)\,dx+\int_9^a f(x)\,dx$$

$$\frac{13}{2}=2+2+2+\int_9^a f(x)\,dx$$

$$\therefore \int_9^a f(x)\,dx=\frac{1}{2}$$

3단계 상수 a의 값을 구해 보자.

$$\int_9^{10} f(x)\,dx=\int_0^1 f(x)\,dx=\frac{1}{2}$$

이므로
$a=10$

032 정답률 ▸ 77% 답 ①

1단계 정적분의 성질을 이용하여 ㄱ, ㄴ, ㄷ의 참, 거짓을 판별해 보자.

ㄱ. [반례] $f(x)=x$이면

$$\int_0^3 x\,dx=\left[\frac{1}{2}x^2\right]_0^3=\frac{9}{2}$$
$$3\int_0^1 x\,dx=3\left[\frac{1}{2}x^2\right]_0^1=3\times\frac{1}{2}=\frac{3}{2}$$
$$\therefore \int_0^3 f(x)\,dx\neq 3\int_0^1 f(x)\,dx \ (\text{거짓})$$

ㄴ. 다항함수 $f(x)$는 실수 전체의 집합에서 연속이므로 정적분의 성질에 의하여

$$\int_0^1 f(x)\,dx=\int_0^2 f(x)\,dx-\int_1^2 f(x)\,dx$$
$$=\int_0^2 f(x)\,dx+\int_2^1 f(x)\,dx \ (\text{참})$$

ㄷ. [반례] $f(x)=x$이면

$$\int_0^1 \{f(x)\}^2\,dx=\int_0^1 x^2\,dx$$
$$=\left[\frac{1}{3}x^3\right]_0^1=\frac{1}{3}$$
$$\left\{\int_0^1 f(x)\,dx\right\}^2=\left(\int_0^1 x\,dx\right)^2=\left(\left[\frac{1}{2}x^2\right]_0^1\right)^2$$
$$=\left(\frac{1}{2}\right)^2=\frac{1}{4}$$
$$\therefore \int_0^1 \{f(x)\}^2\,dx\neq\left\{\int_0^1 f(x)\,dx\right\}^2 \ (\text{거짓})$$

따라서 옳은 것은 ㄴ이다.

033

정답률 ▶ 57%

답 45

1단계 두 조건 (가), (나)를 이용하여 a, b 사이의 관계식을 구해 보자.

$f(0)=0$이므로 이차함수 $f(x)$를 $f(x)=ax^2+bx$ $(a\neq0)$이라 하자.

조건 (가)에서 $\int_0^2|f(x)|\,dx=-\int_0^2 f(x)\,dx$이므로 닫힌구간 $[0,2]$에서

$f(x)\leq0$

조건 (나)에서 $\int_2^3|f(x)|\,dx=\int_2^3 f(x)\,dx$이므로 닫힌구간 $[2,3]$에서

$f(x)\geq0$

즉, $f(2)=0$이므로 $f(2)=4a+2b=0$

∴ $b=-2a$

ⓐ, ⓑ, ⓒ으로부터 이차함수 $y=f(x)$의 그래프의 개형은 다음과 같음을 알 수 있다.

2단계 함수 $f(x)$를 구하여 $f(5)$의 값을 구해 보자.

$f(x)=ax^2-2ax$이고 조건 (가)에서 $\int_0^2 f(x)\,dx=-4$이므로

$$\int_0^2 f(x)\,dx=\int_0^2(ax^2-2ax)\,dx=\left[\frac{a}{3}x^3-ax^2\right]_0^2$$

$$=-\frac{4}{3}a=-4$$

에서 $a=3$

따라서 $f(x)=3x^2-6x$이므로

$f(5)=75-30=45$

034

정답률 ▶ 65%

답 ①

1단계 $f(0)=-1$을 이용하여 이차함수 $f(x)$의 식을 세워 보자.

이차함수 $f(x)$를 $f(x)=ax^2+bx+c$ $(a, b, c$는 상수, $a\neq0)$이라 하면

$f(0)=-1$이므로 $f(0)=c=-1$

∴ $f(x)=ax^2+bx-1$

2단계 $\int_{-1}^1 f(x)\,dx$, $\int_0^1 f(x)\,dx$, $\int_{-1}^0 f(x)\,dx$의 값을 각각 구해 보자.

$\int_{-1}^1 f(x)\,dx=\int_0^1 f(x)\,dx=\int_{-1}^0 f(x)\,dx=k$ $(k$는 상수$)$라 하면

$\int_{-1}^1 f(x)\,dx=\int_{-1}^0 f(x)\,dx+\int_0^1 f(x)\,dx$이므로

$k=2k$ ∴ $k=0$

∴ $\int_{-1}^1 f(x)\,dx=\int_0^1 f(x)\,dx=\int_{-1}^0 f(x)\,dx=0$

3단계 함수 $f(x)$를 구하여 $f(2)$의 값을 구해 보자.

$$\int_{-1}^0 f(x)\,dx=\int_{-1}^0(ax^2+bx-1)\,dx$$

$$=\left[\frac{a}{3}x^3+\frac{b}{2}x^2-x\right]_{-1}^0$$

$$=-\left(-\frac{a}{3}+\frac{b}{2}+1\right)$$

$$=\frac{a}{3}-\frac{b}{2}-1=0 \quad\cdots\cdots ㉠$$

$$\int_0^1 f(x)\,dx=\int_0^1(ax^2+bx-1)\,dx$$

$$=\left[\frac{a}{3}x^3+\frac{b}{2}x^2-x\right]_0^1$$

$$=\frac{a}{3}+\frac{b}{2}-1=0 \quad\cdots\cdots ㉡$$

㉠, ㉡을 연립하여 풀면

$a=3$, $b=0$

따라서 $f(x)=3x^2-1$이므로

$f(2)=12-1=11$

035

정답률 ▶ 61%

답 ⑤

1단계 함수의 그래프의 대칭성을 이용하여 ㄱ, ㄴ, ㄷ의 참, 거짓을 판별해 보자.

ㄱ. $f'(-x)=-f'(x)$, $f'(1)=0$이므로

$f'(-1)=-f'(1)=0$ (참)

ㄴ. ㄱ에서 $f'(-1)=0$, $f'(1)=0$

$f'(-x)=-f'(x)$의 양변에 $x=0$을 대입하면

$f'(0)=-f'(0)$이므로 $f'(0)=0$

즉, 최고차항의 계수가 1인 사차함수 $f(x)$에 대하여 그 도함수 $f'(x)$는

$f'(x)=4x(x+1)(x-1)=4x^3-4x$

$$f(x)=\int f'(x)\,dx=\int(4x^3-4x)\,dx$$

$$=x^4-2x^2+C \ (단, C는 적분상수)$$

$f(1)=2$이므로 $-1+C=2$ ∴ $C=3$

∴ $f(x)=x^4-2x^2+3$

이때 $f(-x)=(-x)^4-2\times(-x)^2+3=x^4-2x^2+3=f(x)$이므로

함수 $y=f(x)$의 그래프는 y축에 대하여 대칭이다.

∴ $\int_{-k}^0 f(x)\,dx=\int_0^k f(x)\,dx$ (참)

ㄷ. 함수 $f(x)=x^4-2x^2+3$의 그래프는 오른쪽 그림과 같다.

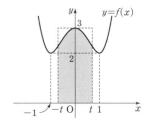

오른쪽 그림에서 $\int_{-t}^t f(x)\,dx$는 어두운 부분의 넓이와 같고, 이는 가로의 길이가 $2t$, 세로의 길이가 3인 직사각형의 넓이 $6t$보다 작으므로

$$\int_{-t}^t f(x)\,dx<6t \ (참)$$

따라서 옳은 것은 ㄱ, ㄴ, ㄷ이다.

036

정답률 ▶ 40%

답 40

1단계 두 조건 (가), (다)를 이용하여 $\int_{-1}^1 f(x)\,dx$의 값을 구해 보자.

조건 (가)에서 $f(-x)=f(x)$이므로 함수 $y=f(x)$의 그래프는 y축에 대하여 대칭이다.

$g(x)=xf(x)$라 하면

$g(-x)=-xf(-x)=-xf(x)=-g(x)$

이므로 함수 $y=xf(x)$의 그래프는 원점에 대하여 대칭이다.

조건 (다)에서

$$\int_{-1}^1(2x+3)f(x)\,dx=\int_{-1}^1\{2xf(x)+3f(x)\}\,dx$$

$$=2\int_{-1}^1 xf(x)\,dx+3\int_{-1}^1 f(x)\,dx$$

$$=0+3\int_{-1}^1 f(x)\,dx$$

$$=3\int_{-1}^1 f(x)\,dx=15$$

∴ $\int_{-1}^1 f(x)\,dx=5$

2단계 조건 (나)를 이용하여 $\int_{-6}^{10} f(x)\,dx$의 값을 구해 보자.

조건 (나)에서 $f(x+2)=f(x)$이므로

$$\int_{-1}^{1} f(x)\,dx = \int_{0}^{2} f(x)\,dx$$

$$\int_{-6}^{-4} f(x)\,dx = \int_{-4}^{-2} f(x)\,dx$$

$$= \int_{-2}^{0} f(x)\,dx$$

$$= \int_{0}^{2} f(x)\,dx = \cdots = \int_{8}^{10} f(x)\,dx$$

$$\therefore \int_{-6}^{10} f(x)\,dx$$

$$= \int_{-6}^{-4} f(x)\,dx + \int_{-4}^{-2} f(x)\,dx + \cdots + \int_{8}^{10} f(x)\,dx$$

$$= 8\int_{0}^{2} f(x)\,dx$$

$$= 8 \times 5 = 40$$

037 정답률 ▶ 38%　　　　　　　　　답 102

1단계 함수 $y=x^2 f(x)$의 그래프에 대하여 알아보자.

조건 (가)에서 $f(-x)=f(x)$이므로 함수 $y=f(x)$의 그래프는 y축에 대하여 대칭이다.

$g(x)=x^2 f(x)$라 하면

$g(-x)=(-x)^2 f(-x)=x^2 f(x)=g(x)$

이므로 함수 $y=x^2 f(x)$의 그래프는 y축에 대하여 대칭이다.

$$\therefore \int_{-3}^{-1} x^2 f(x)\,dx = \int_{1}^{3} x^2 f(x)\,dx$$

2단계 $\displaystyle\int_{-3}^{3} x^2 f(x)\,dx$의 값을 구해 보자.

조건 (나)에 의하여 함수 $f(x)$는 주기가 2인 주기함수이므로

$$\int_{-3}^{3} x^2 f(x)\,dx = \int_{-3}^{-1} x^2 f(x)\,dx + \int_{-1}^{1} x^2 f(x)\,dx + \int_{1}^{3} x^2 f(x)\,dx$$

$$= 2\int_{1}^{3} x^2 f(x)\,dx + 2$$

$$= 2\int_{-1}^{1} (x+2)^2 f(x+2)\,dx + 2$$

$f(x+2)=f(x)$이므로

$$= 2\int_{-1}^{1} (x+2)^2 f(x)\,dx + 2$$

$$= 2 \times 50 + 2 = 102$$

038 정답률 ▶ 58%　　　　　　　　　답 ①

Best Pick 대칭성을 갖는 두 함수의 곱으로 이루어진 함수의 대칭성을 알아보는 문제이다. 또한, 정적분의 계산을 하지 않고 정적분의 정의만을 이용하여 함숫값을 구할 수 있다.

1단계 함수 $y=h(x)$의 그래프에 대하여 알아보자.

두 함수 $f(x)$, $g(x)$가 다항함수이고

$f(-x)=-f(x)$, $g(-x)=g(x)$이므로

$h(-x)=f(-x)g(-x)=-f(x)g(x)=-h(x)$

즉, 다항함수 $y=h(x)$의 그래프는 원점에 대하여 대칭이므로

$h(0)=0$, $h'(-x)=h'(x)$ → 함수 $h(x)$는 홀수 차수의 항의 합으로만 이루어진 다항함수이므로 도함수 $h'(x)$는 짝수 차수의 항 또는 상수항의 합으로만 이루어진 다항함수가 된다.

2단계 $h(3)$의 값을 구해 보자.

$$\int_{-3}^{3} (x+5)h'(x)\,dx = \int_{-3}^{3} xh'(x)\,dx + \int_{-3}^{3} 5h'(x)\,dx$$

$$= 0 + 2\int_{0}^{3} 5h'(x)\,dx$$

$$= 10\int_{0}^{3} h'(x)\,dx$$

$$= 10\Big[h(x)\Big]_{0}^{3}$$

$$= 10\{h(3)-h(0)\}$$

$$= 10$$

이므로

$h(3)-h(0)=1$

$\therefore h(3)=h(0)+1=0+1=1$

039 정답률 ▶ 확: 56%, 미: 77%, 기: 71%　　　　답 ②

Best Pick 대칭이동과 평행이동한 함수에 대하여 정적분의 성질을 이용하여 정적분의 값을 구하는 문제이다. 함수가 대칭이동 또는 평행이동할 때, 적분 구간도 바뀌어야 한다.

1단계 조건 (가)를 이용하여 $\displaystyle\int_{-1}^{1} g(x)\,dx$의 값을 구해 보자.

함수 $y=-f(x+1)+1$의 그래프는 함수 $y=f(x)$의 그래프를 x축에 대하여 대칭이동한 후 x축의 방향으로 -1만큼, y축의 방향으로 1만큼 평행이동한 것이다.

이때

$f(0)=0$, $f(1)=1$, $\displaystyle\int_{0}^{1} f(x)\,dx = \dfrac{1}{6}$

이므로 조건 (가)에서

$$\int_{-1}^{0} g(x)\,dx = \int_{-1}^{0} \{-f(x+1)+1\}\,dx$$

$$= \int_{0}^{1} \{-f(x)+1\}\,dx$$

$$= -\int_{0}^{1} f(x)\,dx + \int_{0}^{1} dx$$

$$= -\int_{0}^{1} f(x)\,dx + \Big[x\Big]_{0}^{1}$$

$$= -\dfrac{1}{6} + 1 = \dfrac{5}{6}$$

$$\int_{0}^{1} g(x)\,dx = \int_{0}^{1} f(x)\,dx = \dfrac{1}{6}$$

$$\therefore \int_{-1}^{1} g(x)\,dx = \int_{-1}^{0} g(x)\,dx + \int_{0}^{1} g(x)\,dx$$

$$= \dfrac{5}{6} + \dfrac{1}{6} = 1$$

2단계 조건 (나)를 이용하여 $\displaystyle\int_{-3}^{2} g(x)\,dx$의 값을 구해 보자.

조건 (나)에서 모든 실수 x에 대하여 $g(x+2)=g(x)$이므로

$$\int_{-3}^{2} g(x)\,dx = \int_{-3}^{-1} g(x)\,dx + \int_{-1}^{1} g(x)\,dx + \int_{1}^{2} g(x)\,dx$$

$$= \int_{-1}^{1} g(x)\,dx + \int_{-1}^{1} g(x)\,dx + \int_{-1}^{0} g(x)\,dx$$

$$= 2\int_{-1}^{1} g(x)\,dx + \int_{-1}^{0} g(x)\,dx$$

$$= 2 \times 1 + \dfrac{5}{6} = \dfrac{17}{6}$$

040 답 25

1단계 두 조건 (가), (나)를 이용하여 함수 $y=f(x)$의 그래프의 개형을 그려 보자.

함수 $f(x)$는 이차함수이고 조건 (가)에서 $\int_0^t f(x)\,dx=\int_{2a-t}^{2a} f(x)\,dx$이

므로 함수 $y=f(x)$의 그래프는 직선 $x=\dfrac{0+2a}{2}=a$에 대하여 대칭이다.

조건 (나)에서 $0<\int_a^2 f(x)\,dx<\int_a^2 |f(x)|\,dx$이므로

$a<2$이고, 이차함수 $y=f(x)$의 그래프
는 직선 $x=a$에 대하여 대칭이고 점
$(k,\ 0)$을 지나므로 점 $(2a-k,\ 0)$도 지
난다.
따라서 함수 $y=f(x)$의 그래프의 개형은
오른쪽 그림과 같다.

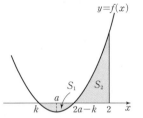

2단계 $\int_k^2 f(x)\,dx$의 값을 구하여 $p+q$의 값을 구해 보자.

위의 그림에서 어두운 부분의 넓이를 각각 S_1, S_2라 하면

$$\int_k^a f(x)\,dx=\int_a^{2a-k} f(x)\,dx=-\frac{S_1}{2}$$

이므로

$$\int_a^2 f(x)\,dx=-\frac{S_1}{2}+S_2=2 \quad \cdots\cdots \ \boxdot$$

$$\int_a^2 |f(x)|\,dx=\frac{S_1}{2}+S_2=\frac{22}{9} \quad \cdots\cdots \ \boxdot$$

$\boxdot$, $\boxdot$을 연립하여 풀면

$$S_1=\frac{4}{9},\ S_2=\frac{20}{9} \qquad \therefore \int_k^2 f(x)\,dx=-S_1+S_2=\frac{16}{9}$$

따라서 $p=9$, $q=16$이므로

$p+q=9+16=25$

041 답 ②

1단계 $\int_{-a}^a f(x)\,dx$를 a에 대한 식으로 나타내어 보자.

$$\begin{aligned}
\int_{-a}^a f(x)\,dx &= \int_{-a}^0 f(x)\,dx+\int_0^a f(x)\,dx \\
&= \int_{-a}^0 (2x+2)\,dx+\int_0^a (-x^2+2x+2)\,dx \\
&= \left[x^2+2x\right]_{-a}^0 + \left[-\frac{1}{3}x^3+x^2+2x\right]_0^a \\
&= -(a^2-2a)+\left(-\frac{1}{3}a^3+a^2+2a\right) \\
&= -\frac{1}{3}a^3+4a
\end{aligned}$$

2단계 $\int_{-a}^a f(x)\,dx$의 최댓값을 구해 보자.

$g(a)=-\dfrac{1}{3}a^3+4a$라 하면

$g'(a)=-a^2+4=-(a+2)(a-2)$

$g'(a)=0$에서 $a=2$ $(\because a>0)$

$a>0$에서 함수 $g(a)$의 증가와 감소를 표로 나타내면 다음과 같다.

a	(0)	$\cdots$	2	$\cdots$
$g'(a)$		$+$	0	$-$
$g(a)$		↗	극대	↘

따라서 함수 $g(a)$는 $a=2$에서 극대이면서 최대이므로 구하는 최댓값은

$g(2)=-\dfrac{8}{3}+8=\dfrac{16}{3}$

042 답 ②

1단계 주어진 부등식이 성립할 조건을 알아보자.

$0<a<b$인 모든 실수 a, b에 대하여 $\int_a^b (x^3-3x+k)\,dx>0$이 성립하
려면 $x\geq 0$에서 $x^3-3x+k\geq 0$이어야 한다.

2단계 $f(x)=x^3-3x+k$라 하고, 함수 $f(x)$의 증가와 감소를 표로 나
타내어 보자.

$f(x)=x^3-3x+k$라 하면

$f'(x)=3x^2-3=3(x+1)(x-1)$

$f'(x)=0$에서 $x=1$ $(\because x\geq 0)$

$x\geq 0$에서 함수 $f(x)$의 증가와 감소를 표로 나타내면 다음과 같다.

x	0	$\cdots$	1	$\cdots$
$f'(x)$		$-$	0	$+$
$f(x)$	k	↘	$k-2$	↗

3단계 조건을 만족시키는 실수 k의 최솟값을 구해 보자.

함수 $f(x)$의 최솟값은 $f(1)=k-2$이므로 $x\geq 0$에서 부등식 $f(x)\geq 0$이
성립하려면

$k-2\geq 0$ $\quad \therefore \ k\geq 2$

따라서 실수 k의 최솟값은 2이다.

043 답 ⑤

1단계 조건 (가)를 이용하여 함수 $f(x)+f(-x)$의 식을 세워 보자.

조건 (가)에서 $\displaystyle\lim_{x\to\infty}\frac{f(x)+f(-x)}{x^2}=3$이므로 $g(x)=f(x)+f(-x)$라 하
면 다항함수 $g(x)$는 최고차항의 계수가 3인 이차함수이다.

즉, $g(x)=3x^2+ax+b$ $(a,\ b$는 상수$)$라 할 수 있다.

2단계 함수의 그래프의 대칭성과 조건 (나)를 이용하여 함수
$f(x)+f(-x)$를 구해 보자.

$g(-x)=3\times(-x)^2+a\times(-x)+b=3x^2-ax+b$이고,

$g(-x)=f(-x)+f(x)=g(x)$에서 $g(-x)=g(x)$이므로

$3x^2-ax+b=3x^2+ax+b$

위의 등식은 모든 실수 x에 대하여 성립하므로 $a=0$

$\therefore f(x)+f(-x)=3x^2+b$ $\quad \cdots\cdots \ \boxdot$

조건 (나)에서 $f(0)=-1$이므로 $\boxdot$의 양변에 $x=0$을 대입하면

$b=f(0)+f(0)=-1+(-1)=-2$

$\therefore f(x)+f(-x)=3x^2-2$

3단계 $\int_{-3}^3 f(x)\,dx$의 값을 구해 보자.

홀수 k에 대하여 $\int_{-3}^3 x^k\,dx=0$이므로 다항함수 $f(x)$는

$\int_{-3}^3 f(x)\,dx=\int_{-3}^3 f(-x)\,dx$를 만족시킨다.

$$\therefore \int_{-3}^{3} f(x)\,dx = \frac{1}{2}\left\{\int_{-3}^{3} f(x)\,dx + \int_{-3}^{3} f(-x)\,dx\right\}$$

$$= \frac{1}{2}\int_{-3}^{3} \{f(x)+f(-x)\}\,dx$$

$$= \frac{1}{2}\int_{-3}^{3} (3x^2-2)\,dx = \frac{1}{2}\times 2\int_{0}^{3} (3x^2-2)\,dx$$

$$= \left[x^3-2x\right]_{0}^{3} = 21$$

참고

실수 a와 홀수 k에 대하여 적분 구간의 위끝과 아래끝의 절댓값이 같고 부호가 반대인 정적분 $\int_{-a}^{a} x^k\,dx$의 값은 0이다.

즉, 다항함수 $f(x)$에 대하여 $\int_{-3}^{3} f(x)\,dx$의 값을 구하려면 $f(x)$의 짝수 차수의 항과 상수항만 알면 된다.

이때 함수 $f(x)$의 짝수 차수의 항과 상수항만 보면 $f(x)=f(-x)$를 만족시키므로 $\int_{-3}^{3} f(x)\,dx = \int_{-3}^{3} f(-x)\,dx$이다.

044 정답률 ▸ 58% 답 ②

Best Pick 정적분의 계산과 Ⅱ단원에서 배운 도함수의 활용이 결합된 문제이다. 먼저 Ⅱ단원 내용을 이용하여 주어진 조건을 만족시키는 삼차함수의 식을 구한 후에 정적분을 이용해야 한다. **유형 5**의 전형적인 출제 형태이다.

1단계 두 조건 (가), (나)를 이용하여 삼차함수 $f(x)-p$의 식을 세워 보자.

조건 (나)에서 방정식 $f(x)-p=0$, 즉 $f(x)=p$의 서로 다른 실근의 개수가 2가 되게 하는 실수 p의 최댓값이 $f(2)$이므로 최고차항의 계수가 1인 삼차함수 $f(x)$는 $x=2$에서 극댓값을 가져야 한다.

또한, 조건 (가)에서 $f(2)=f(5)$이므로 함수 $y=f(x)$의 그래프의 개형은 오른쪽 그림과 같고,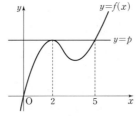

$$f(x)-p=(x-2)^2(x-5) \quad \cdots\cdots \text{㉠}$$

라 할 수 있다.

2단계 함수 $f(x)$를 구하여 $\int_{0}^{2} f(x)\,dx$의 값을 구해 보자.

$f(0)=0$이므로 ㉠에서

$$-p=-20 \quad \therefore p=20$$

따라서

$$f(x)=(x-2)^2(x-5)+20=x^3-9x^2+24x$$

이므로

$$\int_{0}^{2} f(x)\,dx = \int_{0}^{2} (x^3-9x^2+24x)\,dx$$

$$= \left[\frac{1}{4}x^4-3x^3+12x^2\right]_{0}^{2}$$

$$= 28$$

045 정답률 ▸ 51% 답 ①

1단계 a의 값의 범위에 따른 함수 $y=f(x)$의 그래프의 개형을 그려 보자.

$f(x)=(x-1)|x-a|$에서

$$f(x)=\begin{cases}(x-1)(x-a) & (x\geq a) \\ -(x-1)(x-a) & (x<a)\end{cases}$$

즉, a의 값의 범위에 따른 함수 $y=f(x)$의 그래프의 개형은 각각 다음 그림과 같다.

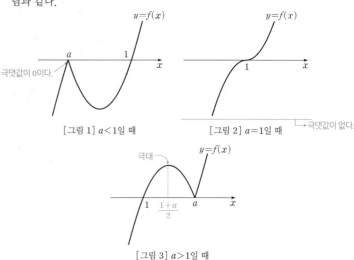

[그림 1] $a<1$일 때   [그림 2] $a=1$일 때

[그림 3] $a>1$일 때

2단계 함수 $f(x)$의 극댓값을 이용하여 상수 a의 값을 구해 보자.

함수 $f(x)$의 극댓값이 1이므로 함수 $y=f(x)$의 그래프의 개형은 [그림 3]과 같아야 하고, 이때 함수 $f(x)$는 $x=\dfrac{1+a}{2}$에서 극댓값을 가지므로

$f\left(\dfrac{1+a}{2}\right)=1$에서

$$-\left(\frac{1+a}{2}-1\right)\left(\frac{1+a}{2}-a\right)=1$$

$$-(1+a-2)(1+a-2a)=4, \ (a-1)^2=4$$

$$a-1=-2 \ \text{또는} \ a-1=2$$

$$\therefore a=3 \ (\because a>1)$$

3단계 $\int_{0}^{4} f(x)\,dx$의 값을 구해 보자.

오른쪽 그림과 같이 함수 $y=f(x)$의 그래프에서 두 영역 S_1, S_2의 넓이는 서로 같으므로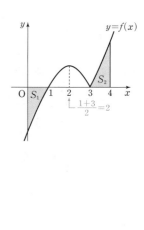

$$\int_{0}^{4} f(x)\,dx = \int_{1}^{3} f(x)\,dx$$

$$= \int_{1}^{3} \{-(x-1)(x-3)\}\,dx$$

$$= \int_{1}^{3} (-x^2+4x-3)\,dx$$

$$= \left[-\frac{1}{3}x^3+2x^2-3x\right]_{1}^{3}$$

$$= 0-\left(-\frac{4}{3}\right)=\frac{4}{3}$$

046 정답률 ▸ 확: 11%, 미: 40%, 기: 27% 답 110

1단계 두 조건 (가), (나)를 이용하여 두 상수 a, b의 값을 각각 구해 보자.

조건 (나)의 $f(x+1)-xf(x)=ax+b$의 양변에 $x=0$을 대입하면

$$f(1)=b$$

조건 (가)의 $f(x)=x \ (0\leq x\leq1)$에서

$$f(1)=1$$

$$\therefore b=1$$

$f(x+1)-xf(x)=ax+b$의 양변을 x에 대하여 미분하면

$f'(x+1)-f(x)-xf'(x)=a$

위의 등식의 양변에 $x=0$을 대입하면

$f'(1)-f(0)=a$

이때 $f(x)=x$ $(0≤x≤1)$에서 $f(0)=0$이므로

$f'(1)=a$

$f(x)=x$의 양변을 x에 대하여 미분하면

$f'(x)=1$

즉, $f'(1)=1$이므로

$a=1$

2단계 $60×\int_1^2 f(x)\,dx$의 값을 구해 보자.

$f(x+1)=xf(x)+x+1$이므로

$$\int_1^2 f(x)\,dx=\int_0^1 f(x+1)\,dx$$
$$=\int_0^1 \{xf(x)+x+1\}\,dx$$
$$=\int_0^1 (x^2+x+1)\,dx \ (\because f(x)=x)$$
$$=\left[\frac{1}{3}x^3+\frac{1}{2}x^2+x\right]_0^1$$
$$=\frac{11}{6}$$

$$\therefore 60×\int_1^2 f(x)\,dx=60×\frac{11}{6}=110$$

047 정답률 ▶ 48% 답 27

Best Pick 함수 $f(x)$의 도함수 $f'(x)$에 대하여 $f'(x)$에 대한 조건이 주어지고, 함수 $y=f'(x)$의 그래프의 대칭성을 이용하는 문제이다. $f(x)$와 $f'(x)$ 사이의 관계를 자유자재로 이용할 수 있어야 한다.

1단계 두 조건 (가), (나)를 이용하여 삼차함수 $f(x)$의 식을 세워 보자.

조건 (가)에서 $f(0)=0$이고 삼차함수 $f(x)$의 최고차항의 계수가 1이므로

$f(x)=x^3+ax^2+bx$ (a, b는 상수)라 하면

$f'(x)=3x^2+2ax+b$

조건 (나)에서 $f'(2-x)=f'(2+x)$이므로 함수 $y=f'(x)$의 그래프는

직선 $x=2$에 대하여 대칭이다. ← 이차함수 $y=f'(x)$의 그래프의 축이다.

$\therefore f'(x)=3(x-2)^2+b-12$ ...... ㉠

$3x^2+2ax+b=3x^2-12x+b$이므로

$2a=-12$

$\therefore a=-6$

$\therefore f(x)=x^3-6x^2+bx$

2단계 $\int_0^3 f(x)\,dx$의 최솟값을 구하여 $4m$의 값을 구해 보자.

조건 (다)에서 모든 실수 x에 대하여 $f'(x)≥-3$이므로 ㉠에서

$b-12≥-3$

$\therefore b≥9$ ...... ㉡

$$\int_0^3 f(x)\,dx=\int_0^3 (x^3-6x^2+bx)\,dx$$
$$=\left[\frac{1}{4}x^4-2x^3+\frac{1}{2}bx^2\right]_0^3$$
$$=-\frac{135}{4}+\frac{9}{2}b$$

이때 ㉡에서 $b≥9$이므로

$$-\frac{135}{4}+\frac{9}{2}b≥-\frac{135}{4}+\frac{9}{2}×9=\frac{27}{4}$$

즉, $\int_0^3 f(x)\,dx$의 최솟값은 $\frac{27}{4}$이므로

$m=\frac{27}{4}$ $\therefore 4m=27$

048 정답률 ▶ 42% 답 43

1단계 $g(a)=\int_a^{a+4} f(x)\,dx$라 하고, 함수 $g(a)$를 구해 보자.

$0≤a≤4$에서 $g(a)=\int_a^{a+4} f(x)\,dx$라 하자.

(i) $a=0$일 때

$$g(0)=\int_0^4 f(x)\,dx=\int_0^4 \{-x(x-4)\}\,dx$$
$$=\int_0^4 (-x^2+4x)\,dx$$
$$=\left[-\frac{1}{3}x^3+2x^2\right]_0^4=\frac{32}{3}$$

(ii) $0<a<4$일 때

$$g(a)=\int_a^4 f(x)\,dx+\int_4^{a+4} f(x)\,dx$$
$$=\int_a^4 \{-x(x-4)\}\,dx+\int_4^{a+4} (x-4)\,dx$$
$$=\left[-\frac{1}{3}x^3+2x^2\right]_a^4+\left[\frac{1}{2}x^2-4x\right]_4^{a+4}$$
$$=\left\{\frac{32}{3}-\left(-\frac{1}{3}a^3+2a^2\right)\right\}+\left\{\frac{1}{2}a^2-8-(-8)\right\}$$
$$=\frac{1}{3}a^3-\frac{3}{2}a^2+\frac{32}{3}$$

(iii) $a=4$일 때

$$g(4)=\int_4^8 f(x)\,dx$$
$$=\int_4^8 (x-4)\,dx$$
$$=\left[\frac{1}{2}x^2-4x\right]_4^8$$
$$=(32-32)-(8-16)=8$$

(i), (ii), (iii)에서

$$g(a)=\frac{1}{3}a^3-\frac{3}{2}a^2+\frac{32}{3}$$

2단계 함수 $g(a)$의 최솟값을 구하여 $p+q$의 값을 구해 보자.

$g'(a)=a^2-3a$

$=a(a-3)$

$g'(a)=0$에서 $a=0$ 또는 $a=3$

$0≤a≤4$에서 함수 $g(a)$의 증가와 감소를 표로 나타내면 다음과 같다.

a	0	$\cdots$	3	$\cdots$	4
$g'(a)$	0	$-$	0	$+$	
$g(a)$	$\frac{32}{3}$	$\searrow$	극소	$\nearrow$	8

즉, 함수 $g(a)$는 $a=3$에서 극소이면서 최소이므로 최솟값은

$$g(3)=9-\frac{27}{2}+\frac{32}{3}=\frac{37}{6}$$

따라서 $p=6$, $q=37$이므로

$p+q=6+37=43$

049 답 ③

1단계 두 조건 (나), (다)를 이용해 보자.

조건 (나)에서 $g(x)=x^2+3x-f(x)$이므로 이를 조건 (다)에 대입하면

$f(x)\{x^2+3x-f(x)\}=(x^2+1)(3x-1)$

$\{f(x)\}^2-(x^2+3x)f(x)+(x^2+1)(3x-1)=0$

$\{f(x)-(x^2+1)\}\{f(x)-(3x-1)\}=0$

$\therefore f(x)=x^2+1$ 또는 $f(x)=3x-1$

즉, $g(x)=3x-1$ 또는 $g(x)=x^2+1$이다.

2단계 조건 (가)를 이용하여 두 함수 $f(x)$, $g(x)$를 각각 구해 보자.

두 함수 $y=x^2+1$, $y=3x-1$의 그래프의 교점의 x좌표는

$x^2+1=3x-1$에서 $x^2-3x+2=0$

$(x-1)(x-2)=0$

$\therefore x=1$ 또는 $x=2$

따라서

$x\le1$ 또는 $x\ge2$일 때, $x^2+1\ge3x-1$,

$1<x<2$일 때, $x^2+1<3x-1$

이므로 모든 실수 x에 대하여 조건 (가)를 만족시키려면

$f(x)=\begin{cases} x^2+1 & (x\le1 \text{ 또는 } x\ge2) \\ 3x-1 & (1<x<2) \end{cases}$,

$g(x)=\begin{cases} 3x-1 & (x\le1 \text{ 또는 } x\ge2) \\ x^2+1 & (1<x<2) \end{cases}$

3단계 $\int_0^2 f(x)\,dx$의 값을 구해 보자.

$\int_0^2 f(x)\,dx=\int_0^1 (x^2+1)\,dx+\int_1^2 (3x-1)\,dx$

$=\left[\dfrac{1}{3}x^3+x\right]_0^1+\left[\dfrac{3}{2}x^2-x\right]_1^2$

$=\dfrac{4}{3}+\left(4-\dfrac{1}{2}\right)=\dfrac{29}{6}$

---

050 답 17

1단계 함수 $y=|f(x)|$의 그래프를 그려 보자.

$f(x)=x^3-3x-1$에서

$f'(x)=3x^2-3=3(x+1)(x-1)$

$f'(x)=0$에서 $x=-1$ 또는 $x=1$

함수 $f(x)$의 증가와 감소를 표로 나타내면 다음과 같다.

x	$\cdots$	-1	$\cdots$	1	$\cdots$
$f'(x)$	$+$	0	$-$	0	$+$
$f(x)$	$\nearrow$	1	$\searrow$	-3	$\nearrow$

즉, 함수 $y=f(x)$의 그래프와 함수 $y=|f(x)|$의 그래프는 각각 다음 그림과 같다.

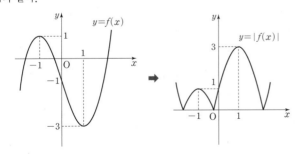

2단계 함수 $g(t)$를 구하여 $-1\le t\le1$에서 함수 $y=g(t)$의 그래프를 그려 보자.

실수 $t\,(t\ge-1)$에 대하여 $-1\le x\le t$에서 함수 $|f(x)|$의 최댓값이 $g(t)$이므로 $-1\le t\le1$에서 $|f(x)|$의 최댓값을 구하면

(i) $-1\le t<0$일 때

$-1\le x\le t$에서의 함수 $|f(x)|$의 최댓값은

$f(-1)=1$

(ii) $0\le t\le1$일 때

$-1\le x\le t$에서의 함수 $|f(x)|$의 최댓값은

$|f(t)|=-f(t)$
$=-t^3+3t+1$

(i), (ii)에 의하여

$g(t)=\begin{cases} 1 & (-1\le t\le0) \\ -t^3+3t+1 & (0<t\le1) \end{cases}$

즉, 닫힌구간 $[-1,\,1]$에서 함수 $y=g(t)$의 그래프는 오른쪽 그림과 같다.

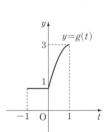

3단계 $\int_{-1}^1 g(t)\,dt$의 값을 구하여 $p+q$의 값을 구해 보자.

$\int_{-1}^1 g(t)\,dt=\int_{-1}^0 g(t)\,dt+\int_0^1 g(t)\,dt$

$=\int_{-1}^0 1\,dt+\int_0^1 (-t^3+3t+1)\,dt$

$=\left[t\right]_{-1}^0+\left[-\dfrac{1}{4}t^4+\dfrac{3}{2}t^2+t\right]_0^1$

$=1+\dfrac{9}{4}$

$=\dfrac{13}{4}$

따라서 $p=4$, $q=13$이므로

$p+q=4+13=17$

---

051 답 ⑤

Best Pick 정적분의 계산과 Ⅱ단원의 미분가능성이 결합된 문제이다. 주어진 조건을 이용하여 도함수 $f'(x)$와 함수 $g(x)$를 x에 대한 식으로 나타내어야 한다. 〈보기〉는 미분가능성과 정적분의 정의를 이용하는 전형적인 문제로 구성되어 있다.

1단계 함수 $g(x)$를 x에 대한 식으로 나타내어 보자.

최고차항의 계수가 1인 삼차함수 $f(x)$의 도함수 $f'(x)$는 최고차항의 계수가 3인 이차함수이고, $f'(0)=f'(2)=0$이므로

$f'(x)=3x(x-2)=3x^2-6x$

$\therefore f(x)=\int f'(x)\,dx=\int (3x^2-6x)\,dx$
$=x^3-3x^2+C$ (단, C는 적분상수)

이때 $f(0)=C$이므로 $f(x)=x^3-3x^2+f(0)$이라 하면

$g(x)=\begin{cases} f(x)-f(0) & (x\le0) \\ f(x+p)-f(p) & (x>0) \end{cases}$ 에서

(i) $x \leq 0$일 때

$$g(x) = f(x) - f(0) = x^3 - 3x^2$$

(ii) $x > 0$일 때

$$g(x) = f(x+p) - f(p)$$
$$= \{(x+p)^3 - 3(x+p)^2 + f(0)\} - \{p^3 - 3p^2 + f(0)\}$$
$$= x^3 + 3(p-1)x^2 + 3p(p-2)x$$

(i), (ii)에서

$$g(x) = \begin{cases} x^3 - 3x^2 & (x \leq 0) \\ x^3 + 3(p-1)x^2 + 3p(p-2)x & (x > 0) \end{cases}$$

2단계 함수 $g(x)$의 도함수 $g'(x)$를 구하여 ㄱ의 참, 거짓을 판별해 보자.

ㄱ. $g'(x) = \begin{cases} 3x^2 - 6x & (x < 0) \\ 3x^2 + 6(p-1)x + 3p(p-2) & (x > 0) \end{cases}$

이므로 $p = 1$일 때

$$g'(x) = \begin{cases} 3x^2 - 6x & (x < 0) \\ 3x^2 - 3 & (x > 0) \end{cases}$$

$\therefore g'(1) = 3 - 3 = 0$ (참)

3단계 함수 $g(x)$가 실수 전체의 집합에서 미분가능할 조건과 ㄱ을 이용하여 ㄴ의 참, 거짓을 판별해 보자.

ㄴ. $g(x)$가 실수 전체의 집합에서 미분가능하려면 $x = 0$에서도 미분가능해야 한다.

$\lim\limits_{x \to 0+} g'(x) = \lim\limits_{x \to 0-} g'(x)$이어야 하므로 ㄱ에 의하여

$$\lim\limits_{x \to 0+} g'(x) = \lim\limits_{x \to 0+} \{3x^2 + 6(p-1)x + 3p(p-2)\}$$
$$= 3p(p-2),$$
$$\lim\limits_{x \to 0-} g'(x) = \lim\limits_{x \to 0-} (3x^2 - 6x)$$
$$= 0$$

에서

$$3p(p-2) = 0$$

$\therefore p = 0$ 또는 $p = 2$

즉, 양수 p의 개수는 2의 1이다. (참)

4단계 함수 $y = \int_{-1}^{1} g(x)\,dx$의 그래프를 그려서 ㄷ의 참, 거짓을 판별해 보자.

ㄷ. $\int_{-1}^{1} g(x)\,dx$

$$= \int_{-1}^{0} g(x)\,dx + \int_{0}^{1} g(x)\,dx$$
$$= \int_{-1}^{0} (x^3 - 3x^2)\,dx + \int_{0}^{1} \{x^3 + 3(p-1)x^2 + 3p(p-2)x\}\,dx$$
$$= \left[\frac{1}{4}x^4 - x^3\right]_{-1}^{0} + \left[\frac{1}{4}x^4 + (p-1)x^3 + \frac{3}{2}p(p-2)x^2\right]_{0}^{1}$$
$$= -\frac{5}{4} + \left\{\frac{1}{4} + (p-1) + \frac{3}{2}p(p-2)\right\}$$
$$= \frac{3}{2}p^2 - 2p - 2$$
$$= \frac{1}{2}(3p+2)(p-2)$$

이때 함수 $y = \frac{1}{2}(3p+2)(p-2)$의

그래프는 오른쪽 그림과 같다.

즉, $p \geq 2$일 때,

$\frac{1}{2}(3p+2)(p-2) \geq 0$이므로

$\int_{-1}^{1} g(x)\,dx \geq 0$ (참)

따라서 옳은 것은 ㄱ, ㄴ, ㄷ이다.

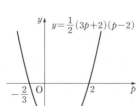

1단계 함수의 극대·극소, 평균값 정리를 이용하여 ㄱ, ㄴ, ㄷ의 참, 거짓을 판별해 보자.

ㄱ. $h(x) = (x-1)f(x)$에서

$h'(x) = f(x) + (x-1)f'(x) = g(x)$ (참)

ㄴ. 함수 $f(x)$가 $x = -1$에서 극값 0을 가지므로

$f(-1) = 0, f'(-1) = 0$

$f(-1) = 0$이므로

$f(-1) = -1 + 1 - a + b = 0$

$\therefore a - b = 0$ ······ ㉠

$f'(x) = 3x^2 + 2x + a$에서

$f'(-1) = 3 - 2 + a = 0, a + 1 = 0$

$\therefore a = -1$ ······ ㉡

㉠, ㉡에서 $b = -1$

따라서 $f(x) = x^3 + x^2 - x - 1$이므로

$$\int_{0}^{1} g(x)\,dx = \int_{0}^{1} h'(x)\,dx = \Big[h(x)\Big]_{0}^{1}$$
$$= \Big[(x-1)f(x)\Big]_{0}^{1} = f(0) = -1 \text{ (참)}$$

ㄷ. 함수 $h(x)$가 닫힌구간 $[0, 1]$에서 연속이고, 열린구간 $(0, 1)$에서 미분가능하므로 평균값 정리에 의하여

$$\frac{h(1) - h(0)}{1 - 0} = h'(c)$$

를 만족시키는 c가 열린구간 $(0, 1)$에서 적어도 하나 존재한다.

이때 $h(1) - h(0) = f(0) = 0$이므로

$h'(c) = 0$

즉, $g(c) = 0$ ($\because$ ㄱ)인 c가 열린구간 $(0, 1)$에 적어도 하나 존재하므로 방정식 $g(x) = 0$은 열린구간 $(0, 1)$에서 적어도 하나의 실근을 갖는다. (참)

따라서 옳은 것은 ㄱ, ㄴ, ㄷ이다.

1단계 함수 $f'(x)$를 구하여 $f'(x)$의 부정적분 $f(x)$를 구해 보자.

방정식 $f'(x) = 0$의 서로 다른 세 실근 $\alpha, 0, \beta$ ($\alpha < 0 < \beta$)가 이 순서대로 등차수열을 이루므로

$$\frac{\alpha + \beta}{2} = 0 \qquad \therefore \beta = -\alpha$$

최고차항의 계수가 1인 사차함수 $f(x)$의 도함수 $f'(x)$는 최고차항의 계수가 4인 삼차함수이므로

$$f'(x) = 4x(x-\alpha)(x+\alpha) = 4x^3 - 4\alpha^2 x$$

라 하자.

$$\therefore f(x) = \int f'(x)\,dx$$
$$= \int (4x^3 - 4\alpha^2 x)\,dx$$
$$= x^4 - 2\alpha^2 x^2 + C \text{ (단, } C \text{는 적분상수)}$$

2단계 함수의 그래프의 대칭성과 두 조건 (가), (나)를 이용하여 함수 $y = f'(x)$의 그래프의 개형을 그려 보자.

$f(-x) = (-x)^4 - 2\alpha^2 \times (-x)^2 + C = x^4 - 2\alpha^2 x^2 + C = f(x)$

에서 함수 $y = f(x)$의 그래프는 y축에 대하여 대칭이므로 함수 $f(x)$는 $x = 0$에서 극대이다. ······ ㉠

또한, 조건 (가)에 의하여 함수 $y=f(x)$의 그래프와 직선 $y=9$가 서로 다른 세 점에서 만나므로 함수 $f(x)$의 극댓값이 9이어야 한다. ...... ⓛ

즉, $f(0)=9$에서

$C=9$

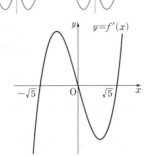

조건 (나)에서 $f(a)=-16$이므로

$a^4-2a^4+9=-16$

$a^4=25$ $\therefore a=-\sqrt{5}\ (\because a<0)$

$\therefore f(x)=x^4-10x^2+9,$

$\quad f'(x)=4x(x+\sqrt{5})(x-\sqrt{5})$

함수 $y=f'(x)$의 그래프의 개형은 오른쪽 그림과 같다.

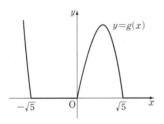

3단계 함수 $y=g(x)$의 그래프의 개형을 그려서 $\displaystyle\int_0^{10} g(x)\,dx$의 값을 구해 보자.

$g(x)=|f'(x)|-f'(x)$

$\quad =\begin{cases} 0 & (f'(x)\geq 0) \\ -2f'(x) & (f'(x)<0) \end{cases}$

이므로 함수 $y=g(x)$의 그래프의 개형은 오른쪽 그림과 같다.

$\therefore \displaystyle\int_0^{10} g(x)\,dx$

$= \displaystyle\int_0^{\sqrt{5}} g(x)\,dx + \int_{\sqrt{5}}^{10} g(x)\,dx$

$= \displaystyle\int_0^{\sqrt{5}} \{-2f'(x)\}\,dx + 0$

$= -2\displaystyle\int_0^{\sqrt{5}} f'(x)\,dx$

$= -2\Big[f(x)\Big]_0^{\sqrt{5}}$

$= -2\times\{f(\sqrt{5})-f(0)\}$

$= -2\times(-16-9)=50$

참고 등차중항

세 수 a, b, c가 이 순서대로 등차수열을 이룰 때, b를 a와 c의 등차중항이라 한다. 이때 $b-a=c-b$이므로

$$b=\frac{a+c}{2}$$

054 정답률 ▸ 79%　　　　　　　　　　**답 17**

$f(x)=\displaystyle\int_0^x (3t^2+5)\,dt$의 양변을 x에 대하여 미분하면

$f'(x)=3x^2+5$

$\therefore \displaystyle\lim_{x\to 2}\frac{f(x)-f(2)}{x-2}=f'(2)=12+5=17$

055 정답률 ▸ 88%　　　　　　　　　　**답 4**

$f(x)=\displaystyle\int_0^x (2at+1)\,dt$의 양변을 x에 대하여 미분하면

$f'(x)=2ax+1$

이때 $f'(2)=17$이므로

$4a+1=17$　　$\therefore a=4$

056 정답률 ▸ 75%　　　　　　　　　　**답 9**

Best Pick 정적분으로 정의된 함수는 수능에서 3점 문제부터 고난도 문제까지 모든 문제의 소재로 사용된다. 기본적인 문제로 개념을 정확히 파악하는 것이 중요하다.

1단계 주어진 등식의 양변에 $x=a$를 대입하여 실수 a의 값을 구해 보자.

$\displaystyle\int_a^x f(t)\,dt=\frac{1}{3}x^3-9$ ...... ㉠

㉠의 양변에 $x=a$를 대입하면

$0=\dfrac{1}{3}a^3-9$

$a^3=27$

$\therefore a=3$

2단계 주어진 등식의 양변을 x에 대하여 미분하여 $f(a)$의 값을 구해 보자.

㉠의 양변을 x에 대하여 미분하면

$f(x)=x^2$

$\therefore f(a)=f(3)=9$

057 정답률 ▸ 65%　　　　　　　　　　**답 ①**

1단계 $\displaystyle\int_0^1 tf(t)\,dt=k$라 하고, k의 값을 구해 보자.

$\displaystyle\int_0^1 tf(t)\,dt=k\ (k는 상수)$ ...... ㉠

라 하면

$f(x)=x^2-2x+k$

㉠에서

$\displaystyle\int_0^1 t(t^2-2t+k)\,dt=\int_0^1 (t^3-2t^2+kt)\,dt$

$\qquad\qquad =\Big[\frac{1}{4}t^4-\frac{2}{3}t^3+\frac{k}{2}t^2\Big]_0^1$

$\qquad\qquad =-\frac{5}{12}+\frac{k}{2}=k$

이므로

$\dfrac{k}{2}=-\dfrac{5}{12}$

$\therefore k=-\dfrac{5}{6}$

2단계 함수 $f(x)$를 구하여 $f(3)$의 값을 구해 보자.

$f(x)=x^2-2x-\dfrac{5}{6}$이므로

$f(3)=9-6-\dfrac{5}{6}=\dfrac{13}{6}$

058 정답률 ▸ 76%　　　　　　　　　　**답 20**

1단계 $\displaystyle\int_1^2 f(t)\,dt=k$라 하고, k의 값을 구해 보자.

$\displaystyle\int_1^2 f(t)\,dt=k\ (k는 상수)$ ...... ㉠

라 하면

$f(x)=\dfrac{12}{7}x^2-2kx+k^2$

⊙에서
$$\int_1^2 \left(\frac{12}{7}t^2 - 2kt + k^2 \right) dt = \left[\frac{4}{7}t^3 - kt^2 + k^2t \right]_1^2$$
$$= \left(\frac{32}{7} - 4k + 2k^2 \right) - \left(\frac{4}{7} - k + k^2 \right)$$
$$= 4 - 3k + k^2 = k$$
이므로 $k^2 - 4k + 4 = 0$
$(k-2)^2 = 0$ ∴ $k = 2$

2단계 $10\int_1^2 f(x)\,dx$의 값을 구해 보자.

$\int_1^2 f(x)\,dx = 2$이므로
$$10\int_1^2 f(x)\,dx = 20$$

059 정답률 ▶ 61%   답 132

1단계 주어진 등식을 정리하여 $\int_0^1 f(x)\,dx$의 값을 구해 보자.

$$\int_{12}^x f(t)\,dt = -x^3 + x^2 + \int_0^1 xf(t)\,dt$$
$$\int_{12}^x f(t)\,dt + x^3 - x^2 = x\int_0^1 f(t)\,dt$$
$$\int_0^1 f(t)\,dt = \frac{1}{x}\int_{12}^x f(t)\,dt + x^2 - x \ (단, x \neq 0) \quad \cdots\cdots ⊙$$

⊙의 양변에 $x = 12$를 대입하면
$$\int_0^1 f(t)\,dt = 0 + 144 - 12 = 132$$

060 정답률 ▶ 확: 68%, 미: 87%, 기: 79%   답 ④

Best Pick 적분과 미분의 관계를 이용하여 상수 a의 값과 함수 $f(x)$를 구하는 문제이다. 정적분으로 정의된 함수는 적분 구간에 적절한 수를 대입하여 함숫값을 알 수 있고, 양변을 x에 대하여 미분하여 함수 $f(x)$에 대한 식을 알 수 있다.

1단계 주어진 등식의 양변에 $x=1$, $x=0$을 각각 대입하여 $f(1)$의 값을 구해 보자.

$$xf(x) = 2x^3 + ax^2 + 3a + \int_1^x f(t)\,dt \quad \cdots\cdots ⊙$$

⊙의 양변에 $x=1$을 대입하면
$$f(1) = 2 + a + 3a = 4a + 2 \quad \cdots\cdots ㉡$$
⊙의 양변에 $x=0$을 대입하면
$$0 = 3a + \int_1^0 f(t)\,dt$$
즉, $0 = 3a - \int_0^1 f(t)\,dt$이므로
$$\int_0^1 f(t)\,dt = 3a \quad \cdots\cdots ㉢$$
이때 $f(1) = \int_0^1 f(t)\,dt$이므로 ㉡, ㉢에서
$$4a + 2 = 3a \quad ∴ a = -2$$
$a = -2$를 ㉡에 대입하면
$$f(1) = -8 + 2 = -6$$

2단계 주어진 등식의 양변을 x에 대하여 미분하여 함수 $f(x)$를 구한 후 $a + f(3)$의 값을 구해 보자.

⊙의 양변을 x에 대하여 미분하면
$$f(x) + xf'(x) = 6x^2 - 4x + f(x)$$
$$xf'(x) = 6x^2 - 4x$$
$$∴ f'(x) = 6x - 4$$
$$∴ f(x) = \int f'(x)\,dx$$
$$= \int (6x-4)\,dx$$
$$= 3x^2 - 4x + C \ (단, C는 적분상수)$$
이때 $f(1) = -6$이므로
$$3 - 4 + C = -6 \quad ∴ C = -5$$
따라서 $f(x) = 3x^2 - 4x - 5$이므로
$$f(3) = 27 - 12 - 5 = 10$$
$$∴ a + f(3) = -2 + 10 = 8$$

061 정답률 ▶ 63%   답 40

1단계 $\int_0^1 f(t)\,dt = k$라 하고, k의 값을 구해 보자.

$$\int_0^1 f(t)\,dt = k \ (k는 상수) \quad \cdots\cdots ⊙$$
라 하면
$$\int_0^x f(t)\,dt = x^3 - 2x^2 - 2kx$$
위의 식의 양변을 x에 대하여 미분하면
$$f(x) = 3x^2 - 4x - 2k$$
⊙에서
$$\int_0^1 (3t^2 - 4t - 2k)\,dt = \left[t^3 - 2t^2 - 2kt \right]_0^1 = -1 - 2k = k$$
이므로
$$3k = -1 \quad ∴ k = -\frac{1}{3}$$

2단계 $60a$의 값을 구해 보자.

$f(x) = 3x^2 - 4x + \frac{2}{3}$이므로
$$a = f(0) = \frac{2}{3}$$
$$∴ 60a = 40$$

062 정답률 ▶ 80%   답 ①

1단계 주어진 등식의 양변에 $x=1$을 대입하여 $f(1)$의 값을 구해 보자.

$$\int_1^x f(t)\,dt = xf(x) - 3x^4 + 2x^2 \quad \cdots\cdots ⊙$$
⊙의 양변에 $x=1$을 대입하면
$$0 = f(1) - 3 + 2$$
$$∴ f(1) = 1$$

2단계 주어진 등식의 양변을 x에 대하여 미분하여 함수 $f(x)$를 구한 후 $f(0)$의 값을 구해 보자.

⊙의 양변을 x에 대하여 미분하면
$$f(x) = f(x) + xf'(x) - 12x^3 + 4x$$

$$xf'(x)=12x^3-4x$$

$$\therefore f'(x)=12x^2-4$$

$$\therefore f(x)=\int f'(x)\,dx$$

$$=\int (12x^2-4)\,dx$$

$$=4x^3-4x+C \ (단, C는 \ 적분상수)$$

이때 $f(1)=1$이므로

$$4-4+C=1 \qquad \therefore C=1$$

따라서 $f(x)=4x^3-4x+1$이므로

$$f(0)=1$$

063 정답률 ▶ 76%   답 ⑤

1단계 주어진 등식의 양변에 $x=1$을 대입하여 상수 a의 값을 구해 보자.

$$\int_1^x \left\{\frac{d}{dt}f(t)\right\}dt=x^3+ax^2-2 에서$$

$$\frac{d}{dt}f(t)=f'(t)이므로$$

$$\int_1^x f'(t)\,dt=x^3+ax^2-2 \quad \cdots\cdots ㉠$$

㉠의 양변에 $x=1$을 대입하면

$$0=1+a-2$$

$$\therefore a=1$$

2단계 주어진 등식의 양변을 x에 대하여 미분하여 $f'(x)$를 구한 후 $f'(a)$의 값을 구해 보자.

㉠의 양변을 x에 대하여 미분하면

$$f'(x)=3x^2+2ax$$

$$\therefore f'(a)=f'(1)=3+2=5$$

064 정답률 ▶ 64%   답 ③

1단계 $\int_0^1 g(t)\,dt=a$라 하고, a의 값을 구해 보자.

$$\int_0^1 g(t)\,dt=a \ (a는 \ 상수) \quad \cdots\cdots ㉠$$

라 하면 조건 (가)에서

$$f(x)=2x+2a$$

이때 함수 $g(x)$는 함수 $f(x)$의 한 부정적분이므로

$$g(x)=\int f(x)\,dx$$

$$=\int (2x+2a)\,dx$$

$$=x^2+2ax+C \ (단, C는 \ 적분상수)$$

$$\therefore g(0)=C$$

조건 (나)에서

$$g(0)-\int_0^1 g(t)\,dt=C-\int_0^1 (t^2+2at+C)\,dt$$

$$=C-\left[\frac{1}{3}t^3+at^2+Ct\right]_0^1$$

$$=C-\left(\frac{1}{3}+a+C\right)$$

$$=-\frac{1}{3}-a=\frac{2}{3}$$

$$\therefore a=-1$$

2단계 함수 $g(x)$를 구하여 $g(1)$의 값을 구해 보자.

$a=-1$을 ㉠에 대입하면

$$\int_0^1 g(t)\,dt=\int_0^1 (t^2-2t+C)\,dt$$

$$=\left[\frac{1}{3}t^3-t^2+Ct\right]_0^1$$

$$=-\frac{2}{3}+C=-1$$

이므로

$$C=-\frac{1}{3}$$

따라서 $g(x)=x^2-2x-\frac{1}{3}$이므로

$$g(1)=1-2-\frac{1}{3}=-\frac{4}{3}$$

065 정답률 ▶ 67%   답 ②

1단계 $\int_0^1 |f(t)|\,dt=a$라 하고, a의 값의 범위를 구해 보자.

$$\int_0^1 |f(t)|\,dt=a \ (a는 \ 양의 \ 상수)라 하면 \quad \longrightarrow \ a\le x\le\beta에서 \ f(x)>0인$$
$$함수 \ f(x)에 \ 대하여$$
$$f(x)=x^3-4ax \qquad\qquad\qquad\qquad\qquad\qquad \int_a^\beta f(x)\,dx>0이다.$$

$f(1)>0$이므로 $1-4a>0$에서

$$4a<1$$

$$\therefore 0<a<\frac{1}{4} \ (\because a>0)$$

2단계 상수 a의 값을 구해 보자.

$$f(x)=x^3-4ax$$

$$=x(x+2\sqrt{a})(x-2\sqrt{a})$$

이므로

$$f(x)=0에서$$

$x=-2\sqrt{a}$ 또는 $x=0$ 또는 $x=2\sqrt{a}$

이때 $0<a<\frac{1}{4}$에서 $0<2\sqrt{a}<1$이고,

$0\le x\le 2\sqrt{a}$에서 $f(x)\le 0$, $x\ge 2\sqrt{a}$에서 $f(x)\ge 0$이므로

$$a=\int_0^1 |f(t)|\,dt$$

$$=\int_0^1 |t^3-4at|\,dt$$

$$=\int_0^{2\sqrt{a}} (-t^3+4at)\,dt+\int_{2\sqrt{a}}^1 (t^3-4at)\,dt$$

$$=\left[-\frac{1}{4}t^4+2at^2\right]_0^{2\sqrt{a}}+\left[\frac{1}{4}t^4-2at^2\right]_{2\sqrt{a}}^1$$

$$=4a^2+\left(\frac{1}{4}-2a+4a^2\right)$$

$$=8a^2-2a+\frac{1}{4}$$

에서 $8a^2-3a+\frac{1}{4}=0$

$$32a^2-12a+1=0$$

$$(8a-1)(4a-1)=0$$

$$\therefore a=\frac{1}{8} \ \left(\because 0<a<\frac{1}{4}\right)$$

3단계 함수 $f(x)$를 구하여 $f(2)$의 값을 구해 보자.

$f(x)=x^3-\frac{1}{2}x$이므로

$$f(2)=8-1=7$$

066 정답률 ▸ 78%   답 ⑤

1단계 정적분의 성질을 이용하여 $f(x)$의 한 부정적분을 정의해 보자.

$f(x)$의 한 부정적분을 $F(x)$라 하면

$F'(x)=f(x)$

2단계 주어진 식을 미분계수의 정의를 이용하여 값을 구해 보자.

$$\lim_{x\to 2}\frac{1}{x-2}\int_2^x f(t)\,dt=\lim_{x\to 2}\frac{F(x)-F(2)}{x-2}=F'(2)=f(2)$$
$$=2^3+3\times 2^2-2\times 2-1=15$$

067 정답률 ▸ 76%   답 2

1단계 정적분의 성질을 이용하여 $f(t)$의 한 부정적분을 정의해 보자.

$f(t)=t^2+3t-2$라 하고 $f(t)$의 한 부정적분을 $F(t)$라 하면

$F'(t)=f(t)$

2단계 주어진 식을 미분계수의 정의를 이용하여 값을 구해 보자.

$$\lim_{x\to 2}\frac{1}{x^2-4}\int_2^x (t^2+3t-2)\,dt=\lim_{x\to 2}\frac{1}{x^2-4}\int_2^x f(t)\,dt$$
$$=\lim_{x\to 2}\frac{F(x)-F(2)}{x^2-4}$$
$$=\lim_{x\to 2}\frac{F(x)-F(2)}{(x+2)(x-2)}$$
$$=\lim_{x\to 2}\left\{\frac{1}{x+2}\times\frac{F(x)-F(2)}{x-2}\right\}$$
$$=\frac{1}{4}F'(2)=\frac{1}{4}f(2)$$
$$=\frac{1}{4}(2^2+3\times 2-2)=2$$

068 정답률 ▸ 63%   답 ①

1단계 $\displaystyle\lim_{x\to 1}\dfrac{\displaystyle\int_1^x f(t)\,dt-f(x)}{x^2-1}=2$를 이용하여 $f(1)$의 값을 구해 보자.

$\displaystyle\lim_{x\to 1}\dfrac{\displaystyle\int_1^x f(t)\,dt-f(x)}{x^2-1}=2$에서 극한값이 존재하고 $x\to 1$일 때

(분모) $\to 0$이므로 (분자) $\to 0$이어야 한다.

즉, $\displaystyle\lim_{x\to 1}\left\{\int_1^x f(t)\,dt-f(x)\right\}=0$에서

$\displaystyle\int_1^1 f(t)\,dt-f(1)=0$이므로

$f(1)=0$

2단계 정적분의 성질을 이용하여 $f'(1)$의 값을 구해 보자.

$$\lim_{x\to 1}\frac{\displaystyle\int_1^x f(t)\,dt-f(x)}{x^2-1}$$
$$=\lim_{x\to 1}\frac{\displaystyle\int_1^x f(t)\,dt}{x^2-1}-\lim_{x\to 1}\frac{f(x)-f(1)}{x^2-1}$$
$$=\lim_{x\to 1}\left\{\frac{\displaystyle\int_1^x f(t)\,dt}{x-1}\times\frac{1}{x+1}\right\}-\lim_{x\to 1}\left\{\frac{f(x)-f(1)}{x-1}\times\frac{1}{x+1}\right\}$$
$$=\frac{f(1)}{2}-\frac{f'(1)}{2}=-\frac{f'(1)}{2}=2$$

따라서 $-\dfrac{f'(1)}{2}=2$이므로

$f'(1)=2\times(-2)=-4$

$\therefore f'(1)=-4$

069 정답률 ▸ 81%   답 ⑤

1단계 함수 $f(x)$를 이용하여 a의 값을 구해 보자.

$g(x)=\displaystyle\int_2^x f(t)\,dt$의 양변을 x에 대하여 미분하면

$g'(x)=f(x)$

$g'(x)=0$, 즉 $f(x)=x(x+2)(x+4)=0$에서

$x=-4$ 또는 $x=-2$ 또는 $x=0$

함수 $g(x)$의 증가와 감소를 표로 나타내면 다음과 같다.

x	$\cdots$	-4	$\cdots$	-2	$\cdots$	0	$\cdots$
$g'(x)$	$-$	0	$+$	0	$-$	0	$+$
$g(x)$	$\searrow$	극소	$\nearrow$	극대	$\searrow$	극소	$\nearrow$

따라서 함수 $g(x)$는 $x=-2$에서 극댓값을 가지므로

$a=-2$

2단계 $g(a)$의 값을 구해 보자.

$$g(a)=g(-2)$$
$$=\int_2^{-2} f(t)\,dt=-\int_{-2}^2 f(t)\,dt$$
$$=-\int_{-2}^2 (t^3+6t^2+8t)\,dt$$
$$=-\left\{\int_{-2}^2 (t^3+8t)\,dt+\int_{-2}^2 6t^2\,dt\right\}$$
$$=0-2\int_0^2 6t^2\,dt=-2\Big[2t^3\Big]_0^2$$
$$=-2\times 16=-32$$

070 정답률 ▸ 56%   답 ②

1단계 함수 $f(x)$의 극값을 a에 대한 식으로 나타내어 보자.

$F(x)=\displaystyle\int_0^x f(t)\,dt$의 양변을 x에 대하여 미분하면

$F'(x)=f(x)=x^3-3x+a$

$f'(x)=3x^2-3=3(x+1)(x-1)$

$f'(x)=0$에서 $x=-1$ 또는 $x=1$

함수 $f(x)$의 증가와 감소를 표로 나타내면 다음과 같다.

x	$\cdots$	-1	$\cdots$	1	$\cdots$
$f'(x)$	$+$	0	$-$	0	$+$
$f(x)$	$\nearrow$	극대	$\searrow$	극소	$\nearrow$

즉, 함수 $f(x)$는 $x=-1$에서 극댓값 $f(-1)=a+2$, $x=1$에서 극솟값 $f(1)=a-2$를 갖는다.

2단계 사차함수 $F(x)$가 오직 하나의 극값을 가질 조건을 알아보고 양수 a의 최솟값을 구해 보자.

사차함수 $F(x)$의 도함수 $f(x)$가 극댓값, 극솟값을 모두 가지므로 사차함수 $F(x)$가 오직 하나의 극값을 갖기 위해서는 삼차함수 $y=f(t)$의 그래프가 x축과 오직 한 점에서 만나거나 접해야 한다.

즉, (극댓값)×(극솟값)≥0이어야 하므로
$(a+2)(a-2)≥0$
$\therefore a≤-2$ 또는 $a≥2$
따라서 양수 a의 최솟값은 2이다.

---

071 정답률 ▶ 57%   답 ②

1단계 조건 (가)를 이용하여 삼차함수 $f(x)$의 식을 세워 보자.
$$g(x)=\int_0^x f(t)\,dt+f(x) \quad\cdots\cdots ㉠$$
㉠의 양변을 x에 대하여 미분하면
$$g'(x)=f(x)+f'(x) \quad\cdots\cdots ㉡$$
㉡의 양변에 $x=0$을 대입하면
$$g'(0)=f(0)+f'(0) \quad\cdots\cdots ㉢$$
㉠의 양변에 $x=0$을 대입하면
$$g(0)=f(0)$$
이때 조건 (가)에 의하여
$g(0)=0$, $g'(0)=0$이므로
$$f(0)=0$$
$f(0)=0$, $g'(0)=0$을 ㉢에 대입하면
$$f'(0)=0$$
┌→ $f(a)=0$, $f'(a)=0$이면 다항식 $f(x)$는 $(x-a)^2$을 인수로 갖는다.
즉, 다항식 $f(x)$는 x^2을 인수로 가지므로 최고차항의 계수가 1인 삼차함수 $f(x)$는
$$f(x)=x^2(x-k)=x^3-kx^2 \ (k는\ 상수)$$
라 할 수 있다.

2단계 조건 (나)를 이용하여 함수 $f(x)$를 구한 후 $f(2)$의 값을 구해 보자.
$f'(x)=3x^2-2kx$이므로 ㉡에서
$$g'(x)=x^3-kx^2+(3x^2-2kx)$$
$$=x^3+(3-k)x^2-2kx$$
이때 조건 (나)에 의하여 함수 $g(x)$의 도함수 $g'(x)$는 모든 실수 x에 대하여 $g'(-x)=-g'(x)$가 성립한다.
즉, $-x^3+(3-k)x^2+2kx=-x^3-(3-k)x^2+2kx$이므로
$$2(3-k)x^2=0$$
$$\therefore k=3$$
따라서 $f(x)=x^2(x-3)$이므로
$$f(2)=4\times(-1)=-4$$

다른 풀이
최고차항의 계수가 1인 삼차함수 $f(x)$를 $f(x)=x^3+ax^2+bx+c$ $(a,\ b,\ c$는 상수)라 하면
$$f'(x)=3x^2+2ax+b$$
$f(0)=0$이므로 $c=0$
$f'(0)=0$이므로 $b=0$
즉, $f(x)=x^3+ax^2$, $f'(x)=3x^2+2ax$이므로
$$g'(x)=f(x)+f'(x)$$
$$=x^3+ax^2+3x^2+2ax$$
$$=x^3+(a+3)x^2+2ax$$
조건 (나)에서 함수 $y=g'(x)$의 그래프는 원점에 대하여 대칭이므로
x^2의 계수는 0이다. ──→ 원점에 대하여 대칭인 함수의 그래프는 홀수 차수의 항으로만 이루어져 있다.
따라서 $a+3=0$이므로 $a=-3$
$$\therefore f(x)=x^3-3x^2$$

106   정답 및 해설

---

072 정답률 ▶ 확: 25%, 미: 54%, 기: 41%   답 8

Best Pick 함수 $g(x)$가 복잡하게 주어진 고난도 유형이지만 극값이 존재할 조건과 정적분으로 정의된 함수의 풀이법을 이용하면 해결할 수 있다.
모든 실수 t에 대하여 $f(t)≥0$이면 함수 $\int_a^x f(t)\,dt$는 실수 전체의 집합에서 증가하는 함수임을 알고, 실수 a에 따라 경우를 나누어 조건을 만족시키는 경우를 찾아보자.

1단계 주어진 등식을 이용하여 방정식 $g'(x)=0$을 만족시키는 x의 값을 구해 보자.
$$\int_a^x \{f(x)-f(t)\}\times\{f(t)\}^4\,dt=f(x)\int_a^x\{f(t)\}^4\,dt-\int_a^x\{f(t)\}^5\,dt$$
이므로 주어진 등식은
$$g(x)=f(x)\int_a^x\{f(t)\}^4\,dt-\int_a^x\{f(t)\}^5\,dt$$
위의 등식의 양변을 x에 대하여 미분하면
$$g'(x)=f'(x)\int_a^x\{f(t)\}^4\,dt+f(x)\times\{f(x)\}^4-\{f(x)\}^5$$
$$=f'(x)\int_a^x\{f(t)\}^4\,dt$$
$g'(x)=0$에서
$$f'(x)=0 \ \text{또는} \ \int_a^x\{f(t)\}^4\,dt=0$$
이때 $f(x)=x^3-12x^2+45x+3$에서
$$f'(x)=3x^2-24x+45=3(x-3)(x-5)$$
$f'(x)=0$에서 $x=3$ 또는 $x=5$
또한, $\int_a^x\{f(t)\}^4\,dt=0$에서 모든 실수 t에 대하여 $\{f(t)\}^4≥0$이므로
함수 $\int_a^x\{f(t)\}^4\,dt$는 실수 전체의 집합에서 증가하는 함수이다.
즉, $\int_a^x\{f(t)\}^4\,dt=0$을 만족시키는 x의 값은 a뿐이다.
따라서 $g'(x)=0$을 만족시키는 x의 값은
$x=3$ 또는 $x=5$ 또는 $x=a$

2단계 실수 a의 값에 따라 경우를 나누어 조건을 만족시키는 모든 실수 a의 값의 합을 구해 보자.
┌→ $x=2$라 하면 $\int_3^2\{f(t)\}^4\,dt<0$
(ⅰ) $a=3$인 경우   ┌→ $x=4$라 하면 $\int_3^4\{f(t)\}^4>0$
함수 $g(x)$의 증가와 감소를 표로 나타내면 다음과 같다.

	x	$\cdots$	3	$\cdots$	5	$\cdots$
㉠	$f'(x)$	+	0	−	0	+
㉡	$\int_a^x\{f(t)\}^4\,dt$	−	0	+	+	+
㉠×㉡	$g'(x)$	−	0	−	0	+
	$g(x)$	↘		↘	극소	↗

즉, 함수 $g(x)$는 $x=5$에서만 극값을 갖는다.

(ⅱ) $a=5$인 경우
함수 $g(x)$의 증가와 감소를 표로 나타내면 다음과 같다.

x	$\cdots$	3	$\cdots$	5	$\cdots$
$f'(x)$	+	0	−	0	+
$\int_a^x\{f(t)\}^4\,dt$	−	−	−	0	+
$g'(x)$	−	0	+	0	+
$g(x)$	↘	극소	↗		↗

즉, 함수 $g(x)$는 $x=3$에서만 극값을 갖는다.

(iii) $a \neq 3$, $a \neq 5$인 경우

$a > 5$라 가정하고, 함수 $g(x)$의 증가와 감소를 표로 나타내면 다음과 같다.

x	$\cdots$	3	$\cdots$	5	$\cdots$	a	$\cdots$
$f'(x)$		$+$	0	$-$	0	$+$	$+$	$+$
$\int_a^x \{f(t)\}^4 dt$	$-$	$-$	$-$	$-$	$-$	0	$+$
$g'(x)$	$-$	0	$+$	0	$-$	0	$+$
$g(x)$	$\searrow$	극소	$\nearrow$	극대	$\searrow$	극소	$\nearrow$

즉, 함수 $g(x)$는 $x=3$, $x=5$, $x=a$에서 극값을 갖는다.

같은 방법으로 $a < 3$, $3 < a < 5$인 경우도 $x=3$, $x=5$, $x=a$에서 극값을 갖는다.

(i), (ii), (iii)에서 함수 $g(x)$가 오직 하나의 극값을 갖도록 하는 실수 a의 값은 3, 5이므로 그 합은

$3+5=8$

073 정답률 ▶ 41%   답 ③

1단계 함수 $g'(x)$를 구해 보자.

$g(x) = \int_{-1}^{x} (t-1)f(t)\,dt$의 양변을 x에 대하여 미분하면

$g'(x) = (x-1)f(x)$

이때 $f(x) = \begin{cases} -1 & (x<1) \\ -x+2 & (x \geq 1) \end{cases}$ 이므로

$g'(x) = \begin{cases} -(x-1) & (x<1) \\ -(x-1)(x-2) & (x \geq 1) \end{cases}$

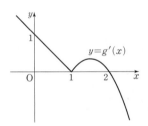

2단계 1단계 를 이용하여 ㄱ, ㄴ, ㄷ의 참, 거짓을 판별해 보자.

ㄱ. 구간 $(1, 2)$에서 $g'(x) = -(x-1)(x-2) > 0$이므로 이 구간에서 함수 $g(x)$는 증가한다. (참)

ㄴ. 위의 그림에서 $g'(1)=0$이므로 함수 $g(x)$는 $x=1$에서 미분가능하다. (참)

ㄷ. $g(-1) = \int_{-1}^{-1} (t-1)f(t)\,dt = 0$이고 함수 $y=g'(x)$의 그래프에 의하여 함수 $y=g(x)$의 그래프의 개형은 다음과 같다.

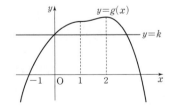

이때 모든 실수 k에 대하여 직선 $y=k$는 함수 $y=g(x)$의 그래프와 서로 다른 세 점에서 만날 수 없다.

즉, 방정식 $g(x)=k$가 서로 다른 세 실근을 갖도록 하는 실수 k는 존재하지 않는다. (거짓)

따라서 옳은 것은 ㄱ, ㄴ이다.

074 정답률 ▶ 66%   답 ⑤

1단계 $g'(x)$를 구하여 ㄱ의 참, 거짓을 판별해 보자.

ㄱ. $g(x) = \int_0^x tf(t)\,dt$의 양변을 x에 대하여 미분하면

$g'(x) = xf(x)$ $\therefore$ $g'(0)=0$ (참)

2단계 롤의 정리를 이용하여 ㄴ의 참, 거짓을 판별해 보자.

ㄴ. 함수 $g(x)$가 닫힌구간 $[0, a]$에서 연속이고 열린구간 $(0, a)$에서 미분가능하며 $g(0)=g(a)=0$이므로 롤의 정리에 의하여 $g'(c) = cf(c) = 0$인 c가 열린구간 $(0, a)$에 적어도 하나 존재한다.

이때 $cf(c)=0$에서 $c \neq 0$이므로 $f(c)=0$

즉, 방정식 $f(x)=0$은 열린구간 $(0, a)$에서 적어도 하나의 실근을 갖는다. (참)

$\underset{x=c}{\underbrace{\qquad\qquad}}$

3단계 $\int_{\beta}^{x} tf(t)\,dt$를 $g(x)$에 대한 식으로 나타내고 ㄴ을 이용하여 ㄷ의 참, 거짓을 판별해 보자.

ㄷ. $\int_{\beta}^{x} tf(t)\,dt = \int_0^x tf(t)\,dt - \int_0^{\beta} tf(t)\,dt$
$= g(x) - g(\beta) = g(x)$ ($\because$ $g(\beta)=0$)

$\beta > 0$이고 $f(\beta)=0$이므로 ㄴ에 의하여 $f(\gamma)=0$인 γ $(0<\gamma<\beta)$가 열린구간 $(0, \beta)$에 적어도 하나 존재한다.

$f(x) = a(x-\gamma)(x-\beta)$ $(a>0)$이라 하면

$g'(x) = xf(x) = ax(x-\gamma)(x-\beta)$이므로

$g'(x)=0$에서 $x=0$ 또는 $x=\gamma$ 또는 $x=\beta$

함수 $g(x)$의 증가와 감소를 표로 나타내면 다음과 같다.

x	$\cdots$	0	$\cdots$	γ	$\cdots$	β	$\cdots$
$g'(x)$	$-$	0	$+$	0	$-$	0	$+$
$g(x)$	$\searrow$	극소	$\nearrow$	극대	$\searrow$	극소	$\nearrow$

즉, 함수 $g(x)$는 $x=0$, $x=\beta$에서 극소이고 극솟값은

$g(0) = \int_0^0 tf(t)\,dt = 0$, $g(\beta)=0$이므로 모든 실수 x에 대하여 $g(x) \geq 0$

따라서 모든 실수 x에 대하여 $\int_{\beta}^{x} tf(t)\,dt \geq 0$이다. (참)

따라서 옳은 것은 ㄱ, ㄴ, ㄷ이다.

075 정답률 ▶ 46%   답 ②

1단계 조건 (가)를 이용하여 a, b가 가질 수 있는 값을 구해 보자.

$f(x) = \int_0^x (t-a)(t-b)\,dt$의 양변을 x에 대하여 미분하면

$f'(x) = (x-a)(x-b)$

$f'(x)=0$에서 $x=a$ 또는 $x=b$

이때 조건 (가)에서 함수 $f(x)$가 $x=\dfrac{1}{2}$에서 극값을 가지므로

$a=\dfrac{1}{2}$ 또는 $b=\dfrac{1}{2}$ $\underset{}{\underbrace{\qquad}} \to f'\left(\dfrac{1}{2}\right)=0$

2단계 조건 (나)를 이용하여 a, b 사이의 관계식을 구해 보자.

조건 (나)에서

$f(a) - f(b) = \int_0^a (t-a)(t-b)\,dt - \int_0^b (t-a)(t-b)\,dt$
$= \int_0^a (t-a)(t-b)\,dt + \int_b^0 (t-a)(t-b)\,dt$
$= \int_b^a (t-a)(t-b)\,dt = -\dfrac{(a-b)^3}{6} = \dfrac{1}{6}$

이므로

$\underset{}{\underbrace{\qquad}} \to \alpha < \beta$일 때 $\int_{\alpha}^{\beta} |k(x-\alpha)(x-\beta)|\,dx = \dfrac{|k|(\beta-\alpha)^3}{6}$이다.

$b-a=1$ $\cdots\cdots$ ㉠

3단계　$a+b$의 값을 구해 보자.

(i) $a=\dfrac{1}{2}$이면 ㉠에서 $b=\dfrac{3}{2}$

(ii) $b=\dfrac{1}{2}$이면 ㉠에서 $a=-\dfrac{1}{2}$

　그런데 a, b가 양수라는 조건에 모순이다.

(i), (ii)에서 $a=\dfrac{1}{2}$, $b=\dfrac{3}{2}$이므로

$$a+b=\dfrac{1}{2}+\dfrac{3}{2}=2$$

076　정답률▶59%　　　답 ⑤

1단계　함수 $y=f(x)$의 그래프의 개형을 이용하여 ㄱ의 참, 거짓을 판별해 보자.

ㄱ. 함수 $f(x)$는 최고차항의 계수가 양수인 삼차함수이므로 조건 (가)에 의하여 함수 $y=f(x)$의 그래프의 개형은 오른쪽 그림과 같다.

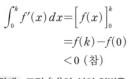

　즉, $f(0)>f(k)$이므로

$$\int_0^k f'(x)\,dx=\Big[f(x)\Big]_0^k$$
$$=f(k)-f(0)$$
$$<0 \text{ (참)}$$

2단계　조건 (나)의 식의 양변을 t에 대하여 미분하여 ㄴ의 참, 거짓을 판별해 보자.

ㄴ. 조건 (나)에서 $\displaystyle\int_0^t |f'(x)|\,dx=f(t)+f(0)$

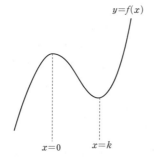

함수 $y=f(x)$의 그래프에서 $k\le t$이어야 한다. 이때 $0<k$이고 $t>1$이므로 $0<k\le1$

　위의 식의 양변을 t에 대하여 미분하면

$$|f'(t)|=f'(t)$$

　즉, $f'(t)\ge0$이므로 $t>1$인 모든 실수 t에 대하여 함수 $f(x)$는 증가한다. 이때 조건 (가)에서 함수 $f(x)$는 $x=0$에서 극댓값, $x=k$에서 극솟값을 가지므로

$$0<k\le1 \text{ (참)}$$

3단계　조건 (나)의 식의 양변을 각각 구하여 함수 $f(x)$의 식을 세우고 ㄷ의 참, 거짓을 판별해 보자.

ㄷ. 조건 (가)에 의하여

$$f'(x)=ax(x-k)\ (a>0,\ k>0)$$

　이라 할 수 있다.

　$f'(x)=ax^2-akx$이므로

$$\int_0^t |f'(x)|\,dx$$
$$=\int_0^k \{-(ax^2-akx)\}\,dx+\int_k^t (ax^2-akx)\,dx$$
$$=\Big[-\dfrac{a}{3}x^3+\dfrac{ak}{2}x^2\Big]_0^k+\Big[\dfrac{a}{3}x^3-\dfrac{ak}{2}x^2\Big]_k^t$$
$$=\Big(-\dfrac{ak^3}{3}+\dfrac{ak^3}{2}\Big)+\Big\{\Big(\dfrac{a}{3}t^3-\dfrac{ak}{2}t^2\Big)-\Big(\dfrac{ak^3}{3}-\dfrac{ak^3}{2}\Big)\Big\}$$
$$=\dfrac{a}{3}t^3-\dfrac{ak}{2}t^2+\dfrac{ak^3}{3} \quad\cdots\cdots ㉠$$

한편,

$$f(x)=\int (ax^2-akx)\,dx$$
$$=\dfrac{a}{3}x^3-\dfrac{ak}{2}x^2+C\ (C는\ 적분상수)$$

이므로

$$f(t)+f(0)=\dfrac{a}{3}t^3-\dfrac{ak}{2}t^2+2C \quad\cdots\cdots ㉡$$

조건 (나)에 의하여 ㉠=㉡이므로

$$\dfrac{a}{3}t^3-\dfrac{ak}{2}t^2+\dfrac{ak^3}{3}=\dfrac{a}{3}t^3-\dfrac{ak}{2}t^2+2C$$

$$2C=\dfrac{ak^3}{3} \quad\therefore C=\dfrac{ak^3}{6}$$

즉, $f(x)=\dfrac{a}{3}x^3-\dfrac{ak}{2}x^2+\dfrac{ak^3}{6}$이므로 함수 $f(x)$의 극솟값은

$$f(k)=\dfrac{ak^3}{3}-\dfrac{ak^3}{2}+\dfrac{ak^3}{6}=0 \text{ (참)}$$

따라서 옳은 것은 ㄱ, ㄴ, ㄷ이다.

077　정답률▶53%　　　답 ⑤

1단계　함수 $y=\displaystyle\int_0^x f(t)\,dt$의 그래프의 개형을 이용하여 도함수 $y=f(x)$의 그래프의 개형을 그려 보자.

$h(x)=\displaystyle\int_0^x f(t)\,dt$라 하면 삼차함수 $f(x)$에 대하여 사차함수 $y=h(x)$의 그래프의 개형은 [그림 1] 또는 [그림 2]이다.

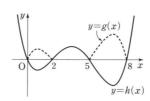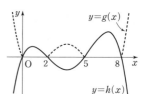

[그림 1] 최고차항의 계수가 양수일 때　[그림 2] 최고차항의 계수가 음수일 때

이때 $h'(x)=f(x)$이고 $f(0)>0$이므로 사차함수 $y=h(x)$의 그래프의 $x=0$에서의 접선의 기울기는 양수이다.

즉, 사차함수 $y=h(x)$의 그래프는 [그림 2]와 같으므로 함수 $y=h(x)$의 도함수 $y=f(x)$의 그래프의 개형은 다음 그림과 같다.

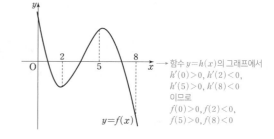

함수 $y=h(x)$의 그래프에서 $h'(0)>0$, $h'(2)<0$, $h'(5)>0$, $h'(8)<0$ 이므로 $f(0)>0$, $f(2)<0$, $f(5)>0$, $f(8)<0$

2단계　**1단계**를 이용하여 ㄱ, ㄴ, ㄷ의 참, 거짓을 판별해 보자.

ㄱ. 함수 $y=f(x)$의 그래프가 x축과 서로 다른 세 점에서 만나므로 방정식 $f(x)=0$은 서로 다른 3개의 실근을 갖는다. (참)

ㄴ. 함수 $f(x)$는 $x=0$에서 감소하므로 $f'(x)<0$ (참)

ㄷ. $\displaystyle\int_m^{m+2} f(x)\,dx=\int_0^{m+2} f(x)\,dx-\int_0^m f(x)\,dx$
$$=h(m+2)-h(m)$$

$m=1$, 2, 3, $\cdots$을 차례대로 대입하고 함수 $y=h(x)$의 그래프를 이용하여 $\int_m^{m+2} f(x)\,dx$의 부호를 알아보면

$m=1$일 때, $\int_1^3 f(x)\,dx=\underset{h(3)<0<h(1)}{h(3)-h(1)}<0$

$m=2$일 때, $\int_2^4 f(x)\,dx=\underset{h(4)<0,\,h(2)=0}{h(4)-h(2)}<0$

$m=3$일 때, $\int_3^5 f(x)\,dx=\underset{h(5)=0,\,h(3)<0}{h(5)-h(3)}>0$

$m=4$일 때, $\int_4^6 f(x)\,dx=\underset{h(4)<0<h(6)}{h(6)-h(4)}>0$

$m=5$일 때, $\int_5^7 f(x)\,dx=\underset{h(7)>0,\,h(5)=0}{h(7)-h(5)}>0$

$m=6$일 때, $\int_6^8 f(x)\,dx=\underset{h(8)=0,\,h(6)>0}{h(8)-h(6)}<0$

$m=7$일 때, $\int_7^9 f(x)\,dx=\underset{h(9)<0,\,h(7)>0}{h(9)-h(7)}<0$

$m\geq 8$일 때, $\int_m^{m+2} f(x)\,dx=\underset{h(m)>h(m+2)}{h(m+2)-h(m)}<0$

즉, $\int_m^{m+2} f(x)\,dx>0$을 만족시키는 자연수 m은 3, 4, 5이므로 그 개수는 3이다. (참)

따라서 옳은 것은 ㄱ, ㄴ, ㄷ이다.

다른 풀이

함수 $g(x)$는 함수 $f(t)$를 $t=0$부터 $t=x$까지의 정적분에 대한 절댓값의 함수이다.

함수 $y=g(x)$의 그래프에서

$g(2)=0$이므로 $\int_0^2 f(t)\,dt=0$

이때 $f(0)>0$이므로 $f(2)<0$

$g(5)=0$이므로 $\int_2^5 f(t)\,dt=0$ ⟶ $\int_0^5 f(t)\,dt=0$에서 $\int_0^2 f(t)\,dt+\int_2^5 f(t)\,dt=0$

이때 $f(2)<0$이므로 $f(5)>0$　즉, $0+\int_2^5 f(t)\,dt=0$

$g(8)=0$이므로 $\int_5^8 f(t)\,dt=0$ ⟶ $\int_0^8 f(t)\,dt=0$에서 $\int_0^5 f(t)\,dt+\int_5^8 f(t)\,dt=0$

이때 $f(5)>0$이므로 $f(8)<0$　즉, $0+\int_5^8 f(t)\,dt=0$

즉, 함수 $y=f(x)$의 그래프의 개형은 다음 그림과 같다.

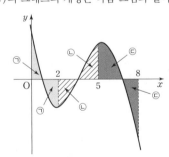

ㄱ. 방정식 $f(x)=0$은 열린구간 $(0, 2)$, $(2, 5)$, $(5, 8)$에서 각각 근이 하나씩 존재하므로 방정식 $f(x)=0$은 서로 다른 3개의 실근을 갖는다.
　　　　　　　　　　　　　　　　　　　　　　　　 (참)

ㄴ. $f'(0)$은 $x=0$에서의 미분계수이므로

　　$f'(0)<0$ (참)

ㄷ. 앞의 그림에서 ㉠, ㉡, ㉢의 넓이가 각각 같으므로 $\int_m^{m+2} f(x)\,dx>0$

　　을 만족시키는 자연수 m의 개수는

　　3, 4, 5

　　의 3이다. (참)

따라서 옳은 것은 ㄱ, ㄴ, ㄷ이다.

---

078 정답률 ▶ 확: 36%, 미: 50%, 기: 42% 　답 ⑤

1단계 함수 $g(x)$를 x에 대한 식으로 나타내어 보자.

삼차함수 $f(x)$의 최고차항의 계수가 4이고

$f(0)=f'(0)=0$이므로

$f(x)=x^2(4x+k)=4x^3+kx^2$ (k는 실수)라 하면

$$\int_0^x f(t)\,dt=\int_0^x (4t^3+kt^2)\,dt$$
$$=\left[t^4+\frac{k}{3}t^3\right]_0^x$$
$$=x^4+\frac{k}{3}x^3$$

$$\therefore g(x)=\begin{cases} \displaystyle\int_0^x f(t)\,dt+5 & (x<c) \\[2mm] \displaystyle\left|\int_0^x f(t)\,dt-\frac{13}{3}\right| & (x\geq c) \end{cases}$$

$$=\begin{cases} x^4+\dfrac{k}{3}x^3+5 & (x<c) \\[2mm] \left|x^4+\dfrac{k}{3}x^3-\dfrac{13}{3}\right| & (x\geq c) \end{cases}$$

2단계 함수 $g(x)$가 실수 전체의 집합에서 연속이 되도록 하는 실수 c의 개수가 1인 조건을 알아보자.

곡선 $y=x^4+\dfrac{k}{3}x^3-\dfrac{13}{3}$은 곡선 $y=x^4+\dfrac{k}{3}x^3+5$를 y축의 방향으로

$-\dfrac{28}{3}$만큼 평행이동한 것이고, 함수 $g(x)$가 실수 전체의 집합에서 연속이 되려면 두 함수 $y=x^4+\dfrac{k}{3}x^3+5$, $y=\left|x^4+\dfrac{k}{3}x^3-\dfrac{13}{3}\right|$의 그래프가 만나야 한다.

또한, 함수 $g(x)$가 실수 전체의 집합에서 연속이 되도록 하는 실수 c의 개수가 1이려면 두 함수 $y=x^4+\dfrac{k}{3}x^3+5$, $y=\left|x^4+\dfrac{k}{3}x^3-\dfrac{13}{3}\right|$의 그래프가 $x=c$인 점에서만 만나야 하므로 함수 $y=g(x)$의 그래프의 개형은 다음 그림과 같아야 한다.

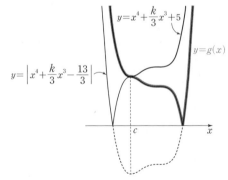

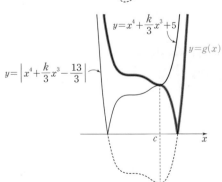

즉, $h(x)=x^4+\dfrac{k}{3}x^3+5$, $i(x)=-\left(x^4+\dfrac{k}{3}x^3-\dfrac{13}{3}\right)$이라 하면 함수 $h(x)$의 극솟값이 함수 $i(x)$의 극댓값과 같아야 한다.

3단계 $g(1)$의 최댓값을 구해 보자.

$h(x) = x^4 + \dfrac{k}{3}x^3 + 5$에서

$h'(x) = 4x^3 + kx^2 = x^2(4x + k)$

$h'(x) = 0$에서 $x = 0$ 또는 $x = -\dfrac{k}{4}$

$i(x) = -\left(x^4 + \dfrac{k}{3}x^3 - \dfrac{13}{3}\right)$에서

$i'(x) = -(4x^3 + kx^2) = -x^2(4x + k)$

$i'(x) = 0$에서 $x = 0$ 또는 $x = -\dfrac{k}{4}$ _{x=0의 좌우에서는 $h'(x), i'(x)$의 부호가 바뀌지 않는다.}

즉, 두 함수 $h(x), i(x)$는 모두 $x = -\dfrac{k}{4}$에서 극값을 가지므로

$h\left(-\dfrac{k}{4}\right) = i\left(-\dfrac{k}{4}\right)$에서

$\left(-\dfrac{k}{4}\right)^4 + \dfrac{k}{3} \times \left(-\dfrac{k}{4}\right)^3 + 5 = -\left\{\left(-\dfrac{k}{4}\right)^4 + \dfrac{k}{3} \times \left(-\dfrac{k}{4}\right)^3 - \dfrac{13}{3}\right\}$

$-\dfrac{k^4}{192} + 5 = -\dfrac{k^4}{192} + \dfrac{13}{3}$

$k^4 = 4^4$

$\therefore k = -4$ 또는 $k = 4$ ($\because k$는 실수)

(i) $k = -4$일 때

두 함수 $y = x^4 + \dfrac{k}{3}x^3 + 5$, $y = \left|x^4 + \dfrac{k}{3}x^3 - \dfrac{13}{3}\right|$의 그래프는

$x = -\dfrac{k}{4}$, 즉 $x = 1$에서만 만나므로

$c = 1$

$\therefore g(x) = \begin{cases} x^4 - \dfrac{4}{3}x^3 + 5 & (x < 1) \\ \left|x^4 - \dfrac{4}{3}x^3 - \dfrac{13}{3}\right| & (x \geq 1) \end{cases}$

$\therefore g(1) = \left|1 - \dfrac{4}{3} - \dfrac{13}{3}\right|$

$= \left|-\dfrac{14}{3}\right| = \dfrac{14}{3}$

(ii) $k = 4$일 때

두 함수 $y = x^4 + \dfrac{k}{3}x^3 + 5$, $y = \left|x^4 + \dfrac{k}{3}x^3 - \dfrac{13}{3}\right|$의 그래프는

$x = -\dfrac{k}{4}$, 즉 $x = -1$에서만 만나므로

$c = -1$

$\therefore g(x) = \begin{cases} x^4 + \dfrac{4}{3}x^3 + 5 & (x < -1) \\ \left|x^4 + \dfrac{4}{3}x^3 - \dfrac{13}{3}\right| & (x \geq -1) \end{cases}$

$\therefore g(1) = \left|1 + \dfrac{4}{3} - \dfrac{13}{3}\right|$

$= |-2| = 2$

(i), (ii)에서 $g(1)$의 최댓값은 $\dfrac{14}{3}$이다.

079 정답률 ▸ 42% 답 ④

Best Pick 조건을 만족시키는 사차함수의 그래프의 개형을 그려서 해결하는 문제이다. 주어진 함수 $g(x)$에 대하여 $f(t) = |f(t)|$이면 $g(x) = 0$임을 이용해 보자.

1단계 사차함수 $y = f(x)$의 그래프의 개형을 그려 보자.

$f(x) = x^4 + ax^2 + b$에서

$f(-x) = (-x)^4 + a \times (-x)^2 + b$

$\qquad = x^4 + ax^2 + b$

$\qquad = f(x)$

이므로 사차함수 $y = f(x)$의 그래프는 y축에 대하여 대칭이다.

$h(t) = f(t) - |f(t)|$라 하면

$f(t) \geq 0$일 때,

$h(t) = f(t) - f(t) = 0$

$f(t) < 0$일 때,

$h(t) = f(t) - \{-f(t)\} = 2f(t)$

이때 조건 (가)에 의하여 $0 < x < 1$에서

$g(x) = \displaystyle\int_{-x}^{2x} h(t)\, dt = c_1$ (c_1은 상수) _{→ 위끝, 아래끝에 변수 x가 있는데 정적분의 값이 상수이므로 $-x \leq t \leq 2x$에서 $h(t) = 0$, 즉 $f(t) \geq 0$}

이므로 $f(t) \geq 0$인 구간이 존재한다.

또한, 조건 (나)에 의하여 $1 < x < 5$에서

$g(x) = \displaystyle\int_{-x}^{2x} h(t)\, dt$

가 감소하므로 $f(t) < 0$인 구간이 존재한다.

즉, 사차함수 $y = f(x)$의 그래프의 개형은 다음 그림과 같다.

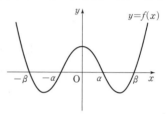

2단계 사차함수 $f(x)$를 구하여 $f(\sqrt{2})$의 값을 구해 보자.

함수 $y = f(x)$의 그래프가 x축과 만나는 네 점의 x좌표를 각각 $-\beta, -\alpha, \alpha, \beta$ $(0 < \alpha < \beta)$라 하면 함수 $y = h(t)$의 그래프의 개형은 다음 그림과 같다.

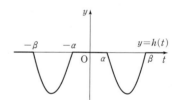

조건 (가)에 의하여 $0 < x < 1$에서 구간 $[-x, 2x]$일 때, $f(x) \geq 0$, 즉 $h(t) = 0$이어야 한다.

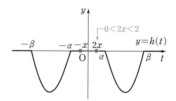

$0 < x < 1$일 때의 모든 구간 $[-x, 2x]$에서 $h(t) = 0$이려면 $\alpha \geq 2$

조건 (나)에 의하여 $1 < x < 5$에서 구간 $[-x, 2x]$일 때, $f(x) < 0$, 즉 $h(t) < 0$인 구간이 점점 커져야 한다.

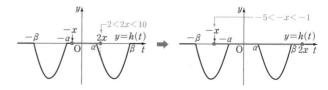

$1<x<5$일 때의 x의 값이 점점 커짐에 따라 구간 $[-x, 2x]$에서의 $h(t)<0$인 구간이 점점 커지려면

$a\leq 2, -\beta\leq -5$ $\therefore a\leq 2, \beta\geq 5$

조건 (다)에 의하여 $x>5$에서 구간 $[-x, 2x]$일 때, $f(x)\geq 0$, 즉 $h(t)=0$이어야 한다.

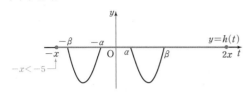

$x>5$일 때의 모든 구간 $[-x, 2x]$에서 $h(t)=0$이려면

$-\beta\geq -5$ $\therefore \beta\leq 5$

따라서 $a=2, \beta=5$이므로

$f(x)=(x+5)(x+2)(x-2)(x-5)$
$\qquad =(x^2-4)(x^2-25)$

$\therefore f(\sqrt{2})=(-2)\times(-23)=46$

다른 풀이

(i) $0<x<\dfrac{a}{2}$일 때

닫힌구간 $[-x, 2x]$에서 $f(x)>0$이므로 조건 (가)에 의하여
$\underset{\to g(x)=0}{}$

$\dfrac{a}{2}\geq 1$ $\therefore a\geq 2$

(ii) $\dfrac{a}{2}<x<\beta$일 때

닫힌구간 $[-x, 2x]$에서 $f(x)<0$인 구간이 점점 커지므로 함수 $g(x)$는 감소한다.

조건 (나)에 의하여

$\dfrac{a}{2}\leq 1, \beta\geq 5$ $\therefore a\leq 2, \beta\geq 5$

(iii) $x>\beta$일 때

닫힌구간 $[-x, -\beta]$와 닫힌구간 $[\beta, 2x]$에서 $f(x)>0$이므로 조건 (다)에 의하여 $\underset{\to g(x)=g(\beta)}{}$

$\beta\leq 5$

(i), (ii), (iii)에서 $a=2, \beta=5$

080 정답률 ▶ 23%   답 ④

1단계 함수 $g(x)$를 이용하여 방정식 $g'(x)=0$을 만족시키는 조건을 알아보자.

$g(x)=x^2\displaystyle\int_0^x f(t)\,dt-\int_0^x t^2 f(t)\,dt$의 양변을 x에 대하여 미분하면

$g'(x)=2x\displaystyle\int_0^x f(t)\,dt+x^2 f(x)-x^2 f(x)=2x\int_0^x f(t)\,dt$

$g'(x)=0$에서 $x=0$ 또는 $\displaystyle\int_0^x f(t)\,dt=0$

2단계 함수 $g(x)$가 오직 하나의 극값을 가질 조건을 알아보자.

함수 $f(x)=(x+1)(x-1)(x-a)$의 그 래프의 개형은 오른쪽 그림과 같으므로

$\displaystyle\int_0^x f(t)\,dt=0$을 만족시키는 x의 값을 b $(b<0)$이라 하고 함수 $g(x)$의 증가와 감소를 표로 나타내면 다음과 같다.

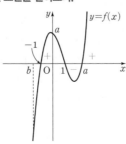

$x=b-1$이라 하면

$\displaystyle\int_0^{b-1} f(t)\,dt=\int_0^b f(t)\,dt+\int_b^{b-1} f(t)\,dt=\int_b^{b-1} f(t)\,dt>0$

x	$\cdots$	b	$\cdots$	0	$\cdots$
㉠ ← $2x$	$-$	$-$	$-$	0	$+$
㉡ ← $\displaystyle\int_0^x f(t)\,dt$	㉺ $+$	0	$-$	0	㉣ $+$
㉠×㉡ ← $g'(x)$	$-$	0	$+$	0	㉢ $+$
$g(x)$	$\searrow$	극소	$\nearrow$		$\nearrow$

즉, 함수 $g(x)$는 $x=b$에서 극솟값을 갖고, 함수 $g(x)$가 오직 하나의 극값을 가져야 하므로 $x=b$에서만 극값을 가져야 한다.

따라서 $x>0$에서는 $\displaystyle\int_0^x f(t)\,dt\geq 0$이어야 한다. → 위의 표의 빈칸 중 ㉢이 $+$로 채워지려면 ㉣도 $+$이어야 한다.

이때 $x>0$에서 $\displaystyle\int_0^x f(t)\,dt$의 최솟값은 $\displaystyle\int_0^a f(t)\,dt$이므로 $\displaystyle\int_0^a f(t)\,dt\geq 0$

이어야 한다. → 위의 함수 $y=f(x)$의 그래프에서 $\displaystyle\int_1^a f(t)\,dt<0$이므로

3단계 실수 a의 최댓값을 구해 보자.

$\displaystyle\int_0^a f(t)\,dt=\int_0^a (t+1)(t-1)(t-a)\,dt$

$\qquad =\displaystyle\int_0^a (t^3-at^2-t+a)\,dt$

$\qquad =\left[\dfrac{1}{4}t^4-\dfrac{a}{3}t^3-\dfrac{1}{2}t^2+at\right]_0^a$

$\qquad =-\dfrac{a^4}{12}+\dfrac{a^2}{2}\geq 0$

이므로 $a^4-6a^2\leq 0$, $a^2-6\leq 0$ ($\because a^2\geq 0$)

$(a+\sqrt{6})(a-\sqrt{6})\leq 0$ $\therefore 1<a\leq\sqrt{6}$ ($\because a>1$)

따라서 실수 a의 최댓값은 $\sqrt{6}$이다.

081 정답률 ▶ 85%   답 ⑤

1단계 함수 $y=f(x)$의 그래프와 x축의 교점의 x좌표를 구해 보자.

함수 $y=f(x)$의 그래프와 x축의 교점의 x좌표는

$x^3-9x=0$에서 $x(x+3)(x-3)=0$

$\therefore x=-3$ 또는 $x=0$ 또는 $x=3$

2단계 함수 $y=f(x)$의 그래프와 x축으로 둘러싸인 부분의 넓이를 구해 보자.

구하는 넓이를 S라 하면

$S=\displaystyle\int_{-3}^3 |f(x)|\,dx$

$\quad =2\displaystyle\int_{-3}^0 f(x)\,dx$

$\quad =2\displaystyle\int_{-3}^0 (x^3-9x)\,dx$

$\quad =2\left[\dfrac{1}{4}x^4-\dfrac{9}{2}x^2\right]_{-3}^0$

$\quad =2\times\dfrac{81}{4}=\dfrac{81}{2}$

082 정답률 ▶ 71%   답 14

Best Pick 곡선과 x축 사이의 넓이를 정적분으로 나타내고, 미분계수의 정의를 이용할 수 있어야 하는 문제이다. 정적분과 넓이 사이의 관계에 대한 정확한 이해가 필요하다.

1단계 $S(h)$를 정적분으로 나타내어 보자.

$f(x)=6x^2+1$이라 하면 적분 구간은 $[1-h,\ 1+h]$ $(h>0)$이므로

$S(h)=\displaystyle\int_{1-h}^{1+h}f(x)\,dx$ → 구간 $[1-h,\ 1+h]$에서 $f(x)=6x^2+1>0$

2단계 미분계수의 정의를 이용하여 $\displaystyle\lim_{h\to 0+}\dfrac{S(h)}{h}$의 값을 구해 보자.

$f(x)$의 부정적분 중 하나를 $F(x)$라 하면 모든 실수 x에 대하여 $f(x)>0$이므로

$$\lim_{h\to 0+}\frac{S(h)}{h}=\lim_{h\to 0+}\frac{\displaystyle\int_{1-h}^{1+h}f(x)\,dx}{h}$$
$$=\lim_{h\to 0+}\frac{F(1+h)-F(1-h)}{h}$$
$$=\lim_{h\to 0+}\frac{F(1+h)-F(1)-F(1-h)+F(1)}{h}$$
$$=\lim_{h\to 0+}\left\{\frac{F(1+h)-F(1)}{h}+\frac{F(1-h)-F(1)}{-h}\right\}$$
$$=F'(1)+F'(1)$$
$$=2F'(1)$$
$$=2f(1)$$
$$=2\times 7=14$$

---

083 정답률 ▸ 확: 73%, 미: 91%, 기: 85%   답 ②

1단계 곡선 $y=f(x)$와 x축의 교점의 x좌표를 구해 보자.

$f(x)=(x-a)(x-b)=0$에서 $x=a$ 또는 $x=b$

2단계 곡선 $y=f(x)$와 x축으로 둘러싸인 부분의 넓이를 구해 보자.

곡선 $y=f(x)$와 x축으로 둘러싸인 부분의 넓이를 S라 하면

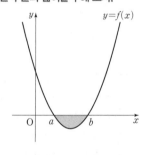

$$S=\int_a^b|f(x)|\,dx$$
$$=-\int_a^b f(x)\,dx$$
$$=-\left\{\int_0^b f(x)\,dx-\int_0^a f(x)\,dx\right\}$$
$$=-\left(-\frac{8}{3}-\frac{11}{6}\right)=\frac{9}{2}$$

---

084 정답률 ▸ 83%   답 ④

1단계 함수 $f(x)$를 구해 보자.

$$f(x)=\int f'(x)\,dx$$
$$=\int(x^2-1)\,dx$$
$$=\frac{1}{3}x^3-x+C \text{ (단, } C \text{는 적분상수)}$$

이때 $f(0)=0$이므로 $C=0$

$$\therefore f(x)=\frac{1}{3}x^3-x$$

2단계 곡선 $y=f(x)$와 x축의 교점의 x좌표를 구해 보자.

곡선 $y=f(x)$와 x축의 교점의 x좌표는 $\dfrac{1}{3}x^3-x=0$에서

$x^3-3x=0,\ x(x+\sqrt{3})(x-\sqrt{3})=0$

$\therefore x=-\sqrt{3}$ 또는 $x=0$ 또는 $x=\sqrt{3}$

3단계 곡선 $y=f(x)$와 x축으로 둘러싸인 부분의 넓이를 구해 보자.

구하는 넓이를 S라 하면

$$S=\int_{-\sqrt{3}}^{\sqrt{3}}\left|\frac{1}{3}x^3-x\right|\,dx$$
$$=2\int_{-\sqrt{3}}^{0}\left(\frac{1}{3}x^3-x\right)\,dx$$
$$=2\left[\frac{1}{12}x^4-\frac{1}{2}x^2\right]_{-\sqrt{3}}^{0}$$
$$=2\times\frac{3}{4}=\frac{3}{2}$$

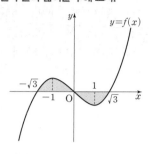

---

085 정답률 ▸ 81%   답 ④

1단계 등차중항을 이용하여 S_1, S_2, S_3 사이의 관계식을 구해 보자.

색칠한 세 부분의 넓이 S_1, S_2, S_3이 이 순서대로 등차수열을 이루므로 등차중항에 의하여

$2S_2=S_1+S_3$ ⋯⋯ ㉠

2단계 1단계 를 이용하여 S_2의 값을 구해 보자.

㉠에 의하여

$S_1+S_2+S_3=(S_1+S_3)+S_2=2S_2+S_2=3S_2$

이므로

$$3S_2=S_1+S_2+S_3$$
$$=\int_{-1}^{2}f(x)\,dx$$
$$=\int_{-1}^{2}(-x^2+x+2)\,dx$$
$$=\left[-\frac{1}{3}x^3+\frac{1}{2}x^2+2x\right]_{-1}^{2}$$
$$=\frac{10}{3}-\left(-\frac{7}{6}\right)=\frac{9}{2}$$

$$\therefore S_2=\frac{3}{2}$$

---

086 정답률 ▸ 75%   답 ⑤

1단계 두 조건 (가), (나)를 이용하여 함수 $f(x)$를 구해 보자.

조건 (가)에서 $f'(x)=3x^2-4x-4$이므로

$$f(x)=\int f'(x)\,dx$$
$$=\int(3x^2-4x-4)\,dx$$
$$=x^3-2x^2-4x+C \text{ (단, } C \text{는 적분상수)}$$

또한, 조건 (나)에서 함수 $y=f(x)$의 그래프가 점 $(2,\ 0)$을 지나므로

$f(2)=8-8-8+C=0$ $\therefore C=8$

$\therefore f(x)=x^3-2x^2-4x+8$

2단계 함수 $y=f(x)$의 그래프와 x축의 교점의 x좌표를 구해 보자.

함수 $y=f(x)$와 x축의 교점의 x좌표는 $x^3-2x^2-4x+8=0$에서

$x^2(x-2)-4(x-2)=0$

$(x^2-4)(x-2)=0$

$(x+2)(x-2)^2=0$

$\therefore x=-2$ 또는 $x=2$

3단계 함수 $y=f(x)$의 그래프와 x축으로 둘러싸인 도형의 넓이를 구해 보자.

구하는 넓이를 S라 하면

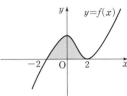

$$S=\int_{-2}^{2}|f(x)|\,dx$$

$$=\int_{-2}^{2}f(x)\,dx$$

$$=\int_{-2}^{2}(x^3-2x^2-4x+8)\,dx$$

$$=\int_{-2}^{2}(x^3-4x)\,dx+\int_{-2}^{2}(-2x^2+8)\,dx$$

$$=0+2\int_{0}^{2}(-2x^2+8)\,dx$$

$$=2\left[-\frac{2}{3}x^3+8x\right]_{0}^{2}$$

$$=2\times\frac{32}{3}=\frac{64}{3}$$

087

정답률 ▶ 51%　　　　　　　　　　　**답 40**

1단계 정적분의 성질을 이용하여 $\int_{0}^{3}f(x)\,dx$의 값을 구해 보자.

정적분의 성질에 의하여

$$\int_{0}^{2013}f(x)\,dx=\int_{0}^{3}f(x)\,dx+\int_{3}^{2013}f(x)\,dx$$

이므로 주어진 등식 $\int_{0}^{2013}f(x)\,dx=\int_{3}^{2013}f(x)\,dx$에 대입하면

$$\int_{0}^{3}f(x)\,dx+\int_{3}^{2013}f(x)\,dx=\int_{3}^{2013}f(x)\,dx$$

$$\therefore \int_{0}^{3}f(x)\,dx=0$$

2단계 이차함수 $f(x)$를 구해 보자.

함수 $f(x)$는 최고차항의 계수가 1인 이차함수이므로
$f(x)=x^2+ax+b$ (a, b는 상수)라 하면

$$\int_{0}^{3}(x^2+ax+b)\,dx=\left[\frac{1}{3}x^3+\frac{1}{2}ax^2+bx\right]_{0}^{3}$$

$$=9+\frac{9a}{2}+3b=0$$

$$\therefore 3a+2b=-6 \quad \cdots\cdots \text{㉠}$$

또한, $f(3)=0$이므로

$$9+3a+b=0$$

$$\therefore 3a+b=-9 \quad \cdots\cdots \text{㉡}$$

㉠, ㉡을 연립하여 풀면

$$a=-4,\ b=3$$

$$\therefore f(x)=x^2-4x+3$$

3단계 곡선 $y=f(x)$와 x축으로 둘러싸인 부분의 넓이를 구하여 $30S$의 값을 구해 보자.

$f(x)=x^2-4x+3=(x-1)(x-3)$

이므로 곡선 $y=f(x)$와 x축으로 둘러싸인 부분의 넓이 S는

$$S=\int_{1}^{3}|x^2-4x+3|\,dx$$

$$=\int_{1}^{3}(-x^2+4x-3)\,dx$$

$$=\left[-\frac{1}{3}x^3+2x^2-3x\right]_{1}^{3}$$

$$=0-\left(-\frac{4}{3}\right)=\frac{4}{3}$$

$$\therefore 30S=40$$

088

정답률 ▶ 65%　　　　　　　　　　　**답 ④**

1단계 $\int_{0}^{3}f(x)\,dx$의 값을 구해 보자.

조건 (가)에서 $f(x)=f(x-3)+4$이므로 함수 $y=f(x)$의 그래프와 함수 $y=f(x)$의 그래프를 x축의 방향으로 3만큼, y축의 방향으로 4만큼 평행이동한 그래프가 일치해야 한다.

조건 (나)에서 $\int_{0}^{6}f(x)\,dx=0$이므로

$$\int_{0}^{6}f(x)\,dx=\int_{0}^{3}f(x)\,dx+\int_{3}^{6}f(x)\,dx$$

$$=\int_{0}^{3}f(x)\,dx+\int_{3}^{6}\{f(x-3)+4\}\,dx$$

$$\scriptstyle x=3일\ 때 \atop \scriptstyle f(x-3)+4=f(0)+4$$
$$\scriptstyle x=6일\ 때 \atop \scriptstyle f(x-3)+4=f(3)+4$$

$$=\int_{0}^{3}f(x)\,dx+\int_{0}^{3}\{f(x)+4\}\,dx$$

$$=\int_{0}^{3}f(x)\,dx+\int_{0}^{3}f(x)\,dx+\left[4x\right]_{0}^{3}$$

$$=2\int_{0}^{3}f(x)\,dx+12=0$$

에서 $2\int_{0}^{3}f(x)\,dx=-12$

$$\therefore \int_{0}^{3}f(x)\,dx=-6 \quad \cdots\cdots \text{㉠}$$

2단계 함수 $y=f(x)$의 그래프와 x축 및 두 직선 $x=6$, $x=9$로 둘러싸인 부분의 넓이를 구해 보자.

$$\int_{3}^{6}f(x)\,dx=\int_{0}^{6}f(x)\,dx-\int_{0}^{3}f(x)\,dx=0-(-6)\ (\because \text{㉠})$$

$$=6 \quad \cdots\cdots \text{㉡}$$

에서 $\int_{3}^{6}f(x)\,dx>0$이고, 함수 $f(x)$가 실수 전체의 집합에서 증가하는 연속함수이므로 함수 $f(x)$는 $x\geq6$에서 항상 양의 값을 갖는다.

따라서 구하는 넓이를 S라 하면

$$S=\int_{6}^{9}f(x)\,dx$$

$$=\int_{6}^{9}\{f(x-3)+4\}\,dx$$

$$\scriptstyle x=6일\ 때\ f(x-3)+4=f(3)+4 \atop \scriptstyle x=9일\ 때\ f(x-3)+4=f(6)+4$$

$$=\int_{3}^{6}\{f(x)+4\}\,dx$$

$$=\int_{3}^{6}f(x)\,dx+\left[4x\right]_{3}^{6}=6+12\ (\because \text{㉡})$$

$$=18$$

089

　　　　　　　　　　　　　　　　　답 54

Best Pick 곡선과 x축으로 둘러싸인 부분의 넓이, 도형의 넓이가 서로 같을 때, 간단하게 해결할 수 있는 방법을 배울 수 있는 문제이다. 함수의 그래프를 통해 그 원리를 이해하자.

1단계 직선 l의 방정식을 세워 보자.

직선 l의 방정식을 $y=mx+n$ (m, n은 상수)라 하자.

사다리꼴 OABC의 넓이를 S_1, 곡선 $f(x)=x^3-6x^2$과 x축으로 둘러싸인 부분의 넓이를 S_2라 하면

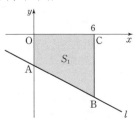

$$S_1=-\int_{0}^{6}(mx+n)\,dx$$

$$S_2=-\int_{0}^{6}(x^3-6x^2)\,dx$$

이때 사다리꼴 OABC의 넓이가 곡선 $f(x)=x^3-6x^2$과 x축으로 둘러싸인 부분의 넓이와 같으므로

$$\int_0^6 \{(x^3-6x^2)-(mx+n)\}\,dx=0$$

즉,

$$\int_0^6 (x^3-6x^2-mx-n)\,dx=\left[\frac{1}{4}x^4-2x^3-\frac{m}{2}x^2-nx\right]_0^6$$

$$=324-432-18m-6n$$

$$=-108-18m-6n=0$$

이므로 $n=-3m-18$

따라서 직선 l의 방정식은

$$y=mx-3m-18$$

2단계 △ODC의 넓이를 구해 보자.

$y=mx-3m-18$에서

$$m(x-3)-(y+18)=0$$

이므로 이 방정식은 $x=3$, $y=-18$일 때 m의 값에 상관없이 항상 성립한다.

즉, 점 D는 D(3, -18)이다.

$$\therefore \triangle\text{ODC}=\frac{1}{2}\times6\times18=54$$

090 정답률 ▶ 43% 답 ②

1단계 등차수열 $\{a_n\}$의 일반항을 구해 보자.

수열 $\{a_n\}$은 첫째항이 1이고 공차가 2인 등차수열이므로

$$a_n=1+(n-1)\times2$$

$$=2n-1 \qquad\cdots\cdots\ \bigcirc$$

2단계 점 P_n의 y좌표를 b_n이라 하고, 수열 $\{b_n\}$의 일반항을 구해 보자.

점 P_n의 y좌표를 b_n이라 하자.

조건 (가)에서 점 P_1의 좌표는 (1, 1)이므로

$$a_1=b_1=1$$

직선 P_nP_{n+1}의 기울기는 $\dfrac{b_{n+1}-b_n}{a_{n+1}-a_n}$, 즉 $\dfrac{b_{n+1}-b_n}{2}$이므로 조건 (다)에 의하여

$$\frac{b_{n+1}-b_n}{2}=\frac{1}{2}a_{n+1}$$

$$b_{n+1}-b_n=a_{n+1}$$

$$\therefore b_{n+1}=b_n+a_{n+1} \qquad\cdots\cdots\ \bigcirc$$

$\bigcirc$에 $n=1, 2, 3, \cdots$을 차례대로 대입하면

$$b_2=b_1+a_2=a_1+a_2$$

$$b_3=b_2+a_3=(a_1+a_2)+a_3$$

$$b_4=b_3+a_4=(a_1+a_2+a_3)+a_4$$

$$\vdots$$

$$b_n=a_1+a_2+a_3+\cdots+a_n$$

$$=\sum_{k=1}^{n}a_k$$

$$=\sum_{k=1}^{n}(2k-1)\ (\because\ \bigcirc)$$

$$=2\times\frac{n(n+1)}{2}-1\times n$$

$$=n^2$$

3단계 선분 P_nP_{n+1}과 두 직선 $x=a_n$, $x=a_{n+1}$ 및 x축으로 둘러싸인 부분의 넓이를 S_n이라 하고, S_n을 n에 대한 식으로 나타내어 보자.

$x\geq1$에서 정의된 함수 $y=f(x)$의 그래프가 모든 자연수 n에 대하여 닫힌구간 $[a_n,\ a_{n+1}]$에서 선분 P_nP_{n+1}과 일치하므로 함수 $y=f(x)$의 그래프는 오른쪽 그림과 같다.

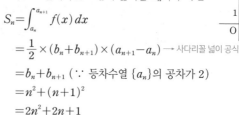

선분 P_nP_{n+1}과 두 직선 $x=a_n$, $x=a_{n+1}$ 및 x축으로 둘러싸인 도형의 넓이를 S_n이라 하면

$$S_n=\int_{a_n}^{a_{n+1}}f(x)\,dx$$

$$=\frac{1}{2}\times(b_n+b_{n+1})\times(a_{n+1}-a_n)\ \rightarrow\text{사다리꼴 넓이 공식}$$

$$=b_n+b_{n+1}\ (\because\ \text{등차수열 }\{a_n\}\text{의 공차가 2})$$

$$=n^2+(n+1)^2$$

$$=2n^2+2n+1$$

4단계 $\displaystyle\int_1^{11}f(x)\,dx$의 값을 구해 보자.

$1=a_1$, $11=a_6$이므로

$$\int_1^{11}f(x)\,dx=\int_{a_1}^{a_6}f(x)\,dx$$

$$=\int_{a_1}^{a_2}f(x)\,dx+\int_{a_2}^{a_3}f(x)\,dx+\int_{a_3}^{a_4}f(x)\,dx$$

$$+\int_{a_4}^{a_5}f(x)\,dx+\int_{a_5}^{a_6}f(x)\,dx$$

$$=S_1+S_2+S_3+S_4+S_5$$

$$=5+13+25+41+61$$

$$=145$$

참고 등차수열의 일반항

첫째항이 a, 공차가 d인 등차수열의 일반항 a_n은
$$a_n=a+(n-1)d\ (\text{단},\ n=1, 2, 3,\ \cdots)$$

091 정답률 ▶ 84% 답 ③

1단계 곡선 $y=x^2-4x+3$과 직선 $y=3$의 교점의 x좌표를 구해 보자.

곡선 $y=x^2-4x+3$과 직선 $y=3$의 교점의 x좌표는

$x^2-4x+3=3$에서

$$x^2-4x=0,\ x(x-4)=0$$

$$\therefore x=0\ \text{또는}\ x=4$$

2단계 곡선 $y=x^2-4x+3$과 직선 $y=3$으로 둘러싸인 부분의 넓이를 구해 보자.

구하는 넓이를 S라 하면

$$S=\int_0^4 |(x^2-4x+3)-3|\,dx$$

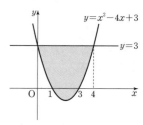

$$=\int_0^4 (-x^2+4x)\,dx$$

$$=\left[-\frac{1}{3}x^3+2x^2\right]_0^4=\frac{32}{3}$$

092 정답률 ▶ 88% 답 ④

1단계 곡선 $y=x^3-2x^2+k$와 직선 $y=k$의 교점의 x좌표를 구해 보자.

곡선 $y=x^3-2x^2+k$와 직선 $y=k$의 교점의 x좌표는

$x^3-2x^2+k=k$에서

$x^3-2x^2=0$, $x^2(x-2)=0$

$\therefore$ $x=0$ 또는 $x=2$

2단계 곡선 $y=x^3-2x^2+k$와 직선 $y=k$로 둘러싸인 부분의 넓이를 구해 보자.

구하는 넓이를 S라 하면

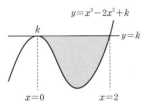

$$S=\int_0^2 |(x^3-2x^2+k)-k|\,dx$$

$$=\int_0^2 (-x^3+2x^2)\,dx$$

$$=\left[-\frac{1}{4}x^4+\frac{2}{3}x^3\right]_0^2=\frac{4}{3}$$

093 정답률 ▶ 확: 82%, 미: 93%, 기: 89%　　답 ④

1단계 곡선 $y=3x^2-x$와 직선 $y=5x$의 교점의 x좌표를 구해 보자.

곡선 $y=3x^2-x$와 직선 $y=5x$의 교점의 x좌표는 $3x^2-x=5x$에서

$3x^2-6x=0$, $3x(x-2)=0$

$\therefore$ $x=0$ 또는 $x=2$

2단계 곡선 $y=3x^2-x$와 직선 $y=5x$로 둘러싸인 부분의 넓이를 구해 보자.

구하는 넓이를 S라 하면

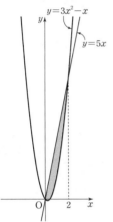

$$S=\int_0^2 |(3x^2-x)-5x|\,dx$$

$$=\int_0^2 (-3x^2+6x)\,dx$$

$$=\left[-x^3+3x^2\right]_0^2=4$$

094 정답률 ▶ 84%　　답 ③

1단계 곡선 $y=x^2$과 직선 $y=ax$의 교점의 x좌표를 구해 보자.

곡선 $y=x^2$과 직선 $y=ax$의 교점의 x좌표는 $x^2=ax$에서

$x^2-ax=0$, $x(x-a)=0$

$\therefore$ $x=0$ 또는 $x=a$

2단계 곡선 $y=x^2$과 직선 $y=ax$로 둘러싸인 부분의 넓이를 구해 보자.

구하는 넓이를 S라 하면

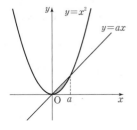

$$S=\int_0^a |x^2-ax|\,dx$$

$$=\int_0^a (-x^2+ax)\,dx$$

$$=\left[-\frac{1}{3}x^3+\frac{a}{2}x^2\right]_0^a=\frac{a^3}{6}$$

095 정답률 ▶ 확: 63%, 미: 88%, 기: 82%　　답 ①

Best Pick 곡선과 직선으로 둘러싸인 도형의 넓이를 정적분을 이용하여 구하는 문제이다. 곡선과 직선의 교점의 x좌표를 구하여 적분 구간을 설정하고, 도형의 넓이는 정적분이 양수가 되도록 식을 나타내야 한다.

1단계 곡선 $y=x^2-5x$와 직선 $y=x$의 교점의 x좌표를 구해 보자.

곡선 $y=x^2-5x$와 직선 $y=x$의 교점의 x좌표는 $x^2-5x=x$에서

$x^2-6x=0$, $x(x-6)=0$

$\therefore$ $x=0$ 또는 $x=6$

2단계 조건을 만족시키는 상수 k의 값을 구해 보자.

곡선 $y=x^2-5x$와 직선 $y=x$로 둘러싸인 부분의 넓이를 S_1, $0\le x\le k$에서 곡선 $y=x^2-5x$와 두 직선 $y=x$, $x=k$ $(0<k<6)$으로 둘러싸인 부분의 넓이를 S_2라 하면

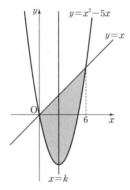

$$S_1=\int_0^6 |(x^2-5x)-x|\,dx$$

$$=\int_0^6 (-x^2+6x)\,dx$$

$$=\left[-\frac{1}{3}x^3+3x^2\right]_0^6=36$$

$$S_2=\int_0^k |(x^2-5x)-x|\,dx=\int_0^k (-x^2+6x)\,dx$$

$$=\left[-\frac{1}{3}x^3+3x^2\right]_0^k=-\frac{1}{3}k^3+3k^2$$

이때 $S_1=2S_2$이므로

$$36=2\left(-\frac{1}{3}k^3+3k^2\right),\ k^3-9k^2+54=0$$

$$(k-3)(k^2-6k-18)=0$$

$$\therefore k=3\ (\because 0<k<6)$$

096 정답률 ▶ 84%　　답 ④

1단계 상수 a의 값을 구해 보자.

$x<0$일 때, 점 A에서 두 함수 $y=ax^2+2$와 $y=-2x$의 그래프가 접하므로 $ax^2+2=-2x$에서

$ax^2+2x+2=0$ ······ ㉠

이차방정식 ㉠의 판별식을 D라 하면

$$\frac{D}{4}=1^2-2a=0\qquad \therefore a=\frac{1}{2}$$

2단계 두 점 A, B의 x좌표를 각각 구해 보자.

$a=\frac{1}{2}$을 ㉠에 대입하면

$$\frac{1}{2}x^2+2x+2=0,\ x^2+4x+4=0$$

$$(x+2)^2=0\qquad \therefore x=-2$$

즉, 점 A의 x좌표는 -2이다.

이때 점 B는 점 A와 y축에 대하여 대칭이므로 점 B의 x좌표는 2이다.

3단계 두 함수 $y=ax^2+2$와 $y=2|x|$의 그래프로 둘러싸인 부분의 넓이를 구해 보자.

두 함수 $y=\frac{1}{2}x^2+2$와 $y=2|x|$의 그래프로 둘러싸인 부분의 넓이는 두

함수 $y=\dfrac{1}{2}x^2+2$와 $y=2x$의 그래프와 y축으로 둘러싸인 부분의 넓이의 2배이므로 구하는 넓이를 S라 하면

$$S=2\int_0^2\left(\dfrac{1}{2}x^2+2-2x\right)dx$$

$$=2\left[\dfrac{1}{6}x^3+2x-x^2\right]_0^2$$

$$=2\times\dfrac{4}{3}=\dfrac{8}{3}$$

097 정답률 ▶ 83% 답 ③

Best Pick 둘러싸인 부분의 넓이를 두 가지 방법으로 구할 수 있는 문제이다. 직선 PQ의 방정식을 구해서 넓이를 구할 수도 있고, 다각형의 넓이에서 곡선과 직선으로 둘러싸인 특정한 넓이를 빼서 구할 수도 있다.

1단계 구하는 부분의 넓이에 대하여 알아보자.

$n=1$이므로 $P(0, 3)$

$\therefore f(x)=x^2$

점 Q의 x좌표를 구하면

$x^2=1$에서 $x=1$ → 점 Q가 제1사분면에 있는 점이므로 x좌표는 양수이다.

$\therefore Q(1, 1)$

이때 점 Q에서 x축에 내린 수선의 발을 H라 하면 점 H의 좌표는

$H(1, 0)$ → 직선 PQ의 방정식을 $y=g(x)$라 할 때 $\int_0^1 g(x)\,dx=$(사다리꼴 POHQ의 넓이)

즉, 구하는 넓이는 사다리꼴 POHQ의 넓이에서 곡선 $y=x^2$과 x축 및 직선 $x=1$로 둘러싸인 부분의 넓이를 뺀 것과 같다. 빗금친 부분의 넓이는 $\int_0^1 x^2\,dx$

2단계 선분 PQ와 곡선 $y=f(x)$ 및 y축으로 둘러싸인 부분의 넓이를 구해 보자.

구하는 넓이를 S라 하면

$$S=\dfrac{1}{2}\times(1+3)\times1-\int_0^1 f(x)\,dx$$ (사다리꼴의 넓이)

$$=2-\int_0^1 x^2\,dx$$ $=\dfrac{1}{2}\times\{($윗변의 길이$)+($아랫변의 길이$)\}\times($높이$)$

$$=2-\left[\dfrac{1}{3}x^3\right]_0^1$$

$$=2-\dfrac{1}{3}=\dfrac{5}{3}$$

다른 풀이

$n=1$이므로 $P(0, 3)$, $f(x)=x^2$이고 $Q(1, 1)$이다.

직선 PQ의 방정식은

$$y-3=\dfrac{1-3}{1-0}(x-0)$$

$\therefore y=-2x+3$

따라서 구하는 넓이를 S라 하면

$$S=\int_0^1 |(-2x+3)-x^2|\,dx$$

$$=\int_0^1 (-x^2-2x+3)\,dx$$

$$=\left[-\dfrac{1}{3}x^2-x^2+3x\right]_0^1$$

$$=\dfrac{5}{3}$$

098 정답률 ▶ 65% 답 4

1단계 곡선 $y=-2x^2+3x$와 직선 $y=x$의 교점의 x좌표를 구해 보자.

곡선 $y=-2x^2+3x$와 직선 $y=x$의 교점의 x좌표는

$-2x^2+3x=x$에서

$x^2-x=0$, $x(x-1)=0$

$\therefore x=0$ 또는 $x=1$

2단계 곡선 $y=-2x^2+3x$와 직선 $y=x$로 둘러싸인 부분의 넓이를 구하여 $p+q$의 값을 구해 보자.

구하는 넓이를 S라 하면

$$S=\int_0^1 |(-2x^2+3x)-x|\,dx$$

$$=\int_0^1 (-2x^2+2x)\,dx$$

$$=\left[-\dfrac{2}{3}x^3+x^2\right]_0^1$$

$$=\dfrac{1}{3}$$

따라서 $p=3$, $q=1$이므로

$p+q=3+1=4$

099 정답률 ▶ 확: 65%, 미: 81%, 기: 76% 답 ③

Best Pick 곡선 $y=f(x)$와 직선 $y=g(x)$로 둘러싸인 도형의 넓이를 구하는 문제이다. 도형의 넓이가 $f(x)-g(x)$의 값이 양수일 때는 $f(x)-g(x)$의 정적분과 같고, $f(x)-g(x)$의 값이 음수일 때는 정적분과 부호가 반대임을 주의하자.

1단계 곡선 $y=f(x)$와 접선 $y=g(x)$가 만나는 점의 x좌표를 이용하여 $g(x)-f(x)$를 구해 보자.

삼차함수 $y=f(x)$의 그래프와 접선 $y=g(x)$는 $x=2$에서 접하고 원점에서 만나므로 삼차방정식 $g(x)-f(x)=0$은 중근 2와 한 실근 0을 갖는다.

$\therefore g(x)-f(x)=3x(x-2)^2$

2단계 곡선 $y=f(x)$와 직선 $y=g(x)$로 둘러싸인 도형의 넓이를 구해 보자.

구하는 넓이를 S라 하면

$$S=\int_0^2 |f(x)-g(x)|\,dx=\int_0^2 \{g(x)-f(x)\}\,dx$$

$$=\int_0^2 3x(x-2)^2\,dx=\int_0^2 (3x^3-12x^2+12x)\,dx$$

$$=\left[\dfrac{3}{4}x^4-4x^3+6x^2\right]_0^2=4$$

(1) $0\leq x\leq2$에서 $g(x)\geq f(x)$이므로 $g(x)-f(x)\geq0$
또한, $0\leq x\leq2$에서 $3x(x-2)^2\geq0$이므로
$f(x)-g(x)=3x(x-2)^2$이 아닌 $g(x)-f(x)=3x(x-2)^2$이다.
(2) 함수 $f(x)$의 최고차항의 계수가 -3이므로 함수 $-f(x)$의 최고차항의 계수는 3이다.

100 정답률 ▶ 46% 답 40

1단계 S_1, S_2를 각각 구해 보자.

$$S_1=\int_0^1 f(x)\,dx$$

$$=\int_0^1 \dfrac{1}{2}x^3\,dx$$

$$=\left[\dfrac{1}{8}x^4\right]_0^1=\dfrac{1}{8}$$

점 $P(a, b)$가 함수 $f(x)=\dfrac{1}{2}x^3$ 위의 점이므로

$b=\dfrac{1}{2}a^3$

$\therefore S_2=\displaystyle\int_1^a \{b-f(x)\}dx=\int_1^a \left(\dfrac{1}{2}a^3-\dfrac{1}{2}x^3\right)dx$

$\qquad =\left[\dfrac{1}{2}a^3 x-\dfrac{1}{8}x^4\right]_1^a=\left(\dfrac{1}{2}a^4-\dfrac{1}{8}a^4\right)-\left(\dfrac{1}{2}a^3-\dfrac{1}{8}\right)$

$\qquad =\dfrac{3}{8}a^4-\dfrac{1}{2}a^3+\dfrac{1}{8}$

2단계 $S_1=S_2$임을 이용하여 $30a$의 값을 구해 보자.

$S_1=S_2$이므로

$\dfrac{1}{8}=\dfrac{3}{8}a^4-\dfrac{1}{2}a^3+\dfrac{1}{8}$

$\dfrac{1}{8}a^3(3a-4)=0$　　$\therefore a=\dfrac{4}{3}$ $(\because a>1)$

$\therefore 30a=40$

101 정답률 ▶ 45%　　　　답 200

1단계 주어진 두 그래프를 이용하여 넓이가 같은 두 영역을 찾아보자.

주어진 두 그래프를 하나의 좌표평면 위에 나타내면 오른쪽 그림과 같다.
이때 영역 A의 넓이와 영역 C의 넓이가 같으므로 그림에서 $S_1=S_2$이어야한다.

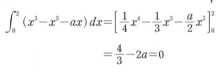

2단계 a의 값을 구하여 $300a$의 값을 구해 보자.

$\displaystyle\int_0^2 \{(x^3-x^2)-ax\}\,dx=0$에서

$\displaystyle\int_0^2 (x^3-x^2-ax)\,dx=\left[\dfrac{1}{4}x^4-\dfrac{1}{3}x^3-\dfrac{a}{2}x^2\right]_0^2$

$\qquad\qquad\qquad\qquad =\dfrac{4}{3}-2a=0$

이므로 $2a=\dfrac{4}{3}$　　$\therefore a=\dfrac{2}{3}$

$\therefore 300a=200$

102 정답률 ▶ 44%　　　　답 12

1단계 직선 PQ의 방정식을 구해 보자.

두 점 $P(a, a^2)$, $Q(b, b^2)$을 지나는 직선 PQ의 방정식은

$y-a^2=\dfrac{b^2-a^2}{b-a}(x-a)$

$\therefore y=(b+a)(x-a)+a^2=(a+b)x-ab$

2단계 직선 PQ와 포물선 $y=x^2$으로 둘러싸인 도형의 넓이를 이용하여 a, b 사이의 관계식을 구해 보자.

직선 PQ와 곡선 $y=x^2$으로 둘러싸인 도형의 넓이는

$\displaystyle\int_a^b |(a+b)x-ab-x^2|\,dx=\int_a^b \{-x^2+(a+b)x-ab\}dx$

$\qquad\qquad\qquad\qquad\qquad =\displaystyle\int_a^b \{-(x-a)(x-b)\}dx$

$\qquad\qquad\qquad\qquad\qquad =\dfrac{|-1|}{6}(b-a)^3=36$

즉, $(b-a)^3=6^3$이므로

$b-a=6$

$\therefore b=a+6$　……　㉠

3단계 선분 PQ의 길이를 a에 대한 식으로 나타내어 $\displaystyle\lim_{a\to\infty}\dfrac{\overline{PQ}}{a}$의 값을 구해 보자.

$\overline{PQ}=\sqrt{(b-a)^2+(b^2-a^2)^2}$

$\qquad =\sqrt{(b-a)^2+(b+a)^2(b-a)^2}$

$\qquad =\sqrt{(b-a)^2\{1+(b+a)^2\}}$

$\qquad =(b-a)\sqrt{1+(b+a)^2}$

$\qquad =6\sqrt{1+(2a+6)^2}$ $(\because$ ㉠$)$

$\qquad =6\sqrt{4a^2+24a+37}$

$\therefore \displaystyle\lim_{a\to\infty}\dfrac{\overline{PQ}}{a}=\lim_{a\to\infty}\dfrac{6\sqrt{4a^2+24a+37}}{a}$

$\qquad\qquad\quad =\displaystyle\lim_{a\to\infty}\dfrac{6\sqrt{4+\dfrac{24}{a}+\dfrac{37}{a^2}}}{1}$

$\qquad\qquad\quad =6\times\sqrt{4+0+0}=12$

103 정답률 ▶ 38%　　　　답 14

Best Pick 함수의 그래프를 정확하게 그려서 넓이를 구해야 하는 문제이다. 절댓값 기호를 포함한 함수의 그래프의 여러 가지 개형에 대한 학습이 필요하다.

1단계 두 함수 $y=f(x)$, $y=g(x)$의 그래프를 각각 그려 보자.

함수 $y=f(x)$의 그래프는 x축과 $x=0$, $x=4$에서 만나는 위로 볼록한 이차함수의 그래프이고 함수 $g(x)$는 $x=1$을 기준으로 절댓값 기호 안의 식의 값의 부호가 바뀌므로

$g(x)=\begin{cases} -x & (x<1) \\ x-2 & (x\ge 1) \end{cases}$ $\begin{array}{l} \to -(x-1)-1=-x \\ \to (x-1)-1=x-2 \end{array}$

즉, 두 함수 $y=f(x)$, $y=g(x)$의 그래프는 다음과 같다.

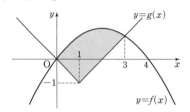

2단계 두 함수 $y=f(x)$, $y=g(x)$의 그래프의 교점의 x좌표를 구해 보자.

두 함수 $y=f(x)$, $y=g(x)$의 그래프의 교점의 x좌표는

$x<1$일 때, $\dfrac{1}{3}x(4-x)=-x$에서

$4x-x^2=-3x$

$x^2-7x=0$

$x(x-7)=0$

$\therefore x=0$ $(\because x<1)$

$x\ge 1$일 때, $\dfrac{1}{3}x(4-x)=x-2$에서

$4x-x^2=3x-6$

$x^2-x-6=0$

$(x+2)(x-3)=0$

$\therefore x=3$ $(\because x\ge 1)$

3단계 S의 값을 구하여 $4S$의 값을 구해 보자.

$$S = \int_0^3 |f(x) - g(x)| \, dx$$
$$= \int_0^1 \{f(x) - g(x)\} \, dx + \int_1^3 \{f(x) - g(x)\} \, dx$$
$$= \int_0^1 \left\{ \frac{1}{3}x(4-x) - (-x) \right\} dx + \int_1^3 \left\{ \frac{1}{3}x(4-x) - (x-2) \right\} dx$$
$$= \int_0^1 \left(-\frac{1}{3}x^2 + \frac{7}{3}x \right) dx + \int_1^3 \left(-\frac{1}{3}x^2 + \frac{1}{3}x + 2 \right) dx$$
$$= \left[-\frac{1}{9}x^3 + \frac{7}{6}x^2 \right]_0^1 + \left[-\frac{1}{9}x^3 + \frac{1}{6}x^2 + 2x \right]_1^3$$
$$= \frac{19}{18} + \left(\frac{9}{2} - \frac{37}{18} \right) = \frac{7}{2}$$
$$\therefore 4S = 14$$

---

104 정답률 ▶ 38% 답 ②

1단계 S_1의 값을 구해 보자.

$\triangle \text{OAB} = \dfrac{1}{2} \times 2 \times 3 = 3$이므로

$S_1 + S_2 = 3$

이때 두 넓이 S_1, S_2에 대하여

$S_1 : S_2 = 13 : 3$이므로

$S_1 = 3 \times \dfrac{13}{13+3} = \dfrac{39}{16}$ ······ ㉠

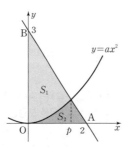

2단계 직선 AB와 곡선 $y=ax^2$의 교점의 x좌표를 p라 하고, S_1을 p에 대한 식으로 나타내어 보자.

두 점 $A(2, 0)$, $B(0, 3)$을 지나는 직선의 방정식은

$y = -\dfrac{3}{2}x + 3$ ⟶ 기울기는 $\dfrac{3-0}{0-2} = -\dfrac{3}{2}$

직선 $y = -\dfrac{3}{2}x + 3$과 곡선 $y = ax^2$의 교점의 x좌표를 $x = p$ $(0 < p < 2)$ 라 하면

$-\dfrac{3}{2}p + 3 = ap^2$ ······ ㉡

S_1은 닫힌구간 $[0, p]$에서 직선 $y = -\dfrac{3}{2}x+3$과 곡선 $y=ax^2$으로 둘러싸인 부분의 넓이이므로

$$S_1 = \int_0^p \left| \left(-\frac{3}{2}x + 3 \right) - ax^2 \right| dx = \int_0^p \left(-ax^2 - \frac{3}{2}x + 3 \right) dx$$
$$= \left[-\frac{a}{3}x^3 - \frac{3}{4}x^2 + 3x \right]_0^p = -\frac{a}{3}p^3 - \frac{3}{4}p^2 + 3p$$
$$= -\frac{p}{3}\left(-\frac{3}{2}p + 3 \right) - \frac{3}{4}p^2 + 3p \quad (\because ㉡)$$
$$= -\frac{1}{4}p^2 + 2p \quad ······ ㉢$$

3단계 p의 값을 구하여 상수 a의 값을 구해 보자.

㉠=㉢이므로 $-\dfrac{1}{4}p^2 + 2p = \dfrac{39}{16}$

$4p^2 - 32p + 39 = 0$, $(2p-3)(2p-13) = 0$

$\therefore p = \dfrac{3}{2}$ $(\because 0 < p < 2)$

$p = \dfrac{3}{2}$을 ㉡에 대입하여 정리하면

$a = \dfrac{1}{3}$

---

105 정답률 ▶ 85% 답 ②

$n=4$일 때, 직선 AB의 방정식은 $x=4$이므로 두 곡선 $y=x^2$, $y=\dfrac{1}{4}x^2$과 직선 $x=4$로 둘러싸인 부분의 넓이를 S라 하면

$$S = \int_0^4 \left| x^2 - \frac{1}{4}x^2 \right| dx$$
$$= \int_0^4 \frac{3}{4}x^2 \, dx$$
$$= \left[\frac{1}{4}x^3 \right]_0^4 = 16$$

---

106 정답률 ▶ 89% 답 ④

1단계 두 곡선 $y=-x^4+x$, $y=x^4-x^3$으로 둘러싸인 도형의 넓이를 구해 보자.

두 곡선 $y=-x^4+x$, $y=x^4-x^3$으로 둘러싸인 도형의 넓이를 S라 하면

$$S = \int_0^1 |-x^4 + x - (x^4 - x^3)| \, dx$$
$$= \int_0^1 (-2x^4 + x^3 + x) \, dx$$
$$= \left[-\frac{2}{5}x^5 + \frac{1}{4}x^4 + \frac{1}{2}x^2 \right]_0^1 = \frac{7}{20}$$

2단계 두 곡선 $y=-x^4+x$, $y=ax(1-x)$로 둘러싸인 도형의 넓이를 구해 보자.

두 곡선 $y=-x^4+x$, $y=ax(1-x)$로 둘러싸인 도형의 넓이는

$\dfrac{1}{2}S = \dfrac{7}{40}$이므로

$$\int_0^1 \{(-x^4+x) - ax(1-x)\} \, dx = \frac{7}{40}$$

3단계 상수 a의 값을 구해 보자.

$$\int_0^1 \{-x^4 + ax^2 + (1-a)x\} \, dx = \left[-\frac{1}{5}x^5 + \frac{a}{3}x^3 + \frac{1-a}{2}x^2 \right]_0^1$$
$$= -\frac{1}{5} + \frac{a}{3} + \frac{1-a}{2}$$
$$= \frac{3}{10} - \frac{a}{6} = \frac{7}{40}$$

이므로 $-\dfrac{a}{6} = -\dfrac{1}{8}$

$\therefore a = \dfrac{3}{4}$

다른 풀이

두 곡선 $y=-x^4+x$, $y=ax(1-x)$로 둘러싸인 도형의 넓이와 두 곡선 $y=ax(1-x)$, $y=x^4-x^3$으로 둘러싸인 도형의 넓이가 같으므로

$$\int_0^1 \{(-x^4+x) - ax(1-x)\} \, dx = \int_0^1 \{ax(1-x) - (x^4-x^3)\} \, dx$$
$$\int_0^1 \{-x^4 + ax^2 + (1-a)x\} \, dx = \int_0^1 (-x^4 + x^3 - ax^2 + ax) \, dx$$에서
$$2a\int_0^1 (x^2-x) \, dx - \int_0^1 (x^3-x) \, dx = 0$$이므로
$$2a\int_0^1 (x^2-x) \, dx - \int_0^1 (x^3-x) \, dx$$
$$= 2a\left[\frac{1}{3}x^3 - \frac{1}{2}x^2 \right]_0^1 - \left[\frac{1}{4}x^4 - \frac{1}{2}x^2 \right]_0^1$$
$$= \left\{ 2a\left(\frac{1}{3} - \frac{1}{2} \right) \right\} - \left(\frac{1}{4} - \frac{1}{2} \right)$$
$$= -\frac{a}{3} + \frac{1}{4} = 0$$

따라서 $\dfrac{a}{3}=\dfrac{1}{4}$이므로

$a=\dfrac{3}{4}$

107 정답률 ▶ 75%   답 ③

1단계 두 곡선 $y=f(x)$와 $y=-f(x-1)-1$의 교점의 x좌표를 구해 보자.

$f(x)=x^2-2x$이므로

$-f(x-1)-1=-\{(x-1)^2-2(x-1)\}-1$

$\qquad\qquad\qquad = -x^2+4x-4$

두 곡선 $y=x^2-2x$, $y=-x^2+4x-4$의 교점의 x좌표는

$x^2-2x=-x^2+4x-4$에서

$x^2-3x+2=0$

$(x-1)(x-2)=0$

$\therefore x=1$ 또는 $x=2$

2단계 두 곡선 $y=f(x)$, $y=-f(x-1)-1$로 둘러싸인 부분의 넓이를 구해 보자.

$1\le x\le 2$에서 $x^2-2x\le -x^2+4x-4$이므로 두 곡선 $y=x^2-2x$, $y=-x^2+4x-4$로 둘러싸인 부분의 넓이를 S라 하면

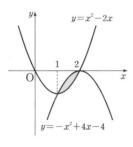

$S=\displaystyle\int_1^2 |x^2-2x-(-x^2+4x-4)|\,dx$

$\quad =\displaystyle\int_1^2 (-2x^2+6x-4)\,dx$

$\quad =\left[-\dfrac{2}{3}x^3+3x^2-4x\right]_1^2$

$\quad =-\dfrac{4}{3}-\left(-\dfrac{5}{3}\right)=\dfrac{1}{3}$

108 정답률 ▶ 확: 33%, 미: 57%, 기: 47%   답 2

1단계 삼차함수 $f(x)$를 구해 보자.

$f(1-x)=-f(1+x)$ ……… ㉠

㉠의 양변에 $x=0$을 대입하면

$f(1)=-f(1)$

$\therefore f(1)=0$

㉠의 양변에 $x=1$을 대입하면

$f(0)=-f(2)$

$\therefore f(2)=0 \ (\because f(0)=0)$

즉, 삼차함수 $f(x)$는 $f(0)=f(1)=f(2)=0$이고 최고차항의 계수가 1이므로

$f(x)=x(x-1)(x-2)=x^3-3x^2+2x$

2단계 두 곡선 $y=f(x)$와 $y=-6x^2$의 교점의 x좌표를 구해 보자.

두 곡선 $y=f(x)$와 $y=-6x^2$의 교점의 x좌표는

$f(x)=-6x^2$에서

$x^3-3x^2+2x=-6x^2$

$x^3+3x^2+2x=0$

$x(x+2)(x+1)=0$

$\therefore x=-2$ 또는 $x=-1$ 또는 $x=0$

3단계 두 곡선 $y=f(x)$와 $y=-6x^2$으로 둘러싸인 부분의 넓이를 구하여 $4S$의 값을 구해 보자.

$-2\le x\le -1$에서 $x^3-3x^2+2x\ge -6x^2$,

$-1\le x\le 0$에서 $x^3-3x^2+2x\le -6x^2$

따라서

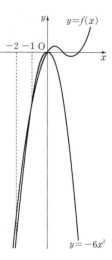

$S=\displaystyle\int_{-2}^0 |x^3-3x^2+2x-(-6x^2)|\,dx$

$\quad =\displaystyle\int_{-2}^{-1} (x^3+3x^2+2x)\,dx$

$\qquad +\displaystyle\int_{-1}^0 (-x^3-3x^2-2x)\,dx$

$\quad =\left[\dfrac{1}{4}x^4+x^3+x^2\right]_{-2}^{-1}$

$\qquad +\left[-\dfrac{1}{4}x^4-x^3-x^2\right]_{-1}^0$

$\quad =\dfrac{1}{4}+\dfrac{1}{4}=\dfrac{1}{2}$

이므로

$4S=2$

109 정답률 ▶ 84%   답 ①

1단계 $t=0$부터 $t=4$까지 점 P가 움직인 거리를 구해 보자.

$0\le t\le 2$일 때 $v(t)\ge 0$, $2\le t\le 4$일 때 $v(t)\le 0$이므로 $t=0$부터 $t=4$까지 점 P가 움직인 거리는

$\displaystyle\int_0^4 |v(t)|\,dt=\int_0^2 v(t)\,dt+\int_2^4 \{-v(t)\}\,dt$

$\qquad\qquad\quad =\displaystyle\int_0^2 (-2t+4)\,dt+\int_2^4 (2t-4)\,dt$

$\qquad\qquad\quad =\left[-t^2+4t\right]_0^2+\left[t^2-4t\right]_2^4$

$\qquad\qquad\quad =4+\{0-(-4)\}=8$

110 정답률 ▶ 84%   답 ①

1단계 점 P의 시각 t에서의 속도를 구해 보자.

점 P의 시각 t에서의 속도를 $v(t)$라 하면

$v(t)=\dfrac{dx}{dt}=4t^3+3at^2$

이때 $t=2$에서 점 P의 속도가 0이므로

$v(2)=32+12a=0$

$\therefore a=-\dfrac{8}{3}$

$\therefore v(t)=4t^3-8t^2$

2단계 $t=0$에서 $t=2$까지 점 P가 움직인 거리를 구해 보자.

$0\le t\le 2$일 때 $v(t)\le 0$이므로 $t=0$에서 $t=2$까지 점 P가 움직인 거리는

$\displaystyle\int_0^2 |v(t)|\,dt=\int_0^2 \{-v(t)\}\,dt$

$\qquad\qquad\quad =\displaystyle\int_0^2 (8t^2-4t^3)\,dt$

$\qquad\qquad\quad =\left[\dfrac{8}{3}t^3-t^4\right]_0^2$

$\qquad\qquad\quad =\dfrac{16}{3}$

111

1단계 조건을 만족시키는 상수 k의 값을 구하여 속도 $v(t)$의 식을 구해 보자.

점 P의 시각 t $(t≥0)$에서의 위치를 $x(t)$라 하면 시각 $t=0$에서 점 P의 위치는 0이고, 시각 $t=1$에서 점 P의 위치는 -3이므로

$$x(1)=0+\int_0^1 v(t)\,dt$$
$$=\int_0^1 (3t^2-4t+k)\,dt$$
$$=\left[t^3-2t^2+kt\right]_0^1$$
$$=-1+k=-3$$
$$\therefore k=-2$$
$$\therefore v(t)=3t^2-4t-2$$

2단계 시각 $t=1$에서 $t=3$까지 점 P의 위치의 변화량을 구해 보자.

시각 $t=1$에서 $t=3$까지 점 P의 위치의 변화량은

$$\int_1^3 (3t^2-4t-2)\,dt=\left[t^3-2t^2-2t\right]_1^3=3+3=6$$

다른 풀이

점 P의 시각 t $(t≥0)$에서의 위치를 $x(t)$라 하면 시각 $t=0$에서 점 P의 위치는 0이므로

$$x(t)=0+\int_0^t v(t)\,dt=\int_0^t (3t^2-4t+k)\,dt$$
$$=\left[t^3-2t^2+kt\right]_0^t=t^3-2t^2+kt$$

이때 $x(1)=-3$이므로

$$1-2+k=-3 \quad \therefore k=-2$$

따라서 $x(t)=t^3-2t^2-2t$이므로 시각 $t=1$에서 $t=3$까지 점 P의 위치의 변화량은

$$|x(3)-x(1)|=|(27-18-6)-(1-2-2)|=6$$

112

1단계 점 P가 움직이는 방향이 바뀔 때의 시각을 알아보자.

점 P가 움직이는 방향이 바뀔 때의 시각을 $t=k$ $(k>0)$이라 하자.

움직이는 방향이 바뀔 때의 속도는 0이므로 $v(t)=0$에서

$$k^2-ak=0, \quad k(k-a)=0$$
$$\therefore k=a \ (\because k>0)$$

2단계 점 P가 시각 $t=0$일 때부터 움직이는 방향이 바뀔 때까지 움직인 거리를 a에 대한 식으로 나타내어 보자.

$0≤t≤a$일 때 $v(t)≤0$이므로 점 P가 시각 $t=0$일 때부터 시각 $t=a$일 때까지 움직인 거리는

$$\int_0^a |v(t)|\,dt=\int_0^a \{-v(t)\}\,dt$$
$$=\int_0^a (-t^2+at)\,dt$$
$$=\left[-\frac{1}{3}t^3+\frac{a}{2}t^2\right]_0^a$$
$$=\frac{a^3}{6}$$

3단계 상수 a의 값을 구해 보자.

$\dfrac{a^3}{6}=\dfrac{9}{2}$이므로

$$a^3=27 \quad \therefore a=3$$

113

Best Pick 속도함수의 그래프를 학습하기에 좋은 문제이다. 주어진 3개의 그래프를 비교하면서 각각의 자동차의 움직임을 머릿속에 그려 보자.

1단계 주어진 속도함수의 그래프를 이용하여 ㄱ, ㄴ, ㄷ의 참, 거짓을 판별해 보자.

'가'지점에서 '나'지점까지 이동하므로 이동 거리를 l이라 하고, A, B, C의 세 곡선을 각각 $v=f(t)$, $v=g(t)$, $v=h(t)$라 하자.

ㄱ. 주어진 그래프에서 A, C가 도착할 때까지 걸린 시간이 각각 40이므로

(A의 평균속도)$=$(C의 평균속도)$=\dfrac{l}{40}$ (참)

ㄴ. 주어진 그래프는 속도에 대한 그래프이므로 각 곡선 위의 점에서의 접선의 기울기는 가속도를 나타낸다.

즉, B, C 모두 가속도가 0인 순간은 $g'(t)=0$, $h'(t)=0$을 만족시키는 t의 값이므로 B는 한 번, C는 세 번 존재한다. (참)

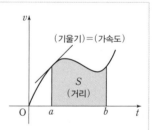

[자동차 B]　　　[자동차 B]

ㄷ. A, B, C의 세 곡선 $v=f(t)$, $v=g(t)$, $v=h(t)$와 t축으로 둘러싸인 부분의 넓이는 A, B, C가 '가'지점에서 '나'지점까지 직선 경로를 따라 이동한 총 거리이므로 모두 l로 같다. (참)

따라서 옳은 것은 ㄱ, ㄴ, ㄷ이다.

> **참고** 속도함수의 그래프
>
> 오른쪽 그림과 같은 속도 (v)그래프에서
> (1) 넓이(S)는 이동 거리와 같다.
> (2) $t=a$에서의 접선의 기울기는 시각 a에서의 가속도와 같다.
>
>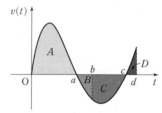

114

1단계 주어진 속도함수의 그래프의 구간별 넓이를 정적분으로 나타내어 보자.

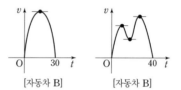

위의 그림과 같이 속도 $v(t)$의 그래프와 네 구간 $[0, a]$, $[a, b]$, $[b, c]$, $[c, d]$에서 t축으로 둘러싸인 네 부분의 넓이를 각각 A, B, C, D라 하면

$$\underbrace{\int_0^a |v(t)|\,dt}_{A}=\int_a^d |v(t)|\,dt$$
$$=\underbrace{\int_a^b |v(t)|\,dt}_{B}+\underbrace{\int_b^c |v(t)|\,dt}_{C}+\underbrace{\int_c^d |v(t)|\,dt}_{D}$$

이므로

$$A=B+C+D \quad \cdots\cdots ㉠$$

ㄱ. 점 P는 $0 \le t \le a$일 때 A만큼의 거리를 수직선의 양의 방향으로 움직였다가, $a \le t \le c$일 때 $(B+C)$만큼의 거리를 수직선의 음의 방향으로 움직이고, $c \le t \le d$일 때 D만큼의 거리를 다시 수직선의 양의 방향으로 움직인다.

그런데 ㉠에서 $A > (B+C)$이므로 점 P는 $0 < t \le d$일 때 원점을 다시 지나지 않는다. (거짓)

ㄴ. $\displaystyle\int_0^c v(t)\,dt = \underbrace{\int_0^a v(t)\,dt}_{A} + \underbrace{\int_a^c v(t)\,dt}_{-(B+C)}$
$= A - (B+C)$

이때 $\displaystyle\int_c^d v(t)\,dt = D$이고, ㉠에서 $A - (B+C) = D$이므로

$\displaystyle\int_0^c v(t)\,dt = \int_c^d v(t)\,dt$ (참)

ㄷ. $\displaystyle\int_0^b v(t)\,dt = A - B$, $\displaystyle\int_b^d |v(t)|\,dt = C + D$이고,

㉠에서 $A - B = C + D$이므로

$\displaystyle\int_0^b v(t)\,dt = \int_b^d |v(t)|\,dt$ (참)

따라서 옳은 것은 ㄴ, ㄷ이다.

---

115 정답률 ▶ 확: 81%, 미: 93%, 기: 89% 답 ③

1단계 점 P의 시각 $t=1$에서의 위치와 점 P의 시각 $t=k$에서의 위치가 서로 같을 조건을 구해 보자.

점 P의 시각 $t=1$에서의 위치와 점 P의 시각 $t=k$에서의 위치가 서로 같으므로 시각 $t=1$에서 시각 $t=k$까지 점 P의 위치의 변화량은 0이다.

2단계 상수 k의 값을 구해 보자.

시각 $t=1$에서 시각 $t=k$까지 점 P의 위치의 변화량은

$\displaystyle\int_1^k v(t)\,dt = \int_1^k (4t-10)\,dt$
$= \Big[2t^2 - 10t\Big]_1^k$
$= 2k^2 - 10k + 8 = 0$

이므로

$k^2 - 5k + 4 = 0$
$(k-1)(k-4) = 0$
$\therefore k = 4 \ (\because k > 1)$

다른 풀이

시각 $t=0$에서 점 P의 위치를 x_0이라 하고, 점 P의 시각 $t \ (t \ge 0)$에서의 위치를 $x(t)$라 하면

$x(t) = x_0 + \displaystyle\int_0^t v(t)\,dt$
$= x_0 + \displaystyle\int_0^t (4t-10)\,dt$
$= x_0 + \Big[2t^2 - 10t\Big]_0^t$
$= 2t^2 - 10t + x_0$

이때 $x(1) = x(k)$이므로

$2 - 10 + x_0 = 2k^2 - 10k + x_0$
$k^2 - 5k + 4 = 0$
$(k-1)(k-4) = 0$
$\therefore k = 4 \ (\because k > 1)$

---

116 정답률 ▶ 73% 답 ③

1단계 두 점 P, Q가 출발 후 $t=a$에서 다시 만날 조건을 구해 보자.

두 점 P, Q가 원점에서 동시에 출발한 후 시각 $t=a \ (a>0)$에서 다시 만나므로 $t=0$에서 $t=a$까지 두 점 P, Q의 위치의 변화량이 서로 같다.

2단계 상수 a의 값을 구해 보자.

$\underbrace{\displaystyle\int_0^a (3t^2 + 6t - 6)\,dt}_{} = \underbrace{\displaystyle\int_0^a (10t - 6)\,dt}_{}$이므로

←점 P의 위치의 변화량
←점 Q의 위치의 변화량

$\Big[t^3 + 3t^2 - 6t\Big]_0^a = \Big[5t^2 - 6t\Big]_0^a$
$a^3 + 3a^2 - 6a = 5a^2 - 6a$
$a^3 - 2a^2 = 0$
$a^2(a-2) = 0$
$\therefore a = 2 \ (\because a > 0)$

---

117 정답률 ▶ 59% 답 12

1단계 두 점 P, Q의 속도가 같아지는 시각을 구해 보자.

두 점 P, Q의 속도가 같아지는 시각은 $v_1(t) = v_2(t)$에서
$3t^2 + t = 2t^2 + 3t$
$t^2 - 2t = 0, \ t(t-2) = 0$
$\therefore t = 2 \ (\because t > 0)$

2단계 a의 값을 구하여 $9a$의 값을 구해 보자.

점 P의 시각 $t=2$에서의 위치는

$0 + \displaystyle\int_0^2 (3t^2 + t)\,dt = \Big[t^3 + \frac{1}{2}t^2\Big]_0^2 = 10$

점 Q의 시각 $t=2$에서의 위치는

$0 + \displaystyle\int_0^2 (2t^2 + 3t)\,dt = \Big[\frac{2}{3}t^3 + \frac{3}{2}t^2\Big]_0^2 = \frac{34}{3}$

즉, 두 점 P, Q 사이의 거리는

$\left|10 - \dfrac{34}{3}\right| = \dfrac{4}{3}$

이므로

$a = \dfrac{4}{3} \qquad \therefore 9a = 12$

---

118 정답률 ▶ 54% 답 64

1단계 $f(t) = 2t^2 - 8t$, $g(t) = t^3 - 10t^2 + 24t$라 하고, 시각 $t=x$에서의 두 점 P, Q 사이의 거리를 정적분을 이용하여 나타내어 보자.

$f(t) = 2t^2 - 8t$, $g(t) = t^3 - 10t^2 + 24t$라 하자.

시각 $t=x$에서의 두 점 P, Q 사이의 거리는

$\left|\displaystyle\int_0^x f(t)\,dt - \int_0^x g(t)\,dt\right| = \left|\displaystyle\int_0^x \{f(t) - g(t)\}\,dt\right|$

2단계 $h(x) = \displaystyle\int_0^x \{f(t) - g(t)\}\,dt$라 하고, 함수 $y = h(x)$의 그래프를 그려 보자.

$h(x) = \displaystyle\int_0^x \{f(t) - g(t)\}\,dt$라 하면

$h'(x) = f(x) - g(x)$
$= (2x^2 - 8x) - (x^3 - 10x^2 + 24x)$
$= -x^3 + 12x^2 - 32x$
$= -x(x-4)(x-8)$

$h'(x)=0$에서

$x=0$ 또는 $x=4$ 또는 $x=8$

$0\le x\le 8$에서 함수 $h(x)$의 증가와 감소를 표로 나타내면 다음과 같다.

x	0	$\cdots$	4	$\cdots$	8
$h'(x)$	0	$-$	0	$+$	0
$h(x)$	0	$\searrow$	$h(4)$	$\nearrow$	$h(8)$

또한,

$$h(x)=\int_0^x \{(2t^2-8t)-(t^3-10t^2+24t)\}\,dt$$

$$=\int_0^x (-t^3+12t^2-32t)\,dt$$

$$=\left[-\frac{1}{4}t^4+4t^3-16t^2\right]_0^x$$

$$=-\frac{1}{4}x^4+4x^3-16x^2$$

이고

$h(4)=-64+256-256=-64$,

$h(8)=-1024+2048-1024=0$

이므로 함수 $y=h(x)$의 그래프의 개형
은 오른쪽 그림과 같다.

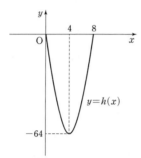

3단계 두 점 P, Q 사이의 거리의 최댓값을 구해 보자.

함수 $y=|h(x)|$의 그래프의 개형은
오른쪽 그림과 같으므로 함수
$|h(x)|$는 $x=4$에서 최댓값 64를 갖
는다.

따라서 두 점 P, Q 사이의 거리의 최
댓값은 64이다.

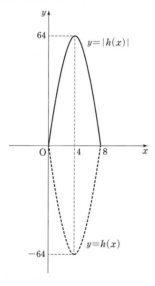

119 정답률 ▸ 49% 답 8

1단계 점 P가 운동 방향을 바꾸는 시각을 구해 보자.

운동 방향을 바꿀 때의 속도는 0이므로

$v(t)=0$에서

$3t^2-12t+9=0$

$3(t-1)(t-3)=0$

$\therefore t=1$ 또는 $t=3$

즉, $0\le t\le 1$일 때 $v(t)\ge 0$, $1\le t\le 3$일 때 $v(t)\le 0$, $t\ge 3$일 때 $v(t)\ge 0$
이므로 점 P는 $t=1$일 때 처음으로 운동 방향을 바꾸고, $t=3$일 때 다시
운동 방향을 바꾼다.

122 정답 및 해설

2단계 점 P가 A에서 방향을 바꾼 순간부터 다시 A로 돌아올 때까지 움직
인 거리를 구해 보자.

점 P가 A에서 방향을 바꾼 순간부터 다시 A로 돌아올 때까지 움직인 거
리는 점 P가 시각 $t=1$에서 $t=3$까지 움직인 거리의 2배이므로

$$2\int_1^3 |v(t)|\,dt=2\int_1^3 \{-v(t)\}\,dt$$
→ 점 P의 움직임을 그림으로 나타내면 다음과 같다.

$$=2\int_1^3 (-3t^2+12t-9)\,dt$$

$$=2\left[-t^3+6t^2-9t\right]_1^3$$

$$=2\times 4=8$$

다른 풀이

점 P가 다시 A로 돌아올 때의 시각을 $t=a$ $(a>1)$이라 하면

$\int_1^a v(t)\,dt=0$이므로

$$\int_1^a v(t)\,dt=\int_1^a (3t^2-12t+9)\,dt$$

$$=\left[t^3-6t^2+9t\right]_1^a$$

$$=a^3-6a^2+9a-4$$

$$=(a-1)^2(a-4)=0$$

에서

$a=4$ $(\because a>1)$

즉, 점 P가 $t=4$일 때 다시 A로 돌아오므로 점 P가 시각 $t=1$에서 $t=4$
까지 움직인 거리는

$$\int_1^4 |v(t)|\,dt=\int_1^3 \{-v(t)\}\,dt+\int_3^4 v(t)\,dt$$

$$=\int_1^3 (-3t^2+12t-9)\,dt+\int_3^4 (3t^2-12t+9)\,dt$$

$$=\left[-t^3+6t^2-9t\right]_1^3+\left[t^3-6t^2+9t\right]_3^4$$

$$=4+4$$

$$=8$$

120 정답률 ▸ 77% 답 ③

1단계 $\int_0^a |v(t)|\,dt=s_1$이라 하고, s_1의 값을 구해 보자.

$\int_0^a |v(t)|\,dt=s_1$이라 하면 점 P는 출발한 후 시각 $t=a$에서 처음으로 운
동 방향을 바꾸므로 → 주어진 속도 $v(t)$의 그래프에 의하여

$-8=\int_0^a v(t)\,dt=-s_1$

$\therefore s_1=8$

2단계 $\int_a^b |v(t)|\,dt=s_2$, $\int_b^c |v(t)|\,dt=s_3$이라 하고, s_2, s_3의 값을 각
각 구하여 점 P가 $t=a$부터 $t=b$까지 움직인 거리를 구해 보자.

$\int_a^b |v(t)|\,dt=s_2$, $\int_b^c |v(t)|\,dt=s_3$이라 하면 점 P의 시각 $t=c$에서의
위치는 -6이므로

$-6=\int_0^c v(t)\,dt$

$$=\int_0^a v(t)\,dt+\int_a^b v(t)\,dt+\int_b^c v(t)\,dt$$

$$=-8+s_2-s_3$$

$\therefore s_2-s_3=2$ $\quad\cdots\cdots$ ㉠

$\int_0^b v(t)\,dt = \int_b^c v(t)\,dt$이므로

$\int_0^a v(t)\,dt + \int_a^b v(t)\,dt = \int_b^c v(t)\,dt$

$-8 + s_2 = -s_3$

$\therefore s_2 + s_3 = 8$ ...... ㉡

㉠, ㉡을 연립하여 풀면

$s_2 = 5,\ s_3 = 3$

따라서 점 P가 $t=a$부터 $t=b$까지 움직인 거리는 $s_2 = 5$이다.

121 정답률 ▶ 확: 53%, 미: 76%, 기: 68% 답 ⑤

Best Pick 속도와 거리의 관계를 이해하고 이를 이용하여 움직인 거리를 구하는 문제이다. 움직이는 방향이 바뀌려면 속도가 0이면서 부호가 바뀌는 지점이다. 원점을 지날 때, 위치가 같아질 때, 높이가 가장 높을 때 등의 자주 나오는 조건은 기억해 두자.

1단계 $v(t)=0$을 만족시키는 시각 t를 이용하여 ㄱ의 참, 거짓을 판별해 보자.

ㄱ. 움직이는 방향이 바뀔 때의 속도는 0이므로 $v(t)=0$에서

$3t^2 - 6t = 0,\ 3t(t-2) = 0$

$\therefore t=0$ 또는 $t=2$

즉, $0 \le t \le 2$일 때 $v(t) \le 0$, $t \ge 2$일 때 $v(t) \ge 0$이므로 시각 $t=2$에서 점 P의 움직이는 방향이 바뀐다. (참)

2단계 ㄱ을 이용하여 ㄴ의 참, 거짓을 판별해 보자.

ㄴ. ㄱ에서 점 P가 출발한 후 움직이는 방향이 바뀔 때의 시각은 $t=2$이다. 점 P의 시각 t $(t \ge 0)$에서의 위치를 $x(t)$라 하면 시각 $t=0$일 때 원점을 출발하므로 시각 $t=2$에서 점 P의 위치는

$x(2) = 0 + \int_0^2 v(t)\,dt = \int_0^2 (3t^2 - 6t)\,dt$

$\qquad = \left[t^3 - 3t^2 \right]_0^2 = -4$ (참)

3단계 점 P의 가속도를 구하여 ㄷ의 참, 거짓을 판별해 보자.

ㄷ. 점 P의 시각 t $(t \ge 0)$에서의 가속도를 $a(t)$라 하면

$a(t) = v'(t) = 6t - 6$

이때 $a(t) = 12$에서 → 점 P의 가속도가 12가 될 때의 시각 t

$6t - 6 = 12$ $\therefore t=3$

즉, 점 P가 시각 $t=0$에서 $t=3$까지 움직인 거리는

$\int_0^3 |v(t)|\,dt = \int_0^2 \{-v(t)\}\,dt + \int_2^3 v(t)\,dt$

$\qquad = \int_0^2 (-3t^2 + 6t)\,dt + \int_2^3 (3t^2 - 6t)\,dt$

$\qquad = 4 + \left[t^3 - 3t^2 \right]_2^3$ $(\because \text{ㄴ})$

$\qquad = 4 + 4 = 8$ (참)

따라서 옳은 것은 ㄱ, ㄴ, ㄷ이다.

122 답 ④

1단계 속도 $v(t)$의 그래프의 개형을 그려 보자.

점 P의 시각 t $(t \ge 0)$에서의 속도를 $v(t)$라 하면 점 P의 시각 $t=0$에서의 속도가 k이므로

$v(t) = k + \int_0^t a(t)\,dt = k + \int_0^t (3t^2 - 12t + 9)\,dt$

$\qquad = k + \left[t^3 - 6t^2 + 9t \right]_0^t$

$\qquad = t^3 - 6t^2 + 9t + k$

또한,

$v'(t) = a(t) = 3t^2 - 12t + 9 = 3(t-1)(t-3)$

이므로

$v'(t) = 0$에서 $t=1$ 또는 $t=3$

속도 $v(t)$의 증가와 감소를 표로 나타내면 다음과 같다.

t	$\cdots$	1	$\cdots$	3	$\cdots$
$v'(t)$	+	0	−	0	+
$v(t)$	↗	$4+k$	↘	k	↗

즉, 속도 $v(t)$의 그래프의 개형은 오른쪽 그림과 같다.

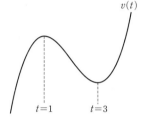

2단계 속도 $v(t)$의 그래프의 개형을 이용하여 ㄱ, ㄴ, ㄷ의 참, 거짓을 판별해 보자.

ㄱ. 앞의 속도 $v(t)$의 그래프의 개형에 의하여 구간 $(3, \infty)$에서 $v(t)$는 증가한다.

즉, 구간 $(3, \infty)$에서 점 P의 속도는 증가한다. (참)

ㄴ. $k=-4$이면 함수 $v(t)$는 $t=1$에서 극댓값 $v(1) = 4 + (-4) = 0$을 가지므로 속도 $v(t)$의 그래프의 개형은 오른쪽 그림과 같다.

즉, 구간 $(0, \infty)$에서 점 P의 운동 방향은 $t=4$에서 한 번 바뀐다. (거짓)

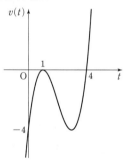

ㄷ. 시각 $t=0$에서 시각 $t=5$까지 점 P의 위치의 변화량과 점 P가 움직인 거리가 같으려면 $0 \le t \le 5$에서 $v(t) \ge 0$이어야 한다.

$0 \le t \le 5$에서 함수 $v(t)$의 최솟값은 $v(3) = k$이므로

$k \ge 0$

즉, k의 최솟값은 0이다. (참)

따라서 옳은 것은 ㄱ, ㄷ이다.

123 정답률 ▶ 59% 답 ⑤

1단계 두 함수 $y=f(t)$, $y=g(t)$의 그래프를 이용하여 ㄱ, ㄴ, ㄷ의 참, 거짓을 판별해 보자.

ㄱ. $t=a$일 때, 물체 A의 높이는 $\int_0^a f(t)\,dt$이고

물체 B의 높이는 $\int_0^a g(t)\,dt$이다.

이때 주어진 그래프에서

$\int_0^a f(t)\,dt > \int_0^a g(t)\,dt$ → 어두운 부분의 넓이가 $\int_0^a f(t)\,dt$, 빗금친 부분의 넓이가 $\int_0^a g(t)\,dt$

이므로 물체 A는 물체 B보다 높은 위치에 있다. (참)

Ⅲ. 적분 123

ㄴ. $0 \le t \le b$일 때 $f(t) - g(t) \ge 0$이고,

$b < t \le c$일 때 $f(t) - g(t) < 0$

즉, 두 물체 A, B의 높이의 차가 점점 커지다가 $t = b$에서부터 높이의 차가 점점 줄어들므로 $t = b$일 때, 물체 A와 물체 B의 높이의 차가 최대이다. (참)

ㄷ. $\displaystyle\int_0^c f(t)\, dt = \int_0^c g(t)\, dt$이므로 시각 $t = c$일 때, 물체 A와 물체 B는 같은 높이에 있다. (참)

따라서 옳은 것은 ㄱ, ㄴ, ㄷ이다.

124 정답률 ▸ 확: 25%, 미: 42%, 기: 33%   답 ③

1단계 정적분의 정의를 이용하여 ㄱ의 참, 거짓을 판별해 보자.

ㄱ. $\displaystyle\int_0^1 v(t)\, dt = \Big[x(t)\Big]_0^1 = x(1) - x(0) = 0$ (참)

2단계 속도 $v(t)$의 그래프의 개형과 ㄱ을 이용하여 ㄴ의 참, 거짓을 판별해 보자.

ㄴ. $x(t) = 0$, 즉 $t(t-1)(at+b) = 0$에서

$t = 0$ 또는 $t = 1$ 또는 $t = -\dfrac{b}{a}$

$\displaystyle\int_0^1 |v(t)|\, dt = 2$와 ㄱ의 $\displaystyle\int_0^1 v(t)\, dt = 0$에서

$\displaystyle\int_0^1 |v(t)|\, dt \ne \int_0^1 v(t)\, dt$이므로 열린구간 $(0, 1)$에서 속도 $v(t)$의 그래프가 음수인 구간과 양수인 구간이 존재한다.

즉, 속도 $v(t)$의 그래프와 t축 및 두 직선 $t = 0$, $t = 1$로 둘러싸인 부분의 넓이 중에서 t축보다 아래쪽에 있는 부분의 넓이를 A, t축보다 위쪽에 있는 부분의 넓이를 B라 하면

$\displaystyle\int_0^1 |v(t)|\, dt = 2$에서 $A + B = 2$ ...... ㉠

$\displaystyle\int_0^1 v(t)\, dt = 0$에서 $-A + B = 0$ ...... ㉡

㉠, ㉡을 연립하여 풀면

$A = 1$, $B = 1$ ...... ㉢

한편, $-\dfrac{b}{a}$의 값의 범위에 따라 경우를 나누어 보면 다음과 같다.

(i) $-\dfrac{b}{a} \le 0$인 경우

위치 $y = x(t)$의 그래프의 개형에 따른 속도 $y = v(t)$의 그래프의 개형은 오른쪽 그림과 같으므로 $0 < t_1 < 1$인 모든 t_1에 대하여

$|x(t)| \le 1$ ($\because$ ㉢)

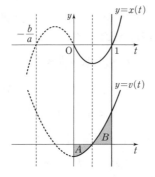

(ii) $0 < -\dfrac{b}{a} < 1$인 경우

위치 $y = x(t)$의 그래프의 개형에 따른 속도 $y = v(t)$의 그래프의 개형은 오른쪽 그림과 같으므로 $0 < t_1 < 1$인 모든 t_1에 대하여

$|x(t)| < 1$ ($\because$ ㉢)

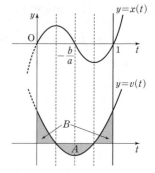

(iii) $-\dfrac{b}{a} \ge 1$인 경우

위치 $y = x(t)$의 그래프의 개형에 따른 속도 $y = v(t)$의 그래프의 개형은 오른쪽 그림과 같으므로 $0 < t_1 < 1$인 모든 t_1에 대하여

$|x(t)| \le 1$ ($\because$ ㉢)

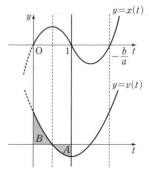

(i), (ii), (iii)에 의하여 $|x(t_1)| > 1$인 t_1이 열린구간 $(0, 1)$에 존재하지 않는다. (거짓)

3단계 ㄴ을 이용하여 ㄷ의 참, 거짓을 판별해 보자.

ㄷ. $0 \le t \le 1$인 모든 t에 대하여 $|x(t)| < 1$, 즉 ㄴ의 (ii)의 경우에서

$x(t_2) = 0$인 $t_2 = -\dfrac{b}{a}$가 열린구간 $(0, 1)$에 존재한다. (참)

따라서 옳은 것은 ㄱ, ㄷ이다.

125 41	126 7	127 80	128 16	129 12	130 9
131 137	132 340	133 167	134 432	135 251	136 200
137 80	138 37				

125 정답률 ▸ 17% 답 41

1단계 함수의 그래프의 대칭성을 이용해 보자.

함수 $f(x)$는 모든 실수 x에 대하여 $f(-x)=-f(x)$가 성립하므로 함수 $y=f(x)$의 그래프는 원점에 대하여 대칭이다.

즉, $\int_0^1 f(x)\,dx=1$에서

$$\int_{-1}^0 f(x)\,dx=1 \qquad \cdots\cdots \ \bigcirc$$

따라서 오른쪽 그림에서 어두운 부분의 넓이는

$$1\times 3-\int_{-1}^0 f(x)\,dx=3-1 \ (\because \ \bigcirc)$$
$$=2 \qquad \cdots\cdots \ \bigcirc$$

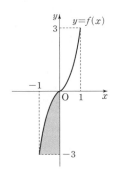

2단계 $\int_3^5 g(x)\,dx$의 값을 구해 보자.

두 조건 (가), (나)를 만족시키는 함수 $y=g(x)$의 그래프는 오른쪽 그림과 같다.

닫힌구간 $[3,\ 5]$에서 함수 $y=g(x)$의 그래프는 함수 $y=f(x)$의 그래프를 x축의 방향으로 4만큼, y축의 방향으로 12만큼 평행이동한 그래프이고, $\bigcirc$에 의하여 빗금친 두 부분의 넓이는 서로 같으므로 $\int_3^5 g(x)\,dx$의 값은 가로의 길이가 2이고 세로의 길이가 12인 직사각형의 넓이와 같다.

$$\therefore \int_3^5 g(x)\,dx=2\times 12=24$$

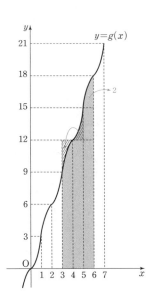

3단계 $\int_5^6 g(x)\,dx$의 값을 구해 보자.

닫힌구간 $[5,\ 7]$에서 함수 $y=g(x)$의 그래프는 함수 $y=f(x)$의 그래프를 x축의 방향으로 6만큼, y축의 방향으로 18만큼 평행이동한 그래프이고, 함수 $y=g(x)$의 그래프와 두 직선 $x=6$, $y=15$로 둘러싸인 부분의 넓이는 $\bigcirc$에 의하여 2이므로

$$\int_5^6 g(x)\,dx=1\times 15+2$$
$$=17$$

4단계 $\int_3^6 g(x)\,dx$의 값을 구해 보자.

$$\int_3^6 g(x)\,dx=\int_3^5 g(x)\,dx+\int_5^6 g(x)\,dx$$
$$=24+17$$
$$=41$$

126 정답률 ▸ 15% 답 7

Best Pick 주어진 다항함수의 차수를 모르는 상황에서 정적분과 미분의 관계를 이용하여 함수의 식을 구하는 문제이다. 최근에 종종 출제되고 있는 유형의 문제이므로 반드시 풀어 보자.

1단계 조건 (가)를 이용하여 $f(x)$의 식을 세워 보자.

조건 (가)에서

$\int_1^x f(t)\,dt=\dfrac{x-1}{2}\{f(x)+f(1)\}$의 양변을 x에 대하여 미분하면

$$f(x)=\frac{1}{2}\{f(x)+f(1)\}+\frac{x-1}{2}\times f'(x)$$

$$\therefore f(x)=(x-1)f'(x)+f(1) \qquad \cdots\cdots \ \bigcirc$$

이때 함수 $f(x)$의 최고차항을 ax^n (a는 0이 아닌 상수, n은 자연수)라 하면 도함수 $f'(x)$의 최고차항은 anx^{n-1}이다.

$\bigcirc$의 우변의 최고차항은 $x\times anx^{n-1}$에서 anx^n이므로 $\overset{(ax^n)'=anx^{n-1}}{}$

$\bigcirc$의 식에서 최고차항만 비교했을 때 $ax^n=anx^n$을 만족시켜야 한다.

즉, $n=1$이므로 함수 $f(x)$는 일차함수이다.

$f(x)=ax+b$ (b는 상수)라 하면

$f(0)=1$이므로

$b=1$

$$\therefore f(x)=ax+1$$

2단계 조건 (나)를 이용하여 함수 $f(x)$를 구하여 $f(4)$의 값을 구해 보자.

조건 (나)에서 $\int_0^2 f(x)\,dx=5\int_{-1}^1 xf(x)\,dx$이므로

$$\int_0^2 f(x)\,dx=\int_0^2 (ax+1)\,dx$$
$$=\left[\frac{a}{2}x^2+x\right]_0^2$$
$$=2a+2$$

$$5\int_{-1}^1 xf(x)\,dx=5\int_{-1}^1 (ax^2+x)\,dx$$
$$=10\int_0^1 ax^2\,dx$$
$$=10\left[\frac{a}{3}x^3\right]_0^1$$
$$=\frac{10}{3}a$$

즉, $2a+2=\dfrac{10}{3}a$이므로

$$a=\frac{3}{2}$$

따라서 $f(x)=\dfrac{3}{2}x+1$이므로

$$f(4)=\frac{3}{2}\times 4+1=7$$

127 정답률 ▸ 14% 답 80

1단계 함수 $g(x)$를 구해 보자.

$$g(x)=\int_0^x (t-1)f(t)\,dt \qquad \cdots\cdots \ \bigcirc$$

$\bigcirc$의 양변을 x에 대하여 미분하면

$g'(x)=(x-1)f(x)$

$$=\begin{cases} -3x^2(x-1) & (x<1) \\ 2(x-1)(x-3) & (x\geq1) \end{cases}$$

$$=\begin{cases} -3x^3+3x^2 & (x<1) \\ 2x^2-8x+6 & (x\geq1) \end{cases} \quad \cdots\cdots \ⓛ$$

$$\therefore g(x)=\begin{cases} -\dfrac{3}{4}x^4+x^3+C_1 & (x<1) \\ \dfrac{2}{3}x^3-4x^2+6x+C_2 & (x\geq1) \end{cases}$$

(단, C_1, C_2는 적분상수) $\cdots\cdots \ⓒ$

㉠의 양변에 $x=0$을 대입하면 $g(0)=0$이므로 ㉢에서
$C_1=0$

㉡에서

$\displaystyle\lim_{x\to1+}g'(x)=\lim_{x\to1+}(2x^2-8x+6)=2-8+6=0$,

$\displaystyle\lim_{x\to1-}g'(x)=\lim_{x\to1-}(-3x^3+3x^2)=-3+3=0$

이므로

$g'(1)=0 \longrightarrow \displaystyle\lim_{x\to1+}g'(x)=\lim_{x\to1-}g'(x)$이므로 미분계수 $g'(1)$이 존재한다.

즉, 함수 $g(x)$의 $x=1$에서의 미분계수가 존재하므로 $g(x)$는 $x=1$에서 미분가능하고, $x=1$에서 연속이다.

$\displaystyle\lim_{x\to1+}g(x)=\lim_{x\to1-}g(x)=g(1)$이므로

㉢에서

$\displaystyle\lim_{x\to1+}g(x)=\lim_{x\to1+}\left(\dfrac{2}{3}x^3-4x^2+6x+C_2\right)$

$\qquad =\dfrac{2}{3}-4+6+C_2=\dfrac{8}{3}+C_2$,

$\displaystyle\lim_{x\to1-}g(x)=\lim_{x\to1-}\left(-\dfrac{3}{4}x^4+x^3\right)=-\dfrac{3}{4}+1=\dfrac{1}{4}$

따라서 $\dfrac{8}{3}+C_2=\dfrac{1}{4}$이므로 $C_2=-\dfrac{29}{12}$

$$\therefore g(x)=\begin{cases} -\dfrac{3}{4}x^4+x^3 & (x<1) \\ \dfrac{2}{3}x^3-4x^2+6x-\dfrac{29}{12} & (x\geq1) \end{cases}$$

2단계 함수 $y=g(x)$의 그래프를 그려 보자.

(i) $x<1$일 때

$g(x)=-\dfrac{3}{4}x^4+x^3$에서

$g'(x)=-3x^3+3x^2=-3x^2(x-1)$

$g'(x)=0$에서 $x=0$ ($\because x<1$)

$x<1$에서 함수 $g(x)$의 증가와 감소를 표로 나타내면 다음과 같다.

x	$\cdots$	0	$\cdots$	(1)
$g'(x)$	$+$	0	$+$	
$g(x)$	↗		↗	

(ii) $x\geq1$일 때

$g(x)=\dfrac{2}{3}x^3-4x^2+6x-\dfrac{29}{12}$에서

$g'(x)=2x^2-8x+6=2(x-1)(x-3)$

$g'(x)=0$에서 $x=1$ 또는 $x=3$

$x\geq1$에서 함수 $g(x)$의 증가와 감소를 표로 나타내면 다음과 같다.

x	1	$\cdots$	3	$\cdots$
$g'(x)$	0	$-$	0	$+$
$g(x)$	$\dfrac{1}{4}$	↘	$-\dfrac{29}{12}$	↗

(i), (ii)에서 함수 $g(x)$는 $x=1$에서 극댓값 $g(1)=\dfrac{1}{4}$, $x=3$에서 극솟값 $g(3)=-\dfrac{29}{12}$를 가지므로 함수 $y=g(x)$의 그래프는 오른쪽 그림과 같다.

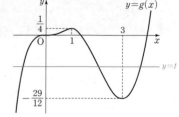

3단계 함수 $h(t)$를 구하여 $30S$의 값을 구해 보자.

실수 t에 대하여 직선 $y=t$와 곡선 $y=g(x)$가 만나는 서로 다른 점의 개수 $h(t)$와 그 그래프는 다음과 같다.

$$h(t)=\begin{cases} 1 & \left(t<-\dfrac{29}{12} \text{ 또는 } t>\dfrac{1}{4}\right) \\ 2 & \left(t=-\dfrac{29}{12} \text{ 또는 } t=\dfrac{1}{4}\right) \\ 3 & \left(-\dfrac{29}{12}<t<\dfrac{1}{4}\right) \end{cases} \ⓓ$$

따라서 $\left|\displaystyle\lim_{t\to a+}h(t)-\lim_{t\to a-}h(t)\right|=2$를 만족시키는 실수 a의 값은

$-\dfrac{29}{12}$, $\dfrac{1}{4}$이므로 $\longrightarrow$ $\displaystyle\lim_{t\to-\frac{29}{12}+}h(t)=3$, $\displaystyle\lim_{t\to-\frac{29}{12}-}h(t)=1$이므로 ㉣의 값은 $|3-1|=2$

$\displaystyle\lim_{t\to\frac{1}{4}+}h(t)=1$, $\displaystyle\lim_{t\to\frac{1}{4}-}h(t)=3$이므로 ㉣의 값은 $|1-3|=2$

$S=\left|-\dfrac{29}{12}\right|+\left|\dfrac{1}{4}\right|=\dfrac{8}{3}$

$\therefore 30S=80$

다른 풀이

함수 $g(x)$는 다음과 같이 구할 수도 있다.

㉡에서

(i) $x<1$일 때

$g(x)=\displaystyle\int_0^x(-3t^3+3t^2)\,dt=\left[-\dfrac{3}{4}t^4+t^3\right]_0^x$

$\qquad =-\dfrac{3}{4}x^4+x^3$

(ii) $x\geq1$일 때

$g(x)=\displaystyle\int_0^1(-3t^3+3t^2)\,dt+2\int_1^x(t^2-4t+3)\,dt$

$\qquad =\left[-\dfrac{3}{4}t^4+t^3\right]_0^1+2\left[\dfrac{1}{3}t^3-2t^2+3t\right]_1^x$

$\qquad =\dfrac{1}{4}+2\left(\dfrac{1}{3}x^3-2x^2+3x-\dfrac{4}{3}\right)$

$\qquad =\dfrac{2}{3}x^3-4x^2+6x-\dfrac{29}{12}$

128

정답률 ▶ 확: 9%, 미: 20%, 기: 14% 답 16

1단계 조건 (가)를 이용하여 x의 값의 범위에 따른 함수 $|f(x)|-a$의 부호를 결정해 보자.

$g(x)=\displaystyle\int_0^x(t^2-4)\{|f(t)|-a\}\,dt$의 양변을 x에 대하여 미분하면

$g'(x)=(x^2-4)\{|f(x)|-a\}$

$x=-2$, $x=2$이면 $g'(x)=0$이지만 조건 (가)에서 함수 $g(x)$가 극값을 갖지 않으므로 $x=-2$, $x=2$의 좌우에서 $g'(x)$의 부호가 바뀌지 않아야 한다.

이때 함수 $y=x^2-4$는 $x=-2$, $x=2$의 좌우에서 y의 부호가 바뀌고, $\displaystyle\lim_{x\to\infty}\{|f(x)|-a\}=\lim_{x\to-\infty}\{|f(x)|-a\}=\infty$이므로

$x=-2$, $x=2$의 좌우에서 $g'(x)$의 부호가 바뀌지 않도록 $|f(x)|-a$의 부호를 결정하여 표로 나타내면 다음과 같다. →색칠된 부분의 부호는 정해져 있다.

x	$\cdots$	-2	$\cdots$	2	$\cdots$
㉠ ← x^2-4	$+$	0	$-$	0	$+$
㉢ ← $\lvert f(x)\rvert-a$	$+$		$-$		$+$
㉠×㉢ ← $g'(x)$	$+$	0	$+$	0	$+$

2단계 **1단계** 를 이용하여 일차함수 $f(x)$를 구해 보자.

일차함수 $f(x)$에 대하여 함수 $y=|f(x)|-a$의 그래프는 오른쪽 그림과 같아야 하므로 사잇값의 정리에 의하 —연속함수이므로 여

$|f(-2)|-a=0$, $|f(2)|-a=0$

즉,

$|f(-2)|=|f(2)|=a$ ...... ㉠

이어야 한다.

$f(x)=mx+n$ (m, n은 상수이고, $m\neq0$)이라 하면 ㉠에서

$|-2m+n|=|2m+n|=a$

(i) $-2m+n=2m+n$인 경우

$m=0$이므로 조건을 만족시키지 않는다.

(ii) $2m-n=2m+n$인 경우

$n=0$, $|m|=\dfrac{a}{2}$ → $f(x)=mx$이므로 $|f(2)|=a$에서 $2|m|=a$ ∴ $|m|=\dfrac{a}{2}$

(i), (ii)에서

$|f(x)|=|mx|=\dfrac{a}{2}|x|$

3단계 조건 (나)를 이용하여 $g(0)-g(-4)$의 값을 구해 보자.

$g(2)=\displaystyle\int_0^2(t^2-4)\{|f(t)|-a\}\,dt$

$=\displaystyle\int_0^2(t^2-4)\left(\dfrac{a}{2}|t|-a\right)dt$

$=\dfrac{a}{2}\displaystyle\int_0^2(t^2-4)(t-2)\,dt$ ($\because 0\le t\le2$) → $|t|=t$

$=\dfrac{a}{2}\displaystyle\int_0^2(t^3-2t^2-4t+8)\,dt$

$=\dfrac{a}{2}\left[\dfrac14 t^4-\dfrac23 t^3-2t^2+8t\right]_0^2$

$=\dfrac{a}{2}\times\dfrac{20}{3}$

$=\dfrac{10}{3}a$

조건 (나)에서 $g(2)=5$이므로

$\dfrac{10}{3}a=5$ ∴ $a=\dfrac32$

∴ $g(-4)=\displaystyle\int_0^{-4}(t^2-4)\left(\dfrac34|t|-\dfrac32\right)dt$

$=\dfrac34\displaystyle\int_0^{-4}(t^2-4)(-t-2)\,dt$ ($\because -4\le t\le0$) → $|t|=-t$

$=\dfrac34\displaystyle\int_0^{-4}(-t^3-2t^2+4t+8)\,dt$

$=\dfrac34\left[-\dfrac14 t^4-\dfrac23 t^3+2t^2+8t\right]_0^{-4}$

$=\dfrac34\times\left(-\dfrac{64}{3}\right)=-16$

∴ $g(0)-g(-4)=0-(-16)=16$

1단계 $\displaystyle\int_{-1}^2\{f(x)+x^2-1\}^2\,dx$의 값이 최소가 될 조건을 알아보자.

모든 실수 x에 대하여 $\{f(x)+x^2-1\}^2\ge0$, $f(x)\ge0$이므로

$\displaystyle\int_{-1}^2\{f(x)+x^2-1\}^2\,dx$의 값이 최소가 되려면 $\{f(x)+x^2-1\}^2$, 즉

$|f(x)+x^2-1|$의 값이 최소가 되어야 한다.

2단계 함수 $f(x)$를 구해 보자.

(i) $-1\le x\le1$일 때

$x^2-1\le0$이므로 $|f(x)+x^2-1|$의 값은 $f(x)+x^2-1=0$일 때 최소가 된다.

∴ $f(x)=-x^2+1$

(ii) $1<x\le2$일 때

$x^2-1>0$이므로 $|f(x)+x^2-1|$의 값은 $f(x)=0$일 때 최소가 된다.

(i), (ii)에서

$f(x)=\begin{cases}-x^2+1 & (-1\le x\le1)\\ 0 & (1<x\le2)\end{cases}$

3단계 $\displaystyle\int_{-1}^{26}f(x)\,dx$의 값을 구해 보자.

$\displaystyle\int_{-1}^2 f(x)\,dx=\int_{-1}^1 f(x)\,dx+\int_1^2 f(x)\,dx$

$=\displaystyle\int_{-1}^1(-x^2+1)\,dx+0$

$=2\displaystyle\int_0^1(-x^2+1)\,dx$

$=2\left[-\dfrac13 x^3+x\right]_0^1$

$=2\times\dfrac23=\dfrac43$

이고, 모든 실수 x에 대하여 $f(x+3)=f(x)$이므로

$\displaystyle\int_{-1}^2 f(x)\,dx=\int_2^5 f(x)\,dx=\int_5^8 f(x)\,dx=\cdots=\int_{23}^{26} f(x)\,dx$

∴ $\displaystyle\int_{-1}^{26}f(x)\,dx$

$=\displaystyle\int_{-1}^2 f(x)\,dx+\int_2^5 f(x)\,dx+\int_5^8 f(x)\,dx+\cdots+\int_{23}^{26} f(x)\,dx$

$=9\displaystyle\int_{-1}^2 f(x)\,dx=9\times\dfrac43=12$

참고

함수 $y=f(x)$의 그래프는 다음 그림과 같다.

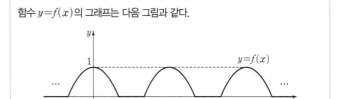

Best Pick 방정식 $f'(x)=0$의 실근의 개수를 함수 $g(x)$로 정의하고, 함수 $g(x)$에 대한 조건으로부터 함수 $f(x)$를 구하는 고난도 문제이다. 조건 (나)에서 주어진 식의 의미를 이해해야 함수 $f(x)$를 식으로 나타낼 수 있다.

1단계 방정식 $f'(x)=0$의 실근에 대하여 알아보자.

조건 (나)에서 $g(f(1))=g(f(4))=2$이므로 함수 $g(t)$는 함숫값 2를 반드시 가져야 한다.

이때 함수 $g(t)$는 닫힌구간 $[t, t+2]$에서 이차방정식 $f'(x)=0$이 갖는 실근의 개수이므로 이차방정식 $f'(x)=0$은 서로 다른 두 실근을 가져야 하고, 서로 다른 두 실근을 α, β $(\alpha<\beta)$라 하면 $\beta-\alpha<2$이어야 한다.

(i) $\beta-\alpha<2$인 경우

$\beta-2<t<\alpha$인 실수 t에 대하여 닫힌구간 $[t, t+2]$가 α, β를 동시에 포함하므로 $g(t)=2$이다.

이때 $\beta-2<a<\alpha$인 어떤 실수 a에 대하여 $\lim\limits_{t\to a+}g(t)=2$, $\lim\limits_{t\to a-}g(t)=2$, 즉 $\lim\limits_{t\to a+}g(t)+\lim\limits_{t\to a-}g(t)=4$인 경우가 존재하므로 조건 (가)를 만족시키지 않는다.

(ii) $\beta-\alpha=2$, 즉 $\beta=\alpha+2$인 경우

$g(\alpha)=2$이고, 이 경우는 조건 (가)를 만족시킨다.

(i), (ii)에서 이차방정식 $f'(x)=0$은 서로 다른 두 실근 α, $\beta(=\alpha+2)$를 갖고, $g(\alpha)=2$이다.

2단계 함수 $f'(x)$를 구하여 $f'(x)$의 부정적분 $f(x)$를 구해 보자.

함수 $f(x)$는 최고차항의 계수가 $\dfrac{1}{2}$인 삼차함수이므로 $f'(x)$는 최고차항의 계수가 $\dfrac{3}{2}$인 이차함수이다.

즉, $f'(x)=\dfrac{3}{2}(x-\alpha)(x-\alpha-2)=\dfrac{3}{2}x^2-3(\alpha+1)x+\dfrac{3}{2}(\alpha^2+2\alpha)$ 라 할 수 있으므로

$f(x)=\displaystyle\int f'(x)\,dx=\int\left\{\dfrac{3}{2}x^2-3(\alpha+1)x+\dfrac{3}{2}(\alpha^2+2\alpha)\right\}dx$

$=\dfrac{1}{2}x^3-\dfrac{3}{2}(\alpha+1)x^2+\dfrac{3}{2}(\alpha^2+2\alpha)x+C$ (단, C는 적분상수)

3단계 조건 (나)를 이용하여 함수 $f(x)$를 구한 후 $f(5)$의 값을 구해 보자.

$g(\alpha)=2$이고, 조건 (나)에서 $g(f(1))=g(f(4))=2$이므로 $f(1)=f(4)=\alpha$이어야 한다.

$f(1)=f(4)$에서

$\dfrac{1}{2}-\dfrac{3}{2}(\alpha+1)+\dfrac{3}{2}(\alpha^2+2\alpha)+C=32-24(\alpha+1)+6(\alpha^2+2\alpha)+C$

$\alpha^2+2\alpha-5(\alpha+1)+7=0$, $\alpha^2-3\alpha+2=0$

$(\alpha-1)(\alpha-2)=0$ $\therefore \alpha=1$ 또는 $\alpha=2$

(a) $\alpha=1$일 때

$f(x)=\dfrac{1}{2}x^3-3x^2+\dfrac{9}{2}x+C$이고 $f(1)=1$이므로

$2+C=1$ $\therefore C=-1$

즉, $f(x)=\dfrac{1}{2}x^3-3x^2+\dfrac{9}{2}x-1$이므로 $f(0)=-1$

이때

$f'(x)=\dfrac{3}{2}x^2-6x+\dfrac{9}{2}$

$=\dfrac{3}{2}(x-1)(x-3)$

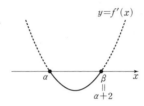

이므로 오른쪽 그림과 같이 이차방정식 $f'(x)=0$이 닫힌구간 $[-1, 1]$에서 실근을 $\alpha=1$만 갖는다.

$g(-1)=1$이므로

$g(f(0))=g(-1)=1$

따라서 조건 (나)의 $g(f(0))=1$을 만족시킨다.

(b) $\alpha=2$일 때

$f(x)=\dfrac{1}{2}x^3-\dfrac{9}{2}x^2+12x+C$이고 $f(1)=2$이므로

$8+C=2$ $\therefore C=-6$

즉, $f(x)=\dfrac{1}{2}x^3-\dfrac{9}{2}x^2+12x-6$이므로

$f(0)=-6$

이때 $f'(x)=\dfrac{3}{2}x^2-9x+12=\dfrac{3}{2}(x-2)(x-4)$이므로

이차방정식 $f'(x)=0$이 닫힌구간 $[-6, -4]$에서 실근을 갖지 않는다.

$g(-6)=0$이므로

$g(f(0))=g(-6)=0$

따라서 조건 (나)의 $g(f(0))=1$을 만족시키지 않는다.

(a), (b)에서 $f(x)=\dfrac{1}{2}x^3-3x^2+\dfrac{9}{2}x-1$이므로

$f(5)=\dfrac{125}{2}-75+\dfrac{45}{2}-1=9$

131

정답률 ▶ 9%   답 137

Best Pick 함수의 극한, 함수의 연속의 정의, 미분가능, 정적분의 성질을 모두 알아야 풀 수 있는 복합적인 문제이다. 두 조건 (가), (나)를 만족시키는 함수 $f(x)$의 식을 구한 후 주기함수의 성질을 이용하여 정적분의 값을 구한다.

1단계 두 조건 (가), (나)를 이용하여 함수 $f(x)$를 구해 보자.

$g(x)=f(x-n)+n \ (n\le x<n+1)$

의 n에 -1, 0, 1, $\cdots$, 4를 차례대로 대입하여 열린구간 $(-1, 5)$에서 함수 $g(x)$를 구하면

$g(x)=\begin{cases} f(x+1)-1 & (-1\le x<0) \\ f(x) & (0\le x<1) \\ f(x-1)+1 & (1\le x<2) \\ f(x-2)+2 & (2\le x<3) \\ f(x-3)+3 & (3\le x<4) \\ f(x-4)+4 & (4\le x<5) \end{cases}$

> 함수 $g(x)$가 열린구간 $(-1, 5)$에서 미분 가능하므로 각 구간의 경계가 되는 $x=0, 1, 2, 3, 4$에서도 미분가능함을 이용하자.

함수 $g(x)$가 $x=1$에서 연속이므로

$\lim\limits_{x\to 1+}g(x)=\lim\limits_{x\to 1-}g(x)=g(1)$

즉, $\lim\limits_{x\to 1+}\{f(x-1)+1\}=\lim\limits_{x\to 1-}f(x)=f(0)+1$이므로

$f(0)+1=f(1)$

이때 조건 (나)에서 $f(1)=1$이므로

$f(0)=0$ ⋯⋯ ㉠

또한, 함수 $g(x)$가 $x=1$에서 미분가능하므로

$\lim\limits_{x\to 1+}\dfrac{g(x)-g(1)}{x-1}=\lim\limits_{x\to 1+}\dfrac{f(x-1)+1-\{f(0)+1\}}{x-1}$

$=\lim\limits_{x\to 1+}\dfrac{f(x-1)}{x-1}$ $x-1=t$라 하면 $x\to 1+$일 때, $t\to 0+$

$=\lim\limits_{x\to 0+}\dfrac{f(x)}{x}$ $\lim\limits_{x\to 1+}\dfrac{f(x-1)}{x-1}=\lim\limits_{t\to 0+}\dfrac{f(t)}{t}$

$=f'(0)$

$$\lim_{x \to 1^-} \frac{g(x) - g(1)}{x-1} = \lim_{x \to 1^-} \frac{f(x) - f(1)}{x-1}$$
$$= f'(1)$$

즉, $f'(0) = f'(1)$

조건 (나)에서 $f'(1) = 1$이므로

$f'(0) = 1$ ...... ㉡

따라서 조건 (가)에서 함수 $f(x)$는 최고차항의 계수가 1인 사차함수이므로

$f(x) = x^4 + ax^3 + bx^2 + cx + d$ (a, b, c, d는 상수)

라 하면

$f'(x) = 4x^3 + 3ax^2 + 2bx + c$

㉠에서 $d = 0$

㉡에서 $c = 1$

조건 (나)에서 $f(1) = 1$, $f'(1) = 1$이므로

$f(1) = 1 + a + b + 1 = 1$

$\therefore a + b = -1$ ...... ㉢

$f'(1) = 4 + 3a + 2b + 1 = 1$

$\therefore 3a + 2b = -4$ ...... ㉣

㉢, ㉣을 연립하여 풀면

$a = -2$, $b = 1$

$\therefore f(x) = x^4 - 2x^3 + x^2 + x$

2단계 $\int_0^4 g(x)\,dx$의 값을 구하여 $p+q$의 값을 구해 보자.

$\int_0^4 g(x)\,dx$

$= \int_0^1 g(x)\,dx + \int_1^2 g(x)\,dx + \int_2^3 g(x)\,dx + \int_3^4 g(x)\,dx$

$= \int_0^1 f(x)\,dx + \int_1^2 \{f(x-1)+1\}\,dx + \int_2^3 \{f(x-2)+2\}\,dx$

$\qquad + \int_3^4 \{f(x-3)+3\}\,dx$

$= \int_0^1 f(x)\,dx + \int_0^1 \{f(x)+1\}\,dx + \int_0^1 \{f(x)+2\}\,dx$

$\qquad + \int_0^1 \{f(x)+3\}\,dx$

$= 4\int_0^1 f(x)\,dx + \int_0^1 6\,dx$

$= 4\int_0^1 (x^4 - 2x^3 + x^2 + x)\,dx + \int_0^1 6\,dx$

$= 4\left[\frac{1}{5}x^5 - \frac{1}{2}x^4 + \frac{1}{3}x^3 + \frac{1}{2}x^2\right]_0^1 + \left[6x\right]_0^1$

$= 4 \times \frac{8}{15} + 6$

$= \frac{122}{15}$

따라서 $p = 15$, $q = 122$이므로

$p + q = 15 + 122 = 137$

> 함수 $y = f(x-n)$의 그래프는 함수 $y = f(x)$의 그래프를 x축의 방향으로 n만큼 평행이동한 것이다.
> 따라서 함수 $f(x-n)$을 n에서 $n+1$까지 정적분한 값은 함수 $f(x)$를 0에서 1까지 정적분한 값과 같다.
> 또한, 상수함수 $y = k$를 n에서 $n+1$까지 정적분한 값은 $y = k$를 0에서 1까지 정적분한 값과 같다.

132 정답률 ▶ 8%   답 340

1단계 조건 (나)를 이용하여 함수 $f(x)$를 구해 보자.

조건 (나)의 $\lim_{x \to 0} \frac{f(x)}{x} = 0$에서 $x \to 0$일 때, (분모) $\to 0$이고 극한값이

존재하므로 (분자) $\to 0$이다.

즉, $\lim_{x \to 0} f(x) = f(0) = 0$에서 $f(0) = 0$

또한,

$$\lim_{x \to 0} \frac{f(x)}{x} = \lim_{x \to 0} \frac{f(x) - f(0)}{x - 0}$$
$$= f'(0) = 0$$

에서

$f'(0) = 0$

즉, 함수 $f(x)$는 x를 인수로 갖는 최고차항의 계수가 1인 이차함수이므로

$f(x) = x(x-b)$ (b는 상수)

라 할 수 있다.

이때 $f'(0) = 0$이므로 $b = 0$

$\therefore f(x) = x^2$

2단계 두 조건 (가), (나)를 이용하여 함수 $g(x)$의 식을 세워 보자.

조건 (나)의 $\lim_{x \to a} \frac{g(x)}{x-a} = 0$에서 $x \to a$일 때, (분모) $\to 0$이고 극한값이

존재하므로 (분자) $\to 0$이다.

즉, $\lim_{x \to a} g(x) = g(a) = 0$에서 $g(a) = 0$

또한, $\lim_{x \to a} \frac{g(x)}{x-a} = \lim_{x \to a} \frac{g(x) - g(a)}{x - a} = g'(a) = 0$에서

$g'(a) = 0$

이때 조건 (가)에서 $f(0) = g(0)$이므로

$g(0) = 0$

즉, 함수 $g(x)$는 x, $x-a$를 인수로 갖는 최고차항이 1인 삼차함수이므로

$g(x) = x(x-a)(x-c)$ (c는 상수)

라 할 수 있다.

이때 $g'(a) = 0$이므로

$a = c$ ($\because a \neq 0$)

$\therefore g(x) = x(x-a)^2$

3단계 조건 (다)를 이용하여 함수 $g(x)$를 구해 보자.

조건 (다)에서 $\int_0^a \{g(x) - f(x)\}\,dx = 36$이므로

$\int_0^a \{g(x) - f(x)\}\,dx = \int_0^a \{x^3 - (2a+1)x^2 + a^2 x\}\,dx$

$\qquad = \left[\frac{1}{4}x^4 - \frac{2a+1}{3}x^3 + \frac{a^2}{2}x^2\right]_0^a$

$\qquad = \frac{1}{12}a^4 - \frac{1}{3}a^3 = 36$

즉, $a^4 - 4a^3 - 432 = 0$에서

$(a-6)(a^3 + 2a^2 + 12a + 72) = 0$

$\therefore a = 6$

$\therefore g(x) = x(x-6)^2$

4단계 두 함수 $y = f(x)$, $y = g(x)$의 그래프의 교점의 x좌표를 구하여 $3\int_0^a |f(x) - g(x)|\,dx$의 값을 구해 보자.

두 곡선 $y = f(x)$, $y = g(x)$의 교점의 x좌표는 $x^2 = x(x-6)^2$에서

$x^3 - 13x^2 + 36x = 0$

$x(x-4)(x-9) = 0$

$\therefore x = 0$ 또는 $x = 4$ 또는 $x = 9$

두 함수 $f(x) = x^2$, $g(x) = x(x-6)^2$의 그래프의 개형은 다음과 같다.

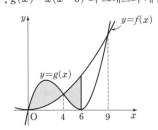

$$\therefore \int_0^6 |f(x)-g(x)|\,dx$$

$$=\int_0^4 \{g(x)-f(x)\}\,dx+\int_4^6 \{f(x)-g(x)\}\,dx$$

$$=\int_0^4 \{(x^3-12x^2+36x)-x^2\}\,dx+\int_4^6 \{x^2-(x^3-12x^2+36x)\}\,dx$$

$$=\left[\frac{1}{4}x^4-\frac{13}{3}x^3+18x^2\right]_0^4+\left[-\frac{1}{4}x^4+\frac{13}{3}x^3-18x^2\right]_4^6$$

$$=\frac{224}{3}+\left\{-36-\left(-\frac{224}{3}\right)\right\}=\frac{340}{3}$$

$$\therefore 3\int_0^a |f(x)-g(x)|\,dx=340$$

133 정답률 ▶ 16% 답 167

1단계 조건 (나)를 이용하여 닫힌구간 $[3, 6]$에서 함수 $y=f(x)$의 그래프가 지나는 점의 좌표를 구해 보자.

조건 (나)에서 $n=0$, $n=1$을 각각 대입하면 $\int_3^6 f(x)\,dx$의 적분 구간 $[3, 6]$에서 함수 $y=f(x)$의 그래프는 네 점 $(3, 7)$, $(4, 8)$, $(5, 10)$, $(6, 13)$을 지난다. └→구간 $[3, 6]$에서 함수 $y=f(x)$의 그래프가 지나는 점의 좌표만 구하면 된다.
$n=1$일 때 $(4, 8)$, $(5, 10)$, $(6, 13)$이고, $n=0$일 때 $(3, 7)$

2단계 닫힌구간 $[3, 6]$에서 함수 $f(x)$를 구해 보자.

(i) $3 \le x \le 4$일 때

두 점 $(3, 7)$, $(4, 8)$을 지나는 직선의 기울기는

$$\frac{8-7}{4-3}=1$$

조건 (가)에 의하여 $1 \le f'(x) \le 3$이므로 $3 \le x \le 4$에서 $f(x)$는 일차함수이어야 한다.

즉, $y-7=1\times(x-3)$에서

$y=x+4$이므로

$f(x)=x+4$ (단, $3 \le x \le 4$)

(ii) $5 \le x \le 6$일 때

두 점 $(5, 10)$, $(6, 13)$을 지나는 직선의 기울기는

$$\frac{13-10}{6-5}=3$$

조건 (가)에 의하여 $1 \le f'(x) \le 3$이므로 $5 \le x \le 6$에서 함수 $f(x)$는 일차함수이어야 한다.

즉, $y-10=3(x-5)$에서

$y=3x-5$이므로

$f(x)=3x-5$ (단, $5 \le x \le 6$)

(iii) $4 \le x \le 5$일 때

조건 (다)에 의하여 닫힌구간 $[4, 5]$에서 함수 $y=f(x)$의 그래프는 이차함수의 그래프의 일부이다. └→$k=2$일 때 닫힌구간 $[2k, 2k+1]$은 닫힌구간 $[4, 5]$

즉, $f(x)=px^2+qx+r$ $(4 \le x \le 5)$라 하자.

(i), (ii), (iii)에서

$$f(x)=\begin{cases} x+4 & (3 \le x \le 4) \\ px^2+qx+r & (4 \le x \le 5) \\ 3x-5 & (5 \le x \le 6) \end{cases}$$이므로

$$f'(x)=\begin{cases} 1 & (3<x<4) \\ 2px+q & (4<x<5) \\ 3 & (5<x<6) \end{cases}$$

함수 $f(x)$가 실수 전체의 집합에서 미분가능하므로

$\lim\limits_{x\to 4+} f'(x)=\lim\limits_{x\to 4-} f'(x)$, $\lim\limits_{x\to 5+} f'(x)=\lim\limits_{x\to 5-} f'(x)$이어야 한다.

즉, $8p+q=1$, $3=10p+q$

위의 두 식을 연립하여 풀면

$p=1$, $q=-7$

함수 $f(x)$가 실수 전체의 집합에서 연속이므로

$$\lim\limits_{x\to 4+} f(x)=\lim\limits_{x\to 4-} f(x)=f(4)$$

즉, $16p+4q+r=8$이므로

$16-28+r=8$

$\therefore r=20$

$$\therefore f(x)=\begin{cases} x+4 & (3 \le x \le 4) \\ x^2-7x+20 & (4 \le x \le 5) \\ 3x-5 & (5 \le x \le 6) \end{cases}$$

3단계 $6a$의 값을 구해 보자.

$$a=\int_3^6 f(x)\,dx$$

$$=\int_3^4 f(x)\,dx+\int_4^5 f(x)\,dx+\int_5^6 f(x)\,dx$$

$$=\int_3^4 (x+4)\,dx+\int_4^5 (x^2-7x+20)\,dx+\int_5^6 (3x-5)\,dx$$

$$=\left[\frac{1}{2}x^2+4x\right]_3^4+\left[\frac{1}{3}x^3-\frac{7}{2}x^2+20x\right]_4^5+\left[\frac{3}{2}x^2-5x\right]_5^6$$

$$=\left(24-\frac{33}{2}\right)+\left(\frac{325}{6}-\frac{136}{3}\right)+\left(24-\frac{25}{2}\right)=\frac{167}{6}$$

$$\therefore 6a=167$$

> **참고**
>
> 열린구간 (a, b)에서 미분가능한 함수 $f(x)$에 대하여 직선이 아닌 곡선 $y=f(x)$의 그래프가 지나는 두 점 $(a, f(a))$, $(b, f(b))$를 지나는 직선의 기울기를 m이라 하면 곡선 $y=f(x)$에서 $f'(c)>m$, $f'(c)=m$, $f'(c)<m$인 상수 c가 열린구간 (a, b)에 반드시 존재한다.
>
>

134 정답률 ▶ 11% 답 432

1단계 $p(x)=g(x)-g(a)$라 하고, 두 조건 (가), (나)를 만족시키는 함수 $y=p(x)$의 그래프의 개형을 그려 보자.

$g(x)=\int_t^x f(s)\,ds$의 양변을 x에 대하여 미분하면

$g'(x)=f(x)$

$f(x)$가 최고차항의 계수가 4인 삼차함수이므로 $g(x)$는 최고차항의 계수가 1인 사차함수이다.

조건 (나)에서 $p(x)=g(x)-g(a)$라 하면 $p(a)=0$이고, 함수 $y=p(x)$의 그래프는 함수 $y=g(x)$의 그래프를 y축의 방향으로 $-g(a)$만큼 평행이동한 것이므로 조건 (나)를 만족시키는 사차함수 $y=p(x)$의 그래프의 개형은 다음 그림과 같다.

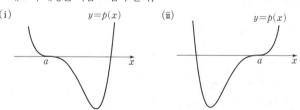

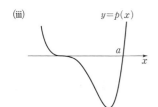

(iii) $y=p(x)$

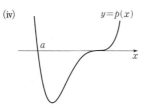

(iv) $y=p(x)$

이때 $p'(x)=g'(x)=f(x)$이므로 각 경우에 대한 삼차함수 $y=f(x)$의 그래프의 개형은 다음 그림과 같다.

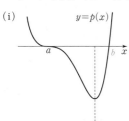

(i) $y=p(x)$, $y=f(x)$

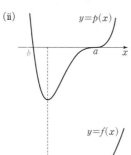

(ii) $y=p(x)$, $y=f(x)$

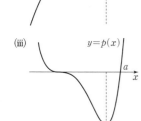

(iii) $y=p(x)$, $y=f(x)$

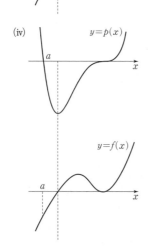

(iv) $y=p(x)$, $y=f(x)$

즉, (i), (ii)는 조건 (가)를 만족시키고, (iii), (iv)는 조건 (가)를 만족시키지 않는다.

2단계 삼차함수 $f(x)$를 구하여 $f(5)$의 값을 구해 보자.

(i), (ii)에서 함수 $y=p(x)$의 그래프가 x축과 만나는 점 중 x좌표가 a가 아닌 점의 x좌표를 b라 하면 최고차항의 계수가 1인 사차함수 $p(x)$는

$p(x)=(x-a)^3(x-b)$ ...... ㉠

라 할 수 있다.

한편, $h(t)=g(a)=\int_t^a f(s)\,ds$이고, $p(x)$는 함수 $f(x)$의 부정적분 중 하나이므로

$h(t)=\int_t^a f(s)\,ds=\Big[p(s)\Big]_t^a$

$=p(a)-p(t)=-p(t)$ ($\because p(a)=0$)

이때 함수 $h(t)=-p(t)$는 $t=2$에서 최댓값 27을 가지므로 함수 $p(t)$는 $t=2$에서 최솟값 -27을 갖고, $t=2$에서 극솟값 -27을 갖는다.

$\therefore p(2)=-27$, $p'(2)=0$

> 함수 $y=p(x)$의 그래프를 x축에 대하여 대칭이동한 것이 함수 $y=h(x)$의 그래프이다.

또한, $h(3)=0$이므로

$-p(3)=0$ $\therefore p(3)=0$

즉, ㉠에 의하여 $a=3$ 또는 $b=3$이어야 한다.

(a) $a=3$인 경우

㉠에 대입하면 $p(x)=(x-3)^3(x-b)$이므로

$p(2)=-27$에서

$-(2-b)=-27$ $\therefore b=-25$

즉,

$p(x)=(x-3)^3(x+25)=(x^3-9x^2+27x-27)(x+25)$

에서

$p'(x)=(3x^2-18x+27)(x+25)+(x^3-9x^2+27x-27)$

이므로

$p'(2)=81+(-1)=80\neq0$

따라서 이 경우는 조건을 만족시키지 않는다.

(b) $b=3$인 경우

㉠에 대입하면 $p(x)=(x-a)^3(x-3)$이므로

$p(2)=-27$에서

$-(2-a)^3=-27$, $2-a=3$

$\therefore a=-1$

즉,

$p(x)=(x+1)^3(x-3)=(x^3+3x^2+3x+1)(x-3)$

에서

$p'(x)=(3x^2+6x+3)(x-3)+(x^3+3x^2+3x+1)$

이므로

$p'(2)=-27+27=0$

따라서 이 경우는 조건을 만족시킨다.

(a), (b)에서 $p(x)=(x+1)^3(x-3)$이므로

$f(x)=p'(x)=3(x+1)^2(x-3)+(x+1)^3$

$\therefore f(5)=216+216=432$

---

135 정답률 ▸ 5%, 미: 11%, 기: 6% **답 251**

1단계 조건 (가)를 이용하여 함수 $h(x)$에 대하여 알아보자.

$g(x)=\int_2^x (t+a)f(t)\,dt=\int_2^x (t+a)(3t+a)\,dt$

$=\int_2^x (3t^2+4at+a^2)\,dt$

$=\Big[t^3+2at^2+a^2t\Big]_2^x$

$=x^3+2ax^2+a^2x-(2a^2+8a+8)$

$=x^3+2ax^2+a^2x-2(a+2)^2$

이때 $g(2)=0$이므로 다항식 $g(x)$는 $x-2$를 인수로 갖는다.

즉, $g(x)=(x-2)\{x^2+2(a+1)x+(a+2)^2\}$이므로

$h(x)=(3x+a)(x-2)\{x^2+2(a+1)x+(a+2)^2\}$

또한, 조건 (가)에 의하여 $h(k)=h'(k)=0$을 만족시키는 실수 k가 존재하므로 다항식 $h(x)$는 $(x-k)^2$을 인수로 갖는다.

2단계 조건 (나)를 만족시키는 곡선 $y=|h(x)|$에 대하여 $h(-1)$의 값을 각각 구해 보자.

(i) $k=2$인 경우

다항식 $h(x)$가 $(x-2)^2$을 인수로 가지므로 $3x+a=3(x-2)$를 만족시키거나 다항식 $x^2+2(a+1)x+(a+2)^2$이 $x-2$를 인수로 갖는다.

ⓐ $3x+a=3(x-2)$인 경우

$a=-6$이므로

$h(x)=(x-2)(3x-6)(x^2-10x+16)$

$=3(x-2)^3(x-8)$

즉, 함수 $y=h(x)$의 그래프에 따른 함수 $y=|h(x)|$의 그래프는 오른쪽 그림과 같으므로 이 경우는 조건 (나)를 만족시킨다.

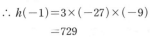

$\therefore h(-1)=3\times(-27)\times(-9)$
$\qquad\qquad=729$

ⓑ 다항식 $x^2+2(a+1)x+(a+2)^2$
이 $x-2$를 인수로 갖는 경우
$P(x)=x^2+2(a+1)x+(a+2)^2$이라 하면 $P(2)=0$이어야 하므로
$4+4(a+1)+(a+2)^2=0$
$a^2+8a+12=0$
$(a+6)(a+2)=0$
$\therefore a=-6$ 또는 $a=-2$
$a=-6$일 때, ⓐ의 경우와 같다.
$a=-2$일 때,
$h(x)=(x-2)(3x-2)(x^2-2x)$
$\qquad=x(3x-2)(x-2)^2$
즉, 함수 $y=h(x)$의 그래프에 따른 함수 $y=|h(x)|$의 그래프는 오른쪽 그림과 같으므로 이 경우는 조건 (나)를 만족시키지 않는다.

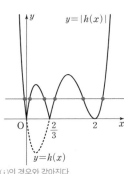

(ii) $k=-\dfrac{a}{3}\,(a\neq-6)$인 경우 ── $a=-6$이면 (i)의 경우와 같아진다.

다항식 $h(x)$가 $\left(x+\dfrac{a}{3}\right)^2$을 인수로 가지므로 다항식 $x^2+2(a+1)x+(a+2)^2$이 $x+\dfrac{a}{3}$를 인수로 갖는다.

$P\left(-\dfrac{a}{3}\right)=0$이어야 하므로
$\dfrac{1}{9}a^2-\dfrac{2}{3}a(a+1)+(a+2)^2=0$
$\dfrac{4}{9}a^2+\dfrac{10}{3}a+4=0,\ \dfrac{2}{9}(a+6)(2a+3)=0$
$\therefore a=-\dfrac{3}{2}\ (\because a\neq-6)$
$\therefore h(x)=(x-2)\left(3x-\dfrac{3}{2}\right)\left(x^2-x+\dfrac{1}{4}\right)=3\left(x-\dfrac{1}{2}\right)^3(x-2)$

즉, 함수 $y=h(x)$의 그래프에 따른 함수 $y=|h(x)|$의 그래프는 오른쪽 그림과 같으므로 이 경우는 조건 (나)를 만족시킨다.

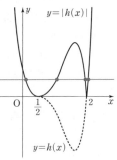

$\therefore h(-1)=3\times\left(-\dfrac{27}{8}\right)\times(-3)$
$\qquad\qquad=\dfrac{243}{8}$

(iii) $x^2+2(a+1)x+(a+2)^2=(x-k)^2$인 경우
$x^2+2(a+1)x+(a+2)^2=x^2-2kx+k^2$
위의 등식은 x에 대한 항등식이므로
$a+1=-k,\ (a+2)^2=k^2$
위의 두 식을 연립하면
$(-a-1)^2=(a+2)^2$

132 정답 및 해설

$a^2+2a+1=a^2+4a+4$
$2a=-3\quad\therefore a=-\dfrac{3}{2}$
즉, (ii)의 경우와 같다.

3단계 $h(-1)$의 최솟값을 구하여 $p+q$의 값을 구해 보자.

(i), (ii), (iii)에서 $h(-1)$의 최솟값은 $\dfrac{243}{8}$이므로
$p=8,\ q=243$
$\therefore p+q=8+243=251$

---

136 정답률 ▶ 5%　　　　　　　　　　　　　　　답 200

1단계 함수 $h(x)$를 $a,\ b,\ k$에 대한 식으로 나타내어 보자.

$f(x)=\begin{cases}0 & (x\le0)\\ x & (x>0)\end{cases}$ 에서

$f(x-a)=\begin{cases}0 & (x\le a)\\ x-a & (x>a)\end{cases}$

$f(x-b)=\begin{cases}0 & (x\le b)\\ x-b & (x>b)\end{cases}$

$f(x-2)=\begin{cases}0 & (x\le2)\\ x-2 & (x>2)\end{cases}$

$0<a<b<2$이므로 $0\le x\le2$에서
(i) $0\le x\le a$일 때
　$h(x)=k(x-0-0+0)=kx$
(ii) $a<x\le b$일 때
　$h(x)=k\{x-(x-a)-0+0\}=ak$
(iii) $b<x\le2$일 때
　$h(x)=k\{x-(x-a)-(x-b)+0\}=k(-x+a+b)$
(i), (ii), (iii)에서
$h(x)=\begin{cases}kx & (0\le x\le a)\\ ak & (a<x\le b)\\ k(-x+a+b) & (b<x\le2)\end{cases}$

2단계 $\displaystyle\int_0^2\{g(x)-h(x)\}\,dx$의 값이 최소일 때, 함수 $y=h(x)$의 그래프를 그려 보자.

모든 실수 x에 대하여 $0\le h(x)\le g(x)$이므로 $\displaystyle\int_0^2\{g(x)-h(x)\}\,dx$의 값이 최소가 되기 위해서는 두 함수 $y=g(x),\ y=h(x)$의 그래프가 다음 그림과 같아야 한다.

> 두 함수 $y=g(x),\ y=h(x)$의 그래프로 둘러싸인 부분의 넓이

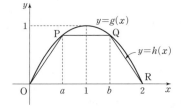

3단계 양수 $k,\ a,\ b$의 값을 각각 구하여 $60(k+a+b)$의 값을 구해 보자.

위의 그림과 같이 두 함수 $y=g(x),\ y=h(x)$의 그래프의 교점을 각각 P, Q, R라 하고, 사다리꼴 OPQR의 넓이를 $S(t)$라 하면
$\displaystyle\int_0^2\{g(x)-h(x)\}\,dx$의 값이 최소가 되기 위해서는 $S(t)$가 최대가 되어야 한다.

$\mathrm{P}(t,\,t(2-t))\;(0<t<1)$이라 하면
$\mathrm{Q}(2-t,\,t(2-t))$

$S(t)=\dfrac{1}{2}\times\{(2-2t)+2\}\times t(2-t)$ → $\overline{OR}=2$

$=t^3-4t^2+4t$ → $\overline{PQ}=(2-t)-t=2-2t$

$S'(t)=3t^2-8t+4=(t-2)(3t-2)$

$S'(t)=0$에서 $t=\dfrac{2}{3}$ $(\because\,0<t<1)$

$0<t<1$에서 함수 $S(t)$의 증가와 감소를 표로 나타내면 다음과 같다.

t	(0)	$\cdots$	$\dfrac{2}{3}$	$\cdots$	(1)
$S'(t)$		$+$	0	$-$	
$S(t)$		↗	극대	↘	

$S(t)$는 $t=\dfrac{2}{3}$일 때 극대이면서 최대이므로

$a=t=\dfrac{2}{3}$, $b=2-t=2-\dfrac{2}{3}=\dfrac{4}{3}$

또한, $\mathrm{P}\!\left(\dfrac{2}{3},\,\dfrac{8}{9}\right)$이므로 → 점 P는 $h(x)=kx\left(0\le x\le\dfrac{2}{3}\right)$ 위의 점이다.

$\dfrac{8}{9}=\dfrac{2}{3}k$ $\quad\therefore\,k=\dfrac{4}{3}$

$\therefore\,60(k+a+b)=60\times\left(\dfrac{4}{3}+\dfrac{2}{3}+\dfrac{4}{3}\right)=200$

137 정답률 ▸ 2%　　　답 80

1단계 조건 (다)를 만족시키는 삼차함수 $f(x)$에 대하여 알아보자.

모든 실수 t에 대하여 $|f'(t)|\ge0$이고

$g(a)=\displaystyle\int_0^a|f'(t)|\,dt=-8<0$이므로 → $a>-3$이므로

$\underline{a<0}$ → $a\ge0$이면 $g(a)\ge0$

$x\ge-3$에서 $|f'(x)|\ge0$이므로 → $x\ge-3$에서 $g(x)=\displaystyle\int_0^x|f'(t)|\,dt$이므로 $g'(x)=|f'(x)|$

함수 $g(x)=\displaystyle\int_0^x|f'(t)|\,dt$는 증가한다. 즉, $x\ge-3$에서 $g'(x)\ge0$

삼차함수 $f(x)$는 $x=-3$과 $x=a\;(a>-3)$에서 극값을 가지므로

삼차함수 $f(x)$의 최고차항의 계수가 양수이면 → $x<-3$에서 $g'(x)=f'(x)>0$, $x>-3$에서 $g'(x)=|f'(x)|\ge0$ 이므로 실수 전체의 집합에서 $g'(x)\ge0$된다.

$x<-3$에서 함수 $f(x)$는 증가한다.

이때 함수 $g(x)$는 실수 전체의 집합에서 증가하므로 극솟값을 갖지 않는다. 즉, 삼차함수 $f(x)$의 최고차항이 양수이면 조건 (다)를 만족시키지 못하므로 삼차함수 $f(x)$의 최고차항의 계수는 음수이다. → $x<-3$에서 $f'(x)>0$이다.

2단계 조건 (나)를 만족시키는 삼차함수 $f(x)$의 조건을 구해 보자.

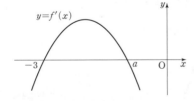

(i) $x<-3$일 때, $g(x)=f(x)$ → $-3\le x<a$일 때

(ii) $-3\le x<a$일 때 → $g(x)=\displaystyle\int_0^x|f'(t)|\,dt$

$g(x)=\displaystyle\int_0^a\{-f'(t)\}\,dt+\int_a^x f'(t)\,dt$ → $=\displaystyle\int_0^a|f'(t)|\,dt+\int_a^x|f'(t)|\,dt$ 이고 닫힌구간 $[a,\,0]$에서 $f'(t)<0$, 닫힌구간 $[x,\,a]$에서 $f'(t)>0$

$=f(x)+f(0)-2f(a)$

(iii) $x\ge a$일 때

$g(x)=\displaystyle\int_0^x\{-f'(t)\}\,dt=-f(x)+f(0)$ → $a>-3$이므로 $x\ge a$일 때 $g(x)=\displaystyle\int_0^x|f'(t)|\,dt$이고 닫힌구간 $[x,\,0]$에서 $f'(t)<0$

(i), (ii), (iii)에서

$g(x)=\begin{cases}f(x) & (x<-3) \\ f(x)+f(0)-2f(a) & (-3\le x<a) \\ -f(x)+f(0) & (x\ge a)\end{cases}$

조건 (나)에 의하여 함수 $g(x)$는 $x=-3$에서 연속이므로

$\displaystyle\lim_{x\to-3+}g(x)=\lim_{x\to-3-}g(x)=g(-3)$

이때

$\displaystyle\lim_{x\to-3+}g(x)=\lim_{x\to-3+}\{f(x)+f(0)-2f(a)\}$

$\qquad\qquad=f(-3)+f(0)-2f(a),$

$\displaystyle\lim_{x\to-3-}g(x)=\lim_{x\to-3-}f(x)=f(-3),$

$g(-3)=f(-3)+f(0)-2f(a)$

이므로

$f(-3)+f(0)-2f(a)=f(-3)$

즉, $f(0)=2f(a)$ $\qquad\cdots\cdots$ ㉠

3단계 조건 (가)를 이용하여 함수 $g(x)$를 구해 보자.

조건 (가)에서 $g(a)=-8$이므로

$g(a)=-f(a)+f(0)=-8$ $\qquad\cdots\cdots$ ㉡

㉠, ㉡을 연립하여 풀면

$f(0)=-16,\;f(a)=-8$

이때

$f'(x)=k(x+3)(x-a)$

$\qquad=k\{x^2+(3-a)x-3a\}\;(k<0)$

이라 하면

$f(x)=\displaystyle\int f'(x)\,dx$

$\qquad=\displaystyle\int k\{x^2+(3-a)x-3a\}\,dx$

$\qquad=k\left(\dfrac{1}{3}x^3+\dfrac{3-a}{2}x^2-3ax\right)+C$ (단, C는 적분상수)

$f(0)=-16$이므로

$C=-16$

$\therefore\,f(x)=k\left(\dfrac{1}{3}x^3+\dfrac{3-a}{2}x^2-3ax\right)-16$

조건 (가)에서 $g(-3)=-16$이므로

$g(-3)=f(-3)=\dfrac{9}{2}k(a+1)-16=-16$ → $g(-3)=f(-3)+f(0)-2f(a)=f(-3)\;(\because$ ㉠$)$

$\dfrac{9}{2}k(a+1)=0$

이때 $k\ne0$이므로

$a=-1$

$\therefore\,g(x)=\begin{cases}f(x) & (x<-1) \\ -f(x)-16 & (x\ge-1)\end{cases}$

4단계 $\left|\displaystyle\int_a^4\{f(x)+g(x)\}\,dx\right|$의 값을 구해 보자.

$\displaystyle\int_a^4\{f(x)+g(x)\}\,dx=\int_{-1}^4\{f(x)+\{-f(x)-16\}\}\,dx$ → 닫힌구간 $[-1,\,4]$에서 $g(x)=-f(x)-16$

$\qquad=\displaystyle\int_{-1}^4(-16)\,dx$

$\qquad=\Big[-16x\Big]_{-1}^4$

$\qquad=-64-16$

$\qquad=-80$

이므로

$\left|\displaystyle\int_a^4\{f(x)+g(x)\}\,dx\right|=80$

참고

$f(x)=-2x^3-12x^2-18x-16$이므로 함수 $y=g(x)$의 그래프의 개형은 다음 그림과 같다.

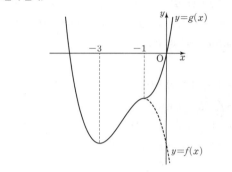

138

정답률 ▶ 1%   답 **37**

1단계 함수 $y=f(x)$의 그래프의 개형을 그려 보자.

$f(x)=\begin{cases} 3x^2+tx & (x<0) \\ -3x^2+tx & (x\geq 0) \end{cases}$ 에서

$f'(x)=\begin{cases} 6x+t & (x<0) \\ -6x+t & (x>0) \end{cases}$

$x<0$일 때, $f'(x)=0$에서 $x=-\dfrac{t}{6}$

$x>0$일 때, $f'(x)=0$에서 $x=\dfrac{t}{6}$

$t\geq 6-3\sqrt{2}>0$이므로 함수 $f(x)$의 증가와 감소를 표로 나타내면 다음과 같다.

x	$\cdots$	$-\dfrac{t}{6}$	$\cdots$	$\dfrac{t}{6}$	$\cdots$
$f'(x)$	$-$	0	$+$	0	$-$
$f(x)$	$\searrow$	극소	$\nearrow$	극대	$\searrow$

즉, 함수 $f(x)$는 $x=-\dfrac{t}{6}$에서 극소, $x=\dfrac{t}{6}$에서 극대이다.

또한, $f(x)=\begin{cases} x(3x+t) & (x<0) \\ -x(3x-t) & (x\geq 0) \end{cases}$ 이므로

$f(x)=0$에서 $x=-\dfrac{t}{3}$ 또는 $x=0$ 또는 $x=\dfrac{t}{3}$

$f(-x)=3\times(-x)^2+t\times(-x)$

$\qquad\quad=3x^2-tx$

$\qquad\quad=-f(x)$

에서 $f(-x)=-f(x)$이므로 함수 $y=f(x)$의 그래프는 원점에 대하여 대칭이다.

따라서 함수 $y=f(x)$의 그래프의 개형은 오른쪽 그림과 같다.

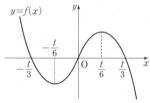

2단계 $\dfrac{t}{3}\geq 1$인 경우에 $g(t)$를 구해 보자.

두 조건 (가), (나)에서 두 닫힌구간 $[k-1,\ k]$, $[k,\ k+1]$의 길이는 각각 k의 값에 관계없이 항상 1로 일정하다.

$f_1(x)=3x^2+tx$, $f_2(x)=-3x^2+tx$라 하면

(i) $\dfrac{t}{3}\geq 1$, 즉 $t\geq 3$인 경우

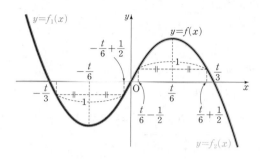

이차함수의 일부분인 함수 $y=f_1(x)$의 그래프는 직선 $x=-\dfrac{t}{6}$에 대하여 대칭이므로 방정식 $f_1(k-1)=f_1(k)$를 만족시키는 k의 값은

$\dfrac{(k-1)+k}{2}=-\dfrac{t}{6}$에서 $2k-1=-\dfrac{t}{3}$

$\therefore k=-\dfrac{t}{6}+\dfrac{1}{2}$

이때 함수 $f(x)$는 $x=\dfrac{t}{6}$에서 극대이므로 조건 (가)를 만족시키는 실수 k의 값의 범위는

$-\dfrac{t}{6}+\dfrac{1}{2}\leq k\leq \dfrac{t}{6}$ $\qquad\qquad$ ······ ㉠

또한, 이차함수의 일부분인 함수 $y=f_2(x)$의 그래프는 직선 $x=\dfrac{t}{6}$에 대하여 대칭이므로 방정식 $f_2(k-1)=f_2(k)$를 만족시키는 k의 값은

$\dfrac{(k-1)+k}{2}=\dfrac{t}{6}$에서 $2k-1=\dfrac{t}{3}$

$\therefore k=\dfrac{t}{6}+\dfrac{1}{2}$

이때 함수 $f(x)$는 $x=-\dfrac{t}{6}$에서 극소이므로 조건 (나)를 만족시키는 실수 $k+1$의 값의 범위는

$k+1\leq -\dfrac{t}{6}$ 또는 $k+1\geq \dfrac{t}{6}+\dfrac{1}{2}$

$\therefore k\leq -\dfrac{t}{6}-1$ 또는 $k\geq \dfrac{t}{6}-\dfrac{1}{2}$ $\quad$ ······ ㉡

㉠, ㉡의 공통부분을 구하면

$\dfrac{t}{6}-\dfrac{1}{2}\leq k\leq \dfrac{t}{6}$

$\therefore g(t)=\dfrac{t}{6}-\dfrac{1}{2}=\dfrac{t-3}{6}$

3단계 $\dfrac{t}{3}<1$인 경우에 $g(t)$를 구해 보자.

(ii) $\dfrac{t}{3}<1$, 즉 $6-3\sqrt{2}\leq t<3$인 경우

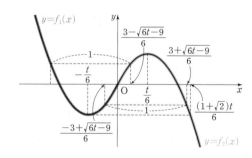

$f_1\left(-\dfrac{t}{6}\right)=3\times\left(-\dfrac{t}{6}\right)^2+t\times\left(-\dfrac{t}{6}\right)=-\dfrac{t^2}{12}$

이므로 방정식 $f_2(x)=-\dfrac{t^2}{12}$을 만족시키는 양수 x의 값은

$-3x^2+tx=-\dfrac{t^2}{12}$ 에서 $3x^2-tx-\dfrac{t^2}{12}=0$

$\therefore x=\dfrac{(1+\sqrt{2})t}{6}\ (\because x>0)$

이때 $t\geq6-3\sqrt{2}$ 이므로 함수 $f(x)$ 가 극소인 x 의 값 $x=-\dfrac{t}{6}$ 에 대하여

$$\dfrac{(1+\sqrt{2})t}{6}-\left(-\dfrac{t}{6}\right)=\dfrac{(2+\sqrt{2})t}{6}$$
$$\geq\dfrac{(2+\sqrt{2})(6-3\sqrt{2})}{6}$$
$$=1$$

한편, $6-3\sqrt{2}\leq t<3$ 에서 방정식 $f_1(k-1)=f_2(k)$ 를 만족시키는 k 의 값은

$3(k-1)^2+t(k-1)=-3k^2+tk$ 에서

$6k^2-6k+3-t=0$

$\therefore k=\dfrac{3-\sqrt{6t-9}}{6}$ 또는 $k=\dfrac{3+\sqrt{6t-9}}{6}$

이때 함수 $f(x)$ 는 $x=\dfrac{t}{6}$ 에서 극대이므로 조건 (가)를 만족시키는

실수 k 의 값의 범위는

$\dfrac{3-\sqrt{6t-9}}{6}\leq k\leq\dfrac{t}{6}$ $\qquad\qquad$ ...... ©

또한, 함수 $f(x)$ 는 $x=-\dfrac{t}{6}$ 에서 극소이므로 조건 (나)를 만족시키는

실수 $k+1$ 의 값의 범위는

$k+1\leq-\dfrac{t}{6}$ 또는 $k+1\geq\dfrac{3+\sqrt{6t-9}}{6}$

$\therefore k\leq-\dfrac{t}{6}-1$ 또는 $k\geq\dfrac{-3+\sqrt{6t-9}}{6}$ $\qquad$ ...... ②

©, ②의 공통부분을 구하면

$\dfrac{3-\sqrt{6t-9}}{6}\leq k\leq\dfrac{t}{6}$

$\therefore g(t)=\dfrac{3-\sqrt{6t-9}}{6}$

4단계 $3\displaystyle\int_2^4\{6g(t)-3\}^2\,dt$ 의 값을 구해 보자.

(i), (ii)에서 $g(t)=\begin{cases}\dfrac{3-\sqrt{6t-9}}{6} & (6-3\sqrt{2}\leq t<3)\\[2mm]\dfrac{t-3}{6} & (t\geq3)\end{cases}$

$\therefore 3\displaystyle\int_2^4\{6g(t)-3\}^2\,dt$

$=3\left\{\displaystyle\int_2^3\left(6\times\dfrac{3-\sqrt{6t-9}}{6}-3\right)^2dt+\int_3^4\left(6\times\dfrac{t-3}{6}-3\right)^2dt\right\}$

$=3\left\{\displaystyle\int_2^3(6t-9)\,dt+\int_3^4(t-6)^2\,dt\right\}$

$=3\left\{\displaystyle\int_2^3(6t-9)\,dt+\int_3^4(t^2-12t+36)\,dt\right\}$

$=3\left(\left[3t^2-9t\right]_2^3+\left[\dfrac{1}{3}t^3-6t^2+36t\right]_3^4\right)$

$=3\times\left\{6+\left(\dfrac{208}{3}-63\right)\right\}=37$

MEMO